中国安全生产年鉴

CHINA'S WORK SAFETY YEARBOOK

(2015)

煤 炭 工 业 出 版 社

·北 京·

图书在版编目（CIP）数据

中国安全生产年鉴. 2015 / 国家安全生产监督管理总局组织编写. --北京：煤炭工业出版社，2016

ISBN 978-7-5020-5544-8

Ⅰ.①中… Ⅱ.①国… Ⅲ.①安全生产—中国—2015—年鉴 Ⅳ.①X93-54

中国版本图书馆 CIP 数据核字（2015）第 255538 号

中国安全生产年鉴（2015）

组织编写 国家安全生产监督管理总局
责任编辑 向仁军
责任校对 姜惠萍 孔青青
封面设计 安德馨

出版发行 煤炭工业出版社（北京市朝阳区芍药居 35 号 100029）
电　　话 010-84657898（总编室）
010-64018321（发行部） 010-84657880（读者服务部）
电子信箱 cciph612@126.com
网　　址 www.cciph.com.cn
印　　刷 北京玥实印刷有限公司
经　　销 全国新华书店

开　　本 889mm×1194mm 1/16 **印张** 29 1/2 **插页** 43 **字数** 916 千字
版　　次 2016 年 12 月第 1 版 2016 年 12 月第 1 次印刷
社内编号 8407 **定价** 168.00 元

编辑委员会成员

编辑部成员

（以姓氏笔画为序）

田　园　毕　艳　曲光宇　向仁军　杨乃莲　张晓蕾
廖永平

特约撰稿人名单

（以姓氏笔画为序）

丁博涵　马　俊　王　宝　王　铮　王　磊　王天剑
王永生　王晓峰　牛　军　牛金杰　牛俊生　方　冰
孔小强　田玉章　付建国　白雪松　丛红军　包随义
兰群足　曲星斗　曲毓良　任锦彪　刘　岩　刘　波（中煤）
刘　波（安徽）刘　洋　刘　恒　刘　振　刘　烨　刘　涛
刘　瑾　刘红娟　刘晓延　刘衢立　齐俊良　孙　军
孙　愉　孙谭苇　杜进栋　杜德明　李　华　李　洋
李戈扬　李亚南　李运强　李茂军　李彦平　李晓伟
李朝贵　李增波　杨琳琳　吴　凯　吴　珂　吴升涵
吴顺勇　何晓丽　佘晓倩　宋宏图　宋超英　张　宁
张　刚　张　勇　张军政　张志斌　张国顺　张超群
张黎明　陈　勇　陈云国　陈钦英　卓腾飞　周　华
周明航　周鸿翼　郑晓辉　郑雪峰　孟　亮　赵　鹏
郝虎管　胡力军　胡文婷　段　森　饶　爽　姚　佳
秦　静　袁　杨　党志慧　倪宁昕　高宏辉　高国生
郭俊琦　郭新平　黄经攀　常红涛　崔　筠　董洪江
程慧朋　强少辉　蒙　飞　路　韬　冀文明

2015 年 1 月 6 日，全国安全生产电视电话会议在北京召开

2015 年 8 月 22 日，国务院安全生产委员会全体会议在北京召开

2015 年 5 月 12 日，国家减灾委员会全体会议在北京召开，国务委员、国家减灾委主任王勇出席会议并讲话

2015 年 11 月 16 日，国务委员王勇在北京出席国家行政学院省部级干部重特大事故预防、处置和舆情应对研讨班并讲话

2015 年 11 月 24 日，国家安全监管总局局长杨焕宁在宁波港集团北仑第二集装箱码头调研安全生产工作

2015 年 4 月 28—29 日，世界安全生产与健康日纪念活动暨预防性安全监察国际研讨会在北京举行

2015 年 10 月 12—14 日，第五届中国国际安全生产应急技术与装备展览会在北京举办。国家安全监管总局副局长、国家安全生产应急救援指挥中心主任孙华山，国家安全监管总局副局长、国家煤矿安监局局长黄玉治在现场参观

2015 年 1 月 14 日，国家安全监管总局副局长徐绍川率国务院安委会第十三安全生产督查组一行到云南磷化集团有限公司就安全生产工作进行督查调研

2015 年 5 月 12—14 日，国家安全监管总局副局长李兆前一行 6 人对山东省冶金工贸安全生产、职业健康监管工作进行专题调研

2015 年 6 月 24—26 日，国家安全监管总局副局长、国家煤矿安监局局长黄玉治到湖南调研煤矿整顿关闭工作

2015 年 11 月 16 日，国家安全监管总局总工程师王浩水到北京石油化工学院调研

2015 年 10 月 21 日，第一届全国危险化学品救援技术竞赛在浙江宁波开赛

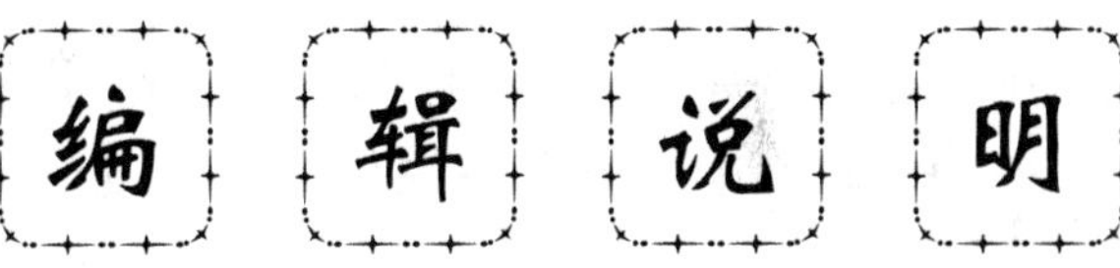

编辑说明

2015年是我国国民经济和社会发展第十二个五年规划的最后一年，也是我国安全生产生产发展史上的重要一年。这一年，党中央、国务院采取一系列重大举措加强安全生产，进一步建立健全安全生产监督管理责任体系，推动地方各级党委政府按照“党政同责、一岗双责、齐抓共管、失职追责”的要求，明确了各自必须承担的安全生产工作职责；强化安全生产主体责任，促使各类企业做到安全投入、安全培训、基础管理和应急救援“四个到位”；创新监管方式方法，采取不发通知、不打招呼、不听汇报、不用陪同和接待，直奔基层、直插现场“四不两直”的方法，深化安全生产大检查；抓住事故所暴露出的突出问题和薄弱环节，加大安全生产领域“打非治违”力度，深入开展油气输送管道安全隐患整治攻坚战，深化煤矿瓦斯治理和其他重点行业领域的安全专项整治，强化非煤矿山整顿关闭和尾矿库综合治理；依法认真查处、严厉惩治了河南省平顶山市鲁山县康乐园老年公寓“5·25”火灾、天津市滨海新区瑞海国际物流有限公司“8·12”火灾爆炸、广东省深圳市恒泰裕工业园“11·20”滑坡等重特大事故的责任者，用事故教训推动安全生产工作，做到“一方出事故、多方受教育，一地有隐患、全国受警示”。

由国家安全生产监督管理总局指导编写的《中国安全生产年鉴》2015年卷，收集和登载了本年度安全生产工作领域的各类重要文件与文字、图片等资料，客观真实地反映了一年来全国以及各个地区、各个重点行业领域安全生产工作的进展情况，具有重要的史料价值，为各级安全生产监管监察部门以及相关研究机构、专业人员等所必备。

本年鉴由以下部分组成，即全国安全生产工作综述，党和国家领导人关于安全生产工作的讲话，国务院办公厅、国务院安委会重要文件，国家安全生产监督管理总局负责人关于安全生产工作的讲话，安全生产综合监督管理，煤矿安全监察，安全生产应急管理，工会劳动保护，相关行业或领域安全生产工作，各省、自治区、直辖市及计划单列市安全生产工作，主要产煤省（自治区、直辖市）煤矿安全生产工作，重点中央企业安全生产工作，安全生产协会、学会工作，重特大事故案例，国务院办公厅、国务院安委会文件，有关部门规章、文件和地方性法规、规章及文件，安全生产大事记，全国事故与职业病统计资料。有关事故及职业病统计资料部分，以国家安监部门最终发布的数据为准。

国家安全监管总局领导同志对《中国安全生产年鉴》的编辑出版等，予以关心和指导。国务院安全生产委员会相关成员单位、国家安全监管总局和国家煤矿安监局相关司局，以及各省级安全生产监管监察部门，为《中国安全生产年鉴》提供了丰富翔实的资料和数据。在2015年卷即将付梓之际，编辑部谨向所有关心和支持这部刊物，并为之提供过指导帮助的有关领导和同志们，再次表示我们由衷的谢意。

目　次

第五部分 安全生产综合监督管理

第六部分 煤矿安全监察

第七部分 安全生产应急管理

第八部分 工会劳动保护

第九部分 相关行业或领域安全生产工作

第十部分　各省、自治区、直辖市及计划单列市安全生产工作

第十一部分　主要产煤省（自治区、直辖市）煤矿安全监察工作

第十二部分　重点中央企业安全生产工作

第十三部分　安全生产协会、学会工作

第十四部分　重特大事故案例

第十五部分　国务院办公厅、国务院安委会文件，有关部门规章、文件和地方性法规、规章及文件

第十六部分　安 全 生 产 大 事 记

第十七部分　全国事故与职业病统计资料

第一部分

全国安全生产工作综述

2015年全国安全生产工作综述

2015年各地区、各部门认真贯彻落实党中央、国务院关于加强安全生产的决策部署，坚守红线，强化责任，加大监管力度，狠抓薄弱环节，有力促进了安全生产工作。全国事故总量继续下降。全年发生各类事故28.2万起、死亡6.6万人，同比分别下降7.9%和2.8%，其中较大以上事故发生1054起、死亡4588人，同比分别下降9.9%和8.0%。大部分地区和重点行业领域安全状况基本稳定。煤矿事故起数和死亡人数同比分别下降32.3%和36.8%，全年没有发生一次死亡30人以上的特别重大事故。非煤矿山事故、化工和危险化学品事故、烟花爆竹事故、道路交通事故、建筑施工事故、生产经营性火灾、水上交通事故、铁路交通事故以及冶金机械事故等均实现"双下降"，农业机械领域没有发生较大以上事故，民航保持了安全飞行纪录。11个省份未发生重大以上事故。

按照国务院安全生产委员会的统一部署和要求，2015年全国安全生产工作突出抓了以下环节：

一、认真学习、坚决贯彻落实中央指示精神

国家安全监管总局把学习贯彻习近平总书记关于安全生产重要讲话精神，进一步强化安全生产红线意识，推动安全监管各项工作落实，作为2015年的中心任务。党组成员继续深入基层，面向基层干部和广大人民群众进行宣讲解读；组织开展"千名安监干部与万名矿长"谈心对话活动，推动安全生产各项方针政策在煤矿等重点行业领域落地生根；会同宣传部门和主流媒体，加大安全生产宣传教育力度，促使红线意识、法制观念植根于各级干部和广大群众心中。中央政治局第二十三次集体学习和党的十八届五中全会召开后，国家安全监管总局党组多次召开党组扩大会、局长办公会和安监系统视频会议，传达学习中央相关文件，进一步统一思想、提高认识，使全系统干部职工在思想上、政治上和行动上与中央保持一致。

二、扎实推进安全生产责任体系建设

按照习近平总书记"党政同责、一岗双责、失职追责"的要求，推动全国32个省级单位的省、市、县三级党委政府都制定出台了"党政同责"规定，政府主要负责同志都担任同级安委会主任，并积极推动安全生产责任体系向乡镇（街道）、行政村拓展延伸，覆盖面分别达到98.8%和94.3%，规模以上企业基本都建立了"五落实五到位"的安全生产责任制度。牵头修订了国务院安委会42个成员单位职责分工，进一步明确细化了各行业领域监督责任。推动地方党委组织部门和国有资产监管部门加强对本级政府有关部门和国有企业安全生产工作的考核，有效提高了地方各级党委和企业对安全生产的重视程度，营造了抓安全生产工作的浓厚氛围。

三、大力推进安全生产法治建设

以"强化安全法治、保障安全生产"为主题，开展第14个全国"安全生产月"活动，组织"安全法治专题行"，深入宣传贯彻新《安全生产法》。

提请国务院办公厅印发了《关于加强安全生产监管执法的通知》(国务院发〔2015〕10号)，制定了9部监管监察执法规章，发布实施了37项安全生产行业标准，配合最高人民法院、最高人民检察院出台了危害安全生产案件适用法律问题的司法解释，并督促各地区、各部门抓好贯彻落实。深化“打非治违”，依法采取“四个一律”措施，严厉整治各类非法违法行为，因非法违法导致的较大以上事故比例由前几年的60%多下降至43%。认真做好天津港“8·12”火灾爆炸、深圳“12·20”滑坡、“6·1”东方之星客轮翻沉等事故、事件的调查处理，注重从制度机制、法制标准、技术装备等方面查找原因、堵塞漏洞，及时公布调查报告，积极稳妥回应社会关切。

四、深入开展安全生产大检查

8月中旬以来，按照国务院安委会统一部署，认真组织开展了以危险化学品和易燃易爆物品为重点的全国安全生产大检查，并在年底部署开展“回头看”活动，出动检查组81.3万个，检查企业428.1万家(次)，排查隐患534.3万项，整改率96%。成立安全生产大检查办公室，专门制定工作方案，建立健全工作机制，加强协调推动。组织两轮由部级领导带队的安全督查，国家安全监管总局党组各位负责同志均深入一线检查，增强了大检查工作的力度和成效。

五、不断强化重点行业领域安全整治

按照马凯副总理“八个必查”的要求，组织对港口码头、油气灌区、化工园区等危险化学品和化工生产经营储存单位进行了全面排查、集中治理。深入贯彻落实煤矿安全“双七条”，对全国1万余处煤矿进行了两轮全覆盖的大排查，对灾害严重的煤矿开展重点监察。2015年，关闭煤矿1340处、非煤矿山和尾矿库5752处，16个省(区、市)和近90%的县(市、区)退出烟花爆竹生产。加强油气输送管道隐患整治，整改率达88.4%。会同有关部门全面推行大客车驾驶员“五不两确保”安全宣誓。开展了人员密集型企业消防安全检查和以长江为重点的内河航运安全整顿、石棉矿山开采与选矿企业粉尘危害治理，组织实施了建筑、水利等行业关于落实建筑施工方案和电梯安全专项督查。

六、积极推进安全生产领域改革创新

《安全生产中长期改革规划(2014—2020年)》顺利实施，8个试点省份改革取得阶段性成果。实行“放、管、服”相结合的行政审批制度改革，累计取消下放审批事项8大项24子项，制定了25项事中事后监管制度，修改或废止了40部部门规章。加快企业安全生产诚信体系建设，建立了不良信用记录、失信“黑名单”、安全诚信评价等制度，公布了第一批16家生产经营单位和13名煤矿矿长“黑名单”。进一步完善分级分类重点监管机制，对煤矿、非煤矿山、危险化学品、烟花爆竹4类262个重点县(市、区)实行跟踪指导。在非煤矿山等领域实行按风险等级确定检查执法计划，提高安全监管科学化水平。

七、持续加强安全生产基础能力建设

经国务院领导同志同意，会同财务部设立年均30亿元的中央财政安全生产预防及应急专项资金。积极争取中央财政安全生产预防及应急专项资金。积极争取中央财政安排13亿元支持基层监管监察能力建设。通过目录管理，推广安全生产先进技术装备158项，淘汰落后30项。在煤矿、非煤矿山、危险化学品等高危行业试点开展“机械化换人、自动化减人”活动。建立了万名专家支撑的安全技术服务体系。加快隐患排查治理体系和安全标准化建设，初步建设了企业自查、自报、自改的闭环管理机制，安全生产标准化达标企业达到150万家。组织开展了首届全国危险化学品应急救援技术竞赛，加强安全生产法规和知识的宣传培训，提高全社会安全意识和技能。

同时，认真开展“三严三实”专题教育，督促指导广大党员干部提高政治素质和党性修养，自觉抵制消极腐败因素的影响，自觉献身中国特色社会主义事业，自觉用高标准履行好党和人民赋予的安全监管职责。

在党中央、国务院的坚强正确领导下，在各地区、各有关部门和单位的共同努力下，2015年全国安全生产形势总体上保持了稳定好转的发展态势。但形势依然严峻。突出表现在重特大事故频发且危害严重，大约每10天发生一起，尤其是天津港“8·12”火灾爆炸事故、深圳“12·20”滑坡事故，造成重大人员伤亡和财产损失，社会影响十分恶劣。河南平顶山鲁山县老年公寓“5·25”火灾事故，以及相继发生的电梯、旅游、餐饮、道路交通等事故，对人民群众感官冲击强烈，对社会和谐稳定产生了严重的负面影响。

造成2015年部分行业领域、部分地区事故多发，全国安全生产形势依然严峻的主要原因包括：一是企业主体责任不落实。一些企业法制观念淡薄，缺乏安全生产内生动力，安全投入不足，培训流于形式，隐患排查治理不及时、不彻底，企业管理层到现场岗位层层失守，造成事故多发，特别是非法违法生产经营问题屡禁不止，打而不死。二是监管体制机制不完善。安全生产综合监管职责定位不清、交叉重叠，“管行业必须管安全”具体落实措施不明。危险化学品等事故高发领域和基层监管力量薄弱，监管人员不足，监管能力不适应现阶段安全生产要求。一些海油开采、港口企业安全监管存在“政企不分”。安全监管执法信息化、规范化和专业化水平不高，运用第三方机构服务安全生产的机制不完善。三是法规标准体系不健全。安全生产相关法律法规的系统性、整体性不强，存在细化不够、滞后严重、互相“打架”的现象，以致基层执法依据众多、无所适从。《安全生产法实施条例》尚未纳入立法议程，安全强制性标准超过10年没有修订的占90%以上，很多已不适用，亟待修订完善。四是安全监管执法不严格。部分地方政府特别是一些基层和部门责任落实不到位、执法不严格。有的以影响地方经济发展为借口，对非法违规企业、项目“视而不见”，甚至和企业一起弄虚作假，应付上级检查。有的处罚偏软、偏轻，企业违法成本低，起不到应有的惩戒作用。有的审批把关不严，造成一些规划、项目安全“先天不足”。五是安全生产基础仍然薄弱。手工作业、安全管理水平差的小微企业占比仍然较大。全国油气输送管道30%服役在10年以上，且占压、失修等问题非常突出，各类危险化学品企业30余万家，一些已完全被居民区包围，严重威胁公共安全。六是事故应急救援处置能力弱。部分行业领域专业化应急救援能力不强，加之应急救援行政化倾向严重，难以保持指挥的科学性、专业性、有效性，不适应突发事故救援需要。此外，随着工业化、城镇化进程加快，以及新能源、新材料、新工艺、新业态的大量出现，给安全生产带来很多新问题、新矛盾。对安全生产战略性、前瞻性问题研究得还不够深入，对新形势下安全生产工作的规律特点把握还不到位，安全生产监督管理的顶层设计不够，对安全生产的把控能力仍然不足，整体上距持续稳定、根本好转还有较大差距。这些都需要在下一步工作中采取有效措施加以解决。

第二部分

党和国家领导人关于安全生产工作的讲话

马凯副总理在全国安全生产电视电话会议上的讲话（摘要）

（2015年1月6日）

我们提前召开这次全国安全生产电视电话会议，是因为在元旦节日期间，在岁末年初的几天内，一些地方连续发生了多起消防火灾、建筑工地坍塌、燃气爆炸等重大事故。特别是上海外滩发生群众踩踏事件，虽然不是生产安全事故，但造成重大人员伤亡，社会反响强烈，教训十分深刻。党中央、国务院高度重视，习近平总书记作出重要指示，要求深刻汲取教训，坚决避免类似事件发生，并强调春节、元宵节将至，不少地方都有一些群众聚集娱乐活动，各地一定要把人民群众生命财产安全放在第一位，精心组织安排，确保安全措施到位。李克强总理要求各地各有关部门切实做好节假日期间人员密集场所安全管理，落实各项防范保障措施，加强各领域各行业安全隐患排查，严防重特大事故发生，确保人民群众生命安全和社会稳定。总书记、总理的指示批示，不单单是针对踩踏事件的，同时也对安全生产工作再次提出了要求。为此，经党中央、国务院同意，中办、国办发出紧急通知，要求切实做好当前安全生产和人员密集场所安全管理工作。

这次会议就是要认真学习贯彻习近平总书记、李克强总理的重要指示批示，深入贯彻落实党的十八大和十八届三中、四中全会和中央经济工作会议精神，总结2014年安全生产工作，深入分析面临的形势，部署当前和2015年安全生产重点工作。郭声琨同志作了重要讲话，安排部署非常具体。一会儿，王勇同志还要对落实会议精神提出要求。请大家认真抓好落实。下面，我讲三点意见：

一、2014年安全生产工作取得明显成效，但形势依然严峻

党中央、国务院历来高度重视安全生产工作。党的十八大和十八届三中、四中全会把安全生产作为全面深化改革、推进依法治国的重要内容，提出了明确要求。习近平总书记、李克强总理多次分别主持召开中央政治局常委会议、国务院常务会议，专题研究部署安全生产工作，并多次发表重要讲话、作出重要指示。国务院安全生产委员会（以下简称国务院安委会）多次召开电视电话会、专题会和现场会，研究部署安全生产重点工作，组织开展多个重点行业领域的专项整治和督查检查。各地区、各部门和各单位认真贯彻落实，强化责任，注重预防，狠抓治本，推动各项工作取得积极进展。

过去的一年，全国上下同心协力，着重抓了以下几个方面工作：一是积极推动建立健全安全生产责任体系，目前全国32个省级单位都制定了“党

政同责”具体规定并落实了“一岗双责”，各省级政府主要负责人都担任安委会主任，同时普遍加大安全生产在经济社会发展中的量化考核权重。二是严格安全生产监管执法，在全国集中组织开展以“六打六治”为重点的“打非治违”专项行动，共打击非法违法行为159.8万余起；严肃事故查处和责任追究，全年已查处结案35起重特大事故，882人被追究责任。三是深入开展油气输送管道、城镇燃气、隧道交通、消防安全等重点行业领域专项整治，国务院成立油气输送管道安全隐患整改工作领导小组，并在全国部署开展油气输送管道隐患整治攻坚战；深化整顿关闭工作，加快淘汰落后产能，全年共关闭退出煤矿1100处、金属非金属矿山7843座。四是及时开展安全生产督导检查和隐患整治攻坚，国务院安委会先后组织16个由部级领导带队的综合检查组，对32个省级单位进行了多轮全覆盖督查；全年共组织安全生产检查9.3万次，查出隐患1513万项，其中重大隐患10691项、整改率95.3%。五是切实加强安全保障能力建设，修订实施新安全生产法，安全生产标准化达标企业已有120万家，落实资金16.8亿元实施安全科技“四个一批”项目；基本建成14个区域矿山应急救援队、47个中央企业应急救援队和28个培训演练基地。六是不断深化安全生产领域改革创新，制定安全生产中长期改革实施规划（2014—2020年），在北京等8省（区、市）开展改革试点，提前完成取消下放安全生产行政审批事项；在全国普遍推行“四不两直”暗查暗访制度和安全生产重点县制度，组织安全监管监察干部与2.7万名高危企业负责人面对面谈心对话，收到良好效果。

在大家的共同努力下，2014年全国安全生产取得一定成效，实现了“三个继续下降、两个进一步好转”。一是事故总量继续下降。据初步统计，全年共发生各类事故29.8万起、死亡6.6万人，同比分别下降3.5%和4.9%。二是重特大事故继续下降。发生重特大事故42起、死亡758人，同比分别下降17.6%和13.5%。三是主要相对指标继续下降。其中亿元国内生产总值事故死亡率同比下降12.1%，工矿商贸十万就业人员事故死亡率同比下降7%，煤矿百万吨死亡率同比下降12.2%，道路交通万车死亡率同比下降5.1%。四是重点行业领域和各地区安全生产状况进一步好转。煤矿已连续21个多月没有发生特别重大事故，非煤矿山连续18个月没有发生重特大事故。道路交通在每年新增机动车1700多万辆、新驾驶员2000多万人的情况下，实现安全事故和死亡人数持续下降，重特大事故连续两年创历史新低。危险化学品、烟花爆竹、建筑施工、道路交通、水上交通、铁路交通、消防火灾等行业领域事故也明显下降。19个省级统计单位实现事故起数和死亡人数双下降，大部分地区安全生产状况稳定。

但是，必须清醒认识到，当前安全生产形势依然严峻，安全隐患仍然突出，事故总量仍然较大，相当于平均每天发生800多起，全年死亡6万多人也是不小的数字；重特大事故仍时有发生，全年共发生42起，平均9天一起；安全生产主要相对指标与发达国家水平相差5至8倍，安全基础总体薄弱，仍处于事故易发多发期。全年发生4起特别重大事故，造成重大人员伤亡，尤其是江苏省苏州昆山市中荣金属制品有限公司“8·2”特别重大铝粉尘爆炸事故，造成群死群伤，损失十分惨痛，教训极其深刻。这些充分暴露出一些地方和企业安全意识淡薄、安全防范不到位、制度执行不严格、安全管理走形式等突出问题。一是企业主体责任不落实，没有真正把员工生命安全放在首位，安全管理机构不健全，规章制度形同虚设，安全投入不足，隐患排查治理不彻底，员工教育培训缺乏，应急准备不充分。二是安全管理和监督不严格，对非高危企业检查不细致、不深入，有的甚至搞形式、走过场，在招商引资中降低安全准入门槛，工业园区成为事故高发区。三是“打非治违”措施不得力，整顿关闭态度不坚决，无证无照或证照过期、停产整顿期间仍然组织生产经营等现象屡禁不止，非法违法行为十分突出。四是劳动保护工作不到位，有的企业完全无视劳动者的权益保护和有关制度规定，昧着良心挣钱，不仅连基本的劳动保护条件都不保障，还逼迫员工加班加点，而有关部门对职业卫生健康状况缺乏有效监管。五是安全基础依然薄弱，小矿小厂比重仍然过大，化工、道路交通、消防等行业领域安全基础设施建设滞后，油气管道、城市管网等安全隐患突出，稍有不慎就可能酿成重大祸患。我们必须充分认识安全生产工作的长期性、艰巨性、复杂性和反复性、突发性，时刻保持清醒头脑，以对党和人民高度负责的精神，进一步统一思想、坚定信心，不断增强做好安全生产工作的责任感、使命感和紧迫感，切实采取有效管用措施，全面加强安全生产工作，努力维护人民群众生命财产安全。

二、深刻吸取教训，全力抓好当前安全生产重点工作

岁末年初生产经营活跃、交通运输繁忙，各种节庆活动和群众出行频繁，烟花爆竹燃放集中，冬季取暖安全隐患突出，事故多发易发。近一周以来，相继发生了黑龙江哈尔滨、云南大理两起消防火灾事故，北京清华附中、湖南郴州两起在建工地垮塌事故，广东佛山等气体爆燃事故，造成重大人员伤亡和财产损失。特别是，迎新年之夜上海外滩发生群众聚集踩踏事件，导致36人死亡、49人受伤。这些为我们再一次敲响警钟，安全生产形势仍然复杂严峻，安全观念和安全生产一刻也不能放松，要保持高度警惕，认真贯彻落实习近平总书记、李克强总理重要指示批示精神，按照中办、国办紧急通知要求，全力以赴抓好岁末年初安全生产各项工作。

一是迅速开展安全生产大检查，强力推进隐患排查治理。各地区、各有关部门要结合岁末年初安全生产特点，迅速组织开展一次全方位的安全生产大检查，全面彻底地排查整治安全隐患。对重大隐患要挂牌督办，确保隐患整改的措施、责任、资金、时限和预案“五落实”；对存在重大隐患、不能保证安全生产的，要坚决停产整顿；对非法违法组织生产经营建设的，要依法予以取缔关闭。各类生产经营单位要全面组织自查，检查必须做到全覆盖，不留死角，不留盲区，检查情况和隐患整改情况要向当地行业主管部门和综合监管部门报告备查，对搞形式、走过场、弄虚作假的要进行严肃处理。国务院安委会拟于1月中下旬，由部级领导带队，组成16个督查组，对全国31个省（区、市）和新疆生产建设兵团安全生产工作开展综合督查，各地区、各有关部门要积极予以支持配合。

二是开展联合执法，深入推进“打非治违”专项行动。继续落实“六打六治”的各项举措，持续保持“打非治违”的高压态势，加强部门联合执法，严格实施停产整顿、关闭取缔、上限处罚、追究法律责任“四个一律”打击治理措施。对已关闭或采取强制措施的生产经营单位开展“回头看”，确保打击整治到位。对非法违法行为要按照新《安全生产法》有关规定从严从重处理。加强对基层安全生产执法工作的监督，对有法不依、执法不严、违法不究和滥用职权、徇私舞弊等行为严厉惩处，决不姑息。进一步动员社会公众和企业员工，积极举报企业重大安全隐患、非法违法行为和事故瞒报等情况，一经查实依法依规严肃处理，并对举报人及时足额兑现奖励。

三是突出重点领域，加强安全管理和风险防范。要针对春节前后人员流动量大、节庆和大型集会活动多的情况，严格大型集会等活动审批报备，加强人员密集场所安全管理和隐患排查，强化落实消防安全责任制和防火措施，保证消防设备设施齐全完好，确保消防通道和安全出口畅通，确保防范措施到位。要强化烟花爆竹产运储销和燃放等各环节的安全监管，妥善制定并落实安全措施；加强油气输送管线巡视检查，严防煤气中毒和天然气泄漏爆炸事故发生。严厉打击煤矿超能力、超强度、超定员生产，严格落实节日停产检修和复产验收安全制度。切实加强春运组织和安全管理，科学调度运力，强化安全检查，严格执行易燃易爆危险品查堵制度，严厉查处各类交通违法违规行为。要加强雨雪、大雾、冰冻等恶劣天气下道路通行安全管理，强化疏导管控和应急保障，防止大规模、长时间交通拥堵和群死群伤事故发生。

四是强化应急准备，进一步提高应急处置工作效率。各地区、各有关部门和单位要按照中央统一部署，切实做好春节、元宵节和“两会”期间有关安全生产工作，完善细化各项应急处置预案，健全应急指挥和联动处置机制，加强应急力量准备，确保有备无患。要进一步加强安全生产预测预警工作，针对灾害性天气情况，及时发布预警信息，督促、指导企业落实安全防范措施，防止自然灾害引发事故灾难。要加强应急值守，畅通信息渠道，严格执行领导干部到岗带班、关键岗位24小时值班制度，确保一旦发生重大事故或紧急情况，能立即启动应急响应，及时有效开展应急救援处置，努力减少人员伤亡和损失影响。

五是加强组织领导，督促落实安全生产责任和措施。各地区、各有关部门和单位要迅速行动起来，对岁末年初的各项安全生产工作进行再动员、再部署，周密组织安排，制定和细化工作方案，明确责任分工和完成时限，全面落实安全生产各项责任和措施。主要领导要亲力亲为，深入基层一线督导检查，确保取得实效。要督促企业认真落实安全生产主体责任，将任务要求落实到各个环节、各个岗位、各个员工，杜绝安全盲区。这里我再强调一下，对责任不落实、监管不到位、失职渎职的，一经发现，要依法依规严厉问责、从重处罚，决不手软。

三、狠抓落实，全面扎实推进2015年安全生产工作

2015年是全面深化改革的关键之年，是全面推进依法治国的开局之年，也是全面完成“十二五”规划目标任务的收官之年，做好全年的安全生产工作意义重大。总的要求是：认真贯彻落实党的十八大，十八届三中、四中全会，中央经济工作会议精神和国务院部署，按照习近平总书记、李克强总理的重要指示批示要求，大力实施安全发展战略，努力推进依法治安，狠抓责任落实，深化治理整顿，加快改革创新，建立完善重预防、抓治本的长效机制，积极推动全国安全生产状况实现根本好转。

（一）强化红线意识，完善落实安全生产责任体系。充分认识当前安全生产工作面临的严峻形势，牢固树立安全生产红线意识，真正把安全生产作为不能触碰、不可逾越的高压线，把红线作为守护生命安全的保护线。按照“党政同责、一岗双责、齐抓共管”的要求，进一步建立健全安全生产责任体系，全面落实管行业必须管安全、管业务必须管安全、管生产经营必须管安全，加快实现省、市、县、乡、村五级责任体系全覆盖。加大安全生产责任目标考核力度，严格落实“一票否决”制度。依法强化企业安全生产主体责任，围绕健全安全管理机构、完善安全生产制度、加强教育培训、加大安全投入、排查治理隐患等方面，严格落实企业安全生产法定职责和义务，建立自我约束、持续改进的工作机制。中央企业要起模范带头作用，主要负责同志要亲自动手认真抓安全生产，防止发生重特大事故。

（二）推进依法治安，全面加强安全生产法治建设。把安全生产工作纳入依法治国的整体战略和经济社会发展大局中谋划推动，加快建立完善安全生产法规体系、实施体系、监督体系和保障体系。深入宣传贯彻新《安全生产法》，加快制定修订《安全生产法实施条例》等配套法规制度，抓紧研究出台推进依法治安的政策意见。进一步加强安全生产行政执法队伍建设，积极推动将安全生产行政执法纳入国家行政执法序列，强化基层监管执法力量，统一规范市县两级安全生产执法机构和乡镇街道委托执法。加大安全生产执法力度，继续保持“打非治违”的高压态势，依据新安全生产法从严从重惩处各类非法违法行为，对反面典型要公开曝光、强化威慑。依法严肃事故查处和责任追究，继续严格执行挂牌督办制度，尤其是重大事故、较大事故和典型事故的调查处理落实情况要由上一级政府部门进行督查督办，做到真查真究、按时结案、公开公正，在法治化轨道上加快推进安全生产工作。

（三）抓好治本攻坚，深化隐患源头治理和安全专项整治。一是进一步健全完善隐患排查治理体系，继续抓好安全生产重点县的安全监管，以点带面，扩大成果；指导督促企业按照新《安全生产法》建立健全隐患排查治理制度，对重大隐患实施挂牌督办、跟踪监管。二是按照国务院油气输送管道安全隐患整改工作领导小组第一次全体会议的部署，继续组织打好油气输送管道隐患整治攻坚战，强化整改责任落实，加快隐患整治进度，争取用3年左右时间完成全部隐患整治工作，着力构建油气输送管道保护和安全管理长效机制。三是继续抓好煤矿安全治本攻坚举措的落实，深入推进瓦斯综合治理和抽采利用，深化小煤矿整顿关闭，今年要争取把全国煤矿控制在1万处以内，力争再关闭金属非金属小矿山5000处，推动更多省区退出烟花爆竹生产。四是深入开展道路交通安全专项整治，加强客运大巴、校车和危险化学品运输安全管理，严格重点车辆动态监控，全面组织实施公路安全生命防护工程，今年完成通行客运班线和接送学生车辆集中的农村公路急弯陡坡、临水临崖等重点路段隐患治理。要把交通运输安全作为重点工作，按照刚才郭声琨同志的具体部署，一项一项地继续抓好落实。特别是希望地方各级政府高度重视农村道路交通问题，借鉴山东等地的经验做法，做到道路修到哪儿，安全监督管理的网络就延伸到哪儿，不能留有空白。另外，希望有地铁的大中城市，专门研究一次地铁安全问题以及应急救援预案制定工作，作出更加周密的安排，确保地铁安全运行。五是继续深化非煤矿山、建筑施工、铁路和水上交通、民爆器材、特种设备、渔业船舶、尾矿库、城市燃气和消防以及粉尘防爆、涉氨制冷等重点行业领域安全专项整治，严格落实安全防范措施，严防重特大事故发生。

（四）夯实安全基础，大力提升安全生产保障能力。我们说的安全基础既包括物质基础，也包括制度基础和人员基础，没有这些基础支撑，就不能从根本上解决问题。要全力做好安全生产“十二五”规划收官工作，加强重点工程督导和实施效果评估，确保全面完成规划任务。在此基础上，认真做好安全生产“十三五”规划的编制工作，科学设置规划目标任务，研究确定重点工程项目和重大政策措施，有序启动部分规划项目前期工作。继续深入开展企业安全生产标准化建设，规范企业安全管理、设施设备、作业现场、操作过程等环节，提高企业信息化、机械化和自动化水平。强化安全教育培训，不断提高从业人员特别是农民工的安全意识和技能素质。国务院安委会决定，针对建筑行业农民工数量多、安全技能低的状况，今年的职工教育培训要进一步加大对建筑业工人的培训力度，人力资源社会保障部、住房城乡建设部正在制定方案。希望各地在这方面积极做好工作，督促相关部门联合搞好培训。要加强安全政策研究，完善中央、地方、企业和社会相结合的安全投入机制，中央财政要抓紧整合建立安全生产预防治理专项资金。加快安全科技“四个一批”项目实施，加强安全科研基地和人才队伍培养，大力推广应用先进适用的安全技术装备，发挥物联网和“大数据”等在事故预防、预测、预警中的作用，进一步提升安全科技水平。

（五）深化改革创新，健全完善安全监管体制机制。按照中央统一规划部署，深入抓好安全生产改革试点工作，确保2015年底完成试点任务。进一步完善安全监管体制，创新监管方式方法，积极培育和扶持第三方提供规范的安全监管技术服务，发挥社会保险机构的间接安全监管作用。坚持和完善分类指导、重点监管工作模式，对安全生产重点县进行动态调整，加快建立安全预防控制体系。充分发挥市场机制作用，建立完善安全生产诚信体系和“黑名单”制度，对安全失信企业在贷款、融资、用地等方面进行惩戒约束。进一步完善安全生产考核指标体系，加大安全生产在经济社会发展、社会综合治理、精神文明建设考核中的权重。继续深化行政审批制度改革，加快相关法律法规的清理修订工作，加大事中事后监管力度，做到既要简政放权，又要强化市场准入的安全标准。抓简政放权是完全必要的，但安全措施不能减、安全监督管理不能松，要一手抓放，一手抓管，监管丝毫不能放松和削弱。

（六）健全应急体系，提高安全生产应急救援水平。不断完善安全生产应急救援体系，加强矿山、油气输送管道、危险化学品运输等重点行业领域应急保障能力建设，加大中央和地方对国家（区域）矿山应急救援基地的政策、资金支持力度。认真贯彻落实国务院办公厅关于加快应急产业发展的意见，加快应急救援关键技术和装备研发应用，推动相关产业集聚发展，加强国家（区域）应急物资储备库建设，为防范处置事故提供有力支撑。优化完善安全生产应急预案，着力提高预案的针对性、实用性和可操作性，实现政府和企业间预案的有机衔接。深入落实国务院安委会关于加强生产安全事故应急处置工作的通知要求，规范救援现场组织指挥，实行科学施救、安全施救，严防发生次生事故，提高救援工作实效。

安全生产工作任务艰巨，责任重大，使命光荣。我们要更加紧密地团结在以习近平同志为总书记的党中央周围，高举中国特色社会主义伟大旗帜，深入贯彻落实科学发展观，按照国务院的统一部署，坚持科学发展安全发展，勇于改革创新，强化依法治安，狠抓责任落实，大力推动安全生产形势持续稳定好转，为经济发展和社会稳定大局作出新的更大贡献！

郭声琨国务委员在全国安全生产电视电话会议上的讲话(摘要)

(2015年1月6日)

近日，一些地方相继发生多起重特大安全事故，造成重大人员伤亡和严重财产损失，社会影响恶劣。对此，党中央、国务院高度重视，习近平总书记、李克强总理等中央领导同志多次作出重要指示批示，中办、国办专门印发紧急通知，就切实做好当前安全生产和社会安全管理工作作出了部署，提出了明确要求。从目前情况看，岁末年初的安全生产和社会安全管理形势不容乐观。特别是春节、元宵节以及全国“两会”即将到来，大型活动多、人员出行多、事故隐患多，人流、物流、车流剧增，烟花爆竹燃放集中，对做好安全生产和社会安全管理工作提出了严峻挑战。各地区、各部门一定要充分认识当前安全生产和社会安全管理工作面临的严峻形势，必须把思想认识统一到习近平总书记、李克强总理等中央领导同志重要指示批示精神上来，切实把人民群众生命财产安全放到第一位，坚持科学发展安全发展，深刻吸取事故教训，牢固树立底线思维，以强烈的政治责任感和工作紧迫感，扎扎实实抓好各项部署和要求的贯彻落实，全力保障人民群众生命财产安全和社会稳定。下面我重点就加强道路交通、消防安全、危爆物品和大型活动安全管理工作讲几点意见。

一、大力加强道路交通管理，努力创造安全畅通的道路交通环境。当前，重特大道路交通安全事故时有发生，危险化学品运输安全监管和接送学生车辆管理漏洞较大，农村地区安全隐患较多，保安全、保畅通、防事故的压力很大。各地区、各有关部门要紧紧盯住岁末年初这个关键节点，牢牢抓住薄弱环节和关键问题，进一步加大工作力度，坚决把道路交通事故压下去。要着力排查整治安全隐患，以高速公路、农村道路、山区道路以及通行专线客车的道路为重点，持续不断地开展隐患排查和集中整治。尤其是临水临崖等危险路段和公路隧道、桥梁等关键部位，要加快实施公路安全生命防护工程，最大限度防止群死群伤事故的发生。要严肃查处交通违法行为，深入开展“打非治违”专项行动，严厉打击治理非法违法运输行为。紧盯客车、货车、危险化学品运输车、校车、农村面包车等五类重点车辆，严查“三超一疲劳”、酒驾、野蛮驾驶等严重交通违法行为，重点查处易燃易爆危险化学品运输中的非法挂靠运输、非法装载、无证无照、随意改变运输线路等违法行为，以强有力的执法工作减少安全漏洞，消除安全隐患。要严格落实监管责任，健全完善重点单位、重点车辆、重点道路常态监管机制，集中开展冬季交通安全督查检查，严格落实运输企业主体责任，切实加强重点车辆驾驶人教育管理，督促旅游包车、三类以上班线客车和危险品运输车等“两客一危”车辆按规定安装使用动态监控装置，努力从机制和制度上解决道路交通安全管理薄弱的问题。

二、大力加强消防安全管理，坚决预防和遏制重特大火灾事故。当前火灾隐患依然大量存在，消防安全基础依然薄弱，火灾事故总量依然偏大，一些人员密集场所火灾事故多发频发。去年入冬以来，山东寿光、河南长垣、黑龙江哈尔滨等地先后发生大火，给人民群众生命财产造成重大损失。各地区、各有关部门要以深入落实《消防工作考核办法》为契机，始终保持排查整治火灾隐患的高压态势，进一步明确责任、强化追究，统筹力量、形成合力，坚决预防和遏制重特大火灾事故。一要狠抓政府消防领导责任落实，健全完善消防工作考核机制，继续组织实施省级政府消防工作考核，推动责任层层落实，使地方各级政府真正把消防安全责任扛在肩上，不断加强和改进消防安全工作。二要狠抓单位消防主体责任落实，以深入实施“防火墙”工程为抓手，积极推进城乡社区消防安全网格化管理机制，健全完善重点单位户籍化管理制度，切实织密火灾防控网络，夯实消防安全基础。三要狠抓消防安全问责，加强对消防安全责任制的监督检查，不折不扣地落实好消防安全行政问责和“一票否决”制，坚持跟踪问效、严格考核。

三、大力加强公共安全管理，严密防范重大治安灾害事故发生。针对危险化学品爆炸事故多发和油气、地铁公交、大型活动隐患大量存在等突出问题，各地区、各部门要进一步加强源头治理，坚持标本兼治，严防重特大治安事故、灾害事故的发生。要强化危爆物品集中整治，加强违法矿点排查整治，严厉打击非法制造、买卖、运输、储存、使用爆炸物品等源头性违法犯罪活动。要健全完善烟花爆竹、易制爆物品、民爆物品等流向信息登记制度，严格落实危爆物品储存仓库、枪支弹药库房安全防范等制度。督促快递、物流、邮寄等运输服务单位加强寄递运输危爆物品安全管理。要深入开展重点油区打击涉油犯罪区域联合会战，有效遏制涉油犯罪活动。要强化旅游景区、地铁公交和娱乐场所治安管理，对游客较多、治安情况复杂的旅游景区要认真进行摸排处理，安排足够警力会同景区管理部门做好疏导、维护景区治安秩序工作。要以防恐防暴防个人极端行为为重点，督促地铁公交运营单位建立健全相关制度，完善安防设施和装备，深入排查隐患漏洞。要加强娱乐场所安全检查，加大对核定消费人数和疏散通道、安全出口的检查力度，严防因人多拥挤发生踩踏事故。要强化大型活动安全管理，对各类大型聚会、烟火燃放、商业促销等活动，严格执行审批报备制度。对评估存在风险隐患的大型活动，要及时报告党委、政府予以制止。对经批准的大型活动，要细化活动方案、严密措施、落实责任，严格现场管控和秩序维护，确保人员密集场所和公共场所安全。

做好安全生产和社会安全管理工作任务艰巨、责任重大。让我们更加紧密地团结在以习近平同志为总书记的党中央周围，按照国务院部署，以对党和人民高度负责的精神，牢记使命、恪尽职守、敢于担当、勇于负责，不折不扣地抓好各项工作落实，坚决防范和遏制重特大安全事故的发生，进一步促进全国安全生产形势持续稳定好转。

王勇国务委员在全国安全生产电视电话会议上的讲话（摘要）

（2015 年 1 月 6 日）

刚才，马凯同志、郭声琨同志作了重要讲话，对 2014 年全国安全生产工作取得的成效给予了充分肯定，对当前安全生产形势和存在的严峻问题作了深刻分析。马凯同志还对做好当前的工作提了五项重点要求，对今年的工作从六个方面作出了全面部署；郭声琨同志对加强安全生产工作从三个方面提出了明确要求，工作部署非常详细，要求非常具体。下面，就贯彻落实本次会议精神，我再强调三点：

一要及时组织学习传达好本次会议精神。会后要及时把这次会议精神向本地区、本部门、本单位的党政主要负责同志汇报，迅速组织传达学习马凯、郭声琨同志的重要讲话精神，在各自职责范围内全面抓好学习传达和贯彻落实。要真正把思想认识统一到习近平总书记、李克强总理关于安全生产的一系列重要指示批示精神上来，统一到马凯、郭声琨同志的重要讲话精神上来，进一步强化安全生产红线意识，切实增强抓好安全生产的责任感和紧迫感。

二要认真制定落实安全生产各项工作的计划和

措施。要按照马凯、郭声琨同志提出的工作要求以及1月1日中办、国办关于切实做好当前安全生产和人员密集场所安全管理工作的紧急通知精神，计划好、安排好、部署好岁末年初的安全生产工作，并对2015年安全生产工作作出全面计划和安排，进一步完善措施、明确要求。在对本地区、本部门、本单位工作进行全面部署和要求的同时，也要对本系统工作作出部署,提出明确要求。这些工作能不能很好地落实,关键要看大家是否结合实际情况将工作部署到位,是否真正把各项工作落到实处。

三要进一步强化安全生产责任。要进一步强化各级党委、政府对于安全生产的领导责任，明确主要领导亲自抓、负总责，分管领导具体抓、专门盯，真正落实习近平总书记要求的“党政同责、一岗双责、齐抓共管”及“管行业必须管安全、管业务必须管安全、管生产经营必须管安全”，把责任体系固化下来，真正确保责任落实、措施落实。同时，对部署的工作要进行全面督导和检查，层层落实、层层检查，把各项安全生产工作扎实落实到位。各级安委会、安委会办公室要切实担负起综合协调、督查督办的职责，把各方面的力量集中起来、调动起来、推动起来，齐抓共管，形成强大合力，共同落实好本地区、本部门、本单位的安全生产工作。

我们一定要全面贯彻好习近平总书记、李克强总理的一系列重要指示批示精神，落实好本次会议部署和马凯、郭声琨同志的重要讲话精神，以更加扎实的工作作风和昂扬的工作状态，采取更加得力的措施，团结协作、齐抓共管，有力有序有效地把当前和今年各项安全生产工作落实到位，推动安全生产形势持续稳定好转，取得更好的效果、创造更好的局面。

第三部分

国务院办公厅、国务院安委会重要文件

国务院办公厅关于加强安全生产监管执法的通知

（国办发〔2015〕20号）

各省、自治区、直辖市人民政府，国务院各部委、各直属机构：

为贯彻落实党的十八大，十八届二中、三中、四中全会精神和党中央、国务院有关决策部署，按照全面推进依法治国的要求，着力强化安全生产法治建设，严格执行安全生产法等法律法规，切实维护人民群众生命财产安全和健康权益，经国务院同意，现就加强安全生产监管执法有关要求通知如下：

一、健全完善安全生产法律法规和标准体系

（一）加快制修订相关法律法规。抓紧制定安全生产法实施条例等配套法规，积极推动矿山安全法、消防法、道路交通安全法、海上交通安全法、铁路法等相关法律修订出台，加快煤矿安全监察、石油天然气管道保护、民用航空安全保卫、重大设备监理、高毒物品与高危粉尘作业劳动保护、安全生产应急管理等有关法规的研究论证和制修订工作。各省级人民政府要推动安全生产地方性法规、规章制修订工作，健全安全生产法治保障体系。

（二）制定完善安全生产标准。国务院安全生产监督管理部门要加强统筹协调，会同有关部门制定实施安全生产标准发展规划和年度计划，加快制修订安全生产强制性国家标准，逐步缩减推荐性标准。其他负有安全生产监督管理职责的部门要建立完善行业安全管理标准，并在制修订其他行业和技术标准时充分考虑安全生产的要求。要根据经济社会发展和安全生产实际需要，科学建立和优化工作程序，尽可能缩短相关标准出台期限，对于安全生产工作急需标准要按照特事特办原则，加快完成制修订工作并及时向社会公布。

（三）及时做好相关规章制度修改完善工作。加强调查研究，准确把握和研判安全生产形势、特点和规律，认真调查分析每一起生产安全事故，深入剖析事故发生的技术原因和管理原因，有针对性地健全和完善相关规章制度。对事故调查反映出相关法规规章有漏洞和缺陷的，要在事故结案后立即启动制修订工作。要按照深化行政审批制度改革的要求，及时做好有关地方和部门规章及规范性文件清理工作，既要简政放权，又要确保安全准入门槛不降低、安全监管不放松。

二、依法落实安全生产责任

（四）建立完善安全监管责任制。依法加快建立生产经营单位负责、职工参与、政府监管、行业自律和社会监督的安全生产工作机制。全面建立“党政同责、一岗双责、齐抓共管”的安全生产责任体系，落实属地监管责任。负有安全生产监督管理职责的部门要加强对有关行业领域的监督管理，形成综合监管和行业监管合力，提高监管效能，切实做到管行业必须管安全、管业务必须管安全、管生产经营必须管安全。加强安全生产目标责任考核，各级安全生产监督管理部门要定期向同级组织部门报送安全生产情况，将其纳入领导干部政绩业绩考核内容，严格落实安全生产“一票否决”制度。

（五）督促落实企业安全生产主体责任。督促企业严格履行法定责任和义务，建立健全安全生产管理机构，按规定配齐安全生产管理人员和注册安全工程师，切实做到安全生产责任到位、投入到位、培训到位、基础管理到位和应急救援到位。国有大中型企业和规模以上企业要建立安全生产委员会，主任由董事长或总经理担任，董事长、党委书记、总经理对安全生产工作均负有领导责任，企业领导班子成员和管理人员实行安全生产“一岗双责”。所有企业都要建立生产安全风险警示和预防应急公告制度，完善风险排查、评估、预警和防控机制，加强风险预控管理，按规定将本单位重大危险源及相关安全措施、应急措施报有关地方人民政府安全生产监督管理部门和有关部门备案。

（六）进一步严格事故调查处理。各类生产安全事故发生后，各级人民政府必须按照事故等级和管辖权限，依法开展事故调查，并通知同级人民检察院介入调查。完善事故查处挂牌督办制度，按规定由省级、市级和县级人民政府分别负责查处的重大、较大和一般事故，分别由上一级人民政府安全生产委员会负责挂牌督办、审核把关。对性质严重、影响恶劣的重大事故，经国务院批准后，成立国务院事故调查组或由国务院授权有关部门组织事故调查组进行调查。对典型的较大事故，可由国务院安全生产委员会直接督办。建立事故调查处理信息通报和整改措施落实情况评估制度，所有事故都要在规定时限内结案并依法及时向社会全文公布事故调查报告，同时由负责查处事故的地方人民政府在事故结案1年后及时组织开展评估，评估情况报上级人民政府安全生产委员会办公室备案。

三、创新安全生产监管执法机制

（七）加强重点监管执法。地方各级人民政府和负有安全生产监督管理职责的部门要根据辖区、行业领域安全生产实际情况，分别筛选确定重点监管的市、县、乡镇（街道）、行政村（社区）和生产经营单位，实行跟踪监管、直接指导。国务院安全生产监督管理部门要组织各地区排查梳理高危企业分布情况和近5年来事故发生情况，确定重点监管对象，纳入国家重点监管调度范围并实行动态管理。进一步加强部门联合监管执法，做到密切配合、协调联动，依法严肃查处突出问题，并通过暗访暗查、约谈曝光、专家会诊、警示教育等方式督促整改。

（八）加强源头监管和治理。地方各级人民政府要将安全生产和职业病防治纳入经济社会发展规划，实现同步协调发展。各有关部门要进一步加强有关建设项目规划、设计环节的安全把关，防止从源头上产生隐患。建立岗位安全知识、职业病危害防护知识和实际操作技能考核制度，全面推行教考分离，对发生事故的要依法倒查企业安全生产培训制度落实情况。深入开展企业安全生产标准化建设，对不符合安全生产条件的企业要依法责令停产整顿，直至关闭退出。督促企业加强生产经营场所职业病危害源头治理，防止职业病发生。地方各级安全生产监督管理部门要建立与企业联网的隐患排查治理信息系统，实行企业自查自报自改与政府监督检查并网衔接，并建立健全线下配套监管制度，实现分级分类、互联互通、闭环管理。

（九）改进监督检查方式。各地区和相关部门要建立完善“四不两直”（不发通知、不打招呼、不听汇报、不用陪同和接待，直奔基层、直插现场）暗查暗访安全检查制度，制定事故隐患分类和分级挂牌督办标准，对重大事故隐患加大执法检查频次，强化预防控制措施。推行安全生产网格化动态监管机制，力争用3年左右时间覆盖到所有生产经营单位和乡村、社区。地方各级人民政府要营造良好的安全生产监管执法环境，不得以招商引资、发展经济等为由对安全生产监管执法设置障碍，2015年底前要全面清理、废除影响和阻碍安全生产监管执法的相关规定，并向上级人民政府报告。

（十）建立完善安全生产诚信约束机制。地方各级人民政府要将企业安全生产诚信建设作为社会信用体系建设的重要内容，建立健全企业安全生产信用记录并纳入国家和地方统一的信用信息共享交换平台。要实行安全生产“黑名单”制度并通过企业信用信息公示系统向社会公示，对列入“黑名单”的企业，在经营、投融资、政府采购、工程招投标、国有土地出让、授予荣誉、进出口、出入境、资质审核等方面依法予以限制或禁止。各地区要于2016年底前建立企业安全生产违法信息库，2018年底前实现全国联网，并面向社会公开查询。相关部门要加强联动，依法对失信企业进行惩戒约束。

（十一）加快监管执法信息化建设。整合建立安全生产综合信息平台，统筹推进安全生产监管执法信息化工作，实现与事故隐患排查治理、重大危险源监控、安全诚信、安全生产标准化、安全教育培训、安全专业人才、行政许可、监测检验、应急救援、事故责任追究等信息共建共享，消除信息孤岛。要大力提升安全生产“大数据”利用能力，加强安全生产周期性、关联性等特征分析，做到检索查询即时便捷、归纳分析系统科学，实现来源可查、去向可追、责任可究、规律可循。

（十二）运用市场机制加强安全监管。在依法推进各类用人单位参加工伤保险的同时，鼓励企业投保安全生产责任保险，并理顺安全生产责任保险与风险抵押金的关系，推动建立社会商业保险机构参与安全监管的机制。要在长途客运、危险货物道路运输领域继续实施承运人责任保险制度的同时，进一步推动在煤矿、非煤矿山、危险化学品、烟花爆竹、建筑施工、民用爆炸物品、特种设备、金属冶炼与加工、水上运输等高危行业和重点领域实行安全生产责任保险制度，推动公共聚集场所和易燃易爆危险品生产、储存、运输、销售企业投保火灾公共责任保险。建立健全国家、省、市、县四级安全生产专家队伍和服务机制。培育扶持科研院所、行业协会、专业服务组织和注册安全工程师事务所参与安全生产工作，积极提供安全管理和技术服务。

（十三）加强与司法机关的工作协调。制定安全生产非法违法行为等涉嫌犯罪案件移送规定，明确移送标准和程序，建立安全生产监管执法机构与公安机关和检察机关安全生产案情通报机制，加强相关部门间的执法协作，严厉查处打击各类违法犯罪行为。安全生产监督管理部门对逾期不履行安全生产行政决定的，要依法强制执行或者向人民法院申请强制执行，维护法律的权威性和约束力，切实保障公民生命安全和职业健康。

四、严格规范安全生产监管执法行为

（十四）建立权力和责任清单。按照强化安全生产监管与透明、高效、便民相结合的原则，进一步取消或下放安全生产行政审批事项，制定完善事中和事后监管办法，提高政府安全生产监管服务水平。地方各级人民政府及其相关部门、中央垂直管理部门设在地方的机构要依照安全生产法等法律法规和规章，以清单方式明确每项安全生产监管监察职权和责任，制定工作流程图，并通过政府网站和政府公告等载体，及时向社会公开，切实做到安全生产监管执法不缺位、不越位。

（十五）完善科学执法制度。各级安全生产监督管理部门要制定年度执法计划，明确重点监管对象、检查内容和执法措施，并根据安全生产实际情况及时进行调整和完善，确保执法效果。建立安全生产与职业卫生一体化监管执法制度，对同类事项进行综合执法，降低执法成本，提高监管实效。各有关部门依法对企业作出安全生产执法决定之日起20个工作日内，要向社会公开执法信息。

（十六）强化严格规范执法。各级安全生产监督管理部门和其他负有安全生产监督管理职责的部门要依法明确停产停业、停止施工、停止使用相关设施或者设备，停止供电、停止供应民用爆炸物品，查封、扣押、取缔和上限处罚等执法决定的具体情形、时限、执行责任和落实措施。加强执法监督，建立执法行为审议制度和重大行政执法决策机制，依法规范执法程序和自由裁量权，评估执法效果，防止滥用职权；对同类安全生产执法案件按不低于10%的比例，召集相关企业进行公开裁定。

五、加强安全生产监管执法能力建设

（十七）健全监管执法机构。2016年底前，所有的市、县级人民政府要健全安全生产监管执法机构，落实监管责任。地方各级人民政府要结合实际，强化安全生产基层执法力量，对安全生产监管人员结构进行调整，3年内实现专业监管人员配比不低于在职人员的75%。各市、县级人民政府要通过探索实行派驻执法、跨区域执法、委托执法和政府购买服务等方式，加强和规范乡镇（街道）及各类经济开发区安全生产监管执法工作。

（十八）加强监管执法保障建设。国务院安全生产监督管理部门、发展改革部门要做好安全生产监管部门和煤矿安全监察机构监管监察能力建设发展规划的编制实施工作。国务院社会保险行政部门要会同财政、安全生产监督管理等部门，在总结做好工伤预防试点工作基础上，抓紧制定工伤预防费提取比例、使用和管理的具体办法，加大对工伤预防的投入。地方各级人民政府要将安全生产监管执法机构作为政府行政执法机构，健全安全生产监管执法经费保障机制，将安全生产监管执法经费纳入同级财政保障范围，深入开展安全生产监管执法机构规范化、标准化建设，改善调查取证等执法装备，保障基层执法和应急救援用车，满足工作需要。

（十九）加强法治教育培训。按照谁执法、谁负责的原则，加强安全生产法等法律法规普法宣传教育，提高全民安全生产法治素养。地方各级人民政府要把安全法治纳入领导干部教育培训的重要内容，加强安全生产监管执法人员法律法规和执法程序培训，对新录用的安全生产监管执法人员坚持凡进必考必训，对在岗人员原则上每3年轮训一次，所有人员都要经执法资格培训考试合格后方可执证上岗。

（二十）加强监管执法队伍建设。地方各级人民政府和相关部门要加强安全生产监管执法人员的思想建设、作风建设和业务建设，建立健全监督考核机制。建立现场执法全过程记录制度，2017年底前，所有执法人员配备使用便携式移动执法终端，切实做到严格执法、科学执法、文明执法。进一步加强党风廉政建设，强化纪律约束，坚决查处腐败问题和失职渎职行为，宣传推广基层安全生产监管执法的先进典型，树立廉洁执法的良好社会形象。

各地区、各有关部门要充分认识进一步加强安全生产监管执法的重要意义，切实强化组织领导，积极抓好工作落实。各级领导干部要做尊法学法守法用法的模范，带头厉行法治、依法办事，运用法治思维和法治方式解决安全生产问题。国务院安全生产监督管理部门要会同有关部门认真开展监督检查，促进安全生产监管执法措施的落实，重大情况及时向国务院报告。

国务院办公厅
2015年4月2日

国务院办公厅关于
调整国务院安全生产委员会组成人员的通知

（国办发〔2015〕83号）

各省、自治区、直辖市人民政府，国务院各部委、各直属机构：

根据工作需要和人员变动情况，国务院决定对国务院安全生产委员会组成人员进行相应调整。现将调整后的名单通知如下：

主　任：马　凯　国务院副总理
副主任：郭声琨　国务委员、公安部部长
　　　　王　勇　国务委员
　　　　杨焕宁　安全监管总局局长
　　　　肖亚庆　国务院副秘书长
成　员：连维良　发展改革委副主任
　　　　鲁　昕　教育部副部长
　　　　张来武　科技部副部长
　　　　怀进鹏　工业和信息化部副部长
　　　　黄　明　公安部副部长
　　　　郝明金　监察部副部长
　　　　邹　铭　民政部副部长
　　　　张苏军　司法部副部长
　　　　刘　昆　财政部副部长
　　　　游　钧　人力资源社会保障部副部长
　　　　汪　民　国土资源部副部长
　　　　翟　青　环境保护部副部长

易　军　住房城乡建设部副部长
冯正霖　交通运输部副部长
矫　勇　水利部副部长
余欣荣　农业部副部长
房爱卿　商务部副部长
杨志今　文化部副部长
崔　丽　卫生计生委副主任
张喜武　国资委副主任
刘玉亭　工商总局副局长
陈　钢　质检总局副局长
田　进　新闻出版广电总局副局长
杨树安　体育总局副局长
陈凤学　林业局副局长
李世宏　旅游局副局长
胡可明　法制办副主任
许小峰　气象局副局长
王晓林　能源局副局长
王承文　国防科工局党组成员
张宏声　海洋局副局长
陆东福　铁路局局长
李家祥　民航局局长
马军胜　邮政局局长
王世明　中央宣传部副部长
王　峰　中央编办副主任
阎京华　全国总工会党组成员
汪鸿雁　共青团中央书记处书记
焦　扬　全国妇联副主席
周尚平　总参谋部应急办主任
戴肃军　武警部队副司令员
杨宇栋　中国铁路总公司副总经理
王德学　国务院安全生产委员会专家咨询委员会主任

国务院安全生产委员会办公室主任由安全监管总局局长杨焕宁兼任，副主任由安全监管总局副局长杨元元、孙华山、徐绍川、李兆前和安全监管总局副局长、煤矿安监局局长黄玉治担任。

国务院办公厅
2015 年 11 月 16 日

国务院安全生产委员会关于下达 2015 年全国安全生产控制指标的通知

（安委〔2015〕1 号）

各省、自治区、直辖市人民政府，新疆生产建设兵团：

2014 年，在党中央、国务院的高度重视和坚强领导下，经过各地区、各有关部门和单位的共同努力，全国各类事故死亡总人数、各行业领域和绝大多数地区事故死亡人数均在年度控制指标以内，全国安全生产控制指标实施情况总体较好，取得明显成效。

2015 年是安全生产“十二五”规划的收官之年。为推进各地区、各有关部门和生产经营单位进一步加强安全生产工作，促进全国安全生产形势持续稳定好转，经国务院同意，现将 2015 年全国安全生产控制指标（见附件）下达给你们，并就有关事项通知如下：

一、2015 年控制指标构成及下降幅度

2015 年全国安全生产控制指标设置为 5 类 31 项指标，即：总体控制指标 2 个，重点行业领域控制指标 15 个，事故起数控制指标 3 个，相对控制指标 9 个，职业卫生考核指标 2 个。

以 2014 年分解下达的控制指标为基数，降幅目标较安全生产“十二五”规划目标确定的年度目标略有调整，具体如下：

（一）总体控制指标

全国各类事故死亡人数下降幅度不低于

1.5%。

新增全国生产安全事故死亡人数。

（二）行业领域控制指标

1. 工矿商贸事故死亡人数下降幅度不低于3.0%。

其中：煤矿事故死亡人数下降幅度不低于6.0%；建筑施工事故死亡人数（其中房屋建筑及市政工程事故死亡人数），金属非金属矿山，化工和危险化学品，烟花爆竹，冶金机械8个行业等6个方面的行业领域事故死亡人数下降幅度不低于2.8%。

2. 道路交通事故死亡人数及生产经营性道路交通事故死亡人数力争有所下降。

3. 生产经营性火灾事故死亡人数力争有所下降。

4. 铁路交通事故死亡人数下降幅度不低于1.0%。

5. 农业机械事故死亡人数下降幅度不低于1.0%。

6. 水上交通事故死亡人数力争有所下降。

7. 渔业船舶事故死亡人数力争有所下降。

（三）相对控制指标

1. 亿元国内生产总值生产安全事故死亡率下降幅度不低于6.8%。

2. 工矿商贸就业人员10万人生产安全事故死亡率下降幅度不低于4.1%。

3. 道路交通万车死亡率下降幅度不低于1.3%。

4. 煤矿百万吨死亡率下降幅度不低于6.4%。

5. 水上交通百万吨吞吐量死亡率力争有所下降，控制在0.026以内。

6. 铁路交通10亿换算吨公里死亡率力争有所下降，控制在0.327以内。

7. 特种设备万台死亡率力争有所下降，控制在0.38以内。

8. 民航运输亿客公里死亡率力争有所下降，控制在0.018以内。

9. 10万人口火灾死亡率力争有所下降，控制在0.17以内。

（四）事故起数指标

1. 较大事故起数下降幅度不低于2.0%，其中煤矿较大事故起数下降幅度不低于2.0%。

2. 全国重特大事故起数力争下降5.0%，各省级统计单位实行重特大事故零控制。

（五）职业卫生指标

1. 用人单位职业病危害告知卡与警示标识设置率（工作场所职业病危害警示标识设置率，职业病危害严重作业岗位告知卡设置率）。

2. 用人单位主要负责人与职业卫生管理人员接受培训率（主要负责人接受职业卫生培训率，职业卫生管理人员接受职业卫生培训率）。

二、2015年控制指标的分解

为进一步强化地方各级人民政府的安全监管责任，2015年全国安全生产控制指标体系中，除部分重点行业领域控制指标、职业卫生指标以及道路交通万车死亡率、10万人口火灾死亡率、水上交通百万吨吞吐量死亡率和民航运输亿客公里死亡率四项相对指标不按地区分解下达外，其余各项指标均分解下达到各地区（工矿商贸中部分行业指标统一为“工矿商贸其他行业”指标下达）。对安全生产状况好、行业领域安全水平较高、主要相对指标达到或接近国际先进水平的地区，2015年控制指标继续保持相应水平，重点防范事故反弹；对事故总量较大、重特大事故多发、事故呈现反弹、主要相对控制指标仍较高的地区和行业领域，2015年要加大对其控制力度。对于总体控制指标、相对控制指标以及事故数量较大且具有普遍性特点的重点指标，地方各级人民政府应继续进行分解；对于基数较小、不易分解的各项指标，如工矿商贸、农业机械等，地方各级人民政府可以统筹把握，不强制要求继续分解。

为了体现创新精神，更好地与“十三五”期间统计指标和控制指标改革接轨，本着“管行业必须管安全”的要求，各行业主管部门要按照本部门具体情况设立“行业结构指标”。行业结构指标应与2015年度重点工作相衔接，体现本年度监管重点，务求将本行业领域中所占比例高、危害程度大的事故类型所占比例降下来。

各省（区、市）人民政府和新疆生产建设兵团要全面贯彻落实中央领导同志关于加强安全生产工作的一系列重要指示批示精神，有效防范遏制重特大事故，继续推进事故总量、重特大事故、四项相对指标“三个下降”，促进全国安全生产形势持续稳定好转。要着力健全激励约束机制，实行“一票否决”，严格予以奖惩；要不断健全安全生产控制指标实施进展情况的动态监督机制，继续完善和落实安全生产控制指标“月通报、季点评、年考核”制度，加强对重点地区和重点行业领域控制指标实施工作的监督检查，促进全国安全生产形势早日实现根本好转。

附件：2015 年全国安全生产控制指标（略）

国务院安全生产委员会
2015 年 3 月 12 日

国务院安全生产委员会关于成立国务院安委会专家咨询委员会的通知

（安委〔2015〕3 号）

各省、自治区、直辖市及新疆生产建设兵团安全生产委员会，国务院安委会各成员单位：

为切实加强对全国安全生产工作全局性、战略性和前瞻性重大问题的研究，充分发挥专家对安全生产工作的支撑作用，提高科学决策、民主决策水平，促进科学发展、安全发展，经国务院领导同志同意，国务院安委会决定成立专家咨询委员会。现将有关事项通知如下：

一、专家咨询委员会主要职责

（一）在国务院安委会领导下，对全国安全生产工作全局性、战略性和前瞻性重大问题进行调查研究、分析论证，并深度分析全国安全生产形势，提出意见和建议。

（二）受国务院安委会及其办公室的委托，负责组织相关专家对安全生产重大方针政策、战略规划、决策部署、改革措施和理论等方面进行研究论证，提出意见和建议。

（三）按照国务院安委会的要求，就安全监管总局（国务院安委会办公室）及其他国务院安委会成员单位提请国务院安委会审议的相关法律法规、政策措施、工作部署等有关重要文件进行会前咨询审议。

（四）根据国务院安委会及其办公室的工作部署，负责组织相关专家参与全国安全生产大检查、专项巡视督查、重特大事故调查处理和应急处置等工作。

（五）负责组织相关专家配合有关部门深入开展隐患排查治理，对重大隐患整改进行科学研究，提出切实可行的措施办法。

（六）负责组织专家配合有关部门开展安全风险评估、总结推广先进经验等工作。

（七）完成国务院安委会及其办公室交办的其他事项。

二、专家咨询委员会的组成

主　任：

王德学　安全监管总局原党组副书记、副局长兼国家安全生产应急救援指挥中心主任，教授级高工

副主任：

赵铁锤　安全监管总局原副局长、煤矿安监局原局长，教授级高工

史玉波　能源局副局长、高级工程师

徐祖远　交通运输部原副部长，高级工程师

梁嘉琨　安全监管总局原副局长，高级工程师

刘平均　质检总局原副局长，高级工程师

郭允冲　住房城乡建设部原副部长，工程师

郭炎炎　工业和信息化部纪检组原组长

蔡安季　公安部政治部原主任

李新华　中石油集团公司原副总经理，高级工程师

王浩水　安全监管总局党组成员、总工程师、高级工程师

委　员：（按姓氏笔画排序）

马长城　中国城市燃气协会副秘书长

马国宪　湖北省公安厅交通管理局原局长

马秋宁　中石油集团公司抚顺石化公司原安全副总监，教授级高工

王长军　公安部交通科学研究所所长、研究员

王金付　交通运输部安全总监、高级工程师

王树森　吉林省交通运输厅原厅长，高级工程师

王树鹤　安全监管总局原党组成员、总工程师，教授级高工

王　峰　中国铁建股份有限公司安全总监、教授级高工

王朝华　农业部中国渔业互保协会理事长

卢鉴章　煤炭科学研究总院原常务副院长，教授级高工

刘　宪　农业部农机监理总站原站长，研究员

刘恩祥　民航局原安全专员

牟善军　中石化股份有限公司青岛安全工程研究院副院长、教授级高工

杜兰萍　公安部消防局副局长、总工程师，高级工程师

李　刚　交通运输部政策研究室主任、高级工程师

李彦武　交通运输部公路局局长、高级工程师

吴风来　工业和信息化部安全生产司原司长，高级工程师

沈　琛　中石化集团公司工程部副主任、教授级高工

宋桂玉　铁路局安全总监、安全监察司司长

宋继红　质检总局特种设备局局长

张玉清　能源局副局长

张　全　中国城市规划设计研究院水务与工程院院长、教授级高工

张汝石　水利部安全监督司副司长、教授级高工

张军邦　中国铁路总公司郑州铁路局局长

张　斌　国土资源部地质灾害应急技术指导中心应急演练室原主任、教授级高工

陈兰华　铁路局副局长、高级工程师

陈姝萍　公安部治安管理局原副局长

陈燕海　工业和信息化部原材料工业司原司长

邵长利　中国建筑业协会建筑安全分会副会长、高级工程师

罗富荣　北京市轨道交通建设管理有限公司总工、教授级高工

周守为　中海油总公司原副总经理，工程院院士

赵小凡　工业和信息化部软件服务业司原司长，研究员

赵广朝　北京市旅游发展委委员

钮新强　水利部长江勘测规划设计院院长、工程院院士

夏兴华　民航局原副局长

陶庆法　国土资源部地质环境司原巡视员，教授级高工

黄学农　能源局电力安全监管司司长

黄　毅　安全监管总局原党组成员、总工程师，国务院参事室特约研究员

曹湘洪　中石化集团公司原副总经理，工程院院士

曹耀峰　中石化集团公司原副总经理，教授级高工

康　熊　中国铁道科学研究院原常务副院长，研究员

彭　力　中石油集团公司应急办原副主任，高级工程师

彭建勋　煤矿安监局原副局长，高级工程师

秘书长：

王晋中　国家安全生产应急救援指挥中心常务副主任

三、专家咨询委员会工作机构设置

专家咨询委员会设矿山、石油化工、交通运输、建筑施工、工贸与民爆、消防、能源、特种设备、应急管理、理论与法制研究10个专业委员会。各专业委员会在专家咨询委员会领导下开展工作。各专业委员会设主任委员1名、副主任委员2～3名、委员若干名，具体人员组成由国务院安委会办公室和专家咨询委员会研究确定。

专家咨询委员会设秘书处承担日常工作，秘书处与安全监管总局技术委员会秘书处合署办公，设副秘书长2～3名，由国务院安委会办公室与专家咨询委员会确定。

国务院安全生产委员会

2015年6月12日

国务院安全生产委员会关于印发《油气输送管道保护和安全监管职责分工》和《2015 年油气输送管道隐患整治攻坚战工作要点》的通知

（安委〔2015〕4 号）

各省、自治区、直辖市人民政府，新疆生产建设兵团，国务院油气输送管道安全隐患整改工作领导小组各成员单位，国务院有关部门，有关中央企业：

《油气输送管道保护和安全监管职责分工》和《2015 年油气输送管道隐患整治攻坚战工作要点》已经国务院同意，现印发给你们，请认真贯彻执行。

各省（区、市）人民政府要高度重视，精心部署，加强组织协调，督促落实本行政区域内各有关方面责任，建立完善职责清晰、分工明确、相互配合、保障有力的工作体制机制。国务院油气输送管道安全隐患整改工作领导小组各成员单位和有关部门要结合职责分工，认真组织落实各项工作任务，积极制定相关配套政策措施。有关中央企业要切实强化责任意识，落实安全生产主体责任，会同地方政府认真查找和整改安全隐患，确保取得实效。

国务院安全生产委员会

2015 年 7 月 23 日

油气输送管道保护和安全监管职责分工

为认真贯彻落实国务院领导同志重要批示精神，加快完善油气输送管道保护和安全监管工作体制机制，建立覆盖规划、建设、保护、监管等各个环节的责任体系，依据相关法律法规和相关部门主要职责、内设机构和人员编制规定等，进一步明确油气输送管道保护部门和相关部门职责如下：

一、国家发展改革委、国家能源局

1. 依法主管全国管道保护工作，协调跨省、自治区、直辖市管道保护的重大问题。组织核准跨省、自治区、直辖市油气输送管道建设项目。

2. 组织编制并实施全国管道发展相关规划，统筹协调跨省、自治区、直辖市管道规划与其他专项规划的衔接。

3. 起草或制修订职责范围内涉及油气输送管道的标准规范。

4. 组织推进油气输送管道行业重大设备研发，指导科技进步、成套设备的引进消化创新，组织协调相关重大示范工程和推广应用新工艺、新技术、新设备。

5. 指导督促各省、自治区、直辖市人民政府能源主管部门依法主管本行政区域的管道保护工作，协调处理本行政区域管道保护的重大问题。

6. 指导督促油气输送管道企业落实安全生产主体责任，加强日常安全管理，保障管道安全运行。

二、公安部

组织、指导、监督地方公安机关依法查处打孔盗油等破坏油气输送管道的违法犯罪行为，维护良好的管道保护治安秩序。

三、财政部

加强对安全生产预防和重大安全隐患治理的支持。启动对油气输送管道通过地区税收分享政策的研究，完善管道沿线地方人民政府参与管道保护的激励机制，调动地方人民政府保护管道的积极性。

四、国土资源部

1. 组织制定油气输送管道项目土地利用政策、措施及用地标准，完善建设用地补偿机制。

2. 组织、指导地方国土资源部门依法查处毗邻油气输送管道保护范围的矿山领域无证开采、超越批准的矿区范围采矿等非法违法违规行为。

五、环境保护部

1. 负责按国家规定审批油气输送管道建设项目环境影响评价文件。

2. 负责牵头协调油气输送管道重特大突发环境事件的调查处理，指导协调地方人民政府开展相关重特大突发环境事件的应急、预警工作。

六、住房城乡建设部

1. 指导地方人民政府城乡规划主管部门做好油气输送管道建设规划的审核工作，经审核符合城乡规划的，应当依法纳入当地城乡规划，依法根据城乡规划为管道建设项目核发规划许可。严格油气输送管道周边施工项目审批和日常监督管理，配合管道保护部门严查管道周边违法施工行为。

2. 组织制定油气输送管道工程建设实施阶段的国家标准。

七、交通运输部

1. 组织拟定并监督实施公路、铁路、水路等行业规划、政策和标准，与油气输送管道发展规划、建设规划、标准相衔接。

2. 组织协调解决公路、铁路、水路建设项目与油气输送管道建设和安全运行相关的重大问题。

3. 负责做好跨越、穿越航道的油气输送管道项目航道通航条件影响评价审核工作。

八、水利部

组织或参与协调解决水利工程建设与油气输送管道建设和安全运行相关的重大问题。

九、国务院国资委

按照出资人职责，负责督促检查经营油气输送管道业务的相关中央企业贯彻落实国家安全生产方针政策及有关法律法规、标准等工作。督促相关中央企业加强油气输送管道隐患排查和治理工作，落实各项安全防范措施。

十、质检总局

负责油气输送管道行业的特种设备安全监督管理，依法组织实施油气输送管道等特种设备质量监督和安全监察，组织制定相关国家标准和安全技术规范，实施相关行政许可，监督检查油气输送管道检验检测和风险评估工作。

十一、安全监管总局

1. 负责组织跨省、自治区、直辖市油气输送管道建设项目（用于生产、储存、装卸危险物品的建设项目）安全审查工作。

2. 依法组织油气输送管道特别重大生产安全事故调查处理和办理结案工作，监督事故查处和责任追究落实情况。

2015年油气输送管道隐患整治攻坚战工作要点

2015年油气输送管道隐患整治攻坚战主要目标任务：依照《中华人民共和国石油天然气管道保护法》等有关法律法规和标准规范，督促各地区和有关中央企业认真贯彻落实国务院安委会关于深入开展油气输送管道隐患整治攻坚战工作部署和国务院油气输送管道安全隐患整改工作领导小组（以下简称领导小组）第二次全体会议的要求，年内完成形成密闭空间隐患的整治，实现重大隐患整改率达60%以上，加快建立事故预防控制体系，全面提高油气输送管道保护和安全管理水平。

一、落实油气输送管道隐患整改责任

1. 督促企业严格落实隐患整改主体责任，认真制定并落实隐患整改方案，明确整改目标、责任、资金、时限和措施，加快整改进度；督促企业继续深入排查治理安全隐患，加强安全管理。（安全监管总局、国务院国资委、国家能源局牵头，有关中央企业分工负责）

2. 督促、指导地方政府落实属地监管责任，加强隐患整改工作的组织领导和指挥协调，及时整改因非法占压和侵占管道安全距离造成的隐患，抓好隐患整改验收工作。（领导小组办公室牵头，有关成员单位分工负责）

3. 按照“后建服从先建”原则，加大需要政企联动整改的隐患协调力度，落实整改责任，推动加快隐患整改工作。（领导小组办公室牵头，有关成员单位配合）

二、强化油气输送管道隐患整改督导检查

4. 强化隐患整改督办，加大对集中占压等重大隐患和形成密闭空间隐患的挂牌督办力度，推进隐患整改工作。（领导小组办公室牵头，各成员单位配合）

5. 建立隐患整改督导工作机制，领导小组办公室统一组织，有关成员单位牵头负责对相关省（区、市）的督导工作，督促重点、难点地区加快隐患整改。（领导小组办公室牵头，相关成员单位分工负责）

6. 强化隐患整改暗查暗访，建立“黑名单”制度，调度通报各地区和有关中央企业隐患整改工作进展，及时协调解决影响隐患整改的重大问题，抓好挂牌督办隐患整改的跟踪和验收工作。（领导小组办公室、国家能源局牵头，各成员单位配合）

三、依法严厉打击危及管道安全的各类非法违法行为

7. 强化监管执法，依法严厉打击盲目施工、危及管道安全的乱建乱挖乱钻等非法违法行为。（能源局牵头，国土资源部、住房城乡建设部、国务院国资委、安全监管总局等配合）

8. 依法严厉打击打孔盗油等破坏油气输送管道的违法犯罪活动。（公安部牵头，有关成员单位配合）

四、加快完善管道保护和安全监管体制机制

9. 督促各省（区、市）人民政府依法依规落实本行政区域内各有关方面责任，建立上下衔接顺畅、管理高效的油气输送管道保护和安全监管工作体制。（领导小组办公室牵头，各成员单位配合）

10. 加强油气输送管道专项规划与城乡规划的协调衔接，油气输送管道专项规划应符合城乡规划要求。（国家能源局牵头，住房城乡建设部、国土资源部、安全监管总局等配合）

11. 加大工作力度，解决好油气输送管道用地存在的问题，合理确定补偿标准，进一步完善建设用地补偿机制。（国土资源部牵头，住房城乡建设部、财政部、安全监管总局、国家能源局等配合）

12. 将油气输送管道隐患整治作为安全生产“十三五”规划的重要内容之一，与国民经济社会发展同步部署、同步推进、同步考核。（领导小组办公室牵头，有关单位配合）

五、加强资金政策支持，加快推动隐患整改和应急体系建设

13. 组织有关中央企业落实企业整改资金，并就涉及的考核、审计等政策问题，商财政、审计等部门解决。（国务院国资委牵头，财政部、审计署，中石油、中石化、中海油等配合）

14. 明确油气输送管道安全隐患整改中央资金渠道，研究提出中央、地方和企业的投入分摊原则，并对中西部财政困难地区予以适当倾斜。（国家发展改革委、国家能源局牵头，财政部、领导小组办公室等配合）

15. 研究制定管道通过地区税收分成政策，完善管道沿线地方政府参与管道保护的激励机制，调动地方政府和受影响群众保护管道积极性。（财政部牵头，国家能源局配合）

16. 加快建立国家油气输送管道地理信息管理系统平台，落实建设资金，2015 年完成全国 30% 左右油气输送管道信息进入系统，初步实现在线路规划、土地利用、管道保护、第三方施工、高后果区监管、应急处置等方面的管道安全管理决策支持功能。（安全监管总局牵头，国家发展改革委、国土资源部、国务院国资委、质检总局、国家能源局，中石油、中石化、中海油等配合）

17. 全面推进油气输送管道检验检测和风险评估，完成使用 20 年以上（含 20 年）油气输送管道检测周期内的检测评估工作，力争 2015 年实现油气输送管道检测周期内的检测评估覆盖率达

60% 以上。（质检总局牵头，国务院国资委、国家能源局、有关中央企业配合）

18. 在开展油气输送管道应急救援资源、技术支撑条件现状调研工作基础上，依托现有资源条件，完善布局，强化管理，增强能力，推动油气输送管道应急救援体系和技术支撑保障体系建设。（安全监管总局、国家发展改革委牵头，财政部、国家能源局，中石油、中石化、中海油等配合）

六、坚持问题导向，积极完善相关法规标准体系

19. 在前期对标梳理的基础上，针对当前安全保护和管理的突出问题，进一步加大工作力度，加快落实相关法规和标准制定、修订工作计划。（国务院法制办、质检总局牵头，有关成员单位配合）

20. 出台关于加强石油天然气长输管道保护和安全管理工作的意见。（安全监管总局、国家能源局牵头，各成员单位配合）

国务院安全生产委员会关于印发《国务院安全生产委员会成员单位安全生产工作职责分工》的通知

（安委〔2015〕5 号）

各省、自治区、直辖市及新疆生产建设兵团安全生产委员会，国务院安全生产委员会各成员单位：

《国务院安全生产委员会成员单位安全生产工作职责分工》已经 2015 年 7 月 28 日国务院安全生产委员会全体会议审议通过，经国务院领导同志同意，现予印发，请各成员单位遵照执行。

各地区、各部门要认真贯彻落实习近平总书记关于建立健全“党政同责、一岗双责、齐抓共管”的安全生产责任体系的重要指示精神，按照国务院统一部署，切实加强各行业领域安全生产工作。

一、负有安全监管职责的行业主管部门要按照“管行业必须管安全、管业务必须管安全、管生产经营必须管安全”的要求，做到安全生产责任“五落实”：一是落实“党政同责”，部门党政主要负责人对安全生产工作负总责；二是落实领导班子成员“一岗双责”，部门领导班子成员要在各自分管领域各负其责；三是落实行业领域安全生产监督管理责任，健全工作机构、明确工作职责、充实专业力量；四是落实日常监督检查和指导督促职责，加强本行业领域安全生产监管执法，做好有关事故预防控制，发生重特大事故立即派员到现场指导参与抢险救援、事故调查等工作；五是落实安全生产工作考核奖惩、“一票否决”等制度，建立自我约束、持续改进的安全生产长效机制，按照“谁主管、谁负责”、“谁审批、谁负责”的原则，督促落实企业安全生产主体责任，健全本行业领域安全生产责任体系。

二、其他有关部门要切实履行安全生产相关工作职责，强化安全生产责任落实，为安全生产工作提供支持和保障。

三、进一步完善安全生产工作责任目标考核机制，强化地方各级人民政府和各有关部门安全生产职责落实，大力推进安全生产形势持续稳定好转。

国务院安全生产委员会
2015 年 8 月 27 日

国务院安全生产委员会成员单位安全生产工作职责分工

一、总则

坚持以人为本、安全发展的理念，坚持安全第一、预防为主、综合治理的方针，推动建立生产经营单位负责、职工参与、政府监管、行业自律和社会监督的机制，各司其职、各负其责，共同推进安全生产工作。

国务院安全生产监督管理部门依法对全国安全生产工作实施综合监督管理；负有安全生产监督管理职责的国务院有关部门在各自职责范围内，对有关行业领域的安全生产工作实施监督管理；负有行业领域管理职责的国务院有关部门要将安全生产工作作为行业领域管理工作的重要内容，切实承担起指导安全管理的职责，指导督促生产经营单位做好安全生产工作，制定实施有利于安全生产的政策措施，推进产业结构调整升级，严格行业准入条件，提高行业安全生产水平；其他有关部门结合本部门工作职责，为安全生产工作提供支持和保障。

二、安全生产工作职责分工

（一）国家发展改革委

1. 把安全生产和职业病防治工作纳入国民经济和社会发展规划。与安全监管总局联合发布实施安全生产监管部门和煤矿安全监察机构监管监察能力建设规划，研究安排安全生产监管监察基础设施、执法装备、执法和应急救援用车、信息化建设、技术支撑体系、应急救援体系建设和隐患治理等所需中央预算内投资，并对投资计划执行情况进行监督检查。

2. 按照职责分工，参与对不符合有关矿山工业发展规划和总体规划、不符合产业政策、布局不合理等矿井关闭及关闭是否到位情况进行监督和指导。

（二）教育部

1. 负责教育系统的安全监督管理。指导地方加强各类学校（含幼儿园）的安全监督管理工作，督促各类学校制定安全管理制度和突发事件应急预案，落实安全防范措施。

2. 将安全教育纳入学校教育内容，指导学校开展安全教育活动，普及安全知识，加强实训实习期间和校外社会实践活动的安全管理。

3. 加强安全科学与工程及职业卫生相关学科建设，加快培养煤矿、化工等安全生产和职业卫生相关专业人才。

4. 会同有关部门依法负责校车安全管理的有关工作。

5. 负责教育系统安全管理统计分析，依法参加有关事故的调查处理，按照职责分工对事故发生单位落实防范和整改措施的情况进行监督检查。

（三）科技部

1. 将安全生产科技进步纳入科技发展规划和中央财政科技计划（专项、基金等）并组织实施。

2. 负责安全生产重大科技攻关、基础研究和应用研究的组织指导工作，会同有关部门推动安全生产科研成果的转化应用。

3. 加大对安全生产重大科研项目的投入，引导企业增加安全生产研发资金投入，促使企业逐步成为安全生产科技投入和技术保障的主体。

4. 在国家科学技术奖励工作中，加大对安全生产领域重大研究成果的支持，引导社会力量参与安全生产科技工作。

（四）工业和信息化部

1. 指导工业加强安全生产管理。在行业发展规划、政策法规、标准规范等方面统筹考虑安全生产，严格行业规范和准入管理，实施传统产业技术改造，淘汰落后工艺和产能，指导重点行业排查治理隐患，促进产业结构升级和布局调整，促进工业化和信息化深度融合，从源头治理上指导相关行业提高企业本质安全水平。

2. 负责通信业及通信设施建设和民用飞机、民用船舶制造业安全生产监督管理及民用船舶建造质量安全监管，制定相关行业安全生产规章制度、标准规范并组织实施，指挥协调生产安全事故应急通信。

3. 负责民用爆炸物品生产、销售的安全监督管理，按照职责分工组织查处非法生产、销售（含储存）民用爆炸物品的行为。

4. 按照职责分工，依法负责危险化学品生产、储存的行业规划和布局。严格道路机动车辆生产企业及产品准入许可。会同有关部门推动安全产业、应急产业发展。

5. 负责相关行业安全生产统计分析，依法参加有关事故的调查处理，按照职责分工对事故发生单位落实防范和整改措施的情况进行监督检查。

（五）公安部

1. 负责对全国的消防工作实施监督管理，指导、监督地方公安机关开展消防监督、火灾扑救和重大灾害事故及其他以抢救人员生命为主的应急救援工作。

2. 负责全国道路交通安全管理工作，指导、监督地方公安机关预防和处理道路交通事故，维护道路交通秩序以及机动车辆、驾驶人管理工作，开展道路交通安全宣传教育。

3. 指导、协调、监督地方公安机关对民用爆炸物品购买、运输、爆破作业及烟花爆竹运输、燃放环节实施安全监管，监控民用爆炸物品流向，按照职责分工组织查处非法购买、运输、使用（含储存）民用爆炸物品的行为和非法运输、燃放烟花爆竹的行为。

4. 指导、监督地方公安机关依法核发剧毒化学品购买许可证、剧毒化学品道路运输通行证，并负责危险化学品运输车辆的道路交通安全管理。

5. 指导、监督地方公安机关依法对相关大型群众性活动实施安全管理。

6. 依法参加有关事故的调查处理；负责指导、监督地方公安机关依法组织或参加道路交通事故、火灾事故等有关事故的调查处理，开展统计分析，按照职责分工对事故发生单位落实防范和整改措施的情况进行监督检查；指导地方公安机关查处相关刑事案件和治安案件。

（六）监察部

1. 加强对行政监察对象依法履行安全生产监督管理职责的监督。

2. 依法参加有关重特大生产安全事故调查处理，查处事故涉及的失职渎职、以权谋私、权钱交易等违法违纪行为。

3. 督促落实重特大生产安全事故责任人员的责任追究决定和意见。

（七）司法部

1. 将安全生产法律法规纳入公民普法的重要内容，会同有关部门广泛宣传普及安全生产法律法规知识；指导律师、公证、基层法律服务工作，为生产经营单位提供安全生产法律服务。

2. 负责全国监狱安全管理工作，指导、监督司法行政系统戒毒场所安全管理工作，贯彻执行安全生产法律法规和标准，落实安全生产责任制，完善安全生产条件，消除事故隐患。

3. 负责司法行政系统安全生产统计分析。

（八）财政部

1. 完善有利于安全生产的财政、税收、信贷等经济政策，健全安全生产投入保障机制，加强对安全生产预防、重大安全隐患治理和监管监察能力建设的支持。

2. 指导地方健全安全生产监管执法经费保障机制，将安全生产监管执法经费纳入同级财政保障范围。

（九）人力资源社会保障部

1. 将安全生产法律、法规及安全生产知识纳入相关行政机关、事业单位工作人员职业教育、继续教育和培训学习计划并组织实施，将安全生产履职情况作为行政机关、事业单位工作人员奖惩、考核的重要内容。会同有关部门按照国家有关规定对安全生产领域先进集体和先进个人以及在事故救援工作中做出突出贡献的单位和个人进行评比表彰。

2. 拟订工伤保险政策、规划和标准，指导和监督落实企业参加工伤保险有关政策措施，会同国务院财政、卫生行政、安全生产监督管理等部门制定工伤预防费用的提取比例、使用和管理的具体办法，加大工伤预防的投入。依据职业病诊断结果，做好职业病人的社会保障工作。

3. 负责劳动合同及工伤保险法律法规实施情况监督检查工作，督促用人单位依法签订劳动合同和参加工伤保险，规范企业劳动用工行为；指导农民工培训教育工作。

4. 制定工作时间、休息休假政策，按照职责分工制定女职工、未成年工特殊劳动保护政策。

5. 会同有关部门制定和实施安全生产领域各类专业技术人才、技能人才规划、培养、继续教育、考核、奖惩等相关政策。

6. 指导技工学校、职业培训机构的安全管理工作。指导技工学校、职业培训机构开展安全知识和技能教育培训，制定突发事件应急预案，落实安全防范措施。

7. 会同有关部门制定安全生产领域职业资格相关政策，与国务院安全生产监督管理部门一并会同国务院有关部门制定注册安全工程师按专业分类管理的具体办法。

（十）国土资源部

1. 负责查处重大无证勘查开采、持勘查许可证采矿、超越批准的矿区范围采矿等违法违规行为，维护良好的矿产资源开发秩序。

2. 按照职责分工，负责对无采矿许可证和超层越界开采、资源接近枯竭、不符合矿产资源规划等矿井关闭工作及关闭是否到位情况进行监督和指导；会同相关部门组织指导并监督检查全国废弃矿井的治理工作。

3. 负责矿产资源开发的管理，组织编制实施矿产资源规划，合理布局探矿权和采矿权。负责管理地质勘查行业及资质，加强对地质勘查活动的监督检查。

（十一）环境保护部

1. 负责核安全和辐射安全的监督管理。拟订有关政策、规划、标准，参与核事故应急处理，负责辐射环境事故应急处理工作。监督管理核设施安全、放射源安全，监督管理核设施、核技术应用、电磁辐射、伴有放射性矿产资源开发利用中的污染防治。对核材料的管制和民用核安全设备的设计、制造、安装和无损检验活动实施监督管理。负责全国放射性废物的安全监督管理工作，对放射性物品运输的核与辐射安全实施监督管理。

2. 按照职责分工，负责对破坏生态环境、污染严重的矿井关闭及关闭是否到位情况进行监督和指导。

3. 依法对废弃危险化学品等危险废物的收集、贮存、处置等进行监督管理。依法组织危险化学品的环境危害性鉴定和环境风险程度评估，确定实施重点环境管理的危险化学品，负责危险化学品环境管理登记和新化学物质环境管理登记；按照职责分工调查相关危险化学品环境污染事故和生态破坏事件，负责危险化学品事故现场的应急环境监测。

4. 按照职责分工，牵头协调相关重特大环境污染事故和生态破坏事件的调查处理，指导协调地方政府开展相关重特大突发环境事件的应急、预警工作。

（十二）住房城乡建设部

1. 依法对全国的建设工程安全生产实施监督管理（按照国务院规定职责分工的铁路、交通、水利、民航、电力、通信专业建设工程除外）。负责拟订建筑安全生产政策、规章制度并监督执行，依法查处建筑安全生产违法违规行为。监督管理房屋建筑工地和市政工程工地用起重机械、专用机动车辆的安装、使用。

2. 依法组织编制和实施城乡规划，并与安全生产规划、管道发展规划相衔接，加强有关建设项目规划环节的安全把关。指导地方城乡规划主管部门依法将管道建设选线方案纳入当地城乡规划管理，根据城乡规划为管道建设项目核发规划许可。指导镇、乡、村庄规划的编制和实施，指导农村住房建设、农村住房安全和危房改造。

3. 指导城市市政公用设施建设、安全和应急管理，指导城市供水、燃气、热力、园林、市容环境治理、城市规划区绿化、城镇污水处理设施和管网、城市地下空间开发利用、风景名胜区等安全监督管理。会同有关部门加强对地下管线建设管理工作的指导和监督检查，指导地方住房城乡建设部门会同有关部门负责城市地下管线综合管理。指导城市地铁、轨道交通规划和建设的安全监督管理。

4. 负责建筑施工、建筑安装、建筑装饰装修、勘察设计、建设监理等建筑业和房地产开发、物业管理、房屋征收拆迁等房地产业安全生产监督管理工作。负责指导和监督省级建设主管部门负责的建筑施工企业安全生产准入管理，指导建筑施工企业从业人员安全生产教育培训工作。

5. 负责建筑业、房地产业和住房城乡建设系统安全生产统计分析，依法组织或参加有关事故的调查处理，按照职责分工对事故发生单位落实防范和整改措施的情况进行监督检查。

（十三）交通运输部

1. 指导公路、水路行业安全生产和应急管理工作。拟订并监督实施公路、水路行业安全生产政策、规划和应急预案，指导有关安全生产和应急处置体系建设，承担公路、水路重大突发事件处置的组织协调工作，承担有关公路、水路运输企业安全生产监督管理工作。

2. 负责水上交通安全监督管理。负责水上交通管制、船舶及相关水上设施检验、登记和防治污染、水上消防、航海保障、救助打捞、通信导航、船舶与港口设施保安等工作。负责危险货物水路运输安全监督管理。负责船员管理有关工作。负责中央管理水域水上交通安全事故、船舶及相关水上设施污染事故的应急处置，指导地方水上交通安全监督管理工作。

3. 负责道路运输管理工作。指导运输线路、营运车辆、枢纽、运输场站等管理工作；负责拟订经营性机动车营运安全标准并监督实施，指导机动车维修、营运车辆综合性能检测管理，参与机动车报废政策、标准制定工作，负责机动车驾驶员培训机构和驾驶员培训管理工作；指导公共汽车、城市地铁和轨道交通运营、出租汽车、汽车租赁等安全监督管理工作。

4. 负责公路、水路建设工程安全生产监督管理工作。按规定制定公路、水路工程建设有关政策、制度和技术标准并监督实施。组织协调公路、水路有关重点工程建设安全生产监督管理工作，指导交通运输基础设施管理和维护，承担有关重要设施的管理和维护。

5. 按照职责分工指导并组织开展交通运输行业安全生产专项整治工作。指导各地组织实施公路安保工程，加强道路交通安全设施建设；负责查处船舶超载和打击无牌、无证、报废船舶营运等违法行为；指导或配合有关部门查处车辆超载和打击无牌、无证、报废车辆营运等违法行为。

6. 指导危险货物道路运输、水路运输的许可以及运输工具的安全管理和从业人员资格认定。按照职责范围组织拟订危险货物有关标准。

7. 负责河道采砂影响航道及通航安全的管理工作。

8. 指导有关交通运输企业安全评估、安全生产标准化建设和从业人员的安全生产教育培训工作。

9. 负责交通运输行业安全生产统计分析，依法组织或参加有关事故的调查处理，按照职责分工对事故发生单位落实防范和整改措施的情况进行监督检查。

（十四）水利部

1. 负责水利行业安全生产工作，组织、指导水库、水电站大坝、农村水电站及其配套电网的安全监督管理。

2. 组织实施水利工程建设安全生产监督管理工作，按规定制定水利工程建设有关政策、制度、技术标准和重大事故应急预案并监督实施。

3. 负责组织、协调和指导长江宜宾以下干流河道采砂活动的统一管理和监督检查；牵头负责河道采砂监督管理工作并对采砂影响防洪安全、河势稳定、堤防安全负责。

4. 负责病险水库除险加固工作。

5. 指导、监督水利行业从业人员的安全生产教育培训考核工作。

6. 负责水利行业安全生产统计分析，依法参加有关事故的调查处理，按照职责分工对事故发生单位落实防范和整改措施的情况进行监督检查。

（十五）农业部

1. 指导农业行业安全生产工作，拟订农业行业安全生产政策、规划和应急预案并组织实施。

2. 指导渔业安全生产工作。代表国家行使渔政渔港和渔船检验监督管理权，依法对渔港水域交通安全实施监督管理，负责渔港、渔船、渔业船员等监督管理。

3. 指导农机安全生产工作。指导农机作业安全和维修管理；按照职责分工，依法指导农机登记、安全检验、事故处理、农机驾驶人员培训和考核发证工作。

4. 指导草原防火工作。负责农药监督管理工作，承担农药使用环节安全指导工作。指导农村可再生能源综合开发利用。指导畜禽屠宰行业安全生产工作。

5. 负责农业行业安全生产统计分析，依法组织或参加有关事故的调查处理，按照职责分工对事故发生单位落实防范和整改措施的情况进行监督检查。

（十六）商务部

1. 配合有关部门做好商贸服务业（含餐饮业、住宿业）安全生产监督管理工作，按有关规定对拍卖、典当、租赁、汽车流通、旧货流通行业等和成品油流通进行监督管理，指导再生资源回收工作。指导督促商贸、流通企业贯彻执行安全生产法律法规，加强安全管理，落实安全防范措施。

2. 会同有关部门指导督促对外投资合作企业境内主体加强境外投资合作项目安全生产工作。

3. 配合有关部门对商贸、流通企业违反安全生产法律法规行为进行查处。

（十七）文化部

1. 在职责范围内依法对文化市场安全生产工作实施监督管理，拟订文化市场有关安全生产政策，组织制定文化市场突发事件应急预案，加强应急管理。

2. 在职责范围内依法对互联网上网服务经营场所、娱乐场所和营业性演出、文化艺术经营活动执行有关安全生产法律法规的情况进行监督检查。

3. 负责文化系统所属单位的安全监督管理，指导图书馆、博物馆、文化馆（站）、文物保护单位等文化单位和重大文化活动、基层群众文化活动加强安全管理，落实安全防范措施。

4. 加强对有关安全生产法律法规和安全生产知识的宣传，配合有关部门共同开展安全生产重大宣传活动。

5. 负责文化市场和文化系统安全生产统计分析，依法参加有关事故的调查处理，按照职责分工对事故发生单位落实防范和整改措施的情况进行监督检查。

（十八）国家卫生计生委

1. 按照职责分工，负责职业卫生、放射卫生的监督管理工作。

2. 负责卫生计生系统安全管理工作。指导医疗卫生机构、计划生育技术服务机构等制定安全管理制度和突发事件应急预案，落实安全防范措施，做好医疗废物、放射性物品安全处置管理工作。

3. 协调指导生产安全事故的医疗卫生救援工作，对重特大生产安全事故组织实施紧急医学救援。

（十九）国务院国资委

1. 按照国有资产出资人的职责，负责检查督促中央企业贯彻落实党和国家的安全生产方针政策及有关法律法规、标准等，指导督促中央企业加强安全生产管理和落实安全生产主体责任。

2. 督促中央企业主要负责人落实安全生产第一责任人的责任和企业安全生产责任制，开展中央企业负责人安全生产考核。

3. 依照有关规定，参与或组织开展对中央企业安全生产和应急管理的检查、督查，督促中央企业落实各项安全防范和隐患治理措施。

4. 参加中央企业特别重大生产安全事故的调查，负责落实事故责任追究的有关规定。

5. 督促中央企业搞好统筹规划，把安全生产纳入中长期发展规划，保障职工健康与安全。

（二十）工商总局

1. 严格依法办理涉及安全生产前置审批事项的工商登记。

2. 配合有关部门开展安全生产专项整治，按照职责分工依法查处无照经营等非法违法行为；对有关许可审批部门依法吊销、撤销许可证或者其他批准文件，或者许可证、其他批准文件有效期届满的生产经营单位，根据有关部门的通知，依法责令其办理变更登记或注销登记，对于擅自从事相关经营活动情节严重的，依法撤销注册登记或者吊销营业执照；配合有关部门依法查处取缔未经安全生产（经营）许可的生产经营单位。

3. 配合有关部门加强对商品交易市场的安全检查和促进市场主办单位依法加强安全管理。

（二十一）质检总局

1. 负责对全国特种设备安全实施监督管理，承担综合管理特种设备安全监察、监督工作的责任。管理锅炉、压力容器、压力管道、电梯、起重机械、客运索道、大型游乐设施、场（厂）内专用机动车辆等特种设备的安全监察、监督工作。

2. 监督管理特种设备的生产（包括设计、制造、安装、改造、修理）、经营、使用、检验、检测和进出口。

3. 监督管理特种设备检验检测机构和检验检测人员、作业人员的资质资格。

4. 依法负责保障劳动安全的产品、影响生产安全的产品质量安全监督管理。负责危险化学品及其包装物、容器生产企业的工业产品生产许可证的管理工作，并依法对其产品质量实施监督，负责对进出口烟花爆竹、危险化学品及其包装实施检验。

5. 负责会同有关部门根据技术进步和产业升级需要，组织制修订安全生产国家标准。

6. 负责特种设备安全生产统计分析，依法组织或参加有关事故的调查处理，按照职责分工对事故发生单位落实防范和整改措施的情况进行监督检查。

（二十二）新闻出版广电总局

1. 负责指导、监督新闻出版广播影视机构及设施设备安全管理，协助监督管理印刷业安全生产，指导、协调全国性重大广播电视、电影活动，推进应急广播建设，制定新闻出版广播影视有关安全制度和处置重大突发事件预案并组织实施。

2. 组织指导新闻出版广播影视机构及新闻媒体开展安全生产宣传教育，配合有关部门共同开展安全生产重大宣传活动，对违反安全生产法律法规的行为进行舆论监督。

（二十三）体育总局

1. 负责公共体育设施安全运行的监督管理。

2. 按照有关规定，负责监督指导高危险性体育项目、有关重要体育赛事和活动、体育彩票发行的安全管理工作。

3. 负责本系统所属单位的安全管理工作，监督检查系统内单位贯彻执行有关安全法律法规的情况，落实安全防范措施。

（二十四）国家林业局

1. 依法履行林业安全生产监督管理职责。负责指导林区、林场、自然保护区、森林公园等单位安全监督管理工作。

2. 负责林业系统安全生产统计分析，依法参加有关事故的调查处理，按照职责分工对事故发生单位落实防范和整改措施的情况进行监督检查。

（二十五）国家旅游局

1. 负责旅游安全监督管理工作，在职责范围内对旅游安全实施监督管理。指导地方对旅行社企业安全生产及应急管理工作进行监督检查，依法指导景区建立具备开放的安全条件。

2. 会同国家有关部门对旅游安全实行综合治理，配合有关部门加强旅游客运安全管理。

3. 负责全国旅游安全管理的宣传、教育、培训工作。

4. 负责旅游行业安全生产统计分析，依法参加有关事故的调查处理，按照职责分工对事故发生单位落实防范和整改措施的情况进行监督检查。

（二十六）国务院法制办

1. 负责审查有关部门报送国务院的有关安全生产法律草案、行政法规草案，起草或组织起草有关安全生产重要法律草案、行政法规草案。

2. 负责有关安全生产地方性法规、地方政府规章和国务院部门规章的备案审查。

3. 负责有关安全生产行政法规解释的具体承办工作，承办申请国务院裁决的有关安全生产行政复议案件，指导、监督全国安全生产行政复议工作。

（二十七）中国气象局

1. 建立健全气象灾害监测预报预警联动机制，根据天气气候变化情况及防灾减灾工作需要，及时向各有关地区和部门提供气象灾害监测、预报、预警及气象灾害风险评估等信息。负责为安全生产预防控制和事故应急救援提供气象服务保障。

2. 依法履行雷电灾害安全防御的监督管理职责，组织制定有关安全生产政策措施并监督实施，依法参加有关事故的调查，指导省级气象主管机构的监督管理工作。

3. 会同有关部门指导无人驾驶自由气球和系留气球安全生产监督管理工作，组织制定有关安全生产政策措施并监督实施。负责人工影响天气作业期间的安全检查和事故防范。

（二十八）国家能源局

1. 拟订并组织实施能源发展战略、规划和政策，组织制定煤炭、石油、天然气、电力、新能源和可再生能源等能源，以及炼油、煤制燃料和燃料乙醇的产业政策及相关标准。制定实施有利于安全生产的政策措施，指导督促能源行业加强安全生产管理，严格行业准入条件，提高行业安全生产水平。

2. 协调有关方面开展煤层气开发、淘汰煤炭落后产能、煤矿瓦斯治理和利用工作，制定相关标准和政策措施，会同有关部门推进煤炭企业兼并重组。

3. 负责汇总提出能源的中央财政性建设资金投资安排建议，按规定权限核准、审核国家规划内和年度计划规模内能源投资项目，将安全设施“三同时”纳入建设项目管理程序。

4. 负责核电管理，组织核电厂的核事故应急管理工作。

5. 负责电力安全生产监督管理、可靠性管理和电力应急工作，制定除核安全外的电力运行安全、电力建设工程施工安全、工程质量安全监督管理办法并组织监督实施，组织实施依法设定的行政许可，负责水电站大坝的安全监督管理。指导和监督电力行业安全生产教育培训考核工作，组织电力安全生产新技术的推广应用。

6. 依法主管全国石油天然气管道保护工作，协调跨省、自治区、直辖市管道保护的重大问题。组织核准跨省、自治区、直辖市油气输送管道建设项目。组织编制并实施全国管道发展相关规划，统筹协调跨省、自治区、直辖市管道规划与其他专项规划的衔接。起草或制修订职责范围内涉及油气输送管道的标准规范。组织推进油气输送管道行业重大设备研发，指导科技进步、成套设备的引进消化创新，组织协调相关重大示范工程和推广应用新工艺、新技术、新设备。指导督促各省、自治区、直辖市人民政府能源主管部门依法主管本行政区域的管道保护工作，协调处理本行政区域管道保护的重大问题。指导督促油气输送管道企业落实安全生产主体责任，加强日常安全管理，保障管道安全运行。

7. 负责电力行业和石油天然气管道保护安全生产统计分析，依法组织或参加有关事故的调查处理，按照职责分工对事故发生单位落实防范和整改措施的情况进行监督检查。

（二十九）国家国防科工局

1. 负责核、航天、航空、船舶、兵器及军工电子行业（民用核设施、民用飞机、民用船舶除外）和军工系统安全生产监督管理工作，指导协调并监督检查相关行业和军工系统安全生产工作。

2. 组织拟订军工系统安全生产政策、标准规范并组织实施，指导推进军工系统安全生产标准化和诚信体系建设。

3. 牵头负责国家核事故应急管理工作，负责军工核设施安全监督管理工作。

4. 负责相关行业和军工系统安全生产统计分析，依法参加有关事故的调查处理，按照职责分工对事故发生单位落实防范和整改措施的情况进行监督检查。

（三十）国家海洋局

1. 负责机动渔船底拖网禁渔区线外侧和特定渔业资源渔场的渔业执法检查并组织调查处理渔业生产纠纷。参与海上应急救援，依法组织或参加调查处理海上渔业生产安全事故，按规定权限调查处理相关海洋环境污染事故等，按照职责分工对事故发生单位落实防范和整改措施的情况进行监督检查。

2. 负责制定海洋观测预报、海域海岛监视监测和海洋灾害警报制度并监督实施，组织编制并实施海洋观测网规划，发布海洋预报、海岛及其周边海域监视监测结果、海洋灾害警报和公报，建设海洋环境安全保障体系，参与重大海洋灾害应急处置。

（三十一）国家铁路局

1. 负责铁路安全生产监督管理，制定铁路运输安全、工程质量安全和设备质量安全监督管理办法并组织实施，组织实施依法设定的行政许可，指导、监督铁路行政执法工作，依法查处影响铁路安全的违法违规行为。

2. 组织监督铁路运输安全情况，按照法律法规规定的条件和程序办理铁路运输有关行政许可并承担相应责任，组织拟订规范铁路运输市场秩序政策措施并监督实施。

3. 组织拟订规范铁路工程建设市场秩序政策措施并监督实施，组织监督铁路工程质量安全和工程建设招标投标工作。

4. 组织监督铁路设备产品质量安全，按照法律法规规定的条件和程序办理铁路机车车辆设计生产维修进口许可、铁路运输安全设备生产企业认定等行政许可并承担相应责任。

5. 负责危险货物铁路运输及其运输工具的安全监督管理。

6. 负责组织监测分析铁路运行安全情况，负责铁路行业安全生产统计分析，依法组织或参加有关事故的应急救援和调查处理，按照职责分工对事故发生单位落实防范和整改措施的情况进行监督检查。

（三十二）中国民航局

1. 负责民航行业安全生产监督管理工作。起草相关法律法规草案、规章草案、政策和标准，按规定拟订有关规划和计划，并监督实施。组织民航重大安全科技项目开发与应用，推进安全管理信息化建设，指导民航行业安全教育培训、安全科技工作。

2. 承担民航飞行安全和地面安全监管责任。负责民用航空器运营人资格、航空人员资格、航空人员训练机构资格、飞行训练设备、维修单位资格和民用航空产品的审定和监督检查，负责危险品航空运输监管、民用航空器运行评审工作，负责机场飞行程序和运行最低标准监督管理工作。

3. 负责监督民航空中交通管理工作，负责监督管理民航通信导航监视、航行情报、航空气象服务工作。

4. 承担民航空防安全监管责任。负责民航安全保卫的监督管理、民航安全检查、机场消防救援的监督管理。

5. 拟订民用航空器事故标准，组织协调民航突发事件应急处置。

6. 负责民用机场建设和安全运行的监督管理。负责民用机场的场址、总体规划、工程设计审批和使用许可管理工作，承担民用机场应急救援、净空保护有关管理工作和机场内供油企业安全运行监督管理工作，负责民航专业工程质量和安全监督管理。

7. 负责民航行业安全生产统计分析，依法组织或参加有关事故的调查处理，按照职责分工对事故发生单位落实防范和整改措施的情况进行监督检查。

（三十三）国家邮政局

1. 负责邮政行业安全生产监督管理，负责邮政行业运行安全的监测、预警和应急管理，保障邮政通信与信息安全。

2. 依法监管邮政市场，负责快递等邮政业务的市场准入，监督检查寄递企业执行有关法律法规和落实安全保障制度情况，依法查处寄递危险化学品、易燃易爆物品等违法违规行为。

3. 负责邮政行业安全生产统计分析，依法参加有关事故的调查处理，按照职责分工对事故发生单位落实防范和整改措施的情况进行监督检查。

（三十四）全国总工会

1. 依法对安全生产和职业病防治工作进行监督，反映劳动者的诉求，提出意见和建议，维护劳动者的合法权益，对企业和个体工商户遵守劳动保障法律法规的情况进行监督。

2. 调查研究安全生产工作中涉及职工合法权益的重大问题，参与涉及职工切身利益的有关安全生产政策、措施、制度和法律、法规草案的拟订工作。

3. 指导地方工会参与职工劳动安全卫生的培训和教育工作。开展群众性劳动安全卫生活动，动员广大职工开展群众性安全生产监督和隐患排查，落实职工岗位安全责任，推进群防群治。

4. 依法参加特别重大生产安全事故和严重职业病危害事故的调查处理，代表职工监督事故发生单位防范和整改措施的落实。

（三十五）安全监管总局

1. 组织起草安全生产综合性法律法规草案，拟订安全生产政策和规划，指导协调全国安全生产工作，综合管理全国安全生产统计工作，分析和预测全国安全生产形势，发布全国安全生产信息，协调解决安全生产中的重大问题。

2. 承担国家安全生产综合监督管理责任，依法行使综合监督管理职权，指导协调、监督检查国务院有关部门和各省、自治区、直辖市人民政府安全生产工作，监督考核并通报安全生产控制指标执行情况，监督事故查处和责任追究落实情况。

3. 承担工矿商贸行业安全生产监督管理责任，按照分级、属地原则，依法监督检查工矿商贸生产经营单位贯彻执行安全生产法律法规情况及其安全生产条件和有关设备（包括海洋石油开采特种设备和非煤矿山井下特种设备，其他特种设备除外）、材料、劳动防护用品使用的安全生产管理工作，负责监督管理中央管理的工矿商贸企业安全生产工作。

4. 承担中央管理的非煤矿山企业和危险化学品、烟花爆竹生产经营企业安全生产准入管理责任，依法组织并指导监督实施安全生产准入制度；负责危险化学品安全监督管理综合工作和烟花爆竹生产、经营的安全生产监督管理工作。

5. 负责起草职业卫生监管有关法规，制定用人单位职业卫生监管相关规章，组织拟订国家职业卫生标准中的相关标准。负责用人单位职业卫生监督检查工作，依法监督用人单位贯彻执行国家有关职业病防治法律法规和标准情况。组织查处职业病危害事故和违法违规行为。负责监督管理用人单位职业病危害项目申报工作。负责职业卫生检测、评价技术服务机构的监督管理工作。

6. 会同有关部门制定实施安全生产标准发展规划和年度计划。制定和发布工矿商贸行业安全生产规章、标准和规程并组织实施，监督检查安全生产标准化建设、重大危险源监控和重大事故隐患排查治理工作，依法查处不具备安全生产条件的工矿商贸生产经营单位。

7. 负责组织国务院安全生产大检查和专项督查，根据国务院授权，依法组织特别重大生产安全事故调查处理和办理结案工作，监督事故查处和责任追究落实情况。按照职责分工对工矿商贸行业事故发生单位落实防范和整改措施的情况进行监督检查。

8. 负责安全生产应急管理的综合监管，组织指挥和协调安全生产应急救援工作，会同有关部门加强生产安全事故应急能力建设，健全完善全国安全生产应急救援体系。

9. 负责综合监督管理煤矿安全监察工作，拟订煤炭行业管理中涉及安全生产的重大政策，按规定制定煤炭行业规范和标准，指导煤矿企业安全生产标准化、相关科技发展和煤矿整顿关闭工作，对重大煤炭建设项目提出意见，会同有关部门审核煤矿安全技术改造和瓦斯综合治理与利用项目。

10. 指导监督职责范围内建设项目安全设施和职业卫生“三同时”工作。

11. 组织指导并监督特种作业人员（煤矿特种作业人员、特种设备作业人员除外）的操作资格考核工作和非煤矿山、危险化学品、烟花爆竹、金属冶炼等生产经营单位主要负责人、安全生产管理人员的安全生产知识和管理能力考核工作，监督检查工矿商贸生产经营单位安全生产培训和用人单位职业卫生培训工作。

12. 指导协调全国安全评价、安全生产检测检验工作，监督管理安全评价、安全生产检测检验、安全标志等安全生产专业服务机构，监督和指导注册安全工程师执业资格考试和注册管理工作。

13. 指导协调和监督全国安全生产行政执法工作。

14. 组织拟订安全生产科技规划，指导协调安全生产重大科技研究推广和安全生产信息化工作。

15. 组织开展安全生产方面的国际交流与合作。

16. 承担国务院安全生产委员会的日常工作和国务院安全生产委员会办公室的主要职责。

（三十六）国家煤矿安监局

1. 拟订煤矿安全生产政策，参与起草有关煤矿安全生产的法律法规草案，拟订相关规章、规程、安全标准，按规定拟订煤炭行业规范和标准，提出煤矿安全生产规划。

2. 承担国家煤矿安全监察责任，检查指导地方政府煤矿安全监督管理工作。对地方政府贯彻落实煤矿安全生产法律法规、标准，煤矿整顿关闭，煤矿安全监督检查执法，煤矿安全生产专项整治、事故隐患整改及复查，煤矿事故责任人的责任追究落实等情况进行监督检查，并向地方政府及其有关部门提出意见和建议。

3. 承担煤矿安全生产准入监督管理责任，依法组织实施煤矿安全生产准入制度，指导和管理煤矿安全有关资格证的考核颁发工作并监督检查，指导和监督相关安全培训工作。

4. 负责拟订煤矿职业卫生监管相关规章，组织起草煤矿职业卫生相关标准。负责煤矿职业卫生监督检查工作，依法监督煤矿贯彻执行国家有关职业病防治法律法规和标准情况。组织查处煤矿职业病危害事故和违法违规行为。负责煤炭采选业职业卫生技术服务机构资质专业能力审查，指导并监督检查煤矿职业卫生培训工作。负责指导监督煤矿职业病危害项目申报工作。

5. 负责对煤矿企业安全生产实施重点监察、专项监察和定期监察，依法监察煤矿企业贯彻执行安全生产法律法规情况及其安全生产条件、设备设施（包括煤矿井下特种设备）安全情况，依法查处违法违规行为。

6. 依法组织或参加煤矿生产安全事故调查处理，监督事故查处的落实情况，分析全国煤矿生产安全事故与职业病危害情况。

7. 负责煤炭重大建设项目安全核准工作，指导监督煤矿建设项目安全设施和职业卫生“三同时”工作，依法查处不具备安全生产条件的煤矿企业。

8. 负责组织指导和协调煤矿事故应急救援工作。

9. 指导煤矿安全生产和职业卫生科技研究及成果推广工作，组织对煤矿使用的设备、材料、仪器仪表的安全监察工作。

10. 指导煤炭企业安全基础管理工作，指导推进煤矿企业安全生产标准化和诚信体系建设，会同有关部门指导和监督煤矿生产能力核定和煤矿整顿关闭工作，对煤矿安全技术改造和瓦斯综合治理与利用项目提出审核意见。

（三十七）中国铁路总公司

1. 遵守国家有关安全生产、职业安全卫生与劳动保护的法律法规，执行国家有关政策，加强安全生产管理，建立健全安全生产责任制和安全生产规章制度，提高安全生产水平，确保安全生产。

2. 负责国家铁路安全管理工作，负责铁路运输安全、设备质量安全、运营食品安全以及职工劳动安全管理，承担企业安全主体责任并督促所属企业落实安全主体责任。

3. 负责铁路运输统一调度指挥，承担国家铁路客货运输经营管理及国家规定的公益性运输、关系国计民生的重点运输和特运、专运、抢险救灾运输等任务的安全管理责任。

4. 负责国家铁路（含控股合资铁路）新线投产运营的安全评估，负责路网日常养护维修和更新改造，承担相关建设工程的质量安全管理责任，负责铁路运输装备的购置、调配、处置，承担设备运用维护管理责任。

5. 组织制定并实施铁路生产安全事故应急救援预案，参与有关事故调查处理，组织落实事故防范和整改措施。

中央宣传部、中央编办、共青团中央、全国妇联和总参谋部应急办、武警总部依照有关规定履行相关安全生产工作职责，为安全生产工作提供支持和保障。其他负有安全生产工作职责的国务院有关部门及其管理的国家局，按照国务院批准的部门“三定”规定和《安全生产法》及其他有关法律、行政法规、规范性文件赋予的职责，负责本行业领域或本部门、本系统的安全生产监督管理工作。

国务院安全生产委员会关于开展安全生产综合督查的通知

（安委明电〔2015〕1号）

各省、自治区、直辖市人民政府，新疆生产建设兵团，国务院安委会各成员单位：

为深入贯彻落实习近平总书记、李克强总理等中央领导同志关于加强安全生产工作的重要批示指示精神，按照全国安全生产电视电话会议部署，经国务院领导同志同意，国务院安委会定于2015年1月中下旬在全国范围内开展安全生产综合督查。现就有关事项通知如下：

一、督查主要对象

地方各级人民政府及有关部门，高危行业领域企业，重点抽查煤矿、金属非金属矿山、危险化学品、油气输送管道、烟花爆竹、建筑施工、道路交通、消防、粉尘涉爆等行业领域企业。

二、督查重点内容

（一）政府层面。

1. 贯彻落实2015年1月6日全国安全生产电视电话会议精神，做好当前特别是春节、全国“两会”期间安全防范工作情况。

2. 贯彻落实新《安全生产法》情况。

3. 持续开展“六打六治”打非治违专项行动，建立健全打非治违工作长效机制情况。

4. 油气输送管道安全隐患整治攻坚战、煤矿隐患排查治理行动、劳动密集型企业消防安全专项治理等工作进展情况。

5. 建立健全安全生产暗查暗访工作制度及开展情况。

（二）企业层面。

根据相关法律法规，由国务院安委会办公室按行业领域分别制定检查表。

三、督查组组成

国务院安委会组织16个督查组，分别由国务院安委会有关成员单位负责同志带队。每组负责督查2个省级单位，具体抵达时间另行通知。

四、有关要求

（一）各地区、各有关部门要高度重视，在认真组织开展好本地区、本行业领域督查工作的同时，积极配合国务院安委会各督查组做好相关工作。

（二）国务院安委会各督查组要深入基层、深入一线，严肃认真地开展督查活动，并严格执行中央八项规定精神和党风廉政建设有关规定，轻车简从，廉洁自律。

（三）督查结束后，国务院安委会各督查组要向地方人民政府反馈督查情况，并形成督查总结报告，于1月30日前报送国务院安委会办公室。

附件：督查分组及联系方式（略）

国务院安全生产委员会
2015年1月8日

国务院安全生产委员会关于全面开展安全生产大检查深化“打非治违”和专项整治工作的通知

（安委明电〔2015〕2号）

各省、自治区、直辖市人民政府，新疆生产建设兵团，国务院安委会各成员单位，各中央企业：

今年以来，全国安全生产形势继续稳定好转，但重特大事故时有发生，部分地区和行业领域安全生产非法违法问题依然十分突出。为进一步加强安全生产工作，强化安全监管，推进依法治安，经国务院同意，定于2015年8月至12月底在全国全面开展安全生产大检查，进一步深化“打非治违”和专项整治工作。现将有关事项通知如下：

一、总体要求

认真贯彻落实习近平总书记、李克强总理等党中央、国务院领导同志关于加强安全生产工作的重要指示批示精神，按照“全覆盖、零容忍、严执法、重实效”的总要求，坚持问题导向，全面开展大检查、大排查，强化安全生产监管执法，保持“打非治违”高压态势，深化重点行业领域专项整治，真正深下去、严起来，彻查安全隐患，堵塞管理漏洞，强化源头治理，有效防范和坚决遏制重特大事故发生，为纪念抗日战争胜利70周年活动等创造良好安全生产环境，为稳增长、促改革、调结构、惠民生提供有力安全保障。

二、主要内容

（一）立即全面开展安全生产大检查。

1. 检查重点。全面检查全国所有地区、所有行业领域，所有生产经营单位和人员密集场所（以下统称各单位）。突出煤矿、金属非金属矿山等重点矿区，粉尘涉爆、油气罐区等重点部位，校车、客车和旅游大巴等重点车辆，电梯、游乐设施等特种设备，农村、山区、风景区道路等重点路段，养老院、福利院、救助管理机构、中小学校、幼儿园等重点人员密集场所，以及近期重特大事故暴露出的问题开展检查。

2. 检查内容。

（1）建立健全“党政同责、一岗双责、齐抓共管”安全生产责任体系，实现“五级五覆盖”、企业“五落实五到位”，推进重点工作落实情况。

（2）贯彻落实新《安全生产法》和《国务院办公厅关于加强安全生产监管执法的通知》（国办发〔2015〕20号）要求，加强监管执法情况。

（3）严格落实企业主体责任，健全安全制度，落实安全投入，加强安全培训，推进安全生产标准化建设等情况。

（4）落实安全检查责任制，突出重点行业领域，加强安全管理，深入开展隐患排查治理，对查出的问题和隐患整改落实情况。

（5）严格执行事故查处挂牌和跟踪督办制度，对典型事故实行提级调查，从严从快查处各类事故，落实整改措施和责任追究情况。

（6）建立健全预防自然灾害引发事故应急处置协调联动机制，落实汛期安全防范措施情况。

（二）深入开展“六打六治”打非治违专项行动和重点行业领域专项整治。

1. 矿山：重点打击无证或证照不全、不按设计要求生产建设、违抗停产停建指令、打假密闭、瓦斯监测数据造假以及尾矿库违规排放等行为，整治隐蔽致灾因素不清盲目组织生产、遇险不撤人、以非煤矿山名义开采共（伴）生煤炭、小采石场不分台阶开采等问题。

2. 危险化学品、烟花爆竹、油气输送管道：重点打击危险化学品企业违规进行倒罐、动火、受限空间作业，乱挖、乱钻破坏损害油气输送管道，以及无证非法生产或一证多厂、分包转包生产烟花爆竹等行为，整治油气等危险化学品罐区和化工市场安全距离不足、仓储与经营混杂，油气输送管道违法占压、安全距离不足、违规交叉穿越，以及烟花爆竹企业“三库四防”（中转库、药物总库、成品总库，防爆、防火、防雷、防静电）不达标和下店上宅、前店后宅、集中连片经营等问题。

3. 交通运输：重点打击客车和校车非法改装、非法营运、船舶超航区航行等行为，整治超速、超载、疲劳驾驶，客运车辆特别是旅游包车不按规定安装使用动态监控系统装置、不开展安全宣誓、不佩戴安全带、不执行夜间禁行和农村及山区道路限行规定，船舶在恶劣天气条件下违规航行，危险化学品运输车辆不按规定安装使用紧急切断装置等问题。

4. 建筑施工：重点打击无资质施工、超资质范围承揽工程、违法分包转包工程行为，整治不按专项设计方案施工、无相应资质证书从事建筑施工活动等问题。

5. 消防：重点打击消防设计未经审核、消防设施未经验收投入使用行为，整治违规住人、违规使用聚苯乙烯和聚氨酯泡沫塑料作装修装饰材料、消防设施缺失损坏、安全出口疏散通道堵塞锁闭等问题。

6. 粉尘涉爆：重点打击违规使用可燃性彩色粉尘行为，整治作业场所违反《严防企业粉尘爆炸五条规定》（国家安全监管总局令第 68 号）存在除尘系统未采用泄爆措施、粉尘清理不及时等问题。

同时，把“六打六治”打非治违专项行动与安全生产大检查和矿山整顿关闭、煤矿瓦斯治理、油气等危险化学品罐区安全专项整治、油气输送管道隐患整治攻坚、消防安全专项检查、客车驾驶员安全宣誓活动和“安全带－生命带”专项行动、粉尘作业使用场所安全专项检查、电梯和游乐设施等特种设备安全专项整治、长江等内河客运安全管理、职业病危害专项治理、加强应急救援演练等紧密结合，将安全生产大检查中发现的严重非法违法行为和重大隐患，纳入“打非治违”的重点内容，依法依规严厉打击、彻底整治。

三、工作安排

（一）全面排查。

1. 各地区、各有关部门和各单位结合实际制定工作方案，深入动员、层层落实，全面开展自查自纠。

2. 地方各级人民政府认真履行属地管理责任，组织对辖区内所有生产经营单位进行全覆盖检查。各有关部门组织对本行业领域各单位进行全面检查。

（二）集中整治。

1. 实行联合执法、集中整治，依法整改消除一批重大隐患，停产整顿一批严重违规违章企业，关闭取缔一批非法违法生产经营单位，严厉惩处一批非法违法单位责任人。

2. 加强督促检查，开展暗查暗访，推动各项工作措施落实到位。

（三）巩固提升。

1. 对重点地区和单位隐患整改落实情况进行“回头看”，对已责令停产整顿、关闭取缔的企业逐一复查。国务院安委会组织对各地区开展综合督查。

2. 各地区、各有关部门对安全生产大检查、深化“打非治违”和专项整治工作开展情况进行全面总结，针对突出问题制定有力措施，推动建立安全生产长效机制。

四、有关要求

各地区、各有关部门和各单位要把全面开展安全生产大检查、深化“打非治违”和专项整治作为当前安全生产重点工作，精心安排部署，认真抓实抓好。

（一）加强组织领导。各地区、各有关部门要高度重视，强化组织领导，确保贯彻到位、工作到位、措施到位，严防搞形式、走过场。

（二）创新工作方式。采取暗查暗访、随机抽查、“回头看”检查、交叉检查，通过实行联合执法、案件移送、公布“黑名单”、事故提级调查、集中曝光警示等多种方式，深查问题，彻查隐患，督促整改到位。

（三）严格检查执法。坚持对非法违法行为和重大安全隐患“零容忍”，一经发现，坚决采取“四个一律”和停产、停建、停电、停供、扣押、关闭等强制执法措施，做到从严查处、打击到位。

（四）加强宣传引导。充分利用各种媒体，采取各种方式，加大先进典型经验交流推广和反面典型案例曝光力度，加强示范引领和警示教育。

（五）坚持综合治理。实行多措并举，综合施策，标本兼治，加强协调联动，形成齐抓共管的合力，狠抓各项工作措施落实。

各地区、各有关部门要在8月20日前将全面开展安全生产大检查、深化“打非治违”和专项整治工作实施方案报送国务院安委会办公室。

国务院安全生产委员会

2015年8月7日

国务院安全生产委员会关于深入开展危险化学品和易燃易爆物品安全专项整治的紧急通知

（安委明电〔2015〕3号）

各省、自治区、直辖市人民政府，新疆生产建设兵团，国务院安委会各成员单位，各有关中央企业：

2015年8月12日23时30分左右，天津港区瑞海国际物流有限公司危险品仓库发生一起特别重大火灾爆炸事故，造成重大人员伤亡、经济损失和社会影响，教训极其深刻。截至8月14日10时，事故已造成51人死亡、住院治疗701人（含重症71人）。该起事故暴露出在危险化学品和易燃易爆物品领域的一些地方、部门和单位安全红线意识淡薄，部分从事港口危险货物作业的单位安全生产主体责任不落实、安全法规标准执行不力，港口危险货物进出口安全管理存在漏洞，危险货物作业人员违规违章操作，危险化学品事故应急处置不到位，有关地方政府及其职能部门监督管理不严格等突出问题。

事故发生后，党中央、国务院高度重视，习近平总书记、李克强总理等中央领导同志作出重要指示批示，要求深刻汲取此次事故的沉痛教训，坚持人民利益至上，认真进行安全隐患排查，全面加强危险品管理，切实把各项安全生产措施落到实处，确保人民生命财产安全。

为认真贯彻落实党中央、国务院领导同志重要指示批示精神，深刻汲取事故教训，举一反三，排除隐患，严防类似事故发生，经国务院同意，国务院安委会决定立即在全国范围内深入开展危险化学品和易燃易爆物品专项整治。现就有关要求通知如下：

一、切实把思想和行动统一到习近平总书记、李克强总理重要指示批示精神上来。各地区、各有关部门和各单位要认真学习、深刻领会习近平总书记、李克强总理等党中央、国务院领导同志的重要指示批示精神，清醒认识当前安全生产形势的严峻性、复杂性、突发性，进一步强化红线意识，牢固树立安全发展理念，切实把思想和行动统一到党中央、国务院的决策部署上来，以更加坚决的态度、更加务实的作风、更加有力的措施，坚决打好危险化学品和易燃易爆物品安全专项整治这场攻坚战。各级领导干部要亲力亲为，亲自深入生产作业场所督促检查，加大对重点地区、重点环节和重点企业的暗查暗访力度，真正了解实情、发现问题，及时督促落实整改。各相关企业要全面落实安全生产主体责任，认真组织开展自查自纠，严格落实各项安全生产措施，坚决防范事故发生。

二、立即组织对所有危险化学品和易燃易爆物品生产、经营、仓储、运输企业进行一次全面排查。各地区、各有关部门要结合当前正在开展的安全生产大检查、“打非治违”和油气等危险化学品罐区专项安全大检查、石油化工企业安全隐患专项排查整治、危化品经营市场安全专项整治等重点工作，按照“全覆盖、零容忍、严执法、重实效”的总体要求，组织对辖区内所有危险化学品和易燃易爆物品生产、经营、仓储、运输企业进行一次全面彻底排查，重点排查居民集中居住区、人员密集场所以及危险货物站场、港区、机场、车站、危险品运输物流中转场所、油气罐区等。发现重大事故隐患，必须立即整改，一时难以整改到位的，要责令企业立即停产、停工、停用，安排专人 24 小时盯守，并切实做到整改措施、责任、资金、时限和预案“五落实”，确保绝对安全。特别要严格落实氰化物等剧毒品、硝酸铵等易燃易爆物品的特殊监管措施，对因隐患排查治理工作不认真、不到位、走过场的单位，要依法依规严肃追究单位主要负责人和有关人员的责任。

三、严格落实危险化学品和易燃易爆物品生产经营企业安全生产主体责任。各地区、各有关部门要切实加强监管执法，强化监督检查，督促企业全面落实安全生产主体责任。一是坚决禁止不具备安全生产条件的企业从事危险化学品和易燃易爆物品生产经营，对安全管理责任不落实和存在重大安全隐患的企业，要依法责令停业整顿，经整改合格后方可恢复生产经营；对整改不达标的，要依法依规取消其相应资质。二是危险货物港口要根据储存介质的危险和禁忌特性进行储存，建立危险化学品物流、储存、装卸管理台账，严格落实港口内装卸、过驳、储存、包装危险货物或者对危险货物集装箱进行装拆箱等作业活动的相关法规标准要求，确保危险化学品和易燃易爆物品生产经营安全可控。三是严格危险货物港口经营从业人员的从业资格管理，加强对危险货物港口经营单位主要负责人、危险货物装卸管理人员、申报人员、集装箱装箱现场检查员以及其他从业人员的培训教育，增强经营从业人员遵章守法意识和安全防范意识，提高安全操作技能。

四、加强危险化学品和易燃易爆物品安全源头治理。各地区、各有关部门要坚持关口前移，强化源头治理，切实提升危险化学品和易燃易爆物品安全管理水平。一是科学制定化工行业发展规划，安全合理选址，严格执行技术标准和设计规范，坚决防止盲目投资、盲目发展危险化学品和易燃易爆物品项目。二是严把危险化学品和易燃易爆物品项目安全准入关，对不符合建设项目“三同时”要求的新建、改建、扩建项目要立即停建，对于非法建设和严重违法的项目，要坚决依法关闭或取消。三是加快重大危险源自动化监控系统改造工作，提高装置的自动化控制水平，减少现场操作人员，提高本质安全水平，从源头上消除安全隐患。

五、进一步提升危险化学品和易燃易爆物品事故应急处置能力。要针对此次事故救援工作暴露出的问题，进一步加强危险化学品和易燃易爆物品事故应急处置能力建设。一是针对可能发生的各类事故，进一步完善危险化学品和易燃易爆物品事故应急预案，并加强应急演练。二是加快整合危险化学品物流企业 GPS 监控平台、高速公路交通运行监控系统、公安交警交通安全管理系统等信息系统资源，统一和规范地方政府危险化学品事故接处警平台，建立责任明晰、运转高效的应急联动机制，确保遇有突发事件能及时有效进行处置。三是在充分发挥公安消防等专业救援队伍作用的同时，依托相关企业和单位，建立危险化学品和易燃易爆物品专兼职应急救援队伍，配备专门装备和物资。四是把事故应急意识和自救互救技能教育培训作为全民素质教育的重要内容，组织开展全方位、多角度的宣传教育，不断提高全民事故防范意识和逃生避险、自救互救技能。

六、深刻汲取事故教训，举一反三，全面加强安全生产工作。要加快建立“党政同责、一岗双责、齐抓共管”安全生产责任体系，尽快实现安全生产责任省、市、县、乡、村“五级五覆盖”和严格落实企业“五落实五到位”。要全面推进依法治安，加大安全监管执法力度，严格事故查处，对典型事故实行提级调查、挂牌督办，查处结果及时向社会公布。要深入开展打非治违专项行动，严厉打击各类非法违法行为，继续加强重点行业领域安全整治。要深化安全生产领域改革创新，加大各级政府和企业安全投入，抓预防重治本，建立隐患排查治理体系和安全预防控制体系，强化基层监管执法力量，加强应急处置能力建设，大力推广应用先进适用的安全技术装备，强化安全教育培训，提高安全保障能力，确保生产安全、人民群众生命财产安全，为确保经济发展和社会大局稳定创造良好的安全生产环境。

各地区、各有关部门和单位要加强领导，精心组织，层层落实责任，狠抓工作落实。请各地区将贯彻落实的阶段性情况于 9 月 15 日前报送国务院安委会办公室。国务院安委会办公室结合正在开展的安全生产大检查做好督促检查、情况通报等工作。

国务院安全生产委员会
2015 年 8 月 14 日

国务院安全生产委员会关于开展安全生产大检查“回头看”的通知

（安委明电〔2015〕5 号）

各省、自治区、直辖市人民政府，新疆生产建设兵团，国务院安委会各成员单位，各中央企业：

根据 8 月 15 日全国安全生产电视电话会议部署和《国务院安委会关于全面开展安全生产大检查深化“打非治违”和专项整治工作的通知》(安委明电〔2015〕2 号)、《国务院安委会关于深入开展危险化学品和易燃易爆物品安全专项整治的紧急通知》(安委明电〔2015〕3 号）安排，经国务院领导同志同意，定于 2015 年 12 月份在全国开展以危险化学品为重点的安全生产大检查“回头看”。现将有关事项通知如下：

一、总体要求

认真贯彻落实党的十八届五中全会精神和习近平总书记、李克强总理等党中央、国务院领导同志关于加强安全生产工作的重要指示要求，进一步深化以危险化学品为重点的安全生产大检查工作，着力消除事故隐患，解决突出问题，提升工作成效，促进全国安全生产形势持续稳定好转。

二、检查的主要内容

着重检查前一阶段安全生产大检查发现的各类重大隐患和突出问题整改落实情况，以及当前安全生产各项重点工作措施落实情况。

（一）政府层面。

1. 建立健全“党政同责、一岗双责、齐抓共管”安全生产责任体系情况，着重检查是否实现了“五级五覆盖”和规模以上企业“五落实五到位”。

2. 贯彻落实《安全生产法》和《国务院办公厅关于加强安全生产监管执法的通知》(国办发〔2015〕20 号）情况，着重检查是否制定了贯彻落实的具体措施办法。

3. 督促整改重大隐患情况，着重检查是否对所有重大隐患及时进行了督促整改，并建立了档案；对一时难以完成整改的重大隐患是否实行了挂牌督办，并协调制定了整改方案、落实了防范措施。

4. 执法措施落实情况，着重检查责令停产整顿企业是否真停真改，责令关闭取缔企业是否关闭到位。

5. 解决突出问题情况，着重检查是否对上级督查检查发现的突出问题制定了有针对性办法措施并抓好落实。

6. 抓好当前安全生产工作情况，着重检查是否对岁末年初安全生产工作进行了专题部署，是否组织落实了重点行业领域安全防范措施。

（二）企业层面。

1. 是否按照《安全生产法》的要求，建立健全隐患排查治理制度，实行隐患排查治理闭环管理。

2. 是否对安全生产大检查中发现的所有隐患建立了台账，并逐一按要求进行整改；对一时难以整改的重大隐患是否制定了整改方案，落实了防范措施，做到整改责任、措施、资金、时限、预案“五落实”。

三、工作方式

（一）企业全面自查。各地区、各有关部门组织本地区和本行业领域企业对前一阶段大检查中发现的所有隐患和问题整改落实情况进行“回头看”；对已完成整改的重大隐患，及时报告当地相关部门销号。

（二）地方政府复查。市、县两级政府对辖区内所有重大隐患和责令停产整顿、关闭取缔企业逐一复查；省级政府按照不少于30%的比例进行抽查；对8月份国务院安委会综合督查发现的所有隐患进行全部复查。

（三）重点督查。各地区要层层组织开展督促检查。各有关部门结合实际对本行业领域开展督查。12月中旬，国务院安委会组织督查组对全国31个省（区、市）和新疆生产建设兵团进行重点督查，对国务院安委会办公室挂牌督办的重大隐患和安全监管中存在的突出问题整改情况进行复查。

四、有关工作要求

各地区、各有关部门和各单位要高度重视安全生产大检查“回头看”工作，切实加强组织领导，精心安排部署，创新检查方式，确保取得实效。

（一）实行对表检查。要结合实际细化分解“回头看”主要内容，编制检查督查表，实行对表检查，切实增强检查的规范化、精细化水平。

（二）邀请专家参与。要充分发挥市场机制作用，采取政府购买方式，邀请安全生产中介服务机构和专家参与检查督查，提高检查督查的科学性、专业性。

（三）开展复查抽查。要建立本地区、本行业领域重大隐患和责令停产整顿、关闭取缔企业清单，逐一全面复查，省级政府要突出重点地区、重点单位进行随机抽查。

（四）坚持严格依法。要严格执行《安全生产法》等相关法律、法规，规范检查执法程序，对隐患整改不到位、存在非法违法行为的，依法依规实施行政处罚，做到严明、公正、规范执法。

（五）强化社会监督。要组织新闻媒体参与现场检查执法，对依法受到处罚的单位和个人及时曝光；对备案的重大隐患整改情况和责令停产整顿、关闭企业名单在媒体公开，接受社会监督。

（六）加大问责力度。对隐患整改责任不落实、欺上瞒下不整改的，要倒查企业、地方政府及其相关部门责任人的责任。国务院安委会督查组发现的突出问题，将作为国务院大督查核查问责事项线索上报国务院。

各地区、各有关部门要及时总结“回头看”工作情况，并纳入安全生产大检查总结报告，于2016年1月5日前将总结报告报送国务院安委会办公室。

国务院安全生产委员会

2015年11月30日

第四部分

国家安全生产监督管理总局负责人关于安全生产工作的讲话

国家安全生产监督管理总局主要负责人在全国安全生产工作会议上的讲话（摘要）

（2015年1月26日）

这次会议主要任务是，认真贯彻落实党的十八届三中、四中全会和国务院安委会全体会议、全国安全生产电视电话会议精神，总结和部署年度工作，把全系统各级领导班子和广大干部职工的思想认识，进一步统一到习近平总书记、李克强总理关于加强安全生产工作的重要讲话精神和党中央、国务院关于安全生产的重大决策部署上来，主动适应经济发展新常态，牢牢抓住依法治安这条主线，加快改革创新，深化治理整顿，在预防和治本上下功夫，全面完成安全生产"十二五"规划目标，为实现全国安全生产状况的根本好转打下坚实基础。

下面我讲三个问题。

一、去年安全生产工作进一步加强，全国安全生产状况持续稳定好转

党和国家高度重视安全生产。党的十八大和十八届三中、四中全会把安全生产作为全面深化改革、全面推进依法治国的重要内容。习近平总书记、李克强总理作出一系列重要指示，明确了安全生产工作的努力方向、重点任务和重要措施。全国人大常委会审议通过了《安全生产法》修正案，张德江委员长主持会议专题听取安全生产工作汇报。马凯副总理和郭声琨、王勇国务委员多次主持会议研究部署，深入基层调研指导，有力推动了安全生产工作。

2014年，我们按照党中央、国务院的统一部署，紧紧依靠各地党委政府，在各部门、各方面的大力支持和密切配合下，重点抓了以下六项工作。

（一）深入学习贯彻习近平总书记安全生产重要论述，强力推进安全生产责任体系建设。总局党组以最坚决的态度贯彻习近平总书记、李克强总理的重要讲话精神。党组成员率先认真学习、深刻领会，围绕强化红线意识、建立健全责任体系、强化企业主体责任、加快改革创新、构建长效机制、领导干部要敢于担当等6个要点，从践行党的宗旨理念、推动国家治理体系和治理能力现代化建设、加强和创新社会管理的高度，认清肩负的职责使命。总局党组和煤监局领导班子成员带队，组成10个小组分赴各地，在多个省的党委理论学习中心组进行了宣讲，举办了36场次由市、县基层干部和企业负责人参加的宣讲会；召开了省级分管领导和重点县县委书记、县长等座谈会，交流学习体会；以"强化红线意识、促进安全发展"为主题，组织开展了"安全生产月"和"安全生产万里行"集中宣教活动。举办了第七届国际安全生产论坛暨展览会。北京、河北、吉林、山东、安徽、广东、四川、湖北、湖南、陕西、重庆、福建、新疆等省

（区、市）党政主要领导同志主持专题学习会，或在地方主流媒体发表体会文章。通过深入学习宣传，在各级党委政府和全社会形成了坚守生命红线、加强安全生产的广泛共识和强大合力。

建立健全“党政同责、一岗双责、齐抓共管”的安全生产责任体系，是十八大以来党中央、国务院在加强安全生产工作方面作出的重要决策，具有根本性、决定性意义和作用。贯彻落实12字责任体系的过程，事实上是一个统一思想、提高认识的过程，一个攻坚克难、推动工作的过程。一年来，我们为此做了大量艰苦细致的工作。广东、湖南、甘肃、陕西、浙江、新疆等省（区）和新疆生产建设兵团贯彻中央决策态度坚决，行动迅速，较早出台了“党政同责、一岗双责”的相关规定，起到了示范带动作用。目前32个省级单位都明确了党委和政府安全生产工作领导责任；都按照“一岗双责”的要求，对所有领导岗位的安全生产职责作出规定；所有省级安委会主任，都由政府主要领导同志担任；都建立并实行了安监部门定期向同级党委组织部门报送安全生产情况的制度，强化了安全生产绩效考核；都按照“三个必须”（管行业必须管安全，管业务必须管安全，管生产经营必须管安全）要求，落实了相关部门安全生产工作职责。在各省（区、市）党委、政府的推动下，全国96.1%的市、92.4%的县出台了“党政同责”文件；98.3%的市、97.6%的县落实了“一岗双责”；96.1%的市级、97.5%的县级政府主要领导担任了安委会主任；99.4%的市级、98.4%的县级安监部门定期向组织部门报送安全生产情况；100%的市级、99.2%的县级政府落实了“三个必须”。“三级五覆盖”的实现，从领导制度上巩固了“安全第一”的方针，为安全生产事业长远发展提供了领导和组织保障。

（二）加强安全生产法治建设，推进依法治理。经多方努力，2014年8月31日，全国人大常委会审议通过了修改后的《安全生产法》。这是党中央依法治国方略在安全生产领域的重要体现，是安全生产法治建设史上的又一个里程碑。新安法公布后，我们组织开展了学习宣传周活动，举办了新安法论坛，总局领导带头深入各地宣讲，向全国2000多万家企业负责人发出公开信，组织媒体集中宣传报道。各地区运用讲座、座谈、演讲、知识竞赛等多种方法途径，掀起宣贯热潮。吉林举办了全省新安法知识电视大赛，重庆组织6支宣传队到41个区县宣讲，江苏安监、司法等部门联手推进新安法宣贯，在全社会形成了学法知法、遵法守法的浓厚氛围。新安法2014年12月1日正式施行以来，各地抓住契机，依法强化政府监管职责，加大监管执法力度，安全生产法治建设得到切实加强。

我们坚持问题导向，针对事故暴露出的问题，相继出台了煤矿矿长保护矿工生命安全七条规定、煤矿安全攻坚克难七条举措、危险化学品安全十条规定、烟花爆竹安全十条规定、非煤矿山安全十条规定、严防企业粉尘爆炸五条规定、有限空间安全作业五条规定、劳动密集型加工企业安全七条规定、企业安全生产风险公告六条规定、隧道施工安全九条规定等。上述部门规章都只有200字左右，明确了相关行业领域安全生产最核心、最基本的要求，易于贯彻落实和监督检查，受到企业和基层监管机构的好评。

为集中整治煤矿、非煤矿山、危险化学品、油气输送管道、交通运输和隧道交通、粉尘防爆等方面存在的严重非法违法行为，去年8月，国务院安委会部署开展了“六打六治”专项行动。各地区采取“一案双查”、公开审判等手段，形成对非法违法行为严厉打击的高压态势。河南结合实际实施了“五查四打三追究”，把对非法违法行为的排查、打击和追究措施具体化；河北要求各市定期向省安委办报告市县领导参加专项行动情况；海南组织多个暗查组深入基层进行查访。发动群众举报非法违法等行为，2014年全系统共接收举报3.07万件，核查2.97万件，核查率96.8%；查实2.03万件，查实率68.5%；兑现奖金374.2万元。非法违法行为导致的较大以上事故所占比例从2013年的50%以上，降到2014年的42.9%。

依法严肃事故查处和责任追究，近两年事故查处效率明显提高。2013年发生的51起重特大事故已全部结案。2014年发生的42起重特大事故目前已结案35起，共追责882人，其中追究刑事责任273人，党纪政纪处分609人（其中省部级1人、厅局级35人、县处级127人）。

（三）抓好煤矿安全这个重中之重，深化重点行业领域安全整治。实施煤矿安全“1+4”工作法，握紧学习贯彻总书记重要讲话精神这个“方向盘”，四轮驱动、多方发力抓好煤矿安全生产。一是强力实施“双七条”，加大治本攻坚力度。对贯彻落实煤矿矿长保护矿工生命安全七条规定情况进行了专项督查。各地按照总局与国家发改委、财政部等部门联合通知要求，加快推进小煤矿关闭退出，全年关闭小煤矿1509处，仅四川就关闭小煤矿400余处。一矿一组、一矿一策地开展了煤矿隐患排查治理攻坚战。总局和煤监局对安全设施“三同时”不落实、隐患严重的两处国有大矿（国投哈密能源公司大南湖七号煤矿、中煤新疆天山公司106煤矿），依法作出停建停产决定。二是开展与矿长谈心对话活动。组织国家、省、市、县四级安监人员，与全国15676名矿长面对面谈心对话。各重点县的党政领导也与本地煤矿矿长、产煤乡镇的乡镇长谈心对话。四川开展了两轮谈心对话活动。吉林煤监局在煤矿主要负责人调整后及时进行“任职安全谈话”。事实表明，谈心对话是把煤矿安全工作落到实处的有效措施，面对面谈心对话的实际效果，远胜于一般号召。三是开展事故警示教育。抓住2013年四川泸州桃子沟煤矿“5·11”重大瓦斯爆炸事故等典型案例，制作了警示教育片，组织全国所有矿长观看，做到“一矿出事故、万矿受教育，一地有隐患、全国受警示”。四是抓好50个重点县。我们把50个重点县的县委书记、县长分两批请到总局开座谈会，并请相关省（区、市）党委、政府主要领导同志与重点县县委书记、县长谈话。对重点县的情况实行周调度、月分析，发现问题及时指导。2014年，50个重点县事故起数和死亡人数分别下降31.8%和37.5%，其中15个县没有发生死亡事故。实践证明，抓重点是行之有效的方式方法，眼里有全局，才能看到重点；只有抓住重点，才能带动全局。

各级安监部门与相关部门密切配合，深入开展重点行业领域安全整治。油气输送管道：国务院成立了以王勇国务委员为组长的油气输送管道安全隐患整改领导小组。各地按照国务院安委会的统一部署，认真做好安全隐患排查整改工作。全国12万多公里油气输送管道共查出隐患近3万处，目前已治理约1.4万处。28个省（区、市）依法落实或明确了油气输送管道保护职责分工。总局对存在重大隐患的2条原油输送管道果断下达了停输整改决定，对占压东黄复线输油管道的工厂等断然采取了停产撤人措施。道路交通和隧道安全：山西晋城岩后隧道“3·1”特别重大道路交通危化品燃爆事故后，各级安监部门会同公安、交通、铁路部门，对全国现有的2.1万处、1.7万公里和在建的6600处、2万公里隧道进行了排查整治，对重点路段和隧道安排专人盯守。西藏拉萨“8·9”特别重大道路交通事故发生后，西藏自治区吸取事故教训，每车定员20人以下，并配人专盯，有效防范遏制了同类事故发生。城乡规划建设和城市燃气：各地安监部门与发展改革、工信、建设、能源等部门联合，对在建项目安全隐患进行了排查，加强城乡规划建设和管线工程设计的安全监管。开展了城镇燃气安全专项检查。非煤矿山：争取中央财政7.3亿元补助资金支持各地关闭小矿山。2014年关闭7843座、3年累计关闭2.17万座，提前一年完成国务院下达的关闭2万座小矿山的目标任务。开展了尾矿库综合治理行动，组织实施了790个无主库治理工程。危化品和烟花爆竹：各地对位于城镇人口密集区的1317家危化企业采取了搬迁、转产和关闭措施，对5873家重点监管危化企业实施了自动化改造，对8990个重大危险源实施了有效监控。通过强化监管形成倒逼机制，2014年依法关闭350家烟花爆竹生产企业，14个省（区、市）退出烟花爆竹生产。工贸：吸取江苏昆山“8·2”特别重大粉尘爆炸事故教训，对金属、粮食、纺织品、木材、橡胶、塑料等制品加工企业安全隐患进行了全面排查，共查出有粉尘爆炸隐患企业5.6万家，对照严防企业粉尘爆炸五条规定进行了集中整治，坚决整改不符合要求的除尘系统。消防安全：国务院安委会部署开展了劳动密集型企业消防安全专项治理，排查企业6万多家，关闭停产1160家，治理“三合一”场所6131处。各级公安消防部门组织开展了第二次“清剿火患”攻坚战和火灾隐患集中整治，挂牌督办重大火灾隐患单位8930家。职业健康：认真开展工作场所职业卫生执法年活动，监督检查用人单位26万余家，发现隐患49万余条，责令停产整顿1900余家，提请关闭1500多家。推进职业病危害专项治理，整治水泥制造和石材加工企业1.6万余家。水上交通、铁路、民航、农业机械、渔业船舶、特种设备、民爆器材、国防科工、电力、水利、林业、旅游、体育以及教育等行业领域都从实际出发，有针对性地开展安全专项整治，并取得了积极成效。

（四）加快安全生产领域改革步伐，推动安全监管方式方法创新。制定了《安全生产中长期改革实施规划（2014—2020年）》，明确了6个方面、25项改革任务。目前已取消下放行政审批7大项、19子项，占50%以上。北京采用政府购买服务方式，面向社会招聘近4000名专职安全员，建立了6000余人的乡镇、街道（园区）专职安监队伍。辽宁建立了4000人的乡镇安监队伍。吉林初步建立了“四化融合”（网格化、标准化、信息化、社会化）、“三位一体”（属地监管、行业监管、综合监管）的安全监管防控体系。上海建立了安全生产（危化品）信用系统，将1万多家企业、20万重点岗位人员持证信息纳入其中，加强信用激励和约束。福建开展了为期3年的安全生产标准化提升工程。广东开展安全执法监察标准化建设，明确执法计划、执法程序和基层执法力量配备。湖北全面开展隐患排查治理“两化”（标准化、数字化）建设。宁夏将安全生产纳入国民经济和社会发展考核体系之中。

围绕提高效率效能，创新安全监管方式方法。完善和坚持“四不两直”暗查暗访，重在发现隐患、解决问题、推动工作。2014年总局组织56个小组，对152个市、287个生产经营单位进行了暗查暗访，通过中央媒体曝光重大隐患、典型案例63起，向社会持续释放依法监管、严守红线的信号。实施重点监控、跟踪监管，在抓好50个煤矿安全重点县的同时，还筛选确定了50个非煤矿山、60个危险化学品、22个烟花爆竹安全生产重点县。2014年4类182个重点县事故下降幅度都在30%以上。

（五）加快实施科技兴安战略，努力强基固本。2014年有69项安全生产科技项目入围国家科技重点项目。落实“四个一批”项目资金16.8亿元，探测井下含水构造的瞬变电磁仪、地面大口径快速钻进与救援装备、井下灾区探测机器人等173项科研攻关已取得成果，批准和授权专利330项；瓦斯含量快速测定、新型甲烷传感器、瓦斯煤尘爆炸自动隔爆等82项先进技术装备在企业推广应用。安全生产监管信息化工程、国家安全工程技术试验与研发基地、国家安全监管监察执法综合实训基地等已立项批复。安排中央投资7.7亿元，启动了矿用新装备新材料国家重点实验室建设。连续3年累计安排中央投资21亿元，为中西部2497个县级和289个市级安监部门配备监管执法装备。

加强安全培训教育和安全文化建设。2014年培训高危行业安全生产“三项岗位”人员508.8万人。总局与教育部、相关省（区、市）共建了10所安全特色院校，推动中国矿业大学等21所高校实行煤矿安全相关专业对口单独招生，全国安全工程专业在校生接近5万人。建成了2502个安全文化示范企业，命名了552个全国安全社区。开通了安全生产官方微博、微信，及时发布和回应安全生产重点工作、热点问题。

加强企业安全生产基础工作。选取武钢炼钢总厂等15家不同类型企业，开展标准化示范创建。目前，全国已有达标企业120万家，其中工贸行业23万家。河北、内蒙古、新疆等9个省份建立了全省（区、市）统一的隐患排查治理信息系统。组织实施了浙江海宁产业园、江苏江阴纺织产业集群安全管理提升试点工程。

加强安全生产应急管理。基本建成了7个国家级、14个区域矿山应急救援队，以及47个中央企业应急救援队和28个培训演练基地。争取中央财政每年投入1亿元专项资金，支持应急救援体系建设和正常运行。以救援新技术、新装备使用为重点，对国家和区域矿山应急救援队进行了集训。以应对处置危化品、油气输送管道、隧道事故为重点，开展了应急演练周活动。深入开展化工园区应急管理创新试点。组织开展了第十届全国矿山救援技术竞赛，组织队伍参加了第九届国际矿山救援技术竞赛并取得较好赛绩。2014年全国矿山、危化等专业救援队伍组织抢险救援1.59万次，抢救遇险人员4.7万人。消防、海上搜救、道路交通、铁路等应急救援队伍在各类事故的抢险救援中作出了突出贡献。

（六）坚持从严治内，加强自身建设。总局党组认真贯彻落实党中央关于党要管党、从严治党的各项部署，恪守“三严三实”重要要求，制定了从严抓班子带队伍的实施意见。举办了处级以上干部专题培训班，2400名党员领导干部参加了集中学习。对39个直属单位、347名党组织负责人进行了落实党风廉政建设主体责任轮训。以零容忍的态度严肃查处违纪案件，开展警示教育。全系统各级领导班子和广大干部职工严格遵守中央八项规定精神和总局党组“四个零”要求，巩固和扩大教育实践活动成果，反“四风”、转作风，求真务实、真抓实干，涌现出了一大批先进模范典型。这次会议上，我们还要对全国安全监管监察先进单位和先进个人进行表彰。

经过努力，2014 年全国安全生产实现了“三个继续下降、两个进一步好转”。一是事故总量继续下降。事故起数和死亡人数同比分别下降 3.5% 和 4.9%。二是重特大事故继续下降。发生重特大事故 42 起、死亡 758 人，同比减少 9 起、118 人，分别下降 17.6% 和 13.5%。三是主要相对指标继续下降。亿元 GDP 事故死亡率同比下降 13.7%，工矿商贸 10 万从业人员事故死亡率同比下降 12.5%；煤矿百万吨死亡率同比下降 12.2%；道路交通万车死亡率同比下降 7.7%。四是煤矿等重点行业领域安全生产状况进一步好转。煤矿事故起数和死亡人数同比分别下降 16.3% 和 14.3%，重特大事故同比分别下降 12.5% 和 10.5%，已连续 22 个月没有发生特别重大事故。非煤矿山连续 18 个月、危化品企业全年没有发生重特大事故。事故起数和死亡人数与 2013 年相比，金属非金属矿山分别下降 18.8% 和 19%，化工与危化品分别下降 19.7% 和 19.8%，烟花爆竹分别下降 21.8% 和 10.7%，建筑施工分别下降 13.3% 和 11.7%，工商贸其他分别下降 6.1% 和 6.2%，水上交通分别下降 0.8% 和 6.8%，铁路交通分别下降 12% 和 7.9%，生产经营性火灾死亡人数下降 42.3%。道路交通、农业机械、渔业船舶等行业领域安全状况比较稳定。五是各地区安全生产状况进一步好转。32 个省级统计单位中，有 30 个单位事故量在控制指标范围以内，16 个单位实现事故起数和死亡人数双下降，天津、内蒙古、上海、福建、江西、湖北、广西、海南、青海、宁夏 10 个单位没有发生重特大事故。

成绩来之不易。这是我们在党中央、国务院正确领导下，紧紧依靠各地区各级党委政府，依靠各部门、各单位，攻坚克难、奋力拼搏的结果，饱含着全系统各级领导班子、全体干部职工的辛勤劳动和无私奉献。事实表明，我们这支安监队伍确实是一支作风过硬、能打硬仗的队伍，是一支忠于职守、尽职尽责、无怨无悔，为保护人民生命安全健康不断做出贡献的队伍。借此机会，我代表安监总局党组和国家煤监局，向大家表示衷心的感谢和崇高的敬意！

二、深刻认识安全生产严峻形势，在强化依法治安、提升法治化水平上下功夫

2014 年安全生产工作虽然取得了明显成效，但与党中央、国务院的要求和人民群众的期望相比，还存在较大差距。一是事故总量仍然较大。全年发生各类事故 29.8 万起，死亡 6.6 万人。随着经济社会的快速发展，事故总量下降的压力越来越大。二是重特大事故时有发生。在煤矿、非煤矿山、化工等传统高危行业重特大事故明显减少的同时，机械制造、农副产品和禽类加工、民用燃气、商业仓储、娱乐休闲和观光游览场所等相继发生群死群伤事故或事件。三是非法违法行为仍然突出。一些地方整顿关闭不符合安全生产条件的生产经营单位态度不坚决，打非治违措施不得力，无证无照等非法违法生产经营行为仍然猖獗，所导致的事故屡屡发生。四是安全隐患仍然比较严重。煤矿超层越界、油气输送管道穿越人口密集区以及管道上方乱挖乱建乱钻、尾矿库“头顶库”、危化品非法储运装运、道路交通超速超载超限和疲劳驾驶、客运船舶和渔船安全设施不健全、人员密集场所安全责任不落实、应急预案缺失等隐患大量存在，举目可见、伸手可抓，随时可能引发事故。五是安全基础仍然比较薄弱。全国不具备安全保障能力的小煤矿、小矿山、小化工和烟花爆竹小作坊数量，仍分别占 60%、90%、82%、80% 左右。各类各级开发区、工业园区、农产品加工区发展快、数量多、管理粗放，招商引资、上项目安全把关不严。开发区和基层安全监管力量严重不足。农村道路、车辆和生产经营活动大量增加，事故多发。六是职业病危害严重。一些企业作业场所粉尘、毒物等危害因素超标，对从业人员身体健康造成严重威胁。必须清醒地认识当前安全生产形势的严峻性、反复性、突发性以及工业化、城镇化快速发展过程中安全生产的长期性、艰巨性和复杂性，增强忧患意识，树立底线思维，做到警钟长鸣、常抓不懈。

2015 年是贯彻落实党的十八大和十八届三中、四中全会精神，全面深化改革、全面推进依法治国的关键之年。经济发展“三期叠加”的新常态给安全生产带来一系列新情况、新挑战。一是经济发达地区、非传统高危行业安全风险凸显。总书记强调，安全生产风险并不随着经济发展水平提高而自然降低。只要工作不到位，早晚要出事。一个时期以来，江苏昆山、广东顺德、山东寿光等地发生的一系列重特大事故表明，经济发达地区由于工业化、城镇化发展速度较快，油气输送管道、城市燃气、高速铁路和公路运输、城市轨道交通、高层建筑、劳动密集型生产加工企业等方面的安全风险越来越大。二是随着行政审批制度改革和前置性审批的取消，新的小微企业将大量涌现。如何正确处理鼓励发展小微企业与严把安全生产关之间的关系，为小微企业安全发展、科学发展提供高效良好的安全监管服务，是我们必须面对和解决的新课题。三是企业亏损对安全生产带来负面影响。工业品出厂价格指数连续34个月负增长，煤炭、冶金、化工、建筑等行业亏损面不断加大，企业普遍减少安全投入、拖欠工资，推迟安全技术改造，一些设备带病运转，职工情绪波动，也将给安全生产带来不利影响。

在看到挑战的同时，也要看到经济发展新常态给安全生产带来的机遇，进一步增强抓好安全生产工作的信心和决心。经济从高速发展转为中高速发展，能源原材料市场需求不再大幅度上升，有利于缓解煤炭等行业安全与生产的矛盾；经济结构优化升级，有利于淘汰落后生产能力，压缩高危行业，推动安全生产源头治本；经济发展从要素驱动、投资驱动转向创新驱动，有利于加强安全科研培训，推动工作创新，把安全生产建立在依靠科技进步和提高劳动者素质的基础上。总的看，新常态下安全生产工作机遇大于挑战，我们要抓住机遇，谋势而动、乘势而上、顺势而为。1月6日全国安全生产电视电话会议上，马凯副总理深刻分析了面临的形势和问题，强调要认真贯彻落实党的十八大和十八届三中、四中全会精神，以习近平总书记、李克强总理的重要讲话精神为指导，全面推进依法治安，狠抓责任落实，深化治理整顿，加快改革创新，建立完善重预防抓治本的长效机制，加快推动全国安全生产状况实现根本好转。

党的十八届四中全会明确提出了全面推进依法治国、建设法治国家的战略任务。推进依法治安，是安全生产领域贯彻落实四中全会精神的必然要求和具体体现，也是贯穿2015年安全生产工作的一条主线，必须深刻领会、牢牢把握。

（一）要从依法治国的大局高度，充分认识依法治安的重要性。安全生产法治是社会主义法治的重要组成部分，是维护人民群众生命财产安全合法权益的根本保障，是履行政府安全监管职责的基本手段，也是解决当前安全生产领域深层次矛盾问题最有效、最关键、最靠得住的办法。在贯彻落实四中全会精神、全面推进依法治国的进程中，必须切实加强安全生产法治建设，全面推进依法治安。

经过这些年的持续努力，安全生产法治建设取得了长足进步，但存在的问题也不容忽视：一是法律法规体系不完善。特别是与安全生产法律相配套的操作和执行层面的条例细则、规章规程等，有的长期缺乏、留下空白；有的过于繁琐，难以掌握和落实。二是执法体系不健全。特别是市县基层执法机构设置和队伍建设缺乏统一规定，执法力量薄弱。三是监督体系不严密。没有建立起一套科学有效的监督机制。与严格、规范、公正、文明执法的要求还有差距。四是保障体系还比较薄弱。包括组织保障、思想保障、人才保障、资金保障、设备保障等都存在着一些问题。所有这些，都要通过全面推进依法治安予以解决。

（二）搞好顶层设计，明确依法治安的指导思想和目标任务。十八届四中全会后，总局党组围绕贯彻落实中央精神、加强安全生产法治建设，多次学习讨论，深入调研论证、理清思路。一是明确依法治安的内涵。就是严格按照国家安全生产法律法规，规范企业安全生产活动和政府安全监管工作，惩治安全生产领域非法违法行为和事故责任人，做到科学立法、严格执法、公正司法、全民守法，把安全生产全面纳入法治轨道。二是明确全面推进依法治安的指导思想。就是要坚持以中国特色社会主义理论和习近平总书记安全生产重要论述为指导，按照中央全面推进依法治国的战略部署和总体要求，紧密结合安全生产实际，抓住薄弱环节，解决突出问题，在依法加强安全生产、依法保障人民群众生命财产安全上见实效。三是明确全面推进依法治安的目标。就是建设中国特色社会主义安全生产法治体系，包括完备的法律规范体系、高效的法治实施体系、严密的行政执法监督体系和完善的保障体系。进一步扎紧扎密安全生产法律制度的笼子，让每一个企业都依法履行安全生产主体责任，让每一名从业人员都遵章守规，让每一级政府及相关部门都依法履行监管职责，推动安全生产工作从侧重行政手段向主要依靠法治手段，从安监部门单打独斗向联合执法齐抓共管，从侧重事后查处向重预防抓治本转变。四是明确全面推进依法治安的重要任务。就是要认真贯彻施行新《安全生产法》。加大普法宣传力度，做到家喻户晓、人人皆知；抓紧制定《安全生产法实施条例》和地方性配套法规；加大执法力度，深化依法治理，坚持打非治违不间断、暗查暗访不间断、通报约谈不间断、警示教育不间断，努力降低非法违法行为引发事故的比重，形成良好的安全生产法治秩序。

《关于加强安全生产监管执法的通知（代拟稿）》已多次征求各省级安监局、煤监局和机关各司局意见，并广泛征求了国务院安委会成员单位意见，近期将上报国务院，争取以国办文件下发。各省级安监局、煤监局不要等，可以遵照四中全会《决定》精神和这个代拟稿的大致思路，对本地区本单位依法治安工作进行思考和谋划，抓紧提出具体措施。

（三）搞好依法治安与深化改革的衔接配合，做到两翼齐飞、双轮驱动。习近平总书记在新年贺词中指出："全面深化改革、全面推进依法治国如鸟之两翼、车之双轮，共同推动全面建成小康社会的目标如期实现。"我们要把这两方面的工作紧密结合、共同推动。

2015年改革任务艰巨繁重。一是要进一步完善安全监管体制，加强基层安全执法力量建设。目前市级安监部门及执法机构平均编制约为28人和13人，县级平均仅14人和10人，开发区平均仅3人（含兼职）。总局在深入调研和抓好试点的基础上，将提出加强安全生产基层执法队伍建设的意见，对市县两级安全生产执法机构的人员编制等，作出统一规范的规定。各省（区、市）都要从实际出发，对市县两级执法队伍建设作出规划，分期分批达标，力争2015年内有三分之一的市县达到要求，把三中全会《决定》关于加强安全生产基层执法力量的要求落到实处。总局还将对安全监管机构和资源进行必要的梳理调整，实现最优化的配置和设置。二是深化行政审批制度改革。按照国务院的部署要求，积极做好安全生产行政审批事项的取消和下放。深入研究先照后证条件下加强对规划、设计、建设环节安全监管的有效途径，确保行政审批制度改革后安全准入门槛不降低、安全监管不放松。三是健全和完善安全生产考核指标体系。强化绝对指标尤其重特大事故指标的硬约束作用，严格实行重特大事故零控制和"一票否决"。重视相对指标考核，强化监管过程考核。四是运用市场机制推动安全生产。加快建立企业安全生产承诺、不良信用记录、失信"黑名单"、安全诚信评价等制度，督促企业诚实守信、履行安全生产主体责任。

上述改革任务与依法治安关系密切，某些工作如完善监管体制、加强基层执法，既是改革的重点内容，也是全面推进依法治安的重要任务。因此必须有机结合、协同推进。在深化改革时，要注意维护安全生产法律的严肃性，各项决策和措施不能违反法律基本精神，不能突破现行法律规定界限；在推进依法治安时，要充分考虑到深化改革的现实需要。对改革中行之有效的政策措施，要及时上升为法律规范；对不适应改革要求的法律规定，要按照法定程序予以修改或废止。

（四）在全面推进依法治安、全面深化改革的过程中培养和锻炼队伍，提升履职能力。适应新形势新任务需要，必须进一步加强全系统各级领导班子和监管监察队伍自身建设。一要强化红线意识。把保护人民生命安全作为安监干部的最高职责，以最坚决的态度坚守安全红线，推动安全发展。二要强化法治意识。全系统干部职工特别是领导干部，一定要弘扬法律至上、公平正义、尊重程序、保障权利的法治精神，善于运用法治思维和法治方式来解决安全生产领域的矛盾和问题。要熟悉安全生产法律法规，掌握依法治安的基本功，努力成为安全生产法律专家。要严把录用进入关，推进安全监管和执法队伍正规化、专业化、职业化。积极推进阳光执法，建设法治安监机构。三要强化改革创新意识。破除因循守旧、安于现状、无所作为的思想观念，增强改革创新意识，保持旺盛的开拓进取精神，努力破解工作中出现的新情况新问题，拿出切实有效的创新举措。四要强化廉洁自律意识。认真学习贯彻习近平总书记在中央纪委五次全会上的重要讲话精神，坚持思想建党和制度建党，持续深入反"四风"、转作风，常抓抓出习惯、抓出长效。全系统各级领导班子和广大党员干部要守纪律讲规矩，认真贯彻中央八项规定精神和总局党组“四个零”要求，弘扬求真务实的良好作风，敢于担当、敢于监督、敢于负责，忠实履行党和人民赋予的安全监管监察职责。明天上午我和惠令同志还要专门讲，对全系统党风廉政建设和反腐败工作进行安排部署。

三、突出重点狠抓落实，确保完成2015年安全生产工作目标任务

全国安全生产电视电话会议已经对今年的工作作了全面部署，各地区、各单位要结合实际抓好落实，尤其要抓好以下五项重点工作。

（一）深入学习贯彻总书记重要讲话精神，推动安全生产责任体系建设。由总局党组和煤监局班子成员带队，以深入学习贯彻总书记安全生产重要论述、全面推进依法治安为主要内容，分头深入下去，以市、县级政府负责人和厂矿长为主要对象进行宣讲。省级安监局也要由领导带头，深入县、乡镇和企业进行宣讲，把安全生产红线意识和法治观念，深深根植于广大基层干部和企业负责人心中。以“加强安全法治、保障安全生产”为主题，组织开展好全国第14个“安全生产月”和“安全生产万里行”集中宣教活动。加强安全生产宣传教育队伍和阵地建设，培育安全生产新闻发言人、理论专家、网评员、通讯员和社会监督员五支队伍，发挥微博、微信、微门户等新媒体的作用，坚持正确舆论导向。

“建立健全安全生产责任体系”已被纳入中央2015年工作要点，我们要以最坚决的态度贯彻落实，由“三级五覆盖”拓展到“五级五覆盖”。省、市、县、乡镇（街道）和行政村，都要按照“党政同责、一岗双责、齐抓共管”的要求，建立健全安全生产责任体系。推动企业落实“五个全覆盖”：企业董事长、党委书记、总经理必须对本单位安全生产同时担责；企业安委会主任必须由董事长或总经理担任；企业领导班子成员必须承担相应的安全生产工作职责，做到一岗双责；企业安全生产情况必须定期向董事会、业绩考核部门报告，向社会公示；企业内部必须配齐配强专门的安全生产机构和专业人员。各行业主管部门也要进一步建立健全安全生产责任体系。

（二）打好煤矿、油气输送管道隐患治理两个攻坚战，深入开展重点行业领域安全整治。继续认真实施煤矿安全“1+4”工作法。持之以恒抓好“双七条”特别是煤矿矿长保护矿工生命安全七条规定的贯彻落实，真正做到“铁规定、刚执行、全覆盖、真落实、见实效”。扩大煤矿安全重点县范围，实行有进有退的动态管理。深入开展谈心对话活动，总局和煤监局领导将与全国所有产煤县的县委书记、县长再开展一轮谈心谈话。建立健全、严格落实“一矿一组”隐患排查工作责任制，对全国所有煤矿的生产、运输、提升等系统，以及采掘工作面、井下硐室、各类设施设备存在的安全隐患进行全面深入的排查和治理。加快修订《煤矿安全规程》。认真落实煤矿瓦斯综合防治措施，加强防治水技术管理和现场管理，坚决落实采掘作业放炮安全管理规定，严防瓦斯、水灾、冲击地压、放炮伤人等事故，进一步延长煤矿安全时段。

扎实推进油气输送管道安全隐患整治攻坚。按照国务院3年完成现有1.6万处隐患整改的部署安排，排出时间表，明确2015年进度安排和工作措施。积极发挥地方各级安委会及其办公室的作用，更好地协调各方，形成有力有效的对接协商机制，落实治理措施、责任、资金、时限和预案，做到治理一处、见效一处、巩固一处。

以防范中毒窒息、火灾、透水等事故为重点，深化非煤矿山专项整治。加强重点危险化学品、重点危险工艺、重大危险源的安全监管。加大烟花爆竹企业整顿改造、提升装备水平和关闭退出力度，大力整治一证多厂、冒牌生产等非法违法行为。深入开展粉尘防爆企业、有限空间作业、涉氨制冷企业安全专项整治。切实加强开发区、中介机构、规划设计、施工监理、外包工程、劳动密集型生产加工企业安全监管，严把招商引资过程中的安全关。强化职业卫生监督执法，重点抓好石棉开采与选矿企业粉尘危害专项治理，组织开展陶瓷制造与耐火材料生产粉尘危害调研监测和专项整治。

加强相关部门的配合协作，抓紧实施公路安全生命防护工程，2017年前全面完成急弯陡坡、临水临崖等6.5万公里重点路段的安全隐患治理。组织开展道路交通安全年活动，加强客运大巴、危化品运输、校车等重点车辆的安全监管。加快铁路和公路交叉路口“平交为立交”改造。深化建筑施工安全专项整治，集中打击转包挂靠等违法违规行为。深入开展劳动密集型企业消防安全专项治理，加强火灾防控基础工作。加强校车和校园安全管理。水上交通、农业机械、渔业船舶、特种设备、军工、电力等行业领域，也都要继续有针对性地组织开展安全专项整治。

（三）加大整顿关闭力度，压缩高危行业，加强应急管理。抓住经济增速放缓、结构调整优化的有利时机，大力整顿关闭不具备安全生产条件的小矿小厂。坚持市场机制与监管执法行政手段相结合，加快推动贵州、黑龙江、湖南、云南、重庆、湖北等地小煤矿、高瓦斯矿井、突出矿井的关闭退出，年底要把全国煤矿控制在1万处以内。继续整顿关闭金属非金属小矿山，力争再关闭5000处。推动更多省区退出烟花爆竹生产。千方百计压缩高危行业，减少高危企业，减少高危行业从业人员。继续抓好182个安全生产重点县，在进一步减少事故的同时，引导各个重点县在淘汰落后生产能力、推动县域经济社会安全发展方面，探索和创造新经验。

进一步健全完善应急管理和救援体系。加强油气输送管道、江河内海危化品运输等重点领域应急保障能力建设。开展安全生产应急管理专项检查，推动应急设施设备装备与项目建设主体工程“三同时”。开展企业安全生产应急管理示范创建活动，推动应急管理进企业、进车间、进班组、进岗位。依托国内大型排水、钻探、破拆等救援装备企业，建设国家和区域安全生产应急救援物资储备库。加强应急救援预案指导，搞好政府、企业预案衔接，开展实战化应急演练，尤其要指导监督劳动密集型企业搞好应急演练，提高职工自救逃生能力。

（四）加快安全生产科技进步，加强安全培训和企业基础管理。安全科技方面：一是要加强重点攻关。在继续实施“四个一批”的基础上，从今年开始，每年选取2～3个严重制约安全生产的技术难题，如煤矿突出事故监测预防、隧道施工敷设逃生通道、石油管线监测探伤和防泄漏爆炸等，集中力量，务求取得突破性进展。二是强化高风险作业的安全技术措施。在防范煤矿放炮作业引发爆炸、密闭空间清理作业引发中毒窒息、建筑维修高空作业引发坠落等方面，发布强制性安全技术规定，坚决遏制高风险作业事故的重复发生。三是建立完善国家、省、市三级安全生产专家库，依靠专家查隐患、促整改。四是加强“大数据”信息平台建设。按照“统筹规划、分步实施、突出重点、急用先行”的思路，整合安全生产信息资源，用2年时间建成包括高危行业基础数据、隐患排查治理等海量数据在内的信息平台，为防范事故和安全监管科学决策，提供数据化支撑。

把安全培训摆上更加重要的位置。树立“培训不到位就是隐患”的理念。继续以高危行业农民工、特殊工种、班组长和企业主要负责人为重点，开展全员安全培训，提高高危行业从业人员的素质和门槛。通过严格考试，严格落实持证上岗制度，倒逼企业安全培训到位。加强安全学科建设、注册安全工程师事务所建设和安全专业认证等工作，培养更多的应用型、复合型安全人才。总结推广示范单位经验，提高安全文化企业、安全社区创建水平。

继续推进企业安全生产标准化创建活动，扩大企业达标覆盖率，对未按期达标的企业要加强指导督促，差距过大的要依法责令停产整顿。推进隐患排查治理体系建设。出台隐患排查治理规定和排查治理体系建设规范，指导督促各类企业认真执行安全生产风险公告六条规定，对隐患实行分级分类、闭环管理。

（五）深化打非治违，严肃事故查处。坚持问题导向，针对典型非法违法行为，加大打击力度，坚决落实停产整顿、关闭取缔、上限处罚、追究法律责任“四个一律”。明晰基层安全监管责任，实行责任倒查、从严追究。更加注重对隐患排查整改责任链的倒查和追究，重大隐患该发现而没有及时发现就是失职，发现问题不报告、不处理就是渎职，就要严肃问责查处。

从2015年开始，国务院安委会和办公室不仅要对重大事故查处实行挂牌督办，而且要现场督查，选择性质恶劣、影响严重的典型重大事故，实行提级调查。省级安委会在认真执行较大事故查处挂牌督办制度的同时，对典型较大事故也要实行提级查处。总局每季度专题研究一次较大事故查处情况，必要时组织开展专项检查。强化事故查处的时效性、严肃性和公正性，所有事故都必须在规定时间内结案，所有事故的责任人都必须追责到位，所有事故的查处结果都要向社会公布，让肇事者和肇事企业负责人付出更大代价。要抓住典型事故案例，再制作几部警示教育宣传片，让事故责任人现身说法，在各地区和同类型企业循环播、反复放，使血的教训牢记在心，警钟长鸣。

同志们，安全生产事关重大。党中央、国务院和人民群众对安监系统寄予着殷切期望。我们要牢记职责使命，紧密团结在以习近平同志为总书记的党中央周围，进一步振奋精神、转变作风，求真务实、真抓实干，努力开创安全生产工作新局面，为全面建成小康社会、实现中华民族伟大复兴的中国梦，作出我们应有的贡献。

国家安全生产监督管理总局局长杨焕宁在全国安全生产工作视频会议上的讲话（摘要）

（2015 年 10 月 16 日）

刚才，杨元元同志代表国家安全监管总局党组总结今年前九个月工作，分析了面临的新形势、新问题，对抓好当前重点工作讲了八个方面问题，讲得很全面，重点也突出，希望总局机关和全系统很好地贯彻落实。下面，我讲三点意见。

第一，勇于担责，切实把安全生产监管工作抓紧抓实。今天是我来总局工作的第三天。我长时间在政法、公安系统工作，虽然以前也分管过道路交通和消防安全工作，但对于安全生产全面工作来说，还是一个新手、外行。我将认真贯彻落实党中央、国务院特别是习近平总书记、李克强总理等中央领导同志关于安全生产的一系列重要批示指示精神，实心实意地向总局领导班子、向局机关同志、向全系统同志拜师求教，特别要抓紧时间到基层调查研究，认真借鉴以往的优良传统和工作经验，尽快适应新的工作岗位要求。刚才听了 3 家单位的经验介绍，很受鼓舞。这些经验，也会对其他单位起到启发引领作用。今天这个会议，给我一个学习的机会，一个和全系统的同志们见面的机会，算是新媳妇见公婆、学徒工拜师傅。借此机会，向全系统广大干部职工表示崇高的敬意。

多年来，在党中央、国务院的坚强领导下，在全系统干部职工的共同努力下，安全生产工作不断取得进步，一些行业、领域成效尤为明显。但也要看到，当前安全生产形势确实不容乐观，安全监管的任务繁重艰巨，不适应的问题还是很突出。我们要坚持辩证法，既要看到成绩，也要看到问题；既要看到形势的严峻，又要坚定必胜的信心；既要有宏观的思考、整体的部署，更要强调真抓实干、狠抓落实。做安全监管工作，玩“口技”、要“把式”，就像飞鸟得了恐高症一样，是致命的问题。刚才杨元元同志部署了第四季度八个方面的重点工作，各地区、各单位的领导同志都要负起责任，要结合本地区、本单位实际，创造性地开展工作，一项一项地抓落实，做到横向到边、纵向到底，不能有空档、有缺位、有漏洞。争取第四季度再打一个攻坚战，圆满完成全年各项目标任务，全力防范重特大事故。

第二，改革创新，不断提升安全生产监管能力。改革是推动中国特色社会主义事业不断发展的强大动力，也是安全监管工作适应新形势、应对新挑战，真正发挥职能作用的路径和保障。要紧紧围绕安全生产领域改革已经确定的目标任务，深入研究安全生产规律特点，总结推广成功的经验，深刻反思事故的教训，突出重点领域、抓住关键环节，加快改革进度、加大攻坚力度。通过改革创新，进一步理顺关系，完善机制，加强法制，在事故预防控制能力上得到提升，在安全监管有效性上得到提升，在落实责任、调动各方面积极性、责任心上得到提升，在信息化技术和其他科学技术的运用能力和运用效果上得到提升。抓安全生产一定要强调日常工作与长远建设相结合，一方面在治标上下功夫，一方面在治本上动脑筋，治标要有降温的效果，治本要有长远的成效，坚持这样做，安全监管工作就会上水平，监管体制机制就会逐步完善起来。

第三，深入开展“三严三实”专题教育，全面加强安监队伍建设。安全监管工作最终要靠人去做，各项工作措施要靠人去落实。安全监管队伍成立的时间不长，基础相对薄弱，客观上存在一些实际困难，又面临着艰巨繁重的任务，如果队伍素质不高，队伍作风不过硬，安全监管工作就很难办。许多事故证明，消极腐败是涣散安全监管队伍作风的主要根源，不严不实是安全责任措施不落实的主要原因。各地区、各单位要联系本地区、本单位实际和队伍状况，认真组织开展“三严三实”专题教育，使广大党员干部真正受到教育、提高境界，特别要提高领导干部党性修养、道德修养的自觉性。杨栋梁严重违法违纪问题，是安全监管队伍最大的反面教训。我们要进一步剖析有关问题，认真查找和吸取教训，从上到下自觉加强廉政建设，严格落实党风廉政建设“两个责任”，自觉执行中央八项规定精神，不断筑牢反腐倡廉的思想防线。通过完善党内生活制度，主要领导和各级领导干部以身作则，以及表彰先进、弘扬正气等多种举措，使我们的领导班子和干部队伍保持良好的状态，真正抵御诱惑、守住职责、严格执法、敢于担当，善抓落实、不出漏洞，促进安全生产形势持续稳定好转，为经济社会发展创造良好的安全生产环境，为全面建成小康社会作出新的贡献。

国家安全生产监督管理总局局长杨焕宁在国家安全监管总局党组中心组（扩大）学习暨“三严三实”专题教育第三次集中学习研讨会议上的讲话（摘要）

（2015 年 10 月 19 日）

为认真贯彻落实中央关于开展“三严三实”专题教育的部署要求，按照国家安全监管总局党组的总体安排，今天我们召开总局党组中心组（扩大）学习暨“三严三实”专题教育第三次集中学习研讨会，主题是“严以用权，真抓实干，实实在在谋事创业做人，树立忠诚、干净、担当的新形象”。

刚才，总局党组成员和国家煤矿安监局领导班子的 11 位同志分别发了言。大家紧密联系党的十八大以来中央惩治的腐败案例暴露出来的问题教训，紧密联系安全监管工作实际和个人日常工作生活实际，谈了对严以用权的认识，提出了践行严以用权的意见。每位同志准备都很认真，讲得给人以启发。请办公厅把各位领导发言中提出的改革安全监管工作的具体意见进行梳理归纳，认真研究，有的要贯彻到日常工作中，有的要放到下一步整体改革的意见中。下面，我谈点自己的认识和体会，也提点意见要求，我们大家共勉。

一、深刻汲取反面典型的教训，切实提高思想作风改造的自觉性

中央在党的群众路线教育实践活动结束后，紧接着就开展“三严三实”专题教育，并专门确定了“严以用权”这一主题，有着深刻的历史背景和现实要求。我们党是执政党，始终保持党的先进性、纯洁性和党的凝聚力、战斗力，关系到党的命运、国家的命运和民族的命运。开展“三严三实”

专题教育，是党中央总结党的建设历史经验提出的，在新的历史条件下大力推进党的思想作风建设的重大举措，是深入推进“四个全面”战略布局的需要，也是党的十八大以来揭露出来的腐败问题从反面发出的强烈警示。

党的十八大以来揭露出的周永康、薄熙来、徐才厚、郭伯雄、令计划、苏荣等反面典型，身居高位，却滥用权力、以权谋私、权钱交易，破坏了党的团结统一、党的政治纪律和政治规矩，严重损害党的事业，社会影响极其恶劣，反映了滥用权力问题发生的层次高、危害重、影响大。前不久，中央对杨栋梁严重违纪违法案作出开除党籍、开除公职，并移交司法机关处理的决定。最近，中办《每日汇报》反映了湖南、河南等地纪委归纳的安监系统基层干部失职渎职的五种表现：日常检查“敷衍塞责”、落实整改“蜻蜓点水”、履行监管“滥用职权”、事故调查“浑水摸鱼”、插手中介服务谋利，归纳起来就是不作为、乱作为。这些问题的发生，从外在表现上看是滥用权力，从思想根源上看是理想信念、党性、道德上出现了漏洞。

当然，我们党员干部队伍的主流是好的，无论在革命战争年代、社会主义建设时期，还是在改革开放新的历史条件下，都涌现出一大批先进模范人物。比如云南保山地委书记杨善洲，工作 40 年，两袖清风，忘我工作，一心为民，退休后义务植树 22 年，带领大家造林 5.6 万亩，全部无偿捐赠给国家；再如我们安监系统这些年也涌现出的一批先进个人，他们忠于职守、公而忘私、廉政勤政、勇于奉献，表现出了宽广的胸怀和很高的境界。

开展“三严三实”专题教育，用正反两个方面的典型案例教育领导干部严以用权，有着重要的现实意义和很强的针对性。特别是反面典型的深刻教训，强烈地警示我们，只有不断地检讨不足、不断地开阔胸襟、不断地提高境界，不断地增强党性修养和自我约束的自觉性，正确使用党和人民赋予的权力，做好自己的工作，我们才可能不辜负党和人民的重托，维护好党的形象和声誉。

二、清醒认识导致权力滥用的因素，自觉远离消极腐败因素的影响

从这几年一些高级领导干部和基层干部违法违纪的案例看，导致权力滥用的因素有主观的也有客观的，而客观因素是通过主观因素作祟。

从主观上看，主要有三点：一是没有做到严以修身。思想“总开关”阀门脱落，政治信念、道德品质的“钙质”流失，失去了严以用权的思想基础、党性基础、作风基础。二是不能做到严以律己。有些人不一定从一开始就在主观上想滥用权力，但是对自己要求不严，往往从“小事不在乎”，演变到“大事顶不住”，最后逐渐蜕变堕落。三是缺乏自觉受监督、受制约的意识。心无忌惮，目无法纪，自己把自己推向了破坏党纪国法的深渊。

从客观上看，比较突出的有两个问题：一是在社会深刻变革时期，随着利益关系多样化，价值观念多元化等消极因素增多，一些人抵挡不住影响和诱惑，价值观、人生观发生嬗变，追逐利益和享乐，甚至染上吸毒、赌博、嫖娼等恶习。二是权力运行监督制约机制有漏洞，一些地方不良行为受不到及时的批评和制约，造成“劣币驱逐良币”“举枉错诸直”的负面效应，导致滥用权力的问题得不到及时纠正。

所以，我们要做到严以用权，必须坚持自省、自警，自觉远离消极腐败因素的影响。

三、从自己做起、从现在做起、从小事做起，带头把权力用在全心全意为人民服务上

习近平总书记在中央政治局第二十六次集体学习时提出的四点指示要求，指导我们怎样防止权力滥用。我认为以下四点需要重视。

一是严以修身，养成正确使用权力的自觉。严以修身，修的不是身体健康，而是思想觉悟、思想境界。“严”怎么理解？这里面既包含高标准、严要求的含义，也包含自觉的含义，即加强党性修养，纠正自身缺点不足，不是别人要你做，而是自我追求。《论语》中说“为仁由己，而由人乎哉”。修身从严，就是要正确认识手中权力的性质和权力的来源，自觉遵守党的宗旨和党在政治上、制度上、规则上的要求，不懈加强党性锻炼、不断提高思想境界，始终保持共产党人的政治本色，确保掌权者、用权者具有良好的思想素质。

二是严于律己，做拒腐防变的卫士。确保我们党的性质永不变色，每个党员都有责任。同时，每个党员都要给自己当好拒腐防变的卫士。犯错误的人之所以犯错误，大部分不是从一开始就变质，多数是在为党做出一定工作，有了一定的地位后，开始放松自我改造、自我约束。因此，我们要从小事开始把握好，“勿以恶小而为之，勿以善小而不为”，从自己做起，从现在做起，经常开展批评与自我批评，慎独慎微慎初，自警自省自律，培养慎重对待权力、正确使用权力的行为习惯。

三是完善权力监督制约机制。从个人来讲，要严于修身，严于律己，严格遵守党纪国法。从一级党组织、一个单位来讲，要不断完善权力规则体系和权力监督制约机制，把没有的规矩立起来，把已有的规矩逐步细化，把不成体系的规矩系统化，不断增强制度、机制的有效性、权威性，让制度、机制在管权、管人、管事上发挥更大的基础性作用。我们要认真总结多年来安全监管工作的实践经验，通过改革创新，进一步明确安全监管相关权力的内涵、边界和程序，既防止权力滥用，也保障把党和人民赋予我们的职责承担起来。

四是坚持领导带头。领导干部要以身作则，带头严格要求自己，带头严格遵纪守法，带头正确行使权力，对确保严以用权意义重大，不仅可以树立榜样，而且可以对相关单位、系统产生强烈的示范引领作用，也会对确保制度、机制的权威性产生护卫作用。希望我们安监系统的各级领导干部都要严以律己，以身作则，以上率下，为维护权力规则的严肃性、为在权力行使上充分体现党的宗旨而发挥引领作用、带动作用。

国家安全生产监督管理总局副局长杨元元在“三严三实”专题教育视频会议上的讲话(摘要)

(2015 年 9 月 18 日)

按照国家安全监管总局“三严三实”专题教育总体安排，目前已完成了专题党课和前两个专题研讨，现在进入第三个专题研讨阶段。今天我们召开视频会议，主要任务是进一步贯彻落实习近平总书记、李克强总理等中央领导同志的重要批示指示精神，学习交流典型经验，对全系统下一阶段“三严三实”专题教育进行再动员、再部署。

刚才，辽宁煤矿安监局等 8 个单位作了典型发言，做法各有特色，值得大家学习借鉴。从前一阶段专题教育开展情况看，全系统各级党组织高度重视，主要负责同志亲自部署、亲自推动，带头讲党课，认真开展专题研讨，深入剖析查摆“不严不实”问题，专题教育各项工作扎实、有效，广大党员干部的理想信念进一步坚定，思想认识进一步提高，工作作风进一步转变。下一步要继续扎实推进，切实抓紧、抓好、抓出效果。

下面，我讲三点意见：

一、进一步深刻领会习近平总书记、李克强总理等中央领导同志关于“三严三实”的重要指示精神，切实把思想统一到中央决策部署上来

近日，习近平总书记在主持中央政治局第二十六次集体学习时强调：“三严三实”是我们天天要面对的要求，大家要时时铭记、事事坚持、处处上心，随时准备坚持真理、随时准备修正错误，凡是有利于党和人民事业的，就坚决干、加油干、一刻不停歇地干；凡是不利于党和人民事业的，就坚决改、彻底改、一刻不耽误地改。刘云山、赵乐际等中央领导同志也多次就“三严三实”专题教育作出重要指示，提出明确要求。我们要从以下六个方面加深理解。

一要深刻领会关于领导干部要可信、做人干事都让组织放心的要求。习近平总书记多次强调，各级干部特别是领导干部要按照“三严三实”要求，深学、细照、笃行焦裕禄精神，努力做焦裕禄式的好干部，指出焦裕禄同志以自己的行动塑造了一个优秀共产党员和优秀县委书记的光辉形象。我们所有党员领导干部，都应像焦裕禄同志那样，从严律己，一心为民，踏实干事，做政治的明白人、发展的开路人、群众的贴心人、班子的带头人，努力成为党和人民信赖的好干部。

二要深刻领会关于向老一辈革命家和先进典型学习的要求。习近平总书记在会见全国优秀县委书记时指出，各级党委要把先进典型作为“三严三实”专题教育的鲜活教材，引导党员干部弘扬“严”的精神和“实”的品格。要大力选拔各方面表现优秀的好干部，深入宣传优秀党员干部的感人事迹和崇高精神，推动形成学习先进、崇尚先进、争当先进的浓厚氛围。刘云山同志在福建调研时要求，学习践行“三严三实”，要以谷文昌为标杆、为镜子，把握先进典型的精神本质，找出差距和不足，正视和解决自身问题，努力做“四有”（坚持科学发展有韧劲、谋划科学发展有思路、推动科学发展有激情、实现科学发展有贡献）干部。这些年，全国安全监管监察系统涌现出了许多优秀的干部，比如河北省青龙满族自治县朱杖子乡安监站站长张振峰，吉林煤矿安监局辽源监察分局原监察专员、副局长刘春权等。他们虽然身处基层，但心系百姓，兢兢业业、勤勤恳恳，在工作中践行了“三严三实”要求。先进典型是有形的正能量、鲜活的价值观，人人可学可为，要大力弘扬谷文昌精神，激励人们见贤思齐、向上向善。榜样的力量是无穷的，我们要让这些典型的光芒真正照进自己的内心，努力向先进看齐，争当先进，赶超先进。

三要深刻领会把“三严三实”贯穿改革全过程的要求。习近平总书记在中央全面深化改革领导小组第十四次会议上强调，领导干部是否做到严以修身、严以用权、严以律己，谋事要实、创业要实、做人要实，全面深化改革是一个重要检验。要把“三严三实”要求贯穿改革全过程，引导广大党员、干部特别是领导干部大力弘扬实事求是、求真务实精神，理解改革要实，谋划改革要实，落实改革也要实，既当改革的促进派，又当改革的实干家。“三严三实”不是悬在半空中，说说就行，而是要落实到具体行动中，落实到改革全过程，说到底，就是要用“三严三实”的精神推进改革，让改革的各项决策部署都真真切切落到实处。

四要深刻领会关于领导干部要带头搞好专题教育的要求。习近平总书记在会见全国优秀县委书记时指出，要做班子的带头人，带头讲党性、重品行、做表率，带头搞好“三严三实”专题教育，带头抓班子带队伍，带头依法办事，带头廉洁自律，带头接受党和人民监督，带头清清白白做人、干干净净做事、堂堂正正做官，真正做到率先垂范、以上率下。带头人是关键的少数，参加今天会议的各单位负责同志都是这个关键的少数，做得好与坏，直接影响到身边每个人，影响到整个单位。我们有的省级煤矿安监局，主要负责人违法违纪，导致下面几十人被检察院叫去核实审查。所以，领导干部不但要自己又严又实，还要团结和带领全体党员干部又严又实。

五要深刻领会关于突出问题导向真正解决问题的要求。习近平总书记在浙江考察时指出，“三严三实”专题教育要突出问题导向，贯彻从严要求，既巩固和扩大从严治党成果，又有效解决党的建设面临的新问题。刘云山同志在宁夏调研时强调，推进“三严三实”专题教育，关键是贯彻从严要求，紧扣主题、对准问题，在深入深化、务求实效上下功夫，不以一般性学习代替专题教育，不以解决一般性问题代替解决不严不实问题。赵乐际同志在中央组织部专题会议上要求，开展“三严三实”专题教育，要强化责任落实，深化学习研讨，着力解决不严不实问题，防偏防空防虚，促使各级领导干部都严起来、实起来，攻坚克难、锐意进取，推进改革发展稳定各项事业。开展“三严三实”专题教育，找准问题是关键，有问题不可怕，问题本身就是我们改进提升的方向和空间，通过专题教育把这些问题都消化克服掉了，并对这些问题有长期免疫效应，专题教育的效果就达到了。

六要深刻领会关于联系反面典型更加从严从实检身正己的要求。反面典型最突出的特点就是不守纪律、不讲规矩，最终一步步走上违法犯罪的道路，给全体党员干部以深刻警示。我们要在专题研讨中，以反面典型为镜，举一反三、检身正己。杨栋梁作为正部级干部、中央委员，涉嫌严重违纪违法接受组织调查，严重损害了党的威望，严重影响了安监队伍形象，不仅自己身败名裂、身陷囹圄，而且对亲友和身边的工作人员也都造成很大伤害。要汲取教训，按照中央要求，坚决把纪律和规矩挺在法律前面，把“三严三实”作为修身做人、用权律己的基本遵循，作为干事创业的行为准则，真正在思想上、工作上、作风上严起来、实起来。

二、紧密结合安全监管监察工作实际，切实把“三严三实”的要求落到实处

党中央、国务院始终高度重视安全生产工作。近期，针对全国多个地区发生的重特大生产安全事故，特别是天津港“8·12”特别重大火灾爆炸事故，习近平总书记、李克强总理等中央领导同志作出一系列重要指示批示。

习近平总书记强调，各级党委和政府要牢固树立安全发展理念，坚持人民利益至上，始终把安全生产放在首要位置，切实维护人民群众生命财产安全。要坚决落实安全生产责任制，切实做到党政同责、一岗双责、失职追责。要健全预警应急机制，加大安全监管执法力度，深入排查和有效化解各类安全生产风险，提高安全生产保障水平，努力推动安全生产形势实现根本好转。

李克强总理指出，各地区、各部门要以对人民群众生命高度负责的态度，切实落实和强化安全生产主体责任，全面开展各类隐患排查，特别是要坚决打好危化品和易燃易爆物品等安全专项整治攻坚战，采取有力有效措施加快薄弱环节整改，形成长效机制。

这些重要批示指示，为我们进一步改进和加强安全生产工作提出了明确要求。要贯彻落实好党中央、国务院的决策部署，必须首先落实好“三严三实”各项要求，真正把思想端正，把自身问题找准，把整改措施落实了，才能确保安全生产工作扎实有效向前推进。

一要联系反面典型深入开展研讨，努力端正思想。开展专题教育，就是要让我们的党员领导干部思想上受教育，从内心深处、从思想根源上有转变。特别是从十八大以来中央严肃查处的周永康、薄熙来、徐才厚、令计划、苏荣等严重违纪违法案件来看，一旦理想信念这个“总开关”出了问题，人就会迷失方向，很容易走向违纪违法的歧途。近期国家安全监管总局下发通知，要求以“严守党的政治纪律和政治规矩”为题，组织集中学习讨论，突出强调在专题教育中要把“严守党的政治纪律和政治规矩”作为一项重要内容进行学习。习近平总书记指出，坚持党的领导，首先是要坚持党中央的集中统一领导，这是一条根本的政治规矩。党员干部特别是领导干部要严守党的政治纪律和政治规矩，把“同党中央保持高度一致”变成实实在在的行动。我们要牢固树立纪律和规矩意识，在守纪律、讲规矩上做表率，自觉做政治上的“明白人”。结合安全生产工作来讲，就是要把中央领导同志关于安全生产工作的各项要求不折不扣地落到实处，不允许态度消极、拖着不办，否则就可能造成工作被动、事故多发，给人民群众生命安全造成损失。

二要从安全生产工作中出现的问题反查自身不严不实的地方。专题教育要始终坚持问题导向，必须围绕“三严三实”要求，特别要结合贯彻全面深化改革要求、大力推进安全生产领域改革的实际，找准“不严不实”的突出问题和具体表现。在前两个专题的学习研讨中，我们查找了一些自身存在的问题，但从各单位上报的情况来看，有些问题查找得还不够深入，有些也还停留在面上，没有从思想根源入手进行深入剖析。目前安全生产领域发生的一些问题，从根源上讲都是我们自身不严不实所导致的。要抓住这些问题不放，少讲客观原因，多找主观因素，把自己摆进去，把职责和工作摆进去，把思想摆进去，深入剖析问题根源，进一步从严从实要求自己，努力提升自身能力素质，推动安全生产工作水平迈上新台阶。

三要以安全生产目标要求倒逼自身建设更严更实。习近平总书记、李克强总理等中央领导同志对安全生产工作的各项要求，人民群众对安全发展的期望和期待，就是我们努力的方向。十八大以来，习近平总书记关于安全生产有多次重要论述，其中特别强调“红线意识”和“问责机制”。要求“发展决不能以牺牲人的生命为代价”，这必须作为一条不可逾越的红线。在中央政治局第二十三次集体学习时指出，各级党委和政府要切实承担起“促一方发展、保一方平安”的政治责任。近期总书记再次严肃指出，要坚决落实安全生产责任制，切实做到党政同责、一岗双责、失职追责。“红线意识”树立得牢不牢固，“问责机制”执行得彻不彻底，从根本上讲，还是由“严”的工作标准和“实”的工作作风来决定。我们一定要对照中央对安全生产工作提出的目标，把全面深化改革作为衡量“三严三实”专题教育效果的重要标尺，以更严更实的措施、更严更实的作风，切实做到整改思路立足于推动改革、整改措施有助于推进改革、整改成效体现在推进改革。

三、进一步采取更加有力有效的措施，切实以从严从实的精神抓好专题教育

一是以从严从实的精神抓好责任落实。要重点落实各级党组织的“主体责任”和党组织书记的“第一责任”。习近平总书记多次强调，不明确责任，不落实责任，不追究责任，从严治党是做不到的。我们要着重在“落实”两字上下功夫，“三严三实”作为当前重要政治任务，各单位党组织要真正放在心上，要加强督导检查，及时了解掌握情况，把能否组织开展好专题教育作为落实党建主体责任的直接检验、现实考验。党组织书记要切实履行第一责任，以身作则，既要带头查找问题、带头抓好整改，又要对本单位的专题教育精心指导，自始至终把责任扛在肩上。通过党组织书记亲自抓、认真抓、扎实抓，将压力传导给全单位党员领导干部，确保责任落实到位、专题教育措施落实到位。

二是以从严从实的精神抓好工作结合。开展“三严三实”专题教育，要统筹兼顾，服务大局，要将开展专题教育与抓好安全生产工作实际相结合，特别是要与当前开展的安全生产大检查和重点行业领域安全专项整治以及隐患排查治理等重点工作结合起来。要正确处理好专题教育和日常工作的关系，既不能把专题教育当成一种负担，敷衍了事、应付了之，也不能脱离实际、脱离工作搞专题教育。要安排好时间和精力，做到专题教育与实际工作有机融合，两手抓、两不误、两促进。

三是以从严从实的精神抓好成果转化。贯彻从严要求，巩固和扩大从严治党成果，有效解决党的建设面临的新问题，最终是要形成一些长效制度机制，将从严从实的有效措施固化下来，长期发挥作用。总局层面要按照党组要求，努力完善九个方面制度：一是完善暗查暗访制度，二是完善“四个对待”警示教育制度，三是健全“五个不间断”制度，四是落实总局审批办事大厅工作制度，五是完善“三下井”分析统计报告制度，六是完善干部队伍考核制度，七是完善干部队伍建设制度，八是完善违纪查处制度，九是完善网络学院干部培训制度。各单位也要结合自身实际，抓好薄弱环节整改，真正通过“三严三实”专题教育建立完善一套科学、管用、持久的好制度好机制，长期有效地推动我们的工作。

四是要以从严从实的精神抓好宣传引导。专题教育在进行，各种成效也在不断显现，要及时挖掘典型，宣传推广好的经验做法。人民网、共产党员网等都有“三严三实”专题教育的专栏，大家要多看多学。各单位要将好经验好做法及时上报总局，以供全系统学习借鉴。同时，要充分运用各种媒体，及时宣传党中央和中组部的新要求，更有针对性地引导党员领导干部受教育，为践行“三严三实”营造浓厚氛围。

当前安全生产形势严峻复杂，我们肩负的任务艰巨繁重。我们坚信安全监管监察系统各级领导班子和广大党员干部队伍的主流是好的，一个时期以来的工作是认真负责而富有成效的。我们这支队伍始终是一支受党中央、国务院高度信任的队伍，一支为人民群众安全权益勤奋工作、埋头苦干、作出贡献的队伍。中央领导同志的一系列重要批示指示也充分体现了对我们的信任、鞭策和鼓励。全系统广大党员干部要把思想和行动统一到中央精神上来，继续扎实开展“三严三实”专题教育，严明政治纪律和政治规矩，知敬畏、明底线、受警醒，在思想上、工作上和作风上，更加严起来，更加实起来，做到安全责任、安全措施、安全监管“三落实”，扎实推进安全生产各项重点工作，坚决防范遏制重特大事故，促进全国安全生产形势稳定好转。

国家安全生产监督管理总局副局长孙华山在“机械化换人、自动化减人”科技强安专项行动推进工作视频会议上的讲话（摘要）

（2015年6月18日）

这次视频会议主要是对“机械化换人、自动化减人”科技强安专项行动作出全面部署，动员各地区立即行动、强力推进，充分发挥安全科技对促进安全生产的重要支撑和保障作用。国家安全监管总局党组对此项工作十分重视，要求我们从贯彻落实习近平总书记安全生产系列重要讲话精神，强化红线意识，加快实施安全发展战略的高度，深刻认识开展专项行动的重大意义，进一步强化措施、大力推动，力争早日见效，为实现重点行业领域和全国安全生产状况根本好转，提供切实有力的科技保障。刚才总局总工程师、规划科技司司长吴鑫同志解读了专项行动工作方案，我都赞成。下面再讲三点意见。

一、提高思想认识，切实增强“机械化换人、自动化减人”科技强安专项行动的责任感和紧迫感

（一）专项行动是贯彻落实习近平总书记关于安全生产系列重要讲话精神的重大举措。党的十八大以来，习近平总书记多次发表讲话，全面阐述安全生产的方针理念、目标任务、政策措施和重点工作，党的十八届三中全会特别强调要建立安全预防控制体系。总书记最近主持召开了中央政治局第二十三次集体学习会，专题听取了安全监管总局等部门的工作汇报，对包括安全生产在内的公共安全体系建设提出了明确要求，强调要着力补齐短板，着力抓重点、抓关键，构建人防、物防、技防网络。针对发生的有关重特大事故，要求我们深刻吸取教训，改进安全防范措施，把工作做在各类事故发生之前。开展专项行动，主要目的就是强化安全科技的保障能力，这是安全生产工作最根本、最关键的措施，是解决用人多、强化风险预控的最根本出路。希望各地区、各部门深刻领会总书记的重要讲话精神，组织动员企业和各方面力量，打一场事故“技防”的攻坚战，掌握安全生产工作的主动权，在强化推进措施上狠下功夫。

（二）专项行动是提升高危行业领域安全生产水平的治本之策。在党中央、国务院的正确领导和各方面的共同努力下，全国安全生产保持了总体稳定、持续好转的发展态势。特别是传统高危行业领域，安全状况显著改善。截至目前，煤矿已经连续27个月没有发生特别重大事故，非煤矿山连续23个月没有发生重大及以上事故，危险化学品、烟花爆竹较大以上事故也明显减少。这充分表明，总局党组一个时期来的工作思路，特别是煤矿安全“1+4”工作法、治本攻坚“双七条”、推进安全科技“四个一批”等治本之策符合实际，行之有效。但要清醒地看到，安全生产工作具有长期性、艰巨性和复杂性，尤其是高危行业领域的安全生产整体水平偏低，设施简陋、技术落后，手工作业岗位多、生产部位人员集中，安全生产没有保障的小煤矿、小金属非金属矿山、小化工、小烟花爆竹厂等在一些地区还大量存在，必须痛下决心、坚定不移走机械化、自动化的发展道路，使高危行业领域的安全生产水平“脱胎换骨”，有一个根本性的改善。

（三）专项行动是推动经济社会安全发展的迫切要求。一些地方发生的重特大事故表明，随着工业化、城镇化快速发展，劳动密集型生产加工企业面临的安全风险越来越大，尤其是企业生产规模不断扩大，从业人员大量增加，各类致灾因素和安全隐患无处不在，发生群死群伤事故的风险也在加大。总书记特别指出：安全是相对的，不安全是绝对的。在一个现场人员过多的企业里，许多人为的安全隐患常常随机发生，使人猝不及防、防不胜防。只有推动企业进行机械化、自动化改造，减少关键环节、重点部位的人员，通过以机械化生产来替代人工作业、以自动化控制来减少人为操作，以信息化对致灾因素进行监测预警，才能有效防范各类事故。“无人则安”“人少则安”。如果没有人员在现场，即使发生事故，也不会造成人员伤亡；如果现场人员很少，即便出现伤亡，也不至于造成群死群伤。地方各级政府和相关部门一定要认清这一点，牢固树立以人为本、生命至上、安全发展的理念，积极推动高危行业和劳动密集型生产加工企业的机械化、自动化改造，在推动地方经济社会发展的过程中，切实提高从业人员生命安全的保障水平。

（四）专项行动是适应经济发展新常态、加快建立安全生产长效机制的必然选择。加快产业结构调整，转变经济发展方式，是经济发展新常态的最基本的表现形式。这就要求各地区大力发展科技含量高、保障能力强的产业，用科技手段改造提升传统的、低水平的落后产业，这也正是加强安全生产工作的内在需要。因此，开展“机械化换人、自动化减人”科技强安专项行动，引导和推进企业进行机械化、自动化和信息化改造，可以说是一举多得，不仅能够提高企业的安全生产水平，同时也大大增强了企业的核心竞争力。同时，我们还要看到，随着信息化与工业化的深度融合，智能装备、智能产品和智能化生产等先进技术和装备迅猛发展，建设无人化工厂、自动化矿山的技术条件和内外部因素正趋于成熟完善，为我们推进专项行动提供有力的条件支持。我们一定要抓住机遇、乘势而上、善谋善成，通过开展专项行动，为建立安全生产长效机制注入生机和活力。

总之，组织开展“机械化换人、自动化减人”科技强安专项行动是总局党组的一项重大决策，具有重要的现实意义和长远的战略价值。全系统各级领导班子和广大安全监管监察人员，要把思想认识统一到总局党组的决策和部署上来，从强化安全生产保障能力的迫切要求出发，把开展专项行动作为学习贯彻习近平总书记系列重要讲话精神、践行“三严三实”、履行保护人民生命安全最高职责的具体行动，摆上重要日程。要带着对人民生命安全负责的责任感，带着挽救生命的紧迫感来抓这项工作。主要领导同志要经常过问、提出明确要求；分管领导同志要亲自动手抓。要建立必要的组织机构，及时研究解决开展专项行动遇到的困难和问题，以改革创新、大胆突破的思想和勇气，积极主动、深入扎实开展好这项行动。

二、抓住关键环节，认真组织实施专项行动

（一）要研究制定一个切实可行的工作方案。总局《关于开展“机械化换人、自动化减人”科技强安专项行动的通知》(安监总科技〔2015〕63号，以下简称《通知》)已经下发。各地区、各单位要按照《通知》的总体要求，紧密联系各自实际，研究制定贯彻落实的具体办法。要破除“唯条件论”，决不能“这个行不通、那个没法做”，要打破条条框框限制，想方设法，勇于进取，综合考虑地方经济社会发展状况、产业结构布局，以及企业的资源赋存、灾害类型、基础设施、管理水平等情况，选择合理的技术路径和相应的机械化、自动化改造方案。比如对地质条件较好的大型煤矿，应推行煤巷掘、支、运“三位一体”高效快速掘进和综采工作面自动化，实现矿山安全物联网；对地质条件一般的煤矿，可以推行综采机械化或高档普采。对大型金属非金属矿山，可以推行数字化矿山建设，实现凿岩、装药、出矿、充填、运输等生产工艺机械化、自动化；对小型金属非金属矿山，则以推行回采和掘进机械化为主等。诸如其他有关方面，《通知》都提出了指导性方案，各地区要认真细化落实。

（二）要建立一套强有力的责任落实制度。各级安监机构要建立“机械化换人、自动化减人”科技强安专项行动工作责任制，把相关工作逐条分解，逐条落实到具体部门、单位，落实到人头。要明确这项工作的线路图、进度表和时间节点，加强监督检查，确保“组织领导、工作责任、计划进度、保障措施、实施效果”五到位。上级安监部门对下级部门专项行动的进展情况，要定期进行检查。对进展迟缓的要帮助查找原因，严重滞后的要追问、追查责任。一级督促一级，确保既定的每一项技术和装备都要落到实处。

（三）要营造一个有利的舆论声势。要充分利用电视、广播、报纸、网络等媒体，采取专题专栏、热点追踪、系列报道以及座谈、讲座等多种方法途径，宣传开展专项行动的目的意义、方法步骤和具体要求。通过深入细致地宣传教育，引导企业负责人算好经济账、长远账，增强责任感、危机感，坚定地走依靠科技进步保障安全生产的正确道路，不等不靠、敢为人先；引导从业人员站在珍爱自身生命和实现体面劳动的立场上，积极支持企业上机械化、自动化，支持企业换人、减人，把专项行动建立在依靠群众的基础上。

（四）要抓好一批先进典型。各地区都要选择那些积极性较高、基础较好、有一定典型意义和说服力的企业，率先进行机械化、自动化和信息化、智能化改造的试点。要注意及时总结经验，用典型说话，通过发挥典型的示范引领，指导推动面上的工作。目前在机械化、自动化建设上，煤矿、非煤矿山、危险化学品和烟花爆竹等行业领域，均有一些很好的典型。如煤矿方面，陕西黄陵矿业公司一号煤矿智能化综采工作面实现了远程操作采煤，现场只有极少的巡视人员；广西百色东怀煤矿实现了复杂地质条件下小型矿井的机械化、自动化。金属非金属矿山方面，首钢杏山铁矿积极进行自动化改造，实现了遥控凿岩打孔装药和井下电机车无人驾驶等，井下人员大大减少。要在大力宣传推广这些老典型、老经验的同时，及时培养、发现、总结、推广新典型、新经验。

（五）要淘汰一批落后技术装备和工艺。推广先进与淘汰落后，是一件事情的两个方面，二者相辅相成、并行并举。通过淘汰落后技术装备和工艺，可以倒逼企业加大技术改造力度，加快机械化、自动化步伐。总局已经制定发布了《淘汰落后与推广先进安全技术装备目录管理办法》（安监总厅科技〔2015〕43号），将根据专项行动进展情况，及时发布《淘汰落后技术装备目录》。各地区也要依据国家政策和本地区实际情况，定期发布淘汰落后工艺等目录。专项行动中，要加强执法检查，对国家以及地方政府明令淘汰的落后技术装备和工艺，要坚决依法取缔。

三、加强引导，统筹推进，力争专项行动早见成效

（一）强化政策导向。要用足用够、用活用好国家现行政策。“机械化换人、自动化减人”建设经费，纳入安全费用提取使用范围税前列支。“机械化换人、自动化减人”重大关键技术攻关，优先申报国家“十三五”重点研发计划。机械化、自动化重大技术装备，优先纳入国家《安全生产专用设备企业所得税优惠目录》和总局《推广先进安全技术装备目录》。机械化、自动化重大科技成果，优先推荐国家科技进步奖和科技成果奖。对纳入总局试点示范的企业，总局将从安全科技专项经费中予以适当支持。要把机械化、自动化、信息化、智能化纳入国家和地方安全生产“十三五”规划予以推进。各地区要加强政策研究，充分利用目前积极财政政策和量化宽松货币政策，为企业进行机械化、自动化改造争取更多的资金支持和政策扶持。

（二）发挥标准规程的制约规范作用。随着经济社会发展和机械化、自动化、信息化、智能化水平的不断提升，新技术、新装备大量应用，一些原有的标准规程已经不能适应，迫切需要修改完善。如新修订的《煤矿安全规程》，就明确规定鼓励煤矿对供电、排水、通风、主运输等生产系统进行自动化改造，实现无人值守。这方面的工作主要由总局、国家煤矿安监局、全国性行业协会等来做。基层安监机构和企业要积极参与，及时提出意见建议；新的标准规程颁布后，特别是对推荐性标准，一定要引起足够重视，积极贯彻执行。

（三）最大限度地调动运用安全生产科技资源。一是组织科研院所的力量。对机械化、自动化存在的技术瓶颈，如煤矿煤岩界面识别和全采面智能化、薄煤层综采自动化、井下机器人作业等，金属非金属矿山岩巷掘进智能化、小型矿山机械化、自动化等，烟花爆竹全自动无人生产线等，进行联合攻关。二是组织专家开展技术服务。各地区要充分发挥安全生产专家组的作用，对试点示范企业进行指导，特别是对技术力量薄弱的中小型企业（矿井），要主动进行帮扶。鼓励科研单位、装备制造企业和生产单位根据自身特点发挥技术、人才、装备和资金方面的优势，采取承包、设备租赁、参股入股等方式，组建专业技术服务队伍，有序开展机械化、自动化改造。三是要积极引进和培养机械化、自动化高素质人才。机械化、自动化改造技术含量高，对人才需求量大，一旦机械化、自动化全面推广，人才缺口极大，要未雨绸缪，有意识培养、储备这方面的人才，为全面推行机械化、自动化打下坚实基础。

（四）与安全生产重点工作紧密结合相互推进。当前，安全生产工作任务艰巨繁重。6月份以来，一些行业领域、一些地方相继发生重特大事故（事件），人民生命财产蒙受惨痛损失。包括“机械化换人、自动化减人”科技强安专项行动在内的各项工作，必须自觉服从服务于总局党组的中心任务，与安全生产各项重点工作有机结合起来，共同向前推进。一是与防范遏制重特大事故紧密结合起来。把最近一个时期发生的重特大事故暴露出的技术装备和工艺等方面的问题，作为科技强安专项行动要解决的重点问题，集中力量进行攻关和推广。二是与煤矿安全治本攻坚等紧密结合起来。在贯彻落实煤矿安全治本攻坚“双七条”、煤矿矿长谈心对话、安全生产重点县实施监管等工作中，都要就“机械化换人、自动化减人”提出要求，把专项行动实际进展情况作为衡量煤矿安全治本攻坚等工作成效的一项重要标准。三是与相关行业领域的安全专项整治紧密结合起来。把发展机械化、自动化纳入各个行业领域安全整治内容，在抓好煤矿等4个高危行业的基础上，把专项行动逐步向其他劳动密集型生产加工企业拓展。四是与加强监察执法和“打非治违”紧密结合起来。对那些技术装备落后、生产一线用人过多的企业，以及违背国家淘汰落后法律规定的企业及时下达限期整改或者停产整顿指令，推动企业进行机械化、自动化改造。

目前已进入汛期，地方各级安监机构要加强与相关部门的沟通协调，加强异常天气预报预警，严防自然灾害引发事故灾难。化工企业要认真排查治理罐区、管道、运输车辆等方面存在的安全隐患，防止危险化学品泄漏、燃烧爆炸事故。要对油气长输管线周围存在的滑坡、山洪等地质灾害等情况，采取相应的工程防灾措施，确保安全运行。烟花爆竹企业要严格执行高温、雷雨天气停产的相关规定。要进一步加强与公安、交通、建设等部门的配合协作，针对事故（事件）暴露出的薄弱环节，采取切实措施，进一步加强道路和水上交通、建筑施工等安全监管，严防翻车沉船、建筑坍塌等事故。

开展“机械化换人、自动化减人”科技强安专项行动，功在当今、利在千秋，我们责任重大、任务艰巨。希望大家按照总局党组的要求和这次会议的部署，坚定信心，攻坚克难，扎实做好各项工作，大力提升高危行业领域安全生产水平，加快推动全国安全生产状况的根本好转。

中央纪委驻国家安全生产监督管理总局纪检组组长赵惠令在全国安全生产监管监察系统党风廉政建设工作会议上的讲话（摘要）

（2015年1月27日）

受总局党组的委托，我向大家报告2014年全国安全生产监管监察系统党风廉政建设和反腐败工作，并根据中央纪委五次全会精神，部署2015年的工作。

一、2014年工作回顾

2014年，以习近平同志为总书记的党中央从关系党和国家生死存亡的高度，以强烈的历史责任感、深沉的使命忧患感、顽强的意志品质推进党风廉政建设和反腐败斗争，严明纪律不动摇，改进作风不懈怠，严惩腐败不手软，着力营造不敢腐、不能腐、不想腐的政治氛围，使优良作风回归，深得党心民心。中央纪委和各级纪检监察机关深化转职能、转方式、转作风，聚焦中心任务，强化监督执纪问责，惩得严、治得实，打得准、亮点多，取得的成绩有目共睹、世所公认，增强了全党全国人民反腐败斗争必胜的信心，党和国家更加充满希望。

按照党中央和中央纪委的部署要求，2014 年，全国安全生产监管监察系统各级党组织和纪检监察部门，认真学习贯彻习近平总书记系列重要讲话精神，以落实党风廉政建设主体责任和监督责任为主线，把查办违纪违法案件和落实中央八项规定精神作为全年工作重点，持续加大工作力度，在创新巡视方法、加强制度建设、深化警示教育等方面也作了一些有益探索，党风廉政建设和反腐败工作取得新的成效。

（一）推进党风廉政建设“两个责任”落实。

一是总局党组以上率下，层层落实主体责任。坚持把党风廉政建设摆上重要议程。党组书记和副书记逐个约谈 26 个省级煤监局主要负责人，总局和国家煤监局其他领导分赴各省级煤监局约谈 128 名班子成员。每位党组成员还分别听取分管司局和在京直属事业单位党风廉政建设工作汇报。出台了《关于落实党风廉政建设“两个责任”的意见》，举办了直属单位基层党组织负责人落实主体责任专题轮训班，并将各单位落实主体责任情况作为年度考核和巡视的重要内容，对未认真履行责任的主要负责人进行了诫勉谈话，提出了整改要求。

二是聚焦主业，强化监督执纪问责。各级纪检监察部门认真学习贯彻王岐山同志在中央纪委深化“三转”专题研讨班上的重要讲话精神，不断转变观念，聚焦中心、突出主业，扎实推进各项工作。驻总局纪检组监察局将牵头或参加的议事协调机构由 18 个减少为 3 个，整合内设机构，充实办案力量，选调有基层司法工作经验的同志到组局工作，将案件检查室由 1 人增加到 4 人，从总局有关部门抽调 3 名同志专职从事巡视工作。各省级安监局、煤监局和各直属事业单位纪检监察部门也扎实推进“三转”，不断将工作重心聚焦到监督执纪问责主业上来。

（二）持之以恒落实中央八项规定精神。

一是巩固深化工作成果。2014 年，总局和国家煤监局机关比 2013 年会议减少 34.0%、文件减少 11.7%。认真贯彻落实国务院“约法三章”，做到了“三公”经费继续下降，财政供养人员只减不增。全系统各级领导干部深入基层一线，开展“四不两直”暗查暗访，与安全生产重点县县委书记、县长谈心交流，与万名矿长谈心对话，工作作风更加深入、更加务实。

二是深入开展专项清理。按照中央统一要求，对公务用车、办公用房、秘书配备和领导干部兼职、参加社会化培训、出国证件及“裸官”等问题做了认真的清理与规范。落实领导干部个人有关事项报告制度，抽查了 168 名、函询核实了 78 名干部的有关事项。严禁党员干部出入私人会所，党员干部全部签订了个人承诺书。

三是严查顶风违纪行为。加强执纪监督，对违反中央八项规定精神问题，发现一起、查处一起、通报一起。2014 年，共查处 7 起，给予党纪政纪处分 10 人。驻总局纪检组监察局查处了机关服务中心服务处以开会名义公款旅游和信息研究院印刷厂公款吃喝且掩盖、对抗调查问题。湖南煤监局查处了某司机公车私用和湘潭分局公款吃喝，重庆煤监局查处了渝南分局监察一室主任违规操办儿子婚事，云南煤监局查处了安全技术中心原总工程师违规出国，河南煤监局查处了郑州分局以食堂名义购买干杂货分给个人等问题。总局党组将上述问题在全系统通报曝光，以儆效尤。

（三）加大查办违纪违法案件力度。

总局党组以零容忍态度坚决惩治腐败。办案力度持续加大，初核、立案、结案数比十八大前大幅提高，在中央纪委召开的查办案件工作形势分析会上，我们的办案工作得到了中央纪委领导的肯定。2014 年，驻总局纪检组监察局自办案件 9 件，结案 6 件，给予党纪政纪处分 10 人，其中司局级干部 6 人、处级干部 4 人，另有 3 件正在调查处理之中；接受信访举报 346 件（次），分别作出转办、初核、谈话函询等处理，做到件件有着落。省级煤监局、直属事业单位办案工作也有一定进步，共接受群众信访举报 123 件（次），初核 82 件，立案 14 件，结案 13 件，给予党纪政纪处分 13 人。

去年办案工作有五个特点：一是严肃查处“一把手”的案件。驻总局纪检组监察局立案查处了总局 1 名司长、国家安全生产应急救援指挥中心 1 名部门主任、3 名省级煤监局局长。二是对拟提职干部的信访举报件快查快核。总局党组根据组局调查结论，取消了 3 名拟任正局级领导干部的任职。三是从严处理纪检监察干部违纪问题。在处理某省级煤监局原纪检组长违规多占住房问题时，鉴于纪检组长违纪行为影响恶劣，就作出了比其他犯同类错误的四名司局级干部从严处理的决定。四是注重抓早抓小。对举报11名司局级“一把手”的信件进行了函询或提醒谈话。五是严格依法依纪、安全文明办案。尊重被调查人员的人格，保障其合法权益，坚持重事实重证据，确保处理的每个案件都做到“事实清楚、证据确凿、定性准确、处理恰当、手续完备、程序合法”。

（四）切实加强和改进巡视工作。

用好巡视这一有效形式，注重巡视效果。组织4个巡视组，对河北、贵州煤监局和国际交流合作中心、档案馆、宣教中心、培训中心、研究中心、煤矿文工团8个单位开展巡视，实现了对26个省级煤监局和17个直属事业单位巡视全覆盖。一是选调强有力的干部参加巡视工作。4位组长均选派正局级实职担任，并从总局和国家煤监局机关、国家安全生产应急救援指挥中心、省级煤监局纪检组选调原则性强、工作经验丰富的同志参加巡视工作。二是发现问题能力明显增强。坚持问题导向，紧扣巡视工作“四个着力”要求，发现了6个方面的突出问题。比如，有的单位领导干部不敢担当，精神懈怠、工作不在状态；有的单位班子不团结、党内生活不严肃、干群关系不融洽；有的单位管理松弛，对下属单位长期失管失控；有的单位选人用人不规范，任人唯亲；有的事业单位随意进人纳编、超编超配；有的纪检监察干部履行监督职责不力等。另外，还发现10余条涉嫌违规违纪的重要线索。三是重视巡视成果运用。针对巡视发现的问题，总局党组责成被巡视单位对69个问题限期整改，将违纪线索交有关部门核查，做到件件有着落。

（五）深入贯彻落实源头治本六条措施。

2014年，总局党组提出了源头治本的六条措施，各单位密切配合，狠抓落实。7个曾保留驻京办事处的省级煤监局坚决贯彻总局党组决定，在办公厅（财务司）的组织协调下，仅用不足两个月时间就撤销了办事处，积极稳妥做好人员安排、清产核资等相关工作。人事司修订选拔任用干部工作办法、出台事业单位公开招聘暂行规定等规章制度，以总局党组文件印发。按照文件要求，各直属事业单位新进人员改变了过去自主招聘的办法，由人事司统一公开招聘。2014年，为11个直属事业单位招聘高校毕业生92名。各省级煤监局直属事业单位招聘工作全部由所在省级人事部门统一考录，人事管理更加规范。

（六）扎实开展“警示教育周”活动。

组织召开了全系统警示教育动员暨党纪政纪知识辅导视频会议，总局领导作动员报告，邀请中央纪委案件监督管理室负责人徐志华作专题辅导，总局党组和国家煤监局领导班子成员，各省级安监局、煤监局，总局和国家煤监局机关各司局、应急指挥中心处级以上干部，各直属事业单位党政主要负责人共4500多人参加。印发了关于贵州煤监局林东分局原副局长李涛等6个违法违纪典型案例的通报，发挥惩治一人、教育一片的作用。以“学条规用条规、严守组织纪律”为主题，各党支部召开组织生活会。直属机关党委组织总局领导、国家煤监局领导和400多名机关党员干部参观了北京市警示教育基地。各省级安监局、煤监局和直属事业单位结合实际，运用上党课、作报告、党纪政纪知识竞赛、廉政书画剪纸比赛等多种形式，开展警示教育，让党员干部明底线、知敬畏、受警醒。

上述成绩的取得，主要得益于以习近平同志为总书记的党中央从严治党的鲜明立场和坚强决心，打老虎，拍苍蝇，形成反腐败高压态势，为我们注入了强大的精神动力；得益于中央纪委强力推动“两个责任”落实，建立健全责任体系，形成了较为完善的领导体制机制，为我们提供了制度保证；得益于总局党组高度重视党风廉政建设和反腐败工作，各有关部门密切配合，广大干部职工积极参与，营造了齐抓共管的工作氛围；得益于纪检监察部门深化“三转”，监督执纪问责更加有力，为推动党风廉政建设深入开展付出了艰苦努力。

但是，必须清醒地看到，面对严峻复杂的反腐败形势，我们的工作与党中央和中央纪委的要求，与人民群众的期待还有很大差距，还存在许多不符合、不适应问题。一是有的单位落实主体责任还停留在表态阶段，满足于一般性号召和空泛化要求，一定程度上存在“上热下冷”“上紧下松”的现象。离中央领导提出的“主要领导要做到重要工作亲自部署，重大问题亲自过问，重要环节亲自协调，重要案件亲自督办”的要求还有一定的差距。二是深入落实中央八项规定精神的任务依然艰巨。在总局党组反复强调“四个零”要求的情况下，顶风违纪现象时有发生，防止“四风”反弹任务仍很艰巨。三是对举报的有关违法违纪问题线索，有些尚未做到及时有效地查处。四是纪检监察部门深化“三转”进展不平衡。有的思想认识问题还没有真正解决，缺乏监督执纪问责的积极性和主动性。相当一部分纪检监察干部的思想观念、工作作风和能力素质还不能完全适应工作。对此，我们必须高度重视，切实采取得力措施，认真加以解决。

二、2015 年工作任务

2015 年，我们要深入学习贯彻习近平总书记系列重要讲话和中央纪委五次全会精神，按照总局党组的部署要求，紧密结合安监系统的实际，着力抓好以下 7 项重点工作：

（一）加强纪律建设，强化刚性约束。把守纪律、讲规矩摆在更加突出的位置，在全系统营造守纪律、讲规矩的浓厚氛围。严明政治纪律和政治规矩，坚定地与以习近平同志为总书记的党中央在思想上政治上行动上保持高度一致。强化纪律约束，严格执行组织纪律、工作纪律、财经纪律和生活纪律。党员领导干部要作守纪律、讲规矩的表率。要加强监督检查，发现问题，快查快核，严肃处理，尤其对搞团团伙伙、拉帮结派和欺骗组织、对抗组织等行为，要从严处理。

（二）强力推进“两个责任”落实，严格责任追究。习近平总书记强调，各级党委（党组）要把党风廉政建设主体责任当作分内之事、应尽之责，真正把担子担起来。各单位主要领导作为第一责任人，必须真负责、摆进去、亲自抓。切实加强对纪检监察工作的领导，深入推进纪检监察部门“三转”，进一步强化执纪监督问责主业。要加大问责力度，对党风廉政建设工作不力、造成严重后果的，对出现严重腐败案件不查处的，要同时追究党委（党组）主体责任和纪检监察部门监督责任。各省级煤监局和直属事业单位党组织，要定期向总局党组和驻总局纪检组报告责任落实情况。

（三）巩固落实中央八项规定精神成果，严防“四风”问题反弹。一是坚持严字当头，凡违反中央八项规定精神的问题，都要快查快核，从严惩处。二是紧盯春节、中秋等重要时间节点，从具体事情抓起，连点成线，坚决防止违规违纪问题发生。三是加强对中央关于厉行节约、公车配备、公务接待、职务消费等规定执行情况的监督检查，尤其对中央严令禁止的公款送礼、公款吃喝、公款旅游、公车私用、收受礼金、出入私人会所等问题，发现一起，严查一起，让胆敢顶风违纪者付出沉重代价。四是加强制度建设，使现有的好风气常态化。今年要重点抓好借婚丧喜庆敛财问题。根据 2014 年巡视发现，这一问题是我们系统的苗头性、倾向性问题。总局党组总的原则是，党员领导干部操办婚丧喜庆事宜，要符合当地党委、政府和纪委等有关部门的规定。同时，针对安监系统实际情况，总局党组还提出必须做到“两报告三严禁”，即：本人或为直系亲属办理婚丧喜庆事宜，要向所在单位党委（党组）和纪委（纪检组）报告，单位主要负责人还要向上级党组织和纪检监察部门报告；严禁以各种形式邀请上级领导和本单位人员以及其他与职务岗位有利害关系的人员参加并收受上述单位或个人的礼品、礼金、有价证券和其他支付凭证等；严禁动用公款公物、办公场所和指派下属操办婚丧喜庆事宜；严禁搞封建迷信等活动。

（四）继续加大查处违纪违法案件力度，始终保持惩治腐败高压态势。去年，全系统自办案件有了很大进步，湖南、重庆、河南、云南、黑龙江、山西、山东煤监局和总局机关服务中心都有了自办案件。但是，工作进展很不平衡，有的省级煤监局多年没有办过一个案子。总局党组要求，一要坚持有信必核、有案必查。对违纪违法行为，发现一起查处一起，发现多少查处多少，无论涉及什么人都要严肃处理。二要突出重点。严肃查处违反政治纪律、组织纪律的案件；严肃查处党员领导干部买官卖官、腐化堕落、失职渎职的案件；严肃查处发生在行政审批、安全执法和工程建设等重点环节的案件；严肃查处党的十八大后不收敛、不收手，问题线索反映集中，群众反映强烈、现在重要岗位且可能还要提拔任用的领导干部。三要注重以法治思维和法治方式查办案件。要加强对案件线索的管理，各单位按要求每月向驻总局纪检组监察局报告违纪线索处置和案件查办情况。四要抓早抓小，对党员干部的问题早发现、早处置，及时约谈、函询、诫勉，防止小错酿成大祸。

（五）改进巡视工作，进一步提高发现问题的能力。今年，要启动新一轮专项巡视，利用 3 年左右时间，结合干部人事考核工作，对各省级煤监局、各直属事业单位落实党风廉政建设主体责任、监督责任、执法监督和选人用人等方面进行巡视。同时，针对重点单位、重点项目、重点经费、重点人、重点事的专项巡视要常态化，盯紧领导班子成员，盯紧处级以上领导干部，盯紧安全执法、审批办证、事故调查、选人用人和财务管理等关键环节，有效防控廉政风险。加强与机关党委、人事、财务、审计等部门的协调配合，使专项巡视指向更加明确。加强对已巡视单位整改落实情况的监督检查，对整改不力的要问责，必要时杀个回马枪。

（六）推进反腐倡廉制度建设，从源头上防治腐败。根据中央即将修订的廉政准则、中国共产党纪律处分条例等，对总局现有的反腐倡廉制度进行修订完善。着力健全党内监督制度，完善“三重一大”事项集体决策制度，研究制定省级煤监局党组纪检组实施监督的意见，修订巡视工作办法。健全选人用人管人制度。着力深化体制机制改革，继续清理下放审批事项，推行权力清单制度，公开审批流程，强化内部流程控制，防止权力滥用。加大审计监督力度，抓好重点领域、重要项目、重要资金的审计监督，严格领导干部经济责任审计。按照中央和中央纪委的要求，对领导干部在各类书画、艺术等协会兼任领导职务的问题进行清理规范。要加强对事业单位、协会、学会、中介组织党风廉政建设和反腐败工作的监督和指导，整治“红顶中介”等问题。

（七）继续开展警示教育，筑牢拒腐防变的思想防线。认真组织学习《习近平关于党风廉政建设和反腐败斗争论述摘编》，深入开展理想信念和宗旨教育。以“加强纪律建设、增强守纪律讲规矩意识”为主题，继续开展反腐倡廉“警示教育周”活动，倡导多种形式的廉政文化建设，营造崇德重礼、遵纪守法的氛围。

三、工作要求

2015年党风廉政建设和反腐败工作任务已经明确，各单位要加强领导，严密组织，在狠抓落实上下功夫。

（一）要切实增强“两个责任”意识。习近平总书记强调，党风廉政建设主体责任能不能担起来，关键是主体责任这个“牛鼻子”抓没抓住。党委（党组）担当主体责任和纪委（纪检组）担当监督责任，是相互依存的统一体，是为了共同实现党风廉政建设和反腐败工作目标。哪个方面出了问题，都要追究主体责任和监督责任。王岐山同志强调，落实“两个责任”表态期已过，今后要进入问责阶段。一是对任期内本单位的腐败现象蔓延势头得不到遏制，“四风”问题突出，要被严肃问责。二是对任期前发生的严重腐败行为，不主动揭露和查处，甚至瞒案不报、压案不查，而被司法机关或上级单位直接查处的，要被严肃追责。我们要充分认识落实“两个责任”的重要性和紧迫性。比如，近些年来，省级煤监局“一把手”因违法违纪被查处的有9人，其中张成祥、贺爱民等6人是驻总局纪检组监察局近一两年直接查处的。河南煤监局原局长李九成、湖南煤监局原局长谢光祥、山西煤监局原局长巩安库3人则是在几年前由司法机关立案查处的。这3人的案子如果发生在今天，按照规定我们就要被问责，就要受到党纪政纪追究，甚至还要被追究刑事责任。湖南衡阳发生破坏选举案，原市委书记虽然没有收受贿赂，但瞒案不报、压案不查，没有担责，被追究刑事责任，判刑五年。同志们要想一想，自己单位还有多少问题线索未去认真核查？还有多少已发现的问题未去严肃处理？同志们要清楚，想当太平官、当和事佬、想新官不理旧账不行了，想喊喊口号、做做样子、敷衍塞责也不行了。时代要求我们要敢于直面问题，敢于担当，敢于斗争，为党尽心尽力、尽职尽责地工作，不要等问责问到自己头上了还不知道为什么，还在那里喊冤叫屈。不明白这一点，就不配当领导干部。

（二）要严明党的政治纪律和政治规矩。中央纪委五次全会强调各级领导干部要守纪律、讲规矩，这是我们落实主体责任的一项重要任务。习近平总书记在中央纪委五次全会重要讲话中批评的一些现象，比如有些干部搞同乡会、同学会，一段时间聚一下；一些干部乱评乱议、口无遮拦、热衷于转发网上不良信息；有的干部脱岗离岗，不向组织报告；有些领导干部个人重大事项不报告；跑风漏气、说情风、打招呼等问题。在我们系统、我们单位是否存在？一定要做到心中有数，严肃对待。有的问题发生在过去也许不算什么，但现在就要上升到是否守纪律讲规矩的政治高度了。哪个单位在这方面出了问题，就是政治问题，就是大问题。各级领导同志务必充分注意，万万不可麻痹大意。

（三）要持之以恒纠正“四风”。能否把中央八项规定精神落到实处，是考验我们各级党组织和每一位党员领导干部是否与以习近平同志为总书记的党中央保持高度一致的重要表现。当前“四风”病源还在、病根未除，许多深层次问题还没有解决。为防止“四风”反弹，去年我们分别召开了省级安监局和煤监局纪检组长座谈会，专题研究解决工作中出现的新情况、新问题。从2014年的情况看，我们安监煤监系统发现问题、查处问题能力在增强，但顶风违纪的问题仍时有发生，说明遏制“四风”反弹的任务还依然艰巨。王岐山同志强调，动员千遍，不如问责一次。要在加大对“四风”问题查处力度同时，痛下决心，严肃追究所在单位的主体责任和监督责任。对各单位主动查处问题的，要支持，要表扬。要教育我们的干部职工适应作风建设的新常态，切实纠正“吃吃喝喝不是事，公车私用不算事，公款送礼是小事，只要不装进自己兜里就没事儿”的错误观念，丢掉“法不责众”“蒙混过关”“打擦边球”的幻想，把落实中央八项规定精神抓得紧而又紧，严而又严，实而又实，坚决遏制“四风”问题反弹，共同维护安监队伍的形象。

（四）要坚持依规依纪、安全文明办案。查办案件工作是一项非常严肃的政治工作，关系到一个干部的政治生命，政策性非常强。必须牢固树立法治意识，严格把握政策。既要严肃查处违法违纪行为，解决失之于宽、失之于软的问题，又要注意惩前毖后、治病救人，教育挽救干部；既要快查快办，增强办案震慑力，又要审慎稳妥，维护被审查人员合法权益，重事实重证据，使每一起案件都经得起历史的检验；既要鼓励和保护群众举报揭发问题的积极性，对举报的问题认真核查，对反映属实的严肃处理，又要防止诬告陷害问题的发生，对失实的要予以澄清，对诬告陷害的要追究责任，保护党员干部干事创业的积极性。

（五）要切实加强纪检监察队伍建设。各单位要按规定配齐配强纪检监察干部，确保工作有人抓、问题有人管。尤其要把那些公道正派、有能力、有相关专业知识和工作经验的同志，选拔到纪检监察岗位上来。对工作成绩突出的纪检监察干部，要表扬，要重用。对任职多年工作无业绩，查办案件无进展的纪检组长、纪委书记，该调整的调整，该撤换的撤换。对违纪违法的要从严处理。广大纪检监察干部要不辱使命，努力工作，自觉接受监督，做一名忠诚、干净、担当的纪检监察干部。

党风廉政建设和反腐败工作使命光荣、任务艰巨、责任重大。我们一定要在党中央、国务院和中央纪委的领导下，按照总局党组的部署和要求，敢于担当，努力工作，不断把党风廉政建设和反腐败工作引向深入，为全国安全生产形势持续稳定好转提供坚强有力的保证。

国家安全生产监督管理总局副局长徐绍川在非煤矿山安全生产工作经验交流会议上的讲话（摘要）

（2015年11月18日）

国家安全监管总局党组书记、局长杨焕宁同志对非煤矿山安全生产工作和这次会议高度重视，会前专门听取了工作汇报，审定了会议材料，提出了明确要求。近年来，在全系统广大干部职工共同努力下，非煤矿山安全生产工作的思路更加明确，工作重点更加突出，思想和行动更加统一，特别是今年2月总局召开全国视频会，安排部署了落实安全责任、加强“五项执法”、推动“三项监管”和强基固本“四轮发力”工作任务；7月又召开全国视频会，围绕推动“四轮发力”提出了7个方面的重点措施，得到了各地区的广泛认同，取得了积极进展和明显成效，但仍然存在一些不容忽视的薄弱环节和问题。召开这次交流会就是要深入贯彻党的十八届五中全会精神和党中央、国务院关于安全生产决策部署，总结推广典型经验、查找剖析存在问题，完善措施、对症下药、抓好落实，促进非煤矿山安全生产形势持续稳定好转。

习近平总书记高度重视抓落实工作，多次指出，空谈误国、实干兴邦，抓落实是领导工作中一个极为重要的环节，是党的思想路线和群众路线的根本要求，也是衡量党员干部党性强不强、作风实不实的一个重要标志。总书记强调指出，世间事做于细、成于严，要把讲认真贯彻到一切工作中，始终坚持做事不应付、做人不对付，只要认认真真管、实实在在严，就没有解决不了的问题。总书记要求，领导干部要有担当精神，多到矛盾突出、困难较多、难点焦点问题聚集的地方去，在克服困难、化解矛盾、解决问题中抓落实、促发展、出实绩。总书记强调，抓落实贵在持之以恒，也难在持之以恒，必须坚持“常、长”二字，发扬钉钉子的精神，经常抓、长期抓，踏石留印、抓铁留痕，善始善终，善作善成。习近平总书记的重要论述，把抓落实的重要意义和基本要求讲得很清楚、很深刻，思想性和指导性都很强。我们一定要深入学习贯彻习近平总书记系列重要讲话精神，按照“三严三实”要求，以抓铁有痕、踏石留印的作风，完善措施，对症下药，狠抓落实。

一、要针对安全责任落实不够到位问题，进一步加强非煤矿山安全生产责任体系建设

责任制是安全生产的灵魂，每一起生产安全事故背后都有安全责任不落实问题，绝大多数事故隐患背后同失职失责的问题相关联。近年来非煤矿山安全生产责任制虽然更加明确，但有的地方安全生产责任制仍然是上下一般粗，不具体、不明确，照搬照抄、大而化之、一签了之，缺乏针对性、可操作性和可考核性。在今年9月国务院安委会开展的安全大检查中，我们现场询问37名企业负责人，都说不清安全生产法定责任，更不知道怎么落实责任。有的地方责任考核仍然坚持单纯的事故导向、结果导向，完成事故指标皆大欢喜，一俊遮百丑，致使一些干部侥幸心理严重，也挫伤了埋头抓落实干部的积极性。有的地方领导不出事故不重视、不问责，对安全责任不落实的问题往往是点到为止，很少进行严肃问责。各地区要深入学习贯彻习近平总书记关于党政同责、一岗双责、失职追责的重要指示精神，牢固树立安全责任不落实也是事故隐患的理念，在全面建立并公告非煤矿山相关部门安全监管责任清单、矿山企业安全管理责任清单和矿工安全操作规程3张责任清单的同时，加快完善关口前移、科学有力的安全责任考核奖惩机制，推动形成安全生产人人有责、人人尽责的良好局面。

（一）要坚持过程考核与结果考核并重的原则。要完善安全生产预防性考核评价机制，对考核安全责任和考核安全事故指标完成情况的主体、内容、形式、时间安排和结果运用等都作出制度性安排。要坚持定期考核和日常考核相结合，努力使安全责任不落实的问题做到早发现早解决，严防小问题演化成大隐患，严防一个部门、一个人责任不落实就酿成生产安全事故。要正确处理好主观努力与客观条件、前期基础与当前业绩、当前显绩与长远潜绩的关系，强化考核结果运用，努力激发干部履职尽责的自觉性和主动性。

（二）要建立关口前移的失职追责制度。要继续依法依规从严查处事故，加大惩处力度，始终保持对死亡事故零容忍的高压态势。要像从严治党把纪律挺在前面一样，切实把排查整改事故隐患挺在事故前面，做到不仅出了事故要追责，工作不深入、不落实的也要追责，不仅死了人要追责，对受伤事故、未遂事故、违规违章行为等也要严肃问责。要对问责的情形、形式和尺度做出具体规定，努力做到失职问责可考核、可兑现。

（三）要建立有震慑力的通报约谈制度。对每一起责任事故都要及时约谈相关企业、政府和有关部门的负责人。要为所有典型事故制作警示片，在主流媒体和网络上公开播放。要更加注重剖析再现事故原因，更加注重按事故类型通报，切实让相关受众都能感同身受，吸取教训，心灵深处受到警示和震慑。

（四）要把事故隐患整治的责任和要求在内部公开。对排查出的每一项事故隐患，都要做到治理责任、措施、资金、期限和应急预案“五落实”，都要在一定范围内公开，自觉接受干部职工的监督，努力把治理事故隐患的责任落到实处。

二、要针对企业安全生产主体责任不落实问

题，进一步加强非煤矿山安全执法规范化建设

我国已进入法治中国建设的新时代。法无授权不可为、法定职责必须为，已经成为各级干部的法定责任，也是预防失职渎职问题必须遵守的行为准则。多年的调研结果表明，政府执法不严，企业守法成本高、违法成本低是目前一个十分不正常的普遍现象，是企业主体责任不落实的重要原因之一。一是有的地方安全执法随意性大，重硬件设施、轻安全责任，重档案资料、轻人员素质，走马观花、浅尝辄止。去年总局监管一司组织10次暗访暗查，发现45个非煤矿山企业存在事故隐患210余项，其中依法责令停产30多家，而各地区每次检查平均发现隐患和问题仅为1.5项。二是有的地方把专家会诊监管片面理解为政府查隐患、企业抓整改，重检查轻执法，发现企业事故隐患一说了之，不执法不处罚，降低了企业抓安全生产的内生动力，助长了等靠要思想，后果十分严重。今年1—9月，各级安监部门检查金属非金属矿山15.6万次，其中实施经济处罚2086次，同比减少25%，只占检查次数的1.3%。三是很多地方仍然存在安全许可、执法处罚和“打非治违”态度不够坚决、执法不够严格的现象，一个矿体上多个开采主体和一个采矿证多个主体，不符合安全生产条件的小矿山仍可以拿到安全生产许可证就是执法不严的重要表现。今年1—9月日常处罚金额同比减少22.5%，而且事故罚款占总罚款额比例达到38.1%，令人十分担忧。四是安全检查执法缺乏统筹，“你方唱罢我登场”，工作单干、信息独享，低水平重复检查十分严重，企业苦不堪言。希望同志们一定要彻底改变政府查隐患，企业抓整改，执法不到位的错误做法，认真贯彻总局印发的《关于全面加强非煤矿山“五项执法”工作的意见》（安监总管一〔2015〕92号），持续落实“五项执法”要求，全面加强安全执法规范化建设，努力构建依靠严格规范的执法，推动企业落实安全生产主体责任的新机制、新动力。

第一，要规范执法内容。要组织力量对非煤矿山安全生产法规标准进行全面清理，编写《非煤矿山安全生产法规标准制度汇编》《非煤矿山安全检查执法手册》，切实解决好“怎么查、查什么、查出问题怎么处理”等问题。要把中介机构技术服务质量作为执法检查和事故调查的重要内容，发现弄虚作假等问题，要依法严肃追究责任。

第二，要规范执法程序。要在落实风险分级监管原则的基础上，建立“双随机”抽查制度，推动树立“下达执法文书只是执法工作的起点、整改落实才是执法到位”的意识，严格落实谁验收谁签字谁负责等要求。要通过拒不整改从重处罚，特殊情况向上级机关报送，行政执法与司法联动、与信用惩戒联动等措施，确保执法文书落实到位。

第三，要规范执法尺度。要编制《非煤矿山安全执法自由裁量基准》，确保监管执法事实清楚、程序合规、处罚合理、公平公正。要推广使用安全执法手持移动终端，推进执法全过程留痕，严防干扰执法、选择执法和执关系法、执人情法等问题发生。

第四，要规范执法计划。要紧紧围绕防范遏制较大及以上事故这一核心目标合理编制执法计划，开展执法检查。要科学区分各层级事权，建立省、市、县、乡四级统筹和部门联合统一执法制度，减少上级部门一竿子插到底的执法活动，不断提高执法效能，减轻基层和企业的负担。

第五，要强化执法公开和执法监督。刚性推动省、市、县三级每月开展2~3次集中执法媒体曝光行动，切实做到一个企业被处罚、万个企业受教育，一个企业有隐患，整个地区受警示，持续向全社会释放严格执法的强烈信号。要强化执法监督，定期统计通报执法情况，奖优罚劣，切实解决执法多少、执法好坏一个样的问题。

三、要针对安全监管能力不足问题，进一步加强非煤矿山安全监管智能化建设

当前世界已经进入万物互联的新时代。大数据、云计算、物联网、智慧化和移动终端等技术快速发展，带来了人们思维方式、生活方式和行为模式的深刻变化，正在引发经济社会治理理念、管理方法等全方位、深层次的革命。目前，全国已有500多个城市推进智慧城市建设，仅在视频监控系统就投入数千亿元。运用物联网等技术，可以对物品实行精确定位、轨迹追踪、动态监控、智慧处理，汽车指挥红绿灯正成为交通管理的新模式。反观我们非煤矿山安全监管工作，还主要依靠人盯人、保姆式的监管方式，主要工作还是到现场查隐患，在监管力量本来就不太强的情况下，风险管控工作又严重倒挂，安全监管的智能化、精准化程度整体仍停留在上世纪末的水平。如果说工业时代的奥秘是分工，那么互联网和物联网时代的奥秘则是融合，是信息互通、万物互联、资源共享、社会合作。希望各地区要在认真抓好“三项监管”的同时，主动顺应互联网物联网时代万事万物融合发展的发展趋势，牢固树立合作、互通、共治、共享的理念，坚持以信息化为引领，全面加强非煤矿山安全监管智能化建设，构建政府、企业和社会共同参与安全生产治理的大平台和大机制，打造企业、政府和社会非煤矿山安全生产信息共享、平台共用、风险共防、隐患共治的命运共同体。

（一）建立互联网+安全风险机制。要集中力量在今冬明春全面完成非煤矿山基本情况普查工作，建立全国非煤矿山安全生产大数据中心和“统一标准、一人采集、全国使用、一点登录、全国联网”的数据云系统。要认真落实总局《关于非煤矿山安全生产风险分级监管工作的指导意见》（安监总管一〔2015〕91号），全面评估企业固有风险、设备设施、安全管理、人员素质和安全业绩五个方面情况，运用专家“会诊”结果，运用云计算技术建立动态的风险分级自动生成机制，确保企业相关管理人员、相关安全监管部门都能在第一时间掌握相关企业安全风险状况。要根据风险等级制定执法计划，确保实行差异化、动态化、精准化和全天候的精准监管。

（二）建立互联网+安全预警机制。要大力推广露天矿山高陡边坡在线监测，地下矿山提升运输系统、有毒有害气体在线监测和尾矿库在线监测技术，研发实时感知、智慧处理、自动报警软件模块。要完善矿山企业在线监测、执法终端、隐患自查自报等动态信息采集制度，逐步实现对安全生产全时空、全要素的实时感知。要坚持以信息流引导技术流、物质流，推动线上线下监管无缝对接，注重用数据说话、用数据决策、用数据管理、用数据创新，通过各类信息的关联分析和碰撞对比，提高基于实时感知信息的预警能力，逐步由监管企业具体事务为主向监管企业安全生产信息为主转变，逐步由现场检查与远程监控并重转变。

（三）推动建立互联网+安全执法机制。要开发配备非煤矿山安全执法终端，使手持终端能够对执法现场同步录音录像，能够实时预警提示执法的法律依据、执法尺度等重要事项，有效预防违规执法问题发生。要建立非煤矿山安全执法平台，逐步实现执法信息网上录入、执法流程网上管理、执法活动网上监督、执法卷宗网上生成、执法质量网上考核，努力对每一名执法人员进行全流程执法管理，用信息化手段规范执法程序、落实执法监督。要用好微信助力矿山安全客户端，逐步做到安全检查详情和照片及时上传、整改落实情况网上核实，不断提升安全执法效能。

（四）推动建立互联网+隐患排查治理机制。刚性落实企业自查自改事故隐患，运用统一信息系统上报监管部门，实现隐患不排查，系统能觉察；排查不上报，系统能知道；上报不整改，系统有记载；整改不及时，系统有警示，努力做到政府、企业、社会和从业人员在同一平台上，同一时空中共查、共治事故隐患的新机制。

（五）推动建立互联网+安全培训机制。要建立安全生产网络学院，建设课程“超市”，建立网络学习学时学分认定和学分转换制度，通过网上教学、网上考试、网上查询、网上执法，构建起全民随时随地按照岗位和生活需要学习安全知识和安全技能的新平台和新机制。要研发安全信息分级分类推送软件，变“大水漫灌”为“精准滴灌”，切实提高安全培训和警示教育的质量和效率。要提高物联网、3D、4D、虚拟现实等技术在安全培训中的应用，抓紧研发特种作业各工种仿真实训系统，探索开展实际操作网上培训、网上考试工作。

四、要针对非煤矿山企业先天不足问题，进一步加强安全生产源头治理能力建设

2012年金属非金属矿山整顿攻坚战开展以来，全国累计关闭小矿山2.6万处，矿山总数下降25.7%，整顿关闭工作取得初步成效。但也应当看到，金属非金属矿山先天不足问题仍然十分突出，一是多、小、乱状况没有彻底解决。全国金属非金属矿山仍达到60947座，其中小型矿山占92.2%，以30%左右的产能酿成了超过90%的事故；部分地区矿业秩序仍然混乱，乱采乱挖，一个矿体上多个开采主体等问题仍然存在。二是有钱就能开矿，文盲半文盲也能当矿工的问题仍然严重。全国仅有22.8%的矿山配备专业技术人员，23.8%的矿山委托中介机构提供技术服务，大部分中小矿山没有能力进行风险分析和风险防控。50%以上从业人员是初中以下文化程度，70%以上没有接受过正规安全培训，极容易成为事故的肇事者和受害者。三是矿山企业的机械化、自动化、信息化水平仍然较低。露天矿山中还有7.3%仍然用人工装卸矿岩，还有27.9%没有实现机械二次破碎；60%以上的小型地下矿山仍然用人工装运矿岩和人力推车，部分矿山甚至采用毛驴拉板车出矿。上述问题如果不彻底解决，非煤矿山安全保障能力就很难提高，安全生产形势根本好转的目标就很难实现。我们必须抓住并用好“十三五”时期转方式调结构的重要窗口期，推动全国矿业加快结构调整和转型升级步伐，着力解决矿山企业先天不足问题，从源头上提高非煤矿山的安全保障水平。

（一）要严把矿山规模门槛。要提高最小开采规模和最低服务年限准入标准，对尚未出台最小开采规模和最低服务年限的5个地区要进行专项督导（山西、辽宁、天津、西藏、新疆生产建设兵团），严防边整顿关闭边低水平重复建设。要继续会同发展改革、国土资源、工业和信息化、环境保护等部门，把矿山结构调整、转型升级纳入安全生产“十三五”规划中。深入开展重点地区金属非金属矿山整顿升级工作，努力淘汰关闭一批、改造提升一批、整合做大一批。要善于用严格执法的办法推进矿山整顿升级工作，依法划出几条红线，依法推动不符合安全生产条件的小矿山关闭退出或整合重组。

（二）要严把安全培训门槛。要牢固树立“安全培训不到位就是重大事故隐患”的观念，全面落实企业全员先培训后上岗和持证上岗制度，建立最严格的安全资格考试制度。要把安全培训作为安全执法重要内容，加大对投资人、主要负责人依法履职能力和从业人员安全素质的检查与执法力度，发现培训不到位问题依法给予严厉处罚。要大力推广五矿等企业经验，推动矿山企业逐步减少外包方式用工。

（三）要严把安全设备设施和工艺技术门槛。要规范企业建设项目安全设施竣工验收程序、验收内容、专家组组成标准和验收责任。依法强制淘汰落后的工艺和设备。要加大示范矿山建设力度，大力推广河北宽城县、广东凡口铅锌矿等地经验，不断提高矿山机械化、自动化和信息化水平，大力减少现场作业人员。

（四）要严把安全管理门槛。要把非煤矿山企业建立安全管理机构，配备采矿、机电、电气、地质、通风等专业技术人员，配备注册安全工程师，建立完善安全生产管理基本制度和岗位操作规程等情况作为执法检查重点内容，确保严格执法到位。

受市场持续低迷影响，当前非煤矿山企业停产停建比例较高，各地要加强对停产半停产和停建半停建非煤矿山企业的安全监管工作。要制定加强停产停建矿山安全监管办法，明确停产停建期间安全管理、复工验收等方面要求。要把停产停建矿山监督检查纳入年度执法计划中，严把复产验收关，确保复产验收合格后方可恢复生产。

五、要针对公众和社会组织参与支持安全生产不够有力等问题，进一步加强非煤矿山安全生产支持保障体系建设

新修改的《安全生产法》明确提出，要建立生产经营单位负责、职工参与、政府监管、行业自律和社会监督的机制。客观地讲，这个新机制还不够完善，更不够落实。人民群众的安全生产意识和安全素质总体上还不能很好地适应工业化、自动化大生产的需要，很多公众对安全生产法律法规、自身安全生产的权利义务和相关安全技能等知之甚少，对非法违法、违章违规行为及其危害缺乏应有的判断能力；很多行业领域安全自律形同虚设，部分安全评价、安全培训等机构弄虚作假、欺上瞒下等等，全社会参与、监督、支持、推进安全生产工作的力度仍需进一步加强。因此，我们要在坚持政府强制监管、依法推动落实企业安全生产主体责任的过程中，进一步构建全社会参与、监督和支持安全生产工作的新机制。

（一）着力构建安全生产宣传教育新机制。要牢固树立抓宣教也是抓治本、抓宣教也是抓落实、宣教力也是领导力的理念，把宣教工作摆在安全生产更加重要的位置，推动形成安全红线不可逾越、企业主体责任不可推卸、安全法律不可践踏、安全生产人人有责等鲜明舆论导向。要把宣传教育贯穿于非煤矿山安全生产法规政策制定和实施全过程，努力在双向沟通、集思广益中统一思想、凝聚共识。要加强安全生产知识的宣传普及工作，加强警示教育和风险预警，努力在提高全民安全意识和安全素质上下功夫求实效。要稳妥做好事故宣传工作，用心把握好时、效、度，有效疏导社会情绪。

（二）着力构建安全生产信息公开新机制。信息公开既是《安全生产法》《政府信息公开条例》《企业信息公示暂行条例》等法规提出的强制性要求，又是激发全社会参与支持监督安全生产工作的迫切需要。要按照公开为常态、不公开为例外的原则，依法推进阳光责任、阳关监管和阳光执法工作，推动解决执行难和干扰执法等“老大难”问题。要督促企业依法如实向职工和社会公告安全责任、安全状况、安全风险、事故隐患排查治理等情况，变单纯对行政机关负责为向公众和员工负责，自觉承担起应尽的道德和法律责任。要督促中介机构全面公开安全生产中介服务信息，引导中介机构良性竞争。要及时公告并向相关部门通报非煤矿山企业“黑名单”，在项目审批、证券融资、银行贷款等方面给予严格限制，努力实现一处失信、处处受限。

（三）着力构建中介组织参与安全生产新机制。要构建专家参与安全生产制度，对专家查隐患、政府抓执法、企业抓整改作出制度性安排。要完善行业协会、中介机构等社会组织参与安全生产制度，推动中小企业与注册安全工程师事务所等服务机构签订长期服务协议机制，解决没人管、不会管、管不好等实际问题。要大力推进安全生产责任保险制度，努力让保险公司更深入地参与企业安全生产的管理和监督。要加大安全生产举报奖励力度，进一步激发群众举报事故隐患、非法违法行为和安全生产事故的积极性。

（四）着力构建专业化、区域化、职业化的应急救援机构和队伍。要合理布局救援力量，推动地方政府和非煤矿山企业共同建设高素质的专业救援机构，推动应急能力较低的非煤矿山企业与专业救护队伍签订救援协议。要完善矿山救援队员准入、考核、转岗等制度机制，探索加强矿山救援队伍职业化建设。要完善应急预案，强化应急演练，提高应急救援能力，严防盲目施救引发次生事故。

目前已经进入冬季，到了部分矿山企业赶工期、提产量、增效益的关键时段，人流、物流、车流剧增，加之冬季气温气压异常现象增多，极易引发坍塌、火灾、爆炸、中毒窒息、坠罐等事故发生，大家一定要认真研究本地区本企业冬季安全生产的特点和规律，完善措施，落实责任，加强安全检查、安全执法和责任考核、问责，切实把各项工作抓实抓细抓到位，确保岁末年初安全生产形势持续稳定好转。

抓落实是非煤矿山安全生产工作的永恒主题。我们一定要深入学习贯彻党的十八大和十八届三中、四中、五中全会精神，深入学习贯彻党中央、国务院关于安全生产的决策部署，进一步树立红线意识、责任意识、担当意识，大力推广典型经验和成功做法，深入剖析存在问题，以严实并重、抓铁有痕的优良作风，深入加强非煤矿山安全生产责任体系、法治体系、智能化监管体系、源头治理体系和社会支持保障体系建设，努力做到对症下药、善作善成，为降低非煤矿山事故总量、遏制较大以上事故发生作出新的更大贡献。

国家安全生产监督管理总局副局长李兆前在全国用人单位职业卫生基础建设现场会上的讲话（摘要）

（2015年9月23日）

今年以来，国家安全监管总局采取一系列措施推进职业卫生监管工作，组织召开了全国职业病防治工作视频会议，会同国家卫生计生委、全国总工会等单位召开了职业病防治工作部际联席会议第四次全体会议，颁布实施了《用人单位职业病危害防治八条规定》。《国务院办公厅关于加强安全生产监管执法的通知》（国办发〔2015〕20号）明确提出了安全生产与职业卫生一体化执法的要求，总局正在研究职业卫生监管的摆位，进一步优化内部职责分工、提高监管执法效能。各省（区、市）不断加大工作力度，深入推进职业卫生监管工作，取得了积极进展。一是积极推进职能划转与监管队伍建设。目前，全国省级职业卫生监管职责划转率为100%，地市级划转率为97.3%，县级划转率为92.3%，全国职业卫生监管人员增加至8956人。二是加强职业卫生法规标准建设与培训工作。北京、天津、河北实行安全生产地方标准协同，定期沟通、分别批准、协同发布京津冀安全生产和职业卫生标准。江苏、重庆、广东研究制定《江苏省职业卫生监督管理办法》等地方性法规和地方政府规章，北京、湖北、广东、云南发布了《工厂企业职业病危害风险分级分类评估技术规范》等15项地方标准。各级安全监管部门举办监管人员培训班848期，培训45057人；举办用人单位主要负责人和职业卫生管理人员培训班3052期，共培训386578人。三是加强建设项目职业卫生“三同时”监管。全国完成职业病危害预评价审核（备案）4546项、职业病防护设施设计专篇审查1281项、职业病防护设施竣工验收（备案）2954项，共计8781项。其中，江苏、山东和四川分别为1073项、811项和697项，共占到全国的27%。四是加强职业卫生技术服务机构建设。北京等18个省（市）新认可乙级机构56家，湖北等13个省新认可丙级机构34家。北京、山东、四川、湖北通过购买服务、专家问诊等形式，积极发挥机构的技术服务和支撑作用。五是强化职业卫生监督执法及专项治理。今年上半年，各地区共检查用人单位240905家，下达执法文书182978份，发现问题或隐患477011项，责令改正471219项，责令停产整顿1257家，提请关闭364家，罚款2932万元。

为有效解决用人单位主体责任落实不到位的问题，特别是职业健康意识淡薄、基础薄弱、管理落后等突出问题，国家安全监管总局于2013年启动了用人单位职业卫生基础建设活动。三年来，各级安全监管部门按照总局统一部署，认真推进职业卫生基础建设活动，取得了积极成效。今天这次会议的主要任务就是深入贯彻落实习近平总书记、李克强总理等中央领导同志关于安全生产和职业卫生工作的重要指示批示精神，总结和交流用人单位职业卫生基础建设工作经验，分析形势、查找差距、明确目标，扎实推进基础建设和各项职业卫生监管工作深入开展。

下面，我讲三个方面的意见。

一、职业卫生基础建设取得的成效和存在的突出问题

（一）重点突破、以点带面，创建了一批示范单位。各地区针对职业病危害点多面广、企业长期不重视等实际情况，以职业病危害严重的行业领域为突破口和切入点，按照“先试点、后示范、再推广”原则，在重点行业领域培育了一批职业卫生管理示范企业，发挥示范引领作用，推动了一大批用人单位积极投入到建设活动中来。截至今年6月底，全国已有20万家企业达到了基础建设要求，其中，安徽省有2.27万家用人单位参加基础建设活动、有1.18万家单位达标。广东省在每个县（区）选取2个行业，每个行业至少选取1家大中型和1家小型用人单位，创建了一批管理有序、治理效果明显的职业卫生管理示范单位。湖北省近年来在部分重点领域树立了200余家职业卫生基础建设典型，供各地推广学习。江苏、内蒙古、湖南、重庆、安徽等地在不同行业、不同规模、不同职业病危害因素的代表性企业中，树立基础建设典型，组织观摩学习，以点带面，推进工作。

（二）以创建促提升，推动了用人单位主体责任的落实。各地区以基础建设10大类、60项具体指标为“蓝本”，指导用人单位狠抓责任体系、规章制度、管理机构、前期预防、工作场所管理、防护设施、个人防护、教育培训、健康监护、应急管理等方面的工作，推动了各类用人单位主体责任的落实。一是填补了空白，解决了中小型用人单位在职业病防治方面应该做什么和怎么做的问题。二是补齐了短板，推动了大中型用人单位职业卫生管理上台阶，增强了职业病危害防控能力。如这次会议安排现场参观的武汉锅炉有限公司，原来粉尘和毒物危害超标严重，职业卫生管理滞后，在湖北省和武汉市安全监管局的指导下，通过开展基础建设活动，强化了职业卫生管理，加大了资金投入，更新升级了防护设施，改善了生产工艺，作业环境得到大大改善。中国石油大庆石化公司、中船重工青岛武船公司、四川一汽丰田汽车公司等按照基础建设内容，逐条对照查找问题，认真进行整改，职业卫生管理进一步得到规范。还有许许多多用人单位通过开展基础建设活动，健康监护等职业卫生基础工作得到大幅提升，据统计，2013 年、2014 年职业健康检查人数比 2012 年分别增加 113.6 万人和 255.6 万人，分别增长 12.5% 和 28.1% 。

（三）以创建促监管，推动了基层监管执法工作的开展。职业卫生监管工作专业性强，基层监管人员大多数没有从事过职业卫生工作，缺少相应的职业病危害防治知识和业务能力。职业卫生基础建设活动从十个方面提出了基本要求，涵盖了用人单位在预防环节应当履行的义务和职责，并明确具体的检查方法。各地区在具体实施过程中，结合实际进一步细化方案，明确了目标、任务、责任、措施和要求，提出了关键项、否决项、基础项等关键指标，为基层监管部门加强职业卫生基础建设提供了有益的指导，解决了基层监管人员不知道查什么以及怎么查的问题，有力促进了职业卫生监管工作的开展。广东、上海等省份通过探索职业卫生与安全生产一体化执法，协调增加职业卫生监管力量，进一步加大执法力度、扩大了监管范围。据统计，2013 年、2014 年以及 2015 年上半年监督检查用人单位数分别为 23 万家、25.8 万家和 24.1 万家，监管执法力度不断加大。

（四）结合实际，探索出了一批具有各地特色、行之有效的经验和做法。北京、吉林、山西、陕西等省份将基础建设工作纳入安全生产考核指标体系，以考核为导向，推动职业卫生基础建设活动广泛开展。北京围绕职业卫生基础建设，制定了《机动车维修场所职业卫生技术规范》等 6 个地方标准，编制了 13 项职业卫生管理制度的编制要点和模板，帮助和引导用人单位抓实抓细，进一步固化形成长效机制，基础建设活动效果明显，用人单位达标率已达 87% 。广东将职业卫生基础建设纳入安全生产“一岗双责”责任制考核和季度评价通报内容，有效推动各地重视和加强职业卫生基础建设；广东佛山利用信息化管理手段推动基础建设和分级监管工作，实现对用人单位职业卫生管理的动态监管，基础建设效果明显。河北积极探索政府购买服务和鼓励企业购买服务，聘请专家和中介机构参与政府职业卫生监管和用人单位职业卫生管理，提高了职业病防治的专业性和科学性。黑龙江对用人单位实施职业病发生风险等级评估，按照低、较低、中等、较高、高 5 个等级进行分类监管，提高了监管成效。

这些成绩的取得来之不易，凝聚着大家的心血与汗水，在此，我代表总局向大家表示衷心的感谢！

在看到成绩的同时，也必须清醒地认识到，我们取得的成绩只是初步的，一些地区、行业和企业的职业病危害仍然相当严重，从前期活动开展情况看，职业卫生基础建设还存在许多突出问题。一是认识不到位，进展不平衡。一些地区对职业病防治、对基础建设的重要性认识不到位，仍然存在“重一次性死亡、轻慢性死亡”“重急性病、轻慢性病”的现象，工作主动性、积极性不高，工作基本上停留在一般号召上，没有开展实质性推动工作，地区之间差异很大。二是“抓大放小”现象突出。多数地区职业卫生基础建设仅仅局限在规模以上的大中型用人单位，而对职业卫生基础相对薄弱的大多数小微用人单位督促指导不够，一些中小微型用人单位职业病防治法制观念淡薄，不履行主体责任和法定义务，职业病危害严重，对劳动者健康造成严重损害。三是与预期目标差距较大。目前只有 20 万家企业达标，在 1200 万家可能存在职业病危害的用人单位、500 万家工业企业中所占比重非常之小，比安全生产标准化达标单位的数量少了 100 万家。四是监管力量远不适应工作需要。目前全国仍有 9 个地（市）和 211 个县（区）没有调整职业卫生监管体制，现有专兼职职业卫生监管人员仅 8900 人，县级安全监管部门无人或仅有 1 人专职负责职业卫生工作，多数安监部门缺乏必要的现场检测执法装备，一些监管干部业务能力和执法水平亟需提高。

二、认清形势，振奋精神，以基础建设为抓手进一步推进职业卫生监管工作

当前，我国经济运行整体下行态势尚未逆转，调结构、转方式、促创新任务十分艰巨，安全生产与职业病防治也面临严峻挑战。天津港“8·12”瑞海公司危险品仓库特别重大火灾爆炸事故，造成了重大人员伤亡和财产损失，损失极其惨痛，教训极其深刻；同时，职业病发病人数居高不下，2014 年报告职业病高达 29972 例，全国已累计报告职业病 86 万余例。由于体检率低、诊断难等原因，实际患病人数更多，职业病防治形势十分严峻。

在当前经济下行压力大、安全生产形势严峻的情况下，我们务必保持清醒头脑，牢记使命，知难而进，把思想和行动统一到党中央国务院领导重要指示精神和总体部署上来，以对人民生命安全、职业健康高度负责的态度，把职业卫生工作作为安全生产的重要内容摆到更加突出、更加重要的位置，做到同部署、同检查、同落实、同考核，以深入开展职业卫生基础建设为切入点，促进和带动其他工作，强化职业卫生监管，不遗余力地保护劳动者职业健康。

（一）持续开展职业卫生基础建设，推动用人单位落实职业病防治主体责任。各地区要将职业卫生基础建设作为推进用人单位落实主体责任的重要抓手，确定工作措施和目标，切实把职业卫生基础建设工作推向深入。一是动员部署，广泛发动。要继续搞好宣传发动，把基础建设要求传达到基层和辖区内的用人单位，按照基础建设提出的10个方面要求进行完善提高。工作开展的好的地区，要扩大覆盖范围，特别是要加强对中小微型用人单位的监督，督促指导他们对照要求认真搞好自查自改。二是培育典型，示范引路。针对不同行业领域、不同规模类型，建设一批基础建设示范单位，通过观摩学习，召开现场经验会等形式，以点带面，形成辐射效应。同时，要突出重点地区，着力加强对基础建设落后地区的指导和帮助，缩小地区间差异。三是分类分级，逐步提高。要坚持“分类分级，逐步提高”的原则，突出粉尘、高毒物品等危害严重的职业病危害因素，将粉尘、高毒物品等危害严重的行业领域作为工作重点，先重点、后一般，逐步整改提高。四是统筹兼顾，协调推进。要统筹协调基础建设与职业病危害普查、申报、治理、执法以及安全标准化的关系，以基础建设为核心，以普查申报为基础，以专项治理为手段，以监督执法为保障，与安全生产标准化有机结合起来，扎实有效推进用人单位职业病防治主体责任的落实。五是落实责任，严格考核。要建立相应的责任制和考核机制，明确各相关人员的责任，将基础建设工作纳入安全生产年度目标考核内容，严格进行奖惩，确保各项工作有布置、有要求、有检查、有考核。

（二）打好基础，夯实工作根基。一是加快职能划转。还有地（市）、县（区）职业卫生监管职能划转没有到位的省份，要按月公布通报划转进度情况，督促有关地区务必于今年底前全部完成职能划转，并设立专门的职业卫生监管机构。二是强化监管力量。按照职责与编制相匹配、任务与人员相适应的原则，依托安全监管体系强化职业卫生监管力量，特别是要加强县（区）、乡镇（街道）等基层执法力量，逐步向乡村、社区延伸，形成职业卫生“五级五覆盖”监管体系。三是强化法规标准保障体系。积极推动出台职业病防治配套法规，修订《职业卫生技术服务机构监督管理暂行办法》（国家安全监管总局令第50号）、《建设项目职业卫生“三同时”监督管理暂行办法》（国家安全监管总局令第51号）等部门规章，研究出台重点行业领域工程防护等标准。各地区也要积极做好地方性法规标准的制修订，完善职业卫生监管法规标准体系。四是提升监管能力。以法律法规、执法程序和专业知识为重点，用3年时间对职业卫生监管人员进行一次系统“轮训”，提升监管队伍业务能力和水平。加强职业卫生监管装备建设，配备必要的执法装备和防护用品，满足工作需要。

（三）突出重点，深化专项治理。必须抓住重点危害因素、重点行业领域这个“牛鼻子”，突出粉尘、高毒物品等严重危害劳动者生命和健康的职业病危害因素，突出矿山开采、金属冶炼、建材、电子制造等职业病危害严重的行业领域，争取在三到五年内取得明显成效。一是要打好石棉粉尘危害专项治理攻坚战。青海、新疆、甘肃等相关地区和新疆生产建设兵团安全监管局要在省级党委政府的统一领导下，协调相关部门联合执法、联手整治、深入治理。全国39个石棉矿不符合条件的一律停工停产，经过整改达不到要求的一律取缔。有关地区要列出时间表，制定路线图，明确和落实治理的任务和责任。二是继续深化职业病危害严重行业领域的专项整治。深入开展水泥、石材加工、石英砂加工、家具制造和陶瓷制造、耐火材料生产等行业领域专项治理，切实改善作业环境。在全国性专项治理基础上，各地区要结合实际，再选择1～2个职业病危害严重的行业进行专项治理。三是巩固专项治理成果。要发挥好专项治理成果的作用，按照“整治一个行业、淘汰一批落后产能、推动一批企业科技进步、制定一套先进适用技术标准”的总体要求，推进相关行业工艺革新、技术进步、健康生产、安全发展。要对已经治理的行业领域开展“回头看”，坚决防止同样的问题出现反弹甚至死灰复燃。通过持之以恒持续不断的努力，要彻底解决粉尘和高毒职业病危害肆虐的问题。

（四）多措并举，强化执法效力。要保持高压态势，厉行职业卫生监督执法，坚决扭转目前覆盖面不广、执行力不足、威慑力不强的局面。一是坚决落实法规标准。深入贯彻实施职业病防治法律法规、规章及标准，务必做到“铁规定、刚执行、全覆盖、真落实、见实效”。二是严厉打击各类非法违法行为。坚持“全覆盖、零容忍、严执法、重实效”，严厉惩处危害劳动者职业健康的非法违法行为。要抓住典型案例，严厉追责并公开曝光，做到打击一处、震慑一片、教育一方、促进一行。三是创新监督检查方式。要加强监管，更要科学监管。要坚持计划、重点、专项等常规执法与“四不两直”暗查暗访并举并重，扩大执法检查覆盖面，激活企业主动性。四是推动整顿关闭。要结合产业迈向中高端以及创新驱动、智能转型、绿色发展、安全发展要求，坚决关闭职业病危害强度和浓度长期超标的小矿山、小化工、小陶瓷、小家具、小箱包生产等小微企业，压缩存量，抑制增量，从源头上遏制职业病高发态势。

（五）创新监管方式，增强监管效果。按照国务院简政放权的要求，国家安全监管总局决定逐步取消建设项目职业病危害预评价报告审核、职业病防护设施设计专篇审查及职业病防护设施竣工验收，职业健康司正在研究具体的监管措施。各地区也要提前谋划，认真研究加强事中事后监管的后续措施，既要简化工作流程、减轻企业负担，又要实现职业病危害的源头控制、确保监管力度不削弱。实行监管与服务并重的原则，加强对职业卫生技术服务机构的监督管理，一方面，通过公开资质条件、网上申请、专家独立审查等方式，简便工作程序，实现职业卫生技术服务机构资质认可的公正、公开、透明。另一方面，又要通过日常监管、飞行检查、暗查暗访等方式，加强对职业卫生技术服务机构硬件设施、管理措施、服务质量等的监管，保证其为用人单位提供质量可靠、收费合理的技术服务。对于超出资质认可或者批准范围从事职业卫生技术服务，不履行法定职责或者弄虚作假出具虚假证明文件的，要依法予以处罚。

三、扎实做好当前和今后一段时期的职业卫生监管工作

马上就是四季度，今年各项工作已经进入“收官阶段”，时间紧、任务重、压力大，特别是在当前安全生产形势非常严峻的情况下，我们更要突出重点，加倍努力，采取有力措施把各项工作落到实处、确保取得实效。

（一）认真研究，科学编制职业病防治规划。要把研究制定规划作为当前工作的“重中之重”，抓紧落实到位。一是抓紧做好有关基础工作。一方面要“回头看”，认真总结安全生产“十二五”规划、《国家职业病防治规划（2009—2015 年）》及地方职业病防治规划的执行情况，客观分析取得的成绩和经验、存在的问题和差距，为编制规划找好出发点。另一方面要“向前看”，深刻分析经济发展“三期叠加”的新常态给职业卫生工作带来的新情况、新挑战，认清党和政府更加重视职业卫生工作、全面推进依法治国、安全生产形势稳定好转等有利契机，以及经济转型、产业升级带来的机遇，找准下一个五年的定位和奋斗目标。同时，要积极“向外看”，全面了解发达国家的先进技术、理念和管理，积极研究探索“本土化”的有效途径。磨刀不误砍柴工，基础工作做得扎实，编制规划自然水到渠成。二是要把职业卫生纳入国家和地方、行业“十三五”规划。职业卫生“十三五”规划至少要通过四个渠道来落实，包括国家经济社会发展规划、安全生产“十三五”规划职业卫生专篇、职业病防治“十三五”规划、地方和行业的“十三五”规划。各个规划要有机衔接、互相补充，形成有指标、有项目、有资金、有措施、有支撑的规划体系。

（二）全面调查，摸清职业病危害的底数。一直以来，存在职业病危害的企业、作业场所、作业岗位和接触职业病危害的人员底数不清，职业卫生监管人员的数量、年龄、专业构成等情况不明，职业卫生技术服务机构的专业水平、工作开展情况等信息不全，严重制约了职业卫生监管工作的顺利开展。常言道，知彼知己，百战不殆。只有真正掌握职业病危害的真实底数，真正掌握职业卫生监管人员和职业卫生技术服务机构的实际状况，我们才能够科学测算全国到底需要多少职业卫生监督执法人

员、需要多大的投入进行职业病危害隐患治理，才能科学制定产业政策、市场准入门槛等，拿出过硬的组合拳从源头上根治职业病危害。国家安全监管总局对调查摸底工作高度重视，各地区要采取有效措施，周密部署，全力以赴，掌握存在职业病危害用人单位的基本情况和职业病危害的地区、行业、岗位、人群分布等基本信息，确保调查统计数据的质量真实、可靠，为科学制定职业病防治政策、开展针对性监管提供坚实依据。

（三）科技创新，实现职业病危害的源头治理。加强职业病危害预防、控制等技术研究，积极推广应用保护劳动者健康的新技术、新设备、新材料，把职业病防治技术纳入安全科技“四个一批”中优先支持。结合经济结构调整，利用行政执法、黑名单制度、暗查暗访等方式，推动落后产能的淘汰退出工作，对职业病危害强度和浓度长期超标的小煤矿、小矿山、小化工、小陶瓷、小家具等企业进行整顿关闭，减少高危企业从业人员，从源头上遏制职业病危害。同时，我们还要与时共进，积极运用互联网 +、物联网、即时通信、云计算、云服务等现代科技手段，开发、运用安全生产和职业卫生监管“大数据”，提升职业卫生监管、技术服务和用人单位防治职业病危害的能力和水平。

（四）齐抓共管，形成职业卫生监管合力。总局和各级安全监管部门要按照国办 20 号文件要求，积极探索在依法治安、全面深化改革的形势下创新职业卫生监管体制机制，建立安全生产与职业卫生一体化监管执法制度，健全完善监督执法的内容、程序、方法及制度措施，开展综合执法，降低执法成本，提高监管实效。在各级党委和政府的领导下，切实加强部门之间的协调配合，用好职业病防治工作联席会议制度，协调卫生计生、人力资源社会保障等部门，解决疑难问题，开展联合执法，形成职业卫生监管合力。要充分发挥其他相关部门、科研机构、社会团体的作用，利用一切可以利用的力量，共同关注和推进职业病防治工作。

（五）加强宣传教育，营造良好的舆论氛围。重视发挥广播、电视、报刊、杂志、网站及微博、微信、微门户等新闻媒体的作用，营造全社会关心关注职业病防治工作的浓厚氛围。一是呼吁地方党委政府牢固树立“以人为本”理念和“红线意识”，不要盲目追求经济增长速度，不要损害职工健康的 GDP，严格职业病监管执法，切实保障职工的健康权益。二是呼吁所有企业严格遵守《职业病防治法》，依法保障职工的合法权利，完善职业病防护设施设备，让保护职工健康成为企业负责人的自觉行动。三是呼吁全社会每个公民都要提高职业健康意识，增强自我保护能力，掌握常见职业病科普知识，敢于拒绝从事存在职业病危害的作业，让每个人都能高高兴兴上班、平平安安回家、健健康康退休，使每个人、每个家庭都平安、健康、幸福。四是呼吁新闻媒体及时、准确宣传报道职业病防治工作，重点宣传党中央、国务院关于职业病防治的重大决策部署，深入宣传《职业病防治法》和职业病防治知识，凝聚关心支持职业病防治工作的合力。

职业卫生监管工作是造福于全社会亿万劳动者及其家庭的民生工程、民心工程，任务艰巨、责任重大、义不容辞。我们要牢记职责使命，勇于担当，积极进取，努力推进职业卫生基础建设，全面做好职业卫生监管工作，用实际行动践行“三严三实”，为保护广大劳动者生命安全和职业健康作出新的更大的贡献。

国家安全生产监督管理总局副局长、国家煤矿安全监察局局长黄玉治在全国安全生产工作会议上的讲话(摘要)

(2015 年 1 月 26 日)

按照会议安排，我就进一步做好煤矿安全生产工作，讲三点意见。

一、2014 年煤矿安全生产工作取得新成效

2014 年，经过各方面共同努力，全国煤矿安全生产工作取得新成效，主要表现为“五个下降”：

——事故总量下降。全国煤矿共发生事故 509 起、死亡 931 人，同比减少 99 起、155 人，分别下降 16.3% 和 14.3% 。死亡人数首次降到了 1000 人以内。

——较大事故下降。发生较大事故 46 起、死亡 193 人，同比减少 2 起、39 人，分别下降 4.2% 和 16.8% 。

——重特大事故下降。发生重大事故 14 起、死亡 229 人，未发生特别重大事故。重特大事故同比减少 2 起、27 人，分别下降 12.5% 和 10.5% 。

——煤矿百万吨死亡率下降。煤矿百万吨死亡率 0.255，同比下降 12.2% 。

——大部分地区煤矿事故下降。有 15 个省份煤矿事故总量同比下降。其中，吉林下降 68.7% ，河北下降 57.1% ，山西下降 53.3% ，四川下降 47.9% ，广西下降 37.5% ，贵州下降 37.1% ，云南下降 30.8% 。50 个煤矿安全重点县事故总量大幅度下降。

回顾 2014 年，我们以贯彻落实总局党组提出的煤矿安全“1 + 4”工作法为重点，突出抓了 6 方面工作：

(一）深入开展谈心对话，推动煤矿架安全红线。按照总局党组统一部署，全系统深入学习宣传习近平总书记关于安全生产的一系列重要讲话精神，强力推动煤矿安全“双七条”落实到基层、落实到煤矿。开展“千名干部与万名矿长谈心对话”活动，总局、煤监局领导、部分老领导和省区市领导率先垂范，1367 名领导干部面对面与 15676 名煤矿企业负责人座谈交流，宣传政策法规、强化红线意识，听取意见建议、共谋安全发展对策，实现了所有煤矿全覆盖。湖北、贵州、青海、新疆等省份结合实际创新方式方法，保证了谈心对话的实效性。

(二）加强安全监管监察，推动执法工作上台阶。坚持开展“四不两直”暗查暗访，突出重点，加强安全监管监察执法。一是认真落实监察执法计划，各级煤矿安全监察机构共监察煤矿 8900 余处，暗查暗访煤矿 3412 处，查处隐患 9.8 万余项，实施经济处罚 4.7 亿元，“三项监察”计划完成率 113% 。对灾害严重的建设项目严格安全核准，国家煤矿安监局安全核准的 22 个煤矿建设项目中，有 3 个大型项目未予通过。二是严厉打击非法违法行为，以整治越界开采和图纸造假为重点开展“六打六治”打非治违专项行动，会同国家发展改革委核查并责令停产整顿未批先建煤矿建设项目 190 处，以总局、煤监局名义责令停建停产 2 个违法违规大型煤矿并在央视公开曝光（国投哈密能源开发公司大南湖七号煤矿、新疆天山煤电公司 106 煤矿）。三是实施煤矿安全“组合拳”，以政企联动、专群结合方式，组织 3 万余名干部、专业人员和救护队员，全面开展煤矿隐患大排查大治理，查处一般隐患 9 万余项、重大隐患 480 余项；组织 13 个工作组赴各地开展督导巡视和联系督促，推进了重点任务落实。四是深入开展专项整治，立足查大系统、治大隐患、防大事故，全系统先后开展了瓦斯、水害、煤尘和防灭火管理专项检查，对7个重点省份开展异地集中监察执法，对18家涉煤央企开展重点检查。召开煤与瓦斯突出防治座谈会，推动"两个四位一体"等灾害防治措施进一步落实。

（三）深化推进整顿关闭，进一步淘汰落后产能。以落实中央"转方式、调结构、促升级"的战略部署为契机，坚持多措并举，加快推进不具备安全生产条件的小煤矿关闭退出。会同国家能源局制定年度煤炭行业淘汰落后产能计划，落实中央财政奖励资金12.2亿元，联合18个部委进行考核。在成都召开重点地区煤矿整顿关闭座谈会，国务委员王勇同志亲自部署推动；总局领导同志与关闭任务重的地区党政领导深入沟通，协调落实关闭任务。各地克服困难，加大力度、加快进度，四川筹措75亿元财政资金，在2013年关闭400处基础上，去年又关闭小煤矿164处；湖南试点先行、分步实施，关闭小煤矿293处；云南分管省长每天调度关闭进展情况，关闭285处；辽宁计划关闭36处、实际关闭99处；河北计划关闭6处、实际关闭64处；安徽提高关闭标准，关闭42处。全国计划关闭800处，实际关闭1509处、淘汰落后产能1.06亿吨/年。

（四）紧盯50个重点县，攻坚战取得明显成效。紧紧依靠地方党委政府，抓住煤矿矿长这一关键岗位，实施重点突破。举办27期矿长培训班，对2789名矿长全部培训一遍。各地落实"五真"（真查、真停、真盯、真改、真验）要求，停产煤矿全部由副科级以上干部盯守，复产煤矿全部由县级政府主要领导签字把关。国庆期间43名县委书记、38名县长深入煤矿检查。目前已有45个县建立安全监控信息化平台，23个县开展机械化升级改造，新增机械化矿井145个，27个县实现劳动用工"五统一"，45个县制定煤矿工人小时工资最低标准，40个县启动隐蔽致灾因素普查。50个县煤矿事故死亡人数同比减少112人、下降37.5%，有15个县实现煤矿零死亡。内蒙古、吉林、河南、湖北、江西等省份结合实际，又确定若干省级重点县，大力实施治本攻坚。

（五）加强基层基础建设，进一步提升保障能力。实施安全质量标准化矿井公开评审、动态达标，共降级98个、取消18个一级标准化矿井，形成达标激励和淘汰机制。加大培训力度，培训复训"三项岗位"人员62万人次。修订煤矿生产能力核定标准和管理办法，对50个重点县所有煤与瓦斯突出矿井生产能力进行了重新核定。组织征集先进适用技术313项，开展了安全科技进矿区活动。注重典型引领，总结推广了山西瓦斯防治十二条红线、贵州毕节瓦斯超限责任追究办法、陕西陕煤铜川矿业公司陈家山煤矿瓦斯零超限管理、陕西煤化工集团黄陵公司一号煤矿智能化无人开采技术、四川煤矿事故警示教育等经验。支持建设煤矿重大灾害治理示范工程24项，累计投资24.8亿元。积极宣贯新《安全生产法》，全力组织修订《煤矿安全规程》《防治煤层自然发火暂行规定》等规定标准，开展煤矿工作场所职业卫生监督执法活动。落实国务院煤炭行业脱困工作部署，采取有效措施，防止煤炭企业因经营困难减少安全投入和超能力组织生产。

（六）严肃事故调查处理，发挥警示和震慑作用。依法从严、从重、从快查处了安徽省淮南市东方煤矿"8·19"、辽宁省阜新恒大煤业公司"11·26"等一批煤矿重大事故，提级调查了黑龙江省鹤岗市兴成煤矿"7·5"等一批典型较大事故，约谈了一批事故企业及地方政府负责人，依法关闭了一批事故矿井，严肃追究了一批事故责任人，起到了震慑作用。同时，深化警示教育，对所有重大事故的原因、教训均进行动画模拟，制作发放了一批典型事故警示片；国家煤矿安监局召开了3次煤矿事故警示教育视频会、5次警示教育现场会；先后向全系统和所有煤矿企业发送事故警示信息44次、约58万条。

一年来的工作实践证明，总局党组提出的煤矿安全"1+4"工作法和"组合拳"符合煤矿安全工作的规律特点，抓住了主要矛盾和矛盾的主要方面，初步构建了一套行之有效的煤矿安全预防控制体系。我们认为，煤矿安全"1+4"工作法和"组合拳"是一个有机整体，习近平总书记重要讲话精神指明了我们工作的方向，明确了安全红线，必须内化于心、外化于行；"双七条"立足当前、着眼长远，既治标又治本，必须扭住不放、持续发力；警示教育是触动管理人员灵魂、增强煤矿工人安全意识的有效载体，必须坚持不懈、常抓常新；

谈心对话有效激发了矿长落实主体责任的自觉性和主动性，必须不断完善、持续深化；50 个重点县形成一套聚焦重点、精准发力、带动一片的良好工作机制，必须持之以恒、久久为功；“组合拳”是促进落实、消除隐患、防范事故的有力抓手，必须上下联动、形成合力。

二、清醒认识当前煤矿安全生产形势

煤矿安全工作虽然取得了明显成效，但与党中央、国务院的要求和广大人民群众的期望相比，仍有一定的差距，事故总量仍然偏大，重大事故尚未得到有效遏制，非法违法行为屡禁不止，各类隐患大量存在，基础薄弱的现状尚未得到根本改变，煤矿企业落实主体责任的自觉性和政府监管水平还不能估计过高，煤矿安全生产形势依然严峻。同时，我们还要清醒看到当前乃至今后一个时期所面临的新情况、新机遇和新挑战：

第一，从落实依法治安的新要求看，一方面，党的十八届四中全会对依法治国作出全面部署，新《安全生产法》已公布实施，总局党组确定了全面推进依法治安的工作主线，为全面推进依法治矿、从严治矿提供了良好氛围和有力支撑。另一方面，一些煤矿企业负责人法律意识淡漠，甚至无视法律、蓄意组织超层越界非法生产，发生事故后迟报、瞒报、谎报；煤矿安全法律法规体系还不健全，联合执法工作机制还有待完善；一些安全监管监察部门依法行政意识不强，严格执法力度不够，基层执法力量不足。我们必须增强依法治安的自觉性和坚定性，努力学法、知法、用法、守法、执法，全面提升依法治安的能力。

第二，从推进能源革命的新任务看，一方面，中央提出能源生产和消费革命的重大战略，煤炭工业作为能源革命的主战场，必将严格控制消费总量，推动技术创新，加快产业升级转型，实现煤炭科学开采、绿色开采、安全开采，为推进煤矿安全治本攻坚、实现根本好转提供了有力的政策支撑。另一方面，目前我国煤炭产业结构不协调、区域发展不平衡、生产力水平不均衡等问题仍然突出，小煤矿多、煤与瓦斯突出等灾害严重的矿井多、井工开采的煤矿多的现象仍然存在，而且大部分小煤矿机械化程度低、技术工艺落后、从业人员素质不高。我们必须抓住机遇，乘势而上、顺势而为，加快推进科技进步，加快淘汰落后采煤方法和工艺设备，加快推行煤矿机械化、信息化、自动化、智能化，全力推进行业升级转型和安全发展。

第三，从新常态下煤矿安全面临的新形势看，一方面，当前我国正在进入经济发展新常态，其显著特点是经济增长变化、结构优化和动力转换。经济发展的新常态为淘汰落后产能提供了难得机遇。我们要充分利用市场倒逼机制，引导和鼓励落后小煤矿早关、快关、主动关。另一方面，在经济发展新常态下，煤炭行业已经呈现的煤炭价格下降、企业亏损、经营困难等问题将更加显现，一些企业安全投入欠账严重，职工队伍不稳定，人才流失、管理滑坡，以量保本、超能力生产导致采掘失调，给煤矿安全带来巨大压力。

以上新情况、新机遇和新挑战，将是今后煤矿安全生产工作面临的新常态。我们一定要全面认识新常态、主动适应新常态、积极引领新常态，抓住用好新机遇、主动应对新挑战，按照煤矿安全“1 + 4”工作法和“组合拳”，坚持依法治安，坚持问题导向，坚持开拓创新，加快推进由过多依赖行政命令向以法律手段为主转变，由事后应对向事前预防转变，由常规检查向明查暗访转变，由抓浅层矛盾向解决深层次问题转变，由重治标向标本兼治转变，在煤矿瓦斯等重点灾害治本攻坚上下功夫，在淘汰落后产能、加快落后小煤矿关闭退出上下功夫，在依靠科技进步、夯实基层基础上下功夫，为实现全国煤矿安全生产状况根本好转打下坚实基础。

三、切实做好 2015 年煤矿安全生产工作

我们要按照总局党组统一部署，结合煤矿安全生产工作实际，以深化落实“1 + 4”工作法和“组合拳”为切入点，突出抓好 7 项重点工作。

（一）坚持依法治安，提高煤矿安全监管监察水平。一要完善法规标准和规章制度。要坚守安全红线，坚持用法治思维分析问题、用法治方式解决问题，围绕贯彻新《安全生产法》，加快制修订《煤矿安全规程》《煤矿建设项目安全设施监察规定》《煤矿企业安全生产许可证实施办法》和《煤矿安全培训规定》等配套法规标准，加快完善煤矿建设项目安全核准、托管煤矿安全监管监察、井下爆破作业管理等重点环节制度。各地有关部门也要抓紧修订完善煤矿安全地方法规标准和制度，提高煤矿安全法治化水平。二要严格依法监管监察。

要科学编制和实施执法计划，完善执法流程，做到执法程序合法、执法过程闭合。完善“四不两直”、交叉执法、联合执法等方式，提高执法效能。创新执法信息化、表格化等方法，健全案件移送、“行政处罚和刑事处罚衔接”等机制，进一步规范执法行为。加大行政处罚和责任追究力度，充分发挥执法震慑作用。三要加强执法监督考核。认真执行《煤矿安全监察执法监督办法》，强化执法过程监督，完善执法考核、纠错和责任追究机制。抓住执法文书、行政处罚、事故调查等关键环节，推进执法结果公开，接受社会监督。四要严肃查处事故。抓紧出台《煤矿生产安全事故报告和处理规定》，根据需要对部分典型事故提级调查，加大对较大事故查处的督导力度。落实好重大事故挂牌督办和非法违法、瞒报较大事故跟踪督办制度，提高事故查处时效性。继续落实通报、警示、约谈、督办四项制度。深化事故警示教育，警示片制作从重大事故延伸到典型较大事故，警示教育对象从矿长等主要管理人员延伸到煤矿所有职工，坚持用事故教训推动工作。

（二）坚持源头管控，提高煤矿安全总体水平。一要严格煤矿安全准入。按照《国务院办公厅关于进一步加强煤矿安全生产工作的意见》（国办发〔2013〕99号）要求，坚决停止核准新建生产能力低于30万吨/年的矿井和低于90万吨/年的煤与瓦斯突出矿井。从严控制煤与瓦斯突出、冲击地压等灾害严重煤矿的安全核准。二要严把许可审批关。严格贯彻即将印发的《煤矿建设项目安全设施竣工验收监督核查办法》，加强对办矿主体管理层资格能力的审核，不具备条件的坚决不予通过；兼并重组和整合技改不到位的矿井坚决不许生产，严防以低水平的技改扩能逃避关闭退出。加强煤矿安全许可证管理，严格现场监督核查，做到一证一系统。坚持动态管理，达不到安全条件的、到期未申请延期的，及时暂扣或吊销许可证。三要继续加大落后小煤矿关闭力度。坚决执行国办99号文件和总局、煤监局等12个部门加快落后小煤矿关闭退出工作通知要求，2015年力争再关闭1000处以上，将全国煤矿总数控制在1万处以内。贵州、黑龙江、湖南、云南、重庆、湖北等省份关闭任务非常繁重，要利用市场倒逼机制，制定切实可行的政策措施，引导鼓励不具备生存能力的小煤矿加快退出。

（三）坚持防治煤矿瓦斯等重大灾害，防范遏制重特大事故。坚持“先抽后采、监测监控、以风定产”方针，推进“通风可靠、抽采达标、监控有效、管理到位”工作体系建设，建立完善瓦斯零超限倒逼机制，深入推进瓦斯综合治理。一要确保煤矿安全监测监控系统运行稳定可靠。监测监控系统是预防瓦斯事故的重要关口，是瓦斯超限预警预报的耳目。监测监控系统不能正常运行的煤矿，必须停产整顿。加快监测监控系统升级改造，推广使用监控系统检查分析工具。二要严格瓦斯零超限目标管理。赋予和落实调度员、瓦检员、班组长等紧急情况停电撤人权力，落实瓦斯超限必须停电、撤人、停产分析整改、依法追究责任等4项制度。瓦斯超限不停电、不撤人、不分析、不处理的，必须停产整顿直至予以关闭。三要强力推进瓦斯抽采。积极推进河南省煤矿瓦斯治理“先抽后建”示范区建设，积极推进煤与瓦斯突出和高瓦斯矿井“先抽后建”。生产矿井必须合理安排抽掘采接续，确保瓦斯抽采有足够的空间和时间，做到“先抽后布置”“先抽后掘”“先抽后采”。四要在瓦斯综合防治措施落实上狠下功夫。国家煤矿安监局将出台强化煤矿瓦斯防治工作的规定，坚决落实“两个四位一体”综合防突措施，实现瓦斯抽采达标，确保保护层开采、区域预抽、揭煤管理等重点工作落实到位。五要加大隐蔽致灾因素普查治理力度。井田范围内地质资料达不到勘探要求的一律不得继续建设和生产；整合技改的小煤矿必须严格执行有掘必探；提高现场水害预判、预警能力，遇到水患或出现透水征兆必须立即停产撤人。六要对小煤矿集中的矿区组织进行区域性水害普查治理。对每个煤矿的老空区积水都划定警戒线和禁采线，发生透水事故要倒查勘探责任；严厉打击超层越界、私挖乱采行为，严厉打击探放水工作造假行为。

（四）坚持深化煤矿隐患排查治理，建立完善长效机制。一要确保隐患排查治理行动见实效。目前，各产煤省（区、市）都按照“一矿一组、一矿一策、矿矿见效”的要求组织开展了煤矿隐患排查治理行动，河北、安徽和青海等3个省份已完成第一轮全部煤矿排查，北京、山西、内蒙古、吉林和甘肃等5个省份已完成70%以上煤矿排查。但是，仍有一些地方工作力度不够、进展缓慢。黑龙江、江苏、江西、湖北、广西、四川、重庆、宁夏和新疆等9个省份排查煤矿工作进度占比小于30%，还有北京、辽宁、江苏、福建、江西、山东、广西、重庆和云南等9个省份没有排查出煤矿重大隐患，必须引起高度重视。各地要按照“无盲区、全覆盖、零容忍”的要求，认真学习借鉴河北唐山、山西大同两个试点地区的经验做法，盯紧瓦斯、火灾、水害、煤尘、冲击地压等灾害严重矿井，查大系统、治大隐患、防大事故。二要加大重大隐患处罚力度。尽快修改完善重大隐患判定标准。执法中发现重大隐患，不仅要对该企业责令停产整改，还要严厉处罚，并追究企业主要负责人和相关责任人的责任，真正把隐患当事故对待。三要建立隐患排查治理长效机制。认真总结本地区深化煤矿隐患排查治理的好做法，企业要建立健全隐患排查治理制度，政府要建立健全完善重大隐患治理督办制度，推进煤矿隐患排查治理工作科学化、规范化和常态化。四要继续保持打非治违高压态势。深入开展煤矿“六打六治”打非治违专项行动，严厉打击无证、证照不全或过期从事生产行为，严厉打击使用假图纸生产和超层越界开采行为，严厉打击停产整顿期间擅自组织生产行为，严厉打击超能力、超强度、超定员生产行为。对反面典型要公开曝光，强化威慑作用。五要建立煤矿安全督导巡视和联系督促常态化工作机制。在认真总结前段督导巡视和联系督促工作做法的基础上，进一步扩大督导巡视范围，把督导巡视和联系督促有机结合起来，将地方煤矿安全监管责任落实和煤矿重大隐患排查治理作为督导巡视重点，进一步推动企业安全生产主体责任的落实。

（五）坚持科技兴安，提高煤矿安全保障能力。一要提高小型煤矿机械化水平。新建、改扩建、整合技改矿井必须采用机械化开采，否则一律不得通过安全核准和设计审查；今年将命名一批小煤矿机械化改造示范矿井和示范工程，推广一批适合小煤矿特点的机械化改造合作模式、技术装备和管理经验。二要加快推进大中型煤矿自动化、智能化建设。学习借鉴河北开滦矿业集团信息化与自动化融合技术经验，鼓励大中型煤矿对通风、提升、运输、排水、供电等系统进行技术改造，简化优化生产系统，减少工作面个数和井下作业人员；启动煤矿自动化开采试点工作，选择有条件的煤矿推广应用陕西煤化工集团黄陵公司一号煤矿自动化开采经验。三要推广先进适用技术、淘汰落后生产工艺装备。积极配合有关部门加大煤矿安全科技“四个一批”项目推广力度，深入开展安全科技进矿区等活动，择机发布实施第四批《禁止井工煤矿使用的设备及工艺目录》，要淘汰巷道式采煤方法，工作面禁用金属摩擦支柱和木支柱支护，禁止非阻燃、非防爆设备入井，禁止井下使用滑片式空压机。

（六）坚持强基固本，提高煤矿安全管理水平。一要深化标准化达标升级创建。坚持以落实岗位达标为重点，建立完善岗位责任制和操作标准，制定实施简单易行的岗位责任考评办法，进一步深化安全质量标准化工作。研究制定煤矿安全质量标准化安全行业标准，组织对三级标准化矿井进行抽查，继续公布被取消等级和降级的煤矿名单。二要强化煤矿安全培训考核。落实分级培训责任，建立教考分离机制，注重培训效果检查。突出抓好矿长、安全管理人员的“先上岗、后考核”工作。组织对煤矿企业监控中心调度室主任、值班员和系统维护运行负责人全覆盖培训。国家煤矿安监局将重点抓好新增50个重点县党政主要负责同志和矿长的培训。三要推进煤矿安全诚信建设。联合有关部门制定煤矿企业安全信用等级评定管理办法，建立企业安全信用不良记录和“黑名单”制度，对严重违法行为实施联合惩戒，并通报行业主管、投资主管、国土资源、证券监管等部门和有关金融机构，在项目核准、产能核定、融资贷款、用地用电等方面严格控制。四要督促指导煤矿加大安全投入。越是经营状况不景气，越要确保安全投入不欠账，按规定提取和使用安全费用。要开展煤矿安全费用提取使用调研和专项监察，督促企业按标准和范围提取安全费用并专款专用。五要加快生产能力核定等工作。完成所有煤与瓦斯突出、冲击地压等灾害严重矿井的产能重新核定工作，核减不具备安全保障的产能。完善矿领导下井带班制度，规范矿长下井路线，重点盯住危险区域和重大隐患治理等施工地点和作业环节。六要加强煤矿职业病危害防治。印发并宣贯《煤矿作业场所职业病危害防治规定》，组织开展专项监察，推广粉尘防治先进适用技术装备，做好煤矿职业卫生机构专业能力审查。

（七）坚持突出重点，扩大煤矿安全重点县攻坚战成效。一要扩大攻坚战范围。根据近年来全国各产煤县煤矿死亡事故、灾害程度、小煤矿数量、安全基础等情况，在已确定的50个重点县基础上，再增加50个产煤县，一并纳入全国煤矿安全重点县攻坚战范围。各地要参照全国“双50重点县”攻坚战的做法，结合本地实际，确定本地区重点县，全力以赴打好攻坚战。二要分级开展谈心对话。春节前总局、煤监局领导同志分6个组，与原50个重点县党政负责人谈心对话，节后与新增的50个重点县党政负责人谈心对话；5月底之前，各重点县党政负责人要与辖区内所有矿长谈心对话一遍。三要以钉钉子精神抓“五真”。各重点县要严格按照“五真”要求，停产矿井由副科级及以上干部盯守，复产矿井必须做到由县长签字把关。春节前后是煤矿停产复产的关键期，各地区一定要盯紧盯死。

同志们，煤矿安全工作是一项实打实、硬碰硬的工作，关键在于担当，关键在于落实。我们一定要贯彻落实好本次会议精神，进一步转变作风、强化责任，攻坚克难、奋发有为，全力做好2015年煤矿安全生产工作，进一步推动全国安全生产形势持续稳定好转。

第五部分

安全生产综合监督管理

安全生产法规标准工作

国家安全生产监督管理总局政策法规司

2015 年，国家安全监管总局政策法规司认真贯彻落实党中央、国务院关于加强安全生产工作的一系列重要指示精神，在国家安全生产监管总局党组的正确领导下，坚持把安全生产法规和标准建设作为一项全局性、战略性、基础性的工作，重点针对安全生产法规标准体系框架不完善，立法机制不顺畅，安全标准缺失、不合理，执法检查不规范、不严格等问题，采取行之有效的办法和措施，为促进全国安全生产形势持续稳定好转奠定了坚实的基础。

一、加强法规制度建设，安全生产法律法规和制度体系进一步完善

为做好《安全生产法》贯彻实施工作，起草了《安全生产法实施条例》。先后深入山东、福建等地区开展调查研究，查找需要规范的重大问题，提出对策和措施；对《矿山安全健康法（修订送审稿）》补充完善，将有关职业病预防的内容纳入其中，经总局局长办公会议审定后，于 5 月 26 日再次提请国务院审议（安监总办〔2015〕59 号）；在 2014 年 10 月提请国务院审议《安全生产应急管理条例（送审稿）》的基础上，会同应急指挥中心全力协助国务院法制办开展送审稿的修改和完善工作。陪同法制办领导深入内蒙古、河南和广东等省区，就安全生产立法和《矿山安全健康法（修改送审稿）》《安全生产应急管理条例（送审稿）》中存在的重点问题开展调研，进一步修改完善法规草案；配合最高人民法院、最高人民检察院研究制定了《关于办理危害生产安全刑事案件适用法律若干问题的解释》，已于 2015 年 12 月 15 日公布；出台了《煤矿作业场所职业病危害防治规定》；开展有关部门规章的修改工作，先后对《安全生产违法行为行政处罚办法》等 31 部国家安全监管总局部门规章进行了修订，同时对《劳动防护用品监督管理规定》等 6 部部门规章予以废止；按照国家安全监管总局 2015 年立法计划，提请国家安全监管总局局长办公会议审议 3 部规章，分别是：《国家安全生产监督管理总局实施〈安全生产法〉若干规定（试行）》《煤矿安全规程》《煤矿安全生产许可证实施办法（修订草案）》；完成《煤矿生产安全事故报告和调查处理规定（送审稿）》等审查修改工作；对《安全生产事故隐患排查治理暂行规定》展开进一步调查研究。

二、强化标准制修订工作，安全生产标准体系进一步丰富和完善

安全生产标准作为加强安全生产监管监察的重要依据和生产经营单位安全生产的基本规范，是提升企业本质安全，防止和减少生产安全事故、促进安全生产形势稳定好转的重要保证。按照“加快制修订强制性标准，缩减推荐性标准”的原则，以需求为导向，逐步建立和完善标准立项机制，严格立项程序，增强标准立项的科学性与合理性。国家安全监管总局共颁布安全生产行业标准(代号AQ)377项，煤炭行业标准(代号MT)368项，受国家标准化管理委员会委托，完成了127项安全生产国家标准(代号GB)的制修订工作。这些标准的颁布实施，对企业落实安全生产主体责任，完善安全生产行业标准体系，推动技术进步和产业结构调整升级发挥了重要支撑作用，对推动监管监察工作的规范化、科学化、标准化也起到了积极的作用。加大对标准的宣贯和培训力度，将近年已颁布的500多项安全生产标准及时在国家安全监管总局政府网站公布，在全国“安全生产月”和“世界标准日”之际，组织安全生产标准知识竞赛，召开专题视频会议，宣贯安全生产标准有关知识，强化安全生产标准意识。

安全生产宣传和安全文化建设工作

国家安全生产监督管理总局人事司（宣教办）

2015年，安全生产宣教工作在国家安全监管总局党组的坚强领导和关心支持下，坚持围绕中心、服务大局，坚持正面宣传导向，加强与中央主流媒体的联系合作，进一步加大政府信息公开力度，各项工作取得了积极进展和明显成效。

一、认真宣传贯彻党中央、国务院和国家安全监管总局的一系列重要部署

大力宣传习近平总书记关于安全生产的重要论述，特别是在5月29日中央政治局集体学习关于安全生产的重要讲话精神，总局领导带头宣讲解读，氛围浓厚；继续宣贯新《安全生产法》，编撰了新《安全生产法》漫画读本，力求通俗易懂、图文并茂、逐条解读；组织中央主流媒体，国家安全监管总局主管的报刊、网站、杂志以开辟专栏、撰写综述和评论员文章等方式，深入宣传《国办关于加强安全生产监管执法的通知》，大客车司机宣誓“五不两确保”活动，以及机械化换人、自动化减人、《瓦斯防治十条规定》等一系列工作举措。

二、加强在中央主流媒体的宣传报道

进一步加强与《人民日报》、新华社、中央电视台、中央人民广播电台等中央主流媒体的联系合作，先后5次走访中央电视台，争取工作支持，重点加强了与《东方时空》等栏目组的对接。健全完善宣教工作周例会制度，将各司局综合处负责同志纳入参会范畴，强化了各司局间的协调联动工作，特别是徐绍川副局长每月亲自参加一次碰头会部署。全年共在中央电视台、新华社、《人民日报》和中央人民广播电台4家主流媒体播发、刊发各类新闻消息679篇。中央电视台播发安全生产新闻消息478条（其中，在中央电视台《新闻联播》播出9条，中央电视台《焦点访谈》播出4条）；新华社播发安全生产消息77篇；中央人民广播电台播发安全生产消息48条；《人民日报》刊发新闻76篇（其中，安全发展专刊3期，分别是《“三级五覆盖”撑起“生命保护伞”》《全国安全生产月和万里行活动启动》和《强化应急处置，优化应急救援，筑牢安全生产最后一道防线》以及相关安全生产公益广告）。

三、进一步加强安全生产新闻发布工作

重点筹办好国家安全监管总局在全国两会期间人大记者会相关工作，面向全世界媒体介绍我国安全生产工作情况，系国家安全监管总局成立以来首次，成效显著。组织做好在国新办召开的专题新闻发布会，配合新闻发言人以及有关司局主要负责同志在新华网开展在线访谈专题解读《用人单位职业病危害防治八条规定》。介绍首届全国危险化学品应急救援技术竞赛情况，并接受专题采访3次。建立国家安全监管总局每月例行新闻发布会制度，已经成功发布2次。国家安全监管总局新闻发布厅已投入使用。

四、扎实开展“安全生产月”等相关宣教活动

筹备召开了2015年全国安全生产宣传教育工作视频会议、全国安全生产新闻宣传和信息公开工作视频会议，对2015年安全生产新闻宣传等重点工作作出全面部署。举办了安全生产和信息公开工作业务培训班，各省级安全监管监察部门、国家安全监管总局机关各司局和直属事业单位的业务处长120余人参加了培训，邀请了8位新闻宣传和信息公开方面的顶尖级专家进行授课。指导国家安全监管总局宣教中心对“安全生产月”活动进行创新，明确了5项重点活动，筹办好“安全宣传咨询日”活动。支持中国煤矿文工团与俄罗斯联合筹办“抗战胜利70年文艺汇演”，并在中央电视台《新闻联播》节目播发消息。组织国家安全监管总局宣教中心、电视中心拍摄安全生产警示教育片及多部安全生产公益广告，其中大客车司机宣誓“五不两确保”等两部公益广告已推荐中央电视台协助播出。

五、进一步加强国家安全监管总局新媒体平台建设

与航天科技集团合作，成立国家安全监管总局“双微”编辑部，聘请专业工作人员，承担国家安全监管总局微博微信平台建设，并建立“5531”工作机制，即每周5天，每天更新5条，其中3条原创、1篇评论文章。国家安全监管总局“双微”粉丝达348万人，期间共发布微博3294余条、微信810条，被转发、评论17.3万次，浏览总量近859.3万人次。同时，指导各省级安全监管监察部门、国家安全监管总局有关事业单位做好“双微”平台建设和宣传推广。全国已有26个省级安全监管局开通“双微”平台，并发挥作用。

六、认真做好暗查暗访及舆论引导工作

联系中央电视台及国家安全监管总局电视中心、总局主管报刊记者随总局暗查组到各地开展暗查暗访，制作视频专题片19期，其中5期在中央电视台播出曝光。做好陕西咸阳“5·15”特别重大道路交通事故、河南鲁山县“5·25”特别重大火灾事故以及“东方之星”号客轮翻沉事件调查组成立相关信息发布工作，并组织舆情部门和网评员24小时值守做好舆情监测和应对，积极正面引导舆论。2015年以来，共制作各类舆情报告400期，其中，舆情周报46期、舆情动态147期、舆情专报16期、信息化专报5期、职业健康专报6期、舆情资料191份，平均每月制作舆情报告36期。

一年来，安全生产宣教工作虽然取得了一定进展和成效，但依然存在一些不足和差距，主要体现在：一是安全生产宣传的顶层设计和宣传力度尚不够。主要是缺少顶层设计，有效地宣传策划不够。二是对系统宣教工作的指导不够。因忙于日常工作，忽视对系统宣教工作的指导协调，导致一些地方和单位没有把宣教工作置于预防治本的高度，没有很好地落实宣教第一责任。有的还没有真正落实新闻发布制度；有的地方的新媒体运用至今还是空白。三是系统干部的媒体素养以及利用媒体和舆论推动工作的能力亟待提高。面对媒体，不少同志存在不敢说、不会说的问题；新闻宣传容易被事故牵着走，在无事故的情况下如何讲好安全生产故事依然是重大课题；笔杆子不够硬，缺乏具有网络影响力属于自己的“意见领袖”。四是理论和安全文化建设依然是短板。尤其是对安全发展战略的研究不够深入，尚未形成科学完整的理论体系。安全生产的价值理念尚未深入每个企业、每个劳动者的内心，安全生产远没有成为文化自觉。安全生产的形式文化建设亟待加强。

规划科技工作

国家安全生产监督管理总局规划科技司

2015年，规划科技司坚决贯彻、认真落实国家安全监管总局党组的部署和要求，在建立防范事故长效机制、提高安全保障能力上取得了6个方面的明显进展。

一、抓规划编制实施引领，促安全生产摆位提升

推动安全生产规划的编制、实施与执行，发挥引领约束作用。第一，全面、深入谋划，写深、写实安全生产“十三五”规划。推动“十三五”国家《纲要（草案）》设置了安全生产工作专节，将就业人员死亡率等指标纳入草案；成立并调整充实了国家安全监管总局领导任组长、有关单位和各方专家参与的规划编制领导小组；提出了规划编制方案，形成了小煤矿关闭退出、油气管线攻坚战等34个、共100余万字的课题研究报告，特别是研究提出了《安全生产改革创新若干重大事项建议》；健全了规划体系，明确了“十三五”规划体系由1个总体规划，15个专项规划，以及32个省级规划组成；制定了《安全生产规划管理办法》，推动各级安全生产规划编制工作；推动32个省级安全生产规划全部纳入本地区专项规划范围，其中16个被列为重点专项规划；组织开展了《安全生产监管部门和煤矿安全监察机构监管监察能力建设“十三五”规划》编制工作，初步确定了提升安全监管监察现场执法、教育培训、预警防控、应急救援、事故调查、技术保障等7大能力的重大任务和重点工程。第二，安全生产“十二五”规划收官成效明显。亿元GDP事故死亡率和工矿商贸十万从业人员死亡率等规划指标纳入各级政府国民经济社会发展计划和地方政绩考核体系；安全生产工作写入《国家规划纲要中期评估调整意见》《能源发展战略行动计划》等13项国家规划。规划13项约束性指标全部提前完成，规划确定的“完善安全保障体系、提高事故防范能力”等6大任务取得实效，煤矿安全技术改造等9项重点工程全面推动，共完成规划投资6000多亿元。

二、抓中央投资支持，促执法保障能力提升

2015年，争取落实中央投资15.78亿元用于监管监察基层执法保障能力建设（较2014年增加1亿元）。一是国家安全监管总局自身建设中央投资共3.1亿元，其中0.9亿元为26个省级煤监局配备各类执法装备近6783台（套）；1.5亿元为9个省级煤监机构新改扩建43063平方米执法场所；0.7亿元为12个总局直属单位购置专业装备。二是安全监管部门执法能力建设专项投资5.18亿元，用于新疆、西藏、新疆生产建设兵团和四省藏区安全监管部门补充配备现场执法装备。三是中央投资4.9亿元，用于建设13个矿用新装备新材料安全准入分析验证中心实验室。四是中央投资2.6亿元，启动了国家安全工程技术实验与研发基地和国家安全监管监察执法综合实训基地项目建设。五是做好重点项目储备与实施。矿山事故与职业病危害分析鉴定实验室建设项目可研报告已获国家发改委批复并编报了项目初步设计；编制了中央投资三年滚动预算，形成了三年实施15个重大项目，中央投资195亿元的项目储备库。六是制定了《总局关于依法加强中央预算内投资建设项目监督管理的通知》《安全监管监察职业能力建设标准》等，完善内控机制、加强项目监管，提高投资效益；积极推进国家安全监管总局企业投资项目在线审批监管平台建设、信息发布等工作。6月1日，国家安全监管总局投资审批平台作为国务院第一批试点单位，正式投入运行。

三、抓信息化建设与应用，促监管执法效能提升

坚持“以用促建、以建保用、注重实效”的原则，大力推进安全生产信息化建设和应用工作。一是初步建成了安全生产综合信息平台。实现了煤矿管理、非煤矿山管理、危险化学品管理、规律挖掘、预测预判、远程巡查、舆情分析、决策参考、一站式服务、应急救援等10项功能；共采集安全生产信息200多万条，气象数据200多万条，经济指数数据25万条，煤矿企业数据1万多条。二是加快安全生产监管信息化工程建设。该工程由国家安全监管总局牵头组织，住建部等7个部门共建，2015年1月份已获国家发展改革委批复立项，7月份批复了可行性研究报告，总投资4.48亿元，其中国家安全监管总局部分2.02亿元（占总投资45%），并争取下达项目前期费800万元。国家安全监管总局建设项目初步设计方案已报国家发展改革委。三是强化顶层设计和标准规范体系建设。制定了《国家安全生产监管信息平台总体建设方案》，提出了安全生产监管信息平台建设的总体框架、建设目标、建设内容和业务应用系统模块、接口规范以及技术要求，指导各地信息化的建设与应用；组织编制了《安全生产信息资源规范》《安全生产数据元》《安全生产数据交换规范》等8项标准规范；组织编制了《危险化学品从业单位基础数据规范》《非药品类易制毒化学品生产经营企业及许可备案数据规范》《安全生产监督管理信息系统隐患排查治理数据规范（试行）》等10项数据对接规范。四是推进业务信息系统整合应用。印发了《2015年安全生产信息化应用工作任务分工方案》，组织对17个已建项业务系统进行全面梳理整合。综合政务办公平台（OA系统）已全面投入使用，实现了全员网上无纸化办公；安全生产行政执法统计系统，煤矿职业卫生统计系统，工矿商贸职业卫生统计系统，非煤矿山安全监管信息系统，危化品、烟花爆竹、易制毒品化学品综合监管系统、安全生产应急平台等运行良好。五是争取到将国家安全监管总局纳入到国家政务信息资源共享示范单位；实施物联网重点示范工程。组织神华集团、中煤集团在7个矿井建设“矿井安全监管物联网应用示范工程”；组织中国安科院和通信信息中心开展国家安全生产物联网检测认证公共服务平台建设。

四、抓科技创新驱动发展，促事故防范能力提升

围绕遏制和防范事故，坚持问题导向，探寻剖析事故发生的技术原因，着力安全科技研发和推广应用，大力实施“科技强安”战略。一是在煤矿、金属非金属矿山、危险化学品、烟花爆竹等重点行业领域部署开展“机械化换人、自动化减人”科技强安工作，确定了10家国家安全监管总局试点示范企业、236家省级试点示范企业，力争用2～3年时间，实现高危作业场所作业人员减少30%以上。二是组织实施了“城镇油气管道重大事故风险防控与应急处置技术研发及示范”等4个国家科技支撑计划项目，国拨资金5850万元。三是确定了“煤与瓦斯突出预警系统研究”等4个2015年破解安全生产难题科技攻关项目；发布了2015年安全生产重大事故防治重点科技攻关项目472项，调动社会资金18.6亿元投入安全科技研发。四是国家安全监管总局组织的“煤矿水害防治关键技术装备”攻关项目获国家科技进步二等奖，实现国家安全监管总局国家奖零的突破。五是印发了《淘汰落后与推广先进安全技术装备目录管理办法》，共发布30项淘汰落后工艺设备和34项推广先进安全技术装备。六是按照《安全科技支撑平台建设与管理暂行办法》，推动9大类技术支撑平台创建工作，首批发布了33个平台。七是加强安全科技顶层设计。印发了《煤矿火灾防治科技发展对策（2015）》，编制了《职业病危害防治科技发展对策》，进一步明确了安全科技路线图。八是与工信部、国家开发银行、中国平安银行联合签署《促进安全产业发展战略合作协议》，组建总规模超过1000亿元的安全产业投资基金；会同工信部将合肥高新技术产业开发区列为国家安全产业示范园区创建单位，并联合对山东济宁高新区、湖北襄阳等开展安全产业示范工作进行考察；重点建设华北科技学院“煤炭安全监测监控技术实验室”“物联网关键技术与应用推广实验室”和湖南科技大学“南方煤矿顶板及煤与瓦斯突出灾害预防控制重点实验室”等国家安全监管总局安全生产重点实验室，增强科技发展内生动力。

五、抓专业机构监管改革，促技术服务水平提升

推动评价与检测机构行政审批制度改革，加强事中、事后监管，完善事故预防技术支撑体系。一是顺应国务院行政审批事项改革要求，按照《国务院办公厅关于清理规范国务院部门行政审批中介服务的通知》，积极推动事业单位、行业协会、学会等性质的评价机构注册成立独立企业法人。国家安全监管总局、省安监局系统涉及的甲级安全评价机构有19家，已有17家完成脱钩改制工作。二是制修订《安全评价机构管理规定》《安全生产检测检验机构管理规定》，初步研究提出《安全评价与检测检验机构监督检查办法》《矿用产品安全标志管理规定》等，改革评价与检测机构、特种劳动防护用品监管体系。三是做好《安全评价通则》《安全预评价导则》《安全验收评价导则》《安全生产检测检验机构能力的通用要求》等标准规范的制修订工作。四是印发了《关于开展安全生产专业技术服务专项治理活动的通知》《关于开展安全与职业卫生评价技术服务“回头看”活动的通知》等，严格依法监管和治理。

六、抓干部队伍建设，促贯彻执行能力提升

一是深入学习贯彻党的十八大和十八届三中、四中、五中全会精神，习近平总书记等中央领导同志重要讲话、指示批示精神和总局党组部署，强化坚守红线能力、树立“安全生产依法治理”理念、增强服务安全生产大局意识。2015年，全司先后派出14人次赴7省（区）参加安全生产大检查、暗查暗访及与矿长谈心对话等活动，推动“五级五覆盖”的落实。二是扎实开展“三严三实”专题教育和作风建设，编制了《司内务管理制度汇编》，全司发文办会质量进一步提高，确保了2015年专项业务工作经费运转规范。三是严格落实党风廉政建设“两个责任”，严密防范廉政风险；坚决贯彻落实《2015年党风廉政建设任务分工》，结合开展“警示教育周”活动，开展廉政风险点大排查、大整治，加强反腐倡廉制度建设，突出加强对关键环节、重点岗位和人员的监督和约束，构筑反腐倡廉牢固防线。四是不断加强领导班子和党员干部队伍建设。积极派员参加国家安全监管总局党校脱产学习、司局级干部选学，认真组织和参加各类培训和讲座，开展了“推动规划科技工作法治化”集中研讨和专项调研，不断提升全司干部业务素养和依法办事能力，凝聚力、战斗力、执行力明显提升。

非煤矿山安全监督管理工作

国家安全生产监督管理总局监管一司（海油安办）

2015年，在国家安全监管总局党组的正确领导下，监管一司（海油安办）按照党组总体工作部署，以落实安全责任、加强“五项执法”、开展“三项监管”、强化治本攻坚为重点，求真务实、真抓实干，基本完成了年初制定的工作目标，非煤矿山安全生产形势持续稳定好转。今年全国非煤矿山共发生事故435起、死亡574人，同比分别下降18.5%和10.5%。

一、重点工作

（一）着力落实安全责任

一是召开全国非煤矿山安全生产工作视频会议、金属非金属矿山整顿工作部际联席会议第三次全会、全国尾矿库专项整治行动工作协调小组第九次全体会议，认真部署2015年重点工作。二是根据国家安全监管总局工作要点印发了《监管一司（海油安办）2015年工作要点》，并细化分解成4大项28小项，明确考核目标、完成时限，把责任落实到每一位司领导和各业务处。三是推动各地制定省、市、县级有关部门非煤矿山安全监管责任清单12000余份，矿山企业管理人员安全生产责任清单93000余份，企业从业人员安全操作责任清单208000余份。四是建立省级非煤矿山安全监管工作完成情况通报制度，对各地工作完成情况进行了2次通报。

（二）着力落实整顿关闭、淘汰落后工作任务

一是回顾总结了近三年来整顿关闭工作成效，分析存在主要问题，提出下一步重点工作措施，全年关闭非煤矿山5752座，完成计划的115%。二是向国务院报送了2014年整顿关闭工作开展情况，按照部际联席会议要求，制定下发2015年整顿关闭意见，组织10个督查组，由部际联席会议成员单位带队，对10个重点地区进行调研督导。三是督促指导26个省设立了重点矿种最小开采规模或最低服务年限，涵盖了30余种主要开采矿种。四是发布第二批淘汰落后和第一批推广先进目录，淘汰了3505台列入淘汰目录的提升设备、170万米非阻燃电缆、53万米非阻燃风筒、12万米主要井巷木支护，淘汰率分别为93.1%、79.1%、93.9%和75.6%；97%的地下矿山建设完成安全避险“六大系统”。

（三）着力保持打非治违高压态势

一是以地下矿山为重点，认真开展暗查暗访工作。对福建三明市等3个地区金属非金属矿山安全生产情况进行暗查暗访，检查19家企业，发现隐患108项，责令停产整改8家，建议关闭3家。二是指导各地强化行政执法，1—11月份，各地监督检查矿山18.5万次；查处事故隐患29.5万项，整改率达96%；行政处罚6756次，处罚罚款1.05亿元。三是现场查实陕西延长县采石场乱采滥挖和山东鲁中矿业非法生产举报，对16起群众举报进行核查。

（四）着力落实“十防”措施，严防十类事故

一是印发了《关于对各地区非煤矿山安全生产工作的点评及建议》，对预防各类事故的发生提出了针对性措施。二是印发了《关于进一步加强与煤共（伴）生金属非金属矿山安全生产工作的

通知》，明确煤系矿山必须按照煤矿标准进行生产建设，否则依法关闭。三是下发了《关于做好2015年尾矿库汛期安全生产工作的通知》，会同环保部共同开展汛期尾矿库安全环保专项督查，组织12个组，对24个重点省进行专项督查；组织12个督查组，对海洋石油企业、陆上石油天然气勘探开发企业进行专项督查。四是积极探索尾矿库注销办法，降低尾矿库总量；完成31座危库、险库治理任务；组织开展金属非金属地下矿山采空区普查工作。

（五）着力开展事故查处和警示教育工作

一是印发《2014年全国非煤矿山生产安全事故分析报告》，总结事故规律，完善防范措施。二是认真吸取湖南煤系矿山、云南落雪铜矿中毒窒息等较大以上事故教训，印发4起典型较大事故通报；认真吸取墨西哥、阿塞拜疆海洋石油开发企业事故教训，分别印发了事故通报。三是在对较大以上事故进行及时跟踪的基础上，对湖北大冶“3·11”较大冒顶片帮事故等3起较大事故进行挂牌督办，已全部结案；对辽宁建昌“5·7”等2起较大事故下发了吸取事故教训落实整改意见函；对辽宁葫芦岛“12·17”重大火灾事故进行挂牌督办。四是对云南、湖南、湖北3个较大事故多发地区进行约谈，督促省安监局和相关地方政府吸取事故教训，严肃查处事故，落实“三项监管”等防范措施。五是以预防十类事故为重点，组织开展全国视频大培训，受训人员达3.3万人次；制作了包括十类事故在内的13部警示教育片供全国播放。

（六）着力强化基层、基础和基本功建设

一是印发《全面加强非煤矿山“五项执法”工作的意见》，制定《非煤矿山安全检查执法手册》《非煤矿山安全执法自由裁量基准》，全面推动“五项执法”工作。二是印发《关于全面开展非煤矿山“三项监管”工作的通知》，分三个片区召开座谈会进行动员部署。各地共确定会诊机构925家，组成专家组2317个，聘请专家6686名，累计投入资金1.81亿元，对3.4万座矿山（80%）进行了专家“会诊”。已确定风险级别矿山2.6万余座（60%），设置风险公告栏2.5万余个，发放安全操作卡2万余张。填报非煤矿山安全生产基本情况数据2.9万家，加入“微信助力矿山安全微信群”人员4.4万人，发送信息2.8万条。三是对全国实现连续安全生产5000天以上的609处非煤矿山进行公告表扬；组织召开非煤矿山安全生产经验交流会，推出20个监管部门和企业先进典型供全国学习。四是发布《金属非金属矿山建设项目安全设施目录》及《金属非金属矿山建设项目安全设施设计编写提纲》；组织修订《非煤矿矿山安全生产许可证实施办法》《海洋石油安全生产规定》等8个部门规章；组织编写《加强金属非金属矿山建设项目安全设施竣工验收指导意见》《金属非金属矿山建设项目安全设施设计重大变更范围》和《金属非金属矿山建设项目安全评价报告编写提纲》等规范性文件；印发金属非金属矿产资源地质勘查单位、液态开采类矿山安全生产标准化评分办法、《关于进一步加强海洋石油安全生产工作的通知》；组织制定防治水、露天排土场等相关标准；配合政策法规司修订《矿山安全法》。五是加强建设项目管理，完成10个大型矿山建设项目安全设施设计审查工作。六是推动三大石油公司落实国家安全监管总局有关要求，强化组织机构、人员编制落实，强化监管组织保障。

（七）着力落实重点县攻坚克难工作任务

一是新增30个重点县深入开展攻坚克难工作，组织召开攻坚克难工作座谈会，推动21项重点任务落地。2015年，80个重点县中44个县共发生事故95起、死亡145人，同比减少49起、39人，分别下降30.0%和21.2%。二是落实司领导和各业务处对重点县联系点制度，开展谈心对话、授课培训、播放警示教育片。三是组织开展各级安全监管干部与矿长谈心对话活动，累计谈话46931人次，覆盖率99.8%。

（八）着力强化作风建设

扎实开展“三严三实”专题教育，全司倡导把握红线、抓住“依法治安主线”和坚守“廉洁自律政治生命线”三条主线，始终坚持守纪律、懂规矩和问题导向、底线思维“两个原则”，用“抓落实”才是真本领的标准衡量全司工作。制修订《调查研究工作制度》等12项司内工作制度，坚持用制度管人、管事。认真分析全国非煤矿山面对的形势和任务，进一步增强责任感、使命感和紧迫感，切实转变作风，求真务实，真抓实干，抓出成效。

交通运输等有关行业领域安全监督管理工作

国家安全生产监督管理总局监管二司

2015年，监管二司认真贯彻落实国家安全监管总局党组部署要求，进一步统一思想、凝聚合力、创新方法、攻坚克难，推动相关行业领域安全生产形势持续稳定好转，事故总量、较大事故和重特大事故实现了“三个继续下降”，为全国安全生产大局做出了贡献。

一、强化综合指导协调，推动相关行业领域深入开展专项整治

针对重点行业领域安全生产工作的热点难点问题，积极推动并会同相关行业主管部门开展了专项整治行动。一是会同公安部消防局继续深入开展劳动密集型企业消防安全专项治理，全国生产经营性火灾起数和死亡人数同比分别下降21.5%、30.6%。二是以国务院安委会办公室名义，会同住建部等部门开展建设工程落实施工方案专项行动，督促施工企业严格落实施工方案的编制、审核、交底、实施、验收五项工作，全年建筑施工事故总量和较大事故分别下降12%和23%，实现历年最大降幅。三是会同交通运输部、公安部联合部署了为期三年的“道路运输平安年”活动，推动各地深入开展长途客运为重点的安全生产专项整治，有效遏制了重特大道路交通事故，2015年全国发生重特大道路交通事故12起，为历年最低水平。四是会同交通运输部联合开展打击水上交通非法运输行为专项行动，有效整治了船舶非法营运、船舶非法渡运、内河船舶非法从事海上运输等非法违法运输行为。五是联合农业部开展了2015年全国“文明渔港”“平安渔业示范县”“平安农机示范县（区、市）”的创建工作，组织各地安全监管部门在重庆召开了公路安全生命防护工程现场会，充分发挥以点带面和先进示范作用，不断提升农村道路、农业机械、渔业船舶等行业领域的安全水平。

二、精心统筹安排，有力保障“9·3”阅兵等重大活动安保工作

参加了抗战胜利70周年阅兵、新疆维吾尔自治区60周年庆等6项大型活动的临建设施安全保障工作，强化对临建设施全过程的监督检查，确保临建设施安全正常运行。一是按照国家安全监管总局领导部署安排，精心制定工作方案，分别指定相关司领导专职负责各项安保工作，牵头公安、住建、质检等部门成立临建设施安全监督组，明确观礼台、显示屏、合唱台等临建范围，根据工作职责，细化工作任务，及时开展安全监督工作。二是认真审核施工方案，把住源头安全关。在相关临建设施设计和施工方案确定后，及时组织相关专家对设计图纸、施工方案进行安全审核，源头把关、过程控制。共组织了13次安全方案审核，提出了52条整改意见，从源头上保证了临建设施的本质安全。三是积极主动协调，扎实开展现场检查。相关司领导全程驻扎安保活动现场，先后组织了12次较大规模的检查和督导活动，安排特种设备、建筑结构、施工安全、临时用电、消防火灾等各专业的上百人次技术专家参与，提出意见和建议400多条，逐一紧盯落实整改，有效地促进了各项工作的开展与落实，保证了所有临建设施安全正常运行。

三、完善联合督查检查机制，强化部门间安全监管工作合力

会同交通运输、公安、住建等部门，进一步完善联合督查检查机制。一是强化重点时段的督查检查。在春运、安全生产月、汛期等重要时间节点，会同公安、交通运输、旅游等部门开展专项督查检查10余次，超前防范各类事故发生。二是突出暗访检查和交叉检查。先后三次对全国重点省份开展了劳动密集型企业消防安全专项暗访检查，分两批组织全国32个省份和4家中央建筑施工企业开展建设工程落实施工方案交叉检查，分别对河北沧州道路货运企业和湖南道路客运企业安全管理情况进行暗访检查。三是确保安全隐患及时整改。3次下发整改通知书或以国务院安委会名义进行全国通报，督促地方整改劳动密集型企业火灾安全隐患；向河北省人民政府发函，督促整改运输企业安全隐患。四是加大考核。联合公安部、综治办、国家发展改革委、民政部、住房城乡建设部、文化部等8部门，开展了2014年度省级政府消防安全工作考核，推动地方政府落实消防安全各项监管责任。

四、圆满完成“东方之星”号客轮翻沉事件调查各项工作

一是赴湖北、重庆等地开展现场调查，会同各小组先后调阅、收集汇总各类证据资料1607份、711万字，形成50余万字的询问笔录，召开各类会议200余次，组织上百名国内外专家进行专题研究7次，对船舶运行过程、船舶稳定性、事发时的天气状况等进行了反复模拟、核算、试验，形成了调查报告初稿。二是组织对调查报告初稿进行反复论证和修改完善，对相关问题进行反复分析论证；针对媒体和社会关注的重点内容，研究梳理出20个热点问答；召开非事件调查组的专家参加的评估会，对调查报告进行评估论证，确保调查结论经得起各方面推敲。三是全文公布调查报告，并会同宣教办在新华网、人民网、中央电视台等媒体第一时间刊发了新闻通稿，组织专家在主流媒体进行了同步解读，在新媒体进行了热点问题解答。四是积极做好舆论引导工作。会同宣教办提前制定宣传应对预案，与中宣部、网信办、公安部和有关媒体部门建立了舆情处置协调机制，在调查报告公布前邀请中央主流媒体提前介入，在调查报告公布前后集中20多位专家进行现场值守，及时研判舆情，并做好应对准备工作。

五、加大事故查处力度，切实用事故教训推动安全生产工作

参加了陕西咸阳“5·15”特别重大道路交通事故和河南平顶山“5·25”特别重大火灾事故的调查处理工作，对22起重大和典型较大事故进行了现场督导，对120余起较大事故进行了跟踪督导。一是强化事故查处警示教育，加大对重特大事故责任单位的处罚力度。吊销、暂扣11家相关企业证照，对7家存在严重安全隐患的企业进行停业整改，对发生较大及以上房屋建筑事故的责任企业限制其一年内不得承接新项目。二是针对典型事故暴露出的问题，及时督促协调有关行业主管部门开展了专项排查整治，进一步完善安全监管体制机制，防范类似事故再次发生。陕西咸阳“5·15”特别重大交通事故发生后，督促公安部对全国3万辆“营转非”大客车开展了全面排查清理，协调交通运输部、公安部研究制定加强客运车辆“营转非”工作管理的政策规定；山东临沂市“10·21”较大爆炸事故发生后，及时督促工业和信息化部在全国范围开展了民爆小品种安全生产专项检查整治活动。三是坚持重点约谈，全年共对3个省份、3家中央企业负责同志进行了约谈，督促进一步落实责任，切实整改事故隐患和问题。

六、深入开展调查研究，积极协调解决安全生产综合监管重点难点问题

一是对全国31个省级安全监管部门开展了安全生产综合监管工作调研，发放调查问卷2000余份，并赴广西、江西、浙江、安徽等6个省份了解现场情况，开展专题座谈20余次，全面了解掌握各地综合监管工作实际。二是针对各地开展安全生产综合监管工作中遇到的问题和困惑，在广西举办了为期5天的全国安全生产综合监管培训班，从综合监管的法制现状、历史沿革、存在问题、工作目标等几个层面做了系统的梳理分析，为各地更好地尽职履责指明了方向。三是针对行业发展中面临的新问题、新情况，积极会同相关行业部门开展了大城市电梯使用维护、长江游船业安全发展、城市地下管线建设管理、铁路道口运行管理等专题调研11次，及时掌握行业发展动态，向有关部门提出了事故防范的针对性措施建议。四是妥善处理来信来函反映的安全问题。全年共收到沈阳桃仙国际机场净空安全隐患、广东中人爆破工程有限公司混装炸药车作业系统使用等各类来信来函反映的安全隐患问题40余件，监管二司会同有关部门和地方政府一一对相关问题进行了调查核实，及时督促有关部门制定了整改方案。

七、突出正反两方面典型，持续加大安全宣传和警示教育力度

立足综合监管工作实际，不断创新方式方法，推动或会同相关部门进一步加大安全宣传教育工作力度。一是会同交通运输部和公安部部署全国各地开展大客车驾驶员发车前向乘客承诺“五不两确保”，在“安全生产月”期间集中开展宣誓启动仪式，5万名大客车驾驶员进行了现场宣誓承诺并签订了承诺书。二是加大隐患问题的曝光力度，两次协调中央电视台《焦点访谈》栏目组采访播出了道路运输企业违规经营和大客车乘客不佩戴安全带的专题节目，以“直击火患”“节前防火患”等为专题陆续在中央电视台相关栏目曝光劳动密集型企业安全隐患问题，在相关主流媒体上曝光了144家存在重大火灾隐患的劳动密集型企业及其负责人等。三是积极会同相关部门开展了全国中小学安全宣传教育日、全国消防安全日、全国交通安全日等专题活动，以国务院安委会办公室名义对吉林、浙江治理重大火灾隐患经验进行总结推广，持续加大正面引领作用。

危险化学品和烟花爆竹安全监管以及非药品类易制毒化学品监督管理工作

国家安全生产监督管理总局监管三司

2015年，在国家安全监管总局党组的坚强领导下，在总局党组成员、总工程师王浩水的直接领导和具体指导下，监管三司认真学习贯彻习近平总书记等中央领导同志关于安全生产工作的系列批示指示精神和国家安全监管总局党组的各项工作部署，坚守安全生产红线意识，坚持以人为本、安全发展的理念，积极推动危化品、烟花爆竹、油气输送管道安全生产和易制毒化学品监管重点工作落实，圆满完成了各项重点工作。

一、取得的主要成效

（一）提前超额完成油气输送管道隐患整治攻坚年度目标

截至11月底，全国29436处油气输送管道隐患已完成整改26033处，整改率88.4%。提前超额完成年度工作目标。

（二）危险化学品、烟花爆竹事故持续“双下降”

1—11月，共发生化工和危化品事故87起、死亡144人，同比减少23起、16人，分别下降20.9%、10%；烟花爆竹事故35起、死亡72人，同比减少3起、11人，分别下降7.9%、13.3%。预计全年化工和危化品事故起数首次降至百起以下，烟花爆竹事故死亡人数首次降至百人以下。

（三）重点县攻关工作取得明显成效

危化品重点县事故起数和死亡人数同比攻关前的2013年分别下降46.9%、58.7%。烟花爆竹重点县事故起数和死亡人数同比攻关前的2013年分别下降40.7%和52.2%。关闭烟花爆竹生产企业354家。

历时3年的提升危化品本质安全水平专项行动圆满收官。累计搬迁、转产、关闭人口密集区域危化品企业1763家，完成自动化改造企业8217家，开展在役装置安全设计诊断6837项，完善重大危险源监控9329个。石油化工企业安全隐患专项排查整治、油气罐区安全专项整治、化工及医药企业特殊作业安全专项治理及PX生产企业专项检查等6项专项整治成效明显。

历时3年反复研究，《危险化学品目录（2015版）》颁布。启动化工安全复合型人才培养的新途径和新模式。积极推动爆竹生产机械化，设备研发制造取得重大突破。非药品类易制毒化学品示范企业培育深入开展。圆满完成了世界互联网大会等5项重大政治活动的安保工作。

二、重点工作完成情况

（一）油气输送管道隐患整治攻坚战取得新突破

以明确部门职责分工、建立完善体制机制为基础，推动政企联动加快隐患整治攻坚。一是组织召开了重点地区隐患整治攻坚现场推进会，王勇国务委员出席并作重要讲话，多次组织召开重大隐患整改工作协调会，协调落实涩宁兰输气管道等3条管道的重大安全隐患整改方案。二是以国务院安委会的名义印发了《油气输送管道保护和安全监管职责分工》。三是积极推动各省和有关中央企业全部建立了隐患整改领导体制机制。四是组织相关部委对16个重点省份专项督查，推动重大安全隐患整改工作。五是启动建设油气输送管道地理信息管理系统。

（二）重点地区与重点县攻坚工作取得新进展

一是分别组织了由危化品重点县、石油化工行业重点企业、PX生产企业主要负责人参加的谈心对话和专题培训。二是以“现场检查、两会一课”的形式推进重点县攻坚。监管三司领导带队完成对40个危化品重点县和11个烟花爆竹重点县督导调研，现场进行专题培训讲座40场，7000余人参加。三是召开烟花爆竹重点县安全生产攻坚推进会暨整顿提升现场会。四是推动非主产区的3个设区的市、16个县（市、区）整体退出烟花爆竹生产，烟花爆竹重点县关闭219家烟花爆竹企业。五是召开了首次煤化工（电石）重点地区安全监管协作组会议。

（三）专项行动和隐患排查治理取得新成果

一是针对暴露出的突出问题，及时组织开展了石油化工企业安全隐患专项排查整治、危化品经营市场安全专项整治、油气罐区安全专项整治、化工及医药企业特殊作业安全专项治理及PX生产企业专项检查。二是开展烟花爆竹导静电设施安全抽检以及烟花爆竹零售点“两关闭”“三严禁”和批发企业“六严禁”治理，共取缔关闭烟花爆竹零售点82144个。三是制定了《化工（危险化学品）企业安全督查检查重点指导目录》、爆竹和组合烟花生产企业“三库”设置基准表。四是分别召开了危化品、烟花爆竹部际联席会。

（四）烟花爆竹打非治违取得新成效

一是积极发挥烟花爆竹安全监管部际联席会议作用，联合公安部等对非法生产经营烟花爆竹重点地区进行书面警示及整改复核。二是向社会公布了927家许可证过期的烟花爆竹生产企业名单和礼花弹、黑火药、引火线生产企业名单。

（五）法规标准体系建设迈上新台阶

一是会同国务院有关部委联合公布了《危险化学品目录（2015版）》，启动修订《烟花爆竹安全管理条例》。二是起草印发《陆上石油天然气长输管道建设项目安全设施设计编制导则》、协调发布了《油气输送管道完整性管理规范》；根据新《安全生产法》的要求，配合有关司局制定并颁布了《国家安全监管总局关于废止和修改危险化学品等领域七部规章的决定》。三是印发《油气罐区防火防爆十条规定》，起草了《石油库安全管理规定》《烟花爆竹生产经营安全管理规定（草案）》。四是建成化学品安全标准数据库，组织化学品登记中心及时更新了化学品企业登记数据库，清除了5000余家注销企业的信息。五是开展化学品物理危险性鉴定与分类工作。

（六）事故查处和警示教育有新效果

一是现场督导了15起事故，通报了8起事故，完成12起事故的挂牌督办工作，约谈了16个事故地区和企业，组织召开了山东石大科技“7·16”着火爆炸事故全国现场会。二是参与天津港“8·12”瑞海公司危险品仓库特别重大火灾爆炸事故现场处置及调查，并结合该事故暴露出的突出问题，参与起草了《关于我国危险化学品安全管理现状问题及对策建议的报告》。三是深刻吸取事故教训，制作了事故汇编集和8部警示教育片。

（七）安全管理人才培养有新亮点

从培养企业安全管理高级人才、提高安全监管队伍执法能力两方面着手。一是联合教育部完成了首届化学工程领域化工安全方向复合型工程（专业）硕士研究生班暨化工安全复合型人才高级研修班的招生和开班。二是组织开展5期覆盖省、市、县级的危化品安全监管人员培训班、油气输送管道安全监管业务研讨班和非药品类易制毒化学品监管业务培训班。组团赴加拿大学习油气输送管道安全管理经验。

（八）非药品类易制毒化学品监管取得新成绩

一是积极参与国家有关禁毒工作，会同国务院有关部委制修订《易制毒化学品管理条例》，参与禁毒督导检查及调研。二是确立了94家省级示范企业、224家市县级示范企业培育对象并加以指导和扶持。三是易制毒信息化系统得到普遍应用。

（九）干部队伍作风建设取得新发展

积极开展“三严三实”专题教育，深刻查找和整改“不严不实”突出问题，完善司内工作制度。认真落实国家安全监管总局年度党风廉政建设工作要求，坚决贯彻中央八项规定。完成司领导班子交接和支部改选。坚持司内定期学习培训制度。

（十）认真完成其他有关工作

一是积极参与中央和国务院有关部委组织的世界互联网大会、上合组织总理峰会等5项重大政治活动的安保工作、危爆物品寄递物流清理整顿和矛盾纠纷排查化解专项行动、环保专项行动、履行斯德哥尔摩公约、处理日遗化武以及腾格里沙漠污染整治等工作。二是认真办理各类公文。截至2015年11月30日，共收入各类公文1360件，印发公文326件，其中办理人大代表议案14件、政协委员提案2件。

工贸行业安全监督管理工作

国家安全生产监督管理总局监管四司

2015年，国家安全监管总局监管四司紧紧围绕总局党组的中心工作，牢固树立红线意识，以遏制群死群伤事故为目标，以深入推进企业安全生产标准化和事故隐患排查治理体系建设（以下简称“两项建设”）为抓手，以持续抓好粉尘防爆、涉氨制冷和有限空间作业安全等专项治理（以下简称“三项专项治理”）为重点，狠抓企业安全基础管理、主体责任的落实，探索创新监管方式，转变作风，加强廉政建设，推动工贸行业安全生产形势进一步好转。1—10月份工贸行业共发生生产安全事故820起，死亡905人，同比分别下降23.4%和27.3%。2015年重点做了5个方面的工作：

一、全面推进企业安全生产标准化建设，强化企业安全生产基础

一是强化体系建设，加强政策引导。制定出台了《国家安全监管总局关于深化工贸行业企业安全生产标准化建设的通知》，指导各地深刻理解标准化建设内涵、加强培训教育、执法推动创建、深化激励约束、规范考评管理、巩固建设成果等，进一步督促企业自主开展标准化建设，提高工贸行业标准化建设水平。配合办公厅修订《企业安全生产标准化基本规范》(以下简称《基本规范》)，对《基本规范》中逻辑分类相近、内容交叉重叠的有关要素进行优化，将原13个一级要素优化为8个。达到精简程序、注重能效的目的。

二是加强培训宣传，提高企业自主创建意识。组织了5期安全生产标准化一级企业培训班，培训企业主要负责人和安全管理部门负责人各310人，评审组长54人，共计674人。进一步强化了企业负责人标准化建设的法定责任意识，增强了企业自主创建的积极性，提高了标准化建设的质量和水平。

三是修订评定标准，提高建设质量。按照修订的《基本规范》文件要求，应用国际对标研究成果，增加标准内容中的否决项，加重作业行为分值权重，提升达标分值、改进标准评分项描述方式，对氧化铝、电解铝（含熔铸、碳素）等17项安全生产标准化评定标准进行修订，提升评定标准水平。

四是强化持续改进，推进示范企业提高建设水平。继续推动15家示范企业建立以安全生产标准化为基础的安全管理体系，落实企业主要负责人和全员安全生产责任，完善隐患排查治理制度，创建国内行业内一流、具有国际先进水平的安全生产管理示范企业。

五是严格管理，取消发生事故企业资格。对于发生较大淹溺事故的河北省首钢迁安钢铁有限责任公司热轧作业部，取消其一级标准化企业资格并予以公告。

各地政府强力推动，规范评审流程，出台激励约束措施，加大资金扶持，严格考评管理，加强宣贯培训，全面推进企业安全生产标准化建设。已完成创建企业299031家，其中一级633家、二级10180家、三级207752家、小微企业80466家。

二、大力推进隐患排查治理体系建设，不断创

新安全监管方式

一是加强顶层设计，完善标准规范。按照国家安全监管总局深化改革课题牵头任务要求，在制定隐患查报通用标准、4个数据交换标准、企业绩效评价办法等文件基础上，加快推进《安全生产事故隐患排查治理暂行规定》《隐患排查治理体系建设基本规范》和《工贸行业重大事故隐患判定标准》等标准规范的制修订进度。通过建立健全相关标准规范，明确了体系建设内容、程序和方法，基本理顺了隐患闭环管理机制，推动建立通用、行业、企业三级隐患查报标准和考核体系框架，为全国体系建设提供了制度和技术保障。编制了冶金、有色、建材、机械、轻工、纺织6个行业安全生产风险辨识与防范指导手册，进一步指导企业进行风险辨识，防范事故的发生。

二是抓好试点示范，注重示范引领。2014年在湖北省等7个地区和武钢集团等3家央企开展试点的基础上，2015年在北京、湖北、四川、宁夏等4个省级地区，秦皇岛、长春、四平、马鞍山、珠海、咸阳、乌鲁木齐、德清等8个市县开展深化试点，鼓励试点单位探索创新，发挥示范引领作用。各试点地区在落实企业主体责任、创新监管方式等方面探索出了一系列行之有效的做法，如湖北“一企一标准，一岗位一清单”；宁夏以体系建设为主线开展企业主体责任落实年活动；马鞍山将企业评估等级与精准化执法挂钩，将安责险费率浮动与体系建设相结合，强化激励约束措施。

三是开展业务培训，推动各地开展体系建设。9月份在银川举办专题业务培训班，共培训各地监管人员200余人。主要围绕信息系统功能、考核评估、排查标准制定等核心内容，讲解专业知识、指导创建方法，组织试点地区交流体系建设经验，推动各地贯彻落实2014年12月在湖北鄂州召开的全国安全隐患排查治理体系建设现场推进会精神，围绕全面贯彻落实新《安全生产法》的要求，加快推进隐患排查治理体系建设工作。

三、结合“打非治违”专项行动，开展“三项专项治理”工作，促进安全生产形势持续好转

（一）粉尘防爆专项治理

一是2015年台湾地区“6·27”粉尘燃爆事故发生后，以国务院安委办名义部署开展粉尘作业和使用场所防范粉尘爆炸大检查，明确“双五查”要求，及时发现和整改了一批安全隐患，目前正在总结汇总各地大检查情况。二是印发《工贸行业重点可燃性粉尘目录（2015版）》和《可燃性粉尘作业场所工艺设施防爆技术指南（试行）》，指导各地区和企业，强化技术手段，深化整治效果。三是为切实落实江苏昆山“8·2”事故整改防范措施，突出重点行业和关键部位，制定《铝镁制品机械加工防爆安全技术规范》《粉尘爆炸危险场所用除尘系统安全技术规范》等2项AQ标准，2015年年底前发布实施。四是11月份在武汉召开粉尘防爆专家座谈会，总结交流大检查工作专项督查情况，听取参与督查专家和16个重点省份对专项整治工作的意见建议，研究解决存在的突出问题，提前谋划明年粉尘防爆工作。

（二）液氨使用专项治理

一是印发了《国务院安委会办公室关于涉氨制冷企业液氨使用专项治理情况的通报》，总结分析了2014年各地开展液氨制冷专项治理工作的经验做法和存在的主要问题，对下一步工作提出明确要求。二是2015年初印发了《国家安全监管总局办公厅关于2014年未按期完成隐患整改涉氨制冷企业名单的通报》，对截至2014年底未完成重大隐患整改的208家涉氨制冷企业进行全国通报。这208家涉氨制冷企业现已全部整改到位。针对重点治理的两类重大事故隐患，北京等26个省（区、市）确认辖区内的涉氨制冷企业已整改到位，山东、湖北、海南、四川、陕西、甘肃等6个省还有部分企业未完成整改。三是深入开展调查摸底，建立监管信息台账。各地区对本辖区内涉氨制冷企业进行全面的调查摸底，建立完善了企业监管信息台账，掌握了企业安全生产现状。四是组织专家开展涉氨制冷企业液氨使用安全技术研究，重点解决专项治理过程中遇到的防泄漏、防爆、单冻机隔离等技术难题，以及标准规范不一致的问题，并拟将研究结果纳入《氨制冷企业安全技术规范》。

（三）有限空间作业专项治理

一是认真分析有限空间典型事故，剖析事故发生的主要原因，从监督企业排查摸底、执行审批制度、设置警示标识、开展安全培训等方面提出强化安全监管措施，印发了《国家安全监管总局办公厅关于吸取事故教训加强工贸企业有限空间作业安全监管的通知》。同时，制定有限空间参考目录，指导企业有效辨识有限空间。二是抓住造纸和酱腌菜生产这两个有限空间事故多发的重点行业，部署开展有限空间作业条件确认重点工作专项检查，要求各地进行全覆盖地监督检查，做到“一企一表单”，有效遏制这两类企业有限空间事故的发生。三是督促企业落实主体责任，对有限空间进行辨识建档，建立健全有限空间作业审批和安全培训制度，设置有限空间警示标识，配备必要的防护用品和应急装备。四是组织编制了有限空间事故警示动漫片和有限空间安全作业知识动漫片，建立工贸安全微信公众号，利用微信、视频网站等新媒体进行传播。工贸安全微信公众号关注人数已达4601人，视频片观看次数达25381次。通过在中央电视台播放新闻字幕、曝光暗查暗访视频片、在《人民日报》等报刊上刊登有限空间典型事故教训分析等方式，广泛宣传有限空间风险和安全作业常识，提高全社会对有限空间安全作业的认识和应急救援方法，杜绝盲目施救。

（四）组织开展异地交叉互检

印发了《国家安全监管总局办公厅关于开展涉氨制冷企业液氨使用专项治理和有限空间作业条件确认工作异地交叉检查的通知》，组织31个省（区、市）及新疆生产建设兵团开展异地交叉检查，以互查互学互帮的方式推动涉氨制冷企业液氨使用专项治理和有限空间条件确认工作地深入开展。

四、加强专题业务培训，提升安全监管能力，推动各地加强对企业的培训工作

围绕“三项专项治理”工作，在甘肃、山西、山东、吉林、辽宁、湖北、云南、福建、广西、天津、安徽11个省（区、市）组织“三合一”专题培训班。针对一些基层监管部门监管人员和企业从业人员缺乏基本安全知识和自救互救能力的情况，分省组织开展专题培训，培训到县级监管部门，共计培训1600人。

一是突出重点，适应基层实际。针对“三项专项”治理，开展“三合一”培训。既突出工作急需，又解决了因基层监管人员少，可能1人需多次受训的问题。

二是精心设计，严把教师、教材关。由分管司领导和业务处分别负责邀请权威专家讲授相关课程，共同研究编制教材，重点讲解法规标准、现场执法重点等，使学员学习后能够掌握重点，知道查什么，怎么查。

三是以上带下，确保培训到一线从业人员。要求各级监管部门开展对企业的培训，监督企业开展对从业人员的培训，真正让从业人员了解和掌握涉爆粉尘、液氨使用、有限空间作业的风险及安全操作技能。

五、加大督促检查力度，持续开展暗查暗访，推动各项工作落实

一是2015年7月下旬至8月底，以国务院安委办名义开展粉尘作业和使用场所防范粉尘爆炸大检查专项督查，督查了79个地市，抽查了235家企业，推动各地区落实好“一省一册、一企一表、一隐患一措施”等基础工作。二是对江西、江苏、山东、四川、广东和湖南等6省涉及粉尘涉爆、涉氨制冷、金属冶炼的34家企业开展暗查暗访，发现隐患和问题139项，要求其中9家企业实施停产整顿、15家限期整改。在发现和纠正企业存在问题的同时，也发现和纠正基层安全监管存在的问题和薄弱环节，要求各级监管部门举一反三，认真研究分析本地区同类企业安全监管和专项治理工作，加大执法力度，严格排查和查处存在类似问题和隐患的企业，有效推动“三项专项治理”等工作落实。三是加强事故跟踪督办，以事故教训推动工作。对2015年以来发生的20起较大事故逐个进行了跟踪督办。提级督导了河南省济源市中原特钢股份有限公司“4·2”较大中毒事故和河南省安阳县安阳华诚特钢有限公司“1·25”谎报较大起重机坠落事故。

六、强化理论武装，认真开展“三严三实”专题教育，不断加强廉政建设

组织全司同志深入学习贯彻党的十八大和十八届三中、四中、五中全会精神，以及《中国共产党廉洁自律准则》和《纪律处分条例》，深入学习贯彻习近平总书记系列重要讲话精神，进一步强化红线意识，树立敢于担当的精神，增强做好监管工作、践行群众路线的主动性、自觉性和坚定性。全面贯彻落实国家安全监管总局制定的《转变作风强化工作落实的若干规定》的要求，严格执行《廉洁纪律准则》以及安全执法人员“九条纪律”“四个零”要求。聚焦对党忠诚、个人干净、敢于担当，坚定理想信念，深入开展“三严三实”专题教育，司领导带头讲专题党课，坚持每周开展一次专题研讨学习。召开了专题民主生活会和党员领导干部专题组织生活会，围绕“严守党的政治纪律和政治规矩”这一主题，认真开展党性分析和对照检查。以党员争当“五带头”（带头学习提高、带头争创佳绩、带头服务群众、带头遵纪守法、带头弘扬正气）为目标，着力激发全司党员干部锐意进取、开拓创新的精神状态，充分发挥党支部战斗堡垒作用和党员干部的先锋模范作用，有力推动了各项业务工作的顺利开展。

职业健康监督管理工作

国家安全生产监督管理总局职业安全健康监督管理司

2015 年，职业安全健康监督管理司坚持以党的十八大、十八届三中、四中、五中全会、中央经济工作会议精神和习近平总书记系列重要讲话精神为指导，认真贯彻落实全国安全生产电视电话会议、安全生产工作会议精神和国家安全监管总局党组部署要求，紧紧围绕总局的中心工作，加强执法和督查，加强作风和法规标准制度建设，强化学习和能力提升，狠抓各项责任和措施落实，职业卫生监管工作取得积极进展。

一、贯彻落实总局党组部署，积极推进全国职业卫生监管工作

一是 1 月份和 4 月份分别召开了全国职业健康监管工作视频会议和全国职业病防治工作视频会议，对 2015 年和今后一个时期的职业病防治工作提出了明确要求。二是牵头组织九部门开展职业病防治规划落实情况督查，为制定《国家职业病防治规划（2016—2020 年）》奠定了基础。三是召开现场会，推进职业卫生基础建设工作。全国有 35.1 万家用人单位开展了职业卫生基础建设活动，其中 25.4 万家达标。四是组织开展《职业病防治法》宣传周活动，在《中国安全生产报》上 11 次专版报道职业卫生工作，安排《劳动保护杂志》制作专刊，开发了职业卫生宣教微信平台；组建职业卫生宣传队伍，职业卫生宣传阵地和宣传队伍建设初见成效。

二、着力加强职业健康监管队伍和技术支撑能力建设

一是积极推进职能划转。有 31 个省（区、市）、新疆生产建设兵团以及 99% 的地市、98% 的县区已经完成职能划转，全系统共有专、兼职职业卫生监管人员 9734 人。二是各地培训监管人员 1.4 万人次，培训企业主要负责人和职业卫生管理人员 142.8 万人次，培训接触职业病危害劳动者 1086 万人次。三是新认可甲级机构 10 家、乙级机构 233 家、丙级机构 107 家，机构布局不合理、服务力量薄弱的问题有所改观。全国有职业卫生技术服务机构 1180 家。四是开展职业卫生信息化建设需求分析研究，初步确定了信息化建设的总体思路、系统结构、模块与功能。

三、加强法规标准建设，强化监督执法

一是制定了《用人单位职业病危害防治八条规定》，与卫生计生委等联合印发了《职业病危害因素分类目录》，制定发布了 30 项职业卫生技术标准，印发了《用人单位职业病危害因素定期检测管理规范》等 5 个规范性文件，指导地方发布实施了一批地方性法规。二是强化执法工作，各地全年共监督检查用人单位 37.3 万家，同比增长 44.8%，超额完成增长 10% 的目标。三是对内蒙古、河南、山西等地开展职业卫生暗查暗访 5 次，暗查企业 20 余家，查出问题 100 余项。四是组织督查组抽查了 4 个省 15 家职业卫生技术服务机构，组织 26 个省级安全监管部门开展了交叉检查。依法对 2014 年督查中存在问题的 10 家甲级机构进行了处罚。五是对江苏、新疆等 4 省（区）执行建设项目职业卫生“三同时”情况进行了专项检查。通报了中央企业执行建设项目职业卫生“三同时”

制度情况，约谈了22家中央企业。全年完成职业卫生“三同时”审查17406项，同比增长37.4%。六是指导各地查处职业病危害事故26起。七是督促做好职业病危害申报，已有71万余家用人单位完成了网上申报，较2014年增长11%。

四、扎实推进石棉采选等行业和领域粉尘危害治理

一是对甘肃、青海等9个地区37家石棉采选企业粉尘治理情况进行了检查，提请地方政府依法关闭2家企业，取缔1家非法采矿企业，查封18家选棉作坊，停产26家，督促8家生产企业投入3000余万元进行防尘设施改造和配备个人防尘用品。二是对广东、河北等7个省市的27家陶瓷生产企业和23家耐火材料制造企业进行了调研检测。三是指导地方开展电子制造、皮革箱包及制鞋、铅酸蓄电池、船舶修造等行业粉尘和毒物危害治理工作，涉及企业14.9万家，取缔699家，关闭1248家。

五、认真研究“十三五”规划编制和相关政策，积极探索监管体制机制创新

一是组织起草了《职业病危害治理“十三五”规划》(草案)，会同国家卫生计生委起草了《国家职业病防治规划（2009—2015年）征求意见稿》。二是组织起草了《国家安全监管总局关于职业卫生监管工作情况的报告》，向国家安全监管总局办公厅提出了职业健康司职责调整建议。三是根据推进政府职能转变工作方案要求，加快建设项目职业卫生行政审批制度改革的研究论证，进一步加强事中事后监管。四是将军工建设项目职业卫生“三同时”有关工作委托给国防科工局，实行行业归口监督管理。五是根据国办发〔2015〕20号文件要求，起草了《安全生产与职业卫生一体化监管执法建议方案》。

六、积极开展国际交流与合作

加强中日政府间职业卫生能力建设项目合作，会同办公厅（国际合作司）、中国安科院组织4批30人次赴日本研修，举办示范企业成果报告会；会同办公厅（国际合作司）、国际交流合作中心组织了中欧高危行业职业安全与健康项目培训班、中韩石棉生产及其制品危害与控制研讨会、中美供应链职业安全与健康研讨会和中美职业卫生论坛。

七、加强队伍和党风廉政建设

一是认真组织开展“三严三实”专题教育，做到忠诚、干净、担当。二是认真贯彻执行中央八项规定精神和国家安全监管总局党组“四个零”要求，坚持做到廉政工作与业务工作同部署、同落实、同考核。三是制修订了《职业健康司工作规则》、经费管理、党务和廉洁自律管理、业务管理等18项工作制度，坚持用制度管权、管人、管事。四是加强作风建设，强化责任意识、大局意识和奉献意识。五是加强交流协调，树立全司一盘棋的思想，成立了宣传、学习、改革、信息化、执法、制度建设等6个小组，充分发挥每个人的积极性和创造性，集中力量谋划推进重点工作。

安全培训教育工作

国家安全生产监督管理总局人事司

2015年，国家安全监管总局人事司认真贯彻落实了党中央、国务院关于加强安全生产工作的决策部署以及习近平总书记、李克强总理等中央领导同志的重要指示精神，紧紧围绕“坚持五项基本原则、建成五个体系、完善五项工作制度”的工作思路，以落实新《安全生产法》为核心，以加强安全培训考试体系建设和执法体系建设为重点，突出企业的主体责任和政府对培训事中事后的监管责任，督促提高从业人员安全素质，为促进全国安全生产形势持续稳定向好提供了思想政治保证和智力支持。

一、以“三严三实”专题教育为抓手，扎实推进干部教育培训工作

一是开展了“守纪律、讲规矩、做表率”主

题教育活动。通过学党规、查不足、定制度、见行动，进一步巩固党的群众路线教育实践活动成果，强化党员领导干部思想自觉和行为自觉，为扎实开展“三严三实”专题教育奠定了良好基础。二是扎实开展了“三严三实”专题教育活动。制定印发了《中共国家安全监管总局党组关于在处级以上领导干部中开展“三严三实”专题教育的通知》，重点抓好了讲好专题党课、组织好专题学习研讨、开好年度专题民主生活会和组织生活会、用好两面镜子、开展好谈心谈话互帮互学活动、抓好整改落实和立规执纪等六个关键动作。印发了《国家安全监管总局办公厅关于在“三严三实”专题教育中学习贯彻〈中国共产党巡视工作条例〉的通知》《国家安全监管总局关于深化“三严三实”专题教育着力解决基层安监干部不作为乱作为等问题的通知》等7份文件，定期组织召开专题教育工作协调会，督促指导各单位开展以“五查”为重点的自查工作。注重典型引导，编发了“三严三实”专题教育学习用书《安全发展忠诚卫士先进事迹选编》，在国家安全监管总局《政工之窗》、安全生产网、《安全生产报》等刊物和媒介组织专题报道20余篇。及时向中组部报送专题教育开展情况报告15个，《组工通讯》编发国家安全监管总局信息2篇。组织了处级以上干部参加“三严三实”专题政治理论考试。三是做好了组织调训和干部选学工作。组织领导干部参加“一校四院”组织调训和司局级干部选学82人。举办国家安全监管总局党校进修班2期，培训处级干部100名。四是会同中组部和国家行政学院联合举办了省部级干部重特大安全生产事故预防、处置和舆情应对研讨班。采取网络学习和现场培训相结合的方式，举办安全监管执法资格培训班、综合监管、职业卫生、应急救援等各类专题业务培训班22期，培训2101人次。召开了部分央企负责人安全生产座谈会，组织对中央企业安全管理人员考试考核600人次。举办了专题讲座6期，直接受训达1万余人次。

二、以依法治安为指导，进一步完善了安全培训规章制度

一是完善培训规章，会同政策法规司，对标新《安全生产法》，对国家安全监管总局3号令、30号令和44号令进行了修订完善（以国家安全监管总局80号令下发）。二是规范培训工作，编发了《安全生产培训工作文件汇编》，印发了《国家安全监管总局办公厅关于加强培训办班管理坚决制止乱发通知乱收费乱办班的通知》《国家安全监管总局办公厅关于印发安全生产知识和管理能力考核合格证式样的通知》等文件。三是结合安全监管监察工作实际，对《2013—2017年全国干部教育培训规划》执行情况进行了中期评估。四是完成了安全教育培训“十三五”规划研究报告。

三、安全培训体系建设取得有效进展

一是分片区召开了2次安全培训工作座谈会，交流研讨安全培训五个体系建设特别是考试体系和培训执法体系建设情况，现场观摩了徐州考试中心及实操考试点，统一了各省安全培训工作思路。二是继续强化考试体系建设。截至2015年12月注册考试机构650个、考试点2580个；修订国家级考试题库60个、11万道题。三是加强执法体系建设。开展了“安全素质专题行”，组织2个督导组对4个省安全培训及考试工作进行了专题督查。向各地转发了河北省安全监管局安全培训执法的经验和做法。四是推进信息管理体系建设。优化了全国安全培训信息平台功能，安全资格证书查询系统正式上线，完成三项岗位人员安全证书信息采集1400多万条。五是加快推进网络学院建设，正式开通了安监干部网络学院，省级以上安监干部和煤监干部实现了一人一账号网络培训。

四、农民工安全培训工作得到加强

印发了《国家安全监管总局关于贯彻落实国务院进一步做好为农民工服务工作意见的实施意见》。推荐江苏省无锡市安全监管局为全国农民工工作先进集体。

国际交流与合作

国家安全生产监督管理总局办公厅（国际合作司）

2015 年，在国家安全监管总局党组的领导下，办公厅（国际合作司）认真学习贯彻党的十八届五中全会和中央外事工作会议精神，围绕中心、服务大局，扎实做好部门外事和领域外交工作，不断加强安全生产领域国际交流与合作，努力提高外事管理和服务水平，为安全生产工作提供了外事支撑。

一、着力促进安全监管监察能力提高

一是引进国外人才智力和组织出国培训，提升安全监管监察队伍能力和水平。为学习借鉴国际先进理念和经验，提升安全监管监察队伍能力和水平，组织开展了安全生产法规标准、体制机制、监察执法、应急管理等 14 项出国培训，296 人次参加。同时邀请了 125 人次国外高水平专家来华讲座、授课与合作研究，培训国内安全监管监察人员和企业安全管理人员。

二是开展中美、中加、中俄和中欧盟安全健康对话，交流借鉴国外安全监管监察经验和做法。与法国内务部民事保护和危机管理总局签署了《关于工业事故领域开展合作意向书》，与国际社会保障协会矿山分会和化工分会商定具体合作方案，与德国法定事故保险协会和南非职业安全健康协会签署合作方案和备忘录，与德国经济和能源部并我商务部共同推进中德煤炭工作组工作的转型，促进安全监管监察和危机管理经验交流。

三是组织实施中欧职业安全与健康、中日煤矿安全技术培训和职业卫生能力建设等 3 个政府间合作项目，提高监管监察能力。召开各类项目研讨会、交流会 10 次，举办各类培训班 12 个，培训安全监管监察、安全师资和企业安全管理人员 800 多人次，积极学习借鉴国外安全生产先进技术和经验，提高安全监管监察能力水平。

二、积极促进安全法规、标准和机制完善

一是开展我国批准加入国际劳工组织《促进职业安全与卫生框架公约》(第 187 号）和《预防重大工业事故公约》(174 号）调研对比工作。完成国际劳工组织《职业安全与卫生公约》和《化学品安全公约》等国际公约履约报告编写工作。

二是开展国外安全发展之路、安全健康监管体制等专题研究，撰写中等发达国家安全生产统计与分析报告，为领导决策提供参考。组织开展中外安全健康法律法规对比交流。

三是在浙江省合作开展国际劳工组织企业可持续发展项目试点，示范中小企业安全管理方法，组织瑞士经济事务总局官员赴示范企业调研，并寻求下一步合作。与国际劳工组织共同举办“世界安全生产与健康日”纪念活动和研讨会，宣传《安全生产法》、国际安全健康标准和体面劳动。

三、不断提升我国在国际组织的话语权和影响力

一是落实金砖国家领导人第七次会晤（乌法会议）精神，组织参加金砖国家工业能源安全生产监管领导人会议和研讨会，促进金砖国家安全监管合作。参与二十国集团（G20）职业安全健康工作组会议，加强与 G20 国家合作。

二是组织参加了国际劳工大会、国际矿山救援大会、世界采矿大会、亚太职业安全健康组织年会、联合国全球化学品统一分类和标签制度委员会会议等 11 项重要安全健康国际会议，发表主题演讲，与国际同行研讨交流，不断增强我国在国际安全健康领域的话语权和影响力。

三是通过国际会议、重要外事会见、领导出访等形式，及时地向国际社会介绍我国安全生产工作所取得的显著成效，扩大安全生产对外宣传，提高我国安全生产影响力。

四、着力推进安全生产技术及学术交流

一是组织举办了中国国际化工过程安全研讨

会、中美国际职业卫生研讨会、中美供应链职业安全与健康研讨会、中日安全健康研讨会和中韩石棉制品危害防治研讨会等一系列专题研讨交流活动，促进中外安全健康技术和学术交流。

二是组织参加了第23届两岸四地职业安全健康学术研讨会，促进两岸四地职业安全健康学术交流。

三是开展中美矿山安全技术、建筑安全技术和装备研究和交流，促进科技创新。

五、严格外事管理、提升服务保障能力

一是认真贯彻落实中央八项规定精神，严格因公出国（境）管理。科学编制国家安全监管总局年度因公临时出国（境）计划，实行因公出国计划管理。严格执行因公出国团组审核审批、信息公示公开和出国前教育等制度，严控出国（境）团组规模。全年共审核审批各类出国（境）团组93个、681人次，均控制在年度计划数内。加强出国（境）团组在外管理，没有发生违反出国（境）管理规定和外事纪律的情况。

二是认真做好国家安全监管总局重要出访和外事活动的服务保障工作。安排了2位部级领导同志出访。安排了国家安全监管总局领导同志的10余次重要外事会见活动。

三是加强对总局系统因公出国（境）、举办国际会议和开展对外合作等外事工作的统筹协调和管理。

第六部分

煤矿安全监察

安全监察工作

国家煤矿安全监察局安全监察司

2015年，国家煤矿安监局安全监察司按照国家安全监管总局和国家煤矿安监局的工作重点，加强煤矿安全监察法制建设，创新监察执法工作思路，推进依法治安，有效地完成了各项工作，推动了煤矿安全生产的持续稳定好转。

一、完善法规标准，全面推进依法治安

为进一步贯彻落实新《安全生产法》，全面推进依法治安，提升煤矿安全监察执法效能，对煤矿监察执法相关法律法规进行了必要的完善，出台了相关的规定。

一是为深入贯彻落实《国务院办公厅关于加强安全生产监管执法的通知》，起草并印发了《国家安全监管总局　国家煤矿安监局关于进一步规范煤矿安全监察执法工作的意见》（安监总煤监〔2015〕103号），修订了《煤矿企业安全生产许可证实施办法》（原国家安全监管局　国家煤矿安监局令第8号）和《煤矿安全监察行政处罚自由裁量实施标准（试行）》（煤安监监察〔2008〕24号），编制了《煤矿安全监察机构行政权力清单》，审查了各省的权力清单。

二是制定印发了《煤矿建设项目安全设施竣工验收监督核查暂行办法》（安监总煤监〔2015〕34号），指导并规范各地开展煤矿建设项目安全设施竣工验收、监督核查等工作；修订了《煤矿建设项目安全核准基本要求》（AQ 1049—2008）和《煤矿建设项目安全设施设计审查和竣工验收规范》（AQ 1055—2008），现正全面征求意见；起草了《煤层气地面开采建设项目安全设施设计审查和竣工验收规范》（征求意见稿）。

三是针对个别地区存在托管煤矿安全监管责任不落实等问题，印发了《国家安全监管总局　国家煤矿安监局关于加强托管煤矿安全监管监察工作的通知》，规范托管煤矿的安全管理。

四是为避免煤矿生产建设影响高铁运营安全问题，对《煤炭工业矿井设计规范》提出了具体修订意见，并得到住房和城乡建设部采纳。

二、严格安全准入，提升煤矿安全保障能力

一是严格安全核准。开展重大煤矿建设项目安全核准17项，向有关部委反馈了22个项目（其中8个项目为2014年审核）的安全意见，其中内蒙古胜利东二露天煤矿二期工程（露井联采不合理、勘探程度不够等）、新疆铁列克煤矿（安全业绩不符合规定、矿井瓦斯等级确定依据不足、勘探程度不够等）不符合安全开采条件。

二是严格安全设施设计审批。开展了煤矿建设项目安全设施设计审查、批复18项，其中委托山西、内蒙古、甘肃、宁夏、陕西等省（区）局审查16项，对山东兖煤菏泽能化有限公司万福矿井安全设施变更设计和陕西德源府谷能源有限公司三道沟煤矿安全设施设计进行了批复。

三是推进许可证申办网上办理和监察执法信息化。结合《煤矿企业安全生产许可证实施办法》修订和监察执法信息公开工作的新要求，印发《国家煤矿安监局办公室关于实行煤矿企业安全生产许可证网上办理和应用煤矿安全监察执法系统的通知》(煤安监司办〔2015〕24号)，开展煤矿企业安全生产许可证网上办理系统、煤矿安全监察执法系统推广工作，加快推进煤矿安全监察执法信息化建设。督促各省局及时更新数据库信息，按规定统计许可证颁发管理数据和煤矿基本信息。

三、规范执法过程，提高执法水平

一是严格执法计划审批。2015年初，安全监察司组织各省级煤矿安监局紧密结合辖区实际，科学制定2015年煤矿安全监察执法计划。召开了计划编制审查会，听取各单位编制情况的汇报，对存在的问题提出了修改意见。印发《国家煤矿安全监察局关于各省级煤矿安监局2015年度监察执法计划的批复》文件，对各省修改后的执法计划进行了批复。对各省局上报的工作总结进行汇总和数据统计分析，完成了2014年度煤矿安全监察执法和安全生产许可证颁发管理工作情况总结。编印了《2015年煤矿安全监察执法计划汇编》和《2014年煤矿安全监察执法工作总结汇编》，并发至各级煤矿安全监察机构，供相互学习和经验交流。

二是组织召开执法工作座谈会。经过精心筹备，8月19日在宁夏银川召开了煤矿安全监察执法工作座谈会。会议围绕规范煤矿安全监察执法的四个法规文件进行了研讨，交流了煤矿安全监察执法工作经验，部署了“煤矿安全生产许可证在线办理系统”和“煤矿安全监察执法系统”应用工作。

三是开展集中执法检查。为预防遏制国有大矿发生事故，组织辽宁、吉林、黑龙江、贵州、山西、江西等省煤矿安全监管监察部门，分别对辽宁阜新矿业（集团）有限责任公司、吉林通化矿业集团有限责任公司、黑龙江龙煤集团公司、贵州六盘水地区煤矿、山西阳泉煤业（集团）有限责任公司、江西省能源集团公司丰城矿务局、大同煤矿集团有限责任公司等煤矿企业的64处矿井开展了集中执法检查。检查共查出各类问题和隐患723条，共责令停止作业各类采掘工作面18个，对矿井及有关责任人行政罚款298.4万元。集中检查结束后，安全监察司对集中执法总结认真进行分析汇总，形成总结报告，并以国务院安委会办公室名义下发了通报。

四是加强对建设项目的检查指导。印发了《国家煤矿安全监察局关于开展煤矿建设项目专项安全检查的通知》(煤安监监察〔2015〕4号)，部署各省级煤矿安监局开展煤矿建设项目安全专项检查；对江西、湖南、湖北、云南、贵州5省煤矿建设项目安全专项检查工作开展情况进行了督查抽查，并发函督促整改专项检查中发现的问题；同时组织召开煤矿建设项目安全专项检查情况通报会议，指出了各省局存在的问题，提出了整改要求，督促指导各省局继续开展煤矿建设项目自查。对整合技改煤矿建设项目进行专题研究，编写了《关于整合技改煤矿建设项目有关事宜的报告》。

四、紧盯重点省份，持续推进小煤矿淘汰落后工作

一是落实工作任务，加大煤矿关闭退出工作力度。2015年是完成国办发〔2013〕99号文件要求再关闭2000处煤矿任务的最后一年，为督促各地加大工作力度，深入推进煤矿淘汰落后工作，安全监察司会同国家能源局召开了煤炭淘汰落后产能工作汇报会，督促各有关产煤省（区、市）全面完成2014年淘汰落后工作任务，并研究落实2015年淘汰落后产能计划。2014年共下达关闭煤矿计划800处，实际完成1509处。

会同国家能源局共同印发了《关于做好2015年煤炭行业淘汰落后产能工作的通知》(国能煤炭〔2015〕95号)，分解落实了2015年煤矿关闭退出1052处煤矿、改造升级202处煤矿的工作计划，并督促各地加大工作力度，早关、快关，按标准关闭到位。完成了国办发〔2013〕99号文件提出的再关闭2000处以上小煤矿和2015年年初马凯副总理在国务院安委会会议上提出的将煤矿数量降到1万处以内的任务要求。

二是争取2014年度中央财政奖励资金，推动工作深入开展。针对中央财政支持淘汰落后产能政策到2014年底结束的情况，安全监察司积极与财政部协商，多次上门沟通，并以国家安全监管总局、国家煤矿安监局名义向财政部报送了《关于商请进一步支持煤矿整顿关闭工作的函》(安监总煤监〔2015〕17号)，商请财政部对于2014年度煤炭行业淘汰落后产能工作和今后煤矿关闭退出工作继续给予财政支持的建议。经努力，财政部同意对2014年度煤炭行业淘汰落后产能工作继续给予奖励，并将2011—2013年期间已按标准关闭到位、但未纳入财政奖励资金测算范围的煤矿纳入2015年的测算范围。会同国家能源局完成了对各地区2014年煤炭行业淘汰落后产能财政奖励资金的审核工作，并配合财政部完成了年度奖励资金的下达。争取中央财政奖励资金，对引导各地加大关闭退出力度起到了至关重要的作用。

五、深化煤矿隐患排查治理和“打非治违”专项行动，跟踪督办重大隐患整改

一是积极组织协调开展煤矿隐患排查治理行动。起草印发了《国务院安委会办公室关于继续深入开展煤矿隐患排查治理行动的通知》(安委办函〔2015〕25号)、《国务院安委会办公室关于做好全国煤矿隐患排查治理行动总结分析工作的通知》(安委办函〔2015〕53号)。这次全国煤矿隐患大排查行动共查出隐患15万多条，重大安全隐患890项，有力地促进了煤矿安全生产工作。

二是按照安委办函〔2015〕53号文件的要求，跟踪督促有关单位整改隐患排查治理行动中发现的重大隐患，印发了《国务院安委会办公室关于督促整改煤矿重大隐患的函》(安委办函〔2015〕99号)，汇总收集各省隐患排查治理行动整改工作的经验和案例，对煤矿隐患排查工作进行了总结分析，并专报局领导。印发了《国务院安委会关于集中开展煤矿隐患排查治理行动情况的通报》(安委办函〔2015〕101号)，跟踪督办重大隐患的整改。

三是起草印发了《煤矿开展安全生产大检查深化“打非治违”和专项整治工作实施方案》，并督促各省级煤矿安监局做好工作信息报送工作，并赴辽宁、江西、湖北进行煤矿暗查暗访活动。

四是赴陕西省开展违法违规建设生产情况核查重点抽查督查，并汇总各产煤省、自治区、直辖市煤矿违法违规建设生产自查情况，起草了《关于煤矿违法违规建设生产情况的报告》报局领导。会同国家发展和改革委、国家能源局、中国煤炭工业协会约谈全国违法违规建设煤矿项目负责同志及所在省区的有关部门负责同志，督促其依法依规建设。

事故调查工作

国家煤矿安全监察局事故调查司

2015年，事故调查司按照工作职责，持续强化煤矿事故调查处理、监察执法监督、煤矿职业健康、指导煤矿水害防治、党建和廉政建设等5个方面、13项主要工作。

一、严肃查处煤矿事故，用事故教训推动工作

（一）完成煤矿重大事故批复结案工作

完成5起煤矿重大事故批复结案工作，分别是：2014年重庆能源投资集团砚石台煤矿“6·3”瓦斯爆炸、辽宁阜新矿业集团恒大煤业公司“11·26”煤尘爆燃、黑龙江鸡西兴运煤矿“12·14”瓦斯爆炸事故，以及2015年山西同煤集团姜家湾煤矿“4·19”水害、贵州黔西南州政忠煤矿“8·11”煤与瓦斯突出事故。

江西上饶永吉煤矿“10·9”重大瓦斯爆炸和黑龙江龙煤集团鸡西矿业公司杏花煤矿“11·20”重大火灾事故、黑龙江鹤岗市向阳区煤矿“12·16”重大瓦斯爆炸事故，正在督办中，事故调查司定期跟踪事故调查进展情况。

（二）推进煤矿较大事故结案工作

2015年，全国煤矿发生较大事故36起，各省已结案24起，尚余12起没有结案。其中有5起较大事故已超期，分别是：山西晋中佛殿沟煤矿“6·7”瓦斯爆炸、重庆万盛铁厂坡煤矿“6·28”煤与瓦斯突出、黑龙江鹤岗旭祥煤矿“7·20”透水、重庆市綦江后溪煤矿“8·4”煤与瓦斯突出事故、湖南省郴州市嘉禾县窝山煤矿“10·5”瓦斯爆炸；还有7起较大事故在结案期内，正在按程序办理。

（三）及时派员参加事故抢险救援工作

按照国家安全监管总局和国家煤矿安监局领导的批示指示要求，派员赴现场参加了12起较大以上事故的抢险救援工作。分别是：山西同煤集团姜家湾煤矿“4·19”水害事故、贵州黔西南州政忠煤矿“8·11”煤与瓦斯突出事故、江西上饶永吉煤矿“10·9”瓦斯爆炸事故、黑龙江龙煤集团鸡西矿业公司杏花煤矿“11·20”火灾事故、黑龙江鹤岗市向阳区煤矿“12·16”重大瓦斯爆炸事故5起重大事故；安徽淮北矿业集团朱仙庄矿“1·30”透水事故、四川乐山市老林头煤矿“4·27”瓦斯爆炸事故、湖南邵阳七四煤矿“5·30”煤与瓦斯突出事故、山西晋中佛殿沟煤矿“6·7”瓦斯爆炸事故、福建龙岩无证矿洞“6·27”非法盗采事故、黑龙江鹤岗旭祥煤矿“7·20”水害事故、贵州金沙贵源煤矿五号井“11·6”煤与瓦斯突出事故7起较大事故。

特别是黑龙江鹤岗旭祥煤矿“7·20”水害较大事故救援时间达11天，国家煤矿安监局副局长桂来保带领工作组，与地方政府、煤矿企业共同努力，采取得力措施，成功救出了6名被困矿工。

（四）严格执行煤矿事故调查处理四项制度

一是严格执行事故警示教育制度。共向全国煤矿企业和煤矿安全监管监察部门累计发送事故警示短信23次，约33万余条；制作完成了6部警示教育片，分别是：阜新矿业集团孙家湾煤矿海州立井2005年“2·14”事故、吉林通化八宝煤2013年“3·29”事故、《煤矿井下爆破作业安全管理九条规定》专题宣传教育片、《认真吸取事故教训　保护矿工生命安全》警示教育片（配合矿长谈心对话活动），与安徽煤监局合作编辑制作了《违章作业、害人害己》警示片和《三起煤矿典型事故》等6部事故警示教育片；公示了第一批13名终身不得担任矿长职务人员，拟于12月初再向社会公布一批煤矿企业“黑名单”。二是严格执行事故通报制度。对2015年以来发生的4起重大事故和4起典型较大事故，以国务院安委会办公室名义5次下发了事故通报，同时，下发了《2015年上半年全国煤矿安全生产情况通报》，通报增加了事故分析、暴露的突出问题等内容，更具有针对性。三是事故跟踪分析报告制度。坚持对较大以上煤矿事故进行定期跟踪、每周汇总、每季度对全国煤矿的事故情况进行分析（按照事故总量、事故发生地区、所有制形式、事故类别、事故原因和暴露出的主要问题、下一步的对策和防范措施等六个方面），已完成了2015年一季度、上半年、前三季度事故分析报告。现正在着手准备《2015年度全国煤矿事故分析报告》，主要目的是坚持问题导向，通过分析事故探索新常态下煤矿安全生产规律，加强研判，提出针对性对策建议，为下一步加强煤矿安全生产工作提供支撑。四是事故约谈制度。事故发生后，采取请上来、走下去等多种方式与当地政府或煤矿企业集团负责人谈话，针对事故暴露出的问题，提出加强煤矿安全生产工作的意见。

（五）规范事故调查处理工作

一是组织召开了煤矿事故调查处理工作座谈会，交流了煤矿事故调查处理工作经验，对下一步煤矿事故调查处理工作进行了安排部署。二是研究起草了《关于进一步规范煤矿事故调查报告编写的指导意见》，进一步规范事故调查报告编制工作。三是完成了《煤矿生产安全事故和报告处理规定》（简称《规定》）修订工作。在调研和征求意见基础上，已形成《规定》（送审稿）。

二、强化执法监督职能，提高依法行政水平

（一）加强执法监督检查

组织开展了以落实国家安全监管总局、国家煤矿安监局《煤矿安全监察执法监督办法（试行）》为重点的监督检查工作。组织专家对河南、山东、山西等煤监机构执法监督工作进行了抽查，对发现的问题进行了反馈。特别是针对群众来信反映河南煤矿安监局郑州分局违规执法问题，赴河南对信中反映的问题逐一认真核查，形成核查报告并上报局领导。

（二）加大事故举报核查力度

2015年以来，共收到群众来信32件，其中，由国家安全监管总局、国家煤矿安监局领导批转来30件，直接寄送事故调查司2件。对每一个来信都进行了登记，对办理过程、办理结果等情况进行详细记录，确保件件有着落、事事有结果。已办结25件，核查属实事故13起。

对举报瞒报人数多、核查困难的，事故调查司以国务院安委办的名义向有关省政府发函，要求省

政府组织核查。一是对反映山西梅园工贸公司许村煤矿2005年瞒报2起重大事故来信，向山西省人民政府发函，要求认真组织核查；二是对举报张家口市蔚县黑石沟煤矿瞒报死亡人数以及要求我局提供事故遇难人员及其家属名单的来信，事故调查司多次通过电话和面谈的方式与举报人沟通，在征求国家安全监管总局政法司意见的基础上，将来信转河北煤监局，并书面详细告知举报人获取信息的方式。

（三）做好行政诉讼应诉工作

2015年以来，先后收到张文秀、赵房成、郭鹏、赵志宏、谢银楼5人的行政复议申请书3件，按照《行政复议法》等有关法律法规的规定依法受理，针对申请人提出的问题，通过查阅事故调查相关卷宗，调取相关人员调查取证笔录，对事故调查处理相关人员进行质疑等方式，审理查明了事实，经国家安全监管总局政法司联系法律顾问提出法律审核意见后，按程序作出行政复议决定书。

陕西榆林大海则煤矿“5·14”事故责任人赵房成因对责任认定不服，向北京市第二中级人民法院提起行政诉讼。按照国家安全监管总局领导批示要求，事故调查司积极做好应诉准备工作。一是研究制定了应诉工作方案，报请黄玉治、桂来保同志同意后，成立了应诉工作小组；二是按照要求，研究起草了答辩状，请国家安全监管总局政法司联系法律顾问审核把关后，派员送达北京市二中院，并与相关法官当面沟通；三是密切跟踪赵房成移送司法机关后，榆林市榆阳区司法部门按法律程序追究赵房成刑事责任的司法审理进展情况，向北京市二中院提交了关于终止案件审理的请求；与陕西煤监局联系沟通，完善代理词，做好开庭前的准备工作。

三、推进煤矿职业健康工作

（一）印发煤矿职业病危害防治规定

印发了《煤矿作业场所职业病危害防治规定》（简称《规定》）（国家安全监管总局令第73号），编写了规定解读，并对《规定》进行了宣贯；按照九部门办公厅《关于开展〈国家职业病防治规划（2009—2015）〉实施情况督查工作的通知》要求，桂来保同志带队对湖南、江西、内蒙古、辽宁四省贯彻落实情况进行了专项督查。

（二）开展煤矿粉尘防治技术调研

组织起草了《关于煤矿粉尘防治技术及应用效果调研的报告》和《煤矿粉尘防治工作重点及推广途径和方法的报告》；按照国家安全监管总局的安排，完成了对西山煤电集团职业病防治所等7家煤矿职业卫生技术服务机构甲级资质专业能力审查。

四、依靠科技进步，深化煤矿防治水工作

（一）组织召开全国煤矿水害防治工作现场会

在充分调研的基础上，在河北省邢台市召开了全国煤矿水害防治工作现场会，黄玉治、桂来保同志出席会议。会议交流了冀中能源集团等5家单位煤矿水害防治工作经验，推广了防治水先进理念和适用技术。黄玉治同志作了积极推进煤矿水害防治工作实现“五个转变”，努力构建“七位一体”水害防治工作体系，进一步减少水害事故的工作报告，为今后一段时期煤矿防治水工作提出了目标、要求和工作措施。

（二）研究强化煤矿水害防治措施

推广先进适用技术，编写了《全国煤矿水害防治工作现场会经验汇编》；研究起草了《关于进一步加强煤矿水害防治工作的通知》，并以国家安全监管总局、国家煤矿安监局文件印发。

五、切实加强队伍和廉政建设

认真开展“三严三实”专题教育活动，贯彻落实党中央、国务院、中央纪委和国家安全监管总局党组关于党风廉政建设的要求，严格执行《中国共产党廉洁自律准则》和中央八项规定，落实“一岗双责”。以开展“三严三实”专题教育活动为抓手，教育引导党员干部对照“严以修身、严以用权、严以律己，谋事要实、创业要实、做人要实”的要求，以对党忠诚、个人干净、敢于担当为总要求，大力开展党性教育、纪律教育，推进领导干部进一步坚定理想信念，增强纪律意识和规矩意识、树立正确的权力观和政绩观，坚持为民用权、秉公用权、依法用权、廉洁用权，自觉坚守红线思维、树立敢于担当精神，以实实在在的教育效果推动煤矿安全生产形势持续稳定好转。

2015年以来，针对事故调查司工作存在的问题和薄弱环节，组织政治理论学习、水害防治和事故调查专题会议16次，按照国家安全监管总局党组要求，组织并召开了专题民主生活会和组织生活会，深入查找不足和差距，并研究制定了针对性的

整改方案。

同时，按照国家安全监管总局的要求，完成了《煤矿井下爆破九规定》的起草，对湖南省、黑龙江省部分煤矿暗查暗访，江西丰城、吉林通化等煤业集团的集中监察，煤矿“三下井”制度执行情况调研，重点地区联系督促，煤矿信息化平台建设等方面的工作，派员参加国家安全监管总局、国家煤矿安监局安全生产督查、调研活动。

六、存在不足

2015 年，各项工作都取得了积极进展，但存在的问题和薄弱环节也不少。特别是通过国家安全监管总局 10 月下旬开始的基层调研，结合调查司的工作职责，事故调查司还存在以下几方面工作上的差距。

煤矿事故调查处理方面：一是存在事故责任追究以“级别高低、人数多少、处分轻重”作为标准的现象，且追究面偏大，甚至出现事故调查处理不公平、不公正的情况，存在着重追责、轻技术原因和事故发生规律分析的现象。二是事故挂牌督办存在重挂牌、提级，轻依法依规开展调查，发挥各级煤监机构积极性等问题；事故挂牌督办、提级调查标准不明，“挂得多、提得多”，随意性大。现挂牌督办的较大事故，处理程序复杂、时间长、干扰多、变动大。三是存在重结案时限和责任人追责落实、轻防范措施落实等方面的问题。同时，由于事故调查问责组与管理组职责相互交叉，个别部门以独立办案为由、干涉处理结果，事故调查组权威不够、协调难、效率低。四是原有的煤矿事故调查、举报核查工作的法律法规及事故督办程序、办法等已不适应当前煤矿事故调查工作需要，亟待修订，切实解决基层反映的事故报送程序复杂、部门间协调难度大、结案期过长等问题。

在事故举报核查方面：驻地煤监机构核查瞒报事故没有强制手段，与地方人民政府、公安机关、纪检监察部门沟通协调困难，很难及时准确开展核查。

在执法监督工作方面：各驻地煤监机构执法监督工作开展不平衡。部分煤监机构对执法监督工作不重视，没有设置独立处室或专业人员负责；法律支持力量不足，从国家煤矿安监局到省煤监局懂煤矿安全和法律的复合型人才缺乏；监察执法不规范的问题时有发生，2015 年以来涉及事故调查、监察执法的行政复议、诉讼明显增加，且有进一步增多的趋势。

科技装备工作

国家煤矿安全监察局科技装备司

按照国家安全监管总局党组和国家煤矿安监局的总体部署，科技装备司强化瓦斯综合治理，强化法规标准完善，强化科技装备支撑，强化党风廉政建设，较好完成各项工作任务。2015 年，全国煤矿共发生瓦斯事故 45 起、死亡 171 人，同比减少 4 起、101 人，分别下降 8.2% 和 37.1% 。

一、瓦斯治理工作

一是参加煤矿瓦斯防治部际协调领导小组会议，完成 2014 年全国煤矿瓦斯事故分析报告，就 2015 年瓦斯重点工作与成员单位深入交换意见，加快推动《国务院办公厅关于进一步加快煤层气（煤矿瓦斯）抽采利用的意见》（国办发〔2013〕93 号）贯彻落实。建立瓦斯等级定期分析报告制度，每半年对全国煤矿瓦斯等级情况进行分析。二是出台《强化瓦斯防治十条规定》（国家安全生产监督管理总局令第 82 号），在《中国煤炭报》发表 11 篇专题解读，在国家安全监管总局政府网站开办专栏，进行大力宣传贯彻落实。印发《国家煤矿安监局办公室关于做好“十二五”期末煤矿瓦斯综合治理工作体系建设工作的通知》，安排部署落实工作目标、强化工作措施和做好工作总结。三是自 6 月份开始组织开展为期 3 个月的全国煤矿瓦斯防治专项检查，国家煤矿安监局组成 5 个组对贵州、新疆、辽宁、山西和江西进行了重点督查，并对检查情况进行了通报。在瓦斯专项检查的基础上，组织各省级煤矿安监局对辖区所有生产矿井安全监控系统运行情况进行了重点检查。组织开展了突出煤层划分为非突出危险区域隐患排查活动。四是组织召开全国煤矿瓦斯防治工作座谈会，会后对会议情况进行认真总结，对贯彻落实会议精神进行了具体安排部署。五是研究起草了对《河南省煤矿瓦斯防治领导小组办公室关于呈报河南省规划建设煤矿“先抽后建”示范区的请示》回复意见，支持河南建设煤矿瓦斯治理“先抽后建”示范工程，并对河南省规划建设煤矿“先抽后建”示范区推进情况进行了调研。

二、法规标准工作

一是扎实推进《煤矿安全规程》修订工作有序开展，完成了前期调研、小组拟稿、汇总统稿、征求意见、局长办公会审议等五个阶段工作。2015共组织审稿组专家7次进行《煤矿安全规程》初稿统稿（共23天），赴安徽等20多个地区和神华集团等约60余家煤矿企业开展现场调研，专题听取对《煤矿安全规程》修订意见和建议，2次在国家安全监管总局网站上公开征集2100余条意见建议；在国家安全监管总局网站和国务院法制办网站公开征求意见，组织审稿专家进行了梳理；多次召开局长业务办公会和专题会议研讨，完成了《煤矿安全规程（送审稿）》，并经国家煤矿安监局两次局长办公会研究审议通过后报国家安全监管总局政法司；召开了《煤矿安全规程》修订研讨会，按法规要求对《煤矿安全规程》进行修改和文字审编工作，通过国家安全监管总局局长办公会议审议。制定《煤矿安全规程（执行说明）》的编写要求并组织开展编写工作。二是组织开展煤矿安全标准工作。组织开展了2015年煤炭行业MT标准和2015年安全生产标准（煤矿部分）制修订项目的申报和审核工作，以及MT标准的下达工作；组织完成了第四届煤矿安全标准化技术委员会和煤炭行业煤矿专用设备标准化技术委员会换届工作；组织专家对120项煤炭行业标准进行复审，确定第一批26项行业标准准备上国家煤矿安监局和国家安全监管总局局长办公会审核；开展进一步加强煤炭行业标准（MT）和煤矿安全标准（AQ）制修订工作的工作思路和建议研究。三是组织国家安全监管总局研究中心制定“十三五”规划编制工作方案，开展了现场调研、多方征集意见建议，评估煤矿安全“十二五”规划的完成情况，组织研究确定“十三五”煤矿安全规划目标、主要任务、重点项目和重大工程，形成《煤矿安全生产“十三五”规划》(初稿)。四是根据《煤矿安全规程》修订期间汇总的重大问题，开展了《高突矿井采煤工作面通风方式研究》《铁路下、建筑物下、水体下安全开采规程》项目的修订工作；牵头整理《煤矿安全监察员管理办法》等5件部门规章修改意见，并以国家安全监管总局令发布。

三、煤矿安全科技工作

一是组织开展了“十二五”国家科技支撑计划“深部及中小煤矿灾害防治关键技术研究与示范”项目研究工作，并对其中的8个课题组织了验收，协调科技部对其中1个课题进行终止；组织召开煤矿安全科技装备工作座谈会。二是积极与发展改革委投资司、能源局煤炭司沟通研究，拟定了2015年煤矿安全改造重点支持方向，会同相关部门完成了2015年煤矿安全改造和重大灾害治理示范工程建设项目的评审工作。三是组织征集了343项煤矿安全先进适用技术，发布了《煤矿安全生产先进适用技术推广目录（2015年）》，推广了煤矿重大灾害防治、安全避险、信息化及机械化等10个方面的56项先进适用技术；组织专家调研总结煤矿安全科技进吉林活动进展情况和经验做法，开展了煤矿安全科技进江西矿区活动。四是组织遴选出灾害严重的60个重点煤矿企业作为煤矿安全工作重点工作对象，组织研究起草提升其安全保障能力工作方案；与国家安全监管总局规划科技司共同组织编制印发了《我国煤矿瓦斯、水害、火灾防治科技发展对策》；组织召开了加强煤矿冲击地压及复杂动力灾害防治工作研讨会，举办了煤矿冲击地压及复合动力灾害防治研修班。五是争取4个煤矿隐蔽灾害治理示范矿井建设纳入2015年度煤矿安全改造中央预算内资金；总结推广8项隐蔽灾害治理先进适用技术与装备；出版《煤矿隐蔽致灾因素普查技术指南》，为推动煤矿隐蔽致灾因素普查开展提供技术支撑。

四、煤矿安全装备工作

一是做好煤矿安全监控系统检查分析软件的完善和列装工作，在江苏、安徽和山东3省煤监局及所属分局、试用的基础上，督促通信中心进一步做好数据接口完善等工作，并就推广应用工作情况向国家安全监管总局信息化工作领导小组做了专题汇报。二是研究制定《煤矿安全监控系统升级改造工作方案》；组织开展了煤矿安全监控系统升级改造调研，召开了煤矿安全监控系统升级改造工作启动会和专家研讨会，组织制定了《安全监控系统升级改造技术方案》(征求意见稿)。三是结合《煤矿安全规程》修订内容，对《禁止井工煤矿使用的设备及工艺目录（第四批）》(征求意见稿）进行了完善。做好群众举报煤矿安标产品存在问题等人民来信的查处和有关突出鉴定请示的答复等工作。四是配合国家煤矿安监局信息化领导小组做好本司金安工程二期业务需求工作，组织编制了《煤矿突出鉴定管理系统意见》和《煤矿安全设备检测检验管理系统软件需求意见》。

五、党风廉政建设工作

一是研究制定了2015年科技装备司党建工作要点。二是开展教育实践活动整改落实情况“回头看”工作，完成了教育实践活动工作总结。组织开展“三严三实”专题教育活动，进行了“三严三实”专题党课。三是积极参加反腐倡廉“警示教育周”活动，组织全司同志到中央国家机关警示教育基地开展廉政警示教育。四是组织开展了建言献策活动，并获二等奖。

六、其他工作

一是派员参加国务院安委会综合监查、煤矿安全巡视和联系督促，按期完成了与矿长谈心对话工作。二是对山西省、辽宁省煤矿安全进行暗查暗访。三是认真做好政协、人大提案答复工作。四是做好新闻宣传报道工作。

行业安全基础管理指导工作

国家煤矿安全监察局行业安全基础管理指导司

2015年以来，按照国家安全监管总局、国家煤矿安监局统一部署和总体安排，以推动煤矿安全生产形势持续稳定好转为目标，以“三严三实”为标准，抓住重点地区，抓住关键人物，突出问题导向，突出典型示范，立足完善制度，立足夯实基础，履行指导监督职责，不断强化煤矿安全培训，协调推动煤炭行业脱困，取得了一系列新进展新成效。

一、抓住重点地区，持续推进煤矿安全重点县攻坚战

深入推进煤矿安全治本攻坚战，不断强化重点县煤矿安全基础管理工作，煤矿事故大幅下降；重点县煤矿得到有效治理。一是指导督促煤矿安全重点县认真按照“五真”要求，对停产整顿、复工复产矿井进行严格监管。二是新增第二批50个煤矿安全重点县，推进落实治本攻坚措施，巩固和扩大攻坚战成果。三是制定煤矿安全重点县评估验收考核办法，组织对第一批50个重点县攻坚战目标任务完成情况进行评估，对第一批符合要求的41个重点县以国务院安委会办公室名义发文，予以退出；对暂未完成目标的9个重点县，待攻坚战期满后再进行重新评估。四是事故大幅下降。两批100个重点县死亡人数同比减少236人、下降67.2%，占全国煤矿减少死亡人数的84.3%，其中第二批50个重点县发生煤矿事故40起、死亡57人，同比减少37起、131人，分别下降48.1%和69.7%。

二、抓住关键人物，组织开展各个层面谈心对话活动

一是组织开展第二轮千名干部与万名矿长谈心对话活动。全国有1396位领导干部与13986名煤矿矿长谈心对话，国家安全监管总局、国家煤矿安监局领导和退休老领导亲力亲为，与1000余名矿长谈“三严三实”、谈困难问题、谈理念信念、谈思路出路、谈煤矿“四化”、谈“四减”措施等内容，现场答疑解惑，虚心听取意见。二是国家安全监管总局、国家煤矿安监局领导先后与100个煤矿安全重点县县委书记谈心对话，贯彻中央领导同志重要讲话精神，分析煤矿安全生产新常态，把握煤矿发展出路，宣传贯彻《安全生产法》。三是开展新一轮省委书记与产煤县县委书记谈心对话活动。以国家安全监管总局、国家煤矿安监局领导名义向产煤省（区、市）委书记写信，建议各省（区、市）委书记与产煤县县委书记开展一次谈心对话，并要求县委书记与辖区内所有煤矿矿长开展谈心对话。

三、突出问题导向，组织开展三轮煤矿安全巡视督导活动

一是巡视督导煤矿隐患排查治理行动。组建3个巡视督导组，分别对江西、湖北、湖南等地区开展专项巡视督导，深入了解3个地区煤矿隐患排查治理行动新进展，调研3个地区煤炭经济运行情况，向三省人民政府发函，提出整改治理意见。二是巡视督导煤矿安全生产工作。组建4个巡视督导组，分别对黑龙江、云南、四川、贵州等地区开展巡视督导，巡视4省贯彻落实全国安全生产视频会议精神、启动第二批煤矿安全重点县攻坚战、“千名干部与万名矿长谈心对话”、煤矿瓦斯治理、煤矿领导带班下井以及矿长、技术人员配备等情况。三是巡视煤矿安全重点县攻坚战。组建6个巡视督导组，分别对50个重点县所在的12个产煤省（区、市）进行巡视督导，主要检查评估煤矿安全重点县攻坚战完成情况，推进隐患排查治理、煤矿整顿关闭等重点工作，调研各地区煤炭价格下降、企业亏损、经营困难等情况，了解煤矿企业安全投入不足，职工队伍不稳定，人才流失、管理滑坡，超能力生产等突出问题。

四、突出典型示范，大力推广煤矿“两化”先进经验

一是调研、审核、选定陕西黄陵一号、山东兖矿兴隆庄和广西百色东怀等3家煤矿为机械化、自动化改造试点企业，着手建立示范矿井，发挥引领带动作用。二是组织召开陕西黄陵现场会，总结交流、学习推广黄陵一号煤矿自动化开采等8家企业先进经验，提升煤矿机械化、自动化、信息化和智能化水平，促进产煤地区和大型企业集团落实减矿、减面、减产、减人等“四减”措施，推动更多煤矿长期保持安全生产。三是总结并印发国投集团大同塔山煤矿等11家单位在实现安全生产长周期“零死亡”方面的好经验和好做法，印发各产煤地区组织企业学习借鉴。四是将北京天地玛珂电液控制系统有限公司、陕煤黄陵矿业有限公司煤矿智能化无人开采技术和百色百矿集团有限公司中小型煤矿机械化开采技术纳入《煤矿安全先进适用技术推广目录（2015年）》，在全国范围内推广。五是公示公布了全国实现连续安全生产（无死亡事故）1000天以上、年生产能力在9万吨及以上的1354处合法井工煤矿。

五、立足完善制度，指导推动煤矿隐患排查治理规范化制度化建设

一是研究制定了《煤矿重大生产安全事故隐患判定标准》，并以国家安全监管总局局长令的形式予以发布，对各省级煤矿安全监管监察部门的煤矿重大隐患判定执法标准进行了统一，最大限度地减少了重大隐患判定的自由裁量权，提高了可操作性。二是研究完善了煤矿生产安全事故隐患排查治理制度体系建设规范。组织制定了《煤矿生产安全事故隐患排查治理制度建设指南（试行）》和《煤矿重大事故隐患治理督办制度建设指南（试行）》，构建煤矿隐患排查治理长效机制。

六、立足夯实基础，深入推动煤矿安全质量标准化建设

一是开好一个会议。组织省级煤矿安全标准化工作主管部门召开座谈会，通报了2014年度全国煤矿安全质量标准化达标总体情况，听取了8个省（市）2014年煤矿安全质量标准化工作情况，讨论《煤矿安全质量标准化考核评级办法（试行）》征求意见稿，总结前期工作，研究分析问题，部署标准化创建工作。二是公示公布“两个名单”。在组织专家对各地申报2014年度一级安全质量标准化煤矿进行审核和现场抽查的基础上，公示发布了646处一级安全质量标准化煤矿名单，公示发布了113处因安全管理滑坡、发生死亡事故、违规超能力生产、未报送评审材料等问题被取消的一级安全质量标准化考评资格的煤矿名单。三是抽查“三级”矿井。组织8个检查组，对15个产煤省（区、市）和新疆生产建设兵团的66处三级安全质量标准化煤矿进行现场抽查，其中13处煤矿不符合三级标准，被取消三级标准化等级，推动煤矿企业动态达标，不断强化现场管理。四是修订“两项制度”。修订完善《煤矿安全生产标准化考核评级办法》和启动煤矿安全生产标准化评分标准的修订工作，对安全标准化工作进行规范，指导和督促各级煤矿安全质量标准化工作主管部门组织开展考核定级和日常监管工作。

七、立足“三项岗位”，不断强化煤矿安全培训考核工作

一是不断完善制度。组织修订《煤矿安全培训规定》(国家安全监管总局令第52号)，建立了煤矿企业主要负责人、安全生产管理人员和特种作业人员考核发证工作制度，指导各地改进培训制度机制和工作方式，从“先证后岗”转变到“先岗后证”。二是完善考试题库和平台。对煤矿三项岗位人员安全知识题库进行修订，2015年版《煤矿安全规程》发布后，对题库进行完善后发布；将煤矿三项岗位人员考试系统纳入了全国安全生产资格考试平台，启用了“安全生产资格证书查询”系统。三是创新培训考核方式。以企业自主培训为主，摈弃办班培训考试的传统模式，对涉煤央企总部100名主要负责人和安全生产管理人员进行了考核发证工作。四是召开座谈会。召开了全国煤矿安全培训工作座谈会，研究探讨了改进和加强安全培训考核工作的对策措施。五是开展了“三个”专题培训。培训第二批50个重点县824个煤矿的1195人；组织4.81万人开展煤矿安全监控系统专题培训；组织了2期煤矿安全监察专题研讨班和1期煤矿安监分局局长安全生产研究班，培训学员240人。

八、履行指导职能，协调推动行业脱困政策出台和落实

一是打击违法违规建设生产行为。对不具备安全生产条件、违法违规建设生产、重大灾害治理不力、超能力组织生产等煤矿，依法组织开展督促检查和专项监察。11月份深入8个重点产煤地区，督查调研煤炭行业脱困措施情况，期间发现超能力生产行为和违法违规建设生产行为，依据《安全生产法》和《特别规定》等法律法规，对蒙泰满来梁煤矿、淄博巴彦高勒煤矿和中煤母杜柴登煤矿实施行政处罚247万元，并责令停产整顿和停建。二是核减灾害严重煤矿产能。在全国50个煤矿安全重点县开展煤与瓦斯突出矿井生产能力重新核定工作，共核定煤与瓦斯突出矿井188处、核减产能275万吨/年。联合国家发展改革委、能源局等部门对全国所有煤与瓦斯突出、冲击地压煤矿生产能力进行重新核定，核减不安全产能，提高灾害严重煤矿安全保障能力。三是严格执行和落实煤矿生产能力公告制度。在国家安全监管总局政务网站开辟了《煤矿生产能力公告》专栏，对全国26个产煤省（区、市）煤矿生产能力进行了公告，并公布了举报电话，加大对煤矿企业超能力生产行为的监督力度，严防超能力生产。

九、履行监督职能，加强中央企业煤矿安全监管工作

一是指导督促各涉煤中央企业集团总部安全生产责任体系“五落实、五到位”，促进其建立健全煤矿安全管理机构、安全管理和隐患排查治理等制度，督促涉煤央企采取有效手段控制超能力生产。二是与国资委联合组成9个检查组，检查中央企业煤矿安全生产工作情况，共对16家涉煤中央企业集团总部及其分布在12个省（区）的38处煤矿进行了安全检查，共查出集团总部问题43条、煤矿隐患275条，其中责令停产整顿3处煤矿，累计罚款122.9万元。这次检查积极探索央企煤矿安全生产监管新模式，按照分级属地管理原则，以检查央企总部为主、以检查所属煤矿为验证，重点检查涉煤中央企业总部年度煤矿安全生产工作部署和落实情况，在听取汇报、查阅资料的基础上，与总部人力资源、财务、计划等相关职能部门就煤矿安全生产职责履行情况进行问询谈话，推动涉煤央企集团总部安全生产责任制的有效落实。三是组织召开了两次中央企业联络员会议，了解涉煤中央企业煤矿安全生产情况，听取部分中央企业生产安全事故多发原因分析及整改措施落实情况汇报，并就进一步做好中央企业煤矿安全生产工作作了部署。

十、坚持“三严三实”，在促进作风转变中推进各项工作

认真贯彻落实中央精神和国家安全监管总局“三严三实”专题教育动员会、推进会要求，边学边查边改，持续深入开展专题教育。一是强化学习。按要求制定学习方案、准备学习材料，组织13次集体学习，开展了专题辅导。二是建立“三个清单”。动员支部全体党员主动对照检查，梳理汇总班子问题，建立问题清单；逐一分解群众路线教育实践活动整改落实不彻底、未完成的内容，明确每一位班子成员的责任、整改事项、时限和标准，建立起责任清单；建立了整改成效清单每月召开理论学习研讨会，对上月整改成效进行总结，逐步推进整改落实。三是注重“四个带头”。党支部书记带头讲党课，班子成员分别讲1次党课；司领导带头谈学习体会；带头亲自撰写学习体会文章；带头深入基层开展调查研究，了解新常态下煤炭经济运行走势和煤矿安全基础管理现状。

第七部分

安全生产应急管理

安全生产应急管理工作

国家安全生产应急救援指挥中心

2015 年，在党中央、国务院的正确领导下，各地区、各有关部门和单位认真贯彻落实习近平总书记、李克强总理关于安全生产应急管理工作的重要指示精神，按照国家安全监管总局党组工作部署和全国安全生产应急管理工作会议安排，以提升应对事故灾难能力为核心，狠抓应急准备工作落实，不断推动全国应急管理工作向前发展。

一、应急管理体制机制建设持续深化

一是应急管理工作摆位越来越高。各级地方党委、政府认真学习贯彻习近平总书记、李克强总理关于加强安全生产应急管理工作的指示批示精神，把安全生产应急管理工作摆上重要议事日程，明确责任，加强考核，推动应急管理工作深入开展。宁夏回族自治区人大常委会专门听取、审议应急管理工作报告，并对自治区安监局主要领导进行专题质询；湖北省将省安全生产科学研究院成建制改为“湖北省安全生产应急救援中心”，加强了应急管理工作力量；福建省在福州江阴、泉州泉港、漳州古雷化工园区组建了应急管理机构，配备了专职人员，加强化工园区应急管理工作；山西省有的县（市）整合各类应急救援力量转制为安监部门直属事业单位，集应急管理和救援战斗于一体，拓展了救援范围。三峡集团总经理亲自担任集团应急指挥中心总指挥，增配了应急管理专业人员，加强对应急管理工作的领导。

二是应急管理工作责任得到落实。在各级安全监管部门积极推动下，省、市、县“三级五个全覆盖”已经实现，应急管理作为安全生产责任体系的重要组成部分，已纳入各地区“党政同责、一岗双责”考核管理体系中，政府分管领导、综合监管部门、行业监管部门各司其职，各负其责。企业逐级细化应急管理标准要求，将工作责任落实到具体岗位，通过应急能力评估等方式促进工作落到实处。

三是应急管理职能得到强化。全国六大区域应急联动机制建设持续深化，京津冀、长江流域应急联动机制进一步强化，区域联合应急处置、资源共享机制更加顺畅，区域内协同应对重大突发事件的能力进一步提升。各地区安全、交通、环境、电力、水务等政府部门之间、政府与企业之间，以及不同行业企业之间应急联动建设得到加强，应急管理机构在事故救援中的统筹、协调作用进一步强化。重庆市确立了安监系统在生产安全事故信息报送工作中的主渠道地位，为第一时间获取事故信息，及时调动应急资源开展救援赢得了时间。重大危险源监管工作扎实推进，事故预防能力明显提高，广东省积极推动危化品重大危险源信息登记录入工作，录入率超过 98%；海南省完成了重大危险源的评估、监管、管控、登记工作，安装了监控系统并与有关平台联网，有效提高了监管效率。利用全国开展“打非治违”专项行动、涉氨制冷专项整治、粉尘爆炸专项检查等时机，深入排查企业应急规章制度、应急预案、应急培训、应急演练、应急队伍建设和应急物资储备等方面存在的问题，采取逐级挂牌督办的方式促进企业整改落实。

二、应急管理法治化进程稳步推进

一是应急管理条例立法工作取得重要进展。立法小组采取倒排时间的方式制定了条例立法推进计划，积极配合国务院法制办做好条例征集意见、专家研讨、基层调研等工作，对国务院法制办公开征求意见和基层调研征集到的意见建议逐条进行了研究消化吸收，修改充实了条例部分内容，国务院法制办正在进行条例审定工作。做好条例出台实施有关准备工作，紧随条例立法进程，同步编写条例释义和有关解读材料，研究制定条例宣贯工作方案，收集有关文字、图片和视频资料，为条例出台后，迅速开展宣贯工作打下坚实基础。

二是应急管理法规标准建设深入推进。组织开展了安全生产应急管理法规和标准体系框架研究，借鉴发达国家经验，研究提出了符合我国经济社会发展需要的应急管理法规和标准体系建设框架，为逐步有序推进法规标准建设奠定了基础。在山东、宁夏开展了非煤矿山、危险化学品行业企业应急管理标准化建设试点工作，为制定企业应急管理标准化建设规范提供了实践经验。制定下发了《企业安全生产应急管理九条规定》，从 9 个方面推动企业加强第一时间应急处置能力，各地区采取宣讲、培训、督查检查等方式进行了宣贯。组织开展了《生产安全事故应急预案管理办法》的修订工作，重点对应急预案的编制、评审、公布、培训、演练、宣传教育、评估、修订和监督管理等环节进行了规范，解决当前预案管理存在的突出问题。组织对安全生产应急管理“十二五”规划执行情况进行了评估，开展了“十三五”规划编制工作，明确了“十三五”的总体目标、指标、主要任务和重点工程。河北、江西等地结合当地特点，组织开展了企业应急管理规范化创建试点活动，梳理规范了应急管理规章制度，研究形成了预案编制、应急演练、队伍建设、装备配备、物资储备等方面的标准规范。国防科工局健全完善核应急法规制度体系，组织开展《核电厂核事故应急管理条例》修订工作。

三是应急管理监管执法检查广泛开展。积极推广重庆应急管理执法检查经验，推动应急管理执法检查常态化，规范检查内容和处罚标准，组织部分地区开展了应急管理互检互查工作，重点对煤矿、非煤矿山、危化品生产及储存、油气输送、劳动密集型等 5 个重点行业（领域）企业执行应急管理法规标准情况进行了检查。各地区积极开展以落实《企业安全生产应急管理九条规定》为主要内容的应急管理执法检查工作，督促企业落实有关规章标准。河北省组织开展了专项督导执法检查，发现企业问题隐患 456 项，下达行政执法文书 74 份，对查出的问题隐患实行挂账销号制度；重庆市采取检查诊断、行政处罚和整改复查的方式，开展了常态化执法检查，查处各类违法案件 230 余起，罚款 150 多万元；河南省将应急管理纳入执法总队年度执法监察计划，有序开展执法检查；吉林省开展了省内互检互查工作，查出问题 234 项；云南省以政府购买服务方式，投入专项资金组织专家暗访组对重点地区、重点企业进行专项检查，查找问题隐患并协助企业整改落实。其他省（区、市）也开展了形式多样的应急管理执法检查工作，有效促进了应急管理责任的落实。

三、应急救援队伍建设取得新成效

一是应急救援队伍体系建设更加完善。组织开展了危险化学品、油气输送管道应急保障体系研究，提出了优化布局、完善预案、强化实训演练、加强装备配备、理顺指挥体制等建设思路。7 支国家矿山应急救援队建设项目通过验收。区域矿山应急救援队建设进度加快。组织开展了全国矿山救护队质量标准化检查工作，摸清了全国矿山救援队伍战斗力。各地积极调整布局应急救援队伍，加强基层救援队伍建设，完善救援体系。湖北省组建了两个区域危险化学品应急中心和水上搜救中心；江西省在以公安消防为主要救援力量的基础上，依托中国石化九江分公司建立国家区域性危险化学品救援队伍，并将多个骨干企业专职救援队纳入全省危化队伍体系，签订应急救援管理协议，危险化学品安全生产专业应急救援框架基本形成；江苏省加快推进沿江危化品救援基地建设进度；浙江省调整了救援基地布局和职能，拓展救援范围，提高了响应速度；黑龙江、吉林、辽宁、内蒙古、甘肃、宁夏等地区采取有效措施，加快各类救援队伍建设进度。

中石油建成了覆盖四大海域的海上移动应急指挥系统，为海上应急处置提供通信保障。

二是应急救援保障能力得到加强。组织开展了国家安全监管总局“四个一批”项目及科技部应急救援重点项目研究，积极推动应急救援科研成果转化、推广应用和技术示范工作。各级政府加大资金投入，支持保障应急救援队伍建设和运转，中央财政每年投入1亿~2亿元专项资金，支持应急救援体系建设运行。湖南省级财政投入4300余万元用于应急救援体系建设，山东、黑龙江每年投入1000多万元为省级救援队伍采购先进装备，吉林、安徽、青海、甘肃、宁夏等地政府也安排专项资金支持救援队伍建设；广西壮族自治区推行“一总队三基地”的模式，政府财政提供部分资金，支持救援队伍正常运转；浙江省采取公司化、市场化运作的方式，提升了队伍自我保障能力。

三是应急救援队伍实战化训练深入开展。国家安全监管总局联合中华全国总工会、共青团中央和浙江省人民政府成功举办了第一届全国危险化学品救援技术竞赛，以危化品常见异常工况和多发事故为背景，紧贴应急处置需要，科学设置竞赛场地和竞赛科目，全国30个省（区、市）和有关中央企业的34支代表队、374名指战员参加了竞赛。以竞赛为牵引，在全国危险化救援队伍掀起了实战训练热潮。河北、安徽、广西、四川、重庆、贵州等地也组织了危化、矿山救援技术竞赛，形成了以赛促训的良好机制。组织举办了全国危险化学品救援指挥员培训班2期，矿山救护大中队指挥员培训班5期、复训班15期、师资班3期，进一步提升了应急救援队指挥员素质和能力。各地区紧贴本地区生产安全事故救援特点，组织举办了以应对危化品、油田、油气管道、煤矿等行业多发事故为背景的实战化训练。贵州省组织全省矿山救护队开展了矿山应急排水演练，提升了全省矿山救护队联合应对重大透水事故的能力。

四、应急准备扎实有效

一是应急预案管理更加规范。坚持问题导向，组织开展了《生产安全事故应急预案管理办法》的修订工作，着力解决当前应急预案针对性、实用性、可操作性不强等问题。国务院安委会办公室印发了《关于进一步加强安全生产应急预案管理工作的通知》，进一步明确了监管部门和企业预案管理工作责任。总结推广石化、煤矿行业试点经验，在中石油管道公司开展油气管网领域预案优化试点工作。各地区、各有关单位积极推进应急预案优化工作，推广现场应急处置卡实践运用，提升了应急处置效率。同时，监管部门严格预案备案把关，强化预案衔接，上海市退回9650份不符合备案条件的预案。中石油集团探索总结出“一普三重”的应急预案审核模式，规范企业预案管理，提高了预案管理效率。

二是应急演练更加注重实战。各地区、各单位认真贯彻落实“安全生产应急救援专题行”活动要求，结合实际，组织开展了以煤矿、非煤矿山、危化、油气管道、人员密集场所等为事故背景的实战性综合应急演练，进一步磨合跨区域、跨部门、跨行业以及政企应急联动机制，检验完善应急预案，锻炼队伍应急处置能力，增强社会公众应急意识。应急指挥中心组织开展了2015年全国客运索道（黄山）应急救援综合演练，探索了质检、安监、旅游等部门，以及专业救援队伍和志愿者协同应对事故机制，推动了索道企业应急救援装备建设。指导京津冀联合处置输油管道泄漏爆炸事故应急演练、新疆重大井喷失控和原油储罐火灾爆炸事故综合应急演练等高危行业重大应急演练，指导广东省开展“双盲”应急演练试点，探索引入第三方参与演练组织实施和总结评估的新路子；海南省、广东省、广西壮族自治区三地首次在海南省洋浦市联合举行了石油化工火灾扑救跨海增援联合作战演练；山西省、中国大唐集团等单位采取突击检查的方式，随机设置事故特情，检验指挥员和救援队伍的快速反应、科学处置能力；山东省突出政企、社企、企企应急预案衔接，强化班组和重点岗位处置能力，组织开展了1.7万余次实战演练；北京市主办了京津冀联合处置输油管道泄漏爆炸事故应急演练，检验完善京津冀联合应急处置机制；河南省针对天津港“8·12”事故，组织开展了石油化工场所大规模跨区域灭火救援演练。2015年，全国共开展安全生产应急演练696528次（其中综合演练123752次，专项演练572776次），采用现场演练方式524743次，桌面演练方式171785次。参演人员8170392人次，直接投入86032.3万元。

三是应急处置评估工作逐步推进。各地认真贯彻落实国务院安委会〔2013〕8号文件和国家安全监管总局《生产安全事故应急处置暂行办法》要求，组织开展了事故应急处置评估工作，有针对性地提出改进应急处置工作的意见和建议，不断提高应急处置科学化水平。河南省对林州“3·2”、鲁山“5·25”等5起典型事故进行了应急处置评估，提出的意见和建议得到了省政府的采纳；山东、吉林、安徽、重庆等地区也组织开展了事故应急处置评估。事故应急处置评估工作逐步形成常态，以评估结果运用改进应急处置工作的机制基本形成。

四是应急宣教培训更加注重实效。政府分管领导、监管监察机构、相关企业负责人、一线员工分层级培训形成固定机制。国家安全监管总局联合有关单位在国家行政学院举办了省部级干部重特大事故预防、处置和舆情应对研讨班。吉林省组织各级应急管理分管领导和工作人员进行了集中培训，突出应急管理知识、突发事件应急处置程序、应急处置评估以及行政执法等内容；江苏省编印了《重特大生产安全事故应急处置工作手册》，作为应急管理人员培训的主要教材；浙江省通过开展企业一线员工技能竞赛活动，以赛促训；甘肃省依托有关院校，采取全脱产、全封闭、半军事化方式，举办了18期培训班，培训省、市、县、乡四级安监人员3920名。以宣传第一届全国危险化学品救援技术竞赛为契机，组织中央电视台、新华网、《人民日报》等主流媒体大力宣传应急管理工作，普及危化救援知识，提升社会公众应急意识。

五、应急管理理论科技工作成效明显

一是应急管理理论创新研究活动取得丰硕成果。组织开展了安全生产应急管理理论创新研究活动，各级安全监管部门、煤矿监察部门、有关中央企业、科研院所、部分高校和社会组织积极响应，踊跃参加课题研究，82家单位报送了388个选题。召开了第一次全国应急管理理论创新研讨交流会，来自各地区、院校、企业和国家安全生产应急救援指挥中心等单位的8名代表作了交流发言，孙华山副局长出席会议并作了重要讲话，促进了研究活动的深入开展。从各单位报送的320篇论文中遴选出了175篇与应急管理工作结合紧密，具有一定指导意义的论文参加评审。专门成立了以闪淳昌为组长、有关方面专家组成的论文评审组，确保论文评审的权威性。山西、黑龙江、山东、江西、河南、新疆、浙江、辽宁等地专门成立课题组，联合有关高校、企业开展专题研究；中石油、中石化、中海油、商飞公司、黑龙江科技大学、华科技大学等单位组织有力，报送了一批质量较高的论文。

二是应急救援新技术新方法推广应用工作取得新的进展。完成了《安全生产应急救援关键技术及装备难题研究报告》的编制工作。组织开展了矿山救援技术装备“产学研用”暨队伍管理和典型案例研讨交流活动，与会人员围绕矿山救援新装备、新技术进行了研讨交流，促进了矿山救援新技术新方法的推广运用。成立了由383名各行业（领域）专家组成的第一届安全生产应急救援专家组。学习借鉴发达国家先进救援理论，推动大型储罐爆炸着火扑救先进技术、战术在我国的实践运用。无人机侦测、海上溢油燃烧清除技术、多台水泵串并联排水等救援新技术正逐步得到运用，对提升应急救援效率起到了重要作用。中国航天科工集团研发的高层楼宇导弹灭火系统填补了我国高层、超高层建筑消防技术和装备空白。

三是应急管理信息化建设取得明显成效。推动有关省（区）加快应急平台建设进度，完善应急平台功能，充实应急资源数据，发挥平台在事故抢险救援中的辅助决策作用。2015年各省应急平台建设工作投入资金26948万元。北京、河北、广西等20省（市、自治区）应急平台已经建成并正常运行。中央企业应急平台建设工作已投入资金17176.4万元。中国石油、中国石化、中海油等21个企业应急平台已经正常运行。中国华能集团、长江三峡集团、葛洲坝集团3个企业已经立项并开始建设。中国电力投资集团已有规划方案和初步设计。国家安全生产应急救援指挥中心指导全国43个单位的41辆应急指挥车与应急指挥大厅开展互联互通，清分整理了2000余支救援队伍及其装备数据，标注了约12万千米油气长输管线和全国高速铁路站点数据，填充了60个危险化学品重点县超高精度影像数据，进一步强化了应急指挥大厅在事故抢险救援过程中的远程指挥决策功能；组织实施了应急联动与智能决策系统建设项目，完成了项目招标，推动应急平台向智能化辅助决策方向发展。重庆市采用“1+1+41+X”建设模式，统一开发应急平台软件系统，实现了全市安监系统应急平台无缝对接，通过卫星通信、3G网络、移动

APP终端等方式实现了市、区、县、救援现场一体化应急指挥，提高了救援效率；陕西省应急平台与所属12个市级和部分县级平台实现了联通；福建古雷化工园区投入1800余万元，建设了安全与环保应急管理信息平台，集成了预警监测、救援指挥、日常监管、舆情监测等九大功能；河北省制作了高危行业企业和重大危险源企业电子地图，充实了企业坐标、地址、危险因素等详细信息资料，为监管和救援决策提供了有力支持。

六、应急救援队伍在事故预防和抢险救援中发挥重要作用

一是积极参加煤矿隐患排查治理行动。按照国务院安委办统一部署，各地区组织矿山救护队员24866人次参加了煤矿隐患排查治理专项行动，按照“一矿一组、一矿一案、一矿一策”的要求，逐矿严格、细致、全面、彻底地排查隐患，协助查出各类安全隐患150779项，其中重大隐患890项，帮助企业制定整改措施，落实整改要求，有效遏制了煤矿较大以上事故发生。

二是主动参与企业预防性安全检查。各级各类矿山、危化等应急救援队伍按照“平时防范、险时救援”的要求，积极参加所在企业或签约企业的安全生产预防性检查工作，帮助制定整改措施，消除安全隐患，改善企业安全生产条件。同时熟悉了企业生产环境和事故易发多发的关键岗位、关键环节，以及应急器材、设备、物资等储备情况，为发生事故后快速开展救援奠定了基础。2015年，全国各类应急救援队伍开展预防性安全检查412949队次，参与预防性安全检查984946人次。查出隐患656155项（一般隐患653633项，重大隐患2521项），协助整改644838项（一般隐患642006项，重大隐患2833项），整改率达98.27%。

三是在事故灾害抢险救援中发挥了重要作用。在福建古雷“4·6”事故中，国家危险化学品应急救援惠州队在关键时刻紧急救援，为扑灭大火，保护罐区安全发挥了关键作用；中国电力集团、国家电网公司积极参与尼泊尔“4·25”大地震西藏受影响地区抢险救援行动；在天津港“8·12”特别重大火灾爆炸事故中，救援队员英勇顽强、奋不顾身，作出了巨大牺牲。山东省临沂市平邑县万庄石膏矿区“12·25”坍塌事故发生后，事故救援指挥部始终用“以人为本”的救援理念指导救援工作，发现4名被困矿工后，第一时间投放营养液、食品、矿灯等，建立了通信联络，及时对被困矿工进行心理干预，所有救援方案均以不危及被困人员生命为前提。国家安全监管总局党组书记、局长杨焕宁亲自到救援现场慰问指战员并与被困人员通话，最终救援人员克服恶劣地质环境和天气的不利影响，经过36天、850余小时的努力，成功救出4名被困矿工。

2015年，全国矿山、危险化学品、消防、海（水）上应急救援队伍共参与救援1134324起，抢救遇险被困人员223045人。其中，全国矿山、危险化学品应急救援队伍共参与事故救援12438起，抢救遇险被困人员44344人。

第八部分

工会劳动保护

工会劳动保护工作

中华全国总工会劳动保护部

2015年，工会劳动保护工作深入贯彻党的十八届三中、四中、五中全会精神和习近平总书记的一系列重要讲话精神，按照全国总工会十六届三次执委会议和全国安全生产工作会议的部署，强化红线意识和法制意识，坚持问题导向，突出预防为主，着力基层基础，围绕安全生产和职业病防治工作重点，加大源头参与和生产一线的群众监督，推动解决侵害职工安全健康合法权益的突出问题，促进安全生产和职业病防治法规制度落实，促进群众性安全生产和职业病防治活动的常态化、长效化发展。

一、加大源头参与，推动解决职业安全卫生工作难点问题

加强对全面深化改革过程中安全生产和职业病防治工作趋势和特点的研究，力求准确把握新常态对工会劳动保护工作提出的新要求，研判高危行业职工和农民工等重点人群面临的职业安全卫生突出问题，通过立法和政策参与、政府联席会议、“两会”提案以及扩大职业安全卫生专项集体合同覆盖等途径，反映职工诉求，提出工会的意见和建议。充分利用全国安全生产委员会、工会与政府职业病防治联席会议和国家协调劳动关系三方会议等工作平台，积极参与涉及职工群众安全健康权益相关政策、标准的制修订，及时提出关于劳动安全卫生法规政策立、改、废的建议，推动健全符合国情的劳动安全卫生法律政策体系，努力使职工群众享有公平的劳动安全卫生保障权利。把加大立法和政策制定作为源头参与的重要内容，先后对《矿山安全健康法（讨论稿）》、国家“十三五”规划关于安全生产和职业病防治工作内容、《国家职业病防治规划（2016—2020年）》（讨论稿）、《职业病分类和目录》《生产经营单位安全生产不良记录“黑名单”管理暂行规定》《国务院办公厅关于加强安全生产监管执法推进依法治安的通知》等法规文件提出修改意见，全年共25次对相关法规政策文件提出工会的主张。通过工会人大代表和政协委员向全国“两会”提交了《关于进一步加强职业健康监护工作的提案》和《关于建议政府向社会力量购买安全生产服务的提案》，呼吁加强对企业职工健康监护工作的监管，推动落实职工依法享有的职业健康权益；建议政府进一步完善监管体系，用好社会资源，提升对企业职业安全卫生工作的监管和服务能力。认真分析安全生产和职业病防治形势，针对重点领域突出问题对职工安全健康的影响，积极反映当前我国安全生产和职业病防治现状存在的突出问题，提出对策建议。继续推动工会与政府有关部门建立职业病防治联席会议制度，指导地方工会以涉及职工安全健康权益的突出问题为导向，推动落实联席会议议定事项。截至2015年底，全国75%以上的省份、65%以上的市区建立了有工会参加的职业病防治联席会议机制。强化基层工会维权机制建设，大力推进高危行业企业协商和签订劳动安全卫生专项集体合同工作。据统计，全年在高危行业签订劳动安全卫生专项集体合同16.2万份，覆盖企业29.8万个，覆盖职工1831.7万人。

二、继续深化以“安康杯”竞赛为载体的群众性安全生产和职业病防治活动

组织开展形式多样的群众性隐患排查和系列安全文化普及活动，引导广大职工积极参与企业安全生产和职业卫生民主管理，学习安全文化知识，提高防范事故和职业危害的能力，进一步夯实安全生产工作的群众基础。把“提质扩面强基础，文化引领增素质”作为“安康杯”竞赛活动主题，进一步突出树立安全生产红线意识和安全发展理念。把促进企业安全文化建设，提高经营管理者安全生产管理水平，组织开展群众性安全生产活动，提高广大职工安全健康素质和职业道德素养，弘扬正确的安全生产价值观作为竞赛活动的总体要求。通过组织开展以“十个一”活动为主要内容的安全文化系列活动，引导广大职工积极参与安全生产民主管理和民主监督等实践活动；通过广泛开展班组“安康杯”竞赛活动，推进企业安全生产标准化和班组安全管理标准化建设；通过开展相关法律和安全健康知识普及教育活动，提高职工遵纪守法和安全生产技术素质；通过组织开展群众性事故隐患和职业危害源点排查活动，发挥广大职工的安全生产主力军作用。竞赛活动紧密结合地方和企业实际，深入城市、乡镇、社区、工业园区和经济技术开发区，以建立试点赛区、区域赛区、独立赛区等方式，吸引更多中小微企业加入到竞赛活动中来。结合行业特点和地方经济建设重大工程项目建设，开展专项和重点工程项目“安康杯”竞赛活动。参赛范围进一步扩大，参赛企业达到56.9万家，参赛职工1.12亿人。召开全国“安康杯”竞赛理论与实践研讨会，研究了中央群团工作会议对做好新时期群众性安全生产和职业病防治工作的新要求，围绕“安康杯”竞赛取得的成果、面临的难点问题、理论创新以及今后的发展思路、途径等内容，对深化“安康杯”竞赛活动的理论与实践问题进行深入研讨。从地方、行业、工业园区、企业等不同层面，就推进全国“安康杯”竞赛活动创新发展进行广泛交流。加强对各地“安康杯”竞赛活动的调查研究和分类指导，及时总结交流工作经验，充分利用各类媒介加大对竞赛活动的宣传报道，扩大竞赛活动品牌的社会影响力。

深入贯彻落实《全国总工会关于发动职工开展事故隐患和职业危害排查治理活动的意见》和全国工会群众性隐患排查经验交流会议精神，坚持把组织职工立足岗位、开展事故隐患和职业危害排查作为工会服务安全生产工作的重要内容，引导广大职工主动参与企业生产环境改善，纠正违章行为，提升防控事故的意识和能力。指导地方和企业工会加大对矿山、冶金、化工、建材、加工制造等高危行业企业（尤其是中小型企业）的作业现场职业安全卫生监督检查。对重大隐患，督促行政落实应急措施并制定消除隐患的规划，切实推动重大隐患整改责任、资金和监控措施落实，促进企业加强劳动安全卫生基础管理，促进职工作业条件和生产环境的持续改善。下发《关于做好元旦春节期间安全生产工作的通知》，就重点时段工会发挥群众监督作用，组织职工开展隐患排查工作做出部署。积极倡导开展“问题大家找，隐患随手拍”等职工乐于参与和方便快捷的隐患排查活动，广泛宣传基层工会将群众性隐患排查活动与职工“金点子”合理化建议活动相结合等好的做法，大幅提高了职工排查隐患的数量和质量。据统计，2015年由各级工会提出的事故隐患和职业危害整改意见297.3万件，推动隐患整改255万件。

三、突出工会参与职业病防治工作重点，推动落实广大职工对职业危害及其防控措施的知情权、参与权、监督权

深化“工会参与职业病防治工作模式”推广应用，通过完善协商制度、强化民主参与、细化指导服务等工作，提升工会参与职业病防治工作的科学化水平。为帮助基层工会运用法治思维和法治方式参与职业病防治工作，提高协商签订劳动安全卫生专项集体合同的有效性和可操作性，针对当前基层工会开展劳动安全卫生专项集体合同工作中面临的协商不充分、程序不规范、条款设置可行性差等突出问题，在对四川省总工会开展职业病防治专项集体合同工作经验进行认真总结的基础上，委托攀钢集团工会、攀钢劳动卫生研究所开展了高危行业职业病防治专项集体合同范本研究，并从职业卫生专业角度，提出适合煤矿、非煤矿山、危化和建材这四个高危行业的职业病防治专项集体合同条款内容，形成了《职业病防治专项集体合同签订操作指南》。召开工会参与的职业病防治协商民主座谈会议，学习习近平总书记关于社会主义协商民主和群团工作的系列重要讲话精神，座谈交流工会参与职业病防治协商民主工作的主要形式、途径、内容和经验做法，听取地方和基层工会对加强和改进相关工作的意见建议。中华全国总工会劳动保护部、江苏省总工会相关负责同志出席会议并讲话。部分省、市和企业工会同志围绕强化协商队伍建设、选好协商途径方法、细化协商内容、营造协商民主氛围等内容进行了深入探讨和交流。为贯彻落实全国工会推进职业健康监护管理工作交流会议精神，制定下发了《关于加强工会参与职业健康监护管理工作的意见》，进一步明确工会参与职业健康监护管理工作的目标任务和工作要求。联合有关部门下发《关于做好防暑降温工作的通知》，对做好高温作业和高温天气作业职工的劳动保护工作作出部署。

四、把维护农民工职业安全健康权益摆在突出位置，务实推动解决侵害农民工职业安全健康权益的突出问题

深入贯彻国务院关于进一步做好为农民工服务工作意见电视电话会议精神，全面落实中华全国总工会十六届三次执委会议和十六届七次主席团会议关于做好服务农民工的工作部署。在农民工相对集中的高危行业企业推行劳动安全卫生专项集体合同和职代会审议劳动安全卫生重要事项等企业民主管理制度。继续扩大“安康杯”竞赛活动对农民工的覆盖面，组织农民工开展隐患排查等群众性安全生产活动，加强职业安全卫生知识普及和培训。以农民工尘肺病防治工作为重点，强化对尘毒危害严重的中小微企业职业卫生监督检查，推动企业健全职工职业健康档案，规范职业健康监护管理。针对近年来农民工尘肺病防治工作难点，在前期调研的基础上，将加强农民工尘肺病救助作为工会议题提交第四次国家职业病防治部际联席会议，建议国家完善相关制度设计，加大政府监管和救助力度。积极参与国家十部门关于《加强农民工尘肺病防治工作的意见》的起草和修改工作，提出了工会的建议和主张。

五、做好伤亡事故调查处理工作，发挥工会维权和维护职工队伍稳定作用

派员参加国务院事故调查组对陕西咸阳“5·15”特大道路交通事故、河南鲁山“5·25”老年康复中心特大火灾事故、天津港“8·12”瑞海公司危险品仓库特大火灾爆炸事故、深圳光明新区“12·20”渣土受纳场特大滑坡事故进行调查处理，坚持以“主动参与、依法监督、突出维权、注重预防”为原则，表明工会态度，维护职工合法权益。进一步规范各级工会参与伤亡事故调查处理工作，发挥工会在事故调查处理中的作用，督促地方和企业汲取事故教训，完善落实整改措施。对影响较大的重大事故，及时沟通或派员了解情况，指导地方工会参与做好调查处理工作。加强对已结案的重特大事故的分析，研究2014年和2015年上半年事故发生规律和突出问题，形成了《全国生产安全事故统计分析报告》。

六、强化基层基础，认真落实基层工会建设“落实年”的工作部署

着力研究在中小微企业推进工会劳动保护工作问题，抓重点，补短板，结合区域和行业特点，推动建立适应城镇化发展的基层工会劳动保护工作新格局。总结推广县区设立劳动保护监督检查站、工会劳动保护监督检查员片区服务站、在小煤矿集中的县设立企业和职工安全生产服务中心等做法。继续开展“中小企业职业安全卫生防护‘工具包’适用性研究与推广应用”工作，总结基层成果，推动扩大试点范围。举办全国劳动保护业务知识培训班，开展“送教到基层”、基层联系点对接服务和援疆、援藏等工作，为基层工会提供具体工作指导和服务。加强工会劳动保护群众监督检查员、特聘煤监员考核管理，促进基层劳动保护网络向非公小微企业延伸。截至2015年9月，全国基层以上工会劳动保护监督检查员34.17万名，企业事业单位建立工会劳动保护监督检查委员会115.35万个，拥有工会小组劳动保护检查员245.43万名。

七、联合政府有关部门开展安全生产和职业病防治活动，推动全社会形成“关注生命，关爱健康”的氛围

按照国家安全监管总局等9部门开展《国家职业病防治规划（2009—2015）》督查工作的安排，8月中下旬，分别由中华全国总工会副主席李世明同志、阎京华同志率第七督查组先后对重庆、云南、山东和安徽等四省市贯彻落实国家职业病防治规划情况进行了督查。期间，督查组以听取汇报、问卷调查、查阅档案、专家询问、现场检查、当场点评和征求意见等方式，检查了重庆市涪陵区等8个市区和重庆江森自控电池有限公司等22家企业单位的职业病防治工作，与四省市和所到县市区政府交流和反馈了督查意见，并起草了对四省市督查情况的报告。国家安全监管总局、国家卫计委、国资委和中国疾控中心等有关同志和专家参加了督查工作。协调四川、山西、湖北、广东、内蒙古等省区工会劳动保护部负责同志参加了其他7个督查组的工作，实现了工会对31个省市自治区职业病防治规划督查工作的全覆盖。先后组织开展"全国矿山救援技术竞赛""全国危险化学品救援技术竞赛""职业病防治法宣传周"、夏季"送清凉"等大型活动，促进企业遵法守法，履行主体责任，帮助职工增强防范意识，提高技术技能。继续在《工人日报》开设"关注职业安全健康"专题栏目，全年刊发专栏文章14期，扩大职业病防治知识的宣传和普及。

第九部分

相关行业或领域安全生产工作

道路交通运输安全工作

公安部交通管理局

2015年，全国公安交通管理部门以党的十八大和十八届三中、四中、五中全会精神为指导，深入贯彻习近平总书记等中央领导同志关于安全生产的一系列重要批示、指示精神，以预防和减少重特大道路交通事故为目标，狠抓源头路面管控，全面深化交管改革，稳步推进“四项建设”，大力破解难题顽症，交通管理能力和服务水平不断提升，确保了全国道路交通安全形势持续平稳。在全年汽车增加1781万辆、机动车保有量达到2.79亿辆，驾驶人增加2528万人、突破3.2亿人，道路通车里程新增10万公里的情况下，全国接报涉及人员伤亡的道路交通事故起数、死亡人数分别比2014年下降4.7%、1.3%，万车死亡率降至2.1，同比下降0.1。全年一次死亡10人以上重特大事故12起，同比减少1起，并且首次未出现一省一年内连续发生3起重大事故的情况。

一、加强“大数据”分析研判，提高风险预警管控能力

随着道路交通安全形势不断发展变化，面对新形势、新情况、新问题，必须及早分析研判，找准问题风险，下好“先手棋”，才能及时化解风险，牢牢把握工作主动权。公安部交通管理局利用“大数据”技术，组织研发交通管理大数据综合分析研判平台，完成部级交通管理大数据统计研判平台搭建，开发交通管理大数据深度挖掘研判系统，并在事故预防工作中广泛应用，如针对夏季事故高发的不利局面，在深入研究事故规律特点和趋势的基础上，针对“营转非”客车、旅游客车肇事突出等新情况以及严重交通违法规律特点，组织开展了“五个波次”统一行动，全国公安交管部门依托研判平台精确分析逾期未检验、未报废等重点车辆行驶轨迹，及时通报各地依托交警执法站精准拦查；对交通违法未处理较多的危化品运输企业、旅游客运企业进行筛查排名，通报属地公安交管部门清除源头隐患，有效稳住了形势。

二、科学应对施策，强化风险治理，大力消除各类隐患

一是大力消除重点车辆隐患。紧紧抓住“五类”重点车辆，积极推进“道路运输平安年”，深化“打非治违”。针对危化品运输车安全问题，开展危险化学品道路运输安全隐患整治，排查危化品运输企业1万多家、危化品运输车32.7万辆；针对旅游客车和“营转非”大客车肇事突出问题，开展统一行动，排查旅游企业5760家，排查旅游客车18.4万辆，排查“营转非”大客车3.8万辆。针对逾期未检验、未报废问题，开展集中“清零”行动，全国危化品运输车、大型旅游客车、“营转非”大客车检验率提升到了98.97%、99.3%、93.2%，报废率提升到了99.4%、99.6%、99.7%。二是大力消除道路安全隐患。积极推动实施《国务院办公厅关于实施公路安全生命防护工程的意见》，配合交通运输部门编制《公路安全生命防护工程实施技术指南》，全面推动实施公路安全生命防护工程。联合交通运输部门开展公路隧道安全隐患排查治理行动，共排查治理存在安全隐患的隧道4289个。开展施工路段检查专项行动，共检查高速公路、国省道施工路段2129处，确保了施工路段的交通安全。三是大力消除农村交通安全隐患。始终将农村地区作为压降交通事故、确保交通安全的重点，学习推广广西、重庆等地经验，积极争取党委政府重视支持，健全农村交通安全防控网络，推进农村道路交通安全“两站”“两员”建设，全国共建立乡镇交管站、农村劝导站26.8万个，配备聘用交通安全员、协管员84.7万人，加强农村交通安全劝导管控，大力消除农村地区超员载客、非客运车辆载人隐患。

三、严管严查严重交通违法，不断提升道路管控能力水平

在全国范围内开展了高速公路交通秩序专项行动、严查酒驾违法犯罪行为专项行动及夜间道路通行安全检查统一行动。全国查处交通违法同比上升12.67%，因超速、超载、酒驾、毒驾、闯红灯、不按规定车道行驶、违法占用应急车道等严重违法导致的交通事故死亡人数同比下降3.87%。特别是针对夏季事故高发的不利形势，开展了整治旅游客车和“营转非”客车、整治套牌假牌车辆、整治危化品运输车和营运客车、整治校车、整治酒驾毒驾等“五个波次”统一行动，运用科技手段实现信息主导警务，通过路面整治倒逼源头整改，发动媒体曝光引导社会参与，坚持打合成战、信息战、源头战、舆论战，并紧盯排查出的隐患不放，有力遏制了夏季事故上升势头。加强节假日交通应急管理，认真做好春运和“十一”黄金周、小长假期间疏堵保畅工作，全国未发生长时间长距离交通拥堵。加强恶劣天气交通应急管理，积极做好汛期、冬季雨雪冰冻雾霾恶劣天气交通应急管理工作，特别是针对全国入冬后大面积雨雪来得早、来得猛和雾霾天气频发的情况，全国公安交管部门及早准备、及早预警、科学管控，有效防范了多车相撞事故，保证了主干高速公路畅通。

四、强化部门联动，努力解决道路交通安全难题

针对影响和制约道路交通管理工作的老大难问题，积极协调推动相关部门综合施策，联合治理。一是积极推进破解危化品车辆管理难题。针对液体危化品运输车辆泄漏事故难题，认真贯彻落实公安部、国家安全监管总局、工信部、交通运输部和质检总局联合下发的《关于在用液体危险货物罐车加装紧急切断装置有关事项的通知》，强化部门协作，共同推动在全国10.5万辆液体危险货物罐车全部安装了紧急切断装置，危险货物车辆碰撞泄漏、燃烧事故同比减少32%。针对河北、山东危险货物运输车逾期未检验、未报废数量多的情况，全国公安交管部门及时进行约谈，督促整改。二是积极推动破解超限超载治理难题。针对货车和车辆运输车超限超载运输顽症，积极提出治理政策建议，得到了国务院领导的肯定。在中央层级协调、推动开展部门联合调研，研究起草《关于加强货车非法改装和超限超载治理工作的意见》和《车辆运输车治理工作方案》，力争从车辆生产、改装、装载等源头解决超限超载难题。

五、坚持法治思维，推进立法修法，加强道路交通安全法治建设

一是积极推动严重交通违法行为入刑。紧紧抓住全国人大修订《刑法修正案（九）》（以下简称《刑九》）的契机，推动将校车和公路客运车辆严重超员、超速以及违法运输危险化学品等重大安全隐患、危害后果严重的违法行为纳入刑法处罚。制定下发了《严重超员、严重超速危险驾驶刑事案件立案标准（试行）》，确保了《刑九》平稳实施。二是积极推动修订《道路交通安全法》。以《刑九》实施配套修改《道路交通安全法》为契机，针对人民群众最关心、基层执法单位反映最强烈、安全风险防范最迫切的突出问题，梳理出23条修改意见。积极配合国务院法制办开展研究论证工作。

六、发动社会力量，广泛开展宣传，拓展道路交通安全宣传影响力

一是联合相关部门开展主题宣传活动。联合教育行政、妇工委等部门举办“全国中小学生安全教育日”“儿童安全座椅安全行”等11项主题活动。制作发放《农村交通安全协管员工作手册》《客运驾驶人安全指引》等专业宣传资料。联合中国广播电视电影联合会共同发起“文明交通在行动”2015 年百城百台主题活动。强化交管改革政策权威发布和交通安全预警提示，围绕“互联网 +”和驾考改革开展高频次集中宣传，制作播出专题节目 110 期，在中央电视台滚动播发交通安全提示 53 批次、超过 30 万条次。二是联合媒体开展“122”主题活动。在全国开展了“拒绝危险驾驶、安全文明出行”的主题宣传活动；联合中央电视台制作《平安行·2015》主题晚会；邀请 122 位名人、明星录制 270 余条交通安全公益视频并广泛播放；联合中央电视台发起共拟“中国好司机”文明公约活动，吸引 380 万网友参与，社会各界对交通安全的关注度持续攀升。三是联合新媒体抢占宣传阵地话语权。全国公安交管部门“双微”平台微博粉丝同比增长 7.5% 达到 216 万人，累计发送博文 2340 条；微信粉丝同比增加 16.7% 达到 17.6 万人，累计推送 293 期 320 篇。针对舆论热议的路怒症、占用应急车道、韩国考驾照等问题，全国公安交管部门 5000 多个官方“双微”平台联动，及时发声、迅速反应，提升新媒体阵地的话语权。据统计，2015 年公安交管部门新媒体账号日均发送博文超过 2 万条，日均点击浏览量超过 7000 万人次，“双微”平台逐步成为公安交管部门对外沟通交流、传播交通安全常识的重要阵地。

水上交通运输安全生产工作

交通运输部安全委员会办公室

一、交通运输安全生产总体情况

2015 年，交通运输系统认真贯彻落实党中央、国务院有关安全生产工作的重大战略决策部署，以“平安交通”创建活动为载体，不断完善交通运输安全生产制度体系，健全安全生产隐患排查治理体系和安全生产防控体系，稳步推进安全生产责任落实，深入开展隐患排查治理，积极推进安全生产风险管理，集中开展安全生产专项整治行动，着力强化重点领域和重点时段安全监管，下大力气解决交通运输安全生产存在的薄弱环节和突出问题，交通运输安全生产形势总体稳定。

二、交通运输安全生产重点工作

（一）认真贯彻落实党中央国务院关于安全生产工作的决策部署

一是认真落实国务院领导同志的重要批示指示精神，加强跟踪督导，确保工作落到实处。二是按照国务院安委会统一部署，认真组织开展“打非治违”等专项行动。三是部署开展以“平安交通，为您服务”为主题的第 14 次交通运输安全生产月活动。四是强化新《安全生产法》宣贯工作，组织行业媒体解读新《安全生产法》相应条文，编辑“以案说法”专栏文章，以鲜活的案例解读新《安全生产法》，开通交通运输安全生产微信公众账号，宣传新安全生产法、安全知识等，组织行业开展新《安全生产法》知识测试，参加者达 8.5 万人。五是按照国务院安委会和安委办的要求，组织交通运输安全生产综合督查和专项督查。六是按照发改委统一部署，推进交通运输企业安全生产诚信体系建设。

（二）深入推进“平安交通”建设

一是组织召开 3 次安委会全体会议、7 次安全生产专项会议和 3 次全国安全生产电视电话会议，落实国务院领导有关安全生产指示精神，根据交通运输实际，部署安全生产工作。二是制定《2015 年交通运输安全生产工作要点》，明确了 6 个方面 24 项重点任务。三是下发《2015 年“平安交通”建设工作目标任务的通知》，选取 28 家单位开展“平安交通”建设示范工作。四是编制了《交通运输安全应急“十三五”发展纲要》，明确了“十三五”交通运输安全生产的目标、任务。五是制定《“平安交通”建设行动方案》，明确今后两年“平安公路”“平安港站”“平安车船”“平安工地”等方面的建设任务。六是推动公路安全生命防护工程和危桥改造工程实施，全年共完成隐患整改路段近8万千米，超过年初确定的3万千米目标；完成危桥改造3100座/32万延米，超过年初确定的3000座/12万延米目标。七是组织召开了4次全国道路安全生产分析电视电话会议，研判分析了安全生产面临的形势，提出了相关道路运输安全生产管理措施。八是研究制定“平安交通”评价指标，并在北京等5省市进行了试评价。

（三）扎实推动交通运输安全体系建设

一是印发《关于推进交通运输安全体系建设的意见》，确定交通运输安全生产“法规制度、安全责任、预防控制、宣传教育、支撑保障、国际化战略”六个体系建设目标和任务，并进行分工。二是制定试点方案，确定吉林省和深圳市开展交通运输安全体系建设试点工作，并对试点省份进行了调研指导。三是印发《关于印发交通运输安全生产管理制度建设任务分工的通知》，提出了未来三年交通运输安全生产管理制度框架并进行了分工。四是出台《内河禁运危险化学品目录（2015版）（试行）》，规范内河危化品运输工作。五是改革道路运输危化品管理方式，部署6省开展道路危险货物电子运单试点工作，出版了《道路危险货物运输管理工作指南》。六是积极推动《海上交通安全法》修订工作，推进水上交通安全管理法制化进程。七是推进《国家重大海上溢油应急处置预案》的编制与实施，指导海上污染处置工作。八是开展与美国交通运输安全与应急救援研究合作交流、跟踪国际路协道路安全研究和手册的编制等工作。

（四）强化安全工作责任落实

一是修订了交通运输部安委会工作规则，进一步明确各成员单位职责和工作规范。二是开展交通运输安全监管工作责任规范（导则）的研究，规范安全监管工作内容和程序等。三是出台《公路水运工程建设重点事故隐患清单管理制度》，规范行业隐患排查治理工作。四是印发《进一步加强港口危险货物安全监管工作的通知》《港口危险货物安全管理突出问题治理行动方案》，进一步突出加强港口危险货物安全监管，规范港口危险货物安全管理。五是印发《关于加强长途客运接驳运输动态管理有关工作的通知》，进一步加强长途客运接驳运输动态管理工作，督促试点企业严格执行接驳运输运行组织方案和接驳运输流程。六是发布了海事管理权力清单，明确了83项海事执法业务标准。七是开展了“打非治违”专项整治和“道路运输平安年”活动；完成了中韩客货班轮运输航线专项整治；推进内河船舶非法参与海上运输专项治理；开展冬春火灾防控行动，加强港航单位消防安全“四个能力建设”；开展了隧道施工专项检查和落实施工方案专项治理。

（五）积极推进安全生产风险管理

一是选取28家试点单位，开展为期三年的安全生产风险管理试点示范，各有关司局按照分工，对试点单位开展指导和工作调研。二是编制印发了《高速公路路堑高边坡工程施工安全风险评估指南（试行）》，进一步完善高速公路施工安全风险体系，加强路堑高边坡工程施工安全风险管理，加强施工现场安全风险预控。三是协调科技部，开展安全生产风险辨识、评估基本规范研究工作。

（六）认真组织开展“6·1”东方之星号翻沉事件后的系列工作

一是按照党中央、国务院统一部署，全力以赴做好搜寻、打捞、救助等工作，准确把握舆论宣传导向。二是制定了《交通运输安全生产隐患排查攻坚行动方案》，重点排查治理道路客运、危险品运输、公路桥梁隧道等重点领域的安全隐患。三是开展全国水上客运安全专项检查，并组成3个部督查组，抽调50多名专家，对长江干线重庆至宜昌段水上客运、旅游、客滚运输开展督查检查。四是开展长江水上交通安全监督管理调研，形成调研报告，在调研基础上，出台了《关于进一步加强长江等内河水上交通安全管理的若干意见》《关于加强长江客运安全管理的意见》和《关于加强长江散装危险化学品运输管理工作的意见》。五是召开了长江等内河航运安全管理工作视频会，进行深刻反思，举一反三，切实抓好整改落实工作。

（七）认真组织开展“8·12”天津港特别重大火灾爆炸事故后的系列工作

一是向国务院安委会办公室报送了《交通运输部安委会关于报送危险货物运输安全监管工作情况的函》和《交通运输部安委办关于领导同志有关批示落实情况的报告》。二是杨传堂部长电话约谈了16个省（区、市）交通运输主管部门主要负责同志，并委托部办公厅负责同志与其他省厅主要负责同志进行电话约谈；何建中副部长电话约谈沿海14个主要港口企业主要负责同志，指出当前交通运输行业危化品储运存在的突出问题，强调并重点部署危化品的储运工作。三是组织开展危险品运输安全专项整治的抽查工作，向国务院安委办报送了《交通运输危险化学品和易燃易爆物品安全专项整治抽查工作情况报告》，向被抽查的6省下发了《交通运输部安全委员会关于督促整改危险品运输安全生产隐患和问题的通知》，并抄送省政府。四是认真组织开展危险品运输专项整治“回头看”行动，督促6省整改核查的安全隐患和问题。五是开展港口危化品运输消防安全大排查、大整治行动，会同相关职能部门督促港航企业切实落实消防安全主体责任，全面排查整治火灾隐患，严厉查处消防违法违规行为，提高港口火灾防控能力。六是印发了《交通运输部安全委员会关于危险货物运输安全专项整治抽查后续整改工作的意见》和《长江干线危险货物运输船舶过闸安全工作的通知》等文件。七是认真参与国务院事故调查组，积极指导协调并配合做好事故现场处置及事故调查有关工作。

铁路交通运输安全工作

中国铁路总公司安全监督管理局

一、安全生产总体情况

2015年，中国铁路总公司（以下简称铁路总公司）认真贯彻党中央、国务院安全生产决策部署和中央领导同志关于铁路安全工作的重要指示，始终牢牢坚持“三点共识”“三个重中之重”，全面落实“问题在现场、原因在管理、根子在干部”的安全工作思路，坚持“管理问题是最大的风险源”，持续深化安全管理规范化、现场作业标准化、检查整治常态化建设，不断强化安全基础建设和安全过程控制，全面开展安全风险和隐患排查整治，紧紧抓住安全工作重点，开展了一系列卓有成效的工作，运输安全保持了持续稳定。截至2015年12月31日，铁路总公司实现无特重大事故1022天，全路实现了安全年，确保了铁路交通运输安全的持续稳定。

铁路总公司全力确保铁路运输安全，以安全管理规范化、现场作业标准化、检查整治常态化为抓手，深入推进安全风险管理。健全安全管理职责体系，强化对管理过程和工作质量的考核，促进各级干部认真履职、尽职尽责。组织制定各工种、各岗位作业指导书，狠抓职工学标、对标、达标，提高了标准化作业能力。组织开展了3轮安全生产大检查，加大安全专项整治力度，集中消除了一批安全隐患。圆满完成建设任务，认真落实党中央、国务院关于加快铁路建设的部署，全力推进铁路建设工作。对在建项目全面优化施工组织，加强质量安全管理，集中力量突破关键工程，严格按进度组织施工。对新投产项目倒排工期进度，落实提前介入措施，扎实做好工程收尾和运营准备等工作，一大批重大项目顺利开通运营。大力推进科技创新，适应铁路建设和运营需要，加强铁路技术标准管理，制定发布一批企业技术标准，铁路技术标准体系不断完善，技术标准国际化进程进一步加快。深化重点领域技术创新，时速350千米中国标准动车组成功下线运用考核，新型机车、大型养路机械等关键技术装备自主研发取得重要突破；京沪高铁工程项目获得国家科技进步奖特等奖。推动铁路走出去，认真落实党中央、国务院关于铁路走出去的部署要求，充分发挥铁路总公司综合优势和在企业层面的牵头作用，构建企业间工作协调机制，组织中方企业紧密协作、抱团出海，形成拓展国际铁路市场的整体合力，积极应对激烈的国际铁路市场竞争，加强双多边铁路交流与合作，推动建立银企合作机制，创新境外项目合作模式，一批境外项目取得重大进展。

二、安全生产重点工作

（一）深入推进安全风险管理

2015年，铁路总公司坚持从管理入手、从治本出发，深入推进“三化”建设，推动安全风险管理向深入发展。

一是安全管理职责体系不断健全落实。各单位、各部门组织对安全管理职责、工作标准和工作流程进行了动态修订，完善干部履责质量考评机制，对管理过程、履职质量和实际效果进行考核评价，促进了干部责任落实。全面落实企业安全生产主体责任，各专业、各单位根据总公司《安全管理规定》，细化了专业安全管理规则和实施细则，健全了安全管理、过程控制、责任落实制度体系。进一步强化安全管理评估和专业安全检查，突出对两级领导班子履职情况的考评。充分发挥正向激励作用，运用发现和防止隐患奖励、发放表扬通知书等手段，实施重奖快奖，激发广大干部职工共保安全的责任意识。2015 年，铁路总公司安监局组织各特派办上、下半年分别召开了辖区安全风险管理现场会，交流推广了 70 多项安全管理先进经验，下发《安全工作情况通报》36 期，推介典型做法 40 余项，促进了各铁路局安全管理水平的同步提升。同时，下发了 7 份安全表扬通知书，对 63 件防止典型事故情况进行通报表扬。

二是安全基础工作进一步加强。持续做好设备造修源头质量整治，推进设备修程修制改革，积极探索建立主要行车设备维修管理综合电子档案和生产全流程管理平台，完善设备质量问题通报和经济损失追偿机制，2015 年完成对路外单位事故损失追偿3000 余万元。不断健全专业指导、沟通协调和联合检查整治机制，着力加强专业管理检查与评价，各层级专业安全管理水平得到进一步提升。有序推进铁路应急体系建设，完善应急预案，健全应急演练机制，非正常情况下作业常态化管理水平得到提升。

三是安全过程控制水平稳步提升。坚持问题导向，全面实施日安全信息追踪分析、周安全分析、安全问题深度分析、典型问题定期通报、典型问题交班分析、安全对话、安全预警等安全管理工作制度，综合运用大数据分析，提高了安全风险研判、预警、防范的针对性与实效性。全年组织召开安全对话会 28 次、事故交班分析会 43 次，下发典型问题通报 71 期、《安全预警通知书》12 份、《安全监察指令书》54 份，组织对 685 件事故和安全问题进行了深度分析、对 8500 余件重点安全信息进行了追踪调查。组成车务（客货）、机务、工务、电务、车辆、供电、劳安、环境、工程 9 个安全检查组，分 4 个季度对 18 个铁路局进行了全覆盖专业安全检查，发现和解决了一大批专业安全问题，进一步规范了专业安全管理工作，促进了安全管理规范化。针对春运、汛期、集中修等关键时期、关键环节，开展了多项专项检查，确保了安全稳定。

四是突出安全风险得到有效控制。加大提前介入监督检查力度，强化初步验收和安全评估问题整治，严把开通运营条件关，确保了合福、丹大、哈齐、成渝等高铁和客专新线开通运营安全。狠抓应急处置安全导向，强化高铁、动车安全，规范应急处置行为。积极采取物防、技防手段，加大防洪预抢工程实施力度，树立新的防洪安全理念，采取客车限速、绕行、停运等多种方式主动规避风险，再次实现防洪安全年。摸索安全规律，加大整修力度，加强动车组、客车运行状态监测，加快 TEDS 设备建设进度，进一步补强设备监测能力。规范铁路总公司动车组列车停车标设置，有效防范动车组错误对标停车的安全风险。强化路外单位施工安全管理，建立施工前安全约谈、安全承诺机制，督促工程施工单位规范内部管理，确保施工安全。强化铁路运输安全环境综合治理，依法起诉维权，严厉打击危及行车安全的违法犯罪行为。

（二）强化高铁、客车安全控制

铁路总公司始终把确保高铁和客车安全摆在重中之重的位置，深入探索高铁安全规律，认真推进安全风险管理，构建了安全风险防控体系。在我国高速铁路大量投入运营、沿线环境日益复杂的情况下，保持了高铁运营安全持续稳定，没有发生严重事故，没有发生造成旅客死亡的责任事故，截至 2015 年底已经安全运行 478 万趟、23 亿千米，安全运送旅客 42.5 亿人次，连续实现了 4 个安全年。

一是建立风险管控和隐患排查治理双重预防性机制。坚持每天对涉及高铁、动车、客车等 200 余件安全信息件件跟踪分析，向全路发布安全预警提示，每周分层组织安全交班分析，每旬逐级召开安全对话会，及时约谈单位负责人，大大压缩了问题解决时间。每月逐级进行安全风险的全面分析研判，对突出安全问题，采取挂牌督办、专项整治和专题攻关等形式进行整治规范，2015 年以来总公司和铁路局挂牌督办安全突出问题 187 个。

二是完善规章制度体系。不断完善高铁固定设备和动车组运用维修标准、作业标准和管理要求，分解细化了所有岗位作业标准和工作流程，健全系统间、工种间联系协调机制。完善了动车组恶劣天气运行有关规定，明确了降速、限速、停运、救援、维修等应急措施。

三是提升设备设施安全保障能力。加强高速铁路产品准入管理，杜绝质量不合格的设备产品及建设物资进入高速铁路市场，广泛运用车载诊断和地面监测技术，严格按照规程对动车组开展预防性维修，提高动车组运行可靠性。充分利用三维精测网、高速综合检测列车等检测手段，周期性对高铁线路、通信、信号、牵引供电等设备进行全方位、全天候的动静态监测，对设备隐患严格执行限速、封锁直至停运措施。所有高铁线路均实行夜间"天窗"，严格执行高速铁路维修施工后开行确认列车制度。

四是完善高铁安全监测监控系统。高铁线路实行全封闭管理，在重点车站、区段和处所安装了全天候的视频监视系统。全面推广使用了线路、桥梁固定设备在线自动监测设备，以及高铁防灾、异物坠落、区域沉降等安全环境监测检测系统，积极推进动车段（所）检修能力和 TEDS、TADS 等安全监控系统建设，形成动车组运行全过程、立体化安全监控体系，增强了安全风险防范能力。

五是加强职工队伍素质建设。设置了相对独立的高铁管理机构和生产单位，配备了专业技术管理队伍和日常作业人员。建设实物化、实景式的职工实作培训基地，从岗位准入、能力培养、资质把关等方面，全方位加强高铁职工队伍素质建设。严格执行高铁司机、动车组机械师等关键岗位资质性培训和审查把关，保证具备相应的职业素养和履职能力。制定了高铁和客车安全红线，触碰红线的人员退出高铁客车岗位，保证了从技术业务素质上满足高铁运营安全需要。

（三）深入开展安全大检查活动

铁路总公司各单位、各部门深刻吸取长江沉船、天津港爆炸等典型事故教训，结合自身实际，扎实开展了 3 轮安全生产大检查。将梳理分析典型事故、深度反思管理行为、全面排查安全风险、挂牌督办突出问题、对照修订职责标准等规定动作贯穿于安全生产大检查活动始终，细化检查方案，明确不同时期检查重点，加强过程督导和"回头看"，着力分析整治管理问题，实施治本之策，构建安全管理长效机制，集中解决了一系列实质性安全问题。

一是领导重视，安排部署到位。铁路总公司党组召开扩大会议专题研究制定工作方案，铁路总公司领导分片深入各铁路局进行督导检查，确保大检查有序、深入开展。各单位、各部门主要负责人和领导班子成员带头深入现场，加强督查督办，分阶段推进工作落实。各铁路局、各专业部门每周汇总检查信息，每月进行工作总结，定期编发简报交流推广经验，确保大检查自始至终力度不减、高效开展。

二是注重成效，落实规定动作。各铁路局、专业运输公司按照铁路总公司的总体部署，结合各自实际，将规定性动作贯穿于大检查工作的始终，确保了大检查工作成效。特别是总公司组织各单位结合企业安全生产"五落实、五到位"和企业负责人"一岗双责、党政同责"等要求，对各层面的安全管理职责、工作标准和工作流程进行了全面对照修订。

三是突出重点，强化关键控制。铁路总公司在突出高铁、客车等安全关键控制的同时，组织对铁路专用线、货场、油库等危险化学品和易燃易爆品场所进行了全面检查；对重点客运车站、铁路宾馆等场所的电梯、锅炉和消防安全隐患进行了全面排查；对石油库、输油管道和加油站的设置及安全距离情况进行了全面调查；针对安全突出问题组织专题研究攻关，大力推进 TEDS 建设、应急发电机配备、防护栅栏安装、道口平改立等工作，增强了安全防控能力。

四是全面覆盖，深入检查整治。大检查期间，按照全面覆盖的要求，铁路总公司各单位、各层面、各岗位，包括运输、建设、多元经营和后勤保障各个系统，全体动员、全面检查、全员参与，不但实现了对单位、岗位、人员的全覆盖，而且做到了对各个专业环节、作业过程、重点部位和设备设施的全覆盖，检查整治了一大批安全隐患。各铁路局共发现和处理违章违纪行为近 18 万件，整治运输安全环境问题 1.5 万余件，排查重大安全隐患 3000 多件。

五是认真组织开展"安全生产月"活动。铁

路总公司所属各单位紧紧围绕“加强安全法制，保障安全生产”活动主题，深入开展安全警示教育，提高职工安全红线意识和防护技能，全面强化安全监督检查和隐患排查整治，在“安全生产月”活动中，安全教育图片展出7865场，制作安全展板7534块，张贴招贴画3.02万份，悬挂张贴标语横幅4.83万条，发放安全宣传品86.7万份，参加安全知识考试29.8万人，组织安全知识竞赛1547场，召开安全座谈会8564场（次），组织巡回演讲1162场（次），参加安全宣传教育活动52.3万人（次）。

（四）大力开展安全生产专项整治

按照铁路总公司年初确定的21项专项整治重点，各专业主管部门认真研究制定整治方案，采取挂牌督办、联合攻关等措施，各铁路局强力推进，加大整治力度，确保取得实效。全路共649个车站、984台机车安装了STP设备；机车6A系统加装完成1519台，CMD系统加装完成1790台；工务部门更换客车径路木枕14万根，更换木枕道岔1872组，完成614.5公里钢轨防断监测装置的安装运用，全路正线有人看守道口全部安装视频监控系统，纳入了道机联控；电务ATP车载设备故障率同比降幅39%；车辆客车防火整治项目全部完成，高铁线路进站侧线TEDS系统安装有序推进。通过对影响运输安全的突出问题进行集中整治，高铁、客车安全风险防范能力逐步提升。

（五）加强路外安全环境综合治理

一是针对南北方地域和季节特点实施路外安全管控。极端天气、自然灾害、基础设施和人民文化素质差异，都给路外安全工作带来了较大的挑战，各铁路局也面临着不同的路外安全管理实际困难。围绕这些问题，安全环境工作突出抓关键，抓重点，要求各铁路局结合实际研判突出风险和薄弱环节，明确工作重点，制定行之有效的安全管理措施，各级监察部门突出抓管理责任的落实考核，有效推进了工作计划的落实。

二是铁路道口安全有序可控。各铁路局加大了道口安全整治力度，对繁忙道口以及通行大型载客汽车的道口进行了专项治理，重点对道口基础设施状况和道口自动通知、自动报警设备及通信设备运行状态是否良好及道口安全管理制度执行情况等进行了检查整治。

三是全力推进铁路道口“平改立”、立交通道建设和线路封闭工作。各铁路局按照《中国铁路总公司关于国铁线路平交道口改立交及栅栏封闭建设规划（2015—2017）指导意见》确定的总体目标，加强组织，积极协调地方政府，科学制定实施计划，多方筹措建设资金，加快推进线路封闭工作。截至2015年末，新建栅栏封闭工程2114千米，道口“平改立”、立交通道建设新建完成313处。

四是突出重点隐患，环境安全问题整治纳入常态化工作机制。铁路总公司安监局继续深入开展环境安全隐患排查整治活动，要求各铁路局进一步明晰主体责任，严格责任追究。坚持不定期检查和定期评估相结合，对威胁铁路安全的重大安全隐患进行督导检查。各铁路局对铁路方无法完成整改且对安全有重大影响的隐患问题，及时向国家铁路局地区监管局和地方各级人民政府汇报致函，请求支持，协调处置。通过不懈努力，线路周边地方开矿、采石、采砂及施工修路、开发等影响铁路安全的突出安全隐患问题明显减少，进一步净化了铁路运输外部安全环境。

（六）强化运输安全监督检查工作

一是加强日常安全监督管理工作。针对事故和日常检查发现的普遍性、苗头性、倾向性安全问题，深入组织安全检查调研。在春运、暑运、调图以及“五一”“十一”节假日等安全重点时期和关键时段，组织检查组深入一线，加强现场检查监督，同时先后组织了防洪安全、施工安全、客车安全、高铁治安防范等阶段性安全专项督导检查。组织开展特种设备、劳动安全和职工安全培训等专项检查调研。

二是继续强化事故管理工作。坚持高铁客车从严、红线问题从严、管理问题从严的原则，引领全路盯住关键、守住底线。根据铁路政企分开改革的新形势，积极与国家铁路局等相关部门协调沟通，做好《铁路交通事故应急救援和调查处理条例》的修订工作。

民航交通运输安全工作

中国民航局航空安全办公室

2015年是“十二五”收官之年。民航行业认真落实中央领导关于民航安全工作的重要批示指示精神和国务院关于安全生产工作的总体部署，坚持安全理念，不断提升安全管理水平，紧紧围绕安全治理体系与治理能力现代化这条主线，励精图治，主动作为，顺利完成了各项任务，各项安全指标好于预期。全年实现运输飞行850万小时、362万架次，同比分别增长11.2%和7.5%。严重事故征候万时率和人为责任原因事故征候万时率分别为0.009和0.029，同比分别下降34.6%和2.3%。2010年8月25日至2015年末，运输航空连续安全飞行64个月、3672万小时。

“十二五”期间，运输和通用飞机分别净增1048架和856架，同比分别增长65.6%和84.8%；实现运输飞行3490万小时，比“十一五”期间增加71.3%；安全运送旅客18.0亿人次，未发生运输航空事故。运输航空百万小时重大事故率十年滚动值为0.02（同期世界平均水平为0.24，美国为0.05）；运输航空百万架次重大事故率十年滚动值为0.04（同期世界平均水平为0.47，美国为0.10）；亿客千米死亡人数十年滚动值为0.001（同期世界平均水平为0.012）。南航、国航、东航先后实现安全飞行1000万小时，荣获“飞行安全钻石奖”。在严峻复杂的空防形势下，取得了“6·29”“7·26”斗争胜利，连续13年保证了空防安全。

一、安全生产重点工作

（一）完善顶层设计

落实安全生产“党政同责、一岗双责、齐抓共管、失职追责”要求，编制了《关于落实民航安全生产管理责任指导意见》。发布《中国民航航空安全方案》，建立健全“管行业必须管安全，管业务必须管安全，管生产必须管安全”的安全工作格局。联合下发《关于加强空军军民合用机场保障工作的管理意见》，推进军民航深度融合发展。

（二）创新安全监管

施行《关于控股航空公司实施统一运行指导意见》，改革监管模式，释放生产潜能。前移安全防范关口，发布76期航空安全预警信息。推进安全绩效管理试点，探索安全管理新路。与全部运输航空公司签订无线快速存取记录器（WQAR）数据传输和保密协议，为行业运输航空飞行品质大数据动态监控和趋势分析奠定基础。对安全关键岗位人员实施涉毒等特殊健康管理。对316家民航企业年度安全保障财务状况进行考核。突出航空公司安全风险管控，加强事中、事后监管。针对幸福航空“5·10”新舟60飞机偏出跑道事件、奥凯航部分飞行员飞行超时和违反休息期规定事件，以及中联航安全形势明显滑坡情况，依法依规采取暂停飞机交付引进、削减飞行总量、限制加班包机和新增航线航班，以及罚款等处罚措施。

（三）推进依法治理

组织开展“法治民航，安全民航”系列宣讲活动，15000余名飞行员参加了学习，营造安全法治环境。联合工商总局、国家邮政局等九部委出台《关于加强邮件、快件寄递安全管理工作的若干意见》，推动工信部出台《锂离子电池行业规范条件》，从源头上规范危险品、锂电池航空运输管理。依法关停26家未取得危险化学品经营许可证的航油供应单位。建立外航运行评估机制，行政约见马来西亚亚洲航空公司等5家外国航空运输企业，依法撤销泰国捷特亚洲航空等境内10个航点。加大机场安保隐患排查治理力度，关闭各类通道101个、停止X射线安检设备103台。针对浙江台州路桥机场“7·26”空防事件，依法暂停其运行，对责任人问责。开展“六严”专项行动，严打危害民航安全违法犯罪行为，稳步推进“平安民航”建设。全年共查处各类危害民航运输安全违法犯罪案件25420起，刑事拘留590人，治安拘留18532人。

（四）加强基础建设

成立“民航局航行新技术应用与发展工作委员会”并召开首次会议，继续推进基于性能的导航（PBN）、平视显示器（HUD）、卫星着陆系统（GLS）、电子飞行包（EFB）、广播式自动相关监视（ADS－B）地面站补盲工作。大飞机重大专项有关适航审定能力建设项目获得国家批准。完成运12F型飞机的型号合格审定，稳步推进C919、蛟龙600飞机的型号合格审定，做好ARJ21、新舟60等证后管理工作。开展ARJ21的AEG评审和相关测试，顺利交付首架飞机。完成3家企业低铅汽油和无铅汽油的适航审定。积极参与马航MH370事故调查工作，深刻吸取德国之翼A320坠机和俄罗斯科加雷姆A321事故教训。完善事故调查手册和应急装备配置，组织开展事故调查及应急处置演练。落实民航安全能力建设资金2亿元，安排监察员培训资金1649万元。

二、安全生产工作体会

“十二五”期间，我国民航保持了平稳向好的安全态势，安全水平继续保持在世界先进行列。回顾这五年来的安全工作，有以下五个方面的体会：

（一）实现持续安全，科学理念是灵魂

“十二五”期间，李家祥局长结合行业安全发展实际，先后就专业技术人员资质能力建设、安全生产主体责任落实、把握好安全发展八个关系、确立科学的思维方式和思想方法、以更加务实的精神抓安全工作、不断提升安全管理的人文内涵等作了系列专题讲话。2015年又提出抓安全必须坚持“四个服从”，将“安全第一”方针更加具体化。这些重要讲话，不仅丰富和深化了持续安全理念，而且为全面做好民航安全发展工作指明了方向。全行业以持续安全理念为引领，凝聚安全共识，转变管理观念，创新方法手段，在建立健全安全生产长效机制上下功夫，使安全生产工作呈现常态化，实现长效益。

（二）实现持续安全，队伍建设是关键

“十二五”期间，重点以运输航空机长的资质能力排查为抓手，制定《运输航空机长职责》，严把准入、养成、转型升级、实践能力和重点人员五个关口，严肃查处无后果违章行为，建立健全飞行员资质管理长效机制，确保飞行员尤其是机长资质能力过硬。5年间，对所有运输航空飞行员进行了资质能力排查，对441名不合格飞行员采取补充训练和降低技术等级等措施。在此基础上，排查范围向机务、空管、运控、安检等专业技术人员扩展，排查环节由在岗向招录、养成延伸，排查内容由业务技术向思想作风、职业道德深化。建立飞行、机务等专业人员“黑名单”制度，初步建立了注重制度规范和纪律约束的行业关键岗位人员管理机制。“十二五”期间，运输航空人为责任原因事故征候万时率大幅下降，安全品质持续提升，队伍建设取得明显成效。

（三）实现持续安全，落实责任是根本

“十二五”期间，进一步完善安全生产责任体系，严格落实“四个责任”，不断夯实安全发展基础。44家航空公司、449家维修单位、165家空管和209个机场单位通过安全管理体系审定，35家单位通过航空安保管理体系审定，建立了以风险管理为核心的安全管理体系，安全生产主体责任进一步落实。各级行政管理部门创新监管理念和方法，狠抓监管队伍和监管能力建设，基本建立了以飞标、适航、空管、空防、机场、运输等业务系统为依托的行业安全监管长效机制。

（四）实现持续安全，完善规章是保障

“十二五”期间，制定和修订了21部行业规章、17项国家标准和182项行业标准，以《民用航空法》为核心、25部安全类行政法规为依托、92部行业安全规章为基础的中国民航安全规章体系更加完备。各级行政管理部门科学制定安全监察计划，依法行政、依法监管，各企事业单位依法依规完善安全运行手册体系和管理制度，依法生产、遵章运行，从业人员按手册和规程操作，民航安全工作在法治的轨道上运行。

（五）实现持续安全，应用科技是支撑

“十二五”期间，一批安全新技术得到充分应用，科技对行业安全发展的贡献率日趋明显，88%的运输机场具备PBN飞行程序，完成ADS－B建设项目规划。民航局运行监控中心建成，民航统一指挥、监控、协调和应急处置的能力进一步增强。

自主研发的跑道特性材料拦阻系统（EMAS）首次在腾冲机场安装使用。部分民航科技项目和安全能力建设项目的成果得到推广应用，有力地支撑了民航安全运行品质和安全管理水平的提升。

建筑施工安全生产工作

住房和城乡建设部工程质量安全监管司

2015 年，住房城乡建设部认真贯彻落实党中央、国务院关于安全生产工作的决策部署，始终将加强建筑施工安全监管工作摆在重要位置，以促进工程建设各方主体安全生产责任落实为主线，着力完善规章制度，狠抓事故调查处理和监督检查，持续加强安全生产宣传培训，积极推进长效机制建设，建筑施工安全监管各项工作取得积极进展。在各级住房城乡建设主管部门及广大建筑企业的共同努力下，全国建筑施工安全生产形势保持稳定好转。据统计，2015 年全国共发生房屋市政工程生产安全事故 442 起、死亡 554 人，分别比 2014 年同期下降了 15.33% 和 14.51%。其中，较大事故 22 起、死亡 85 人，同比分别下降 24.14% 和 19.05%，未发生重大及以上事故。

一、加强工作部署

住房城乡建设部高度重视建筑施工安全监管工作。2015 年共召开了 2 次部安委会全体会议和 2 次部分地区建筑施工安全监管工作座谈会，及时传达贯彻中央领导同志批示要求和国务院有关会议精神，通报分析建筑施工安全生产形势，研究加强和改进工作的具体措施，全面部署建筑施工安全监管工作。按照国务院安委会的要求，结合建筑施工行业实际，印发了《关于开展建筑施工安全生产大检查深化“打非治违”和专项整治工作的通知》，在全国范围内部署开展针对房屋市政工程的安全生产大检查和专项整治工作。

二、完善规章制度

一是启动部门规章《危险性较大的分部分项工程安全管理规定》的制定工作，全面强化对房屋市政工程施工过程中危险性较大的分部分项工程的安全管理措施和要求，防止生产安全事故尤其是较大以上事故的发生，截至年底已起草完成送审稿。二是印发《住房城乡建设质量安全事故和其他重大突发事件督办处理办法》，强化建筑施工生产安全事故查处督办程序、内容及处罚措施等要求，严格事故查处及督办工作。三是印发《建筑施工企业主要负责人、项目负责人和专职安全生产管理人员安全生产管理规定实施意见》，完善建筑施工企业“三类”人员安全生产考核及专职安全生产管理人员的配备等规定，进一步加强和规范对“三类”人员的管理，强化企业和人员安全责任。

三、加大事故督办和通报力度

一是加强事故督办。按照事故督办处理办法，对 22 起房屋市政工程施工生产安全较大事故启动了督办程序，下发事故查处督办通知书，其中云南省文山州职教园区学生活动中心“2·9”事故、西藏自治区林芝市巴宜区鲁朗小镇中区项目主体及配套工程“7·5”事故、河北省石家庄新乐市金地建材市场 13 号商业楼“4·11”事故发生后，派出事故督察组赴现场了解事故情况，并召开新闻发布会通报事故情况。二是建立约谈制度。召开部分地区工作汇报会，易军副部长出席会议，约谈部分发生较大事故地区住房城乡建设主管部门，督促有关地区认真进行事故查处，深刻吸取事故教训，进一步加强和改进建筑施工安全生产工作。三是强化事故通报。网上通报 22 起较大事故的相关企业及法定代表人、项目经理、项目总监。每月及每季度均印发全国房屋市政工程生产安全事故情况通报，督促各地及相关企业强化安全管理。对 2015 年房屋市政工程生产安全事故查处情况进行通报，督促各地切实加大事故查处力度，强化事故责任追究。

四、强化监督检查

一是组织开展全国建筑工程质量安全督查。在企业和各地自查基础上，分四批组织15个督查组，采取随机抽取市县、项目的方式，对全国30个省、自治区、直辖市180个在建房屋市政工程项目进行了检查，对34个违反工程建设强制性标准和存在质量安全隐患的工程下发了执法建议书。二是全面开展全国建筑施工安全生产大检查。各级住房城乡建设主管部门对建筑领域存在的薄弱环节进行全面排查，严厉查处安全生产违法违规行为，确保施工安全。三是深入开展“打非治违”和专项整治活动。以打击转包、违法分包、无资质或超资质承揽工程等为重点，深入推动建筑施工领域“打非治违”专项行动，加强市场现场联动，对违法行为严查重处。以基坑支护、土方开挖、脚手架、模板支撑体系、起重机械等5类工程为重点，对安全专项施工方案编制、实施，从业人员持证上岗，建设、监理单位履责等情况进行深入整治，及时消除安全生产隐患，遏制和防范群死群伤事故发生。

五、加强宣传培训

一是按照国务院安委会的统一部署，在全国住房城乡建设系统开展以“加强安全法治、保障安全生产”为主题的“安全生产月”活动。各地住房城乡建设主管部门大力加强新《安全生产法》等法律法规的宣传贯彻，积极开展建筑安全生产知识竞赛、建筑施工安全事故警示教育等各类活动，促进广大建筑企业及从业人员牢固树立安全生产红线意识，增强安全法治观念。二是强化舆论监督。在有关建筑施工安全监督检查及事故查处工作中邀请媒体记者跟踪报道，宣传优秀典型，曝光违法违规企业和个人。三是组织开展建筑施工安全监管人员培训班。对青海、宁夏、甘肃等地各级住房城乡建设主管部门、施工安全监管机构负责人、一线监督员及部分企业安全管理人员共计210余人进行培训。

六、推进长效机制

一是大力推进建筑施工安全监管信息化建设。围绕建立“六位一体”的建筑施工安全监管信息系统目标，稳步推进安全生产监管信息化工程（一期）住房城乡建设部建设项目，组织编制报送《项目环境影响评价》《节能评估报告》《可行性研究报告》并通过审查。二是积极推进建筑施工安全标准化建设。按照住房城乡建设部要求，各地住房城乡建设主管部门积极贯彻落实《建筑施工安全生产标准化考评暂行办法》，督促企业实现建筑安全生产管理标准化、施工作业人员行为标准化，提升企业及工程项目本质安全水平。三是加强改革创新研究。根据建筑业改革发展要求，结合建筑施工安全生产工作实际，组织开展了建筑施工安全监管体制机制创新、建筑施工安全生产诚信体系建设等专题研究。

消防安全工作

公安部消防局

2015年，全国各级公安消防部门紧紧围绕“稳定、创新、发展”的主题，大力推进消防“四项建设”，统筹抓好消防现实斗争和基层基础，努力提升社会防控火灾水平，全力维护消防安全形势稳定。

一、以重大安保为牵引，坚持专常结合，全力维护消防安全形势稳定

及时研判形势，紧盯关键环节，强化精准治理，严防重特大火灾。一是点、线、面防控抓好重大安全保卫。针对西藏自治区成立50周年和新疆维吾尔自治区成立60周年大庆、“9·3”阅兵、博鳌论坛等重大会议、活动，坚持全国“一盘棋”思想和“万无一失”工作标准，提早制定方案、专门进行部署，反复组织开展消防安全检查，全面落实各项防控措施，确保了消防安全。二是驰而不息抓好消防专项治理。针对季节性火灾特点和火灾事故暴露出的问题，狠抓冬春和夏季消防检查及易燃易爆场所和彩钢板建筑等专项整治，联合民政部开展社会福利机构消防专项治理，会同国家安全监管总局抓好劳动密集型企业消防安全专项治理，提请中央综治办、国务院安委会分别对80处区域性火灾隐患、100家重大火灾隐患单位进行书面警示和挂牌督办。据统计，全国公安消防部门共检查社会单位621万余家，督促整改火灾隐患639万余处。三是突出“七进”深化消防宣传教育。会同中央网信办等8部委印发《推进消防安全宣传教育进机关进学校进社区进企业进农村进家庭进网站工作指导意见》，协调农业部将消防安全纳入“美丽乡村建设”培训项目，特别是会同教育部等首次组织开展了“消防进军训”活动。建成4级“移动互联网消防信息服务平台”，定期向单位负责人、消防管理人等发送消防信息，首次评选表彰1000名优秀“社区消防宣传大使”，引导群众关注参与消防工作。

二、以改革创新为动力，坚持问题导向，着力提升消防安全治理能力

针对经济社会新常态对消防安全的新要求，努力补齐短板、破解难题，健全社会火灾防控体系。一是推动消防责任落实。会同中央综治办等8部委实地考核省级政府年度消防工作，推动解决了一批涉及公共消防设施建设、重大隐患整改等重大问题。强化部门消防工作责任，分别与教育部、民政部、卫生计生委、国家文物局制定出台行业消防安全管理规定。二是改进消防监督管理。会同住建部等6部门印发指导意见，推广安装简易喷淋、独立式感烟火灾报警器，着力解决“小火亡人”问题。在重点单位集中区域推行建立消防安全联防协作组织，消除消防安全“盲区”。深化执法规范化建设，印发全面推进法治消防建设意见，获准发布实施43项国家和行业消防标准。同时，按照全面深化公安改革的统一部署，出台消防部门服务经济社会发展8项措施，启动《消防法》和119号令、120号令的修改工作，推进消防行政审批制度改革，特别是配合全国政协召开了以“建设工程消防审核验收”为议题的双周协商座谈会，对推进消防改革意义重大。三是强化消防信息科技支撑。编制实施消防基础信息化三年规划，建成消防接处警系统和图像、语音综合管理平台，构建了从公安部消防局指挥中心到灭火救援现场的一体化和扁平化指挥体系。坚持以防灭火实战需求为牵引，组织开展消防重点技术攻关，16项成果在基层消防部队试点应用，11项成果实现产业化并投入建设工程应用。

三、以消防社会化为方向，坚持统筹发展，不断夯实城乡消防安全基础

抢抓发展机遇，夯实公共消防安全基础，不断提高城乡抗御火灾能力。一是推进专职消防队建设提质增效。全国新增政府专职消防队员1.1万人、消防文员4400人，政府专职消防队伍总人数达到18.5万人，有212支政府专职消防队被核定为事业单位。二是培育壮大社会消防专业力量。联合人社部组织首次注册消防工程师资格考试，全国有44万余人报考。规范消防技术服务市场，全国有2484家消防设施维保检测机构、223家消防安全评估机构取得临时资质。协调将消防员等7个职业纳入《国家职业分类大典》，加强消防行业特有工种职业技能鉴定，全年鉴定45万余人。三是加强城乡消防基础建设。会同中编办等六部委印发《加强城镇公共消防设施和基层消防组织建设指导意见》，全国共建成“有人员、有器材、有战斗力”的单位、社区微型消防站17.1万个，地级市、县级市、县城和全国重点镇消防规划编制率分别为85%、72%、70%和53%，新增市政消火栓13万个。

四、以能打仗打胜仗为目标，坚持战斗力标准，切实提升灭火救援能力

围绕强军目标和培育新一代革命军人的要求，深化部队正规化建设，提升部队攻坚打赢能力。一是强化实战训练和熟悉演练。组织修订执勤条令和大纲，探索实行灭火救援现场指挥长负责制，狠抓执勤岗位练兵，加强特殊灾害处置技战术研究。组织参加了东盟地区论坛第四次救灾演习、上合组织成员国联合救灾演练，以及第八次上合组织成员国紧急救灾部门领导人会议救灾演练，展示了我国消防部队救援救灾水平。二是提升装备实战效能。出台了关于加强灭火救援装备建设的意见，加强个人防护装备和工程机械配备，完成1083项装备技术革新，全年新增执勤消防车4030辆、抢险救援器材4万余件（套）、消防员防护器材90万件（套）。三是有效处置了重特大灾害事故。全国消防队伍共接警出动112万起，出动车辆204万辆次、人员1197万人次，营救遇险被困人员16.5万人，抢救和保护财产价值650多亿元，有效处置福建古雷PX化工厂爆炸、湖北东方之星客轮翻沉、深圳特大滑坡等灾害事故。特别是天津港“8·12”火灾爆炸事故发生后，广大消防官兵英勇顽强，不辱使命，为保卫国家和人民生命财产安全作出了重大贡献。全国公安消防部队中有26个集体、4名消防员受到中央和省部级单位表彰，河北省秦皇岛市公安消防支队北戴河特勤中队、新疆自治区阿克苏地区公安消防支队库车县大队分别被公安部授予“忠诚为民模范消防中队”“戍边爱民模范消防大队”荣誉称号。

工业和通信业安全生产工作

工业和信息化部安全生产司

2015年，工业和信息化部坚决贯彻习近平总书记、李克强总理作出的一系列重要指示批示精神，从增强红线意识、建立健全责任体系、强化企业主体责任、加快改革创新、构建长效机制等方面狠抓落实，坚持牢固树立安全发展观念，坚守红线和底线，始终把安全生产放在首要位置，优先安排，重点部署，强力推动。对承担的民爆行业和通信业安全生产监管职责，坚决履职到位，不断推动行业安全生产水平提升。在指导工业加强安全生产管理方面，积极配合安全生产监管部门，充分发挥工业行业管理部门的职能作用，在制定行业规划、提升标准规范、推动技术改造、淘汰落后产能、促进产业转型升级和推进信息化等方面加大工作力度，促使工业企业抓好源头治理，提升本质安全水平和安全保障能力。

一、从源头治理入手，指导工业企业切实加强安全管理

（一）大力推进两化深度融合，提升安全保障水平

信息化和工业化深度融合不仅是我国工业由大到强的关键所在，也是提升工业本质安全水平强有力的保障。《中国制造2025》，主线就是要加快两化深度融合，以智能制造为主攻方向，加快新一代信息技术与制造业特别是与传统行业的结合。

大力推进工业机器人等智能装备在危险工序和危险工艺环节的应用，充分利用互联网技术助推安全管理和技术升级。信息通信技术在民爆、化工等高危行业的推广应用，是日常安全监管工作的一种创新和有益补充。借助互联网技术，不仅可以实现危化品生产企业有毒有害气体自动探测、报警、连锁停机、自动消防处置，有效降低着火爆炸、毒气伤害等生产安全事故概率，而且可以实现对危化品生产、运输、储存、使用、销毁各环节的运行及安全管理的统筹监控，有效防范非法经营、规范企业员工行为、消除或减少人为事故隐患。同时，还可以通过大数据分析，研判危化企业共性的安全薄弱环节，及时采取针对性措施，消除普遍存在的安全隐患。如九江石化根据炼化生产现场安全要求，与华为一起建立了覆盖全厂的4G工业无线网，实现有线、无线语音通信系统和多媒体终端、网络IP与各控制中心等不同视频系统的互联互通，建立起可视化、智能化、一体化的生产调度、现场操作、巡检防爆、应急指挥模式，从而大大提高了企业的生产安全保障水平。

（二）提升安全标准，严格行业安全准入

为强化源头治理，工业和信息化部从提升行业安全标准入手，严格行业准入。建立了19个重点工业行业的安全生产标准框架体系，安排了106项标准制修订计划，发布了99项安全生产领域行业标准。例如，按照国务院安委会的要求，在认真分析特大交通事故技术原因的基础上，制定发布了《道路运输液体危险货物罐式车辆紧急截断阀》《专用校车安全技术条件》《罐式车辆生产企业及产品准入管理要求》等，提升了危化品运输车辆、校车、大客车的安全标准。

（三）推进安全技术改造，提升本质安全水平

提高重点领域本质安全水平。把高危行业列为技术改造的重点支持领域，支持企业对现有装备设施、工艺条件进行改造，不断采用新技术、新工艺、新流程、新装备，提高安全保障水平。继续在钢铁、石化、有色、建材、危险化学品、民爆等相关重点领域，开展智能化水平提升专项行动，引导企业提高智能化、自动化和安全生产管理信息化水平。自2010年实施产业振兴和技术改造专项以来，不断加强对高风险工业企业生产工艺和装备技术改造的支持，共安排安全生产类技改项目1308项，安排专项资金约126亿元，重点支持危险化学品安全生产应急平台建设，高危行业企业安全生产信息化系统、安全生产管理与监测预警系统建设，应急救援装备与安全保障装备升级换代等项目，努力提高工业企业本质安全水平。

加强危化品企业合理规划布局。一是加强统筹规划，合理布局，制定发布了《危险化学品“十二五”发展布局规划》，强化安全管理规范，促进行业风险可控、安全、健康发展。二是按照党的十八届五中全会《“十三五”规划建议》的任务要求，开展了危险化学品生产企业搬迁改造需求调查，组织编制了《推进城镇人口密集区高风险危险化学品生产企业搬迁改造工作方案》，并将危化企业搬迁改造纳入国家专项建设基金支持重点方向，“十二五”期间已安排了3批共238个项目，搬迁总投资2750亿元。

（四）培育促进安全产业发展，提升安全生产基础保障能力

为促进我国安全产业发展，增强安全保障能力，培育新的经济增长点，工业和信息化部联合国家安全监管总局出台了《关于促进安全产业发展的指导意见》(工信部联安〔2012〕388号)，对安全产业发展进行统一规划、加强培育。

按照国务院的分工部署，工业和信息化部将发展安全产业的相关要求纳入了《工业转型升级规划（2011—2015)》(国发〔2011〕47号）和《工业通信业安全生产“十二五”规划》(工信部规〔2011〕584号）等重要文件中，引导和支持安全产业发展。充分发挥地方工信部门、安监部门以及中国安全产业协会的作用，大力支持安全产业园区建设，支持安全产业领域新技术、新产品、新装备的研发应用，支持专用安全技术、产品和服务产业化，提升全国安全生产技术和装备整体水平。同时，加强安全生产基础能力建设，提升关键基础材料、核心基础零部件（元器件)、先进基础工艺和产业技术基础等工业基础能力，提升安全生产的基础保障能力。

2015年11月，工业和信息化部和国家安全监管总局与国家开发银行、平安集团四方联合签署了《促进安全产业发展战略合作协议》，共同策划建立总规模达1000亿元的安全产业投资基金，为安全产业的蓬勃发展搭建社会化、市场化的融资平台，支持企业创新商业模式，推动安全科技加速研发、加快推广应用，为工业生产和社会各领域提供更有效的安全保障。

二、扎实抓好民爆行业、通信业安全监督管理工作

工业和信息化部以抓好“两个主体责任”落实为重点,通过推进行业技术进步、建立健全各级安全监管体系、加强安全督查和检查等措施,努力提升民爆行业本质安全水平,强化行业安全监督管理。

（一）不断强化安全监管

一是完善监管体系。新《安全生产法》出台后，按照进一步落实属地监管责任的要求，着力推动各级地方民爆行业主管部门健全监管队伍，形成了国家、省、市、县比较完善的安全监管体系，在保障安全生产方面发挥了重要作用。

二是加强安全检查督查。根据国务院安委会总体部署和国家反恐要求，进一步完善了民爆安全巡察督查机制，加强了重点时段、重点地区安全督查，加大安全执法力度，重点治理了“四超”和“三违法”等违法违规行为。依法严厉打击非法建设项目，严肃查处违法超产行为，对全行业起到了警示作用，对违法违规者起到了震慑作用。

三是不断深化改革，努力创新监管方式。利用信息化手段，探索民爆企业诚信体系建设，对遵法守纪的企业给予表扬，对违法违规企业，以“不良记录”“黑名单”方式予以曝光。依法严厉打击非法建设、违规生产经营、规避安全监管等违法违规行为。

（二）大力加强标准和规章制度建设

工业和信息化部一直高度重视行业标准、法规等基础性工作。为有效防范和坚决遏制民爆行业与通信建设工程安全生产事故的发生，进一步加强安

全生产管理工作，“十二五”期间，工业和信息化部以安全标准制修订、安全生产规章制度制定为抓手，加强对民爆行业、通信业的安全生产监督管理：

在法规方面，民爆行业在安全生产许可下放后，及时修订了《民用爆炸物品安全生产管理条例》《民用爆炸物品安全生产许可实施办法》的相关条款，保障行业有法可依；通信业为强化安全管理，发布了《电信运营业中央企业安全生产监督管理办法》《通信机楼消防安全监督管理办法》《通信网络供电系统运行安全管理办法》和《损坏公用电信设施赔偿计算方法》等规章制度。

在标准方面，民爆行业建立和完善了标准体系，涉及科研、生产、试验、检测、运输、储存直到销毁的全寿命周期，覆盖到设计建设、安全生产、产品质量、工艺操作、设备管理、现场管理、安全评价等，民爆行业现有标准 228 项（国家标准 95 项，行业标准 133 项），其中强制性标准有 124 项；通信行业全面梳理了安全生产标准，共涵盖国家标准 61 项、行业标准 45 项和企业标准 39 项，组织通信安全生产标准工作组开展通信行业安全生产标准和规范的制修订工作，同时加强通信安全生产标准需求调研与研究。已完成通信机房环境安全、通信网络安全防护和人员电磁防护等方面共十余项标准的制定。

（三）稳步推进行业结构调整

“十二五”期间，民爆行业以安全发展为出发点，以市场需求为导向，以结构调整为着力点，以产品结构、工艺结构、企业组织结构、上下游衔接为突破口，利用政策制定、标准发布、生产组织、安全许可等措施，狠抓结构调整，取得了明显成效。

一是产品结构持续优化。在包装炸药方面，为了提高产品的安全性，大力提高含水量较高的胶状乳化炸药比例，膨化硝铵炸药、改性铵油炸药、粉状乳化炸药产量占比逐步下降，导爆管雷管产量占比逐年提高。

二是上下游融合发展不断深化。在民爆产品的生产经营、爆破作业和矿山开采三个环节，通过推广一体化模式，实现了优化资源配置，降低了社会成本，拉近了民爆生产与民爆使用、爆破作业与矿山发展之间的距离，提高了安全系数和经济效益。

（四）充分发挥科技引领作用

一是科技创新能力进一步提高。近年来，以部属高校及共建高校等智力资源为依托，打牢民爆科技工作基础，克服了经费不足的困难，积极开展基础科研和实验工作。推进产学研用深度结合，加快了研究成果转化为实际生产力的步伐。

二是民爆行业智能制造有序推进。发布实施了《民爆安全生产少（无）人化专项工程实施方案》，以减少危险岗位在线人员，从而减少一旦事故发生时的人员伤亡。到 2015 年底，全行业 65 家企业引进了 194 台智能包装机器人，替代高危岗位一线操作人员逾千人，全国 394 条工业炸药生产线实现了流程的连续化和自动化，83% 的生产线现场操作人员数已降到 9 人以下，其中超过四分之一的生产线现场操作人员数降到 5 人以下。工业雷管危险工序实现了人机隔离，起爆具生产流程也涌现了一批连续化、自动化、智能化的生产线。除机器人外，还将会同有关部门大力推进智能制造装备在高危行业的应用，开展智能制造单元、智能生产线、智能车间、智能工厂建设，从根本上减少安全隐患，降低了发生重特大事故的概率，为提高高危行业本质安全水平提供技术支撑。

农业安全生产工作

农业部安委会办公室

2015 年，农业部认真贯彻落实党中央、国务院关于加强安全生产工作的一系列决策部署，不断强化红线意识和底线思维，加强工作指导，强化责任落实，推动依法治安，农业安全生产工作成效明显，总体形势持续平稳向好。农机、渔业等重点行业没有发生特别重大事故，重大事故得到有效遏制。据统计，全年发生在国家等级公路以外的农机事故1306起，死亡208人，受伤427人，同比分别下降25.1%、30.7%和23.2%。渔业船舶水上事故254起，死亡（失踪）307人，同比分别下降12.56%、上升7.34%。其中，渔业船舶水上生产安全事故208起，死亡（失踪）154人，同比分别下降17.13%、15.85%。

一、全面加强工作部署

农业部高度重视安全生产工作，始终把安全生产贯穿于农业农村经济社会发展全局统筹谋划，部党组两次召开会议、部安委会4次召开全体会议，传达学习中央领导同志重要指示批示和国务院有关会议精神，研究部署农业安全生产工作；全年印发《农业部办公厅关于深入开展安全隐患排查切实做好当前安全生产工作的紧急通知》（农办办〔2015〕32号）、《农业部办公厅关于做好2015年农机安全监理工作的通知》（农办机〔2015〕3号）等十余个文件通知，及时部署指导工作开展；部署开展“安全生产月”、隐患整改“回头看”“打非治违”专项行动、安全生产交叉大检查等活动。组织召开全国渔业安全生产视频会议，对渔业安全生产工作进行动员部署；牵头完成国务院安委会对重庆、四川两地的安全生产督查及“回头看”任务；深刻吸取天津港“8·12”特别重大火灾爆炸事故教训，迅速研究部署开展农业安全生产隐患排查整治行动；认真履行国务院安委会新修订的成员单位安全生产工作职责，积极研究探索监管手段，建立完善制度机制，农业安全生产各项工作扎实推进。

二、积极落实惠民政策

进一步推广农机免费管理经验，免费管理的规模逐步扩大。截至2015年底，全国开展免费管理的试点县超过700个，较去年增加20%以上，北京、天津、上海、陕西、青海、宁夏、大连、青岛和宁波等9地实现免费管理全覆盖，北京、上海、江苏、陕西等4省份开展了政策性保险补贴。各地免费为30多万台农机核发了牌证，共计免征费用2000多万元，免征小型微型企业牌证费用1000多万元，受益企业1.5万家以上，减轻了企业和农民的负担，受到了广大农民群众的支持和认可。据统计，2015年全国“三率”平均水平超过70%，完成了“十二五”规划目标。渔业部门积极争取项目资金，加大渔船救生设备、渔业安全通信网、船位监测、渔业保险等渔业安全管理和渔船装备建设的财政投入，进一步夯实渔业安全生产基础。

三、大力推进改革创新

一是开展农机年检制度专题研究，推动农机年检制度改革创新，在全国范围内组织开展农机年检制度专题调研，提出“推行免费检验、加强政策扶持，实行简政放权、推进分类管理，优化检测内容、提高检验效率，推广先进技术、提高检验水平，加强队伍建设、提高服务水平”5条改革意见。二是修订完善规章制度。启动《拖拉机登记规定》《拖拉机驾驶证申领和使用规定》《联合收割机及驾驶人安全监理规定》等规章的修订工作。结合渔业船舶检验执法监督三大行动，深入开展渔业船舶安全管理相关制度规定和标准执行情况调研，加强制度建设，提升依法治安水平。落实建立渔业船舶水上事故通报制度，全面加强渔业安全生产督导。三是结合渔业船舶燃油补贴政策改革，积极探索将补贴政策与安全生产挂钩，研究在渔船更新改造、打击“三无”渔船、渔港及船标维护、渔船安全通信导航装备建设等方面予以支持，全面提升渔业安全生产整体水平。

四、深入开展监督检查

一是开展重点时段安全生产大检查。农机、渔业部门结合行业特点，深入田间地头、渔港码头，加强督查检查，督导各地落实有关制度规定，确保生产安全。二是针对事故多发区域和多发行业，专门组织力量深入基层督导，开展事故专题分析，研究建立源头防范机制。三是深刻吸取事故教训，大力开展隐患治理。“6·1”东方之星沉船事故和天津港“8·12”特别重大火灾爆炸事故后，农业部深刻吸取事故教训，举一反三，全面部署深入开展安全生产隐患排查治理活动，渔业渔政管理局组织力量深入山东、广东、福建、辽宁、河北、海南、浙江、湖北8个省份重点渔区开展工作督查；农业机械化管理司组织力量深入内蒙古、辽宁、黑龙江、重庆、云南、宁夏6个省份督导检查农机安全生产，指导各地农机主管部门及其安全监理机构聚焦农机专业合作社、农机维修点、农机库棚、培训学校、田间场院等重点场所，农机驾驶人、操作员、维修工等重点人员，水稻双抢、“三秋”作业、秋冬播种等重点农业生产时节，拖拉机、联合收割机、微耕机和插秧机等易发生安全事故的重点机型，开展农机安全生产大检查，排查事故隐患，减少事故发生。

五、不断深化平安建设

2015年农业部继续以争创“平安农机示范县”“平安渔业示范县”和“全国文明渔港”为抓手，指导各地严格程序、严格标准，积极开展创建活动。农机部门按照农业部、国家安全监管总局印发的《“十二五”创建“平安农机”工作方案》和《关于调整“平安农机”创建工作的通知》的要求，经过县级申报、省级推荐等程序共推出101个全国“平安农机”示范县（区、市）和199名农机安全监理示范岗位标兵，引导地方健全安全生产责任制，完善安全监管网络，强化安全生产措施，构建“政府负责、农机主抓、部门配合、群众参与”的农机安全监管长效机制。同时，按照“十三五”规划“大力推进农业现代化”的要求，广泛征求各地意见，积极开展“十三五”深化“平安农机”建设方案的研究工作。渔业部门指导各地通过层层选拔，评选公布了第三批11个“全国文明渔港”和47个“平安渔业示范县”，进一步调动了地方政府重视安全生产、加大投入的积极性。

六、广泛开展宣传培训

坚持形式多样、突出重点、注重实效、常抓不懈的原则，精心组织“5·12防灾减灾日”、第14个全国“安全生产月”“11·9消防日”、省（部）长与厂长（经理）谈心等活动，并指导开展了大量培训工作。农业部渔业渔政管理局于今年4月和7月，分两批对全国各省（区、市）渔业主管部门和渔港监督机构、中国渔业协会、中国渔业互保协会、中国远洋渔业协会等单位的有关人员进行了安全生产业务培训，并协调安排主管部领导与渔业企业负责人进行安全生产谈心对话。全国渔业行业结合新的《渔业船员管理办法》，加大渔业船员安全基础培训和宣传教育工作，开展了商、渔船碰撞警示教育和海上应急救助演练，加大渔民涉外宣传教育力度，减少和避免越界捕捞、违规作业等涉外渔业事件发生。农业部农业机械化管理司会同国家安全监管总局有关部门组成督导检查组，深入辽宁、河南、四川三省，开展安全生产督导，并参与当地农机安全生产宣传活动。各地农机系统结合全国“安全生产月”活动，集中组织开展了送农机安全知识下乡、农机安全生产事故警示教育、“三夏”农机安全生产大检查、农机监理为民服务、农机安全咨询日等活动。广大农机安全监理人员，深入农村集市、田间场院、农机经营维修网点和农机合作社等农机手经常活动的场所举办咨询活动。切实通过现场发放农机安全宣传资料，制作安全生产标语、横幅、宣传专栏，以及发送手机安全信息，在有关媒体宣传报道等举措，营造了良好的安全生产氛围。

七、切实强化应急管理

农业部认真贯彻《突发事件应对法》《国务院关于加强应急管理工作的意见》和《农业部关于进一步加强农业应急管理工作的意见》文件精神，10月22日成功举办了全国农机事故处置应急演练现场会，强化了农机事故应急管理，规范了农机事故应急处理，提升了农机事故应急救援能力。落实《农业机械事故处理办法》有关规定，及时通报了典型的较大以上农机事故，进一步强化工作督导，推动责任落实。渔业部门坚持24小时应急值班和领导带班制度，及时通报灾害性天气预警预报信息，切实加强防台减灾工作，协调配合专业海难救助力量，妥善处置了多起渔业应急突发事件。加强与交通运输部、中国气象局等部门的沟通合作，强化在水上安全管理、渔业船舶水上事故统计、海上救助、灾害预警等方面的合作机制，共同就加强水上安全管理合作进行研究部署。

水利安全生产工作

水利部安全监督司

2015年，水利行业认真贯彻落实党中央、国务院的决策部署，按照水利部党组的总体要求，以控制事故为目标，以信息化、标准化建设为支撑，以建立完善责任体系、隐患排查治理体系和事故处置督导体系为重点，以工作考核、“四不两直”督导、安全教育和典型推动为手段，改进工作方式方法，狠抓监督检查、事故督办和长效机制建设，实现了“四个全覆盖”，即党中央、国务院关于安全生产决策和部党组有关部署在行业的全覆盖、水利安全生产监督制度建设和执行的全覆盖、对在建和运行管理工程有效监督的全覆盖和安全生产监督对象安全生产状况掌控的全覆盖。在全行业的共同努力下，水利安全生产事故起数、死亡人数双下降，未发生重特大生产安全事故。2015年水利行业共发生生产安全事故6起，死亡10人，较大事故1起，实现事故起数和死亡人数双下降，部直属单位未发生死亡事故。水利安全生产形势保持持续稳定向好。

一、强化组织领导，狠抓工作部署和落实

为切实贯彻落实好党中央、国务院有关安全生产工作的决策和部署，陈雷部长亲自主持召开党组扩大会议，研究部署安全生产工作；矫勇副部长主持召开全国水利安全监督工作会议，分析水利安全生产面临的新形势和新要求，统筹安排水利安全生产工作；刘宁副部长多次召开部长专题办公会议研究安全生产工作；部安全生产领导小组先后召开5次会议，认真落实国务院安委会和部党组的有关工作要求和部署，强化水利安全生产各项工作措施。按照国务院安委会的统一部署，及时印发了《关于全面开展水利安全生产大检查、深化“打非治违”和深入开展危化品易燃易爆物品安全专项整治工作的通知》《关于开展水利工程建设落实施工方案专项行动的通知》《关于切实做好岁末年初及2016年元旦春节期间水利安全生产工作的通知》等一系列文件，并切实抓好落实。

二、严格落实监管责任，切实提高行业监管水平

按照习近平总书记“党政同责、一岗双责、失职追责”“管业务必须管安全、管行业必须管安全、管生产经营必须管安全”的要求，进一步健全和完善行业安全生产责任体系。一是通过压担子、给任务，督促地方加强安全监督机构和队伍建设。目前，所有省级水行政主管部门都成立了水利安全监督职能处室。二是继续深入开展流域机构和省级安全生产监管工作考核。2015年将以往每年年终对工作结果的考核，调整为3次抽查考核，坚持结果与过程考核并重，并对每次考核结果都进行了全国排名通报。三是加强事故督导。对发生较大生产安全事故的，及时派出工作组进行现场指导，并督促有关部门按照“四不放过”原则严肃事故处理。

三、狠抓隐患排查治理，严格落实防范措施

按照国务院安委会的统一部署，结合水利实际，深入组织开展水利安全生产大检查、“打非治违”、落实施工方案专项行动及危化品易燃易爆品安全专项整治等活动。紧紧围绕水利工作重点，先后印发了《关于做好汛期水利安全生产工作的紧急通知》和《关于进一步加强重大水利工程建设项目安全生产工作的通知》等文件，突出强化汛期安全生产和重大水利工程建设安全监管工作，部署部直属单位开展危险源登记、完善应急预案、编制《安全风险防控手册》“三项工作”。部直属各单位、地方各级水行政主管部门结合本单位、本地区实际，突出在建工程、水库、农村小水电、淤地坝、水文监测、水利勘测、水利试验等重要领域、重点项目和关键时段的安全监管，认真制定工作方案，积极落实各项工作措施，深入开展隐患排查治理，安全生产工作成效明显。全年排查事故隐患29169条，并实现闭环管理，有效防范了各类生产安全事故的发生。

四、夯实安全基础，建立完善长效机制

一是加快完善水利安全生产规章制度。颁布了《水利水电工程施工安全防护设施技术规范》和《水利工程施工安全管理导则》。二是积极推进水利安全生产信息化建设。水利安全监督信息化一期工程初步设计已形成报批稿；安全生产信息上报系统已有39万座工程登记入库，6万多家水利企事业单位每月按时上报隐患和事故信息。三是全面推进水利安全生产标准化建设。全国又有95家单位通过了水利安全生产标准化建设一级评审，地方二、三级标准化建设评审工作也陆续开展。四是应急管理不断加强。水利安全生产应急管理体制机制进一步健全，应急预案体系进一步完善，应急处置能力逐步提高。五是严格水利水电施工企业“三类人员”安全生产考核管理，不断提高从业人员的安全生产管理水平。

五、深入开展宣传教育活动，提高全员安全意识

以“加强安全法治、保障安全生产”为主题，深入组织开展水利行业“安全生产月”活动。开展了习近平总书记关于安全生产工作的重要论述和依法治安主题宣传、水利安全生产知识网络竞赛、责任状评比、警示专题教育等活动。重大水利工程建设项目质量与安全管理谈心对话活动，矫勇副部长与64个已开工的重大水利建设项目法人及主要负责人进行谈心对话，取得了很好效果。水利安全生产知识网络竞赛有4335家水利企事业单位参赛，97287人参与答题，参赛人数和答题次数创历史新高。水利安全生产责任状评比有全国200多个单位参加，获奖成果在水利安全监督网、《中国水利报》上进行展示。此外，还录制安全生产警示片、录制远程教育课件、编制安全生产应知应会读本、编制事故分析警示集，强化安全生产宣传教育工作。水利部再次被国务院安委办评为全国“安全生产月”活动先进组织单位，松辽水利委员会被评为全国“安全生产月”活动优秀单位。

2015年，水利安全生产工作虽然做了不少工作，取得了新的进展和成效，但与党中央、国务院的新要求以及水利发展的新形势、新需要相比还存在不少差距。从监督检查尤其是“四不两直”督查可以看出，有的地方和单位对安全生产工作重视程度还不够，一些领导安全责任有名无实的现象还没有得到根本改变，在思想上还存在麻痹思想和侥幸心理，在管理中还存在安全制度不完善、安全投入不足、隐患排查不到位、安全教育不深入等问题。地县两级水利部门安全监管力量薄弱，人员素质普遍不高，工程建设和运行现场监管不落实、不到位情况比较突出。部分一线从业人员安全观念淡薄，安全防范意识薄弱，应急避险能力低。水利安全生产工作需要采取更加有力的措施，用扎实的举措为水利事业可持续发展提供坚实保障。

特种设备安全监察工作

国家质检总局特种设备安全监察局

2015年是“十二五”的收官之年，质检系统围绕“抓质量、保安全、促发展、强质检”的工作方针，运用战略思维与系统思想，按照“创新发展、真抓实干、稳中求进”的基本要求，完善法规标准，优化监管制度，推动改革创新，夯实监管基础，安全状况持续好转。2015年，全国共发生特种设备事故和相关事故257起，死亡278人，受伤320人，与2014年相比，事故起数减少26起，同比下降9.19%；死亡人数减少4人，同比下降1.42%；受伤人数减少10人，同比下降3.03%，全国未发生特种设备重特大事故。2015年特种设备万台设备死亡率为0.36，较2014年下降7.69%，较好地实现了国务院安委会下达的万台设备死亡人数不超过0.38的控制目标。

一、实施重点监管，严守安全底线

（一）全面开展电梯安全监管大会战

在企业自查自纠基础上，各地监督检查发现隐患电梯10.7万台，封停1900多台，完成整改10.1万台，其中整治“三无”电梯1.3万台，更新改造老旧电梯1.3万台；积极推进电梯应急处置平台建设，11个省（自治区）开通电梯应急专用呼叫号码，杭州等15个城市建成电梯应急处置服务平台，电梯救援人员到达现场和实施救援平均用时大幅缩短，中办值班报告专题向党中央和国务院领导进行了汇报；推动部门联合监管，积极促成国务院安委办组织质检、安监、住建等8部门开展电梯安全专项督查调研，提出强化电梯安全的建议措施并报国务院领导。电梯安全监管大会战取得初步成效，万台电梯死亡率降到历史最低。同时，各地不断创新电梯安全监管模式，北京在全国率先打通了住宅专项维修资金应急使用通道，全面建立“三无”电梯解决机制；贵州运用大数据，将电梯救援平台纳入“质量云”工程建设，提升电梯困人救援处置能力；浙江推动各地试点开展特种设备“智慧监管”。

（二）大力开展油气输送管道隐患整治攻坚战

按照国务院安委会的工作部署，梳理并进一步明确了质检部门的油气输送管道安全监管职责；成立了质检总局压力管道安全技术中心，为油气输送管道隐患整治攻坚战提供技术支撑；推进油气输送管道检验检测和风险评估，全国共实施油气输送管道安装监督检验8146千米，实施在用管道全面检验30385千米。

（三）加强重点领域重点设备监管

深刻汲取天津港“8·12”特别重大爆炸事故的教训，全系统认真贯彻落实国务院安委会和质检总局的统一部署，组织开展了涉及危险化学品的特种设备安全生产大检查。加强物联网、二维码等信息化科技手段的运用，新出厂的大型起重机械全部加装安全监控管理系统；建立了全国移动式压力容器公共服务信息平台，在上海、江苏、山东、重庆、陕西等地开展采用二维码作为移动压力容器身份标识整合相关信息的应用试点。天津、河北、浙江、四川等地推进分类监管，完成氨制冷液氨介质特种设备使用单位安全标准化管理项目；江苏、新疆建立气瓶从严管理常态化工作机制，开展气瓶监管改革和集中报废试点；湖南强化“气化湖南”建设工程质量安全监管。

二、加强顶层设计，着力推进改革

经过深入多方调研，多次研究论证，反复征求意见，历时三年，几十次修订，《特种设备安全监管改革顶层设计方案》正式颁布，标志着特种设备安全监管领域全面深化改革的进程正式开启。按照国务院办公厅有关要求，开展了清理规范部门行政审批中介服务工作，明确将鉴定评审、人员考试定位为技术性服务。作为全国质检系统两个试点司局之一，启动了权力清单和责任清单的制定工作。特种设备行政许可改革和检验工作改革不断推进，制定了《特种设备行政许可目录》，印发了《特种设备检验检测机构整合试点方案》，积极推动检验机构整合试点，中国特种设备检测研究院与17个地方检验机构签署了组建中国特检集团的协议；甘肃省编办批准成立定位为技术检查机构的甘肃省特种设备安全技术研究中心。

三、强化风险管理，提升应急能力

针对7月份电梯事故发生的情况，紧急召开全国视频会议，部署开展针对性检查，及时消除安全隐患；与中央电视台、中经网等媒体合作开展了电梯安全网络调查、网络直播访谈节目，开展“电梯安全宣传周”系列宣传活动；国家质检总局组织研发了舆情监测系统，并推广至全部省级质监部门使用；国家质检总局与上海市有关方面联合组织开展特种设备事故应急处置综合演练。各地加大风险和应急体系建设力度，广西建设了特种设备及质量安全应急指挥系统；山东开展了特种设备重大危险源辨识、风险评估和风险预控研究。

四、健全工作体系，夯实监管基础

配合完成了《大气污染防治法》的修订工作，制定了《特种设备现场安全监督检查规则》等规范性文件，安全技术大规范建设取得实质性进展；管道完整性管理纳入强制性标准。中国特种设备安全与节能促进会颁布了特种设备安全方面的第一个团体标准——《电梯应急处置平台技术规范》。各地加快地方立法进程，山东省颁布了《山东省特种设备安全条例》，广东省颁布了《广东省特种设备安全条例》和《广东省电梯使用安全条例》；重庆、内蒙古、四川、安徽、新疆等地相继出台了电梯安全监督管理办法。各地加快建立完善多元共治工作格局，积极推动地方政府和相关部门落实“一岗双责”，着重推动和加强县级特种设备安全监管队伍建设，监管力量进一步向乡镇、街道、居委会延伸。国家质检总局完成特种设备安全与节能技术委员会换届工作，成立了国务院安委会专家咨询委员会特种设备专业委员会。

五、加大宣传力度，营造良好氛围

以贯彻落实《特种设备安全法》为核心，综合运用多种方式开展宣传教育。组织编写的《特种设备安全法》实务全书已经正式出版。与国家新闻出版广电总局共同监制、河南电影电视制作集团等单位联合拍摄的我国首部特种设备安全教育系列电影科教片《美丽中国梦　质检安全行》，在全国正式上映。组织召开了“纪念特种设备安全监察60周年暨《特种设备安全法》颁布两周年座谈会”。组织开展了“小手拉大手，安全共相守”庆六一特种设备安全进校园、进社区主题宣传活动，继续开展了“百城万校儿童安全乘梯流动宣传活动”。各地也不断加大特种设备安全宣传力度，江苏以电梯安全连环画、微电影等方式，开展电梯知识进校园活动；海南拍摄了《电梯安全系万家，椰城幸福靠大家》宣传片，在社区宣传放映；云南制作了特种设备安全视频并滚动播放；山西采取“报网联动、微信助力”等多种方式开展宣传。

电力安全监管工作

国家能源局电力安全监管司

2015年，国家能源局认真贯彻落实党中央、国务院关于加强安全生产工作的各项决策部署，强化红线意识和底线思维，坚持安全发展理念，推进依法治安，主动适应经济发展新常态，坚持“命”字在心、“严”字当头、“实”字担肩，坚持依法遵规监管、坚持问题导向、突出案例监管、强化行政执法，建立完善安全生产责任体系，创新安全监管工作机制，切实履行各项监管工作职责，继续保持了电力安全生产形势持续稳定的良好局面。

2015年，主要开展了以下工作：

一、加强电力安全生产责任体系建设

通过扎实开展安全生产大检查（督查）、领导干部与企业负责人谈心对话活动等，督促电力企业明确安全生产职责，完善安全生产责任体系有关制度规程，加强安全生产基础能力建设，做到“五落实五到位”。密切跟踪电力安全事故（事件）调查处理情况，及时采取约访、约谈等方式，督促电力企业落实责任、采取切实措施进行整改。进一步落实电力安全监管责任，坚持依法遵规监管、坚持问题导向、突出案例监管、强化行政执法，会同各派出机构加强督促检查，提高监管效能，全面推进电力安全生产工作。

二、加强电力安全生产法规体系建设

2015年以来，先后出台《电力安全生产监督管理办法》（国家发改委2015年第21号令）、《水电站大坝运行安全监督管理规定》（国家发改委2015年第23号令）、《电力建设工程施工安全监督管理办法》（国家发改委2015年第28号令）等3个部门规章。积极推动《电力可靠性监督管理办法》和《电力工程质量监督管理办法》尽快出台。编制（修订）印发《电力监控系统安全防护总体方案等安全防护方案和评估规范》等14号令配套文件。修订印发《水电站大坝安全注册登记监督管理办法》《水电站大坝定期安全检查监督管理办法》等多个规范性文件。研究制定《燃气电站天然气系统安全监督管理规定》《光伏发电企业安全生产标准化创建规范》等标准、规范和制度等。

三、强化电力安全生产监督管理职责

加强电网安全、发电安全监管，加强电力工程施工安全监督管理和质量监督管理，继续做好水电站大坝安全、网络与信息安全监管以及电力可靠性监督管理，努力防范和坚决遏制重特大事故和大面积停电事故发生。通过深入开展防汛抗旱检查、隐患排查治理和安全风险管控等工作，督促电力企业落实各项防汛抗旱措施，确保防洪度汛和迎峰度夏期间电力系统安全稳定运行。针对2015年水情、气候情况及可能出现危及大坝泄洪安全等险情，进一步加大安全监管执法力度，督促水电站大坝安全管理主体责任落实，保障了水电站大坝运行安全。出台《国家能源局关于加强电力可靠性监督管理工作的意见》，组织召开可靠性指标发布会，全面总结电力可靠性30年发展历程。

四、落实“简政放权、放管结合、优化服务”的工作要求

通过完善事中事后监管，加强对电力安全生产标准化、发电机组并网安全等工作的监督检查，在做到简政放权的同时，确保安全准入门槛不降低、安全监管不放松。全面认真梳理职责范围内的权力和责任清单，提高安全监管效能。指导大坝中心开展水电站大坝安全注册登记在线审批系统建设工作，确保办理过程的规范性、透明性和及时性。按照局领导有关指示，主动服务企业，协调高压、特高压输电工程和油气管道相互影响问题。

五、扎实深入开展专项监管

发布《全国电力企业“六打六治”打非治违专项监管情况通报》以及《重要输电通道运行安全专项监管报告》《电力企业网络与信息安全专项监管报告》和《电力建设工程质量专项监管报告》等3份监管报告；组织编制了《电网运行安全风险分析报告（2014—2015）》。按照《国家能源局关于印发2015年电力工程质量等四个专项监管工作方案的通知》(国能安全〔2015〕156号）要求，会同有关派出机构结合实际扎实深入开展电力工程质量专项监管、电力工控系统安全防护专项监管和电网安全风险管控专项监管、电力建设工程落实施工方案专项行动等4个专项监管工作，坚持问题监管，提高监管针对性，务求实效。

六、认真开展安全生产检查和隐患排查整改

按照国务院安委会的总体部署，对新疆维吾尔自治区和新疆生产建设兵团进行了安全生产大检查综合督查。督查共覆盖自治区和兵团地（市）级政府6家、县级政府11家、企业29家，发现问题157项并已分别反馈给自治区和兵团。深入开展安全生产大检查和“打非治违”专项行动，共发现问题158项（其中安全管理问题88项，生产现场问题70项），已要求各有关电力企业采取切实措施限期整改，并适时对整改落实情况进行检查。扎实开展电力行业防范粉尘爆炸以及危险化学品和易燃易爆物品安全专项整治，参与油气输送管道隐患整改攻坚战专项督查和金属非金属矿山整顿关闭工作调研督导，及时整改了一批事故隐患，有力提高了企业本质安全水平。

七、圆满完成各项保电任务

强化组织领导、加强督导检查，指导督促各电力企业强化安全隐患排查治理和风险管控，加强电网安全和网络与信息安全监督管理，精心组织设备运维保障，加强电网交直流混联、西电东送等重要输电通道安全监督管理，落实重要输电通道反事故措施，圆满完成全国两会、博鳌亚洲论坛、抗战胜利70周年纪念活动等重大活动保电工作，实现了电力保障万无一失和“零闪动、零差错、零投诉”的工作目标。

八、加强电力应急管理

配合国务院应急办，编制完成《国家大面积停电事件应急预案》。开展《电力企业应急能力建设评估规范》编制工作。组织开展浙江宁波、云南昆明等地大面积停电事件应急演练。开展自然灾害灾后损失评估机制、水电站大坝应急管理等方面的研究、全面加强应急响应、联动、演练工作，有效提升应急保障能力。2015年以来，新疆克孜勒苏柯尔克孜自治州阿图什（5.0级）、四川乐山(5.0级)、云南临沧（5.5级）、尼泊尔（8.1级）等地发生地震以及灿鸿、杜鹃等台风灾害发生后，指导各有关单位加强电力应急管理，积极做好应对工作，据跟踪监测，以上自然灾害基本未对电力设备设施造成较大影响。

九、加强网络与信息安全监督管理

组织召开电力行业网络与信息安全工作通报会，通报2014年电力行业网络与信息安全监管工作，对2015年电力行业网络与信息安全工作进行全面部署。组织编制《能源领域网络安全规划(2015—2020年)》和电力行业国家信息安全示范工程方案，并上报国家发展和改革委。组织召开电力工控PLC设备安全防护研讨会和电力行业信息安全等级保护测评机构座谈会，推进电力工控PLC设备漏洞整改和电力行业信息安全风险评估和等级保护工作。做好电力行业密码应用相关工作。参加三峡工程网络安全验收工作。

十、进一步夯实电力安全生产工作基础

深入开展2015年电力行业“安全生产月”活动，会同中电传媒集团，组织开展了以“加强安全法治、保障安全生产”为主题的安全征文和摄影比赛，营造有利于安全生产的良好氛围。督促企业扎实开展安全管理人员安全培训，印发电网、发电、电力建设施工企业安全管理培训大纲、考核标准和培训教材，为全面开展企业安全管理人员培训奠定了基础。强化电力事故事件的信息报送、通报和跟踪调查，建立事故事件警示通报工作机制，督促企业加强管理，吸取事故教训，防范电力事故事件的重复发生。推进电力安全监管信息化建设，积极整合电力安全生产监管信息系统、电力安全信息数据库管理系统、派出机构安全监管平台、统一报送平台与数据采集软件系统和电力安全生产监管信息共享交换平台。

国防科技工业安全生产工作

国家国防科技工业局安全生产与保密司

2015年，军工系统安全生产工作按照国务院安委会总体要求，认真贯彻落实国家国防科技工业局党组决策部署，紧紧围绕安全生产年度工作目标和计划，扎实开展各项工作，全年军工系统共发生武器装备科研生产死亡事故3起、死亡3人，未发生较大及以上级别事故，安全生产形势继续保持稳定向好。

一、落实安全生产责任体系

国防科工局将落实企业主体责任作为抓好武器装备科研生产安全的首要任务，督促指导军工集团公司大力推进“企业安全生产责任体系五落实”，组织各军工单位党政一把手、业务分管领导、型号“两总”“两师”、中层领导、班组长和员工，层层签订“零死亡”责任状60余万份，覆盖率达到100%；组织有关集团和专家，对2009年以来全系统发生的事故进行了分类统计分析，并在局党组的大力支持下，启动了军工燃烧爆炸品安全技术研究的重大科技专项论证工作；调整了局重特大事故应急管理组织机构，完善了工作流程；开展了《国防科技工业固定资产投资项目建议书　可研报告　初步设计编制规定》的修订工作，补充完善了安全生产和职业卫生源头治理的相关内容和要求。

二、加快安全生产法规制度建设

国防科工局将依法治安作为2015年军工系统安全生产工作的重中之重，在国家安监总局政策法规司的支持帮助下，开展了新《安全生产法》的系列宣贯、教育和培训活动，并将新《安全生产法》的宣贯情况作为安全生产检查的重点内容；编制了《国防科技工业技术服务机构监督管理办法》，印发了《武器装备科研试验安全管理九条规定》，完成了《国防科技工业危险化学品安全管理办法》(报审稿)，不断完善国防科技工业安全生产法规体系；加强了国防科工局、省级国防科技工业管理部门和军工集团公司的协调联动，努力完善安全生产监管体系，增强运用法治手段解决安全生产重大问题的能力。

三、组织开展安全生产大检查和隐患整改闭环管理

分类统计并分析了2009年以来军工系统事故情况，调研部分重点单位，提出了进一步加强安全管控的措施；组织专项检查、突击检查、“安全生产月”督查、军工集团安全生产交叉检查以及军工核设施安全检查；天津港“8·12”事故后，迅速向全系统印发了《国防科工局关于立即开展危险化学和易燃易爆物品专项整治及“打非治违”专项行动的紧急通知》(科工安密〔2015〕727号)，由局领导带队，组成多个督查组，以危险化学品存储、大当量弹药生产、新型武器弹药研制和处于大中城市人员密集地区的企业为重点，开展专

项督查和“回头看”检查，严格落实隐患整改闭环管理；中央领导关注的821厂中等放射性废液倒罐工作取得重要进展，极大缓解了核安全压力。

同时，注重发挥军工技术优势，积极协助做好社会突发事故的救援和调查工作。组织中船重工集团相关科研试验单位承担了“东方之星”沉船事故机理分析验证任务；全力协助天津港“8·12”瑞海公司危险品仓库特别重大火灾爆炸事故调查和应急救援，选派多名专家、多个单位参与现场调查和试验验证，为事故原因分析提供了重要依据，并组织10余家军工单位参与应急救援，国务院事故调查组予以高度评价并特别致函表扬。

四、全面完成第一轮安全生产标准化建设任务

2013年以来，国防科工局共组织制定了11套49个考评标准及考评细则，审核公告了15家一级标准化评审机构，组织开展了10期培训班，共培训3900余名安全生产标准化工作人员，全系统743家军工单位全部完成任务，100%达标，圆满完成了国家下达的安全生产标准化建设任务；组织了达标情况专项检查，召开了标准化建设工作研讨会，梳理了存在的突出问题，启动了新考评标准的修订工作；通过实施标准化建设工作，军工系统全员安全意识明显增强，安全管理体系逐步规范，本质安全水平不断提升，隐患排查治理取得实效。

五、推进军工建设项目职业卫生“三同时”监管工作

2015年，国家安全监管总局将这项工作交由国家国防科工局进行行业归口管理，国防科工局迅速组织建章立制、搭建队伍、计划衔接和监督检查等工作；编制印发了《国防科工局关于加强军工建设项目职业卫生“三同时”工作的通知》(科工安密〔2015〕242号)，实现行业归口监管，理顺了军工建设项目职业卫生“三同时”工作机制，明确了工作流程、办理时限和职责分工，保证了军工建设项目审批和验收进度，杜绝了失泄密事件发生；完成3期共554名职业卫生评审专家培训，组织考试选拔，发布行业内职业卫生“三同时”评审专家294名；完成职业卫生管理人员培训计划，组织培训职业卫生管理人员1400余人；对申报的职业卫生技术服务机构进行检查核实，公告两批名录共22家机构。

六、进一步提升安全生产培训效果

全面贯彻落实新《安全生产法》，紧密结合国防科技工业实际，制定并印发了《2015年军工安全生产培训计划》，委托中国国防工业企业协会进行监督管理，全年5个培训机构共举办21期培训班，培训“两员”2243人，由国防科工局发证872人，军工集团公司发证1371人；建立了涵盖军工系统内外部相关领导和内训师的师资队伍及以专业教材为主、以实时更新的讲义资料为辅的教材体系；采取理论讲解、岗位技能训练和实操培训等方式，提高现场管理人员和作业人员的岗位风险辨识能力和自我防护能力。

七、扎实开展应急管理工作

调整了国防科工局重特大事故应急管理组织机构，进一步完善了工作流程；成功举行“神盾—2015”国家核应急联合演习，全面检验了我国核应急准备与响应能力水平，国务院副总理马凯在演习前后两次作出重要批示；开展与中央国家安全委员会应急指挥中心系统的对接工程建设；统筹协调全国核应急能力体系建设取得重大进展，首批共有8个国家级核应急专业技术支持中心、25支救援分队和3个培训基地。

第十部分

各省、自治区、直辖市及计划单列市安全生产工作

北京市安全生产工作综述

2015年，北京市安全生产监管系统深入贯彻党的十八大，十八届三中、四中、五中全会精神和习近平总书记系列重要讲话精神，在市委、市政府的坚强领导下，在国家安全监管总局的正确指导下，圆满完成了年初确定的各项任务，本市安全生产形势持续保持稳定好转。

2015年，北京市共发生生产安全、道路交通、火灾、铁路交通等各类死亡事故963起，死亡1031人，事故起数同比减少40起，下降4.0%，死亡人数同比减少65人，下降5.9%。共发生一次死亡3人以上较大事故9起，死亡32人，事故起数同比减少2起，下降18.2%，死亡人数同比减少15人，下降31.9%。未发生重特大安全生产事故。

一、安全生产依法治理取得积极进展

（一）法规标准逐步完善

随着新《安全生产法》的颁布实施，及时启动《北京市安全生产条例》《北京市危险化学品管理办法》的修订工作，并列入市政府立法计划。制定颁布《北京市生产安全事故隐患排查治理办法》政府规章，将生产安全事故隐患排查治理纳入法治化轨道。推进“百项地标工程”，新立项24项。适应京津冀协同发展战略的要求，签署《京津冀安全生产地标协同合作框架协议》。

（二）政策制度更加健全

贯彻落实国务院办公厅《关于加强安全生产监管执法的通知》精神，严格规范执法。编制包括行政处罚权力467项、通用权力18项的安全生产权力清单；编制烟花爆竹、建筑施工专项责任清单，明确了专项工作中政府部门的权力边界和职责分工。编制安全生产自由裁量基准制度，形成22部法律、法规、规章自由裁量基准。印发《北京市较大、重大生产安全事故调查处理工作程序》等事故调查处理制度。

（三）普法宣传更有针对性

印发《安全生产法》宣贯实施方案，采用发放宣传材料、专家集中授课、组建街乡宣讲员队伍等形式广泛开展《安全生产法》宣贯，全市共直接培训企业员工10万名，发放各种宣传材料27万份。

（四）专项整治和执法检查力度进一步加大

全年共完成抗战胜利70周年纪念活动、世界田径锦标赛等36项保障任务，确保重大活动期间未发生任何安全生产事故。组织开展安全生产大检查，深化“六打六治”专项行动，全市共组织安全生产检查执法组76856个，检查企业221911家次，排查隐患241571项，已整改237157项，整改率为98.2%。其中：重大隐患465项，已整改460项，整改率为98.9%；打击整治非法违规生产经营建设行为120590起，停产整顿企业1775家，关闭取缔企业116家，处罚罚款3077.03万元，依法暂扣吊销许可证照152个，移交司法机关追究刑事责任38人。组织用电安全和特种作业“双打”专项行动，危险化学品运输企业专项执法，有限空

间、职业危害、醇基燃料和轻烃燃气隐患治理，以及人员密集场所、白酒企业、涉危使用企业、矿山、涉氨非制冷企业、石油化工企业等专项整治行动，消除了大批事故隐患。

二、安全生产责任制深入落实

（一）安全生产责任制实现全覆盖

进一步细化落实北京市安全生产“1 + 7”责任体系，全市16个区和经济技术开发区、24个负有安全生产监督（管理）职责的政府部门落实了“党政同责、一岗双责”。全市各乡镇（街道办事处）、村（居委会、社区）“五覆盖”完成情况达到100%。贯彻落实《企业安全生产责任体系五落实五到位规定》，规模以上企业全部实现“五落实五到位”。

（二）综合考核不断创新

修订年度区县政府和市政府部门安全生产综合考核细则，进一步突出差异化、个性化考核。建立市政府部门“一事一快报、一季一初评、半年一观摩、年终总考评”的动态考核机制，协调指导各区和政府部门完成年度工作任务。将综合考核结果纳入市政府绩效考核、首都综治考核之中，将综合考核结果和年度安全生产情况向市委组织部报告，作为部门和干部考核的重要依据之一。

（三）综合监管作用突出

组建安全生产督查组，建立常态化督查机制，形成年初确定督查计划、过程反馈督查意见、定期向市政府报告督查结果、定期总结分析督查效果的全流程闭环督查模式。联合市政府相关部门对客运企业、快递行业、涉危企业、工业园区等行业领域进行安全生产状况调查评估，提出改进安全生产工作的对策建议。

三、安全生产标准化建设提质增效

（一）政策制度更加科学

印发《关于加强标准化建设质量的意见的通知》等10项标准化建设制度，形成完善的标准化建设制度体系。修订评审标准，提高强制性标准的比例，其中，二级标准中否决项由7项增加至15项，三级标准由5项增加至14项。积极推动行业部门开展标准化工作，初步实现了危险化学品生产经营、道路运输、建筑施工、轨道交通、人员密集场所等全部生产经营单位参加创建的目标。

（二）评审监督更加严格

建立标准化咨询与评审分离的工作机制，对工业企业二级标准化评审机构资质重新进行了认定，对存在评审质量问题的评审机构进行约谈和通报，对1300名评审员进行了取证培训和继续教育。强化核查复核，采取政府购买服务的方式，完成550家企业的标准化核查工作，对所有申报二级标准化的企业进行100%现场复核。

（三）支持保障更加到位

市财政投入2300万元隐患资金用于标准化创建。将标准化企业降低工伤保险费率的规定纳入《北京市工伤保险费率降低管理办法》，从制度上实现达标企业工伤保险费率的实时浮动。制作并印发评审标准、隐患排查实施导则、培训教材等宣传资料15000份。全市各区共举办标准化培训班351期，培训人数65140人次。

全市共完成标准化达标企业数量为73962家。其中一级标准化企业46家，二级标准化企业661家，三级标准化企业14241家，小微岗位达标企业59014家。

四、安全生产信息化建设稳步推进

（一）安全生产监管信息平台功能不断优化

围绕全市隐患排查治理体系“532”的工作框架，启动全市安全生产隐患自查自报、隐患排查数据采集分析两个平台建设。推进市区两级监管信息平台对接，有效支撑执法检查、行政许可、标准化建设、举报投诉、培训考核、日常办公等各项业务工作。印发《监管信息平台对接和资源共享技术指南》，推进数据对接共享，与国家安全监管总局共享易制毒数据，与市统计局共享104.7万项企业基础数据，与市属企业集团建立隐患排查系统数据对接标准。

（二）信息化系统得到广泛应用

针对安监干部、专职安全员、基层信息化管理人员组织开展多层次信息化系统应用业务培训，各项业务信息系统使用水平显著提高。全年通过系统办理各类业务事项17.2万件，其中，依托系统开展执法10094次，专职安全员检查65766次，办理各类许可66913项，办理举报投诉3628件，完成13942家生产经营单位达标创建，完成特种人员考核81207人，收发文件1992件，发布各类通知、信息4585条。

五、隐患排查治理体系建设进展顺利

（一）完善制度设计

制定《2015年隐患排查治理体系建设年度工作要点》，逐一细化阶段性工作任务。建立信息统计和通报制度，定期通报体系建设进度。组织编写《企业事故隐患排查治理实施导则》，对各区、行业部门和重点企业开展隐患排查治理体系建设进行培训。

（二）夯实建设基础

完成北京市第一次生产经营单位安全条件普查，投入资金近4000万元，动员1.3万余人参与普查工作，培训普查人员5.3万余人次。入户核查企业112.6万家次，核实并录入企业56.7万余家，初步建成起了企业基础、业务管理信息、物联数据和知识数据等4大数据库，基本摸清了全市所有生产经营单位的安全生产条件。

（三）试点带动引领

部署"一企业一标准、一岗位一清单"隐患排查治理体系建设试点，组织30家中介机构，指导2000家生产经营单位编制符合企业实际的个性化隐患排查清单和岗位操作规程，使用信息系统如实记录隐患排查治理情况，加快推动隐患排查治理体系建设取得阶段性成果。

六、安全预防控制体系建设初见成效

（一）顶层设计顺利完成

研究起草《北京市安全预防控制体系建设指导意见》，并以市政府名义印发。通过预防控制体系建设，充分动员全社会各方面力量参与安全预防工作，建立企业、行业、区域的风险防控机制，加强风险分析和预警预测，对促进本市安全生产形势持续好转具有积极作用。

（二）危险化学品集中管理体系建设稳步推进

制定《北京市危险化学品集中管理体系信息化建设总体方案》，明确了体系信息化建设方向、内容、进度安排、资金预算等事项。已初步完成剧毒化学品、易制爆危险品、工业气体和成品油3个品种的纳入对接工作，完成危险货物道路运输行业服务管理系统试运营工作。

（三）"数字化"示范矿山建设成效明显

首钢矿业公司杏山铁矿建成全国首家"数字化"示范矿山，全市7座运行尾矿库安装了在线监测系统，实现了对尾矿库、非煤矿山远程实时监测和分级预警。指导首钢矿业公司建设安全隐患排查整改系统，建立近600个无隐患单元，地下矿山全部建设安装了安全避险"六大系统"。

（四）应急管理水平不断提高

在全市范围内选取200家加油站开展安全生产应急管理示范企业试点，落实《安全生产应急管理九条规定》。全面推进安全生产应急管理地标体系建设，及时修订应急救援预案。深入落实京津冀应急合作协议，牵头开展京津冀三地联合处置输油管道泄漏和爆燃事故应急演练，增强了应对突发生产安全事故应急处置能力。

七、安全生产社会治理水平显著提高

（一）安全生产中介组织不断壮大

建立健全了以安全生产联合会为枢纽，安全生产科技促进会、职业病防治联合会、安全生产技术服务协会、安全文化促进会等为支撑的社团组织体系，截至2015年底，联合会共发展吸收会员单位261家，其他协会会员单位数量不断增长。全市共成立注册安全工程师事务所27家，共聘请注册安全工程师355名。全市已成立超过200家安全生产领域中介组织，在行业自律、标准化评定、检验检测、宣传教育、安全文化示范企业和安全社区创建等方面发挥了积极作用。

（二）"双百工程"活动成效显著

组织"百名安监干部与企业主要负责人对话谈心"活动，全市安监干部对话谈心规模以上企业3306家。组织开展"百名专家服务万家中小企业活动"，建立专家参与检查的工作机制，专家服务企业数量达3657家，查找隐患近10000个，培训专职安全员累计12000余人次。"双百工程"开创了安全生产服务新模式，是探索建立政府和企业良性互动关系的有益尝试。

（三）有效运用市场机制

持续推进安全生产责任保险试点，发挥安责险的安全投入、风险预防和理赔服务等功能。全市10个试点行业实现了企业参保，投保企业2989家，为企业提供了超过118亿元的风险保障。研究起草《北京市安全生产信用体系建设管理办法》，提出对企业安全生产信用信息进行分类归集、量化打分、动态评定，建立守信激励和联合惩戒机制。

（四）安全生产宣传教育有声有色

组织"安全生产月""北京安全文化论坛"等16项全市性宣传活动，分别与市委宣传部、市总工会等部门联合举办了执法技能大赛、有限空间作业大比武、电工技能竞赛等活动。在省级以上主流媒体刊发新闻报道3100余篇。以政务网站、微博、微信公众号为主要渠道的新媒体宣传工作迅速发展，政务网站共发布信息1.7万余条，同比增长42%，网站日均点击量13万次，同比增长41.3%。“12350”举报投诉热线共接听市民来电10867个，接收举报750件，立案查处552件，办结518件，办结率为93.84%。

八、安全生产监管监察力量不断壮大

（一）基层监管力量进一步增强

市政府办公厅印发《关于建立区县职能部门安全生产专职安全员队伍的通知》，将为各区政府所属的23个负有安全生产监管职责的部门配备1600名专职安全员，有效解决街乡安全生产检查力量薄弱和部门安全管理力量薄弱的问题。与市编办联合发文，以加挂牌子、独立设置等方式在区职能部门设立安监科。组织安监系统3800余名专职安全员开展集中轮训和安全员检查队队长专项培训，着手在首钢技师学院筹建执法监察人员实训基地，提升专职安全员队伍履职能力。推动在专职安全员中建立党、工、团组织。

（二）安全生产专业人才培养体系不断完善

在中国安全生产科学研究院、北京市劳动卫生职业病防治研究院、北京市安全生产工程技术研究院建立博士后工作流动站，将安全工程高级专业技术资格评审工作纳入北京市年度职称评审项目，搭建安全生产领域高层次人才培养平台。大力建设科研机构，与北京工业职业技术学院和北京电子科技学院合作建立安全生产职业技术学院；与北京石油化工学院联合建立北京市安全生产工程技术研究院；会同北京工业职业技术学院，筹备成立北京市电气安全技术研究所。推动北京其他高职院校增加增设安全工程专业和安全生产相关课程，为安全生产培养职业化实用型技术人才提供了支撑。

（三）加强职业资格考试培训基础设施建设

投入1.2亿元，建设超4万平方米的“三化”考点，形成设备先进、考场规范、交通便捷的“三化”考点网络。完成66个培训大纲、考核标准以及44本培训教材的编制工作。顺利完成10期特种作业人员和高危人员安全资格考试，考核从业人员16.1万人。会同北京市人社局，推进特种作业考试与职业技能鉴定对接，取得电工、焊工等5个类别五级职业技能认定资格，打通了特种作业人员职业晋升通道。

天津市安全生产工作综述

天津市委、市政府一直将安全生产工作放在十分突出的位置上，天津港“8·12”瑞海公司危险品仓库特别重大火灾爆炸事故发生后，天津市委、市政府深刻汲取事故教训，举一反三，立即组织全市党政机关和各类企业全面开展安全生产大检查大排查大整治工作，重点开展危险化学品企业安全整治，深入排查治理各类安全生产隐患，有效化解各类安全生产风险，督促企业深入实施主体责任、制度规范、设施建设、全员教育、信息管理和专家检查“5+1”安全生产长效机制，坚决落实安全生产责任制，努力推动全市安全生产形势实现根本好转。

一、强化红线意识，建立健全“党政同责、一岗双责、齐抓共管”安全生产责任体系

一是落实市、区县安全生产责任“五覆盖”。市委办公厅、市政府办公厅联合下发了《天津市党政领导干部安全生产“党政同责、一岗双责”暂行规定》；16个区县及时组织制定了本地区党政领导干部安全生产“党政同责、一岗双责”贯彻落实文件。市政府调整了市安委会组成人员，截至2015年底，全市16个区县均调整由政府主要领导同志担任安委会主任。各区县委、区县政府又向市委、市政府递交了安全天津建设责任状，有力推动了各区县安全生产“党政同责、一岗双责、齐抓共管”责任体系的完善落实。

二是推进乡镇街道和行政村安全生产责任“五覆盖”。将乡镇、街道和行政村的安全生产责任“五覆盖”工作纳入区县政府安全生产责任制考核。全市234个乡镇、街道已全部完成安全生产责任“五覆盖”，2144个有工矿企业的行政村已有1975个完成了安全生产责任“五覆盖”。

三是推动企业安全生产主体责任“五落实五到位”。为进一步落实天津市生产经营单位安全生产主体责任，天津市安监局起草了《天津市落实生产经营单位安全生产主体责任实施办法》，从主体责任、制度规范、全员教育、设施建设、科技支撑等方面依法作出了明确规定，并经以市政府办公厅名义转发（津政办发〔2015〕95号）。与此同时，天津市安监局继续督促企业张贴《企业安全生产责任体系五落实五到位规定》挂图、完善安全生产责任制、调整安全生产管理机构人员、建立相关工作制度，提升安全生产水平，全市已有32556家企业张贴悬挂挂图；全市规模以上企业已有3990家实现了企业安全生产责任“五落实五到位”。

二、深入贯彻落实《安全生产法》和《国务院办公厅关于加强安全生产监管执法的通知》，着力夯实安全生产基础

（一）广泛宣传贯彻《安全生产法》

一是制定宣贯方案，向全市下发了学习贯彻工作通知，对宣传贯彻工作进行了总体安排部署并提出要求。二是召开全市宣讲大会，邀请国家安全监管总局新闻发言人黄毅和政策法规司邬燕云副司长进行了两次专题辅导。组织宣讲团积极开展宣讲活动，共宣讲310场次，培训11万人次。三是通过天津广播电台《公仆走进直播间》栏目，天津电视台《天津新闻》栏目进行专题报道，在《天津日报》《每日新报》《渤海早报》等新闻媒体上开设专版专栏，社区显示屏、电梯间、楼宇电视、全市繁华地段、高速公路等地LED大屏幕上滚动播放有关内容，使宣传的范围扩展到全市各个方面。

（二）完善天津市安全生产法规制度体系

一是抓紧修订《天津市安全生产条例》。2014年新《安全生产法》颁布后，天津市安监局向市人大常委会提出了修改《天津市安全生产条例》（简称《条例》）的立法计划。市人大常委会将《条例》修改列入了2015年天津市人大立法预备审议项目，天津市安监局先后7次组织召开座谈会，对各区县、有关部门、有关生产经营单位近5年来实施《条例》的情况及存在的问题开展调研，完成了《条例》的修订起草工作，相关工作正在进行。

二是制定出台了《天津市危险化学品企业安全治理规定》（市政府22号令）。创新一系列危险化学品企业的综合治理措施，包括严格实施准入制度、建立安全距离联审制度、被监管企业信息公示制度、行政检查标准化制度、轻微违法行为记分制度、监管企业“黑名单”制度、全市安全生产监督“一张网”制度等，进一步督促企业自觉履行安全生产主体责任，建立完善责任明确、有效衔接的监管体系，强调第三方参与，形成全社会共同治理的良好氛围。

三是出台了《天津市向社会力量购买安全技术服务管理办法》（津安监管法〔2015〕46号）。明确了财政部门按照预算管理要求，将向社会力量购买安全技术服务列入财政预算；各级安全监管部门在对危险化学品生产经营单位实施监督检查、隐患排查、风险管控等管理过程中专业性较强的部分，可以通过向社会力量购买服务的方式加以解决，从而充分发挥社会力量在安全生产过程中的技术支撑作用，进一步提高全市安全监管效能，提高安全保障水平。市政府还举行了“天津市向社会力量购买安全技术服务”集中签约仪式，16个区县安监局负责同志分别与相关安全评价机构代表签署了合作协议。

（三）全面推动落实《国务院办公厅关于加强安全生产监管检查执法通知》

一是加强安全生产行政执法规范化建设。认真开展权力清单责任清单梳理工作，本着“职权有依据的不遗漏、没依据的不增加”的原则，梳理出了9项行政职责，确定了包括行政处罚、行政许可、行政检查、行政强制、其他类等5大类共158项行政职权。印发了《市安全监管局关于开展安全生产行政执法规范化建设的通知》（津安监管法〔2015〕26号），选取了市安全生产执法监察总队和3个试点区县安全监管局率先开展行政执法规范化建设，提出了“四大规范、四大保障”的建设内容，并通过组织开展执法比武、执法培训、交叉执法、案卷评查等多种“执法能力提升活动”，规范行政执法行为，不断提高执法能力，加强行政执法监督，做到依法行政。

二是健全完善市、区县、乡镇街三级安全监察执法体系。市委将进一步加强基层安全监管力量写进《安全天津建设纲要（2015—2020年）》中，各区县建立安全监察执法队伍，各乡镇街设立专门的安全监察执法机构，健全机构、明确职责、充实力量，促进安全监管责任落实、人员力量到位，从而缓解基层安全监管力量不足、现场监管工作难以到位的矛盾。《安全天津建设纲要（2015—2020年）》的《安全保障体系建设实施方案》明确提出，要采取不同形式，配足乡镇街安全监管队伍，市内六区每个街配备5~10人，其他区县每个乡镇街配备10~20人。市编委已经下发了《关于组建区县安全生产执法监察大队的通知》（津编发〔2015〕81号），明确各区县要建立20~30人的安全生产执法大队，对加强基层执法队伍又做出了进一步的明确规定。

（四）进一步夯实安全生产基础工作

一是加强分类分级和差异化监管工作。对全市20300家工贸企业和2007家危险化学品企业进行了分类分级，实行差异化监管。加大对中、差等企业的监督检查力度，落实企业升、降级制度。

二是推动危险化学品、非煤矿山、工贸等企业的安全生产标准化管理。全市危险化学品企业达标2001家，非煤矿山企业达标56家，冶金等工贸企业达标1834家，建筑、交通等重点领域也相继开展了安全标准化创建工作。

三是推进隐患排查治理体系建设工作。制定下发了《天津市安全生产隐患排查治理体系建设工作方案》和《安全生产隐患排查报送监督管理办法（试行）》《生产经营单位安全生产隐患排查治理报送实施办法（试行）》两个配套文件，组织试点区县召开了隐患排查治理体系建设推动工作会议，推动实施试点工作。

三、深入开展安全生产大检查大排查大整治和危险化学品企业安全整治工作，推进重大隐患治理

（一）全面覆盖，深入细致开展安全生产大检查大排查大整治

为深入贯彻落实习近平总书记、李克强总理等中央领导同志重要指示批示精神，深刻吸取“8·12”事故教训，市委、市政府在事故发生后立即组织召开全市安全生产工作会议和市委常委扩大会议，下发了《关于全面开展安全生产大检查大排查大整治工作实施方案的通知》（津党发〔2015〕13号），在全市范围全面部署开展安全生产大检查大排查大整治工作，对存在严重隐患和问题的企业立即实施关停，对隐患整改不达标的企业依法取消相应资质，决不搞下不为例。市委、市人大、市政府、市政协领导同志带队，有关部门负责同志参加，组成16个检查组，深入各区县，采取明查暗访等多种方式，全面排查解决各区县安全生产存在的突出问题。活动开展的3个多月时间里，市委、市政府先后多次召开会议，听取有关工作情况汇报。

各区县结合区域实际，制定工作方案，下发了一系列文件，形成了有效的组织推动体系。党政四套领导班子成员深入一线，分片包保，开展全区安全检查。各乡镇街、园区进行拉网式排查，确保检查全覆盖。各区县对市领导检查发现的隐患和国务院督查组督查反馈的问题，均采取措施，迅速进行督促整改，对一时难以整改的均采取停产停业等强制措施。

全市各部门按照“管行业必须管安全、管业务必须管安全、管生产经营必须管安全”的要求，深入开展危险化学品、民爆器材、烟花爆竹、特种设备、非煤矿山、交通运输、油气输送管道、建筑施工、消防、粉尘涉爆等10个重点行业领域以及港口、码头、人员密集场所等重点部位的专项整治，做到各司其职、分兵把口、各负其责。

全市共出动检查组25817个次，检查企业107466家次，排查一般隐患77873项，整改65063项，整改率83.6%；排查重大隐患150项，整改141项，整改率94%；打击非法违法行为4431起，整治违规违章行为4263起；停产整顿企业784家，关闭取缔189家，处罚罚款1258万余元，追究刑事责任6人。

（二）突出重点，狠抓危险化学品企业安全整治

为深刻汲取“8·12”事故沉痛教训，全面解决危险化学品领域安全生产突出问题，天津市委、市政府下发了《天津市危险化学品企业安全整治实施方案的通知》（津党发〔2015〕15号），对全市范围内危险化学品生产、经营、使用企业以及危险货物运输、港口危险货物作业企业进行综合整治。

一是组织有力，实现摸排全覆盖。市领导亲自

指挥，召开会议专题部署，多次听取整治工作进展情况汇报，并深入区县实地检查企业整改情况，研究分析整治工作中存在的问题。市政府成立了段春华常务副市长任组长的工作领导小组，全面负责推动全市危险化学品整治工作。各区县、各有关部门也都成立了由一把手任组长的领导小组，及时制定方案，召开会议进行部署，为扎实有序开展危险化学品企业安全整治提供了有力的组织保证。全市积极组织有关专家和执法力量，按照“五签字”的要求开展“拉网式”全面彻底排查检查，严格把关。全市共排查危化品企业3036家，因存在各类隐患和问题被列入“红、黄、蓝”表2581家,其中,“红表”407家,“黄表”376家,“蓝表”1798家。

二是创新招法，建立整治闭环机制。建立了“一三五四”工作机制。“一”是建立了一部《全市危险化学品企业名录》台账，并绘制了全市危化品生产、加油站、其他经营存储、危险货物运输、滨海新区5张分布图；“三”是按照企业隐患严重程度，汇总形成“红、黄、蓝”三张表，其中红表为拟列入取缔、关闭、转产、搬迁企业，黄表为拟列入停产整顿企业，蓝表为存在一般隐患和问题，需限期整改的企业；“五”是对排查企业实行企业主要负责人、乡镇街道负责人、区县行业部门负责人、区县安监局负责人及区县政府负责同志“五签字”，明确检查责任；“四”是对列入红表并完成整改的企业，做到人员安置清、设备拆除清、原料处理清、产品处理清的“四清”整治效果，并由企业负责人、所属街乡镇长、区县负责同志和督查组组长完成整改确认“四签字”，从而形成由摸排到检查直至整改完成的全闭合管理机制，确保整改工作不走过场、务求实效。

三是边查边改，确保整治工作质量。市领导定期召开会议研究整治工作，并亲自带队深入区县、企业解决难题，对纳入市级重点督办的25家“关停迁转”企业实行分工负责，逐家企业推动。各区县扎实有序推进整改落实，及时消除安全隐患。全市已完成整改企业2025家，占列入“三张表”企业总数的78%。其中“红表”企业完成整改274家，占总数的67%；“黄表”企业完成整改253家，占总数的67%；“蓝表”企业完成整改1498家，占总数的83%。同时，对纸面办公危化经营企业进行了一轮排查检查，共检查企业2906家，依法取缔非法违法企业313家，对85家证照过期或自行退出的企业给予注销。

与此同时，市委、市政府将安全整治与经济发展、民生需求、社会稳定结合起来，没有简单的“一关了之”，而是统筹考虑，兼顾科学性与可操作性。特别是对危化企业整改搬迁工作高度重视，将“两化”搬迁作为“两行一基金”项目列入2016年全市重大投资建设项目。天津市发改委已完成危化品企业搬迁项目融资工作方案的制定，与国开行签署协议，对拟搬迁危化品企业给予融资支持。

（三）紧盯问题，全力推进重大隐患整改

2015年9月，国务院安委办督查组对天津市安全生产工作情况进行了督查，10月再次对部分突出问题进行现场核查，共发现3个区县、1个行业共计9家企业22项问题仍未整改。市委、市政府高度重视督查组反馈的隐患和问题，立即组织召开市安委会（扩大）会议，听取相关区县和部门对督查组发现的问题整改落实措施，对隐患整改工作做出部署安排。相关区县和部门按照市领导的要求，迅速行动，立即开展隐患整改工作，对督查组提出的问题，逐条逐项制定整改方案，明确整改期限、落实责任单位、责任人和整改资金。对不能立即整改的予以限期整改，对安全条件不符合要求的立即关停，对重大问题由区县政府挂牌督办，确保隐患整改到位。市安委办及时组织有关部门开展了“回头看”督查。9家企业的22项问题已有20项全部整改完成，其余两项已采取有效措施确保安全，分别是天津市津南区华泰商贸有限公司和武清区土产杂品公司，两家企业均采取货物只出不进的方式逐步减少库存,并由区政府采取强有力措施加强日常监管,待明年正月销售结束后予以彻底关闭。

四、着力解决突出问题，建立安全生产长效机制

为深刻汲取“8·12”事故教训，天津市在深入开展安全生产大检查大排查大整治工作，强化危险化学品企业安全整治的同时，积极完善安全生产各项保障措施，建立健全安全生产长效机制，做到标本兼治。

（一）审议通过了《安全天津建设纲要》

起草了《安全天津建设纲要（2015—2020年）》(简称《纲要》)，市政府第58次常务会议，审议并原则通过了《纲要》，下发了《关于印发〈安全天津建设纲要〉(2015—2020 年）的通知》(津党发〔2015〕21 号)。安全天津建设作为美丽天津建设的重要组成部分，纳入全市经济社会发展总体规划，贯穿于经济社会发展的全过程。《纲要》进一步强化了企业主体、部门监管、政府属地三个责任，突出实施危险化学品、工业重点领域、交通运输、建筑施工、公共场所、城市公共设施、食品药品、公共消防 8 项安全工程建设，对进一步完善保障体系，加强组织领导提出了明确要求。相关部门制定的 12 个安全发展专项实施方案分别经过部门主要负责人签字，分管市领导把关审阅同意，并报请以市政府名义印发。

（二）研究建立全市安全生产防控网络(安防网)

建立一张利用互联网和政务外网构成的贯通全市的监控监测网。包括市、区县（行业)、企业三级平台，实现分级建设、分级管理。共设定了动态在线建设功能、“一企一档”的高级查询功能、标准化管理功能、全员培训功能、“一张网”智能提醒等五大功能。逐步实现“全域覆盖、全网共享、全时可用、全程可控”的“安防网”应用,形成重预防、全过程、动态化的安全生产隐患排查治理体系。

（三）加强对全市各单位安全生产绩效考核

市绩效办下发通知，加大了安全生产绩效考评指标分值权重，区县系列在原有 2 分的基础上增加到 5 分，市级政府部门和市级党群部门新增设 5 分安全生产绩效考评指标。对发生较大生产安全事故的，年度单位公务员考核优秀比例降低 3%；发生重大生产安全事故的，降低被考评单位一个考评等次；发生特别重大生产安全事故的，严格落实“一票否决”制度，直接确定为较差等次。

五、积极开展安全生产大检查“回头看”，全力抓好岁末年初安全生产工作

为深入贯彻落实《国务院安委会关于开展安全生产大检查“回头看”的通知》和《国务院安委会办公室关于切实做好岁末年初及 2016 年元旦春节期间安全生产工作的通知》精神，市安委会及时下发了通知，部署开展以危险化学品为重点的安全生产大检查“回头看”活动，全力做好岁末年初安全生产工作。

一是立即组织开展安全生产大检查“回头看”工作。明确要求各单位主要负责同志亲自部署，研究制定方案，对大检查工作开展以来发现的各类重大隐患和突出问题整改落实情况及当前安全生产各项重点工作措施落实情况进行全面认真梳理，对各工作时间节点、制定的整改方案，采取的防范措施、执法措施落实情况、基础工作台账、档案等内容要做到规范、精细、严密。各区县、各部门立即组织开展政府层面、企业层面的“回头看”检查，并对辖区内、本行业领域内所有重大隐患和责令停产整顿、关闭取缔企业逐一复查，并组织开展重点督查。市安委会办公室组织开展“回头看”督查，对市级督办事项进行重点督查，督促其整改落实，并及时将有关情况上报国务院安委会办公室。

二是继续加大危化品企业整治推进力度。对于存在重大安全隐患的企业和拟搬迁规模较大企业，因特殊原因无法按时完成整改的，督促企业制定完善“一企一策”方案，明确搬迁路线图、时间表和责任人，加强日常监管，确保绝对安全。各联合督查组加强督查检查力度，在确保“四清”的基础上，完成隐患整改“四签字”，确保年底前危化企业安全整治进度总体完成率不低于 95%。

三是切实加强烟花爆竹等重点行业领域安全监管工作。加强对烟花爆竹运输、储存、销售等环节的安全专项检查，严厉打击各类非法违法运输、储存、销售行为，严格落实各项安全防范措施。

河北省安全生产工作综述

一、安全生产总体情况

2015 年，全省事故总量和死亡人数同比双下降，较大事故总量减少，发生重大事故 1 起，多个行业（领域）和地区事故下降，但部分行业和地区事故多发。

（一）安全生产总体情况平稳

2015年，全省事故总起数和死亡人数同比双下降。共发生各类事故8153起，同比减少829起，下降9.2%；死亡2760人，同比减少61人，下降2.2%；受伤3611人，同比减少346人，下降8.7%；造成经济损失19206.3万元，同比减少6936.1万元，下降26.5%。发生较大事故23起、死亡90人，同比减少5起、17人，分别下降17.9%和15.9%；发生重大事故1起（该事故为宁晋县非法生产烟花爆竹爆炸事故），同比持平，死亡22人，同比增加9人，上升69.2%。未发生特别重大事故。全年以来，全省事故起数和死亡人数同比连续12个月双下降。

（二）多个行业（领域）事故下降

2015年，全省各行业（领域）中，工矿商贸、道路交通、铁路路外和农业机械4个行业（领域）事故起数和死亡人数同比双下降，事故起数分别下降16.3%、3.2%、31.6%和21.1%，死亡人数分别下降11.5%、0.04%、23.4%和27.8%。工矿商贸各行业中，煤矿事故同比减少6起、4人，分别下降37.5%和26.7%；建筑事故同比减少8起、14人，分别下降25%和29.8%；工商贸其他行业事故同比减少17起、29人，分别下降19.1%和23.4%。

（三）全省较大事故下降

2015年，全省较大事故起数和死亡人数同比双下降。从各行业（领域）情况看，全省煤矿、金属与非金属矿、烟花爆竹、生产经营性消防火灾、铁路路外和农业机械6个行业（领域）均未发生较大事故；工矿商贸较大事故同比减少5起、9人，分别下降33.3%和19.6%，其中，建筑施工较大事故同比减少3起、8人，分别下降60%和50%。从各地情况看，秦皇岛、邢台、沧州、廊坊、定州和辛集6个市均未发生较大及以上事故；邯郸、保定和张家口3个市较大事故起数和死亡人数同比双下降，事故起数分别下降75%、50%和50%，死亡人数分别下降72.7%、62.5%和76.9%。

（四）多数市安全生产状况稳定

2015年，全省多数市安全生产状况稳定。其中，石家庄、唐山、秦皇岛、邯郸、保定、张家口、承德、沧州、廊坊、衡水、定州和辛集12个市事故起数同比下降，降幅为1.8%～29.3%，其中承德降幅最大。石家庄、唐山、秦皇岛、邯郸、邢台、保定、张家口、沧州、廊坊和衡水10个市死亡人数同比下降，降幅为0.3%～22.3%，其中邢台降幅最大。石家庄、唐山、秦皇岛、邯郸、保定、张家口、沧州、廊坊和衡水9个市事故起数和死亡人数同比双下降。

（五）部分行业（领域）和地区事故上升

2015年，全省部分行业（领域）事故上升。其中，危险化学品事故起数和死亡人数同比双上升，同比增加1起、3人，分别上升50%和150%；金属与非金属矿事故起数同比上升38.5%，烟花爆竹事故死亡人数同比分别上升2100%。部分地区事故多发，邢台事故起数同比上升，升幅为6.4%；承德和辛集2个市死亡人数同比上升，升幅为9.8%和200%。部分行业（领域）和地区较大事故上升，从各行业（领域）情况看，危险化学品较大事故1起、死亡3人，去年同期未发生危险化学品较大事故；工商贸其他行业较大事故7起，同比持平，死亡26人，同比增加3人，上升13%。从各设区市情况看，唐山发生较大事故6起（分别为5起工矿商贸事故和1起道路交通事故），死亡26人，同比分别上升50%、85.7%；承德发生较大事故3起（分别为1起工矿商贸事故和2起道路交通事故），死亡14人，同比分别上升200%、366.7%；衡水发生较大事故3起（分别为1起工矿商贸事故和2起道路交通事故），死亡11人，同比分别上升200%、175%。

二、安全生产重点工作

（一）坚持改革创新，不断完善责任体系、诚信体系和隐患排查治理体系

认真贯彻落实习近平总书记等中央领导同志关于安全生产工作的一系列重要指示批示精神，深入研究安全生产的新特点、新规律，以问题为导向，把监管体制机制的改革作为解决安全生产深层次矛盾的重要途径、实现安全生产形势根本好转的治本之策来抓，不断深化“三个体系”建设，取得了较好效果。在责任体系建设方面：大力推动《河北省安全生产“党政同责、一岗双责”暂行规定》的贯彻落实，为使这一规定落到实处，以县域安全监管规范化为载体，推进县乡村三级安全生产责任“五覆盖”，先后两次组织对各地贯彻落实《暂行规定》情况进行督查。全省2340个乡镇、13454

个行政村（有工矿企业的）实现了“五覆盖”，12652家规模以上企业已实现“五落实五到位”。省“两办”印发了《河北省安全生产考核方案》，将安全生产目标管理考核纳入省委综合考核评价体系之中，明确对党委层面履行安全生产职责情况进行考核。在诚信体系建设方面：为发挥各安委会成员单位的职能优势，形成齐抓共管合力，省安委会印发了《河北省企业安全生产诚信管理实施方案》，省发改、公安、交通运输、水利、工商、粮食、科技、财政等部门都相继出台了具体实施意见。省安委办研发了全省通用的诚信体系建设信息平台，完成9697家企业诚信等级评定，并上网公布。17个省安委会成员单位实施了联合激励惩戒措施，其中，对16家企业实施诚信D级管理措施。与省信用体系建设领导小组办公室、河北银监局、中国人民银行石家庄中心支行、省企业家协会等单位实现了诚信信息共享。先后为有关部门和企业评优评先、招投标、诚信评级等提供企业诚信信息查询514家次，向有关部门和单位提供了2014年安全生产违法违规企业名单。诚信体系建设大大调动了企业履行安全生产主体责任的积极性、主动性，实现了由要我安全向我要安全的转变，大大提高了监管效能。在隐患排查治理体系建设方面：开发了隐患排查治理信息系统，制定了煤矿等36个行业领域的《企业隐患排查标准》，印发了管理、考核办法和指导手册，开发了政府版和企业版全省隐患排查治理信息系统，在全省29个县（市、区）进行了试点，并于11月26日召开了全省隐患排查治理体系建设现场会，在全省安监系统进行推广。全省共注册企业13533家，利用信息系统开展自查自报企业6190家，其中配备自查自报手机终端5472个。此外，河北省安监局大力推进行政审批制度改革，取消了建设项目安全预评价报告备案及审查，简化了职业病危害“一般”的建设项目审查程序，探索实施了职业卫生和安全生产评价评审“二合一”，将职业卫生形式审查和合法性审查的项目办理时限由20天缩短为10天。

（二）突出专项整治，持续强化重点行业领域安全监管工作

2015年，各级坚持标本兼治、治标为先，始终把专项整治作为遏制重特大事故的必要手段，持续推进、不断深化，突出抓好煤矿、非煤矿山、危险化学品行业重点县的攻坚克难工作，以此推动重点行业领域的专项整治工作。煤矿：开展了打击煤矿超能力生产专项行动，对2014年公告关闭的64处煤矿进行了抽查验收，开展了煤矿隐患排查治理行动，组织对排查出的9126条隐患进行分析、梳理和整改；出台了《河北省煤矿防治水示范矿井考核内容及办法》，承办了全国煤矿防治水现场会。非煤矿山：在9个非煤矿山重点县逐县召开现场会，大力推动安全生产攻坚克难工作，非煤矿山安全监管信息化平台建设试点工作基本完成，矿业集团化工作稳步推进，关闭矿山112座。尾矿库：扎实开展“尾矿库生产作业规范年”活动，培树标杆尾矿库26家，关闭尾矿库141座、复垦绿化266座。危险化学品：深刻汲取天津港“8·12”事故教训，对危险化学品行业企业进行了拉网式排查，共治理隐患1.2万项。油气管网：2240处隐患全部整改完毕，三年的任务一年完成。危险化学品运输：制定了《危险化学品道路运输安全专项治理工作方案》，召开全省危化品道路运输安全专项治理现场推进会，全省液体罐车加装紧急切断装置1.5万台，清理整顿危化品运输企业74家，清理挂靠车辆4307辆，减少危化品运输车辆6000辆，吊销经营许可证11家，推动所有危化运输车辆安装北斗导航定位系统并100%入网运行。冶金建材：加强班组建设，印发了《全省冶金、有色、建材企业安全生产隐患自查标准》，以《冶金企业隐患排查图册》为主要内容，对全省3500多名班组长和10万多名一线员工进行了培训。职业卫生：开展了危害告知与警示标识、水泥制造与石材加工等方面的专项治理，全省水泥企业检测评价率达到100%，4.28万家企业进行了职业病危害因素申报。强化综合监管，省安监系统配合质监系统对全省50多万套特种设备进行了抽查，道路交通、建筑施工、消防、民爆器材等行业（领域）也都采取了强有力的工作措施，排查整治了一大批事故隐患。

（三）深化执法理念，着力构建依法治安新常态

始终把执法作为安全监管的灵魂来抓，省政府印发了《关于加强安全生产监管执法的意见》和《关于进一步加强安全生产综合监管工作的通知》，省安委会办公室研究起草了《关于建立安全生产“打非治违”长效工作机制的意见》，依法治安的

新机制逐步形成。指导全省安监系统转变执法理念、创新执法机制、改进执法方式、加大执法力度、提高执法效能。指导总队采取观摩式执法、解剖式执法、部门联合执法和省、市、县协同执法，有效提高了执法效率和质量。2015年以来，全省各级安监部门将春节、全国“两会”“安全生产月”、暑期和国庆等敏感时期作为执法重点时段，将煤矿、非煤矿山、冶金建材、涉爆粉尘、危险化学品及烟花爆竹等行业企业作为执法重点领域，将73个安全生产重点县、事故多发地区、环首都地区、秦唐廊地区、省会作为执法重点地区，将打非治违、隐患排查治理、事故调查、专项整治、中介机构服务、重大危险源管理、企业标准化建设、承诺制建设、诚信体系建设和企业主要负责人履职尽责等作为执法重点内容，将定期执法检查、专项执法检查、监管监察一体化执法、安全生产与职业健康等综合执法、重点时期执法检查制度化，将“四不两直”、突击暗访和省、市、县协同执法常态化，加强部门联合执法，进一步加大了安全生产执法力度。每次执法结束后，执法人员都要将执法情况通报当地党委、政府主要负责同志，并对本地存在的重大安全隐患及安全生产工作中存在的问题提出意见建议，有效地促进了落实属地监管责任。特别是天津“8·12”重大火灾爆炸事故后，河北省深入开展了安全生产大检查、“六打六治”打非治违及烟花爆竹“打非治违”活动，针对危险化学品存储、运输等重点环节部位进行了专项排查整治。各级共派出综合督导执法组2.7万个，检查企业40.2万家次，发现问题和隐患384万条（项），暂扣吊销证照215家，关闭取缔企业698家，行政处罚5700余万元。省局机关几乎是全员出动，参与大检查。同时，强化事中事后监管，寓服务于管理中。为了解决“中梗阻”和“最后一公里”问题，以及防止上下脱节，坚定不移地大力推进督导检查制度和联系基层制度，创新监管的新路径、新方法，注重源头管理、过程管理、日常管理，关口前移、重心下移，严格审查“三同时”，做好“放、管、服”各项工作，强化事中事后监管，达到全过程严格监管，不留死角和盲区，真正使安全生产的法制思想和法律要求在基层得到有效落实。

（四）坚持标本兼治，重在治本，不断强化安全生产基层基础工作

一是在深入推进乡镇安全监管规范化建设的基础上，出台了《河北省县域安全监管规范化建设推进方案》，以此为载体，推进“五级五覆盖”责任制落到实处。到2015年底，全省各县、乡、村全面实现安全监管规范化运行。省安监局筹款300万元，为64个重点乡镇配备了执法装备，为73个重点县建成了安全生产视频会议系统。二是把在企业开展安全生产标准化建设作为治本之策，召开了全省企业安全生产标准化现场推进会，全省工矿商贸规模以上达标企业1.4万家，全省新增安全生产标准化达标企业3486家，达标数量和质量大大提升，企业安全生产工作水平有了很大提高。三是进一步加大安全生产培训力度，河北省安全培训“双六双十监督检查法”被国家安全监管总局转发全国学习借鉴。2015年，累计培训高危行业企事业单位主要负责人和安全管理人员104167人，特种作业人员190165人，培训班组长、岗位工和农民工近150万人，全员培训数量较上一年度明显增加。因农民工培训工作成绩突出，河北省安监局人事培训处2015年度被评为全省农民工工作先进单位。2015年12月，河北省安监局与省委组织部联合举办了全省领导干部安全生产专题培训班，各设区市主管领导，各县（市、区）政府主要领导和主管领导，省安委会成员等400多人参加了培训，这次培训是河北省有史以来规模最大、参会人员规格最高的一次专题培训，受到了广泛好评。四是不断加强应急救援工作。组织开展各类应急演练1.3万场，对全省116家高危行业企业进行了应急管理专项执法检查，下达执法文书74份，发现并整改隐患456项。河北省2015年危险化学品、冶金（焦化）行业安全生产应急救援技能比武活动规模大、效果好，受到国家安全监管总局高度肯定。五是各级各部门分季节编制了综合性、专业性《安全生产工作指南》，提高了工作的计划性、规范性、针对性和协调性。六是在重点行业领域继续采取政府购买服务等方式，聘请专家查隐患。启动了安全生产“十三五”规划编制工作，加大了安全生产宣传力度，广泛利用网络、微信平台宣传安全生产，大力组织志愿者活动，积极开展安全文化社区、企业建设。七是开展安全生产警示教育。从2015年6月“安全生产月”开始，省安委办派出50个宣讲团，分3个层面组织全省生产经营单位

和负有安全生产监管责任的部门，面对面进行全员全岗位新《安全生产法》宣贯培训和警示教育，全省共组织宣讲活动3.1万场，培训政府部门、企业负责人共计201.7万人。组织开展了“安康杯”竞赛和全民新《安全生产法》知识竞赛。以“两报两网两台两微”为平台，开展多层次、立体化宣传教育活动，受众达6亿人次，全民安全意识进一步增强。

山西省安全生产工作综述

一、安全生产总体情况

2015年，在党中央、国务院和省委、省政府的正确领导下，全省上下狠抓各项制度措施的落实，安全生产形势继续明显好转，呈现“三个双下降，一个良好”的态势。一是各类安全生产事故总起数和死亡人数双下降，全省共发生各类安全生产事故12191起，死亡2226人，同比分别下降3.90%和4.67%。二是生产经营性事故起数和死亡人数双下降。全省共发生生产经营性事故1758起，死亡1104人，同比分别下降10.21%和3.24%。三是部分行业领域事故起数和死亡人数双下降。道路交通、铁路事故的事故起数和死亡人数双下降。四是安全生产控制指标进度良好。生产经营性事故死亡人数占国家下达年度控制指标的84.99%，比进度控制目标少195人。全省11个市均在控制进度范围内。

二、安全生产重点工作

（一）树立“红线意识”，强化组织领导

省委、省政府高度重视安全生产工作，省委书记王儒林、省长李小鹏亲自组织省委省政府和各部门领导干部专题学习习近平总书记关于安全生产的一系列重要讲话和指示批示精神。省委将安全和廉洁发展列入全省六大发展之一，省政府每年第一个会、第一个文件都是安全生产。省委书记王儒林、省长李小鹏逢会必讲安全。天津“8·12”危险品仓库特大火灾爆炸事故发生后，省委连续3次召开常委扩大会、省委书记王儒林召开谈心对话专题会议，与11个市的市长、119个县的县委书记和省属国有重点企业的主要负责人就做好安全生产工作集体谈话。省长李小鹏经常深入基层，深入企业、深入井下检查调研，并结合山西省实际，作出了“三个决不能过高估计”（决不能过高估计安全生产形势，决不能过高估计大家对安全生产重要性的认识，决不能过高估计当前安全生产的能力和水平）的基本判断，提出了“三个越是”（“越是形势严峻、任务繁重，越要抓好安全工作；越是安全生产形势明显好转，越是要狠抓安全生产毫不放松；越是大集团、大公司、现代化矿井，越是要狠抓安全生产）和“三个敬畏”（即敬畏生命、敬畏责任、敬畏制度）的总要求。全省各级各部门各单位对安全生产工作的重视程度空前，安全红线意识不断增强，齐心协力抓安全的局面基本形成。

（二）完善责任体系，强化责任落实

认真贯彻省委、省政府《关于实行安全生产党政同责的意见》，进一步明确了新能源、洗煤等行业管理部门安全监管职责，认真抓好安全生产党政同责“五个全覆盖”。同时，大力推进乡镇（街道）和村（社区）安全生产党政同责“五个全覆盖”，全省已有90%以上的乡镇（街道）和60%以上村（社区）实现了“五覆盖”。并且，狠抓企业“五落实五到位”工作，督促企业严格落实安全生产主体责任，不断提高安全生产水平。

（三）汲取事故教训，扎实开展大检查

为深刻汲取上海“12·31”踩踏事件、同煤集团“4·19”重大透水事故、天津港“8·12”危险品仓库火灾爆炸特大事故的教训，全省开展了贯穿全年的三轮安全生产大检查，在安全生产大检查中坚持了“四个突出”：突出督查暗查。8月17—26日，省长李小鹏在阳泉市、长治市调研经济社会发展情况时，采取“四不两直”方式突击检查了危化品生产企业和工业园区。从8月12日至9月2日，省委常委、副省长付建华5次率领省直有关部门和专家深入分管领域进行了突击检查。省直部门成立督查组349个，暗查暗访组171个，抽

查企业70538家。省安委会办公室成立了5个督查组,分别在6月、11月按照"四不两直"的方式对各市和省直部门进行了督查。各市市委书记、市长、副市长、各部门负责人深入辖区重点行业领域、重点企业,以"四不两直"的方式进行了督导检查。

(四)加强法治建设,推进依法治理

大力开展安全生产普法宣传,并选调相关业务处室人员深入省直机关、各市县政府和企业开展新《安全生产法》宣讲活动,全年各级各部门共举办新《安全生产法》宣讲324场。加快研究制定配套制度措施,启动《山西省安全生产条例》修订工作,先后召集省直12个厅局、8个市所属县乡政府、中央驻晋、省属重点企业相关人员召开座谈会,广泛征求各方面意见和建议,通过10余次修改完善,现条例初稿已上报省政府。代省政府起草了《关于加强安全生产监管执法的通知》,并把工作任务和责任分解落实到各有关部门,强化组织实施。严厉打击各类安全生产非法违法行为,共查处安全生产非法违法违规违章行为30万多起,安全监管监察部门罚款2600多万元。

(五)加强宣传教育,严格责任追究

以"安全生产月"活动为契机,山西省安监局组织开展了"平安山西"网络安全知识竞赛、"安全生产宣传咨询日""三晋安全行"等安全生产月系列活动;围绕新《安全生产法》的颁布实施,组织对省长进行了专访,局长在《山西日报》发表了署名文章,大力开展学习宣传和教育培训,大力宣传新《安全生产法》,提高全社会遵纪守法意识。同时,严肃事故查处与责任追究,全年对12起较大生产安全事故进行了挂牌督办,对91起事故进行了严肃查处,给予党纪政纪处分354人,追究刑事责任66人。山西省安监局对省内外发生的重特大事故和典型事故及时发布警示信息,下发事故通报23份,并组织拍摄了多部事故警示教育片下发基层,起到了较好的警示、教育和震慑作用,基本做到了"一厂出事故、万厂受教育,一地有隐患、全省受警示"。

(六)夯实基层基础,提升保障能力

扎实开展安全生产宣传教育,组织开展了"安全生产月"活动,在各类媒体开办专题、专栏,广泛开展集中宣传报道,举办了"安全生产宣传咨询日""我身边的安全故事"征集、三晋安全行等一系列宣传教育活动。深入开展安全乡村(社区)创建活动,全省91.7%的乡村建成了安全乡村。不断强化培训工作,连续5年举办各级政府分管领导和安监局长安全生产专题培训班,指导全省培训安监执法人员、企业负责人等共计4.7万余人。加强安全科技工作,推广了HAN撬装式加油装置、危险化工工艺自动控制系统、尾矿库在线监测系统、尾矿库干排技术等一批安全技术示范工程。加强应急管理工作,与北京、河北、天津、内蒙古建立了华北5省(市)应对重特大生产安全事故灾难突发事件应急联系、联防、联动机制;全省矿山、冶金、危险化学品等重点行业企业应急预案覆盖率达到了100%;同煤集团和汾西集团完成了国家矿山区域队建设任务。

(七)严格事故查处,加强警示教育

对各类事故进行认真查处,严肃追究责任,2015年,各级安全监管监察部门共查处事故73起,应结案63起,实际结案53起,建议给予党纪政纪处分526人,追究刑事责任45人。对阳城瑞兴化工"5·16"较大有害气体中毒事故、平遥县兴盛佛殿沟煤业公司"6·7"较大窒息等4起典型事故,由省政府提级进行调查处理。一年来,省政府先后召开三次警示教育会议,各级各部门共召开事故警示教育会40余次,对较大以上事故和典型事故深刻反思,汲取教训。

内蒙古自治区安全生产工作综述

一、安全生产总体情况

2015年,全区安全生产工作在自治区党委、政府的坚强领导下,克服经济下行不利因素,扎实推进依法治安、改革创新、基础能力建设等各项重点工作,全区安全生产形势持续稳定好转,为经济社会稳定发展创造了良好的安全环境。全区生产安全事故总量保持继续下降的态势，共发生各类事故5410起，死亡1227人，同比分别下降19.35%和4.14%。其中：生产经营性事故2871起，死亡592人，同比分别下降29.63%和5.43%。全年没有发生重大以上事故，为全国11个未发生重特大事故的省份之一。全年亿元GDP事故死亡率0.068，工矿商贸从业人员十万人事故死亡率2.07，道路交通万车死亡率1.77，煤矿百万吨死亡率0.013，同比分别下降5.56%、17.27%、11.94%和51.85%。

二、安全生产重点工作

（一）各级党委政府高度重视

自治区党委、政府主要领导多次在自治区重大会议上反复强调安全生产工作，针对安全生产重要时期、关键问题和有关事故先后16次作出重要批示指示。自治区政府每季度召开全区安全生产调度会议和自治区安委会有关成员单位会议，及时研究部署相关工作，并多次听取工作汇报，协调解决突出问题。各盟市、旗县党委政府对安全生产工作也高度重视，自治区、盟市、旗县区政府主要领导同志担任安委会主任已实现全覆盖，帮助协调解决具体实际问题。重点苏木乡镇均成立了安全生产领导机构，配备了专（兼）职安全管理人员。

（二）健全完善安全生产责任体系

一是在全面贯彻落实《内蒙古自治区安全生产“党政同责、一岗双责”暂行办法》的基础上，先后出台《内蒙古自治区落实生产经营单位安全生产主体责任暂行规定》和《内蒙古自治区有关部门和单位安全生产工作职责规定》，形成了三位一体的责任体系，分别对企业主体责任、部门监管责任、党政领导责任进行了明确，标志着内蒙古自治区安全生产责任体系基本形成。二是将安全生产工作纳入对各盟市和有关部门综合考核内容，是全区仅保留的五个单独考核的项目之一，修改完善《盟市安全生产工作考核办法和评分细则》，强化了对重点工作落实情况的日常考核，对发生重特大生产安全事故等八种情形实行“一票否决”。三是自治区安委办充分发挥指导、督促和协调作用，对检查中发现的安全隐患和问题及时向有关地方政府或部门下发督办通知书。对生产安全事故多发、事故数量超过控制考核指标、存在重大安全隐患或突出问题的，约谈有关负责人。定期召开季度形势分析调度会，点评有关行业领域安全生产情况，指出存在问题，提出整改要求，推动行业部门履职尽责。四是坚持示范引领，转变监管执法方式方法，强力推动企业主体责任落实。推行解剖式观摩执法，自治区选择有一定规模、基础和代表性、近3年发生过事故的企业作为执法检查企业，组织周边地区安监人员和同类企业的负责人、安全管理人员观摩。检查中将工作重点延伸到突出解决企业安全生产法制意识和管理层面、机构设置、制度落实、安全投入等“软件”方面存在的问题，对发现的隐患和问题严厉处罚，跟踪督办落实整改，取得初步成效，统一了认识，形成了监管合力。

（三）加强安全生产大检查和专项整治

一是紧盯重要时期、关键节点，组织开展了“两节”“两会”、阿拉善地震灾害、汛期、民运会、中蒙博览会等多次综合性大检查和专项整治。特别是天津港“8·12”事故后，组织6个综合督查组和20个专项检查组，不间断督导检查，指导各地开展执法检查和隐患排查，推动整改了10万多项安全隐患和问题。对国务院安委会两轮督查中发现的隐患挂牌督办，及时督促相关地区和部门整改到位。二是顺利完成了30个国家非煤矿山重点县和2个危化重点县的阶段性攻坚任务。三是关闭非煤矿山588户，对116家危化企业“两重点一重大”自动化升级改造，完善了472个危化重大危险源监控措施和103个罐区安全专项治理。对457户涉氨制冷企业安全水平进行改造提升。粉尘涉爆治理行动，帮助指导404户停产木材加工企业完成粉尘涉爆隐患整改任务恢复生产。

（四）全力保障自治区经济社会稳定发展

面对经济下行导致企业效益下滑，安全风险不确定因素增加等形势，充分发挥安监部门服务保障作用，帮助企业攻坚克难，安全增效。一是将全区2015—2017年631个重大项目作为三级安监部门服务保障重点，建立台账，分级分类分期包联推进。二是对重大项目实施“三个提前服务”，即提前安全论证把好准入关、提前告知许可要件确保合法建设运营、提前现场指导协调解决安全难题。三是推动建设项目安全设施和职业卫生“三同时”合并审批，开辟安全生产许可“绿色通道”，加快办理进度。四是扎实开展“三个千”活动，即千名专家为企业把脉会诊、千名安监干部与企业谈心对话、千场免费“送课进企”安全管理帮扶活动。加强安全生产宣传教育,开展了形式多样、内容丰富的“安全生产月”活动,共编辑12部公益广告片、4部案例教育片和1本案例教材,举办各类专题讲座2800余次。

（五）严肃事故查处和责任追究

2015年共挂牌督办10起事故，已批复结案的8起事故中，追究刑事责任19人，给予行政处分41人。为坚决克服和纠正责任追究失之于软、失之于宽的问题，部署开展问责落实情况专项检查，对已经结案的较大事故组织“回头看”。凡未落实事故防范措施的、责任人员未追究到位的，跟踪督办落实，坚决追责到位。特别是对于屡教不改的企业，依法采取强制性措施，直至关停。

（六）积极推进安全监管方式方法创新

紧密结合安全生产监管工作实际，扎实推进安全生产体制机制改革各项任务，着力完善安全生产预防控制体系，建立安全生产长效机制，较为圆满地完成年度各项改革任务，改革工作已显成效。突出安全生产责任落实、依法治安、强基固本等重点工作，围绕转变监管执法思路，加大企业落实主体责任督促力度；严格安全生产中介机构监管；实行标准化执法和“黑名单”制度；实施安全生产与职业卫生一体化执法等方面，创造了一些行之有效、可复制推广的经验和做法。

（七）积极推进依法治安工作

强化程序意识,全面梳理非煤矿山安全监管执法的每一个环节,将国家和自治区涉及安全生产的法律法规有关监管执法的程序规定全部摘出,按照上位法优于下位法,新法优于旧法的原则排队,找出监管执法每一个环节适用的法律法规规定,并紧密结合自治区开展非煤矿山监管执法的实际,尽可能将监管执法每一个环节的程序都固定下来。经过反复征求意见和修改完善,出台《非煤矿山安全监管执法程序指南》。全面启动《内蒙古自治区安全生产条例》修订工作。

（八）自觉践行“三严三实”，持续改进工作作风

认真开展“三严三实”专题教育，实施“五型”（学习型、责任型、守纪型、廉洁型、团结型）机关建设，教育和激发广大党员干部严于修身做人、用权律己、干事创业。召开了全区安监系统党风廉政建设会议，严格履行“两个责任”，切实加强党建工作，不断增强干部廉洁自律意识，提高防腐拒变能力。

辽宁省安全生产工作综述

一、安全生产总体情况

2015年，辽宁省安监局认真贯彻党的十八大和十八届三中、四中、五中全会精神，坚守安全生产红线，推进依法治安，强化责任体系建设，始终坚守保平安就是保发展、保稳定的信念，不断深化安全生产专项整治，努力夯实安全管理基础，认真开展安全生产大检查，深入推进行业领域专项整治，把各类防范措施落实到位，坚决防止各类生产安全事故的发生，安全生产工作成效显著，安全生产形势持续稳定好转。

事故总量、死亡人数实现双下降。全省生产安全事故起数和死亡人数实现双下降。煤矿、非煤企业、经营性道路交通、铁路交通、农业机械等重点行业领域事故起数和死亡人数均呈下降趋势。全省未发生重特大生产安全事故。全省共发生各类生产安全事故（不包含道路交通事故）288起，死亡329人，事故起数和死亡人数同比分别下降26.5%和27.1%。重点行业领域事故起数和死亡人数均呈下降趋势。发生较大事故9起，同比下降30.8%，死亡35人，同比下降14.6%。全省未发生重特大生产安全事故，全省保持了安全生产形势持续稳定好转，为振兴辽宁经济发展营造了安全稳定环境。

二、安全生产重点工作

（一）进一步夯实依法治安基础

完成了《辽宁省安全生产条例》(简称《条例》）立法论证工作。为贯彻落实新《安全生产法》，完善法律法规和工作机制，申请并启动了

《辽宁省安全生产条例》修订工作。列入立法计划并形成征求意见稿后，积极征求各市政府、省安委会成员单位的意见，先后召开三次立法座谈会，邀请法律专家、安全生产专家、有关部门以有关市安全监管局、生产经营单位的代表座谈研讨，并赴沈阳、大连、鞍山市调研基层意见。针对征求的意见，组织专家三次集中修改《条例》，形成了规范的修订草案并申报2016年立法计划。《条例》修订后，将进一步加强生产安全事故事前预防，促进安全生产责任落实。印发《辽宁省人民政府关于加强安全生产监管执法的实施意见》。根据《国务院办公厅关于加强安全生产监管执法的通知》(国办发〔2015〕20号)，制定了《辽宁省人民政府关于加强安全生产监管执法的实施意见》，主要以安全生产法规体系、责任体系、监督治理体系、监管保障体系建设等5个方面存在的矛盾和问题为导向，制定了具体政策措施，给出了多种思路办法，具有很强的针对性、必要性和可操作性。深入贯彻实施新《安全生产法》，严格依法履行安全监管职责。按照省政府批准的安全生产监管执法计划，严格对企业贯彻执行安全生产法律法规的监督检查，严肃查处各种违法行为，坚决抵制各种失职、渎职、徇私枉法等行为，维护法律的尊严，提高安全生产监管工作的公信力。

（二）健全完善安全生产责任体系

深化落实各级党委、政府安全生产责任，编织全方位、立体化责任网。省委办印发了《关于推进“五级五覆盖”和“五落实五到位”工作的通知》，坚持每月对各地区“五级五覆盖”和“五落实五到位”工作进展情况进行调度，通报省安委办。全面推进“五级五覆盖”落实，全省119个县区全部完成“党政同责、一岗双责”安全生产责任体系建设，并向基层乡镇（街道）和村（社区）延伸，全省1559个乡镇（街道）、8879个村（社区）已全部完成了“五覆盖”工作。省属企业已经全部完成了“五落实五到位”。

（三）组织开展隐患排查治理和打非治违专项整治

组织开展了涵盖全地域、全行业领域范围内的安全生产百日专项治理行动、汛期安全生产检查、安全生产大检查深化“打非治违”和专项整治行动、“六打六治”打非治违专项行动，省安委会印发了《关于严格安全生产监督检查清单管理的意见》，要求各地区、各部门落实“四个清单”闭环管理制度。省安委会成员单位各部门，结合本行业领域安全生产工作特点，先后组织开展了危化品和易燃易爆物品专项整治、煤矿隐患排查治理行动、城镇燃气安全隐患大排查大整治行动、建设工程落实施工方案专项行动、“全省道路运输平安年”活动、危险化学品道路运输专项整治、水上非法运输专项整治活动、劳动密集型企业消防安全专项治理等重点行业领域集中整治活动，开展拉网式全面的隐患大排查、大整治，做到了监督检查到位、隐患排查和整治到位、危险源监控到位。狠抓敏感时期、重点时段的安全生产工作，有效防范各类事故，确保了抗日战争70周年阅兵、大连达沃斯夏季年会、“五一”“十一”等重要时段和汛期、冬季的安全稳定。

（四）组织开展全省危化品和易燃易爆物品普查检查

天津港“8·12”特别重大火灾事故发生后，省委、省政府领导同志高度重视，省委书记李希、省长陈求发、副省长刘强等领导同志先后作出重要批示指示，对加强辽宁省安全生产工作提出工作要求。为深入贯彻落实省委、省政府领导同志重要批示指示精神，辽宁省安全生产监督管理局以省安委办名义采取了一系列有力措施，切实加强对全省危化品和易燃易爆物品的安全监管，严防事故发生。部署开展危险品企业安全生产大检查。8月13日，会同省政府应急办联合下发紧急通知，要求各地区、各部门、各企业汲取事故教训，立即组织开展危险品企业事故隐患排查和安全生产大检查工作。切实落实责任，加强安全管理，完善应急管理，全面提高应急处置水平。8月15日，及时将省委书记李希、省长陈求发的重要批示指示精神印发各市人民政府和省安委会有关成员单位，并督促各地区、各部门全力抓好贯彻落实。随后组织开展危化品和易燃易爆物品专项整治。制定下发《辽宁省危险化学品和易燃易爆物品安全专项整治工作方案》，明确了专项行动工作目标、重点整治内容、部门职责分工和时间步骤，并要求各市、各有关部门在企业自查基础上，组织对所有危化品和易燃易爆物品生产、经营、仓储、运输企业进行全面排查。全省各地、各有关部门集中精力，对辖区内、行业领域内的危化品和易燃易爆物品企业开展了地毯式的排查整治。8月17日，按照副省长刘强重要指示精神，省安委会办公室下发通知，在全省危化品和易燃易爆物品企业组织开展安全生产交叉互检。各市安委会办公室、省安委会有关成员单位共组织1000余家危险化学品和易燃易爆物品企业开展交叉互检，为促进全省危化品和易燃易爆物品行业领域安全发展起到了有力的推动作用。9月7—12日，组成8个督查组，由省安委会成员单位厅级领导带队，对全省14个市及绥中、昌图县专项整治工作情况开展专项督查。对督查发现的问题，及时向各市反馈，并提出整改要求。针对企业存在的问题，责成当地监管部门督促整改。

（五）组织开展烟花爆竹经营安全隐患专项排查整治

组织检查岁末年初烟花爆竹储存、经营等环节安全管理情况。开展烟花爆竹“打非”专项行动，与公安部门联合开展“打非”专项行动。开展烟花爆竹经营安全专项治理。严肃查处销售不合格烟花爆竹产品行为。春节期间，根据省质监局质量监督抽查结果，责成相关市、县安全生产监管局对采购销售不合格烟花爆竹产品的批发企业进行专门检查。指导所有烟花爆竹经营单位签署并张贴安全生产“承诺书”。4—12月，对烟花爆竹零售点实施“两关闭”（即关闭与居民在同一建筑物内的零售点，关闭安全距离不足的零售点）。全省共撤销零售点308个；对烟花爆竹批发企业实施“六严禁”（即严禁经营超标、违禁、非法产品；严禁超许可范围经营及向零售点销售专业燃放类产品；严禁在仓库存放不属于烟花爆竹的爆炸物等危险物品；严禁将执法收缴的产品与正常经营的产品混存；严禁储存超量、堆放超高以及通道堵塞；严禁购买和销售未张贴流向登记标签的产品），打击违法违规行为，确保全省烟花爆竹经营安全。

（六）组织开展危险化学品和化工企业安全隐患专项排查整治

6月底至9月底，辽宁省安监局利用3个月时间，开展危险化学品经营市场安全专项整治。主要治理危化品市场周边安全距离不足、仓储与经营混杂，以及在市场内混存、分装危化品等问题。7月下旬至9月底，开展油气等危险化学品罐区专项安全大检查。组织对全省所有油气等危险化学品罐区开展专项安全大检查。开展危化品和易燃易爆物品企业隐患排查整治。为深刻汲取抚顺伊科思新材料有限公司“11·17”爆炸火灾事故教训，按照省委、省政府领导通知重要批示指示精神，在全省通报事故情况，并于11月19日至12月20日组织全省危化品和易燃易爆物品企业开展隐患排查整治工作。针对事故暴露出的问题，督促企业高度重视冬季安全生产工作，切实加强设备设施的安全管理，有效防范事故发生。

（七）开展全省石油化工领域重点地区重点企业集体谈心对话活动

7月14日，辽宁省安监局以省安委会办公室名义在沈阳工会大厦组织开展了全省石油化工领域重点地区重点企业集体谈心对话活动，分析近年来省内外石化企业发生的典型事故案例，开展警示教育。在分析形势的同时，对进一步做好全省化工和危险化学品企业安全生产工作提出工作要求。全省各市及绥中、昌图县安监局分管副局长，8个危化品重点县（区）分管副县（区）长，全省41家重点石油化工企业主要负责人、分管负责人以及危险化学品标准化二级企业评审单位主要负责人共110余人参加了活动。

（八）持续深入开展涉氨制冷、有限空间作业、爆炸性粉尘“三项治理”行动

结合对国家安全监管总局《严防企业粉尘爆炸五条规定》和《有限空间作业五条规定》的宣传贯彻，辽宁省安监局持续深入开展“三项治理”行动，通过采取发放宣传知识手册到企业、协调国家安全监管总局送培训到辽宁、开通“工贸安全”微信公众号、拍摄电视专题宣传片、视频讲座等多种形式开展“三项治理”的宣传培训工作。通过部署开展全省交叉互检、国家安全监管总局组织的督查检查和省际异地交叉互检等方式，全方位开展涉氨制冷、有限空间作业、爆炸性粉尘“三项治理”整治行动。通过专项治理行动的不断深化、升级，消除了企业的安全隐患，提升了企业的安全管理水平。

（九）圆满完成援助天津港“8·12”瑞海公司危险品仓库特别重大火灾爆炸事故的救灾任务

天津港“8·12”事故发生后，按照国家安全监管总局和辽宁省政府要求，辽宁省安监局协调营口市、抚顺市政府，组织相关企业专业技术人员，

组成两支救援队，带齐所需设备，急赴天津事故现场参与救援。辽宁省安监局与省应急办协调沿途交通部门开辟快速通道，两支救援队第一时间挺进爆炸核心区域，协助现场应急指挥部组织开展救援行动，为有效防止次生事故发生、恢复正常生产生活秩序作出了重要贡献。国务院安委会办公室和天津市安全生产监督管理局专门发来感谢信表示感谢。深刻吸取天津港“8·12”特大火灾爆炸事故教训，组织开展危化品和易燃易爆危险品专项整治，印发了《关于立即开展危险品企业安全生产大检查的紧急通知》等4个文件，突出危险品生产场所、储存设施、运输工具、安全距离、生产作业等重点部位和环节，开展“地毯式”排查。组织开展危险化学品和易燃易爆物品普查工作，督促企业修订完善应急预案和现场处置方案。按照省政府主要领导指示，省安委会办公室、省政府应急办联合印发了《关于开展危险化学品和易燃易爆物品普查强化应急保障工作的紧急通知》，立即普查调度统计全省危险品企业情况，督促修订完善应急预案和现场处置方案。

（十）进一步夯实安全生产工作基础

规范行政审批事项，建立权力清单和责任清单制度，并向社会公布。辽宁省安监局保留行政权力73项，取消行政审批事项12项，取消其他权力5项，委托下放行政审批事项6项。实行一个窗口受理行政审批事项。做好取消和下放职能的衔接工作。各市全部承接了辽宁省安监局委托下放的行政审批事项。没有出现明放暗留、变相审批、弄虚作假等行为。加大事故挂牌督办工作力度。挂牌督办较大生产安全事故19起，全部结案。对频繁发生生产安全事故的地区和企业主要负责人进行约谈。深入推进安全生产标准化建设。组织企业开展安全生产标准化达标，通报表彰安全标准化优秀班组、安全标准化班组、优秀班组长和优秀组织工作先进个人，推进标准化班组建设。加强职业卫生监管。完成沈阳、营口两市职业病危害防治评估工作。完成职业卫生摸底调查工作。指导1000家企业完成职业卫生基础建设。抓好铁路道口安全管理。完成了铁路道口安全目标管理考核工作，组织了“两节”“两会”及春耕农忙时节铁路道口安全管理和安全检查。及早部署汛期铁路道口安全防汛工作。扎实推进安全生产百日专项治理行动。积极开展跨地区、跨部门联合执法，采取“四不两直”暗查暗访、责任挂钩式“清单”管理等措施，全面深入排查治理事故隐患，严厉打击非法违法建设生产经营行为，强化“两节”“两会”“五一”“十一”期间安全生产监管，促进了全省安全生产形势的持续稳定。

（十一）加强安全生产规划科技和应急救援工作

完成安全生产“十三五”规划编制调研和培训工作。加强信息化安全管理工作，推进监管执法专业装备项目建设，为14个市、100个县（区）安全生产监管局配备5315台（套）监管执法设备。加强安全生产应急救援管理，修订完善省级应急预案，跟踪推进各市应急平台建设互联互通，跟踪指导省矿山救援基地建设工作。争取国家投资，在大连建设国家危险化学品应急救援大连基地。争取国家投资在朝阳建立国家矿山救援朝阳基地，提升安全生产应急救援能力。

（十二）加强《安全生产法》宣传教育培训

认真做好安全生产宣传工作。组织开展全省“安全生产月”系列宣教活动，为安全生产工作营造了良好的舆论氛围。6月16日组织了“安全生产月”宣传咨询日和全省道路客运驾驶员安全宣誓及安全教育活动。组织57人的宣讲团，分赴各市、重点企业集中宣讲100场。组织开展“弘扬安全法治”主题征文活动，共收到参评文章416篇；研发了《辽宁省安全生产知识竞赛网络答题系统》，并首次依托网络开展了安全生产知识竞赛，历时25天，覆盖全省所有市、县、区，共有4473家单位参赛，答题次数超过10万人次，提高了安全知识普及率。2015年在《辽宁日报》刊发安全生产专版3期，在辽宁卫视播出安全百科宣教片6部，在局网站开设专栏3个，申请并开通“辽宁安监”微博，共发布439篇；印发了《关于做好网络回应工作的通知》，奠定制度基础，规范回应工作；全省共在省级以上媒体刊发安全生产相关新闻1345篇，取得了在全国安监系统排名第11位的工作成果。加强安全生产培训。协调省委组织部联合举办县（市）区领导干部安全生产专题研讨班。全年共考核和复审高危行业主要负责人、安全生产管理人员约7.4万人，特种作业人员约7万人，农民工34.6万人。

吉林省安全生产工作综述

一、安全生产总体情况

2015 年，发生各类生产安全事故 13711 起、死亡 1462 人，同比减少 2472 起、少死亡 35 人，分别下降 15.3% 和 2.3% 。生产经营性事故 2216 起、死亡 502 人，同比减少 507 起、少死亡 10 人，分别下降 18.9% 和 2.7% 。死亡人数占全年控制指标 670 人的 74.9% ，低于指标进度 25.1 个百分点。

按行业划分，煤矿事故 19 起、死亡 21 人，同比增加 3 起、少死亡 5 人，分别上升 18.8% 和下降 19.2% 。金属与非金属矿事故 7 起、死亡 8 人，同比减少 3 起、少死亡 2 人，分别下降 30% 和 20% 。建筑业事故 41 起、死亡 42 人，同比增加 11 起、多死亡 8 人，分别上升 36.7% 和 23.5% 。化工和危险化学品企业发生事故 2 起、死亡 3 人，同比减少 1 起、少死亡 2 人，分别下降 33.3% 和 40% 。烟花爆竹企业无死亡事故，同比持平。冶金机械等制造业事故 13 起、死亡 15 人，同比增加 1 起、多死亡 2 人，分别上升 8.3% 和 15.4% 。特种设备事故 2 起、死亡 2 人，同比持平。道路交通事故 2802 起、死亡 1308 人，同比增加 10 起、少死亡 14 人，分别上升 0.4% 和下降 1.1% （生产经营性道路交通事故 635 起、死亡 356 人，同比减少 127 起、多死亡 1 人，分别下降 16.7% 和上升 0.3% ）。消防火灾事故 10757 起、死亡 8 人，同比减少 2475 起、下降 18.7% ，死亡人数同比持平。铁路交通（路外）事故 48 起、死亡 39 人，同比减少 13 起、少死亡 6 人，分别下降 21.3% 和 13.3% 。农业机械事故 7 起、死亡 1 人，同比增加 1 起、少死亡 1 人，分别上升 16.7% 和下降 50% 。水上交通无事故，同比持平。

按事故等级划分，全省未发生一次死亡 30 人以上重特大事故。全省发生一次死亡 10 人以上重大事故 1 起、死亡 11 人。全省发生较大事故 13 起、死亡 47 人，同比减少 10 起、少死亡 38 人，分别下降 43.5% 和 44.7% 。

二、安全生产重点工作

（一）落实安全生产责任

责任覆盖实现“两个 100%”，省、市、县、乡、村（社区）100% 落实安全责任“五级五覆盖”，规模以上企业 100% 实现安全责任“五落实五到位”。制定《企业安全生产日检查、周调度、月总结和季报告制度》，监督指导企业认真开展厂级、车间、班组及各岗位的每日安全生产检查工作。执行省市安监局长季度恳谈、省安监局长和吉林煤监局长与产煤县（市、区）长双月碰头等制度，有效推进安全责任落地、触底。坚持通报约谈不间断，在重点时段约谈市县两级政府和相关部门领导 286 人次，与所有煤矿企业主要负责人开展谈心对话活动。下发《事故警示通报》56 期，通报省外 98 起事故情况，落实安全防范措施，做到“一企有事故、万企受警示，外省有事故、省内受教育”。建立分析建议函制度，针对汛期、元旦、春节、国庆节等重点时段，分阶段、分行业、分区域进行形势分析和研判，增强了前瞻性和科学性。组织省安委办 13 个巡视组（每地区 1 个、省直 1 个）在重要节点对各地区开展全天候督导，加大重点关键部位、事故易发区域、隐患多发行业巡视督查力度，春节、全国“两会”、清明节、端午节、抗战胜利 70 周年纪念活动、中秋节、国庆节等 7 个重点时段实现“零事故、零死亡”。强化目标责任制考核，落实产煤市县两级政府主要领导跟班入井督导检查煤矿安全制度。实行每周调度通报，13 个巡视组持续开展检查巡视，203 人因责任不落实被追责，发挥了震慑作用。

（二）改革创新安全生产

在全国率先启动“四化融合”“三位一体”（网格化管理、标准化建设、信息化管控、社会化监管相互融合，属地监管、行业监管、综合监管协调并进，网上智能监管和网下制度监管同步推进），国家安全改革任务基本完成，创新形成了6个方面45项成果，初步实现“五全”。网格化管理“全覆盖”，55.8万户生产经营单位全部纳入网格，高危企业和规模以上企业100%实现网格化管理，政府负责人、行业监管人、综合监管人和专家咨询人“四员”到位率100%。标准化建设“全铺开”，76.6%的高危企业和1686户规模以上企业达到标准化3级以上水平，复工复产的煤矿矿井100%达标。信息化控制“全启动”，基本完成“一个中心、三大平台”（信息数据中心，政务管理信息平台、综合信息平台、应急管理信息平台）硬件建设，并与吉煤集团视频监控及数据监测系统、省运管局车辆动态监控系统联接并网，3G隐患排查执法系统实现全网应用，远程监控监测预警建设项目通过专家论证。社会化监督实现诉求“全回应”，省、市、县三级全部建立“12350”投诉举报平台，同步发挥信访、电话、微信、网络等平台作用，实现了群防群治。两线同步“全落实”，启动“互联网+安全监管”行动计划，开发了行政审批网上办公系统，建立了25个安全生产信息系统，切实强化线上监管；探索“人+制度”监管模式，建立数据统计分析、巡视督查、隐患追责问责等制度，深入推进依法治安，线下日常监管工作不断得到加强。

（三）推进安全生产法制建设

把《吉林省安全生产条例》修订工作列入省政府、省人大2015年立法计划。出台《吉林省安全监管局生产安全事故调查处理工作规定（试行）》《吉林省安全生产行政执法文书管理办法》，修订《吉林省安全生产行政执法工作规定》。对7起重大处罚案件进行合法性审查，召开案审会对违法事实、证据、程序和适用法律等进行审理。制定省局2015年度安全生产执法计划，开展执法质量考评。举办三期全省安全生产行政执法能力提高培训班。

（四）开展安全生产大检查

在全省范围持续开展“春季行动”“夏季攻坚”“秋冬会战”三大战役，并形成制度化、常态化，压茬推进、持续发力。天津港“8·12”瑞海公司危险品仓库特别重大火灾事故发生后，按照省委、省政府部署迅速启动安全生产大检查、十大行业整治（矿山、危化、交通运输、建筑施工、消防、粉尘涉爆、劳动密集型企业、人员密集场所、“一老一小”场所、电梯等特种设备）、危险化学品和易燃易爆物品安全专项整治、危爆物品寄递物流治理等行动，对全省所有区域、所有行业、所有企业开展拉网式、全覆盖排查。坚持“四不两直”暗查暗访不间断，采取不发通知、不打招呼、不听汇报、不用陪同接待和直奔基层、直插现场，省、市、县三级共暗访各类企业26198户。全年累计排查隐患12万项，整改11.6万项，整改率达到96.7%。打非治违和整治纠正违规违章行为416511项，同比提高到78.9%，有力促进了整体安全水平的提升。

（五）强化职业健康监管

制定年度职业卫生执法工作计划，下发《关于进一步加强职业卫生监督执法工作的通知》。制定《关于进一步做好用人单位职业卫生基本情况摸底调查工作的通知》，全面排查各个行业领域用人单位职业病防治基本情况。按照年度工作安排，省级对每个地区抽取不少于5户企业，进行职业卫生基础建设情况综合评定。开展职业病危害防治评估工作。在全省范围对水泥制造、石材加工、非煤矿矿山采选、冶金、铸造、制鞋、箱包制造、木制家具制造等8个行业领域开展职业病危害专项治理。同时组织各地区在此基础上增加2~3个领域同步进行治理。全省调查摸底1195户企业，建立了职业病危害基本情况台账。各地检查810户企业，下达执法文书827份，发现问题隐患1912个，已完成整改1699个，罚款19万元。

（六）开展安全生产宣传教育

组织开展“安全生产月”、白山松水安全行、百名记者百矿行、安全生产吉林行等活动，深入各地区和重点企业进行专题宣讲。在吉林省电视台开设每周1期的《安全视界》专栏；会同省委宣传部在《吉林日报》、吉林人民广播电台、吉林电视台等媒体，定期刊播专题报道、系列评论文章、短评和时评、安全生产法律法规、警示用语、安全常识等相关内容，全方位营造安全生产大宣传氛围。省、市、县三级全部建立媒体曝光制度，在吉林电视台、《吉林日报》和市、县两级主流媒体设立曝光台，公开曝光隐患企业145户。在省委党校开展安全发展专题讲座，集中培训省直厅处级干部和各市、县领导干部。举办专题培训班，对新任县

（市、区）政府分管领导和安监局长进行专门培训；在省安监局设立两周一次的安全生产大讲堂，聘请专家，通过视频讲座形式培训各级监管干部。大力宣传贯彻新《安全生产法》，各级政府分管负责人、安全监管干部、规模以上企业高管、高危企业和有重大危险源企业主要负责人及分管负责人、各级安委会成员单位分管负责人及联络员培训率实现100%全覆盖。

黑龙江省安全生产工作综述

一、安全生产总体情况

2015年，黑龙江省委省政府认真贯彻习近平总书记、李克强总理关于安全生产一系列重要讲话和指示批示精神，贯彻落实党中央、国务院以及国务院安委会、国家安全监管总局重要部署要求，把安全生产摆上更加突出位置，作为重中之重的工作来抓。省委书记王宪魁先后3次主持召开省委常委会议，对全面加强公共安全，落实“党政同责、一岗双责、失职追责”，开展安全生产大检查等重点工作亲自作出部署。省长陆昊多次就安全生产工作做出批示；主持召开省政府常务会议、安委会全体会议和专题会议研究部署安全生产工作，提出重要要求；亲自赶赴事故现场指导事故抢险救援；数次对人员密集场所、道路交通和商贸企业安全生产工作进行随机抽查检查。省政府安委会各副主任认真履行“一岗双责”，在国庆、元旦等重要节点带队检查安全生产工作，有力促进了安全生产形势持续稳定向好。通过各地、各部门和各单位的共同努力，全省发生各类事故17510起，死亡1483人，可比口径同比减少214起、26人，下降5.8%和1.8%，全省安全生产形势保持总体稳定。

二、安全生产重点工作

（一）不断健全安全生产责任体系

认真贯彻落实习近平总书记关于“党政同责、一岗双责、失职追责”和全面加强公共安全的重要要求，省委省政府制定出台了《关于全面加强公共安全工作的意见》，省政府办公厅转发了国务院办公厅《关于加强安全生产监管执法的通知》，对重点工作任务进行责任分工。在“三级五覆盖”基础上，继续推动安全生产责任体系向乡镇、村屯“五级五覆盖”延伸。全省所有乡镇（街道）和有工矿企业的行政村（社区）全部落实“五覆盖”要求；11936家企业张贴“五落实”规定挂图；1211家规模以上企业做到“五落实五到位”，配备注册安全工程师1673人。加强安全生产责任体系落实情况监督检查，严格生产安全事故查处和责任追究。全年工矿商贸领域事故受党政纪处分145人，追究刑事责任36人，进一步强化了责任落实。

（二）认真组织开展安全生产大检查

深刻吸取天津港“8·12”事故教训，省委省政府分别召开常委会、常务会，下发紧急通知，对以易燃易爆危险品为重点的安全生产大检查作出重要部署，对全省安全生产大检查提出明确要求。全省各级安监、交通、交警、消防、住建、质监、煤管、煤监、海事等部门认真组织开展专项检查，广泛开展暗访暗查和突击检查。大检查期间，共打击非法违法行为199.5万起，停产整顿740家，暂扣吊销证照2626个，关闭取缔65家，罚款2.17亿元，追究刑事责任472人。及时组织开展督查和安全生产大检查“回头看”，巩固大检查成果。加大大检查发现隐患问题曝光力度，全省各类媒体公开曝光存在非法违法行为和隐患问题企业539户，其中省政府安委会分5批在《黑龙江日报》等媒体公开曝光企业107户，有力推动了隐患和问题的整改。

（三）全力推进煤矿整顿关闭工作

省委省政府高度重视煤矿整顿关闭工作，省政府将煤矿关闭纳入32件民生实事重点推进。在财政资金十分紧张的情况下，省政府拿出2.4亿元对关闭矿井进行奖补。省领导小组及办公室多次召开推进会议，及时研究解决小煤矿整顿关闭遇到的重点难点问题。各产煤市（地）党委、政府认真履行整顿关闭主体职责，克服困难，顶住压力，加快研究制定煤矿整顿关闭实施方案。安监、国土、煤管、煤监、发改、财政、工商、环保等部门积极配合，充分发挥部门职能作用，严把煤矿整顿关闭实施方案审核关，加快审批速度。截至2015年10月23日，省政府对9个产煤市（地）和龙煤集团实施方案全部作出批复。全省共规划矿区246个、拟组建煤矿企业91个、保留矿井596处，公告关闭矿井233处，关闭数量在全国排第二位，全面完成国家下达的煤矿数量控制在600处以内目标。煤矿整顿关闭取得突破性进展，省委省政府给予充分肯定。

（四）深入开展安全专项整治

推进非煤矿山整顿关闭，关闭非煤矿山211座，超额完成国家下达的关闭任务。扎实开展油气输送管道整治攻坚战，整改隐患353项，整改率92.2%，超额完成国家下达80%的目标，三年任务有望两年完成。加强消防安全整治，曝光重大火灾隐患单位和区域性火灾隐患295个。持续开展危险货物罐车加装紧急切断装置、油气等危险化学品罐区专项整治，整改隐患872处，注销不具备条件的危险化学品生产企业17户、烟花爆竹零售单位87家。加强道路交通专项整治，治理隐患路段1204处，查处超限车辆88.4万台，吊销驾照4717本，拘留9299人。加强特种设备安全专项整治，开展电梯安全监管大会战，排查电梯4.79万部，消除各类隐患1109项。同时，深入开展易燃易爆、涉氨制冷、粉尘防爆、建筑施工、有限空间作业等安全专项整治，加大隐患排查治理力度，全年共排查各类安全隐患14.9万项，整改14.8万项，整改率99%。

（五）加强安全生产基础建设

开展全省应急救援资源普查，进一步掌握应急资源分布状况。完善各类事故应急预案，有针对性地修订危险化学品综合预案1850部，专项预案1406部，现场处置方案5872部。加强应急实战演练，集中开展以油气管道、危险化学品、消防安全等为重点的政企联动应急演练173次。加强隐患排查治理体系建设，推动企业隐患自查自改自报。系统已录入规模以上企业1286家，开展自查自报1073家，占88.6%。扎实推进安全生产标准化建设，三级标准化以上企业达到3463户，全省煤矿、金属和非金属矿山、危险化学品和烟花爆竹、道路运输、建筑施工、冶金、水利、电力等企业安全标准化水平进一步提档升级。

（六）强化安全生产宣传教育和培训

加大《安全生产法》《安全生产条例》宣贯落实力度，层层组织宣讲团，送法到基层、到企业，其中省宣讲团举办报告会40余场，收听收看报告近2万人。组织开展第14个“安全生产月”活动，开展“与重点行业领域企业负责人谈心对话”，谈心对话企业6530余家。开展生产安全事故警示教育，1.3万名营运客车驾驶员做出“五不两确保”安全宣誓承诺。继续推进“安全社区”和“安全文化示范企业”创建，2家社区被命名为全国“安全社区”，10家企业被命名为全国“安全文化示范企业”。加强安全培训，煤矿、非煤矿山、危化品、烟花爆竹、建筑施工、特种设备等行业领域全年共培训企业负责人、安全管理人员、特种作业人员等30.5万人。

上海市安全生产工作综述

一、安全生产总体情况

2015年，上海市安监局深入贯彻党的十八大和十八届三中、四中、五中全会精神，按照“四个全面”战略布局，始终坚持科学发展理念和安全发展观念，牢固树立安全生产底线思维、红线意识和法治观念，坚持稳中求进工作总基调，着力深化改革创新，大力推进依法治安，城市安全管理水平和治理能力进一步提升，全市安全生产形势持续稳定好转。

全年共发生五大类生产安全事故（道路交通、火灾、工矿商贸、铁路交通、农业机械）5954起、死亡1147人，与上年相比分别下降18.58%和1.01%。五大类生产安全事故中，发生一次死亡3～9人的较大事故6起（道路交通6起），死亡19

人，与上年相比分别上升20%和5.56%。安全生产指标总体控制在国务院下达的指标范围内，生产经营性道路交通、工矿商贸、铁路交通、农业机械事故死亡476人，占国务院安委会下达的控制指标（526人）的90.49%，较大生产安全事故占全年控制指标（12起）的58.33%，全市安全生产形势总体稳定受控。

二、安全生产重点工作

（一）健全安全生产责任体系

2015年，上海市安监局深入贯彻落实《上海市建立党政同责、一岗双责、齐抓共管安全生产责任体系的暂行规定》，全面推进党政同责“四级五覆盖”和企业安全生产责任体系“五落实五到位”，区县、乡镇、村居和规模以上企业党政同责基本实现全覆盖，推动17个区县出台相关文件，乡镇街道、行政村全部落实“五覆盖”要求。明确各级安委会主任由同级政府主要负责人担任，分管安全生产工作负责人原则上由党委常委、政府副职担任；增加组织、综治等部门为市安委会成员单位；召开全市安全生产大会暨市安委会全体（扩大）会议，17个区县政府、29家市安委会成员单位、64家集团公司签订安全生产责任书，递交安全生产责任承诺书；推动地方各级党政领导班子将安全生产工作履职情况纳入年度述职范围，定期向组织部门及相关部门通报安全生产控制指标实施进展情况和年度安全生产考核情况。充分发挥安委会办公室平台的协调作用，健全完善安全生产责任机制、督查机制、考核机制等。全面贯彻《关于进一步强化地区安全生产工作责任的意见》要求，推进落实市政府相关部门、属地政府的安全监管职责。全面贯彻落实市级危险化学品、烟花爆竹、职业卫生3个联席会议制度，强化重点行业领域的协同管控，为落实“管行业必须管安全、管业务必须管安全、管生产经营必须管安全”提供了有力保障。

（二）深化安全生产行政审批改革

2015年，上海市安监局建立健全安全生产行政权力和行政责任清单，并向社会公开发布，保障行政权力阳光透明运行。共确定行政权力12类377项，其中行政审批16项，行政处罚313项，行政强制4项，行政检查18项，行政备案6项，行政征用1项，行政奖励1项，行政指导1项，行政规划1项，行政决策1项，行政复议6项，其他权力9项。对所有的行政权力均明确名称、实施主体、办理时限、法律依据、行使程序、权力内容、行使对象、收费情况等信息，做到“一项一表”。在完成行政权力清理后，对与行政权力相对应的需追究行政过错责任的行为进行清理，共清理91种5038项行政过错责任。其中行政审批160项，行政处罚4695项，行政强制33项，行政检查72项，行政备案11项，行政征用3项，行政奖励2项，行政指导1项，行政规划2项，行政决策2项，行政复议24项，其他权力33项。

推进安全生产行政审批事项取消、下放和“证照分离”改革试点。截至2015年底，根据上海市取消和调整行政审批事项目录取消“安全培训机构资质认可”等6项行政审批事项，对安全生产行政审批共作出30项调整。同时，全力支持浦东（自贸试验区）建设，分2批向浦东新区下放“危险化学品建设项目安全条件审查”等12项行政审批和3项相关备案，下放事项涵盖了所有适于交由区县实施的安全生产和职业卫生行政审批事项和事权。大力支持浦东（自贸试验区）证照分离改革试点，对市安监局所有行政审批事项实行“先照后证”。

积极推动落实本市从业人员安全资格的简政放权工作，未列入国家层面的从业人员安全合格证书由市安全生产协会负责发放；对国家层面未列为行政审批的发证工作，由社会第三方负责，证书上加盖社会第三方机构印章，市安全监管局不再盖章。落实危险物品从业人员安全考核和注册安全工程师执业资格简政放权工作相关要求。推进特种作业教考分离工作，建设8家特种作业应会考试分中心。指导市考试中心以政府购买服务的方式，通过招标确定本市特种作业应知应会考试点，并进行了试点运行。完成本市安全资格考试信息管理平台升级改造，与国家安全监管总局安全资格考试平台对接。开发完成了基于互联网的考试系统，在23个计算机考点平稳运行。

（三）加强重点行业（领域）安全管控

2015年，上海市安监局加强危险化学品综合管控。推动本市第三批禁止、限制、控制危险化学品目录制定工作。除区县人民政府提出与当地产业配套需保留的企业外，基本完成推进28家工业园区外危险化学品生产企业的布局调整工作。奉贤、闵行、金山、青浦4区危险化学品集中经营平台建设初见成效，已引进1200余家危险化学品经营企业落户，金山区危险化学品流动流向监控平台基本完成开发及调试和上线工作。研究危险化学品领域的电子标签（RFID）管理应用和可行性评估工作，探索针对性的长效管控措施。进一步加强证后监管，对全市危险化学品生产、经营许可证到期企业进行公告。完成提升本质安全水平三年行动计划，192套重点监管工艺的化工装置实现自动化控制，190个重大危险源建立了安全监测监控体系。落实危险化学品安全监管联席会议制度，合力推进危险化学品和易燃易爆物品专项整治等工作。落实烟花爆竹安全监管联席会议制度，研究部署春节期间禁售禁放等管控措施，并集中开展非法经营、燃放烟花爆竹整治行动。

实施危险化学品仓储经营动态定置管理。深刻吸取天津港“8·12”特别重大火灾爆炸事故教训，全面开展危险化学品储存专项整治工作。督促指导相关企业对许可项下3年以来的储存品种及年动态储存量全面筛选比对，在此基础上按照企业实际经营最大量的品种进行分类，依次核定危险化学品品种的最小定置储存量、动态周转量和最大库存量，划定区域、仓间，定品定量、有序周转，严格规范、有效管控危险化学品储存。另外，结合许可证换发，督促企业重新核准、明晰相关库存量、周转量，健全管理制度、细化操作手册、落实岗位培训，做到作业场所的台账、手册、标签、MSDS、应急预案等精确、有效、管用，全面提升仓储企业的科学化、规范化、标准化的定置管理。

推进职业卫生监管。基本完成用人单位职业病危害申报核查工作，初步确定本市产生职业病危害因素的用人单位数量，共有产生职业病危害的用人单位20250家，申报企业16448家，申报率达81.22%；进行职业危害因素检测的企业11182家，检测率55.22%；进行现状评价的企业1156家，评价率5.71%。继续推进职业卫生监督性检测工作，对230家相关企业开展可燃性粉尘专项检测，对新发职业病病例的20家用人单位开展致害岗位职业病危害因素专项检测，对2015年度涉及职业卫生举报投诉的部分用人单位开展涉诉作业岗位或工作场所职业病危害因素专项检测，定期公布职业病危害状况。

（四）加强安全生产行政执法监察和重大事故隐患治理

2015年，全市各级安全监管部门共出动检查340856次，检查生产经营单位156158个；查处隐患219781处，已督促整改212578处，整改率为96.72%，其余正按计划进行整改；查处生产安全事故227起，已结案193起，结案率85.02%，其中建议给予政纪处分10人，党纪处分2人，追究刑事责任10人；实施行政处罚1506次，同比增加37.79%，罚款1421次、同比增加38.91%；罚款金额6069.36万元，同比增加48.48%。

完成3项市级督办重大事故隐患治理。根据《上海市安全生产事故隐患排查治理办法》规定要求，市安委会办公室牵头将“大叶公路沿线长输管道违章占压事故隐患治理项目”“外高桥穿越公共区域管廊违章搭建事故隐患治理项目”“高压燃气管道占压事故隐患治理项目”3项事故隐患列为2015年度市级督办治理项目。大叶公路沿线长输管道违章占压事故隐患治理项目：该项目历时2年，前后投入治理资金超过500万元。在2014年整治的基础上，2015年列入治理目标的有16处隐患，已全部完成整治，面积1600余平方米，转移人员30余人，全面实现2年内完成大叶公路沿线长输管道违章占压事故隐患治理的既定目标。外高桥穿越公共区域管廊违章搭建事故隐患治理项目：在2014年完成管廊垂直投影下方违章建筑的拆除，增设、修复管廊下方巡检通道的基础上，2015年着重清理与管廊安全间距不足5米的违章建筑。77处隐患点已完成整治73处，投入治理资金近4000万元，整治面积50000余平方米，转移人员380余人。剩余4处按照调整后的治理计划积极推进整治工作。高压燃气管道占压事故隐患治理项目：于2015年初印发了《市安委会办公室关于督促治理2015年市级督办事故隐患项目的通知》（沪安委办〔2015〕14号），同时原市建设管理委、原市住房保障房屋管理局、市安监局、市规划国土资源局、市城管执法局和市公安局联合印发了《上海市燃气管道占压专项整治工作方案》（沪建管联〔2015〕258号）。市建设管理委2次召开全市燃气行业安全工作会议，积极推进市级督办63处高压天然气管道隐患整治工作，对63处高压天然气管道占压建立了“一患一表”，细化整治方案，筹措治理资金，推进隐患治理。共投入治理资金 1.5 亿元，按期完成了天然气高压主干管网 63 处高风险占压点整治的年度目标。

（五）夯实安全生产基础工作

加强新《安全生产法》宣贯，推进《上海市危险化学品安全管理办法》修订。开展《上海市安全生产条例》执法检查。完成上海市安全生产“十二五”规划总结评估。形成上海市安全生产“十三五”规划（送审稿）。优化整合上海市安全生产基础信息平台，11 项审批事项接入市网上政务大厅。接受 143 家单位 555 份应急预案报备。全市共举办各类应急预案演练 7900 多次，参演人数 27 万余人，投入资金超过 1400 万元；共组织举办各类应急救援培训、应急管理知识讲座 1900 多场，11 万人参加；开展各类应急宣传活动 3000 多次，20 多万人参加。推进企业安全生产标准化建设，工贸行业完成 1701 家（二级 371 家，三级 1330 家）规模以上企业等级达标（年度目标 1300 家），1167 家生产型小企业达标；100 家危险化学品生产、储存等企业复评提升（年度目标 100 家）。

深入持续开展“安全生产月”活动，以“城市·美丽家园”“城市·不能忘记”“城市·责任在肩”3 个板块为核心，组织开展“新《安全生产法》宣贯”“6·16”安全宣传咨询日、“安全文化建设暨第三方服务现场会”“小手牵大手”“守住红线、定格瞬间”摄影比赛、“安全体验馆”市民开放日、安康杯竞赛、青年安全“示范岗”等活动。

江苏省安全生产工作综述

一、安全生产总体情况

2015 年，江苏省各地、各部门和各单位认真学习贯彻习近平总书记、李克强总理关于安全生产工作的一系列重要指示批示精神，深入贯彻落实省委、省政府的决策部署，按照省安委会的统一安排和要求，牢固树立安全生产红线意识和底线思维，以“三严三实”专题教育为动力，统筹推进安全生产各项重点工作。

2015 年，全省安全生产形势总体平稳。一是事故起数和死亡人数“双下降”。2015 年，全省共发生各类生产经营性事故 3121 起，死亡 2055 人，同比分别下降 5.51% 和 7.18%。二是安全生产控制指标实施情况较好。全省各类生产经营性事故死亡人数占省下达控制指标的 93.84%，列入国家考核范围的 4 个行业领域事故死亡人数占国家下达控制指标的 96.85%。三是较大事故得到有效防控。全省发生较大事故 40 起，死亡 138 人，同比分别下降 9.09% 和 13.75%。列入国家考核范围的工矿商贸、道路交通、火灾、铁路交通、农业机械 5 个行业（领域）发生较大事故 35 起，死亡 120 人，同比分别下降 10.26% 和 13.67%。煤矿、金属与非金属矿、特种设备、冶金机械、铁路交通、农业机械、内湖内河交通等行业（领域）未发生较大及以上事故。烟花爆竹和民航飞行继续保持零事故和零死亡。四是重点行业领域和重要时段安全生产形势平稳。工矿商贸发生事故起数和死亡人数同比分别下降 12.2% 和 33.83%；生产经营性道路交通发生事故起数同比下降 5.12%，死亡人数持平。重要节日和全国全省重大活动期间未发生较大以上安全生产事故。全省 13 个省辖市各类安全生产事故起数和死亡人数同比均有所下降，相关行业数据均在控制指标进度目标以内。去年全省没有发生重特大安全生产事故。

二、安全生产重点工作

（一）全力推进安全生产责任制的落实

进一步强化企业主体责任、部门监管责任、党委和政府领导责任落实。突出强化企业主体责任的落实，在重点行业领域实行了安全总监制度。全省共有 1267 个乡镇（街道）、14230 个行政村（有工矿企业的）完成了“五级五覆盖”，覆盖率分别为 99.45% 和 95.98%。推动全省 46238 家规模以上工业企业完成了“五落实五到位”，覆盖率为 99.68%。全省已有 602 家企业实行了安全总监制度。

（二）扎实开展以危险化学品和易燃易爆物品为重点的安全生产大检查、“打非治违”和专项整治

按照国务院安委会、省安委会部署，突出危化品和易燃易爆物品专项整治，突出全省11个国家重点监管化工县（市、区）和10个省重点化工集中区的大检查，组织对所有危化品生产、经营、储存企业和油气罐区进行隐患排查治理。扎实开展非煤矿山“三项监管”工作，对煤矿、涉爆粉尘、涉氨制冷、冶金煤气、有限空间、烟花爆竹、油气管道等重点行业领域进行专项治理。突出对道路交通、建筑施工、人员密集场所消防、渔业船舶、电梯安全等方面组织大检查，加大对水上交通、农机、特种设备、民爆器材、城市燃气、旅游等领域综合监管力度。有效防止了安全生产事故的发生。

（三）全面推进依法治安

认真贯彻落实新《安全生产法》，扎实推进《江苏省安全生产条例》修订工作，省政府出台了《关于进一步加强安全生产监管执法工作的意见》。去年执法力度明显加大，全省共立案2078起，处罚1.27亿元，依法关闭、停产整顿企业901家，移交司法机关追究刑事责任66人。2015年省安委会共挂牌督办较大事故10起，结案8起；挂牌督办重大事故隐患30处，整改完毕28处。围绕“开发区、乡镇（街道）安全生产监管能力建设”和“油气输送管道隐患排查”开展了两轮巡查，推进了重点工作落实。

（四）切实加强基层基础工作

认真落实省政府《关于切实加强全省开发区安全生产监管监察能力建设的意见》，全省131个省级以上开发区已有127家成立了专门机构，配备专职人员803人，同比净增303人。对乡镇安监机构能力建设进行专题调研，加大推进了乡镇安监能力建设。强化应急救援能力建设，研究制定出台了《重特大生产安全事故应急处置工作手册》，提升应急处置能力。加大科技兴安力度，2015年江苏省获得国家安全监管总局第六届安全生产科技成果奖17项。加快建设“江苏省安全生产信息系统暨事故应急技术支撑平台”。加强安全培训教育，对全省117名县（市、区）分管领导进行专题业务培训。深入开展安全生产“大宣传”，为安全生产工作的开展营造了良好氛围。

三、存在的不足

2015年，江苏省安全生产工作虽然取得了一定成效，但与省委、省政府的要求和广大人民群众的期望相比还存在着较大差距。一是事故总量仍然较大。2015年全省生产经营性事故总量排全国前三位，平均每天发生生产经营性事故近9起、死亡近6人，总量仍然居高不下。二是较大事故仍然多发。全省13个省辖市均发生了较大事故，其中4个市较大事故起数同比上升。三是一些行业领域事故集中发生。2015年，南京、常州等地先后发生多起危化品爆炸事故，社会影响很大。长江海上交通、地方铁路交通事故起数和死亡人数同比均有所上升。道路交通发生较大事故20起，占全省较大事故总起数的一半。四是安全生产责任落实不够。企业主体责任落实存在较大差距。“三违”现象、同类事故屡禁不绝。部分地区政府属地管理、部门行业监管责任的落实还存在薄弱环节和盲区，对非法违法行为“四个一律”的打击没有得到真正落实。五是安全生产基层基础还比较薄弱，应急救援能力不强，科技兴安水平不高，安全培训针对性、实用性不强，全社会关心关注安全生产的氛围还不够浓厚等。

浙江省安全生产工作综述

一、安全生产总体情况

2015年，在浙江省委、省政府正确领导和国家安全监管总局的指导下，全省安监系统认真贯彻落实习近平总书记等中央领导同志关于安全生产工作的一系列重要指示批示和讲话精神，全面实施《安全生产法》，深入贯彻省委5号文件，坚持问题导向、底线思维，坚持标本兼治、攻坚破难，通过狠抓工作落实，安全生产“三个体系、一个能

力”建设取得新进展，为全省经济社会发展创造了良好的安全生产环境。一是事故总量持续下降。2015年，发生各类事故16767起，死亡4815人，分别下降5.5%、4.0%；工矿商贸领域事故起数、死亡人数分别下降17.3%、10.8%。二是较大事故降幅明显。全年较大事故及其死亡人数，同比分别下降17.5%、15.1%。三是国控指标进展良好。各类事故死亡人数为国控指标的86.5%，较大事故起数为国控指标的44.6%。四是各市均实现事故起数、死亡人数“双下降”。

二、安全生产重点工作

（一）进一步抓好责任落实，逐步完善责任体系建设

认真贯彻落实省委5号文件，全省上下进一步明确安全生产“党政同责、一岗双责”规定，落实党政安全责任双签，宁波市出台《党政机关安全生产工作职责规定》，强化党委对安全生产工作的领导；全省自上而下，各级党政主要负责同志带队开展安全生产检查，真正把责任扛在肩上、落实到行动中。创新落实“三个必须”要求，宁波、绍兴建立“1+7”安全生产委员会组织体系，强化部门牵头作用、落实行业监管责任；健全完善安全责任传导机制，安全生产责任制逐级落实到镇街、村企，实现全覆盖。湖州等地通过开展进企走访谈心等活动，促动企业主要负责人履行《安全生产法》七项职责，压实安全生产担子，督促企业主体责任落实到位。通过领导责任、行业监管责任、企业主体责任落实，有效构建了安全生产齐抓共管工作格局。

（二）进一步抓好事故防控，加大隐患排查治理力度

强化“隐患就是事故”的忧患意识，查重大风险、盯重点区域、治重大隐患、保重要节点，深入推进隐患整治。天津港“8·12”爆炸事故后，全省上下紧急行动起来，省委省政府召开省、市、县三级四套班子主要领导参加的安全生产紧急会议，部署开展以危化品六大行动为重点的安全生产大检查、大排查和专项整治。全省各级各单位按照省委书记夏宝龙“严查、严管、严治”的要求，分三个层面、三个时点全面深入开展排查整治，及时消除隐患。以打造安全发展示范港为目标，省安委会办公室组织30名专家蹲点调研宁波港，全面分析存在问题，提出对策措施。此项工作得到省委省政府主要领导的充分肯定，王勇国务委员对浙江省派专家“会诊”危化品港口作出重要批示。坚守合用场所物理硬隔离措施的刚性规定、硬性标准，通过有效方式，推动全省39个重点区域火灾隐患综合治理，整治各类企业2.5万家、“个小微”场所2.3万家、居住出租房（老旧民房）16.9万户，火灾事故下降30%以上。油气输送管线隐患整治持续深化，隐患整改率89%。实施重点县攻坚行动，17个危化重点县编制了化工安全发展规划，搬迁人员密集区危化企业78家，德清县完成全国矿山重点县攻坚克难任务；全面开展矿山专家会诊、风险分级、微信助力“三项监管”，完成矿山整顿关闭三年任务和尾矿库治理，金属非金属矿山数量持续减少，杜绝了较大以上事故。顺应烟花爆竹禁、限放大势，杭州市许可限批、“打非”执法、宣传教育等多管齐下，主城区成功禁放，社会反响良好；深刻吸取永康“2·19”烟花爆竹事故教训，金华积极推进烟花爆竹整治，全市零售点减少2480家、净减83.7%。全省三场所两企业整治停产停业1679家、关闭取缔1114家。严格实施重大隐患治理挂牌督办制度，全省工矿商贸22个重大隐患，及时整改销号。全力以赴，以高度负责的态度做好第二届世界互联网大会的安全生产保障工作。

（三）进一步抓好改革创新，全社会参与安全生产治理工作

按照“市场主导、企业自主、政府推动、社会参与”原则，出台意见、落实奖补、规范发展，初步构建了以“企业购买服务”为主的安全生产社会化服务体系。截至2015年年底，参与安全生产社会化服务的单位超2万家。《人民日报》、新华社等对此作了深度报道；在年底的全国安全生产工作会议上，浙江省作了大会交流发言。推进标准化与诚信机制建设深度融合，出台《关于进一步加强企业安全生产诚信体系建设工作的意见》，实施安全生产“黑名单”制度，强化安全生产的外部约束。全省完成诚信评定3.2万家，省征信平台记录并公布安全生产不良行为企业47家、责任人42名，失信企业的市场行为受到制约。主动将安全生产工作融入“平安浙江”建设体系，强化平安建设对安全生产工作的督促、推动作用；整合基

层安全生产网格，推进安全生产网格融入全省基层社会治理“一张网”。

深化安全生产行政审批制度改革。危化品审批扩权试点增加35个县、下放职业卫生服务资质审批权限，实现不出县域、办理省级审批事项。改造审批流程，减步骤、调时序，审批时限压缩55.6%以上，为企业赢得快一步的市场先机。实行砂石土矿选址联合踏勘、设计联合编制、方案联合审查，试行“网上受理、快递送达”，矿山审改“一举多得”。实行目录式管理，推进“零土地”技改项目安全审查改革，及时清理删减“特种设备检测检验”等重复、交叉审批内容，得到企业好评。

（四）进一步抓好执法监管，日趋强化依法治理理念

注重法规制度立改废释。做好前期准备，把修订《浙江省安全生产条例》列入一类立法计划，修订矿山安全生产许可证实施细则等规范性文件，清理废止《浙江省危险化学品安全管理实施办法》等2件地方规章。结合实际，出台《关于加强安全生产监管执法的通知》（浙政办发〔2015〕137号），明确监管执法二十项要求。抓典型、出重拳，加大安全监管执法力度，对情节严重、重复发生的非法违法行为，坚决落实停产停业、上限处罚措施。2015年全省实施安全生产处罚4817次，罚款1.49亿元，同比增加39.3%。温州细化安全生产处罚自由裁量标准、推进“事前追刑”机制实践，追究4名责任人刑事责任，得到省长李强批示肯定。依法加强事故调查处理，省安监局牵头完成温岭市捷宇鞋材有限公司“7·4”厂房坍塌重大事故调查，2人被追究刑事责任，22人受到党纪政纪处分；完成永康“2·19”烟花爆竹较大事故的提级调查，对慈溪市“10·2”中毒较大事故等3起事故实行挂牌督办，相关责任人员受到处罚处分。

（五）进一步抓好基层基础，强化安全生产防线

强化科技支撑保安全。在用电安全重点领域，推行“智慧用电”系统，有效减少火灾和触电事故。发挥专项资金作用，危化“两重点一重大”自动化系统安装率达90%以上。强化宣传教育送安全。联合湖州市政府，举办浙江省第十四个“安全生产月”咨询日活动；发挥“双微”作用，全省范围开展“安全接力棒”活动，增强了活动的互动性、教育性，扩大了覆盖面。加强传统媒体与新媒体的互融互动，基本形成覆盖省、市、县三级的安全生产宣传矩阵，“浙江安监”微信公众号WCI（微信传播力指数）居全国榜首。社会面上全员培训400余万人，举办市、县（市、区）安监局长及系统业务专题研讨培训班21期。强化应急救援能力建设。建成浙江省安全生产应急响应平台，危化、矿山重点县应急救援队伍建设加快推进，初步形成省、市、县互联互动的综合应急体系。成功举办全省危化应急技能竞赛、成品油长输管道泄漏事故应急演练。10月，协助国家安全监管总局、中华全国总工会、团中央和省政府成功举办全国首届危化品救援技术竞赛，得到各方好评。理顺职业健康监管机制，全面完成市县两级职能划转；落实职业健康主体责任，排查企业用人单位2.3万家、申报职业病危害项目2万余家。总结分析“十二五”时期安全生产工作，研究提出重大项目、重大工程和重大政策，组织编制“十三五”规划。

（六）进一步抓好管理教育，强化党风廉政建设

在抓安全生产工作的同时，高度重视党风廉政建设，坚持两手抓、两手硬，着力推动安全发展和党风廉政建设的互融互动。强化两个责任落实。紧紧抓住落实党风廉政建设主体责任这个“牛鼻子”，认真执行《关于落实党风廉政建设主体责任和监督责任的意见》，切实加强组织领导，把党风廉政建设和反腐败工作摆在突出位置。定期听取汇报、分析廉情，真正把党风廉政建设与安全生产同部署、同检查、同落实。省安监局领导下基层时，做到廉政建设与业务工作“两个安全”一并检查指导，形成一级抓一级、层层抓落实的工作氛围。落实从严治党主体责任和纪检监督责任，制定《关于加强廉情信息工作自觉接受派驻监督的暂行规定》，规范管理干部廉政情况信息。强化反腐倡廉教育。坚持反腐倡廉政教育常态化，不断夯实廉洁自律的思想根基。组织学习《中国共产党廉洁自律准则》和《中国共产党纪律处分条例》，组织机关和直属单位副处以上党员干部参加党章党规党纪集中轮训，切实增强党员干部理想信念，自觉做

到把纪律和规矩挺在前面。强化反面典型警示作用，组织开展以“六个一”为主要内容的反腐倡廉警示教育活动，深入剖析党的十八大以来查处的典型案例，进一步筑牢拒腐防变的思想防线。充分发挥网站、双微等作用，选取热点问题，开展“经常性”廉政提醒和教育。强化作风建设。进一步巩固群众路线教育实践活动成果，扎实开展“三严三实”专题教育，持之以恒执行中央“八项规定”精神和省委28条办法、“六个严禁”，坚持不懈纠正“四风”。全省性会议同比减少20%、费用减少27%，文件数量从589件减少到469件、减少20.4%，局“三公”经费支出在前年大幅下降的基础上再减2.9%。深入开展“服务企业、服务基层”活动，指导企业和基层解决安全生产实际困难。始终保持正风肃纪的高压态势，特别是在重要节点和节假日进一步提要求、明职责，杜绝违规违纪行为的发生。各级安监部门把党风廉政建设与效能建设、中心工作紧密结合起来，强化组织观念，严格办事程序、规范办事行为，杜绝在行政执法、事故调查、行政审批、中介服务等工作过程中谋取私利，切实提高党员干部廉洁自律的自觉性，以严规铁律打造作风过硬的安全监管队伍。

安徽省安全生产工作综述

一、安全生产总体情况

2015年，全省各地、各部门和各单位认真贯彻落实党中央国务院和省委省政府的决策部署，坚持安全发展理念，强化责任落实，依法治安，注重预防，狠抓治本，全面开展“铸安”行动，保持了安全生产形势总体稳定、持续好转的势头，突出表现为“三个持续下降，三个控制良好”。

——事故起数和死亡人数持续下降。全年发生生产安全事故16967起、死亡2903人，同比分别下降16.6%、4.6%。

——重点行业领域事故持续下降。煤矿事故起数和死亡人数同比分别下降45.0%、64.7%；建筑施工同比分别下降21.2%、15.8%；工矿商贸其他同比分别下降28.3%、29.5%；道路交通同比分别下降16.7%、2.3%；水上交通同比分别下降9.1%、14.3%；铁路交通同比分别下降15.9%、13.2%。危化品、烟花爆竹、民航飞行、渔业船舶、农电等重点行业领域未发生造成人员死亡的生产安全事故。

——相对指标持续下降。亿元GDP事故死亡率0.129，同比下降11.0%；工矿商贸十万就业人员死亡率0.691，同比下降29.8%；道路交通万车死亡率2.126，同比下降1.7%；煤矿百万吨死亡率0.133，同比下降65.5%。

——安全生产主要指标控制良好。事故死亡人数占全年控制指标的92.4%；较大事故起数占全年控制指标的55.9%。

——大多数统计地区事故控制良好。12个市实现了事故起数和死亡人数“双下降”。铜陵、池州、宿州、滁州、宣城事故起数分别下降67.3%、44.7%、31.6%、27.1%、26.0%；淮南、铜陵、池州、阜阳、六安死亡人数分别下降34.0%、16.7%、11.4%、8.4%、7.8%。宣城未发生较大以上事故，宿州、淮南、马鞍山、池州较大以上事故起数分别下降75%、66.7%、50%、50%。

——重点行业领域指标控制良好。煤矿、非煤矿山、建筑施工、工商贸其他、道路交通、铁路交通、农业机械事故死亡人数，分别占全年控制指标的52.9%、52.4%、73.9%、55.2%、97.3%、86.8%、53.3%。

二、安全生产重点工作

（一）落实责任，责任体系不断完善

省委常委会、省政府常务会多次研究安全生产重大问题。省委书记王学军20次、省长李锦斌30次就安全生产工作作出重要批示，并与300多名党政主要负责人、中央驻皖和省属企业主要负责人面对面谈心谈话，层层传递、压实安全责任，全省党政“五级五覆盖”和企业“五落实五到位”的安全生产责任体系基本建立。宿州、阜阳等地创新出台相关制度，规范乡镇（街道）安全管理工作，

助推安全生产责任落实在基层单位。淮南市以市委文件明确了全市所有行业部门的安全监管职责，堵塞了监管盲区和漏洞，形成了监管合力。淮北市全面加强安全监管网络化建设，填补了开发区、工业园无安监机构的空白。

（二）标本兼治，“铸安”行动全面开展

印发《安徽省人民政府关于开展全省安全生产“铸安”行动的通知》，部署开展“严执法、排隐患、强管理”专项行动。按照“三覆盖、四不留”的要求，组织检查组2.1万多个，检查企业10万多家次，排查一般隐患19万多项、重大隐患460项，停产整顿737家企业，关闭取缔528家企业。“自动化减人、机械化换人”等科技强安行动全面开展，示范项目相继开工。政府购买服务进行专家会诊，开展无主尾矿库现状评估、危化企业风险评价，一大批隐蔽致灾因素被查找、消除。蚌埠市在非煤矿山、交通运输等行业领域采取政府购买社会服务的方式，委托专业机构开展安全检查，提供安全技术和管理服务。广德、宿松县结合实际，扎实开展“铸安”行动，重点整治危化品、烟花爆竹经营，促进县域经济健康发展。

（三）突出重点，专项整治持续深化

结合国家组织开展的安全生产大检查、“打非治违”、危化品专项整治“三项行动”，对全省51座煤矿、1000多座非煤矿山进行会诊排查，明确232座尾矿库、5000多座水库包保责任人。完成危化品领域提升本质安全水平3年专项行动（2012—2015）目标任务，督促138套化工装置完成了安全设计诊断，478套涉及“两重点一重大”的化工装置完成了自动化控制系统改造，对110套在建项目开展了危险与可操作性分析；对31家城镇人口密集区域危化品企业实施了关闭或搬迁。全年关闭小煤矿5座、非煤矿山268座、尾矿库30座。2.8万家企业完成职业病危害项目申报，2万家企业开展职业卫生基础建设活动，1.7万家企业达到最低要求。摸底调查职业病危害接触从业人员63万人，1.4万家企业建立职业健康监护档案。各地广泛开展专项整治，取得明显成效。池州市、霍邱县积极推进非煤矿山“五化”建设，矿山企业安全质量标准化创建成效显著；东至县加强政策支持，注重科技支撑，完善监管体制机制，较好地完成了危化行业专项整治攻坚任务。

（四）深入排查，隐患治理攻坚克难

遵循安全生产季节性、时段性特点，全面开展冬季、春季、夏季和汛期等季节性安全生产大检查，坚持“四不两直”暗查暗访制度，重点突出隐患排查治理。坚持隐患排查“月建月销”，建立完善隐患整改“三清单”。全省排查出的514处油气管道隐患，已完成整治507处，完成率为98.6%（其中，长输油气管道隐患整治任务全部完成）。依法停运存在重大隐患的中航油安徽分公司黄山供应站输油管道；省政府挂牌督办的50处重大火灾隐患全部销案；68座隐患隧道全部完成治理，85处道路事故多发点段已完成整治84处。各地创新方式不断提升隐患排查治理水平。安庆市采用政府购买服务方式，对城市危化行业安全风险进行集中系统性评估，并根据专家评估意见，精准落实隐患整改措施，支持安庆石化“8828”迁建工程顺利启动，朝着彻底治理隐患的目标迈出了关键一步。亳州市将安全生产“三同时”工作列入规划委员会办公室联席会议会前审查，强化安全风险和隐患源头治理。马鞍山、芜湖持续推进隐患排查治理体系建设，不断提高安全管理水平和事故防范能力。

（五）固本强基，保障能力快速提升

全省有30个安全生产关键技术项目进入国家安全科技“四个一批”项目，21个项目荣获第六届安全生产科技成果奖。确定42家省市级危化品和非煤矿山列入“机械化换人、自动化减人”科技强安专项行动示范企业，其中，霍邱矿区安徽矿业开发公司的经验做法受到国家安全监管总局肯定。进一步加强骨干专业救援队伍能力共建项目，安排240万元资金，购置救援装备，同时举办全省第一届危化救援技术竞赛，组织开展合肥市轨道交通工程应急救援、省暨合肥市尾矿库溃坝险情应急处置等综合演练，全面提升救援能力。创建省级安全文化建设示范企业58家、安全社区54个。全省安全标准化达标企业近1万家。宣城、铜陵市开展企业安全生产标准化达标创建工作突出，企业本质安全生产水平进一步提升。黄山市承办全国客运索道应急救援综合演练，进一步提高景区科学应对和处置旅游突发事件的能力。

（六）建章立制，依法治安全力推进

出台《安徽省非煤矿山管理条例》《安徽省生

产安全事故隐患排查治理办法》《省政府安委会工作规则》等文件，金属非金属露天矿山、地下矿山、尾矿库质量标准化被列为安徽省地方标准，安全生产法治化水平不断提高。举办全省新《安全生产法》知识电视大赛，普及法律知识、助力“铸安”行动。公布2185名终身禁驾人员名单。全年调查结案事故146起，给予224人党纪政纪处分，31人被移送司法机关追究责任，并组织做好较大以上事故调查报告公开工作，警示效果明显。合肥市出台了《安全生产监督管理规定》，这是与新《安全生产法》配套的全国首部地方性政府规章。滁州市以创建依法行政示范单位为目标，不断提升安监干部执法监察水平，安全生产执法效果明显改善。

福建省安全生产工作综述

一、安全生产总体情况

福建省委、省政府高度重视安全生产工作，省委先后召开2次常委会，省政府先后召开2次常务会议、全省安全生产工作会议、4次季度防范重特大事故会议和2次安全生产专题会，听取安全生产工作情况汇报，部署安排安全生产重点工作，研究解决安全生产重大问题。省委书记尤权多次对安全生产工作作出指示批示，在各种重要会议、场合上对安全生产进行强调；省长于伟国一上任就在省政府常务会议上对安全生产提出具体要求，并多次作出批示指示。副省长王惠敏亲力亲为，及时部署安排每阶段工作，多次带队开展暗访暗查，协调解决安全生产相关问题，过问职业卫生、烟花爆竹职能移交和安全监管机构队伍建设情况。省委、省政府领导都按照“党政同责、一岗双责”规定，认真抓好各自分管行业领域的安全生产工作。

2015年，福建省各级党委、政府及相关部门按照全国、全省安全生产工作会议部署，强化安全生产责任，扎实推进工作落实，全省安全生产形势持续稳定向好。一是事故总量持续下降。全省共发生各类事故起数、死亡人数同比分别下降9%、6.3%；发生较大事故36起，同比减少2起，下降5.3%，创历史新低。全省84个县（市、区）中有58个县区没有发生较大及以上事故。二是重点行业领域事故明显下降。全省工矿商贸事故死亡160人、下降14%；生产经营性火灾事故死亡31人、下降8.8%；道路交通事故死亡19554人、下降5.1%，其中生产经营性事故死亡644人、下降12.4%；水上交通事故死亡2人、同比增加1人；铁路交通事故死亡33人、下降5.7%；渔业船舶事故死亡7人、下降53.3%；农业机械事故死亡7人，下降66.7%。三是地区安全形势总体稳定。9个设区市及平潭综合实验区事故死亡人数都控制在省政府年初下达的控制指标之内。

二、安全生产重点工作

（一）健全完善安全生产责任体系

2014年，省委省政府制定出台了《福建省安全生产“党政同责、一岗双责”规定》，总体比较科学、管用，得到了王勇国务委员的批示肯定，国务院安委会办公室转发供全国各地学习借鉴。省政府安委会通过健全工作机制、下发样式范本、加强督促检查、纳入目标责任考核等方式，推动市、县、乡、村制定出台“党政同责、一岗双责”实施细则。至2015年5月，全省实现了“五级五覆盖”，是全国最早实现的3个省份之一，进一步健全完善了“党政同责、一岗双责、齐抓共管、失职追责”的安全生产责任体系。省政府安委会出台了《落实“党政同责、一岗双责”工作机制》，进一步细化目标责任管理、挂牌督办和“一票否决”等7个方面工作机制、23项制度措施，加大目标责任考核力度，有效推动“党政同责、一岗双责”和“三个必须”规定的落实，形成了安全监管合力。同时，持续推动企业安全生产责任“五落实五到位”，2015年全省规模以上企业“五落实五到位”覆盖率达100%。

（二）扎实开展安全生产标准化建设

福建省从2008年开始，锁定“一个频道”不换台，坚持不懈地推动落实企业安全生产主体责任、标准化建设和标准化建设提升工程3个“三年行动”。2014年省政府下发通知，决定从2014年至2016年再用三年时间，在全省开展安全生产标准化建设提升工程“三年行动”，并写入政府工作报告，纳入年度工作主要任务。省政府安委会制定下发《福建省安全生产标准化建设提升工程三年行动实施方案》，出台激励约束措施，召开现场推进会，举办业务培训班，开展暗查暗访，督促指导各地各相关部门开展创建工作。省直各相关部门按照职责分工，制修订了涉及9个未出台“国标”行业领域的12个“省标”，以及23个行业领域的评审（考评）管理办法；省经信、人社、国资、质监、总工会、共青团等有关单位分别从企业技术改造、工伤保险、政府质量奖、安康杯竞赛和安全生产青年示范岗等评先评优资格（荣誉）方面，出台优先支持达标单位的政策措施，扎实开展创建提升工作。各地制定具体工作方案，成立标准化创建办公室，设立专项工作经费，广泛动员部署，举办专题培训班，培植示范单位，强化动态监管和达标后续监管，推动达标创建工作顺利开展。截至2015年底，全省应达标企事业单位评审达标率达82.2%，还有36.8万个体工商户参与创建并达到基本要求，超额完成年度目标任务。通过坚持不懈地开展3个“三年行动”，使企业安全生产主体责任有效落实，自我管理水平得到提升，各类事故持续下降。2015年与2008年相比，全省各类事故起数、死亡人数分别下降52.0%、42.5%，其中工矿商贸事故起数、死亡人数分别下降49.2%、46.7%；全省84个县（市、区）中有27个县（市、区）没有发生工矿商贸亡人事故，比2014年增加7个。2015年11月，福建省安全生产标准化建设工作在全国工贸行业安全监管工作交流会上作了典型经验介绍；在2015年12月召开的全国安全生产工作会议上作了典型发言。

（三）持续推进道路交通安全综合整治

福建省从2012年开始，部署开展道路交通安全综合整治“三年行动”。“三年行动”期间，出台一系列道路交通安全配套政策，累计投入51.5亿元，完成纳入省委省政府为民办实事项目的事故多发危险路段治理3232处，完成国省干线安保提升工程8861千米、农村公路安保工程2.31万千米、公路危桥改造1394座、城市危桥改造52座。全省道路交通事故死亡人数和较大事故起数与“三年行动”前三年同比分别下降35.1%、49.7%（“三年行动”的目标是分别下降30%和20%），道路交通较大事故少发生86起，较好地完成了三年工作目标任务。

（四）强化煤矿安全监管监察

深入开展“与矿长谈心对话”等活动，福建煤监局领导与174家煤矿的法人、矿长进行谈心对话。扎实推动煤矿标准化提升工程“三年行动”，已扶持培育28个省级煤矿安全文化示范矿井。突出水害等重点事故灾害整治，全省已有47家试点矿井开展了水害调查分析，并经设区市煤炭行业管理部门组织论证。在大田召开全省煤矿安全事故防范工作会议，深入剖析三明大田后洋煤矿“6·30”透水、将乐“9·6”顶板事故，研究部署整改防范措施。全面开展事故隐患排查治理工作，共排查隐患5436条，按期整改率100%。查处煤矿事故1起，追究事故责任人15名，其中移送司法机关追究刑事责任2人、给予党政纪处分13人。“十二五”期间共发生煤矿亡人事故26起、死亡40人，百万吨死亡率平均为0.438，同比分别下降85.56%、82.12%和82.27%，各项指标处于全国小煤省份领先水平。

（五）全面开展安全生产大检查

按照省委、省政府的统一部署，深刻吸取天津港“8·12”特别重大火灾爆炸事故教训，全面开展安全生产大检查、“打非治违”及危化品和易燃易爆物品大检查大排查大整治，严厉打击非法违法行为，消除各类安全隐患，取得了阶段性成效。开展安全生产大检查期间，全省共组织检查组3.23万个，检查企业12.52万余家，排查安全隐患15.09万项，已整改13.9万项，整改率92.1%；打击非法违法行为20.55万起、整治违规违章行为20.64万起，停产整顿企业214家，关闭取缔118家。特别对国务院安委会督查组8月28日至9月4日来闽督查发现的67项隐患和问题，加强跟踪督促，已全部整改到位。危化品和易燃易爆物品大检查大排查大整治方面，在企业自查自纠的基础上，监管部门从安全生产管理制度执行、自动化监控措施的配置、危化品充装、发货和储存、事故应急处置和安全距离等9个方面，制定安全检查表，组织专家，进行全覆盖检查，对发现的隐患和问题均督促企业落实整改。开展安全生产大检查期间，全省共排查危化品安全隐患 13108 条，已整改 12805 条，打击违法生产经营行为 234 起，治理纠正违章违规行为 693 起，责令停产整顿企业 19 家，取缔非法生产经营点 18 个，移送公安机关 3 家，注销 3 家生产企业。

（六）强化安全生产监管执法

进一步完善安全生产法规制度，组织起草《福建省安全生产条例（修订）》，目前省人大常委会正在审议；印发《关于全面加强安全生产监管执法的通知》，制定了贯彻落实的具体措施和责任分工方案。深化重点行业领域专项整治，部署开展危化品罐区专项整治，推进油气输送管道安全隐患整治攻坚，深入开展非煤矿山安全生产“三项监管”，持续推进消防、建筑施工、水上交通、渔业船舶、涉氨制冷和粉尘涉爆等重点行业领域安全专项整治，安全状况持续改善。严格事故调查问责，对腾龙芳烃（漳州）有限公司“4·6”爆炸着火重大事故开展调查，事故调查报告经国务院安办审核同意、省政府批复，于 2015 年 8 月全文向社会公布，发挥了事故的警示教育作用。

（七）稳步推进安全生产领域改革

福建省安全生产领域改革被确定为全国八个综合改革试点省份之一和全省社会治理体制改革重要内容之一。省委办公厅、政府办公厅印发了《深化安全生产领域改革试点实施方案》，共确定了 19 项改革任务。省政府安办加强督促协调，积极推进落实，已全部完成各项改革任务。深化安全生产行政审批事项改革，安全生产行政权力清单和责任清单于 2015 年 7 月 1 日公布实施，行政权力事项由改革前 579 项精减为 176 项，清理比例达 69.6%；减少安全生产行政审批环节，所有事项的审批环节压缩到 5 个以内，总体审批时限控制在法定时限的 50% 以内。比如，非煤矿山企业申办安全生产许可证，省安监局将非煤矿山企业主要负责人、安全管理人员安全资格认定改为安全生产知识和管理能力考核，将特种作业人员考试发证全部委托设区市，并通过考试系统进行计算机化考试，根据考试成绩直接制证，减少评卷和内部审批环节，可缩短 20 多天时间；将 95% 以上的许可审查和制证全部委托设区市，省级实行全流程网上审批，这样大大缩短了审批时间，由原来需要近 2 个月时间缩短到 20 天以内，极大方便了企业。制定出台《安全生产行政审批改革事项后续监管实施办法》，加强对委托下放行政审批事项的指导和监督，促进规范承接，优化审批服务，提高审批效率。

（八）不断夯实安全基层基础

强化安全生产宣传教育，健全完善省、市、县三级安全生产宣传教育联席会议制度，组建了安全生产新闻发言人、理论专家、通讯员、网络评论员和监督员等“五支宣教队伍”；2015 年 5 月开通了微信公众号“福建安全生产”，每天发布 1 期，共发布 2000 多条安全生产信息，根据新媒体指数提供的微信传播指数 WCI，“福建安全生产”微信号获得全国省级安监局微信公众号影响力排行榜第四名；加强与主要新闻媒体合作，深入开展“安全生产月”活动，多平台集中宣传，社会受教育面广。扎实推进安全发展示范城市、安全发展示范县（区）、安全社区、安全园区和安全文化示范企业创建。全省有 1 个街道（厦门市思明区筼筜街道）被命名为国际安全社区、2 个街道被命名为全国安全社区、75 个乡镇（街道）被命名为福建省安全社区、2 个县（云霄、上杭县）被命名为福建省安全发展示范县、42 个工业园区被命名为福建省安全园区；有 6 个企业被命名为全国安全文化示范企业、68 个企业被命名为省级安全文化示范企业。加强应急管理工作，在全国率先建立了石化、油气危化品输送管道企业与管道沿线地方政府应急联动机制；省政府发布《突发公共事件应急预案》和《生产安全事故灾难应急预案》，省政府安委会和省直相关部门进一步健全完善矿山、危险化学品、道路交通等重点行业领域事故应急救援预案和应急管理体制；建立省、市、县三级安全生产应急管理信息系统，争取国家支持泉港化工基地应急救援装备 5220 万元，形成专业应急救援、行业专业救援等相互补的应急救援力量，应急救援能力得到新的提升。

（九）注重安监机构队伍建设

积极推进市县两级职业卫生和烟花爆竹安全监管职能划转，全省市、县两级全部完成职业卫生安全监管职能划转工作；各设区市及平潭综合实验区中除厦门暂决定不移交外，其他的全部完成了烟花爆竹安全监管职能划转。以开展“三严三实”专题教育活动为契机，进一步加强省安监局机关党的建设、党风廉政建设、精神文明建设和效能建设，强化对干部职工的教育和管理，9年来没有发生违法案件，机关绩效考评连续4年被评为优秀，文明单位创建工作在208个参评单位中被评为第二名，被省委评为第三轮首批省直平安单位，机关党建工作在全国安全监管监察系统机关党委书记联席会议上作了典型经验介绍，领导班子和干部队伍建设做法在全国安全监管监察系统视频会上作书面交流，纪律审查工作在省纪委召开的部分省直派驻机构纪律审查工作座谈会上作经验交流。

江西省安全生产工作综述

一、安全生产总体情况

2015年，在江西省委、省政府的坚强领导下，经过各地、各部门的共同努力，全省安全生产形势保持了总体稳定、平稳向好，突出表现为："两下降、两平稳、一良好"：一是事故总量和死亡人数持续下降。发生各类安全事故3218起，死亡1629人，死亡人数同比下降0.49%。其中，列入考核的各类事故1022起，死亡770人，同比减少98起、69人，分别下降8.75%、8.22%。二是较大事故起数和死亡人数显著下降。发生较大事故36起，死亡140人，同比减少22起、56人，分别下降37.93%和28.57%。三是多数行业（领域）安全生产状况平稳。金属与非金属矿山发生事故23起，死亡24人，同比减少14人；列入考核的生产经营性道路交通事故818起，死亡559人，同比减少32人；铁路交通57起，死亡38人，同比减少10人；水上交通3起，死亡2人，同比减少1人；民航无飞行事故。四是绝大多数地区安全生产状况平稳。11个设区市事故死亡人数均在省安委会下达的控制指标内，除上饶发生一起重大事故外，其他地市安全生产状况平稳，鹰潭、新余未发生较大事故。五是控制指标实施良好。绝大部分指标在省安委会下达的控制指标内，其中所占的比例为：事故死亡总人数为79.38%；较大事故起数为59.02%；工矿商贸为74.89%，金属与非金属矿山为55.81%，化工和危险化学品为26.67%，烟花爆竹为68.18%；铁路交通为80.85%；生产经营性道路交通为82.81%；农业机械为29.41%；水上交通为25.0%。

二、安全生产重点工作

（一）延伸拓展了安全责任体系

推动责任体系向乡（镇）、重点行政村和规模以上企业拓展延伸，省、市、县、乡、村"五级五覆盖"的安全责任体系基本形成，所有规模以上企业安全生产主体责任均做到"五落实五到位"。省安委会修订《江西省安全生产委员会工作规则》，组织3次全省性综合督查；省安委办推广九江市创新监管推动责任落实做法，南昌市政府出台进一步加强安全生产责任体系建设意见，萍乡市制定安全生产三色预警制度，宜春市明确重点地区县、乡、村分管安全生产人员，吉安市、新余市完善目标管理考核激励机制，有力推动了各方责任落实。严格安全目标管理考核，综合"一票否决"1个县、单项"一票否决"3个县。开展2013—2015年职业病危害防治工作评估。

（二）扎实推进了安全法治建设

深入宣传、贯彻、实施新《安全生产法》，省政府办公厅印发加强安全生产监管执法通知、促进烟花爆竹产业转型升级意见等政策性文件，《江西省烟花爆竹安全管理办法》修订进展顺利；建立法律顾问制度，开展规范性文件清理，依法规范行政行为，省委法建办充分肯定省安监局法治建设工作，在江西法建网刊载有关做法。持续开展"七打七治"打非治违专项行动，累计打击非法违法行为3690起、整治违规违章行为4320起、停产整顿企业550家、暂扣吊销证照184个、关闭取缔企业87家。依法依规开展事故调查处理，提级调查2起较大事故、挂牌督办4起事故，工矿商贸领域发生的4起较大事故全部结案。景德镇市着力整治赣东北大市场及境内皖赣铁路段安全隐患，取得良好成效。

（三）深入开展了安全生产大检查

集中5个月时间，深入开展以危险化学品和易燃易爆物品为重点的安全生产大检查和专项整治，并在年终开展“回头看”，全省共组织检查组4615个，检查企业3.5万家次，排查隐患4.9万项；纵深推进涉及煤矿、非煤矿山、烟花爆竹、危险化学品等4个重点领域、37个重点县的安全整顿攻坚，其中煤矿落实关闭对象50处，非煤矿山超额完成国家下达的关闭任务，烟花爆竹退出生产企业394家。鹰潭市对每处危险源落实隐患排查整改的责任部门、责任人，赣州市关闭245座矿山；全面打响油气输送管道隐患整治攻坚战，159项隐患完成整改155项，整改率达97.5%，排名全国首位；持续推进道路交通、消防、特种设备、建筑施工、粉尘涉爆、液氨使用等领域安全专项整治，奉新、永丰、信丰三县荣获全国“平安农机”示范县称号。

（四）着力提高了安全监管效能

深化安全生产管理体制改革，省级煤矿安全监管职能划转到位，组建煤矿安全监管、事故调查与统计内设机构，省煤矿设计院、省煤炭工业科学研究所划转省局管理。扎实开展“三单一网”建设，制定公布权力清单87项，调整行政审批项目6项。创新安全监管方式，启动全省安全生产事故信息联网直报系统，制定加强安全生产行政审批事中事后监管、企业安全生产诚信体系建设等政策性文件。

（五）大力营造了安全发展氛围

开展安全生产宣传咨询日、职业病防治法宣传周、企业安全生产承诺、道路客运驾驶员安全宣誓承诺等系列“安全生产月”活动，着力营造了“关爱生命、关注安全”浓厚氛围，抚州市安监局、星子县安监局、红谷滩新区管委会荣获全国先进单位；加强安全文化建设，推进安全社区创建，建立典型事故案例警示教育机制，编发《江西安全生产》专刊22期，举行安全生产在线访谈3次、新闻发布会2次，“江西安全生产”微信公众号影响力在全国省级安监局排名前列；开展安全培训和网络考试点建设工作，完成11个煤矿安全重点县及省属煤矿主要负责人专题培训，举办全省工业园区管委会负责人安全生产专题研讨班，着力提高了从业人员安全技能素质和基层干部安全管理水平。

（六）有力提升了安全保障能力

加强园区安全管理，开展为期半年的“强管理、治隐患、防事故、保健康”安全生产专项行动；加强信息化建设，10个设区市完成视频会议系统招标工作；加强基层企业应急管理规范化建设和应急救援队伍建设，荣获首届全国危险化学品应急救援大赛团体优秀奖；加强中介机构监管，开展安全生产专业技术服务专项治理活动、职业卫生技术服务机构专项执法检查；加大安全投入力度，省财政对烟花爆竹退出生产企业每户补助10万元，全省累计投入8亿多元实施尾矿库隐患治理项目；加大科技支撑力度，“机械化换人、自动化减人”科技强安专项行动进展良好，金属非金属矿山通风系统安全检测规范等地方标准编制完成，重大危险源监测监控系统改造完成率达到96.6%；加大达标创建力度，非煤矿山、危险化学品、工矿商贸、烟花爆竹四大行业，二级以上达标企业470家。

（七）切实加强了安监队伍建设

认真组织、扎实开展“三严三实”专题教育，强化问题导向，贯彻从严要求，坚持以上率下，注重讲究实效，以践行“三严三实”新作为、力求科学发展安全发展新成效；大力弘扬江西安监精神，着力打造五型团队，持续开展争当“五好安监员”活动，全系统党员干部党性修养、履职能力和工作作风进一步提高。主动适应全面从严治党新常态，严格履行党风廉政建设的主体责任和监督责任，制定实施安全生产“五权”运行监督、“三重一大”集体决策、行风建设监督等制度，进一步营造了全系统风清气正的政治生态。

山东省安全生产工作综述

山东省委、省政府高度重视安全生产工作，2015年以来召开一系列会议研究部署安全生产工作，提出了10个方面源头防控、标本兼治、重在治本的断然措施，全面加强安全生产工作。山东省各级安监部门按照省委、省政府的统一部署，紧紧依靠各级党委政府，在各部门的大力支持和配合下，着重抓了以下七个方面工作：

一、认真贯彻落实省委32号文件，积极推进安全生产责任体系建设

一是构建“党政同责、一岗双责、齐抓共管”工作格局。省政府对省安委会进行了调整，省长郭树清担任主任，省委副书记、省委秘书长、宣传部长和各位副省长担任副主任，加强了安全生产工作的组织领导。按照“三个必须”原则，组织起草了《山东省安全生产行政责任制规定》，2015年11月5日，省政府以第293号令颁布实施，进一步明确了各级各部门的安全生产监管职责。在基层推进“网格化、实名制”安全监管模式，使辖区内的每个生产经营单位都必须落实行业主管和专业监管部门的安全管理责任，已有115万多家企业明确了实名制监管。二是推进企业落实安全生产主体责任。认真贯彻落实《山东省生产经营单位安全生产主体责任规定》（省政府260号令），深入开展企业主体责任专项执法检查，共检查企业19.8万家，实施行政处罚4.1万次。三是强化安全生产目标责任考核。省政府安委会出台了《2015年度安全生产目标责任考核实施意见》，加强过程控制，强化指标约束。加大了各级各部门安全生产责任制考核力度，提高了安全生产在科学发展、社会综合治理、精神文明建设等方面的考核权重，严格做到重大事故“一票否决”。

二、加强法制宣传，大力推进依法治安

一是加大普法宣传力度。采取各种形式，学习宣传新《安全生产法》等有关法律法规规章规定，围绕“加强安全法治、保障安全生产”活动主题，组织开展了第14个“安全生产月”活动。在全省开展了为期3个月的安全生产法律法规知识学习竞赛活动，并在省电视台对决赛进行了实况转播。在山东卫视公共频道开辟《问安齐鲁》栏目，每周制作播出一期，安全专家现身说法，宣传先进典型，剖析事故案例，普及法律法规。协调新闻单位开展暗查暗访，对发现重大隐患和问题予以曝光；通过电信、移动、联通三大运营商，向省内所有手机用户发送安全生产公益短信。二是认真贯彻落实《国务院办公厅关于加强安全生产监管执法工作的通知》（国办发〔2015〕20号）。提请省政府办公厅下发了《关于进一步加强安全生产监管执法工作的意见》（鲁政办发〔2015〕48号），在加快安全生产地方法规标准体系、监督治理体系、执法保障体系、监管能力体系等方面做出明确规定和要求。三是加大执法监察力度。编制实施了《2015年安全生产行政执法计划》，组织开展了全省企业外包工程安全生产专项执法检查和职业卫生执法互查等活动，共执法检查企业21.5万家次，实施各类行政处罚2.6万次，提请关闭企业42次。四是依法严肃事故查处和责任追究。按照“四不放过”原则，完成了2014年下半年2起重大事故和2015年3起重大事故的调查处理，追究了32人刑事责任，对114人给予党纪政纪处分。对连续发生较大事故的2个市和4个县（市、区）主要负责人进行了约谈。

三、攻坚克难，强化重点行业领域安全监管和专项整治

包括5项内容：一是深入开展危险化学品安全专项整治。针对2015年山东省化工企业事故多发的势头，报请省政府研究出台了强化危险化学品安全监管11条措施。确定了50个危化品重点县，实施攻坚，与政府领导以及企业负责人进行了谈心对话，并确定27家大型化工企业对重点县进行协作帮扶。开展了检维修和动火、进入受限空间等特殊作业专项整治，围绕作业安全管理、自动化改造、设计安全诊断、加强教育培训提出了18条硬措施。修订完善了《山东省化工装置安全试车工作规范》和《山东省化工装置安全试车十个严禁》。大力推进自动化改造和化工装置设计安全诊断，全省重点监管的1337家危险化工工艺和危险化学品企业中，1320家完成改造；850家化工企业未经正规设计的1046套化工装置，已经完成诊断1019套。推进城镇区域危化品企业搬迁关闭，2015年共搬迁关闭企业145家。会同有关部门制定了《山东省提高安全环保节能水平促进化工产业转型升级工作方案》，在全省组织开展了化工和危险化学品企业安全生产大检查，共检查企业1.18万家次，查出问题和隐患4.72万项，其中，对122家企业实施停产停业，提请关闭87家，对158项非法违法行为进行公开曝光。二是深化油气管道安全隐患整治。制定了《山东省油气管道隐患整治工作方案》，督促各市、管道企业认真开展隐患排查和属地确认工作。落实隐患分级挂牌督办，对排查出的1281处重大隐患挂牌督办，建立隐患整治通报制度，实行月调度、季通报。已整治完成油气管道重大隐患1045处，整改率为90.2%，提前完成了国务院安委会提出的预期目标。三是扎实推进非煤矿山领域专项整治。强力推进矿山整顿关闭工作，2015年，全省共关闭非煤矿山529家。制定出台了《山东省金属非金属地下矿山安全生产条件规定》《山东省非煤矿山安全设施竣工验收工作指导意见》和地下矿山、露天矿山安全风险等级评定标准，进一步规范了非煤矿山安全评价评审工作。大力推行“三项监管”（专家会诊监管、风险分级监管、微信助力监管）和岗位达标试点推广工作，全省262家地下矿山全部进行了专家“会诊”。开展了露天小型采石场专项检查，检查矿山企业1276家，责令停止生产矿山23家。有针对性地组织暗查暗访活动，共暗查暗访企业53家，责令停产整顿企业12家。强力推进采空区治理工作，对32家采空区未充填的，暂扣企业安全生产许可证停产整顿。四是深化烟花爆竹等领域的专项整治。提请省政府出台了《关于推进烟花爆竹生产企业加快退出的通知》，确定用2年时间，烟花爆竹生产企业全部退出，并制定了企业退出的奖补方案。通过开展烟花爆竹安全专项治理，注销了9家生产企业安全生产许可证，吊销零售许可证771个。在全省组织开展涉氨制冷企业安全隐患分类评估工作，确定了24个涉氨制冷企业专项治理工作重点县（市、区）。组织开展了冶金有色行业煤气作业、高温熔融金属作业、粉尘爆炸危险场所作业和有限空间作业专项治理，停产整改876家企业。五是积极推进职业卫生安全监管。积极开展《职业病防治法》宣传，在省安监局在网站设置专栏，组织制作了“职业健康60秒”系列宣教片，通过网站、微博、微信等进行广泛传播。组织开展职业病危害防治评估工作和职业危害专项治理，对19913家企业进行了职业卫生执法检查，发现隐患27445个，注销了39家职业卫生技术服务机构资质证书。

四、深入开展“大快严”集中行动，严厉打击非法违法行为

按照国务院部署要求，发挥省政府安委会综合、协调、指导作用，从8月开始，在全省开展了安全生产隐患大排查大整改，全面加强易燃易爆危险品场所专项整治。针对10月份较大事故多发的势头，省政府在全省部署开展安全生产隐患大排查快整治严执法集中行动。为促进企业安全生产主体责任的落实，省政府又在全省部署开展了企业主体责任落实专项执法检查，要求以前所未有的决心、前所未有的力度，铁腕整治企业安全隐患和非法违法行为，督促企业落实主体责任，自觉开展隐患自查自改。省政府安委会成立了省集中行动和专项执法检查联席会议办公室，抽调人员集中办公，建立了统计调度制度、联席会议制度和定期通报制度，扎实推进集中行动和专项执法检查。

五、改革创新工作机制，提升安全监管水平

一是改进检查方式。实行暗查暗访检查方式常态化，先后组织了6批次暗访暗查，对发现的问题进行公开曝光。二是完善了控制指标通报制度。以省委办公厅、省政府办公厅名义每季度向各市和省有关部门通报一次安全生产事故控制指标执行情况，定期向省委组织部、省综治办和山东银监局等部门报送各市安全生产情况。三是建立安全生产新闻发布会制度，每月举行新闻发布会，通报上月安全生产重要措施和事故情况，并通过主流媒体向社会发布。四是建立安全生产诚信约束机制。出台了《山东省企业安全生产诚信体系建设实施方案》，建立完善企业安全生产承诺、不良信用记录、失信“黑名单”、安全诚信评价等制度，并协调相关部门对安全失信企业在贷款、融资、用地等方面进行惩戒约束。五是建立抓落实工作机制。提请省政府办公厅制定下发了《山东省安全生产举报管理办法》《山东省安全生产约谈制度》《山东省重大安全生产隐患挂牌督办办法》和《山东省实施〈生产经营单位安全生产不良记录“黑名单”管理暂行规定〉办法》，综合运用执法监察、督导检查、暗访暗查、媒体曝光、通报约谈、挂牌督办、警示教育、谈心对话、“黑名单”“一票否决”、事故追责等法律法规和行政手段，加大对各级各部门的督办落实力度。

六、加强基层基础工作，提升安全生产保障能力

一是大力推进企业安全生产标准化、班组安全建设和安全示范单位创建工作。积极推进非煤矿山、危险化学品、烟花爆竹、冶金工贸等行业领域企业安全标准化建设，全省有2.77万家企业通过达标。会同省总工会、团省委连续3年开展了安全生产优秀班组和创建活动。二是大力实施“科技兴安”战略。加快先进生产装备、工艺流程和操

作规范在企业的应用，推广了188项安全科技项目。三是加强安全培训工作。设立了17个市级考试中心和120处理论考试点，建立了全省安全培训考试标准和题库。2015年共培训企业负责人、安管人员19.2万人次，特种作业人员20.8万人次。四是加强应急管理。认真做好应急救援预案编制、评审、备案、演练、评估和非煤矿山应急管理标准试点工作，积极组织各类应急演练，2015年共开展应急救援演练1.7万场次。

七、加强队伍作风建设，树立良好形象

山东省安监局扎实开展"三严三实"专题教育，认真查找工作中存在的问题，并制定具体整改措施。省安监局在省政府网站和省安监局网站公布了权力清单，向社会公开，接受社会监督。通过政务微博、省电台"阳光政务热线"节目、齐鲁网、齐鲁民声网等媒体平台，积极开展在线交流，及时回应社会关切。严格执行中央八项规定精神，认真纠正机关作风"庸、懒、散"现象。扎实开展反腐倡廉警示教育活动，让党员干部明底线、知敬畏、受警醒。

河南省安全生产工作综述

一、安全生产总体情况

2015年，河南省安全监管系统认真贯彻落实习近平总书记关于安全生产重要指示批示精神，按照省委省政府决策部署，强化红线意识，落实安全责任，全面深入"查尽责、除隐患、保安全"，扎实开展安全生产大检查，深入推进打非治违，强化重要领域和重点行业专项整治，着力构建安全生产长效机制，同心协力，狠抓落实，促进了全省安全生产形势继续稳定好转。

2015年，全省共发生各类生产经营性伤亡事故（不含火灾事故）1438起，死亡753人，同比减少293起、172人，分别下降16.93%和18.59%，事故总量和死亡人数继续实现"双下降"；大部分地区和行业领域安全生产状况基本稳定，全省18个省辖市和10个省直管县（市）中，开封、洛阳、平顶山、鹤壁、焦作、濮阳、许昌、漯河、三门峡、南阳、信阳、驻马店、兰考、汝州、滑县、长垣、永城、固始、鹿邑、新蔡20个统计单位工矿商贸行业没有发生较大以上事故。其中，鹤壁、许昌、兰考、鹿邑、新蔡5个统计单位没有发生工矿商贸领域伤亡事故。

二、安全生产重点工作

2016年，全省认真落实企业主体责任、部门监管责任、党委和政府领导责任3个责任，狠抓改革创新、依法治理、基础建设、专项整治4项重点工作，实现事故总量继续下降、较大事故继续下降、死亡人数继续减少、重特大事故得到遏制4项年度目标任务。

（一）着力完善安全监管责任体制

贯彻落实党中央、国务院"党政同责、一岗双责、失职追责"和"三管三必须"的要求，强化安全生产责任体系建设。在党委和政府领导责任层面，推动加强党委对安全生产工作的领导，畅通党委听取安全生产重大问题汇报、研究部署安全生产工作的机制和渠道，强化安全生产"摆位"，真正做到与经济社会全局工作同部署、同安排、同落实。在部门监管责任层面，厘清综合监管和行业直接监管的责任边界，防止综合监管部门"权力有限、责任无限""职能有限、范围无限"的情况。制定了省、市两级部门安全监管权力清单和责任清单，通过落实"两张清单"，做到各负其责、依法履责，日常照单监管，失职照单"追责"。在落实基层安全监管责任层面，加强县（市、区）、乡（镇）村（社区）安全管理力量，推动"五级五覆盖"在基层不断夯实，切实解决县市力量弱、乡镇无机构、农村无"眼线"的问题。县级解决安监部门执法人员编制问题，把主要力量向一线执法倾斜，把执法检查作为履行监管职能的主要方式。针对许多单位反映基层缺少执法车辆的问题，全省统一协调，一是积极呼吁将安监局列入执法单位序列，从根本上解决职能、编制、装备等问题；二是根据财政部规定，执法执勤以外确有行政执法职能的部门，参照地方同类部门保留综合执法车辆，加强和省车改办的沟通，争取必要的车辆保障。乡镇一级明确安全监管部门和安全监管人员，村一级纳入社会综治网格化管理，鼓励网格管理员兼任安全员，将安全监管的触角延伸到最基层。

（二）着力推动企业主体责任落实

做好安全生产工作，企业是主体、是工作的落脚点。抓住了企业主体责任，就牵住了生产经营领域安全管理的“牛鼻子”。从 2015 年起，在全省组织开展为期三年的“企业主体责任落实年”活动。主要目的：一是解决企业安全生产“摆位”的问题。强化企业法人、实际控制人、主要负责人的守法意识和自主安全意识，真正把安全生产摆到生产经营管理活动的第一位，由被动服从模式向自主管理模式转变。二是解决企业安全管理体制机制不健全的问题。从责任机制、防控机制、隐患排查机制、岗位履责机制、培训机制、应急机制等方面入手，把所有的机制捋顺，该健全的制度要健全起来，形成一套完整体系，并能够充分发挥作用。三是解决现场管理薄弱的问题。四是解决中小微企业安全生产无人管、不会管的问题。2015 年着重推动了 5 个方面工作：

（1）督促企业认真履行《安全生产法》明确的 18 项主体责任，全部实现“五落实五到位”。

（2）分阶段分领域分层级推进企业安全生产标准化，建立并有效运行事故预防机制，推行风险预控和隐患排查双重预防模式。

（3）推进重点领域专项整治，继续实施非煤矿山、危险化学品领域本质化安全提升工程，推动烟花爆行业整体退出，完成油气管线治理任务，持续开展冶金等工矿商贸领域和职业卫生健康专项整治，协调推动相关高危领域开展集中整治。发挥综合监管作用，协调行业部门加强安全监管，督促企业排查治理隐患，有效防范和遏制重特大事故发生。

（4）推进安全生产诚信体系建设。制定出台《河南省企业安全生产诚信管理实施方案》，建立企业安全生产承诺、不良信用记录、失信“黑名单”、安全诚信评价管理等制度，启动安全诚信等级评定工作。

（5）探索运用社会市场手段提高企业安全生产风险管理水平及事故善后处理能力。

（三）着力提升安全监管效能

一是全面推进安全生产法治化建设。河南省安监局修订了《河南省安全生产条例》等地方法规，对相关省政府规章、行业规范、技术标准进行配套修订，完善了安全生产地方法规体系。配合机制体制创新，提请省政府出台隐患排查治理、打非治违、加强基层安全监管的规范性文件。市县层面，贯彻落实省政府办公厅《关于加强安全生产监管执法的实施意见》，解决了安全监管执法地位及基层安全监管力量配置等问题，改进执法方式，提升监管执法的针对性、实效性。大力推进监管执法规范性建设，明确执法程序、细化执法内容，量化执法标准、规范执法方式、统一执法文书、加强执法监督，保证严格、规范、高效、廉洁执法。二是加强隐患排查治理体系建设。推进实施《河南省生产安全事故隐患排查治理办法》，落实隐患排查治理责任，健全隐患排查治理体系。借鉴湖北省推进“两化”隐患排查治理体系建设的经验，组织制定覆盖全部工业领域的隐患排查治理标准，组织企业编制隐患排查清单，做到一企一清单，推动隐患排查治理网络信息系统建设，对企业隐患排查治理进行实时监控，逐步实现事故隐患排查治理工作制度化、规范化和信息化。三是推进打非治违机制常态化，始终保持打非治违高压态势。完善乡镇（工业园区）专职安全机构，统一组织领导本地区打非治违工作。推进安全生产网格化建设，行政村（社区）设专（兼）职安全管理员，履行安全报告职责。及时发现、有效制止和严厉打击各类非法违法生产经营行为。深入研究非法违法的新规律、新态势，出台县乡政府和有关部门打非治违责任清单。出对存在职能交叉、多头管理的行业领域，及时协调，落实有关部门责任。建立打非治违上下联动、部门联合执法机制，指导各级政府进一步完善打非治违联席会议制度、重大非法违法行为备案督办制度、“黑名单”制度、举报奖励制度、信息报告制度和“一案双查”责任追究制度，形成打非治违的长效机制。四是加快事故调查处理速度。坚持较大事故督办制度，对到期未办结的，以省安委会名义下发督办通知。要把案件办理情况纳入对安委会成员单位的年度考核内容，通过考核“杠杆”，督促有关部门加快案件办理。对已经结案的，及时将调查报告向社会公开，接受社会监督。

对事故原因的规律进行分析，督促整改措施落实，及时做好较大事故查处进展情况的汇总、梳理和审核，按时上报有关信息统计情况。

（四）着力加强安全保障能力建设

一是推动实施互联网 + 安全生产信息化建设，打造安全生产大数据综合运用平台。各级安监部门要抓紧开展信息化建设需求调研，按照国家安全监管总局总体方案规定的建设框架和技术标准、信息接口，推进信息化平台建设，实现与国家安全监管总局、省安监局平台的互联互通和数据传输。同时，加快建设矿山、危化安全监管在线监测、预警预控和监管执法一体化信息管理系统。二是持续开展安全河南创建基础工程，制定《安全河南创建2016年行动计划》，安全和谐村镇（社区）创建率达到60%以上。三是加强应急救援能力建设。以防范和应急处置为重点，坚持开展经常性的应急宣传教育，积极组织开展各种应急培训，进一步增强各类人群的应急意识和紧急避险技能。增强应急预案编制的操作性、针对性和可执行性，加强实案性应急演练，通过应急演练，熟悉应急预案、磨合应急机制、锻炼救援队伍、检验处置能力。健全统一指挥、反应迅速、协调有序、运转高效的应急处置机制，确保安全施救、科学施救、有效施救。各级安监部门负责人提升应急救援指挥协调能力，熟悉应急预案，熟悉应急救援流程，熟悉各种类型事故的应急处置常识，熟悉应急救援专家、应急救援队伍数据库，发生事故后，能及时向现场指挥人员提出救援专家、救援队伍、救援物资调配的合理化建议，能当好指挥人员的决策助手，确保应急救援行动有序开展，最大限度地减少人员伤亡和财产损失。

湖北省安全生产工作综述

一、安全生产总体情况

2015年，全省安全生产工作主动适应经济发展新常态，牢牢抓住依法治安这条主线，加快改革创新，深化治理整顿，着力构建安全预防控制体系，取得明显成效。全省各类事故总量、较大事故、重点行业领域和大部分地区事故持续大幅下降，生产安全事故死亡人数首次下降到2000人以内。国务院下达湖北省的四大类事故（工矿、生产经营性道路交通、铁路交通和农业机械合计）控制指标1340人，实际死亡746人，仅占全年控制数的55.67%。鄂州、咸宁、随州、仙桃和林区5个市州未发生较大以上事故。《湖北省安全生产“十二五”规划》确定的21项约束性指标全部达到规划目标，事故总量由2010年的16339起、2539人，降至2015年的7203起、1720人。较大事故由2010年的76起、297人，降至2015年的32起、126人。湖北省是全国连续两年既没有发生重特大事故，又实现各类事故起数和死亡人数“双下降”的4个省份之一，安全生产形势稳居全国第一方阵。隐患排查治理“两化”（标准化、数字化）体系建设经验在全国推广，顺利完成国务院安委会下达湖北的改革试点任务。

二、安全生产重点工作

（一）健全完善安全生产责任体系

认真贯彻落实习近平总书记、李克强总理关于安全生产的重要指示批示，积极推动落实企业主体责任、部门监管责任、党委政府领导责任。省委省政府继续将安全生产纳入市州党政领导班子和领导干部年度考核体系，并列入全省最终保留的5项“一票否决”考核事项之一。各产煤市（州）、县（市、区）普遍实施政府领导下井督导安全生产工作制度。省委办公厅、省政府办公厅修订印发了53个省安委会成员单位职责规定（鄂办发〔2015〕26号）。省安办综合运用谈心对话、警示教育、执法监察、事故查处等手段，推动企业落实主体责任。省安监局分东西两片召开了全省危险化学品和非煤矿山企业主要负责人谈心对话座谈会。各地以宣传贯彻落实中央领导同志重要指示批示为契机，积极推动落实党政同责、一岗双责、齐抓共管。宜昌市大幅提高安全生产在县市区综合考核中的权重，将安全生产纳入市委市政府重点督查内容。黄冈市将安全生产考核实行单列，明确规定所有县市区由常委联系安全生产工作，乡镇由副书记分管安全生产。恩施土家族苗族自治州主要领导同志多次以特约评论员名义，在《恩施日报》上撰写安全生产时评文章。潜江市明确将安监部门作为提出“为官不正、为官不为、为官乱为”干部问责建议主体之一，强化安全生产“不作为、乱作为”行为问责。

（二）深入推进“两化”体系建设

借全国隐患排查治理体系建设现场会在湖北召开的东风，“两化”体系建设在全省深入推进。截至2015年底，全省共有11.86万家企业入网运行，建设各级监管平台4522个，同比分别增长39.9%、17.3%。在网运行企业全年自查自报隐患297.8万条，同比增长161%，治理量超过前7年总和。企业平均查报隐患25.9条，同比增加13.69条。荣获2015年“两化”竞赛前三名的鄂州、随州、咸宁全年没有发生较大事故，特别是鄂州市连续保持6年无较大事故的纪录。襄阳市“两化”体系已覆盖到行政村和社区。荆州市每月通报“两化”体系建设进展情况并直接寄送至各县市区党政主要领导和各部门主要负责人。全国有14个省市、26批次、240人次来湖北省学习考察隐患排查治理“两化”体系建设做法。

（三）狠抓重点行业领域专项整治

深刻吸取天津“8·12”等事故教训，全省以危险化学品和易燃易爆物品为重点，扎实开展安全生产大检查。省安监局会同省委宣传部联合组织15个暗访组，开展了3轮暗查暗访行动，《湖北日报》等省级主流媒体对158条隐患进行曝光，涉及13个市州，发挥了良好的舆论监督效果。工矿行业安全生产攻坚克难全面推进，建成70家金属非金属示范矿山，完成34座无主尾矿库隐患综合治理，3个国家级重点县和8个省级重点县完成攻坚任务；全省7个危化品重点县编制了化工行业安全规划，4个烟花爆竹重点县全部完成改造提升任务。省安委会分两批将24条隐患纳入省级挂牌督办，年内应完成整改的18条隐患除了1处因方案变更、获准延期以外，其余全部完成整改。国务院安委会办公室挂牌督办的9条劳动密集型企业火灾隐患年内完成整改8条。全省油气管道外部隐患整改完成率96.1%，受到国家安全监管总局充分肯定。全省关闭金属非金属矿山255座，3年累计关闭1274座，超额完成国家下达的目标任务。深化重点行业职业病危害专项治理，扎实开展职业卫生基础建设，国家职业病防治规划目标任务基本完成，全国职业卫生基础建设现场会在湖北省召开。武汉市首次将隐患排查整改纳入全市10个突出问题承诺整改中，通过电视问政加强检查督办。十堰市认真吸取两起较大事故教训，集中开展“查隐患、查漏洞、查失责、查违章”专项行动，拉网式排查全市222家非煤矿山，逐一进行分类分级。黄石市开展非煤矿山外包施工单位大培训、大整顿行动，累计培训1726人，果断清退9家安全条件不达标的外包队伍。

（四）全面推进依法治安

加强法规制度建设，把《湖北省安全生产条例》修订纳入2015年省人大立法预备计划，年内完成修订初稿。省安监局牵头制定并推动出台1部政府规章(《湖北省烟花爆竹安全管理办法》)、3部规范性文件[《湖北省安全生产委员会成员单位安全生产工作职责》(鄂办发〔2015〕26号)、《湖北省人民政府关于进一步加强非煤矿山安全生产工作的意见》(鄂政发〔2015〕53号)、《湖北省人民政府关于进一步加强安全生产工作的意见》(鄂政发〔2015〕72号)]、5部地方标准。鄂政发〔2015〕53号文件被国务院安委办全文转发；鄂政发〔2015〕72号文件创新提出了8项制度，重申了12项规定。省安监局严格过程执法，大力推进计划执法、专项执法、联合执法，以及安全生产与职业卫生一体化执法。严肃事故查处，省安委会办公室共对6起较大事故实行挂牌督办，对4起较大事故实施提级调查；8起事故已在年内按期结案，169人被追究党纪政纪乃至刑事责任。

（五）深化安全监管体制机制和监管方式改革创新

深化行政审批制度改革，省安监局行政审批事项调整为7大项16小项，确定行政权力235项，从下半年开始省安监局所有行政审批事项均实现网上审批。制定下发了指导意见，加强行政审批事中事后监管。实施安全生产网格化管理，在总结襄阳、巴东、黄梅、宜昌伍家岗、十堰张湾区等地经验的基础上，省安委会、省综治委两部门联合发文部署并组织召开现场推进会，将安全生产植入社会管理网格化体系，加强农村和城市社区安全生产管理，实现安全监管区域全覆盖，国家安全监管总局改革办专门刊登了湖北省经验。探索安全生产第三方监管服务机制，采取政府购买服务的方式，委托技术服务机构参与安全执法检查，指导企业整改隐患，做到政府买服务、专家查隐患、部门抓执法、企业搞整改。首次开展全省金属非金属地下矿山安全生产条件专家会诊，省安监局率先完成100家地下矿山专家会诊工作。实施非煤矿山分级分类监管，地下矿山、露天矿山和尾矿库根据风险等级，实现差异化监管。改革生产安全事故统计上报体系，所有生产安全事故信息均由县级安监部门使用网络直报系统，实行属地归口统计、联网直报。

（六）强化安全生产基层基础工作

省安监局大力推进“科技兴安”，煤矿锚网喷联合支护率达到80%以上，金属非金属地下矿山机械化改造大力推进，44家省级充填采矿技术试点矿山完成建设。危化品生产企业重点装置自动化控制率达到95%，全省33家烟花爆竹生产企业全部实施改造升级，鞭炮生产全部实现机械化。企业标准化创建工作继续推进，10293家企业实现达标，其中一级企业73家，二级企业8996家。加强安全文化建设，宜昌、襄阳、孝感、黄冈4个地区被评为全国安全生产月活动先进单位。省安监局、湖北省总工会、湖北煤监局、湖北日报传媒集团、湖北广播电视台联合开展“十佳安全生产示范乡镇”评选公益活动并成功举行授称仪式。8家企业被命名为湖北省安全文化示范企业，5家企业被命名为全国安全文化示范企业。经国家新闻出版广电总局批准，《湖北安全生产》杂志获得正式刊号。开通了省安监局政务微博、微信平台。襄阳市在全省率先启动国家级安全发展示范城市建设。健全完善安全培训考试体系，特种作业人员理论计算机考试覆盖全省，省安监局建成全省第一个自动化实际操作考核基地。加强安全监管能力建设，省安监局为全省20个重点开发区和203个重点乡镇配备摄像机、移动执法设备等近700套。各地积极争取党委政府支持，加强机构队伍、监管能力建设，恩施、襄阳、孝感、黄石、黄冈、咸宁、荆门、天门等地增加了人员编制，在工业园区、开发区设立了监管机构，改善了机关办公条件。加强应急救援能力建设，组织开展全省安全生产应急管理专题培训暨矿山救援大型装备实操演练，全省安全生产应急平台初步具备了内网运行应急数据库、外网接受应急预案报备的功能，实现了与国家安全监管总局平台互联互通。

湖南省安全生产工作综述

一、安全生产总体情况

2015年，全省各级各有关部门和单位牢固树立红线意识，大力实施安全发展战略，认真贯彻党中央、国务院和省委、省政府关于加强安全生产工作的决策部署，齐心协力、扎实工作，全省安全生产形势总体稳定向好，实现了年初确定的“四下降一杜绝”目标。

（一）生产安全事故情况

1. 事故总量及行业领域和地区分布情况

2015年，全省累计发生各类生产经营性事故4457起（剔除非生产经营性消防火灾、非生产经营性道路交通事故和水上交通事故，下同），同比减少320起，下降6.7%；事故死亡754人，同比少死亡242人，下降24.3%。其中化工和危险化学品事故死亡人数下降71.4%，水上交通死亡人数下降66.7%，烟花爆竹死亡人数下降56.8%，煤矿死亡人数下降41.9%，铁路运输死亡人数下降29.2%，建筑业和农业机械死亡人数均下降25%，冶金机械等八大行业死亡人数下降25%，非煤矿山死亡人数下降24%，道路交通死亡人数下降14.2%。亿元GDP生产安全事故死亡人数0.0609，同比下降26.9%；煤矿百万吨死亡人数1.429（预计），同比上升42.9%；工矿商贸十万人生产安全事故死亡人数0.78（预计），同比下降

35.5%；道路交通万车死亡人数1.71，同比下降4.5%。全省有13个市州事故死亡人数同比下降，其中娄底市、永州市、湘西土家族苗族自治州降幅超过40%以上。自2005年实行安全生产目标管理考核以来，全省首次没有出现“一票否决”和“黄牌警告”单位。

2. 较大事故情况

2015年，全省发生生产经营性较大事故25起，死亡113人，同比减少11起、35人，分别下降30.6%和23.7%。其中，道路交通15起，煤矿、非煤矿山、建筑业各3起，冶金机械等八大行业1起。较大事故分布情况：高速公路8起，邵阳市3起，长沙市、益阳市、娄底市、郴州市各2起，岳阳市、常德市、张家界市、永州市、怀化市、湘西土家族苗族自治州各1起。

3. 重特大事故情况

2015年，全省发生重大道路交通事故1起。9月25日，沪昆高速公路湘潭段，发生一起重大道路交通事故，造成21人死亡，13人受伤。

全年没有发生特别重大生产安全事故。

（二）安全生产基础状况

2015年，全省积极推进产业结构调整和资源整合，高危行业安全基础进一步夯实。到年底，全省高危行业生产经营单位4.63万家，比上年减少4800余家。其中：

煤矿：全省保留煤矿401处，比上年减少160处。其中煤与瓦斯突出矿井减少到114对，瓦斯矿井减少到142对。

非煤矿山：全省非煤矿山持证企业2834座，比上年减少321座；尾矿库601座，其中病库50座，占8.3%，比上年减少25座。

烟花爆竹：全省烟花爆竹生产企业1969家，比上年减少263家；经营单位33848家，比上年减少3812家。

危险化学品：全省危险化学品生产企业561家，比上年减少5家；经营单位9235家，比去年减少260家。

道路交通：全省机动车保有量1040.6万辆，比上年增长10.03%。全省机动车驾驶人1206.6万人，增长11.33%。年内新增公路通车里程635千米，高速公路通车里程达5653千米，省道通车里程达38523千米，乡村公路通车里程达191096千米。各类船舶7159艘，较上年减少203艘，渡口2575道，持证船员19264人。

建筑施工：全省建筑施工企业6087家（含劳务企业），比上年增加35家，其中特级资质企业12家，与往年持平；一级资质企业389家，同比增加2家；二级资质企业1117家，同比增加7家；三级资质企业3102家，同比增加20家。在建项目4920个，比上年减少282个。

民爆物品：全省民爆物品行业生产企业4家（生产场点12家），经营单位22家，与上年同比持平。

特种设备：全省在用特种设备226659台，比上年增加10990台；压力管道9085千米，同比增加599.2千米；气瓶450.8万只，同比增加2.8万只。

二、安全生产重点工作

（一）加强组织领导，健全安全生产责任体系

省委、省政府高度重视安全生产，多次专题研究。省委书记徐守盛、省长杜家毫多次作出重要批示，率先开展谈心对话并带队检查安全生产。其他省领导切实加强分管行业领域安全生产，相继与企业主要负责人谈心对话并带队开展安全生产督查，齐抓共管安全生产的格局进一步强化。市州（郴州市本级除外）、县市区均建立了由常务或常委副职分管安全生产的工作格局，安全生产党政“五级五覆盖”、企业“五落实五到位”全面推进。

（二）加强宣传教育，提升全民安全意识和素质

深入开展习近平总书记安全生产重要论述和依法治安集中宣贯活动。省安监局邀请省级以上主流新闻媒体记者采访报道50余批次、350余人次，开展“九打九治”打非治违、“大宣传、抓典型、大曝光”行动、以危险化学品为重点的专项整治等集中报道。“湖南安监”政务微博微信发稿4500多条。利用多种方式宣传推介一批企业安全文化建设典型。全省累计培训各级领导干部和重点企业负责人2.29万人次、安监干部9400余人次、班组长12.22万人次、农民工135.58万人次。培训考核生产经营单位主要负责人、安全生产管理人员和特种作业人员“三项岗位”人员16.18万人次。特种作业人员安全技术实际操作考试点建设验收22个。

（三）加强安全法治，推进安全生产监管执法

全省各级安监部门切实加大安全生产监管执法力度，全年累计实施行政处罚案件2312件（其中非事故处罚2125起），罚没处罚7114.6万元，实际入库6224万元（其中非事故处罚3727.5万元），提请关闭企业438家。积极推进简政放权，建立行政审批项目批后监管制度，省级审批事项由19项减少到10项。制定权力清单和责任清单，核定省安监局行政权力66项，实行市县属地管理行政权力97项，审核转报类事项4项。年内烟花爆竹、非煤矿山、危险化学品安全生产行政许可证申请806件，已按期办结594件。省政府办公厅印发《关于加强安全生产监管执法的实施意见》（湘政办发〔2015〕101号），切实加大监管执法力度，规范监管执法行为，增强监管执法合力。严格事故查处与责任追究，省安监局牵头组织事故调查4起。其中，提级调查较大生产安全事故3起，重大生产安全事故1起。3起较大生产安全事故全部结案，共追究责任人员63人，其中党纪政纪处分34人，追究刑事责任29人。被追责人员中，处级干部5人，科级干部13人。全年共挂牌督办较大事故8起，批复结案7起，党纪政纪处分70人，追刑22人，诫勉谈话7人，其中处级干部15人。

（四）开展专项整治，推动企业隐患排查治理

全力推动煤矿、非煤矿山、烟花爆竹整顿关闭和油气输送管道隐患整治四大攻坚战，年内煤矿关闭160处，非煤矿山关闭273家、烟花爆竹生产企业关闭退出197家；油气输送管道隐患整治率超过90%。全力推进“九打九治”打非治违，与安全生产大检查、危险化学品和易燃易爆物品安全专项整治、重点行业领域安全生产专项整治，排查一般隐患10.9万项、重大隐患1628项，整改率分别达95%、83.1%，打击非法违法行为4.11万起、整治违规违章行为8.08万起，停产整顿1200多家、暂扣吊销证照1700多个。加强工业园区职业病危害监管，强化职业卫生监管执法和专项治理。公安交警部门扎实开展“压事故、保安全”专项行动，排查道路交通隐患4500多处。在建工地大排查大整治、人员密集场所和劳动密集型企业消防安全集中整治、粉尘防爆专项整治、车辆超限超载专项治理等取得积极成效。

（五）夯实基层基础，提升安全生产保障能力

大力推进“三三”重点工作，企业动态监控、隐患排查治理、应急救援指挥三大系统抓紧建设，省安全生产应急平台已批复立项；全省“高速公路卡口监控系统及缉查布控联网平台”建设基本完成。危险化学品和烟花爆竹、道路与水上交通三大高危行业安全基础工作有序推进，全省爆竹和烟花生产机械化率分别达95%以上和30%左右，自动化建设正在试验阶段；全省危化品企业中110家重点监管危险工艺、105家涉及重点监管危化品、151个重大危险源完成自动化系统改造；渡船标准化改造实施顺利，已有558艘交付使用。危险化学品检测检验物证分析平台通过国家安全监管总局综合评审，获批国家安全生产科技支撑平台。事故发生地永久警示、企业风险实时公告和领导干部安全生产实时提醒警示3项制度全面实施，2009年以来发生的重特大事故已在事发地设立警示碑。全面开展用人单位职业卫生建设活动和职业卫生现状评价工作。积极开展安全生产标准化建设，持续开展安全生产示范创建。桃源县、北湖区、武陵源区成功创建省级安全生产示范县，新增省级示范乡镇89个，湖南省机场管理集团有限公司等4家企业成功创建省级安全生产文化建设示范企业。在全省危险化学品、非煤矿山、烟花爆竹、冶金等行业推行安全生产责任保险，参保企业达2.6万家。安全生产诚信体系建设和平安农机、平安渔业、平安内河等创建活动稳步推进。继续加大对矿山、危化品专业救援队伍建设投入，省级矿山救援基地建设初见成效，全面开展矿山救护队质量标准化考核验收。部分试点市县应急平台和企业在线监控系统建设启动规划建设。安监部门直管高危企业应急预案备案率达94%，全省组织开展各类应急演练1.17万场次，参加演练人员90多万人，观摩人员超过110万人。年内安监部门启动省级生产安全事故应急预案7次，启动市级预案33次。全省矿山救护队出动应急救援55队次，抢救遇险人员99人，其中生还41人。

（六）加强作风建设，提高安监干部队伍素质

深入开展“三严三实”专题教育，切实加强党风廉政和作风建设教育。扎实做好新宁县崀山镇深冲村精准扶贫工作，深入开展“一进二访”活动。贯彻落实中央“八项规定”、省委“九项规定”和省安监局作风建设23条规定，深入开展纠

正安全生产领域损害群众利益行为专项治理，着力解决安全生产行政不作为、慢作为、乱作为，监管执法不严、执法不公，责任追究不到位等群众反映强烈的问题，安监系统队伍作风和能力建设取得新进展。其他负有安全监管职责的部门也进一步加强了安全执法队伍建设。

三、存在的不足

湖南省安全生产工作虽然取得了一定的成绩，但全省安全生产形势依然十分严峻，主要表现在：一是事故总量仍然偏高，较大事故时有发生，重大事故没有杜绝，个别行业和地区较大事故上升。二是一些企业安全生产主体责任不落实，非法违法、违规违章问题仍然比较严重，重大隐患大量存在，事故风险仍然很高。三是一些地方执法不严、监管不力、作风不实的问题仍然存在，安全生产责任制还没有完全落地，失之于宽、失之于软的问题突出。四是安全生产基础比较薄弱，传统高危行业重特大事故尚未有效控制，非传统高危行业事故有多发趋势，进一步增加了安全生产形势的严峻性、复杂性。

广东省安全生产工作综述

一、安全生产总体情况

2015 年，广东省安全生产各项工作取得了积极进展，安全生产形势总体向好。全省共发生各类事故 42990 起，死亡 6204 人，受伤 27984 人，直接经济损失 58228.28 万元，同比分别下降 13.1%、0.4%、9.4%、5.1%，其中：生产经营性事故 10196 起，死亡 2113 人，受伤 4297 人，经济损失 47871.6 万元，同比分别下降 17.9%、5.3%、15.7%、4.2%；发生各类较大事故 85 起，死亡 313 人，同比分别上升 11.8% 和 11.8%；发生重大事故（非生产经营性）1 起，死亡 11 人，同比各下降 66.7%；发生特别重大事故 1 起，死亡 77 人。

二、安全生产重点工作

（一）安全生产领域改革不断深化

按照国务院安委会将广东省列为全面深化安全生产领域改革试点省份的部署和《广东省全面深化安全生产领域改革试点实施方案》，广东省抓住作为全国全面深化安全生产领域改革的试点省区的契机，大胆探索，提出“1+9+3”的总体改革思路和目标任务（即深化行政审批改革、完善安全监管 9 大体系、建立 3 项工作机制）为主线任务，扎实推进安全生产领域改革创新。出台了《广东省安全生产责任保险实施办法》等一批重大制度措施，引入经济杠杆助力安全监管，在全国率先实施安全生产责任保险制度；行政审批制度改革走在全省乃至全国前列，完成了省安监局职权清单并通过省政府统一向社会公布，安全生产领域的改革工作得到了国务院安委办和省委改革办、省编委会的充分肯定。还探索建立起企业安全生产“黑名单”制度和安全生产重大问题部门联席会议协调、安全生产联合执法、重大安全风险评估 3 大机制，以及安全生产隐患排查治理和应急救援等 9 大体系。这些改革举措均取得阶段性成果并得到了国务院安委会和省委改革办的肯定。

（二）安全生产责任制进一步落实

省委、省政府两办出台了《关于完善安全生产责任体系的通知》，进一步明确和细化各级各部门安全生产责任，完善安全生产责任制考核、“一票否决”、警示约谈等制度措施，全面落实以强化组织领导为重点的安全生产责任“五级五覆盖”，“党政同责、一岗双责、失职追责”和“管行业必须管安全、管业务必须管安全、管生产经营必须管安全”的责任要求得到进一步落实。各地结合实际出台了完善安全生产责任体系的规定，更加有力地推动了各级党委、政府和部门的监管责任落实。广州市以编委会文件进一步明确了 34 个市直单位安全生产工作职责并写入部门“三定”方案，这一重大举措在全省乃至全国均属首创。此外，严肃事故调查和责任追究，组织开展 2014 年河源“12·13”重大道路交通事故、顺德“12·31”重大爆炸事故的调查处理工作，共依法追究刑事责任

11人，党政纪处分30人。严格落实事故挂牌督办制度，加强事故整改工作，全年共督促各地结案较大事故67起。

（三）安全生产法治建设不断完善

2015年，广东省政府同意制定《广东省安全生产责任险实施办法》《广东省生产安全事故隐患排查治理办法》和《广东省生产安全事故调查处理办法》等重要规章和规范性文件，省安全监管局协调有关部门完善渔业船舶、特种设备、电梯、校车以及大型群众性活动安全管理等安全生产相关法规制度。同时，全面加强安全生产法制建设，着力消除安全生产制度盲区。大力开展安全生产执法监察标准化创建，从组织建设、队伍管理、执法行为、执法保障4大方面提出了全省统一规范的标准要求。广州、佛山等13个地市已率先通过标准化一级达标验收，基层执法队伍和能力建设得到了明显加强。深入开展“安全生产执法年”活动，依法查处各类安全生产非法违法行为。2015年，全省各级安全监管部门监督检查企业个数、次数同比分别增长1.27%、7.39%；行政处罚次数、经济处罚次数同比分别增长0.32%、16.94%；经济处罚金额、事故处罚金额、监督处罚金额同比分别增长47.84%、31.99%和62.29%，各项统计数据全面增长，执法监察力度大幅提升。

（四）安全生产大检查和隐患整治力度不断加大

深刻吸取天津港“8·12”特别重大火灾爆炸事故等事故教训，按照国务院安委会统一部署，全省突出以危险化学品和易燃易爆物品为重点，全面开展安全生产大检查、打非治违和专项整治行动。2015年，全省共排查整治事故隐患42.3万项，依法责令停产整顿企业3053家，关闭取缔企业530家，跟踪督办1032个重大隐患整改落实，对停产整顿和关闭取缔的企业加强巡查，确保关停措施落实到位。与此同时，在全省14个重点行业领域，118个县（区）和镇（街）部署开展安全生产重点治理攻坚，抓住重点，精准发力，年初确定的162项攻坚任务基本完成，啃掉了一批影响和制约安全生产的“硬骨头”。危险化学品方面，在全国率先制定《化工园区安全风险评估工作指引》，在全省37个危险货物港区和37个危险化学品专区开展安全风险评估工作。依法落实城镇人口密集区域的38家危险化学品企业落实“搬、转、关”，协调配合能源部门累计整治油气管道安全隐患2033项，整改率达90.28%。烟花爆竹方面，认真组织开展烟花爆竹重点县安全生产攻坚、工作经营安全专项治理和销售旺季执法专项行动，严格执行烟花爆竹零售点“两关闭”“三严禁”，烟花爆竹批发企业“六严禁”的工作要求，严格零售点布点规划，严把安全条件审批关，对存在与居民居住场所同一建筑物等情况的1179个零售点一律进行了关闭，发挥粤桂湘赣烟花爆竹安全监管省际协作功效，加强诚信管理。非煤矿山方面，持续深化矿山整顿关闭和尾矿库综合治理行动，关闭非法违法和不符合安全条件的矿山30座，尾矿库数量由2013年的136座减至73座。冶金等行业方面，扎实开展涉氨制冷企业液氨使用、涉粉尘防爆、有限空间作业等领域安全专项整治，初步建立起6944家涉粉尘爆炸危险企业和3419家涉有限空间作业企业的基础档案。职业卫生方面，集中开展电子制造等6类行业职业病危害专项治理，委托技术机构开展职业病危害因素检测和技术分析，推进职业卫生监管基础工作。全省19716家用人单位已完成职业卫生基础建设。2015年，全省完成职业病危害网上申报用人单位总数14.08万家，同比增加21.07%；完成建设项目职业卫生“三同时”1277项，同比增加12.81%；完成职业病危害现状评价1853项，同比增加68.00%；监督检查用人单位21.16万家次，同比增加94.08%；实施经济处罚2364.324万元，同比增加100.45%；职业卫生基础建设达标用人单位累计达3.37万家，同比增加142.42%；有6.26万家（次）用人单位组织175.70万名劳动者进行了职业健康检查，同比分别增加48.14%和12.76%；大力开展职业病危害重点地区攻坚工作；创新监管方式方法，利用省安全生产专项资金300万元，用政府购买服务的方式委托专业机构开展全省100家重点企业职业病危害检测，并一并开展职业卫生执法检查，取得明显成效。2015年，经国家安全监管总局职业病危害考评，广东省取得优秀等次，排名全国第四，2015年广东省网上申报用人单位数与经济处罚额均排名全国第一。综合协调方面，将压减道路交通事故作为推动广东省安全生产形势根本好转的主要突破口，协调督促相关部门，深入推进公路安全防护工程、“道路运输平安年”和“安全带—生命带”等活动，深入开展消防检查和劳动密集型企业消防安全专项治理，持续开展违章建筑、高层和地下建筑、生产储存经营场所违规住人、老城区和城中村、家庭作坊等“五大专项整治”，推进水上交通、消防、建筑施工、民爆物品、特种设备、农业机械、铁路、民航、气象防雷等行业领域安全整治工作，取得了实实在在的效果。

（五）深圳市光明新区渣土受纳场“12·20”特别重大滑坡事故后专项治理效果明显

深圳市光明新区渣土受纳场发生“12·20”特别重大滑坡事故发生后，省委、省政府高度重视，主要领导接连就全面开展以余泥渣土受纳场为重点的城市安全隐患排查整治，切实加强和改进安全生产工作作出重要部署，广东省开展专项整治。一是强力推进余泥渣土受纳场专项整治。在全省范围内开展建筑余泥渣土受纳场专项整治行动，为余泥渣土受纳场的规划、选址划出明确“禁区”：具体包括学校、医院、幼儿园、居民区、商业中心、工业区等人口集中区域附近；高架、高铁、铁路、高速、国省道、航道等交通设施控制区域内；重点工程规划线内；林地、耕地、生活饮用水水源保护区范围内；地质灾害易发区域内等。已在上述禁区内设置余泥渣土受纳场的，要求相关地市政府必须立即制定搬迁计划，限期搬迁。加强对建筑余泥渣土处置的监管，对违法违规行为责任人要严肃依法立案调查处理。同时，加快建立建筑余泥渣土处置和灾害风险防治的长效机制，加快制定余泥渣土堆填的相关技术标准和规范。二是强化城市安全隐患排查治理。督促各地系统梳理城市发展过程中的安全问题，强化重点行业领域安全隐患排查工作，认真做好城市公共安全管理规划设计，积极推进城市安全风险评估，确保城市生产经营建设活动安全有序开展。

（六）安全生产保障能力得到提升

2015 年 5 月，广东省安全生产委员会印发了《关于建立健全专职安全生产监督检查员队伍　加强镇（街）园区安全监管工作的意见》，大力推动乡镇、街道、园区专职安全检查员队伍建设，加强基层专职安全检查员近 1 万人，有力解决基层安全生产监管力量薄弱的突出问题。不断加强安全生产文化建设，深入开展以“加强安全法治、保障安全生产”为主题的“安全生产月”活动和“粤港澳安全知识竞赛”等活动，多渠道强化安全生产知识宣传教育，切实增强全民安全意识。加强安全生产科技规划工作，积极推动把安全生产纳入各级政府国民经济和社会发展“十三五”规划中，并作为省的重点规划。大力实施“科技强安”战略，推进安全生产先进适用技术应用和信息化建设，在全省非煤矿山、危险化学品和烟花爆竹等重点行业领域深入开展“‘机械化换人、自动化减人’科技强安专项行动”，逐步减少高危作业场所作业人员。完成了惠州大亚湾化工园区应急基地建设，探索推广以政府为主导、企业为依托、资源共享的工业园区安全生产应急管理创新模式，同时，积极发挥危险化学品、矿山救援基地和专业救援队伍专业保障作用，大力提升全省防范重特大事故的能力。

广西壮族自治区安全生产工作综述

一、安全生产总体情况

2015 年，全区发生各类生产经营性事故 1272 起（不含其他道路交通和火灾），死亡 1010 人，受伤 890 人，直接经济损失 7824.71 万元，同比分别下降 11.54%、13.45%、6.90% 和 12.37%。发生各类较大事故 53 起，死亡 185 人，同比分别下降 8.62% 和 13.15%。较大事故起数和死亡人数均为 2005 年以来最低，且为全国 11 个未发生重特大事故的省级单位之一。广西实现连续 14 年实现事故起数、死亡人数“双下降”，连续 7 年没有发生特别重大事故，连续 2 年没有发生重大事故。

二、安全生产重点工作

（一）落实安全生产责任体系

一是实施安全生产“党政同责、一岗双责”

暂行规定。全区 14 个市、110 个行政县（市、区）全部出台《广西安全生产“党政同责、一岗双责”暂行规定》实施办法，市、县政府主要领导担任本级安委会主任，是全国首批实现市、县长担任本级安委会主任的省份之一。自治区党委组织部制定《广西市县党政领导班子和党政正职政绩考核评价实施办法（试行）》，“党政同责、一岗双责”实施情况纳入市县党政一把手政绩考核内容。二是进一步明确安委会成员单位安全生产职责。自治区安委会成员单位落实“三个必须”（管业务必须管安全、管行业必须管安全、管生产经营必须管安全）到位，有机构、有规定、有措施，主要领导出任自治区安委会委员，担任本单位安委会主任。三是推动落实“五级五覆盖”和“五落实五到位”要求。自治区、市、县三级全部实现“五个全覆盖”：全区 1334 个乡镇有 1321 个完成“五覆盖”，覆盖率 99.02%；4865 个有工矿企业的行政村完成“五覆盖”的有 4803 个，覆盖率 98.73%；5286 家规模以上企业完成“五落实”的有 5023 家，覆盖率 95.02%。

（二）加强安全生产监管能力和保障能力建设

一是 14 个市和大部分县级安监部门完成了职业卫生职能划转；积极推进建立 3 支自治区财政供养的应急救援队伍，把应急救援“一总队三基地”建设纳入“十三五”规划；自治区级安全生产专家队伍发展到 297 人，涵盖安全生产全领域。二是出台《安全生产“黑名单”管理制度》《广西乡镇安监机构工作指南（试用）》《全区推行安全生产责任保险制度的意见》等制度规章，加强和规范监管执法，拓宽服务领域。三是清理权力清单，清理文件，推进行政审批制度改革。四是推动高危行业整顿关闭和结构调整产业升级。起草《关于烟花爆竹产业结构调整的实施意见》等文件，推动烟花爆竹等高危行业产业升级、整顿关闭；进一步严格采石场开采准入门槛，推进矿产资源整合、矿山企业合并重组；加快小化工企业升级改造，提升危险化学品企业强基固本工程建设。五是深入开展企业安全生产标准化建设，进一步规范企业安全管理、设施设备、作业现场、操作过程等环节，提高企业信息化、机械化、标准化和自动化水平。六是推进隐患排查治理体系建设，督促企业认真执行安全生产风险公告六条规定，对隐患实行分级分类、闭环管理。

（三）开展安全生产事故防控工作

1. 隐患排查治理

以自治区统计局普查数据为底数，经督促各市反复核实，确定 2015 年全区生产经营单位 101550 家，并上报国家安全监管总局，以此作为自治区隐患排查治理企业基数。据统计，2015 年全区各企业排查一般事故隐患 183038 项、整改 181773 项，整改率 99.3%；挂牌督办重大隐患 107 项、完成整改 106 项。全区 6824 个暗访组检查企业 27803 家次，发现隐患 27735 项，停产整顿 246 家，提请取缔关闭 52 家。

2. 安全生产“三项行动”及打非治违专项行动

一是组织全区集中开展安全隐患大排查大整治暨“六打六治”打非治违专项行动和为期半年的以危化品为重点安全生产“三项行动”。二是督促各地整改发现问题与隐患。三是组织开展春节、全国全区“两会”、清明、“壮族三月三”、第 12 届中国—东盟博览会、国庆节等重大节假日期间的安全生产综合检查督查。四是组织开展安全生产大检查“回头看”行动，对大检查发现隐患整改情况全面复核，确保隐患整改到位。据统计，开展“三项行动”以来，全区各类检查组 15389 个次，检查企业 66105 家，发现隐患 61734 项，打击非法违法行为 78431 起，整治违规违章行为 111486 起，停产整顿 730 家、暂扣或吊销证照 634 个，关闭取缔 66 家。

3. 安全生产专项整治

煤矿：关闭 38 处小煤矿，组织 28 个排查组开展排查工作，发现隐患 3062 项，完成整改 2886 项，整改率 93.60%。非煤矿山：累计关闭 1251 座，2015 年关闭 191 座，超额完成 86 座。烟花爆竹：重点整治“三超一改”、转包分包，依法关闭不符合产业政策和城乡规划、达不到“五化”建设要求、不符合国家标准的生产企业，开展油气输送管道安全隐患、涉氨制冷企业液氨使用、粉尘涉爆危险企业、受限空间作业企业、建设工程落实施工方案等专项整治；危险化学品本质安全和水泥制造、石材加工、陶瓷、金矿、木质家具行业粉尘治理等专项行动，夯实安全基础，摸清监管对象底数。

4. 安全生产标准化

2015 年新增标准化企业 587 家，其中二级 42 家、三级 546 家（一级因期满减少 1 家）。全区已累计完成 3414 家工贸企业标准化创建任务。其中一级企业 25 家、二级企业 112 家、三级企业 3277 家。

5. 安全生产监管执法

2015 年共监督监察生产经营单位 30614 个，监督监察生产经营单位 71315 次。查处一般事故隐患 46897 项，查处重大事故隐患 62 项；下达各类执法文书 51233 份。立案进行行政处罚 1012 次，其中罚款 554 次，罚款 3141.16 万元；责令停产停业生产经营单位 193 个，提请关闭生产经营单位 71 个。按照“四不放过”原则，全区安监系统依法依规严肃查处事故 164 起，其中较大事故 20 起。

（四）开展职业健康监管工作

一是积极宣传《职业病防治法》。联合卫生等部门开展《职业病防治法》宣传周活动。印制、发放宣传册 3.5 万份、挂图 2 万份；培训企业负责人、管理人员共 11211 人。二是认真开展用人单位职业卫生基础建设活动，达标企业增长至 2162 家。三是加强基础工作。摸清广西工矿商贸行业领域底数为 13253 家，申报用人单位数达到 13899 家，与上年底 10440 家相比，增长 33%，申报率达到 84%。重点行业职业病危害项目申报基本完成。四是严把建设项目准入关。随着职能划转到位，各地审查数量大幅度增加，实际完成备案、审批 354 项，增长 84%。五是加强中介机构监管。抽查 9 家机构 26 份职评报告进行盲审，查出 130 个问题，在南宁召开了约见警示会，针对报告存在的问题，约谈了 9 家机构的负责人，并在全区公开通报；配合、协同国家局职健司和局法规处，对中介机构资质保持情况进行抽查。

（五）开展高危行业重点县安全生产攻坚工作

2015 年广西继续开展 22 个高危行业重点县安全生产攻坚工作，推动高危行业企业整顿关闭和产业转型升级。

（1）煤矿。协助第一批 50 个国家煤矿安全重点县田东县筹措煤矿攻坚战资金 5150 万元，其中自治区财政资金 1545 万元。田东县连续两年实现“零死亡”，摘掉了重点县的帽子。

（2）非煤矿山。列入国家和自治区金属非金属矿山安全生产攻坚克难的 9 个重点县（区）2015 年非煤矿山事故合计死亡 11 人，比前 5 年（2008—2012 年）事故死亡平均数下降了 62.5%，2012—2015 年关闭矿山和尾矿库 313 座，矿山数量比 2011 年底总数量下降 39.8%。

（3）危险化学品。钦州港、柳北区、港口区、田东县等重点县未发生危化伤亡事故，完成了所有涉及“两重点一重大”项目的自动化改造，达到国家安全监管总局“要求事故下降 50%、全面实现自动化”的标准。

（4）烟花爆竹。全区 4 个烟花爆竹重点县攻坚工作基本达到了压减企业数量 25% 以上、事故死亡人数下降 50% 以上的预期目标。

（六）开展安全生产宣传

一是全国安全生产月活动期间，按照国家安全监管总局要求，在南宁市民族广场组织承办全区驾驶员安全承诺宣誓活动启动仪式。活动以“自觉抵制五种行为，确保乘客生命安全”为主题，将安全承诺和安全教育作为督促驾驶员自觉遵章守法安全驾驶的重要载体，充分发挥社会各界特别是广大乘客监督作用，形成安全文明出行的道德规范和良好风尚。南宁市道路客运企业驾驶员代表，乘客志愿者代表，安全监管、交通运政执法、公安交管执法人员以及道路交通相关部门近千人参加了活动。给全区道路客运行业分发驾驶员安全承诺和安全教育宣传挂图 3000 余份。二是组织开展法律法规宣贯，深入桂林、柳州等地宣贯新《安全生产法》和习近平总书记等中央领导关于安全生产工作的一系列重要讲话精神，督促各地开展法律法规宣贯活动，全区共举办讲座和培训班 700 多场次，直接受众达 80000 多人次。

海南省安全生产工作综述

一、安全生产总体情况

2015 年，海南省坚决贯彻落实习近平总书记、李克强总理等中央领导同志关于安全生产工作的一系列重要指示精神，以防范事故为目标，狠抓各项工作落实，实现了安全生产形势总体稳定。全年全省发生各类生产安全事故 4426 起、死亡 696 人，同比多 825 起、多 40 人，分别上升 22.9% 和 6.1%；受伤 2950 人、直接经济损失 7167.46 万元，同比少 48 人、少 780.49 万元，分别下降 1.6% 和 9.8%。其中，危险化学品、烟花爆竹、农业机械等行业全年保持零事故。全年发生一次死亡 3 ~9 人的较大事故 10 起、死亡 36 人，同比减少 6 起、少 24 人，分别下降 37.5% 和 40%；没有发生重特大事故，是全国没有发生重特大事故的 12 个省份之一。全省生产经营性事故死亡人数、较大事故起数分别占国务院安委会下达安全生产控制指标的 73.2% 和 62.5%，安全生产控制指标实施良好。

二、安全生产重点工作

（一）各级党政领导高度重视安全生产工作

继 2014 年省委、省政府联合出台《关于安全生产“党政同责、一岗双责”的决定》后，2015 年省政府又出台了《关于加强安全生产监管执法的实施意见》，着力提升安全监管执法和保障能力。省委书记罗保铭主持召开省委常委会会议听取安全生产工作汇报，研究部署安全生产工作，并多次作出重要批示。省长刘赐贵逢会必讲安全生产，调研必问安全生产，经常带队深入基层、深入企业暗查暗访，主动与重点企业主要负责人开展谈心对话活动，反复强调安全生产要树立“一失万无”意识，做到万无一失。省委、省政府分管领导多次带队赴一线进行调研和督查检查。各市县、各部门和各企业主要负责人分别主持召开会议学习传达中央领导重要指示批示精神，研究部署安全生产重点工作，为做好全省安全生产工作提供了强有力的组织保障。

（二）强化安全生产责任落实

按照国务院安委会的统一部署，省安委会下发通知，对推进“五级五覆盖”和“五落实五到位”安全生产责任体系建设提出了明确要求，并组织开展专项督查，推动各市县、各单位和企业进一步建立和完善安全生产责任体系，层层签订责任书，层层分解责任，层层抓好工作落实。全省 18 个市县和洋浦经济开发区都出台了“党政同责、一岗双责”的实施意见，实现了省、市、县、乡、村的安全生产责任“五级五覆盖”，各规模以上企业“五落实五到位”。同时，加大对履行安全生产职责的考核约束力度，改革了控制指标预警机制，每月把指标实施进展情况通报给各级党政主要领导，并利用会议、调研、专题座谈等方式，对超进度的市县分管领导进行了 20 次约谈，年底组织开展年度责任目标考核，严格运用考核结果，责成考核排名末位的单位负责人在全省会议上表态发言，在评优评先、提拔使用等方面实行“一票否决”，强力推动了安全生产属地管理、行业监管和企业主体责任的落实。加大事故查处力度，以事故教训推动工作，严肃查处了儋州市“3·18”较大中毒事故和东方市“9·15”丙烯泄漏事故，严格责任追究，移送司法机关 1 人，党纪政纪处分 13 人。

（三）深入开展安全生产大检查和“八打八治”打非治违专项行动

根据国务院安委会的要求，省安委会制定下发方案，召开动员会进行部署，各市县、各部门和各企业也结合实际制定方案，集中开展了以危险化学品和易燃易爆品为重点的安全生产大检查和“八打八治”打非治违专项行动。全省共组织了 1.18 万个检查督查组，检查生产经营单位和场所 5.4 万家次，打击安全生产非法违法行为 3.1 万起，责令停产停业整顿和停止建设企业 130 家，关闭取缔企业 34 家，行政处罚 1340 万元。采取企业自查、交叉检查、暗查抽查、专项督查相结合的方式，全面排查治理事故隐患。全年全省共排查隐患5.36万项，整改率达99.2%。其中，国家督办的177项隐患已完成整改161项，其余16项已全部落实整改措施。

（四）深化重点行业领域安全整治

省安委办牵头协调，公安、工信、交通、消防、旅游、海洋渔业、住建、水务、安监等部门先后组织开展了油气长输管道和危险化学品、道路交通安全、劳动密集型场所消防安全、孔明灯燃放、海上非法旅游、建筑施工、河道非法采砂、职业病和粉尘防爆等专项整治，促进了重点行业领域安全状况得到明显改善。特别是对国务院安委会挂牌督办的93处油气长输管道隐患，已完成整改84处，整改率90.32%，完成了油气管道三年攻坚战的年度目标。对460家劳动密集型企业落实重点监管措施，督促整改火灾隐患4200处，关停23家，查封7家，罚款71.4万元，拆除可燃彩钢板、可燃易燃装修材料和违章建筑1.19万平方米，政府挂牌督办重大火灾隐患9家，已整改（停业）8家，完成了国务院安委办督办的5家劳动密集型企业重大火灾隐患整改。环岛高铁沿线市县实行部门联合检查执法，大力查处孔明灯违法违规燃放行为，收缴孔明灯5000多个，现场劝阻1330次，全年没有发生因孔明灯掉落逼停高铁事件，维护了高铁运行安全。

（五）加强安全生产宣传培训

以学习贯彻中央领导同志重要批示指示精神和新《安全生产法》为主线，全省举办各类培训班1200个，培训各级领导干部、安全监管人员、企业主要负责人、安全生产管理人员和从业人员8.2万人次。以“强化安全法治、保障安全生产”为主题，全省组织开展“安全生产月”“安康杯竞赛”等活动，举办社会公益性宣传活动260场次、典型事故案例巡回展1600余次，投放媒体和户外宣传广告2万余条，发送短信300多万条，受教育人员达130万人次，营造了良好的安全生产氛围。

（六）强化安全生产应急管理

省委组织部、省委宣传部、省安监局、省行政学院4部门成功举办了全省重大事故预防、处置和舆情应对领导干部研讨班，省政府副省长李国梁出席开班仪式并做动员讲话，邀请国务院应急管理专家组组长、国务院参事闪淳昌教授等专家授课，还邀请国家行政学院研究员运用科研成果举办了一次模拟化工事故灾难应急决策实战演练，各市县、各部门和重点企业负责人共230人参加，取得良好成效。启动《海南省安全生产事故灾难应急预案》修编工作，开展预案编制专项检查，督促市县、部门、企业完善安全生产应急预案和开展演练。全省组织开展“安全生产应急周”活动，共举办具有一定规模的应急演练52场次，参加演练和观摩人员1.2万人次，进一步提高了安全生产应急处置能力。省安委会办公室牵头，各有关市县和部门共同参与，完成了博鳌亚洲论坛2015年年会等重要会议、“三月三”等重大活动的交通、供水、供电、通信、消防等安全生产保障任务，实现了“零事故、无差错”的工作目标。

（七）提高职业卫生监管能力

积极开展“职业病防治法宣传周”活动，发放宣传小册子20多万份、宣传教育光盘1万多张。加大职业卫生培训教育力度，全省分3个片集中请专家宣讲职业健康知识，举办监管人员、企业负责人、管理人员培训班27期，培训8800多人。积极开展职业病防治工作，完成职业病危害因素检测单位3600多家；落实国家职业病防治规划量化指标的考核评估，年度考核结果全国排名第六，评为优秀等次，得到了国家安全监管总局通报表扬。

（八）提升安全生产服务水平

全省安监系统以开展“三严三实”专题教育为动力，以“强化党的意识，严守纪律底线”为主题，开展反腐倡廉警示教育活动，通过抓党风廉政建设促进队伍建设和安全生产服务保障能力得到提升。全年累计完成行政审批许可事项1.6万多项，按时办结率100%，实现零投诉、零举报。坚持主动上门服务，共跟踪落实重点项目建设安全设施和职业卫生服务27项。

重庆市安全生产工作综述

2015 年，全市上下认真贯彻落实党中央、国务院和市委、市政府关于安全生产的一系列决策部署，围绕实施五大功能区域发展战略，牢固树立红线意识、底线思维，以坚决防控重特大事故为核心目标，扎实工作，锐意进取，安全生产形势持续好转。

一、安全生产总体情况

2015 年，重庆各类安全事故控制良好，实现了 2003 年以来连续 12 年下降，是直辖以来安全生产绩效最好的一年。

一个杜绝：杜绝了重大以上事故，是直辖以来第二个无重特大事故的年份。

三个下降：事故总量、较大事故起数和多数区县、行业事故下降。

一是事故总量下降。共发生各类安全事故 1142 起、死亡 1256 人，同比减少 65 起、123 人，分别下降 5.4%、8.9%。

二是较大事故起数下降。发生较大事故 29 起、死亡 111 人，同比减少 3 起、30 人，分别下降 9.4%、20.7%。

三是多数区县、行业事故下降。全市 41 个区县统计单位中，有 28 个同比下降。13 个重点行业领域中，3 个行业（危化、农机、渔船）“零死亡”、7 个行业下降。

二、安全生产重点工作

（一）认真贯彻《安全生产法》，严格执法处罚

加大新《安全生产法》宣贯力度，完善安全生产地方法规标准，颁布了《重庆市安全生产条例》。探索实施检查诊断、行政处罚、整改复查的执法检查方式，规范执法处罚，强化事前预防，全市事前处罚率占到 46.6%。会同纪检监察、公检法机关，建立了事故责任追究联系机制，把严格执法处罚、严厉责任追究作为安全生产“严格得起来，落实得下去”的强化手段，从严查处较大事故 21 起，追究刑责 12 人，党纪政纪处分 11 人，诫勉谈话 27 人。

（二）全面落实安全责任，构建齐抓共管格局

市委、市政府每季度研究安全稳定工作，市委书记孙政才、市长黄奇帆多次批示指示，要求扎实抓好安全生产。各区县均制发“党政同责、一岗双责”意见，市级行业部门全面落实“三个必须”，各级安委会主任均由政府“一把手”担任，“四级五覆盖”得到较好落实。同时，细化完善了党政同责和“一岗双责”、属地监管、综合监管、行业专管和企业主体责任的落实标准，明确了履职尽责“五有”、行业专管“三个必须”，完善了季度评析、工贸企业联席会议、中央在渝和市属企业属地管理等制度，做到了责任落实有平台、有标准。

（三）持续开展标准化建设和重点专项整治，推动标本兼治

牢牢把握企业安全生产治本和治标两个层面，推动企业落实主体责任，提升本质安全水平。从治本层面，采取动态监管、激励约束和“黑名单”管理等方式，创建安全标准化 2143 家、“回头看”2.4 万家，评估降级 82 家；实施以企业主要技术负责人为核心的安全技术管理服务体系，增强企业安全管理能力，提高技防、物防对安全生产贡献率。从治标层面，持续深化交通、建设、煤矿、非煤、危化、工贸、消防等重点专项整治；深刻吸取天津“8·12”事故教训，全面开展安全生产大排查大整治，严厉打击非法违法行为，共行政拘留 66 人，移送司法处理 30 人。

（四）加强基础设施建设，改善安全保障基本面

围绕五大功能区域发展战略，大力推动安全生产治本，狠抓落后产能淘汰、“四小”企业整顿关闭、危化企业搬迁入园、基础设施改善和企业技术装备更新。全年关闭煤矿 210 个、非煤矿山 93 座、危化 16 家；新建道路防护栏 1000 千米，累计已达

1.9万千米。加大先进科技技术推广运用，全面实施“机械化换人、自动化减人”，新建涉及“两重点一重大”的危化品生产、储存装置全面应用HAZOP技术，大型装置全部安装安全仪表系统，淘汰非煤矿山落后设备工艺28项，科学技术对安全生产的贡献力度明显提升。

（五）实施安全生产常态督查，促进工作落实

围绕责任落实、措施落实，市政府建立6个安全生产常态督查组，每季度对区县、市级部门履职情况实施巡回督查，并实行季通报、季约谈、季考核，有力推动了责任落实、措施落实。各区县大力推进常态督查、暗查暗访，做到常设机构、常态督查、专职督查、长期督查。

四川省安全生产工作综述

一、安全生产总体情况

2015年，在省委、省政府的高度重视和坚强领导下，在各地区、各部门、各单位的共同努力下，四川省生产安全事故总量、较大事故起数、重点行业领域事故、反映安全发展水平的四项相对指标均同比大幅下降，降幅高于全国平均水平，控制指标完成情况较好，全省安全生产形势持续稳定。

2015年全省实现地区生产总值（GDP）30103.1亿元，同比增长7.9%。发生各类安全事故27027起，死亡3009人，同比分别减少1556起、183人，分别下降5.4%和5.7%。其中，纳入考核的生产经营性安全事故1842起、死亡1027人，同比减少411起、198人，分别下降18.2%和16.2%。全省共发生较大事故41起、死亡164人，同比减少12起、45人，分别下降22.6%和21.5%；未发生重大事故，同比减少1起、11人，分别下降100%；未发生特别重大事故。纳入国家考核的四项相对指标均同比持续下降，亿元国内生产总值生产安全事故死亡率0.1，下降23.08%；工矿商贸就业人员10万人生产安全事故死亡率0.899，下降48.03%；道路交通万车死亡率1.843，下降14.27%；煤矿百万吨死亡率0.803，下降16.96%。全省21个市（州）中17个市（州）生产经营性事故起数、死亡人数同比双下降，其中，泸州、南充、雅安、眉山4个市未发生较大以上事故；纳入考核的生产经营性道路交通、工矿商贸、铁路交通、农业机械事故死亡人数同比全面下降。

二、安全生产重点工作

（一）不断健全安全生产责任体系

四川省安监局认真贯彻落实省委、省政府关于安全生产工作的系列决策部署，不断强化红线意识和底线思维，建立健全安全生产责任体系。将《四川省安全生产“党政同责”暂行规定》分解细化为可操作的3大项29小项，定期督办通报，并纳入安全生产督查检查工作的重要内容。在实现省、市、县安全生产责任体系“三级五覆盖”基础上，积极向乡镇（街道）、行政村延伸，全省4715个乡镇（街道）、16160个有工矿商贸的行政村全面完成“五覆盖”。大力推进企业主体责任的落实，全省15825家规模以上企业全面做到“五落实五到位”。按照8月21日全省安全生产座谈会的要求，对全省县委书记全面落实“四个一次”要求（研究一次安全生产工作、开展一次谈心谈话、开展一次安全生产大检查、开展一次安全事故警示教育）情况进行了专项督查，确保了责任落实、工作到位。

（二）深入推进依法治安

积极配合省人大开展《安全生产法》《四川省安全生产条例》贯彻实施情况执法检查，省政府办公厅印发了《关于加强安全生产监管执法的实施意见》，省政府安委会制定了《四川省安全生产警示和约谈制度》《四川省较大生产安全事故提级调查处理及挂牌督办办法》《关于建立企业安全生产“黑名单”制度的指导意见》等文件。四川省安监局坚持把重大隐患当事故查处，每月对省挂牌重大隐患整改情况进行通报。在全省集中开展了“安全生产天府行——新《安全生产法》执法亮剑

行”活动，采取停电等措施，强制存在重大隐患的企业停产停业整顿，依法从重从快严厉打击安全生产非法违法行为。严厉打击煤矿瓦斯监控系统弄虚作假等违法行为，对6个典型违法煤矿刑拘5人、治安拘留6人。严格事故调查处理，开展了近3年事故调查处理落实情况“回头看”活动，坚持追究事故责任。对发生典型事故及暗访检查中发现问题较多的地区党委政府领导同志进行约谈，对典型非法违法行为和事故在媒体公开曝光，加强警示教育。在全省安全监管监察系统组织开展为期3年的推进依法行政示范创建活动，优选3～5个市（州）安监局开展创建活动试点，充分发挥示范引领带动作用。

（三）持续开展安全生产大检查大整治

省政府办公厅出台了《关于建立完善安全生产领域打非治违常态化工作机制的意见》，全省安全生产领域“打非治违”工作进入常态化。组织开展了安全隐患“大排查大整治”、安全生产大检查及“回头看”活动。全省共组织检查组40085个，检查企业171299家，排查一般隐患180190项，整改176522项，整改率达98%；排查重大隐患229项，已全部整改完毕；打击非法违法行为386682起，整治违规违章行为62594起。国务院安委会综合督查第8组对四川省安全生产大检查工作给予了充分肯定。

（四）切实加强煤矿安全监管

省政府办公厅出台了《关于进一步加强煤矿安全生产工作的实施意见》，组织4个宣讲组分成8个片区，全面开展宣传贯彻工作，编印发放《学习辅导读本》5500册，全省所有煤矿安全监管人员及煤矿业主、矿长共2800余人听取了宣讲。持续推进煤矿整顿关闭工作，在2013年、2014年关闭500处小煤矿的基础上，2015年又关闭了102处。将煤矿重点攻坚战实施范围由国务院安委会办公室确定的10个扩大至26个，实行包片督导、定期督查。认真开展煤矿隐患排查治理行动，共组织171个集中排查组、7959人次，排查出隐患18075条，其中重大隐患91条，督促煤矿企业投入资金14540万元，整改一般隐患15455条，整改重大隐患37条，正常生产（建设）矿井隐患整改率达100%，未整改完毕的停产（建）矿井和未复产（工）矿井全部落实了监管责任。安排5000万元用于奖补机械改造矿井和开展关闭矿井水害普查，提升煤矿安全基础条件。

（五）大力推进道路交通安全综合整治

全面开展道路交通安全综合整治各项工作。开展高速公路货车“双超”治理行动，修建波形护栏6847千米，已建成4324个乡镇交管办、31982个劝导点，配备劝导员52986名，全面建立农村道路交通管理机制。元旦、春节等重要节日期间，在四川电视台滚动播放安全出行温馨提示，向广大手机用户特别是驾驶员发送交通安全温馨短信2400万条。集中开展客运驾驶员安全宣誓承诺活动，全省1万余名客运驾驶员代表参加了活动，全面提高广大驾驶员安全意识。

（六）扎实抓好危化品、烟花爆竹、油气长输管道专项整治

深刻吸取天津港“8·12”瑞海公司危险品仓库特别重大火灾爆炸事故教训，会同有关部门迅速安排落实危化品和易燃易爆物品安全专项整治工作，派出760余个检查组，检查危化品和易燃易爆物品企业6000余家，检查出安全隐患9600余条，责令2家企业停产整顿，吊销1家企业经营许可证。深入开展提升危险化学品领域本质安全水平专项行动，全省54家企业完成了危险化工工艺自动化改造，39家企业已实行搬迁、转产或关闭。积极推进危化品重点县攻坚工作，省安监局主要领导多次带队对重点攻坚县进行了督导检查，截至2015年底，3个重点县已基本具备验收条件。组织开展了危险化学品事故应急处置演练，通过实景演练有效地提升了应急救援队伍应急处置能力。在全省范围内组织开展烟花爆竹经营安全专项治理，积极推进烟花爆竹零售点“两关闭”“三严禁”，共排查零售点36268个，撤销零售点许可证6362个。认真开展油气长输管道安全隐患整治攻坚，认真核实排查出的隐患，建立整治台账。协调督促各级政府投入1.1亿元，相关责任企业投入4.3亿元，迁建油气管道14千米，整治安全隐患213处，重大隐患整治率达84%（高于全国目标进度24个百分点）。

（七）切实加强其他重点行业（领域）安全监管

持续推进金属非金属矿山整顿关闭工作，全年关闭（退出）金属非金属矿山778座，占计划数

300 座的 259.3%，4 年累计关闭（退出）金属非金属矿山 3169 座，超额完成了国务院安委会办公室下达给四川省的 2311 座目标任务；全省生产非煤矿山企业安全生产标准化达标率、生产地下矿山安全避险“六大系统”建设完成率、三等以上尾矿库在线监测系统建设完成率均达 100%。会同有关部门认真开展粉尘作业使用场所专项检查等专项整治行动和消防、建筑施工、轨道交通、城镇燃气等行业（领域）专项治理，多次组织专家对环球中心等人员密集场所进行剖析式检查，并指导成都市在全国率先开展商业商务楼宇安全管理标准化建设试点。省政府安委会出台了《关于进一步加强特定区域危险化学品仓储安全监管工作的通知》，规范了机场、铁路货场、港口（码头）、海关特殊监管区等特定区域安全监管工作。

（八）积极推进安全隐患排查治理体系建设

作为全国 4 个试点省份之一，四川省隐患排查治理信息系统和 68 个行业隐患上报通用标准全面投入使用，初步实现省、市、县和企业信息互联互通。截至 2015 年底，已通过隐患信息系统录入隐患的企业有 4.56 万家，共录入隐患 15.62 万条，整改 15.33 万条，整改率达 98.13%。严格落实重大安全隐患挂牌督办制度，省级挂牌督办的 43 项重大隐患已全部整改完毕。

（九）深入推进安全社区建设

认真开展安全社区建设“质量提升年”活动，出台了《四川省安全社区建设专家管理暂行办法》《四川省安全社区建设相关机构职责分工》等文件，对 50 余个建设单位进行一对一和区域集中指导，现场培训 3000 余人。累计建成省级安全社区 502 个、国家级安全社区 46 个，新建成的安全社区工作场所事故、道路交通事故、火灾事故和社会治安案件数量与建设前相比，分别下降 27.02%、30.56%、52.94% 和 27.9%，居家、涉水等场所的事故起数与伤亡人数明显下降，群众满意度提高了 15 个百分点。安全社区建设的经验做法被新华社《内参》刊载推广。

（十）扎实开展安全生产宣传培训

深入开展安全生产“大讲堂”活动，领导干部深入基层，层层召开宣讲会，传达学习十八大以来党中央、国务院和省委、省政府、国家安全监管总局关于安全生产工作的新论述、新要求。广泛开展“安全宣传咨询日”活动，现场参与活动人数达 30 万余人。结合“安全生产月”等活动，开展《安全生产法》宣讲活动 325 场，听讲人数达 6.5 万人；开展《安全生产法》知识网络竞赛活动，参与人数达 20 余万。在全省煤矿、非煤矿山、危险化学品、烟花爆竹等重点行业（领域）开展以“依法治企、依法办企”为主题的谈心对话进企业活动 477 场，参加人数达 12136 人。在《四川日报》《华西都市报》开设安全知识专栏、开辟“安全视线”专版，邀请巴蜀笑星李伯清讲安全评书，启动了“安全法治有奖征文”和“安全生产公益短信征集”活动，通过短信服务平台向 240 多万手机用户发送安全短信。政务微博“四川安监煤监”荣获“2015 年四川政务新媒体建设飞跃奖”和“2015 年度四川十佳省级部门政务微博”。全面实现教考分离，建成功能多样的安全培训考试系统和涉及多个重点行业（领域）的考试题库，累计培训各类人员 102.14 万人次。

（十一）不断深化职业健康监管

省级有关部门共同开展《四川省职业病防治规划（2010—2015 年）》贯彻落实情况督查和《职业病防治法》宣传周活动；继续推进用人单位职业卫生基础建设，全省达到基础建设要求的用人单位增至 13418 家；在煤矿、非煤矿山、建材、建筑施工等重点行业开展工作场所职业卫生监督执法活动；强化职业卫生技术支撑和服务能力建设，对 18 家达不到职业卫生技术服务要求的机构依法降级。

（十二）扎实推进科技兴安

公开征集、评审推荐安全生产重大事故防治关键技术科技项目 70 个，组织推进安全生产科技攻关项目 36 个，省安监局推荐的 15 个科技攻关项目获省科技进步奖。积极开展“机械化换人、机器人作业、自动化减人”科技强安专项行动。出台了《四川省安全生产专家委员会专家管理办法》，召开首次专家大会，进一步完善安全生产专家库，增聘专家 307 名，扩充专业组 6 个。

（十三）努力提升应急救援水平

切实加强全省 6 个区域性应急救援基地建设，扎实开展应急救援队伍教育培训，应急救援队伍装备保障能力得到较大提升，有 11 支矿山救援队达国家级质量标准化考核等级、20 支达省级质量标准化考核等级。定期组织应急救援综合、专项实战演练和技术竞赛，着力提升应急救援水平。累计参加各类抢险救援325次，抢救遇险人员98人，抢救遇难人员37人。

贵州省安全生产工作综述

2015年，贵州省安全监管监察系统按照“党政同责、一岗双责、齐抓共管、失职追责”的要求，进一步完善安全生产责任体系，强化政府和企业两个主体责任落实，通过深入开展安全生产大检查、“六打六治”打非治违和危化品民爆物品专项整治等行动，安全生产工作取得了明显成绩，在全省GDP两位数增长的同时，生产安全事故起数和死亡人数保持了两位数下降，实现“十二五”安全生产圆满收官，为全省守底线、走新路、奔小康提供了强有力的安全保障。

一、安全生产总体情况

（一）全省安全生产事故总体情况

2015年，全省发生各类生产安全事故1142起、死亡877人（不含消防火灾事故起数和死亡人数），同比分别下降10.2%和10.6%，比2010年分别下降50.8%、54.9%，年均下降13.2%和14.7%，死亡人数占全年控制考核指标80.5%。其中：全省发生较大及以上事故27起、死亡141人，同比分别下降49.1%和40.3%，比2010年下降74.3%和70.1%，年均下降23.8%和21.4%，较大事故24起，占全年控制考核指标30.5%。自2007年毕节市纳雍县“11·8”特别重大事故以来，已连续97个月未发生特别重大事故。

（二）各行业领域安全生产事故情况

2015年，全省发生工矿商贸事故52起，死亡87人，同比分别下降7.1%和37.9%。其中：煤矿事故9起，死亡29人，同比分别下降25.0%和50.8%，占控制考核指标30.9%；非煤矿山事故8起、死亡11人，同比分别上升300.0%和22.2%；烟花爆竹事故1起，死亡1人，同比起数持平、死亡人数下降80.0%；化工和危险化学品事故1起，死亡2人，同比起数持平、死亡人数上升100.0%；建筑业事故23起，死亡31人，同比分别下降14.8%和29.5%，占控制考核指标46.3%；冶金等8行业事故4起，死亡6人，同比起数上升33.3%、死亡人数下降14.3%；工商贸其他事故6起，死亡7人，同比分别下降40%和53.3%。

发生道路交通事故1035起、死亡741人，同比分别下降9.6%和6.8%，占控制考核指标91.9%，其中，生产经营性道路交通事故380起，死亡372人，同比分别下降10.8%和2.1%。铁路运输事故54起，死亡38人，同比分别上升22.9%和17.4%，占控制考核指标76.0%。其他事故（货车侧翻）1起，死亡11人。农业机械、渔业船舶、水上交通、其他水上行业领域未接到事故报告。

（三）安全生产四项指标完成情况

安全生产四项相对指标继续实现大幅下降，并全部达到全国平均水平，提前两年完成“十二五”规划的安全生产目标。其中，亿元GDP死亡率为0.084（全国0.096），同比下降20.8%，比2010年下降80%；工矿商贸从业人员10万人死亡率为0.822（全国1.17），同比下降37.8%，比2010年下降87.3%；道路交通万车死亡率为1.482（全国2.112），同比下降15.7%，比2010年下降63%；煤矿百万吨死亡率为0.167（全国0.162），同比下降47.6%，比2010年下降93.1%。

二、安全生产重点工作

（一）继续全面深化安全生产领域改革

2015年，省安监局、贵州煤监局以推进安全生产领域依法行政、强化高危行业领域重点整治和完善隐患排查治理信息共享平台建设为重点，继续全面深化安全生产领域改革。一是在推进依法治安方面：研究制定了《关于推进安全生产监管领域依法行政的意见》（黔安〔2015〕17号）、《关于加强安全生产监管联合执法的指导意见》（黔安办〔2015〕41号）、《关于规范安全生产监管监察行政执法程序的指导意见》（黔安监政法〔2015〕7

号）、《关于进一步规范行政处罚有关事项的通知》（黔煤安监监察〔2015〕16号）、《安全生产监管监察行政执法责任书》（黔安监办〔2015〕15号）、《安全监管监察行政执法记录和行政处罚公示制度（试行）》（黔安监政法〔2015〕9号）和《安全生产监管执法人员资格管理办法》（黔安监政法〔2015〕4号）等规范性文件。二是在强化高危行业领域安全生产重点问题治理方面：研究制定了《贵州省煤矿瓦斯治理攻坚年实施方案》（黔安〔2015〕3号）、《关于深入开展危险化学品和易燃易爆物品安全专项整治的实施方案》（黔安〔2015〕15号）和《关于在全省召开重点行业领域安全生产专题推进会的紧急通知》（黔安〔2015〕16号）等文件。三是在完善隐患排查治理系统平台试点建设方面：进一步加大隐患排查治理系统平台试点建设力度，截至12月底，安全生产事故隐患排查治理系统平台建设工作基本完成，并进入试运行阶段。隐患排查治理系统已录入煤矿、非煤矿山、危险化学品、烟花爆竹、冶金等重点行业领域6764家企业用户信息和6000多条隐患数据，将对接迁入“云上贵州·安全云”系统。

（二）强化组织领导和管理

一是结合实际，自我加压，研究制定了全省安全生产严控目标。全省事故死亡人数控制在971人以内；道路交通事故死亡人数控制在787人以内；煤矿事故死亡人数控制在58人以内。同时，实行安全生产和重大事故“一票否决”。二是省政府分别与9个市（州）政府、贵安新区管委会、2个省直管县（市）政府和省安委会有关成员单位签订了2015年度安全生产目标责任书，分解下达了年度目标任务。省安监局、贵州煤监局会同省能源局、省国资委与21家国有及国有控股煤矿企业签订了煤矿安全生产工作目标责任书，对国有及国有控股煤矿企业实行单列考核。三是围绕国家和省的总体部署和要求，制定了《2015年安全生产工作要点》，梳理了10个方面42项重点工作。四是推进乡（镇）、街道办事处和行政村实现安全生产责任体系“五个全覆盖”。截至12月底，省、9个市（州）和贵安新区、88个县（市、区、特区）、1500个乡镇（街道）、9366个有工矿企业的行政村全部完成了“五个全覆盖”；3672家规模以上企业完成了“五落实五到位”。

2015年，省安监局、贵州煤监局共办理省政府交办的人大建议、政协提案6件，其中：人大建议3件、委员提案1件、党派提案2件。同时，办理“省长信箱”来信2件，局长信箱来信15件，贵州省网络舆情通报2件，处置12350举报电话26件；接待群众来访45人（次），受理来信153件（含省群众工作中心窗口受理86件），实际办结126件，到期办结率100%。

（三）严厉打击非法违法生产经营建设行为

一是制定印发《关于持续深入开展“六打六治”打非治违专项行动逐步完善打非治违长效机制的通知》，持续深入开展“六打六治”打非治违专项行动和高危行业节后复工复产督查、“两节、两会”安全生产专项督查等行动，严查严处非法违法行为。截至12月底，全省共打击矿山、道路交通等7个行业领域非法违法行为534212起，均依法严处。二是成立9个综合督查组和28个行业检查组，从6月份开始在全省28个行业领域开展全面、系统、彻底的安全隐患大排查大整治专项行动。建立了日调度、周报告、旬会商、月通报制度和重大隐患日报告制度，重大隐患定期向省委、省政府主要领导和分管领导报告，并由行业主管部门挂牌督办。三是组织开展安全生产盯死看牢攻坚战，实行省、市、县、企业（集团公司）带队督查检查责任制，省盯市、市盯县、县盯企业，责任到人、到厂矿。截至12月底，全省共排查安全隐患448221项，整改率99.8%。其中：重大隐患42条，均已整改完成。

（四）突出狠抓煤矿安全生产工作

瓦斯治理：将2015年确定为全省煤矿瓦斯治理攻坚年，全面深化瓦斯治理攻坚。一是研究印发了《贵州省煤矿瓦斯治理攻坚年实施方案》（黔安〔2015〕3号），提出了攻坚目标任务以及“十个必须”“十个严禁”“十个防止”和“十项攻坚”的具体举措。二是在毕节市黔西县组织召开了全省煤矿瓦斯治理工作现场会，学习交流推广省内外瓦斯治理经验。副省长王江平出席并作重要讲话。三是组织开展瓦斯防治暨监测监控系统专项检查，共检查正常生产建设矿井75处，排查安全隐患528条，责令21处煤矿局部停产（停建）整改，5处煤矿停止生产（建设）。四是认真组织实施《强化煤矿瓦斯防治十条规定》，督促煤矿企业编制贯彻落实措施、开展全员培训和对照检查，确保贯彻落实到位。五是继续加大瓦斯抽采利用工作力度。对应当抽采的煤层实行强制性抽采，并将各地瓦斯抽采量完成情况纳入年度安全生产考核指标，实行月调度、年通报和量化考核。2015 年，全省煤矿瓦斯抽采 26.2 亿立方米、利用 8.1 亿立方米，分别完成国家下达指标的 106.9% 和 119.1%，瓦斯抽采量和利用量居全国第二。贵州省 2015 年瓦斯治理工作得到国家安全监管总局、国家煤矿安监局的肯定，专门派出调研组总结贵州煤矿瓦斯治理先进经验，并在全国煤矿瓦斯治理现场会上作典型发言。

整顿关闭：一是进一步加快推进淘汰落后产能和煤矿企业兼并重组。截至 2015 年底，将全省正常生产建设的煤矿控制到 799 处。二是全面推进煤矿安全重点县攻坚战。第一批 6 个煤矿安全重点县全部摘帽。及时明确了第二批重点县（开阳县、晴隆县和黔西县）督导领导，协调推进相关工作。组织举办了第二批煤矿安全重点县煤矿主要负责人专题培训班，共培训 63 人。三是加快推进煤矿安全质量标准化工作。安排技改资金 900 万元，对 2014 年申报一级标准化矿井的煤矿进行了补助。对发生事故的 12 处煤矿给予降级，对 4 处煤矿给予取消一级安全质量标准化考评资格。截至 12 月底，煤矿安全质量标准化一级矿井 74 处、二级矿井 292 处，所有生产矿井均达到三级标准。四是推进煤矿采掘机械化。2015 年，全省采煤机械化程度达到 60.9%，掘进装载机械化程度达到 49.1%，建成 100 处采掘机械化示范矿井。

安全监管监察：一是深入开展新一轮矿长谈心对话活动，全省共有 47 名领导干部对 655 名煤矿矿长开展了矿长谈心对话。二是推进全省树立和践行煤矿事故“可防可控”和“零死亡”的理念。出台《省安委会关于推动全省煤矿实现“零死亡”的意见》(黔安〔2015〕8 号)，提出了煤矿安全生产工作“六个零”（管理“零失误”、排查“零盲区”、隐患“零容忍”、监控“零故障”、瓦斯“零超限”、生产“零违章”）机制。2015 年，全省 99.34% 的矿井（1372 处煤矿）实现了“零死亡”。三是实行煤矿矿长安全资格记分管理。下发《关于正式施行〈贵州省煤矿矿长安全资格扣分管理办法（试行）〉的通知》(黔安监煤矿〔2015〕4 号)，搭建全省煤矿矿长安全资格联网扣分管理系统，于 2015 年 7 月 1 日正式运行。截至 12 月底，已累计对矿级管理人员扣分 261 人次，其中 7 名矿级管理人员已扣满 12 分，并按规定参加了学习培训。四是开展煤矿安全教育实践活动。以“抓典型促整改回头看”为主题，分 5 个环节在六盘水市开展了煤矿安全教育实践活动。2015 年，六盘水煤矿安全实现了“零死亡”。借鉴六盘水市经验，在黔西南州启动了煤矿安全教育实践活动。五是开展煤矿安全监察执法监督检查，检查了煤监分局执法机构建设、制度建设、行政许可、重大行政处罚和文书质量等情况。研究制定了《2015 年度煤矿安全监察执法工作计划》，并与煤矿节后复产复工验收、煤矿雨季“三防”等工作结合起来。2015 年，贵州煤监系统计划完成“三项监察”882 矿次，实际监察矿井 1063 矿次，查处一般隐患或问题 9298 条，查处重大隐患或问题 38 条。

（五）扎实推进重点行业和领域专项整治

2015 年，全省各级、各部门以提升安全保障能力为目的，持续深入开展道路交通等行业领域安全专项整治。

1. 道路交通

一是开展冬季道路交通安全百日整治。从 2014 年 11 月 1 日至 2015 年 3 月 15 日，在全省范围内集中开展了冬季道路交通安全“百日整治”行动。二是开展“道路运输平安年”活动，从落实安全生产责任、长途客车监管、农村客运安全监管、道路危险品运输安全监管、重点车辆动态监管、打非治违等方面加强安全管理。三是开展“两客一危”重点车辆安全整治。针对公安交管部门抄告的“两客一危”车辆违法情况，要求各地各部门切实采取措施加强管理，对存在安全隐患的企业和相关车辆限期整改。四是开展旅游包车客运安全专项整治。针对暑期来黔游客较多、旅游包车需求量大，会同有关部门在全省范围内开展了为期一个月的旅游包车客运安全专项整治。五是开展公路重大隐患排查治理，完成 2015 年度省政府挂牌督办的 34 处公路重大安全隐患治理工作。六是启动“贵州省道路交通安全综合管理平台”，将重点车辆及驾驶人纳入平台管理。

2. 非煤矿山和尾矿库

一是制定《贵州省非煤矿山企业安全生产风

险分级管理暂行办法》，深化非煤矿山整顿关闭工作。全年计划整顿关闭非煤矿山439家，实际关闭582家。二是推进安全生产标准化建设和地下矿山安全避险“六大系统”建设工作。截至12月底，全省新增达标企业31家（二级企业6家），累计达标4461家（二级69家）；有3家企业建成安全避险“六大系统”，累计有146家企业建成。三是开展新一轮矿长谈心对话活动。省、市、县分级对重点企业进行了谈心对话，其中，省级45家、市级450家、县级2800多家。四是开展金属非金属矿山新增重点县（开阳县和盘县）安全生产攻坚克难工作，督促、指导重点县成立了工作攻坚克难领导小组、制定了工作方案并抓好落实。五是制定《关于加强尾矿库综合治理工作的实施意见》，以“三边库”“头顶库”、病库等尾矿库为重点，深入开展专项整治工作，截至12月底，将尾矿库数量减至130座。

3. 危险化学品和烟花爆竹

一是开展危险化学品领域提升本质安全水平专项行动，督促涉及重点监管危化品生产（储存）装置、危险化学品重大危险源的企业推进自动化控制改造工作。截至12月底，首批重点监管的危险化工工艺生产装置和第二批重点监管危险化工工艺的生产储存装置全部完成了自动化控制改造。二是开展危险化学品和易燃易爆物品安全专项整治，对全省危险化学品和易燃易爆物品生产、经营、仓储、运输企业进行全面彻底排查，深刻吸取天津港“8·12”特别重大火灾爆炸事故教训。三是开展烟花爆竹经营安全专项治理，重点治理烟花爆竹零售点“下店上宅”“前店后宅”，批发企业经营超标、违禁非法产品等突出问题，共关闭违规烟花爆竹销售网点2736个。四是大力推进标准化工作。截至12月底，除新建和改扩建企业外，全面完成了危险化学品和烟花爆竹生产经营企业安全生产三级标准化，其中，危险化学品生产企业有164家完成三级标准化，2家完成二级标准化；危险化学品经营企业有1689家完成三级标准化；烟花爆竹生产企业有63家完成三级标准化，烟花爆竹经营企业有166家完成三级标准化。

4. 冶金等工贸行业

一是制定《贵州省安全监管局关于推动全省工矿商贸企业“零死亡”的意见》，推动全省工贸行业牢固树立生产安全事故“可防可控”和“工作无缺陷、目标零死亡”的理念。二是开展工贸企业建设项目安全设施“三同时”工作。截至12月底，规模以上工贸企业共146项省级重点建设项目办理了建设项目安全设施备案手续。三是针对冶金煤气、涉氨制冷、有限空间、粉尘防爆等重点企业及其关键环节，开展安全专项整治。检查涉氨制冷企业55家（次），整治各类隐患326条；检查涉爆粉尘企业共计667家（次），整治各类隐患3269条；检查涉及有限空间作业的企业223家（次），查处隐患2171条。四是加大工贸企业安全生产标准化建设力度。截至12月底，全省有863家工贸行业规模以上企业达标，其中：一级达标企业9家、二级达标企业91家、三家达标企业763家；446家规模以下企业达标。

5. 职业卫生方面

一是加强职业卫生监督检查。截至12月，全省共检查用人单位6145家，发现问题或隐患23113项，下达执法文书7808份，责令停产整顿14家，提请关闭1家。二是开展职业卫生技术服务机构资质认可工作。截至12月，全省共有职业卫生技术服务机构26家，其中，甲级1家、乙级20家、丙级5家。对贵州省职业卫生工作专家库进行了调整和补充，聘任专家233名。三是开展建设项目职业卫生“三同时”工作。全年共完成职业病危害预评价备案102个，预评价审核167个，职业病防护设施设计专篇审查121个，职业病防护设施竣工备案35个，竣工验收80个。四是推行职业卫生技术服务机构评价报告信息网上公开。截至12月，全省26家职业卫生技术服务机构在贵州省安全生产信息网上公布691项技术服务评价信息。四是开展用人单位职业卫生基本情况摸底调查。实际调查用人单位7899家，职工人数333075人，接触职业病危害142813人。截至12月，全省已申报职业病危害企业8057家，申报劳动者总数472698人，其中，接触职业病危害因素劳动者214622人。

此外，积极配合有关部门，开展了建筑施工、铁路交通、水上交通、消防、特种设备、电力、教育、旅游、民航等行业和领域的安全生产专项整治和隐患治理。

（六）加强安全生产应急救援管理工作

一是会同省发改委制定印发了《关于规范煤

矿救护服务收费标准的通知》(黔发改收费〔2015〕1128号)，为贵州省煤矿救护队对外救援服务收费提供了依据。二是组织开磷危险化学品救援队代表贵州，参加了在宁波举行的全国第一届危险化学品应急救援技术竞赛工作，并获得优胜奖。组织永贵能源救护大队代表中国积极备战2016年第十届国际矿山救援技术竞赛，力争赛出好成绩，为祖国争得荣誉。三是组织开展应急救援物资拉动及矿山应急排水演练，全省8支矿山救护大队100余名指战员参加了此次演练活动。四是组织对全省56支矿山救护队质量标准化工作进行了考核，共有42支达到质量标准化等级，其中：特级6支、一级3支、二级4支、三级29支。五是从全省46支救护队中选拔30支，在林东救护大队举办了贵州省第十届矿山救援技术竞赛。经过激烈角逐，遵义市应急救援大队、金沙县救护大队获得团体一等奖。2015年，全省共举办专兼职矿山救护指战员培训班122期，对5201人次进行了考核。现全省共有专兼职矿山救护指战员6212人（其中专职2500人，兼职3713人)。

（七）加强安全生产宣传和教育培训工作

一是组织开展第十四个“安全生产月”系列活动。制定印发了全省“安全生产月”及安全生产万里（贵州）行活动方案和活动指南，在安顺市开展了全省“安全生产月”宣传咨询日和大客车司机安全宣誓活动，设置安全生产警示教育展板26块，发放安全生产宣传资料近5000份。二是开展《职业病防治法》宣传周活动。宣传周期间，发放宣传材料5万余份，新闻媒体报道110余次，深入企业宣传和现场咨询近235次，接受咨询人数约4万人。三是深入开展以《安全生产法》为主题的安全生产法律宣传。组织近15万人参加了国家安全监管总局举办的新《安全生产法》系列知识竞赛，组织开展了全省新《安全生产法》网络知识竞赛，6.1万人参加竞赛。四是组织对84家已获得省级和国家级命名的示范企业进行了“回头看”检查，覆盖率达到100%。五是培复训矿山、危险化学品等高危行业主要负责人、特种作业人员、安全管理人员54861人次，培训安全监管执法人员1592人；组织开展“五职矿长”A、B证考试2次，共有4300人参考，其中2827人取得A、B证。举行驻矿安监员晋级资格考试，共有887人参考，其中76人晋升三级资格、386人为四级资格。

（八）全面推进“科技兴安”战略

一是扎实推进《贵州省“十二五”安全生产专项规划》重点工程建设，对筛选评定的40项工程，安排2015年第一批省煤矿安全技改项目专项资金3950万元。二是成立贵州省安全生产“十三五”规划编制工作领导小组，拟定了贵州省安全生产“十三五”规划编制工作方案。三是全面启动科技强安专项行动，以机械化生产替换人工作业、以自动化控制减少人为操作为重点，力争用3年左右时间，全省煤矿、金属非金属矿山、危险化学品和烟花爆竹等重点行业领域企业机械化自动化改造率达90%以上，高危作业场所作业人员减少30%以上，企业安全生产水平大幅提高。截至2015年12月底，部署省级示范企业14家、市级示范企业60家，部署煤矿安全技改项目80项，安排专项资金7500万元。四是全面启动“云上贵州·安全云”工程建设，完成应急救援、隐患排查两套系统线下对接工作。

（九）严格安全生产行政许可

强化安全生产行政审批制度改革，取消了高危行业“建设项目安全设施竣工验收”和“生产经营单位主要负责人和安全生产管理人员资格证的核发”2项行政审批，将行政许可事项从原有的13项调整为11项。制定进驻省政务中心工作人员考勤制度等5项规章制度，强化窗口工作人员工作纪律和廉政纪律。优化简化行政审批流程，实行预审查、预许可制度和提前办结、当场办结制度，实现网上申报、网上审批，实现变“群众跑”为“干部跑”“网上跑”，实现“线上”“线下”一起跑。全年当场办结审批事项189件次。2015年1—12月，省安监局、贵州煤监局各类行政许可共受理635家（含新办证、换证、建设项目)，核准593家，其中：煤矿受理349家，核准343家；非煤矿山受理62家，核准58家；危险化学品生产企业受理141家，核准111家；烟花爆竹生产企业受理26家，核准24家；职业卫生服务机构受理16家，核准16家；职业卫生建设项目受理41家，核准41家。同时，受理特种作业人员资格证书核发591件，颁证584件。

（十）严格事故查处和责任追究

联合省监察厅、检察院、公安厅对2013年以来较大以上煤矿责任事故的责任追究落实情况进行了专项督查。在省安全生产信息网站上公告了2起重大事故的调查处理情况和事故报告全文。严格落实“一矿出事故，万矿受教育”要求，印发了《山西大同姜家湾矿事故警示通报》(黔安监电传〔2015〕10号）和《省安委会办公室关于盘县紫森源（集团）公司仲恒煤矿“2·9”煤与瓦斯突出事故的通报》(黔安办函〔2015〕31号）等事故通报；制作了贵州省永贵能源开发有限责任公司黔西县新田煤矿“10·5”重大煤与瓦斯突出事故、六盘水市盘县松河乡松林煤矿“11·27”重大瓦斯爆炸事故的警示教育片，并下发各地开展警示教育活动。2015年，全省发生的9起煤矿事故，实际批复结案8起，到期结案率100%；移送司法机关17人，给予党政纪处分和行政处罚56人。

（十一）加强安全监管队伍建设

截至2015年12月31日，省、市、县三级安全生产监管机构编制2728名（行政编制987名），实有人员2600人；省、市、县三级安全生产执法队伍编制1637名（行政编制37名，其余为事业编制），实有人员1189人；乡镇安监站（办）人员编制6119名，实有5073人；乡镇安全生产执法队伍编制429名（均为事业编制），实有人员511人（以上数据均不含驻矿安监员）。

云南省安全生产工作综述

一、安全生产总体情况

2015年，云南省安全生产监管系统认真贯彻党的十八大，十八届三中、四中、五中全会精神和习近平总书记系列重要讲话精神，在省委、省政府的坚强领导下，在国家安全监管总局的正确指导下，圆满完成了年度各项安全生产目标任务，全省安全生产形势持续保持稳定好转。

2015年全省发生各类事故8695起、死亡3379人，同比减少2571起、102人，下降22.82%、2.93%；发生重大事故1起、死亡13人，同比减少3起、35人，下降75%、72.9%；发生较大事故62起、死亡251人，同比减少13起、33人，下降17.33%、11.62%。

二、安全生产重点工作

（一）安全生产责任体系的健全和落实取得新突破

省委书记李纪恒、省长陈豪带头与安全生产重点州市县区党政主要负责人谈话，推动《云南省安全生产党政同责暂行规定》的全面落实，省政府明确了省政府领导安全生产工作职责分工和省级有关单位安全生产监督管理职责，全省建立了“五级五覆盖”的安全生产责任体系，省级及16个州市、129个县区、1391个乡镇、14215个行政村全部建立了安全生产责任制度和工作制度；全省3771户规模以上工业企业初步落实企业主体责任“五落实五到位”。

（二）重点行业领域专项整治取得新突破

云南省安监局把强化安全监管与支持服务地方经济发展、推动重点行业领域专项整治和产业转型升级相结合，集中开展对矿山、道路交通、消防、油气管线、工贸行业等重点行业领域突出问题的专项治理。煤炭行业：在强化监管的同时，2014年、2015年两年累计关闭煤矿405个，较好地完成了整顿关闭任务。非煤矿山行业：全面启动了转型升级工作，筹集2500万元专项资金购买专家服务，对全省所有登记在册的5866座矿山逐一开展专家排查会诊并逐一提出明确的整改建议。工贸行业：集中整治了涉氨制冷、粉尘防爆、有限空间作业等突出问题。油气管线领域：对516项排查出的隐患实施整改，整改率达到51.5%。道路交通领域：全省“两客一危”车辆全部安装了具有行驶记录功能的卫星定位装置，2212辆液体危货运输罐车全部安装了紧急切断装置，实施公路安全生命防护工程建设，全面开展公路隐患大排查，全年实现了重大道路交通事故零控制。消防领域：制定并实施了古城镇和文物古建筑“一城一策、一镇一案”

消防建设标准，提升火灾事故防御能力，集中开展了1411户劳动密集型企业突出问题专项治理行动。

（三）在转变监管理念和创新监管方式上取得新突破

着力转变传统落后的头痛医头、脚痛医脚、被动应付的监管理念和突击式、运动式大检查的工作方法，以“互联网＋安全监管规范标准”为支撑，探索建立了以企业自查自报为基础，以部门专项检查、专家明查暗访和政府综合督查为匹配，以实行监管对象目录化管理、一企一标准对标检查、隐患和问题清单化管理、隐患整改责任化落实、企业自查情况月度申报五项制度为重点的“1＋3＋5”安全生产大检查长效机制，对全省26941户重点监管对象实施常态化、规范化、动态化监管。同时，不断强化购买专家服务、举报奖励等措施，着力推动改革创新，提高监管效能。

（四）在完善监管机制和推进依法治安上有新突破

以贯彻“党政同责、一岗双责、失职追责”要求和《云南省安全生产党政同责暂行规定》为推动，全省上下初步形成党委领导、政府监管、企业负责、职工参与、行业自律、社会监督、群防群治的齐抓共管格局，各级安委会、安委办得到全面充实，职能作用充分发挥。以隐患排查治理为核心，初步建立企业为主体、专家查隐患、部门强监管、政府促整改的工作格局。以新《安全生产法》的宣传贯彻为推动，严格明晰责任清单和权力清单，规范执法，提升执法效能。全年共下达执法文书5.5万份、实施行政处罚774起、共处罚款3033万元、责令停产整顿企业222户、关闭企业630户。

在实现以上4个突破的同时，云南省安监局认真贯彻落实国务院和省政府关于加强安全监管执法的各项要求，着力强化培训教育，共培训企业负责人、安全管理人员、特种作业人员、安全监管执法人员10万余人次；着力强化安全生产应急能力和救援队伍建设，成功实施了晋红高速公路在建隧道“4·29”塌方、中缅天然气昆明东支线“6·23”天然气泄漏、梁河县光坪锡矿“7·25”坍塌等事故的救援工作；着力加强职业卫生监管，积极开展作业场所职业危害普查与申报，推动企业开展职业健康基础建设；严肃查处官渡区东盟联丰农产品商贸中心“3·4”酒精燃爆重大事故、东川金水矿业落雪铜矿“4·25”较大中毒窒息事故和德宏州梁河县光坪锡矿“7·25”事故，追究刑事责任8人，给予党纪政纪处分40人，对20个责任人和责任单位实施行政处罚，用事故教训推动工作。

西藏自治区安全生产工作综述

一、安全生产总体情况

2015年，西藏自治区深入贯彻落实全国、全区安全生产工作电视电话会议和安全生产工作会议，自治区党委八届五次、六次全委会议精神，坚持“以人为本、科学发展、安全发展”的理念，坚守安全生产红线、底线意识，以党的十八届三中、四中全会精神为指导，以维护公共安全、保障人民群众生命财产安全为核心，以改善安全条件、强化能力建设为基础，以推进依法治安、加快改革创新为抓手，以严格责任落实、深化治理整顿为手段，以预防安全事故、减少事故死亡人数为目标，建立完善“党政同责、一岗双责、齐抓共管”的安全生产责任体系，构建重预防、抓治本的安全生产长效机制，全区安全生产形势继续保持了持续稳定好转态势。2015年，西藏自治区共发生各类安全事故476起、死亡193人，与上年同期500起、死亡262人相比，减少24起、下降4.8%，死亡人数减少69人、下降26.34%。较大事故12起、死亡43人，与去年同期15起、死亡59人相比，起数减少3起、下降20%，死亡人数减少16人、下降27.12%。重大事故1起、死亡11人，同比起数持平、死亡人数减少5人。

二、安全生产重点工作

（一）深入推进安全生产责任体系建设

按照“党政同责、一岗双责、齐抓共管”的要求，在各级党委政府及行业主管部门、企业内进一步建立健全了安全生产责任体系，全面落实“三管”责任。开展了自治区分管领导与重点企业负责人谈心活动，进一步强化了企业主体责任的落实。调整充实了自治区安委会组成人员，督促各地（市）行署（人民政府）、自治区各行业主管部门出台了本地本部门安全生产党政同责相关文件。向各地（市）行署（人民政府）和负有安全监管职责的自治区相关部门下达了年度安全生产控制指标及安全生产目标考核的通知，进一步明确落实了安全生产工作任务。不断完善了“月通报、年考核”制度，每月以事故统计月报形式向各地（市）安委会、自治区安委会各成员单位通报事故情况、安全生产指标控制情况，分析安全生产形势，提出加强安全生产工作建议。

（二）深入推进安全生产法治建设

以贯彻落实新《安全生产法》为契机，全面推进依法治安。启动了《西藏自治区安全生产条例》的修订工作，起草了《关于加强安全生产监管执法的实施意见》，修改了《西藏自治区安全生产考核奖罚办法》，下发了《关于进一步加强职业病防治工作的意见》《关于加强安全生产应急管理工作的意见》《关于进一步认真做好西藏自治区非煤矿山安全监管工作的指导意见》和《西藏自治区安全生产宣传工作实施方案》等文件，督促地（市）、县级安全监管部门制定2015年安全生产执法检查计划。对“8·9”特别重大道路交通事故相关责任企业及主要负责人进行处罚；对西藏圣地旅游汽车有限公司行政罚款531.25万元；对中航油西藏分公司林芝机场罐车临时储存航油存在重大安全隐患实行挂牌督办；对自治区纪委转来的群众实名举报，反映青藏铁路拉日TJ6标段存在工程质量安全隐患，协调国家安全监管总局和铁路局进行整治；联合拉萨市和堆龙德庆县发改、安监部门对中石油725油库作出停止输油的行政强制决定，进一步规范了安全生产法制秩序。

（三）全面推进安全生产专项整治

建立了联合执法机制，严厉打击非煤矿山领域“非法盗采”“以探代采”等非法违法行为。开展了全区运行的矿山及尾矿库排查摸底工作，对存在安全隐患的病、危、险库进行了专项整治，完成了16个涉及尾矿库监测监控的县级平台和运行尾矿库在线监测监控系统的建设。召开了全区工贸行业安全生产专题培训会议，开展了专家“会诊”式的安全检查，并建立台账，突出抓好了粉尘防爆、涉氨制冷和有限空间安全作业专项整治，进一步强化了隐患排查工作力度。公安、工信和安监等行业主管部门深入开展了民爆物品行业领域安全生产专项整治行动，消除了一大批安全隐患，安全生产形势继续保持了平稳好转的态势。重点抓好了春节、藏历新年前夕烟花爆竹专项检查，排查了烟花爆竹零售、批发、运输、储存、燃放等环节的安全隐患，确保了人民群众过上了安全祥和的节日。同时，建筑施工、危化和消防等行业主管部门结合行业实际，也加强了行业内隐患整治，为全区经济社会发展创造了良好的外部环境。

（四）全面推进隐患排查治理体系建设

2015年，在墨竹工卡县、隆子县、曲松县开展了隐患排查治理平台试点，研究制定了全区隐患排查治理标准，指导和督促工矿商贸企业、地（市）县（区）两级安监部门，建立和完善了隐患排查治理相关制度。依托自治区安全生产委员会专家库，邀请国家安全监管总局、内地省市相关行业领域专家，对存在安全隐患的病、危、险库实行了挂牌督办，依法做好了尾矿库闭库工作，从源头上控制隐患发生，完成了5家矿山企业关闭整顿任务。发改、工信、国土和安监部门进一步加强协调、沟通，共同推进隐患排查治理体系建设，进一步强化新建、改建、扩建建设项目落实安全设施“三同时”制度，督促企业全面履行安全生产主体责任。

（五）深入开展安全生产大检查

从2015年4月20日开始，至12月中旬结束，分4个阶段，在全区所有地（市）、县（区）、乡（镇），各行业领域、各生产经营单位和企事业单位开展了安全生产大检查；从2015年5月20日开始，至12月中旬结束，分3个阶段，组建7个自治区安全生产督导检查组，实行年度负责制，任务一定一年，全程承担对所负责地（市）安全生产工作的监督检查。共组织检查组225个，开展自查自纠的企业12654家，检查企业22354家次，排查各类安全隐患124587项，已整改123598项，下发整改指令书85份，下发督办通知95份，停产停业整顿企业41家、关闭取缔企业1家，处罚40万元，进一步保持了安全生产高压态势。结合各行业特点和安全生产工作实际，先后开展了加油站、加气站、油库、油气管道、民爆仓库、烟花爆竹企业、汽车修理厂、建材市场等涉油涉爆领域专项检查和非煤矿山复工复产前和汛期矿山、尾矿库安全生产专项检查，进一步规范了安全生产环境。

（六）强化职业卫生监管工作

按照《西藏自治区安全监管局关于开展2014年度作业场所职业危害检测工作的通知》（藏安监管〔2014〕39号）要求，全区上下突出抓好了重点用人单位作业场所职业危害检测、职业病危害重点领域专项治理、监督执法、职能划转与队伍建设工作。全面贯彻落实《西藏自治区作业场所职业卫生监督管理工作联席会议制度》，多次召开作业场所职业卫生监督管理工作联席会议成员单位会议，进一步强化职业病“防、治、保”各项工作落实，保护了劳动者生命安全和健康权益。制定了全区七地（市）开展职业卫生指导检查工作计划，严厉查处各类职业卫生违法违规行为，《职业病防治法》和《西藏自治区职业病防治规划（2011—2015年）》规定得到了进一步落实。共下发整改通知书80份，通过网上申报企业640多家，开展职业卫生“三同时”工作超过20多家，进一步推动了职业危害检查各项工作落实。

（七）强化安全生产应急管理工作

按照立足当前、突出重点、架构先行、逐步完善的工作思路，全面规范了西藏安全生产应急管理工作，构建安全生产应急救援工作长效机制，提升应对生产安全事故能力。先后制定了《关于加强安全生产应急管理工作的意见》《生产安全事故应急预案管理办法实施细则（试行）》《安全生产应急演练计划有关规定》和《西藏自治区非煤矿山、危险化学品企业安全生产应急救援队伍管理暂行办法》等规范性文件，逐步建立了安全生产应急管理长效机制。开展了全区应急预案备案工作，完成了自治区管理重点企业初次预案备案工作，督促各地（市）开展有关预案备案工作。组织了全区重点行业企业开展应急演练。计划总投资7990万元的全区三级应急指挥平台已完成了的调研、需求分析、可研和初步设计工作，建成后将横向与有关厅局联通，纵向与国家总局、7个地（市）、74个县和部分企业联通，并辅以8套移动指挥平台，将进一步提升安全生产应急管理能力。

（八）进一加强安全生产教育宣传培训工作

制定了安全监管系统《2015年干部教育培训计划》，选派了1名干部随团赴美国参加建筑安全培训。先后举办了3期分管安全生产工作领导、安监局长、安监骨干专题培训班，培训239人；举办了危险化学品和道路交通安全监管等专题培训班，培训交通运输、公安交警部门及企业负责人117人，进一步提升了安全监管人员业务水平。2015年“安全生产月”活动取得了实质性成效，1位自治区领导出席活动并发表重要讲话，4位自治区领导参加启动仪式和相关活动，多家新闻媒体竞相报道活动情况，46家自治区安委会成员单位设立了展位，1645块安全生产宣传展板展出，2万余份安全生产宣传资料被发放，3万余人参加当天启动仪式，安全生产微信公众号现场启用，大客车司机代表现场宣誓“五不两确保”，进一步提高了人民群众安全意识。同时，安全监管系统还编发了《职业卫生监管工作宣传手册》《职业卫生监管工作执法手册》和《职业卫生监管工作法律手册》等宣传资料，开展了新《安全生产法》和非煤矿山“双十条”法规标准的学习和宣传，有力地推动了全区安全宣教工作的深入开展。

（九）进一加强安全生产基础工作

按照《安全生产监管部门和煤矿安全监管机构监管监察能力建设规划（2011—2015年）》（发改投资〔2012〕611号）要求，完成了2013年、2014年、2015年安全监管部门监管执法专业装备的配备、办公设备采购、全区安监系统执法专业服装配发工作。自治区财政厅、安监局联合出台了《关于贯彻落实“以奖代补”政策促进进矿山、危险化学品、烟花爆竹、工贸行业安全生产标准化和地下矿山安全避险“六大系统”建设实施意见》，7家非煤矿山企业地下矿山已完成“六大系统”建设。全区安全监管系统完成安全监管事项、审批事项办理工作流程、标准表格和示范文本的编制和网上登录等工作；28家非煤矿山企业已完成安全生产标准化建设，逐步展开了选矿厂安全生产标准化试点工作，安全生产监管基础进一步夯实。

陕西省安全生产工作综述

一、安全生产总体情况

2015年，陕西省安全生产工作在省委、省政府的正确领导下，坚持以习近平总书记、李克强总理等中央领导系列重要指示和批示为指导，认真贯彻省委、省政府决策部署，坚持把发展决不能以牺牲人的生命为代价作为一条不可逾越的红线，坚持"安全第一、预防为主、综合治理"的方针，贯彻落实"党政同责、一岗双责、失职追责"的要求，切实加强党风廉政建设和党建工作，强化目标责任，狠抓工作落实，圆满完成了全年的各项目标任务，为"三个陕西"建设做出了积极的贡献。

2015年，全省共发生各类安全事故8972起，死亡1775人，同比分别下降2.93%和5.53%。其中：生产经营性事故5014起、死亡776人，同比分别下降12.60%和11.62%，死亡人数占国务院安委会下达指标的72.12%；发生较大事故15起、死亡55人，同比分别下降25.00%和15.38%，占国务院安委会下达指标的53.57%；发生特别重大道路交通事故1起，死亡35人。未发生重大事故；危险化学品、水上交通、烟花爆竹未发生死亡事故；煤矿、非煤矿山、农业机械、消防等重点行业领域事故起数和死亡人数持续下降。

二、安全生产重点工作

（一）进一步巩固"三基""三化"建设成果

在"三基""三化"建设的规范化、常态化、实效化上下功夫，推进监管网格台账的规范管理、综合运用和动态更新。继续推进企业管理精细化和行业直管专业化建设，推进开发区安全监管机构建设，加强基层执法力量建设，推动"党政同责、一岗双责、齐抓共管"在基层的全面落实。

建立健全责任体系，狠抓"党政同责、一岗双责、失职追责"落实。制定了《关于进一步巩固提升"三基三化"建设工作的通知》(陕安监〔2015〕77号)，对进一步巩固提升"三基三化"建设工作进行了具体安排部署，紧紧围绕《陕西省安全生产"党政同责、一岗双责"暂行规定》，采取通报、排名和督办措施，大力推进"五级五覆盖"和规模以上企业"五落实五到位"。截至2015年底，各市、县都制定了实施细则或办法，并落实到乡镇和行政村，实现全覆盖。全省共建立监管信息平台203个，企业基础台账218627个，事故隐患台账42275个，规模以上企业"五落实五到位"覆盖率实现100%。不断巩固"三基""三化"建设成果，各级党委、政府和部门以及企业抓安全生产的责任意识不断提升，监管执法能力明显增强。

（二）着力提升依法治安能力

深入宣贯党的十八届四中全会精神和新修订的《安全生产法》，加快修订《陕西省安全生产条例》《安全生产行政许可程序》，制定出台《企业危险等级管理办法》《排查治理事故隐患办法》等规范性文件，编制陕西省《安全生产"十三五"规划》。健全执法程序和执法标准，开展执法规范化建设。继续深入开展打非治违专项行动，严肃查处非法违法生产经营建设行为。

加强法制建设，不断强化依法治安。深入开展新《安全生产法》和依法治安理念主题宣讲活动，组织轮训培训；组织人员编制了《陕西省安全生产"十三五"规划》(草案)，起草了《陕西省安全生产条例》修改草案、下发了《安全生产行政许可程序》，制定出台《企业危险等级管理办法》《排查治理事故隐患办法》等配套法规，及时以省政府办公厅文件出台《关于加强安全生产监管执法的实施意见》，制定了年度执法检查计划、执法检查通报和约谈警示以及执法检查廉洁承诺等工作制度，形成了严格完整的执法检查链。在全省开展了为期100天的"铁拳执法"专项行动，对975起违法违规生产经营的单位实施立案调查，对1814起实施行政处罚，提请当地政府实施关闭87家。严格落实"四个一律"的要求，扎实开展

"打非治违"专项行动，累计查处违法违规生产经营建设行为4.7万起。

（三）切实提升本质安全水平

督促企业建立隐患自查机制，加大安全生产失信惩戒力度，全面提升企业排查治理隐患的能力。积极推进科技兴安，加大行业安全生产科技创新和技术应用。加大整顿关闭力度，在煤矿、非煤矿山、危险化学品、烟花爆竹等高危行业领域进一步淘汰落后产能。加大企业安全管理人员和特种设备操作人员培训力度，提升从业人员素质。建立完善各级安全生产应急预案，加大重大危险源监管力度，严肃查处各类生产安全事故，严格实施重特大事故"一票否决"。

狠抓隐患排查治理和"打非治违"，切实提升本质安全水平。按照省委"四严双查"的要求，先后开展了6次全省性检查督查和7次暗查暗访，覆盖全省107个县区。共排查隐患近18.65万项，已整治17.98万余项，整改率96.4%。特别是天津港"8·12"事故后，按照国务院和省委、省政府部署，采取"四轮循查、四重清单、条块结合、影像暗查、现场执法"等方式，集中开展大检查。建立并严格实行安全检查和隐患整治"四级清单"，确定对2105项隐患由省市县分级挂牌督办。在对10个化工园区（集中区）安全评估以及62家重点危险化学品生产企业安全诊断的基础上，集中开展了危险化学品领域专项整治，对2家安全距离不符合规定和4家安全卫生防护距离不足的企业，按照"一企一策"的要求，制定企业或居民搬迁方案；对全省6处长输管道重大占压隐患，建立清理整改任务和责任清单。着力加强矿山领域重点县攻坚克难和整顿关闭，全年关闭煤矿30处，淘汰煤矿落后产能667万吨/年，实现煤炭生产百万吨死亡率0.05。关闭金属非金属小矿山91座，取缔非法采石场10家，投入3000万元，对1035千米的油气集输管线进行检测和更换。集中开展劳动和人员密集场所消防安全专项行动，关停违法企业179家，拆除违章建筑27385平方米。开展了冶金行业的职业病危害专项治理和粉尘危害专项治理检查行动，有效地预防了安全生产事故的发生。对2015年发生的5起较大工矿商贸事故，1起特别重大道路交通事故全部批复结案。其中，移送司法机关24人，党政纪处分74人，行政处罚17人，起到了良好的警示和震慑作用。

（四）大力提升安全监管手段

加快信息化建设，推动安监业务数据中心、应急救援、监控预警、辅助决策、行政审批等系统资源整合。积极引入市场机制，发展注册安全工程师事务所，在高危行业领域试点安全生产责任保险。

加快推进信息化建设。投资1400万元的省级安全生产应急指挥平台已建成，实现了与国家安全监管总局、国家安全生产应急救援指挥中心、省政府应急办和12个市（区）安监局互联互通。加强重大危险源评估、申报和建档。录入重大危险源企业2482家，录入重大危险源4365处，企业重大危险源申报率达到100%。突出煤矿、非煤矿山、危险化学品等重点行业在线监控，落实了生产一线重点部位、危险工序、要害场所在线可视监控网络。加大企业主要负责人、安全管理人员和特种作业操作人员培训力度，全省共培训生产经营单位主要负责人和安全生产管理人员21662人，特种作业人员45253人，有关行业农民工64874人，企业班组长19784人，为安全生产提供了有效的基础保障，持证上岗率实现100%。协调配合交通等重点行业领域安全监管，深刻吸取咸阳淳化"5·15"事故教训，扎实开展"生命防护工程""营转非"车辆和特长隧道等专项整治，对1225辆"营转非"客运车辆，喷涂标志，严禁营运，注销不符合规定的危险品运输企业37家，对556座高速公路隐患隧道实施整治，对212处事故多发路段实施治理。集中打击建筑施工领域非法违法转包挂靠等行为，集中整治施工现场违规作业、违章指挥和违反劳动纪律的习惯性"三违"现象，积极配合农业机械、特种设备、军工、电力等行业领域有针对性地开展安全专项整治。

（五）不断提升安监队伍素质

全省安监系统深入学习习近平总书记系列重要讲话精神，开展信念、责任、担当主题教育，强化政治素质。加强安监干部专业知识和执法技能培训，培养职业道德和专业精神。

切实加强宣传教育和培训，不断提升安监队伍素质。2015年，陕西省安监局党组着力强化安监干部的政治纪律和政治规矩意识，以学习党的十八届四中、五中全会，习近平总书记系列重要讲话精神和中央重要领导讲话为主要内容，共组织党组中心组学习14次。认真学习了习近平总书记、李克强总理关于安全生产的重要讲话和批示。举办了学习贯彻习近平总书记来陕视察重要讲话全面推进法治陕西建设培训班，分2期对局机关64名处级以上干部进行了培训。扎实开展了“信念、责任、担当”主题实践活动，以“加强安全法治、保障安全生产”为主题，扎实开展了“安全生产月”“安全咨询日”、道路客运驾驶员安全宣誓承诺、新安法和依法治安理念主题宣讲等活动，不断营造良好安全氛围。积极改进培训方法和手段，进一步提高安全教育和培训质量，全年共举办各类安全生产培训班453期，共培训省市县安全监管人员1909人次、县政府主管领导122人。全省确定安全生产考试中心13个，安全知识考试点31个，特种作业实操考试点24个。机关干部作风进一步转变，服务基层、服务企业的意识明显提升，纪律观念明显加强，精神面貌明显改观，树立了安监干部的良好形象，促进了机关制度健全，依法行政，团结和谐。

甘肃省安全生产工作综述

一、安全生产总体情况

2015年，甘肃省深入贯彻习近平总书记、李克强总理等中央领导同志关于安全生产工作的重要指示批示精神，全面落实国家安全监管总局和省委省政府的决策部署，牢固树立安全发展观，坚守安全红线，大力推进依法治安，强化责任落实，加强基层基础，深入推进大宣传、大培训、大排查、大整治、大预防，全省安全生产工作取得了良好成效。全年共发生各类生产安全事故4760起，死亡1520人，受伤3583人，直接经济损失8670.5万元，与2014年相比，分别下降6.6%、1.5%、0.6%和0.3%，没有发生重大以上事故，保持了安全生产形势的持续稳定好转，为甘肃经济社会健康发展提供了坚强的安全保障。

二、安全生产重点工作

（一）坚持“党政同责、一岗双责”，全面靠实安全生产责任

甘肃省委、省政府高度重视安全生产工作，始终把安全生产纳入经济社会发展大局。一是党政领导高度重视。省委省政府主要领导连续3年共同出席全省安全生产工作会议并讲话。2015年，省委书记王三运38次对安全生产工作作出批示，明确要求各级党委政府要切实把加强安全生产工作作为政治工程、生命工程、民生工程、一把手工程来严格加以落实。省政府组建了由省长刘伟平任主任、全体副省长为副主任的安全生产委员会，坚持安全生产问题优先解决、工作优先部署、政策优先落实、经费优先保障，为全省县级以上安监部门统一配备了执法装备和车辆。省长刘伟平64次对安全生产工作作出批示。副省长黄强多次召集会议安排部署小煤矿关闭退出、油气管道隐患整改等重点工作，深入危险化学品生产储存企业、油气管线、燃气管网和轨道交通建设一线检查指导工作。从省委省政府到市县形成惯例，党政主要领导亲自出席安全生产工作会议并讲话。二是责任体系全面健全。省市县乡四级全部出台了安全生产“党政同责、一岗双责”实施办法，省政府明确了村级组织安全监管职责，基本实现安全生产责任“五级五覆盖”。同时，加大安全生产考核权重，省政府在强化对市州考核的基础上，首次与35个省安委会成员单位签订了体现部门和行业特点的安全生产目标责任书。教育、住建、交通等部门也分别逐级签订了目标责任书。规模以上企业按照“五落实五到位”的要求，层层建立安全生产责任制，全省上下层层传导压力，形成了一级抓一级、一级对一级负责的安全生产责任体系。

（二）坚持标本兼治综合施策，深化安全生产大检查大整治

2015年，甘肃省确立了“以查促改、以打促防，治标稳面、强基治本”的安全生产工作总体思路，始终将安全生产大检查、打非治违专项行动作为消弭安全隐患，确保安全生产形势持续稳定好

转的重要抓手，经常性开展煤矿、非煤矿山、道路交通、烟花爆竹、危险化学品、建筑施工、粉尘防爆、涉氨制冷、输油气管道、有限空间、民爆物品等重点行业领域的专项整治，大张旗鼓，重拳出击，有效打击了非法违法生产经营建设行为。专项整治中，各级党政领导指导督促、带队开展大排查大整治工作。省安委会办公室派出10批次48个督查组，采取聘请专家，明查暗访相结合等方式，坚持以查促改、以查促防、以查代训，排查隐患5.6万条，及时向地方政府和有关部门交办转办督办落实，督促整改5.39万条，整改率96.2%。对整改不力的376个责任单位和495名责任人进行了问责，责令29个存在重大隐患的生产建设项目停产停建整顿，收到了“查隐患、压事故、保平安”的良好成效，遏制了事故多发势头。兰州市出台了《安全生产隐患排查治理责任追究办法》，梳理了“隐患清单”和“问题清单”，在监督企业落实隐患排查治理责任方面做出了有益探索。

在强化“整治治标”的同时，甘肃在“强基治本”上狠下功夫。一是开展安全基础普查。省安监局牵头对全省14.1万家生产经营单位安全生产状况进行了摸底普查，基本摸清了全省各行业企业安全生产现状和特点，分类建档立卡。二是启动隐患排查治理信息系统。学习借鉴湖北鄂州、北京顺义等地经验，初步建成了全省安全隐患排查治理信息系统，并率先在危险化学品等行业推广，在全省10817户企业试运行。三是推行视频在线监控。联合公安、建设、交通等有关职能部门，在全省生产建设重点工程现场、人员密集场所等18个行业领域安装使用视频监控系统；借助被国家确定为“公路安全生命防护工程”试点省的机遇，投资5.9亿元，整治国省干线和农村公路隐患路段2.5万余千米，并在道路交通领域特别是农村道路推行在线监控系统。四是提升生产一线作业人员整体素质。在大中型企业积极倡导“把农民工培养成产业工人”，并在酒泉钢铁集团、靖煤集团和白银有色金属公司进行试点，督促企业加强外来劳务人员管理，按产业工人标准对农民工进行安全培训教育。五是积极推进标准化建设。一批企业增加安全投入，加快改造更新老旧设备，夯实安全基础，开展标准化达标创建活动。2015年工贸行业一二级，金属非金属矿山三级，交通运输达标企业分别达到29户、1375户、312户，全省生产煤矿全部达标，危险化学品生产企业全部开展了标准化创建活动，提升了本质安全水平。

（三）强力推进监管能力建设，重点解决基层监管“短腿”问题

一是健全基层安监机构。甘肃省安委会、省编制委员会办公室、省安委会办公室连续发文，从人员编制、监管装备、办公场所、经费保障等方面对乡村两级安全监管机构建设做出明确规定，并确定村两委的安全监管职责。至2015年底，全省1370个乡镇（街道）均成立了安监站，配备了5137名安监人员，16782个村（社区）配备了20668名安监员，全省绝大多数县区解决了乡镇安监站的人员、经费、办公设施等基本保障问题，全省安全监管机构和责任体系实现了“五级五覆盖”。二是加强行业监管能力建设。省安委会将行业主管部门安全监管“五落实”情况纳入年度目标责任考核；省交通厅、教育厅、水利厅、住建厅等省级行业主管部门调整充实了内设安全监管机构力量，并加强了本行业基层监管部门的业务培训。公安交警部门强化对乡村道路交通安全监管，坚持监管服务并重，免费培训农用车驾驶员200余万人、办理车牌照205万套，全省乡村道路安全状况得到进一步改善。

（四）着力加强安全法治建设，稳步推进依法治安工作

为严格规范安全生产行政执法行为，甘肃省扎实推进新《安全生产法》宣贯工作和相关配套法规制度建设，起草完成了《甘肃省安全生产条例》《甘肃省公路建设工程质量安全监督管理条例》修订草案，并被列为2016年省人大立法出台项目。省政府办公厅印发了《关于加强安全生产监管执法的实施意见》。省安监局制定出台了《安全生产行政处罚案件审理委员会工作规则》《安全生产行政许可、行政处罚和生产安全事故调查案卷制作办法》《安全生产行政执法文书制作使用规范及范例》《甘肃省隧道施工安全风险管理十项规定》《甘肃省涉氨制冷企业安全保障十五条制度》等规范性文件，编印发放《甘肃省安全生产执法工作指导手册》和《甘肃省安全生产行政处罚自由裁量工作指南》4万余册。庆阳市制定了《矿山企业安全生产监督管理办法》。各级各部门加大安全生产执法

力度，全年关闭煤矿33处、非煤矿山48处，吊销证照156个，给予296名事故责任人党纪政纪处分，移交司法机关20人。科学立法、严格执法、规范用法、企业守法的局面正在形成。

（五）不断创新监管方式，积极服务基层企业

2015年，甘肃省取消调整和下放安全生产行政审批事项12项，界定权力清单214项，责任清单2532项；坚持“一个窗口对外”，做到网上晒权、网上行权、公正用权，为基层和企业提供“一站式服务”；为确保放得下、接得住、管得好，利用视频会议专门组织了市县两级监管人员专题培训。建成省、市、县三级安监专用数据网络和高清视频会议系统，“两微一端”（微博、微信和手机终端）已覆盖党政分管领导、全省安监系统和重点企业，一批乡镇安监站利用手机彩信、微信，对辖区企业负责人、驾驶员和村干部进行安全宣传。启动了“互联网+安全生产”项目，被国家列为安全生产信息化建设试点省。

（六）深入开展安全生产大培训，提高安监队伍能力水平

甘肃省安监局将2015年确定为安全培训年，拿出全局专项经费的40%（1200余万元）开展安全生产大培训。一是依托院校集中培训安监干部。采取全脱产、全封闭、半军事化方式，依托高校举办省、市、县、乡镇（街道）安监人员培训班20期，培训3928人，1124名乡镇专职安监员取得《行政执法资格证》。同时，先后两次邀请国务院参事室特约研究员黄毅同志，以视频讲座方式，对省、市、县3000余名党政领导干部进行《安全生产法》专题辅导。二是送教上门培训企业安管人员。邀请全国全省安全生产专家，采取分片分专业、现场授课、集中培训等方式，培训危化品、煤矿、涉氨制冷、粉尘防爆领域从业人员9400人次，提高了安监队伍和企业安全管理人员的监管能力和业务技能。督促大中型企业开展自主培训，“三项岗位”人员培训发证6.1万人。三是利用信息手段强化社会培训。收集整理一批具有代表性的典型案例和视频资料，刻录成光盘向企业社会免费发放；在省局网站开辟专栏，为安监干部和企业人员自主学习提供便利；建立全省安监系统手机短信平台，将安全生产知识、最新事故信息、各地典型经验以短信形式编发至各级党政负责人、安委会成员单位分管领导、全体安监干部，以大众化方式提升各级安全管理水平。同时，教育、公安、住建、交通等部门采取不同方式，加大对系统内安监人员的业务培训。庆阳市组织市县两级监管部门人员到北京理工大学进行为期半个月的培训。大培训不仅使安监队伍、企业人员熟悉了业务，还发挥了鼓劲打气、振奋精神的作用，收到了综合成效。

（七）广泛开展安全生产大宣传，提升职工群众安全意识

一是深入开展“安全生产月”活动。围绕“加强安全法治、保障安全生产”主题，组织开展了“安全生产咨询日”、道路运输安全应急演练、营运客车驾驶员“五不两确保”安全承诺等“安全生产月”系列活动；联合新闻媒体深入基层、生产一线开展了“安全陇原行”宣传报道活动；在全省范围组织开展安全生产知识电视大赛；推广了靖远煤业公司职工家庭开放式安全教育模式。二是强化警示和安全常识宣传。先后向市县和企业制作发放事故案例警示和宣传教育光盘9200张；向各类企业和施工工地编制印发《企业职工培训手册》38万册、《工程施工企业劳务工作业安全常识》40万册；印发《中小学幼儿园安全管理手册》20万册，以学生安全教育促进全社会安全意识提升。三是建立安全宣传阵地。与省电视台联合开设《问安陇原》栏目，每周一期，重播两期，每期15分钟；与甘肃日报社每日甘肃网联合开设《安全生产》网络专栏；开通“甘肃安监”微博、微信和手机终端，大力宣传有关法律法规，普及安全常识，全年发布安全生产宣传信息60余万条，营造了良好的社会舆论氛围。

（八）全面加强党风廉政建设，打造务实清廉安监队伍

为努力打造一支公正廉洁的安监执法队伍，2015年，甘肃省安监局坚持把纪律挺在前面，夯实“两个责任”，深化正风肃纪，健全防控机制，强化监督制约。一是提高规矩意识，强化纪律约束。省安监局多次组织专题学习，深刻领会习近平总书记重要讲话和上级关于廉政建设的指示精神，营造守纪律讲规矩的氛围，强化党员干部的纪律观念和规矩意识。二是统筹谋划部署，层层落实责任。坚决落实党风廉政建设“两个责任”要求，突出领导班子带头示范作用，局党组与班子成员、

班子成员与处室负责人层层签订《党风廉政建设责任制责任书》，分解细化内部廉政责任分工，明确主体责任清单、任务清单，确保主体责任有人抓、有制度、有抓手、有成效。三是结合准则条例修订，开展系列廉政教育。结合《中国共产党廉洁自律准则》和《中国共产党纪律处分条例》修订发布，持续深化学习，采取授课辅导、知识讲座、参观教育基地等方式，围绕党规党纪、廉政法规、从政道德和上级通报等内容，每季度组织一次思想教育或案例警示，不断筑牢全局干部职工的廉政防线。四是积极开展廉政文化建设。紧紧围绕建设社会主义核心价值体系，充分运用局门户网站、手机、QQ 群、微信等多种方式，广泛传播党风廉政规定、反腐倡廉知识。机关全体干部电脑上都保存了甘肃廉政网网站链接，并在手机上安装了客户端。

青海省安全生产工作综述

2015 年，青海省以习近平总书记关于安全生产的重要指示批示精神为统揽，在国家安全监管总局的有力指导和青海省委、省政府的坚强领导下，落实监管责任，夯实安全基础，强化专项整治和隐患排查治理，通过各地区、各部门和企业的共同努力，全省安全生产形势持续稳定好转。

一、安全生产总体情况

“十二五”期间，全省安全生产形势保持了持续稳定向好态势，事故总量和事故死亡人数逐年减少，从 2010 年的 652 起、670 人，下降到 2015 年的 348 起、246 人，分别下降 47% 和 63%；四项相对指标明显下降，亿元 GDP 死亡率、工矿商贸十万人死亡率、道路交通万车死亡率、煤矿百万吨死亡率分别下降了 51%、35%、50% 和 6%。总体看，提前一年完成全省安全生产“十二五”规划的主要目标任务；各项指标连续 12 年控制在国务院安委会下达的指标范围之内；危险化学品和烟花爆竹领域连续 10 年实现“零死亡”；连续 5 年未发生重大及以上事故。

2015 年，全省共发生各类生产经营性事故 348 起，死亡 246 人。同比事故起数减少 43 起，下降 11%；死亡人数减少 65 人，下降 21%。各类生产经营性事故死亡人数和较大事故起数分别占年度控制指标的 68% 和 84%。未发生重大及以上事故，受到了国务院安委会的表扬。

二、安全生产重点工作

（一）进一步落实安全生产责任

青海省委、省政府高度重视安全生产工作。省委书记骆惠宁多次作出重要批示，省长郝鹏担任省安委会主任，亲自安排部署安全生产重点工作，省委、省政府领导对分管领域的安全生产工作提出明确要求。省委、省政府在全省机构编制十分紧张的情况下，从省级、市州、32 个重点县、工业园区四个层面进一步加强了全省安全监管力量，有效解决了安监系统机构编制“先天不足”的问题。省政府办公厅印发《加强安全生产监管执法实施意见》，对进一步强化依法治安提出了明确要求。省安委会及其办公室充分发挥牵头抓总作用，先后 28 次召开专题会议，及时安排部署重点工作，组织开展督查检查；加强安全生产控制指标和考核目标过程管控，细化考核奖惩；加强对市州政府和各级安全监管部门、行业管理部门的指导协调，督促落实责任。各地安委会及其办公室主动进位，积极作为，有效落实省安委会的工作部署，层层分解落实目标责任，加强督查检查，狠抓薄弱环节，不断强化安全监管行政执法，“五级五覆盖”基本落实到位。

（二）深入排查治理隐患

一是在全省范围内组织开展了重点领域和重要时段 29 次安全生产大检查、专项整治、打非治违专项行动及“回头看”，全省共排查隐患 16769 项，整改 16366 项，整改率 97.6%，有力地促进了全省安全生产形势的持续稳定好转。共接受国务院安委会及国家安全监管总局督查检查 18 批次，对督查组提出的问题和意见分项分级挂牌督办，全部落实到位。二是根据国务院和青海省政府的统一部署，全面组织开展了油气输送管道安全隐患排查整治攻坚战，查清了青海省境内39条总长4426千米的在役管道基本信息，建立了数据库。投入整改资金近4亿元，全面整治完成排查出的87处安全隐患，提前21个月在全国率先完成了攻坚任务。按照青海省政府的要求，创新工作思路，强化督促协调，认真组织开展管道改线相关拆迁、搬迁、征地、临时用地补偿等工作，加快隐患整改相关事项的组织协调和批复，市、县（区）政府和施工单位建立政企联系制度，及时协调解决施工过程中的困难和问题，保证了施工进度。1月13日，投资3.2亿元、总长52.4千米的涩宁兰天然气管道重大安全隐患改迁工程全部完成并正式投产，同时为青海省海东市释放了上万亩的城市建设用地。被国务院管道隐患整改领导小组办公室誉为企地“协调合作联动”的典范。三是对国务院安委办公布的西宁市2家重大火灾隐患单位进行挂牌督办，加强督促协调，在全国首家整改完成了2家单位存在的18条重大火灾隐患。四是在全省集中开展的劳动密集型企业和夏季消防专项整治活动中，各级政府和安委会挂牌督办的45个重大火灾隐患，已整改完成42个，整改率93%。

（三）严格监管监察执法

各级安全监管监察部门认真履行工矿商贸安全监管职责，落实责任，严格执法。2015年全省工矿商贸安全事故实现“双下降”，共发生伤亡事故48起，死亡58人。同比事故起数减少9起，下降15.78%；死亡人数减少13人，下降18.31%。一是开展煤矿隐患排查治理行动和安全生产大检查。组成11个排查组，对44处煤矿进行集中排查治理，查处各类隐患242项，整改率100%。认真开展煤矿安全大检查和“回头看”行动，查处煤矿各类安全隐患605项，隐患整改率98%。二是开展非煤矿山安全生产大检查和专项整治。市州、县检查非煤矿山覆盖率100%，省级检查抽查覆盖率90%以上，排查各类隐患4160处，整改率96%。扎实推进非煤矿山“三项监管”，217个矿山企业完成专家“会诊”并进行了风险分级评定，占全部非煤矿山的60%；建立了省、市州、县三级非煤矿山企业基础信息动态管理平台和9个微信群。三是加强危险化学品和烟花爆竹安全生产大检查和专项整治。开展助燃和易制爆化学品维稳专项检查、危化品和易燃易爆物品专项整治、油气输送管道安全隐患专项整治等9轮专项行动，督查和抽查762家危化企业和155家涉爆单位，排查各类隐患5075条，整改率95%。四是开展涉氨制冷企业液氨使用专项检查。以冷库、罐区、管道、机房为重点，对各涉氨企业进行“会诊把脉”，共检查企业56家，查出安全隐患335条，检查覆盖率100%。五是开展职业卫生监管工作。组织开展专项督导检查10次，抽查督查重点企业38家，排查整改隐患400多项。职业健康体检4万余人，体检率同比增长40%；职业病危害项目申报企业1100多家，申报率同比增长42.5%；配合国家安全监管总局对西宁、海东市的200家企业进行了资料审查，20家企业进行了现场审查，评估结果为“合格”。

（四）深化安全生产改革创新

一是全面推进安全生产隐患排查治理体系试点。在建成西宁市安全生产隐患排查治理信息管理系统的基础上，将试点扩大到海西蒙古族藏族自治州、海北藏族自治州和格尔木市。海北藏族自治州已完成隐患排查体系建设，海西蒙古族藏族自治州完成硬件配置工作，格尔木市完成软硬件配置，并已将20余家企业纳入管理。二是推进安全预防控制体系建设。全省278个非煤矿山企业、437个危险化学品从业单位和23处生产煤矿实现了安全达标，达标率分别为90%、78.9%、100%。10座四等以上尾矿库完成了全过程在线监控系统建设，16家地下矿山完成了安全避险“六大系统”建设。海北藏族自治州安监局编制《干式堆存尾矿库安全生产标准化评分办法》，填补了国内空白。三是建立专家查隐患机制。通过政府购买服务推动安全生产监管工作，组建了207名专家组成的专家库，投资近300万元，对全省200余个企业开展了专家会诊。四是积极推动安全生产责任保险。下发《关于在全省高危行业推进安全生产责任保险工作的实施意见》，全省投保企业26个，参保人数3372人，保费120万元，提供保障保额近亿元。五是编制“十三五”安全生产专项规划。按照青海省委十二届十次全会对安全生产工作的要求，在对“十二五”安全生产专项规划实施情况进行全面总结评估的基础上，起草了《规划纲要》初稿。

（五）推进依法治安

完成《青海省安全生产监督管理规定》修订稿。取消3类53项行政审批事项。省安全监管局驻省政府政务大厅窗口受理行政审批、咨询解答事项3643项，办结率96%，群众满意度100%，业务量居第7位，被评为年度优秀窗口（共10个）。依法惩治各类非法违法建设生产经营行为1750起，取缔关闭6万吨/年小煤矿3处、非煤矿山102家、危险化学品企业2家，查没非法生产储存销售的假冒伪劣烟花爆竹19067箱，案值290余万元。

（六）强化安全基础

建成基于网站、短信、微博、微信、内部刊物、QQ群“六位一体”的宣传体系。组织开展安全生产月活动，约70万名各界群众关注和收到安全生产信息提示。加强安全生产培训工作，培训各类人员22000多人，进一步增强了安全红线意识。强化安全生产应急救援体系建设，开展应急演练221场次，全省391家单位、9491人参与演练。积极开展职业病危害专项整治，调整划转职业卫生监管职能，推进职业病危害项目申报和防治评估。2015年，全省职业病危害防治工作达到国务院安委会评估标准。

宁夏回族自治区安全生产工作综述

一、安全生产总体情况

2015年，全区各地、各部门以及广大企业认真贯彻落实中央和自治区关于安全生产的一系列安排部署，积极应对经济下行压力加大、企业生产经营活动非常态因素增多的影响，坚持着眼长远、着力当前、改革创新的工作思路，夯实基础，落实责任，整治隐患，健全机制，强化监管，创新方式，扎实做好安全生产各项工作，全区安全生产形势总体稳定。全年累计发生各类事故2744起，同比减少273起、下降9.05%；死亡453人，同比减少14人、下降3.0%。各类生产经营性事故死亡203人，比下达控制指标低62人。发生较大事故7起，同比减少3起、下降36.36%，死亡29人，同比减少4人、下降14.71%。保持了事故总量和死亡人数连续第四年“双下降”，重特大事故连续3年“零控制”，工矿商贸领域连续6年未发生重大及以上事故的良好势头。

二、安全生产重点工作

（一）狠抓责任落实，安全生产责任体系基本建立

紧扣政府领导、部门监管、企业主体“三大责任”落实，按照自治区政府统一部署，全区扎实开展了“安全生产责任落实年”活动，出台了《“党政同责、一岗双责”规定》，正式确立了全区“党政同责、一岗双责、齐抓共管”安全生产责任体系框架。通过集中培训、督促检查、备案通报和现场会示范推动等一系列措施，政府的领导责任“五级全覆盖”和部门的监管责任“五个落实”全部完成，企业主体责任“五覆盖、六到位”落实率超过80%。强化责任落实考核，报请自治区政府常务会议研究决定，将亿元GDP生产安全事故死亡率纳入全区国民经济和社会发展计划主要指标体系，纳入自治区党委、政府对各市县区和有关部门年度效能目标考核约束性指标体系，纳入自治区统计局每季度发布的“宁夏经济发展统计监测快报”，在全国率先实现了安全生产与经济社会发展同计划、同部署、同落实、同考核，有力促进了安全生产“三大责任”的有效落实。

（二）狠抓立法工作，安全生产法制建设步伐加快

认真落实依法治国方略，结合新《安全生产法》，不断加大安全生产立法力度，推进依法治安。《宁夏回族自治区安全生产条例（修订）》经2015年11月26日自治区第十一届人民代表大会常务委员会第二十次会议审议通过，自2016年1月1日起施行。废止《烟花爆竹安全管理条例》和修订《实施〈矿山安全法〉办法》2个地方法规，制定《危险化学品安全管理办法》《建设项目安全和职业病危害防护设施“三同时”监督管理暂行办法》《安全设施及职业病防护设施抽样检测

检验管理办法》《生产安全事故隐患排查治理办法》和《生产安全事故报告和调查处理规定》5个政府规章，已经完成前期工作，上报了2016年度地方性法规和政府规章立法项目。

（三）狠抓检查整治，重点领域安全生产形势持续稳定

着眼当前，坚持问题导向和目标导向，针对全区安全生产突出问题和坚决遏制重特大安全事故目标，组织有关部门深入开展十大重点行业领域专项整治行动。煤矿以防瓦斯、防冒顶、防水患为重点，按照“一矿一组、一矿一策”开展全面排查检查。金属非金属矿山针对小、乱、散和安全距离不足问题，联合自治区国土厅制定出台了最低生产建设规模和服务年限标准。道路交通突出违法驾驶、“四类车辆”和危化品运输“四非”违法行为，严格落实区外危货运输车辆夜间禁止入境、区内客运和危货运输车辆夜间禁运、城市加油气站限时接卸油气等规定。建筑施工深入开展了高大模板、深基坑、起重机械专项整治。消防以人员密集场所和劳动密集型企业为重点，结合夏季消防安全检查全面查治火灾隐患。油气输送管道实行分级挂牌督办，大力推进各类占压隐患落实整改。精细化工重点整治安全仪表设施不完善、危化品防泄漏管理不到位等隐患。涉氨制冷企业开展“回头看”检查，确保所有企业安全隐患整改到位。冶金职业病危害突出防尘降尘设施、职业健康监护和个人防护用品三个关键环节，深入开展企业、从业人员核查确认。防粉尘爆炸专项整治重点检查了粮食加工、纺织、冶金、水泥建材、电力等涉粉生产经营单位。天津港“8·12”特别重大事故后，还部署全区开展了危险化学品安全专项检查和安全生产大检查及打非治违专项行动。全区共查出各类事故隐患68372条，整改67688条，整改率99%，投入整改资金175673万元，打击治理各类非法违法、违规违章行为672496起，有力稳定了重点行业领域安全生产形势。

（四）狠抓企业主体，安全生产基础进一步巩固

全区积极探索安全生产企业主体责任落实途径。研发了借助互联网和信息技术的“企业安全生产风险预防控制系统”，按照安全管理分级化、排查项目清单化、隐患查治常态化、制度规程规范化、现场管理可视化、培训教育经常化“六化”标准，对企业安全管理特别是隐患查治报工作进行了全流程电子化设计，不仅是企业安全管理的得力帮手，各级监管部门还可实时在线监督，实现了全区企业安全风险信息化、网络化管理，通过干部包点、中介帮扶等措施，推动企业建立全员参与、全过程管理的安全生产管理体系。已有3275家工矿企业上线运行，占比超过95%，累计排查安全隐患53069条，被国务院安委办确定为全国隐患排查治理体系建设两个省级试点之一。强力实施安全生产技术改造，重点推广矿热炉自动上料系统，通过提高自动化水平、减少危险作业人数来保障安全生产，中卫茂烨冶金公司改造项目通过自治区科技厅验收，宁夏贺兰冶金公司项目进入科技答辩阶段。着力加强应急救援网络建设。按照“政府扶持、一企主建、多企共养、平战结合”思路，不断强化现有骨干救援队伍装备能力建设，推进重点化工业园区组建危化骨干救援队伍，力促布局合理、救援及时，筑牢安全生产最后一道防线。大力宣贯《企业安全生产应急管理工作标准》和《企业应急救援队伍训练大纲》，积极推行岗位应急处置卡，被国家应急救援指挥中心确定为全国企业应急管理标准化建设试点。持续推进企业安全标准化创建，达标企业不断增多，达标质量稳步提高，安全生产基础进一步巩固。

（五）狠抓公共安全，安全生产保障能力明显增强

连续3年在全区安全生产领域大力实施公共安全保障和公众安全教育两大工程，取得良好成效。公共安全保障工程突出道路交通、消防、水利、教育、城市运行5大公共领域，累计投资47.83亿元，治理重大安全隐患414处，有效杜绝了群死群伤事故的发生。公众安全教育工程坚持开展“办一个栏目、建一个平台、演一场戏、送一本书、讲一堂课”“五个一”活动，每年播出“安全第一线”电视专栏52期，开通了“安全微聚焦”公众微信平台，累计演出安全生产舞台剧《平安是福》200余场、发放安全知识读本50余万册、开展安全专家课堂近百场，安全生产知晓度、关注度不断提高，社会公众安全意识和应急避险能力明显增强。

（六）狠抓能力建设，安全生产监管水平稳步

提升

启动了安全监管信息化建设，自治区安监局安全生产综合监管信息系统建设方案获自治区信建办立项批复，落实专项建设资金1180万元，安全监管方式手段即将迈向实现现代化和信息化。积极推进技术支撑体系建设，自治区安全生产技术检测中心安全设施和职业卫生2个检测实验室通过计量认证，建成后将具备4大类、23个类别、183个项目的检测检验能力，全区安全监管技术支撑能力进一步加强。积极创新安全监管模式，建立了行政执法、技术抽检、专家会诊、中介帮扶“四位一体”监管模式，积极推行计划执法、分级分类监管、发挥专业技术机构及专家作用等监管措施。今年以政府购买服务方式投入财政专项资金200余万元，诊断化工企业39户、抽检涉粉企业80家，为采取针对性监管和整改措施提供了科学依据。

（七）狠抓改革创新，安全监管职能转变取得成效

认真落实国务院安委会全国安全生产综合改革试点要求和自治区行政审批制度改革部署，大力深化安全生产监管机制改革创新。整合了同一企业、同一建设项目安全设施“三同时”和职业卫生“三同时”审查程序，取消7项行政许可和非行政许可审查事权，对小微企业实行“三同时”和许可审查简易程序。精心编制权力、责任和负面“三个”清单，全面梳理了行政职能和权限，清理调整行政职权76项。建立了行政执法、专家会诊、技术抽检“三位一体”安全监管机制，积极推行计划执法、分级分类监管、发挥专业技术机构及专家作用等监管措施。

新疆维吾尔自治区安全生产工作综述

一、安全生产总体情况

2015年，在自治区党委、政府的坚强领导下，各地、各部门和各单位认真贯彻落实国家和自治区安全生产决策部署，主动适应新常态，牢固树立安全发展观念，履职尽责、攻坚克难，推动全区安全生产工作取得了新的进展，有力地确保了全区安全生产形势持续稳定向好态势，实现了“三个继续下降”。一是事故总量继续下降，全区共发生各类生产安全事故1513起、死亡953人，同比分别下降5.08%和7.39%。事故死亡人数实现连续10年下降。二是较大事故继续下降，发生较大事故47起、死亡184人，同比死亡人数下降7.07%。三是四项相对指标继续下降，亿元GDP事故死亡率、工矿商贸十万从业人员事故死亡率、道路交通万车死亡率、煤矿百万吨死亡率同比分别下降16.09%、26.04%、3.76%和68.84%。

分行业领域看。工矿商贸企业事故178起，死亡213人，同比分别下降11.88%和23.66%。其中，煤矿13起，死亡13人，下降45.83%和80.3%；建筑施工50起，死亡58人，上升11.11%和5.45%；非煤矿山19起，死亡21人，下降34.48%和38.24%。生产经营性道路交通1243起，死亡670人，下降2.74%和2.47%。铁路交通11起，死亡7人，下降47.62%和36.36%。农机80起，死亡41人，下降13.98%和18%。

分地区看。自治区15个地州市中，石河子市、乌鲁木齐市、塔城地区、吐鲁番市、克孜勒苏柯尔克孜自治州、和田地区、昌吉回族自治州和克拉玛依市等8个地（州、市）事故死亡人数同比下降；哈密地区、博尔塔拉蒙古自治州和阿勒泰地区等3个地（州、市）同比持平；喀什地区、阿克苏地区、伊犁哈萨克自治州和巴音郭楞蒙古自治州等4个地（州、市）同比上升。

安全生产指标控制情况。2015年，国家下达自治区安全生产控制指标1064人、较大事故起数57起。自治区各类生产安全事故死亡964人，发生较大事故47起，分别为国家下达控制指标的89%、82.5%。

二、安全生产重点工作

（一）加强制度保障，安全生产责任体系更加完善

2015年，自治区出台实施了《安委会成员单位定期报告工作制度》《安全生产约谈制度》和《各级安全监管部门定期向同级党委组织部门报告安全生产工作情况制度》3项制度，自治区安委会召开5次定期报告会议，19家成员单位报告了安全生产工作情况，有力推动了各部门安全生产责任的落实。每季度向组织部门报告各地、各部门安全生产工作情况，为组织部门评优选先提供参考。层层签订安全生产目标管理责任书，明确目标、任务和责任。全区乡镇（街道）安全生产责任“五覆盖”率达100%，有工矿企业的行政村覆盖率达99.78%，规模以上企业“五落实五到位”覆盖率达100%。

（二）重点加强直接监管行业的隐患排查治理工作

2015年，自治区积极组织开展非煤矿山“三项监管”工作，1928家非煤矿山企业信息录入全国非煤矿山安全生产普查系统；投入253万元对非煤矿山进行“专家会诊”，提高了非煤矿山安全生产水平。深入推进13个危险化学品重点县市（园区）攻坚战，稳步推进本质安全、安全标准化和园区一体化管理等10项攻坚工作任务。进一步整治安全生产秩序，整顿关闭80家不符合安全生产条件的金属非金属矿山。依法对未履行“三同时”安全审查手续的8家危化品企业共处400万元罚款，销毁非法烟花爆竹5.2万箱，关闭不符合安全距离的烟花爆竹零售网点85家。对771处油气输送管道安全隐患开展整治攻坚，完成整改769处，整改率为99.74%。深入开展了水泥制造、石材加工、有色冶金等行业职业病危害专项治理工作，改善了工作场所劳动条件。

（三）突出加强重点行业领域的安全大检查工作

2015年，自治区各地、各部门严格落实停产整顿、关闭取缔、上限处罚、追究法律责任“四个一律”打击措施，确保了春节、“两会”“五一”“十一”等重大节假日和抗战胜利70周年、自治区成立60周年以及第十三届全国冬季运动会等重要活动期间的安全生产形势平稳。交通部门共排查隐患35032项，落实整改34321项，整改率98%。安全监管部门整顿关闭不符合安全生产条件的非煤矿山80家；对未履行安全生产“三同时”的8家危化品企业共处400万元罚款；依法销毁非法烟花爆竹5.2万箱；771处油气输送管道安全隐患完成整改769处，整改率为99.74%。煤管部门成立98个隐患排查组检查矿井381处，排查治理各类隐患9359项。公安交警部门组织开展了危化品道路运输和五类重点车辆排查等7次集中整治行动，查处各类违法行为470余万起。消防部门开展易燃易爆危险品场所消防安全等专项整治行动，检查14.9万家次，督改隐患15.4万余条，查封1560家，“三停”1692家。住建部门下发整改通知单3370份，下发行政处罚书295份，处罚单位231个。旅游、农机、质监、国土、食品药品监管等行业领域都持续开展了安全生产打非治违专项行动和隐患排查治理工作。自治区人民政府挂牌督办了32项重大事故隐患，已整改完成27项，其余5项正在按计划整改。

（四）以事故教训为导向，严格安全监管

天津港“8·12”危险品仓库特别重大火灾爆炸事故发生后，自治区党委书记张春贤主持自治区党委常委（扩大）会议，专题研究安全生产工作，强调安全是生产的重中之重，安全生产意识什么时候都不能放松。自治区主席雪克来提·扎克尔召开紧急安全生产电视电话会议，对安全生产工作进行全面安排、部署，要求坚持问题导向，强化安全责任，认真排查整治隐患，确保各项防范措施落实到位。自治区安委会及时下发通知，要求各地、各部门、各单位集中开展了以危化品和易燃易爆物品为重点的安全生产大检查和“打非治违”专项整治行动，打击、整治了一批矿山、危险化学品、油气输送管道、交通运输、建筑施工、消防等重点行业领域突出的非法违法行为。全区共出动检查组1.4万余个，检查各类生产经营单位近13万余家，排查隐患18万余项，整改16.5万余项，整改率91.4%，停产整顿1300家，关闭取缔211家，罚款2800余万元。自治区组织5个督查组进行综合督查和“回头看”，督促整治安全隐患。

（五）应急救援能力取得新进展

建立落实安全生产应急联络制度，督促指导中央驻疆企业、自治区大中型企业全部编制完成事故应急预案及现场处置方案，全区各类生产经营单位编制应急预案47962个，覆盖率达89.39%，加强应急演练，全区各级共开展演练2.3万余次。建立安全生产应急联络制度，强化预警信息发布，全年发布信息6.8万余条，去年皮山县发生6.5级地震后，及时督促、指导和田、喀什地区安全监管部门对辖区企业进行认真排查，对受地震影响出现安全隐患的企业进行停产撤人，有效防范地震灾害引发的生产安全次生事故。在全国首次采取两处现场、四级参与、八方互通、远程决策的形式，成功组织了重大井喷失控和原油储罐火灾爆炸事故综合应急演练，健全了区域政企联动机制，提高了应急救援综合能力。组织新疆危险化学品应急救援队参加首届全国危险化学品救援技术竞赛，在全国34个参赛队伍中取得总分第5名、省级安监系统第2名的好成绩。组织全区各级应急救援队伍参与事故救援506起，抢救遇险人员121人。

（六）持续开展安全生产宣传教育，促进全民安全意识和能力提高

安排全区各级安监部门组织360个安全生产宣讲团，到生产经营一线开展安全生产法律法规知识讲座，共宣讲1800余场次，播放各类警示教育片3200余场次，受教育人数达280余万人次。组织开展了以“加强安全法治、保障安全生产”为主题的第14个“安全生产月”和“安全生产天山行”活动，自治区安监局被国家安全监管总局授予安全生产月优秀组织单位荣誉称号。各级安监部门组织全区3200家企业负责人开展了谈心对话活动，帮助企业解决安全生产困难307项。严格落实企业安全生产“三级”教育制度，对6.5万余名企业负责人、安全管理人员、特种作业人员开展了安全培训，从业人员安全素质和意识进一步提高。深入开展“119”消防日、“12·2”交通安全日、“安康杯”竞赛及“青年安全生产示范岗”等活动。

（七）加大安全投入，夯实企业安全生产基础

各类企业投入近10亿元，用于更新安全设施、开展全员培训、隐患排查治理和安全生产标准化创建等。全区所有煤矿和122家非煤矿山建成安全避险“六大系统”。101家危化企业完成“两重点一重大”生产储存装置自动控制改造。长途客车、重型货车100%实现卫星定位监控。烟花爆竹零售网点100%实现连锁经营。67家煤矿、829家非煤矿山、2218家危化和1320家工贸企业完成三级以上安全标准化达标创建任务。完成了自治区安全生产综合基地一期工程主体建设，为全区130个安全监管部门配备各类安全监管装备21212台套。制定了《自治区开展“机械化换人、自动化减人”科技强安专项行动实施方案》，确定8家企业作为“机械化换人、自动化减人”示范建设企业。组织推广国家第二批“四个一批”科技项目。积极推进安全生产管理体制改革，围绕“调整转变职能、建设十大体系、完善四项机制”的工作思路，明确了4项具体改革任务并全部落实。

（八）严肃生产安全事故调查处理

按照《生产安全事故报告和调查处理条例》，坚持实事求是、尊重科学的原则，及时、准确地查明事故性质，认定事故责任，总结事故教训，提出整改措施，并对事故责任者依法追究责任。2015年，全区工矿商贸领域共发生事故178起，已结案164起，结案率92.1%，处理责任人员191人，其中党纪政纪处分23人，移送司法机关5人。在喀什“2·24”重大交通事故中，共处理事故责任人员21人，其中移送司法机关2人、给予党纪政纪处分18人、除名1人。

三、存在的不足

2015年自治区安全生产工作虽然取得了很大的成绩，但还存在不少问题。一是自治区高危行业在经济构成中占比大，固有风险高。二是个别地方领导安全红线意识不牢，重经济发展、轻安全生产现象依然存在。三是有的主管部门对“管行业必须管安全”认识不到位，导致行业安全监管工作存在“死角”、空白。四是一些企业法制观念淡薄，安全生产主体责任不落实，非法违法生产经营问题，屡禁不止，禁而不绝。

新疆生产建设兵团安全生产工作综述

一、安全生产总体情况

2015 年，兵团各级、各部门、各单位在兵团党委、兵团正确领导下，牢固树立“以人为本”安全发展理念，坚守安全生产红线，强化责任担当，狠抓安全生产领域各项工作落实，安全生产长效机制得到不断健全完善，安全生产基层基础工作得到了有效加强，安全生产大检查和打非治违专项行动取得了阶段性成效，安全生产形势稳中向好。

2015 年，兵团统计范围内工矿商贸行业发生 3 起生产安全死亡事故，死亡 6 人，与 2014 年同期相比事故起数减少 4 起，死亡人数减少 25 人，同比分别下降 57.1% 和 80.6%。占国家下达控制指标的 24%；死亡人数、较大事故起数均在国家下达的控制指标范围以内；14 个师中有 13 个师没有突破兵团下达的控制指标。

2015 年兵团煤矿共发生生产安全事故一起，死亡 1 人，与 2014 年事故相比事故起数减少 2 起，死亡人数减少 26 人，分别下降 66.7% 和 96.3%。

二、安全生产重点工作

（一）深入学习宣传贯彻《安全生产法》，健全完善安全生产规章制度

新《安全生产法》颁布实施后，兵团高度重视，不断加大宣传贯彻力度。兵团党委常委田建荣同志分别在安委会全体委员会会议和兵团重点煤矿及重点企业主要负责人座谈会上详细解读了新《安全生产法》；兵团安监局党组成员带队分赴 14 个师宣讲新《安全生产法》；兵团国资委、兵团工会、兵团农机监理站、兵团石油公司把《安全生产法》纳入干部职工培训内容，各师深入团场、连队、企业宣贯新《安全生产法》，在全社会形成了知安法、学安法、懂安法的浓厚氛围。兵团安委会印发《新疆生产建设兵团关于加强企业安全生产诚信体系建设的实施方案》《兵团安全生产委员会工作规则》等制度规章，为兵团依法治安提供了有力保障。

（二）狠抓责任落实，全面推进安全生产责任体系建设

1. 大力推进安全生产责任体系“五级五覆盖”，安全生产责任制得到全面落实

兵团党委、兵团把推进安全生产责任体系“五级五覆盖”作为一项硬任务、硬指标抓落实。兵团司令员、安委会主任刘新齐主持召开 2015 年度兵团安全生产暨消防安全电视电话会议，与 14 个师和兵团机关有关部门、直属机构主要负责人签订了安全生产责任书。全年亲自主持召开 3 次安委会全体委员会议，每月司令员办公会上都对兵团各分管领导和各部门领导落实安全生产“一岗双责”、做好分管领域的安全生产工作提出要求。兵团党委常委、安委会常务副主任田建荣多次深入师、团、连队和企业开展调研、督查，与 90 多名安监局长、企业党政主要负责人开展谈心对话。各师将安全生产“五级五覆盖”进一步延伸落实到工业园区、连队、社区。截至 2015 年年底，兵团 14 个师、176 个团场、1000 余个连队、社区、工业园区和经济技术开发区全部实现了安全生产责任体系“五级五覆盖”，安全生产责任制得到全面落实。

2. 强化考核问责，部门安全监管责任得到有效落实

修订了《兵团安全生产目标管理考核奖惩办法》，对各行业监管部门安全生产职责进行了细化分解，将行业监管部门监管责任落实情况作为年终安全生产考核的一项重要内容。对综合治理、精神文明、劳动模范、先进工作者评选进行了严格审核把关，对发生生产安全事故负有责任的单位和人员进行了否决。兵团党委常委田建荣主持召开兵团煤矿事故警示约谈会，对突破事故控制指标的行业的监管部门领导进行了约谈。各行业监管部门认真履责，密切配合，多次组织联合检查组进行安全生产大检查，部门安全监管责任得到有效落实。

3. 加大监督检查力度，企业安全生产主体责任得到进一步落实

兵团安委会持续加大监督检查力度，督促企业进一步落实安全生产主体责任。安委会有关成员单位领导亲自带领督查组，深入团场、连队、小微企业等生产经营场所，不留死角，不走过场，对14个师开展了3轮监督检查。以典型引路，大力推广先进经验做法。兵团安监局在十三师召开了兵团企业安全生产责任“五落实五到位”工作现场推进会。兵团52家煤矿、419家规模以上企业已全部实现“五落实五到位”，覆盖率达100%；3482家企业按要求张贴了“五落实”规定挂图，覆盖率81.6%，均高于全国平均水平。

（三）深化安全生产专项整治，非法违法生产经营建设行为得到有效遏制

1. 全面开展安全生产大检查

按照“零容忍、全覆盖、严执法、重实效”的要求，自8月开始至12月底结束，在全兵团持续开展了安全生产大检查。共组织794个检查组，出动2480余人次，采取了“四不两直”、暗查暗访和突击抽查、集中检查、全面排查的方式，共检查企业（生产经营场所）7161家。排查一般隐患12259处，完成整改11670处，整改率95.2%；排查重大隐患151处，完成整改134处，整改率89%；责令停产、停业、停止建设和整顿生产经营单位76家，暂扣吊销证照11家；关闭取缔煤矿、非煤矿山、烟花爆竹零售点16家。没收非法所得和经济处罚226.5万元，及时消除了一批事故隐患。

2. 深入开展打非治违专项行动

兵团安监、国土、交通、旅游、建设、公安、水利、农业、商务、教育、卫生、质监等部门紧紧围绕“六打六治”工作要求，在煤矿、金属与非金属矿山、危险化学品、油气管道、交通运输、建筑施工、消防等重点行业领域集中开展了打非治违专项行动，组织跨地区、跨部门联合执法196次，检查企事业单位和场所1538家，打击非法违法行为3128起。

3. 集中开展危险化学品、油气管网专项整治

天津港瑞海公司危险品仓库“8·12”特别重大火灾爆炸事故发生后，兵团党委、兵团高度重视，8月19日，兵团党委书记、政委韩勇主持召开兵团党委常委（扩大）会议，传达学习贯彻习近平总书记、李克强总理等中央领导同志关于安全生产的重要指示批示精神，专题研究部署安全生产工作；8月20日，兵团司令员刘新齐主持召开全兵团安全生产电视电话会议，对扎实做好当前及下一步安全生产工作进行了安排部署。兵团各级、各有关部门迅速行动，立即开展集中整治工作。兵团安监局牵头，工信、质监部门配合，聘请专家组成3个专项检查组对兵团范围内危险化学品生产经营企业开展了拉网式的隐患排查治理工作，共查处整改各类隐患118条。工信、质监、建设、公安、安监等部门还对兵团辖区内的油气管线、城市燃气管线、团场供气管道、化工管道等进行了排查，排查油气长输管道13条、天然气输送管线17条，及时查处了事故隐患和非法违法行为，保证了“9·3”阅兵、自治区成立60周年庆典活动期间安全无事故。

（四）突出煤矿重中之重，多措并举治本攻坚

1. 坚持“1+4”工作法，强化煤矿安全监管监察

以宣贯新《安全生产法》和“双七条”规定为重点，组织开展第二轮谈心对话活动。兵团党委常委田建荣与兵团重点煤矿矿长及14个师安监局长共计96人开展了谈心对话；兵团安监局、煤监局领导与11个师的52个煤矿矿长开展了谈心对话。参照全国“双50个重点县”攻坚战的做法，开展煤矿安全治本攻坚。将第六、第十、第十二师列为兵团煤矿安全治本攻坚战试点单位，三个师认真制定攻坚战方案并组织实施，全年均未发生煤矿生产安全事故，取得显著成效。通过组织观看煤矿事故警示教育片，开展事故警示教育工作，以事故教训推动工作。加大监察执法力度，全年累计监察148矿次，下达各类执法文书257份，查处各类事故隐患1958条，落实整改1929条，隐患整改率达98.6%；责令停产整顿3矿次，暂扣煤矿企业安全生产许可证3个，责令停止采掘作业18矿次，限期整改75矿次，暂扣煤矿企业安全生产许可证4个，经济罚款20万元。

2. 开展隐蔽致灾因素普查，实施安全科技“四个一批”项目，加大隐患排查治理力度

围绕采煤方法改造、瓦斯、水灾、火灾治理，确定了梅斯布拉克煤矿、金川煤矿等7处具有代表

性矿井，实施安全科技“四个一批”项目，通过科技攻关，建立示范矿井，典型引路，以点带面，全面提升兵团煤矿整体水平。除长期停产和封闭的22家煤矿外，其余30家煤矿已提交隐蔽致灾因素普查报告，6个煤矿“四个一批”项目已进入验收阶段。

3. 集中开展煤矿隐患排查治理行动

按照兵团安委会的统一部署和“一矿一组、一矿一策、一矿一入库”的要求，制定方案，聘请专家，组织由各级安监、行管、国土等部门及救护队员组成3个排查组，开展了3轮为期8个月的隐患排查治理行动，共排查出隐患和问题431条，重大隐患34条，整改率达85.3%以上，隐患排查治理行动成效显著。

（五）保证安全生产投入，基层基础工作得到加强

一是利用兵团安全生产专项资金，加强了先进适用安全技术的推广和企业落后安全设施设备升级改造，对14个师42家企业安排安全生产改造项目补助资金1800万元；二是利用中央投资的1919万元完成了兵团应急中心业务用房建设；三是不断加强了基层安全监管执法能力建设，在中央财政支持下为14个师和176个团场安全监管部门配备了专业执法装备；四是在发改委的协助下争取到中央投资资金9637万元，用于安全生产监管监察执法能力建设。

（六）加大简政放权力度，安全生产领域改革任务有效落实

认真落实国务院关于推进行政审批制度改革的部署，加大简政放权力度，制定下发了《关于下放部分行政许可审批权限的通知》（兵安监局发〔2015〕26号）、《关于进一步调整和规范冶金等工贸行业建设项目安全设施“三同时”监督管理层级的通知》（兵安监局发〔2015〕31号），陆续将建设项目职业卫生“三同时”、危险化学品建设项目“三同时”、冶金等工贸行业建设项目“三同时”监督管理权限下放到了各师安监局。取消了煤矿、非煤矿山、危险化学品生产企业主要负责人、安全管理人员资格认定。

（七）扎实开展“安全生产月”活动

“安全生产月”活动期间，各师、各单位在所在城市主要街道及所属厂区、矿区、建筑施工工地悬挂横幅5200余条，张贴宣传标语28150余幅，展出安全生产板报1515块，出动宣传车551辆次，集中组织开展了安全生产宣传咨询日活动；师（局）长与厂长、矿长、经理开展了谈心对话；应急演练周期间，开展了丰富多样的应急演练活动。通过各项活动的开展，使安全生产红线意识和法制观念根植于广大职工群众心中，达到以月促年的目的。十师、十三师获得全国“安全生产活动月”活动优秀单位。

（八）加强执法队伍建设，提高履职能力

为提高全局人员综合执法水平，局领导带头开展讲课活动，针对执法工作中热点和难点问题，制定了学习计划，采取每人一题、每周一课，共讲课50多个课时，提高了执法人员的执法能力和业务水平。执法人员还下基层开展宣讲新《安全生产法》、典型事故案例、安全质量标准化等内容的活动，有力促进了基层企业安全管理工作。

总结2015年安全生产工作，最重要的一条经验就是兵团党委、兵团带头落实“党政同责、一岗双责、失职追责”。全年常委会两次专题听取了安全生产工作汇报，党委主要领导明确要求各常委要认真履责，抓好分管范围工作，党政主要领导多次对安全生产工作作出批示，兵团司令员刘新齐亲自担任安委会主任，3次主持召开安委会全体会议，两次在安全生产电视电话会议上作重要讲话，提出具体要求。16次司令员办公会都对安全生产工作提要求，强力推动了各师、各部门党政主要领导抓安全生产工作和“三个必须”的贯彻落实，使得2015年安全生产工作取得明显成效。

深圳市安全生产工作综述

一、安全生产总体情况

2015年，深圳市各区、各部门认真贯彻落实党中央国务院、省委省政府和市委市政府关于加强安全生产的决策部署，重点在完善责任体系、开展隐患排查整治和重点攻坚、提升应急救援能力等方面下功夫。全年累计发生各类安全生产事故2948起，死亡564人，受伤1151人，其中生产经营性事故1343起，死亡252人，受伤229人；亿元GDP生产安全事故死亡率下降到0.0322，道路交通万车死亡率下降到1.35。全年发生1起特别重大生产安全事故。

二、安全生产重点工作

（一）全力处置光明新区渣土受纳场“12·20”特别重大滑坡事故

2015年12月20日中午11时43分，深圳市光明新区红坳余泥渣土受纳场发生特别重大滑坡事故，造成73人死亡，4人失联，17人受伤。事故发生后，党中央国务院、省委省政府、市委市政府高度重视，立即组织抢险救援力量，调集各类应急物资，全力以赴开展抢险救援和善后处置工作。国务院成立由国家安全监管总局局长杨焕宁担任组长的国务院深圳光明新区渣土受纳场“12·20”事故调查组，组织开展事故调查。为深入吸取事故教训，市委、市政府组织召开全市领导干部大会，部署开展安全生产隐患大排查大整治行动，重点对余泥渣土受纳场、危险边坡等领域进行全面排查整治。

（二）实施危险化学品行政许可制度

深圳市经贸信息委严格依法实施危险化学品行政许可制度。一是严格许可标准，坚持做到“四不过关”，以许可促整改，严把许可质量关。二是制定和修订行政许可专题会议、现场核查、许可时限等规章制度，完善危险化学品行政审批事项权责清单，提高许可效率。全年共受理危险化学品相关许可523件。三是努力破解行政许可工作难题。深入研究租赁加油站安全监管存在的问题，提出“谁经营、谁持证”及一系列配套措施，依法稳妥解决租赁加油站这一长期制约行政许可工作的瓶颈问题，进一步推动落实租赁加油站安全生产主体责任。

（三）加强安全生产行政执法力度

2015年，深圳市安监局（安委会办公室）按照统筹兼顾、突出重点、量力而行、提高效能的原则，督导各级安监部门科学合理地编制安全生产年度执法检查计划并严格执行；制定印发《深圳市市级安全生产行政执法监察联合行动工作制度》《深圳市2015年市级安全生产执法监察联合行动方案》《深圳市2015年职业卫生执法监察联合行动实施方案》和《深圳市2015年度气象灾害防御暨防雷安全执法检查工作方案》，督促市经贸信息委、交通运输委、卫生计生委等15个市级部门开展了21项安全生产联合执法行动；组织编制了《深圳市安全生产行政处罚自由裁量权实施标准（2015版）》，为规范执法行为，促进依法行政提供重要依据；对安全生产典型违法案件进行曝光，在《深圳晚报》《深圳商报》《晶报》等媒体上进行了刊登；深入开展“安全生产执法年”活动，严厉打击各类非法违法行为，安全生产执法力度不断加强。据统计，2015年度全市安监系统共实施行政处罚2442宗，责令停产整顿单位119家，罚款4954.11万元。

（四）开展安全生产专项整治

2015年8—12月，深圳市成立了由常务副市长张虎任组长的专项工作领导小组，统筹组织开展安全生产大检查、深化“打非治违”和专项整治行动。工作内容包括：组织并督促企业全面开展安全生产大检查；通过检查推动各区各部门开展安全生产重点工作；在危险化学品、油气罐区和油气输送管道、道路交通、建筑施工、消防、粉尘涉爆、特种设备及渔业船舶等重点行业领域开展“打非治违”和专项整治。行动期间，全市累计检查企业18.3万家，排查整治各类隐患21万余项。此外，针对被广东省列为重点地区攻坚的宝安、福田、龙岗、南山4区，集中开展特种设备、冶金等工贸行业8个领域的攻坚整治工作，圆满完成各项重点攻坚任务。

（五）关停东角头、清水河油气库

为切实保障人民群众生命财产安全，2015年8月18日深圳市政府下发了《关于停止东角头、清水河油气库危险化学品储存、生产和经营业务的通知》(深府函〔2015〕203号)，决定停止南山区东角头、罗湖区清水河油气库危险化学品储存、生产和经营业务。8月25日，东角头深南公司气站关停。8月26日，清水河深长宏源公司气站关停。8月28日，东角头中石化油库停止柴油经营。8月31日，实现东角头油气库“空罐减量”任务。10月31日，在市委书记马兴瑞、市长许勤的共同见证下，全面完成蛇口油库“清罐”工作和气站注水工作。这预示着深圳市南山区东角头、罗湖区清水河油气库关停工作已全面完成，彻底清除了困扰深圳多年的重大安全隐患。

（六）开展职业卫生监管工作

深圳市卫生计生委进一步完善职业卫生监管模式，积极落实职业卫生监管执法工作计划，有效遏制了职业病危害。一是狠抓企业职业病危害申报，全市完成备案企业14826家，较2014年备案数量提升8.55%；二是在5月7—8日顺利通过了国家安全监管总局评估组对深圳市职业病危害防治评估；三是全面开展电子制造、电池制造、电镀、运动器材制造、汽车制造和灯具制造6类重点行业职业病危害专项治理。共完成1930家重点企业的专项治理工作，排查整治问题隐患1697项，给予警告处罚92家，经济处罚金额达到79.2万元。四是制定《深圳市2015年“工作场所职业卫生监督执法年”活动方案》，开展专项监督执法行动。

（七）建立健全预警防控制度

2015年8月，深圳市安全管理委员会制定印发《深圳市安全生产事故预警防控制度》，依据不同时段事故发生情况及季节特点进行预警，提出针对性防范措施，建立事故预警防控信息常态化发布工作机制。全年累计发布5期事故预警信息，分别2次针对消防和建筑施工、1次针对预防触电等事故频发领域及类型进行预警。

（八）实施安全生产责任制考核

2015年，深圳市安委会办公室组织对全市各区、市直有关单位党政领导班子和领导干部开展了2013—2014年度安全生产责任制考核。其中，罗湖、福田、南山3个区党政领导班子，深圳市文体旅游局、住房建设局、市场监管局、卫生计生局4个市直单位领导班子，以及张文等22名领导干部考核结果为优秀，并以市委市政府名义进行了通报。

（九）加大隐患排查治理体系建设力度

2015年深圳市安监局（安委会办公室）深入推进隐患排查治理体系建设。一是下发《关于贯彻落实市主要领导批示指示精神进一步加强隐患排查治理工作的通知》(深安〔2015〕7号)，下达各区2015年度系统纳管单位目标数，并要求提质提量，确保应纳尽纳。二是安排专门人员对重点企业进行抽查，现场核查信息的准确性和真实性，并将核查情况纳入绩效考核评分；联合市经贸信息委、市卫生计生委等部门将安全生产标准化企业、存在职业危害企业等重点单位纳入隐患排查治理系统管理，共同推进生产经营单位的“应纳尽纳”。三是每季度召开隐患排查治理工作座谈会议，研究隐患排查治理工作重大问题，总结通报全市隐患排查情况，公布考核结果，并将绩效考核评分纳入市政府对各区政府的绩效评估内容。四是督促各区、市各有关部门出台本辖区、本部门隐患排查治理管理办法或实施细则，进一步调整、细化隐患排查工作指引和考核要求。五是在前期推广隐患排查系统电脑版的基础上，在龙岗区、盐田区开展隐患排查治理移动终端试点工作。据统计，截至2015年底，全市纳入系统管理的生产经营单位共7.7万余家，累计排查各类隐患58万条，整改隐患56.4万条，整改率达97%，系统数据规模在全国大中城市位居前列。

（十）开展危化品监管信息平台建设

深圳市安监局（安委会办公室）按照市委市政府要求，深刻吸取天津“8·12”事故教训，联合市经贸信息委、交通运输委、住房建设局等危险化学品行业管理部门，投入项目经费448.33万元，牵头开展“深圳市安全管理综合信息系统”升级改造，重点升级危险化学品、重大危险源信息管理模块。全市纳入系统监管的涉危险化学品企业已达8667家，其中危险化学品许可企业942家；全市危险化学品、港口、燃气类等54家重大危险源单位已全部纳入平台实现远程视频监控；市各有关部门及各级消防部门可随时登录系统查看调阅全市危险化学品企业信息，实现危险化学品监管及应急处置一体化运作。

（十一）推动落实专职安全生产监督检查员队伍建设

2015年9月，深圳市印发了《市安委会关于建立健全安全生产监督检查员队伍加强街道安全监管工作实施意见的通知》（深安〔2015〕21号），要求各区按照“以企定事、以事定费、以费养人”的原则，在原有安全巡查员的基础上，重新规范组建安全生产监督检查员队伍；推动各区政府（新区管委会）制定实施方案，进一步明确街道（办事处）招聘专职安全员数量、招聘条件、工作标准、财政资金支持等细则；根据专职安全员工作性质和能力水平实行工资分级分档管理，通过大幅提升工资标准待遇，切实提高基层专职安全员素质水平和工作稳定性。2015年全市累计新增加专职安全员额数849人，基层安全监管力量大幅增强。

（十二）加强安全生产宣传教育培训

宣传教育方面：一是通过新闻媒体及自有的门户网站、微博、微信开展新《安全生产法》的条文解读、以案说法，普及安全生产法律法规知识；二是联合《深圳商报》《深圳晚报》分别开办“安全生产以案说法”“安全生产事故曝光台”及“安全生产基层行”专栏公益宣传；三是邀请国家安全监管总局政策法规司司长支同祥为全市领导干部进行新《安全生产法》专题辅导；四是围绕“安全·法治先行”“安全·责任落实”“安全·文化浸润”“安全·公众参与”4个主题板块开展全国第十四个“安全生产月”活动。据统计，全市范围内在“安全生产月”期间共举办各类咨询活动100多场；共组织应急演练250余场，近31000人参加演练，其中有规模的应急演练63场。五是在全市人员相对密集的社区、厂区等场所，设立60个安全知识户外宣传栏，广泛宣传安全常识和安全法律法规知识，营造良好的安全文化氛围。安全文化建设方面：一是将创建“国家安全社区”列为全市民生实事项目，通过制定《2015年全市安全社区创建实施方案》、邀请全国安全社区促进中心领导来深辅导、开展安全社区建设交流及在宝安区新安街道召开“安全社区”建设现场会等方式，扎实推进安全社区建设工作。2015年，新安街道、海山街道均通过国家安全社区验收。据统计，全市59个街道中，49个街道已启动创建工作，其中12个区或街道被命名为“全国安全社区”。二是制定下发了《市安委办关于做好2015年市级安全文化建设示范企业创建工作的通知》（深安〔2015〕34号），继续在全市范围开展市级安全文化建设示范企业创建活动。2015年共评选了42家企业为“2015年深圳市安全文化建设示范企业”，并以市安监局的名义进行了授牌。安全教育基地管理方面：2015年4月，全国首个特种设备安全教育馆的电梯安全展区建成对外开放。2015年，市安全教育基地共接待参观人员351697人次，企业员工151774人次，中小学生143868人次，市民56055人次。安全生产培训考核发证方面：2015年，深圳市共举办了11个批次的安全生产资格培训考核工作，其中特种作业培训班培训26883人，核发特种作业操作证14646本，合格率54.4%；生产经营单位主要负责人及安全生产管理人员培训16866人，核发生产经营单位主要负责人证书5906本，合格率35%；危险化学品生产经营单位主要负责人培训1800人，核发危险化学品生产经营单位主要负责人证书484本，合格率27%；初级安全主任培训6108人，核发初级安全主任证书2547本，合格率41.7%。

大连市安全生产工作综述

一、安全生产总体情况

2015年，大连市安全生产监督管理工作在市委、市政府的正确领导下，认真学习贯彻国家和省委、省政府主要领导的讲话精神，落实全国安全生产工作电视电话会议要求，坚持问题为导向，积极推动安全生产责任落实，持续开展安全生产宣传教育活动，狠抓隐患排查整治，通过各地区、各部门和各企事业单位广大干部职工的共同努力，全市安全生产工作取得显著成效，安全生产形势明显好转。

2015年，全市各类事故总死亡人数、较大事故起数，以及各行业领域事故死亡人数均控制在省政府考核指标之内，全市安全生产形势总体稳定。

二、安全生产重点工作

（一）加强安全生产法规制度建设

1. 健全完善安全生产法规规章和制度体系

制定了《大连市安全生产条例》(简称《条例》)，这是落实《安全生产法》，贯彻党的十八届五中全会精神，市委、市政府关于“全面启动并深入推进安全发展示范城市创建工作”，加强大连市安全生产监督管理的重要举措。《中共中央十三五规划建议》中指出“牢固树立安全发展观念，坚持人民利益至上，加强全民安全意识教育，健全公共安全体系。完善和落实安全生产责任和管理制度，实行党政同责、一岗双责、失职追责，强化预防治本，改革安全评审制度，健全预警应急机制，加大监管执法力度，及时排查化解安全隐患，坚决遏制重特大安全事故频发势头。实施危险化学品和化工企业生产、仓储安全环保搬迁工程，加强安全生产基础能力和防灾减灾能力建设，切实维护人民生命财产安全。”因此，制定大连市安全生产条例十分必要。9月下旬，市政府法制办就《条例》立法情况来大连市安监局进行了调研。10月初，按照市政府法制办《关于申报2016年立法项目的通知》要求，起草了《关于报送〈大连市安全生产条例〉（论证项目）的情况说明》，正式向市政府法制办申请法规立项，条例制定工作正式启动。至12月底，已完成法规调研论证及草案初稿，并通过市人大法规立项申请，争取2016年完成项目审议并出台实施。

大连市安监局代市政府起草的《大连市安全生产事故隐患排查治理和监督管理规定》已通过市政府批准，作为规章立项。在进行调研、论证，并征求相关部门意见的基础上，形成了《隐患治理监督规定》(送审稿)。根据市政府法制办对起草工作的指导，对送审稿进行了多次修改、完善，梳理并准备了起草说明等相关材料。

2. 全面贯彻落实《国务院办公厅关于加强安全生产监管执法的通知》(国办发〔2015〕20号)文件精神

为深入贯彻落实党中央、国务院有关安全生产工作重要决策部署，着力强化安全生产法治建设，严格执行《安全生产法》等法律法规，进一步做好大连市安全生产监管执法工作，切实维护人民群众生命财产安全和健康权益。9月，大连市安监局代市政府起草并以市委办公厅、市政府办公厅名义出台了《中共大连市委办公厅　大连市人民政府办公厅印发〈关于加强安全生产监管执法工作的意见〉的通知》，主要内容包括修订完善安全生产相关法规、规章和制度；组织推进安全生产地方标准的制定；积极推进安全生产标准体系建设工作；依法落实安全生产责任；严格事故查处和责任追究；加强重点监管和源头治理；进一步加强安全生产监管执法能力建设；全面强化职业卫生监管工作；大力发展安全科技和推动智慧安监建设；运用市场机制和扶持社会服务，辅助安全监管执法等10方面24项内容，成为指导和规范当前和今后一个时期全市安全生产工作的指导性、纲领性文件。

3. 修订《大连市安全生产专项资金管理暂行办法》重要文件

为进一步加强和规范大连市安全生产专项资金的管理，健全完善专项资金管理机制，提高专项资金使用效能，市财政局、市安监局联合对《大连市安全生产专项资金管理暂行办法》进行重新修订。修订后的办法确定名称为《大连市安全生产专项资金管理办法》，重新明确了专项资金的使用方向；确定了以奖代补和全额拨付两种补贴方式；规范了申报时间、申报内容，以及申报、审核和拨付程序；规定了市财政局、市安监局、资金使用单位、资金使用单位属地政府或主管部门的职责，以及违规使用的法律责任。

（二）依法加强安全生产宣传

1. 深入开展“安全生产——百名记者百日行”活动

为充分发挥媒体监督作用，推进安全生产工作，促进全市安全生产形势持续稳定好转，按照市政府的要求，7 月，在全市开展“安全生产—百名记者百日行”活动。通过记者“四不两直”方式，对各单位安全生产工作进行明查暗访，弘扬典型事迹，曝光安全生产制度不落实行为，查找安全隐患，形成人人关心安全生产的社会氛围。活动期间，在《大连日报》、大连电视台等主流媒体上，宣传报道安全生产稿件 100 余篇，做到了在主流媒体上天天有安全生产宣传报道活动。利用微信、微博等新媒体方式，广泛宣传安全生产理念、安全生产知识等内容，做到安全生产知识人人知晓，安全生产工作人人关心。

2. 扎实开展“安全教育月”活动

按照市委、市政府的相关要求，开展了“安全教育月”活动。活动于 2 月 1—28 日在各区市县、市安委会各有关部门、各企事业单位同时开展；活动主题是“强化安全意识，普及安全知识”。一是在主流媒体发表市长致全市人民一封信，开设专栏、专版，宣传安全科技知识和安全日用常识。组织开展安全生产知识竞赛活动。免费发放公共消防安全知识、公共社区安全、公共交通安全知识和家庭安全等系列安全常识小册子，免费发放警示教育片，让安全知识走进企业、社区、学校、家庭，提高广大群众的安全意识和安全素质；二是邀请媒体参与安全生产执法、暗查暗访活动，对典型隐患及违法行为在主流媒体进行曝光，推动安全生产隐患排查治理工作落实；三是组织各地区开展安全生产咨询服务活动，开展具有行业（领域）特色的安全生产咨询服务活动，开展和企业法人谈心谈话活动，督促企业落实主体责任，推动企业落实“五个全覆盖”。

（三）建立健全安全生产标准体系

在巩固企业安全生产标准化达标创建成果的基础上，将企业安全生产标准化和职业健康安全管理体系建设统筹协调推进，形成符合企业特点、行之有效的安全管理体系。把职业健康安全管理体系认证、建立运行情况列入全年执法检查计划的重要工作内容，将职业健康安全管理体系工作纳入市政府和企业年度安全生产目标管理考核。以市政府安委会名义印发《全面推进企业安全生产标准化和职业健康安全管理体系建设的实施意见》（大安委〔2015〕9 号），分解推进任务，逐项监督落实。以市政府安委办名义印发《2015 年推进这也健康安全管理体系建设工作安排意见》（大安委办〔2015〕20 号），就推进全市职业健康安全管理体系工作进一步提出落实意见。

积极推广应用先进安全管理经验，针对涉氨制冷设备事故多发高发的态势，借鉴汽车 4S 服务理念，建立完善涉氨制冷设备安装使用、维护、培训全过程的管理标准，使涉氨制冷设备得到全生命周期的安全跟踪服务。出台实施 4S 管理服务体系的指导意见，委托冰山集团、大连一冷冷冻机有限公司、大连冷冻设备有限公司等 3 家具有服务能力、符合条件的涉氨制冷设备制造企业，对全市 440 家涉氨制冷企业，开展 4S 维保服务。

（四）创新安全生产执法机制、规范执法行为

为加强安全生产监管，改善企业发展软环境，结合《辽宁省人民政府办公厅关于规范涉企行政执法进一步优化经济发展环境的通知》（辽政办发〔2015〕29 号）和《关于规范涉企行政执法优化经济发展软环境的实施意见》（大政办发〔2015〕42 号）精神，对执法检查计划外的随机检查、对于上级和同级政府及其安全生产委员会、上级安全生产监管部门临时部署的执法检查，制定年度《安全生产监管执法工作计划》，根据《安全生产监管执法工作计划》细化本处室《工作计划表》，基本做到在安全生产随机检查、临时检查不缺位，同时尽量避免或减轻对企业生产经营活动的影响。

针对 9 月份特殊时期，特殊时段的监管要求，

大连市安监局创新安全生产监管方式，制定对重点企业派驻工作方案，向中石油天然气有限公司大连石化分公司、大连西太平洋石油化工有限公司、大化集团（松木岛）、大连福佳大化石油化工有限公司、逸盛大化石化有限公司、恒力石化（大连）有限公司、大连锦源石油化工有限公司等7家重点危化企业派驻工作组，及时掌握相关企业的安全生产情况，督促企业落实安全生产主体责任。10月份，再次向上述7家重点危化企业派驻工作组，每组由2名安监工作人员组成。各工作组按时巡检，及时掌握企业安全生产情况，指导督促企业落实主体责任，形成总结每日上报。大连市安监局对派驻企业的安全生产状况开展每日研判，约谈存在问题企业的主要负责人，及时制止各类违规行为，确保企业生产安全。

为进一步落实市政府关于深入推进行政审批制度改革的要求，深化安全生产行政审批制度改革，规范行政审批行为，方便申请人办理行政审批事项，大连市安监局依法成立了行政审批办公室，并印发《市安监局关于行政审批事项实行“一个窗口”集中受理的通知》（大安监审批〔2015〕104号），对原来由各业务处室受理的行政审批事项实行“一个窗口”集中受理。行政审批办已进驻市公共行政服务中心办理行政审批业务。按照“强化新举措，创造新速度，树立新形象”的工作要求，明确制定行政审批具体实施方案，认真落实审批服务各项工作要求，行政审批业务取得明显成效。

（五）依法落实安全生产责任

按照“党政同责，一岗双责、失职追责”要求，大力推动市、县、乡、村安全生产责任体系“四级五覆盖”和企业主体责任“五落实五到位”工作，进一步完善大连市安全生产责任体系。大连市各地区“四级五覆盖”的覆盖率已经达到了100%，规模以上企业的“五落实五到位”覆盖率达到了89.66%。

10月份，大连市安监局以市政府安委办名义出台了《关于进一步强化和落实企业全员安全生产责任制的通知》（大安委办〔2015〕62号），进一步强化企业安全生产主体责任，要求企业明确党政主要负责人、分管领导、职能部门负责人、生产车间负责人、各类从业人员的安全生产责任，并建立健全考核奖惩机制，让每个岗位都清晰地了解自己应该肩负的安全职责，让每名员工了解自己应该执行的安全标准，使安全生产责任真正落实到每一名企业员工。同时全面强化对企业一线从业人员的安全生产教育和培训的指导，确保企业一线从业人员明晰自己的岗位安全职责。

（六）加大重点领域的执法力度

1. 积极开展隐患排查治理工作

市委、市政府领导带头，各地区各部门协调联动，采取“四不两直”、暗查暗访、夜查夜访、联合督查等方式，大力开展百日安全、隐患排查治理、打非治违等安全生产专项行动。全年共排查生产经营单位13320家，排查事故隐患35136项，整改34706项，整改率达到98.7%；停产整顿企业628家，暂扣吊销证照817家，关闭取缔18家。

2. 开展非煤矿山安全生产大检查

印发《全面开展非煤矿山安全生产大检查深化“打非治违”和专项整治工作实施方案》（大安监管一〔2015〕228号），从9月21日至12月25日，在全市范围内全面开展非煤矿山安全大检查，深化“打非治违”和专项整治，进一步落实企业安全生产主体责任，推动落实非煤矿山“五落实五到位”和“双十条”规定，严防各类生产事故发生。

3. 开展安全生产综合监管重点行业领域联合督查检查

以市安委会办公室名义印发《关于对开展安全生产综合监管重点行业领域开展联合督查检查的通知》（大安委办发〔2015〕55号）。依据通知，市建委制定了《关于继续开展大连市燃气行业重点时期安全隐患排查整治行动实施方案》，依据方案要求，从9月1日到10月8日，共对大连燃气集团4个营业分公司及所属公司的15各营业场所、市内四区52个液化石油气储存罐站和管道液化石油气供应站进行了安全检查，并对11各区市县（先导区）燃气主管部门和辖区企业进行了检查督查，检查出问题和隐患871项，已经完成整改549项，下达限期整改通知书4份。

（七）狠抓事故隐患排查治理，继续推进“三管网”专项整治

按照国家、省、市关于危化安全监管工作总体要求，深刻吸取天津港“8·12”瑞海公司危险品

仓库特别重大火灾爆炸事故教训，对全市危化行业企业进行隐患排查，市领导带头深入一线，先后两次邀请中国化学品安全协会专家，组成8个督查组对大连港、机场等重点企业开展专项督查，摸清了全市危化品储存运输情况，并严格控制储存的危化品种类和数量，确保危化品储存和运输安全。

非煤矿山领域，采取专家会诊、风险分级、微信助力等监管措施，有针对性做好隐患排查整治，全年关闭非煤矿山10家，投资1400万元推进尾矿库治理和下游居民搬迁。

粉尘防爆、有限空间作业方面，组织检查涉及粉尘爆炸危险企业300余家，排查隐患477项，下达整改指令101份；组织对全市188家企业进行了有限空间作业条件的确认，并细化安全操作规程。

“三管网”整治攻坚战顺利推进，油气输送管道累计投入整改资金8418万元，全市132项挂牌督办的油气输送管道隐患，全部整改完成；城镇燃气管网15项挂牌督办隐患，已整改完成13项；危化品管道41项隐患，整改完成40项。

（八）提升企业本质安全水平

1. 大力推动安全管理体系建设

以市政府安委会名义，出台了《全面推进企业安全生产标准化和职业健康安全管理体系建设的实施意见》，组织各地区、各部门和相关企业安全监管人员进行培训。不断扩大安全管理体系认证范围，2015年，全市通过安全管理体系认证企业累计达到928家，重点危化企业的分承包商已有277家通过了认证，118家港航企业通过认证，545家工矿商贸企业完成安全生产标准化建设。

2. 提升泵阀安全标准

大连市安监局会同市质监局组织专家，对危化企业现行的上百种泵阀技术标准进行了梳理，明确将危化行业GC2级以上的泵阀全部采用国际标准，并纳入特种设备安全监管范围，实施制造过程第三方监造。市安委会出台了石化企业加强泵阀质量管理的意见，借鉴船级社经验做法，对泵阀检维修作业安全操作规程进行评估改进，要求相关泵、阀门制造企业严格执行标准，在设计环节采用先进国际标准，切实从源头上确保危化行业泵阀质量安全。

3. 加强先进安全技术和管理标准应用

大连市安监局依法成立了安全技术处，将大连市现行安全技术和标准与国际标准进行对照分析，引进推广预测性维护技术（PDM），对中石油天然气有限公司大连石化分公司、大连西太平洋石油化工有限公司、大连福佳大化石油化工有限公司、逸盛大化石化有限公司、恒力石化（大连）有限公司、大连锦源石油化工有限公司等6家重点危化企业高危机泵进行安全检测，对诊断不合格的产品，要求强制退出市场，从源头消除危化企业潜在安全隐患。建立危化品企业落实安全技术使用说明书（MSDS）管理制度，突出在危化品生产、存储、运输、经营等环节，明确MSDS（如pH值、闪点、反应活性、应急措施等）的标注张贴标准，便于在发生事故时及时有效组织救援，避免发生次生灾害。

（九）强化安全监管工作

1. 加强特殊时期安全生产管理

市政府安委会严格特殊作业管理，对不具备安全生产条件、不能保证安全生产的企业责令停产停业整顿，有力保障了纪念抗战胜利70周年，夏季达沃斯年会、服博会等大型活动顺利举办。

2. 加强应急管理

印发大连市生产安全事故汇编和实用手册，推进危化企业应急处置“一人一卡”，组织开展全市生产安全事故暨危险化学品事故等十大应急演练，加强应急救援队伍调度，提高应急反应能力。

3. 做好安全创新示范工作

编制完成“十三五”规划，全市80%以上社区获得安全社区命名，安全社区数量位于全国前列，达到全国安全社区城市创建标准。成功举办了全国安全发展示范城市创建工作经验交流会。

4. 推进重点行业职业病危害专项治理

针对大连市职业病危害现状，对职业病危害严重的船舶制修造、汽车4S店、水产捕捞、铸造、水泥生产、石材加工6个行业领域进行了专项治理。通过治理，被查单位对防护设施进行了改进和补修，增加了警示标识，设置了公告栏，增加了体检人数，进行了作业现场检测，规范了个体防护用品，完善了职业卫生和职业健康监护档案。

5. 继续加大教育培训力度

全年共培训企业负责人、安全管理人员、特种工种、企业班组长及外来务工人员16.4万人，有力提升从业人员和市民的安全意识。深入开展安全生产月、职业病防治法宣传咨询周等活动。积极推进安全文化示范企业创建工作，创建省级安全文化示范企业5家，市级安全文化示范企业11家。

青岛市安全生产工作综述

一、安全生产总体情况

2015年，青岛市安全生产形势平稳向好，按照“寻标、对标、达标、夺标、创标”要求，各项工作平稳推进。

全面推行网格化、实名制安全监管，强力推动安全责任向基层延伸。全市所有区市政府、经济功能区均完善了具体规定，市、区（市）和镇街三级安委会主任都由政府主要领导担任，145个镇(街)、3035个有工矿企业的行政村完成“五覆盖”：落实“党政同责”全覆盖；落实“一岗双责”全覆盖；落实“三个必须”（管行业必须管安全、管业务必须管安全、管生产经营必须管安全）全覆盖；政府主要负责人担任安委会主任全覆盖；安全生产监管部门定期向党委组织部门报送安全生产情况全覆盖。

二、安全生产重点工作

（一）健全安全生产体制机制

采用实名制监管挂牌公示规模以上和高危行业等生产经营单位6709家，逐家明确了属地政府、行业监管部门和责任人。以安全生产标准化创建为抓手，督促企业落实主体责任。全市三级以上工贸企业达标3889家。成立了安全生产问责专门委员会，对发生生产安全事故、重大隐患整改不力和未按期完成整改的区市，除依法追究责任外，按照工矿商贸事故每亡1人收缴区市财政资金200万元的标准实施经济问责，收缴资金专款用于安全生产基础设施建设和教育培训等方面。对10个区市实施了经济问责，累计扣缴财政资金1.08亿元。

（二）加强安全生产宣传教育

发挥新闻媒体宣传教育和监督作用，开设“青岛安监”微信、微博，每日更新、定期发布安全生产信息，建立青岛安监手机群，每周定期向规模以上企业负责人和安全管理人员推送事故警示短信。编发公益短信20多万条，发布安全生产信息1200余条。24小时开通“12350”隐患有奖举报电话，对举报的隐患和问题，接报一起、查处一起，定期公开查处结果，兑现举报奖励。“12350”共受理举报1138件，消除各类事故隐患710余起，兑现奖励12.3万元。纳入“黑名单”管理企业4家：盐城市鸿基建设工程劳务有限公司、北京燕华化工有限公司、青岛御景建设工程有限公司和崂山玻璃厂。在新闻媒体、网络上开设专栏，对2015年以来青岛市发生的百起典型安全生产案件进行信息公开。组织参与“民情零距离”和行风在线、民生在线、网络问政等活动，主动向公众汇报安全生产工作，开门听取意见建议，通过多种形式普及安全知识，收集办理社会各界意见建议146件，对一些需长期推进解决的，将纳入明年工作继续推进落实。

（三）加强隐患排查治理工作整治

1. 重点行业领域风险防控

成立风险分析与研究课题组，对道路交通、油气管道、危险化学品、建筑施工等重点行业领域进行风险分析，形成《青岛市安全生产风险分析研究报告》，提出有针对性的建议对策。针对重大隐患安全风险高、整改难度大等问题，聘请专家对危险化学品“两重点一重大”和在役化工装置安全设计诊断进行了“回头看”，诊断检查在役化工装置118套。涉及10类危险工艺的33家企业全部实现工艺参数超限报警、操作过程自动化和紧急停车、紧急切断；涉及27种重点监管危险化学品的66家企业完善了自动控制系统、应急救援设施和措施；61个重大危险源的温度、压力等重要参数实现自动监测监控、自动报警和连续记录。委托中介机构地下矿山、尾矿库和部分露天矿山进行会诊检查，排查整改隐患302项。投入专项治理资金1.4亿元，关停涉氨制冷企业322家，督促企业改用其他制冷介质391家，涉氨制冷企业由974家减至261家。

2. 隐患排查治理

建立网格化数据库平台，将各级各部门在执法检查、督查巡查中发现的隐患和“12350”有奖举报查实的隐患录入数据库，实施闭环管理。坚持从严执法，审核录入《安全生产行政处罚自由裁量基准》行政处罚项目391项，凡执法检查发现的隐患，属直接处罚项的必罚，对重大隐患实施分类分级挂牌督办，上传网格化数据库，在属地政府、行业管理部门和市安监局门户网站对外公开；对不具备安全生产条件、存在重大安全风险和非法违法行为的，严格落实上限处罚、停产整顿、关闭取缔、提起公诉、严厉追责等措施。全市累计排查各类生产经营单位6.9万余家次，整改隐患13.8万余处，打击非法违法行为8万余处，责令停产停业378家；3.8万余家企业通过网格化系统上报、整改隐患55.1万项。

3. 加大依法检查力度

成立安全生产“调稳抓”运行办公室，对100家重点企业跟踪服务，帮助企业协调解决问题89项。天津港“8·12”事故后，青岛市成立6个督查组，采取明查暗访、抽查检查等方式开展包区（市）督查，对所有危化品生产、储存、经营企业逐一进行安全生产条件复核。在全市安监系统全面推行联系区（市）、镇（街）“3+2”督查检查工作模式，每周3天到基层一线督查检查，2天在办公室处理工作。坚持应直接处罚的必罚，逾期整改不到位的必罚，全市安监系统共立案处罚405起，行政罚款2840万元。

（四）加强基层基础建设

1. 开展源头治理

立足提高行政审批服务效率，依法对相关审批服务项目进行清理归并，由19项调整归并为16项，平均承诺时限从法定的30天缩短到14天，总体提速50%。累计审查审批事项718项，依法注销危化品、非煤矿山生产、经营许可证54个。以维护劳动者职业健康为己任，对上年度新发职业病（68例）的30余家用人单位逐一进行检查；对黑色金属矿开采、医药制造、橡胶和塑料制品、纺织等行业进行重点治理。重点治理的行业领域粉尘、毒物、噪声等主要职业病危害因素监测合格率75%以上，职业健康体检率达到80%以上，工作场所设置警示标识、中文警示说明率达到90%以上。

2. 加强保障能力建设

推进执法队伍标准化建设，指导区市设立机构、配齐人员，全市三级执法人员总数1274人。实施高危行业和规模以上企业主要负责人和安全管理人员“逐企销号”培训，加强企业“三项岗位人员”和从业人员安全培训，累计培训4.2万余人。进一步加强应急管理，在收集研究国内外相关资料，总结分析危险化学品常见事故的基础上，编制了《危险化学品重大危险源应急管理技术指导手册》，对全市危险化学品重大危险源涉及的9大类24种主要危险化学品从危险性分析、应急处置方法等方面作了具体说明；修订发布危化品、非煤矿山和烟花爆竹市级专项预案，梳理公示预案备案生产经营单位170家，全市8200家重点企业完成预案演练销号，各类企业共计演练2.1万余家次。

厦门市安全生产工作综述

一、安全生产总体情况

2015年，厦门市安监局围绕创建国家安全发展示范城市，建立健全安全生产“党政同责”责任体系，持续推进安全生产标准化建设，强化重点行业（领域）安全监管，深入开展安全生产大检查，有效防范和坚决遏制重特大事故，确保了全市安全生产形势总体平稳向好。2015年，全市安全生产各项指标大幅下降，共发生生产经营性道路交通、工矿商贸、农业机械、渔业船舶4类生产经营性事故161起、死亡51人、受伤134人、直接经济损失327.91万元，与上年同期相比分别下降16.1%、40.7%、14.6%和32.1%；发生1起较大生产安全事故，与上年同期相比下降80%。2015年全市亿元GDP死亡率0.015、工矿商贸十万人死亡率0.52、万车死亡率1.18，同比下降42.3%、53.98%和6.35%，均大幅低于省下达的控制指标。

二、安全生产重点工作

（一）深入开展安全生产大检查和“回头看”

8—12月，全市各级各部门实行领导带头、市区联动、条块结合、单位自查的方式，突出危险化学品和易燃易爆危险品、油气输送管道、建筑施工和地铁施工、交通运输和旅游、消防和老年人社会福利机构、燃气、电梯、粉尘涉爆和烟花爆竹、老楼危楼安全排查、非煤矿山等十个重点行业（领域），集中开展以危险化学品、易燃易爆物品安全专项整治和“六打六治”打非治违为重点的安全生产大检查。12月，各级、各有关部门结合岁末年初安全生产工作部署，在前期开展安全生产大检查的基础上，深刻吸取全国多地事故教训，对重点行业（领域）、重点部位和关键环节全面开展安全生产大检查“回头看”。大检查期间，全市共组织检查组3834个，检查企业42970家，排查一般隐患51096项，重大隐患20项，打击非法违法行为99161起。

（二）全力创建国家安全发展示范城市

2013年，厦门市被列入全国首批十个创建国家安全发展示范城市试点单位之一，经过3年创建，全市各项工作已基本达到安全发展示范城市创建考评标准。2015年，主要做了：强化效能评估，在各创建单位开展自评工作的基础上，对各区、管委会、8个重点行业部门及10家抽评部门开展创建工作预评估。发动全民参与，在充分发挥传统媒体与新媒体宣传效能的基础上，联合团市委组织开展安全发展示范城市创建LOGO和创建口号设计、“安全发展我要说”有奖征集和“我身边的安全故事”有奖征文活动。梳理创建成果，全面整合创建工作成果，制作厦门市安全发展成果展示纪录片。7月31日，国家安全监管总局、中国安全生产科学研究院有关领导与专家来厦门开展调研，对厦门市制定实施《美丽厦门战略规划》、大力推动产业转型、划定城市生态保护红线、推动全民共建共享等举措给予肯定。10月28日，在全国安全发展示范城市交流会上，厦门市作为全国6个先进城市之一作了典型发言。

（三）推进企事业单位安全生产标准化建设提升工程

2015年，是安全生产标准化建设提升工程三年行动的第二年，全市应达标企事业单位7823家，已达标7518家，达标率96.1%，超额完成省安委办下达的2015年底达标率不低于65%的目标任务。其中电力、烟草、渔业船舶、文化经营、文物保护、民爆使用单位、建筑施工、农机等8个行业企业已全部达标；冶金等7行业大中型企业达标910家（二级28家，三级882家），达标率93.14%；小微企业已达标2482家，达标率92.5%。个体工商户共85808户，已完成安全生产标准化创建73001户，创建率85.07%。主要做了以下工作：制定创建标准，对全市580余种行业类型的个体工商户基本情况进行分析归类，整合制定了6类15种个体工商户创建标准；推广示范典型，共召开冶金等行业大中型企业以及小微企业和个体工商户现场观摩会65场，9163人参加观摩；其余行业召开示范观摩会425场，参加人员38000多人次；完善评审机制，冶金等7行业实行评审组织单位和评审单位分离，推动各行业主管部门建立完善评审机构；强化信息支撑，投入17万元开发“厦门市安全生产标准化信息管理系统”，实现全市安全生产标准化信息动态管理；加强运行管理，对评审达标企业进行安全生产标准化运行情况检查，持续巩固提升企业安全管理水平。2015年，厦门市安全生产标准化建设工作得到省里的充分肯定，并作为典型经验在全省安全生产工作会议上进行交流。

（四）开展重点行业领域专项整治

开展非煤矿山安全监管，粉尘防爆和有限空间作业安全专项治理。组织专家和相关市区两级部门、技术服务机构对非煤矿山企业开展“会诊”，发现并消除27条隐患。督促区局做好9家安全生产许可证失效企业的证书收取及停产等工作，收回证书数占原企业总数的66.7%。先后开展2次粉尘涉爆企业，4次有限空间作业企业调查摸底，汇总并指导各区对79家粉尘涉爆企业、86家存在有限空间作业企业，按照一企一档要求建立企业档案，并发动各区开展粉尘和有限空间作业企业检查。

强化危险化学品领域安全监管。深刻吸取漳州腾龙芳烃“4·6”事故教训，组织开展隐患排查整治行动。全市安监系统共出动执法人员486人次，检查危险化学品单位210家次，排查整改问题隐患213处。开展油气管道隐患整治攻坚战，大力推进中石化成品油管道厦门段隐患整改，截至12月21日，厦门段54处隐患已整治17处，还有37处仍在落实整治之中，整改完成率31.5%。建立危险化学品企业分类监管模式，制定完善危险化学品生产、经营、加油站以及烟花爆竹等4类《安全自查表》，按照企业性质制定专项检查方案，聘请市级专家对市、区执法人员进行专题培训，明确检查标准和尺度，集中通报检查发现的问题，约谈隐患较为突出的企业，全年共开展6次专项执法检查。

其他重点行业领域专项整治。持续协调配合其他部门对道路交通、轨道交通、建筑施工、水上交通、民航、渔业船舶、农业机械、民爆器材等行业领域深入开展专项整治。

（五）加强职业安全健康监管

2015年6月1日起，厦门市安监局正式承接市卫计委划转市级职业卫生监管职能，各区职业卫生职能划转工作也已全部完成，市区两级安监部门已新增职业安全监管人员26名；增补11名省卫计委具有预防医学和职业卫生相关专业的专家，目前市安全生产专家委员会职业与环保组专家达到27名；全市申报存在职业病危害因素企业职工总人数347276人；截至11月18日，全市761家存在职业危害的工矿商贸企业职业卫生监管统计工作完成率100%。职能划转以来，督促指导全市涉及职业病危害的用人单位进行职业病危害因素网上申报，建立安全生产与职业卫生一体化监管执法制度，按照《职业病危害防治评估指标》“9个率”对用人单位职业卫生基础建设进行专项检查；对376家用人单位的450位职业卫生专职管理人员进行培训辅导，并将职业安全健康相关课程纳入市级各培训机构企业主要负责人和安全管理人员培训课程。7月31日，全省职业卫生监管工作现场会议在厦门市召开，国家安全监管总局职业健康司副司长王建冬来厦门指导并对厦门市职业卫生监管工作提出要求。

（六）应急救援能力建设

根据《厦门市安全生产监督管理局应急响应规程》，6月，厦门市安监局全体工作人员开展本级应急响应演练，提高本级事故应急响应和处置能力。完成应急通信系统项目建设，可依托应急通信指挥车迅速建立覆盖事故现场及其周边范围的通信指挥系统，实现事故处置过程中的统一调度与协调。完成安全生产应急平台升级项目建设并投入试运行，将系统平台升级改造成厦门市安全生产应急管理平台，实现与国家安全监管总局、福建省安监局安全生产应急管理平台互联互通。8月1日，市安委会办公室、市地铁办公室联合开展轨道交通工程安全生产事故应急综合演练，全市22支队伍312人参加，出动各类救援车辆（机械）57台、直升机1架次，有效检验了应急队伍及民间救援力量的协调联动机制，进一步提升了突发事故处置能力、交通应急疏散组织能力和安全生产应急综合保障能力。演练全程已制作成专题纪录片，在厦门电视台播出。

（七）加强安全社区建设

截至2015年，全市39个镇（街）全部开展安全社区建设，24个镇（街）已通过省级安全社区评审达标，思明区、集美区和海沧区实现“省级安全社区”全覆盖。6月，思明区筼筜街道获评“国际安全社区”；12月，鼓浪屿街道获评“全国安全社区”。

（八）探索安全生产监管社会化

探索建立“专家查隐患，企业抓落实，部门抓监管”的工作机制，充分利用社会力量资源，采用政府购买服务的方式，引进4家第三方安全评价机构，对全市37家涉氨制冷企业进行安全生产风险监测与评估，发现隐患或问题415项。各专业机构完成安评并出具评价报告，安监部门对其中6家企业进行抽查走访，并委托安全生产专家对评价报告进行审查。同时，按照“属地管理”原则，督促企业限时整改隐患，并将属地政府完成企业安全隐患整改的落实情况纳入年度安全生产目标责任制考评中。

（九）开展安全生产宣传教育培训

精心组织第十四个“安全生产月”。在全市范围内组织开展安全生产咨询日、安全生产事故警示教育、安全文化宣传、安全生产征文、安全生产应急预案演练、“安康杯”竞赛、建设系统技能竞赛等一系列安全教育活动。据不完全统计，此次活动共发放宣传材料62万余份，发送短信302万余条，张贴横幅标语3580张，开展各类培训3620场次，应急预案演练1013场。

开展信息员培训。5月5日，市安委会办公室组织开展了全市安全生产信息员培训。市安委会成员单位信息员，各区、镇、街等信息员共计110余人参加。培训从新闻写作理论、宣传工作组织、信息报道、写作技术、舆情应对等方面，系统并主次分明的进行讲解培训，力求提升信息员工作水平。

召开新闻媒体座谈会。通报2014年市安委会办公室开展安全生产新闻宣传工作的进展情况，研究探讨2015年的宣传工作计划，并就如何加强与新闻媒体的沟通与互动进行了座谈。

搭建“双微”矩阵。11月，在新浪微博正式开设“厦门安监”官方微博并投入运营，日均发布微博3条。逐步形成与“厦门安监”微信公众平台相辅相成的安全生产“双微”矩阵。

宁波市安全生产工作综述

一、安全生产总体情况

2015年，宁波市认真贯彻落实上级工作部署和中央领导重要批示指示精神，坚持以人为本、安全发展，深化改革，强化责任，依法治安，精准施策，狠抓治本攻坚，安全生产形势持续稳定好转，全市发生各类生产安全事故2437起、死亡653人，分别下降6.2%、5.4%，较大事故2起，均创11年来新低。

二、安全生产重点工作

（一）建立完善安全生产监管责任体系

2015年，宁波市出台了《宁波市党政机关安全生产工作职责规定》。首次明确党委及党政班子成员安全生产工作职责，细化党政部门工作要求，实现“党政同责、一岗双责”法制化、制度化。健全“1+7”安全生产工作与责任体系。市本级7个专业安委会按照各自职责开展工作，有力地推动了各个专业领域内的安全生产工作，10个县（市）区建立起专业安委会工作机制，市级重点部门均成立“党政同责、一岗双责”安全生产领导组织，“一岗双责、三个必须”的要求真正“落地”。全面推进“四级五覆盖”，创新明确市、县、乡、村“四级五覆盖”具体内容和要求，年度市、县两级覆盖率达100%，乡、村两级覆盖率分别达到99%和86%。

11月24日，市委办公厅、市政府办公厅联合印发《宁波市党政机关安全生产工作职责规定》（甬党办〔2015〕96号），首次明确党委及党政班子成员安全生产工作职责，进一步细化党政相关部门工作要求、减少责任盲区，明确安全生产七项工作机制，量化工作标准，实现安全生产“党政同责、一岗双责”和“管行业必须管安全、管业务必须管安全、管生产经营必须管安全”的法制化、制度化。

2015年，宁波市积极推动落实职业卫生机构改革，出台了《宁波市人民政府关于加强职业卫生监管工作的意见》，建立职业卫生监管联席会议制度等协调机制；完成市、县两级职业卫生监管职能划转。7月17日，宁波市政府办公厅印发《宁波市安全生产监督管理局主要职责内设机构和人员编制规定》，将用人单位职业卫生监督检查等相关职责交市安监局负责，这标志着宁波市级层面职业卫生监管职能划转工作已经完成，为全市职业卫生监管工作的全面开展奠定了坚实的基础。

（二）扎实推进重点领域隐患治理与风险防控

宁波市在全国率先开展风险评估与管控治理。系统辨识12个方面31类较高以上级别风险源，提出4个方面42条对策措施，制定实施“主要风险隐患专项治理三年行动计划”。为系统评估城市安全生产主要风险，坚决防范重特大事故发生，推动安全生产工作重点向安全风险治理转变，全面推进安全生产形势根本好转，宁波市委托中国安科院开展城市安全生产主要风险综合评估，作为抓根本、破难题、建长效的基础性工作。通过8个多月的广泛深入调研、全面系统梳理、大量数据分析比对和措施建议的深入研究，判定宁波市安全生产风险总体可控，存在31类较高以上级别风险源，精准提出四大方面42条对策措施。在风险分析评估基础上，全市部署开展主要风险隐患专项整治三年行动计划。

（三）开展安安全生产大检查、“打非治违”和专项整治工作

突出危化领域，深入实施“危化重点县”和油气管道隐患整治攻坚，组织对所有危化品和易燃易爆物品生产、经营、仓储、运输企业进行全方位排查整治；深化交通、消防、建设、渔船等重点领域“打非治违”常态化整治，扎实推进“低小散”行业整治提升，圆满完成矿山整顿关闭三年工作任务。着力加强治理能力建设。全市安监站（所）规范化创建全面提前达标；出台《宁波市乡镇（街道）消防队伍建设推进方案》，安排专职队建设专款补助2400万元，乡镇消防力量明显增强；建立以信息化为支撑、以村（社区）为重点的基层安全生产网格化管理体系，3484名网格员在打非治违、隐患排查等工作中逐步发挥重要作用。

8—12月，为认真吸取国内其他城市特别重大事故教训，全市组织开展安全生产大检查、“打非治违”专项行动。期间共治理各类安全隐患296618个，覆盖所有行业领域。取缔非法生产经营单位、关闭存在重大安全隐患企业299家，停产整顿52家。依法拆除存在安全隐患的生产经营用房355处，停业整改671处。宁波市专项行动做法获得国家、省督查组充分肯定。

通过规范执法和建立权力、信访等清单制度，宁波市以信息化固化执法流程，及时向社会公布事故查处结果，探索“三告知两跟踪”等执法机制。严格执法，完善重点监管机制，加大执法力度，严抓事故查处工作，全市安监系统行政处罚1924万元、同比增长33%，提请司法机关追究刑责25人，不断营造全社会关注参与安全生产的环境与氛围。

（四）深入推进标准化与诚信机制建设

工矿、建筑、交通、商贸、旅游等领域标准化建设持续巩固提升，规下企业新创四级达标1502家。实时动态评定企业信用等级，与评优评先、工伤保险等措施挂钩联动，强化失信惩戒。

（五）加强应急管理建设

坚持政企联动，加强预案管理和应急演练，扩充社会应急队伍；连续第六年举办危化企业一线员工应急技能大赛，编制《石化区域消防救援力量建设三年规划》；先后成功举办“大面积停电事件应急演练”“首届全国危化品救援技术竞赛”，得到国家相关部委肯定。

10月21—22日，由国家安全监管总局、中华全国总工会、共青团中央和浙江省人民政府联合主办，中国石油化工集团公司承办的第一届全国危险化学品救援技术竞赛在宁波成功举办，中华全国总工会党组成员阎京华，浙江省人民政府党组成员、宁波市人民政府市长卢子跃，中国石化股份有限公司高级副总裁章建华出席开幕式并分别致辞。30个省（自治区、直辖市）及相关中央企业34支代表队参加此次竞赛角逐，参加人员共计1000多人。经过激烈竞争，最终角逐出了1个团体冠军、1个个人全能冠军和理论考试、个人综合体能、工艺阀门紧急关断及射水打靶4个个人单项冠军。中石油队夺得团体冠军，中国石化镇海炼化队、中国石化队分获团体亚、季军。

（六）加强安全生产信息化建设

“智慧安监”项目全面建成投用，监管精细化、效能化水平再上台阶。持续强化依法治安，加强宣贯。出台贯彻落实新《安全生产法》的相关指导意见，修订《宁波市危险化学品道路运输管理规定》《宁波市电梯安全管理办法》等配套法规政策。各地、各部门普遍组织开展新《安全生产法》宣贯工作，营造良好的安全法制环境。加强安全培训。大力实施“全员安全培训”民生实事工程，超额完成年度培训任务。加强宣传教育。充分发挥主流媒体、网络平台和教育基地的辐射作用，精心组织“安全生产月”“安康杯”竞赛等系列活动，被评为2015年全国“安全生产月”活动先进单位。创新社会化服务机制。出台《关于向社会力量购买服务的实施意见》《关于推进安全生产社会化服务工作的指导意见》，引导社会专业力量参与安全生产，形成了“政、企、社”联动共促机制，得到了上级充分肯定，《人民日报》报道宁波做法。组建宁波安全工程学院，首批招录2个班、60名化工安全方向本科学员。

5月21日，全国副省级城市安全生产与信息化研讨会在宁波举行。国家安全监管总局总工程师

吴鑫、宁波市市长卢子跃、浙江省安监局局长华宣奎出席会议。国家安全监管总局相关司局、通信信息中心和中国安全生产科学研究院负责人，全国5个省市、15个副省级城市、浙江省内部分城市安监部门负责人以及企业代表共计100余人参加了会议。宁波安全生产信息化工作经验在会上作重点介绍，与会代表发言交流、建言献策，共同探讨如何提升安全生产信息化工作水平。

第十一部分

主要产煤省(自治区、直辖市)煤矿安全监察工作

北京市煤矿安全生产工作综述

2015年，北京煤监局在国家安全监管总局、国家煤矿安监局和北京市委市政府的正确领导下，深入学习贯彻十八届四中、五中全会和习近平总书记系列重要讲话精神，扎实开展“三严三实”专题教育活动，强化煤矿安全监察、隐患排查治理、事故调查处理和事故案例警示教育，持续推进“两个体系”和安全质量标准化建设，强化煤矿安全生产主体责任落实，保持了全市煤矿安全生产形势的持续稳定。

一、超前预防，扎实推进隐患排查治理和安全风险预控体系建设

制定印发了两个体系建设的指导意见。隐患排查治理体系建设明确了“1+5”建设内容，即：煤矿逐步建立健全一个标准（隐患认定分级标准）和五个工作机制（隐患排查、评估登记、治理、验收和保障机制）。北京煤监局将两个体系建设工作作为监察执法的重点内容和日常监察执法的必查项目进行推进，及时发现问题，指导督促昊华公司和各煤矿认真整改落实，推动全市煤矿两个体系的不断完善。全市煤矿的隐患排查治理体系基本建立完成。昊华公司统一制定了全部8个专业35项生产工艺共735项隐患认定标准，建立了排查、公示、整改、验收等一整套工作机制，建立了一个功能完备的信息化管理系统，建立了一系列有效的考核保障制度。

在风险防控体系建设方面，明确了“1+5”建设内容，即：煤矿建立健全一个认定办法（危险源认定办法）和五个工作机制（危险源辨识、评估登记、告知、管控和保障），提出了梳理细化岗位安全风险项目清单的设想，并在长沟峪煤矿率先摸索经验。4个煤矿的岗位安全风险项目清单已经基本梳理完成，为煤矿风险防控体系建设奠定了扎实基础。

清晰的风险清单和隐患标准、详细的排查和辨识机制、完善的公示和保障机制，促进了全市煤矿两个体系的良好运行，进一步提升了煤矿防范事故能力，全年北京市煤矿死亡事故1起1人，比上年同期减少了4起4人，轻微伤以上事故107起，比去年同期减少了64起，同比降低37.4%。

二、突出考核，持续深化煤矿安全生产标准化工作

实施分级分类管理。针对全市4个煤矿实际，指导制定分级分类实施方案，对大安山煤矿和木城涧煤矿进行重点指导，督促煤矿制定一级标准化达标工作方案。强化监督落实，从制度完善、加大投入、措施落实等方面，督促煤矿进一步提高标准化工作水平，努力实现标准化等级上的突破。

完善岗位达标。督促指导各煤矿每季度开展一次全覆盖的岗位达标考评工作，以“手指口述”安全确认法、岗位作业操作标准为载体，全面提升岗位规范操作水平，实现岗位达标。结合本市煤矿从业人员现状，组织专家编制了本市煤矿所有123个岗位的达标考评标准，指导各煤矿深化岗位达标工作。

三、聚焦难点，狠抓煤矿顶板管理工作

针对北京煤矿主要灾害为顶板灾害的实际，经过反复调查研究，制定了《北京市煤矿顶板管理五条规定》(简称《五条规定》)。2015 年，北京煤监局采取密集跟踪督查的方式，狠抓落实，每次检查都对各矿落实《五条规定》情况进行督导，对管理人员及一线职工进行现场提问。各煤矿按要求从矿长开始，对《五条规定》进行了逐级宣讲，管理人员及井下一线职工都能熟练掌握《五条规定》内容。各矿还结合自身生产工艺，研究制定贯彻执行《五条规定》的具体实施细则以及发现违反规定的具体《工作面停产标准》，明确发现何种情况，各级管理人员必须责令工作面停产。通过加强对顶板的管理，有效遏制了顶板事故。

四、固化经验，加强对重点矿井的督查工作

通过 2013 年和 2014 年两年的重点督查，长沟峪煤矿安全形势得到明显好转。2015 年，北京煤监局将木城涧煤矿确定为重点督查矿井。制定重点督查方案，确定了重点督查的内容和频次，每月至少进行一次监督检查，通过参加矿安全办公会、车间会、班组会、深入一线检查调研等形式，查找煤矿安全管理中存在的问题，提出整改意见，督促煤矿严格整改落实。今年木城涧实现了零死亡。

五、从严从细，扎实开展煤矿隐患大排查专项活动

严密组织，杜绝走过场。牵头制定具体排查方案，组织市发展改革委、市国资委、市国土局等单位，组成 4 个排查小组（其中 3 个小组由我们牵头任组长），对全市 4 个煤矿开展了两个轮次分别不少于 10 天的煤矿隐患大排查。各排查组对井下各生产工作面、硐室、地面生产系统以及其他“边边角角”进行了“翻箱倒柜”式的细致排查，全面排查各生产系统存在的隐患和问题。发现查处各类问题和隐患 646 条。

重视“回头看”复查，确保实效。第二轮次的复查，首先对 646 条问题和隐患整改情况进行复查，已全部整改到位，消除了一批隐患。同时，突出对在集中排查结束后发生变化的工作面以及新增的工作面和硐室进行了详细排查，针对地面生产辅助环节开展全面会诊式排查。对集中排查阶段发现的问题和隐患采取井上、井下双验证的复查方式，督促煤矿切实做到真整改、真落实，杜绝“纸面闭合”。

六、狠抓落实，有序开展煤矿安全监察

按照北京煤监局制定的《煤监局 2015 年监察执法计划》，结合煤矿季节特点和工作实际，细化分解月度监察执法计划并认真开展各项监察执法活动。全年完成三项监察 51 矿次，完成计划的 110.8%。其中完成重点监察 27 矿次，专项监察 18 矿次，定期监察 6 矿次。共查出问题和隐患 370 条，实际整改率 100%。下达执法文书 22 份，其中现场检查笔录 41 份，现场处理决定书 41 份，立案决定书 3 份，行政处罚决定书 9 份，实施经济处罚 124.84 万元。对整改难度较大的问题和隐患定期跟踪落实，督促指导企业按期整改。及时对检查法发现的问题进行归纳分析，对存在问题比较集中的方面组织开展专项检查，有效遏制了事故多发的势头。

七、创新方式，提高监察执法水平

依靠专家力量参与检查。京西煤矿煤层赋存复杂，采煤方法、工艺多样，且多有自主创新。2015 年，北京煤监局从昊华能源公司因产业结构调整实施内部退休的专业技术人员中挑选了素质高、能力强、身体好的同志，不断充实煤矿安全专家队伍。除了临时性检查外，每次监察执法都从中邀请 2 ~ 3 名专业对口的专家参与，强化和提高了安全监察现场检查能力。2015 年，还邀请中煤北京煤机厂的专家开展了综采支架使用管理的专项监察，取得了较好的成效。

积极发挥社会中介机构作用。分别委托北京市安全生产技术服务中心和北京神龙安科技术发展中心两家机构，对本市煤矿安全风险管控情况和顶板五条措施落实情况开展评估，为下一步强化安全监察和精准发力打基础。针对标准化工作中岗位标准不清的问题，北京煤监局采用政府购买服务的方式，聘请北京市安全生产促进会组织专家编制煤矿安全生产岗位标准。

全员参与，深化事故案例警示教育。分管局长带头，全体监察人员分别制作警示教育宣讲课件，利用煤矿的车间会、每月一天的脱产培训日等，深入煤矿、段队、班组，与井下一线员工面对面讲事故案例、讲体会、讲教训，教育员工提高遵章守纪意识。自 2014 年 12 月开展警示教育培训以来，北京煤监局共有 9 名干部到煤矿开展了警示教育培

训，培训53次，培训煤矿员工3189人，占煤矿一线员工的76%，占一线井辅员工的50%，占煤矿员工的30.4%。同时，对近年来本市煤矿事故进行梳理，汇编成册，印制6000余册发放给各煤矿。委托专业部门，制作本市煤矿的两起典型事故案例教育片，免费发放到煤矿。

深入调研，提前应对特殊时期安全保障措施。京津冀一体化对北京市产业结构调整提出更高要求，北京京煤集团和昊华能源公司积极应对，作出了煤矿逐步退出的具体部署。针对面临退出煤矿安全投入不足、部分职工心态不稳、安全技术管理人员流失较多、有些干部有凑合思想等问题，北京煤监局深入煤矿开展调研，借鉴2010年关闭小煤矿时的做法和经验，研究制定《关于加强煤矿特殊时期安全生产工作的通知》，对进一步强化煤矿主要负责人责任落实、煤矿安全管理人员配备、工程部署等工作提出了具体要求。同时，要求煤矿、企业提高认识，全面分析研究在退出过程中可能会出现的安全生产的问题、隐患，以及可能会带来的社会稳定问题，防范群体性事件发生。

河北省煤矿安全生产工作综述

一、煤矿安全生产总体情况

2015年，河北煤监局认真学习贯彻习近平总书记关于安全生产工作的重要指示批示精神，按照国家安全监管总局、国家煤矿安监局及省委省政府的总体部署，强化安全红线意识和底线思维，解放思想，转变作风，创新举措，从严从实，狠抓落实，有力促进了全省煤矿安全生产形势持续稳定好转。2015年，全省煤矿原煤产量7275.25万吨，同比增长9.4%，全年全省煤矿发生生产安全事故10起，死亡11人，同比分别减少6起、减少4人，同比下降37.5%、26.7%，百万吨死亡率0.151，下降33.2%，未发生较大及以上死亡事故。煤矿事故起数、死亡人数、百万吨死亡率均创历史最好水平。

二、煤矿安全生产重点工作

（一）解放思想，确立干事创业工作思路

河北煤监局针对队伍中存在思想僵化、创新意识不强、作风建设中存在的“慵懒散漫浮”等现象，开展了“五破五立”思想大讨论。一是破除等靠情绪，树立锐意进取意识。二是破除大而化之习惯，树立精准发力意识。三是破除无所作为状态，树立勇于担当意识。四是破除封闭保守思想，树立开拓创新意识。五是破除急功近利心态，树立久久为功意识。通过思想大讨论，全局干部职工积极转变作风，精神面貌焕然一新，初步形成了队伍风清气正、人人奋发有为的良好局面。同时，在广泛调研的基础上，确立了“树正气，讲团结，提素质，促安全”工作思路和“1234”监察工作法，即：找准一个定位（国家监察）、发挥两个作用（监察执法作用和事故警示教育作用）、实现三个转变（从事后追责向事前防范转变，从查隐患向查隐患产生的原因转变，从查事和物向查人转变）、抓好四项监察（责任监察、重大致灾因素监察、安全生产条件监察、作业现场监察）。研究出台了《关于加强和提升当前全局工作的意见》，明确了监察执法、事故调查、行政许可、队伍建设、内业管理、保障服务6个方面37项具体工作意见，理清了工作思路，明晰了工作方向和目标。

（二）加大执法力度，严肃查处非法违法行为

一是认真履行监察职责，加大对违法行为处罚力度。2015年，共实施“三项监察”740矿次，查处安全隐患2249条，使用执法文书8599份。暂扣安全生产许可证11个，注销安全生产许可证10个；实施经济处罚2891.39万元，同比增加511万元，增幅达21.5%，是河北煤监局成立以来处罚力度最大的一年。其中，邯郸监察分局坚持查大隐患、办大案，保持执法力度不减，罚款1012.2万元（其中罚款100万元以上案件3件），连续3年罚款过千万。

二是积极参加全省煤矿安全生产监督检查活动。2015年，河北煤监局共派出32人次参加全省煤矿隐患排查治理行动、全省煤矿安全生产大检查

打非治违专项行动和专项整治工作、煤矿安全生产暗查暗访督导检查、重大节日和重要会议期间的煤矿安全生产督导等活动，共督查11市（次）、煤矿60矿次，查处隐患1958条，并监督隐患整改到位。

三是加大事故查处力度，严肃追究责任。修订了煤矿生产安全事故责任追究办法，规定：煤矿发生1起死亡1人生产安全事故，对负有责任的主管矿领导给予行政撤职处分，对煤矿主要负责人、党委书记给予降级处分。改变了以往只对主管矿领导给予记过或警告处分的做法。新规定出台后调查处理的5起事故，对3名责任人追究了刑事责任，给予1名矿长、4名分管副矿长撤职处分；4名矿长、5名党委书记、1名副矿长降级处分，1名副矿长记大过处分。印发了《关于煤矿职工因病死亡事故认定有关事项的通知》，进一步规范了煤矿职工在生产经营活动中因病死亡事故的报告、调查和认定程序。

四是加强举报核查，严厉打击隐瞒事故违法行为。加强核查工作领导，探索创新核查方法，认真核查每一条线索、每一起举报。全年共接到举报事故35起，查实2起瞒报事故，对瞒报事故相关责任人进行了严肃处理，其中3人被移送追究刑事责任，党政纪处分24人，2名矿长、1名副矿长给予撤职处分，1名党委书记给予降级处分。冀中监察分局积极探索“分局和部门联动核查为主、地方政府核查为辅”的核查办法，取得了比较理想的效果；冀东分局严肃查处了开滦兴隆平安矿业公司瞒报涉险事故，3名事故责任人被移送追究刑事责任。

（三）创新监察方式，提高监察执法效能

一是开展煤矿企业落实安全生产责任专项监察。采取查阅记录台账、安全知识测试、谈心对话、安全职责述职和现场抽查的方式，对煤矿企业落实安全生产主体责任10个方面33项内容进行了专项监察。监察煤矿企业7家、管理人员195人，审阅述职报告195份，谈心对话102人，问卷调查及知识测试122人，召开座谈会14次、参会职工代表219人，抽查矿井19处，查出各类问题161条，下达《加强和改善安全管理监察意见书》7份、监察情况通报2份，对5家整合主体企业及其上级公司主要负责人进行了约谈，对2人安全生产违法违规行为移送纪检监察部门。及时将监察情况上报了国家安全监管总局、国家煤矿安监局和省政府。联合省安监局约谈了煤矿企业董事长，面对面交换了意见。

二是开展地方政府煤矿安全监管工作监督检查。组织对6个主要产煤市煤矿安全监管工作进行了监督检查，发现问题120多条。及时提出了加强和改善安全监管工作的建议。6个产煤市政府高度重视，全部及时反馈了整改情况。向国家煤矿安监局、省政府报告了监督检查情况。监督检查以后，针对市、县煤矿安全监管能力不够的问题，联合省安监局组织对各市、县煤矿安全监管人员进行培训，共培训学员70多人，做到了监察与服务相结合。联合省安监局对6个产煤市的主管副市长、安监局局长和煤管局局长进行了约谈督导。各分局全年对21个产煤县（市、区）政府煤矿安全监管工作进行了监督检查，共发加强和改善安全监管工作的建议函24份。

三是开展集中式监察。淡化处、科室概念，打破人员分工界限，采取领导带队，集中人员、集中时间、集中车辆和装备，对煤矿瓦斯治理、水害防治等重点工作进行集中式监察。从7月份到年底，共实施集中式监察66矿次，查处隐患785条，暂扣安全生产许可证10个，责令停止作业（施工）34次、停用设备43台（件），行政罚款927万元。集中式监察矿次占全年监察矿次的8.9%，但查处隐患数占34.9%，罚款数占32.1%，监察效果明显。

四是实施表格式监察。组织编制了《河北煤矿安全监察局执法检查表》基础表及瓦斯防治、水害防治、采掘、机电运输和职业危害防治等专业的执法检查表共6种，在全局推行，解决了查什么、怎么查的问题。同时，按照“谁检查、谁签字、谁负责”的原则，增强了监察员的责任意识，提高了工作积极性和主动性。

五是开展示范式监察。2015年7月和12月，由省局领导带队，省局执法处室和分局的专业人员与邀请的专家组成监察组，先后对峰峰集团大淑村矿、邯矿集团陶二矿和张矿集团宣东矿进行了瓦斯治理示范式监察，形成了同类矿井的监察模式，即监察前详细查阅基础资料、制定监察方案、召开预备会、学习监察方案、分工、准备执法设备；检查中查阅相关资料，现场检查做到“四个全覆盖”，即井下采掘头面全覆盖、瓦斯抽采系统全覆盖、安全监测监控系统全覆盖和地面主要场所全覆盖；检查结束及时向煤矿通报监察情况，专家组负责解释煤矿的业务质疑和询问、介绍瓦斯治理先进技术和先进理念。

六是增强安全警示教育效果。以5起典型事故为题材制作了安全警示教育片，编辑了《煤矿安全生产违法违纪行为责任追究有关规定汇编》(简称《汇编》)，7月份分南北两片组织召开了全省煤矿安全警示教育会议，发放了《汇编》3000册、警示教育片900盘，宣贯了《刑法》及两高《司法解释》，组织煤矿企业400多人次观看了警示教育片，引起了强烈反响。警示教育会结束后，全省煤矿迅速行动，及时传达了会议精神，开展了警示教育。

七是组织与煤矿矿长谈心对话。按照国家安全监管总局新一轮“千名干部与万名矿长谈心对话”活动要求，河北煤监局与省煤管局联合制发工作方案。7月份组织了张杰辉副省长与全省煤矿企业主要负责人和部分煤矿矿长谈心对话活动。河北煤监局和分局领导班子成员深入煤矿企业，先后与223名矿长面对面谈心对话，强化事故案例警示，认真听取意见和建议，积极指导煤矿加强安全生产工作。

八是建成办公自动化和行政许可网上审批系统。实现了网上办公，所有行政许可项目一律外网申请、内网办理、外网反馈，煤矿企业无须再“跑”许可。实现行政许可“双合并”：把煤矿建设项目安全设施设计和职业病危害防护设施设计合并审查，把煤矿建设项目安全设施现场监督核查与煤矿安全生产许可证现场检查合并开展，提高了行政效能。全年，共受理安全生产许可证申请29个，办结27个。审查建设项目安全设施设计11份，组织竣工验收现场监督核查8处。审核职业病危害预评价12份（批复9份）。审查职业病危害防护设施设计12份（批复11份），组织竣工验收6处。

（四）总结提升，凝练河北煤矿防治水工作经验

一是成功协办全国煤矿水害防治工作现场会。2015年7月，全国煤矿水害防治工作现场会在河北召开，这是煤监机构成立以来召开的第一次全国水害防治工作现场会。为开好这次现场会，河北煤监局积极帮助会议承办单位冀中能源集团总结了防治水理念、技术及经验，指导现场准备，策划参观路线、会务等，保证了会议的圆满召开，受到与会领导和代表的一致好评。

二是积极总结河北煤矿防治水工作经验教训，组织制定了《河北省煤矿防治水管理办法》。从2015年7月份开始，历时半年时间，多次向各分局、两大集团及其3家二级公司地测防治水专家、省局有关处室、省安监局征求意见，8易其稿。省政府办公厅于2016年2月16日、国家煤矿安监局办公室于3月10日相继予以了印发和转发。

三是积极推进煤矿防治水示范矿井建设。按照全国煤矿水害防治现场会上黄玉治局长提出注重发挥典型示范引领作用的要求，经国家煤矿安监局同意，选取了开滦集团的东欢坨煤矿、范各庄煤矿，冀中能源集团的九龙煤矿、葛泉煤矿、东庞煤矿北井等5处典型矿井，指导它们总结和整理防治水工作的先进理念、技术和管理经验，凝练和固化出顶板水疏放治理、水源快速判别、区域治理、注浆改造加固和老空水害防治等《煤矿水害防治示范矿井建设企业标准》。

四是积极推广防治水新技术。引导煤矿企业从井下局部治理向地面区域治理转变，将区域治理技术在九龙矿、羊东矿和邢台矿西井应用的基础上，又推广至梧桐庄矿、郭二庄二坑、辛安矿、邢东矿和东庞矿北井。区域治理技术的有效应用，不但增加了煤层底板完整隔水层的厚度、解放了深部煤层，而且对隐伏导含水构造进行系统治理、提高了煤层开采的安全系数。此外，还积极跟踪河北煤炭科学研究院煤矿水害微震监测技术进展情况，协调、指导该院制定《河北煤炭科学研究院煤矿水害微震监测技术企业标准》，力争为我省乃至全国水害预测预报工作提供新的可靠技术保障。

（五）正风肃纪，扎实推进监察队伍建设

一是深入开展“三严三实”专题教育。河北煤监局领导班子紧紧围绕践行“三严三实”主题，聚焦对党忠诚、个人干净、敢于担当，精心部署安排各阶段工作，推动专题教育扎实开展。局主要领导带头讲党课，并先后4次在党建工作会、警示教育周动员部署会、工作研讨会、正风肃纪学习教育会上作辅导报告，不断推进从严治党要求落实。局

领导班子坚持把学习研讨贯穿始终，先后组织开展5次专题学习、3次专题研讨，认清了不严不实的严重危害、强化了从严从实的行为规范。认真组织召开专题民主生活会，征求意见建议43条，并带头对照剖析，查摆出“不严不实”问题22条。研究制定了整改责任清单，确定了21条整改措施。通过专题教育，全系统党员干部加强党性修养的意识明显提高，工作作风更加严细扎实，各项工作取得了积极成效。

二是严明工作纪律。推行“严禁监察工作期间在煤矿饮酒”铁律，制定《正风肃纪问责规定》。加大对行政不作为、违反工作纪律等行为的纪律审查力度，先后发放整改建议书12份，印发通报3份，对履职不到位、考勤不及时、公文处理不阅办、不遵守请销假制度的2个处室、15名机关工作人员进行了点名通报，对5人进行了诫勉谈话，责令4人作出书面检查，责成3个分局、9个处（室）对43名填写工作日志不及时的人员督促其限期整改。同时，坚持每月不少于2次对机关落实岗位告示牌制度情况进行监督检查，及时印发通报进行批评教育，较好地促进了全局党员干部工作作风转变。

三是加强业务培训，提高队伍素质。8月份，举办了2期煤矿防治水专题脱产培训班，邀请5名国内知名专家教授授课，全局监察员分期参加培训，并组织闭卷考试，确保了学习效果。10月份，举办了公文处理与写作培训，邀请省政府专家授课；11月份，局领导带队赴山东、安徽和河南煤监局考察学习，并通过视频会议在全局汇报交流考察学习经验。

山西省煤矿安全生产工作综述

一、煤矿安全生产总体情况

2015年，山西煤矿安全监察局确立了履行“双重使命”、坚持“两个天字号”、贯穿“一个主基调”、突出“六个第一”、落实“十个强化”的工作总思路。全省煤矿共发生安全生产事故33起，比2014年上升26.9%；死亡77人，上升120%。其中，一般事故发生26起，死亡31人；晋中发生3起较大事故，死亡14人，晋城、吕梁、临汾各发生1起较大事故，死亡11人；大同发生1起重大事故，死亡21人；未发生特大事故。全省煤矿百万吨死亡率0.079。

二、煤矿安全生产重点工作

（一）强化使命意识

扎紧织密思想防线，强化国家监察使命意识。深刻学习领会习近平总书记关于安全生产的重要讲话指示精神，结合开展“三严三实”专题教育活动，进一步强化责任意识、大局意识、担当意识；围绕“使命·担当·创新”这个主题，专门召开了两次监察执法工作座谈会，对“使命怎么看、担当怎么办、创新怎么干”进行研讨，对如何进一步树立国家监察权威、创新监察执法方式方法等进行交流，统一思想认识，凝聚精神力量。

（二）强化监察执法

扎紧织密监察防线，强化监察执法创新工程。以创新激活力、促提升，各分局（站）紧密结合辖区实际，创造性地开展了以源头治理为主的“源头式监察”、以教育引导为主的“宣教式监察”、以技术指导为主的“授课式监察”、以责任倒查为主的“审计式监察”、以人情防范为主的“交叉式监察”和以台阶警示为主的“积分式监察”，切实提高监察执法的质量。全年全系统共现场检查2505矿次，其中“三项监察”1358矿次，完成全年计划的106.59%；查处各类安全隐患和问题10829条，督促按期整改10736条，其中查处重大安全隐患29条，已按照“五落实”要求整改完毕。

（三）强化灾害治理

扎紧织密重点防线，强化瓦斯、水害综合治理。对全省瓦斯、水害严重矿井，实行重点监控、重点监察。按监察人员专业特长组建了瓦斯治理、地面煤层气抽采、防治水“三支专家队伍”，采取“走出去、请进来”方式，邀请了6位国内知名的防治水专家进行水害防治技术专题培训。分批组织全局人员先后到安徽、河北、山东学习考察瓦斯治理、水害防治、安全监察、信息化建设等先进技术和工作经验，着力培养了专家队伍。

（四）强化责任落实

扎紧织密责任防线，强化各级责任落实。大力推动完善“党政同责、一岗双责、失职追责”安全生产责任体系，推动地方党委政府领导责任、部门监管责任、企业主体责任落实。全年，共查处各类煤矿事故落实企业主体责任和部门的监管责任；加强事故查处力度，对违法责任人严肃问责，2015年查处的33起事故处理责任人603人（18人/起），其中厅局级干部9人，处级干部96人，追究刑事责任54人。对现场检查存在重大安全隐患的矿井、发生死亡事故单位分级进行约谈、通报，对22座非法违法生产建设的矿井，及时报告地方政府，并移送相关部门，督促各级各部门认真履行安全责任。

（五）强化依法治安

扎紧织密法治防线，强化依法治安。针对当前严峻形势，突出加大安全法治宣教力度，大力开展法治企业建设活动，把2015年以来山西发生的6起较大以上事故案例制作成电教片《坚守红线 警钟长鸣——山西2015年煤矿事故案例警示录》1500份，免费发放至全省所有煤矿企业和部分行业主管部门、煤矿安全监管监察部门，进行了全覆盖、滚动式播放，并组织了巡回宣讲。按照国家安全监管总局要求，进一步加大了动态执法力度，开展“双随机”监察执法和“打非治违”专项行动，严厉打击“五假三超”（假整改、假密闭、假数据、假图纸、假报告，超能力、超强度、超定员组织生产）行为，促进企业依法生产。大力提升依法行政能力和规范执法水平，坚持每月一个专题，对监察人员进行法治培训。组织开展执法案卷评查和执法监察活动，及时发现监察执法过程中存在的问题，及时予以纠正。

内蒙古自治区煤矿安全生产工作综述

一、煤矿安全生产总体情况

2015年，内蒙古煤监局认真履行“三项监察”职能，坚持依法治安，严格责任落实，有力促进了全区煤矿安全生产形势持续稳定好转，取得了建局以来的最好成绩，主要表现为“两个基本控制、两个大幅下降、一个新的突破”。

——基本控制了重特大事故。自2010年以来，已连续6年未发生重大以上事故。

——基本控制了瓦斯、水害事故。自2014年以来，已连续2年未发生瓦斯和水害事故。

——事故总量大幅下降。全年发生事故12起、死亡12人，同比减少12起、15人，分别下降50%、56%，已连续4年下降，并连续8年控制在50人内。

——百万吨死亡率大幅下降。百万吨死亡率0.013，创历史最好水平，同比下降52%，已连续6年下降。

——较大事故控制实现了新突破。全年未发生较大事故，同比减少1起，死亡人数减少3人。自2011年以来，较大事故连年递减，实现了较大事故零发生的新突破。

二、煤矿安全生产重点工作

（一）狠抓“三项监察”，提高依法治安水平

一年来，以“三项监察”为重点，严格计划监察，规范监察执法内容，创新监察执法方式，进一步提高了依法治安水平。一是严格监察计划。各分局（站）根据不同时期、不同阶段的工作部署，结合辖区煤矿的生产情况、安全管理状况等因素编制“三项监察”工作计划，做到了科学性、针对性、实效性有机统一。2015年，全局共现场监察4621人次（其中入井2703人次），监察煤矿583个，覆盖率100%，实施经济处罚5267万元（其中监察罚款3488万元，占66%），暂扣安全生产许可证29件，责令停产整顿20矿次。二是规范监察执法，确保依法监察。执法工作坚持做到了“三规范”，即：执法程序规范，做到现场监察多

渠道取证，行政处罚先告知、后处罚，有立案、有结案；执法文书规范，各类文书制作全部实现电子化，现场检查记录准确具体，隐患与现场处理决定书形成闭合、不漏项，整改期限符合企业实际，可操作性强；行政处罚规范，违法违规行为与行政处罚因果对应，自由裁量权由局长办公会议集体研究决定。三是创新监察执法方式，提高执法效果。全局组织开展了异地交叉执法，推动相互学习、相互交流、共同提高，进一步提升了全局的监察执法水平。各分局（站）也根据自己的特点创造性开展了监察执法工作。如：乌海分局进一步拓展“精细化”监察的覆盖面，每季度实现对各科室辖区内的一个重点煤矿进行全面、细致、深入的“精细化”监察。鄂尔多斯分局开通了微信公众平台，关注人数已达 1000 余人，及时发布有关煤矿安全管理、煤矿安全监察等信息，引导煤矿企业抓好煤矿安全管理。赤峰分局针对灾害严重的矿井召集相关专家进行“会诊式”监察，商讨研究专业性技术难题，分析问题原因，制定相应措施，确保消除隐患。呼伦贝尔分局针对系统复杂、生产环节多的矿井，集中全局力量，分专业、按系统、全方位开展“集中剖析式”监察，查找企业深层次、实质性的问题，实现了对煤矿的全方位监察。锡林郭勒监察站开展“学习式”监察，组织辖区内露天煤矿安全管理人员互检，促进了企业之间的沟通交流，达到辐射和推广先进安全管理模式的效应。

（二）狠抓落实，促进安全责任落实

采取各种措施促进安全责任落实。一是继续保持“打非治违”高压态势。对无证、证照不全从事生产、假图纸生产和超层越界、违法组织生产、边建设边生产、超能力生产等行为进行严厉打击。全年共查处以上违法违规行为 35 次，罚款 2644 万元；尤其加大了对超能力生产的查处力度，全年查处超能力生产矿井 18 处，罚款 1216 万元。在严厉处罚的同时，还有针对性地对煤矿企业集团负责人及煤矿矿长进行了安全约谈，督促其进一步落实了煤矿企业的主体责任。二是继续开展“谈心对话”活动。内蒙古煤监局领导与辖区内的所有煤矿矿长谈心交心，对话聚焦生命、责任和红线，使矿长牢固树立安全生产红线意识，全面正确履行职责。全年谈心对话 1300 多人次，覆盖率 100%。三是狠抓重点县安全攻坚。对国家重点县赤峰元宝山区的 9 处煤矿开展了每矿 2 天的解剖式监察，组织了 20 场班组长座谈会和 18 次安全知识考试。7 个自治区重点旗县中 4 个未发生死亡事故。四是推动企业主体责任全面落实。把“五落实五到位”的内容纳入监察范围，在日常监察和大检查中督促企业落实，对未按要求落实“五个全覆盖”的企业依法进行处罚，辖区内煤矿“五个全覆盖”已经基本落实到位。五是督促地方政府落实监管责任。对全区 11 个产煤盟市、51 个产煤旗县开展监督检查 31 次，下达加强和改善安全管理建议书 28 份，督促其落实煤矿安全监管责任，已在自治区全面建立起“五级五覆盖”的安全生产责任体系。

（三）狠抓灾害治理，防范重特大事故的发生

一是狠抓隐患整改落实。全年共查出一般隐患 4110 项，完成整改 4057 项，整改率 99%；查出重大隐患 40 项，完成整改 40 项，累计整改率 100%。二是开展隐患集中排查。上半年，按照集中排查的要求，内蒙古煤监局抽调 110 名专业监察人员，组成 55 个煤矿隐患排查小组，共排查出隐患 2310 条，提出加强安全生产管理建议 440 条，并对整改情况进行跟踪复查，煤矿企业全部按照“五定”原则整改到位，有效地排查和整改了一批安全生产隐患。三是开展致灾因素普查。对全区 51 处小煤矿排水情况进行了统计分析，对加强小煤矿应急排水能力建设和水害事故救援工作提出了意见建议。四是开展专项监察活动。根据不同时期煤矿安全生产特点，先后开展了“一通三防”“雨季三防”“安全监控系统”等专项整治活动，对瓦斯、水害、火灾等进行重点防控。全区已 30 个月未发生瓦斯与水害致死事故。乌海分局对辖区内的 2 处瓦斯超限行为依法进行查处，罚款 106 万元，并责令停产改正。鄂尔多斯分局要求 4 座没有查清水文地质情况、没有开展水害隐患排查治理工作的煤矿停产整改。五是督促企业建立隐患排查治理长效机制。要求煤矿企业落实隐患排查治理主体责任，完善隐患排查治理制度，按时向监察分局上报隐患排查治理情况，推进煤矿隐患排查治理工作科学化、规范化和常态化。通过对重大灾害的预防和隐患的排查治理，有效防范了煤矿重特大事故的发生。

（四）狠抓安全基础，提高安全保障能力

一是依法依规严格安全准入。坚持安全生产许

可证动态管理，对达不到安全条件或到期未申请延期的，暂扣或吊销安全生产许可证。建立了煤矿安全生产专家库，加强竣工验收监督核查和安全设施设计审查。二是加强职业病危害防治工作。全区煤矿职业危害申报率达90%以上，检测评价率达95%以上，作业场所职业危害告知率、警示标识设置率达85%以上，职业健康防护知识的培训率达90%以上。三是规范煤矿中介机构从业行为。组织召开了区内、区外安全评价机构负责人会议和检测检验机构负责人会议，要求中介机构进一步加强自身管理，加强质量管控，保证报告质量，更好地为煤矿安全生产服务。四是加强培训工作，提高从业人员素质。邀请现代化矿井的专家讲解煤矿新知识、新技术、新装备和新案例，全年培训煤矿从业人员3万余人次，促进了全区煤矿从业队伍素质的提高。五是推动了全区矿山救护队质量标准化建设工作，通过考核验收，质量标准化特级救护队7支、一级救护队5支、二级救护队8支、三级救护队4支。积极宣贯《企业安全生产应急管理九条规定》，共对420名矿级安全管理人员和803名区队级安全管理人员进行了宣贯。

（五）狠抓事故查处和警示教育，促进安全生产工作

一是规范事故调查。为规范内蒙古煤监局事故调查处理，制定并印发了《规范煤矿事故报告和调查处理工作的指导意见》，召开座谈会讨论、解决事故调查中日常发现的问题，形成统一的意见。二是严肃查处事故。全年发生的12起事故已全部结案，共处理事故责任人152人，其中：移交司法机关处理2人，罚款908.9万元。对4起瞒报事故，共处理事故责任人30人，其中：行政处罚25人，行政处分5人，事故罚款856.89万元。三是狠抓警示教育。完成了《内蒙古自治区煤矿较大及以上事故案例解析（2000—2014）》的编制工作，并发放到各盟（市）煤炭管理部门及煤矿企业等，用身边事教育身边人。全年对140家煤矿企业近5万人次开展了警示教育。及时向全区通报全国和内蒙古自治区事故情况，促进煤矿企业举一反三，吸取事故教训。四是加强对事故单位的约谈。针对呼伦贝尔牙克石市五九集团煤矿2011年以来连续发生事故，约谈了该集团总经理和地方监管部门主要负责人，分析了该公司煤矿近5年来7起事故的原因，并责令企业立即全面排查隐患，严格落实主体责任，起到了积极防范事故的作用。

辽宁省煤矿安全生产工作综述

一、煤矿安全生产总体情况

2015年，在国家安全监管总局、国家煤矿安监局和辽宁省委省政府的正确领导下，辽宁煤监局认真贯彻上级有关煤矿安全生产工作各项部署，以杜绝重大以上事故、控制较大事故、减少一般事故为目标，深入推进隐患排查治理、煤矿整顿关闭、五落实五到位，强化监察执法，持续加强基础工作和队伍建设，各项工作取得新进展。全省煤矿共发生事故15起，死亡25人，同比减少7起、27人，百万吨死亡率0.518。其中，较大事故3起、死亡12人，一般事故12起、死亡13人，没有发生重大及以上事故。实现了全省煤矿安全生产形势持续稳定好转，煤矿安全生产创历史最好水平。

二、煤矿安全生产重点工作

（一）围绕重点任务，细化工作安排

1. 统筹谋划，确定全年工作目标

2015年1月23日，召开了全省煤矿安全监察工作会议，贯彻落实全国安全生产电视电话会议、全国安全生产工作会议精神，按照国家安全监管总局和省委省政府的工作要求，结合全省煤矿安全工作实际，对全年工作进行了安排和部署，确立了煤矿安全监察工作的指导思想和工作目标。

2. 明确责任，细化分解工作任务

为推动各项重点工作落实，对机关处室、监察分局、事业单位承担的工作任务进行细化和分解，确定了全年8大类38项的具体工作任务。各部门、各单位按照工作要求，分别制定了具体措施，确定了责任人，明确了完成时限，保证了各项工作顺利

开展。

3. 层层承压，落实安全工作要求

2015年2月初，分别召开了全省国有重点煤矿和地方煤矿安全生产工作座谈会，传达贯彻全省煤矿安全监察工作会议精神，分析国有重点煤矿和地方乡镇煤矿安全生产面临的形势和存在的主要问题，部署煤矿安全生产监管监察工作重点和具体措施，并专门印发了工作要点，进一步强化企业安全生产主体责任和地方政府安全监管责任，为全年煤矿安全生产工作顺利开展奠定了坚实基础。

（二）加强检查督促，深化大检查活动

1. 深入开展安全大检查

按照国务院和辽宁省安委会关于开展煤矿隐患排查治理工作部署，上半年，辽宁煤监局组成督查组深入各地区和煤矿，按照“一矿一组、一矿一案、一矿一策”的原则，调配专业力量，扎实开展煤矿安全生产大检查，对排查出的隐患和问题设账立项、紧盯不放，做到隐患不彻底整改绝不放过。下半年，以煤矿安全生产责任落实等8个方面为重点，细化安排了贯穿至年底的全省煤矿安全生产大检查具体任务。全年累计监察矿井809矿次，查出隐患问题3394条，下达各类行政执法文书2013份；暂扣安全生产许可证94矿次，停止采掘工作面62个，责令停产37矿次，行政罚款778万元。

2. 深化“打非治违”专项整治

按照全面开展安全生产大检查深化“打非治违”和专项整治工作要求，安全生产大检查期间，各督查组突出煤矿“双七条”的贯彻落实，以“图纸管理”“一通三防”、密闭管理、顶板管理、防治冲击地压、“六大系统”、改扩建项目按设计施工等作为主要检查内容，重点打击证照不全或过期非法生产、未经验收擅自复工复产、超层越界非正规开采以及用正规工作面应付检查、打假密闭和假图纸等违法违规行为。同时将“四不两直”暗查抽查作为一项重要手段，各督查组及监察分局在明查的同时，抽调部分监察人员对重点地区、重点矿井进行单独暗查、突击督查，对煤矿违法违规行为重拳出击，严格落实停产整顿、关闭取缔、上限处罚和严厉追责的“四个一律”执法措施。

3. 坚持周总结、周汇报

各督查组将煤矿安全大检查阶段性工作总结作为开展好此项工作的一项重要措施，每周一调度例会听取各督查组、各监察分局上周煤矿安全大检查工作情况汇报，局领导对下一步工作提出指导性意见和要求，确保了安全大检查工作的顺利进行，也确保了安全大检查的效果。

（三）加强监察执法，紧盯隐患整改

1. 突出监察重点，加强监察执法

在国有煤矿方面，结合以往监察掌握的情况，坚持以瓦斯治理、水害防治、冲击地压防治为重点，集中省局、分局业务骨干，整合全局力量，按照时间服从质量的原则延长监察时间，综合运用暗查暗访、夜班抽查等形式，对国有煤矿安全生产动态和“内业”基础等进行全方位监察，发现问题由集团公司提交整改情况，全程跟踪督办。对地方煤矿坚持狠抓煤矿复产验收工作，适时组织对已通过地方复产复工验收矿井进行抽查，发现不符合复产复工验收程序和标准的，一律责令停产停工、通报地方安全监管部门重新验收。

2. 加密监察次数，抓好专项监察

围绕“两会”“五一”“十一”、抗战胜利70周年等不同时段，加密监察次数，强化对地方煤矿执行政府指令情况的监察，着力抓好特殊时段煤矿的安全生产。2015年初，我省桓仁县和义县被列为全国第二批50个煤矿安全重点县，为进一步做好煤矿安全重点县攻坚工作，在加强对两县所辖煤矿的监察执法工作力度、加大检查频次进行重点督查的同时，专门下发了“进一步做好煤矿安全重点县攻坚工作的通知”，对两县煤矿安全生产工作重点提出了具体要求，确保了攻坚战奋斗目标的完成。在全年不同时间节点，分别组织开展了提升运输、防治水、瓦斯治理、职业危害防治等专项监察活动，强化隐患专项整治。

3. 紧盯隐患整改，解决突出问题

始终坚持以防范遏制重特大事故为目标，以瓦斯、水害和冲击地压等重大灾害治理为重点，综合运用跟踪整改、挂牌督办等手段，横向联合协作，纵向紧盯到底，强化隐患治理，解决了一批长期困扰和制约煤矿安全生产的突出问题和重大隐患。如：铁法煤业集团大平煤矿完成了S2S8工作面回采论证和主井绞车主轴更换；针对抚顺矿业集团老虎台煤矿83003号工作面开采期间冲击地压显现明显问题，先后组织4次专项监察，严格督促煤矿企业落实综合防冲措施、降低回采进度，保证了生产期间的安全；针对南票煤电公司三家子煤矿水患威胁问题，责令停止生产并实施挂牌督办，企业投入资金230万元完成了整改；针对阜新市地方煤矿安全出口改造问题，积极督促地方监管部门加快推进改造进度，目前已验收合格29家、关闭27家。

（四）促进基础提升，强化治本攻坚

1. 积极推进地方安全监管责任和企业主体责任落实

省局、分局在对各产煤市、县（区）开展监督检查中，加强了对各级政府落实“党政同责”规定的检查，积极督促地方政府加强对安全监管部门的人员配备、资金投入等建设，落实地方安全生产监管责任。大力宣传新《安全生产法》，将新《安全生产法》纳入煤矿安全管理人员培训内容，全年共有2200余人参加学习，推动了新《安全生产法》的贯彻落实；深入开展煤矿矿长谈心对话活动，将贯彻新《安全生产法》和“双七条”作为同矿长谈心对话的主要内容，强化企业安全责任意识，强化法治思维，落实安全生产主体责任。

2. 深化推进国务院99号文件落实

推进地方煤矿隐蔽致灾因素普查。下发《开展地方煤矿隐蔽致灾因素普查工作的通知》，明确了隐蔽致灾因素普查任务的工作时限和要求，深入重点地区和重点煤矿开展隐蔽致灾因素普查工作专题约谈，并针对小煤矿较为集中的地区专门下发监察意见并强化督查跟踪，督促地方政府、煤矿企业切实采取措施查清隐蔽致灾因素。推进煤矿安全培训工作。将煤矿安全培训工作重点由对培训机构的资质审查转向培训内容管理，组织编写培训教材及省级考试题库，召开培训教师教学研讨，交流培训内容和方式，提高培训质量。组织开展了煤矿安全监测监控系统使用专题培训，提升煤矿监测监控系统管理水平。推进煤矿职业卫生工作。组织对职业卫生服务机构开展专项检查，督促其提高质量意识和服务水平。组织对破产关闭煤矿离岗体检情况进行摸底调查，进一步摸清了煤矿职业卫生工作现状。推进煤矿应急救援能力建设。加强了对救护队应急处置情况的抽查检查，在“安全生产应急救援专题行”活动中加强了救护队伍与煤矿之间的应急响应演练，进一步提升了辽宁省煤矿应急救援能力。

3. 严把煤矿安全准入关

强化煤矿安全生产许可证的颁发和管理，严格落实行政许可审查例会制度，坚持局务会议最终审批。为深刻吸取天津港“8·12”爆炸事故教训，组织开展行政审批工作座谈讨论，通过下发会议纪要等形式，对安全生产条件审查、评价报告审查等作出具体要求。同时，强化煤矿安全生产许可证的动态管理，对不能持续保持法律规定安全条件的煤矿，及时依法暂扣安全生产许可证，全年暂扣安全生产许可证94矿次。

（五）强化警示教育，依法查处事故

1. 依法严格查处煤矿各类事故

2015年，全省煤矿累计发生各类生产安全责任事故15起，死亡25人。已结案事故中，共处理事故责任人108人，其中，建议关闭煤矿1矿次，建议追究刑事责任2人，给予党政纪处分41人，行政罚款68人、54.8万元；事故罚款623.8万元。

2. 深入开展安全生产约谈

认真落实国家安全监管总局关于事故通报、约谈、分析、督导四项制度，坚持用事故教训推动工作。针对2015年发生的3起较大事故，由局领导带队，处室和分局相关负责人参加，对地方政府、煤矿安全监管部门相关负责人以及事故煤矿矿长进行了21人次的约谈，深刻剖析事故发生的深层次原因，查找煤矿安全管理和安全监管方面的漏洞，提出整改要求，研究制定防范措施，认真排查治理事故隐患，举一反三，真正做到不安全、不生产。

3. 积极开展事故警示教育活动

认真总结各地煤矿典型事故教训，大力开展形式多样的事故警示教育活动。全年分地区组织开展警示教育4次，参加人数700余人；利用大连培训中心安全管理人员培训平台开展警示教育27期、计2400人次。为督促各地区安全监管部门负责人和矿长吸取事故教训，2015年以来，煤矿发生的事故信息均以手机短信方式发送到各集团公司、各产煤市煤矿安全监管部门主要负责人和煤矿矿长，起到了安全警示和督促作用。

（六）加强执法监督，规范监察行为

1. 完善执法监督机制建设

制定了《执法监督实施办法》，并建立和健全了重大行政处罚集体讨论、备案、行政执法评议、案卷评查和闭合执法等5项工作制度。分局专门设置执法监督室，对计划编制、方案制定、现场检查、整改复查的监察执法全过程开展监督。

2. 强化内部执法监督

加强对分局监察计划编制与执行的检查，并通过参加大检查、日常监察执法等工作对执法过程进行不定期抽查。各监察分局每季度定期对执法文书开展一次评查，认真查找存在问题、改进不足。适时开展执法监督交叉互检，由局领导牵头组织各分局人员成立监督检查组，对分局监察执法效果情况开展互检互查，与分局监察员座谈、交流，进一步提升了监察执法能力。

3. 立足实际，改进监察方法

组织开展“强化红线意识，深刻吸取事故教训”大讨论，在总结以往监察工作开展情况基础上，合理区分“三项监察”，突出国家监察特点，明确侧重点，增强针对性，努力把工作的着力点放在源头治本和超前防范上，从监察“有效”和“管用”入手，不断创新安全监察工作的新思路。分局建立了监察发现问题整改情况抽检机制，将隐患整改情况的监察纳入到月度监察执法计划，采取抽查、突击检查等手段加强对整改落实工作的跟踪；通过反复实践和总结摸索，研究制定了“点线式要素监察工作法”，既提高了监察效率，又规范了执法行为。

（七）坚持从严要求，加强队伍建设

1. 注重执法能力的持续提升

2015年初，辽宁煤监局党组专门就“学法、守法、用法，全面提高依法行政能力”提出具体安排部署，推动全局持续提升依法办事、依法行政的能力和素质。开展了全员业务培训，聘请专家学者讲授事故调查报告等知识，组织监察分局业务骨干交流监察执法经验；举办了两期100余人参加的中日煤矿安全技术专题培训班，学习国外煤矿安全监管体系、安全监督、安全理念等，开阔了眼界。

2. 加强干部的选拔使用和管理

完善了干部管理制度，制定了“选拔任用工作纪实制度”，规范工作程序。完善了《工作责任目标综合考核办法》，突出职责变化和量化考评。制定了《谈心谈话工作制度》，及时沟通思想，点评工作不足，维护队伍的团结统一。对2名提任到分局党总支书记职位的干部进行了交流任职，从分局选调了3名年轻干部充实到省局机关，提拔使用了9名分局的年轻同志担任监察室主任、副主任等职务，使干部年龄结构趋向合理。严格执行领导干部个人有关事项报告制度，从严从细对待个人有关事项报告的填写、信息录入、汇总、核对工作。

3. 狠抓党建和党风廉政建设

出台了《贯彻全面从严治党要求实施办法》《落实党风廉政建设“两个责任”实施办法》《党员领导干部操办婚丧喜庆事宜报告制度》等12项工作制度，努力做到用制度管人、管事和管权。组织开展了“三严三实”专题教育，制定下发了“三严三实”专题教育实施方案，确保专题教育落到了实处。年初，组织召开局党风廉政建设工作会议，部署全局党风廉政建设重点工作，逐级签订反腐倡廉建设承诺书和责任状。组织开展形式多样的反腐倡廉“警示教育周”等活动，在重要节点前以文件、电话或短信等形式加强重点节点廉政提醒。加强对党员干部的监督、执纪与问责，通过向煤矿人员发放调查问卷、参加对矿监察、定期听取部门汇报、参与干部选拔及政府投资项目招标和局办公用房清理整改等工作，强化多层次、多角度、多形式的监督，规范权力运行，为队伍建设提供了有力保障。

吉林省煤矿安全生产工作综述

一、煤矿安全生产总体情况

2015年，吉林省煤炭产量2295.59万吨，发生事故19起，死亡21人，煤炭百万吨死亡率0.915；发生较大事故1起，死亡3人，没有发生重大及以上事故。省属煤矿煤炭产量2001万吨，发生事故9起，死亡11人（其中较大事故1起、死亡3人），煤炭百万吨死亡率0.55；市地属煤矿煤炭产量294.59万吨，发生事故10起，死亡10人，煤炭百万吨死亡率3.395。全省煤矿事故死亡人数同比下降19%，历史最少；较大事故起数、死亡人数同比下降67%和73%，降幅最大。全省煤矿事故起数、死亡人数由“十五”平均每年130余起、200余人，下降到“十一五”平均每年60余起、100余人，“十二五”又降到平均每年不到20起、50人，每隔五年呈现50%以上的下降幅度，实现“十二五”期间煤矿安全生产奋斗目标。

2015年，吉林煤矿安监局共监察矿井148处、371矿次，查处隐患2248条，制作执法文书2193份，同比分别增加1%、26%、30%和39%；共入井2503人次，现场监察工作日9379个，人均每月入井2次、现场工作8天；实施行政处罚270次、罚款842万元，同比分别增加48%和66%；与119处煤矿企业负责人谈心对话198人次，与24个产煤县的政府负责人碰头交流260人次；组织煤矿从业人员岗位职责、应知应会现场考试95矿次、1332人参加，责令不合格者停止上岗作业442人。受理煤矿安全生产许可证申请53处，现场审查19处、20矿次，召开安全生产许可证集中审查例会14次、颁证16个，暂扣证12个，注销26个。培训各类人员3262人次，其中煤矿安全管理人员2142人次、煤矿主要负责人99人、煤矿调度人员256人、事故矿井负责人83人、救护队长42人、培训机构教师312人、注册安全工程师190人、中介机构从业人员100人、重点县主要负责人38人。调查煤矿安全事故19起，结案17起，期限内结案率100%，制作调查取证笔录475份，建议追究责任人员156人，其中追究刑事责任8人，给予党政纪处分59人，给予行政处罚145人，同时撤销安全生产管理人员资格61人。

二、煤矿安全生产重点工作

（一）强化煤矿安全红线意识

坚持把学习贯彻习近平总书记关于安全生产的系列重要论述作为抓好煤矿安全工作的首要任务。局党组4次集中学习，分7个专题组织全局干部研讨交流，分析研判吉林煤矿安全基本面，分析研判经济下行带来的新挑战。深刻认识到，与2020年全面建成小康社会相适应，煤矿安全的主要指标就是坚决遏制重特大事故、有效控制较大事故、持续减少一般事故；明确提出，煤矿安全监察工作牢固树立“三服务”思想（即服务科学发展安全发展大局、服务吉林经济社会发展大局、服务吉林煤炭企业发展进步），扎实推进“三强化”措施（即强化红线意识法治意识底线思维、强化国家监察职能落实、强化吉林煤矿安全攻坚治本），统一思想，凝聚共识，引领工作方向。一年来，强力推进“五进”“十必宣”措施，在吉林煤矿安全战线筑牢安全生产红线意识（“五进”即进政府部门重要会议、逢会必讲，进安全培训课堂教材、逢培必授，进矿长保护矿工铁律、刚性执行，进每个矿井班组区队、人人牢记，进每个井下作业现场、处处高悬；“十必宣”即班前警醒必宣、班中提醒必宣、班后反省必宣、调度例会必宣、培训课堂必宣、双月碰头必宣、谈心对话必宣、下井检查必宣、警示教育必宣、微信平台必宣）；坚持关口前移，倡导把“红药水”事件当作事故处理，从管控轻伤、降低负伤率入手推进实现“零死亡”。特别是在“安全生产月”期间，做到电视有影、报刊有文、网络有赞，100余名监察员进企业、到现场，近万块排版横幅、数十万本常识手册进社区、到家庭，着力推动安全生产红线意识落地生根、入脑入心。

（二）强化煤矿安全制度保障

坚持在经济发展新常态的前提下和吉林省经济社会发展整体部署下，找准全省煤矿安全工作的出发点和落脚点，既思考当前重点，又谋划长效长远，着力在制度层面建章立制抓规范，落实国家煤矿安全生产部署要求，服务吉林煤矿安全科学发展。既立足于吉林煤矿安全生产实际，又着眼于全国煤矿安全发展方向，制定出台《关于贯彻“四化”“四减”“五零”要求　推动全省煤矿企业安全发展的意见》，提出全省煤矿“四化”“四减”的具体路径和时限要求，明确以人员“零违章”、设备“零故障”、管理“零缺陷”、隐患“零容忍”、瓦斯“零超限”夯实“零死亡”基础的具体内容。既立足于以往监察执法的经验总结和有益做法借鉴，又着眼于监察执法的探索完善，制定出台《牢固树立“零死亡”理念　全面推进煤矿安全监察执法的意见》，提出“严执法、科学化、提水平、保红线”的监察执法总要求，推行集中式监察、表格式监察、约谈式监察、异地交叉监察、安全要素监察、轻重伤责任追究监察等。既立足于煤矿企业主体责任的细化落实，又着眼于地方政府日常监管责任的强化落实，制定出台《企业安全生产日检查、周调度、月总结和季报告制度》《煤矿井下“五个全覆盖”管理规定》《煤矿企业法定代表人每月带班下井检查制度》和《产煤市县政府主要领导定期入井督导制度》，通过对煤矿安全责任的细化分解和显化明确，力避企业“五落实”“五到位”的层层弱化和政府“五级五覆盖”层层递减。既立足于提高煤矿作业现场的风险辨识和防控能力，又着眼于提高事故防范的组织管理和科学治理能力，制定出台《煤矿井下“四化融合”实施方案》，对网格化管理全覆盖、标准化建设全铺开、信息化控制全启动、社会化监督诉求全回应提出明确具体要求，着力把“四化融合”落实到井下、到岗位、到班组、到流程、到整个矿井体系，把工作重心由事后查处转到事前防范。

（三）强化煤矿安全监察务实创新

一抓关键节点。“两节”“两会”“九三”“十一”等重点时段，省煤监局领导带队巡视督查、异地监察，不间断暗查暗访、全覆盖管控局面；紧盯通矿公司、江源煤业等重点企业，组织精干力量集中监察、连续蹲守，点对点破解难题、出重拳整治隐患；围绕瓦斯治理等重点灾害，局主要领导带领专家组深入7个矿井专项调研、会诊研判，推动企业瓦斯超前防治、区域治理措施的落实。二抓警示教育。集中一个月时间开展八宝煤矿“3·29”事故两周年警示教育，一封公开信、两部警示片、九场宣讲会贯穿全月、覆盖全省；较大事故提至省级调查，并由吉林省安委会挂牌督办，邀请40多家新闻媒体通报处理情况；把别人事故当成自己事故，及时通报他省典型煤矿事故教训，结合本省煤矿实际举一反三、摸底督查。三抓要素重点。围绕通风、排水、监测监控、行人运输、入井人数等安全要素，对停产矿井进行暗查暗访，防范非法违法生产行为导致事故发生；围绕完整性、有效性、稳定性等安全要素，对生产矿井安全监控系统全覆盖检查，确保其数据真实、反应灵敏、断电可靠。四抓许可审查。坚持“凡许可必核查”，把县级政府前置审查、“六大系统”验收合格、质量标准化达三级及以上、停产整顿和兼并重组验收合格，作为安全许可的前置条件，并实行省局机关、属地分局、异地分局三方联合审查，严把安全准入关。五抓岗位职责。从企业董事长、总经理到矿长、班组长，直到每名矿工，强力推行“人手一张明白纸”，简明扼要、直指要点写明岗位职责、应知应会、避灾常识，人人熟记熟背，强化养成明责、遵章、守纪的行为习惯。六抓关键少数。与所有煤矿矿长包括企业投资人、董事长、总经理面对面地交流感想、落实责任；实行吉林煤矿安监局长与产煤县长定期碰头制度，每逢双月份与所有产煤县长实打实地聚焦问题、共商对策；坚持逢查必考，以煤矿班组长为重点对象，进行“一张明白纸”的现场考试，不合格的一律依法依规责令下岗培训。七抓信息化防控。建立涵盖煤矿安全监管监察干部、煤矿企业及其所属矿井班组长以上人员在内的微信群，及时把法律法规、规程标准、产业动态、工作要情、安全知识、警示信息直接推送至一线，开通上下互动、政企互联的直通车。2个微信平台共推送信息15000余条。实行煤矿安全生产信息举报制度，面向全省煤矿从业人员公开征召近300名安全生产信息员，通过电话、邮箱、微信、微博等媒体手段，专人专线受理查处举报信息。着手建立煤矿安全条件电子档案，涵盖采、掘、机、运、通等各大系统，并及时更新跟进，提高安全预警、防范控制的主动性和预见性。

（四）强化“三严三实”专题教育

一是强化以上率下。发挥领导干部带头示范作用，印发《党组成员开展“三严三实”专题教育工作方案》，进一步明确党组成员做好专题教育“六个关键动作”的时间安排、工作分工和基本要求，广泛进行思想动员和组织落实。在学习研讨中，5位党组成员、32名处级干部围绕3个主题，重点聚焦11个专题，结合思想和工作实际分别作中心发言和重点发言，每次都由党组主要负责同志确定研讨题目和提纲，并作点评总结。同时印发《“三严三实”专题教育重点工作安排》，进一步落实直属党组织和党组织书记的带头责任。各直属党组织书记以讲促学，带头为本单位党员干部上专题党课，进行辅导，形成了一级抓一级、一级带一级，上行下效、上率下行的局面。二是强化典型教育。认真组织学习《优秀领导干部先进事迹选编》《安全发展忠诚卫士先进事迹选编》，引导党员干部从优秀领导干部的事迹中找到差距、见贤思齐，以先进典型为镜，深学细照笃行；开展“学习身边先进”活动，对6个先进基层党组织、25名优秀党员和6名优秀党务工作者公开表彰，号召全体共产党员向先进学习，始终坚守朴实的信念，肩负担当神圣的职责。以“严守党的政治纪律和政治规矩”为主题，深入开展党课教育和警示教育，通报周永康、徐才厚、令计划、苏荣、杨栋梁等严重违纪违法案件，深刻剖析违反党的纪律规矩的思想根源，要求广大党员干部对照习近平总书记强调的“五个必须”，查摆分析、检身正己，以反面典型为镜，深查细纠立改。三是强化问题导向。在群众路线教育实践活动整改完成后，5位党组成员分别与4个分局（站）、9个机关处室和6个事业单位的主要负责同志及班子成员谈心谈话，广泛征求对党组的意见建议，聚焦“忠诚、干净、担当”，把“不严不实”的问题摸准、摸实、摸具体。在此基础上，按照“六个对照”和“三个摆进去”的要求，紧密结合队伍和工作实际，查摆出吉林煤矿安监局在思想上、作风上、纪律上、行动上存在的6个方面20个“不严不实”问题。党组逐条逐项剖析出17条问题原因，提出26项整改措施，印发《“三严三实”专题教育整改落实方案》，建立问题清单、责任清单、整改成效清单。

黑龙江省煤矿安全生产工作综述

一、煤矿安全生产总体情况

2015年，全省煤矿发生事故33起、死亡95人、百万吨死亡率1.461，与上年同期事故20起、死亡64人、百万吨死亡率0.932相比，事故起数增加13起、上升65%，死亡人数增加31人，上升48.44%，百万吨死亡率上升0.529。其中：国有重点煤矿发生事故8起、死亡33人、百万吨死亡率0.725，与上年同期事故5起、死亡9人、百万吨死亡率0.189相比，事故起数增加3起、上升60%，死亡人数增加24人、上升266.67%，百万吨死亡率上升0.536。地方国有煤矿发生事故1起、死亡1人、百万吨死亡率0.118，与上年同期无事故相比，事故起数增加1起、死亡人数增加1人、百万吨死亡率上升0.118。乡镇集体煤矿发生事故24起、死亡61人、百万吨死亡率5.495，与上年同期事故15起、死亡55人、百万吨死亡率4.616相比，事故起数增加9起、上升60%，死亡人数增加6人，上升10.9%，百万吨死亡率上升0.879。2015年，全省煤矿发生三人以上事故7起、死亡65人，与上年同期事故7起、死亡48人相比，事故起数持平，死亡人数增加17人，上升35.42%。

二、煤矿安全生产重点工作

（一）打好煤矿整顿关闭攻坚战

2015年国家下达黑龙江省关闭淘汰233处小煤矿，省政府对此高度重视。两次专题召开全省煤矿关闭和整治整合工作会议，认真部署推进。要求有关地市坚决打好煤矿整顿关闭攻坚战，确保完成全年煤矿关闭和整治整合任务。龙煤集团等国有大型煤炭企业要主动与地方政府对接，积极参与煤矿兼并重组。各产煤地市政府和省整治整合领导小组成员单位，要增强工作主动性，加强重点问题研究，敢于碰硬、敢于担当、敢于决策，为煤矿整顿关闭提供有力保障。经过努力，黑龙江省如期完成关闭退出煤矿233处任务，共计淘汰落后产能1311万吨。

（二）吸取事故教训，夯实矿井安全基础

11月20日，龙煤集团鸡西矿业公司杏花煤矿发生重大火灾事故，造成21人遇难、1人下落不明。事故发生后，全集团上下深刻吸取事故教训，认真反思，举一反三，全方位采取措施，以“严新细实”的工作作风狠抓安全隐患排查，突出隐患治理，切实把“不安全决不生产”的思想贯穿于生产全方位和全过程。

1. 进一步树立安全发展理念，强化底线思维和红线意识

一是做到三个“高于一切”。即：保护矿工安全的宗旨高于一切，保证矿工家庭完整的责任高于

一切，建设本质安全矿井的目标高于一切。二是进一步落实安全生产责任。坚持党政同责，落实一岗双责，强化失职追责，大力推进安全生产主体责任“五落实五到位”，切实把安全生产责任落到实处。三是切实加强安全生产基础工作，坚持开展煤矿“三量”安全评估和系统安全评价写实工作，强化质量标准化建设、强化煤矿重点灾害治理、强化矿井接续、强化现代安全管理、强化安全培训、强化安全监察、强化隐患排查和治理。四是突出抓好各级干部的思想作风建设。树立正确的政绩观，坚决杜绝短期行为、急功近利和盲目要产量、要效益、搞个人主义等行为，树立强烈的责任意识，用严格的制度、严实的管理、严细的考核和严厉的惩罚来推动各项工作落实。

2. 集中精力组织开展安全生产大检查工作

为确保安全生产大检查工作取得实效，重点突出做好4个方面工作：一是做到全覆盖检查。采取多种方式开展拉网式检查，做到无死角、无盲区、全覆盖。层层成立大检查组织机构，层层制定大检查方案，层层组织实施。二是重点突出对煤矿井下、地面、交通运输、消防、防汛、托管煤矿进行安全大检查。三是认真进行隐患整改。按照“全覆盖、零容忍、严执法、重实效”要求，做到对排查出的隐患和问题实现闭合整改。对检查发现的重大隐患，坚持做到“五落实”。进一步健全完善隐患排查治理制度和重大隐患治理督办制度，推进隐患排查治理走向规范化、制度化和常态化。四是严格落实安全检查责任。按照“谁检查、谁签字、谁负责”原则，落实各级人员检查责任。坚持检查不出来问题是渎职，检查出来问题不整改是失职原则，确保检查活动取得实效。

3. 加强领导，转变作风，全力抓好安全生产

龙煤集团要求各单位一把手要带头履行职责，各级班子成员认真落实“一岗双责”，分管安全生产工作的领导集中精力，靠前指挥，及时协调解决安全生产大检查中遇到的困难和问题，全面落实安全生产包保责任。严格落实“党政同责、一岗双责、齐抓共管”的要求，切实加强安全生产组织领导，层层落实安全包保责任，严格责任追究。集团特别强调，各级领导干部一定要进一步强化政治意识、责任意识和纪律意识，不折不扣地抓好安全生产责任落实、措施落实。率先垂范、敢于担当、动真碰硬，提高执行力，将安全管理工作真正落到实处。

（三）强化煤矿安全监察执法

2015年，黑龙江煤矿安全监察机构认真贯彻落实国家安全监管总局、国家煤矿安监局和省委、省政府的工作部署，牢固树立安全生产红线意识，科学实际编制监察计划，分解任务，细化措施，强化落实安全生产责任，深化隐患排查治理，严肃事故责任追究，全面履行了煤矿安全监察职责。

1. 全面完成监察执法计划

2015年，黑龙江煤监局两级煤矿安全监察机构年计划总监察工作日（“三项监察”、监督检查地方监管、其他监察）22858个，实际完成24585个，完成年计划的107.6%；全局年计划监察矿井608矿次，实际完成636矿次（其中：重点监察170矿次、专项监察192矿次、定期监察274矿次），完成年计划的104.6%。其中：省局机关年计划总监察工作日5360个，实际完成5360个，完成年计划的100%；年计划监察156矿次，实际完成156矿次（其中：重点监察63矿次、专项监察77矿次、定期监察16矿次），完成年计划的100%。

在监察执法中，全年共实施行政处罚182次，行政罚款101次，罚款625.582万元，其中事故处罚476.08万元。罚款比去年同期增加229.252万元。查处一般隐患1106项，应完成整改1091项，实际整改1091项，按期整改率100%；查处重大隐患9项（实行挂牌督办4项），完成整改9项，按期整改率100%；行政处罚625.58万元；下达执法文书1596份，其中加强和改善安全管理建议书7份，加强和改善安全管理监察意见书9份，移送书2份。

2. 加强沟通，整章建制，为扎实开展监察执法工作创造条件

为确保全年监察执法工作思路的顺利实施，黑龙江煤监局积极向省委、省政府汇报，争取支持。加强与省安监局、省煤管局、各产煤市地、龙煤集团及各矿业公司的沟通协调，为监察执法创造良好环境。先后向省政府呈报了《关于在全省煤矿开展责任监察严肃事故和隐患问责的报告》；与省煤管局达成共识，由两局共同印发《煤矿安全生产责任制（责任清单）范本》；制定出台了《黑龙江

煤矿企业副总工程师级以上管理人员安全生产违法违规行为管理办法（试行）》《黑龙江省煤矿井下生产安全紧急情况停产撤人规定》《黑龙江煤矿安全监察局行政处罚裁量权基准》《煤矿安全监察执法监督办法》《监察分局（站）建立监察组工作制度的意见》《监察执法先进个人评选办法》等一系列制度措施，为扎实有效开展监察执法工作做好制度保障。

3. 明确思路、示范引领，深入开展责任监察

按照“明责、知责、履责、问责”的思路，坚持把责任监察挺在前面，将责任监察贯穿于每次监察执法中，推动煤矿企业落实安全主体责任。一是指导煤矿企业按照《安全生产法》等法律法规的要求和印发范本，结合自身组织架构和工作职责，坚持问题导向，建立健全全员各岗位安全生产责任制。二是督促各煤矿企业加强对安全生产责任制的宣传教育培训，组织开展岗位描述活动，让每位员工熟记自己的安全生产责任，清楚本岗位安全生产职责，为落实安全生产责任制奠定基础。三是要求各煤矿企业建立安全生产责任制考核标准，督促企业内部安全生产管理机构、纪检监察机构强化对安全生产责任制落实情况的监督检查，严格考核奖惩，真正把安全生产责任落实到岗位、落实到人头。四是每次监察执法都以发现的问题为导向，对照安全生产责任制，厘清事故隐患和安全违法违规行为的责任人并实施问责，该移送纪检监察机构处理的移送处理，该组织处理的提出处理建议，涉嫌犯罪的依法移送司法机关。黑龙江煤监局带头对龙煤集团及各矿业公司、沈煤集团鸡西盛隆公司开展责任监察，为分局作出表率。分局对辖区所有国有重点煤矿至少开展一次责任监察，重点严查安全生产责任制修订及落实情况，监察执法中充分体现由只对“隐患”的监察转向对“隐患”和“产生原因”的共同监察、由只对“事”的监察转向对“人”和“事”的共同监察。例如：对龙煤集团七台河矿业公司新建煤矿、新兴煤矿开展的责任监察，共发现隐患和问题 86 条，对煤矿企业及有关责任人员予以立案调查，并对企业罚款 64 万元，对 38 名煤矿安全管理人员处罚 6.2 万元。

4. 审大系统、查大隐患，深入开展技术监察

督促煤矿企业树立“安全产量”的理念，将矿井采掘接续是否正常作为监察煤矿企业生产组织的关键。在监察执法工作中把开展技术监察作为查大隐患、防大事故的重点，督促煤矿企业合理开拓布局，合理安排推进速度，加大重大灾害治理力度，保证煤矿安全开采。各监察分局每年听取一次由各矿业集团总工程师带队、各矿总工程师、有关技术安全部门负责人参加的矿井采掘接续安排情况汇报，把矿井开拓布局检查作为重点。认真检查在生产安排上是否存在系统尚未形成就安排生产，是否存在高瓦斯矿井没有抽放瓦斯或瓦斯抽采不到位就安排生产，是否存在煤与瓦斯突出矿井以及有冲击地压矿井没有安排开采解放层就安排生产，是否存在隐蔽致灾因素没有查清就组织生产等问题，对发现的问题，记录在案，并及时下达技术监察意见书，并以问题、措施、责任“三个清单”的方式印发各煤矿企业，督促整改落实，将超强度、超能力生产问题及重大系统事故隐患消灭在萌芽状态。

5. 突出五项专项监察，强力推进五个专项整治

在监察执法中积极配合地方监管部门，以防范瓦斯、水害、火灾、冲击地压和提升运输等重特大事故为目标，重点开展五个专项监察。一是开展瓦斯治理专项监察。重点监察突出矿井是否配齐专门机构、专业队伍、专用装备，是否建立与抽采能力相适应的地面永久抽采系统，是否制定落实两个“四位一体”综合防突措施；是否对瓦斯压力过大、含量过高的区域，现有技术装备难以治理的划定禁采区；是否做到预抽达标和先抽后建、先抽后掘、先抽后采；是否严格瓦斯零超限目标管理，赋予和落实调度员、瓦检员、班组长等紧急情况停电撤人权力。对存在通风系统不完善不可靠、抽采系统能力不足、瓦斯治理工程不到位、区域措施不落实、人员机构不健全、瓦斯超限仍然作业、监控系统功能不健全或运行不正常等重大问题，依法停产整顿。二是开展水害防治专项监察。对存在未查明矿井水文地质条件和井田范围内采空区、废弃老空区积水等情况而组织生产建设的；水文地质类型复杂、极复杂的矿井没有设立专门的防治水机构和配备专门的探放水作业队伍、配齐专用探放水设备的；在突水威胁区域进行采掘作业未按规定进行探放水的；未按规定留设或者擅自开采各种防隔水煤柱的；受地表水倒灌威胁的矿井在强降雨天气或其来水上游发生洪水期间未实施停产撤人的；建设矿

井进入三期工程前，没有按设计建成永久排水系统的等重大问题，依法停产整顿。三是开展防灭火专项监察。重点监察煤矿企业是否使用国家明令淘汰的机电设备和非阻燃电缆、输送带、风筒等材料；是否杜绝电气失爆；是否建立完善预防性注浆、注氮系统和火灾监测系统，严格落实防止煤层自然发火措施；是否强化井下火区及密闭的安全管理，严防采空区遗煤自然发火等。对开采容易自燃和自燃的煤层未编制防止自然发火设计，或者未按设计组织生产建设的；高瓦斯矿井采用放顶煤采煤法不能有效防治煤层自然发火的；有自然发火征兆没有采取安全防范措施，并组织生产建设的，依法停产整顿。四是开展冲击地压专项监察。重点监察发生过冲击地压现象的矿井，是否进行煤岩冲击倾向性测定和冲击危险性评价；有冲击地压危险的矿井，是否编制防冲中长期规划、年度计划、作业规程和专项措施，是否划分冲击地压危险区等级。对首次发生过冲击地压动力现象，半年内没有完成冲击地压危险性鉴定的；有冲击地压危险的矿井未配备专业人员并编制专门设计的；未进行冲击地压预测预报，或采取防治措施没有消除冲击地压危险仍组织生产建设的等行为，依法停产整顿。五是开展提升运输系统专项监察。凡是提升设备保护装置不齐全、不按规定检查钢丝绳、斜井“一坡三挡”防护设施不完善、安全设备不按规定进行检测检验、提升运输超载运行、使用非安标设备等违法行为的，一律依法责令停止设备运行或停止使用。

此外，依据《安全生产法》《国务院关于预防煤矿生产安全事故的特别规定》等法律法规和黑龙江煤监局制定出台的《行政处罚裁量权基准》，黑龙江煤监局政策法规处和各分局（站）负责执法监督的负责同志，加强对贯彻落实情况的监督检查，确保执法到位。对不执行或者不严格执行《行政处罚裁量权基准》的实行严肃问责。

6. 加强监督检查，依法淘汰落后产能

一年来，两级煤矿安全监察机构多次督促配合地方政府开展“打非治违”专项行动，严厉打击假整改、假密闭、假数据、假图纸、假报告和超能力、超强度、超定员、超层越界、证件超期仍在生产等“五假五超”违法违规行为。在实际工作中，抓住整治整合、关闭矿井、提能改造、淘汰落后产能等重大关键问题，切实有效地开展对地方政府的监督检查，督促地方政府盯紧盯牢重点矿井、重点部位和重点环节，始终保持“严防死守、严管重罚”的高压态势。对监察中发现的问题，及时向当地政府通报情况，并下达执法建议和意见书。对确定关闭的矿井，及时掌握关闭计划和关闭进度，及时注销安全生产许可证，督促关闭措施的落实，确保按期、平稳、安全关闭；对确定整合改造扩建的矿井，加强现场监察，督促严格按设计进行施工，严防在建设区域组织生产或以低水平的技改扩能逃避关闭退出；对已关闭的矿井配合地方政府加强督查，严防死灰复燃。积极配合推动地方政府限期淘汰经停产整顿仍不具备安全生产条件的煤矿；采用国家明令禁止使用的生产工艺、采煤方法且不能实施技术改造的煤矿；发生重大及以上责任事故的年产 30 万吨以下、发生较大及以上责任事故的年产 15 万吨及以下的煤矿。同时，按国家有关政策，积极引导长期停产停建的“僵尸煤矿”；开采深度超过 1200 米的矿井；高瓦斯、煤与瓦斯突出、水文地质类型复杂或极复杂、冲击地压等灾害严重，在现有技术条件下难以有效防治的煤矿；与大型煤矿井田平面投影重叠的小煤矿；非机械化开采的煤矿；长期亏损、资不抵债、扭亏无望，无法保证正常安全投入的煤矿等淘汰退出。

7. 关注矿工健康，切实加强职业病危害防治

两级煤矿安全监察机构按照国家安全监管总局、国家煤矿安监局的要求，在进行煤矿安全监察的同时，注重加强职业病危害防治监察。一是加大职业病危害宣传力度。利用安全生产月组织开展职业病危害系列宣传活动，进一步提高煤矿企业全员职业健康意识。二是开展防尘设施、高温矿井降温设施、煤矿职业病等三项调查，建立职业病人资料台账，全面掌握全省煤矿职业病防治基本情况。三是利用中介机构对全省煤矿粉尘、噪声、高温等职业病危害因素进行检测，督促煤矿企业运用好检测成果，切实加强职业病危害防治工作。四是推广先进经验，选择煤矿职业病危害防治示范矿井，适时总结交流经验，推广高压喷雾降尘、粉尘浓度在线监测等先进适用技术，通过示范引领，全面提高全省煤矿职业病危害防治水平和效果。五是认真贯彻《煤矿作业场所职业病危害防治规定》，加强职业卫生监察执法，做好煤矿职业卫生机构专业能力审查。

8. 严肃事故查处，用事故教训推动安全生产工作

树立“严查事故是最好预防”的理念，抓住“依法问责、警示教育”两个关键，加大责任追究和吸取事故教训力度。对发生一次死亡3人以上较大责任事故，或1年内发生2起责任事故死亡2人以上的煤矿矿长、党委书记及有关责任人员，给予撤职处分；对严重违规造成重大涉险事故的煤矿分管副矿长，给予撤职处分；对违章作业造成死亡1人及以上或重伤3人以上，或造成直接经济损失100万元以上事故的直接责任人，移送司法机关依法追究刑事责任。同时，凡严重违章作业人员，督促煤矿企业除给予经济处罚外，还依据《劳动合同法》解除与其的劳动合同。对数起较大以上事故制作警示教育片，发至辖区内所有煤矿组织职工观看。同时，组织召开全省煤矿事故分析会，剖析“十二五”期间煤矿生产安全事故，总结分析事故发生规律；对于典型事故，组织现场剖析，深刻吸取事故教训。黑龙江煤监局进一步加强对分局（站）事故调查工作的督导力度，较大事故黑龙江煤监局派员指导，一般事故调查报告须经省局领导同意后方可批复。督导重点看是否全面分析原因并依法严肃问责、是否按照规定期限完成事故调查工作、是否及时公开事故调查报告、是否将事故警示教育开展和防范措施落实情况作为日常监察内容。

9. 强化科技支撑，进一步提高安全保障能力

一是扎实推进“一优三减”。按照《煤矿安全规程》和《关于加强煤矿井下生产布局管理控制超强度生产的意见》，督促煤矿企业优化开拓布局和生产系统，推广不超过两个生产水平、不超过两个生产采区等集约化生产模式，减少生产水平，减少工作面数量。鼓励中小型矿井机械化改造，推行固定岗位无人值守和远程监控，认真落实“机械化换人、自动化减人”科技强安专项行动。二是大力推进远程监察平台系统建设，正在加紧实现黑龙江煤监局、分局与龙煤集团安全监控系统、人员定位系统联网，创新智能化监察手段和方式，实施精准监察，盯紧重点煤矿、重点采掘工作面，盯紧瓦斯超限、超员超时、领导干部带班下井等问题，把远程监察作为所有现场监察的前置，加强发现问题的跟踪督办，推动煤矿企业不断加强安全监控系统、人员定位系统管理和应急处置能力。三是配合有关部门加大煤矿安全科技“四个一批”项目推广力度，组织开展安全科技进矿区活动，开展现场经验交流，向全省煤矿企业推广先进适用技术；开展煤矿使用设备安全标志和维修设备质量的检查，严禁不合格设备入井。四是加强应急管理工作。持续开展全省煤矿救护队质量标准化达标检查，推进救护队应急救援能力建设，提升应急准备能力。加强对煤矿救护队的管理，救护队应急出动必须在第一时间向省局应急救援中心和区域监察分局（站）报告。五是推动做好安全培训工作。开展煤矿安全培训专项监察，督促煤矿企业加强安全教育培训工作，强化职工安全意识，增强辨识危险源能力，规范职工操作行为。

10. 规范行为、落实责任，进一步提升监察执法活力

一是严格按计划预案监察。科学制定监察执法工作计划，降低执法频次，提高执法质量。认真制定现场监察工作方案，根据日常掌握的情况，制定有针对性的现场监察方案。完善执法流程，做到执法程序合法、执法过程闭合。严格执法计划调整审批、月度计划执行情况报告和执法计划完成总结分析等制度，严格按年度和月度执法计划开展监察执法工作。二是全面落实表格式执法。凡监察执法，一律以列表方式明确检查内容，并按要求填写、签字备查，真正落实现场监察责任，推动监察执法“深严细实”。三是研究制定权力和责任“两张清单”，日常照单监察，失职照单追责。实施监察组工作制度，各监察分局（站）调整监察员组成1～2个监察组，按照划定区域开展监察执法。四是加强执法分析和执法监督。实行监察执法例会制度，加强执法分析结果应用。严格落实《煤矿安全监察执法监督办法》，定期调阅执法文书，加强对执法文书日常监督检查，定期开展执法案卷评查活动。强化执法过程监督和执法监察，在加强对分局执法监督的同时，加强对机关业务处室的执法监督，纠正和杜绝监察执法“失之于宽、失之于软”的现象。建立执法过错倒查机制，对执法错案严肃问责。建立监察执法信息公示制度，强化执法公开和政务公开，以信息公开促进执法规范。五是建立监察执法量化考核机制。按照出台的监察执法先进个人评选办法，对监察员现场监察成效进行量化计分考核，考核结果将作为评优、干部选拔任用的重

要依据，进一步提高监察执法积极性。

11. 抓班子带队伍，提振士气，全面提升队伍整体工作水平

一年来，煤矿安全监察机构不断加强领导班子和队伍建设，为煤矿安全监察提供坚强的智力支持和组织保障。一是加强思想政治建设。二是加强班子和干部队伍建设，激发工作活力。三是加强能力建设。四是加强作风建设。五是加强党风廉政建设，增强自律意识。

（四）制定瞒报谎报生产安全事故责任追究办法

为防止和杜绝瞒报或谎报煤矿安全事故现象，黑龙江省政府出台了《黑龙江省瞒报谎报生产安全事故责任追究办法》(简称《办法》)。

《办法》规定，事故发生单位、负有安全监管职责部门应当按规定报告事故情况。负有安全监管职责部门接到事故报告后，应当逐级上报事故情况，同时报告本级政府，每级上报的时间不得超过2小时。《办法》同时规定，对瞒报、谎报事故生产经营单位主要负责人和有关责任人员处罚，按下列规定执行：属于主要负责人瞒报或谎报事故的，处上一年年收入100%的罚款，并由公安机关依照规定处十五日以下拘留；属于直接负责的主管人员和其他直接责任人员瞒报或谎报事故的，处上一年年收入100%的罚款；瞒报、谎报事故构成犯罪的，依法追究刑事责任。国家机关工作人员参与瞒报、谎报事故的，给予警告、记过或记大过处分；情节较重的，给予降级或者撤职处分；情节严重的，给予开除处分；构成犯罪的，依法追究刑事责任。

江苏省煤矿安全生产工作综述

2015年，江苏煤矿安全监察局认真学习党的十八大和十八届三中、四中、五中全会精神，深刻领会习近平总书记、李克强总理等中央领导同志关于安全生产的重要指示精神，认真落实国家安全生产监管总局、国家煤矿安监局、省委省政府关于加强煤矿安全生产工作的一系列安排部署，不断增强红线意识和底线思维，认真落实“双七条”规定，深化“四不两直”工作方式，强化企业安全生产主体责任落实，充分发挥国家监察职能，扎实开展三项监察活动以及执法监督工作。

一、煤矿安全生产总体情况

辖区内有生产矿井18处，改扩建工程3处。其中国有重点矿井15处，徐州矿务集团公司6处，上海大屯能源股份公司4处，华润天能徐州煤电有限公司5处；地方国有煤矿3处，扬州煤炭工业公司2处，徐州李堂矿业有限公司1处。龙固煤矿因资源纠纷，采矿许可证被吊销，安全生产许可证被暂扣，停产歇业；徐矿集团张小楼煤矿已停产，准备关井，正在回撤井下设备。2015年，全省煤矿生产原煤1880.40万吨，同比减少6.24%，发生死亡事故3起，死亡4人，百万吨死亡率0.213，同比下降0.036。

二、煤矿安全生产重点工作

（一）加强煤矿安全监察执法

监察矿井18处，监察覆盖率100%。发现安全隐患1051条，隐患整改率100%，下达执法文书398份，其中现场检查笔录129份，调查取证笔录72份，现场处理决定书125份，复查意见书8份，加强和改善煤矿安全管理意见书5份。立案查处11起，下达行政处罚决定书20份，行政处罚人民币92.3万元；3起死亡事故中，共有14人受到行政处分。

1. 深入开展隐患排查治理行动

为认真贯彻落实《全国集中开展煤矿隐患排查治理行动方案》的通知（安委办〔2014〕20号）和江苏省安委会《关于印发〈全省集中开展煤矿隐患排查治理行动方案〉的通知》(苏安〔2014〕32号）精神，江苏煤监局对全省所有煤矿开展了隐患排查治理行动，按照“一矿一策、一矿一档”的要求，分别开展了第一轮集中隐患排查和第二轮复查、排查工作，及时按要求上报隐患排查进展情况，切实做到全面、深入、彻底地排查

治理各类隐患，夯实煤矿安全基础，有效防范和遏制各类事故的发生。为保证隐患排查治理工作长效化，江苏煤监局认真落实《江苏省安委会办公室关于进一步加强全省煤矿隐患排查治理工作的通知》(苏安办〔2015〕43 号）要求，将 14 项煤矿隐患排查治理的主要内容及相关要点纳入日常监察当中，严格执行年度、月度监察执法计划，在对煤矿实施“三项监察”的同时，根据需要适时开展“解剖式”监察，对重点防控矿井开展“蹲点式”监察。

2. 认真开展煤矿安全生产大检查工作

下发了《江苏煤矿安监局关于开展全省煤矿安全生产大检查深化打非治违和专项整治行动的通知》(苏煤安〔2015〕41 号）精神，在执法过程中认真宣传、贯彻落实党中央、国务院和省委、省政府关于加强安全生产工作部署要求，推动企业贯彻落实新《安全生产法》以及国家安全监管总局印发的《煤矿矿长保护矿工生命安全七条规定》《煤矿治本攻坚七项举措》《煤矿井下爆破作业安全管理九条规定》《煤矿井下爆炸材料安全管理六条规定》《强化煤矿瓦斯防治十条规定》；制作“五落实五到位规定、‘1 + 4’工作法”宣传牌版近 730 个，悬挂到煤矿重要场所；督促煤矿企业落实安全生产主体责任，建立健全“党政同责、一岗双责、齐抓共管”安全生产责任体系和各级安全生产管理人员岗位责任制，全面开展安全生产大检查自查工作。

3. 严厉打击煤矿非法违法行为

突出安全整治重点工作，对煤矿企业重大灾害因素治理措施落实情况进行跟踪监察。紧盯张集煤矿安全生产许可证 12 月份到期前、龙固煤矿安全生产许可证暂扣期间、拾屯煤矿恢复生产后等关键环节，开展跟踪调度、现场监察等。对张集煤矿故意隐瞒瓦斯超限事故的行为，给予了警告并罚款 2 万元的行政处罚，对张小楼井、三河尖煤矿、旗山煤矿没有严格执行防治冲击地压措施的行为，分别给予了警告并罚款 1 万元、警告并罚款 2. 5 万元、警告并罚款 1 万元的行政处罚；监察检查中发现拾屯煤矿现场存在问题多、排水系统不健全，责令停止全矿井下采掘作业，整改存在的安全问题；对辖区内煤矿存在问题较多的采掘工作面，及时果断地作出责令停止生产、停止设备运行的监察指令，在当前煤矿经营困难的情况下，起到了较好的震慑效果，有力地推动了煤矿企业安全生产主体责任的落实。

4. 认真开展谈心对话活动

根据国家安全监管总局、国家煤矿安监局《关于启动新一轮“千名干部与万名矿长谈心对话”活动的通知》(安监总煤行〔2015〕25 号）和江苏省安委会《全省新一轮“千名干部与万名矿长谈心对话”活动方案》的要求，江苏煤监局认真组织，精心准备，精心组织开展了谈心对话。通过活动进一步推动煤矿矿长坚守安全发展绝不能牺牲人的生命为代价这条红线，深入学习贯彻新《安全生产法》，帮助煤矿解决一些生产经营中的实际困难，密切了与矿长的联系，增强了共同抓好煤矿安全生产的合力，坚定了矿长们坚持红线意识，履行安全生产主体责任的责任感和使命感，收到较好的效果。

5. 深入开展事故警示教育活动

一是在与矿长谈心对话活动中组织煤矿领导班子集体收看了国家安全监管总局制作的谈心对话警示教育片。二是组织煤矿主要领导参加国家安全监管总局事故警示教育视频会，观看国家安全监管总局制作的近期典型事故警示教育片，通报江苏省煤矿 2015 年发生的事故情况。三是将江苏省煤矿近 3 年所有事故进行收集整理，制作了事故警示教育片光盘发放到所有的煤矿。四是购置国家安全监管总局新《安全生产法》及警示教育五套宣传排版，在矿区进行逐矿巡展，要求各矿组织职工观看，用身边的事故来警示职工，提高事故警示教育震撼力，让事故教训在矿工的脑子里打上烙印，真正做到“一矿出事故，万矿受教育”。

6. 突出对重点矿井的监察

对高瓦斯、瓦斯突出矿井开展了重点监察，加大水害防治重点矿井监察，加大对临近关闭等矿井的监察力度，针对安全基础薄弱矿井，以监察推动主体责任到位。监察中跟踪 2014 年底系统审查会提出的问题和意见的落实情况，提高监察针对性和执法力度。

7. 针对矿井主要灾害，开展专项监察

辖区矿井随着开采深度的增加，开采条件日趋恶化，多数呈现出井深、线长、环节多、作业地点分散的特点，冲击地压、地温等灾害严重。针对这些普遍性安全问题，分局有的放矢，根据年度计划，开展了瓦斯抽采达标、煤矿矿用产品、机电运输、安全培训及煤矿领导带班下井、煤矿水害防治及雨季“三防”等专项监察、《煤矿矿长保护矿工生命安全七条规定》及新《安全生产法》贯彻情况、冲击地压防治、瓦斯防治等专项监察。冲击地压防治专项监察中发现，三河尖煤矿 92204 采煤工作面在5 月1—3 日停产3 天以后，5 月4 日恢复生产时，没有按规定对运输巷进行冲击地压危险程度检测，依法进行了立案查处。

8. 按“四不放过”原则查处煤矿事故

2015 年以来，共发生了 3 起事故，分别是三河尖矿“1·30”冲击地压事故、张小楼井“2·12”卸锚索伤人事故和拾屯煤矿“6·30”顶板事故。三河尖“1·30”冲击地压事故，根据调查组的调查，确定事故性质为自然灾害事故。张小楼井“2·12”事故和拾屯煤矿“6·30”事故分别对矿长等14 名相关责任人进行了严肃处理，落实了事故防范措施，并按新《安全生产法》相关规定对张小楼、拾屯煤矿进行了处罚。

9. 督促煤矿企业抓好安全质量标准化工作

安全为天，质量是本。煤矿安全质量标准化工作一直是江苏煤监局监察的重点内容之一，通过多种监察方式，督促煤矿企业进一步完善安全生产管理制度，健全安全管理机构，配齐安全生产管理人员；稳步推进煤矿企业安全培训考试中心（考试点）的标准化建设工作，进一步提高矿区职工安全培训效果；狠抓现场安全质量标准化工作，规范安全生产行为和工作标准，以质量保安全、提高装备水平，为矿井实现本质安全创造条件，保证了辖区煤矿安全质量标准化水平的提高。

（二）不断改进监察工作，努力提高监察效能

1. 拓宽监察思维，做好三个强化

一是强化煤矿现场安全生产违法行为的查究，深究其深层次原因，依新《安全生产法》规定的职责查纠主要负责人及其安全生产管理人员失责行为。二是强化对煤矿企业的监察，适度开展专项监察和解剖式监察，查找公司层面的依法履行职责方面的问题或隐患。三是强化现场监察执法。按照“时间服从质量”要求，不断细化现场监察执法，对路程较远、井型较大的矿井监察时间从原来的一天时间延长到两天或更长，细化下矿后了解情况、现场制定检查方案、下矿检查、地面讨论汇总、补充检查资料、制作执法文书、进行现场通报等各个运行环节，保证监察时间，使监察检查质量得到保证、效能得以提高。

2. 采取措施，提高执法效能

一是开展交流执法。促进企业通防、地测、防冲等技术人员的交流学习，让他们参加监察执法活动，加强其相互学习与交流，达到共同提高业务水平的目的。二是改进解剖式监察，引进专家人员，将专家会诊式监察穿插进解剖式监察之中，把解剖式监察的整体性与解决煤矿热点、难点的有效性和针对性相结合；将“1＋4”工作法引进解剖式监察中，在组织职工座谈的同时，开展谈心对话与警示教育活动，层面扩展到班组长与工区区队长。三是及时组织蹲点式执法，对张双楼煤矿深部区域冲击地压措施落实情况、拾屯煤矿柔性掩护支架工作面回采期间的通防、顶板管理进行现场跟踪，全面掌握动态安全管理情况。

3. 认真开展执法监督，不断提高执法案卷质量

1）认真落实国家安全监管总局有关执法监督工作要求

江苏煤监局能够高度重视煤矿安全执法监督工作，《国家安全监管总局国家煤矿安监局关于印发煤矿安全监察执法监督办法（试行）的通知》（安监总煤调〔2014〕93 号）下发后，江苏煤监局及时组织全体监察人员认真学习，专题研究落实落实文件措施，制定下发了《关于印发江苏煤矿安全监察局煤矿安全监督实施办法（试行）的通知》（苏煤安〔2015〕52 号），明确执法监督工作的分管领导和牵头部门，并进一步建立完善执法监督相关制度。

2）进一步规范煤矿安全监察执法工作

要求下矿监察执法必须两人或两人以上；1000元以上的行政处罚、立案调查、事故处理必须经集体研究，并填写重大事项集体研究单，做好备查；建立现场监察执法责任制，明确带队人员不仅对监察执法工作内容负责，还必须带头执行好廉洁自律工作；进一步做好重大行政处罚备案工作，严格按要求备案重大行政处罚情况。

3）不断提高现场执法工作的规范性

通过向兄弟省局、分局学习借鉴，不断完善执法文书制作质量，摒弃不良、不完善的文书制作习

惯；结合分局实际情况，优化及简化现场监察工作量，推广实施执法软件，统一文书制作模板，借助网络，提高输入的效率；发挥《监察执法工作手册》的作用，努力提高执法文书制作水平。

4）建立执法案卷评查机制

为保证执法案卷质量，徐州分局建立了“周点评、月评议、季评查”机制，即每周五将本周下矿执法情况进行汇报，明确各矿工作重点，每周一对上周下矿执法制作的执法文书进行互查点评，每月各分管领导对分管科室的执法案卷进行复查，对执法案卷的流程进行把关，每季度对整个执法情况进行总结，对各科室业务开展情况进行考核，对监察人员履职情况进行统计分析。

三、煤矿安全监察执法工作面临的困难

（一）煤炭市场依然处于低谷

当前煤炭市场疲软，煤炭价格低，企业生产经营困难，职工收入下降，思想活跃，队伍不稳定。职工队伍不稳定，是最大的安全隐患。督促煤矿企业强化职工思想工作，干部职工齐心协力，树立渡过煤炭市场寒冬的信心。建议成立帮助煤矿企业摆脱困境工作组。像其他产煤省份一样，由省政府相关部门成立一个机构，从保障职工权益、维护社会稳定的大局出发，及时深入煤矿企业开展调研，制定针对性措施，指导、帮助江苏省煤炭企业摆脱目前极为困难的局面，渡过目前难关。

（二）生产条件恶化，系统可靠程度降低

由于经济下滑、经营困难，为降低成本，部分煤矿停止矿井开拓工程，进入老区复采或开采现存资源，导致开采条件变差。部分煤矿资源枯竭，接续紧张，探煤工程多，生产的不确定性增加。个别矿井受资源制约，开采太原组煤层，加大了水害防治工作难度。受市场影响，安全投入相对不足，生产条件恶化，现场管理困难，质量标准化水平下滑，系统的可靠程度降低，极易引发生产安全事故。督促煤矿企业强化主体责任落实，保证必要的安全投入，加强现场管理，保持质量标准化水平实现安全生产。

（三）矿井各类致灾因素依然存在

江苏煤矿虽然数量不多，但具有埋藏深、地质条件差、灾害因素多的特点。随着开采深度加大和资源的减少，矿井生产条件越来越差，安全管理难度越来越大。就江苏煤矿企业目前的生产条件、技术装备和管理水平，发生水灾、火灾、煤与瓦斯突出、冲击地压等重大事故的可能性依然存在。

（四）监察执法的难度较以前变大

近年来由于煤炭市场严重滑坡，企业经营困难，全行业基本处于亏损状态，因此在加大执法力度上，采取责令煤矿停止生产、停止使用的措施和手段较多，而行政处罚的手段采取较少，全年行政处罚的额度较前减少明显。在整改现场安全隐患，特别是系统上的问题时，煤矿企业畏难思想较重，也出现了个别煤矿要求迟缴、缓缴行政处罚金额的状况。

安徽省煤矿安全生产工作综述

一、煤矿安全生产总体情况

2015年，安徽煤监局在国家安全监管总局、国家煤矿安监局和安徽省委、省政府的正确领导下，围绕“145221”工作思路，狠抓各项工作落实，全省煤矿安全监察工作取得历史最好成效。2015年全省煤矿发生生产安全事故11起、死亡18人，百万吨死亡率0.133，同比分别下降45%、64.7%和65.4%，死亡人数和百万吨死亡率分别低于控制指标47%和51.5%。

二、煤矿安全生产重点工作

（一）扎实开展法律法规执行年活动

一是不断完善煤矿安全监察执法制度。制定《关于贯彻落实〈国务院办公厅关于加强安全生产监管执法的通知〉的意见》《煤矿安全监察随机抽查实施意见》等制度，编制行政权力清单，修订《安徽煤矿安全监察行政处罚裁量权基准》并报省政府法制办备案。二是认真做好规范性文件清理工作。对61件规范性文件进行清理，对省政府办公厅发文和与省直部门联合发文的26件规范性文件提出清理建议。三是大力宣贯安全生产法律法规和红线意识。采取“三级全覆盖”的方式，与全省56个煤矿428名副矿级以上管理干部、4082名科区长、6960名班组长开展谈心对话，积极宣传红线意识和“零死亡”理念。认真开展第14个“安全生产月”和“职业病危害防治宣传教育月”活动，大力宣贯《安全生产法》和《职业病防治法》。四是严肃查处安全生产违法违规行为。先后责令停止作业采掘工作面144个、停止使用设备64台套，同比分别增加35.9%、60%；实施经济处罚1455.58万元，其中监察罚款769.8万元，占比52.9%，平均每矿次监察罚款1.85万元，同比增加53.6%。

（二）深入开展责任监察

一是明责。历时6个月，编制了《煤矿安全生产责任制（责任清单）范本》（简称《范本》），省安委会印发全省煤矿企业，国家煤矿安监局转发了其中15个岗位安全生产责任制。督促各煤矿企业参照《范本》，结合其组织架构和各岗位职责，完成了全员安全生产责任制修订工作。二是知责。督促各煤矿企业加强安全生产责任制的宣传教育，组织开展岗位描述活动，让每位员工清楚本岗位安全职责，为履行安全生产责任奠定基础。三是履责。督促各煤矿企业按照《安全生产法》要求，健全并落实考核奖惩制度，推动安全生产责任真正落实到岗位、落实到人头。四是问责。严格执行《安徽省煤矿企业副矿级以上管理人员安全生产违法违规行为管理办法》，登记建档178人次，约谈警告67人次。五是深入开展四个矿业集团专项责任监察。查处各类问题141条，向集团公司副总经理以上26人送达《煤矿企业负责人安全生产责任及责任追究告知书》，促进企业主体责任落实。责任监察工作机制受到充分肯定，在2015年全国安全生产工作会议上作为煤监系统唯一一家介绍经验。

（三）持续加强技术监察

一是组织开展全省煤矿安全专家会诊。历时10个多月，对全省51个煤矿开展专家会诊，提出问题和建议1022条；经2位工程院院士等14名专家论证通过，首次在全国煤矿提出“禁采区”“暂缓开采区”，并就禁采缓采、重大灾害治理、煤炭产业结构调整等向省政府提出建议。国家安全监管总局、国家煤矿安监局、省政府领导和专家评审组对专家会诊均给予了高度评价，要求向全国和全省重点行业领域推广。针对专家会诊提出的问题和建议，我们以问题、措施、责任“三个清单”的方式印发各煤矿企业并督促整改落实。二是推进煤矿瓦斯、水、火、粉尘等重大灾害治理。吸取朱仙庄煤矿“1·30”突水事故教训，召开水害防治现场会，开展瓦斯、水、火、粉尘等重大灾害专项监察，督促煤矿企业严格落实瓦斯治理、水害防治、防灭火措施，有效遏制重特大事故。三是积极推进煤矿“四化”建设。召开煤矿总工程师座谈会和工作汇报会，督促煤矿企业制定并落实2015—2020年采掘接替规划，推进“四化”建设和“一优三减”。至2015年底，四个矿业集团减少采区15个、采煤工作面20个、掘进工作面49个，减少巷道13.4万米，减少人员1.6万人。四是积极组织开展隐患排查治理行动。深入开展煤矿安全生产大检查深化“打非治违”和专项整治行动，查处各类隐患1191条。3次牵头开展省安委会安全生产大检查综合督查工作，配合国务院安委会第十三督查组开展2次综合督查和“回头看”。

（四）有效实施远程监察

一是制定远程监察工作办法，建立“分工协作、适时查看、定期通报、督促落实”的工作机制，明确监察分局、机关有关处室工作分工及工作程序、内容。同时，将省局值班室调整为远程监察中心，并充实力量加强监察。二是定期通报督促整改。联合省经信委每月通报远程监察情况，并跟踪整改。全年远程监察发现煤矿井下瓦斯报警150起、一氧化碳报警4241起，安全监控系统运行问题80条、煤矿领导带班下井问题55条，温度超标的采掘工作面和机电硐室50个；查实假检查、假数据、假试验行为11起，依法对煤矿实施处罚、对责任人严肃问责并通报全省。煤矿企业针对远程监察通报的问题处理责任人685人、罚款105.08万元。三是制作问题导向现场监察方案。形成了现场监察必以远程监察为先导的工作机制，把远程监察发现的问题和疑点编入现场监察工作方案。

（五）不断完善监察执法工作机制

一是建立完善分局监察组和主办监察员制度。

将监察力量优化调整组成1～2个监察组，按照划定区域开展集中监察；实行主办、副办监察员A、B岗制度，组织履职情况考核。二是强化执法监督、执法监察。修订煤矿安全监察执法监督办法和执法监察工作暂行规定，加强对执法文书日常监督检查。建立监察执法信息公示制度，强化执法公开和政务公开，以信息公开促进执法规范。三是完善监察执法量化考核机制。修订监察执法先进个人评选办法，对监察员现场监察成效进行量化考核。安全技术中心在加强质量管理体系和实验室能力建设的同时，积极参加监察执法活动，充分发挥技术支撑作用。全年全局开展“三项监察”288矿次、5371个工作日，分别是年度计划的102.1%、117.3%；查处各类隐患4020条，平均每矿次监察查处隐患9.66条，同比增加74.2%；组织“四不两直”暗查暗访组64个495人次，检查煤矿98矿次，查处隐患713条。

（六）严格落实安全准入制度

一是严格安全准入。依法审查了2对矿井设计变更，新颁发4个、延期7个、变更19个、注销9个煤矿安全生产许可证；完成省内6家乙级资质、1家甲级资质检测检验机构年度监督评审。二是继续加强职业病危害防治基础工作。召开全省煤矿职业病防护设施设计编制工作座谈会，开展职业病危害防治基本情况调查，建立全省煤矿职业病人资料台账；编制煤矿职业病危害因素集中检测报告，督促煤矿企业做好职业病危害因素集中检测成果的利用；审查2对矿井职业病防护设施设计，核查3对矿井职业病防护设施竣工验收活动及结果。

（七）深入推进煤矿安全监管责任落实

一是对淮北、宿州两市及产煤县（区）开展了冬季、春季和汛期安全生产督查及煤矿安全监管工作监督检查，督促进一步强化安全监管责任落实。二是会同省政府有关部门，推动产煤地市履行小煤矿关闭主体责任。全省煤矿数量减至58个，其中地方煤矿5个，核定能力均在45万吨/年以上。三是与省经信委建立“五联合一加强”机制，即：联合宣传法律法规、转发公文、通报煤矿事故、通报远程监管监察情况和组织安全技术培训；加强业务合作，进一步加强煤矿安全监管监察工作沟通、交流和协作，形成煤矿安全监管监察工作合力。四是带领企业“走出去”提高安全管理水平。先后4次组织四个矿业集团负责人赴山东、陕西等地学习水害防治、应急管理和安全文化建设等经验，调研度危求进、安全管理、智能化建设等改革创新做法，得到四个矿业集团的积极响应，多次自发组织赴鲁、陕学习，并“真学、真用”，取得较好成果。

（八）切实加大事故查处和警示教育力度

一是严肃查处事故。对发生死亡1人及以上责任事故的煤矿矿长、党委书记及有关责任人给予撤职处分；对违章指挥或违章作业造成死亡1人及以上或者重伤3人以上，或者直接经济损失100万元以上事故的直接责任人，移送司法机关追究刑事责任；对严重违章作业人员，督促煤矿企业解除劳动合同。全年结案事故11起，处理责任人164人，其中4人被移送司法机关追究刑事责任、5人被解除劳动合同；给予中国矿大（北京）所属科技公司朱仙庄煤矿科研项目负责人记过处分，约谈了中国矿大（北京）分管副校长。二是强化警示教育和事故分析。精选2014年12月以来3起典型事故案例，制作《违章作业害人害己》警示教育片，警醒每位职工根植“违章就是违法，违法必受惩处”的理念，该片被国家煤矿安监局转发全国作为安全培训教材。召开全省煤矿事故分析暨安全生产经验交流会，进一步加强事故分析和警示教育，强化安全管理经验交流。

（九）进一步加强煤矿安全监察队伍建设

一是加强党的建设。调整充实机关党建工作领导小组，印发贯彻落实全面从严治党要求实施办法，明确党建工作责任。加强党员教育监督管理，严格“三会一课”等制度。认真做好党员发展，民主评议党员工作。二是加强作风建设。以“三严三实”“守纪律讲规矩做表率”专题教育活动和“解决怠政懒政专项行动”为抓手，进一步推进作风改进。三是强化能力建设。在山东举办两期煤矿防治水专题培训班，选派人员到党校学习、监察员到煤矿一线锻炼，组织106人参加国家安全监管总局网络换证学习和考试，开展安全生产法律法规知识竞赛。四是加强廉政建设。扎实开展廉政教育和廉政监督，推行“权力清单”制度，强化物资采购、招投标、选人用人、重大执法活动过程监督。出台落实党风廉政建设主体责任考核办法和年度考核标准、违纪案件调查处理暂行规定。继续落实领导干部深入基层调查研究和联系点制度、干部谈话谈心制度，推进党风廉政建设“两个责任”落实。

福建省煤矿安全生产工作综述

一、煤矿安全生产总体情况

2015年，福建煤监局以贯彻落实党的十八届四中、五中全会精神和新修订《安全生产法》、国办发99号文件、煤矿安全“双七条”为主线，深化提升安全质量标准化建设，狠抓隐患排查治理，严厉打击非法违法行为，从严从快查处事故。全年全省共发生煤矿事故3起、死亡8人，百万吨死亡率为0.497，全省煤矿安全形势持续稳定。

二、煤矿安全生产重点工作

（一）深化“千名干部与万名矿长谈心对话”活动

省政府副省长王惠敏先后于7月和11月与煤矿矿长代表谈心对话，宣传新修订《安全生产法》，推动安全生产工作落实。福建煤监局和全省各级各有关部门与全省所有煤矿的1223名企业法人、矿长、安全副矿长和总工程师开展谈心对话47场次，做到全省所有煤矿企业实际控制人、法人代表、矿长全覆盖。先后在重点产煤区举办新修订《安全生产法》等专题讲座8场次。

（二）开展安全生产大检查和“打非治违”专项行动

福建煤监局牵头建立省直有关部门联席会议，扎实推动煤矿安全生产大检查工作的顺利进行。省经信委、公安厅、国土厅、安监局等部门各司其职，加大联合执法力度，重点督促各产煤市、县（区）落实“党政同责、一岗双责、齐抓共管”等6项工作，督促地方政府及有关部门加强安全监管，落实煤矿企业安全生产主体责任。全省累计检查各类煤矿938矿次，排查各类事故隐患4090条，已整改4014条，整改率98.14%；责令煤矿停产整改8家，行政立案2起，累计行政罚款332.82万元。福建煤监局由局领导带队开展“四不两直”、暗查暗访专项检查8次，检查煤矿12家，排查事故隐患156条，责令煤矿停产停建7家，立案查处2家。

（三）全面推进事故隐患排查集中治理活动

根据国务院安委会办公室部署和要求，制定实施方案，成立活动领导小组和52个排查组，对全省所有煤矿有计划、按步骤地开展排查治理行动。全省所有煤矿企业积极开展自查自纠，累计发现各类隐患和问题2635条，按期整改率100%；开展自查自纠“回头看”，累计发现各类隐患和问题2389条，按期整改率100%。52个排查组累计排查各类隐患5436条（其中重大隐患3条），督促煤矿企业按照“五落实”要求进行整改，按期整改率100%（其中3条重大隐患均整改到位）。福建省采取“六个一”标准（制定一份排查方案、反馈一份隐患清单、下达一份隐患告知书、提出一份技术报告、召开一场新《安全生产法》宣贯会和一场事故隐患分析会议）开展隐患排查治理的做法，得到国务院安委会办公室的充分肯定。

（四）强化煤矿安全“三项监察”执法

一是规范行政执法。编制年度煤矿安全监察执法计划，并结合贯彻落实新《安全生产法》，完善《福建省煤矿安全监管监察行政执法手册》，每月按计划有重点、有步骤开展监察执法，实行标准化、表格化检查。累计开展“三项监察”46矿次（其中“四不两直”暗查7矿次），排查各类隐患455条，责令煤矿停产停工16家，依法对3家煤矿的违法违规行为立案查处；监督检查市、县两级煤炭行业管理部门20家，召开座谈会6场次。二是注重监察成效。创新监察方式方法，以查大系统、治大隐患、防大事故抓好重点监察，以推动建设项目管理等专项工作抓好专项监察，以督促煤矿持续保持并提升安全生产条件抓好定期监察，积极开展解剖式、示范式和集中式执法，对2家存在问题的煤矿予以公开曝光。三是坚持隐患分析。组织煤矿安全专家和被检查煤矿、周边的煤矿代表参加事故隐患分析会，采取 PPT 演示等浅显易懂的形式，针对监管监察执法和煤矿安全检查中发现的隐患，对照法律法规和技术标准，重点从生产布局、完善制度等方面逐条进行分析，查摆矿井在安全管理制度、现场管理和从业人员实操能力等方面存在的薄弱环节和漏洞，达到“一矿被检查、一片受教育”的效果。2015 年以来，累计开展事故隐患分析会 30 多场次。

（五）突出水害等重点事故灾害整治

一是深化煤矿水患调查分析和核实论证。要求煤矿企业每 3 年必须委托有资质机构开展矿区水害调查，每年必须对矿井水文地质资料进行修订完善。年内共有 50 家煤矿企业按规定委托有资质机构开展水害调查分析，并经设区市煤炭行业管理部门核实论证。二是完善水害治理制度。立足福建实际，要求煤矿企业将水害防治“三项制度”制成牌板，在井下所有采掘工作面统一悬挂，将制度落到现场一线。三是专家诊断。针对全省部分煤矿在水害防治方面的人才短缺等情况，组织煤矿安全专家参加煤矿建设项目安全设施设计审查、监察执法和联合执法等工作，重点对煤矿水患调查核实情况进行科学分析、建言献策，帮助煤矿解决实际困难和问题。四是开展遏制事故攻坚战。在龙岩市新罗区等 5 个煤矿安全重点单位开展遏制煤矿重特大事故攻坚战，明确部门、企业职责和工作要求，通过“省级巡视、市级督导、县级检查”模式，按照“五真”（真查、真停、真盯、真改、真验）要求，督促煤矿把实现“零死亡”作为最坚定理念，坚决落实安全生产主体责任。

（六）持续推进煤矿安全质量标准化建设

深化安全质量标准化提升工程“三年行动”，各级煤矿安全监管部门加大动态考评力度，督促煤矿坚决落实月度考评奖惩等制度，加强现场管理，按标准施工、按规程作业；对不能持续保持标准的，及时降低直至取消考评等级。7 月份，配合国家煤矿安监局在福建省开展煤矿安全质量标准化抽查，检查煤矿 4 家，累计发现各类隐患、问题 30 项，取消 1 家煤矿的三级安全质量标准化等级，责令停产整改并对违法违规行为依法查处；9 月份，开展全省安全质量标准化交叉检查，检查煤矿 9 家，发现各类隐患、问题 55 项。加快全省煤矿安全质量标准化信息管理系统建设，已初步完成系统建设，并开展专题培训班 4 期，参训人员 363 人。

（七）稳妥推进煤矿整顿关闭和整合技改

积极稳妥配合省经信委推进年度煤矿整顿关闭工作，组织专项调研 2 次，参加省经信委专项调研 1 次，召开座谈会 5 场次。2015 年全省共计关闭淘汰小煤矿 58 家，比原计划多关闭了 4 家，全省全面淘汰 6 万吨/年以下小煤矿。积极推动整合技改工作，配合省经信委等部门对 5 个产煤县、市（区）的资源整合方案进行审查，整合淘汰煤矿 28 家。

（八）强化安全生产许可证和建设项目“三同时”监管

一是严格管理安全生产许可证。印发《福建省煤矿企业安全生产许可证颁发管理暂行办法》《关于进一步加强煤矿企业安全生产许可证管理有关事项的通知》等文件，细化安全生产许可证申请、受理和审查等工作程序，完善预告、保障等制度，进一步加强现场核查等工作，确保颁证质量。全年累计核发安全生产许可证 104 本。二是加强煤矿建设项目“三同时”监管。印发《关于煤矿建设项目安全核准和安全设施设计审查有关工作事项的通知》等文件，明确并规范煤矿建设安全核准等事项，严格把好煤矿建设项目安全设施“三同时”准入关口。对煤矿建设项目实行月调度管理制度，随时掌握全省煤矿建设项目的基本情况、设计工程量、计划完成工程量、月度实际完成工程量等情况，保障建设项目有序规范建设。全年累计组织安全设施设计审查 3 家、安全设施验收 6 家、安全核准 23 家。三是加大专项监察执法力度。结合月度监察执法计划，开展安全生产许可证和煤矿建设项目专项监察执法 16 矿次，并开展安全核准专项清理活动，下达各类执法文书 48 份，排查事故隐患 249 条，要求项目核准部门撤销建设项目 3 家，责令在建项目停建整改 2 家。

（九）严肃查处事故和责任追究

一是规范事故调查处理。修订《福建省煤矿生产安全事故报告和调查处理实施细则》，将事故责任追究、行政罚款、防范措施等内容制成统一格式的《批复意见落实情况反馈表》，建立事故调查处理的书面委托函、地方政府书面反馈、事故矿井“回头看”专项监察等制度，规范事故委托调查方式和工作程序，跟踪督导事故批复落实情况，完善事故调查处理的闭合管理。二是强化事故问责。全年累计查处煤矿事故3起，均按期结案，依法追究事故责任人35名，其中追究刑事责任2人、党政纪处分16人；撤销事故责任人安全资格证8人；对5名事故责任人、2个事故责任单位依法实施行政罚款累计367.82万元。三是开展警示教育。组织开展“事故矿井回头看”专项督查，先后对连城县北团煤矿等6家事故矿井进行回访。不定期向全省煤矿矿长、一线从业人员发布事故警示、安全警言等信息，第一时间通报事故情况及事故调查处理情况。针对2015年6月以来发生的3起煤矿事故（事件），及时召开全省煤矿防范事故工作会议，传达国家安全监管总局、国家煤矿安监局和省委、省政府领导指示、批示精神，剖析原因及教训，采取6项有效措施抓好事故防范工作。组织事故案例专题讲座5场次、现场分析点评会4次，并由县级监管部门牵头，针对2015年的煤矿事故制作事故案例警示教育光盘，发放到全省煤矿企业。四是强化事故约谈。先后对三明、龙岩两个市级煤管部门和大田、将乐、永定三个产煤县政府及监管部门进行事故约谈和告诫谈话，促进监管责任和企业主体责任的落实。五是加强网络舆情监控。8月3日，开通“福建煤矿安全”官方微信公众号，接受群众反映煤矿安全问题。针对上半年网络舆情反映我省龙岩市非法开采煤矿和造成安全事故较多的情况，及时进行核查和甄别。2015年以来，多次对网络论坛、媒体上涉及福建省煤矿安全生产尤其是事故进行调查核实，9月6日将乐县发生一起顶板较大事故，就是通过网络舆情监控及时发现并核实的。

（十）强化安全科技支撑保障

一是做好规划工作。总结回顾“十二五”安全生产专项规划完成情况，积极配合福建省安监局做好福建省“十三五”安全生产专项规划的编制起草工作。积极推进业务保障单位专业装备配备、业务用房、煤矿远程宣教平台等项目建设，完成年度建设计划，并做好2016年中央预算内投资计划申报工作。二是推进科技兴安。开展考察调研和论证，探索符合福建省煤矿实际的机械化建设路子。推进生产矿井按规定进行安全仪器仪表、在用设备设施的检测检验和通风阻力测定，严禁非矿用设备入井，坚决淘汰国家明令禁止使用的落后设备。举办全省煤矿斜井跑车防护装置现场试验观摩活动，推动全省煤矿安装跑车防护装置。三是加强“六大系统”运行管理。按照“系统可靠、设施完善、管理到位、运转有效”要求，开展安全监控系统运行管理专题调研，提出加强运行使用的管理措施，督促煤矿建设完善井下安全避险“六大系统”。强化应急值守检查，针对日常运行巡查或检查中发现的问题，及时向市、县级分控中心及生产矿井发出警示通报和整改指令，整改率100%。四是加强煤矿安全培训。研发福建省煤矿安全资格网络考试系并与国家安全监管总局安培中心考试数据系统对接，实现全省煤矿“三项岗位人员”培训考试信息化和网络化，规范煤矿从业人员安全培训教育。严把“三项岗位人员”审核发证关，截至11月底，累计完成煤矿“三项岗位人员”培训50期，审核发证1840本。五是加强中介服务机构监管。深化煤矿安全评价、检测检验机构监管和从业行为专项治理工作，按照规定对4家乙级资质的煤矿安全评价、检测检验机构组织年度考核和监督检查。按国家安全监管总局通知精神暂停煤矿类注安师注册、年度继续教育培训工作，鼓励省能源集团公司自主举办注安师继续教育培训2期，培训集团所属煤矿企业注安师133人。六是规范煤矿统计工作。落实《福建省煤矿安全生产信息报告和统计工作实施办法》，认真做好煤矿安全生产行政执法、隐患排查治理、打非治违、“三项岗位”人员培训发证、信息举报、煤炭生产产量、职业卫生和生产安全事故调查处理情况等8项基础统计。

江西省煤矿安全生产工作综述

一、煤矿安全生产总体情况

2015年江西煤监局在国家安全监管总局、国家煤矿安监局和江西省委、省政府的正确领导下，深入贯彻落实党中央、国务院关于安全生产工作的一系列重要决策部署，始终坚守“发展决不能以牺牲人的生命为代价”这条红线，紧紧围绕煤矿安全监察中心工作，把防范煤矿事故放在工作的重中之重，始终坚持严格安全准入、严格监察执法、严格事故调查，保持了江西煤矿安全生产形势基本稳定。全省煤矿共发生事故21起、死亡35人，同比分别下降36.4%、12.4%，吉安、九江、新余、萍乡、景德镇5个设区市的市县国有及乡镇煤矿实现了“零死亡”。

二、煤矿安全生产重点工作

（一）进一步落实煤矿安全生产主体责任

一是大力宣贯习近平总书记、李克强总理等中央领导同志关于安全生产的系列重要讲话精神和新《安全生产法》，督促全省煤矿安全监管监察干部、煤矿企业从业人员牢固树立红线意识和追求“零死亡”目标，坚决做到“不安全不生产”。二是对地方煤矿安全监管工作开展监督检查，省局领导分别带队赴各产煤设区市、省直管县，各分局负责县（区），分级开展“全覆盖”监督检查，有力推动了地方监管责任的落实。三是完成第二轮与煤矿矿长谈心对话活动，组织了415位矿长谈心对话和安全承诺，进一步强化了矿长安全红线意识。地方各级政府、煤矿安全监管监察部门和煤矿企业牢固树立安全生产红线意识，强化安全生产责任落实，深入宣贯落实新《安全生产法》，广泛开展领导干部与矿长谈心对话活动，积极推进“五级五覆盖”和企业“五落实五到位”。新余市加大安全生产在年度综合目标考核的权重，萍乡市实行煤矿安全生产问责制和监管人员“黄牌警告”制度等，都有力促进了安全生产责任的落实。

2015年，全省有5个县（市）列入全国第二批50个煤矿安全重点县名单（上栗县、丰城市、上饶县、瑞昌市、乐平市），江西省安委会制定了《5个煤矿安全重点县（市）遏制重特大事故攻坚战工作方案》，各相关产煤设区市、重点县（市）都成立了攻坚战领导小组，加大工作力度，狠抓责任落实，省直有关部门及设区市政府联合对重点县（市）开展了攻坚战督导，督促落实攻坚战各项任务，到2015年底，上栗县、丰城市、瑞昌市、乐平市辖区内市县国有及乡镇煤矿没有发生死亡事故，攻坚战工作取得实效。

（二）进一步强化监管监察执法

一是加大监察执法力度。突出抓好瓦斯、水害、火灾和顶板事故的防范，持续组织开展了瓦斯防治、水害防治、建设项目安全设施“三同时”、异地交叉监察、职业危害防治、机电运输、“三项岗位”人员持证上岗等专项监察和重点监察，对部分洗煤厂进行了安全监察，对复产复工煤矿实行了抽查，提出加强和改进煤矿安全监管工作的意见建议236条。各监察分局与有关市、县煤矿安全监管部门组织联合执法，进一步形成了煤矿安全工作合力。全年煤监部门共监察矿井562矿次，下达执法文书2012份，查处各类事故隐患与违法行为3159项，责令停产整顿矿井60处次，责令停止作业采掘头面210处次，责令停止使用设备146台（件）。二是强化监管执法工作。景德镇市制定安全生产监管执法权力和责任清单；萍乡市确定了20家重点监管矿井名单并实行跟踪监管、重点监管；吉安市对煤矿进行分类管理等，切实加强了监管执法工作的落实。三是深入开展隐患排查治理专项行动，按照江西省安委会办公室的统一部署，省直有关部门共同组织全省煤矿开展了全面覆盖、不留死角、不留盲区的隐患排查治理行动，并加强巡视督导，强化整改督办，推进煤矿隐患排查治理工作常态化。四是加强省属煤矿安全工作。江西煤监局、省安监局、省能源局、省国资委等部门2次联合召开加强省属煤矿安全工作会议，督促企业深刻吸取事故教训、落实主体责任，第四季度江西煤监局还分别对省能源集团所属4个矿务局（公司）进行调研指导，促进省属煤矿抓好安全生产工作。

（三）进一步完善防范事故措施

突出抓好瓦斯、水害、火灾和顶板事故的防范。江西煤监局分别召开了防治水、防突和防灭火专题工作会议，先后出台了《加强煤矿顶板管理工作的若干规定》《加强防治煤与瓦斯突出工作若干规定》，督促江西省能源集团公司加大瓦斯抽采工作力度、落实瓦斯超限治理措施，全年瓦斯抽采量1.35亿立方米、利用量0.48亿立方米，集团所属煤矿全年瓦斯超限次数同比下降54%；九江市建立安全生产数据收集分析监测系统，创建煤矿工作微信群；萍乡市组织对全市煤矿开展专家会诊，对部分重大安全隐患实行市、县（区）两级挂牌督办制度，落实直接监管责任人。切实做好煤矿安全生产的各项工作，严防死守，防范事故发生。

针对第四季度事故多发势头，江西省安委办下发了《关于加强当前煤矿安全生产工作的紧急通知》(赣安办明电〔2015〕143号)，提出“五个严禁”措施，大力遏制事故。江西煤监局组织省属煤矿开展隐患排查治理行动，制定了省属国有煤矿隐患排查治理行动组织方案和实施方案，会同省国土厅和省国资委等部门，对全省37处省属国有煤矿进行了全面覆盖、不留盲区的排查，并强化整改督办，配合国家安全监管总局专项督导巡查组对3个设区市、3个集团公司（矿务局）开展了巡视督导，这些措施有效防范了事故发生。

截至2015年底，江西省有一批煤矿企业实现安全生产长周期，通过对这些煤矿企业典型经验进行总结提炼，很多做法措施效果明显，如江西煤业公司流舍煤矿坚持实施“十心”安全管理法，已连续安全生产5189天，丰城市河西煤矿坚持加大安全投入保障实施正规采煤方法和改革支护方式，已连续安全生产4154天，江西显亮煤业有限公司落实主体责任、严抓安全基础，已连续安全生产2360天，请全省煤矿企业学习借鉴，提升安全生产工作水平和事故防范能力。

（四）进一步提升安全保障能力

一是严把安全准入关口。严格标准做好全省煤矿第三轮安全生产许可证延期换证工作，研究制定了《加强煤矿企业安全生产许可证管理工作若干规定》，进一步强化安全生产工作，特别是对安全生产许可证或采矿许可证已到期的矿井，及时注销或暂扣安全生产许可证，责令停止井下一切采掘活动，并告知地方政府和煤矿安全监管部门，采取强硬措施，严防非法违法组织生产。完成延期换证195个，对2015年关闭的50处煤矿注销了许可证，对安全生产许可证届满到期未申请延期的126处矿井注销了许可证（截至2015年12月底），并责令停止井下一切采掘活动，严防非法违法组织生产。二是大力推进“科技强安”。积极配合国家煤矿安监局开展的“煤矿安全科技进江西”活动，来自国内相关科研院所、高校、科技企业的专家携带科研成果到江西矿区进行服务，近40余名国内专家多次到矿区、深入井下，现场进行技术指导。已达成煤与瓦斯突出、水害防治、火灾预警预报、安全监控系统升级改造、瓦斯抽采、煤矿地质构造及水害探测、粉尘防治、热害治理及软岩支护8个方面的技术合作意向，一些先进适用的技术装备已在煤矿推广使用，充分依靠科技进步促进煤矿安全生产工作。三是强化应急管理工作。扎实抓好救护队质量标准化建设，提升全省煤矿救护队水平；采取辅导讲座、现场指导等方式大力宣贯《企业安全生产应急管理九条规定》(国家安全监管总局令第74号)；指导煤矿事故处置，成功避免了尚庄煤矿503工作面火灾及八景矿业杉林煤矿火灾两起事故扩大。在暴雨等极端天气期间，及时向全省煤矿安全监管监察干部和煤矿企业管理人员发送预警信息27521条，较好防范了因极端天气引发的煤矿事故。四是抓好对中介机构监管。开展了煤矿安全生产技术服务专项治理活动，对全省煤矿技术服务机构进行了专项监督检查，并召开煤矿安全技术服务机构专业会议，部署了整改措施；落实《安全评价与检测检验机构规范从业五条规定（试行）》（国家安全监管总局令第71号）精神，结合实际制定了贯彻落实意见，进一步规范中介机构行为。五是充分发挥专家作用。制定了《江西煤矿安全监察局安全生产专家库及专家管理办法（试行）》，组建了通风安全、采煤矿建、水文地质、矿井机电、应急救援、职业卫生和检测检验等不同专业领域的专家库，入库专家达110人，已在瓦斯治理、采掘支护、安全监控、检测检验等领域发挥积极的技术指导作用。六是深化职业危害防治。以法规宣讲、专题培训、专项监察与示范矿井建设相结合，督促煤矿企业建立完善职业危害防治工作机构设置、人员配备和管理制度，煤矿职业危害防治工作得到地方监管部门和煤矿企业的高度重视，管理水平和防治意识有较大提高，推动了全省煤矿职业危害防治工作水平上台阶。

（五）进一步加强事故调查处理和警示教育

制定了《关于事故调查处理工作的若干意见》，进一步规范事故调查处理工作，加大对事故责任人特别是矿长的追责力度,调查报告全部及时向社会公布,接受社会和舆论监督。2015 年,发生事故已结案 16 起,按期结案率 100% ,5 起正在调查处理中,共有 71 人受到党纪政纪处理,12 人撤销矿长安全资格证,3 人被移送司法机关追究责任(不包括永吉煤矿"10·9"事故处理情况)。对 2015 年全省煤矿事故调查报告、国务院安委会挂牌督办的事故案例、新中国成立以来全省煤矿事故分析及典型案例进行了汇编,分片区召开了事故警示教育会,组织全省煤矿安全监管监察系统和煤矿企业学习并吸取教训,通过持续开展事故警示教育活动和跟踪督办,切实以事故教训推进煤矿安全生产工作。

（六）进一步规范队伍建设

（1）坚持党管干部原则，加强组织领导。党组对干部工作一贯高度重视，特别是新班子组建以来领导有力，坚持干部工作为煤矿安全监察服务，不断推进深化干部人事制度改革，坚持党管干部，坚持党组集体领导。在干部选拔任用工作中，凡涉及干部任用和干部人事制度改革的重大问题，都始终坚持党组集体领导、民主决策，在充分酝酿的基础上，提交党组会集体研究、讨论，由党组集体作出决定；在会前酝酿和会议讨论研究过程中，凡遇有不同意见的，都坚持先摆一摆，待思想统一、意见一致后再上会进行研究作出决定。

（2）坚持民主生活会制度，提高队伍凝聚向心力。江西煤监局党组高度重视开好领导班子民主生活会，充分发挥民主生活会的作用，切实提高民主生活会的质量，精心准备和开好每一次民主生活会。江西煤监局机关党委、人事、纪检等部门注重加强对分局班子民主生活会的指导和监督，每次民主生活会事前都进行督促指导，并坚持派人参加。通过参加分局班子民主生活会，及时了解掌握分局领导班子在思想作风工作等方面的情况，帮助分局班子成员加强沟通、增进理解、消除隔阂、理顺情绪、化解矛盾，达到增进团结、共同进步、促进工作的目的。通过"党的群众路线" "三严三实" "教育整治规范"、反"四风"等活动，思想建设、组织建设、作风建设、制度建设、能力建设等不断得到提高。

（3）坚持制度管人管事，规范干部管理。一是在干部选拔任用工作中坚持规范管理，制定下发《中共江西煤矿安全监察局党组贯彻落实党风廉政建设责任制规定的实施意见》《江西煤矿安全监察局教育培训管理办法》《江西煤矿安全监察局公务员年度考核办法》等一系列文件。在干部选拔任用工作中，严格按照《干部选拔任用工作条例》规定、程序办事，严格落实个人事项报告制度，2015 年提任处级干部 6 人，全部做到了"凡提必核"。二是对干部选拔任用工作进行全过程监督，增强了干部选拔任用工作的透明度，从源头上防止和杜绝了用人上腐败现象的产生。三是严格公务员招录的资格审查到考核录用，确保招录公务员质量，新招录 10 名公务员。四是加强同级纪检监察部门对干部选拔任用工作的监督监察。人事部门与纪检监察部门和机关党委加强联系，及时沟通干部选拔任用工作中的情况。纪检监察部门和机关党委参与干部选拔任用工作全过程，对干部选拔任用工作进行全过程监督。江西煤监局党组在干部选拔任用工作中，基本做到了坚持原则不动摇、把握标准不走样、履行程序不变通、执行纪律不放松，增强了干部选拔任用工作的透明度,扩大了干部选拔任用工作中的民主,有效地保证了党组选准用好干部,从源头上防止和杜绝了用人上腐败现象的产生。

（4）大力提高干部履职水平。一是积极稳妥地推进干部交流，在省局内部处室、省局与分局、分局与分局、分局内部科室之间，广泛开展了交流轮岗，全年交流干部 23 人次，进一步增强了干部队伍活力，调动了干部工作积极性。二是抓好干部的教育培训，强化干部履职能力建设，按国家安全监管总局要求开展了监察员执法证换证网络学习和全员网上继续教育学习，派人参加出国、党校培训 5 人次，组织 12 人次参加业务培训，组织新招录公务员岗前培训和煤矿企业锻炼。在实践中提高干部工作水平和履职能力。

山东省煤矿安全生产工作综述

一、2015 年煤矿安全监察工作总体情况

2015 年，山东煤矿安监局以习近平总书记、李克强总理关于安全生产的重要讲话和批示精神为统领，认真贯彻落实全国安全生产电视电话会议、全国安全生产工作会议精神，紧紧围绕力争各项工作走在全国煤监系统前列一项总要求，努力实现煤矿安全“零死亡”、队伍建设“零问题”两个“零”目标，着力在改革、创新、落实三项措施上下功夫，取得明显工作成效。

主要呈现“六新”特点：

一是安全状况创出新水平。全年共发生事故 6 起，死亡 8 人，百万吨死亡率 0.055，与上年相比事故起数减少 4 起，死亡人数减少 6 人，创历史最好水平。

二是工作创新取得新成果。认真落实“123”工作思路，在贯彻国办发 20 号文及出台 6 项配套制度、权力清单、自由裁量基准修订、煤矿安全监察周志、“电子化”辅助执法、执法监督、职业健康、行政许可网上办理、办理办公系统建设、执法信息公开、执法公开裁定、煤矿安全监察远程平台建设、业务用房建设、微信平台建设、公务用车制度改革、安全宣传和政务信息报送等近 20 项工作走在全国先进行列，取得明显效果。15 个省级煤矿安监局 24 次、360 人次来山东煤监局学习借鉴。

三是队伍建设呈现新面貌。队伍凝聚力、向心力、战斗力进一步增强，《中国煤炭报》专版刊发山东煤监局队伍建设经验做法，《中国安全生产报》两个专版刊发山东煤监局“三严三实”专题教育先进典型事迹和走基层蹲点调研体会文章。

四是事业单位又有新发展。持续深化改革，制定实施“绩效工资、竞争上岗、合理分流、积极扶持”等政策措施，有经营任务的事业单位全部完成了全员竞聘上岗任务。事业单位经营形势持续稳定、管理不断加强，历史遗留的老大难问题陆续得到有效解决。

五是项目建设实现新突破。业务单位保障用房工程、煤矿安全远程监察平台项目、公务员交流用房、家属区供暖改造 4 个建设项目全面竣工，是山东煤监机构组建以来项目最多、资金量最大、完成效果最好、职工满意度最高的一年。

六是后勤保障取得新成效。财务、老干部等工作有序推进，配合财政专员办顺利完成对山东煤监局的预算资产财务检查，老同志满意率保持较高水平。

二、煤矿安全监察重点工作

2015 年，山东煤监局按照监察执法计划，紧紧依靠地方党委政府，在各部门、各方面的大力支持和密切配合下，重点抓了以下工作：

（一）深化“六个执法”，强化依法治安

一是强力推进国办发 20 号文贯彻落实。国办发 20 号文件一出台，山东煤监局先后 3 次召开局党组中心理论组学习会、局长办公会、处室座谈会进行学习讨论、征求贯彻意见，在全国煤监系统第一家出台了 5 个方面、20 条细则的实施意见。6 月份，又制定实施了《煤矿安全监察执法案件公开裁定办法》《煤矿安全监察执法信息公开办法》《生产安全事故隐患责任倒查追究办法》《生产安全事故责任追究及整改措施落实情况评估制度》《生产安全事故分析警示》和《山东煤矿安全生产“黑名单”制度》6 项配套制度。2015 年每半个月一次，上网公开了 10 次执法信息；4 个监察分局全部组织开展了执法案件公开裁定，警示和教育效果较好；对 2 起侥幸事故开展了隐患责任倒查。二是率先主动晒出“权力清单”，及时修订自由裁量实施基准。2015 年 1 月 22 日，经省法制办备案审查，山东煤监局行政权力清单正式对外公布。包括行政审批、行政处罚、行政强制、行政奖励、行政监督和其他权力共 6 个目录、90 项事项。根据法律法规变化，及时跟进修订《行政处罚自由裁量实施基准》，2015 年修订 3 次，印发了第 4 个版

本。三是持续强化监察执法。突出三类重点矿井、五个重点专业，采取“四不两直”暗查暗访、交互监察、专业组监察等多种形式，组织开展了隐患大排查快整治严执法、安全大检查“回头看”、打非治违专项整治等系列执法活动。全年共监察矿井550次，覆盖率为352.56%；制作执法文书1896份；停头、停面69个，行政罚款1407.71万元。其中，共组织81个检查组，组织开展煤矿安全生产大检查、“打非治违”，以及省政府统一部署的隐患大排查快整治严执法集中行动，检查煤矿160处，查处一般安全隐患1585条、打击非法违法行为67起、整治违规违章行为18起、行政罚款330.02万元。

（二）强化持续创新，提升工作成效

一是全面实施“电子化”辅助执法。比国办发20号文规定的时限提前两年，全部列装执法终端，该系统主要包括制定监察方案、现场取证、对照量罚、数据录入上传、智能分析、生成执法文书等功能，处罚标准由“粗”变“细”，处罚幅度由“弹性”变“刚性”，做到了标准化监察、电子化执法、闭合式管理、无缝隙监督，提高了监察执法的公正性、透明度、约束力。二是深化行政许可（审批）制度改革。规范审批行为，编写行政审批业务手册和服务指南；简化审批程序，将安全设施设计、职业病防护设施设计两个导则合并。精简审批事项，将安全生产许可证、职业卫生、建设项目和职业卫生“三同时”、预评价审核等5个事项合并办理，建立了一个导则指导、一个安全设计、一个窗口受理、一个处室承办、一个程序办理、一个会议研究、一个文件批复的“七个一”审批模式，全面推行行政许可网上办理，从申报、预审、审批、监督、查询等业务的“一体化”管理、“一站式”服务，方便了煤矿企业，提高了工作效率，强化了廉政建设。制定出台了《山东煤矿安全监察局关于进一步深化煤矿建设项目“三同时”行政审批改革的意见》，确定了建设项目“三同时”“组合”式行政审批改革事项，在国家未明确要求的情况下，先行先试，率先推出“建设单位自行组织建设项目职业病防护设施竣工验收”的新举措。三是大力推进信息化建设。内部积极推进OA系统应用，不断充实丰富模块，相继把督查督办、行政审批等事项纳入其中。远程监察平台已完成与山能集团、兖矿集团及所属部分煤矿的联网，调度应急指挥大厅已经投入应用，实现了安全监控等数据的远程传输。执法终端实现了与远程监察平台系统的互联互通。四是创新开展矿长谈心对话活动。坚持注重实效、突出工作创新，采取了剖析谈、交流谈、调研谈等多种形式，与矿长真诚交流，凝聚共识，确保了活动效果。各监察分局积极跟进，与矿级领导进行了全覆盖谈心对话。五是推行监察分局监察组工作体制，除分局长、书记外，监察分局处级干部均“下沉”担任组长、副组长，加强了一线执法力量，避免了官浮于事，推动了作风转变。六是率先实施《监察周志制度》。在全国煤监系统首家实施《煤矿安全监察周志制度》，如实、及时记录局机关和监察分局干部的监察执法、业务工作、理论学习等情况，每周末利用办公系统上传周志，周志公开透明，随时相互查询。运行以来，效果较好，干部自我加压、自我鞭策、自我监督，拧紧了工作的螺丝，加了一道督促落实的“紧箍咒”。新出台的《山东煤矿安监局公务员平时考核实施意见（试行）》，将周志与工作考核有机结合，有效解决了干部的平时考核问题。

（三）强力督促推动，夯实安全基础

一是坚决淘汰落后产能。推动实现30万吨/年以下煤矿安全、平稳、整体退出，全年共关闭各类矿井40处。二是实施科技兴安战略。国家安全监管总局推荐“四个一批”项目21项，有两批7个项目入选；积极申报科技成果，共获安全生产科技成果奖167项，获安全生产科技成果优秀推广项目44项；征集全省煤矿小改小革项目110项，汇编成册强力推广；迅速部署“机械化换人、自动化减人”和“四减”工作；在3家企业开展煤矿安全风险预控体系建设试点工作；积极推广应用激光光纤传感技术，推进监控系统升级改造，在全国会议做经验介绍。三是强化安全宣传。加强网站平台建设，建立局微信平台，面向全省煤矿宣传安全生产知识，上线300多集的“煤矿安全十万个为什么”，关注人数已超万人，深受企业和职工好评。持续推进安全文化建设，有4处企业被命名为国家安全文化示范企业，2处企业分别被省普法办命名为全省法治宣传教育示范基地和法治文化建设示范基地。四是强化职业病危害防治监察。以贯彻国家安全监管总局第73号令、76号令为抓手，落实一体化监察要求，加大职业病危害监察工作力度。召开全省煤矿职业病危害防治经验现场会，开展示范煤矿创建活动，选树标杆、示范引领，工作开展有序扎实。五是强化应急救援能力建设。督促煤矿企业和各救护队伍投入资金6500余万元，用于队伍建设、设施建设和装备更新。2015年，救护队开展预防性安全检查1899队次、出动14499人次，查出隐患4291条。在临沂平邑县“12·25”石膏矿垮塌事故中，全省7支矿山救护队伍、11个小队、128名救护指战员参与抢险救援，共出动79队次、765人次，成功营救7人，全省煤炭系统参与救援人员达350人，得到省委省政府的充分肯定。

河南省煤矿安全生产工作综述

一、煤矿安全生产总体情况

2015年，河南省深入学习贯彻习近平总书记、李克强总理等中央领导同志关于安全生产的重要指示批示精神，认真落实国家安全监管总局、国家煤矿安监局和省委省政府煤矿安全重大决策部署，进一步牢固树立安全发展理念，强化红线意识和底线思维，扎实推进依法治安，有力推动了煤矿企业主体责任和地方政府煤矿安全监管责任落实。全省煤矿生产原煤1.28亿吨；发生伤亡事故10起、死亡14人，同比减少10起、33人，分别下降50.0%、70.2%；百万吨死亡率0.109，同比减少0.239，下降68.6%；消灭了较大以上事故，实现了事故起数、死亡人数、百万吨死亡率“三个大幅下降”，安全生产形势持续稳定好转。

二、煤矿安全生产重点工作

（一）确立安全监察工作理念

2015年，河南煤矿安监局在深入调研和学习借鉴的基础上，集思广益、凝聚共识，提出了“1223”工作理念和思路，即围绕有效遏制煤矿事故一个目标；坚持两手抓：一手抓服务、一手抓执法，服务要到位、执法要严格；推进两个转变：认真履职推进监察人员从煤矿安全检查员向国家安全监察员转变、严格执法推进煤矿企业从法律约束向自我约束转变；将三个一切作为各项工作出发点和落脚点：一切为了保护矿工生命安全、一切为了遏制重特大事故、一切为了推进企业安全主体责任落实。全局积极践行工作理念，完善监察执法机制，创新工作方法，强化工作措施，强力推动企业主体责任落实，赢得了地方政府、煤炭企业的更多理解和支持，煤矿安全监察工作呈现新局面。

（二）强化煤矿安全综合治理

一是开展隐患排查治理集中行动。履行集中行动领导小组办公室职能，编制工作手册和检查手册，制定集中行动有关制度，加强协调督导，督促全省267个排查组，完成对全省492处矿井的隐患集中排查治理，消除了一大批安全隐患，夯实了煤矿安全的基础。二是开展第二轮“千名干部与万名矿长谈心对话”活动。协助筹办了黄玉治、黄毅、张维宁等8位领导与全省500多名矿长和有关负责人的谈心对话。河南煤监局5名班子成员会同省直有关部门负责人，按照“一个承诺、一张问卷、一次考试”的规定动作与449处煤矿的负责人开展谈心谈话，提升矿长安全意识和责任意识。三是继续开展煤矿安全重点县攻坚战。继续深化落实国办发99号文件精神，按照省安委会煤矿安全重点县攻坚战实施方案，每季度对新密市、登封市、禹州市开展督导检查，督促3市按期完成攻坚目标任务，新密市、登封市通过国务院安委会验收，禹州市通过省安委会验收。四是落实省委省政府“三查三保”工作部署。按照省政府安委会《全省“查尽责、除隐患、保安全”活动实施方案》的要求，坚持严格执法与热情服务相结合，把监察煤矿企业和检查各监察分局执法工作相结合，强化煤监队伍履职尽责，督促企业深化隐患排查治理，提升安全保障能力。

（三）深化煤矿瓦斯治理

始终把防治煤与瓦斯突出作为安全监察工作重点，强力推进企业落实瓦斯治理措施，努力防范煤矿重特大事故。一是推进“两个普查”问题整改。督促企业整改对煤与瓦斯突出矿井突出和非突出危险区划分、与突出矿井相邻开采同一煤层的非突出矿井突出危险性鉴定两个普查中发现问题，对排查出的50处划分有非突出危险区的矿井始突标高以下不再划分非突区，对45处既没有进行突出危险性鉴定也没有按突出管理的矿井限期整改到位。二是推动省政府“双十条”规定执行。针对“双十条”执行中认识不统一、执行不坚决的问题，多次组织煤矿企业、地方监管部门召开专题会议，广泛征求意见，统一煤矿企业执行“双十条”标准和河南煤监局执法标准，推进瓦斯治理政策措施落实。河南省煤矿瓦斯防治工作经验做法在全国煤矿瓦斯治理工作座谈会上得到国家煤矿安监局充分肯定。三是强化瓦斯治理培训。组织全省突出矿井负责人360余人到安徽淮南学习借鉴瓦斯防治技术管理经验，邀请中国工程院院士、煤矿瓦斯治理国家工程研究中心主任袁亮等权威专家团队授课，引导煤矿企业树立瓦斯防控先进理念，坚定了防突工作的决心和信心。

（四）规范创新监察执法

立足国家监察，不断规范执法行为、创新监察执法方式，有效促进煤矿企业安全生产主体责任落实。一是规范执法行为。清理规范行政职权，制定权责清单；出台规范监察执法的意见，明确了河南煤监局与各区域监察分局执法定位，规范和统一执法流程和标准，开展痕迹执法；推行首席监察员、主办监察员和执法监督员制度，落实执法责任。二是创新执法方式。开展集中执法，集中优势监察力量对重点企业和重点矿井实施监察，发挥以点带面作用；实施责任监察，由监察物的不安全状态向监察人的不安全行为深化，推动企业安全管理人员责任落实；强力推进“告知式”执法方式，监察执法提前告知企业监察内容，督促企业开展隐患自查、自报、自改，促使煤矿企业落实隐患排查治理主体责任；建立与煤业集团高层对话、定期沟通机制，通报监察情况，服务煤矿企业，推动了影响煤矿安全发展的重大、深层次问题的逐步解决，从更高层面推动企业主体责任落实。三是严格监察执法。2015年监察矿井250处、534矿次，查处问题4185条，查处重大隐患14条，责令停产整顿矿井12处，促进了企业依法生产。

（五）严格事故调查处理

按照“四不放过”原则，依法依规组织对10起煤矿事故进行了调查处理。研究事故规律，总结事故教训，开展顶板事故调研，提出治理措施，强化顶板管理监察，编写8万余字的顶板培训辅导教材，到发生顶板事故矿井上门培训，共组织培训27期，培训2600余人，有效遏制了2014年以来煤矿顶板事故多发势头。以防治煤与瓦斯突出事故为重点，制作了瓦斯事故警示教育片，在永煤集团公司召开警示教育会，深刻剖析陈四楼煤矿“4·10”煤与瓦斯突出事故原因和教训，要求企业吸取教训有切肤之痛、刻骨铭心，严格落实防突措施，努力做到消灭煤与瓦斯突出、消灭瓦斯超限。

（六）推动煤矿科技强安

加快推进煤矿安全科技成果应用，强化重大灾害治理，充分发挥煤矿安全科技支撑作用。开展煤矿安全科技周活动，局网站开设专栏普及科技知识，向煤矿企业发放科技图书1000册。组织全省征集遴选188项科技推广项目，确定65项列入2015年度河南煤矿安全生产科技发展计划，推荐52项列入国家安全监管总局2015年安全生产重大事故防治关键技术科技项目。在全省煤矿开展“机械化换人、自动化减人”科技强安专项行动，加强示范矿井建设。举办河南煤矿安全科技创新与技术交流大会和德国先进技术与装备交流会，为煤矿企业搭建学习交流的平台，推广煤矿新技术、新装备、新工艺和先进管理经验，推动全省煤矿科技强安减人提效。河南推动煤矿科技兴安的做法在全国安全生产信息科技现场会作为典型经验推广。

（七）严把煤矿安全准入关

根据国务院对煤矿安全监察机构的职能调整方案，及时修订公布了行政许可办事指南，为煤矿企业提高优质高效的服务。以煤矿安全许可为抓手，推动新《安全生产法》、国家安全监管总局煤矿安全“双七条”规定等的贯彻落实。严格落实责任，加强事中事后监管，进一步规范了全省煤矿建设项目安全设施设计审查和竣工验收现场监督工作。全年办理行政许可事项152起，颁发煤矿安全生产许可证89个，作出不予颁发3个，办理安全管理人员考核合格证5344人。

（八）加强煤矿职业卫生工作

2015年，河南煤监局明确了专门负责职业卫生的业务处室，健全完善制度，配备专业人员，强化和规范职业卫生工作。组织编制《煤矿职业卫生行政执法依据简易手册》和《煤矿职业卫生主要法律规章汇编简易手册》发放至煤矿企业和地方煤矿监管部门，开展了形式多样职业卫生法律法规宣传培训。修订完善煤矿建设项目职业病防护设施设计审查和竣工验收规定，规范职业卫生行政许可。加大监察执法和监督指导力度，推进全省煤矿理顺职业卫生管理体制，加强职业卫生基础工作，在全国率先启动煤矿示范矿井建设工作，确定全省8家示范矿井。

（九）强化监督检查工作

组织对全省11个产煤省辖市、4个直管县煤矿安全监管工作开展监督检查，督促各地健全完善“党政同责、一岗双责、齐抓共管”的安全生产责任体系，贯彻落实《河南省人民政府办公厅关于进一步加强煤矿安全管理工作的通知》（豫政办〔2014〕163号）要求，认真履行属地监管责任。加强与地方政府及安全监管部门的沟通协调，共商加强和改进煤矿安全工作的措施，有序将煤矿事故举报核查和安全隐患复查移交地方政府及其监管部门，与地方政府煤矿安全监管部门开展联合执法，凝聚了监管监察工作合力。

（十）注重服务煤矿企业

把服务煤矿企业安全生产作为重要任务，帮助企业提高法治意识、加强安全管理、提高安全标准，提升重大灾害防治能力，受到企业好评。一是强化法律法规宣贯。大力宣贯以《安全生产法》为重点的法律法规，以开展安全生产月活动为契机，制作宣传展板，组织法律法规知识竞赛，开展形式多样的普法活动，深化了宣传效果。充分利用局网站和协同办公系统，及时公布新颁布、修订的法律、法规，公开监察执法、行政许可、事故调查等情况，积极推进阳光执法。二是加强行政指导工作。注重充分利用河南煤监局监察业务力量并邀请煤矿安全技术专家为企业提供便捷、高效的技术服务，通过监察执法把脉、联合专家会诊开方，帮助企业解决辖区煤矿瓦斯、水害等重大灾害治理技术和关键问题。充分利用国家监察资源优势，引导煤矿企业之间相互学习借鉴安全管理经验和灾害防治技术，促进全省煤矿安全保障能力的提升。

（十一）加强队伍建设

始终将加强队伍建设作为监察工作重要保障，落实干部人事工作新要求，加强对党员干部教育和管理，建立激励约束机制，推进队伍建设进入新常态。一是扎实开展“三严三实”专题教育，坚持问题导向，把发现问题、整改问题作为出发点和落脚点，召开专题研讨5次，省局和局属单位高质量召开班子专题民主生活会，认真查摆、积极整改问题，促进了全局作风转变。二是着力提升干部素质。分3批组织177人到宁夏银川开展监察员业务培训，赴内蒙古、甘肃等4省煤监局开展调研，学习借鉴兄弟煤监局工作经验。组织26人外出学习培训、6人到企业挂职锻炼、363人次参加网络在线培训，提高了干部理论水平和业务能力。三是加强干部选拔任用。聚焦突出问题和形势要求，回应干部诉求和期盼，强化党管干部原则、坚持正确用人导向、规范选拔任用程序，调整和优化了干部队伍结构，形成了干部人事工作新常态。四是加强党风廉政建设。采取多种形式学习贯彻《中国共产党廉洁自律准则》《中国共产党纪律处分条例》，始终将党的政治纪律和政治规矩挺在前面。明确年度党风廉政建设目标，强化“两个责任”落实，健全完善了廉政教育和监督制约机制。严格落实“中央八项规定”精神，实现了“三公经费”较大幅度下降，对新提拔任用和调整交流党员干部进行了任前廉政谈话和廉政审查，对廉政监督卡制度执行情况进行了抽查，党风廉政建设取得了新成效。五是强化业绩考核。建立完善业绩考核机制，实行机关处室和局属单位、科室、个人三级考核，实现了对所有单位、所有人员的全覆盖，利用协同办公系统及时公布月度业绩考核成绩。实行个人业绩考核成绩与年终评先评优挂钩，对年度业绩考核优胜单位进行了表彰。通过自我加压、自我考核、全员参与、推动工作的形式，实施加压驱动，激发内部潜力，促进了责任落实和效能提升，营造了争先创优、干事创业的良好氛围。

湖北省煤矿安全生产工作综述

2015年，在湖北省委、省政府的正确指导下，湖北煤监局牢固树立煤矿“零死亡”目标理念，以“三严两促”（严执法、严许可、严追责，促关闭、促提升）为抓手，立足监察主业，创新体制机制，深入开展“与煤矿矿长谈心对话”、煤矿安全重点县攻坚克难、煤矿隐患集中治理“百日攻坚”、煤矿安全生产大检查“打非治违”和专项整治等系列活动，有效推进了工作，圆满完成了年度煤矿安全生产各项目标任务，全省煤矿安全生产形势持续稳定好转。

一、煤矿安全生产总体情况

（一）2015年事故指标控制情况

2015年，全省煤矿共发生死亡事故16起，死亡20人，同比分别下降36%和47.4%，百万吨死亡率2.63，下降幅度高于全国平均水平。其中较大事故1起3人，同比下降66.7%和76.9%。

（二）“十二五”期间煤矿安全生产工作成效

一是办矿水平进一步提升。通过推进科技兴煤、示范矿井建设、煤矿“六化”建设，建成了一批具有湖北特色的示范矿井，爬底采煤机、截煤机等设备得到广泛应用，锚网喷联合支护率达到80%以上，全省煤矿数量由2011年的400处减少到2015年初的319处，煤矿产业结构进一步优化，安全保障水平进一步提升。二是监管监察能力进一步增强。建立了煤矿安全技术中心等技术支撑机构，建成了技术支撑中心，装备了一批先进的检测检验仪器设备，配备更新了监察执法装备，培养了一批想干事、能干事、干成事的监管监察干部队伍。三是煤矿安全状况进一步好转。2009年以前，全省煤矿事故年死亡人数均在百人以上。“十二五”期间，全省共发生煤矿事故153起，死亡204人，比“十一五”期间减少234起274人，分别下降60.5%和57.3%。全省煤矿没有发生重特大事故；较大以上事故12起，死亡45人，比“十一五”期间的19起80人，同比减少7起35人，分别下降36.8%和43.8%。全省煤矿百万吨死亡率为3.55，比“十一五”期间的8.33下降57.4%。

二、煤矿安全生产重点工作

（一）树立“零死亡”目标，整体谋划推进煤矿安全工作

牢固树立煤矿“零死亡”目标理念，认真履行国家监察职能，坚持多方借力，确保实现煤矿安全全省一盘棋。一是主动汇报，争取支持。积极争取省领导对煤矿安全生产工作及时作出指示批示，高位推进工作。2015年，李鸿忠书记就与矿长谈心对话活动作出重要批示；王国生省长与煤矿企业在内的40多家负责人开展谈心对话，强调推动安全生产落细落实；分管副省长许克振召集省相关直部门负责同志，就贯彻落实国办发〔2013〕99号和鄂政发〔2014〕48号文件精神听取全省煤矿安全生产工作情况专题汇报。省安委会连续印发了《湖北省5个国家级煤矿安全重点县攻坚战工作方案的通知》《关于开展全省煤矿安全隐患集中整治“百日攻坚”专项行动的通知》《关于推动煤矿实现“零死亡”目标切实加强煤矿安全生产工作的通知》和《关于实施产煤市（州）、县（市、区）政府领导入井督导检查煤矿安全生产工作规定的通知》等4个文件，推动重点工作落实。二是主动沟通，加强协作。建立了部门联席会议制度，省安监局、省经信委、湖北煤监局联合印发了全省煤矿安全工作要点。三部门领导带队共对8个市（州）和20个县（市、区）开展了节后复工复产、与煤矿矿长谈心对话、隐患排查治理、重点县克难攻坚及煤矿安全百日攻坚等重点行动专项督查。三是主动邀请，联合督查。坚持局领导带队，积极邀请地方党政领导、监管监察干部、辖区企业负责人一同下井检查，注重手指口述示范执法，先后对8个产煤市（州）的21个县（市、区）政府的煤矿安全工作进行了检查指导，与18个县（市、区）主要领导交换了意见。

（二）以“三严”为抓手，认真履行监察职责

将“三项监察”与检查指导有机结合，提高执法频率和质量，严格安全许可和事故查处，扎实推进煤矿安全生产工作。一是严格执法。采取计划执法、“四不两直”暗查暗访等形式，重点加大对技改矿井违法生产、停产整顿期间擅自组织生产和使用假图纸生产等严重违法违规行为的查处力度。全年计划监察矿井80矿次，实际监察矿井83处，完成全年计划的103.75%，实现了对产煤市（州）监察执法全覆盖，下达监察执法文书184份，发现隐患908项，责令停产停工整顿矿井10个，暂扣煤矿安全生产许可证3个。二是严格许可。严格安全生产许可证的颁发管理，坚持100%现场核查，凡是不符合安全生产条件的一律不予发证（返证），对16家煤矿做出了不予许可的决定，注销了64家矿井的安全生产许可证。三是严格追责。注重用事故教训推动工作，全年按期审批事故13起，移送司法机关追究刑事责任6人，党纪政纪处分27人，撤销安全资格证6人，暂扣安全生产许可证6个，关闭事故矿井1处，充分发挥了教育警示作用。同时，强化事故预警，对发生事故的煤矿企业及时发出事故警示，明确一年之内再发生事故的，将提请地方政府依法关闭。通过以管促关措施的落实，有力地促进了不具备安全生产条件的小煤矿有序退出市场。

（三）注重指导服务，切实加强对地方政府煤矿安全工作的检查指导

一是督导煤矿安全重点县攻坚克难。省安监局、省经信委、湖北煤监局及相关市（州）政府成立了3个省级包片督导组，深入推进建始、巴东、长阳、秭归、南漳5个国家级煤矿安全重点县攻坚战。局级领导带队对重点县开展了督导检查和谈心对话活动，并与县长签订了煤矿安全攻坚克难“军令状”，组织5个重点县安监局副局长、煤矿企业投资人及矿长等共150人开展了集中培训学习。截至2015年底，5个重点县共发生死亡事故2起，死亡3人，3个重点县实现“零死亡”，各项指标比去年（2014年5个重点县发生事故10起，死亡19人）大幅下降。二是高位推进“与矿长谈心对话”活动。省安监局、省经信委、湖北煤监局联合成立了领导小组，通过落实责任“分片谈”、部门联动“层层谈”、创新方式“灵活谈”、解决问题“务实谈”、立足实际“适时谈”等方式，实现了全省煤矿谈心对话全覆盖。三是指导各地严格煤矿复工复产。省安监局、省经信委、湖北煤监局组成联合督查组，督导各产煤县（市、区）严格落实企业自查、排查组排查、县（市、区）验收和县政府领导签字复工复产程序，严把复工复产检查验收关。全年仅有113个煤矿通过复工复产，占比三分之一。四是继续深入开展煤矿隐患排查治理专项行动。对2015年复工的113处煤矿全部进行了复查，实行省、市、县三级安监部门联动，抽调专家及相关技术人员参与，严格落实领导负责制，坚持谁带队、谁负责，实行一矿一策、一矿一案。对206处没有复工的矿井，经排查组现场检查确认，由企业做出安全承诺，所辖乡镇政府落实好监控和巡查责任，盯紧盯牢。同时配合国家安全监管总局对恩施州巴东县、来凤县，宜昌市长阳县和荆州市松滋市进行了暗查暗访和督导检查，并对督导检查发现的15处重大隐患进行了督办。

（四）狠抓专项治理，有效防范重特大事故发生

一是开展了“百日攻坚”专项行动。围绕落实政府领导入井督导、领导包矿责任制、隐患排查治理等重点工作，从2015年7月起，全省启动了煤矿安全隐患集中整治“百日攻坚”专项行动，集中开展了“打非治违”、瓦斯、水害和顶板等4个方面的专项整治。省级层面，督导检查煤矿115矿次，排查隐患1025条，责令停工停产矿井13家，实现“两化”系统上报隐患的煤矿186家。市县级层面，4位市（州）政府主要领导和6位分管领导先后入井督导检查辖区内煤矿安全生产工作，16个县（市、区）党政“一把手”和21个县（市、区）政府分管领导入井检查煤矿安全生产工作，29个产煤县（市、区）落实了县级领导包矿责任制，党政同责、一岗双责、失职追责的责任体系进一步落实。二是开展了安全监控系统突出问题专项治理。2015年5—9月，先后开展了监控系统维护管理状况普查和自查自改，组织了全省煤矿安全监控系统理论知识培训、现场实操培训和系统维护培训，对高瓦斯、煤与瓦斯突出矿井进行了专项监察。三是开展了水害隐蔽致灾因素普查。针对水害事故多发的特点，在全省开展了水害隐蔽致灾因素普查。全省已有20个县（市、区）基本完

成了水害隐蔽致灾因素普查治理工作，水害防治能力大幅提升。通过采取一系列专项治理措施，全省煤矿安全保障能力，特别是重特大事故的防范能力有了很大提升。

（五）深化机制创新，着力提高安全监察执法效能

大胆创新监察执法机制和方式方法，抓预防、重治本，抓落实、求实效。一是强化警示教育。对所有事故煤矿下发了安全警示通知，明确一年内再发生事故，将提请地方人民政府予以关闭；对2015年事故多发的恩施土家族苗族自治州巴东县政府主要负责人进行了2次约谈；对26家事故煤矿的投资人、矿长、技术副矿长进行了事故防范专题学习培训。同时结合汛期等重要时段，及时通过手机短信平台向全省安监人员和煤矿企业负责人发送警示短信33次。二是强化技术支撑。在开展隐患排查治理时，邀请技术专家进企业、下矿井，指导企业建立一套行之有效的表格式排查标准和制度，健全隐患排查治理责任体系和隐患排查治理报告制度，推进隐患排查治理“两化”体系建设。在推进小煤矿关闭退出时，坚持两条腿走路，积极邀请全国最有实力的科研机构、知名专家为全省煤矿把脉，对煤矿的采煤、掘进、机电、运输、通风等技术工作实行综合服务，坚定不移地推进采煤机械化。三是强化暗查暗访。制定了煤矿“四不两直”暗查暗访工作制度，每月坚持开展暗查暗访，先后对恩施土家族苗族自治州巴东县、黄石市开发区等8个县市区煤矿进行了暗查暗访，责令停产了一批矿井，约谈了部分县政府主要负责人，及时向市（州）政府下达了监察意见书。

三、存在的问题

虽然取得了一定的成绩，但湖北省煤矿安全形势依然严峻。一是整体办矿处于全国落后水平。受煤层赋存条件影响，全省煤矿数量多、规模小、基础差，在全国24个省级统计单位中，矿井数量排名第12位，产量排名第23位，单井平均规模全国最低，绝大部分煤矿无法实行机械化采煤，百万吨死亡率等主要控制指标处于全国落后水平。二是隐患突出，违法违规严重。安全投入不足，技术装备落后，采煤方法不正规，通风系统不完善，特别是企业对煤与瓦斯突出和水害威胁严重的矿井，自身没有治理能力，事故防范能力薄弱；同时，受当前煤炭市场下行和关闭退出政策的影响，煤矿投资人办矿信心不足、安全投入不足，部分煤矿关闭前冒险突击生产，非法违法生产冲动加剧，增加了事故发生的概率。三是安全监管能力不足。各地普遍缺乏煤矿专业监管人员，导致监管水平不高、能力不足，影响了监管监察措施的落实效果。

湖南省煤矿安全生产工作综述

一、煤矿安全生产总体情况

2015年，在国家安全监管总局、国家煤矿安监局和省委、省政府的正确领导下，在各级煤矿安全监管监察部门和煤矿企业的共同努力下，全省煤矿事故总量继续下降，有效遏制了较大事故，杜绝了重大及以上事故，煤矿安全生产形势进一步稳定好转。

（一）事故总体情况

2015年，全省煤矿发生事故29起、死亡50人，同比减少27起、36人，分别下降48.2%和41.9%。发生一般事故26起、死亡35人，同比减少26起、30人，分别下降50%和46.2%。发生较大事故3起、死亡15人，同比减少1起、6人，分别下降25%和28.6%。没有发生重大及以上事故，同比持平。

（二）事故按所有制统计分析

乡镇煤矿共发生22起、死亡39人，占事故总量的75.9%和78%，同比减少25起、29人，分别下降53.2%和42.6%。国有地方煤矿发生事故6起、死亡9人，占事故总量的20.7%和22%，同比增加2起、3人，均上升50%。湘煤集团煤矿共发生事故1起、死亡2人，占事故总量的3.4%和4%，同比减少2起、8人，分别下降66.7%和80%。央企在湘煤矿2015年未发生事故，同比减少2起、2人，均下降100%。

（三）按事故类别统计分析

发生顶板事故17起、死亡22人，分别占事故总量的58.6%和44%，同比减少19起、24人，分别下降52.8%和52.2%。发生瓦斯事故4起、死亡16人，分别占事故总量的13.8%和32%，同比减少2起、1人，分别下降33.3%和5.9%。发生水害事故2起、死亡4人，分别占事故总量的6.9%和8%，同比减少1起、7人，分别下降33.3%和63.6%。发生运输事故2起、死亡4人，分别占事故总量的6.9%和8%，同比减少4起、2人，分别下降66.7%和33.3%。发生爆破事故1起、死亡1人，分别占事故总量的3.4%和2%，事故起数和死亡人数同比持平。没有发生火灾事故，事故起数和死亡人数同比持平。没有发生机电事故，同比减少1起、1人，均下降100%。发生其他事故3起、死亡3人，分别占事故总量的10.3%和6%，同比起数持平、死亡人数减少1人，下降25%。

二、煤矿安全生产重点工作

（一）推进落后小煤矿关闭退出

湖南煤矿资源赋存条件差、井型规模小、灾害十分严重、基础非常薄弱，事故多发易发。湖南省委、省政府强力推进落后小煤矿关闭退出，省财政拿出25亿的专项资金对关闭煤矿“以奖代补”。湖南煤监局紧紧抓住全省煤矿整顿关闭有利契机，树立“减少一个落后小煤矿就是减少一个事故源”的意识，采取宣传引导促进关、严格执法促进关、严格许可促进关3种主要措施，特别是面对面与煤矿投资人、矿长谈煤炭行业形势、谈奖补政策、谈办矿标准，强力推进了全省落后小煤矿关闭退出。全省在2014年关闭428处煤矿的基础上，2015年又关闭160处，两年共关闭588处煤矿，关闭比例达59.5%，有16个产煤县整体退出了煤炭产业，超额完成了国家下达的整顿关闭任务，为提高全省煤矿本质安全水平奠定了坚实基础。

（二）深化煤矿安全隐患排查治理

按照省里的统一安排，集中全部力量开展隐患排查治理专项行动。湖南煤监局领导带队组织3个排查组，出动161人次，历时4个月，对22个省监管煤矿开展了2轮全面、系统的隐患排查和复查，对负责的5个产煤地市定期进行督导。2015年8月以来，科学调整监察计划，又全面部署开展安全生产大检查工作。瞄准重大事故隐患认定、治理和督办3个环节，出台了《重大事故隐患认定及治理督办暂行办法》，明确了督办程序和要求，分级建立台账，落实督办责任。2015年，全系统查处安全隐患10124条，督促整改9352条，整改率92.4%，其中重大隐患按期整改率99.2%。

（三）严格安全许可审批把关

将行政许可受理、安全设施设计审查、突出矿井现场核查3项权力全部上收湖南煤监局。全面规范安全设施设计审查程序和标准，认真整改国家局对湖南煤监局检查发现的问题。严格颁证许可“三十五”条硬性标准，落实“谁核查、谁复查”的原则，突出矿井许可一律由局长办公会集体研究决定。2015年，共受理安全设施设计5矿次，许可2矿次；受理安全生产许可证颁证申请140矿次，许可101矿次。对未按时申请延期、责令停产整顿逾期未验收合格和地方政府作出关闭决定的煤矿，共注销安全生产许可证135矿次。

（四）切实提高监察执法效能

坚持分类监察，将全省煤矿分为生产或建设、无证但提交了申请、无任何申请等3大类、7种情况，每月调度统计。对证照失效或停产停建的，一律注销或收缴安全生产许可证，责令停产停建；集中力量对正常生产、建设的煤矿实施计划监察。坚持开展预防性技术基础监察，年中和年末集中听取煤矿隐患排查治理情况汇报、查阅图纸和技术资料，掌握煤矿安全生产现状、动态和趋势，为下阶段监察执法的重点矿井、重点灾害和重点时段提供依据。坚持表格式执法，按照安全管理、“一通三防”、防治水等7个专业，制作了《安全监察执法现场检查表》，全面规范检查项目、检查主要内容和自由裁量基准。2015年，共监察矿井888矿次，下达执法文书3392份，立案212矿次，停产整顿58矿次，提请关闭2矿次。

（五）严肃事故查处和警示教育

进一步加强事故调查的领导，由分管监察执法的班子成员分管事故调查，管住事前和事后，实行责任倒逼机制，强化内部的执法问责。进一步强化调查工作技能培训，提高事故调查工作水平。进一步规范调查程序，严肃事故查处。2015年发生的3起较大事故一律提级由湖南煤监局组织调查，现场向地方政府交办事故防范措施。一般事故调查报告一律由湖南煤监局进行审核备案。从严追究事故责任，共追责225人，其中党政纪处分（处理）42人，移送司法机关13人，提请关闭矿井2处。制作煤矿事故警示教育片3个，联合制作全省综合性警示教育片1个，召开警示教育会28次，受警示教育人员1400余人次，在网站刊发“历史上的本周”事故案例160余个，切实做到了用事故教训推动工作。

（六）狠抓煤矿重大灾害治理

大力推进瓦斯抽采达标，多次组织煤矿企业赴安徽、河南等地学习瓦斯治理先进经验，联合湖南省煤炭局强力推进瓦斯基础参数测定，强制推行瓦斯超限全矿停产撤人措施。组织全省突出煤矿、高瓦斯煤矿召开了瓦斯防治工作座谈会，把国家的政策、标准、要求进一步传达贯彻。督促全省产煤县按要求开展区域性水害普查，11个煤矿安全重点县购置了物探设备，逐矿明确了警戒线、探水线、禁采线。2015年，全省水害事故死亡人数同比下降63.6%，没有发生较大以上水害事故。针对斜井人车提升的人员较多、一旦出事后果不堪设想的问题，组织对全省煤矿斜井人车提升情况进行全面摸底，督促煤矿定期进行检测、完善保护装置，严防事故发生。

（七）推进煤矿安全基础提升

实施“机械化换人、自动化减人”科技强安专项行动，全省新增综合机械化开采矿井3处，还有17处正在推进。强化攻坚督导，重点县隐蔽致灾因素普查、安全监控信息化平台县级联网等工作取得显著成效。积极申报科技项目，推进湖南科技大学等实施重大事故防治关键技术攻关，激发科技创新活力。出台《湖南煤矿安全技术服务机构管理办法》，严肃查处了一批违规中介机构。组建新的专家委员会，积极聘请专家参与监察执法、事故调查，切实发挥技术支撑作用。扎实开展职业危害防治专项监察执法、宣传培训和职业卫生技术服务机构资质认证及日常监管工作。强化应急管理执法，提高煤矿应急处置能力；深入推进救援队伍培训和标准化建设，加快推进区域救援基地建设。

（八）创新监察执法内部管理工作机制

出台《省局班子成员联系分局》《分局分区域监察》《分局监察人员联系矿井》等5项制度，严格落实“三项责任”：落实联系责任，省局班子成员联系分局、机关处室联系重点矿井，分局班子成员联系科室、监察员联系矿井。落实省局处室专项监察责任，把灾害重、事故多发矿井明确为省局重点矿井，每年组织一次系统的专项监察。落实分局重点监察责任，将分局辖区内煤矿划分成若干个区域，全面开展重点监察执法。进一步完善和调整了机关处室工作职责，将执法监督与纪检监察有机结合，把“一通三防”、防治水、机电运输、采掘与顶板管理、“六大系统”建设等监察业务工作分解到具体的处室。

三、存在的主要问题

一是事故总量仍然偏大，虽然全省煤矿事故起数和死亡人数同比有较大幅度下降，但与全国兄弟省份相比，事故总量仍然偏大；同时，由于市场原因和煤矿整顿关闭工作开展，全省煤矿正常生产率不足50%，客观上也减少了事故发生。

二是灾害非常严重，当前保留的401处矿井中，煤与瓦斯突出矿井111处，占27.7%；高瓦斯矿井50处，占12.5%；水文地质类型复杂矿井25处，占6.2%。

三是基础条件仍然十分薄弱，煤层赋存条件差，井型规模小，机械化程度低，从业人员素质差。

四是受当前煤炭市场行情影响，大部分煤矿亏损严重，安全投入不足，安全管理滑坡，职工队伍不稳定。由此也带来了事故隐患整改难、罚款到位难等问题。

五是新一轮地方政府机构改革后，市、县两级煤矿安全监管部门有的撤销、有的合并，监管队伍人心不稳，力量不均衡。

六是近年来全省煤矿安全状况持续向好，特别是连续31个月没有发生重特大事故，部分监察员产生了麻痹松懈思想，骄傲自满情绪有所抬头，对依然严峻复杂的煤矿安全形势认识不到位，推动工作的力度有所减弱，工作标准有所下降，不严不实的问题在一定程度上存在。

广西壮族自治区煤矿安全生产工作综述

一、煤矿安全生产总体情况

2015年，在国家安全监管总局、国家煤矿安监局和广西壮族自治区党委、政府的正确领导下，广西煤监局认真贯彻落实国家安全监管总局、国家煤矿安监局及广西壮族自治区党委、政府的各项工作部署，扎实推进煤矿安全监察执法工作，取得明显的成效。2015年广西共发生煤矿事故7起，死亡9人，比上年分别下降22.2%和10%，比控制指标少死亡6人，建局以来首次年事故死亡人数降到10人以下，广西煤矿安全生产形势趋于稳定好转。

二、煤矿安全生产重点工作

（一）找准定位，明晰监察工作思路

一是牢固树立红线意识。坚守安全底线，坚持用法治思维和法治方式解决煤矿安全问题。二是认真分析以监察执法为重点的各项工作，查找问题与不足，形成了煤矿安全监察工作总体思路：以“防范煤矿重特大事故”为目标，以保护矿工的生命安全、推进煤矿企业主体责任落实为出发点和落脚点，以“做好服务、减少死亡”为工作定位。三是注重“查大系统、治大隐患、防大事故”，从检查物的不安全状态向监察人的不安全行为深化。

（二）认真贯彻落实新《安全生产法》和国办发〔2015〕20号文件精神

将贯彻落实新《安全生产法》和《国务院办公厅关于加强安全生产监管执法的通知》（国办发〔2015〕20号，简称《通知》）作为重要工作来抓。一是制定下发宣贯方案，充分运用各类媒体，掀起学习宣传贯彻热潮。二是多次组织全局干部职工学习领会新《安全生产法》和《通知》精神，统一思想认识，强化现场监察。三是强化内部制度“废改立”工作，抓好自由裁量权、监察执法程序、行政许可审批等有关制度和文件的修订。四是组织开展了“安全生产月”活动，发放新《安全生产法》等宣传资料近1000册。

（三）强化“三项监察”，认真履行国家监察职责

一是严格三项监察。2015年全年监察执法计划为73矿次。全年实际监察80矿次，完成年计划进度109.59%。全年共下达各类监察执法文书148份，对煤矿企业352项违法违规行为做出现场处理，期内应完成整改的350项，已完成整改350项，完成整改率100%；查处重大安全隐患16项，期内应完成重大隐患整改的14项，已全部完成整改，完成整改率100%。实施行政处罚7矿次，暂扣煤矿安全生产许可证7矿次。二是强化隐患整改落实。对排查出来的安全隐患整改情况，指定专人跟踪督办，委托地方安监部门对一般隐患整改情况进行复查验收并反馈广西煤监局，重大隐患整改情况由广西煤监局组织复查验收。三是严格安全许可。加大对新颁证矿井和延证矿井的现场核查力度，对隐患整改不彻底的煤矿坚决不发安全生产许可证。2015年，新颁发煤矿安全生产许可证2个，延期5个，变更19个。暂扣煤矿安全生产许可证7矿次。

（四）强力推进整顿关闭工作

加强宣传引导促进关闭。充分利用监察执法、谈心对话、警示约谈等活动，积极宣传当前煤炭产能过剩、市场持续低迷难以改变的行业形势，宣传国家、自治区政府的政策，帮助煤矿算好为完善系统、改进装备、引进人才所需的支出账，宣传“双七条”和新《安全生产法》对煤矿安全生产基本条件要求，让基础条件差的小煤矿再进行投入都没有意义。在强大的宣传攻势下，绝大多数关闭煤矿都自行向政府申请关闭。2015年，共关闭38对矿井，淘汰产能349万吨/年。按照自治区政府领导的要求，广西煤监局完成了新一轮关闭小煤矿的调研报告，下一步将继续关闭小煤矿。

（五）持续深入开展新一轮“与煤矿矿长谈心对话”活动

一是制定了活动方案。与自治区安监局工信委

联合印发了活动方案，成立了领导小组，对谈心对话对象和责任进行了分解落实、分片包干。二是坚持谈话内容的针对性。起草了《谈心对话提纲》，突出了习近平总书记“发展决不能以牺牲人的生命为代价，这必须作为一条不可逾越的红线”等系列指示批示精神以及“双七条”规定。三是坚持谈话范围的全面性。新一轮谈心对话活动中，全区共80位煤矿矿长，197位煤矿总工及副矿长，16个煤矿企业负责人，37位产煤县政府分管领导及管理部门负责人参加了谈心对话活动，煤矿谈心对话覆盖率100%。

（六）持续开展煤矿“隐患排查治理”专项行动

一是落实企业主体责任，督促所有煤矿认真开展自查自报自改。二是落实排查人员责任，全区组成28个排查组，分3个批次，对118个煤矿严格按照“一矿一组、一矿一案、一矿一策”的原则组织排查。三是落实监察责任，强化监督检查，紧盯重大隐患整改督办。四是积极开展“隐患排查治理”回头看工作。采取“四不两直”方式进行明查暗访，对兴宁区、兴宾区、宜州、都安等重点矿区进行专项巡查。广西煤监局负责的8个排查小组的煤矿隐患排查治理和“回头看”工作，共排查矿井45对，发现隐患1435条，其中一般隐患1426条，重大隐患9条，均已整改完毕。

（七）强化专项治理，防范重特大事故发生

根据广西煤矿灾害的特点，广西煤监局始终把防范和遏制瓦斯事故、水害事故和火灾事故作为监察执法的重中之重。一是加强水害防治专项监察。督促煤矿企业重点抓好雨季“三防”工作。把合山、宜州、都安、扶绥等县（市）作为防治水的重点监察执法区域，重点督促煤矿企业严格执行井下探放水规定，落实专业技术人员、专职队伍、采用专用设备的“三专”要求及防治水措施落实到位。全年共组织对合山、钦州、扶绥、都安、罗城、宜州、百色等地进行了5次防治水专项监察。二是加强瓦斯治理专项监察。重点监察矿井采掘布局是否合理、通风系统是否完善可靠、监控系统是否正常运行，以及瓦斯超限立即撤人和瓦斯超限就是事故等现场管理规定是否执行到位。把罗城矿区、合山矿区、环江县雅京煤矿、右江矿务局瓦斯异常矿井等作为监察执法的重点区域，督促煤矿坚决消灭无风、微风、循环风冒险作业。三是加强防灭火专项监察。加强对机电设备专项监察，推动企业及时淘汰了一批不符合规定的电气设备；督促煤层自燃矿井按规定抓好矿井防灭火系统建设维护，合理安排采掘，采用先进防煤层自燃技术控制煤层自燃。四是加强对关闭矿井的监察执法，严防矿井关闭前突击生产乱采乱挖酿发事故。2015年，所有关闭矿井均没有发生事故。

（八）积极推进煤矿安全重点县攻坚战工作

一是扩大煤矿安全重点县范围。田东县、环江县、合山市为全国煤矿安全重点县，自治区安委会将宜州市、罗城县列为全区煤矿安全重点县。二是督促制定实施攻坚方案。全区5个煤矿安全重点县均制定了攻坚方案，成立了领导小组，强化了专项治理。田东、环江、罗城县已实现煤矿安全监控系统与政府监管平台的联网。三是推动攻坚方案的实施。局领导多次带队对合山市、环江县、宜州、罗城开展了攻坚战现场督导，检查合山市、环江县党委政府落实攻坚战情况，检查了5个重点县25对矿井实施攻坚战进展情况。四是推动建立政府购买社会服务机制。田东、环江、合山、罗城等4个重点县和钦州市通过政府购买社会服务的方式，充分发挥技术机构和专家的作用，为政府煤矿安全生产工作服务。2015年，田东、环江2个全国煤矿安全生产重点县煤矿实现了安全生产。

（九）严肃查处事故，以事故教训推动工作

一是从严处罚。2015年共查处煤矿事故7起，按期结案率100%。处理事故责任人37人，事故罚款255.95万元，提请地方政府关闭发生了较大事故的矿井1对。二是所有事故调查报告全部上网公布，广泛接受社会监督。三是督促事故单位及时落实事故处理、事故防范和整改措施，确保责任追究到位、行政处罚到位、防范措施到位。四是落实事故通报、约谈、警示制度。贯彻落实国家安全监管总局“一矿出事故，万矿受教育”要求，坚持将事故及时向全区通报；及时约谈事故企业和矿井。对宜州市冲谷煤矿六号井“11·11”较大透水事故，12月8日在宜州市召开了河池市煤矿企业警示教育现场会。

（十）发挥技术支撑体系安全保障作用

一是加快推进业务保障单位业务用房工程建设。加强协调与督促，加快工程进度，业务保障单位业务用房工程已基本完成。二是抓好煤矿安全生产调度统计工作。完善《应急值班工作制度》，加强了日常应急值班和重大活动（节假日）应急值守值班工作。三是完善煤矿应急管理体系。开展年度煤矿救护队质量标准化达标验收检查工作，广西全区6支煤矿救护队中达到特级的1支、一级的1支、二级的3支、三级的1支。四是加强煤矿安全技术服务机构管理。充分发挥广西煤监局安全技术中心技术支撑作用，2015年共完成煤矿安全评价项目3个，提出事故隐患或存在问题170条；完成安全条件核查9对矿井，排查出事故隐患266条，大批隐患得到整改；完成宜州拉浪二号井等4对矿井井上、井下水害致灾因素普查。充分发挥矿山实验室技术支撑作用，共检测检验33对矿井251台设备，检验各类仪器仪表955台，检验各类传感器271台，一大批不合格的设备及仪器仪表得到及时维修或校对。

三、存在的主要问题

一是隐蔽致灾因素普查推进较慢，煤矿周边水情尚未摸清，水害治理能力不强，2015年发生一起较大水害事故。二是广西煤矿设计和建设标准低，保留的80对矿井中，乡镇小煤矿58处，占72.5%，这些小煤矿设计和建设标准比较低，安全基础先天不足。三是大部分小煤矿技术装备落后，管理方式粗放，防范事故能力不足。四是大部分小煤矿安全投入不足。五是受煤炭市场持续疲软、经济效益大幅下滑影响，大部分煤矿企业处于停产停工状态，安全管理、技术管理人员和一线有经验的工人流失严重，一旦盲目恢复生产，易引发事故。六是煤矿安全监察执法效能有待进一步提高。

重庆市煤矿安全生产工作综述

2015年，重庆煤监局、重庆市煤炭工业管理局在国家安全监管总局、国家煤矿安监局和重庆市委、市政府的坚强领导下，坚守煤矿安全红线，紧紧围绕重庆五大功能区域发展战略和“依法治安、从严治矿”主题，坚持一手抓事故防控确保安全，一手抓关闭退出治本攻坚，深化打非治违、隐患排查治理，强化监管监察执法力度，调整优化煤炭产业结构，加快淘汰落后产能，全市煤矿安全生产连续10年保持了持续稳定向好的良好态势，全年实现了同比“五个下降”。一是事故起数、死亡人数分别下降54%、63.53%。二是较大以上事故死亡人数下降70.37%。三是百万吨死亡率从2.975下降至1.258。四是发生死亡事故的区县由19个降至12个。五是全市煤矿数量由去年年底的617个下降至407个，分别为国家能源局和市政府下达任务的263%、300%，削减落后煤炭产能1263万吨/年，对此，已落实关闭煤矿转产扶持资金17.62亿元（平均839万元/矿），其中市级财政预算资金12.42亿元，区县财政配套资金5.20亿元。

一、煤矿安全生产总体情况

截至2015年底，重庆市共有煤矿407个。其中，按经济类型分：国有煤矿34个，生产规模1893万吨/年，乡镇煤矿373个，生产规模2777万吨/年；按瓦斯等级分：煤与瓦斯突出矿井56个，高瓦斯矿井69个，瓦斯矿井271个，未定级11个。

2015年，全市发生煤矿死亡事故23起，死亡31人，同比减少27起54人，分别下降54%和63.53%。

按经济类型分：国有重点矿7起7人，同比起数持平，人数减少22人，下降75.86%；国有地方矿无事故，上年同期1起1人；乡镇煤矿16起24人，同比减少26起31人，分别下降61.9%和55.36%。

按事故级别分：一般事故21起23人，同比减少26起32人，分别下降55.32%和58.18%；较大事故2起8人，同比持平；无重大及以上事故，上年同期发生重大事故1起、死亡22人。

按事故类别分：顶板事故10起12人，同比减少14起20人，分别下降58.33%和62.5%；瓦斯事故4起10人，同比减少1起20人，分别下降20%和66.67%；机电事故3起3人，上年同期无机电事故；运输事故 2 起 2 人，同比减少 2 起 3 人，分别下降 50% 和 60%；爆破事故 1 起 1 人，同比减少 1 起 2 人，下降 50% 和 66.67%；其他事故 3 起 3 人，同比减少 12 起 12 人，分别下降 80%；无水害和火灾事故。

按管辖区域分：渝中监察分局辖区发生煤矿死亡事故 5 起，死亡 5 人，同比减少 14 起 18 人，分别下降 73.68% 和 78.26%；渝南监察分局辖区发生煤矿死亡事故 12 起，死亡 19 人，同比减少 3 起 23 人，分别下降 20% 和 54.76%；渝东监察分局辖区发生煤矿死亡事故 5 起，死亡 6 人，同比减少 5 起 6 人，均下降 50%；黔江办事处辖区发生煤矿死亡事故 1 起 1 人，同比减少 4 起 6 人，分别下降 80% 和 85.71%。

2015 年，全市煤炭产量为 2465 万吨，同比减少 731 万吨，下降 22.87%，其中，国有重点煤矿产煤 1279 万吨，同比下降 9.05%；国有地方煤矿产煤 28 万吨，同比下降 12.5%；乡镇煤矿产煤 1158 万吨，同比下降 34.09%。全市煤炭百万吨死亡率为 1.258，同比减少 1.339，下降 51.56%，其中，国有重点煤矿为 0.547，同比减少 1.372，下降 71.5%；国有地方煤矿为 0，同比减少 3.125；乡镇煤矿为 2.073，同比减少 1.057，下降 33.77%。

二、煤矿安全生产重点工作

2015 年，重庆煤监局、重庆市煤管局扎实开展煤矿安全监察监管工作，以“煤矿安全不死人，干部队伍不出事”为目标，始终把督促安全责任的落实作为煤矿生产安全的灵魂来抓；把推动煤矿的关闭退出作为实现煤矿安全生产形势根本好转的治本之策来抓；把严格监管监察、深化隐患排查治理和“打非治违”等工作作为事故防控的关键措施来抓；把强化安全投入、推进“四减四化”作为煤矿安全治本攻坚的重要载体来抓；把从严管党治党、改进工作作风作为队伍建设的永恒主题来抓，实现了“十二五”期间全市煤矿安全生产圆满收官。

（一）强化责任落实，坚守煤矿安全红线

深入学习贯彻习近平总书记、李克强总理等中央领导同志关于安全生产工作的一系列重要讲话精神，牢固树立安全发展理念。国家安全监管总局和国家煤矿安监局领导多次来渝开展谈心对话和检查调研，重庆市委孙政才书记、市政府黄奇帆市长多次就煤矿关闭退出、事故抢险救援、调查处理作出重要指示批示，陈绿平副市长定期听取煤矿安全工作汇报，亲自下井检查，带头谈心对话，并带领全市煤监煤管全体人员，不畏艰辛打响了全面加快煤矿关闭、产业转型升级、推进供给侧结构性改革攻坚战。产煤区县党政主要领导和分管领导以及各级煤矿安全监察监管部门负责人也分别与煤矿矿长及其他管理人员进行了谈心对话。各级各部门领导全年累计与全市 31 个产煤区县、5 个市属矿业公司的 474 个煤矿 18966 名矿长及其他管理人员进行了谈心对话，覆盖率达到 100%。持续优化完善煤矿安全“划片包干”责任制，市政府建立了领导干部下井监督检查、煤矿安全生产季度分析会议和煤矿安全生产约谈等“三项制度”，“党政同责、一岗双责、失职追责”的责任体系建设取得新进展。永川、巫山、开县、大足等 17 个产煤区县和永荣矿业公司、中梁山煤电气公司没有发生死亡事故。

（二）加强协调联动，凝聚安全发展合力

始终将各项工作置于全国煤炭行业发展整体格局和重庆五大功能区域建设大局中加以谋划。加大对上汇报力度，积极争取煤矿事故防控、整顿关闭、治本攻坚等方面的政策、项目、资金支持。煤监、煤管、发展改革、财政、国土房管等部门单位积极协调联动，共同做好煤矿整顿关闭、隐患排查、打非治违等重点工作。各产煤区县、市国资委、市能源集团积极行动，进一步压紧、压实属地监管责任和企业主体责任。调整充实全市煤矿瓦斯防治工作领导小组，切实加强瓦斯灾害防治等重点工作。修订完善《关于加强对地方政府煤矿安全监管工作监督检查的实施意见》，建立了监督检查三项基本制度，制定了监督检查表，共分为 7 个方面 30 个小项，严格执行“表格式”监督检查，全年以监督检查、事故约谈、专题调研等方式检查指导地方政府煤矿安全监管工作 53 次，形成书面建议反馈至区县党委、政府，专题向市政府报送了万盛经济开发区等 3 个区县和重庆能源集团煤矿安全工作情况，并抄送市委组织部。

（三）深化从严治矿，推进煤矿依法治理

深入学习宣传贯彻《安全生产法》，细化完善“依法治安、从严治矿”总体思路。坚持“一线”工作法，持续深化“四不两直”、蹲点执法、暗查

暗访工作机制，突出“四化四减”“防重防大”等重点领域，突出事故多发区域、灾害严重煤矿、市属国有煤矿等重点对象，突出瓦斯、顶板、机电等重点灾害，突出节假日、中夜班等重点时段，集中精力打好攻坚战。全市各级煤监煤管部门开展煤矿安全执法6000余矿次，其中暗查暗访1500余矿次，查处一般安全隐患42199条，分级挂牌督办重大安全隐患28条，整改完成率100%。始终保持“打非治违”高压态势，停产整治煤矿228矿次、采掘工作面199个，全年实施行政罚款3000余万元。在推动各项工作过程中，重庆煤监局、重庆市煤管局机关各处室积极履职，切实强化统筹协调、政策指导和重点攻坚，为全局工作顺利开展提供了坚强保障。各监察分局（办事处）坚持守土有责、守土尽责，负重前行、克难奋进，为全市煤矿安全形势的持续稳定好转提供了有力支撑。渝中监察分局健全完善“4331”执法机制和分区域检查方式，监察执法更严、更细、更实，事故防控水平再上新台阶；渝南监察分局突出重点灾害防治和重点区域治理，持续夯实基层基础基本功，辖区煤矿安全形势总体稳定；渝东监察分局深化打非治违、严格监察执法、强化协调督导，开出全局执法最大罚单，巫山、奉节全面完成重点攻坚任务，事故防控实现新突破；黔江办事处推动“四不两直”常态化、长效化，强化一线执法，严控复产复工，全年仅发生1起事故死亡1人。重庆煤监局及各分局（办事处）全年实施“三项监察”436矿次，其中，重点监察196矿次，专项监察157矿次，定期监察83矿次；对煤矿开展“四不两直”暗查暗访183矿次，开展夜查37矿次；查处一般安全隐患7724条，应完成整改7624条，按期完成整改率100%，查处重大安全隐患3条，整改率100%。实施行政处罚319次，其中对单位115次，对单位主要负责人108次；实施经济处罚2125.1万元，其中，实施事故罚款99次，处罚1398.93万元，实施监察罚款134次，处罚726.17万元；制作使用煤矿安全监察执法文书合计3193份，其中现场检查笔录及现场处理决定书528份，撤出作业人员命令书6份，复查意见书30份，立案决定书65份，调查取证笔录697份，行政处罚告知书396份，行政处罚决定书413份，听证笔录3份，行政处罚（行政复议）送达收执411份，加强和改善安全管理建议书5份，加强和改善安全管理监察意见书21份，移送书3份，案件结案报告87份。全年共组织煤矿安全生产许可证集中审查会15次，现场审查11矿次，新颁发安全生产许可证8个（其中煤矿企业2个，煤矿6个），延期安全生产许可证111个（其中煤矿企业14个，煤矿97个），变更49个，补办2个，注销183个，不予颁发许可证2矿次，暂扣31矿次。全年共审查、批复煤矿建设项目安全设施设计33项，修改变更设计10项，竣工验收1个煤矿，安全设施验收监督核查24个煤矿。

（四）加快结构调整，提速煤矿关闭退出

紧紧围绕重庆五大功能区域发展战略，加快淘汰落后产能，调整优化煤炭产业结构。2015年，全市关闭煤矿由年初的70个增加至210个，与市政府此前确定的2015—2017年关闭200个煤矿目标相比，实现了“三年任务一年完成”。市财政安排12.42亿元用于煤矿关闭，渝北、北碚、长寿、綦江、万盛、涪陵、垫江等地大幅提高配套奖励补助标准，其中渝北区已整体退出煤炭开采市场。扎实开展“十三五”规划编制，与重庆社科院合作完成《全市煤炭生产退出战略研究》，提速煤矿关闭退出，推动煤炭产业结构深度调整。

（五）着力治本攻坚，提升安全保障能力

从安全专项费用和煤炭发展资金中出资430万元引导18个煤矿科研项目。制发“机械化换人、自动化减人”科技强安专项行动实施方案，全面启动22个示范矿井项目建设，从煤炭发展资金中安排800万元择优支撑13个煤矿相关建设。创建国家一级安全质量标准化矿井29个。完成煤矿“三项岗位”人员安全资格培训15878人次。强化煤矿职业病防治，改善矿工生产条件。不断提升应急管理和抢险救援能力，成功抢救遇险人员192人。依法从快、从严、从重开展煤矿事故调查处理，实施事故罚款1400万元，28人被依法追究刑事责任。组织开展了砚石台煤矿“6·3”事故集中警示教育活动和煤炭行业第14个“安全生产月”活动。23起死亡事故的煤矿企业、死亡人数超内控指标进度的区县政府均被约谈警示。与《重庆日报》合作创办《渝州煤炭》专版。坚决打好煤矿安全重点区县攻坚战，永川区、巫山县、奉节县、石柱县、巫溪县煤矿安全形势总体平稳向好。

（六）牢抓队伍建设，保障工作顺利推进

重庆煤监局、重庆市煤管局全年 26 次研究部署党建工作，19 次研究部署党风廉政建设工作。着力强化制度建设，制发了关于落实全面从严治党责任的两个文件，修订制度 18 个，完善了“一把手”不分管人财物制度。严格执行《党政领导干部选拔任用工作条例》，公正公开选拔任用 3 名处级领导干部、23 名科级干部，特别是选拔了一批年轻干部担任监察分局（办事处）科室负责人。强化干部交流任用，选派 2 名处级干部交流到区县监管部门任负责人，15 名处级干部进行了轮岗锻炼。夯实一线工作法，8 名局领导全年下基层 576 次 851 天，人均 72 次 106 天，下井 195 人次，务实推进全市煤矿安全发展。对全局“三公经费”进行目标管理，只减不增，每季度通报，局机关“三公”经费和会议费同比下降 12.56%，局属单位同比下降 30.88%。出台了《党员干部操办婚丧喜庆事宜暂行规定》，明确“五禁止”，19 名党员干部按规定书面报告情况。继续紧盯春节、端午、五一、中秋、国庆等节日，4 次下发通知，4 次组织学习违反中央八项规定精神典型案件通报。狠抓安全生产执法人员履职行为“四个零”规定落实，廉政回访 71 个煤矿，发出廉政监督反馈卡 660 份，行政执法廉政监察常态化。对监察分局（办事处）开展了综合执法监督，抽查各类执法文书 61 卷，发现 5 方面问题 105 条，提出 5 条整改意见。对党员干部开展经常性教育，发放理论书籍 6000 余册，认真开展“三会一课”，举办讲座 19 次、渝煤论坛 9 期，分别组织全局副处级以上干部和科级以下公务人员、事业单位科级干部集中学习培训，认真开展“守纪律、讲规矩、做表率”主题教育、案例警示教育、家庭助廉等活动，召开局党组党风廉政建设专题学习会，邀请市委党校教师作专题辅导，全局各级领导干部开展廉政谈心谈话 400 余人次。

四川省煤矿安全生产工作综述

一、煤矿安全生产基本情况

2015 年，全省煤炭产量 3986.55 万吨，同比减产 193.64 万吨。全年煤矿共发生各类事故 24 起，死亡 38 人，同比减少 12 起、11 人，分别下降 33.3% 和 22.5%。煤矿百万吨死亡率 0.803，同比下降 4.1%。在 24 起事故中，较大事故为 3 起、死亡 16 人，事故起数同比持平，死亡人数同比增加 4 人，上升 33.3%，未发生重大事故。

按事故煤矿性质分：国有重点煤矿、国有地方煤矿、其他煤矿生产原煤分别为 1500.24 万吨、228.32 万吨、2257.99 万吨，分别占全省总产量的 37.63%、5.73% 和 56.64%。国有重点煤矿百万吨死亡率为 0.400，同比上升 59.6%；国有地方煤矿百万吨死亡率同比下降 100%；其他煤矿百万吨死亡率 1.151，同比下降 9.9%。

按事故类别分：顶板事故 12 起，死亡 15 人，同比减少 4 起、7 人，分别下降 25% 和 31.82%；运输事故 5 起，死亡 5 人，同比减少 3 起、3 人，分别下降 37.5%；瓦斯事故 3 起，死亡 14 人，同比增加 1 起、11 人，分别上升 50% 和 366.67%；机电事故 3 起，死亡 3 人，同比持平；未发生水害事故，同比下降 100%；其他事故 1 起，死亡 11 人，同比减少 5 起、10 人，分别下降 83.33% 和 90.91%。

按事故区域分：在 14 个产煤市（州）中，广元、凉山、巴中 3 个市（州）未发生煤矿生产安全事故；泸州、宜宾、内江、达州和雅安 5 市煤矿事故死亡人数同比下降；眉山市煤矿事故死亡人数同比持平。

在控制指标方面，国务院安委会下达四川省 2015 年煤矿死亡人数控制指标为 129 人，实际全年全省煤矿事故死亡人数 38 人，占全年控制指标的 29.5%；下达四川省煤矿较大事故起数控制指标为 5 起，实际发生煤矿较大事故 3 起，占全年控制指标的 60%。14 个产煤市（州）指标均控制在省政府安委会分解下达的年度指标内。

二、煤矿安全生产重点工作

（一）认真履行煤矿安全监管监察职责

2015年，四川省各级煤矿安全监管部门、煤监机构认真履行煤矿安全监管监察职责。全年“三项监察”工作日计划5320天，实际完成5320天，完成率100%；全年监督检查地方工作日计划2696天，实际完成2817天，完成率104.48%；其他监察工作日计划9598天，实际完成9598天，完成率100%。“三项监察”执法计划536矿次，实际完成536矿次，完成率100%。其中重点监察计划239矿次，实际完成239矿次；专项监察计划173矿次，实际完成173矿次；定期监察计划124矿次，实际完成124矿次。全年实施行政处罚245次，其中，对煤矿矿井处罚159次，对矿井主要负责人处罚86次。事故罚款35次，监督监察罚款65次。处罚罚款1386.94万元，其中，监察罚款275.9万元、事故罚款1111.04万元。

（二）扎实开展煤矿隐患排查治理工作

按照国务院安委会安排部署，从2014年11月至2015年6月，四川省认真组织开展了煤矿隐患排查治理专项行动。省安办下发了5个文件，分别召开2次动员、培训会、1次推进会、1次现场会进行安排部署。省、市、县三级财政共投入排查专项保障资金1689万元。省安全监管局（四川煤监局）成立了12个督查组，对14个市（州）、39个县（市、区）、220处煤矿开展了1050人次的督查。各产煤市（州）、县（市、区）开展工作督查1607人次和4255人次，实现了省对市（州）、市（州）对县（市、区）、县（市、区）对排查组的“三个全覆盖”督查。全省171个集中排查组参加排查7959人次，对全省所有煤矿开展了排查，排查出隐患18075条，其中重大隐患91条。共督促煤矿企业投入资金14540万元，整改一般隐患15455条，整改重大隐患37条，正常生产（建设）矿井隐患整改率达100%。未整改完毕的隐患（含重大隐患）属停产（建）矿井和未复产（工）矿井，全部落实了监管责任，做到隐患不整改完毕不准恢复生产。

（三）全面推进遏制煤矿重特大事故攻坚战行动

2015年，新增了邻水县和宣汉县为国家级重点县。四川煤监局成立了12个专项督查组，建立了定期督导工作机制，定期对各地、煤矿企业攻坚战落实情况开展督查，全年共督导100余次，督查煤矿300余处；每季度召开一次包片督导小组联络员会议和专题会议，每季度向各包片督导小组、各市（州）安委会、各县（市、区）委书记和县长通报攻坚战情况，共同研究对策。

（四）扎实开展煤矿业主、矿长谈心对话活动

按照《国家安全监管总局关于启动新一轮千名干部与万名矿长谈心对话活动的通知》的要求，再次组织开展了新一轮煤矿矿长谈心对话活动。全省共组织谈心对话活动61场次，省局领导、重点产煤市（州）和产煤县（市、区）党委政府主要领导与煤矿业主和矿长面对面进行了交心谈心。保留的煤矿的业主、矿长、技术负责人全部参加了谈心对话活动，覆盖面达100%。

（五）宣传贯彻四川省加强煤矿安全生产工作实施意见

2015年9月，省政府办公厅印发了《四川省人民政府办公厅关于进一步加强煤矿安全生产工作的实施意见》（川办发〔2015〕80号，以下简称《省政府80号文》）。省安全监管局（四川煤监局）加大宣传力度，在《四川日报》《四川工人日报》对《省政府80号文》出台的背景、要求进行刊发；同时组织4个宣讲组分成8个片区，召集全省所有产煤市（州）、县（市、区）政府及有关部门、重点乡镇及全省所有煤矿业主、矿长共2000余人进行宣讲；同时，编印《〈省政府80号文〉学习辅导读本》5500册分发到全省所有产煤市（州）、县（市、区）政府有关部门和全省所有煤矿企业。

（六）严格煤矿安全生产许可

严格颁证程序和条件，强力推动煤矿安全监察信息化建设，严格煤矿安全生产许可证颁发管理。2015年11月，建成行政许可证网上审批系统建设并投入试运行，实现煤矿安全生产许可网上申报、受理、审批、制证。进一步清理煤矿安全生产审批事项，完善修订办事指南，规范颁证程序，严格颁证条件，严格安全许可。认真开展煤矿安全生产许可前置条件清理工作，取消了安全质量标准化、工会设置等非行政许可要件，切实减轻企业负担。定期开展煤矿企业安全生产许可证持证条件专项监察，督促煤矿企业持续保持安全生产基本条件。加强煤矿安全生产许可证综合管理数据库管理维护。加大了《煤矿企业安全生产许可证综合管理数据

库》管理力度，及时更新、补充、完善《数据库》基础信息，提供宏观决策依据。

（七）进一步规范煤矿建设项目管理

将煤矿建设项目安全核准、设计审查、验收活动和验收结果监督核查、职业病防护设施竣工验收、综合验收等工作进行调整整合。将煤矿建设项目《安全设施设计专篇》与《职业病防护设施设计专篇》按照国家安全监管总局要求合并编制为《安全设施与职业病防护设施设计专篇》；将煤矿建设项目《初步设计》与《安全与职业病专篇》并联审查；将煤矿建设项目综合竣工验收核查、职业病防护设施的竣工验收、安全设施竣工验收活动和验收结果监督核查、《煤矿安全生产许可证》颁证条件现场核查统一整合，一次性同时进行，切实减轻煤矿企业负担。

（八）组织开展煤矿建设项目专项检查

2015 年 4—6 月，按照国家煤监局开展煤矿建设项目专项检查的要求，四川省组织全省煤矿安全监管监察部门开展了建设项目专项检查。各产煤市、县煤矿安全监管部门和川煤集团、古叙公司对全省所有煤矿建设项目（包括在建和停建缓建项目）进行了检查。省安全监管局（四川煤监局）组成 12 个督查组，会同驻地煤监分局、市级煤矿安全监管部门对采取“四不两直”的方式进行了督查。专项检查共检查建设项目 277 处，查出各类安全隐患 3420 条，下达执法文书 277 份，责令局部停止施工作业 24 处，责令停止建设 32 处，责令停止联合试运转 3 处，行政处罚 73 万元。11 月下旬，按照国家煤矿安监局召开的煤矿建设项目监管工作座谈会议安排，再次对全省所有煤矿建设项目进行了全面检查，组织 5 个专项监察组，负责对在建和今年验收的 83 处矿井开展重点抽查；有关市（州）、县（市、区）负责对其余 230 处建设项目开展专项检查。

（九）开展瓦斯及水害防治专项检查

2015 年 6—8 月，组织开展了全省煤矿瓦斯及水害防治专项检查。全省各级煤矿安全监管部门对 376 个煤矿进行了专项检查，共查处瓦斯防治方面的隐患和问题 2476 条，查处水害防治方面的隐患和问题 1703 条；责令 56 个掘进工作面停止作业，11 个采煤工作面停止生产，下达执法文书 812 份，实施行政处罚 17.1 万元。针对检查出的问题，分别向达州市、广安市、内江市、泸州市、宜宾市、乐山市发出督办函，跟踪督促整改。

（十）扎实开展煤矿“十项整治”

针对 2015 年上半年，四川省接连发生广安市邻水县龙泉煤矿“3·13”较大顶板事故等 3 起煤矿较大事故的被动局面，省政府安委会出台了《关于迅速扭转煤矿安全生产的被动局面的通知》（川安委〔2015〕6 号），在全省范围内开展了以落实关闭矿井和停工停产矿井的监管责任、严格煤矿采掘头面核定、严格煤矿复产复工管理等内容重点的“十项整治”。全省煤矿安全监察系统组成 29 个督查组，重点打击煤矿未配齐瓦检人员、未配齐煤矿“五长五科五队”及工程技术人员等 7 类违法行为。共计督查 14 个市（州）、40 个县（市、区）80 矿次，发现各类隐患和问题共计 848 条，局部停止采掘作业 18 矿次，停止井下采掘作业 27 矿次，实施行政罚款 11 矿次，处罚款 39.8 万元。

（十一）开展煤矿采掘头面专项清理

针对煤矿事故调查发现部分煤矿存在私开采掘头面，在核定的采、掘头面外违法违规组织生产建设等问题。2015 年 6 月，在全省范围内，开展煤矿采掘头面清理整治专项行动。省、市、县三级煤矿采、掘头面核定管理部门对全省所有煤矿进行了排查。全省 717 处煤矿共核定采煤工作面 688 个，掘进工作面 1501 个，通过清理整治检查，除发现 1 处瓦斯治理未达标掘进工作面外，未发现其他违法违规部署采掘头面行为。

（十二）扎实开展瓦斯监控系统专项整顿

针对煤矿监控系统弄虚作假，人为篡改、删除瓦斯超限监控数据、阻止数据上传等违法行为，2015 年 9 月，在全省煤矿开展了煤矿瓦斯监控系统专项整治。各级煤矿监管部门共对全省复工复产的 361 处矿井进行了全面检查，共发现煤矿瓦斯监控系统隐患和问题 2029 条，责令 8 处煤矿停产停建，暂扣 2 处煤矿安全生产许可证。四川省安监局（四川煤监局）派出 5 个督查组，发现 8 处煤矿存在瓦斯监控系统弄虚作假、逃避监管典型违法行为，依法对雅安市凤凰煤业、兴文县蜀河兴煤业有限责任公司等 8 处煤矿、有关责任人员共处罚款 130 万元。同时，督促相关市、县对煤矿瓦斯监控系统弄虚作假典型案件进行了深入研究、调查并严肃追责。截至 2015 年底，宜宾市已将负有责任的

7名责任人员移交公安机关依法立案调查，其中3名责任人已被刑事拘留；乐山市刑事拘留1名副矿长，对6名煤矿瓦斯监控员分别执行治安拘留4日；泸州市刑事拘留1名机运科长。

（十三）组织开展异地交叉监察执法

2015年9月，组织4个煤矿安全专项交叉监察执法组开展了异地交叉执法检查。检查组采取随机抽查、突击检查、明查暗访等方式，检查13个产煤市（州）22个产煤县（市、区）42处煤矿，同时对22个产煤县（市、区）人民政府煤矿安全监管工作进行了检查指导。共发现各类安全隐患和问题695条，责令停止采掘作业19处、责令限期整改17处，对18处煤矿处罚款87.05万元。并及时分类梳理交叉监察查出的问题和隐患，分别向13个市（州）以“发点球”方式下发了督办函。

（十四）严肃查处煤矿事故

对2015年3起煤矿较大事故提级调查并加大追责力度，共计移送追究刑事责任16人，其中公职人员1人；党纪政纪处分29人，其中，县处级4人，乡科级16人；对4名县处级领导进行了诫勉谈话；依法依规对乐山市沙湾区老林头煤矿和达川区茶园煤矿技改工程实施了关闭。查实宜宾市兴文县鑫隆煤矿瞒报事故的行为，按照规定对煤矿和相关责任人员给予了221万元的大额行政处罚。制作警示教育片，采用动画模拟手法，还原事故过程、分析事故原因，让受处分或被判刑者现身说法，免费发放到地方监管部门和所有煤矿企业，扎实开展煤矿事故警示教育。

贵州省煤矿安全生产工作综述

2015年，贵州省煤矿安全监管监察系统以党的十八大和十八届三中、四中、五中全会精神为指引，全面贯彻落实习近平总书记、李克强总理等中央领导同志关于安全生产工作重要指示批示精神，牢固树立红线意识，以深入贯彻落实煤矿安全“1+4”工作法为主线，在源头治本、依法治安、深化煤矿“打非治违”和隐患排查治理等方面狠下功夫，取得了一定的成效，继续保持了稳定向好的态势，在全省GDP两位数增长、煤炭产量1.73亿吨的同时，事故起数和死亡人数继续保持两位数的大幅下降，创历史最好成绩，实现“十二五”煤矿安全生产圆满收官，为全省守底线、走新路、奔小康提供了强有力的安全保障。

一、煤矿安全生产总体情况

2015年，贵州省共发生煤矿事故9起，死亡29人，同比分别下降25.0%和50.8%。其中较大事故1起、死亡6人，同比分别下降75%和72.7%；重大事故1起、死亡13人，同比分别下降66.7%和58.1%。全年未发生特别重大事故。与2010年相比，全省煤矿事故起数和死亡人数分别下降96.4%和92.5%；较大以上事故分别下降91.7%和87.1%。

按事故类别分：

顶板事故4起，死亡5人，同比增加2起、3人，分别上升100.0%和150.0%，分别占总事故的44.5%和17.3%。

瓦斯事故3起，死亡21人，同比减少5起、34人，分别下降62.5%和61.8%，分别占总事故的33.3%和72.4%。

运输事故1起，死亡1人，同比起数和死亡人数持平，分别占总事故的11.1%和3.4%。

其他事故1起，死亡2人，同比起数持平，多死亡1人，死亡人数上升100.0%，分别占总事故的11.1%和6.9%。

全年未接到水害事故、机电事故和爆破事故报告。

2015年，全省煤矿事故死亡人数比国家下达的控制考核指标少89人，全省9个市（州）和1个新区中，6个市（州）和1个新区实现了“零死亡”；煤炭百万吨死亡率为0.167（全国0.162），同比下降47.6%，比2010年下降93.1%。

二、煤矿安全生产重点工作

（一）继续深化瓦斯治理工作

将2015年确定为全省煤矿瓦斯治理攻坚年，

全面深化瓦斯治理攻坚。一是研究印发了《贵州省煤矿瓦斯治理攻坚年实施方案》(黔安〔2015〕3号),提出了攻坚目标任务以及“十个必须”“十个严禁”“十个防止”和“十项攻坚”的具体举措。二是在毕节市黔西县组织召开了全省煤矿瓦斯治理工作现场会,学习交流推广省内外瓦斯治理经验。副省长王江平出席并作重要讲话。三是组织开展瓦斯防治暨监测监控系统专项检查,共检查正常生产建设矿井75处,排查安全隐患528条,责令21处煤矿局部停产(停建)整改,5处煤矿停止生产(建设)。四是认真组织实施《强化煤矿瓦斯防治十条规定》,督促煤矿企业编制贯彻落实措施、开展全员培训和对照检查,确保贯彻落实到位。五是继续加大瓦斯抽采利用工作力度。对应当抽采的煤层实行强制性抽采,并将各地瓦斯抽采量完成情况纳入年度安全生产考核指标,实行月调度、年通报和量化考核。2015年,全省煤矿瓦斯抽采26.2亿立方米、利用8.1亿立方米,分别完成国家下达指标的106.9%和119.1%,瓦斯抽采量和利用量居全国第二。贵州省2015年瓦斯治理工作得到国家安全监管总局、国家煤矿安监局的肯定,专门派出调研组总结贵州煤矿瓦斯治理先进经验,并在全国煤矿瓦斯治理现场会上作典型发言。

(二)扎实推进煤矿整顿关闭和标准化建设工作

一是进一步加快推进淘汰落后产能和煤矿企业兼并重组。截至2015年底,将全省正常生产建设的煤矿控制到799处。二是全面推进煤矿安全重点县攻坚战。第一批6个煤矿安全重点县全部摘帽。及时明确了第二批重点县(开阳县、晴隆县和黔西县)督导领导,协调推进相关工作。组织举办了第二批煤矿安全重点县煤矿主要负责人专题培训班,共培训63人。三是加快推进煤矿安全质量标准化工作。安排技改资金900万元,对2014年申报一级标准化矿井的煤矿进行了补助。对发生事故的12处煤矿给予降级,对4处煤矿给予取消一级安全质量标准化考评资格。截至12月底,煤矿安全质量标准化一级矿井74处、二级矿井292处,所有生产矿井均达到三级标准。四是推进煤矿采掘机械化。2015年,全省采煤机械化程度达到60.9%,掘进装载机械化程度达到49.1%,建成100处采掘机械化示范矿井。

(三)深入开展煤矿安全隐患大排查大整治

按照国家安全监管总局的统一安排,结合贵州煤矿安全实际,将煤矿隐患排查治理行动延长到2015年6月底。制定了《省安全生产委员会关于深入开展全省安全隐患大排查大整治专项行动的通知》(黔安〔2015〕10号)和《贵州省安全隐患大排查大整治专项行动煤矿安全生产大检查工作方案》《全省煤矿安全生产盯死看牢攻坚战督查检查工作方案》,以高瓦斯矿井、煤与瓦斯突出矿井、水害威胁严重矿井为重点,深入开展煤矿安全大检查,深化煤矿隐患排查治理,严厉打击非法违法行为。截至12月底,全省查处一般隐患178505条,已完成整改178164条,整改率99.8%;重大隐患11条,已完成整改9条,整改率81.8%。

(四)加大煤矿安全监管监察工作力度

一是深入开展新一轮矿长谈心对话活动。全省共有47名领导干部对655名煤矿矿长开展了矿长谈心对话,其中,国家煤矿安监局副局长杨富对42名矿长完成了谈心对话,省政府及省级部门领导对107名矿长完成了谈心对话,市县及煤监分局对506名矿长完成了谈心对话。二是推进全省树立和践行煤矿事故“可防可控”和“零死亡”的理念。出台《省安委会关于推动全省煤矿实现“零死亡”的意见》(黔安〔2015〕8号),提出了煤矿安全生产工作“六个零”(管理“零失误”、排查“零盲区”、隐患“零容忍”、监控“零故障”、瓦斯“零超限”、生产“零违章”)机制。2015年,全省99.34%的矿井(1372处煤矿)实现了“零死亡”。三是实行煤矿矿长安全资格记分管理。下发《关于正式施行〈贵州省煤矿矿长安全资格扣分管理办法(试行)〉的通知》(黔安监煤矿〔2015〕4号),搭建全省煤矿矿长安全资格联网扣分管理系统,于2015年7月1日正式运行。截至12月底,已累计对矿级管理人员扣分261人次,其中7名矿级管理人员已扣满12分,并按规定参加了学习培训。四是开展煤矿安全教育实践活动。以“抓典型促整改回头看”为主题,分5个环节在六盘水市开展了煤矿安全教育实践活动。2015年,六盘水煤矿安全实现了“零死亡”。借鉴六盘水市经验,在黔西南布依族苗族自治州启动了煤矿安全教育实践活动。五是开展煤矿安全监察执法监督检查,检查了煤监分局执法机构建设、制度建设、行政许可、重大行政处罚和文书质量等情况。研究制定了《2015 年度煤矿安全监察执法工作计划》，并与煤矿节后复产复工验收、煤矿雨季“三防”等工作结合起来。2015 年，贵州煤监系统计划完成“三项监察”882 矿次，实际监察矿井 1063 矿次，查处一般隐患或问题 9298 条，查处重大隐患或问题 38 条。

（五）认真开展煤矿安全生产许可工作

优化简化行政审批流程，实行预审查、预许可制度和提前办结、当场办结制度，实现网上申报、网上审批，实现变“群众跑”为“干部跑”“网上跑”，实现“线上”“线下”一起跑。2015 年 1—12 月，贵州煤监局受理煤矿类行政许可 349 家（含新办证、换证、建设项目），核准 343 家。截至 12 月底，全省共持有安全生产许可证的煤矿企业 901 个，其中企业 173 个、煤矿 728 个。按所有制形式划分，国有重点 45 个（企业 7 个，煤矿 38 个）；国有地方 70 个（企业 18 个，煤矿 52 个）；乡镇煤矿 786 个（企业 148 个，煤矿 638 个）。按井型划分，大型矿井 11 个；中型矿井 53 个；小型矿井 664 个。

（六）加强煤矿安全宣教培训工作

2015 年，煤矿主要负责人取证培训 270 人，考核合格 266 人；主要负责人复训 827 人。煤矿安全生产管理人员取证培训 1209 人，考核合格 1201 人；管理人员复训 5705 人；特殊工种人员操作证取证培训 16827 人，考核合格 15134 人，资格复审培训 9614 人。开展了煤矿“五职矿长”A、B 证资格考试考核，其中，1443 人考核合格获得 A 证，1384 人考核合格获得 B 证。组织符合条件的 887 名驻矿安监员参加驻矿安监员晋级资格考试（其中三级 114 人、四级 773 人），向通过考核的 462 名驻矿安监员颁发了《驻矿安监员资格证书》（其中晋升三级资格 76 人、四级资格 386 人）。同时，加大对煤矿师资力量的培养力度，组织培训煤矿安全培训教师 61 人。

（七）进一步推进“科技兴安”战略

一是扎实推进《贵州省“十二五”安全生产专项规划》重点工程建设，对筛选评定的 40 项工程，安排 2015 年第一批省煤矿安全技改项目专项资金 3950 万元。二是全面启动科技强安专项行动，开展煤矿企业“机械化换人，自动化减人”科技强安专项行动，部署建设省级试点示范 7 家、市级示范 20 家。部署煤矿安全技改项目 80 项，安排专项资金 7500 万元。

（八）强化矿山应急救援队伍建设

一是会同省发改委制定印发了《关于规范煤矿救护服务收费标准的通知》（黔发改收费〔2015〕1128 号），为贵州省煤矿救护队对外救援服务收费提供了依据。二是组织永贵能源救护大队代表中国积极备战 2016 年第十届国际矿山救援技术竞赛，力争赛出好成绩，为祖国争得荣誉。三是组织开展应急救援物资拉动及矿山应急排水演练，全省 8 支矿山救护大队 100 余名指战员参加了此次演练活动。四是组织对全省 56 支矿山救护队质量标准化工作进行了考核，共有 42 支达到质量标准化等级，其中特级 6 支、一级 3 支、二级 4 支、三级 29 支。2015 年，全省共举办专兼职矿山救护指战员培训班 122 期，对 5201 人次进行了考核。截至 12 月 31 日，全省共有专兼职矿山救护指战员 6212 人（其中专职 2500 人，兼职 3713 人）。

（九）严肃查处各类煤矿事故

联合省监察厅、检察院、公安厅对 2013 年以来较大以上煤矿责任事故的责任追究落实情况进行了专项督查。在省安全生产信息网站上公告了黔西南布依族苗族自治州普安县政忠煤矿“8·11”重大事故调查处理情况和事故报告全文。严格落实“一矿出事故，万矿受教育”要求，印发了《省安委会办公室关于盘县紫森源（集团）公司仲恒煤矿“2·9”煤与瓦斯突出事故的通报》（黔安办函〔2015〕31 号）等事故通报；制作了贵州省永贵能源开发有限责任公司黔西县新田煤矿“10·5”重大煤与瓦斯突出事故、六盘水市盘县松河乡松林煤矿“11·27”重大瓦斯爆炸事故的警示教育片，并下发各地开展警示教育活动。2015 年，全省发生的 9 起煤矿事故，实际批复结案 8 起，到期结案率 100%；移送司法机关 17 人，给予党政纪处分和行政处罚 56 人。

三、存在的问题和不足

虽然全省煤矿安全生产工作取得了一定成效，但与国家安全监管总局、国家煤矿安监局的要求相比仍然有不小差距，主要表现为：一是较大及以上事故仍时有发生，特别是重大事故仍未得到有效的遏制。二是瓦斯灾害防治工作仍需进一步加强，瓦斯仍是造成煤矿群死群伤事故的主要灾害，全年2起较大以上事故全是瓦斯事故。这些暴露出一些地方和企业仍存在煤矿安全责任不落实、安全管理松懈、非法违法行为严重等突出问题，究其原因主要有以下几方面：

一是煤矿“零死亡”理念未真正树立。一些地方和煤矿企业安全红线意识不强，对于煤矿实现“零死亡”持怀疑态度，认为在工业化、城镇化快速进程中，事故是不可避免的。在实际工作中未按照管理“零失误”、排查“零盲区”、隐患“零容忍”、监控“零故障”、瓦斯“零超限”和生产“零违章”的要求抓好落实，仍存在重生产、轻安全的现象。

二是“打非治违”和隐患排查治理工作仍存在差距。一些地方和部门在打击煤矿非法违法行为、淘汰落实煤矿等方面，积极性不高，没有严格落实“四个一律”措施，对检查发现的隐患和问题，缺乏后续监管和跟踪督促，未形成工作闭合。一些煤矿受经济下滑、煤炭市场低迷等因素的影响，亏损严重，安全投入难以到位，隐患整改不及时，淘汰落实不积极，设备更新难以实现，采掘失调，为安全生产埋下了祸根。

三是煤矿安全基础依然薄弱。贵州省煤矿企业抵御风险、防范事故的能力仍未得到根本提高，与瓦斯、煤与瓦斯突出和水害等灾害严重的现状极不适应。煤矿从业人员多为农民工，缺乏自保互保能力。基层煤矿安全专业监管力量薄弱，难以满足实际工作需要，特别是随着全省煤矿兼并重组工作进入“深水区”，兼并重组煤矿在安全投入、安全管理等方面的不确定因素增多，煤矿安全监察监管的压力大、难度高。

云南省煤矿安全生产工作综述

一、煤矿安全生产总体情况

2015年，云南省煤矿安全生产实现了“一增五降”良好态势，即原煤产量同比增加，煤矿生产安全事故起数、死亡总人数、较大事故起数、重大事故起数、原煤生产百万吨死亡率同比下降。全省煤矿共生产原煤5184.45万吨，同比增加443.58万吨，上升9.36%。累计发生生产安全事故11起、死亡16人，同比减少8起、47人，分别下降42.11%和74.60%。发生较大事故1起、死亡5人，同比减少1起、3人，分别下降50.00%和37.50%。未发生重大事故，同比减少2起、36人，分别下降100%。原煤生产百万吨死亡率0.309，同比减少1.02，下降76.75%。与国务院安委办下达云南省的全年控制指标相比，全省煤矿死亡人数少64人、少80.00%，较大事故少6起、少85.71%，原煤生产百万吨死亡率少0.488、少61.23%。

二、煤矿安全生产重点工作

（一）煤矿安全监察执法工作

2015年，云南煤监局紧紧围绕煤矿安全监察中心工作，进一步加强监察执法工作力度。一是认真组织实施“三项监察”。突出重点区域、重点煤矿、重点内容、重点时段，组织开展了省属国有煤矿采掘部署及生产计划、瓦斯防治、建设项目“三同时”、职业健康、监测监控系统、防治水和粉尘防治等7个专项监察，始终盯住复产复建矿井的过程监督，采用逐矿复查和“第三方”监管复查方式，切实加大复产复建矿井、煤与瓦斯突出矿井、高瓦斯矿井、事故矿井及国有煤矿的监察力度。全局计划监察矿井464矿次，实际监察579矿次，完成年计划数的124.78%；查出各类事故隐患4149条，按期整改率99.88%；下达执法文书3074份；实施行政处罚293次，罚款2223.11万元，责令停产整顿矿井14处，暂扣安全生产许可证13个。二是认真组织开展煤矿安全生产督查。全年共组织节后复产和“两会”期间督查、“打非治违”和专项整治等15次督查活动，共检查煤矿140余处。三是认真开展对地方政府煤矿安全监管工作的检查指导。针对煤矿安全监察执法和地方煤矿安全生产工作中发现的共性问题，向有关州

（市）、县（市、区）政府下达加强和改善安全管理建议书12份，向有关部门和煤矿企业下达加强和改善安全管理监察意见书18份。四是扎实推进煤矿安全重点县攻坚战工作。下发了《2015年煤矿安全生产重点县（市、区）攻坚战重点工作任务分工》，12次派出督查组对省局包片督导的3个国家级重点县（区）攻坚战工作进行跟踪指导和督促检查，加强对负责联系指导的5个省级重点县的检查指导，其中第一批全国重点县（区）昭阳区、镇雄县攻坚战取得预期成效，经综合评估，成功“摘帽”。五是扎实推进煤矿安全大检查“打非治违”和专项整治工作。在前期组织“打非治违”和专项整治的基础上，9—12月，每月由省煤监局领导带队到重点产煤州市督查，按照“四个一律”和“四个一批”要求，严厉打击煤矿“五假三超”等违法违规行为。

（二）严格执行煤矿安全准入和行政许可制度

2015年，云南煤监局坚持行政许可网上审批制度，严格煤矿安全准入审查，严格煤矿建设项目安全设施“三同时”和职业危害设施“三同时”竣工验收监督核查，严格煤矿安全生产许可证审查，实行“三合一”现场核查，严把安全行政许可关。一是严格煤矿建设项目安全设施“三同时”工作。共审查煤矿建设项目安全设施设计62部，办理开工备案43个，审查安全核准8个。组成5个检查组对煤矿建设项目安全设施设计进行了全面“回头看、回头查”。二是严格煤矿安全生产许可证监督管理。坚持执行煤矿安全生产许可证持证条件专项监察制度，按季度清理煤矿安全生产许可证逾期矿井并向各州（市）政府及有关部门及时印发预警通报，办理煤矿安全生产许可证延期59个，变更50个，补办1个，吊销1个，公告注销263个。三是严格煤矿职业健康工作。切实加大职业健康监察执法，将煤矿职业卫生安全许可证和煤矿安全生产许可证一并申报、同步审查、同步发证，新办7个、变更27个煤矿职业卫生安全许可证。

（三）加强煤矿事故查处和警示教育工作

2015年，云南煤监局认真履行职责，依法依规查处煤矿生产安全事故，进一步强化事故警示教育。一是严格煤矿事故调查处理。全省煤矿共发生11起死亡事故，全部按期结案。批复结案事故中，建议给予党纪、政纪处分34人，移送司法机关建议追究刑事责任4人。事故结案批复后，均在省局或分局网站主动公开事故调查报告，接受社会监督。二是加强事故警示教育。制作了曲靖市麒麟区下海子煤矿“4·7”重大水害事故和富源县红土田煤矿“4·21”重大瓦斯爆炸事故警示教育片，加强警示宣教；充分利用手机信息平台，共64次发送省内外事故警示和灾害预警信息145901条。

（四）推进煤矿依法治安和依法行政

2015年，云南煤监局以落实煤矿安全生产主体责任和创新煤矿安全监察工作机制为核心，采取有效措施推进依法治安和依法行政。一是坚持推动落实安全生产责任。以“五级五覆盖”“五落实五到位”为牵引，督促各级各部门和煤矿企业认真落实“党政同责、一岗双责、失职追责”要求，推动落实各级党委和政府领导责任、部门监管责任、企业主体责任。二是组织开展第二轮“谈心对话”活动。牵头组织开展了云南省第二轮“千名干部与万名煤矿矿长谈心对话”活动，全省65个单位和部门的164名领导干部参加了“谈心对话”活动，谈话806处煤矿。其中，3名省部级领导参加了“谈心对话”；云南煤监局5名局领导与190处煤矿矿长进行了“谈心对话”。三是狠抓煤矿安全生产正反面典型。加大《云南省煤矿安全生产“红线”暨煤矿安全行政执法“底线”暂行规定》执行力度，坚持正反两方面典型“两手抓”，强化煤矿企业依法办矿、依法管矿的意识。四是不断创新煤矿安全监察执法机制。不断规范监察执法行为，制定了《煤矿安全监察执法程序闭合工作制度》和23个《云南煤矿安全专项检查表》，明确闭合执法工作流程，将有关煤矿安全生产的法律法规、规章标准及文件规定表格化、清单化，规范监察执法内容和程序；不断强化执法监督，制定了《执法监督暂行办法》《行政执法评议办法》等制度，推行前有监察、后有监督，完善全方位执法监督制度体系；不断创新煤矿安全监察执法工作，制定了《煤矿安全监察随机抽查工作的实施办法》等一系列制度，坚持“四不两直”明查暗访方式，开展随机抽查。

（五）强化煤矿安全基础和支撑体系

2015年，云南煤监局结合全省煤矿安全生产工作实际，大力推动夯实煤矿安全基础，强化煤矿安全生产源头治理能力和支撑保障能力。一是切实加强煤矿安全基础管理。编制了《云南省煤矿安全生产岗位责任制、云南省煤矿安全技术操作规程编制指南》，编写了煤矿58个岗位的安全生产责任制、102个常见岗位安全技术操作规程，印制3000册，免费发放到全省各级相关部门及煤矿企业，明确了企业各级人员安全责任，规范岗位安全技术操作行为。二是切实加强煤矿瓦斯防治和水害防治。制定了《云南省强化煤矿瓦斯防治十条规定实施意见》，将十条规定细化为41个“必须”，推动煤矿企业加强瓦斯防治工作，进一步提高全省煤矿瓦斯治理水平；结合贯彻《煤矿防治水规定》《煤矿安全规程》和全国煤矿水害防治工作现场会议精神，起草了《云南省强化煤矿水害防治十条规定实施意见》，深入推进煤矿实现“五个转变”，努力构建“七位一体”水害防治工作体系，进一步减少水害事故，推动煤矿企业提升水害防治能力。三是切实加强隐患排查治理。下发了《关于切实加强煤矿隐患排查治理工作的通知》，督促煤矿企业认真组织开展日常隐患排查治理工作，要求每季度逐级报送隐患排查治理明细表和统计分析表，并统计向全省通报。四是切实加强煤矿安全支撑体系建设。加强应急救援能力建设，组织应急救援培训1730人次，督促指导煤矿企业开展应急预案演练，积极参与事故抢险救援，全面完成全省矿山救护队质量标准化年度考核，推进矿山救护队伍、装备、基地与设施建设。加强煤矿安全培训，严格执行教考分离，组织25期煤矿主要负责人、安全管理人员培训班，共培复训3308人；培训考核煤矿“三项岗位”人员19641人；在全国首家制作并颁发煤矿安全管理人员安全生产知识和管理能力考核合格证。加强技术支撑和服务，组建了297人的煤矿安全生产专家库，为煤矿安全生产和煤矿安全监察提供技术支撑。

（六）加快煤矿整顿关闭和转型升级

2015年，云南煤监局按照省委省政府关于煤炭产业转型升级的重大决策部署，立足本职、主动作为，积极推动全省煤矿整顿关闭和煤炭产业转型升级工作。一是积极参与煤矿淘汰落后产能。加大协调力度，推进煤矿整顿关闭工作。2015年全省关闭煤矿矿井116处。二是制定相关政策措施。与省有关部门明确了煤炭产业转型升级的工作程序、验收标准、服务年限、分步实施、生产能力复核和措施要求，推进煤炭产业转型升级工作安全有序开展。三是督促各地加强对停产整顿矿井的监督管理。每个停产整顿矿井明确1个责任部门，指定1名副科级以上干部负责盯守，严格落实真查、真停、真盯、真改、真验“五真”规定。四是简化行政审批手续，提高办事效率和服务指导质量，督促加快煤矿转型升级进度。

（七）加强煤矿安全监察队伍建设和党风廉政建设

2015年，云南煤监局以强化内部管理、强化监督考核为抓手，不断提高队伍素质和履职能力，深入推进队伍建设和党风廉政建设。一是严格落实煤矿安全监察“一岗双责”。制定了工作要点、煤矿安全监察重点工作任务分工等文件，将32项重点工作任务明确分解，层层签订责任书，做到时限明确到天、任务分解到人、工作落实到位。二是完善责任目标考核制度。完善了《2015年度煤矿安全监察责任目标考核办法》，将监察责任工作目标按照事故控制、监察执法、行政许可、事故查处、检查监管等5项内容细化为72个小项，明确责任单位、考核内容、完成时限。三是严格责任考核及问责。机关处室、监察分局和局属企事业单位按照职能职责将责任目标细化为85个大项510个考核小项，进行量化分解，重点工作挑选出181个问责事项。着力推进目标任务分解、责任分解、过程监控、过程管理、过程问责。四是加强党的建设。明确了党建工作责任人，划分了党组成员“责任区”，选送25名党务工作者参加国家安全监管总局或省直机关党校举办的党务知识培训。按程序发展5名中共党员。认真开展“创先争优”活动和民主评议党员活动。认真开展“三严三实”和“忠诚干净担当”专题教育活动。五是加强队伍建设，提高履职能力。实施了9名正处级干部轮岗交流，安排11名没有监察分局工作经历的处级干部下分局蹲点；组织4个分局的12名监察人员进行了为期1个月的交叉执法学习活动。邀请中国矿业大学等单位的学者和专家开展瓦斯防治、水害防治、团队建设和公文写作办理等专题讲座。六是严格执行民主集中制。全年共召开中心组学习13次、党组会议16次、局务会17次、监察执法季度分析会4次，局党组、基层领导班子专题民主生活会及党支部专题组织生活会41次，研究重大决策、煤矿整顿关闭、转型升级等问题并跟踪督促落实。七是切实加强党风廉政建设。明确党风廉政建设责任分工，划分了党组成员党风廉政建设“责任区”。修订了党风廉政建设责任书和考核评分标准，层层签订责任书。加强考核监督，分年中、年底两次对局属单位党建、党风廉政建设责任落实情况进行了抽查和考核。开展专项整治，开展了严禁领导干部违规插手干预工程建设、矿产资源安全生产和开发利用、收受“红包”等4项专项整治，70名处级以上干部对照“四个严禁”提交了自查报告，211名科级以上干部郑重作出“不收送红包”承诺。扎实开展反腐倡廉教育，组织学习《中国共产党廉洁自律准则》和《中国共产党纪律处分条例》，进行专题辅导，开展反腐倡廉“警示教育周”活动。加强制度建设，省煤监局党组建立了落实党风廉政建设主体责任和监督责任的实施办法、谈话函询办理暂行办法、廉政谈话制度等系列规定办法，加强党风廉政建设工作。

陕西省煤矿安全生产工作综述

一、煤矿安全生产总体情况

2015年，陕西煤监局认真学习贯彻党的十八大和十八届三中、四中、五中全会和习近平总书记重要讲话精神，在国家安全监管总局、国家煤矿安监局和省委、省政府的坚强领导下，围绕监察执法中心任务，强化红线意识，创新工作方式，突出重点，强化落实，较好地完成了年初确定的各项工作任务。

2015年，全省煤矿生产原煤5.0235亿吨，同比减少1264.70万吨，减少2.46%。累计报告事故20起、死亡25人，同比减少12起、减少27人，分别下降37.50%和51.92%。百万吨死亡率0.050，同比下降0.051，下降率为50.50%。

二、煤矿安全生产重点工作

陕西煤监局的主要做法是：“明确一个目标，狠抓六项重点工作，注重两个强化。”

（一）牢固树立红线意识，坚持把“防范和遏制重特大事故”作为全年奋斗目标

深入学习贯彻习近平总书记、李克强总理等中央领导关于安全生产的讲话精神，牢固树立安全生产红线意识，按照上级部署，及时召开年度、季度和专题会议，研究部署阶段性工作，确保监察执法工作突出重点，抓住要害，凝心聚力实现“坚决防范和遏制重大事故，有效遏制较大事故，努力减少一般事故”的工作目标。

（二）狠抓六项重点工作，确保全省煤矿安全生产形势稳定好转

1. 积极宣贯新《安全生产法》，督促企业落实主体责任

全年举办新《安全生产法》13期，培训930余人，增强煤矿实际控制人、法人和管理人员依法办矿、依法管矿、依法治矿意识。累计与煤矿矿长谈话760余人次，分析形势，统一思想，激发矿长保护矿工生命的责任感和使命感。在监察执法中，把《安全生产法》对煤矿企业18个方面主体责任宣贯到煤矿企业，督促其严格落实主体责任，执行“五落实五到位”，强化安全管理、加大安全投入，建立横向到边、纵向到底和全方位、立体式的责任网，严防违章指挥、违章作业和违反劳动纪律现象发生，把预防和控制事故当成企业的自觉行动。

2. 认真贯彻国办《通知》精神，不断促进规范执法

一是认真学习《国务院办公厅关于加强安全生产监管执法工作的通知》(简称《通知》）精神，研究制定陕西煤监局实施办法，把各项要求落到实处。二是及时建立《权力清单》和《行政处罚自由裁量实施基准》，制定《现场监察执法工作预案编制指导意见》《监察执法检查手册》，不断促进规范执法。三是借力“互联网+”行动，提升“大数据”开发利用能力，扎实推进煤矿监察信息化建设及应用。远程监察信息平台正在有条不紊地建设，煤矿安全监察执法终端已经配备到位，并及时

组织培训，年内即可实现执法文书自动生成和同步上传。四是按照简政放权和放管结合的要求和省政府关于清理规范行政审批中介服务的要求，扎实开展中介机构的清理规范工作。五是扎实开展“机械化换人、自动化减人”科技强安专项活动，陕煤黄陵矿业公司一号煤矿智能化无人开采技术，铜川矿业公司陈家山煤矿、彬长矿业公司大佛寺煤矿瓦斯治理技术等取得明显成效。六是强化执法监督，开展了对全省10个产煤市和6个煤业集团公司煤矿安全监管工作的监督检查。

3. 扎实开展“三项监察”，从源头上消除事故隐患

坚持“查大系统，治大隐患，防大事故”，扎实开展监察执法工作。一是突出抓好重点监察。按照年初监察计划，结合陕西实际，始终坚持把瓦斯、火、水、顶板、机电运输和冲击地压6个专业作为执法重点，确定重点监控矿井，集中专业优势，加大监察力度，督促企业消除事故隐患，严防重大以上事故发生。二是扎实开展煤矿建设项目专项安全监察。责令停止建设项目35处，责令局部停止施工作业6处，责令停止联合试运转5处，行政罚款190.9万元。三是扎实开展煤矿隐患排查治理。认真贯彻落实国务院安委会办和省安委会有关隐患排查治理的文件精神，按照“一矿一策、一矿一案”和“全覆盖、无盲区、零容忍”的要求，扎实开展隐患排查治理活动。

2015年，陕西煤监局累计监察矿井1016矿次，下达执法文书3201份，查出隐患3419条，责令停产整顿矿井8个，暂扣安全生产许可证矿井8个，实施行政处罚67次，罚款3869.86万元，注销安全生产许可证矿井25个。

4. 加强源头防控，严把安全生产许可关

印发《贯彻国家安监总局〈煤矿建设项目安全设施竣工验收监督核查暂行办法〉实施意见》《全省煤矿建设项目安全设施竣工验收结果核查暨安全生产许可证安全生产条件现场审查和职业病防护设施竣工验收联合工作方案》，明确监督核查、安全生产许可证安全生产条件现场审查及职业病防治设施竣工验收合并进行，简化行政审批程序，减轻企业负担，提高了工作效率。完善了《安全生产许可证颁发管理办法（试行）》和《安全生产许可证办理工作准则》，从7月1日起，全面推行安全生产许可证网上审批。全年共组织审查了76处煤矿的许可证资料，整改复核后同意颁证62处，退回1处（不具备颁证条件）。及时完成了建设项目安全设施设计审查和变更工作。对23处建设矿井安全设施竣工验收进行了监督核查、安全生产许可证安全生产条件现场审查和职业病防护设施竣工项目进行了验收，查处隐患119条，提出建议和意见168条。

5. 落实“五真”要求，扎实推动“重点县”攻坚战

始终重视重点县攻坚战工作，编制了《陕西省煤矿安全重点县遏制重特大事故攻坚战宣讲提纲》。对5个重点县《遏制重特大煤矿事故攻坚战工作实施方案》进行了评审。各重点县政府都签订了《遏制煤矿重特大事故攻坚战目标责任书》。陕西煤监局分管领导分别带队对重点县遏制煤矿重特大事故攻坚战工作进行了督导，落实真查、真停、真盯、真改、真验等“五真”要求，确保“九个规定动作”做到位、不走样。截至11月底，5个重点县安全形势基本稳定。

6. 从严查处事故，扎实开展警示教育

建立了事故调查处理台账，对每起事故调查处理情况进行登记，随时对未结案事故进行督促，及时跟踪督促每起事故调查处理，确保事故调查处理按期结案。按照“党政同责、一岗双责、失职追责”的要求，严肃查处17起事故，110余人受到党政纪处分，并对事故频繁发生的陕煤化集团等单位主要负责人进行约谈。在局门户网站开设了警示教育专栏，将近年来典型事故制作成警示教育片，在网站上公开播放，同时，对每起事故调查报告网上全文公开，接受社会监督。

此外，安技中心较好地完成了技术服务工作，业务保障房用地取得了一定进展，职业健康中心顺利取得甲级资质。机关服务中心各项管理工作进一步加强，为监察执法提供了有力保障。机关办公、财务管理、老干部管理、应急救援、信息调度等其他各项工作也呈现齐头并进、协调发展的良好局面。

（三）不断强化“两项建设”，为做好监察执法工作提供坚强保障

1. 扎实开展“三严三实”专题教育，不断强化监察队伍作风建设

按照中央关于在处级以上领导干部中开展“三严三实”专题教育的统一部署和国家安全监管总局具体要求，制定具体方案，扎实开展专题教育。处级以上党员干部按照国家安全监管总局“三个摆进去”和“对照反面典型开展研讨”等要求，认真撰写对照检查材料。全局就专题一、专题二、专题三采用视频会议的形式开展研讨，局领导带头，先后有36名党员干部作了大会交流发言。全局各单位坚持问题导向，始终坚持把查找问题、解决问题贯穿于专题教育全过程，尤其是对干部职工反映强烈的问题逐一进行专项整治。共查摆问题19项，整改落实20项。

2. 落实“两个责任”，不断强化党风廉政建设

始终把党风廉政建设当作煤矿安全监察工作的生命线。认真落实党组（党委）的主体责任和纪检监察部门的监督责任。2015年初及时召开廉政工作会议，传达上级会议精神，印制了《党风廉政建设工作安排》和《任务分工意见》，细化6个方面22项重点工作，确保了两个责任的落实；扎实开展“守纪律、讲规矩、做表率”活动，以张成祥、贺爱民等人为反面典型，开展“警示教育周”活动；持之以恒地落实中央八项规定精神，加强作风建设，严格控制“三公经费”在预算内运行；强化监督执纪，真正让纪律严起来，把规矩立起来；重视群众来信来访，约谈了2名处级干部，并要求当事人作出书面材料说明。

甘肃省煤矿安全生产工作综述

一、煤矿安全生产总体情况

（一）矿井情况

2015年初全省共有各类矿井178处，年内整合关闭矿井5处，截至2015年底全省共有各类矿井173处。

按隶属关系划分：中央在甘煤矿企业16处，占9.25%；原国有重点煤矿12处，占6.94%；地方国有煤矿35处，占20.23%；乡镇煤矿110处，占63.58%。

按矿井性质划分：生产矿井91处，生产能力5048万吨/年，其中中央在甘煤矿企业11处，生产能力2320万吨/年；原国有重点煤矿10处，生产能力1318万吨/年；地方煤矿70处，生产能力1410万吨/年。

新建矿井16对，设计生产能力1931万吨/年，其中中央在甘煤矿企业5处，设计生产能力1280万吨/年；地方国有煤矿5处，设计生产能力540万吨/年；乡镇煤矿6处，设计生产能力111万吨/年。

扩建矿井62处，设计生产能力1044万吨/年，其中原国有重点煤矿1处，设计生产能力300万吨/年；地方国有煤矿3处，设计生产能力75万吨/年（机械化改造1处，设计生产能力15万吨；其他扩建矿井2处，设计生产能力60万吨）；乡镇煤矿58处，设计生产能力669万吨/年（资源整合矿井45处，设计生产能力459万吨/年；兼并重组4处，设计生产能力81万吨/年；机械化改造7处，设计生产能力105万吨/年；其他扩建矿井2处，设计生产能力24万吨/年）。

改建矿井4对，设计生产能力216万吨/年，其中国有重点煤矿1对，设计生产能力180万吨/年；乡镇煤矿3对，设计生产能力36万吨/年。

按井型划分：年生产能力大于等于120万吨的大型矿井23处，生产能力5530万吨；年生产能力大于30万吨小于120万吨的中型矿井18处，生产能力1080万吨；年生产能力小于等于30万吨的小型矿井132处，生产能力1629万吨。

按瓦斯等级划分：突出矿井4处，其中煤与瓦斯突出矿井1处，煤与二氧化碳突出矿井3处；高瓦斯矿井7处，其中按煤与二氧化碳突出管理1处；瓦斯矿井162处，其中按高瓦斯管理矿井1处。

按监察区域划分：兰州监察分局辖区内共有各类矿井131处，其中原国有重点煤矿12处，地方国有煤矿25处，乡镇煤矿94处。

陇东监察分局辖区内共有各类矿井42处，其中中央在甘煤矿企业16处，地方国有煤矿10处，乡镇煤矿16处。

（二）煤炭产量情况

2015年全省共生产原煤4399.63万吨，同比减少353.35万吨，下降7.43%。其中，中央在甘煤矿1900.78万吨，同比减少2.64万吨，下降0.14%，占43.2%；原国有重点煤矿1833.13万吨，同比增加7.06万吨，增长0.39%，占41.67%；市县国有煤矿165.62万吨，同比减少344.23万吨，下降67.52%，占3.76%；乡镇煤矿500.1万吨，同比减少13.54万吨，下降2.64%，占11.37%。

（三）事故情况

2015年，全省共发生煤矿死亡事故14起、19人（其中基本建设2起、2人），与上年同期13起、13人相比增加1起、6人，分别上升7.69%和46.15%。事故死亡人数、百万吨死亡率以及较大及以上事故起数均控制在国务院安委会下达的降幅指标以内，煤矿安全生产形势总体平稳。

二、煤矿安全生产重点工作

2015年，甘肃煤监局认真贯彻落实国家安全监管总局、国家煤矿安监局和省委、省政府关于煤矿安全和党风廉政建设的一系列部署，坚持问题导向，强化监察执法，深入开展精细化监察年落实活动，推动责任落实，较好地完成了各项工作任务，全省煤矿安全形势保持了总体稳定。

（一）落实上级部署

认真贯彻习近平总书记、李克强总理系列重要讲话和指示批示精神，以落实国家安全监管总局、国家煤矿安监局各项决策部署为全年工作的重点和主线，结合实际、广泛调研，形成甘肃煤监局“突出抓主抓重、实施精细化监察”的总体工作思路和工作要点，有力指导了全年监察执法工作。认真落实国务院安委会部署。抽调40名监察骨干参与隐患排查治理督查工作。牵头组织3个包片检查组并抽调人员参加其余2个组，对10个产煤市州、30个产煤县区和47处煤矿企业开展了安全大检查。认真落实国务院安委会第13督查组反馈意见，及时对6处手续不齐全建设项目果断下达了立即停止建设的监察指令。认真落实国家安全监管总局安排部署。组织完成了国家安全监管总局和省政府领导与煤矿矿长谈心对话活动，局领导带队完成了126处煤矿矿长的谈心对话活动。组织开展了“十三五”立法工作和贯彻落实新《安全生产法》专题调研，分别在白银市平川区和华亭煤业集团公司举办了新《安全生产法》解读报告会和第14个“安全生产月”宣传教育咨询日活动。认真落实全国煤矿水害防治现场会、冲击地压及复杂动力灾害防治工作研讨会、瓦斯防治工作座谈会和煤矿安全专题视频会议精神，牵头组织了隐蔽性致灾因素普查摸底和专题调研，与省发改委、省安监局联合召开了全省煤矿瓦斯防治工作座谈会，完成了全省矿山救护队达标检查和国家矿山应急救援靖远队建设的验收工作。积极做好省委省政府安排的各项工作。按照省政府要求，组织对全省9万吨以下小煤矿进行了调查摸底，为省政府出台小煤矿整顿关闭政策提供了建设性意见。与省安监局、发改委等部门共同印发了推进小煤矿机械化改造的实施意见，简化了审批手续，将机械化改造和职业病防护设施设计合并审查，提高了许可效率。

（二）坚持“两个导向”

一是坚持问题导向遏制事故反弹。针对一季度停产维修矿井事故多发的态势，对停产维修矿井和事故矿井开展了以突击暗查为主的全覆盖督查监察，共实施突击暗查98矿次，事故多发态势得到遏制。针对国有大矿零星事故多发态势，以人员密集的生产环节和作业场所为必查部位，加强瓦斯、水害、矿压和机电运输系统的监察，对11处安全管理较差、安全风险较大的矿井重点监察，责令停产整顿。三季度以来全省煤矿安全状况趋于平稳。二是坚持目标导向推动责任落实。以防范遏制较大及以上事故为目标，着力推动地方政府监管责任和企业安全主体责任落实。向省政府专题报告煤矿安全生产工作情况2次。组织对市县政府进行了3次检查指导，对列入全国重点县的三个县的煤矿安全监管工作进行了重点监督检查，向各产煤市州、县区发送监察建议书和意见书64份。全年共监察矿井178处、696矿次，覆盖率100%，监察计划完成率113.3%。下达安全监察执法文书1526份，查处一般事故隐患1309项、重大事故隐患5项，实施行政处罚190次，责令停产整顿生产经营单位18个，实施行政罚款1150.5万元，收缴罚款883.5万元。

（三）开展精细化监察责任落实年活动

认真总结近年来抓主抓重工作思路和“精细化监察年”活动有益经验，进一步组织开展了“精细化监察责任落实年”活动，兰州分局对重点监控矿井全面开展了精细化监察，彻查了矿井各系统存在的问题和隐患，对问题比较突出的海石湾煤矿和大水头煤矿进行了严厉处罚。陇东分局严格执法，日常监察罚款及收缴率明显提高，事故起数较上年同期下降28.6%。认真做好执法监督，省局每季度、各分局每月开展执法监督工作并通报情况，推动了精细化责任落实。下半年以来，认真总结“十二五”以来全局“抓主抓重抓薄弱环节、实施精细化监察”总思路取得的成效，结合当前的新要求和工作实践，提出“精准监察”的理念，从监察执法计划的精准制定和严格执行上入手，从日常监察的精准执法和自由裁量权的精准把握上着力，促进了精细化监察提档升级，为下一步强化煤矿监察执法工作奠定了基础。

（四）严肃责任追究

依法依规查处14起事故，结案率100%；严肃事故责任追究，给予行政处罚104人、行政处分55人、党纪处分12人，移送追究刑事责任7人。特别是按上限处罚了永昌县鑫盛隆煤业公司瞒报事故，3人被移交司法机关、10人受到党纪政纪处分。落实国家安全监管总局安全警示教育视频会议精神，坚持用事故教训推动工作。兰州分局在事故煤矿现场宣读事故调查处理决定，增强了事故调查处理的威慑力。陇东分局督促煤矿在班前会、专题会播放3D事故动画，强化了事故警示效果。

（五）加强基础建设

制定印发了“工作落实年”工作方案，结合全局效能风暴行动10项重点工作，推行“周例会、月计划、季总结、半年检查、全年考核”工作机制，强化工作督办，确保了重点工作按时完成。完成了远程监察平台建设招投标及相关工作。煤炭大院消防安全隐患排查整治克服重重困难，取得一定突破。机关事业单位养老保险制度和公车改革逐步推进。事业单位业务保障用房顺利完成建设。完成老干部活动站建设并于12月30日顺利启用。相关部门、单位在此过程中做了大量工作。

（六）从严抓好队伍

一抓教育培训。选派人员外出学习交流、参加国家安全监管总局组织的各类培训活动和视频讲座。局领导带队、组织人员赴先进省局进行全方位学习调研。兰州分局开展10次监察员上讲台活动。陇东分局组织人员赴陕西进行了矿压防治和自动化采煤工作面调研学习。二抓作风建设。认真开展了“守纪律、讲规矩、做表率”主题教育活动和“三严三实”专题教育。举办了“三严三实”专题集中学习研讨班。围绕“三严三实”要求，各级领导班子的党员干部认真查摆不严不实问题，制定整改措施，召开专题民主生活会和组织生活会开展批评与自我批评，纪律意识、规矩意识和作风建设得到有效提升。三抓廉政建设。加强了《中国共产党廉洁自律准则》和《中国共产党纪律处分条例》的学习，严格落实八项规定、九条纪律、十不准以及廉政监督卡、监察执法廉政工作带队人负责制和“双汇报”等制度，认真组织开展了第六个反腐倡廉“警示教育周”活动，逢重要节日编发廉政提醒短信，党风廉政建设取得积极成效。

青海省煤矿安全生产工作综述

2015年，在国家安全监管总局、国家煤矿安监局和青海省委、省政府的正确领导下，在各级煤矿安全监管监察、行业管理部门和煤矿企业的共同努力下，青海省认真贯彻落实国家关于煤矿安全生产一系列政策措施，深化以《安全生产法》为核心的煤矿安全生产法律法规和规章标准的贯彻落实，克服经济下行等多种困难，加强监管监察，强化基础管理，全面落实责任，扎实推进煤矿安全生产各项重点工作，全省煤矿安全生产继续保持了持续稳定向好的态势。

一、煤矿安全生产总体情况

“十二五”期间，青海省煤矿安全生产持续稳定好转，实现了“十二五”煤矿安全生产规划的圆满收官。“十二五”全省煤矿生产安全事故与“十一五”相比，少发生15起，少死亡45人，分别下降42%和64%；较大事故起数、死亡人数减少7起、33人，分别下降88%和87%，煤矿百万吨死亡率总体保持逐年下降趋势，未发生重大及以上事故。

2015年，全省煤矿发生生产安全事故4起，死亡4人，事故死亡人数与上年持平，未发生较大及以上事故，全省煤矿安全生产形势持续稳定。

二、煤矿安全生产重点工作

（一）持续开展煤矿安全“三项监察”

全省煤矿安全监管监察部门克服人员少、任务重、高寒缺氧等困难，扎实有序推进监管监察执法，促进了全省煤矿攻坚克难，进一步强化了地方政府属地监管责任和企业安全生产主体责任。一年来，青海煤监局坚持监察执法计划报批和落实制度，共组织开展“三项监察”60矿次，完成全年计划的109%，开展暗查暗访次数占“三项监察”总数的30%以上；下达执法文书97份，查处煤矿各类隐患和问题265项，整改率达95%；开展对重点产煤地区地方政府及安全监管部门的监督检查8次，提出加强和改善安全监管的意见和建议62项。全省各产煤地区煤矿安全监管部门共组织开展监督检查184矿次，查处566项隐患。

（二）深入开展煤矿隐患排查治理、安全生产大检查和“打非治违”等专项整治行动

认真落实国家安全监管总局、国家煤矿安监局关于开展煤矿安全生产大检查深化“打非治违”和专项整治工作的部署，制定印发青海省和各产煤地区工作方案，有组织、有计划、有措施、有重点地推进煤矿安全大检查、“打非治违”和专项整治。通过集中开展第一轮和第二轮煤矿隐患排查治理，对2014年排查的242项（重大隐患5项）隐患和问题全部整改到位，排查、复查覆盖率和隐患整改率均达100%。深入开展煤矿安全生产大检查、“打非治违”专项整治工作，查处煤矿违法违规生产建设行为和安全隐患120余项，对3处煤矿实施了行政罚款，对6处煤矿责令停产整顿，有效治理了煤矿非法违法生产建设行为，遏制了无证、无手续或手续不全进行生产、建设等非法活动和严重违法行为。

（三）扎实推进重大灾害专项整治

以9处瓦斯、水害严重矿井为重点，开展重大灾害专项整治，覆盖率100%，查处煤矿瓦斯防治问题54项、水害隐患68项，责令停产整改3处，矿井重大灾害得到全面治理，及时消除了重大安全隐患。督促指导大通煤矿等老矿井减少生产系统，优化采区布置，加强现场管理，促使采掘工作面个数减少。督促铁迈煤矿等建设煤矿打牢安全生产基础，购置安装了采掘机械化设备，使用科技含量高的技术装备，实现办矿理念和建矿基础向现代化矿井转变，促进了全省煤矿安全发展模式的转型升级。强化源头治理，关闭退出6万吨/年小煤矿7处，全省9万吨/年以下小煤矿比重从42%下降到33%。办理煤矿安全生产许可延期和变更15件、煤矿安全许可类咨询8件。协调有关部门争取小煤矿关闭专项补助资金240万元。

（四）深化谈心对话活动

通过精心设计谈话内容，采取“一对一谈心、小范围谈话、集体座谈”等多种方式，分次、分批与全省各煤矿企业主要负责人、煤矿矿长、副矿长、总工程师共计124人开展面对面谈心对话，形成了讲政治、讲大局、讲投入、讲保障和谈问题、谈困难、谈整治、谈体会的浓厚氛围；组织煤矿各级负责人观看典型事故警示教育片，增强了活动效果，激发了煤矿各级负责人对做好安全生产工作的热情，增强了煤矿矿长安全生产责任意识，纠正了煤矿违法违规生产建设问题，推动了各项政策措施的深入落实。

（五）促进煤矿安全基础管理

进一步提高全省煤矿安全科技装备水平，3处煤矿实施了人员提升人车改猴车工程，4处建设项目购置安装采掘机械化设备；督促小煤矿配齐配全“五职”矿长和工程技术人员，煤矿安全技术管理体系取得积极进展。同时，组织开展全省煤矿设备检测检验专项监察，对检测检验不合格的设备下达停止使用指令，有力推动了煤矿设备检测检验工作的有序进行。

（六）加强职业危害防治和应急救援能力建设

强化煤矿作业场所职业病危害项目申报和职业病危害防治专项监察，印发《煤矿作业场所职业病危害防治规定》手册1500份。完成国家安全生产应急救援指挥中心通报青海省矿山救援队28条

问题的整改，整改率100%；全面开展矿山救护队质量标准化达标考核，4支救护队中分别达到特级1支、一级1支、二级2支。

（七）强化宣传教育和事故调查处理工作

认真组织开展“安全生产月”、新《安全生产法》宣贯等集中宣传活动，向各煤矿企业印发《青海省煤矿生产安全事故警示录》500余册。充分利用局门户网站、短信平台、微博微信等平台，全年向社会和群众发布安全生产微信710条，微博192条，短信25133条次，发布文件信息994条次，约70万名各界群众关注和收到安全生产信息提示。组建青海省煤矿安全信息管理平台，全面实现了网络化考试。举办煤矿主要负责人和安全管理人员、特种作业人员、煤矿矿山救护队员以及煤矿安全生产专项业务培训班18期，培训1796人。严肃查处4起一般生产安全事故并按期批复结案，依法追究责任人15名，行政罚款99.95万元。

宁夏回族自治区煤矿安全生产工作综述

一、煤矿安全生产总体情况

2015年，宁夏煤监局深入学习贯彻党的十八届四中、五中全会和习近平总书记系列重要讲话精神，按照国家安全监管总局、国家煤矿安监局以及自治区党委政府的工作决策和部署，牢固树立红线意识，严格依法开展煤矿安全监察，深入开展煤矿隐患排查治理、与矿长谈心对话、煤矿安全生产大检查和专项整治等一系列活动，推动煤矿企业落实安全生产主体责任，煤矿安全生产呈现“一控制、三下降”的态势，煤矿安全生产形势创自治区历史最好水平。

（一）一控制

2015年，国家下达给宁夏的煤矿安全控制指标是：百万吨死亡率控制在0.131以下。2015年自治区煤矿百万吨死亡率为0.013，控制在国家下达的指标以内。

（二）三下降

事故起数、死亡人数、百万吨死亡率实现了三个明显下降。2015年全区共生产原煤7976.06万吨，发生死亡事故1起、死亡1人，同比减少7起、9人，同比分别下降87.5%、90%，百万吨死亡率为0.013，同比下降89.27%，煤矿安全生产形势保持了持续稳定发展的良好态势。

二、煤矿安全生产重点工作

（一）强化红线意识，积极推进依法治安

一是组织全体监察员认真学习习近平总书记关于安全生产工作的重要指示批示精神，以红线意识和底线思维统领全年的煤矿安全监察工作。二是以新《安全生产法》宣贯实施为契机，加强煤矿安全生产法律法规学习，依法行政、从严执法，不断提高煤矿安全监察水平。三是开展执法监督，通过督促落实执法制度、随同参与现场监察、检查执法案卷、重大行政处罚备案等方式，不断规范执法行为，提升监察执法水平。四是按照国家安全监管总局要求，对宁夏煤监局行政许可、行政处罚、行政强制、行政检查、行政奖励等权力进行梳理（共涉及6大类197项），编制了局权力清单，为依法行使权力划定边界，为依法监察奠定基础。五是组织开展了以“加强安全法治、保障安全生产”为主题的“安全生产月”活动。参加了自治区统一组织的“安全生产宣传咨询日”活动，设立宣传栏，制作展板14幅，发放宣传手册、宣传彩页1000多份，不断强化社会公众对安全生产的关注度，为煤矿安全生产营造良好舆论氛围。

（二）坚持问题导向，认真排查治理煤矿隐患

一是为全区15个隐患排查工作组配备36名专业监察干部，按照任务分工，认真组织开展由我局负责的22处矿井的隐患排查治理工作。二是认真排查矿井各大生产系统、采掘工作面、硐室和设施设备，突出重点部位关键环节，确保隐患排查治理全覆盖、无死角、无盲区。督促煤矿企业完善隐患排查治理制度，建立健全隐患排查治理体系和长效机制。三是落实整改责任。及时向企业反馈排查情况，督促企业整改。实行重大隐患挂牌督办、销号

制度，开展隐患排查治理“回头看”活动，确保隐患整改到位。共排查煤矿76处，查出一般隐患674条（全部完成整改）、重大隐患12条（已整改10条），未整改隐患按照“五落实”原则列入整改计划，落实整改资金179万元。

（三）创新方式方法，认真开展煤矿安全监察

一是以控制指标为抓手，落实全年目标任务。结合实际，将指标分解到两个监察分局，层层落实责任。二是结合年度重点工作，科学编制年度监察执法计划，并在全年工作中狠抓落实。监察分局将年度执法计划分解落实到每月之中，每月末根据执法计划的落实情况及时进行分析，查找问题，分析原因，制定措施，加以整改。三是不断总结多年来的监察执法经验，加大动态执法力度，积极开展暗查暗访，力求找准隐患、看到实情、摸清底数。两个监察分局积极借鉴全国煤矿安全重点县攻坚战做法，加大对重点监控矿井的监察力度和频次。在全国两会、重要节假日等敏感时期和关键时段，开展煤矿安全巡查，确保安全生产。全年共完成三项监察391矿次，完成年度计划的112%，查处隐患928条，实施行政处罚27次，累计罚款48.6万元。四是坚持源头管控，严格安全生产许可证颁发、安全设施设计审查等行政许可事项。实施煤矿安全生产许可证网上申报、网上审查，严格现场安全条件审查，规范许可证办理程序，把好安全准入关口。五是通过联合执法、严格煤矿复工复产验收程序以及对地方政府煤矿安全监管工作的监督检查，加强与地方监管、行业管理部门的联系，凝聚共识、齐抓共管、形成合力，推动地方监管责任落实。六是严肃事故查处。按照“四不放过”原则依法调查事故，强化责任追究。认真核查事故举报，全年共核查群众举报11起。七是坚持开展事故警示教育。及时向煤矿企业传达国家安全监管总局和国家煤矿安监局转发的事故警示通报，针对宁鲁煤电有限责任公司任家庄煤矿“12·3”运输事故，向全区煤矿企业进行了通报，坚持“一矿出事故，万矿受教育”，用事故教训推动煤矿安全生产工作。

（四）深化活动成果，扎实开展“谈心对话”活动

研究制定实施方案，会同自治区发展改革委、安监局等部门，抽调60余名干部，成立了由厅局级干部任组长的5个谈心对话活动小组，利用4个月的时间，集中对全区煤矿主要负责人开展谈心对话。采取分级分层开展的方式，对全区8家煤炭企业集团（公司）和85家煤矿企业的主要负责人全部覆盖，突出了大型煤炭企业集团的董事长、党委书记、总经理等关键人员的安全责任。谈心对话前组织煤矿企业负责人观看典型事故警示教育片，结合宁夏2014年发生的煤矿事故，剖析事故原因，督促煤矿企业吸取教训，引以为戒。全年谈心对话活动于7月30日前完成，完成率100%。

（五）开展专项整治，持续深化“打非治违”活动

一是将落实企业主体责任年活动与“打非治违”专项行动相结合。认真组织开展“安全生产责任落实年”活动，依法落实安全生产责任。按照“党政同责、一岗双责、齐抓共管”具体要求，积极配合自治区安委会推动“五级五覆盖”和企业责任“五落实五到位”。二是严肃查处煤矿违法违规生产建设行为，组织开展煤矿建设项目专项监察，责令停止施工7处，责令停止试运转2处，责令建设项目安全设施设计未经审查批准的8处煤矿停止施工，并约谈所属煤矿企业集团主要负责人，督促煤矿企业认真整改。三是会同自治区有关部门对全区煤矿开展安全生产大检查和“打非治违”专项整治行动，共检查煤矿84处，完成煤矿安全生产“大检查”和专项整治计划的100%，查处并整改一般隐患238条，查处整改重大隐患3条，整改率100%。四是成立了3个由局领导带队的检查组，深入全区煤矿开展“回头看”活动。针对10月底以来全国煤矿发生的1起重大事故和4起较大事故所暴露出的问题，重点检查井下电缆、带式输送机、瓦斯监控系统、煤矿防治水、井下爆破器材管理和使用等内容。对前一阶段检查中发现的隐患盯住不放，逐一复查，确保整改到位。对尚未完成整改的重大隐患，严密监控并督促煤矿企业做好安全防范措施。对整改责任不落实、整改不到位的煤矿，坚决依法依规严肃问责。五是定期与自治区有关部门召开联席会议，分析研究影响煤矿安全生产的突出问题，沟通意见，持续深化“打非治违”活动。

（六）坚持固本强基，不断夯实煤矿安全基础

一是配合国家煤矿安监局煤矿安全质量标准化

工作检查组开展标准化工作抽查，组织开展全区煤矿标准化达标检查。督促加快安全质量标准化信息管理系统建设，召开了全区煤矿安全质量标准化工作会议，总结学习推广先进经验，提升质量标准化水平。2015 年考核评定二级安全质量标准化煤矿13 处、三级安全质量标准化煤矿 13 处，推荐一级安全质量标准化煤矿 6 处。二是开展煤矿作业场所职业危害防治专项监察，向职业病防治机构、煤矿企业、安全监管部门免费发放由宁夏煤监局编写的《煤矿职业卫生法律法规汇编》700 本。三是强化应急救援队伍建设，组织开展救援队伍技术竞赛和应急预案演练活动，不断提升煤矿安全应急救援能力。四是加强煤矿建设项目质量监督工作，组织开展了煤矿建设项目工程质量大检查和工程质量认证审核监督工作，不断夯实安全根基。神华宁煤集团金凤煤矿选煤厂建设项目获国家优质工程奖，神华宁煤集团石槽村煤矿建设项目、金凤煤矿选煤厂建设项目获煤炭行业“优质工程”“太阳杯”工程奖。五是开展“三项岗位人员”培训。加强培训机构的监督管理，实行网络化考试，严格考核发证，确保培训质量。全年共培训煤矿“三项岗位”人员 10592 人次，考核合格发证 8785 人次，考核合格率为 82.9%。

（七）强化队伍建设，为监察执法提供队伍保证和组织保证

一是扎实开展“守纪律、讲规矩”和“三严三实”专题教育。通过专题教育，全局党员干部纪律意识规矩意识不断增强，“严”和“实”的氛围越来越浓厚，工作作风进一步转变。

二是加强思想政治建设。认真学习十八届三中、四中、五中全会精神，坚持用习近平总书记系列重要讲话精神武装头脑、指导实践、推动工作。全年共组织报告会、交流会、专家辅导报告等 18 场，中心组集体学习 15 次，各总支、支部组织研讨会、座谈会 60 次。

三是加强组织建设。对任期超过 5 年的 4 名分局和处室负责人进行了任职交流，选拔任用了 5 名正处级、3 名副处级领导干部，晋升了 14 名科级干部。开展选人用人专项检查，制定措施整改相关问题。强化服务型党组织建设，开展基层党组织星级管理考核，定期开展党支部书记述职述廉。开办道德大讲堂，邀请 4 位自治区道德模范讲述感人事迹，大力弘扬社会主义核心价值观，强化精神文明建设，宁夏煤监局再次获得区直机关“文明单位”称号。

四是加强能力建设。先后选派 25 人参加国家安全监管总局各类专题业务培训班；组织 20 名监察员到宁煤教培中心进行机电专业知识培训，不断提高业务能力。

五是加强党风廉政建设。召开了 2015 年党风廉政建设工作会议，部署全年工作任务，落实责任、推动工作。坚持每月 1 次反腐倡廉警示教育，开展反腐倡廉警示“教育周”活动，组织党员干部参加国家安全监管总局视频会、观看警示教育片、参观警示教育基地，为全局党员干部制作了156 个岗位廉政风险预控警示办公桌签，时刻提醒干部廉洁自律。严格执行煤矿安全监察执法廉政监督卡制度，针对行政执法、行政许可、中介机构监管等事项，组织开展了执法督察活动，加强对“三重一大”事项的监督。坚持对新任和转任处级干部开展任职前廉政谈话，严格执行党员领导干部操办婚丧喜庆事宜“两报告三严禁”规定。组织开展《中国共产党廉洁自律准则》《中国共产党纪律处分条例》集中学习月活动，认真开展知识答题活动，强化党员干部的纪律意识和对法纪的敬畏。

六是加强了政务信息工作，开展网站安全自查，对局网站页面进行了优化，开通了局官方微博和微信公众号。认真组织开展保密教育，积极参加自治区保密知识培训，开展了保密法制宣传月活动和保密普查，全年无失密泄密现象。

七是加强财务管理，强化审计监督。认真贯彻落实中央八项规定精神，加强三公经费管理，三公经费同比下降 38.93%。对两分局局长进行离任经济责任审计，对安技中心开展财务收支审计。开展财务专项检查，认真整改相关问题。树立服务意识，为监察执法、后勤食堂等提供资金保障。精减会议和文件数量，会议和发文数量大幅下降。

八是强化机关后勤工作，实现了局实物固定资产动态化管理，机关、分局公务车辆全年安全行驶，用电、用油量控制在下达的指标之内。

九是努力落实老干部的两项待遇，积极开展“我是老干部贴心人”活动，不断丰富老干部精神

文化生活。重视扶贫工作，先后投入款物合计8.1万余元，用于扶贫帮困。

新疆维吾尔自治区煤矿安全生产工作综述

一、煤矿安全生产总体情况

（一）原煤产量稳步增长

全疆生产原煤1.4亿吨，较2014年1.41亿吨基本持平。其中，昌吉回族自治州煤炭产量达到3500万吨。

（二）安全生产水平取得新提高

全疆发生煤矿事故12起、死亡12人，百万吨死亡率0.09，占全年控制指标52人的23.08%；与上年事故21起、死亡39人、百万吨死亡率0.29相比，分别下降42.86%、69.23%、68.97%；未发生较大以上事故。其中，伊犁哈萨克自治州、昌吉回族自治州、克孜勒苏柯尔克孜自治州，阿勒泰、塔城、和田、喀什地区，乌鲁木齐市，吐鲁番市，监狱管理局以及神华、徐矿、兖矿新疆公司13个统计单位煤矿事故实现“零死亡”。

（三）产业结构调整取得新转变

淘汰落后产能煤矿27处、产能353万吨/年，仅乌鲁木齐市通过小煤矿整治关停和优化升级，淘汰关闭25处小煤矿。联合自治区9部门，制定了现代化矿井建设、安全核准、托管经营等5个标准，一批大型现代化矿井陆续建成。

（四）机械化程度有了新提升

机械化改造小煤矿新增10处，3处矿井已完成并通过生产能力核定，产能从33万吨/年提高到135万吨/年。采煤机械化程度达到71.7%，掘进装载机械化程度75.91%，大中型及以上矿井全部实现综采综掘。国有重点煤矿回采单产11.8万吨/（个·月）、工效53.9吨/工；地方国有及乡镇煤矿生产效率也比“十二五”初期成倍提高。工作面回采率从当初的40%提高到85%左右。

（五）洁净开发利用取得新进展

《新疆煤层气勘查开发利用（2011—2020年）实施方案》获得批复。自治区煤田地质局等单位在阜康、库拜等多地施工了各类煤层气参数井和生产试验井取得了相关重要参数和经验。《新疆煤层气开发利用示范工程实施方案》获批实施，阜康市白杨河矿区先导性示范工程1座日处理能力10万立方米的煤层气CNG集气处理站10月试运行；科林斯德阜康西部矿区日处理30万立方米的煤层气CNG母站12月试运行。瓦斯抽采利用（发电）1022.56万立方米，超额完成国家下达的计划。全疆已建成洗（选）厂39家，年洗（选）能力5981万吨。

（六）科技支撑取得新成效

煤矿企业与科研院所开展科技公关合作项目40个，获得政府扶持资金3722万元，向国家安全监管总局推荐安全科技“四个一批”项目14个，列入自治区安全科技“十三五”规划项目5个，通过自治区科技厅成果鉴定项目2个，评奖审查项目1个。全疆煤矿机械设备制造企业达46家，员工超过1500人。

（七）煤矿企业安全基础有了新提高

神新公司强力推进安全风险预控体系建设；河南能源新疆公司加强内控，积极破解发展难题，实现利润3500万元；徐矿新疆公司“三违”追查，强化职工遵章作业自律性，取得很好效果。

（八）应急救援迈出新步伐

煤矿救援形成了以20支、近千名指战员的专业救援队伍为骨干，各煤矿企业兼职救援队伍为补充，覆盖全疆煤矿的救援体系。各救援队伍开展预防性安全检查427队次，各类演练174场次、9903人次。

（九）资源勘探和保护取得新成果

资源勘探开工各类项目23个，完成钻探工作量25万米，南疆探获煤炭资源量超过1亿吨。完成2个重点火区和1个一般火区收尾工作，另有2个火区正按计划进行施工。

（十）深化改革简政放权取得新进展

进一步深化改革、简政放权，先后取消了煤炭生产许可证、煤炭经营许可证、矿长资格证等一批行政许可；取消矿山救护队、培训机构、安全管理人员资质认定；对一般事故的调查处理批复时限由法定 75 天缩短到不超过 30 天。通过“立改废”一共废止了 20 个规范性文件，《实施〈煤炭法〉办法》进入自治区人大二审程序。

二、煤矿安全生产重点工作

（一）学习贯彻党中央、国务院及自治区党委、政府有关安全工作部署

深入学习贯彻党的十八大和十八届三中、四中、五中全会精神，学习贯彻第二次中央新疆工作座谈会精神，把学习贯彻习近平总书记系列重要讲话作为首要政治任务，特别是将习近平总书记、李克强总理关于安全生产的重要指示批示融会贯通到煤炭系统各项工作中来。坚持发展决不能以牺牲人的生命为代价这条不可逾越的红线，牢固树立以人为本、安全发展理念，严格落实煤矿企业主体责任，坚持预防为主、标本兼治，对安全隐患“零容忍”，引导企业树立“零死亡”理念，切实维护人民群众的生命安全。通过学习，进一步提高了全体班子成员攻坚克难、化解矛盾、驾驭复杂局面的能力，提高了服务煤炭工业发展、强化煤矿安全监察监管工作的能力。

学习贯彻自治区党委八届八次、十次全委（扩大）会议精神，认真学习张春贤书记在自治区党委八届十次全委（扩大）会议上的讲话，学习张春贤书记关于煤矿安全工作的批示精神，认真贯彻落实国家安全监管总局党组对安全生产的安排部署以及国家煤矿安监局专题会议精神，进一步增强政治、大局、责任和稳定意识。抓住当前经济下行、煤炭市场低迷的时机，整治煤炭行业秩序，关停一批技术水平低、回采率低、存在安全隐患的小煤矿，加快发展超大型煤矿，提高煤炭产业集中度。

（二）承办全疆产煤县委书记会议，稳步推进重点县煤矿安全攻坚战

根据国家安全监管总局要求，按照张春贤书记对煤矿安全生产的批示，自治区党委哈尼巴提常委分别于 9 月 9 日和 12 月 9 日与北疆、东疆产煤县（市、区）委书记和南疆 5 地州产煤县（市）委书记开展了集体谈心对话，来自全疆 45 个产煤县（市、区）委书记参加了会议。根据哈尼巴提常委指示，积极承办 2 次会议并落实会议精神。会后各地、各部门认真贯彻落实会议精神，县委书记亲自挂帅与煤矿矿长谈心对话，并分析问题，提出要求，采取了一系列加强安全生产工作措施。围绕“千名干部与万名矿长谈心对话”活动，党组成员分别带队，对 209 个煤矿企业的 857 人次进行了面对面“谈心对话”。

米东区、乌鲁木齐县、阜康市、吐鲁番市的高昌区、托克逊县被列为全国第二批 50 个煤矿安全重点县。各级政府高度重视，从自治区到地州、县市都分别成立了领导、督导小组，制定了实施方案，细化了方法步骤和措施，确定攻坚目标，强化宣传教育培训，落实小煤矿关闭任务，杜绝非法生产建设行为，全面启动煤矿隐蔽致灾因素普查治理和机械化升级改造工程，加快安全质量标准化矿井建设，强化区域技术服务支持。是年，第二批 5 个安全重点县煤矿事故一直保持“零死亡”。

（三）深入宣传贯彻安全法规，积极开展安全生产教育活动

以贯彻落实新《安全生产法》和《煤炭法》《矿山安全法》《职业病防治法》为切入点，以“安全警示教育周”“应急演练周”“法律法规宣传周”“安全文化活动周”为契机，扎实开展“安全生产月”活动。组织 30 余场次应急演练，参演人数 2400 余人次；举办应急知识宣讲和应急预案培训，2700 余人次参加。以播放警示教育片、悬挂横幅、标语、知识竞赛等形式大力宣传安全法规，并开展了煤矿防治瓦斯、防治水、放顶煤安全开采、安全质量标准化等 4 项专项检查，推动“安全生产月”活动深入开展。

深化煤矿事故警示教育，在国家安全监管总局警示教育题材的基础上，先后录制了事故警示教育片《山之殇》《惊魂》，编印、发放 1500 套 2014 年度煤矿事故汇编；共组织开展 232 场警示教育，参加人数 33238 人、提交心得 5313 份；并把受教育的人员延伸到每一个区队、班组、矿工，做到反复播放，反复看，达到煤矿、区队、班组、矿工 4 个全覆盖，做到“一矿出事故，万矿受教育”。

（四）进一步夯实煤炭行业发展基础

受经济下行压力影响，煤炭行业遇到了前所未有的挑战，面对新常态，综合分析新机遇和挑战，向自治区政府上报了《促进煤炭行业平稳运行的意见》，促进煤炭行业平稳过渡。进一步推进煤炭科技进步，煤矿企业积极与科研院所开展科技公关

合作项目40个，向国家安全监管总局推荐安全科技“四个一批”项目14个，列入自治区安全科技“十三五”规划项目5个。将乌鲁木齐煤矿技工学校和哈密煤矿技工学校合并为新疆煤炭技师学院（新疆煤炭高级技工学校），使煤炭人才培养迈出新步伐。积极推进小煤矿机械化改造，提高机械化开采水平，全疆共有76处小煤矿开展了机械化改造，其中20处矿井已经完成改造并通过了生产能力核定。加快煤炭资源勘探和煤田灭火施工，地质找矿获得新突破，开工各类项目23个，完成钻探工作量30万米，在南疆探获煤炭资源量超过1亿吨，为南疆民生工程建设提供资源支撑。加快推进煤田火区治理，共完成了2个重点火区和1个一般火区的收尾工作，另有2个火区正按计划进行施工。

（五）进一步强化煤矿安全监管监察

对涉及煤矿安全的问题，新疆煤监局向来都是“零容忍”的态度，对重大隐患严格执行停产整顿、关闭取缔、上限处罚、严厉追责“四个一律”打击措施，坚持有错必罚、有责必究，提高违法成本。持续开展煤矿瓦斯治理、放顶煤、防治水、机电运输、职业卫生防治、粉尘防治、基建矿井等专项检查。强化对国有重点煤矿的监管监察，针对部分企业安全管理滑坡的问题，约谈了企业主要负责人。继续加大监管监察执法力度，共对9条重大隐患进行了挂牌督办；对12处超深越界煤矿移交到国土部门；对不符合基本安全生产条件的41处矿井实施了暂扣或注销安全生产许可证处理。

（六）深化煤矿隐患排查治理和“六打六治”打非治违专项行动

按照国家安全监管总局要求，严格规范程序标准，全面排查摸底，重点打击非法违法行为，要求“6个统一”“3个全面、5个百分之百”以及细分“15个专业、370个要点”，集中开展隐患排查治理，通过两轮排查，共查出隐患16584条，进一步保障了安全生产形势持续稳定。制定了《安全生产大检查和“六打六治”打非治违专项行动方案》，通过安排部署、督导检查，采取“四不两直”、暗查暗访、突击检查、联合执法、书面通报、集体约谈、媒体公告、挂牌督办、停产整顿等多种方式和手段，严格落实企业主体责任，千方百计把压力层层分解到企业，把责任压实到岗位、传导到人头，以铁的决心、铁的手段、铁的纪律，强力推进全疆煤矿安全治本攻坚。

（七）加大培训力度，提高从业人员素质

结合自治区煤矿企业实际，加强对煤矿企业主要负责人、安全生产管理人员和特种作业人员“三项岗位人员”的培训力度，对发生事故的煤矿企业责任人进行再培训、再教育，进一步提升管理者和从业人员的素质。全年共培训煤矿各类人员6473人，其中煤矿主要负责人和安全管理人员2706人、特种作业人员3767人。

（八）从快从严调查处理事故

严格按照程序，并从快调查、从严追究。批复的事故平均调查结案时间为17.4天，远远少于法定的75天时限；对事故煤矿作出罚款411.15万元的行政处罚；共处理各类人员81人、罚款87.4万元，并对81名责任人举办了6期事故煤矿责任人安全学习班。针对2起重大未遂事故，按照事故调查程序进行了认真调查，要求煤矿企业认真吸取事故教训、严格落实事故责任和防范措施，确保安全生产。

（九）进一步强化队伍作风建设

严格落实中央八项规定、自治区十条规定和国家安全监管总局二十三条规定，不断改进工作作风，密切与群众的血肉联系，深入基层，加强调研。坚持安全生产执法监督检查与调查研究相结合，针对调研中发现的共性问题，提出措施和办法，认真加以解决。2015年，党组成员平均每人深入基层调查研究81天、下井检查煤矿安全23次。调查研究做到轻车简从，尽量压缩随行人员和陪同人员，不安排多位党组成员参加同一调研活动。公务接待严格按规定标准安排住宿和工作餐，不铺张浪费，不搞层层陪同和迎来送往。严格控制差旅费开支，严格执行差旅住宿、交通和就餐补助标准，严格控制“三公”经费不超出年度预算，公务出国（境）经费、公务用车购置及运行费、公务接待费用分别较预算少支出35%、19.51%、81.11%。坚持精简、高效原则，少开会、开短会，讲短话，召开3次涉及全疆煤炭行业电视电话会议，时间控制在2小时以内，单次会议经费控制在1万元以内。不断完善自动化办公系统，推进局政务网站建设，推广电子公文，努力减少发文数量，取消了各类简报，公文比去年降低2.06%。加强绩效管理，提高工作效率，制定了《局绩效考评工作方案》和《局机关各处室年度绩效目标及考评指标》，将绩效考评工作延伸到局属事业单位。开展了明查暗访，进行满意度测评，发现问题及时通报，加强监督落实。通过强化过程管理，加强跟踪问效，提高了各部门和全体工作人员的责任意识和机关整体工作效率。持续抓好精神文明建设，开展精神文明创建活动、“道德讲堂”活动，普及文明礼仪常识，弘扬“为民、向上、有为、公正、和谐”为主要内容的核心价值理念，努力塑造以干事创业、勤政为民、廉洁奉公为主要内容的机关文化，继续保持自治区级文明单位荣誉称号。

新疆生产建设兵团煤矿安全生产工作综述

一、煤矿安全生产总体情况

2015年，兵团煤监局认真学习贯彻落实习近平总书记关于安全生产的重要讲话及全国、兵团安全生产电视电话会议精神，紧紧围绕“杜绝重特大事故，控制较大事故，减少一般事故，生产安全事故起数、死亡人数不超过国家下达的控制指标”工作目标，着力推进安全生产责任体系“五级五覆盖”和企业“五落实五到位”，持续落实“1+4”工作法，依法履行煤矿安全监察职责，深化煤矿隐患排查治理、“六打六治”打非治违专项整治和安全生产大检查工作，较好地履行了煤矿安全检查职责，成效明显。

兵团现有矿井52处。其中，生产矿井25处，生产能力954万吨/年；新建、改扩建矿井18处，设计生产能力1458万吨/年；小煤矿机械化改造矿井9处，改造后生产能力690万吨/年。52处矿井均为国有地方煤矿，主要分布在第一、二、四、五、六、七、八、十、十二、十三师及兵团国资公司。

2015年，兵团煤矿发生生产安全事故1起，死亡1人，占国家下达控制指标的8.33%。与2014年同比，事故起数减少2起，死亡人数减少26人，分别下降66.67%、96.30%。在国家安全监管总局、国家煤矿安监局及兵团的正确领导下，通过各方面的努力，未发生较大及较大以上事故。2015年兵团煤矿安全生产工作扭转了上年的被动局面，呈现总体稳定态势，创历史最好水平，但安全生产形势依然严峻。

二、煤矿安全生产重点工作

（一）严格落实依法行政，完成全年执法监察任务

全年总监察工作日计划2529天，2015年实际完成2637天，完成全年计划的104.3%，其中：三项监察工作日全年计划726天，实际完成763天，完成计划的106%；监督检查地方煤矿安全监管工作日全年计划393天，实际完成437天，完成计划的112%；其他监察工作日全年计划1410天，实际完成1437天，完成计划的102%。全年非监察工作日全年计划669天，实际完成684天，完成计划的102%。

全年监察计划121矿次，2015年实际开展“三项监察”132矿次，完成全年计划的109%。其中，重点监察计划41矿次，实际完成46矿次，完成计划的112%；专项监察计划48矿次，实际完成51矿次，完成计划的106%；定期监察计划32矿次，实际完成35矿次，完成计划的109%。对正常生产的煤与瓦斯突出矿井监察6矿次，完成计划监察（5矿次）的120%；对正常生产的高瓦斯矿井和受水害威胁严重的矿井监察18矿次，完成计划监察（16矿次）的113%。

全年开展暗查暗访监察矿井34矿次，查处各类安全隐患和问题461条，重大隐患7条，针对重大隐患下达安全生产督办函、加强和改善煤矿安全管理建议书7份，依法责令停产整顿矿井7处，暂扣安全生产许可证1处，经济罚款20万元。

（二）严格煤矿安全监察行政处罚

2015年，兵团煤监局开展“三项监察”132矿次，累计下达执法文书299份，其中：现场检查笔录101份，现场处理决定书101份，复查意见书19份，撤出作业人员命令书2份，行政处罚告知

书12份，行政处罚决定书12份，行政处罚送达回执12份，加强和改善安全管理建议书11份，加强和改善安全管理监察意见书16份；下达安全生产督办函13份。共作出行政处罚8矿次，责令停产整顿24矿次，停止采掘工作面或建设施工18个，限期整改75矿次，暂扣煤矿企业安全生产许可证3个，经济处罚20万元。对兵团煤矿实现了三轮排查工作全覆盖。加大了行政处罚力度，大部分煤矿停产时间较长，生产建设活动相对较少，大多数煤矿长期处于灾害治理停产整改状态。

（三）狠抓煤矿安全生产责任体系建设，督促煤矿落实安全生产主体责任

认真学习贯彻习近平总书记、李克强总理等中央领导对安全生产工作的重要指示批示精神，大力宣贯新《安全生产法》，牢固树立红线意识，狠抓责任制落实。按照《国家安全监管总局关于印发企业安全生产责任体系五落实五到位规定的通知》（安监总办〔2015〕27号）要求，兵团煤监局分别制定下发了《关于健全兵团五级五覆盖安全生产责任体系　推动企业安全生产责任体系五落实五到位的通知》（兵安监局发〔2015〕23号）和《关于进一步明确兵团煤矿企业安全生产责任体系五落实五到位基本要求的通知》（兵煤监局发〔2015〕21号），明确提出了兵团煤矿企业要率先在兵团实现安全责任“五落实五到位”。通过开展专项督导、重点抽查，2015年6月底前，兵团52处矿井提前其他行业规模以上企业半年时间实现了安全生产责任“五落实五到位”，煤矿安全生产主体责任得到进一步加强。

（四）认真履行煤矿安全监察职责，不断创新煤矿安全监察执法方式方法

兵团煤监局严格按照国家煤矿安监局批复的2015年监察执法计划开展定期监察、重点监察和专项监察。全年累计开展“三项监察”132矿次，完成全年计划（121矿次）的109%；2015年实际完成总监察工作日2637天，完成全年计划的104.3%。推行“五步工作法”（即“四不两直”、警示教育、座谈反馈、谈心对话、重大问题督办），着力抓好“五个结合”，即安全生产工作要与维护社会稳定和长治久安目标、城镇化建设提升年活动、经济发展新常态新要求、突出重点行业和全面推进全覆盖、依法治国结合起来。在开展煤矿现场安全监察执法时，兵团煤矿安全监察局要求处室负责人必须和煤矿安全管理人员开展谈心对话活动，倾听企业心声，了解企业难处，在严格执法的同时，要积极为企业服务。

（五）坚持“四轮驱动，多措并举”，推动重点工作任务落实

1. 强化煤矿安全“双七条”的贯彻落实

全年始终以瓦斯防治为第一抓手，大力宣贯《强化煤矿瓦斯防治十条规定》，督促煤矿建立瓦斯零超限目标管理制度，严格执行抽采达标有关规定，确保安全监控系统运行稳定可靠。督促煤矿严格执行《防治水规定》，落实“逢掘必探”的要求，查明老空区积水情况并开展治理。督促煤矿加强防灭火管理，采取预防性灌浆或注惰性气体等措施，严防采空区自然发火。

2. 打好重点师煤矿安全攻坚战

2015年，第六师被列入全国煤矿第二批50个安全重点县攻坚战范围。参照全国“双50重点县”攻坚战的做法，下发《兵团安委会办公室关于印发兵团煤矿安全治本攻坚战工作方案的函》，根据近年来煤矿死亡事故及灾害程度、煤矿数量、矿井规模、安全基础管理等情况，扩大攻坚战范围，将第六师、第十师、第十二师确定为2015年兵团开展煤矿治本攻坚试点单位。由局领导带队成立督导组对重点师开展5次监督检查，对重点师师长、分管副师长开展培训。3个师认真制定攻坚战方案并组织实施，全年均未发生煤矿生产安全事故，攻坚战取得显著成效。

3. 开展谈心对话活动

分3个层次开展谈心对话活动，第一层次是兵团党委常委田建荣同志于3月20日集中与兵团重点煤矿董事长、总经理、矿长及14个师安监局长开展谈心活动；第二层次是兵团安监局、煤监局领导分区域与11个师的52个煤矿矿长开展谈心对话；第三层次是各监察室主任分片区，与煤矿矿长及中层以上安全管理人员开展谈心对话，实现了全覆盖，累计谈话人数达到800余人次。配合国家煤矿安监局李万疆副局长一行，与六师煤矿矿长开展了谈心对话活动。

4. 持续开展事故警示教育

现场检查时在基层企业播放全国和兵团的典型煤矿事故案例，当全国其他省份发生煤矿安全事故

时，及时转发事故信息并结合兵团煤矿实际提出具体工作要求，特别是大黄山煤矿“7·5”事故和天山煤电106煤矿“10·13”事故一周年之际，向全兵团煤矿及安全监管监察系统主要负责人发送事故警示教育短信，切实做到“一矿出事故，万矿受教育”“一矿有隐患、万矿受警示”。

（六）保持高压态势，深入开展煤矿隐患排查治理行动和安全生产大检查，集中开展隐患排查治理行动

2015年，兵团党委常委田建荣同志担任煤矿隐患排查治理行动领导小组组长，将煤炭行业管理、国土资源、投资主管、安全监管、煤矿安全监察等部门分成10个小组，出动300余人，对全兵团52处煤矿进行了3轮全覆盖式的检查，自2014年11月至2015年6月底，按照“一矿一组、一矿一策、一矿一入库”和“程序不减、标准不降、时间服从质量”的原则和要求，整个隐患排查工作突出了“工作行动快、排查频次高、工作措施多、整改效果好”特点，查出一般隐患1294条，已整改1268条，整改率98%；查出重大安全隐患62条，已整改57条，整改率92%。下达各类执法文书和督办文件59份，责令17处煤矿停产整顿或暂扣安全生产许可证，经济罚款10万元。通过开展隐患大排查，一批重大隐患得到有效治理，为实现全年目标打下坚实基础。开展各类安全生产大检查。5—10月利用半年时间开展“打非治违”专项行动；4—6月组织开展了煤矿建设项目专项安全监察；6—8月分4个阶段开展瓦斯防治专项检查。天津“8·12”事故后，按照兵团安委会统一部署，下发《关于印发兵团煤矿安全生产大检查工作实施方案的通知》，延续上半年隐患排查治理行动，8—12月开展煤矿安全生产大检查，并结合开展专项行动，继续对非法违法行为和重大安全隐患“零容忍”。2015年8月，国务院安委会第12督导组来兵团开展安全生产督导检查时，对第四师和第八师两处煤矿现场抽查发现了15条问题和隐患，兵团煤监局狠抓隐患整改落实，督促煤矿立即整改，确保一周内全部整改完毕。同时，兵团煤监局下发通报要求兵团其他煤矿对照督导组提出的问题进行自查自改，举一反三，确保了安全大检查工作取得实效。

（七）推进煤矿隐蔽致灾因素普查工作，实施安全科技“四个一批”项目

按照《国务院办公厅关于进一步加强煤矿安全生产工作的意见》（国办发〔2013〕99号）精神，兵团煤监局制定下发了《关于做好2015年煤矿隐蔽致灾因素普查治理工作的通知》（兵煤监局发〔2015〕15号），要求煤矿企业9月底前，查明井田范围内的瓦斯、水、火及地表裂隙等隐蔽致灾因素并提交相关报告。同时，根据提交的隐蔽致灾普查报告和兵团煤矿实际，按照国家安全监管总局推进安全科技“四个一批”项目实施要求，兵团煤监局在52处矿井中，确定了7处矿井实施安全科技“四个一批”项目，并专门召开兵团煤矿安全科技“四个一批”项目推进工作会，督促项目实施进度，确保安全科技“四个一批”项目顺利实施。

（八）推进煤矿安全质量标准化建设，夯实煤矿安全基础

2015年初，制定下达煤矿安全质量标准化达标规划，严格落实煤矿每月、公司每季度、师安监局每半年组织开展一次检查验收的要求。结合第四季度重点工作，集中监察监管力量，对9处二级标准化达标煤矿进行了现场验收，在安全质量标准化验收的同时，发挥专家安全生产技术指导作用，对各煤矿也进行了一次全面彻底的隐患大排查，“大会诊”，成效十分明显。尤其值得肯定的是，2015年金川煤矿、塔联煤矿2处煤矿顺利通过国家安全监管总局组织的现场验收，获得一级安全质量标准化矿井命名。

（九）突出做好重点时段安全生产工作，严防各类煤矿事故的发生

2015年初，严格执行兵团关于煤矿停产整顿的文件要求，复产验收矿井必须逐级验收合格并经师主要领导签字同意，否则一律不得恢复生产和建设施工。同时，做好“两节”“两会”“五一”、古尔邦节、中秋节、“十一”和纪念抗战70周年、自治区成立60周年及第二届兵团绿博会等重大节日和重要时段的煤矿安全生产工作，督促做好停产检修、领导值班及应急值守工作。11月份以来连续下发《关于做好岁末年初煤矿安全生产工作的通知》（兵煤监局发〔2015〕4号）等文件，加强岁末年初煤矿安全生产工作。针对融雪季节、汛期、高温酷暑、极寒极冷等突发天气，及时发送预

警短信，提醒各师、煤矿加强检查，采取有效措施，提前做好防范工作。

（十）认真开展职业卫生安全许可工作

2015年初，对兵团生产和建设矿井开展有关评价工作进行摸排，下发了《关于建设项目执行职业病防护设施“三同时”、生产矿井开展职业病危害因素检测和职业病危害现状评价工作情况的通报》(兵煤监局发〔2015〕47号)，督促煤矿企业落实职业卫生“三同时”制度。全年，督促建设矿井上报职业病危害预评价报告7个，控制效果评价报告3个，生产矿井上报职业病危害现状评价报告5个，对2个建设矿井职业病防护设施设计进行了批复。

第十二部分

重点中央企业安全生产工作

中国石油天然气集团公司安全生产工作

中国石油天然气集团公司安全环保与节能部

2015年，中国石油天然气集团公司（以下简称集团公司）面对公司发展和深化改革的新常态，根据新《安全生产法》的要求，在集团公司党组和领导的高度重视和正确领导下，安全生产工作紧紧围绕建设综合性国际能源公司的战略目标，紧密服务于公司生产经营重点工作，坚持把安全生产形势持续稳定好转作为检验工作成效的重要标准，立足于“防大风险、除大隐患、确保不发生大事故”的基本思路，深入贯彻习近平总书记关于安全生产工作的重要讲话精神，坚守红线，不触底线，严格履职，严肃问责，实施了一系列标本兼治的新举措，事故指标得到较好控制，事故起数和死亡人数有所下降；体系运行科学有效，以体系建设为主线完善了一系列制度标准，以体系试点为抓手积累了一批符合企业管理实际的经验做法，以基层站队HSE标准化建设为载体促进各项制度在基层落地生根；管控能力不断增强，五级防控机制建设不断推进，“齐抓共管，群防群治”的格局初步形成，安全生产形势总体稳定可控。

2015年是新《安全生产法》全面实施的第一年，面对外部形势的深刻变化，集团公司积极应对，落实一系列监管措施，安全生产工作呈现出以下变化：一是HSE体系建设取得重要进展。以量化审核深化体系建设，以诊断评估防控重大风险，二者相辅相成、互为补充，有效促进了审核检查质量进一步提升。二是重大隐患得到整改和管控。建立机制、定期通报、暗查暗访、现场督办，长输管道隐患总整改率和重大隐患整改率均达到90%以上。全面开展油气储罐隐患排查，确定792项隐患列入重点治理项目。三是应急体系建设进一步完善。系统总结事故应急处置和突发事件应急演练经验，全面修订总部层面应急预案，增加勘探、炼化等8个板块专项预案，“1+22”的应急预案体系初步建立。

回顾2015年，集团公司安全生产重点开展了以下6个方面的工作：

一、贯彻落实新《安全生产法》，全面推进依法治企

集团公司分管领导和企业主要领导带头授课，营造学法、守法、用法的良好氛围；对照新《安全生产法》的规定，对现有安全生产制度进行全面分析，并组织制修订了《燃气业务安全监督管理办法》《安全环保事故隐患管理办法》《安全生产应急管理办法》和《建设项目安全设施竣工验收管理暂行办法》等10项规章制度，确保各项制度要求全面覆盖、依法合规；重点跟踪督办了省级批复的80个安全“三同时”项目的验收工作，推进建设项目守法合规管理，截至2015年底完成安全“三同时”验收项目60个。

二、深化体系运行，加大安全监管检查力度

继续把体系审核作为重要抓手，按照“没有审核方案不审核、没有检查表不审核、没有经过培训不审核”的“三不审核”要求，持续开展一年两次的HSE体系全面审核，抽调1132名审核专家组成142个审核组，覆盖147家主要生产经营单位，审核作业现场1465个，并在网上全程跟踪督办，确保问题整改到位；进一步研究审核模式，优化审核方式，组织编制《HSE管理体系量化审核评估标准》，分专业开展量化审核试点，首次对16家企业试点开展HSE量化审核定级，评判标准更加科学，审核内容更加全面，正向激励和引导作用更加突出；按照“重点领域可控、重点单位受控、重大项目管控”要求，开展了炼化企业卫生防护距离调查，组织了汛期、特种设备、储罐机械清洗等专项安全巡视，对19座大型国家商业储备油库进行了专门安全检查，对38家重点企业消防水系统的合规性进行了现场测试，对西南油气田龙王庙项目、抚顺石化和长庆油田开展了安全环保技术诊断与管理评估，对发现的问题紧盯不放、定期通报、销项管理，治理了一批制约企业安全发展的重大隐患，推动安全生产监管向更加注重过程管控和超前预防迈进；深刻吸取天津港“8・12”危险品仓库火灾爆炸事故教训，全面开展安全生产大检查和危险化学品库区专项整治，完成172座1万立方米以上储罐密封改造，持续提升本质安全水平。

三、坚持问题导向，及时整改解决安全隐患

在HSE信息系统建立网上填报平台，及时了解国家部委组织的危化品、海上油气等各类检查暗访活动，对发现的问题第一时间协调解决，做到了及时督办、及时整改、及时汇报；继续把油气管道隐患治理作为全年重点工作安排部署，加大隐患治理投资力度，全年共投入40亿元用于治理重点管道隐患；集团公司分管领导多次带队暗查暗访重点管道隐患现场，与辽宁省政府就管道保护和隐患治理工作召开专题会议，研究制定重大隐患治理方案和防范措施，共同推进管道隐患整治工作；集团公司安委会办公室定期召开管道隐患治理工作月度例会，加强与国务院管道隐患整改工作领导小组办公室的沟通协调，推动涩宁兰管道青海海东段、长宁管道银川能源学院段和抚顺石化抚鲅线等重点管道隐患治理；机关部门和专业分公司积极协调落实隐患治理难度大的管道停输工作，先后完成庆铁二线、任京线、秦京线等35条老旧管道的全线停输，停输里程达2000余千米，彻底消除1345处隐患；启动管道地图系统建设项目，建立网上治理进度监控平台，逐项销项、督办跟踪，油气长输管道隐患总体整改率和重大隐患整改率均达到90%以上，超额完成国家要求80%的预期目标。

四、采取多项措施，夯实安全监督管理基础

集团公司党组在机构编制极为紧张的情况下，大力支持成立了集团公司安全环保监督中心，进一步完善安全监督管理体制，探索创新监管模式，加强自上而下的专业监督、异体监督，全面加强安全生产监督工作，从机制上促进了安全监管向深层次迈进；进一步加强承包商管理，制定下发《承包商安全管理禁令》，开展专项检查，强化过程考核，实施“一事双查”“一票否决”，承包商事故比往年大幅下降；认真结合国家安全生产标准化建设工作，全面推进基层站队HSE标准化建设和岗位技能提升，巩固“三基”工作成效；结合《基层站队HSE标准化建设工作实施意见》，组织编制常减压装置、输油气站、钻井队等3个专业的基层站队HSE标准化模板并推广应用，编写12个专业的基层岗位HSE矩阵培训教材，举办安全处长、海上安全逃救生等HSE培训27期，对32家专职消防队专业化建设进行业务考核；制定印发应急救援五条规定，在基层积极推行“一案一卡”；组织参加首届全国危化品救援技术竞赛，获得“团体一等奖”；研究落实应急物资储备布点工作，依托集团公司井控、管道和海上应急中心等单位，重点布局井喷、管道泄漏、溢油处置等大型装备和应急物资的储备，进一步提高生产安全突发事件的应急处置能力。

五、抓好业务重点，提升职业卫生管理水平

及时落实国家安全监管总局关于企业职业卫生管理的新规定、新要求，集团公司制定下发了《关于进一步加强职业卫生管理工作的通知》，统筹各项重点工作；开展国内外石油公司职业健康组织管理与制度体系研究，组织修订《职业病防治管理办法》等管理制度，编制《钻井作业岗位噪声危害分级和评价及防护推荐做法》等措施方案；结合国家安全监管总局新的管理规范，制定印发了《职业病危害告知与警示管理规定》；加强一线基地食堂、饮用水及营地卫生管理，在野外施工现场引进活动型生活饮用水处理系统，改善生产生活条件；坚持接害人员健康监护和职业卫生档案清查工作，对26万名员工职业健康进行跟踪监测；开展工作场所接害人员和转岗员工职业史调查，掌握员工职业病危害状况；完成780个物理化学因素样品的职业卫生检测，37个项目的职评报告取得批复或通过专家评审，职业卫生工作管理水平进一步提高。

六、开展作风建设，强化安全生产责任追究

在集团公司领导的引领下，机关部门积极主动履行安全生产职责，专业分公司坚持领导带队开展体系审核和安全检查，企业领导干部全面强化安全联系点制度，着力为企业排忧解难，突出解决基层实际问题，坚持有所作为、有效作为和科学作为，杜绝不作为和乱作为；进一步狠抓落实，对去年发生事故的单位开展“回头看”活动，对整改落实及责任追究等情况进行全面追踪，确保责任追究落实到人、整改措施落实到位、事故隐患得到根治；严格落实“党政同责、一岗双责、失职追责”的要求，在追查事故直接责任者的同时，坚持履职必严、失职必究、责任倒查，加强对事故单位负责人的考核问责，全年共处理局、处两级事故相关责任人114人。

中国石油化工集团公司安全生产工作

中国石化集团公司安全监管局

2015年，中国石油化工集团公司（以下简称中国石化）认真贯彻落实党中央、国务院关于加强安全生产工作的指示精神和“三严三实”专题教育工作的要求，全面升级安全监管体系，全力推进油气输送管道隐患整治攻坚战，狠抓现场安全监督管理，实现了重大安全事故为零的总体目标。

一、安全生产主体责任分解落实工作取得积极进展

按照“谁主管、谁负责”和“管业务必须管安全”的原则，中国石化总部制定下发了《安全生产责任制对照检查标准》，明确了企业领导班子、职能部门、基层单位和岗位的安全责任，制定了266项、2000分的安全责任制分解考核表。各单位对照标准，积极分解安全主体责任。茂名石化在细化分解主体责任基础上，修订完善了全公司9432个岗位的安全生产责任制。

中国石化各企事业单位按照“8·19”视频会议精神，领导班子成员和主要处室负责人定点承包重点油气区块、海上平台、关键装置、罐区、油库等重点设施，挂牌公示、责任连带，促进了安全责任制的落实。

二、安全监管体系升级工作取得重要进展

坚持问题导向，按照实用、管用的原则，对2001年发布的中国石化HSE管理体系的安全、健康部分进行了全面修订，新的《中国石化安全管理手册》已于2016年1月1日起开始施行。

按照轻重缓急新制定了安全管理绩效考核、视频监控、建设项目安全设施竣工验收等管理规定，对隐患排查与治理、应急管理、事故管理、安全培训和现场作业管理等10项规章制度进行了全面修订。

中国石化安全管理信息系统全面上线运行，全面启动生产区域安全视频监控系统建设，各项安全监管技术手段不断完善，为提高安全监管工作水平奠定了基础。

三、油气输送管道隐患整治攻坚战初战告捷

中国石化油气输送管道隐患整治攻坚战进展顺利。2015年完成油气输送管道隐患整治总数的92.15%。其中，密闭空间隐患整治全部完成，一般隐患整治完成96.4%，重大隐患整治完成85.12%，超过国务院安委会“年内要完成密闭空间隐患整治，重大隐患整改率达60%”的要求。

管道储运公司、天然气分公司、销售华南分公司等单位积极响应总部号召，主要领导亲力亲为，积极协调地方政府解决隐患整治突出问题。管道储运公司分段承包、领导挂牌，加快了整治进度。隐患整治完成率达 90.2%。

四、承包商安全管理专项整治成效显著

针对承包商事故多发频发的严峻形势，2015 年中国石化集中开展了承包商安全管理专项整治活动。各企业按照总部统一部署，严格项目分包管理，严格承包商、分包商资质审查，加强现场监督检查，严格考核兑现，承包商安全管理状况明显改善。

茂名石化实施承包商违约累计积分考核制度，累计积分超过额定分值的承包商将被列入黑名单。石油工程建设公司痛定思痛，加大分包商清理整顿力度。全年清退不合格分包商占总数的 29%。齐鲁石化公司、镇海炼化公司与青岛安工院合作，在重点项目实施第三方安全监理，效果明显。

经过大家共同努力，承包商事故明显下降。2015 年，中国石化发生承包商事故起数同比下降 64.3%，承包商事故多发势头得到遏制。

五、"三同时"销项工作取得新突破

建设项目"未批先建、久试未验"等问题存在重大风险。中国石化工程部等总部有关部门与企业逐项研究制定整改措施、细化时间节点，跟踪督办，全力整改历史遗留的违规问题。在 2013 年底排查出的"三同时"违规项目中，2015 年底前完成了安全、消防、职业卫生专项验收的 95.3%。其余项正在积极推进。

中原油田、天津石化公司、南化公司等单位高度重视，采取强有力措施，积极推进问题整改，安全、消防和职业卫生专项验收工作全部完成，彻底消除了违法风险。

六、现场监督检查得到显著加强

中国石化安全监管局统筹协调，以事业部（专业公司）为主体，紧密结合板块实际、突出板块安全工作重点，组织了 51 个组、544 人，历时 5 个多月时间开展了年度安全大检查，查出各类问题 10992 项。

按照"四不两直"要求，对中原普光公司、燕山石化公司、销售华北公司等 25 家企业开展突击检查，查出各类问题 602 项；组织开展井控和海（水）上安全专项检查，查出各类问题 240 项。

继续开展安全巡视工作，10 个巡视组完成了对 67 家企业的安全巡视，提交巡视报告 71 份。对 20 家企业进行了安全管理审计，对镇海炼化公司、广州石化公司、安庆石化公司、齐鲁石化公司等单位开展安全水平定量评估，收到了较好效果。

七、安全教育培训工作有序开展

安全教育培训是强化安全意识、促进安全习惯养成、普及安全知识以及提高安全技能的必要手段。通过视频讲座形式，对包括中国石化党组管理干部在内的各级管理人员进行了培训，会同国家行政学院为生产和销售企业 129 名分管安全的领导进行应急专题培训，分别为 5 家炼化工程公司进行了本质安全培训，为落实本质安全奠定了基础。

各企业按照总部要求，积极采取仿真培训和实物培训等方式，全面加强安全教育培训工作。全年各企业共举办各类培训班 11.2 万个，158.13 万人次接受了安全培训。镇海炼化、福建炼化等单位在所有会议开始前都进行安全经验分享等做法，改进了培训效果。

八、应急管理体系得到进一步完善

按照企业负责、专业管理、统一协调的原则，总部制定下发了《安全生产应急管理规定》，突出专业应急指挥责任，明确事业部（专业公司）是所管企业（单位）应急管理的责任主体，负责应急专业管理和突发事件的应急指挥工作。

各企业按照总部统一要求和简单、实用、可操作的原则，全面修订各级应急预案。天津石化应急预案由 6.2 万字缩减到 8500 字，基层车间全面简化为应急处置卡，明确突发情况下"做什么、谁来做、怎么做"，提高了预案的针对性和可操作性。

九、职业健康管理工作得到进一步加强

组织开展员工职业健康监护体检，在岗人员职业健康监护体检率达到 100%。对苯、氨、硫化氢等 79 种毒物和粉尘、噪声、射线等 17 种危害因素进行了监测。针对化验室操作人员职业病多发问题开展专题研究，推广标准化化验室样板。

十、油气田及管道安全保护工作成效显著

油气资产破坏事件显著下降。全年共发生侵害油田、管道刑事案件同比下降 28%；被打孔盗油同比下降 69%；被开井放油同比下降 56%，油气安保工作保持了稳定趋好态势。

河南油田、江苏油田、齐鲁石化公司连续 7

年，天津石化公司、销售华南公司、销售华东公司连续4年实现管道零打孔，销售华北分公司打孔盗油案件同比下降了50%，油气安保工作继续保持了总体稳定趋好的态势。管道储运公司镇海商业储备库反恐防范系统被国家反恐办评选为优秀项目。

十一、安全监管队伍建设取得重大突破

按照“8·19”视频会议要求，125家生产、工程、销售和科研单位配备了安全总监（占96.9%），114家生产、建设和销售企业全部组建了安全督查大队，一批业务精、敢负责的管理干部走上了安全监督管理岗位。

十二、“我为安全作诊断”活动效果明显

各企业按照总部统一部署，结合本单位实际，认真组织开展安全诊断活动。广大员工立足本职岗位全面查找身边的安全隐患，共提交诊断建议35.62万条，采纳11.67万条，及时发现和消除了一批现场安全隐患。上海石化公司、茂名石化公司、湖南石油公司等单位对诊断活动奖励力度大，提高了广大员工参与安全诊断工作的积极性。

中国海洋石油总公司安全生产工作

中国海洋石油总公司质量健康安全环保部

2015年，中国海洋石油总公司（简称中国海油）在党中央、国务院的坚强领导下，在国家有关部委的大力支持下，认真贯彻落实中央经济工作会议和中央企业、地方国资委负责人会议精神，积极应对低油价严峻挑战和复杂多变的外部形势，全力以赴，攻坚克难，全年生产原油7967万吨，天然气250.6亿立方米，总油气当量首次突破1亿吨油当量，较好地完成了全年生产任务。

一年来，中国海油认真贯彻落实新《安全生产法》和《环境保护法》，用法治思维和法治方式引领安全环保工作，面对国际油价下跌趋势未减，经济下行压力加大的严峻形势，公司领导强调：“安全要求不能降低、安全投入不能降低、安全标准不能降低。”针对海洋石油高风险特征，自然环境的恶劣，以及深层次的风险和不确定性，始终坚持“安全第一、环保至上，人为根本、设备完好”的安全环保核心价值理念，不断完善管理制度，持续开展管理创新，使安全生产基础工作进一步加强，主体责任有效落实，安全文化得以彰显。全年未发生较大及以上级别的生产安全事故，确保了中国海油安全生产形势的总体平稳。

一、推进安全生产责任逐级落实

中国海油按照“党政同责、一岗双责、失职追责”的原则，结合自身实际，修订完善安全生产管理制度，加强对各级人员尽职尽责的引导，根据领导班子分工，针对领导干部在其分管业务中须担负的健康安全环保职责，修订完善了集团领导层面健康安全环保责任，发布了《中国海洋石油总公司健康安全环保责任制细则》；修订了《中国海洋石油总公司员工违纪管理办法》，进一步细化QHSE事故（事件）追责条款，完善了失职追责制度。组织开展所属二级单位“五落实五到位”专题调研，对相关企业主要负责人安全生产责任落实情况进行督促检查，所属单位全部符合要求；要求所属四级以上单位开展“五落实五到位”自查活动，共有260家单位完成网上自评，对自评发现的36家单位的不符合项进行跟踪整改，督促安全生产责任进一步落实。突出QHSE绩效考核的引导作用，优化考核项目设置，将政府管理要求和总公司安委会部署解析为具体工作并纳入绩效考核，细化考核项目、量化评分标准，引导各所属单位QHSE工作重心与总公司整体要求保持一致。公司制修订常压油品储罐、陆上天然气长输管道等25项安全管理规定，组织召开了船舶厂（坞）修、检维修/开停车等安全管理专题研讨会，辨析风险，理清职责，落实责任，推动安全管理关口进一步向日常生产管理的高风险环节深入。

二、促进QHSE管理持续改进

中国海油主动跟踪新《安全生产法》和《环境保护法》实施后的政策法规动态，加强法规识别，针对法规要求主动开展摸底调查，明确差距，对核查发现的不符合项，要求责任单位制定整改方案，纳入跟踪督办。2015 年，中国海油聘请第三方机构独立开展针对安全环保管理的合规性、可操作性评估，整体回顾安全环保管理体系与“新两法”的符合性，诊断分析现行制度的薄弱环节，查找总部层面管理上存在的薄弱环节，给出管理层推动力判断，提出完善建议，将提出的问题及时列入公司 QHSE 管理年度改进计划，促进中国海油安全环保风险管理能力持续提升。

强化 QHSE 工作的系统性，坚持体系化管理模式，总部按照对主要生产型二级单位 3 年全部覆盖、对高风险承包商 1 ~2 年全部覆盖的原则，统筹制定分年度审核检查计划，组织了对 7 家所属单位的 QHSE 体系上级审核；对专业性强的承包商引入外部专业力量支撑审核工作，对 12 个直升机基地和 35 架合同直升机、11 家潜水承包商开展审核，逐步细化管理内容、有效规避 QHSE 风险。全面完成安全生产标准化企业达标工作，并结合各单位特点，组织研究、稳步推进岗位达标和专业达标。深入落实“打非治违”专项行动部署，结合企业特点，组织海洋石油安全生产专项督查、危险化学品和易燃易爆物品安全检查，并针对海上石油勘探的“五不开钻”全覆盖检查等各类专项检查，加强预防，督促查隐患整改。

三、借力信息化手段提升监管水平

中国海油积极运用 QHSE 管理信息系统，结合 QHSE 业务特点和政府主管部门监管要求，通过关键节点的控制，将“遵法合规”要求融入企业日常管理，强化总部监管能力，规范基层单位 QHSE 管理行为，提高了执行效率。依托环保管理、职业健康等信息系统，实现了建设项目全生命周期环保管理，同时对总公司全部 115 家基层生产单位共 2056 个各类排污口实现了实时监控，确保达标排放。为简化操作，组织完成了应急管理信息系统整合，将生产人员动态、视频监控、设备设施、应急资源、灾害天气预警等 5 大类 11 个子系统集成到三维应急管理信息系统。利用“重大危险源及隐患排查风险管控系统”提高隐患排查整改效率，截至 2015 年 12 月 31 日，系统累计上报隐患 94904 项，已解决 94737 项，累计整改完成率达到 99.82%。

四、上下联动推动油气管道隐患专项整治

为贯彻落实国务院油气输送管道安全隐患整治三年攻坚战要求，中国海油将完成油气管道隐患整治时限提前到 2016 年底，通过倒排整改计划，召开油气管道隐患整治推进会议，明确了一把手责任，同时挂牌督办重点管道隐患，加强现场督导督办，保持与隐患单位、相关地方政府沟通协调。年度先后召开 6 次内部视频会，及时掌握整改进度和存在问题；总部层面，分别向海南、福建、河北省人民政府至函，协调政企联动，共同推动隐患整治工作。杨华董事长先后 5 次对隐患排查治理工作，特别是油气管道隐患专项整治作专项批示，并亲自主持召开管道隐患治理推进会，统筹安排部署，提出明确要求。截至 2015 年 12 月 31 日，上报国家安全监管总局隐患 144 项，已整改 130 项，剩余 14 项，整改率达 90.28%，其中重大隐患已全部完成整改，提前完成国务院安委会阶段性任务要求。

五、持续强化海外 QHSE 管理

中国海油持续强化海外 QHSE 管理，形成了海外项目 HSE 管理有效做法。从尼克森 HSE 管理桥接文件起，对所有海外重点项目逐一制定 HSE 管理方案，按照中国海油海外资产和作业特点，针对海外重点和新增项目，结合不同阶段的重大风险和重大变化，提出有针对性的解决办法，便于上级管理部门为海外项目提供及时有效风险预判和技术支持，推动海外项目单位提升 HSE 管理水平。已完成公司所属多家海外公司的 HSE 管理方案。特别对地处加拿大的尼克森公司，加强 HSE 管理整合，从 2013 年以来通过开展年度重点审核、组织联合演练、加强人员交流、加强事故管理等，逐渐理顺了 HSE 管理关系，有效落实了公司管理要求，使尼克森公司 HSE 绩效持续向好。

六、科学实施节能降耗减排

“十二五”期间，中国海油通过开展节能目标责任制评价考核，实施节能技改项目、节能监测监督、节能标准化等工作，超额完成了国资委和发改委下达的各项节能任务。通过开展 4 家所属单位清污分流改造、氨氮治理、低氮燃烧改造等 9 个“提标改造”项目的实施，二氧化硫、氮氧化物、氨氮和 COD 四项污染物的减排量均较好完成了政

府考核指标；节能技改方面累计投入17.53亿元，组织实施了伴生气综合利用、余热余压回收利用、能量系统优化等共650个项目，实现节能量189万吨标准煤。

七、有效提升应急能力

2015年，中国海油持续完善预案、指挥中心、信息系统以及队伍的“四位一体”应急管理能力建设。所属10家二级单位完成了应急预案修订，19家二级单位完成了兼职应急队伍建设计划，推动海上现场应急移动指挥通信系统建设，建成快速反应、灵活布局的移动船舶应急指挥通信系统。在惠州组织了中石油、中石化、中海油应急联动机制框架下的首次联合演练，锻炼了队伍，检验了应急管理水平和应急反应能力。结合公司海外发展形势，为建立一套国际通用的事故指挥体系，组织开发了事故指挥系统（ICS）并开始试点。有效应对10个影响海上生产作业的台风，共动用直升机1105架次，船舶33航次，安全动复员作业人员23078人，未发生次生事故。推进反恐防范工作，20家二级单位更新了反恐防范滚动规划，152家三级单位中的61家高风险单位全部完成组织机构、预案编制、联络联动、滚动规划等制度建设工作。加强海外应急管理，连续第三年组织了总部与尼克森的应急演练。2015年7月，加拿大尼克森公司长湖管道泄漏事故应对，是中国海油第一次真正意义上的海外生产安全事故应急响应。总部领导及相关部门给予了有效的支持，应急现场处置、政府报告、内部沟通、舆情控制等方面均处置得当，使公司有序进入复产期。

八、加强培训保障

中国海油持续强化“培训不到位是最大的隐患”的安全共识，2015年，按照“3+1”个100%的目标部署安全培训工作，组织内训师培养，开发培训课件，分层级明确培训任务。2015年，共培养总公司认证培训师55名，开发培训课件49个，全系统共有53064人参加了远程在线安全培训，通过互联网在线教育等手段，扩大安全培训覆盖范围。针对公司业务领域快速发展过程中作业队伍年轻化、大量使用承包商带来的潜在风险，持续推进“实物培训教室”建设，到2015年底，已建成投用实物培训教室70个，还有18个正在建设中。公司还持续追踪国内外质量健康安全环保领域的前沿信息和先进做法，年度组织编撰“良好作业实践”20期，及时将先进的管理理念、先进的管理方法传递到基层，为快速提升从业人员素质提供支持。

九、多层次推进安全文化建设

2015年，中国海油践行QHSE理念，分层次推进具有海油特色的安全文化建设，制定《中国海油安全标志行为》，从领导、组织和员工三个层面倡导实施。重点推动公司和总部机关部门领导干部率先承诺践行“安全标志行为”，发挥领导的示范作用。从QHSE管理人员层面，在全国“安全生产月”期间，组织所属单位安全总监在《中国海洋石油报》“谈安全”亮观点，年内组织18家所属单位主管领导和一线安全管理人员的211篇作品参加国家安全监管总局“安全战略理论与实践”征文活动，进一步发挥各层级QHSE管理人员的骨干作用。从员工层面，通过征文、演讲、视频大赛等各类主题活动，引导全体员工积极参与安全文化建设，夯实企业安全文化建设的基础；有效利用报纸、网络、微信、微博等媒体，丰富企业安全文化建设的载体，扩大企业安全文化的受众。联合新闻中心开展“安全环保在身边”主题征文活动，共刊发稿件77篇；征集“安全环保随手拍”微视频作品145部，在新浪微博“图说海油”发布后，点击率达44.5万次。其中微视频作品《安全·第一·视角》获第五届全国安全影视作品展映活动一等奖，《门志鹏一天换鞋21遍》《管道忧　何以解》两篇征文获“全国安全月暨安全生产万里行好新闻”评选二等奖；中国海油荣获2015年全国“安全生月”活动优秀组织单位表彰，所属中海油气利用公司获先进单位表彰。

中国核工业集团公司安全生产工作

中国核工业集团公司安全环保部

2015年，中国核工业集团公司（以下简称中核集团）认真贯彻落实习近平总书记、李克强总理的重要指示批示精神和国家有关安全生产工作的各项要求，围绕中核集团2015年度重点工作任务，坚持问题导向，坚持安全发展战略，狠抓安全生产责任制落实，完善安全环保管理体系，严控安全环保风险，提升安全环保管理能力，保障了中核集团安全生产形势平稳，为中核集团科研生产创造了较好的安全环境。在安全环保工作方面，主要取得了以下业绩：

一是核与辐射安全保持良好记录。中核集团核电站、核燃料循环设施、放射性废物贮存与处理处置设施，退役核设施、尾矿库、放射源等安全受控。二是工业生产安全形势平稳。生产安全事故得到有效控制。三是环境安全受控。核设施流出物排放低于或远低于国家规定的排放限值。四是职业危害得到控制。全年无超剂量照射发生，未发生一般及以上职业病危害事故。

一、认真贯彻党中央国务院有关安全生产工作的部署和要求

2015年是核工业创建60周年，习近平总书记和李克强总理做出重要指示，对新时期核工业安全发展提出了明确要求，习近平总书记强调："要坚持安全发展、创新发展、军民融合发展"；李克强总理指出："确保核安全万无一失，为把我国建成核工业强国而继续奋斗"。中核集团认真贯彻落实党中央、国务院领导的指示批示精神和国家关于安全生产工作的部署和要求，坚决把做好安全生产工作当作一项重要的政治任务加以落实。年初，中核集团以一号文件印发了安全环保工作要点，集团领导亲自带队对成员单位进行安全专项检查。

为了确保全国开展抗战胜利70周年纪念活动等系列活动的顺利进行，中核集团按照党中央、国务院的统一部署，对全系统安全生产工作组织了全面排查，并专题制定了《确保抗战胜利70周年纪念活动期间中核集团电力安全工作方案》，确保了抗战胜利70周年系列纪念活动期间中核集团全系统安全生产形势平稳，圆满完成了国家保电任务。

天津港"8·12"危险品仓库爆炸事故后，集团公司党组召开专题会学习贯彻落实习近平总书记、李克强总理批示和马凯副总理讲话精神，按照国务院统一部署，中核集团在全系统开展了危险化学品和易燃易爆物品专项整治及"打非治违"专项行动，深入开展安全生产大检查，通过检查进一步提升了各单位对安全生产工作的认识，促进了安全隐患的整改。

二、不断创新，推动生产工艺升级换代

中核集团高度重视"科技兴安"，通过科技创新推动安全提升。2015年5月7日，"华龙一号"首堆示范工程在福清核电站开工建设，标志着中国核工业在自主创新发展新阶段攀上了新的发展高峰。中核集团自主研发的三代核电技术"华龙一号"以"177组燃料组件堆芯""多重冗余的安全系统"和"能动与非能动相结合的安全措施"为主要技术特征，采用世界最高安全要求和最新技术标准，满足国际原子能机构的安全要求，安全性能得到显著提升。"华龙一号"充分利用了我国近30年来核电站设计、建设、运营所积累的宝贵经验、技术和人才优势，充分借鉴了包括AP1000、EPR在内的先进核电技术，充分考虑了福岛核事故后国内外的经验反馈，充分依托业已成熟的我国核电装备制造业体系和能力，实现了集成创新。"华龙一号"作为融汇了中国核电30年经验、在中国"走出去"发展战略中可与高铁等比肩的重大成果，受到了国家领导人的高度关注和大力推介。

核电配套生产工艺也实现了大幅更新，中核集团主设计的燃料元件 CF3 先导组件实现入堆考验。CO_2+O_2 绿色地浸采铀技术实现规模化工程应用，显著提高了铀矿采冶安全生产条件。通过科技创新，中核集团在推动产业规模大幅度提升的同时，进一步提高了核工业本质安全水平。

三、继续推行全面安全环保风险管理

近几年中核集团将安全环保风险管理作为“事前预防”的重要抓手，持续深入进行推广和开展。按照中核集团风险管理总体要求，各主要专业公司（事业部）均建立了风险档案，实施了分级管理，加强了风险督办，将重点安防环保风险治理开展情况列入相关单位年度考核，将风险治理情况与业绩考核挂钩，确保了风险受控。各成员单位严格风险监管，明确了各级监管责任，规范风险辨识与评估工作。部分风险较大的单位推行了安全风险金制度，使安全业绩与个人待遇挂钩，通过激励约束机制的完善，推动了风险管控措施的落实与全员风险管理意识的进一步提高，有效改善了各单位安全生产状况。

2015 年，中核集团对重点安防环保风险进行了逐项再评估，经中核集团总经理办公会专题研究审定，重新确定了集团公司级重点安防环保风险，并对进一步加强各级风险管控提出了明确要求。

四、扎实推进安全生产标准化建设

2015 年是中核集团安全生产标准化建设攻坚的一年。为此，中核集团和各专业公司（事业部）采取了一系列措施：一是对未达标单位加强安全生产标准化工作的指导；二是把标准化建设纳入对成员单位的年度考核，加强监督和考核；三是在对成员单位进行安全检查时，将安全生产标准化建设工作列为重点检查内容进行督促。截至 2015 年底，中核集团已有 88 家单位通过安全生产标准化达标，其中一级达标 21 家，占 23.9%；二级达标 49 家，占 55.7%；三级达标 18 家，占 20.4%。

2015 年 11 月，中核集团召开了全系统安全生产标准化工作总结会。会议认为，中核集团安全生产标准化建设开展三年来取得了良好成效：一是全系统安全生产认识得到提高，推动了员工意识从“要我安全”向“我要安全”的转变；二是成员单位对设施设备进行了大幅完善和改造，极大改善了作业环境，消除和减少了大量隐患，降低了安全环保风险，本质安全度得到了提高；三是实现了安全生产工作的规范化、科学化，推动了“我要安全”机制的形成，提高了安全生产管理水平。

五、严格落实建设项目安全设施及职业病防护设施“三同时”工作

2015 年 5 月，国家安全监管总局修订了建设项目安全设施“三同时”监管办法，中核集团根据有关要求，督促指导全系统各单位积极落实职业安全“三同时”工作主体责任，规范开展项目职业安全“三同时”评价和企业审查工作，确保对建设项目安全设施设计、建设等工作的源头控制规范有效。

2015 年 3 月，军工建设项目职业卫生“三同时”工作根据《国家安全监管总局　国家国防科工局关于军工建设项目职业卫生“三同时”实行行业归口监督管理的通知》（安监总安健〔2014〕111 号）要求，由国防科工局实行行业归口管理。国防科工局印发《关于加强军工建设项目职业卫生“三同时”工作的通知》（科工安密〔2015〕242 号）对军工建设项目职业卫生“三同时”的各项工作作了明确规定，中核集团立即组织各成员单位认真学习并贯彻落实。修订细化了《中国核工业集团公司建设项目职业卫生“三同时”监督管理办法》，督促各单位规范开展建设项目职业卫生“三同时”工作，并积极加强监管和协调，确保了建设项目职业卫生“三同时”工作合法合规。

六、对标国际，建立先进的核安全文化

中核集团秉承“安全是事业的生命线、企业的生存线、员工的幸福线”的安全理念，着力培育卓越的核安全文化，始终给予核安全最优先的考虑，以使核设施、核活动能确保员工、公众和环境的安全。2015 年，中核集团对标国际，积极有效地开展了经验反馈、自我评估和同行评估工作，建立先进的核安全文化，公开透明地接受来自监管部门、公众和社会的监督。

中核集团所属核电厂全年共组织、接受国际国内同行评估 22 次，包括运行电厂综合评估、大修专项评估和借鉴运行电厂评估经验开展的核电厂设计管理专项评估、核电工程投资及进度管理专项评估、项目前期公众沟通专项评估、采购管理领域专项评估、生产准备评估、生产领域人员行为规范评估等，涉及核电厂安全管理各个方面。

2015 年，中核集团参照国际上核安全文化研究成果，在充分考虑国家核安全局、能源局、科工局联合发布的安全文化政策声明的基础上，制定了具有中核集团特色便于所有职工理解和执行的核安全文化十大原则，即“核安全人人有责、培育质疑的态度、沟通关注安全、领导做安全的表率、建立组织内部的高度信任、决策体现安全第一、认识核技术的独特性、识别并解决问题、倡导学习型组织、创建和谐的公众关系”。

2015 年 7 月，中核集团举办了以“‘核’你在一起”为主题的核科普公众开放周，通过邀请媒体、政府、学生等公众走进中核集团等活动，全景式展现了核工业产业链魅力、创新成果以及核工业精神和文化，进一步拉近了中核集团与公众的距离。2015 年 12 月，中核集团配合国务院新闻办、国家环保部、国防科工局、国家能源局开展了“中央外宣媒体走进中国核电企业集中采访活动”，整体宣传了中国核电技术的先进性、核电运行规范性、核电安全可靠性和核应急充分性等，为中国核电“走出去”营造了良好环境。

七、进一步提升核应急救援能力

为深刻吸取福岛核事故教训，全面提升中核集团核电厂核事故应急救援能力，中核集团 2015 年继续加强核应急救援能力建设。针对各核电厂分散储存的核应急资源，中核集团完成了应急资源信息管理系统的开发，实现了各核电厂核应急资源信息的共享；对核电厂的移动泵接口和移动电源等核应急大型移动设备进行了接口通用性改造，为这两类设备在核应急支援中的快速顺利投入使用扫除了障碍；完成了中核集团核电厂核事故应急场内支援基地选址论证，为支援基地实体建设打下了坚实基础。

组织成员单位定期开展应急演练，保持应急能力常备不懈。组织相关单位参加国家核应急办“神盾－2015”国家核应急联合演习，精心开展参演准备，周密组织演习实施，出色地完成了演习任务，相关工作得到了国家核应急办的认可。

健全中核集团总部、专业公司、核设施营运单位之间的核应急信息联络沟通机制，重点加强汛期、台风过境以及“9·3”阅兵、春节、国庆等特殊时期的核应急值班值守和信息报送工作，确保了核应急信息畅通，核安全风险全面受控。

2015 年，中核集团深化改革、创新发展，各项工作取得了突出的成绩，全面完成预期目标，连续十年获国资委年度考核 A 级。2016 年是“十三五”开局之年，中核集团在新的一年里将按照党中央、国务院对核工业发展与安全工作的要求，进一步筑牢安全底线，落实安全责任，扎实开展各项安全生产工作，加强全员、全过程、全方位安全管理，确保所属核设施及核活动的安全，创造更好的安全业绩，切实保障中核集团创新、协调、绿色、开放、共享发展。

中国核工业建设集团公司安全生产工作

中国核工业建设集团公司安全质量环保部

2015 年，中国核工业建设集团公司（简称集团公司）及所属各成员单位认真学习贯彻习近平总书记、李克强总理等中央领导同志关于安全生产工作的一系列重要指示批示精神，突出安全发展理念，坚持稳中求进、服务发展大局的总基调，积极适应新形势，注重改革创新，以“全面加强安全管理，推进安全标准化建设，强化责任落实，查堵重大隐患，杜绝较大及以上安全生产责任事故”为工作目标，通过管理渗透、业务指导、监督检查等手段，深入基层，对安全生产工作实施了有效监管，不断提升安全保障能力和水平，安全生产形势总体稳定，没有发生较大及以上级别事故，实现了全年安全管控目标。

一、进一步深化安全主体责任

一是安全生产主体责任意识明显增强，尤其是各级领导时刻强调安全，逢会必讲安全，加强资源配置，对安全工作的重视程度越来越高。

二是企业主管领导负总责、分管领导具体负责、项目经理负第一责任的安全生产责任分工更加明确，党政同责，一岗双责，管生产必须管安全，管业务必须管安全的安全生产责任体系更加完善。

三是坚持绩效考核与安全挂钩，实行安全生产责任事故一票否决制，有力促进了安全工作的有效开展。

二、坚持依法治安，进一步完善安全管理体系

一是根据新《安全生产法》及相关法律法规的要求，对集团及股份公司总部层面安全生产规章制度进行了梳理，修订了股份公司《安全生产责任制》《安全生产监督管理办法》《安全生产事故应急救援预案》等。

二是为进一步强化安全生产工作职责，及时调整了集团公司和股份公司安委会成员，明确相关责任。

三是开展对新组建单位和新增业务单位安全生产管理体系的调研和检查，指导和督促这些单位建立完善安全管理体系和制度体系，配备安全管理机构和管理人员，保证安全工作的有效开展。

三、科学谋划“十三五”安全生产专项规划

一是对“十二五”期间集团公司安全生产情况进行分析，查找问题和不足。

二是根据集团公司“十三五”整体规划思路，谋划集团公司“十三五”安全生产工作。已编制完成《中国核工业建设集团公司安全生产“十三五”专项规划》(征求意见稿)，基本思路是紧紧围绕如何认识经济发展新常态对安全生产的影响、如何保障规划目标指标的实现，如何实现安全生产的源头治理，有效预防安全生产隐患等问题，提出了“十三五”期间的重点工作等。

四、进一步深入隐患排查治理

坚持以安全生产大检查、“打非治违”“两年治理”等专项行动为抓手，深入排查治理安全生产隐患，堵塞安全管理漏洞。按照国务院安委会、国家安全监管总局、住建部等部委的部署，贯彻落实“全覆盖、零容忍、严执法、重实效”的总要求，坚持以“查思想、查制度、查机制、查现场”四项内容为重点，切实抓好部署、反思、检查、整改、总结“五项工作”。为确保检查取得实效，集团公司召开会议进行专题部署，制定检查方案，派出工作组进行指导、督查。各单位结合实际，制定实施方案，细化检查内容，行动迅速，措施得力。对检查中发现的各类安全隐患，都能制定整改方案，明确责任人和完成时间，认真抓好整改。在2015 年集团公司组织的各类检查中，受检单位 18 个，涉及项目 28 个，查出问题 453 项，都已发出整改通知，并督促整改到位。

五、继续推进安全生产标准化建设

集团公司在 2013 年启动安全生产标准化达标评审工作以来，得到了各参评单位领导的高度重视和积极响应。集团公司先后已有 5 家建安单位通过了军工系统安全标准化一级达标，1 家设备制造企业通过军工系统安全标准化三级达标，新增业务板块的部分单位也通过了行业或地方政府安全生产标准化达标。

为进一步推动安全生产标准化工作，集团公司于 2015 年 11 月份在防城港核电项目成功组织召开了安全生产标准化建设经验交流会议，部分单位还介绍了在军工系统安全标准化外，争取达到住建部等相关部门制定的安全标准化标准，为民用工程项目的承揽及安全管理提供了保障。

六、积极推进核安全文化建设

2015 年是“核安全文化推广年”，集团公司以国家《核安全文化政策声明》为指导，结合实际开展了一系列核安全文化推进活动。6 月份，组织一线员工在宁德核电召开了“核安全文化建设研讨会”，形成建立行为准则、进行案例分析、建立激励机制、提高员工素质等 6 项建议。10 月份组织各方专家召开核安全文化研讨会，策划了征集安全行为准则、汇编安全质量典型案例等两项工作，各项工作已有序开展。

中国航天科工集团公司安全生产工作

中国航天科工集团公司安全保障部

2015年，中国航天科工集团公司（以下简称航天科工）坚决贯彻中央领导同志关于加强安全生产工作的一系列重要指示批示，坚决落实"党政同责、一岗双责、失职追责"和"管业务必须管安全"，将安全生产工作摆到"高于一切、重于一切、先于一切、影响一切"的位置，强化红线意识，落实主体责任，坚持铁腕管控，深化、细化落实各项安全措施，取得了显著成效，安全生产形势保持平稳态势。

一、领导高度重视，安全责任落实到位

航天科工高度重视安全生产工作，高红卫董事长主持党组会议专题研究安全生产工作，审定《强化安全生产管理措施》，签订颁发《安全生产责任书》。曹建国总经理强调"深刻牢记'安全第一'"，组织全员落实安全生产责任。宋欣副总经理组织召开专题会议，策划部署安全生产工作，亲临生产作业一线督查指导。沈维伟安全生产总监带队开展危险化学品安全生产专项督查。航天科工各位领导在开展业务工作时一并部署安全生产工作，亲临基层现场督导检查。全级次单位狠抓安全生产工作责任落实、措施落实和监管落实。据统计，2015年全级次共兑现安全奖励4158万元、同比增长57%，处罚195万元。

二、标准化、规范化管理，夯实基层基础基本功

在国家安全监管总局、国资委、国防科工局和中国安全生产协会的支持和指导下，航天科工在总结10年标准化建设经验的基础上，完成编制《航天工业安全生产标准化建设工作指南》工具书，得到集团公司出版基金资助。2015年63家单位通过安全生产标准化第三轮现场评审，38家单位达到安全生产标准化一级，二级24家，三级1家。航天科工组织专家400余人次参加现场评审，抽查综合管理档案2000多卷，核查危险点483处、职业病危害作业点523处，抽查各种设备、设施4000多台套。共查出1628项问题和隐患，其中扣分项703个、建议项925个。

三、实施科技强安，推进本质安全

航天科工全级次共获得安全技改批复经费4.25亿元，同比增长166%。组织重大危险源和各级易燃易爆危险点"六定"管理，开展安全传感器视频监控系统升级改造。全系统发布100项技术安全标准，飞行试验"四阶段"技术安全评审262次。开展166项安全生产技术课题立项和研究，完成建设项目安全评价110项，组织型号火化工产品作业、建筑施工等安全生产专题交流，征集安全技术与管理论文102篇，评选优秀论文35篇。

四、狠抓监管督查，强化排查整改

航天科工以"四不两直"方式全面开展了2轮安全生产大检查、3轮专项整治和"回头看"督查，航天科工领导带队督查12次，安全保障部重点督查16次，前后4次印发航天科工整改通知书进行督办。据统计，2015年全级次组织各级各类安全生产检查5891次、发现隐患问题24256个，组织"安全生产万里行"暗查组71支，曝光隐患问题1287个，全年投入安全生产整改经费1.28亿元，整改率达100%。

五、狠抓防范措施，实现闭环管理

航天科工全级次计提安全生产费用3.19亿元，制定安全生产规章制度1353项、修订2951项。落实生产安全事故防范和预报预警工作，高危作业实行单位领导班子成员轮流现场带班和节假日值带班制度，高危单位每月至少进行一次全面安全生产风险分析，加强监控重点部位和重点岗位，发现生产安全事故征兆立即发布预警信息。组织开展靶场试验队技术安全督查，严格型号大型试验安全生产管

理。

六、深化全员培训，开展探索研究

航天科工组织培训厂所级以上领导543人、型号“两总”人员878人、专兼职安全生产管理人员2719人、职业卫生管理人员149人、注册安全工程师继续教育培训274人。创新试点实行型号火化工产品作业人员考培分离、持证上岗制度，培训型号火工产品作业人员269人。一线作业人员安全生产和职业卫生培训普及率、高危从业人员持证上岗率达100%。全级次安全生产培训投入1218万元。

七、夯实职业卫生基础，加强建设项目监管

航天科工首次组织职业卫生专项督查，8个督查组深入206处职业病危害重点场所，发现隐患问题357个。结合标准化达标，督促全级次完善职业卫生规章制度、操作规程，规范职业卫生管理档案、职业病危害告知与警示标识。1180个危害作业点开展定期检测，3家危害严重单位主动开展现状评价。修订职业卫生“三同时”监管要求，完成备案92项，“三同时”执行率达100%。

八、创新监管能力建设，持续提高四种意识

航天科工进一步健全安全生产总监组织体系，7家二级单位、37家三级单位设置安全生产总监。组织45岁以下科研生产管理人员考取国家注册安全工程师执业资格，组织全级次国家注册安全工程师的注册和日常管理工作。在国家安全监管总局的指导下，2项科技平台、1项研究课题和1项科技项目入选国家级创新序列，职业病危害评价中心国家甲级资质获准扩展向社会各界提供技术服务。

九、扎实开展安全宣教，营造浓厚安全氛围

航天科工紧扣“加强安全法治、保障安全生产”的主题，创新开展“安全生产月”活动。通过编制1292道考试题、举办119场知识竞赛、制作评选展映89部视频短片、开展823场事故警示教育等各种形式，力求做到宣传进班组、教育到岗位、责任落全员。集团公司荣获“全国安全生产月活动优秀组织单位”称号；三院、四院荣获“全国安全生产月活动先进单位”称号。航天科工编制的《党中央国务院领导同志安全生产重要论述折页》荣获全国安全生产题材宣传作品优秀奖，1件新闻作品荣获全国“安全生产月”暨“安全生产万里行”好新闻优秀奖，1个班组获评“全国青年安全生产示范岗”。牛东农等3人被评为全国“百名安全生产管理典型人物”；四院红峰公司荣获“2015年全国安全文化建设示范企业”称号。

十、强化应急救援管理，发挥支撑机构作用

航天科工创新开展生产安全事故应急救援预案分级审核，组织专家40余人次审核9个重大危险源和29个10人以上作业Ⅰ级危险点相关单位的应急预案。全级次制定或修订应急预案1455个，开展各类演练2079次，40541人参加，应急预案100%演练。督导四院成功承办湖北省军工系统安全生产应急预案演练观摩活动。发挥各级安全生产和职业卫生专家的技术指导和安全把关作用。加强对安全生产和职业卫生技术支撑机构的业务指导和监督，安全生产培训中心修订出版《全国注册安全工程师历年真题详解》，安全评价中心中标北京市安监局政府采购项目，固体推进剂安全技术研究中心承担研究课题28项，职业病危害评价中心承揽评价项目57项。

中国航空工业集团公司安全生产工作

中国航空工业集团公司质量安全部

2015年，中国航空工业集团公司（以下简称中航工业）统筹规划和系统部署安全生产各项工作。通过推进安全生产标准化达标、开展多层面多角度的法律法规和标准制度培训、推进以生产一线员工为主的群众性隐患排查治理、规范职业危害因素现场管理及防护、开展安全生产大检查等工作，有效地保障了全集团安全生产形势的相对稳定。同时，各成员单位还结合本单位的特点，积极参加各项安全生产活动，获得了上级机关的肯定与表扬。

一、建立健全制度标准，严格推进规范化管理

中航工业进一步明确了制度标准建设框架，以指导各单位建立健全规章制度和行业技术标准。中航工业制定安全生产制度20项，其中包括：《中航工业安全生产标准化考核评级管理办法》《生产安全事故应急预案》《职业健康监护管理办法》等制度；针对航空产品特点，发布行业标准34项，其中包括：航空发动机试验、飞机总装、空空导弹装配等行业标准。各直属单位及成员单位按照中航工业规章制度，结合自身实际情况建立并细化了相应的安全生产制度和操作规程，规范了安全生产管理工作。经过各单位的共同努力，中航工业已经建立起中航工业、直属单位、成员单位三级配套的安全生产制度体系和标准规范，实现了安全生产管理制度规范全覆盖。通过完善制度，标准引领，解决了多项生产过程安全生产作业标准化、规范化的问题，进一步奠定了安全生产管理基础。

二、落实安全生产责任，依法开展责任追究

中航工业推进“两个坚持”，促进安全生产责任制落实。一是坚持“党政同责，一岗双责，失职追责”和“业务谁主管，安全谁负责”的原则，明确各级主要负责人、主管领导和各类人员的安全生产职责，逐级签订《安全生产责任书》。二是坚持实施安全生产“一票否决”制度，将安全生产工作放在首位，安全生产责任目标纳入单位绩效考核体系。中航工业定期召开安委会会议，落实安全生产责任，梳理问题，研究制定解决方案，组织部署安全生产工作。各直属单位和各成员单位党政一把手分别在领导班子内部明确安全生产责任分工，开展相应工作，积极落实安全生产责任制。

三、推进安全生产标准化，提升本质安全水平

中航工业按照统一部署，确立了安全生产标准化达标工作目标，创建了中航工业安全生产标准化考评标准，选拔了一支标准化审核员队伍（共计60名），培养了一批推进人员（共计693名）。经过了“试点”“推广”“全面展开”这三个阶段的有序推进，截至2015年底，中航工业具有科研生产武器装备许可资格的单位全部达标。中航工业在总结安全生产标准化推进经验的基础上，制作并发布了《安全生产标准化可视化检查系列图册》，按专业对考评标准逐条进行解释，梳理现场考评过程中的常见问题，以图解方式指导各单位发现问题、解决问题，提高标准使用的一致性，降低审核人员自由裁量权。通过安全生产标准化达标工作，各单位摸清了安全生产工作现状，找出了安全生产管理短板，加大了安全生产投入，发现并整改了一批隐患，提升了本质安全水平。

四、狠抓危险源辨识，强化隐患排查治理

中航工业始终坚持“安全第一，预防为主，综合治理”的方针，深入开展危险源辨识和管控。中航工业危险源主要涉及油库、剧毒品库、火工品库、试车台等场所。为确保危险源、危险部位得到有效控制，近两年，中航工业组织了油库及输油管线、粉尘燃爆、“四新”作业、异地外场高风险作业等专项整治工作。2015年，天津港“8·12”特大火灾爆炸事故发生后，集团党组高度重视，立即召开党政联席会，研究部署安全生产大检查及重点领域专项整治工作，中航工业领导带队进行现场安全检查。各直属单位领导督查共计130人次，董事会领导督查38人次。历时6个月的大检查共发现隐患18027项，已完成整改17196项，整改率为95.4%，未整改的隐患已制定整改计划及控制措施。通过持续开展危险源辨识及管控，组织一系列的隐患治理活动，充分识别了危险源，排查了高风险隐患，采取了有效管控措施，夯实了安全管理基础。

五、定期组织应急演练，强化应急管理

中航工业修订并发布了《中航工业生产安全事故应急预案》，各直属单位、成员单位结合实际制定了相应的应急预案，各单位的综合应急预案已在中航工业备案，初步建立了中航工业三级应急管理体系。中航工业重点组织易燃易爆场所、有限空间、维修检修等高风险作业预先危险性分析，细化应急救援措施；加强应急队伍建设，定期对应急物资及器材的配备情况进行检查，确保应急救援预案的适用性和可操作性。2015年，各单位分别组织安全生产应急预案的桌面推演、功能演练、实战演练等多种形式的应急演练，包括毒品库泄漏、危险区域人员疏散、危险源事故救援、试飞站突发火情等19项专项演练。各单位共组织应急预案演练1045次，56097人次参加。通过完善应急救援体系，确保了突发事件的应急救援措施能够有效实施，提升了应急指挥能力和职工自救能力，提高了突发事件应急响应能力。

六、创新安全管理，推动全员参与

（一）开展群众性隐患排查，加强班组安全建设

中航工业组织各单位开展群众性隐患排查治理和班组安全建设，经过探索与实践，建立了由一线员工主导的“自下而上”的隐患排查机制，共有2906个班组参加了群众性隐患排查治理工作。2015年，中航工业将群众性隐患排查治理工作和班组安全建设工作相结合，组织各单位完善了《班组安全建设管理制度》，建立了班组安全建设档案，进一步规范了生产现场安全管理。通过班组安全建设、群众性隐患排查等工作，增强了职工的责任意识，调动了职工参与安全生产管理工作的积极性，对企业安全生产现场管理有较大的促进作用。

（二）坚持预防为主，加强技术研究

各单位认真落实《职业病防治法》的相关要求，将职业病防治和职业卫生管理纳入安全生产监督管理体系；加快防尘、防毒等设施技术改造，逐步替代有毒有害等生产工艺，研究探索职业病防护技术和实践，从源头上防范职业危害因素的产生。建立“职业卫生协作组”，依托协作组开展自查、互查专项活动，督促整改问题203项；组织职业卫生专项论文评比，其中69篇论文获奖。通过建立规范，完善制度，改进工艺，组织现场督查，维护了劳动者基本权利，保障了员工职业健康，提升了职业卫生管理水平。

（三）深化培训教育，拓展媒体宣传

中航工业针对不同岗位安全生产职责，完善培训大纲，开发专业课程，分级分类培训，严格考核取证，提高了培训效果。仅中航工业组织的厂所级领导、部门负责人、管理人员等培训就有95次，累计6861人次。2015年，中航工业组织对集团总部部长、专职董监事、各单位党政一把手共378名领导分三期进行新《安全生产法》培训。此外，中航工业运用官方微信、手机报等网络媒体开展“安全生产月”宣传工作，传达国家相关要求，展示成员单位安全生产工作成果。通过深化培训教育及形式多样的宣传报道，各单位党政一把手了解了国家安全生产工作的新规定、新要求，明确了自身应承担的法律责任，主动关注安全生产工作，依法履职意识明显提高。

（四）重视青年工作，夯实长效机制

2015年，中航工业开展“青年安全生产示范岗”和“安全生产青年后备专家库”建设。一方面，中航工业业务主管部门与党建部门联合发布了《“青年安全生产示范岗”创建活动方案》，创建了青年安全生产示范岗，组织引导青年职工立足科研生产岗位，带头遵守安全操作规程，提升安全生产技能。另一方面，中航工业发布了《安全生产青年后备专家管理办法》，通过遴选、考核，选拔46名青年后备专家，培养安全生产后备专家队伍，促进安全生产工作持续良性发展。通过上述工作，充分调动了青年职工参与安全管理工作的积极性，认真执行岗位安全规范，以人为本，防范事故发生，为建立安全生产长效机制打下基础。

中航工业将持续全面贯彻落实习近平总书记“党政同责、一岗双责、失职追责”的安全生产总要求，坚持以人为本，强化依法治安，狠抓安全生产责任制落实，巩固安全生产标准化成果，深入开展群众性隐患排查，实现隐患闭环管理，加强高风险作业管控，推进安全生产信息化建设，加强人才队伍建设，促进中航工业安全生产形势持续好转。杜绝较大、重大、特大生产安全事故和职业病的发生，力争实现“零死亡”；有序开展安全生产标准化达标复评工作，不断提升职业卫生基础管理水平；形成更加完善的安全生产管理规章制度和管理体系；努力实现中航工业跨越式发展的安全生产保障工作格局，总体达到国内安全生产先进企业水平。

中国船舶工业集团公司安全生产工作

中国船舶工业集团公司质量安全部

2015年，中国船舶工业集团公司（以下简称中船集团）认真贯彻落实习近平总书记、李克强总理关于安全生产工作的重要指示批示精神和国务院的重大决策部署，按照国家安全监管总局、国资委、国防科工局的重点工作要求，始终坚持“安全第一，预防为主，综合治理”的工作方针，坚持安全生产的各项基本原则，坚持贯彻落实安全生产法律法规，牢固树立“抓安全就是抓发展”的理念，牢固树立“以人为本、安全发展”的理念，牢固树立红线意识，坚守底线思维，不断强化落实安全生产责任制，持续开展安全管理提升工程，推进安全生产标准化建设，深化隐患排查与治理，加强安全教育培训，加大安全生产技术研究和应用，提升企业安全生产水平，为中船集团持续健康发展提供了强有力的安全保障。

一、加强组织领导，健全落实安全生产责任体系

2015年初，中船集团召开了安全生产工作会议，总结2014年安全生产工作，部署2015年安全生产重点任务，并按照“党政同责、一岗双责、失职追责”的要求，中船集团与成员单位签订了《安全生产责任书》。一年来，中船集团党组多次召开安全生产专题会议，传达贯彻习近平总书记、李克强总理关于进一步加强安全生产工作的重要指示批示精神，落实国务院安委会会议、全国安全生产电视电话会议部署；定期召开中船集团安委会会议和安全生产工作视频会议，对不同阶段的安全生产工作进行安排。2015年，成员单位领导班子每季度召开一次专题会议，研究解决安全问题；管理人员定期开展安全履职检查和考核；全体职工每季度重温安全生产责任书，让安全生产责任落地生根见效。各成员单位按照《中国船舶工业集团公司2015年安全生产工作要点》和各阶段工作安排，细化制定了安全生产工作计划，提前策划、周密部署，把安全生产工作落到实处。

二、持续推进安全管理提升工程

一是建立健全安全管理规章制度。组织各成员单位按照新《安全生产法》以及集团公司制定的《安全生产管理暂行规定》《军工安全生产标准化评审要求》等，修订完善了本单位安全管理制度，强化制度宣贯，严格制度执行，推进依法治安。

二是开展军工安全生产标准化建设。截至2015年底，各成员单位已全部通过第一轮军工安全生产标准化评审，初步构建了统一、规范、标准的安全管理体系。在此基础上，推进成员单位独资、控股子公司开展安全标准化建设，加强对子公司的安全管控。

三是推进岗位安全自主管理。制定发布了《造修船企业船坞船台区域岗位安全职责》，明确了14类、75个岗位细分岗位的安全职责。推进安全管理重心下移，强化员工的岗位安全责任意识，提高岗位安全操作技能，让每个员工成为三不伤害的践行者。

四是坚持“一厂一策”量化提升。2015年发布成员单位安全管理“一厂一策”提升目标，并按照目标完成情况进行量化评价，引导各单位聚焦纵向提升。截至2015年底，企业安全班组达标率、岗位标准制定率、注册安全工程师持证率均大幅提升。

三、开展安全生产大检查和专项整治

开展安全生产大检查、深化“打非治违”、危险化学品和易燃易爆物品等专项整治。按照国务院安委会统一部署，8—12月组织成员单位全面开展以危险化学品、易燃易爆物品为重点的安全生产专项行动，按照“全面排查、集中整治、总结固化”三个阶段有效推进；10—11月成立了37个检查组，按照“谁检查、谁签字、谁负责”的要求，对各造修船企业、配套单位和院所进行了安全交叉检查；12月开展安全生产大检查“回头看”，针对专项行动发现的问题，深挖管理薄弱环节，堵塞漏洞，构建长效机制。

开展高频事故专项整治。组织成员单位每月围绕一个安全生产主题开展工作，对典型常见的事故隐患进行了专项整治，取得显著成效。

四、扎实开展安全生产教育培训

2015年，举办了成员单位安全分管领导、安全部门负责人培训班，宣贯国家安全生产形势任务、政策和法规，交流国内外优秀企业、重点高校和学科领域内先进的安全管理理念和方法，提高认识，拓展视野，开阔思路，交流经验，提升专业素质和能力。

启动开展注册船舶安全工程师培训。制定发布了《中国船舶工业集团公司注册船舶安全工程师管理办法》，编制了初级注册船舶安全工程师培训课程，选拔了一批内部讲师，于3月举办了第一期初级注册船舶安全工程师培训。全年共举办了10期，累计培训专兼职安全员538人。

开展安全管理培训。依托中国船舶工业安全生产培训中心举办了船舶特种作业等资质类培训266期，累计培训15450人次。受国防科工局委托，举办了两期军工企事业单位负责人和安全管理人员培训班和一期军工建设项目职业卫生“三同时”管理培训班。

五、积极推进安全技术研究应用

依托中船集团安全生产技术研究中心，针对各成员单位安全生产技术现状进行调查，开展了安全生产技术需求分析。在此基础上，推广应用磁性工装、船用吊钩夹具、叉车限速、呼吸防护、光纤监测等先进适用的安全技术，提高作业本质安全程度；同时积极引进国内外先进安全技术产品，进行消化、吸收、引进、应用，建立安全技术数据库，为企业提供安全技术信息服务。

六、规范职业健康管理，预防控制职业病危害

2015年，中船集团认真贯彻落实国家职业健康工作的总体要求，把职业健康工作摆在更突出的位置。规范新、改、扩建设项目职业卫生“三同时”管理，督促成员单位规范开展职业病防护设施预评价、设计专篇和防护效果评价，加强烟尘、噪声、苯系物等职业病危害的源头治理。完善职业健康体检和档案管理，严把岗前体检关，规范岗中体检、离岗体检，实现全员“一人一档”。规范开展职业病危害因素申报、职业危害因素监测、劳防用品配备和使用等工作。

七、开展安全专题活动，培育优秀的企业安全文化

6月份，中船集团公司紧密围绕“加强安全法治，保障安全生产”的安全生产月活动主题，组织成员单位开展事故警示教育、安全教育培训、应急演练、隐患排查治理等活动，普及安全知识，弘扬安全文化，提升了全体职工的安全意识和安全技能。

八、加强应急管理，提高突发事件应急处置能力

中船集团所属成员单位进一步完善总体预案、专项预案和现场处置方案三级预案体系，加强与地方政府气象、消防、医疗卫生服务等应急资源的有效衔接，提高预案的针对性、实用性和可操作性。加大应急投入，保障应急资源和应急队伍，定期开展应急预案演练，规范现场组织，推进科学施救、安全施救，提高应对突发事件的处置能力。

中国船舶重工集团公司安全生产工作

中国船舶重工集团公司生产经营部

2015年，中国船舶重工集团公司（简称集团公司）安全生产工作以习近平总书记、李克强总理等党中央、国务院领导同志的指示批示精神为指导，严格落实国家有关部门的工作部署，大力宣传贯彻新《安全生产法》，坚持“以人为本”，坚持“安全第一、预防为主、综合治理”的方针，深化落实安全生产主体责任，重点开展危险化学品及易燃易爆物品专项检查整治，全力推进安全生产标准化建设达标年各项工作，持续加强安全教育培训，稳步推进安全管理水平提升，事故总量和伤亡人数进一步下降，安全生产形势总体稳定。

一、强化红线意识，促进安全发展

为深入贯彻落实党中央、国务院领导同志关于安全生产工作的重要指示批示精神和全国安全生产电视电话会议精神，进一步强化安全生产红线意识，集团公司于 1 月 12 日组织召开了安全生产视频会议，对全年安全生产工作进行了总体部署。

为全面落实“抓党建从工作出发，抓工作从党建入手”的总要求，集团公司于 7 月 27 日召开了军工（装备）质量与安全生产工作会议，会议认真总结了“十二五”以来集团公司安全生产工作，深刻分析、查找存在的问题；进一步强调以问题为导向，以建立健全“党政同责、一岗双责”“管生产必须管安全、管业务必须管安全”的安全生产体系为中心，从深化安全生产责任制、强化依法依规兴安全和依靠创新兴安全等方面对安全生产工作进行了部署。

二、深化落实安全生产主体责任

一是坚持以集团公司 1 号文件印发《2015 年安全生产工作要点》，明确了全年安全生产重点工作和目标。

二是坚持在集团公司年初工作会议上与 87 家成员单位的主要负责人签订“零死亡”安全生产责任状，并对 2014 年落实安全生产责任较好、业绩较突出的 10 家单位进行了表彰；各成员单位层层签订安全生产责任状（书），确保责任落实到每一岗位和个人。

三是坚持将安全生产工作作为集团公司党组会议重要议题，每季度听取集团公司安委会的工作汇报，研究、协调、解决安全生产工作重大事项；坚持每季度召开安全生产委员会会议。

四是坚持集团公司领导亲力亲为，深入成员单位生产及科研现场，检查安全生产工作，指导隐患排查治理，督促履行安全生产主体责任。

三、狠抓危险化学品和易燃易爆物品安全监管

“8·12”天津港瑞海公司危险品仓库发生特别重大火灾爆炸事故后，集团公司认真落实有关部门的工作部署，组织开展了一系列安全生产工作：

一是立即召开了集团公司安全生产委员会会议，传达党中央、国务院领导同志的指示批示和全国安全生产电视电话会议精神，认真深刻汲取事故教训，成立大检查领导小组，部署安全生产大检查工作和危化品专项检查工作。

二是立即组织开展了危险化学品和易燃易爆物品安全专项检查工作，集团公司董事长、总经理、分管安全生产工作的副总经理等领导同志分别带队，对具有危化品重大危险源、Ⅰ级危险点、火工品储存使用等重点单位进行了督查。各成员单位立即行动，认真开展专项自查整改工作。

三是扎实开展安全生产大检查、深化“打非治违”专项整治和“回头看”工作，按照宣传策划、集中整治、巩固提升、“回头看”4 个阶段，在集团公司全系统范围内开展为期半年的全覆盖安全检查和集中整治，督促各单位进一步落实责任、防控风险、排查隐患，促进各单位安全生产工作扎实推进。

四是组织开展粉尘作业和使用场所防范粉尘爆炸大检查工作，对集团公司全系统范围内现有的粉尘作业、使用场所进行了再梳理，及时掌握了粉尘作业、使用场所分布情况、危险特征、接害人员等最新信息；同时，对设备设施、作业人员管理、操作规程、作业流程等方面存在的安全隐患和问题进行了排查和整改，强化了粉尘作业、使用场所安全管控。

五是继续组织开展危险化学品清查清理、危险化学品重大危险源和易燃易爆危险点普查工作，对各成员单位现存剧毒品、火工和爆炸品、危化品、重大危险源、危险点及十人以上危险作业场所的安全现状进行了再确认，持续弥补安全技术和管理上的漏洞。

四、全力推进安全生产标准化建设工作

根据国防科工局有关文件规定，具有武器装备科研生产许可证的单位须在 2015 年底前完成安全生产标准化达标建设工作。按照国防科工局的统一部署和集团公司 3 年滚动计划安排，集团公司全力推进达标建设各项工作。自启动标准化建设工作以来，集团公司通过建立完善评审标准、组建壮大专家队伍、创建优化评审流程、认真落实对标宣贯、严格开展现场验收等系列工作，进一步夯实了集团公司安全生产管理工作的基础，通过安全生产标准化建设这一重要抓手，有力地拉动了各单位安全生产水平的全面提升。经过共同努力，截至2015年底，集团公司各成员单位实现100%全部达标。

五、加强教育培训，提高安全素质

一是对来自各成员单位的104名主要负责人、安全生产分管领导及安全生产管理部门负责人进行了培（复）训和考核，进一步提升了各级负责人的安全意识和安全管理水平。

二是组织举办了新《安全生产法》培训班，对95名来自各成员单位的安全生产管理部门负责人及有关人员进行了培训和考核。

三是组织举办了涂装审批与可燃性气体测爆技术资格培训班，对243人进行了培训和考核。

四是各成员单位积极开展安全生产教育培训工作，持续加大对员工的安全教育培训力度，集团公司各成员单位全年共组织35万余人次的安全生产教育培训工作。

六、组织开展“安全生产月”工作

集团公司于3月份组织开展了以“贯彻《安全生产法》、落实安全生产责任”为主题的“安全生产月”活动，重点围绕《安全生产法》的学习宣贯、节后复岗复工安全教育培训、隐患排查治理、应急预案演练等5个方面组织开展了18项活动。

按照国务院安委会的统一部署，结合集团公司实际，于6月份开展了以“加强安全法治、保障安全生产”为主题的“安全生产月”活动，重点围绕教育培训、风险公告、安全检查等4个方面组织开展了10项活动。

两次“安全生产月”活动期间，各成员单位共开展安全生产教育培训8.5万余人次，排查治理各类事故隐患6200余项，开展各类应急演练450余次，进一步强化了员工的安全意识、提高了员工安全操作和风险防范技能。

七、稳步推进职业卫生管理工作

集团公司高度重视职业卫生管理工作，积极跟踪、督促各成员单位职业卫生基础建设工作。截至2015年底，共有19家单位通过达标评审，其他单位按地方要求有序开展。

按照国家安全监管总局和国防科工局的有关文件要求，为认真开展军工建设项目职业卫生“三同时”工作，集团公司制定并印发了《中国船舶重工集团公司军工建设项目职业卫生“三同时”工作的实施办法》(船重生〔2015〕557号)，明确了此项工作的职责分工、工作要求及办理程序，强化了职业卫生工作的源头管控。同时，严格按照上级部门和集团公司的有关规定，组织开展军工建设项目职业卫生“三同时”的备案和验收工作。

八、认真落实安全生产投入

各成员单位按照国家有关规定和集团公司工作要求，结合自身安全生产实际需要，编制使用计划，列出预算、专户核算，明确费用投入的项目内容、额度、完成期限，落实责任部门和责任人，保证投入到位。集团公司各成员单位全年安全生产投入累计约3.9亿元。

中国兵器工业集团公司安全生产工作

中国兵器工业集团公司科技与安全环保部

2015年，中国兵器工业集团公司（简称集团公司）深入学习贯彻习近平总书记等中央领导同志关于安全生产工作的重要指示精神及国务院安委会、国家安监总局、国资委和国防科工局的重点工作部署，坚持“安全第一、预防为主、综合治理”的安全生产方针，坚持以人为本、安全发展，扎实推进安全生产标准化体系建设，加强隐患排查治理和过程监管，持续培育“零容忍”的安全文化，全面完成了《2015年安全生产工作要点》确定的工作任务及目标，总体安全生产形势保持稳定。

一、明确工作任务，落实工作责任

一是明确责任目标。召开集团公司安委会会议和年度安全生产工作会议，总结分析了2014年安全生产工作，查找了集团公司安全生产工作存在的主要问题，研究部署了集团公司2015年安全生产重点工作任务。集团公司与各子集团和直管单位（以下简称各单位）签订了不发生重伤及以上生产安全责任事故的安全生产工作考核指标，同时结合各单位的特点，确定了个性化安全生产考核事项。各单位层层签订了安全生产责任书，分解细化了安全责任目标。二是狠抓责任落实。按照“业务谁主管、安全谁负责”的要求，进一步建立健全了安全生产监管责任体系。印发了《关于在安全生产重点单位设立安全总监的通知》（兵器人字〔2015〕187号），在集团总部及20余家重点单位设立了安全总监，加强了安全生产监管力量。从源头上强化责任落实，参加了6家子集团和直管单位的安全生产委员会会议。将安全生产责任落实情况列为“飞行检查”、综合检查、专项检查的重点检查内容，对各单位安全生产责任落实情况和重点事项完成情况进行监督检查，进一步强化各级管理人员的责任意识。三是严格责任追究。对发生重伤以上事故的单位进行了严厉的责任追究；对“飞行检查”发现的存在突出问题的单位，责令所属子集团对其实施了责任追究。四是严厉打击“三违”。坚持“违章行为视同违章后果”进行处罚，全年集团公司各单位查处违章3624人次，处罚金额245.99万元。

二、着力抓好新《安全生产法》宣贯工作，完善制度体系

一是大力宣贯新《安全生产法》。集团公司印发相关文件，在全集团部署了新《安全生产法》的学习宣贯工作；邀请国家安全监管总局领导对各单位分管负责人和安全管理部门负责人进行了专题培训；将新《安全生产法》纳入集团公司2015年企事业单位负责人、安全管理人员培训班重点培训内容；深入基层一线对部分单位中层管理人员和班组长进行了培训；将新《安全生产法》的培训和贯彻落实情况作为集团公司2015年“飞行检查”的重点内容，促进各单位强化法律意识和红线意识。二是完善安全生产制度体系。集团公司进一步完善制度体系，新订1项、修订3项、职责整体划转13项安全生产管理制度。各单位按照集团公司要求组织了形式多样的《安全生产法》培训宣传工作，并按照新《安全生产法》的要求，及时修订完善了本单位安全生产制度，依法治安意识进一步增强。

三、深入开展安全检查，强化过程管控

一是继续深入开展安全生产“飞行检查”。对15个子集团25家单位进行了“飞行检查”，及时印发情况通报，开展“回头看”，实现闭环管理，对安全生产工作起到了显著的促进作用。二是组织开展重大节假日前安全生产大检查。组织开展了春节、“五一”“十一”前安全生产大检查，保障了节日期间安全生产。三是针对性开展专项监督检查。集团公司制定了《2015年承担较重科研生产任务单位安全生产监管方案》，组织4个督查组，分赴生产经营任务较重的单位进行了现场督查；适时对民爆单位开展了专项安全检查。四是做好建设项目职业卫生“三同时”和安全评审工作。对39个军工建设项目职业卫生“三同时”进行了审查备案，对10个涉危军工建设项目进行了竣工验收前的安全评审，从源头上提升了建设项目职业病防范能力和本质安全程度。五是隐患排查治理形成常态化。各单位持续加强事故隐患排查治理，本质安全水平进一步提高。全年集团公司查出一般安全隐患11976项，一般隐患整改率达100%。

四、深刻吸取天津港“8·12”事故教训，有针对性地开展安全生产大检查和专项整治工作

一是传达学习有关精神，安排部署安全生产大检查工作。事故发生后，集团公司立即召开安全生产专题会议，迅速传达中央领导的重要指示批示精神和全国安全生产电视电话会议精神。尹家绪董事长、温刚总经理对大检查工作作出明确指示。集团公司制定印发了《安全生产大检查及专项整治实施方案》。为确保大检查工作取得实效，集团公司及时召开视频会议，对大检查工作进行了再部署、再督促、再落实。二是集团公司认真开展安全生产大检查。集团公司领导亲自带队对重点科研生产单位进行了大检查。集团公司总部分别赴东北、西安和太原片区召开专题会议，并对重点企业的危险品生产、储运、销毁等环节进行了安全检查。三是各单位全面开展自查。各单位立即行动，以“查隐患、严治理、防事故、保安全”为主题，按照

"全覆盖、零容忍、严执法、重实效"的要求，突出易燃易爆危险物品的管理，落实责任，全面开展自查整改。北方公司对所有涉及危险品对外贸易单位的资格证书、合同进行了全面清查。北化集团组织专家巡回督导，强化标准化班组建设，统一销毁场和销毁作业标准。特能集团按照集团要求组织对下属单位开展飞行检查，对问题突出的单位派专家蹲点督导。一机集团狠抓班组安全管理和安全生产文化建设，获得"全国安全文化标杆企业"称号。华锦集团全面完成了油气管线重大事故隐患整改，并将现场处置方案全部卡片化。

五、突出重点领域安全管控，夯实安全基础

一是开展集团公司重点监管事故隐患及10人以上危险作业场所专项整治。集团公司印发了相关判定标准，组成专家组赴相关单位进行逐一现场核查评估。经过核查，摸清了底数。召开重点单位座谈会，逐一确定整改治理方案和目标，形成了集团公司重点监管事故隐患和10人以上危险作业场所报告，为今后的核减整治工作奠定了基础。二是持续推进油气管线隐患治理工作。按照国家安全监管总局的统一部署，对油气管线存在的事故隐患治理情况持续进行监督指导，油气管线隐患治理工作取得重大进展，油气输送管道首次排查上报的206项隐患中，重大隐患已全部整改，剩余的4项未完成整改的一般隐患正在有序推进。三是进一步强化对重点单位的安全监管。印发了《关于全面开展安全生产管理整顿工作的通知》，对个别重点单位及安全生产方面存在突出问题的单位开展安全生产管理整顿，明确提出了工作要求和目标任务，成立了安全生产管理整顿工作督导组，多次赴现场监督指导管理整顿工作，对完成整顿的单位进行了验收，有效促进了相关单位安全管理工作上水平。四是持续推进安全生产标准化工作。集团公司年初组织召开了安全生产标准化工作专题会议，对达标单位进一步提出工作目标和要求，并与地方工办进行了标准化工作对接；组织专家深入基层开展了12次专业培训。全年完成了47家单位安全生产标准化现场考评。五是大力推进班组安全建设。在全集团推行了4项举措强化班组安全管理，即每个班组每月学习1次安全生产管理制度；每位公司领导参加2次班组安全活动分析会；每个单位开展事故警示教育，及时通报生产安全事故情况，并传达到班组每一名员工；在全系统开展班组长安全生产知识竞赛。六是继续强化安全生产应急管理。邀请国务院应急管理专家组的专家为全系统举办了《提高应对危机和风险的能力》专题报告会。集团公司对两家单位的应急演练进行了现场指导。各单位在危险场所、重点岗位开展了专项应急预案和现场处置方案的演练，全年全集团共组织安全生产应急演练2807次，参加演练72258人次。

六、认真组织开展安全培训和"安全生产月"活动

一是认真开展安全教育培训。组织专家赴金昌开展培训以及安全管理方法和文化建设学习交流；举办了6期国防科技工业安全生产资格培训班，对各单位主要负责人、分管负责人和安全生产管理人员进行了培训。二是积极组织开展"安全生产月"活动。按照国家有关部门要求，围绕"加强安全法治、保障安全生产"的主题，组织开展了"安全生产月"活动，营造了"全员参与""人人负责"的安全氛围。集团公司所属淮海工业集团有限公司获得2015年"安全生产月"先进单位称号。

中国兵器装备集团公司安全生产工作

中国兵器装备集团公司改革与管理部

2015年是"十二五"规划的收官之年，中国兵器装备集团公司（简称集团公司）深入贯彻落实习近平总书记、李克强总理关于安全生产工作的重要指示批示精神和国务院、国家安全监管总局、国资委、国防科工局的安全生产工作要求，高度重视安全生产，大力推进依法治安，深化安全生产标准化建设，着力提升安全培训效果，狠抓安全生产突击检查、专项整治和重点监管，确保了2015年集团公司安全生产形势总体平稳，未发生较大及以上级别的生产安全责任事故。2015年安全生产主要工作如下：

一、安全生产齐抓共管局面基本形成

一是集团公司领导身体力行。在检查指导各单位业务工作的同时对安全生产工作也提出要求，主管安全的副总先后多次检查、指导各单位安全生产工作，对发现的问题，组织总部相关职能部门专题研究整改方案。

二是总部各部门履职尽责。各部门认真落实“管业务必须管安全”的要求，做好自身范围内的安全生产工作。办公厅积极参与安全生产规章制度修订、审核，对部分单位危险品仓库安全管理开展检查；发展计划部、民品事业部从建设项目立项、建设到验收全过程关注安全、职业卫生“三同时”落实情况；发展计划部组织相关单位核实安全技术改造有关事宜；人力资源部将安全培训纳入教育培训总体计划，并积极策划提高安全培训效果，及时落实安全生产方面的绩效考核；审计与风险部坚持将安全风险纳入全面风险管理，对集团及各二级成员单位安全生产费用的提取与使用情况开展专项审计调查；党群部积极配合全国安全生产优秀文艺作品创作征集活动；军品部积极协调相关单位危险仓库租用事宜，组织军工单位推进工艺技术改进提高本质安全程度；西南地区部按照集团公司统部署，积极开展相关工作，对西南地区企事业单位落实安全生产工作情况开展监督和评析。

二、继续推进依法治安

一是多渠道大力宣贯安全生产法规，强化安全生产法治意识。集团公司安委会重点学习《企业安全生产责任体系五落实五到位规定》；邀请国家安全监管总局权威专家解读新《安全生产法》，使各级人员的安全法治意识得到明显提升。

二是构建“失职追责”机制。进一步修订完善安全生产责任追究办法，增加安全生产过程管理不到位的责任追究，严格落实“失职追责”相关要求。

三是规范职业卫生和消防安全管理。组织制定《军工建设项目职业卫生“三同时”管理暂行办法》《消防安全管理规定》，规范管理程序和管理流程。

三、深入推进安全生产标准化

组织成员单位深入推进安全生产标准化建设，所属二级单位全部实现达标；41家军工单位全面实现达标，其中二级37家，三级4家。通过安全生产标准化建设，成员单位安全生产管理基本步入系统化、规范化。

四、完善隐患排查治理机制

一是督促各单位主动开展自查。各单位坚持开展日常隐患排查治理，定期、不定期开展检查，将隐患排查治理工作常态化。

二是加大“飞行检查”力度。按照集团公司领导“四直”（直入基层、直奔现场、直接取证、直接问责）要求开展突击检查4次，共检查48家单位，发现问题和隐患1033项，督促各单位认真整改自查发现的问题。

三是加强闭环管理。对重点问题专项督办，发出督办函9份；全面建立集团公司隐患排查治理台账并及时更新，确保隐患整改闭环管理。

五、认真组织以危化品和易燃易爆物品为重点的安全专项整治活动

按照国务院安委会统一部署，认真组织以危化品和易燃易爆物品安全管理为重点的安全生产大检查和安全专项整治活动，全面开展自查、整改。集团公司抽查53家单位，共发现问题860项，并进行实名通报批评。通过排查，摸清了成员单位危险化学品和易燃易爆物品的定量及合规性，梳理了日常管理、重大危险源备案、应急预案建立及备案等情况，查明了外部安全距离不足、自有危险品库房不足等突出问题，并以书面形式及时向国防科工局和当地政府进行了报告，督促相关单位制定工艺改进方案，改善本质安全条件。

六、进一步抓好重点管控

一是开展分级分类监管。根据成员单位发生事故情况、固有风险等级、安全管理水平、安全生产标准化达标情况等指标，对集团公司所属成员单位进行了分级分类管理。

二是坚持对三级危险点实施重点管控。就安全告知、安全操作规程、安全检查标准、岗位安全禁令、应急救援处置方案等进行了全面的补充完善，形成集团公司三级危险点的标准化模板，在全集团进行推广，并形成集团公司三级危险点的管控

"地图"。

七、持续提升安全培训效果

一是督促各成员单位坚持安全培训。坚持开展新员工岗前培训、全员安全培训和专题培训，基本保证持证上岗。

二是注重提升安全履职能力。对安全生产管理人员开展专题培训，采取学法规知识、谈工作体会、事故案例分析、观摩体验等方式，着力改善培训效果，切实提高管理知识和实战技能。

三是加强网络教育。在集团公司内部网络——金戈网的"安全生产管理"专栏更新安全生产法律法规、标准、规范等共49项；召开9次视频会议进行安全意识教育。

四是强化事故案例教育。组织汇编集团公司安全生产事故案例，组织各级人员学习，在《中国兵器报》连续刊载事故案例，让事故案例教育进班组。

神华集团公司安全生产工作

神华集团公司安全监察局

一、安全生产总体情况

2015年，神华集团公司（简称集团公司）认真贯彻落实国家安全生产各项方针政策，全面加强安全管理，扎实推进体系建设，深入排查治理隐患，不断提升安全理念，安全生产取得了可喜成果，创造了历史最好水平。

（一）生产安全事故总量实现历史最低，主要安全生产指标均创造历史最好水平

2015年，集团公司生产安全事故得到有效控制，事故总量大幅下降，是集团公司成立以来安全生产形势最好的一年。全集团煤矿百万吨死亡率为0.0045、亿元GDP事故死亡率为0.00084，分别相当于全国平均水平的2.5%和0.79%。

（二）超过99%的生产建设单位消灭了死亡事故

2015年，集团煤化工、运输板块消灭了死亡事故，实现了"零死亡"的安全目标，煤化工企业还首次实现了"不泄漏、不着火、不爆炸、不中毒、不窒息、无伤害"的奋斗目标。截至2015年底，运输板块安全生产周期达到535天，煤化工板块达到532天，同时有55个煤矿安全周期超过1000天、43个超过2000天、18个超过3000天。特别是乌海露天矿、神东补连塔煤矿、神新碱沟煤矿安全生产周期分别达到17年、15年和10年以上。

（三）安全风险预控管理体系建设成果显著

体系标准不断完善，运行管理更加成熟，管控能力全面增强。2015年，经过严格考核验收，共有11个子分公司达到本安二级、16个达到本安三级；审核验收的330个生产建设单位，达到本安一级57个、本安二级122个、本安三级77个、本安四级24个。本安一、二级企业达标率为58.4%，同比增长4.7%。

二、安全生产重点工作

（一）突出强化安全管理，深入推进工作落实

集团公司始终把安全生产摆在突出位置，不断强化组织领导，推进工作落实。张玉卓董事长、凌文总经理和韩建国总裁逢会必讲安全，并多次主持召开安全专题会议，特别在国家重要会议、重大活动、主要节日等关键时期都亲自带队，深入基层一线、深入煤矿井下，先后30余次采取"四不两直"等方式突击检查安全生产工作。各子分公司全面加强安全管理，各级领导认真履行职责，主要领导亲自指挥、亲自部署、亲自落实，2015年各单位共组织召开安全生产专题会议875次，其中安委会会议195次、安全视频会议390次。煤炭子分公司董事长、总经理月均入井5.5次，分管安全、生产的副总经理平均入井9次，最高达到15次，有效保障了安全生产的平稳运行。

2015年初，集团公司专门下发通知，按照业

务范围对1号文件提出的9个方面、31项工作逐条分解、逐级落实，各子分公司层层签订“安全目标责任书”和“安全生产承诺书”，加大安全绩效考核力度，推进安全生产责任落实。神东煤炭集团职工安全结构工资比例达到40%，进一步激发了干部职工抓安全、保安全的主动性、积极性和创造性；神宁煤业集团实行领导班子分片包干，每位领导负责联系4~6个单位的安全工作，将工作业绩与联系单位安全状况挂钩考核，有效推动了安全生产工作落实。

（二）完善安全生产管理体系，全面提升安全风险管控水平

集团公司在全面总结分析体系运行管理工作的基础上，按照“文化引领、责任落实、风险预控、保障有力、基础扎实、监督到位、持续改进”的总体思路，不断改进体系标准，完善体系要素和管控重点，推进体系创新，拓展体系的内涵和外延，积极创建与风险预控管理体系高度融合、更加优化的安全生产环保综合管理体系，进一步提升安全风险管控水平，增强了安全生产的价值创造力。2015年，集团公司组织完成了30个体系考核标准的修订，各单位开展危险源再辨识和风险再评估159次，新辨识各类危险源38076个，辨识重大危险源506个，新辨识出的危险源全部实行了入库管理，逐项登记、分类建档，严格落实管控措施。

各板块还结合行业特点，创造性地开展工作，积极推进安全生产综合管理体系“落地”。煤炭板块大力实施《岗位标准作业流程》，对煤炭生产领域的11个专业、208个岗位制定了1668项标准作业流程，促进了煤矿安全生产的系统化管理，38个煤矿被中国煤炭工业协会命名为安全高效矿井，占生产煤矿总数的74.5%。电力板块组织编制了《发电企业风险预控管理实用范本》，重新修订了《火力发电企业工作任务危险源辨识基础数据库》，从228项主要工作任务中评估出高风险任务23项，并由传统的“两票”管理改为“三票”管理，增加了“安全风险预控票”，提高了作业过程中的风险管控能力。煤化工板块通过推广“检修作业包”“消缺卡”及“一单四卡”等，将风险辨识结果和管控措施融入现场工作流程，规范了作业过程中危险源辨识和风险控制。运输板块推行“风险预控管理体系落地导图”，实现了体系要素的结构化管理，加强了各要素流程节点和关键风险点的管控。

（三）深入开展监督检查，系统排查治理安全隐患

按照“分级管理、分线负责”的原则，分板块、分专业组织开展了专项检查和专家会诊。全年集团公司共成立49个督查组，分别开展了煤矿“一通三防”与水害防治、危化品储运、电力设备装置、路港防洪等专项检查，各类安全隐患和问题整改率达到97.7%。同时聘请国内有关方面专家，先后对26个水、火、瓦斯灾害严重矿井，3个煤化工企业，5套焦油焦化装置，4个铁路运营公司进行全面会诊，每次检查后都形成详尽的会诊报告，并提出问题解决方案，由专家现场指导落实。

各单位深入开展安全检查，持续推进隐患排查治理，针对问题制定了详细整改计划，明确整改任务，跟踪整改进度，做到隐患排查整改的闭环管理。2015年，集团公司挂牌督办的重大安全隐患到期整改率达到100%。

（四）进一步加大科技投入，大力实施“科技兴安”

通过持续开展重大灾害治理、主要生产工艺、重要装置设备、关键安全技术的科研攻关和技术改造，一批安全可靠的新技术、新工艺、新装备得到推广应用。煤炭板块在哈拉沟煤矿成功实施了“切顶卸压沿空自动成巷无煤柱开采技术”，每米减少掘进成本1350元（留巷与掘进巷道比较），提高资源回收率；在大柳塔煤矿成功研发并应用了煤巷快速掘进系统，平均月进尺3500米，较普通综掘速度提高了10倍；在锦界煤矿成功建成全国首个数字矿山示范矿井，实现了多元信息“一张图”管理和主要固定岗位无人值守。集团公司充分发挥“西北三院”作用，全年完成了124项水、火、瓦斯等技术研究与服务项目，其中：《煤矿重大危险源专业化协同管控模式研究与实践》获国家能源软科学研究优秀成果一等奖，《复杂灾变地质体影响下近距离煤层群开采多类型自燃火灾防控技术》获2015年度中国职业健康协会科学技术二等奖。电力板块大力实施燃煤电厂超低排放和节能改造，45台燃煤机组实现了超低排放。

2015年，各单位安全科研投入1.96亿元，申报安全生产科技项目505个，安全科技立项193个，229个安全科技项目获得国家专利，33个项目

获得国家级、省部级奖励，为安全生产提供了重要的技术保障。

（五）重点打击“三违”现象，坚决遏制不安全行为

集团公司出台了《关于进一步强化不安全行为管控、深入推进安全风险预控管理体系落地的指导意见》，全面加大“三违”打击力度。各单位结合实际，制定了不安全行为管控细则，明确了“三违”认定处罚标准，采用批评教育、经济处罚、行政处理等多种手段，以及设立“三违”曝光台、举报箱、反省室等形式，严厉查处违章行为。2015 年，全集团因各类“三违”行为开除 131 人、转岗 179 人，参加“三违”学习班 1967 人（次）。同时，集团公司对近 10 年发生的煤矿事故进行统计分析，选取典型事故案例，与从全国收集的 100 多个典型事故案例一起，制作了 215 个煤矿典型事故案例系列警示教育片，下发到各煤矿区队讨论学习和对照分析，以血的事实和沉痛教训告诫广大职工务必做到遵章守纪、按章操作、杜绝“三违”，收到了很好的警示教育作用。

（六）全面加强应急管理工作，不断提升安全生产应急保障能力

经过集团公司安委会审议通过，重新修订下发《神华集团公司生产安全事故综合应急预案（2015）》，通过了国家安全监管总局、国资委和国家能源局的审核备案。组织修订了 38 个子分公司的综合预案和 435 个专项预案，进一步明确了应急管理原则、组织机构和工作职责，应急预案体系更加完善，应急响应流程更加科学。同时，按照“简明化、专业化、卡片化”的要求，建立了应急处置卡、应急培训手册和应急响应流程图等，积极推进预案优化工作，切实提高了应急预案管理水平，增强了预案的针对性、实用性和操作性。

集团公司先后组织开展了 3 次应急管理专项检查，针对工作中存在的突出问题下发通报，提出改进措施，加大了应急装备投入与培训演练力度，有效推进了应急救援队伍建设。全集团共有 50 支专职救援队、58 支兼职救援队和 43 支消防队伍，专职救护队员 1873 人。2015 年开展各类应急救援演练 895 次，应急培训 68395 人（次），职工应急避险和自救互救意识不断增强，应急队伍的作战水平和反应能力全面提升。

中国中煤能源集团有限公司安全生产工作

中国中煤能源集团有限公司安全监察局

中国中煤能源集团有限公司（简称中煤集团）作为大型煤炭企业，业务体系涉及煤炭生产、煤化工、发电、煤矿装备等多项产业，高危行业比重大，安全管理难度高。特别是近年来煤炭行业持续下行，公司经营压力很大，安全生产面临更严峻的挑战。中煤集团认真贯彻落实党中央国务院领导同志有关安全生产工作的重要指示批示精神及国家有关部委关于安全生产方面的各项决策部署，始终坚持“安全为天、生命至尊”的安全理念，大力实施安全发展战略，落实责任，夯实基础，突出重点，严格监管，安全生产形势持续稳定，2015 年杜绝了生产安全死亡事故，实现了安全生产。主要开展了以下重点工作：

一、落实责任，进一步提升安全工作执行力

（一）高度重视安全生产工作

中煤集团多次召开安委会、安监局长例会和煤化工企业安全生产推进会，分析公司存在的安全风险和主要问题，明确了全年安全工作思路和安全重点工作。针对煤炭行业下行给安全生产带来的影响，提出了加强煤矿、矿建、煤化工安全管控和“四不能四强化”等一系列安全措施。

（二）进一步完善安全管理制度

全面贯彻落实新《安全生产法》，坚持“党政同责、一岗双责、失职追责”，各单位累计梳理、修订岗位安全生产责任制 12700 个、安全管理制度 3047 项，并定期对执行情况进行检查考核。

（三）逐级落实安全责任

坚持安全工作全员抓、抓全员，层层签订安全目标责任书，将全年安全工作细化分解、逐项落实到每个单位、每个部门、每个人，并定期跟踪督办。公司上下分级建立起一把手总负责、分管领导对职责范围内的安全工作具体负责，各级安全、生产、技术部门负责业务保安，重心下移、关口前移，深入基层、深入一线，强化生产过程的现场安全管理。

（四）继续健全考核激励机制

修订完善了企业负责人安全管理预奖考核标准，促进安全管理向深度和质量延伸，对16家企业及16个矿（厂、处）进行了安全管理预奖考核，各单位逐级开展安全责任落实考核，全面提升安全工作执行力。

二、保证投入，进一步改善安全生产环境

（一）持续推进安全质量标准化建设

2015年初，印发了安全质量标准化达标计划，并将达标计划完成情况纳入企业负责人安全管理考核。各企业根据年度达标计划，制定具体实施计划，逐级进行分解落实；构建"制度健全、奖惩有度"的管理环境，把行之有效的做法固化成标准，修订完善安全质量标准化管理办法及建筑施工、煤机装备安全质量标准化标准，进一步推动标准化达标升级；进一步加大了安全管理和人的行为标准化考核力度，督促各企业持续提升精细化管理水平，建立长效工作机制。2015年，共对16家企业及22个矿（厂、处）进行了安全质量标准化考核评级，4家企业达到安保型企业标准，6家企业达到特级标准化企业标准，56个矿（厂、处）达到一级标准，8个煤矿达到国家一级安全质量标准化煤矿。

（二）确保安全投入

中煤集团深刻认识到，越是企业经营困难，越要更加重视安全生产工作，必要的安全投入不能减少，否则，长期下去容易造成安全欠账。关键要把钱花在刀刃上，突出重大隐患治理，更新改造关键设备设施。2015年，在经营极度困难、资金极度紧张的情况下，各单位累计投入资金6.5亿元，完成了煤矿"一通三防"重点工程281项，防治水重点工程135项。

三、突出重点，进一步提升安全保障能力

（一）强化风险预控

2015年初，组织企业编制了97个矿（厂、处）的安全风险报告和44座煤矿"一通三防"和防治水工作计划及措施，系统梳理出969项中高级安全风险，确定需集团公司监管的高级安全风险5项。各级主要领导亲自组织，分管负责人带队，持表定期开展隐患排查，并对企业存在的高级安全风险和重大隐患进行挂牌督办。所属中煤华晋公司把剖析各类隐患尤其是重大隐患、反复出现的隐患发生的深层次原因，作为安全办公会的重要内容，研究制定整改措施，从源头上减少安全隐患。

（二）突出重大灾害管控

2015年，中煤集团对11家煤炭生产企业和2家矿建施工企业组织了两次"一通三防"、防治水专项检查，对5家煤化工企业开展了防泄漏、防爆炸、防火灾和防中毒专项检查，组织内外部专家对中煤陕西化工公司进行了系统安全诊断。

（三）加大安全监督检查力度

2015年，中煤集团按照"全覆盖、零容忍、严执法、重实效"的原则，各级安全监察部门深入基层，深入现场，对安全生产进行动态监控、实时监管，研究解决安全问题，落实整改措施，有效防止和消除了各类安全隐患；建立隐患排查治理定期通报和督办机制，每月通报安全隐患治理情况，并对重大隐患挂牌督办。各单位主要负责人亲自组织参与，制定工作方案，持续开展安全检查活动。全年共排查出隐患3.4万个，下发隐患整改通知单3700余份。针对春节、"五一"等节假日和特殊时期，公司和各单位共成立40个检查组，深入基层生产施工作业现场进行安全检查。公司连续两年把反"三违"作为贯穿全年的安全活动，大力营造反"三违"浓厚氛围。

四、综合治理，进一步夯实安全基础

（一）推进党管安全责任落实

2015年，中煤集团充分发挥党员、青安岗员、群监员、兼职安全员作用，深入开展了党员责任区、党员安全生产示范岗创建活动。所属一建公司创建了"安全宣传、教育培训、文化建设、履职监督和权益保障5项内容，用好党支部、班组、群安员3个抓手"的"5+3"安全管理模式。

（二）强化安全教育培训

2015年，中煤集团各企业全年共举办各类培训 13793 期，培训 11 万人次。集团公司邀请有关专家分别在陕西公司、鄂尔多斯分公司、蒙大公司、鄂尔多斯能源化工公司召开新《安全生产法》宣贯活动，各企业也以不同方式进行了宣贯。

（三）加强应急救援管理

2015 年，中煤集团健全了公司总部、子（分）公司、矿（厂）三级应急救援管理机制，强化应急管理机构和队伍建设，完善应急预案，开展常态化应急演练，切实提高应急反应和实战水平，增强应对突发事件、化解安全风险的能力。公司制定了《应急管理办法》，编制了煤化工应急预案，进一步规范了应急管理工作。组织企业开展应急资源普查，摸清应急物资储备，建立应急台账。2015 年各单位共组织开展应急演练 251 次，参与演练人数 1.5 万余人次。

华润（集团）有限公司安全生产工作

华润（集团）有限公司环境健康和安全部

华润（集团）有限公司（简称华润集团）严格遵守国家安全生产法律法规，认真贯彻落实习近平总书记等中央领导同志关于安全生产工作的一系列指示批示精神，按照国务院及有关部委对安全生产工作的总体部署和集团傅育宁董事长提出的“高境界、高标准”的要求，2015 年，积极完善具有华润特色的价值创造型安全生产管理体系，明确安全生产主体责任，强化安全红线意识，推进组织能力建设，加强安全生产监管，深入开展“安全生产大检查”等活动，夯实安全生产基础，提升安全生产管理水平，为公司的安全可持续发展提供了坚实保障。

一、周密部署全年安全生产工作

华润集团领导高度重视安全生产工作，明确了安全生产工作方向。在此基础上，华润集团部署了年度重点工作，制定了安全生产工作的中长期规划。

（一）明确安全生产工作方向和要求

一是明确工作方向。在年初的大会上，华润集团董事长傅育宁提出做实安全，追求高境界、高标准的要求，给安全生产工作指明了方向。时任华润集团总经理乔世波强调了集团安全管理面临的挑战，比如安全事故、责任落实等问题，并提出了具体工作要求。

二是及时传达国家领导和上级部门批示指示精神。集团及时传达了全国安全生产电视电话会议精神，组织各级企业学习领会和全面贯彻落实。认真落实国务院安全生产委员会《关于全面开展安全生产大检查深化“打非治违”和专项整治工作的通知》，集团成立专项检查小组，以问题为导向，深入基层企业，全面开展安全生产大检查和“六打六治”安全管理活动。贯彻落实国资委《关于深入开展危险化学品和易燃易爆品安全专项整治的紧急通知》要求，华润集团紧急部署油气等危化品罐区专项安全检查。

三是各级领导带头深入基层检查安全生产工作。傅育宁董事长、乔世波总经理和分管安全的王传栋副总经理分别带队深入电力、煤炭、置地、水泥、燃气、啤酒、万家、五丰、医药、纺织等多个基层企业检查指导安全生产工作。华润集团战略业务单元负责人经常带队到一线检查，如燃气总经理石善博、水泥总裁潘永红、置地副董事长唐勇分别到天然气站、水泥厂、基建现场等检查工作，贯彻落实集团要求，强力推动了各级企业安全管理工作的有效开展。

（二）部署重点工作和编制安全生产工作的中长期规划

一是部署 2015 年重点工作。在总结分析了华润集团安全生产形势和面临挑战的基础上，集团下发了《关于部署华润集团 2015 年度 EHS 管理工作重点的通知》，对集团 2015 年要开展的重点安全生产工作进行了全面部署，提出了加强危险源管理、深化相关方专项治理和严格事故事件管理等六个方面的重点工作。

二是编制安全生产工作中长期（2016—2020）规划。集团组织各级领导、安全管理人员研讨，形成中长期规划框架，主要包含安全生产的中长期规划战略及目标，主要任务，重点项目，实施风险与对策等内容，为未来五年中长期的安全生产工作绘制了路线图。

二、落实安全生产责任

落实责任是安全生产管理的灵魂，华润集团强化责任管理，健全完善横向到边、纵向到底的责任体系，严格责任追究，确保各级人员履职尽责。

（一）完善安全生产责任体系

按照“党政同责、一岗双责、失职追责”和“谁主管、谁负责”的原则，2015 年 1 月，集团总经理乔世波与各利润中心负责人签订了《环境健康和安全责任书》，明确了各级企业安全生产主体责任、安全目标和指标；集团各级企业还通过签订绩效合同，健全完善岗位说明书、岗位操作规程，建立岗位考核机制等，层层传递安全工作压力，不断完善安全生产责任体系，切实将安全责任层层分解和落实到各级领导、职能部门和员工。

（二）落实全员安全生产责任

通过完善安全责任管理，进一步明确各管理职能各业务的安全监管职责，强化各专业、各系统的安全管理。继续实施全员签订安全生产责任书，修订岗位安全操作规程，自我监督、自我约束，将安全标准、要求落实到每一个操作岗位、每一项作业过程，切实提高安全生产保障能力。

（三）完善责任追究和考核

根据国资委《中央企业安全生产考核实施细则》的要求，集团制定了《华润集团 EHS 管理年度考核实施细则》，对各战略业务单元和一级利润中心总部年度安全生产管理情况，进行严格的业绩考核。各战略业务单元和一级利润中心结合行业安全特点，进一步完善考核规则，加强对各基层企业的安全绩效考核。各基层企业细化分解安全生产目标和要求，落实到具体岗位、班组和个人，与月度、年度绩效考核挂钩，推动各项工作落实到位。

三、开展安全生产检查

华润集团各级企业全面加强安全生产监督检查工作，通过检查、抽查、互查、回头看等工作方法，帮助各级企业完善安全管理体系，提升人员素质和能力，改善企业安全管理水平。

（一）开展年度安全生产大检查

华润集团统一部署，在 2015 年 6—8 月组织开展了集团安全生产大检查活动，从各利润中心抽调经验丰富的安全管理人员，组成专项小组开展抽查工作。在检查过程中，检查组成员在发现问题的同时，帮助受检企业想办法、理思路，制定整改措施，起到了较好的帮扶作用。2015 年度安全大检查集团抽查中，共发现受检企业好的做法 229 项，如华润燃气全员安全风险抵押金制度，华润电力操作隔离闭锁系统，华润雪花（滨州）有限公司危险源辨识工作，华润置地上海有限公司万象城“安全体验馆”项目，华润水泥（鹤庆）有限公司管理人员“一人一课”培训等。对一些可以借鉴的好经验和好做法，集团及时整理总结，在集团范围内进行推广学习，发挥示范作用。查出各类隐患和问题 1020 项，组织受检企业及时进行整改，同时要求各利润中心督促所属企业借鉴经验，反思问题，举一反三，进行排查整改，做到闭环管理。

（二）开展贯穿式安全生产管理审核

为了推动战略业务单元、一级利润中心健全完善安全生产管理体系，集团对华润电力、华润三九两个利润中心总部及基层企业进行了自上而下的贯穿式管理审核。审核内容包括安全生产和职业健康的法律法规执行情况、安全生产管理体系建设与运行情况，以及集团年度安全生产重点工作的落实情况等。审核期间，审核小组对受检单位领导进行了访谈，了解相关领导对本单位安全生产工作的计划以及对集团安全生产工作的建议和需求，与受检单位相关人员就审核中发现的部分问题进行了沟通交流，并提出改进建议，同时发掘分享受检单位在安全管理方面好的经验与做法。审核结束后，分别向华润电力、华润三九出具了管理审核报告，反馈了改进提升的建议，帮助利润中心进一步完善安全体系管理。

（三）开展粉尘防爆整治及电梯安全专项检查

根据国资委通知《关于进一步加强中央企业粉尘作业和使用场所安全生产工作的通知》，华润集团将上级主管部门的要求进一步细化，对粉尘防爆安全管理工作进行了精心部署，明确提出保障落实措施，要求各级单位组织开展粉尘作业和使用场所防爆检查，做好粉尘清洁清扫，完善粉尘作业和使用场所安全操作程序，开展粉尘防爆宣传和典型事故分析与反思，开展员工培训和完善应急救援保障等。华润电力、华润水泥、华润化工、华润雪花等涉及粉尘作业的利润中心，认真组织开展了粉尘防爆安全大检查工作。

针对社会上频发的电梯伤人事故，华润集团组织华润万家、华润置地（含商业地产）等电梯配置较多的基层企业进行了全面排查，并利用安全生产大检查机会，突击检查万家和置地企业的电梯安全，对发现的安全隐患及时督促整改。

（四）各级企业开展多种形式的安全监督检查

华润集团各级企业开展了多种形式的安全检查活动，如华润电力开展安全生产风险评估及安全生产标准化达标工作，持续深入开展电力行业“六打六治”打非治违专项行动；华润置地制定2015年监督检查工作计划，通过飞行检查、专项检查、综合检查等多种形式，检查范围覆盖9个大区、38个城市公司；华润水泥开展了2015年上半年安全环保抽查评价工作和下半年安全环保考核评价工作；开展了矿山安全调研和专项检查工作，先后对14家矿山进行检查指导及隐患整改的督查工作；华润燃气持续开展总经理进行安全工作检查的活动，大区领导带队检查124次，基层企业总经理检查2294次，通过领导带队检查取得较好的推动效果。华润雪花、华润五丰、华润怡宝、华润医药、华润万家、华润医疗、华润纺织、华润化工等利润中心组织开展了“安全生产月”活动和“安全生产大检查”。

经统计，2015年华润集团各单位共开展安全检查77921次，发现事故隐患434258项，问题和隐患整改率为96.98%。通过大量安全检查与隐患排查治理活动，有效提升了现场管理，减少了安全隐患，降低了事故风险，提升了安全管理水平。

四、严格事故事件管理

华润集团严格遵守《安全生产法》，认真贯彻落实国家有关法律法规，按照“四不放过”的原则，督促发生事故的利润中心组织开展双调查，强化事故事件管理，严肃处理失责行为。

（一）建立健全事故事件管理制度

在《华润集团安全生产管理处罚条例》的基础上，集团建立《华润集团EHS信息报告与传递制度》《华润集团EHS管理年度考核实施细则》等制度，对事故事件报告、事故调查、责任追究、事故结案等给出了明确的规定和要求，进一步完善了制度建设。

（二）开展事故双调查并严格管理

华润集团明确事故事件内、外部调查机制，保证深入挖掘事故事件深层次原因。按照有关法律法规的要求，在政府对发生的生产安全事故开展的事故调查基础上，各战略业务单元和一级利润中心所属基层企业发生生产安全事故事件时，深入开展事故内部调查，在确保事故调查的独立性和完整性的同时，找出事故事件原因背后的原因，从而制定针对性整改措施，对相关责任人严肃追责，督促企业深刻吸取教训，提升企业安全管理水平。

2015年，华润集团进一步严格了事故管理，集团所属利润中心、基层企业对发生轻伤及以上安全事故的责任人均进行了严肃处理，全年累计追究责任人1313人次，发出通报警示提醒11342份。

五、组织开展全员安全培训

华润集团始终把安全教育培训作为一项长期的基础性工作，年初制定的《2015年度安全生产培训计划》经安全生产委员会讨论通过后有序安排和实施。各级企业结合实际，精心准备，组织培训资源，实施教育培训，提升全员安全方面的能力和素质。

（一）面向基层安全生产培训

采用“送教上门”方式，集团分别在武汉、成都、南京、深圳、西安、北京、沈阳等集团业务基层企业相对集中的地区各举办了一期面向基层管理人员的安全生产培训，总计参训人数超过千人，培训内容包括新《安全生产法》、集团领导对安全生产工作的有关指示、集团安全生产管理体系、年度工作重点、实用管理技巧、承包商管理、安全行为观察等管理工具。通过培训，提高了基层企业一把手和安全生产管理人员对主体责任的理解、认识，普及了必要的安全知识和管理技巧，推动了“一岗双责”的落实和基层企业安全工作的扎实开展。

（二）开展新员工安全知识培训

华润集团统一编制新员工安全基础知识培训教材，分10期对1950多位“未来之星”新员工进行了入职交通安全、消防安全、差旅安全、生活安全、健康常识等方面的培训，丰富了集团新入职员工的安全知识，提升了自我保护能力和意识，传递和落实了集团关爱员工的理念。各基层企业对新员工实行了三级入厂安全教育，华润电力、华润燃气、华润水泥等基层企业建立了新员工入厂公司级、部门级、工段或班组级安全培训，确保新员工具备必要的安全生产知识和技能。

（三）组织安全管理能力考核培训

组织集团和利润中心58位安全生产管理人员分4期参加了中央企业安全生产管理人员安全管理培训班，系统地学习了相关法规、案例和管理理论，提高了安全专业知识，并取得了国家安全监管总局签发的安全生产知识和管理能力考核合格证。

（四）积极参加国家安全监管总局组织的安全生产知识竞赛

积极组织各级企业有关人员参加了由国家安全监管总局主办、中国安全生产科学研究院协办的网上《安全生产法》知识竞赛，各利润中心积极组织基层员工参与答题竞赛活动，宣传、普及新安全生产法知识，提高了员工安全意识。华润集团获得一等奖，华润微电子、华润纺织、华润电力等分别获得不同奖项。

（五）利润中心开展形式多样的安全培训

各利润中心结合企业实际，组织开展了针对性强、形式多样的安全培训。如华润雪花组织编写了各岗位安全培训教材，做到一岗一教材、典型事故案例培训教材、专项培训教材、制作各岗位安全操作视频教材等；华润电力举办专题培训班，提高安全生产法律意识和管理技能；华润置地联合国家安全监管总局举办安全管理资格培训班，各单位专职安全生产管理人员共130余人参加了培训；华润水泥广西大区开展“安全培训进工厂”项目，华润水泥（封开）公司开展“安全微视频”比赛活动，鹤庆水泥开展事故当事人“现身说法”活动；华润燃气编印《员工安全手册》45000册和宣贯培训材料，供各企业参考使用，收集107个优秀教材，上传至安全输配信息平台，逐步完善安全学习资料库，供成员企业每月安全学习；华润微电子会同无锡市总工会和市安监局联合举办了华润微电子一线班组长安全知识培训。

2015年，华润集团各级企业安全生产培训338万人次，其中相关方安全生产培训46万人次，全集团共有40198名特种作业人员均持有效证件上岗。

六、加大投入提升本质安全水平

华润集团各级企业加大安全生产方面的资金投入，2015年共计投入7.1亿元，完善安全生产技术。其中，运用新工艺、新设备，安装或改造生产设备设施的安全防护装置项目共计313项，金额2.89亿元，通过投入，提高了基层企业的机械化和自动化水平，完善机械危险部位的防护，持续提升设备设施本质安全。如华润电力投入1.7亿元，对现场设备、设施实行安全防护改造，对生产现场进行安全整治；华润燃气投入2.2亿元，改造燃气废旧管网和安全设施。

2015年，在上级部门的指导和各级企业的共同努力下，华润集团有效开展了一系列安全生产工作，安全生产形势总体保持稳定。但作为大型国有骨干企业，华润集团企业规模大，业务多元化，安全风险点多面广，安全生产责任重大、使命光荣，需要常抓不懈。

第十三部分

安全生产协会、学会工作

中国职业安全健康协会安全生产工作综述

2015年以来，中国职业安全健康协会（简称协会）认真学习贯彻落实党的十八大，十八届三中、四中、五中全会精神，在国家安全监管总局党组和协会理事会的领导下，在广大会员单位的大力支持下，认真履责、务求实效，职业健康、安全社区、科技交流、教育培训、对外合作等各项工作取得了显著成绩，“三个服务”（为政府服务、为会员服务、为社会服务）的水平和质量不断提升，经济收入大幅度提高。

一、职业健康工作取得新进展

（一）开展三项调研课题

一是受国家煤矿安监局委托，开展并完成《煤矿尘肺病危害及防治措施现状调研》；二是完成神华集团《煤矿粉尘限值调研课题》；三是起草陕西黄陵煤业集团安全文化的项目书并到现场开展了项目论证和首次调研工作。

（二）完成职业卫生“三同时”评审工作

受国家安全监管总局职业健康司委托，完成建设项目职业病防护设施竣工验收、控制效果评价报告评审16项。

（三）开展石油行业安全生产标准化评审组织工作

完成了16家企业提交的安全生产标准化一级企业的自评报告及申报材料的评审及受理工作。完成了2014年182家一级企业评审单位证书、牌匾的制作和发放工作。

（四）做好防尘防毒分技术委员会秘书处工作

完成对往年30项归口管理行业标准报批稿的再审核工作，30项标准已批准发布。完成2015年安全生产行业标准制修订项目的立项申报工作，经国家安全监管总局审核，共有10项标准获得批准立项。按照职业健康司的要求，调研并提交了防尘防毒分技术委员会关于《“十三五”技术标准专项规划》编制建议，参与了《安全生产标准“十三五”建设发展规划》中《职业健康子规划》的编制准备工作。

（五）做好安全类专业认证分委会秘书处的相关工作

完成了对2015年认证学校申请材料的评审，完成了6所高校的认证工作。加入中国科学技术协会组建的认证群，参与认证群系列交流活动，向中国科学技术协会提交了2014年认证工作总结和2015年工作计划。

（六）做好职业卫生师研究相关工作

借鉴美国等西方职业卫生师制度的经验，初步探讨了协会开展工业卫生师的思路，有条件地认可试点培训基地，逐步开展起协会工业卫生师能力考试工作。

（七）初步探讨团体标准工作

2015年，协会密切关注和跟踪了我国团体标准试点工作，按照相关要求起草协会的职业安全卫生团体标准管理办法、运行程序等方面的文件。

二、稳步推进安全社区建设

（一）高质量评定、命名安全社区

以国家安全监管总局名义下发了《关于持续加大安全社区推进力度、全面提升安全社区建设工作水平的通知》，全年评定安全社区137家，其中新评84家、复评53家。到11月底，全国已正式命名全国安全社区591家，基本完成“十二五”规划命名600家全国安全社区的目标。

（二）加强与各地安全社区支持中心的合作

与广西壮族自治区安全生产协会、北京市安全宣教中心进行协商，准备将其发展为“全国安全社区地区支持中心”；与中国安全生产报社达成初步共识，拟组建中国职业安全健康协会社区安全宣传教育工作委员会。加强深圳市盐田区、广州市番禺区、重庆市北部新区等区域指导工作，完成了农转非型安全社区建设模式调研，调研报告已在劳动保护杂志刊登。

（三）修订安全社区相关标准、制度

完成了《安全社区评定管理办法》《全国安全社区评审员管理办法》《全国安全社区地区支持中心管理办法》等标准、制度的修订工作。修订了《安全社区建设基本要求》，经广泛征求各方意见后予以发布。印发了《全国安全社区现场评定申请工作报告要求》《全国安全社区评定重点》等系列文件，制定了《安全社区现场评定指引》等文件，进一步规范了安全社区评定及管理工作。

（四）完善安全社区信息管理平台建设

安全社区在线管理平台系统经历了试运行、完善系统和信息补录阶段，已正式投入使用。补充了命名社区网络数据信息，修改完善各个功能模块，实现了申报、评定、信息反馈的信息化处理。

（五）进一步扩大协会在国际上的影响

出版了《国际安全社区建设指南》。向世界卫生组织社区安全促进合作中心推荐了10家社区，完成了13家国际社区认证和命名。在第22届国际安全社区会议上，王德学理事长当选为主席，秘书处由香港改设在协会。

三、科技交流工作扎实推进

（一）扎实开展2015年度科技奖评奖工作

协会在4月份发出了关于开展2015年度“中煤能源杯”中国职业安全健康协会科学技术奖评奖工作的通知，共收到156项申报项目，申报数量和质量比以往都有很大提高。经过答辩、评审，决定授予16项成果一等奖、22项成果二等奖、40项成果三等奖。

（二）成功举办2015年度学术交流会及“中煤能源杯”科技奖颁奖大会

12月10—11日，协会在安徽合肥召开了2015年度学术年会及“中煤能源杯”中国职业安全健康协会科学技术奖颁奖大会。国家安全监管总局副局长李兆前、协会理事长王德学、协会原理事长张宝明、国家煤矿安监局副局长桂来保等领导出席会议。国家安全监管总局相关司局负责人，协会各分支机构、会员单位的负责人，全国安全生产领域各高等院校、科研院所的专家、学者等200余人参加了会议。交流会分大会和安全生产、职业卫生和管理3个分会场，并邀请了中国石油化工集团副总经理曹耀峰院士、北京市科学技术研究院丁辉院长等40余人作学术报告，编辑出版了论文集，收录论文197篇。

（三）开展院士等推选工作

根据中国科学技术协会要求，制定了中国职业安全健康协会推荐（提名）院士候选人工作实施细则，推选一名院士候选人并进入工程院原始评审名单。开展了第十一届光华工程科技奖候选人、第十二届中国女科学家奖候选人和中国青年科技奖候选人推荐工作。

四、高质量办好《中国安全科学学报》及开展职业安全健康教育培训

（一）高质量办好《中国安全科学学报》

《中国安全科学学报》再次入选中国科学引文数据库（CSCD核心期刊）（2015—2016），并在455种期刊中被评为“优”；根据《中国学术期刊影响因子年报（自然科学与工程技术2015版）》的统计，《中国安全科学学报》的技术研究类影响因子在安全类的7种期刊中排名第一。

（二）加强教育培训工作

协会全年共举办培训班7期，其中安全社区培训班3期、职业卫生执法培训班2期、职业卫生机构培训2期。与3M中国有限公司合作举办了第三届工作场所的噪声危害和听力防护高峰论坛，组织召开第一次安全科学与工程专业师资培训教程体系及培训大纲的专家研讨会。

五、积极开展对外交流与合作

一是组团参加在韩国举办的第三十届亚太地区职业安全健康组织会议（APOSHO会议）并顺访

华润（集团）有限公司

环保 健康 安全 让工作更体面

华润（集团）有限公司（以下简称华润集团）是由国资部门监管的国有重点骨干企业之一，是一家以实业为基础的多元化控股企业集团，主营业务涉及消费品（零售、啤酒、食品、饮料）、电力、地产、水泥、燃气、医药、金融等。目前，华润集团下设10个职能部室、7大战略业务单元、16家一级利润中心，实体企业近2000家，在职员工45万多人。华润在中国香港拥有6家上市公司，旗下华润电力、华润置地位列香港恒生指数成份股。华润燃气、华润水泥位列香港恒生综合指数成份股和香港恒生中资企业指数成份股。华润集团是全球500强企业之一，2016年排名第91位。华润零售、华润啤酒、华润燃气经营规模居全国前列。华润电力的经营业绩、运营成本、经营效率在行业中名列前茅；华润置地是中国内地具有领先实力的综合地产开发商之一；雪花啤酒、怡宝水、万家超市、万象城更是享誉全国。

华润集团环境健康和安全部（简称EHS部）是集团安全生产和职业健康、环境保护和节能减排、质量和食品药品安全的主管部门，主要负责制定、实施华润集团EHS职能战略规划与计划；完善华润集团EHS政策、制度和标准；建立、落实华润集团EHS职能管控机制，推进本职能条线的队伍建设和能力建设。

中国中铁隧道集团第五建筑有限公司

中国中铁隧道集团第五建筑有限公司（由原中铁隧道集团北京中铁隧建筑有限公司、路桥工程处于2016年7月重组而成）是中国中铁隧道集团旗下全资子公司，注册地为天津空港经济区，注册资金1.8亿元。

企业资质和经营范围：市政公用工程、隧道工程、建筑装修装饰工程壹级承包资质和土石方工程专业承包、钢结构专业承包叁级资质。公司主要从事城市地铁、市政地下工程、山岭隧道、桥涵、水电、铁路、公路及地质灾害治理施工，1986年进入北京建筑市场，目前在建工程分布于北京、重庆、西安、成都、石家庄、武汉、长沙、合肥、沈阳、延安、阜阳等地，在隧道和地下工程领域具有先进的施工技术，运用TBM盾构施工技术在全国多个省市建成了一大批有代表性的重点工程。

公司创新的“浅埋暗挖”工法，被广泛应用于市政和地铁施工领域，成功建成了北京地铁复兴门折返线，荣获国家优秀设计金奖、国家科技进步二等奖。所建工程先后获得“中国建筑工程鲁班奖”等多项荣誉称号；企业先后获得“首都劳动奖状”“全国优秀施工企业”“全国工人先锋号”等荣誉称号。

公司始终坚持“筑造精品工程，维护生态环境，构建和谐企业，坚持持续改进”的质量、环境、职业健康安全方针，奉行“只有更好，没有最好”的企业理念，依靠专业优势和科技进步在同行业中不断进取和超越。公司承建的工程不止满足于合格的要求，而是凝聚全体员工智慧，精心组织、精心施工、精心管理、精心服务，打造安全工程、优质工程、精品工程。企业管理行为始终贯穿“安全第一”“以人为本”的思路，以员工的生命健康为前提，不断改善劳动条件，尊重员工权益，提高员工素质，依靠科技进步实现公司的安全、健康、可持续发展。

2015年，公司不断强化安全质量管理，夯实基础工作，以施工现场为管理重点，切实利用安全隐患排查治理信息化平台开展隐患排查治理工作，充分发挥施工技术系统、生产指挥系统、过程监督系统“三位一体”的协调配合能力并形成合力；牢固树立“以质量

北京地铁七号线虎坊桥站到珠市口站区间使用全液压自行式台车进行混凝土结构施工

北京地铁十九号线04标班前安全讲话

合肥南北高架综合1标夜晚浇注现场

成都地铁四号线4标举行群安员活动启动仪式

合肥轨道交通二号线1标举行全员安全教育培训工作启动仪式

保安全，以安全促进度，向进度要效益”的理念，落实对施工关键和重要工序的质量控制实名制和过程检查验收；利用多媒体可视化培训工具箱分工序对作业工人进行培训，提高其安全意识和技能；发挥项目领导干部核心作用，落实带班作业制度，严格事故责任追究处罚；党政工团齐抓共管，营造安全生产的良好氛围。

通过常抓不懈，公司保持了安全生产形势的基本稳定，并在安全生产方面总结和积累了一定经验，主要体现在：

建立了“公司统一领导、安质部门统一协调，各部门、各项目各司其职、各负其责，谁主管谁负责，党政同责，党组织提供思想组织保证”的安全生产的领导体系、安全生产的分级责任体系。

公司、专业公司、项目部三级安全监管职责明确，制度完善，全方位、不间断地开展巡回督导检查，将检查结果作为评估基层工作和个人绩效的重要依据，加大对隐患和问题的曝光和奖罚力度。

注重安监队伍建设，提高人员素质能力。坚定不移地走提升安全管理人员素质之路，依法足额配齐三级安全管理人员，从教育培训、能力素质提高、考核选拔任用等各方面，提升队伍的素质层次、专业化程度，有力支撑公司安全生产的持续稳定。

推进安全生产标准建设，实现企业本职安全。始终坚持严格执行安全防护设施量化标准就是尊重人的生命，现场设施本质化安全就是确保人的生命的理念，以创建安全文明标准工地建设为基础，推进安全生产标准化建设，严格安全质量卡控红线和禁令，从本质安全上减少或消除安全隐患，以规范管理保证生产安全。

重庆轨道交通五号线5107标石巴区间贯通

商合杭铁路太和制梁场全景

石家庄地铁一号线05标举行安全生产月宣誓仪式

安全技能大赛

安全技能培训

强化安全责任制落实。健全安全生产责任制，实行全员安全生产责任考核，完善安全生产委员会设置以及有关负责人现场带班制度。严肃安全生产责任评价和问责，实行"划片包干、责任到人"工作机制，确保责任逐级分解，压力层层传递。以"零容忍"的态度和决心，加大反违章工作力度，深入开展"打非治违"活动，扎实做好专项检查治理，保持安全管理高压态势。

细化风险分级管控。每年结合春季安全大检查，辨识出所有作业和管理活动中的危险源，并分级管控。严格执行"两票"制度，自主开发电气防误操作智能管控系统，由"人防"向"技防"转变，通过二维码防误等三重物理技术手段，有效防止电气误操作事故的发生。组织开展全员安全风险预控训练（KYT)活动，利用每周一全厂安全活动时间，开展安全教育和训练活动，采用"手指口述"方式对作业项目进行风险分析，控制作业过程中的危险，预测和预防可能出现的事故。

突出隐患排查治理。隐患排查实行责任到人，分片包干，谁分管谁负责，并实行责任追究。坚持治理活动常态化，建立健全治理工作台账，加强过程监管，狠抓闭环管理，实行挂牌督办，明确责任和整改时限，确保不符合项按时整改完成。加强厂氨区、制氢站、燃油库区等重点危险区域的安全管理，制定重点危险源安全检查卡，建立全厂危化品台帐，强化日常安全管理和定期评估。设计开发安全生产闭环管理平台，建立安全监督闭环监控系统，做到反违章管理"数字化"。

三、注重融入，助推安全文化落地

高度重视安全文化建设，积极推动安全文化落地，建载体、订制度、强管理，切实增强职工由"要我安全"到"我要安全"的知行自觉，实现安全文化的内化于心、固化于制、实化于行。

融入思想宣传，内化于心。着力培养全员安全意识形态，加强安全文化宣贯，注重将安全文化理念渗透到安全生产管理的每一个环节，延伸至厂区、现场、班组、家庭，切实发挥安全文化的导向、凝聚、规范和激励作用。加强安全文化阵地建设，在厂网主页开辟安全普法专栏，编辑《安全信息参考》《安全周报》，广泛举办各类安全技能培训班、知识讲座，通过广播、网络、LED大屏等职工喜闻乐见的方式放映安全科教片、安全故事片，不断丰富职工的安全知识储备，有效提升了全厂职工的安全文化素养。

融入体制机制，固化于制。将文化管理与制度管理有机结合，使安全文化成为引领和服务企业安全生产的坚强保障。深入开展以岗位达标、专业达标和企业达标为内容的安全标准化建设，建立健全安全目标体系、安全生产责任体系、安全监督体系、安全文件体系、安全风险预控体系、安全培训体系、事故应急处理和调查体系、安全绩效评价体系和安全奖惩九大体系，修订完善《安全生产诚信体系管理办法》等34项管理制度和技术标准，确保安全执法有法可依。

融入管理创新，实化于行。创新安全监督手段，建立健全安全监督网络，充分发挥施工队、监理、项目所在部门、安监部等"四级安全监督网"的作用，确保安全管理压力和责任到位。发挥"大监督"力量，成立由多个职能部室组成的文明生产纠察组，制定非工作时段的安全监督制度，在夜间、上下班后、节假日及周末时段开展随机抽查、突击检查，消除监管盲区，有效避免了安全管理"上班时间紧一紧，下班时段松一松"的弹簧式管理弊端。严格外委工程"五关、三同"管理，全面把好工程资质关、人员资质关、安全培训关、监理监督关、现场检查关，外委人员与正式职工同要求、同监督、同考核，扎紧了外委工程安全监督网。

四、强化保障，完善安全生产机制

推行安全自主管理，落实各项安全保障措施，不断丰富完善各项安全生产机制，着力构建纵深安全防御体系，切实保障企业安全稳定的良好局面。

安全教育全覆盖。重视职工的安全技能培训，稳步实施全覆盖安全教育体系。坚持每天早会学习安全管理制度，每周一雷打不动进行安全日活动，每月编发一期《安全信息参考》，重视抓好每年冬训工作，定期举办安全培训班，加强反事故演习和应急预案演练，提高职工的安全意识和技能。结合安全月开展图说安全、安全征文漫画征集、安全技能大赛等活动，向职工家庭发放安全公开信、邀请家属参与安全互动，以"亲情助安"方式实现安全信息传递，在企业内构建起"人人事事保安全"的大安全观。成立注安工程师协会，并定期开展专题培训活动，提升安全管理人员业务技能，为全厂安全生产可控、在控提供技术保证。

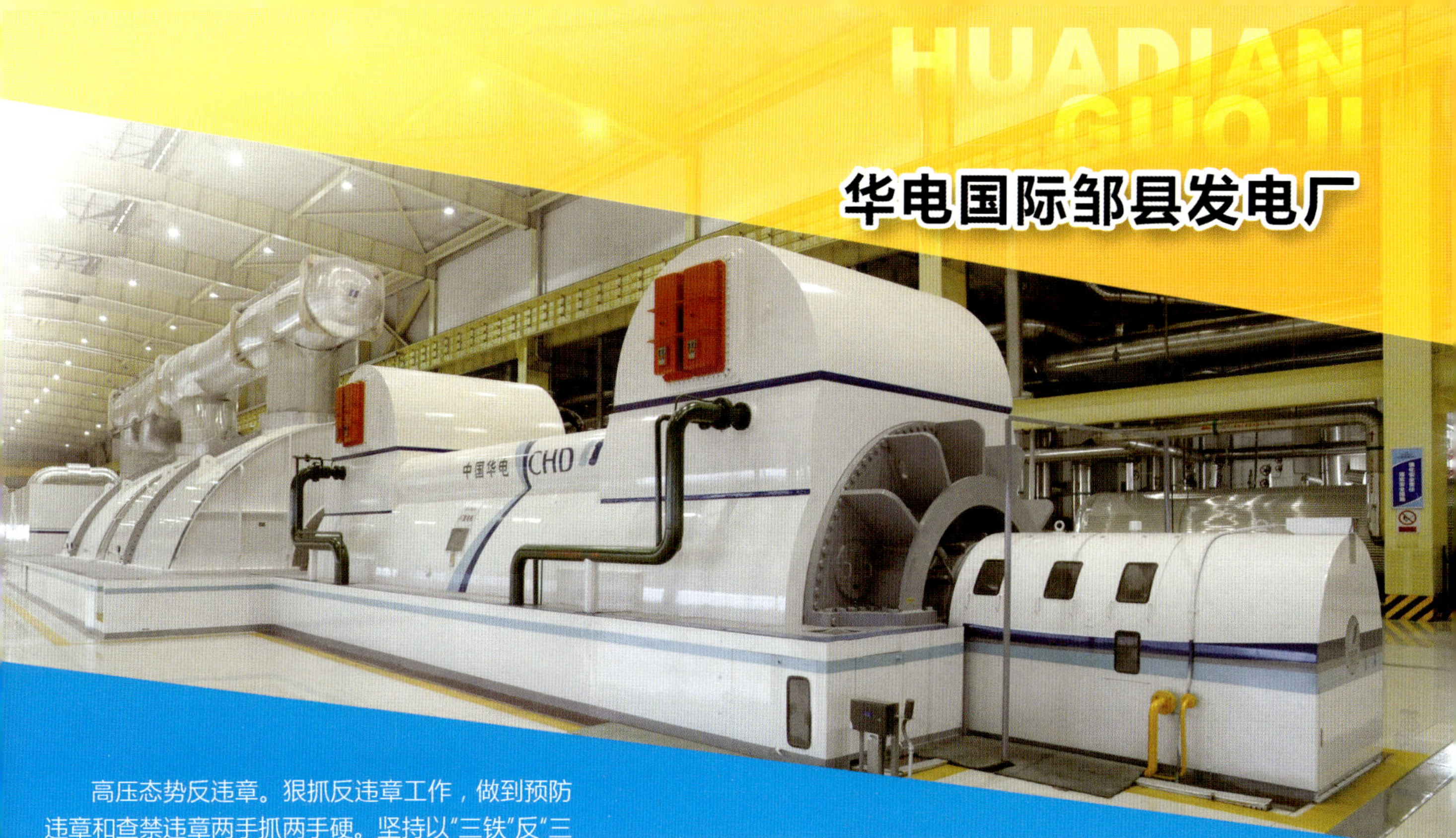

高压态势反违章。狠抓反违章工作，做到预防违章和查禁违章两手抓两手硬。坚持以"三铁"反"三违"，设立反违章红线"八大禁令"，推行全员违章积分管理，有效约束了职工的违章行为。深入开展创建无违章企业、车间、班组活动，严格"两票三制"，认真贯彻落实反事故技术措施，确保了机组安全稳定运行。落实部门负责人安全职责，建立反违章管理周、月双约谈管理办法，对各部门违章积分同比增加第一名的和违章累计积分第一名的部门负责人以及外包队伍负责人进行约谈，增强各部门抓实安全生产工作的内在动力。

奖惩分明增活力。严格执行安全生产奖惩制度，深入开展安全生产季度、月度"五无"竞赛、"安康杯"劳动竞赛和机组检修"最佳作业区"评选活动，带动了设备治理和现场检修安全措施的落实。对于安全生产中的好人好事及时予以奖励，对于发生的不安全行为，坚持"四不放过"原则分析、通报、考核，通过重奖重罚、奖优罚劣督促职工时时刻刻遵守安全规章制度。创新建立安全基金专用奖励机制，实行安全生产抵押金制度，实施安全绩效与各级领导职务、奖金挂钩等各项约束机制，推动安全责任制高效落实。

重大技改全封闭。贯彻执行分公司《外包工程现场安全管控六条指令》，强化现场本质安全，对重大工程施工现场实行硬质围墙全封闭，开设门禁系统，安装电子门禁和视频监控，严格执行出入登记制度，对施工现场进行24小时安全监护，重大技改工程现场做到可控、在控。在环保技改工作中，提炼推行"八个必须，三不得，四不能，五三红线"管理模式，摸索出防止脱硫系统施工火灾事故的管控经验，编写"八必须"口诀，朗朗上口，易学易用，在环保技改现场成为施工准则，坚决避免防腐和动火的上下交叉作业，切断了防腐材料及防腐工艺易发生火灾的事故链条，有力提升了现场防火安全施工管理水平。

五、严格管理，提升设备健康水平

坚持抓好设备日常维护、定期保养和基础资料的管理，不断提升设备检修工艺质量，以可靠的技术手段确保机组设备安全长周期运行。

技术监督日常化。不断完善技术监督管理规定，强化各监督网专责人的责任，严格技术监督工作执行刚性，将技术监督工作贯穿在机组检修、日常维护和技改工作中。采用日常监督与定期监督相结合，重点监督与动态监督相跟进的方式，细化措施，规范流程，对监督工作按周进行盘点，确保责任到人，整改到位，在全厂营造了"尊重技术、重视监督"的良好氛围。每月下发一期《技术监督月报》，涵盖技术监督工作开展情况、经典案例分析、前沿科技学习等内容，有力提升了各监督网成员的业务水平。

检修管理全程化。按照"精益检修"理念，积极梳理大修管理流程，创新大修管理模式，狠抓过程控制，不断提升大修科学化、规范化管理水平。对大修的各个环节进行充分准备，从修前试验、运行数据、以往检修情况、设备台账等进行细致分析，科学合理制定检修和技改项目。依托《大修质量控制大纲》，明确质量验收流程，成立质量工艺监查小组，对整个检修现场进行全过程管理，确保文明检修、安全检修、规范检修。严格质量控制，加强质量监督，形成层层督查、层层落实的质量督察体系，编制"质量控制跟踪手册"，设置"质检点验收看板"，全过程关注质量控制情况，确保实现"凡我所修必精品"目标。

设备管理精密化。大力实施"定期监测，苗头预警，异常跟踪，改善提升"的精密诊断标准化作业，为设备管理开具"药到病除"的良方，切实保障机组安全稳定运行。完善精密诊断中心各项功能，实行"一站式"专业技术诊断，利用数字诊断平台，汇集查阅全厂实时数据、BCT101系统以及超声、振动等数据，根据历年趋势变化，对异常现象进行综合会诊，制定出有效的设备检修维护方案。研发三维可视化设备分析诊断系统，利用现有的数据资源，将设备的结构原理、运行数据、状态诊断与检修培训等结合起来，切实发挥精密诊断的"慧眼"优势，促进设备管理水平持续提升。

面对新常态下企业安全管理新形势，邹县发电厂将不断开拓安全管理思路，创新安全管理模式，全力构建思想无懈怠、管理无空档、设备无隐患、系统无阻塞的本质安全模式，推动企业在构建本质安全型企业的道路上稳健致远。

作者：马桂红　宋金玲

中建五局广东公司

2015年公司集体婚礼

2016年广东省安全月启动仪式
在广东公司深圳湾T7项目部举行

项目召开安全讲评会

东莞市建设工程高支模坍塌应急救援演练

项目举行各类技能比武

整齐划一的库房和文明施工

项目利用多媒体配线箱
对新进场工人进行安全教育培训

中建五局广东公司是全球大型的投资建设集团——中国建筑股份有限公司成员企业中建五局的直营公司。公司多年保持中国建筑直营公司前3甲、中建五局二级单位前3强。1999年由中建五局在广东地区的业务和资源整合并重组成立，总部设在广州，下设广州、深圳和东莞等三个分公司，广西、海南两个经理部，经营业务遍及珠江三角洲地区，并辐射广西、海南及福建三省。

公司笃信“中建信条”，秉承中建五局“以信为本、以和为贵”的核心价值观，竞逐广东建筑市场，经过十余年的快速发展，赢得社会的关注及认可，企业品牌影响力不断增强，已成为广东地区具有较强实力的建筑企业之一，年生产能力超过100亿元。公司承接了一大批当地地标性建筑，承建了东莞国贸中心、南宁中心等7栋城市高楼，在超高层建筑领域、超大型房建领域、市政基础设施领域已经具备较强的比较优势，并在广东省多个地市连续多年位列建筑企业综合实力排名领先。

近年来，广东公司荣获了包括全国精神文明建设先进单位、全国工人先锋号、鲁班奖、全国五一劳动奖章在内的多项荣誉。

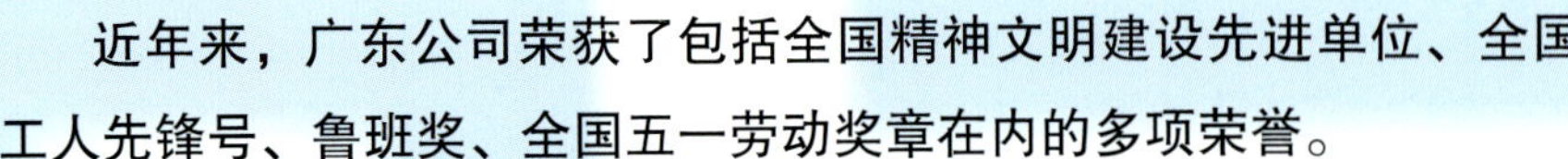

中建五局广东公司积极探索，大胆改革，创设安全管控新架构，制定安全管控新制度，采取安全管控新举措，逐步构筑起了一套行之有效的安全管控新机制，实现了施工安全管理制度化、规范化、标准化。

完善了机构设置、增加人员配备，健全了安全监管体系，实施安全垂直管理办法。各层级安全管理人员（包含分包单位安全员）纳入公司垂直管理体系，安全管理人员代表公司对项目安全生产工作进行监督，实现安全管控横向到边、纵向到底。公司每半年组织项目安全管理负责人进行述职，由公司对安全管理人员的履职情况进行评比考核。

在施工安全监督检查方面，实现项目周检、分公司月检、公司季度、局半年检查的分层全覆盖，公司安全监督部采取“不通知、不听汇报、直奔现场”的方式，进行飞行专项检查，时刻绷紧项目安全管控之弦。

推行项目安全管控分色预警系统，公司出台《项目安全分色预警管控办法》，形成安全生产风险动态管理的长效机制，有效防止了风险失控，控制风险隐患，推动安全管理水平提升。

出台了《安全检查重点关注处罚点》，公司、分公司在各项检查时严格按照处罚点进行重点检查，它不仅成为公司安全检查的依据和重点，而且成为分公司、项目部、施工班组日常安全监督的指引和导向。规范了项目安全生产行为，强化了安全管理薄弱环节。

实施《设备和用电管理红线》《施工设备和临时用电处罚条例》等一系列的工地用电的管理办法和措施，同时将设备和用电纳入安全管控体系，明确了设备用电规范，强化了施工设备和施工用电的专项检查。

积极打造先进的“智造工地”，互联网+无人机监控系统、塔吊吊钩可视化系统、塔吊大臂数字式电子记录装置、实名制云建造网络平台、施工升降机人脸识别系统、BIM技术应用等大量现代化科技手段和设备，颠覆了传统的施工安全监控模式和手段。

“十三五规划”的出台让国家未来五年发展的脉络清晰可见，公司也将继续依靠全体职员的智慧和力量，以“舍我其谁”的担当，“壮志凌云”的豪情，迈上发展的新征程，追求发展的新跨越，为建设“全新五局”贡献更大的力量。

钢构施工安全通道

全体项目推行
电梯人脸识别、吊钩可视化系统

定型化、工具化安全通道

项目实施无人机安全监控

项目效果图（一）

项目效果图（二）

中国远洋海运集团有限公司（简称中远海运）由中国远洋运输（集团）总公司与中国海运（集团）总公司重组而成，于2016年2月18日正式挂牌成立，总部设在上海。围绕"规模增长、盈利能力、抗周期性和全球公司"四个战略维度，中国远洋海运集团着力布局航运、物流、金融、装备制造、航运服务、社会化产业和基于商业模式创新的互联网+相关业务"6+1"产业集群，进一步促进航运要素的整合，全力打造全球领先的综合物流供应链服务商。

中国远洋海运集团经营船队综合运力8532万载重吨/1114艘，排名居世界前列。其中，集装箱船队规模158万TEU，居世界第四；干散货自有船队运力3352万载重吨/365艘，油轮船队运力1785万载重吨/120艘，杂货特种船队300万载重吨，均居世界前列。中国远洋海运集团完善的全球化服务筑就了网络服务优势与品牌优势。码头、物流、航运金融、修造船等上下游产业链形成了较为完整的产业结构体系。集团在全球投资运营码头46个，营运中泊位171个，其中集装箱泊位149个，集装箱年处理能力8987万TEU，排名世界第二。全球船舶燃料销量超过2500万吨，居世界前列。集装箱租赁规模超过270万TEU，居世界第三。海洋工程装备制造接单规模以及船舶代理业务也稳居世界前列。

BROMMA
COSCO
SHIPPING
COSCO SHIPPING

2015年宁夏回族自治区安全生产工作综述

一、安全生产总体情况

2015年，全自治区各地、各部门以及广大企业认真贯彻落实中央和自治区关于安全生产的一系列安排部署，积极应对经济下行压力加大、企业生产经营活动不确定因素增多的实际，紧扣"安全生产责任落实年"活动主线，深化改革，健全机制，强化整治，全区安全生产形势总体稳定。全年累计发生各类事故2744起，同比减少273起、下降9.05%；死亡453人，同比减少14人、下降3.0%。发生较大事故7起，同比减少3起、下降36.36%，死亡29人，同比减少4人、下降14.71%。保持了事故总量和死亡人数连续第四年"双下降"、重特大事故连续3年"零控制"、工矿商贸领域连续6年未发生重大及以上事故的良好势头。

二、安全生产重点工作

（一）狠抓责任落实，安全生产责任体系基本建立。紧扣政府领导、部门监管、企业主体"三大责任"落实，按照自治区人民政府统一部署，全区扎实开展了"安全生产责任落实年"活动，出台了《"党政同责、一岗双责"规定》，建立了全区党委政府齐抓共管的制度体系；自治区人大常委会修订了《宁夏安全生产条例》。强化责任落实考核，将亿元GDP生产安全事故死亡率纳入全区国民经济和社会发展计划主要指标体系，纳入自治区党委、政府对各市县区和有关部门年度效能目标考核约束性指标体系，纳入自治区统计局每季度发布的"宁夏经济发展统计监测快报"，在全国率先实现了安全生产与经济社会发展同计划、同部署、同落实、同考核。

国家安全监管部门有关领导来自治区调研慰问

（二）狠抓检查整治，重点领域安全生产形势持续稳定。坚持问题导向，针对重点行业领域突出问题，深入开展了煤矿、金属非金属矿山、道路交通、建筑施工、消防、油气输送管道、精细化工、涉氨制冷、冶金职业病危害、防粉尘爆炸"十大专项整治"行动。"8·12"天津港特别重大火灾爆炸事故发生后，部署全区开展了危险化学品安全专项检查和安全生产大检查及打非治违专项行动。全区共查出各类事故隐患68372条，整改67688条，整改率为99%，投入整改资金175673万元，打击治理各类非法违法、违规违章行为672496起，有力稳定了重点行业领域安全生产形势。

宁夏自治区有关领导检查煤矿企业

（三）狠抓企业主体，安全生产基础进一步巩固。积极探索安全生产企业主体责任落实途径。研发了借助互联网和信息技术的"企业安全生产风险预防控制系统"，按照安全管理分级化、排查项目清单化、隐患查治常态化、制度规程规范化、现场管理可视化、培训教育经常化"六化"标准，对企业安全管理特别是隐患查治报工作进行了全流程电子化设计，实现了全区企业安全风险信息化、网络化管理。全区94%的工矿企业上线运行，成果被国务院安委办家有关部门向全国推广。强力实施安全生产技术改造，重点推广矿热炉自动上料系统，通过提高自动化水平、减少危险作业人数来保障安全生产，两家企业改造项目通过自治区科技厅验收。着力加强应急救援网络建设。按照"政府扶持、一企主建、多企共养、平战结合"思路，不断强化现有骨干救援队伍装备能力建设，推进重点化工业园区组建危化骨干救援队伍。大力宣贯《企业安全生产应急管理工作标准》和《企业应急救援队伍训练大纲》，积极推行岗位应急处置卡，被国家应急救援指挥中心确定为全国企业应急管理标准化建设试点。

自治区安监部门有关领导检查危化企业

（四）狠抓公共安全，安全生产保障能力明显增强。公共安全保障工程突出道路交通、消防、水利、教育、城市运行五大公共领域，累计投资47.83亿元，治理重大安全隐患414处，有效杜绝防止了群死群伤事故的发生。公众安全教育工程坚持开展"办一个栏目、建一个平台、演一场戏、送一本书、讲一堂课"五个一"活动，每年播出"安全第一线"电视专栏52期，开通了"安全微聚焦"公众微信平台，累计演出安全生产舞台剧《平安是福》200余场、发放安全知识读本50余万册、开展安全专家课堂近百场，安全生产知晓度、关注度不断提高，社会公众安全意识和应急避险能力明显增强。

自治区广泛开展"安全咨询日"活动

（五）狠抓能力建设，安全生产监管水平稳步提升。启动了安全监管信息化建设，安全生产综合监管信息系统建设方案获自治区信建办立项批复，落实专项建设资金1180万元，安全监管方式手段即将迈向实现现代化和信息化。积极推进技术支撑体系建设，自治区安全生产技术检测中心安全设施和职业卫生2个检测实验室通过计量认证，建成后将具备4大类、23个类别、183个项目的检测检验能力。以政府购买服务方式投入财政专项资金200余万元，诊断化工企业8户、抽检涉粉企业80家，全面准确掌握了企业安全生产问题，为采取针对性监管和整改措施提供了科学依据。

自治区召开安全生产责任落实年活动现场观摩

（六）狠抓改革创新，安全监管职能转变取得成效。认真落实国家关于全国安全生产综合改革试点要求和自治区行政审批制度改革部署，大力深化安全生产监管机制改革创新。整合了同一企业、同一建设项目安全设施"三同时"和职业卫生"三同时"审查程序，取消7项行政许可和非行政许可审查事权，对小微企业实行"三同时"和许可审查简易程序。精心编制权利、责任和负面"三个"清单，全面梳理了行政职能和权限，清理调整行政职权76项。积极创新安全监管模式，建立了行政执法、技术抽检、专家会诊、第三方技术服务"四位一体"监管模式，大力推行计划执法、分级分类监管、发挥专业技术机构专家作用等监管措施，不断提高执法检查的针对性和科学性。

自治区召开企业风险预防控制与隐患排查体系建设培训班

神华准能集团有限责任公司

神华准能集团有限责任公司是集煤炭开采、坑口发电、铁路运输及煤炭循环经济产业为一体的大型综合能源企业，是中国神华能源股份有限公司的全资子公司，授权管理准格尔地区的神华准格尔能源有限责任公司、中国神华哈尔乌素露天煤矿、神华准能资源综合开发有限公司和神华准池铁路有限责任公司。

公司领导班子合影

2015年“安全生产月”期间，公司组织大型安全生产综合知识竞赛

2015年公司召开班组建设经验交流会表彰优秀班组长

哈尔乌素露天煤矿工务队职工班前会安全宣誓

公司位于内蒙古自治区经济发展充满活力的呼包鄂经济圈,地处鄂尔多斯市准格尔旗薛家湾镇,蒙、晋、陕交界处。公司拥有年生产能力3400万吨的黑岱沟露天煤矿、年生产能力3500万吨的哈尔乌素露天煤矿及配套选煤厂,装机容量为960兆瓦的煤矸石发电厂,正线全长264千米年输送能力超亿吨的大同—准格尔电气化铁路、正线全长183千米年输送能力2.1亿吨的准格尔—神池I级双线电气化铁路,年产4000吨的粉煤灰提取氧化铝工业化中试工厂以及配套的供电、供水、通信、计算机网络、污水处理等生产辅助设施。煤炭以低污染而闻名，被誉为“绿色煤炭”。

2015年，公司在煤炭市场持续下行的不利情况下，攻坚克难，多措并举、降本增效。同时，始终把安全生产摆在第一的位置来抓，全年自产商品煤6101万吨，发电41.1亿千瓦时，大准铁路完成煤炭运输11138万吨，准池铁路完成1115万吨，营业收入137.45亿元，实现利润8.24亿元。安全生产实现了零事故。

面对经济新常态，公司积极贯彻落实神华集团“1245”清洁能源发展战略，致力于产业结构调整，由煤炭开采、坑口发电、铁路运输一体化延伸为煤炭开采、铁路运输、循环经济一体化产业格局，探索一条煤炭企业转型升级发展之路，努力建设世界领先的清洁能源供应商。

公司在生产作业现场举办2015年“安全生产月”活动启动仪式

中建五局第三建设有限公司

3RD CONSTRUCTION CO.,LTD. OF CHINA CONSTRUCTION 5TH ENGINEERING BUREAU

中建五局第三建设有限公司（简称中建五局三公司）成立于1971年，拥有国家房屋建筑工程施工总承包特级资质。公司下设五大区域分公司、四大专业分公司、三大区域经理部，并积极拓展海外市场，综合实力在“中国建筑”下属70余家三级独立法人企业中位列前茅。

近年来，公司在奉献建筑精品、提升管理品质、践行中建文化、培育优秀团队、构建和谐企业等方面成绩斐然，先后获评“鲁班奖”12项、“国优奖”6项、“全国五一劳动奖状”2项。2015年，公司完成合同额417.5亿元、产值181.1亿元，大举抢滩PPP市场，实现了“十二五”的完美收官。

公司始终坚守“中国建筑 和谐环境为本 生命至上 安全运营第一”的安全观，建立健全安全生产管理制度，完善安全监督管理体系，加强安全队伍建设，实行垂直管理，现有专职安全管理人员400余名，持证上岗率达100%。同时，各级机构均配备了专职安全总监，安全生产责任层层下达，责任书签订率达100%。

公司大力推进现场安全防护标准化，坚持关键岗位安全生产责任制考核和领导带班检查制度，加强危险性较大分部分项工程管控，全面引进安全体验馆和施工电梯指纹识别系统，加大安全隐患排查治理力度，持续开展安全生产教育，连续多年实现了“零死亡、零重伤、零赔付”的目标，受到主管部门的充分肯定。

2015年，公司获评全国AAA级安全文明标准化工地5项，省级安全文明工地16项，承办省市级安全文明观摩会3次。

安全生产月活动启动仪式

安全知识抢答赛

安全达人竞赛

项目安全文明施工全景

项目安全文明施工全景

了日本中央灾害防治协会与日本煤炭能源中心。二是派员参加美国工业卫生协会年会暨展览会和美国安全工程师学会年会暨展览会。三组团参加在泰国举办的第22届国际安全社区会议和在中国台湾地区举办的第23届两岸四地职业安全健康研讨会。

六、加强协会自身建设

（一）进一步壮大了协会会员队伍

2015年，协会新增副理事单位11个，分支机构1个。协会会员总数达到4940名，理事会成员214名。分支机构27家，包括3个工作委员会、14个专业委员会、10个分会。

（二）补充完善各项规章制度和有关机制

2015年，协会完善和补充了报销、资产管理、补贴规范等制度，加强了财务管理。完善和补充了工资体系、秘书处决策机制以及分支机构管理制度，进一步强化了秘书处的管理。

（三）理顺公司之间的关系

2015年，协会理顺了安创公司与北京为安公司的关系，重新与其签订合同，明确了安创公司持有为安公司20%的股份；解除安创公司与中职安康公司的关系，成立北京兴安益康信息咨询公司（注册手续即将完成）；与中国安全生产科学研究院达成共识，合资对《中国安全科学学报》进行公司化改造。

（四）加强学习，提高人员素质

2015年，协会认真开展“三严三实”专题教育活动，按要求制定了活动方案并实施。定期组织员工进行理论学习和业务学习，及时传达党中央、国务院以及国家安全监管总局关于安全生产的指示精神和重点工作。开展了反腐倡廉“警示教育周”活动和“缅怀先烈、弘扬精神”主题党日活动。

（五）圆满完成协会第六次会员代表大会的各项组织工作

2015年3月31日，中国职业安全健康协会第六次会员代表大会在京召开。国家安全监管总局党组成员、副局长李兆前出席会议并讲话。会上，张宝明代表协会第五届理事会作工作报告，会议选举产生了第六届理事会理事、常务理事及理事长、副理事长，表决通过了协会章程修改草案和第五届理事会工作报告、财务报告等议案。国家安全监管总局原党组副书记、副局长王德学当选为理事长，杨宇栋、伊烈、贺黎光、孟斌成等27人当选为副理事长。理事成员共214名。

2015年，中国职业安全健康协会做了大量工作，取得了显著成绩，但离国家安全监管总局党组的要求和广大会员单位的期望还有差距，“三个服务”水平需进一步提高；协会的人才资源优势和专家作用有待进一步发挥。

中国安全生产协会安全生产工作综述

2015年，中国安全生产协会在国家安全监管总局和协会理事会的正确领导下，在国家安全监管总局各司局及广大会员单位的大力支持下，以党的十八大和十八届三中、四中、五中全会精神为指导，深入贯彻落实新《安全生产法》和全国安全生产工作会议精神，围绕中心，服务大局，不断加大“三个服务”力度，深入推进创新发展，各项工作取得了新成绩。

一、完成了国家安全监管总局委托的安全监管监察和企业安全生产标准化建设相关工作

按照国家安全监管总局的安排部署，中国安全生产协会主要领导带队深入四川省广安市和达州市，开展了“千名干部与万名矿长谈心对话”活动，与55名煤矿矿长面对面开展谈心对话、座谈交流，并深入南充市和凉山彝族自治州就基层安全生产监管执法建设以及企业在经济下行压力下安全生产工作面临的挑战进行了专题调研。

受国家安全监管总局委托，完成了54家安全生产标准化一级企业评审组织工作和24家一级企业公告工作。协助开展了15家安全生产标准化示范企业的创建、验收工作。举办了5期工贸行业标准化培训班，培训有关管理人员600多人。完成了《企业安全生产标准化基本规范》的修订。组织开展了《冶金等工贸企业安全生产标准化基本规范评分细则》《冶金等工贸行业小微企业安全生产标准化评定标准》的修订工作。对标准化建设信息管理系统进行了日常管理维护和系统整合。

受国家安全监管总局委托，起草了《企业安全生产诚信体系建设实施方案》，为整体推进安全生产诚信体系建设提供了参考。

二、组织开展了全国安全文化示范企业创建活动，积极推进创建安全发展示范城市

受国家安全监管总局委托，中国安全生产协会自2015年起承担全国安全文化示范企业创建活动的具体工作。协会领导高度重视，认真组织制定了实施方案，形成了包括领导小组、专家组和工作组在内的组织保障，明确了申报、审核、命名等环节的实施步骤和时间安排。经国家安全监管总局领导同意，向各省级安监局、煤监局发出了推荐工作的通知，召开了创建活动启动会。各省级安监局、煤监局推荐申报企业102家。经组织初审、专家评审、网上公示，命名了88家企业为“2015年全国安全文化建设示范企业”，为安全文化建设树立了新的典型，推动了创建活动的深入开展。

为贯彻落实国家安全监管总局关于创建安全发展示范城市的工作部署，中国安全生产协会主动承担了张家口市创建国家安全发展示范城市规划编制工作，包括总体规划和应急救援、交通安全、安全文化建设、考核指标体系及验收办法等4个专题规划。协会专门成立了规划编制委员会，组织各方面专家完成了规划草案的编制。经专家论证后，在终审会上获得一致通过，并报送张家口市人民政府印发实施，为我国成功申办2022年冬季奥林匹克运动会作出了积极的贡献。

三、广泛开展安全管理标准化示范班组创建活动

按照国家安全监管总局领导同志要把这项活动推广全国的要求，下发了《关于开展2015年度安全管理标准化示范班组创建活动的通知》。组织修订了《安全管理标准化示范班组评定标准》和《安全管理标准化示范班组考评细则》，成立了创建工作辅导总站。在西昌召开了优秀班组长座谈会，中国安全生产协会会长赵铁锤与优秀班组长和企业代表座谈交流，就“新形势下当好班组带头人、带好班组一班人”发表了重要讲话。召开了参加创建企业负责人联席会，举办了创建活动教练培训班，组织专家深入11个省区开展现场调研和指导，总结推广创建经验。在神华准能集团举办了班组长论坛和示范班组创建研讨会，现场参观学习交流经验。经过宣传发动，来自全国28个省区24个行业的280家企业、50000多个班组参加了创建活动，创建规模超过上年。

四、开展了安全宣传教育和安全文艺作品创作

中国安全生产协会作出了《关于授予“金川杯安全文化建设先进企业”及“百名安全生产管理典型人物”的决定》，在中国安全生产协会第二届理事会第四次全体会议上，获奖的先进企业和典型人物交流了先进经验。协会网站和会刊开设专栏对他们进行了持续宣传报道。在会刊开设“新安法专栏”，邀请国家安全监管总局领导和专家详细解读，并对贯彻落实情况进行了宣传报道。加强网站的日常宣传和信息更新，全年上传各类信息6000多条。

在北京国家广告产业园区创作了集历代“安”字为主题的超大型石质篆刻作品，结合“万福”雕刻，构成中国首件大型雕塑“千安万福”。设计制作完成了全国首批安全警示园林雕塑、全国安全文化建设示范企业标识等作品。

五、扎实推进课题研究和技术咨询服务工作

根据国家安全监管总局领导的批示精神，开展了《经济新常态形势下企业安全生产投入存在问题及对策》的研究并形成了研究报告。完成了《企业安全生产新闻发言人现状与对策》课题研究报告。《城市油气输送管道重大隐患诊断技术及应用研究》课题和《城市燃气管线设施重大隐患诊断适用技术研究》课题已在国家安全监管总局立项，经商山东省安监局初步确定，在淄博市开展这两个课题的研究。开展了河南煤化集团《永贵能源新田煤矿瓦斯治理技术应用研究》。完成了上海市安全监管局委托的《探索建立政府与市场力量相结合的安全生产监管新模式》课题研究。根据需要，发展了一批中国安全生产协会安全生产专家，并组织专家开展了有关课题调研。

受国家安全监管总局委托，开展了安全生产重大事故防治关键技术项目形式审查、组织专家评审等工作。应用物联网技术，以中国安全生产协会网站为依托，建成了国家安全监管总局为指导单位、中国安全生产协会主办的“中国安全生产高新技术3D展览中心”，形成了具有30个展览馆的安全科技高新技术推广网络服务平台。

积极开展矿用设备维修（安装）安全管理工作。在有关矿区组建了专家团队，开展了调研和考察。召开了煤矿设备维修安全管理工作会议，对180多个单位的矿用设备维修（安装）资质进行了年审，为煤矿设备维修（安装）安全提供了资质保障。

六、继续推进安全评价工作

完成了安全评价甲级资质机构变更的技术审查工作和安全评价师日常从业登记管理工作。对《改革安全评价机构资质行政许可，加强行业自律管理》进行了专题研究，召开了安全评价机构诚信自律体系建设方案研讨会。

开展了安全评价师继续教育工作。改版升级了安全评价师远程网络继续教育系统，完成了煤矿、电力、化工、非煤矿山行业继续教育内容及教学课件的开发。

协助人社部职业技能鉴定中心组织开展了2015年安全评价师职业资格鉴定工作。开发了“安全评价师职业教育远程网络教育系统”，创新了职业教育学习方式，补充了教育学时，增加了教育内容。

七、推进中小学安全教育普及工作

在国家安全监管总局和教育部的协调支持下，中国安全生产协会联合共青团中央、中国教师发展基金会、中国保险行业协会、北京师范大学、全国铁道团委等方面，积极开展全国中小学安全教育示范单位创建活动，实施中小学安全教育普及工程。建设和启动了全国中小学安全教育网络教学与评价中心。与中央电视台少儿频道共同摄制并播出了“儿童安全总动员”系列节目。与中国保险行业协会签订了合作开展中小学安全暨风险保障教育工作的协议。与共青团中央、全国铁道团委合作，针对全国铁道沿线17000所中小学开展了安全教育普及工作。协同全国学校体育联盟等单位，举办了2015年度小学体育教师素养提升专项培训。与中国教师发展基金会达成了合作协议，共同推进中小学安全教育教材进校园，开展师资培训等工作。在云南省安宁市组织了“全国校园安全公益大讲堂暨安宁市实验区启动仪式”。在四川省凉山州开展了建设中小学安全教育实验区的前期工作。完成了《中小学生安全及保障教育整体解决方案》课题研究，并参加了首届中国教育创新成果公益博览会。联合举办了首届全国中小学安全及保障教育高峰论坛。中国红十字基金会授予中国安全生产协会中小学安全教育工作委员会“天使·人道·公益金奖”，以表彰在中小学安全保障教育中的杰出贡献。

八、着力开展了国际合作交流工作

2015年，中国安全生产协会派员出席了美国工业卫生大会暨展览会，赴韩国出席了第30届亚太地区职业安全健康组织大会，赴中国台北出席了第23届海峡两岸及香港澳门地区职业安全健康学术研讨会。积极向会员单位宣传第30届亚太地区职业安全健康组织大会信息，邀请会员单位专家学者撰写学术论文12篇，3家会员单位派员赴会。中国安全生产协会作为第23届海峡两岸及香港澳门地区职业安全健康学术研讨会6家合办单位之一，应邀在协会网站宣传会议信息，向协会会员单位征集学术论文。应印度绿色技术基金会邀请，中国安全生产协会作为该基金会主办的“2015第十四届绿色技术职业安全健康和消防年会”的支持单位，开展了相关宣传组织工作。

九、各分支机构努力在不同行业领域发挥积极作用

安全评价工作委员会完成了国家安全监管总局和人社部委托的安全评价机构和人员管理相关工作，组织举办了安全评价机构发展方向和业务拓展方向研讨会、培训班。教育培训工作委员会研究提出了安全培训机构条件与行业自律管理意见，以适应培训机构管理改革的新形势。班组安全建设工作委员会重点承担了安全管理标准化示范班组创建活动的具体工作，并取得了新的进展。信息化工作委员会完成了一系列服务项目和研发成果，联合承办了“光纤和光电子传感器及其安全应用”国际会议。安全文化工作委员会组织开展了“建设安全文化，推进依法治安”主题征文和论坛活动。劳动防护专业委员会开展了2015年劳动防护行业50强企业排名活动，编辑了《劳动防护用品配备指南及事故案例》，召开了劳动防护发展研讨会。冶金安全专业委员会召开了年度冶金企业安全生产统计与事故分析会，承担了相关标准规划的起草工作，并为会员企业培训各级各类人员3500余人。

矿山安全专业委员会开展了宣传贯彻新《安全生产法》活动，推动会员企业提高安全生产标准化水平。安全生产检测检验专业委员会承担了相关标准规定的起草修订工作，组织开展了安全生产检测检验机构和检测检验人员诚信承诺活动。矿用产品安全专业委员会组织会员单位分组开展沟通交流活动，研究矿用产品发展的新动向。

十、不断加强自身建设，努力提升服务能力

一是深入开展“三严三实”专题教育。加强了理论武装和业务学习，举办了专题教育培训班和专题党课，进行了集中学习研讨，召开了领导班子专题民主生活会和党支部专题组织生活会。通过深入学习、专题教育，推进了党员领导干部加强党性修养、改进工作作风、践行“三严三实”要求的思想自觉和行动自觉，不断增强大局意识和服务意识，提高了整体素质和工作水平，推动了协会创新发展。

二是加强党的建设。落实协会党风廉政建设“两个责任”，认真组织反腐倡廉学习教育，开展了廉政知识答题活动，对各部门的廉政风险点进行了排查。开展了主题党日活动，增选了党支部书记，组织入党积极分子，参加了学习培训。

三是加强科学管理。修订了协会目标责任制考核办法，加强了各部门收支预算管理，完善了激励约束机制。认真贯彻执行中央八项规定和各项规章制度，对各类支出严格把关。国家安全监管总局办公厅、中央国家机关工会联合会、国家安全监管总局直属机关党委纪委分别组织了财务大检查或自查，民政部指定的会计师事务所和总局分别对中国安全生产协会 2014 年度财务进行了审计，以上均没有发现违纪违规问题。

四是加强组织建设。根据协会章程组织召开了全体会长会议、理事会暨安全生产经验交流会、会员单位联系人座谈会、全国安全生产社团组织联席会议等四个大会。新设立了中小学安全教育工作委员会，为推动中小学安全教育普及工作提供了组织保障。开展了组建中国安全生产协会城市轨道交通建设安全专业委员会的筹备工作。发展壮大会员队伍，全年新增会员 70 家，协会会员总数达到 1823 家。

中国煤炭工业安全科学技术学会安全生产工作综述

2015 年，中国煤炭工业安全科学技术学会（简称中煤安科学会）在国家安全监管总局党组和机关党委的领导下，深入贯彻党的十八届三中、四中、五中全会精神和习近平总书记系列重要讲话精神，切实有效地推进各项工作不断向前发展，提升学会工作的整体水平。实现了发展主线清晰、重点突出、目标明确，一步一步扎实有序地向前发展。2015 年具体做了以下几方面工作：

一、加强党风廉政建设

2015 年，中煤安科学会遵照国家安全监管总局党组及机关党委的安排和部署，认真开展“三严三实”教育活动，提升领导干部精神境界和工作作风，带领中煤安科学会干部职工开创学会工作新局面。

二、加强内部建设

2015 年，中煤安科学会完成了负责人、法人代表、秘书长人员变更及相关工作，以搞好学会内部建设为契机，做好学会组织机构建设和规章制度建设等项工作，结合“三严三实”专题教育搞整改，印发了《中国煤炭工业安全科学技术学会工作制度、财务管理制度、会议制度、人事制度》等若干项规章制度，使学会管理水平有了新的提升。

三、加强与外界的广泛联系

2015 年，根据中煤安科学会理事长办公会的部署，经过多方的筹备和配合，全国煤矿安全科学技术创新交流大会暨学会 2015 年学术年会在京召开。会议学习贯彻了习近平总书记系列重要讲话精神，按照国家安全监管总局、国家煤矿安监局对煤矿安全攻坚战的部署要求，以“科技创新促进煤矿安全生产”为主题，进行广泛交流和深入研讨，对于加快煤矿科技强安步伐、推进煤矿安全生产形势持续好转具有重要的促进作用。国家安全监管总局、国家煤矿安监局相关司局有关人员、国家安全生产应急救援指挥中心、在京有关单位、中国安科院、华北科技学院、通信信息中心以及有关大专院校、科研机构和煤炭企业主要负责人及有关人员、获奖人员和科技工作者代表220余人参加了会议。

四、围绕中心，服务大局，组织开展课题研究

（1）会同矿山救援指挥中心，完成了由国家安全监管总局下达的《矿山救援规程》《中国煤矿救护志》编制修订工作。

（2）受国家煤矿安监局监察司委托，中煤安科学会承担了《煤矿建设项目安全设施设计审查和竣工验收规范》修订工作，由技术交流部牵头，制定实施方案，广泛开展调研，摸清现状和存在问题，收集相关资料、意见建议并进行归纳梳理，同时，聘请各专业专家成立7个专业修订组开展修订起草工作。

（3）受国家安全监管总局政策法规司的委托，中煤安科学会由技术交流部牵头，从2015年5月开始，起草了《安监“三化”研究报告》。

五、需要加强和改进的方面

（1）为充分发挥中煤安科学会服务于政府和企业的工作优势，进一步探索社会团体改革的新路子，打铁先要自身硬，要进一步加强学会的班子建设、业务建设、党风廉政建设，要高度重视并搞好学会的团结。

（2）中煤安科学会围绕安全生产大局和煤矿安全监察的中心工作，充分利用17个专业委员会的资源优势，围绕6个方面的重点工作积极开展技术咨询、新技术推广、法规的宣贯培训、职业健康等工作，中煤安科学会要主动地和国家安全监管总局各司局对接搞好服务工作，请各司局在重点工作方面支持和指导，落实到具体的项目上。

（3）要抓好《煤矿安全规程》和《煤矿建设项目安全设施设计审查和竣工验收规范》的宣贯和落实。编制《执行说明》，组织有关院校开展好多层次的培训。高质量、高水平的组织新技术、新产品推广交流会，形成学会服务煤矿安全科学技术的品牌效应。原则同意依托专业委员会开展职业健康技术规范、防护设施建设标准的编制。

第十四部分

重特大事故案例

矿山事故

山西省大同煤矿集团有限责任公司姜家湾煤矿“4·19”重大水害事故

2015 年 4 月 19 日 18 时 50 分，大同煤矿集团有限责任公司（简称同煤集团）姜家湾煤矿发生一起重大透水事故，造成 21 人死亡，直接经济损失 1724 万元（截至 2015 年 6 月 1 日）。

一、事故发生经过及应急处置情况

（一）事故发生经过

2015 年 4 月 19 日上午 11 时左右，综采一队跟班队长高××主持召开班前会，当班参会人员 11 人，会后工人陆续入井。13 时左右，跟班队长高××带领 10 名工人到达 8446 工作面，随即开始作业。14 时开始启动采煤机组从机尾向机头方向割煤，在割完一刀煤后，机组空返至机尾，刚到机尾，工作面刮板输送机因故障停了下来，小队长钟××便安排王××、王××更换截齿，袁××与薛××推移支架，自己向机头走去查看原因，出去后发现带式输送机顶闸停电，钟××就打电话安排看带式输送机的张××联系送电。在机尾处作业的支架工袁××工作了一段时间后去 5446 风巷小便，刚小便完，突然听到工作面后方“轰隆”的顶板垮落声，并伴随着“哗哗”的水声，他回头看到水从工作面采空区翻腾奔涌出来，水面高过工作面刮板输送机尾部 0.3 米左右，他大喊“透水了，快跑”，随即沿 5446 风巷迅速往外跑，跑到联络风门处时风门已经打不开了，袁××就从回风联络巷跑了出来。与此同时，在转载机处的钟××、李××也听见“哗哗”的声音，同时听到正在工作面机头处的跟班队长高××：“出水了，快跑”，他们立即沿 2446 运输巷往外跑，并听到后面有轰隆隆的水冲出来的声音，他们一直顺着 404 盘区机轨合一巷跑到 +1050 米大巷人车乘车点。

18 时 50 分，安全员孟××从井下向调度员刘××汇报，综采一队 8446 工作面发生透水，采空区大量积水通过 2446 运输巷涌向 2448 运输巷（机掘二队作业点）和 5448 风巷（掘进一队作业点）。

经调查，事发当班没有矿领导跟班。

（二）事故应急处置情况

接井下事故报告后，姜家湾煤矿立即下达撤人指令，并启动应急救援预案，核实被困人员，制定初步抢险救援方案，由生产矿长到井下现场指挥、组织撤人；19 日 19 时 46 分上报大同地方煤炭有限责任公司（简称地煤公司），地煤公司主要领导以及应急指挥部成员立即赶赴现场，参与事故抢救。20 时 35 分同煤集团接报后，集团公司董事长、总经理等有关领导、部门负责人立即赶赴事故现场，迅速成立了以董事长、总经理为组长的应急救援领导组和现场抢险救灾指挥部，制定抢险救援方案；指令集团公司矿山救护大队紧急出动，入井侦查，排放瓦斯，迅速恢复事故区域通风系统；调集、安装水泵、管路，增设应急排水系统；观察水情变化，检测有害气体，保障现场救援安全，全力展开抢险救援。

20日凌晨，省委常委、副省长付建华带领有关部门负责人深入井下现场查看灾区情况。20日5时30分，国家煤矿安监局领导率工作组到达事故现场后，与付建华副省长共同分析灾情，进一步制定了疏通巷道自流排水、井下水泵排水和地面打钻相结合的抢险救援方案，集中力量，全力组织抢险。

在山西省委省政府的正确领导下，在国家安全监管总局、国家煤矿安监局的直接指导下，在省、市有关部门的大力支持下，姜家湾煤矿"4·19"事故应急处置反应迅速，决策果断，方案科学，组织有力，抢险救援有序。经过81个小时奋力抢救，截至4月23日凌晨3时35分，共调配排水泵18台、排水管7990米、电缆1290米、地面钻机车两台，累计排水7930立方米，出动救护队27队次275人次，成功救出3名被困矿工，避免了次生灾害的发生。

二、事故原因和性质

（一）事故原因

1. 直接原因

对8446综采工作面上覆7号煤层老空（巷）积水和回采过程中出现的透水征兆，未采取有效措施治理，随着工作面推进，采空区悬顶面积不断增大，在上覆岩体和7号煤层老空区水体共同压力作用下，顶板瞬间垮落导致大量上覆老空积水突然溃出，是造成这起事故发生的直接原因。

2. 间接原因

（1）未严格执行《煤矿防治水规定》。对上覆采空区探水设计、实施的钻孔密度达不到探放水规定要求，且审批把关不严格，存在漏探区域，在对8446综采工作面上覆7号煤层采空区的积水未探测到位的情况下，没有制定加强探测措施和补充探查方法；探放水队人员数量配备不足，没有实现探掘分离；探放水孔施工验收制度不规范。

（2）职工安全意识淡薄，水害辨识、防治能力差。员工安全培训教育不到位，日常培训针对性不强；技术管理人员专业素质不高，对水害威胁认识不足；职工水害防范意识淡薄，对透水征兆认识不足、辨识能力差；现场应急处置技能、自救互救能力不强。

（3）矿井日常安全管理混乱。未严格落实矿领导带班下井制度，19日事故发生当班无矿领导带班上岗；未执行同煤集团及地煤公司关于回采工作面安全准入规定，8446综采工作面未经地煤公司安全准入验收自行组织生产；安全管理制度不健全，安监部门对各部门、各专业安全工作监督不力，对综采安全准入、探放水验收、安全隐患排查治理等制度执行情况监督落实不到位；4月14日二班发现8446综采工作面出现出水异常后，只采取停止生产、更换水泵加大排水的措施，15日二班继续组织生产。

（4）地煤公司日常安全检查不认真，安全制度监督落实不到位，安全管理存在盲区。地煤公司对姜家湾煤矿生产中存在的探放水技术管理、现场管理、隐患排查治理等方面问题失察；公司安全监管五人小组日常安全监管不到位，对姜家湾煤矿8446综采工作面未按规定经公司准入验收和批准擅自投入生产的行为未进行制止，对突水征兆辨识不清，未向上级领导报告有关情况。

（5）同煤集团对下属子公司及其所属矿井日常安全管理不到位。同煤集团未按照省政府晋政办发〔2012〕37号文件要求，安排本集团公司相关人员为姜家湾煤矿安全生产挂牌责任人；未按照省煤炭厅晋煤安办发〔2013〕1550号文件要求，建立由集团公司直接管理的安全监管五人小组；集团公司职能部门疏于对地煤公司及其所属矿井开展安全生产监督检查工作。

（6）煤矿安全监管监察部门对同煤集团及姜家湾煤矿安全生产工作监管监察不力。

（二）事故性质

经调查认定，本次事故是一起生产安全责任事故。

三、事故责任认定与处理结果

（一）对事故责任人的处理结果

1. 由司法机关立案侦查的人员

（1）丁××，同煤姜家湾煤矿地测科副科长，分管防治水工作，对事故的发生负主要责任。因涉嫌重大责任事故罪，于2015年5月10日已被公安机关刑事拘留，2015年6月15日由大同市人民检察院批准逮捕。

（2）韩××，同煤姜家湾煤矿地测科科长，负责矿井水文地质和矿井测量技术管理工作，对事故的发生负主要责任。因涉嫌重大责任事故罪，于2015年5月10日已被公安机关刑事拘留，2015年6月15日由大同市人民检察院批准逮捕。

（3）田××，同煤姜家湾煤矿地质副总工程师，协助总工分管地测科、探水队、技术科，负责日常矿井地测防治水技术管理工作，对事故的发生应负主要责任。因涉嫌重大责任事故罪，于2015年5月10日已被公安机关刑事拘留，2015年6月15日由大同市人民检察院批准逮捕。

（4）杨××，地煤公司五人小组A组负责人，主持小组工作。因涉嫌玩忽职守罪，检察机关已于2015年5月5日对其立案侦查，2015年6月15日被取保候审。

（5）张××，地煤公司五人小组负责人。因涉嫌玩忽职守罪，检察机关已于2015年5月5日对其立案侦查，2015年6月15日被取保候审。

（6）朱××，地煤公司五人小组成员，主管地测防治水工作。因涉嫌玩忽职守罪，检察机关已于2015年5月5日对其立案侦查，2015年6月15日被取保候审。

（7）李××，地煤公司五人小组成员。因涉嫌玩忽职守罪，检察机关已于2015年5月5日对其立案侦查，2015年6月15日被取保候审。

（8）黄××，地煤公司五人小组成员。因涉嫌玩忽职守罪，检察机关已于2015年5月5日对其立案侦查，2015年6月15日被取保候审。

以上责任人员待司法机关作出处理后，由有关部门按干部人事管理权限及时给予相应的党纪、政纪处分和其他处理。

2. 给予党政纪处分或作出其他处理的人员

（1）杨××，同煤姜家湾煤矿综采队长、生产部副部长，负责综采队日常工作，全队安全生产和质量标准化管理第一责任人，对事故的发生负主要责任。给予留党察看一年、留用察看处分。

（2）张××，同煤集团姜家湾煤矿生产部部长、调度室主任，负责落实领导带班下井制度，掌握全矿井采煤、掘进安全生产等情况，组织督促检查解决安全生产问题，对事故的发生负主要责任。给予留党察看一年、撤职处分。

（3）姜××，同煤姜家湾煤矿安全副总工程师、安监部部长，协助总工和安全矿长负责贯彻安全生产法规，参与灾害防治、隐患排查、标准化建设，负责安监部日常工作，对事故的发生负重要责任。给予党内严重警告、撤职处分。

（4）杨××，同煤姜家湾煤矿采煤副总工程师，协助总工程师和生产矿长负责采煤技术管理工作，对事故的发生负重要责任。给予记大过处分，免职。

（5）张××，同煤姜家湾煤矿安全副矿长，分管安检部、培训科等部门，对事故的发生负主要领导责任。给予党内严重警告、降职处分。

（6）许××，同煤姜家湾煤矿总工程师，分管技术部、地测科、通风区等部门，对全矿技术工作和“一通三防”工作全面负责，对事故的发生负主要领导责任。给予留党察看一年、撤职处分。

（7）徐××，同煤姜家湾煤矿生产副矿长，负责组织协调各生产单位的安全生产工作，分管采掘队组和生产劳动组织管理等工作，对事故的发生负主要领导责任。给予留党察看一年、留用察看处分。

（8）李××，同煤姜家湾煤矿党委书记，对事故的发生负主要领导责任。给予党内严重警告处分，免职。

（9）韩××，2015年1月23日起任同煤姜家湾煤矿代理矿长，煤矿安全生产第一责任者，对事故的发生负主要领导责任。给予留党察看一年、撤职处分。

（10）张××，地煤公司安监分局主任工程师，负责综采工作面开采前的安全准入工作，对事故的发生负重要责任。给予党内严重警告、记大过处分。

（11）李××，地煤公司生产技术部部长，负责地煤公司采掘运生产的现场管理和安全监管工作，对事故的发生负主要领导责任。给予党内严重警告、撤职处分。

（12）陈××，地煤公司地测防治水管理部部长，负责对所属矿地测防治水工作进行业务管理和技术指导、监督检查地测防治水工作等，对事故的发生负主要领导责任。给予党内严重警告、撤职处分。

（13）田××，地煤公司安全副总工程师兼安监分局局长，负责组织开展安全检查和隐患排查工作，对事故的发生负主要领导责任。给予党内严重警告、撤职处分。

（14）陈××，地煤公司安全副总经理，负责地煤公司安全生产工作，对事故的发生负重要领导责任。给予记大过处分，免职。

（15）武××，地煤公司生产副总经理，负责地煤公司生产组织管理工作，对生产过程及分管范围的安全生产负责，对事故的发生负主要领导责任。给予党内严重警告、降职处分。

（16）石××，地煤公司总工程师，地煤公司煤矿地质防治水专业委员会主任，姜家湾煤矿安全生产挂牌责任人，地煤公司防治水技术工作第一责任人，对事故的发生负主要领导责任。给予党内严重警告、撤职处分。

（17）张××，地煤公司党委书记，负责公司党务工作，对事故的发生负重要领导责任。给予党内严重警告处分。

（18）贺××，地煤公司总经理，负责地煤公司全面生产安全工作，公司五人小组的直接领导，对事故的发生负重要领导责任。给予党内严重警告、撤职处分。

（19）周××，地煤公司董事长，负责公司全面工作，地煤公司安全生产第一责任者，对事故的发生负重要领导责任。给予党内严重警告、降职处分。

（20）南××，同煤集团生产技术部部长，负责同煤集团的生产技术管理和生产调度指挥，对事故的发生负重要领导责任。给予党内严重警告、记大过处分。

（21）丁××，同煤集团安全监管五人小组管理部部长，负责同煤集团安全监管五人小组管理工作，对事故的发生负重要领导责任。给予党内严重警告处分，免职。

（22）刘××，同煤集团地质勘测处处长，负责同煤集团地测处全面工作，对事故的发生负重要领导责任。给予党内严重警告、降职处分。

（23）薛××，同煤集团安全管理监察局局长，负责同煤集团安全生产监督管理工作，对事故的发生负重要领导责任。给予党内严重警告、降职处分。

（24）阎××，同煤集团副总工程师（地质防治水）兼煤矿资源筹备处处长，同煤集团煤矿地质防治水专业委员会副主任，对事故的发生负重要领导责任。给予党内严重警告处分，免职。

（25）陈××，同煤集团生产副总经理，协助总经理抓好生产管理工作，对分管范围及生产过程中的安全负责，对事故的发生负重要领导责任。给予记大过处分。

（26）王××，同煤集团副总经理（安全），负责集团公司安全管理工作，对事故的发生负重要领导责任。给予党内严重警告、记大过处分。

（27）于××，同煤集团总工程师，同煤集团煤矿地质防治水专业委员会主任，对事故的发生负重要领导责任。给予记大过处分。

（28）郭××，同煤集团副董事长、总经理，同煤集团安全生产和经营管理工作主要负责人，对事故的发生负重要领导责任。给予记大过处分。

（29）张××，同煤集团董事长、党委书记，同煤集团安全生产第一责任者，对事故的发生负重要领导责任。给予记大过处分。

（30）刘××，山西煤矿安全监察局大同监察分局调研员，负责对姜家湾煤矿安全监察，对事故的发生负重要领导责任。给予记大过处分。

（31）李××，省煤炭厅安全生产监督管理处处长，负责全省煤矿安全生产综合监管业务等工作，对事故的发生负重要领导责任。给予记大过处分。

（32）杨××，省煤炭厅副厅长，负责煤炭厅日常工作，分管安全、行管、安监、救援等部门，联系同煤集团，对事故的发生负重要领导责任。给予记过处分。

以上人员涉及国有企业任命的工作人员或国有企业管理的职工的处分，按管理权限由企业依据规定予以落实。

（二）对事故矿井的处理结果

（1）同煤集团姜家湾煤矿发生重大水害责任事故，依据《生产安全事故报告和调查处理条例》第三十七条第（三）项和《生产安全事故罚款处罚规定（试行）》（国家安全监管总局令第77号）第16条第（二）项规定，给予姜家湾煤矿行政罚款300万元。

（2）同煤集团姜家湾煤矿存在严重水患且未采取有效措施治理，依据《关于预防煤矿生产安全事故的特别规定》（国务院令第446号）第8条第二款第（六）项、第10条第一款的规定，给予姜家湾煤矿责令停产整顿的行政处罚，停产整顿结束后由同煤集团严格按照规定进行复产验收。

（3）依照《生产安全事故罚款处罚规定（试行）》（国家安全监管总局令第77号）第18条第（三）项规定，给予姜家湾煤矿代理矿长韩××上一年年收入（37.98万元）60%的罚款，计22.79万元；

依照《生产安全事故信息报告和处置办法》第24条、《生产安全事故罚款处罚规定（试行）》（国家安全监管总局令第77号）第5、11条，给予姜家湾煤矿代理矿长韩××上一年年收入60%的罚款，计22.79万元；

依照《煤矿领导带班下井及安全监督检查规定》第21条规定，给予姜家湾煤矿代理矿长韩××上一年年收入60%的行政罚款，计22.79万元。

以上3项合并处罚30万元。

（三）对同煤集团的处理结果

责成同煤集团向省人民政府作出深刻检查。

根据《生产安全事故罚款处罚规定（试行）》（国家安全监管总局令第77号）第7条第二款，以上对事故责任人、事故煤矿的行政罚款，由山西煤矿安全监察局大同监察分局负责实施。

四、防范措施及建议

（一）全面落实企业安全生产主体责任

同煤集团、地煤公司和姜家湾煤矿要牢固树立安全红线意识，强化底线思维，始终坚持依法治安。要坚决贯彻执行国家安全监管总局印发的《企业安全生产责任体系五落实五到位规定》（安监总办〔2015〕27号），建立健全安全生产责任体系，强化企业安全生产主体责任落实；要按照新《安全生产法》等法律法规的要求，不断完善安全生产制度，健全完善矿井水害、瓦斯等重大灾害治理责任制，坚决落实煤矿安全生产“双七条”规定，落实煤矿矿长安全生产第一责任人责任和总工程师技术管理责任，各级管理人员和职工要认真履行岗位职责，自觉做到按制度管理、依程序办事、照措施执行。对履行责任不到位的要严格追究责任。

同煤集团要加强对安全监管五人小组的管理，安全监管五人小组要加强对整合兼备矿井、水患严重的矿井和安全管理薄弱的矿井日常安全监管工作。要按照季节特点和辖区煤矿安全生产实际情况，科学制定安全监管计划，同时不定期地开展“四不两直”突查、暗查。要严格执法，对不落实防治水有关规定、不落实技术措施、违规组织生产建设的矿井，依法进行严厉查处；对存在重大隐患的矿井，要坚决责令停产整顿。要进一步理顺安全监管体制，减少管理层级，提高管理效能。

（二）切实加强煤矿水害防治工作

同煤集团及所属矿井要严格执行《煤矿防治水规定》，设立专门防治水机构，落实探放水的“三专”要求，建立专业探放水队伍、由专业探放水人员使用专用探放水设备开展探放水工作。煤矿企业要做到有掘必探、探掘分离、先探后掘、有采必探、有疑必治、先治后采，开掘工作面施工前必须进行防治水安全评价，提出“有掘必探”总体设计（包括物探和钻探设计），回采工作面安装前必须采用两种以上物探方法进行探测，其中必须有一种针对水体敏感的物探方法，对物探异常区必须进行钻探验证，查清异常区范围和性质，地测部门依据探测与验证结果，提出采掘工作面防治水安全评价，并经审批后方可采掘。对采掘过程中出现的异常征兆必须立即停止作业、撤出人员、认真分析处理。

建立健全水害防治“一矿一策、一面一策”编制、审查、审批和防治水方案、防治水设计，以及水害预测预报、隐患排查治理、预案应急演练、安全投入等制度。强化现场管理工作，地测部门负责探放水设计的编制和“两单”（探放水通知单和允许掘进通知单）发送，探放水队组按照探放水设计和探水通知单负责探水作业，开掘队组按照允许掘进通知单施工，地测、安监部门组织现场检查验收，实现探掘分离、循环作业。对采掘过程中出现的异常出水，要及时到具备资质的检测机构进行水质化验。要保障防治水专项资金投入，严格按年度计划、中长期规划进行资金安排，优先安排防治水隐患治理资金计划。

（三）扎实开展煤矿安全隐患大排查

同煤集团要对资源整合矿井进行全面水患排查，强制查明煤矿水害方面隐蔽性致灾因素，进行水文地质补充勘查，查明水文地质条件；受老空区积水威胁的煤矿要通过小窑调查、地面勘查、钻探验证等综合手段，摸清矿区范围及周边老空区积水、小窑水、采空水的位置和水量，做到掘前、采前水害资料清晰。对排查出的重大水害隐患，要在精细勘查和预测评价基础上，进行分类定级，挂牌督办，制定专门治理计划，落实治理责任、方案、资金、人员、物资、期限和安全预案等，实行挂牌督办，确保整改到位。

（四）不断强化技术创新和职工培训工作

同煤集团及所属矿井要坚持走“产学研用”相结合的道路，加大对煤矿水害勘查和防治研究；同时学习借鉴兄弟省份煤矿防治水工作的经验，积极引进、消化、吸收国内外先进适用的技术、装备。积极利用三维地震技术，探明井田范围内的断层、陷落柱等地质构造，推广使用顶板水害防治“三图双预测法”、底板水害防治“脆弱性指数法”和“五图双系数法”防治水方法，逐步建立“预测探查、综合治理、效果验证、安全评估”煤矿防治水工作体系，实现防治水工作由被动治理向主动超前防范、由措施防范向工程治理、由局部治理向区域治理的转变。

要制定年度防治水技术培训计划，加强职工防治水知识教育和培训，掌握井下透水征兆，熟悉避水灾路线，提高职工防治水工作技能和防范水害事故能力。所有地测技术人员每三年必须进行一次业务培训。对整合矿井在技术方面实施大矿扶持小矿的政策。要按照工作需求及时补充、引进防治水专业人才。

贵州省黔西南布依族苗族自治州普安县楼下镇政忠煤矿“8·11”重大煤与瓦斯突出事故

2015年8月11日15时15分，普安县楼下镇政忠煤矿发生一起重大煤与瓦斯突出事故，造成13人死亡，5人受伤，直接经济损失2980.6万元。

一、事故发生及抢险救援情况

（一）事故发生经过

2015年8月11日7时30分，黄××和带班矿领导刘××主持召开了8点班的班前会，随后刘××等69人陆续入井。其中，事故区域（矿井西翼）共19人，具体为12172下山作业点5人，12172回风巷扩帮作业点4人，12172切眼施工瓦斯排放孔3人、清理浮煤4人，12172运输平巷里段带式输送机司机1人，12172运输平巷刮板输送机司机1人，西翼瓦检员兼安全员1人。其余人员在矿井东翼巷采点和轨道下山等地点作业。

10时左右，12172下山当班第一次爆破，循环进尺1米左右；13时40分左右，12172下山第二次爆破，14时10分左右工人进入工作面作业；15时15分，工作面发生煤与瓦斯突出，突出煤炭约218吨，涌出瓦斯量约2.8万立方米。

（二）事故信息上报情况

事故发生后，当班矿领导刘××率相关人员自行组织施救；矿长李××17时30分到达矿调度室，得知井下发生事故，立即电话报告煤矿负责人王××；由于不知井下伤亡情况，未向相关部门报告事故就入井参加抢险。王××接到电话立即从兴义赶往矿上，到达矿上后得知井下发生瓦斯事故，于20时10分向县安监局报告“发生瓦斯事故，2人死亡，1人受伤”；20时20分，县安监局向普安县政府报告了事故情况；县委、县政府及相关部门人员赶到现场后，立即进行人员核实，并于23时4分向黔西南布依族苗族自治州安监局报告“政忠煤矿发生事故；当班下井48人，安全升井36人；死亡11人，受伤1人”；23时21分，贵州省安全监管局接黔西南布依族苗族自治州安监局报告“普安县政忠煤矿发生一起瓦斯事故，造成11人死亡，1人受伤”，并于23时50分，将信息书面报告国家安全监管总局值班室。

政忠煤矿未按照《生产安全事故报告和调查处理条例》的规定及时报告事故，迟报约4小时。

（三）事故救援情况

经清点人数，在其他区域作业的50人及在事故区域12172运输平巷外段的1名带式输送机司机安全升井。煤矿自行施救，刘××立即带领张××和3名工人赶到12172风门外，见倒在地上的蒋××和何××，两人神志尚清，但无法言语。刘××往风门里面查看，用便携式瓦检仪检测瓦斯，瓦斯浓度已超过便携式瓦检仪的量程（4%），便安排随行电工切断事故区域的电源，一行人佩戴好自救器往里救援。在风门往里2米处发现了晕倒的蒋××，让张××将蒋××抱至风门外，对其进行人工救助后获救；往里6米处，发现1名工人倒在地上，刘××把他抱到风门外对其进行抢救，但无效果；继续往里搜救，在距风门约20米发现3名人员，其中一名叫陈××的还有生命体征，于是刘××将风筒划开一道小口对着他吹，陈××随即恢复了心跳，刘××等人立即将陈××等3名人员抬出风门外；此时，主管黄××、矿长李××、副主管陈××等救援人员已赶到现场参与搜救；在距风门25米左右发现有两盏灯光，将煤刨开发现2名遇难人员，他们将遇难者抱至风门外；救援人员继续往里搜寻，至28米左右又发现一盏灯光，刨开一条通道后发现一名幸存人员罗××，迅速将他救出；继续前行，又陆续发现4名遇难人员。至此已发现9名遇难者，救出5名伤员。随后，县、州、省领导及相关人员陆续赶到现场，组织指挥抢险救援工作。先期到达的部门立即对升井人数再次进行清点和核实，经清点仍有4人失联。

新宜矿业救护队接召请电话后于20时40分到达政忠煤矿，21时15分入井开展搜救，在12172运输平巷风门以里35米处发现第10名遇难者。此后，黔西南州救护队、普安县救护队、永贵公司救护队先后到达现场参加抢险救援工作。

经全力抢险，陆续在突出堆积的煤炭中搜寻到3名失联人员（均已遇难），13日16时50分将最后1名遇难人员运至地面，抢险救援结束。

二、事故原因及性质

（一）直接原因

12172下山掘进工作面没有采取防突措施；8月5日，工作面发生了突出事故后，没有停止作业、分析原因、采取有效措施治理瓦斯，8月6日，盲目施工瓦斯排放孔时又出现顶钻、卡钻、喷孔等突出征兆，该矿有关负责人仍然违章指挥、冒险组织作业，爆破后诱导煤与瓦斯延时突出，导致事故发生。

（二）间接原因

1. 政忠煤矿

（1）违法违规组织生产。①采取违规布置作业区域不上图、不安设相应的甲烷传感器、当安监部门检查时临时封闭违规布置区域等方式逃避监管。②拒不执行普安县安监局于2015年7月29日下达的“责令停止井下一切采掘作业”监管指令，也未将该指令上报丰联公司，违规组织生产。③煤矿将井下安全生产管理工作整体发包给不具备资质的个人，未签订专门的安全管理协议，并明确双方的安全生产管理职责。④承包方重生产、轻安全，以追求产量为目的，在井下以掘代采、私挖乱采。⑤煤矿未健全安全生产管理机构、配齐安全生产管理人员和特种作业人员，未对承包方的安全生产工作实施有效监督，以包代管，包而不管。井下实际生产管理人员和部分特种作业人员无证上岗，事故当班安全员兼瓦检员无证上岗，且冒名顶替。⑥煤矿管理人员未制止和纠正承包方的违章指挥工人冒险作业的行为。检查发现承包方没有编制防突专项设计、未编制作业规程和安全技术措施、擅自开掘12172下山，未进行制止。⑦未认真吸取8月5日发生煤与瓦斯突出的教训，在已出现喷孔、卡钻和顶钻等明显突出预兆的情况下，违章指挥工人冒险作业导致事故发生。⑧事故发生后，未按照国家规定要求报告事故，迟报约4小时，贻误了事故抢险救援。

（2）防突工作不落实。12172下山未编制专项防突设计，未采取两个“四位一体”防突措施，仅在8月5日发生煤与瓦斯突出后施工了12个深5～6米的钻孔排放瓦斯，在未进行措施效果检验的情况下安排工人冒险掘进作业。

（3）通风系统不合理，通风设施不达标，造成事故扩大。西翼布置3个掘进工作面共用回风，未实现独立通风；西翼掘进工作面进风流中没有设置反向风门，正向风门不能正常关闭，发生煤与瓦斯突出后，波及了12172切眼、12172回风巷、12172运输平巷风门以里段和风门以外部分巷道，导致灾区扩大。

（4）安全监测监控设置、运行、管理问题突出。①矿井安全监测监控系统运行不正常。井下甲烷等传感器数量严重不足，发生事故的西翼布置有3个掘进工作面仅安设了3个甲烷传感器，12172

下山未安设甲烷传感器；矿井总回风甲烷传感器长期不能显示正确的监测数据，监控系统备用主机不能使用，主机与井下传感器数据不能正常传输，县监控中心不能正常反映矿井井下瓦斯实际数据，现场作业瓦斯超限时将甲烷传感器移到新鲜风流中；风门以里未安设压风自救装置及构筑临时避难硐室。②人员定位系统井下分站设置数量不足，且不能正常识别人员定位卡，以至于事故发生后给人员核实和抢险救援方案制定增加了难度。

2. 丰联公司

丰联公司作为政忠煤矿的上级公司，未对政忠煤矿实施有效管理。

（1）对政忠煤矿整体发包违法违规组织生产的行为失察，对煤矿井下采掘布置的情况不掌握。

（2）丰联公司3月份前对政忠煤矿上报的抽采计划、采掘计划安排及相关的技术规程和措施进行了审批，之后由于政忠煤矿未上报相应的计划和措施，丰联公司也未督促政忠煤矿报送相关的计划和措施进行审查。

（3）检查发现煤矿存在的重大隐患后督促整改落实不到位。

3. 楼下镇党委、政府

（1）安全生产工作主要停留在会议安排上，具体监督检查落实不到位，如包保文件要求多，但未督促包保人按要求落实到位。

（2）镇政府在原分管领导6月25日调走后，未及时调整分工，明确分管安全的领导。

（3）对安监站队伍建设重视不够，现有工作人员数量不足、无专业技术人员。

（4）对安监站和相关人员的工作督促不力，致使其对政忠煤矿的安全检查、隐患整改跟踪督促不到位。

4. 普安县安监局

（1）复查验收工作不严谨。8月7日复查验收工作中，政忠煤矿在隐患未全部整改完毕的情况下，口头同意其恢复生产。

（2）局监控中心发现政忠煤矿监测监控系统运行不正常，未进行跟踪落实，督促煤矿整改到位。

（3）对瓦斯超限信息发送人员层级设置不够、不合理。

（4）对楼下镇安监站的工作指导不力，对驻政忠煤矿的驻矿安监员的管理不到位。

（5）驻矿安监员对政忠煤矿的隐患整改工作督促不到位，对煤矿未落实“责令停止井下一切采掘作业”监管指令的行为既未制止，也未报告。

5. 普安县工业贸易和科学技术局

（1）对政忠煤矿检查出的隐患，督促整改落实不到位。

（2）行业管理工作弱化，未督促煤矿按行业标准规范进行采掘布置，对政忠煤矿瓦斯治理工作指导不到位，对其落实两个“四位一体”的综合防突措施方面存在的重大安全问题失察。

（3）未结合政忠煤矿井下采掘布置的实际情况核发原煤准运单。对政忠煤矿被多次下达“停止井下一切采掘作业”执法指令，未停止发放其煤炭产品准运准销单，使政忠煤矿的煤炭运销仍通过其管理的验票站。

6. 普安县县委、县政府

（1）县委、县政府主要领导调整后，未按《贵州省实行安全生产党政同责一岗双责齐抓共管暂行规定》召开专题会议，听取煤矿安全生产工作情况汇报、研究和协调解决全县煤矿安全生产工作存在的重大问题。

（2）未采取有力措施推动煤矿安全重点县攻坚工作落到实处。

（3）对相关职能部门和乡镇的安全工作督促检查不到位，未督促相关职能部门完善执法联动机制，形成监管合力。

（4）政忠煤矿县级联系包保人未按规定要求履行包保职责。

（5）对驻矿安监员未严格按规定要求招录、培训并督促相关部门管理到位。

（三）事故性质

经调查认定，政忠煤矿“8·11”重大煤与瓦斯突出事故是一起责任事故。

三、对事故责任人和责任单位的处理结果

（一）由司法机关立案侦查的人员

（1）黄××，承包方井下生产实际负责人，主要负责煤矿井下白班生产、安全管理工作，对事故的发生负直接管理责任。因涉嫌重大责任事故罪，于2015年8月17日被公安机关刑事拘留。

（2）陈××，承包方生产管理人之一，主要负责煤矿井下夜班生产、安全管理工作，对事故的发生负直接管理责任。因涉嫌重大责任事故罪，于2015年8月17日被公安机关刑事拘留。

（3）刘××，承包方生产管理人之一，事故当班带班矿领导，对事故的发生负直接管理责任。因涉嫌重大责任事故罪，于2015年8月17日被公安机关刑事拘留。

（4）罗××，政忠煤矿总工程师，对事故的发生负主要责任。因涉嫌重大责任事故罪，于2015年8月17日被公安机关刑事拘留。

（5）李××，政忠煤矿矿长，对事故的发生负主要责任。因涉嫌重大责任事故罪，于2015年8月17日被公安机关刑事拘留。其终生不得担任煤炭行业生产经营单位的主要负责人。

（6）杨××，政忠煤矿承包人，对事故的发生负直接管理责任。因涉嫌重大责任事故罪，于2015年8月17日被公安机关刑事拘留。

（7）王××，政忠煤矿股东之一、法定代表人，对事故的发生负主要责任。因涉嫌重大责任事故罪，于2015年8月17日被公安机关刑事拘留。其终生不得担任煤炭行业生产经营单位的主要负责人；在事故发生后，未及时报告事故，对其处上一年年收入80%的罚款。

（二）给予行政处罚的企业人员

（1）张××，丰联公司副总经理，分管安全工作，对事故的发生负重要责任。吊销其煤矿管理人员安全资格证。

（2）朱××，丰联公司总经理，对事故的发生负重要责任。处上一年年收入60%的罚款。

（3）林××，丰联公司董事长，对事故的发生负重要责任。处上一年年收入60%的罚款。

（三）给予党、政纪处分的国家机关工作人员

（1）郑××，政忠煤矿驻矿安监员，对事故的发生负主要责任。给予开除处分。

（2）罗××，2015年8月3日起任政忠煤矿驻矿安监员，对事故的发生负重要责任。给予行政记过处分，并调离驻矿安监员岗位。

（3）陈××，原楼下镇煤炭工业管理站副站长，现为楼下镇安监站安全监管工作分片负责人（负责政忠、嘉龙等10处煤矿），对事故的发生负主要责任。给予留党察看一年处分。

（4）任××，楼下镇安监站站长，主持安监站全面工作，对事故的发生负主要领导责任。给予行政撤职、党内严重警告处分。

（5）张××，2015年8月10日起任楼下镇副科级干部，原为楼下镇和谐办主任、政忠煤矿安全包保责任人，对事故的发生负重要领导责任。给予行政记过处分。

（6）邹××，楼下镇党委副书记，2015年5月20日起主持政府工作，对事故的发生负重要领导责任。给予党内警告处分。

（7）谭××，2015年5月18日起任楼下镇党委书记，原为楼下镇镇长，对事故的发生负主要领导责任。给予党内严重警告处分。

（8）胡××，普安县安全生产监督管理局煤监股股长，煤矿安全监管第三小组组长，负责监管政忠、郭家地等6处煤矿，对事故的发生负主要责任。给予行政撤职处分。

（9）景××，普安县安全监管局党组成员、煤矿安全监管中心主任，主持县安监局网络监控中心工作，对事故的发生负主要领导责任。给予行政记大过、党内警告处分。

（10）张××，普安县安监局党组成员、副局长，负责第三、第四安全片区（含政忠煤矿）检查组工作，对事故的发生负主要领导责任。给予行政撤职、撤销党内职务处分。

（11）陈××，普安县安监局党组书记、局长，主持全局工作，对事故的发生负重要领导责任。给予行政记大过处分。

（12）谭××，普安县工业贸易和科学技术局副局长，分管局煤炭管理中心、负责楼下片区洗煤厂及煤炭行业的安全监管工作，对事故的发生负主要领导责任。给予行政撤职、党内严重警告处分。

（13）苏××，普安县工业贸易和科学技术局党组书记、局长，主持局全面工作，对事故的发生负重要领导责任。给予行政记大过处分。

（14）赵××，普安县政协副主席、青山镇党委书记，政忠煤矿县级安全包保责任人，对事故的发生负重要领导责任。给予党内警告处分。

（15）孔××，普安县人大副主任，政忠煤矿县级安全包保责任人，对事故的发生负重要领导责任。给予党内警告处分。

（16）张××，普安县副县长，2015年7月28日起分管安全生产工作，对事故的发生负重要领导责任。给予行政记过处分。

(17) 毛××，2015年6月26日起任普安县县委副书记、县长，主持政府全面工作，对事故的发生负领导责任。对其进行诫勉谈话。

(18) 农××，普安县县委书记，主持县委全面工作，对事故的发生负领导责任。对其进行诫勉谈话。

对此次事故中有关国家机关工作人员，涉嫌构成犯罪的，由检察机关依法进行调查。

(四) 对责任单位的处理结果

(1) 政忠煤矿对将井下生产整体发包给不具备资质的个人违法违规组织生产导致重大事故负有责任，依据《安全生产法》第一百零九条规定，对政忠煤矿处300万元的罚款。

将政忠煤矿纳入被兼并重组对象。

(2) 丰联公司对所属矿井监管不到位，对政忠煤矿违法违规组织生产导致重大事故负有责任。依据《生产安全事故调查处理条例》第四十条规定，建议暂扣其安全生产许可证。

(3) 责成黔西南州委、州人民政府分别向贵州省委、省人民政府作出深刻书面检查。

四、防范措施

(一) 切实加强煤矿瓦斯防治工作

煤矿企业要完善瓦斯防治责任制，细化落实企业负责人及相关人员的瓦斯防治责任；要健全瓦斯防治技术管理体系，配齐通风、抽采、防突、地质测量等专业机构和人员；要保障安全投入，完善矿井瓦斯防治系统，加大瓦斯抽采力度，确保瓦斯治理工程超前实施，真正实现抽掘采平衡；对井田范围内厚度大于0.3米的煤层要及时测定瓦斯压力、瓦斯含量、瓦斯放散初速度、煤的硬度、煤层透气性系数等参数指标，准确掌握煤层瓦斯赋存规律和煤与瓦斯突出危险情况，建立各煤层瓦斯地质图，为矿井瓦斯治理和突出灾害防治提供科学依据；要加强防突工作过程管控，确保防突设计和措施现场落实到位、不走样。

(二) 督促煤矿企业落实安全生产主体责任

煤矿企业要认真吸取各类事故教训，严格落实有关法律法规和《国务院关于进一步加强企业安全生产工作的通知》(国发〔2010〕23号) 要求，配齐配强“五职”矿长，健全安全管理机构，配足相关人员；要健全完善严格的安全生产规章制度，严格落实《煤矿矿长保护矿工生命安全七条规定》(国家安全监管总局令第58号) 和瓦斯治理“十条禁令”，做到矿井开拓部署和采掘布置合理，通风系统合理可靠、风量充足，采用正规采煤方法，强力推进“机械化、标准化、集团化、信息化”建设；采掘作业必须做到不掘突出头、不采突出面，图纸资料和监测监控数据必须真实可靠，及时治理消除事故隐患。

(三) 普安县要全面推进煤矿安全重点县攻坚战

一是要补充和完善攻坚战工作方案，抽调精兵强将，配齐人员，动员各方力量，齐抓共管，协同作战，为实现攻坚目标提供坚强的保障；二是监管部门要加大对县域内煤矿安全监管工作的力度和频次，严格落实“五真”要求；三是要重点帮助煤矿企业排查、诊断、治理安全事故隐患，对灾害严重的矿井，要帮助其提出具体的隐患治理实施方案，做到一矿一策；四是针对全县煤矿存在的突出问题，立即开展专项整治，促进煤矿安全生产。

(四) 黔西南布依族苗族自治州要深入开展打非治违专项整治活动

一是在全州范围内对煤矿进行摸底排查，对存在非法违法、非法转包、承包以及采用非正规采煤方法开采等行为的煤矿必须进行严厉打击；对不具备安全生产条件的煤矿，必须坚决停下来进行整改，决不允许煤矿借整改之名非法组织生产；二是要进一步建立安全生产“打非治违”长效机制，强化县、乡两级政府“打非治违”责任，切实将“打非治违”的各项要求和措施落到实处。

(五) 深入开展隐患排查治理工作

一是加快推进隐患排查治理体系建设，督促煤矿企业按照“查大系统、除大隐患、防大事故”的要求抓好落实，对排查出的隐患治理做到责任、措施、资金、期限和应急预案“五落实”；二是要构建合理、稳定、可靠的通风系统，突出煤层采掘工作面必须实现独立通风，严禁串联通风和共用回风；三是进一步深化瓦斯治理攻坚，要根据煤层群赋存特点，优先推广保护层开采和卸压瓦斯抽采技术，认真落实好两个“四位一体”综合防突措施，同时要加强瓦斯抽采钻孔施工和抽采、防突数据检测的验收等管理工作；四是要确保安全监测监控系统运行可靠、各种传感器数量及安装地点符合要求，确保对煤矿井下瓦斯实现在线不间断监测和预警；五是加大对重大隐患治理不力的煤矿企业的处罚，对重大隐患不整改而进行生产的，要严格按照《国务院关于预防煤矿生产安全事故的特别规定》（国务院令〔2005〕446号）等规定进行处罚，符合关闭条件的，要及时提请有关地方人民政府进行关闭。

（六）加强驻矿安监员队伍建设

各级政府要按照《省人民政府办公厅关于印发省安全监管局等单位贵州省地方煤矿驻矿安全监管员管理办法的通知》（黔府办发〔2011〕100号）及《省人民政府办公厅关于进一步加强和规范煤矿驻矿安全监管员管理工作的通知》（黔府办发〔2013〕45号）的规定，切实加强本地区驻矿安监员队伍建设，对驻矿安监员要实行统一管理；要配备具有煤矿安全业务知识、能力的驻矿安监员，做到明白人管矿、明白人管安全，确保驻矿安全监管职责履行到位，防止安全监管失效。

（七）切实加强对安全监管工作领导

各级党委、政府要按照《贵州省实行安全生产党政同责一岗双责齐抓共管暂行规定》要求，针对本地区安全生产工作的特点及实际，定期召开专题会议听取安全生产工作汇报，将安全生产形势纳入社会稳定形势分析，将安全生产工作纳入本地区国民经济和社会发展总体规划，定期分析研究安全生产方面存在的问题，组织开展重点行业领域安全生产专项整治；对涉及人事变动、工作交接时，分管安全工作的领导要及时到位，工作无缝交接；干部任前谈话除了要谈廉政问题，还要谈安全问题；要进一步配齐配强各级政府分管安全的领导干部，真正做到组织领导不缺位；要加强监管队伍建设，配备专业技术人员从事煤矿安全监管工作，帮助和指导煤矿企业消除隐患，实现安全生产。

（八）黔西南布依族苗族自治州要扎实开展警示教育活动

一是要认真吸取事故教训，在全州范围内开展警示教育活动，对政忠煤矿“8·11”重大事故涉嫌犯罪的事故责任人要公开宣判，提高事故警示教育效果，增强煤矿企业依法管矿、依法治矿、依法经营意识；二是要充分利用信息化技术织好煤矿安全警示教育网，构建更加有效便捷的警示教育平台，真正实现“一矿出事故，全州受教育，一矿有隐患、全州受警示”。

江西省上饶市上饶县永吉煤矿“10·9”重大瓦斯爆炸事故

2015年10月9日22时07分，江西省上饶市上饶县永吉煤矿（以下简称永吉煤矿）E_{10}煤层-228米上山以西采空区发生瓦斯爆炸事故，造成10人死亡，直接经济损失1097万元。

一、事故发生经过及应急处置情况

（一）事故发生经过

10月9日15时左右，生产矿长何××主持召开进班会，布置-190米东、西上山2个掘进工作面作业。共安排15名作业人员下井，其中-105米水平运输工3人、-190米东上山掘进工作面7人、-190米西上山掘进工作面5人。作业人员于16时左右分别到达作业现场进行作业。符××（幸存者）为东上山领班人员兼瓦检员、罗××（幸存者）为西上山领班人员兼瓦检员。-190米东上山修理1架棚之后，再从煤层沿底板掘进1架棚（约0.7米），现场检查掘进头瓦斯浓度为0.5%。西上山掘进2架棚（约1.4米）出煤13吨，现场检查掘进头瓦斯浓度0.6%，其他情况正常。

22时左右，现场作业正在收尾，罗××、符××提前出班，罗××走在前面，符××在后，当符××走到-200米联络巷两道风门处，听到一声巨响，身体受到冲击波冲击，罗××、符××被爆炸冲击波震晕。

（二）应急处置情况

1. 事故报告

-105 米东大巷运输工张××听到爆炸声后，立即打电话向地面调度室报告了事故，永吉煤矿按规定分别向上饶县政府及有关部门进行了报告。上饶市政府接到事故报告后按规定向省政府报告了事故。江西煤监局接到事故报告后按规定分别向省政府和国家安全监管总局进行了报告。

2. 事故应急处置情况

事故发生后，-105 米东大巷运输工张××等 3 名矿工自行升井，矿井在报告事故和请求救援的同时，两次组织人员下井救灾，将被爆炸冲击波震晕苏醒过来的罗××和符××安全救出地面。

当地政府接到事故报告后，立即启动应急预案，成立救援指挥部。国家煤矿安监局副局长桂来保、副省长李贻煌亲临现场指导救援工作。国家煤矿安监局工作组驻守现场指导，在各方共同努力下，事故应急处置反应迅速、决策果断，方案科学，组织有力，抢险救援有序。救援过程中，紧急调集了 5 支救援队伍，聘请了 4 名专家参加事故救援。10 月 10 日 5 时 50 分，在 -200 米回风巷搜救到 2 名遇难人员，10 月 10 日 14 时 50 分，在 -200 米东煤平巷找到第 3 名遇难人员，10 月 11 日凌晨 2 时，救护队将遇难人员运到地面，仍有 7 人被困井下，其中 -190 米东上山掘进工作面区域 4 人、-190 米西上山掘进工作面区域 3 人。

10 月 10 日 15 时，检测灾区甲烷浓度高达 28%、一氧化碳浓度高达 0.8%、温度高达 35 ℃，因巷道垮塌严重，灾情异常复杂，随时可能发生瓦斯爆炸或其他事故，引发次生灾害，导致事故扩大。10 月 11 日，根据专家认定井下被困人员无生还可能的情况，救援指挥部决定采取“先灌水灭火，再通风和修理，最后搜寻被困人员”的救援方案。2015 年 11 月 16 日，上饶县人民政府同意终止救援，救援工作结束。

3. 善后处理情况

由法人吴××以资产抵押形式借贷 1000 万元，用于事故善后处理。上饶市、上饶县党委、政府抽调干部成立善后处理组，全力做好善后处理工作，按照相关政策妥善处理赔偿事宜，10 月 16 日前已与 10 名遇难者家属签订了赔偿协议。

二、事故原因及性质

（一）直接原因

永吉煤矿 E_{10} 煤层 -228 米上山以西采空区煤炭自燃；该矿对火区采取水淹灭火措施后，在未依规证实火区熄灭的情况下，违规启封火区；煤炭自燃引起采空区内积聚的瓦斯爆炸，导致事故发生。

（二）间接原因

1. 违法组织生产

（1）拒不执行监管监察指令，安全生产许可证过期后仍然违法生产。该矿安全生产许可证 2015 年 1 月 9 日到期，未按规定办理延期手续，上饶市煤管局、江西煤监局赣东北监察分局、上饶县煤管局均对其下达了停止井下一切采掘活动的指令。6 月 26 日，上饶县煤管局又按照县政府要求对该矿提升绞车采取了上锁、贴封条措施。上饶县枫岭头镇 1—10 月在检查过程中 3 次发现该矿违法作业，均下达了停止作业的指令。在这种情况下，矿井仍然无视监管监察指令，私自撕掉提升绞车封条，擅自开锁，违法组织生产。

（2）以整改维修的名义组织生产。该矿以申办安全生产许可证整改维修的名义组织生产，2015 年 8 月底 -190 米煤平巷贯通，形成了全负压通风，之后在 -190 米煤平巷以掘代采回采煤炭；事故当班，矿井安排了 -190 米东、西上山 2 个掘进工作面作业。2015 年 1—9 月共产煤约 5500 吨。

2. 现场安全管理混乱

（1）违反火区管理规定，火区未熄灭，急于组织生产。采用水淹的方式灭火，在未证实火区熄灭的情况下，违反有关规定，盲目排水启封火区，急于安排 -190 米东、西上山 2 个掘进工作面作业。

（2）通风、瓦斯管理混乱。-228 米上山以西以掘代采，采空区积聚大量瓦斯；-200 米西盲巷未按规定进行封闭；煤矿安全监控系统不完善，-200 米煤平巷布置 2 个煤巷掘进工作面时，仅在 -200 米回风巷中安装 1 个甲烷和 1 个一氧化碳传感器，-190 米东、西上山掘进工作面未安设甲烷和一氧化碳传感器。

（3）未落实矿领导带班下井制度。事故当班没有安排矿领导带班下井作业。

（4）特种作业人员无证上岗。事故当班安排的瓦斯检查员符××、罗××均未取得特种作业人员操作资格证，属于无证上岗。

3. 煤矿安全监督检查不严不实

（1）上饶县枫岭头镇政府对永吉煤矿安全生

产监督检查不认真。枫岭头镇驻矿安全员擅离工作岗位，未发现和报告该矿违法组织生产的情况。枫岭头镇煤监站对驻矿安全员未正确履行监管职责的行为管理不力，年内先后对该矿进行了11次检查，虽然3次（3月30日、5月20日、8月16日）发现该矿违法作业的情况，并下达了停止作业的指令，但均未按规定向县煤管局报告，未采取有效措施制止违法生产行为。枫岭头镇政府未认真落实县政府及县煤管局要求对停产整顿煤矿加强监督检查的工作措施，未认真督促和检查镇煤监站履行安全监督检查的职责，未及时上报该矿违法生产的情况。

（2）上饶县煤管局安全监管、“打非治违”不力，1—9月，共对永吉煤矿实施了11次执法检查均未发现该矿违法组织生产，尤其是6月26日对该矿提升绞车上锁贴封条后，8月31日、9月22日又开展了2次执法检查，均未发现该矿擅自开锁启封提升绞车，违法组织生产的行为。

（3）上饶县人民政府“打非治违”工作不力，对煤矿安全监管工作监督检查不够，对枫岭头镇、县煤管局煤矿安全监管工作失察。

（三）事故性质

经调查认定，永吉煤矿“10·9”重大瓦斯爆炸事故是一起生产安全责任事故。

三、事故责任划分及处理建议

（一）司法机关已采取措施的人员

（1）吴××，上饶永吉煤矿法人代表、煤矿独资人，实际履行矿长职责，安全生产第一责任人。因涉嫌重大责任事故罪，于2015年10月13日被上饶县公安局刑事拘留。

（2）李××，上饶永吉煤矿安全副矿长。因涉嫌重大责任事故罪，于2015年10月13日被上饶县公安局刑事拘留。

（3）何××，上饶永吉煤矿生产副矿长，事故当日值班矿长。因涉嫌重大责任事故罪，于2015年10月13日被上饶县公安局刑事拘留。

（4）郑××，上饶县煤管局综合股副股长，第二监管组组长。负责永吉等煤矿的安全监管工作。因涉嫌玩忽职守罪，于2015年11月20日被上饶市人民检察院立案侦查。

（二）移送司法机关处理的人员

（1）周××，上饶永吉煤矿技术负责人，对事故发生负有主要责任。移送司法机关对其是否涉嫌犯罪进一步调查。

（2）郭××，枫岭头镇煤监站驻永吉煤矿安全监管员，对事故发生负有主要责任。移送司法机关对其是否涉嫌犯罪进一步调查。

以上责任人员属中共党员或行政监察对象的，待司法机关作出处理后，由有关部门按干部人事管理权限给予相应的党纪、政纪处分或其他处理。

（三）给予党纪、政纪处分人员

（1）郭××，枫岭头镇煤监站副站长（事业编职工），协助站长负责煤监站日常工作，对事故发生负有地方监管的直接责任。给予其行政撤职、党内严重警告处分。

（2）郭××，2011年5月起任上饶县枫岭头镇党委委员，协助分管安全生产工作，2012年3月兼任枫岭头镇煤监站站长，对事故发生负有地方监管的直接责任。给予其行政撤职、撤销党内职务处分。

（3）潘××，2012年10月至2015年10月任上饶县枫岭头镇党委委员、常务副镇长，主管安全生产工作，对事故发生负有地方监管的主要领导责任。给予其行政降级、撤销党内职务处分。

（4）苏××，2011年5月起任上饶县枫岭头镇党委副书记、镇长，对事故发生负有主要领导责任。给予其行政记大过、党内严重警告处分。

（5）林××，2011年5月起任上饶县枫岭头镇党委书记，对事故发生负有主要领导责任。给予其党内严重警告处分。

（6）余××，2010年9月至2015年10月任上饶县煤管局副局长，分管第二监管组相关9个煤矿（含永吉煤矿）的监管工作，对事故发生负有行业监管的主要领导责任。给予其行政记大过处分。

（7）上官××，2014年8月起任上饶县煤管局局长，对事故发生负有行业监管的重要领导责任。给予其行政记过处分。

（8）郑××，2011年9月起任上饶县政府副县长，分管煤矿安全等工作，对事故发生负有重要领导责任。给予其行政记过处分。

（四）对事故相关责任单位的处理结果

（1）永吉煤矿在安全生产许可证逾期失效的情况下，违法违规组织生产，发生了一起死亡10

人的重大生产安全责任事故，违反了《煤炭法》第二十二条、《安全生产法》第十七条规定。依据《安全生产法》第一百零九条规定、《国务院办公厅关于进一步加强煤矿安全生产工作的意见》（国办发〔2013〕99号），给予永吉煤矿罚款300万元的行政处罚，由上饶县政府依法收缴；由上饶县政府依法对其予以关闭。

（2）责成上饶县枫岭头镇政府、县煤管局向上饶县政府作出深刻的书面检查。

（3）责成上饶县委、县政府向上饶市委、市政府作出深刻的书面检查。

四、防范措施

（一）全面落实煤矿企业安全生产主体责任

（1）煤矿企业必须提高依法办矿的意识。牢固树立"发展决不能以牺牲人的生命为代价"的红线意识，严格遵守煤矿安全生产法律法规，严格执行监管监察指令，要把"生命至上、安全第一"的理念贯穿煤矿生产的全过程，切实做到不安全不生产。

（2）切实加强煤矿安全管理。煤层自然发火的矿井，应建立健全防灭火机构，配备防火技术人员，完善防灭火装备和设施，建立自然发火的监测系统，采取综合预防煤层自然发火的措施，采空区必须按规定及时封闭。不得在火区的同一煤层的周围进行采掘工作，要加强火区管理，编制火区位置关系图，要加强火区气体参数的检测，科学监控火区通风、温度、火情的变化。深入推进煤矿瓦斯治理，要严格执行瓦斯检查制度；加强现场通风管理，保证通风系统稳定可靠、有效风量满足要求；严禁采用国家明令禁止的采煤工艺，严禁以掘代采；加强对矿井安全监控系统的日常维护检查，做到监控有效。要配齐安全管理人员，建立健全各岗位安全生产责任制；认真落实矿领导带班下井制度，没有矿领导带班下井，严禁安排人员下井作业。

（3）要加强安全教育培训。要强化安全教育培训意识，制定落实煤矿安全培训计划，矿井主要负责人和安全管理人员的安全生产知识和管理能力应当依法考核合格。要按规定配齐配足煤矿特种作业人员，特种作业人员必须做到持证上岗。

（二）进一步落实地方政府监管责任，加强煤矿安全生产监督管理工作

（1）各级政府及其监管部门要切实加强安全生产工作领导，认真贯彻落实煤矿安全生产的有关法律法规、政策，加大煤矿安全监管工作力度。要认真贯彻落实《国务院办公厅关于加强安全生产监管执法的通知》（国办发〔2015〕20号）的要求，加强煤矿安全监管队伍建设，加大监管队伍建设的投入，提高监管队伍装备水平，建立一支业务精湛、装备精良、责任心强、敢于担当、敢于负责的煤矿安全监管队伍，对于不称职的监管人员要及时予以调整，切实增强煤矿安全生产监管工作的执行力，真正做到对煤矿的生产安全盯得牢、管得住，防止此类煤矿事故再次发生。

（2）进一步加大"打非治违"工作的力度。各级政府及其监管部门，要高度重视煤矿"打非治违"工作，严厉打击假整改、假密闭、假数据、假图纸、假报告和超能力、超强度、超定员、超层越界、证照超期仍生产等"五假五超"违法违规行为，在日常监管工作中，要落实安全监管责任，加强对派驻的煤矿监管人员的管理，明确责任，做到责任、人员、监督检查三到位。采取有效措施，进一步加大对证照过期、责令停产整顿、建设项目等矿井的监管力度，严厉打击明停暗采、借整改维修之名，行违法违规生产之实的行为。

（三）加快淘汰落后产能

各级政府及其监管部门要建立和完善煤矿退出机制，加快淘汰落后产能和其他不符合产业政策产能。对煤矿要逐一进行大排查，对于安全管理混乱、技术力量薄弱、不具备安全生产条件的小煤矿，要引导有序退出。对已经确定退出的矿井，一律不得验收恢复生产。

（四）认真开展煤矿事故警示教育

上饶市、县人民政府及有关部门、煤矿企业要认真吸取这起事故血的教训，举一反三，开展事故警示教育，煤矿企业要认真对照这起事故暴露出来的问题，大力开展煤矿事故隐患大排查及致灾因素的普查，要把火、水、瓦斯等灾害治理作为重大危险源进行有效防控，及时消除事故隐患，防范各类事故的发生。

辽宁省连山钼业集团兴利矿业有限公司“12·17”重大火灾事故

2015年12月17日12时20分左右，辽宁省连山钼业集团兴利矿业有限公司井下发生重大火灾事故，造成17人死亡、17人受伤（含3名救护队员），直接经济损失2199.1万元。

一、事故发生经过、报告及应急救援情况

（一）事故发生经过

2015年12月17日8时左右，兴利公司风井副矿长曹××带领6名工人到风井井巷距井口125.5～138.3米处从事钢棚支护焊接作业。9时左右，维修工曹××在焊接右侧第1架棚腿拉筋时，焊渣掉到接帮用的木背板上，引燃木背板，随后维修工曹××用浮土和碎石面覆盖灭火。11时30分左右，副矿长曹××带领6名工人准备乘车升井吃饭时，曹××说闻到了异味，维修工曹××解释说是他焊接时焊渣引燃背板起火冒烟，当时已经抓把土盖上了应该没事。副矿长曹××听后带领6名工人离开作业现场升井吃午饭。12时20分左右，副矿长曹××带领6名工人乘矿车下井准备继续作业，下行20米左右发现井下冒烟。采取灭火措施，未能奏效，木支护燃烧产生的有毒有害气体通过巷道和老空区形成的通道进入副井，致使副井井下17人中毒死亡，17人受伤（含3名救护队员）。

（二）事故报告情况

2015年12月17日13时07分，兴利公司风井矿长孟××向安全科长孙××电话报告风井着火了；13时09分，孙××向钼业集团安全部长刘××报告；接着刘××向钼业集团副总经理黄××报告；13时30分左右，黄××、刘××回单位向钼业集团董事长李××汇报，李××听取汇报后，安排钼业集团总经理杜××带人赶赴风井采取措施进行处置；15时31分，副井维修工赵××给在风井救火的副井矿长郭××打电话说副井熏人了。

16时19分，黄××安排刘××向葫芦岛市连山区安监局副局长刘××报告。

16时22分，连山区安全生产监管局向葫芦岛市安全生产监管局报告；16时30分，葫芦岛市安全生产监管局向葫芦岛市政府应急办报告，并同时请求辽宁南票煤电救护中心（以下简称南煤救护队）速来救援；16时49分，葫芦岛市安监局向葫芦岛市委、市政府报告。

17时54分，葫芦岛市安监局向辽宁省安监局报告。

18时04分，辽宁省安监局向省委、省政府、国家安全监管总局报告。

（三）事故救援情况

12月17日13时09分，孙××向钼业集团刘××报告风井着火，并请求钼业集团救护队救援。13时15分左右，黄××、刘××及钼业集团救护队到达风井。黄××在询问得知风井井下没有作业人员，且与副井不通的情况后，决定封堵井口灭火。杜××赶到后，相继采取打开风口、向外排风等措施灭火，但未成功。

14时58分左右，兴利公司副井副矿长张××接井下工人电话得知井下发生熏人事故，于15时10分带领工人赵××下井救援，并在15时29分从井下向郭××电话报告事故情况。15时41分郭××带领赵××等6人下井组织救援。15时50分左右，郭××从井下向兴利公司副总经理冯××报告，请求钼业集团救护队下井救援。16时05分左右，杜××、黄××、刘××等人以及钼业集团救护队接到冯××报告，先后赶到副井组织救援。

葫芦岛市委、市政府及连山区委、区政府领导接到事故报告后，立即赶赴事故现场，启动事故应急救援预案，成立了以市委书记为总指挥，市委、市政府和连山区委、区政府及有关部门负责同志等参加的抢险救援指挥部（简称指挥部）。指挥部下设抢险救援组、现场秩序维护组、医疗救护组、家属安抚组、舆情控制组、善后处理组、井下火灾处置组和信息报送组等8个小组，紧急调动南煤救护队35名队员、政府及相关部门100余人、警力230余人、警车20余台、医疗救援车辆17台、医疗专家和医护人员100余名参与救援，消防车2台在现场附近待命。连山区政府成立了17个小组，积极配合指挥部做好善后处置工作。

经过积极救援，17日16时05分左右，钼业集团救护队救上3名受伤人员；17时45分至18日4时35分，南煤救护队将11名受伤人员及17名遇难人员全部救至地面。6时40分，经全面搜寻，确认井下没有遇难人员后，救护队员全部升井，事故救援工作结束。

二、事故发生的直接原因、间接原因和事故性质

（一）直接原因

兴利公司风井井巷钢棚支护施工过程中，作业人员在电焊作业时引燃木背板，致使用于接帮和接顶的木背板燃烧，产生的一氧化碳等有毒有害气体经风井与副井之间的旧巷和冒落的老空区形成的漏风通道进入副井，造成人员伤亡。

（二）间接原因

（1）兴利公司未落实企业安全生产主体责任，安全管理混乱。一是建设期间擅自采矿。兴利公司在未取得安全生产许可证、井巷修复工程未完工的情况下擅自采矿，以建代采、边建边采。二是无资质施工。兴利公司作为项目建设方，名义上与施工方和监理方签订了合同，但实际上并未履行合同，也未通知施工方和监理方进场，在自身没有资质的情况下自行组织施工，且未制定施工方案和安全措施。三是未按设计施工。兴利公司在未得到设计单位书面同意的情况下，在井建施工过程中擅自将设计中巷道支护方式由混凝土支护改为钢支护；新掘进巷道均未按《初步设计》要求施工；在未完成地表帷幕注浆、居民搬迁、地面充填站建设及充填系统工程的情况下，擅自在+30米标高以下施工。四是安全管理混乱。兴利公司未按规定为从业人员配发必备的劳动防护用品；入井人员未携带自救器；未严格执行出入井登记管理制度，发生事故后难以核清井下实际人数；生产安全事故应急预案未按规定备案，未定期组织应急演练；日常安全检查流于形式，安全隐患排查不到位；部分提升设备未经检测合格便投入使用；作业人员未按规定乘坐矿用人行车上下井；井下动火作业没有执行“动火作业票”制度；施工作业过程中违章作业、违章指挥现象大量存在。五是无证上岗。兴利公司的部分企业负责人、安全管理人员未经安全生产培训，没有通过安全监管部门考核合格，部分特种作业人员未取得特种作业操作证上岗作业。六是安全培训教育不到位。兴利公司安全培训工作流于形式，大部分工人未经培训上岗，培训学时未达到规定要求；工人安全意识淡薄，对作业现场的安全隐患和危险源认识不到位，对违章作业可能带来的严重后果认识不足。七是未及时报告事故、盲目组织施救。兴利公司在事故发生3个多小时后才向当地安全监管部门报告，耽误救援有利时机；在事故发生后没有在第一时间撤出井下所有作业人员，盲目组织施救，致使此次火灾事故造成重大人员伤亡。八是未按照《劳动法》规定用工。兴利公司在没有与从业人员签订劳动合同，未依法参加工伤保险或安责险、未为从业人员缴纳保险费的情况下，擅自组织从业人员入矿作业。

（2）钼业集团对兴利公司管理流于形式，安全监督检查、指导不力。一是未能及时发现兴利公司矿井基建期自行组织施工、未按《初步设计》要求组织施工、擅自采矿、未按照《劳动法》规定用工、未落实企业安全生产主体责任、安全管理混乱等问题。二是对兴利公司开展安全隐患排查工作督促、检查、指导不力，致使兴利公司存在重大安全隐患。三是对兴利公司疏于管理。虽与兴利公司签订了《经营管理协议》，未按《经营管理协议》规定对兴利公司高管人员进行安全教育培训，对兴利公司负责人未通过安全监管部门考核合格失察，贯彻执行国家有关法律法规、规程和标准情况监督指导不到位，致使兴利公司管理混乱。

（3）杨矿公司爆破施工组织混乱。一是违反《爆破工程施工合同》规定，为兴利公司基建工程未按设计施工、边建设边采矿实施爆破作业；二是对公司爆破人员安全培训教育不到位；三是兴利公司副井井下爆破人员对当班剩余爆炸物品未清退，违规储存在井下临时保管箱内。

（4）连山区安监局组织开展非煤矿山安全生产监督检查工作措施不力，对兴利公司的检查工作流于形式，部分应该检查的内容没有检查到位，检查中未能发现兴利公司安全生产方面存在的诸多问题，对检查发现的问题督促整改落实不到位，对兴利公司存在的事故隐患和安全管理混乱问题失察。

（5）葫芦岛市安监局组织开展非煤矿山安全生产监督检查工作不到位，未将兴利公司列入本部门年度安全生产监管执法工作计划，工作存在漏洞。特别是2014年11月以来，接到群众关于兴利公司采矿危及村民安全问题的举报反映后，也未组织开展对兴利公司进行安全生产监督检查。对连山区安全生产监管局组织开展对兴利公司安全生产监督检查工作督促指导不到位。

（6）连山区人民政府对连山区安监局组织开展非煤矿山安全生产监督检查工作督促指导不力，对连山区安监局组织开展对兴利公司安全检查不到位的问题失察。

（三）事故性质

经调查认定，辽宁省连山钼业集团兴利矿业有限公司“12·17”重大火灾事故是一起生产安全责任事故。

三、对事故有关责任人员和责任单位的处理结果

（一）对有关责任人员的处理结果

1. 因在事故中死亡、免予追究责任人员

（1）张××，兴利公司副井副矿长，负责组织该矿副井建设工作。未认真履行安全生产管理职责，发生火灾后，未及时组织井下作业人员撤离，指挥非专业人员到井下救援，造成次生事故，对事故负有主要责任，鉴于其在事故中死亡，不再追究其责任。

（2）赵××，兴利公司凿岩工人。违反《治安管理处罚法》第三十条的规定：违反国家规定使用危险物质。鉴于其在事故中死亡，不再追究其责任。

（3）黄××，兴利公司凿岩工人。违反《治安管理处罚法》第三十条的规定：违反国家规定使用危险物质。鉴于其在事故中死亡，不再追究其责任。

（4）杨××，兴利公司凿岩工人。违反《治安管理处罚法》第三十条的规定：违反国家规定使用危险物质。鉴于其在事故中死亡，不再追究其责任。

2. 追究刑事责任人员

（1）张××，兴利公司法定代表人，安全领导小组组长，是该公司安全生产第一责任，对事故负有主要领导责任。移送司法机关依法处理，自刑罚执行完毕之日起，五年内不得担任任何生产经营单位的主要负责人，终身不得担任本行业生产经营单位的主要负责人。

（2）张××，兴利公司总经理，负责该公司全面工作，对事故负有主要领导责任。移送司法机关依法处理，自刑罚执行完毕之日起，五年内不得担任任何生产经营单位的主要负责人，终身不得担任本行业生产经营单位的主要负责人。

（3）曹××，兴利公司股东，安全设备资金投入不到位，对事故负有主要领导责任。移送司法机关依法处理。

（4）高××，兴利公司股东，安全设备资金投入不到位，对事故负有主要领导责任。移送司法机关依法处理。

（5）冯××，兴利公司副总经理、安全领导小组副组长，协助张××负责该公司全面工作，对事故负有重要领导责任。移送司法机关依法处理。

（6）孙××，兴利公司安全科长，具体负责该公司安全生产工作，对事故负有主要管理责任。移送司法机关依法处理。

（7）孟××，兴利公司风井矿长，负责该公司风井全面工作，对事故负有主要管理责任。移送司法机关依法处理。

（8）曹××，兴利公司风井副矿长，对事故负有主要责任。移送司法机关依法处理。

（9）曹××，兴利公司风井维修工，负责该公司风井巷道焊接工作，对事故负有直接责任。移送司法机关依法处理。

（10）刘××，兴利公司安全员，负责该矿风井井下安全工作，对事故负有主要责任。移送司法机关依法处理。

（11）郭××，兴利公司副井矿长，负责该矿副井全面工作，对事故负有主要责任。移送司法机关依法处理。

（12）刘××，兴利公司安全员，负责该矿副井井下安全工作，对事故负有重要责任。移送司法机关依法处理。

3. 公安机关采取行政拘留人员

(1) 林××，杨矿公司爆破员。违反《治安管理处罚法》第三十条的规定：违反国家规定使用危险物质，给予行政拘留处罚和吊销《爆破作业人员许可证》。

(2) 刘××，杨矿公司安全员。违反《治安管理处罚法》第三十条的规定：违反国家规定使用危险物质，给予行政拘留处罚和吊销《爆破作业人员许可证》。

(3) 刘××，兴利公司凿岩工人。违反《治安管理处罚法》第三十条的规定：违反国家规定使用危险物质，给予行政拘留处罚。

(4) 池××，兴利公司凿岩工人。违反《治安管理处罚法》第三十条的规定：违反国家规定使用危险物质，给予行政拘留处罚。

(5) 郑××，兴利公司凿岩工人。违反《治安管理处罚法》第三十条的规定：违反国家规定使用危险物质，给予行政拘留处罚。

(6) 孙××，兴利公司凿岩工人。违反《治安管理处罚法》第三十条的规定：违反国家规定使用危险物质，给予行政拘留处罚。

(7) 付××，兴利公司凿岩工人。违反《治安管理处罚法》第三十条的规定：违反国家规定使用危险物质，给予行政拘留处罚。

4. 给予纪律处分人员

(1) 梁××，钼业集团生产部部长，负责生产部全面工作。给予其党内严重警告处分，由钼业集团对其作出解聘处理。

(2) 刘××，钼业集团安全部部长，负责安全部全面工作。给予其党内严重警告处分，由钼业集团对其作出解聘处理。

(3) 李××，钼业集团副总经理，分管生产部等工作。给予其党内严重警告处分，由钼业集团对其作出解聘处理。

(4) 黄××，钼业集团副总经理，分管安全部等工作。给予其党内严重警告处分，由钼业集团对其作出解聘处理。

(5) 杜××，钼业集团总经理、连山区国有资产经营公司总经理，负责钼业集团日常生产经营全面工作，对事故发生负有主要领导责任。给予其党内严重警告处分；依据有关程序规定免去钼业集团总经理职务、国有资产经营公司总经理职务。

(6) 李××，钼业集团董事长、党委书记、连山区国有资产经营公司董事长，负责钼业集团全面工作，对事故发生负有主要领导责任。给予其党内严重警告处分；依据有关程序规定免去其钼业集团党委书记、董事长、国有资产经营公司董事长职务。

(7) 刘××，葫芦岛市连山区安全生产监督管理局安全监管一股工作人员，负责辖区内非煤矿山的日常安全检查。给予其降级处分。

(8) 邱××，葫芦岛市连山区安全生产监督管理局安全监管一股副股长，负责辖区内非煤矿山的日常安全检查。给予其撤职处分。

(9) 王××，葫芦岛市连山区安全生产监督管理局安全监管一股股长，负责安全监管一股全面工作。给予其撤职处分。

(10) 刘××，葫芦岛市连山区安全生产监督管理局副局长，分管安全监管一股等工作，对事故发生负有主要领导责任。给予其降级处分。

(11) 梁××，葫芦岛市连山区安全生产监督管理局局长，负责连山区安监局全面工作，对事故发生负有主要领导责任。给予其记大过处分，“12·17”事故后被免职。

(12) 滕××，葫芦岛市连山区政府副区长，分管安全生产工作，对事故发生负有主要领导责任。给予其记过处分，“12·17”事故后被免职。

(13) 马××，中共葫芦岛市连山区委副书记、连山区政府区长，负责连山区政府全面工作，对事故发生负有重要领导责任。给予其警告处分。

(14) 姜××，葫芦岛市安全生产监督管理局非煤矿山安全监督管理科工作人员，负责辖区内非煤矿山安全监管等工作。给予其降级处分。

(15) 杨××，葫芦岛市安全生产监督管理局非煤矿山安全监督管理科科长，负责非煤矿山安全监督管理科全面工作，对事故的发生负有主要领导责任。给予其记大过处分。

(16) 张××，葫芦岛市安全生产监督管理局副局长、党组成员，分管非煤矿山安全监管科等工作，对事故发生负有主要领导责任。给予其记过处分。

（17）耿××，葫芦岛市安全生产监督管理局局长、党组书记，负责葫芦岛市安监局全面工作，对事故发生负有重要领导责任。给予其警告处分。

5. 给予行政处罚的责任人员

陈××，杨矿公司总经理，为公司安全生产第一责任人，对事故造成重大人员伤亡负重要责任，吊销其《爆破作业人员许可证》，并处以5万元罚款。

（二）对有关责任单位的处理结果

（1）兴利公司未取得安全生产许可证，以建代采，边采边建，擅自采矿，依据《安全生产许可证条例》（国务院令第397号）第十九条的规定，没收违法所得，并处50万元罚款；兴利公司违法生产发生重大事故，对事故负有责任，依据《安全生产法》第一百零九条第（三）项的规定，对该单位处以500万元罚款；合计罚款550万元。

兴利公司矿山建设项目未按照批准的安全设施设计施工，依据《安全生产法》第九十五条第三项之规定，责令其停止建设。

（2）杨矿公司违反《爆破工程施工合同》规定，为兴利公司建设期内边建边采行为实施爆破作业，对公司爆破员、安全员安全培训教育不到位，致使爆破员、安全员擅自将爆炸物品交与无爆破作业人员许可证的人员使用，对爆炸物品管理不严，爆破当班剩余爆炸物品未清退，违规储存在井下临时保管箱内。由公安机关吊销其爆破作业单位许可证。

（3）鉴于“12·17”造成重大经济损失和严重不良影响，责成连山区政府向葫芦岛市政府作出书面检查。

（4）鉴于“12·17”造成重大经济损失和严重不良影响，责成葫芦岛市政府向省政府作出书面检查。

四、事故防范和整改措施

（一）切实落实企业安全生产主体责任

钼业集团、兴利公司要切实落实安全生产主体责任，严格执行“五落实五到位”规定，建立健全安全管理机构，完善并严格执行以安全生产责任制为重点的各项规章制度，把安全生产责任层层落实到位；落实非煤矿矿山企业领导带班下井制度，强化现场管理，严禁违章指挥、违章作业；扎实开展安全隐患排查治理，落实“四个清单”管理制度，及时消除重大隐患，严防事故发生。

（二）切实加强整合矿山的安全监管

国有资产经营公司、钼业集团要加强对兴利公司等整合后周边小矿山的安全管理工作，督促建立完善安全管理机构和技术管理体系；督促建设、监理、施工、设计单位落实相关责任，严禁违法组织生产。葫芦岛市、连山区政府及相关部门要加大对基建矿山的安全监管力度，杜绝边建设边生产、未经验收擅自生产的行为。

（三）强化事故报告和应急管理

钼业集团、兴利公司要严格执行事故报告制度，一旦发现重大险情或事故，要按照有关规定及时报告，严禁违章指挥、盲目施救，防止事故扩大。要制定和完善事故应急预案，有针对性地组织应急知识培训，定期组织演练，切实提高从业人员的安全防范意识和应急处置能力。必须为作业人员配备符合国家或行业标准的劳动防护用品。地下矿山企业必须为井下每个班组配备有毒有害气体检测报警仪，入井人员必须随身携带自救器，未按规定配备的立即停产整改。

（四）扎实做好非煤矿山防火和通风安全管理

钼业集团、兴利公司要切实突出安全生产重点，加强防火和通风安全管理工作。严格执行“动火作业票”制度，制定安全技术防范措施，履行审批手续后方可实施。要坚决淘汰国家明令禁止使用的非阻燃动力线、照明线、输送带、风筒等设备设施，主要井巷禁止使用木支护。完善井下通风设施，加强矿井空气质量监测，严禁无风、微风、循环风冒险作业。

（五）加强教育培训，提高安全意识

钼业集团、兴利公司要加强对从业人员的教育培训力度，增强培训的实效性，不断强化从业人员的安全意识和自我保护能力；严格执行安全生产法律、法规及安全操作规程，杜绝违章操作、违章指挥、违反劳动纪律等行为；建立健全安全生产奖惩机制，加强安全生产宣传教育，形成良好的安全生产氛围。

（六）强化对民用爆炸物品的管控力度

公安机关要加强对备案的爆破作业项目的管理，切实履行对爆破作业单位主要负责人、爆破技术负责人及爆破作业人员的安全教育和业务培训，严格执行《民用爆炸物品安全管理条例》相关规定，强化对民用爆炸物品购买、运输和爆破作业的安全监督管理，监控民用爆炸物品流向，对本级审批的爆破作业项目进行现场监管，加强对民用爆炸物品从业单位安全生产工作的检查，发现问题及时整改，消除事故隐患。

（七）强化监管责任落实

安全生产监督管理部门及其他负有安全生产监管职责的有关部门，要坚持管行业必须管安全、管业务必须管安全的原则，认真履行职责，严格把关；要加强对执法人员的培训，提升执法能力，提高安全监管执法的规范化和专业化水平；认真履行执法计划，加强对矿山等高危行业的监管力度。特别是对发生事故的企业，要增加检查频次，对非法违法、违章指挥、违章作业行为严管重罚，对不具备安全生产条件的企业，坚决停产整顿；对停产整顿期间生产的或整顿后仍然达不到安全生产条件的矿山，提请当地人民政府予以关闭。

（八）切实履行好政府安全生产工作职责

葫芦岛市、连山区政府要认真吸取“12·17”事故教训，坚决贯彻落实习近平总书记、李克强总理等中央领导同志和李希书记、陈求发省长等省委、省政府领导同志关于安全生产工作的一系列重要指示精神，坚持“党政同责、一岗双责、失职追责”，落实“五级五覆盖”，牢固树立以人为本的安全发展理念，决不能以牺牲人的生命为代价来换取经济发展。要加强领导、强化措施、突出重点，督促企业落实安全生产主体责任，从根本上改善非煤矿山安全生产条件，提高安全保障能力。

（九）扎实组织开展安全生产大检查

葫芦岛市、连山区和所有非煤矿山企业要按照“全覆盖、零容忍、严执法、重实效”的总要求，全面深入地开展安全生产大检查，通过明查暗访、专家会诊、互检互查等方式和途径，及时彻底地排查和消除非煤矿山企业各类事故隐患，采取有效措施，解决存在的问题。要进一步完善和落实地方政府统一领导、相关部门共同参与的联合执法机制，形成工作合力，始终保持“打非治违”的高压态势，严厉打击非煤矿山各类非法违法生产经营建设行为，坚决打击以探矿、基建、整改名义组织生产的违法行为，有效防范和坚决遏制重特大事故发生。

交通运输事故

荣乌高速烟台莱州段“1·16”重大道路交通事故

2015 年 1 月 16 日 17 时 52 分许，荣乌高速烟台莱州段饮马池大桥上发生一起 4 车相撞的重大道路交通事故，造成 12 人死亡，6 人受伤，4 辆车不同程度损毁，直接经济损失约 1100 万元。

一、事故发生经过

2015 年 1 月 16 日 17 时 52 分许，烟台龙口市石良镇平里院村驾驶人曹××驾驶鲁 YMA331 号“五菱”牌小型面包车沿荣乌高速公路由西向东行驶至 305 千米 +449.13 米处（饮马池大桥），因路面结冰，小型面包车失控，与中央隔离带钢板护栏碰撞后停在应急车道上，驾驶人下车查看情况后，向保险公司报警。之后烟台栖霞市臧家庄镇东林村驾驶人柳××驾驶冀 JR2887 号“解放”牌重型罐式货车行驶至 305 千米 +409 米处，车辆发生侧滑，后尾部与桥南侧水泥护栏发生碰撞刮擦，向前行驶中撞到鲁 YMA331 号“五菱”牌小型面包车左后尾部，共行驶 71.55 米后，货车的左前部又与中央隔离带钢板护栏刮擦后，车辆向右后方移动 2.98 米，斜向停于左侧车道和右侧车道。之后行驶至此的烟台市芝罘区驾驶人王××驾驶鲁 F28955 号大型普通客车右前侧与冀 JR2887 号“解放”牌重型罐式货车的左后尾部发生碰撞，车体朝东北方向停在左侧车道、右侧车道和应急车道上，碰撞造成罐式货车卸油口损坏，所载汽油泄漏（约2吨）。威海市火炬高新技术产业开发区卧龙山小区驾驶人李××驾驶鲁K92039号小型越野客车行驶至此，小型越野客车的右前部撞到鲁F28955号大型普通客车左侧中前部，撞击产生的火花引起冀JR2887油罐车泄漏的汽油蒸气与空气的混合物爆燃，引燃4辆事故车辆，造成12人死亡（8人烧死，4人跳车坠桥死亡），6人受伤，重型罐式货车的后尾部烧损，其他3辆车烧毁的重大事故。

二、应急处置情况

2015年1月16日17时55分，莱州市公安局110接处警中心接到群众报警：在山东省莱州市荣乌高速距莱州服务区1千米（潍坊—烟台方向）油罐车起火。接警后，110指挥中心立即指令消防大队和交警大队赶赴现场处置。莱州市公安局迅速启动重大事故应急指挥处置工作预案，立即调度消防、治安、交警、刑侦赶赴现场进行处置；同步通报120、市卫生局、公路局等110联动单位参与处置。烟台市委、市政府和莱州市委、市政府主要负责同志、分管负责同志及有关部门负责同志迅速赶赴现场指挥现场处置和救援工作。烟台市和莱州市两级公安、消防、卫生、交通、安监等部门迅速赶赴现场进行处置。消防部门先后出动6辆消防车辆，分别从现场西侧、东侧、北侧进行灭火，扑灭明火同时，持续对油罐车实施物理降温，防止发生次生灾害。卫生部门到达现场，立即搜救受伤人员，并及时送医院，烟台市和莱州市抽调医疗专家成立专家组，对受伤人员进行全力抢救。公安机关调动刑警、治安、交警等赶赴现场，划定警戒区域，对现场进行警戒，维护现场交通秩序，全力搜救人员，并迅速开展现场勘查和调查取证工作。16日20时31分，现场大火被扑灭；21时30分，现场伤亡人员搜救工作基本结束；17日4时34分，事故罐车中的汽油被倒罐转移至安全区域；事故现场于17日7时10分清理完毕。

三、事故原因和性质

（一）直接原因

冀JR2887号“解放”牌重型罐式货车超载并在冰雪路面超速行驶，因操作失误造成车辆失控，向右侧滑后，又向左偏驶，在向左偏驶的过程中追尾碰撞鲁YMA331号“五菱”牌小型面包车后，继续向左偏驶，在刮擦中央隔离带钢板护栏停车后，后溜2.98米，停在左侧车道和右侧车道内，堵塞了由西向东行驶的行车道。后方驶来的鲁F28955号大型普通客车在冰雪路面超速行驶，操作不当，右前角与冀JR2887号“解放”牌重型罐式货车左后角相撞，并向右旋转，尾部碰撞南侧水泥护栏停车。冀JR2887号“解放”牌重型罐式货车押运员违反油罐车安全操作规范，未关闭紧急切断阀，在与鲁F28955号大型普通客车碰撞中，货车罐体卸料口损坏，所装货物（汽油）泄漏。

鲁K92039号小型越野客车在冰雪路面超速行驶，驾驶人发现鲁F28955号客车和冀JR2887号“解放”牌货车停在路面后，采取措施过晚，直接撞在大型普通客车的左侧中前部，产生火花，引起冀JR2887货车罐体泄漏的汽油蒸气与空气的混合物爆燃，造成12人死亡、6人受伤、4车损毁。这次事故导致多人伤亡是多种因素叠加的结果，主要原因是油罐车押运员在非装卸时未关闭紧急切断阀，违反了紧急切断阀操作规程，导致油罐车泄漏了大量汽油。

（二）间接原因

（1）河北省沧州临港广通运输有限公司危险货物运输安全生产主体责任不落实。安全管理制度形同虚设，日常安全管理严重缺失，所登记车辆全部为挂靠车辆并放任自由运行，对挂靠车辆挂而不管，对挂靠车辆驾驶员未进行安全教育培训，致使肇事重型罐式货车长期存在重大安全隐患。

（2）烟台交运集团有限责任公司及其牟平运输分公司客运安全生产主体责任落实不到位。对驾驶员安全教育培训不力，对肇事客车在冰雪路面超速行驶、驾驶员应急处置管理不到位。肇事客车未完全按照规定线路行驶。

（3）山东神龟餐饮管理有限公司交通安全主体责任落实不到位。所属车辆安全管理制度不健全，车辆使用安全管理不到位，对肇事越野车驾驶员安全教育不到位。

（4）济南鲁联集团专用汽车有限公司、济南泽群机械制造有限公司未取得强制性产品认证，非法生产并销售肇事重型罐式货车罐体。济南鲁联集团专用汽车有限公司在没有取得强制性产品认证的情况下，由济南泽群机械制造有限公司租借本公司厂房、以本公司名义生产并销售肇事重型罐式货车罐体。济南泽群机械设备有限公司没有取得强制性产品认证，违法生产肇事重型罐式货车罐体，且罐体实际容积大于公告要求的容积，属“大罐小标”。

（5）济南新北方车辆销售服务有限公司违规销售肇事重型罐式货车，违规提供肇事重型罐式货车整车合格证并开具整车销售发票。

（6）德州正科特种设备检测有限公司违法出具虚假检验合格报告。在未对肇事重型罐式货车罐体容积进行实际测量的情况下，违规出具罐体容积符合要求的虚假报告。

（7）山东华星石油化工集团有限公司履行危险货物充装安全生产主体责任不到位。公司装卸管理人员不具备从业资格，未严格落实危险化学品充装查验制度，违规为肇事重型罐式货车超载充装汽油。

（8）荣乌高速公路莱州管理处履行高速公路巡查和清雪防滑职责不力。雨雪天气巡查频次和力度不够，除雪防滑工作开展不力、针对性不强，未及时开展事发地点饮马池大桥等重点路段除雪除冰。

（9）莱州市公安局对高速公路交通安全隐患处置不到位。对巡逻发现的事发地点饮马池大桥桥面结冰情况，未及时采取有效应急处置措施，提醒警示过往车辆降低车速、安全驾驶，安全防范不到位。

（10）烟台市交通运输管理部门履行客运企业安全管理工作职责不到位。烟台市交通运输管理处对烟台交运集团有限责任公司落实客运安全管理主体责任督促检查不到位。牟平区道路运输管理处对烟台交运集团有限责任公司牟平运输分公司落实客运安全管理主体责任督促检查不到位。

（11）济南市长清区质量技术监督局履行强制性产品认证监管职责不到位。未发现济南鲁联集团专用汽车有限公司在不具备生产资质的情况下违规生产肇事重型罐式货车罐体。

（12）济南市长清区工商局平安工商所履行监管职责不到位。未发现济南鲁联集团专用汽车有限公司违规销售没有合格证的不合格罐体问题。

（13）德州市质量技术监督局履行机动车检验机构监管工作职责不到位。未发现和查处德州正科特种设备检查有限公司违规为肇事重型罐式货车出具罐体虚假检验报告问题。

（14）东营市道路运输管理处履行道路危险货物运输装卸管理人员从业资格监管职责不到位。未开展道路危险货物运输装卸管理人员的资质认定和监督检查工作。

（三）事故性质

经调查认定，荣乌高速烟台莱州段“1·16”重大道路交通事故是一起道路交通生产安全责任事故。

四、对事故有关责任人员及责任单位的处理结果

（一）免予追究责任人员

王××，鲁 F28955 号大型普通客车驾驶员，在事故中死亡，免于追究责任。

（二）司法机关已采取措施人员

（1）崔××，冀 JR2887 重型罐式货车实际车主，涉嫌危险物品肇事罪，2 月 3 日已被检察机关批准逮捕。

（2）崔××，冀 JR2887 重型罐式货车押运员，涉嫌危险物品肇事罪，2 月 3 日已被检察机关批准逮捕。

（3）柳××，冀 JR2887 重型罐式货车驾驶员，涉嫌危险物品肇事罪，因事故中受伤正在医院接受治疗，2 月 26 日被公安机关采取取保候审强制措施。

（4）张××，沧州临港广通运输有限公司股东，涉嫌危险物品肇事罪，2 月 3 日已被检察机关批准逮捕。

（5）张××，沧州临港广通运输有限公司股东，涉嫌危险物品肇事罪，2 月 3 日已被检察机关批准逮捕。

（6）李××，济南泽群机械设备有限公司销售经理，涉嫌生产、销售伪劣产品罪，2 月 13 日已被检察机关批准逮捕。

（7）刘××，济南泽群机械设备有限公司生产技术人员，涉嫌生产伪劣产品罪，2 月 13 日已被检察机关批准逮捕。

（8）于××，济南泽群机械设备有限公司法定代表人，涉嫌生产、销售伪劣产品罪，2 月 13 日已被检察机关批准逮捕。

（9）杨××，德州正科特种设备检测有限公司法定代表人，涉嫌提供虚假证明文件罪，2月13日已被检察机关批准逮捕。

（10）李××，鲁K92039小型越野客车驾驶员，涉嫌过失致人死亡罪，因事故中受伤正在医院接受治疗，2月10日被公安机关采取取保候审强制措施。

以上10人是中共党员的，待司法机关作出处理后，由当地纪检机关或者有管辖权的单位及时给予相应党纪处分。

（三）给予党纪、政纪处分人员

（1）李××，烟台交运集团有限责任公司牟平运输分公司安全保卫处处长，对事故发生负有直接监管责任。给予其党内严重警告、撤职处分。

（2）董××，烟台交运集团有限责任公司牟平运输分公司经理、书记，对事故发生负有主要领导责任。给予其党内严重警告、降级处分。

（3）李××，烟台市牟平区道路运输管理处处长，对事故发生负有重要领导责任。给予其行政记过处分。

（4）孙××，烟台交运集团有限责任公司安全保卫部部长，对事故发生负有重要领导责任。给予其党内严重警告、降级处分。

（5）董××，烟台交运集团有限责任公司副总经理、安全总监，对事故发生负有重要领导责任。给予其记大过处分。

（6）奕××，烟台市道路运输管理处处长，对事故发生负有重要领导责任。给予其行政记过处分。

（其他人员略。）

（四）相关处罚及问责结果

（1）责成烟台市安监局、威海市安监局依据《安全生产法》和《生产安全事故报告和调查处理条例》等有关法律法规的规定，分别对事故发生单位烟台交运集团有限责任公司、山东神龟餐饮管理有限公司及其主要负责人作出行政处罚。

（2）由济南市政府责成有关部门依法对济南鲁联集团专用汽车有限公司、济南泽群机械制造有限公司、济南新北方车辆销售服务有限公司及相关人员的违法违规行为作出行政处罚。德州市政府责成有关部门依法对德州正科特种设备检测有限公司及相关人员的违法违规行为作出行政处罚。东营市政府责成有关部门依法对山东华星石油化工集团有限公司及相关人员的违法违规行为作出行政处罚。由山东省质量技术监督局按照相关法律规定，取消德州正科特种设备检测有限公司认证资质。

（3）责成烟台市委、市政府向省委、省政府作出深刻检查（抄报省监察厅、省安监局），认真总结和吸取教训，进一步加强和改进道路交通安全工作。

（五）对河北省有关单位和人员处理结果

鉴于沧州临港广通运输有限公司未落实危险货物运输安全生产主体责任，对事故发生负有主要责任。由河北省人民政府及其有关部门依法组织开展事故调查处理相关工作，对相关企业及其人员未落实货运安全生产主体责任进行行政责任追究和处罚，对相关政府、部门及其人员未落实货运安全生产监管、道路危险货物运输从业人员资质监管责任进行行政责任追究和处分。

五、事故防范和整改措施

（一）进一步强化安全生产红线意识

各地区特别是烟台、济南、威海、东营、德州等有关地方人民政府和部门要深刻吸取荣乌高速烟台莱州段“1·16”重大道路交通事故的沉痛教训，认真贯彻落实习近平总书记、李克强总理等中央领导同志关于安全生产工作的一系列重要指示精神，牢固树立科学发展、安全发展理念，始终坚守“发展决不能以牺牲人的生命为代价”这条红线，建立健全“党政同责、一岗双责、齐抓共管”的安全生产责任体系，坚持“管行业必须管安全、管业务必须管安全、管生产经营必须管安全”的原则，推动实现责任体系“五级五覆盖”，进一步落实地方属地管理责任和企业主体责任。要加大对新《安全生产法》和相关法律法规的宣贯力度，推进依法治安，从严执法监管。高度重视道路交通尤其是危险货物运输和客运安全，认真研究事故防范措施，强化安全监管，坚决避免类似事故重复发生。

（二）加大道路危险货物运输整治和综合监管工作力度

在全省深入开展道路危险化学品运输违法行为专项整治行动。省交安委要制定具体方案，对危化品运输企业、运输车辆、各类从业人员资质、改装车辆及罐体管理、路况管理和路面管控等各个方面，都要依据部门职责，落实监管责任，推进综合治理。各级各部门要加强协调，实施联合执法，形成合力，彻底整治各类隐患，消除不安全因素。要始终保持高压态势，依法严查严处、坚决打击危险货物非法违法运输行为。公安交警部门要进一步加大路面执法力度和集中发车区的管控，加强对危险化学品运输车辆的检查，依法查处超载、超速和不按规定路线行驶等违法行为，并将信息及时通报交通运输部门。交通运输部门要按规定落实货运源头单位派驻或巡查制度，监督货物装载行为，对车辆的装载情况依法实施检查，严防超限超载车辆驶离源头单位。要加强对营运车辆驾驶人、押运人员及危险货物装卸人员的培训，提高作业人员按规程、规范操作的意识和能力。进一步加强对危险化学品运输车辆和人员的监督检查，加强对危险化学品运输车辆动态监管，及时发现并查处超限超载等违法行为。

（三）进一步加大道路客运安全监管力度

各级政府及其有关部门要认真贯彻落实《国务院关于加强道路交通安全工作的意见》（国发〔2012〕30号），加大道路客运安全监管力度，推动客运企业落实安全生产主体责任。要督促客运企业增加驾乘人员培训频次，加强对乘客逃生教育，在客车上设置明显的逃生通道指示标志，发生紧急情况及时引导乘客逃生。要指导企业进一步完善应对恶劣天气及路况的措施和预案，确保特殊气象条件和路况下的安全行驶。各客运企业要加强车辆管理，所有客运车辆必须按照规定线路行驶，需要进行线路调整的，报经许可部门同意后，方可实施。

（四）进一步加强对车辆生产改装和车辆检验检测环节的监管

各级政府和有关部门要严厉打击车辆非法生产、改装和“大吨小标”行为。公安、经信、交通运输、工商、质监等部门要建立机动车安全隐患排查的联动机制，各司其职，以机动车生产企业、销售企业、改装企业、安全技术检验机构等为重点，对机动车生产、销售、改装、检验、登记等各个环节进行全面治理。经信部门要加强对专用汽车生产企业的监管，严禁企业生产和销售未获得许可认证的产品。质监部门要加强对获得强制性产品认证生产企业的监管，严厉打击非法生产强制性认证产品行为，防止企业拼装改装汽车或生产不符合国家相关标准的车辆、罐体等。要严肃处理检验机构为不符合国家标准的车辆办理不检验、检验不合格即出具检验合格报告的行为。公安、交通部门、经信、质监等要严厉查处车辆非法改装、罐体“大吨小标”从事危险货物运输行为。要强化路面巡查，对检查发现的“大吨小标”等油罐车辆，以及其他违法违规车辆，要查明原因，清本溯源；对涉及的生产和销售企业要依法严肃处理，并追究相关部门的管理责任。要对货运企业和货运场站、货物集散地进行全面检查，从源头上杜绝“大吨小标”车辆从事货物运输行为。

（五）进一步加强道路交通和危险货物运输应急管理

烟台市及其他各级地方政府和有关部门要高度重视道路交通和危险货物运输事故应急管理，不断完善应急预案，做好各部门之间应急预案的配套衔接，加强动态管理，经常性地组织开展应急演练，不断提高道路交通事故应急处置能力。严格按照交通事故处理工作规范要求划定警戒区，放置反光锥筒、警告标志、告示牌，停放警车示警等。要排查高速公路桥梁等特殊路段状况，根据需要在高速公路桥梁两侧安装遮挡板或防护网，在中央隔离带漏空处安装防护网，防止事故逃生人员坠桥。

新疆维吾尔自治区喀什“2·24”重大车辆侧翻事故

2015年2月14日23时20分（北京时间，下同）许，新疆五运旅客运输有限公司（以下简称五运司）新N32698号“宇通”牌大型普通客车（以下简称新N32698号车），自喀什地区客运总站国际汽车站（以下简称国际汽车站）出发前往阿克苏中心客运站，当行驶至未开通运营的G3012线阿（克苏）—喀（什）高速公路（以下简称阿喀高速）1071千米+230米处时，因车辆左前轮爆胎致使车辆失控，冲出中央隔离护栏，驶入对向车道发生自翻，造成22人死亡、38人受伤，直接经济损失1475万元（不包含事故罚款）。

一、事故发生及救援经过

（一）事故发生经过

据肇事驾驶人库××交代：一个多月来，由于未开通运营的阿喀高速公路没有收费站、路上车少、没有各类检查执勤点，同时还可以早点回家等原因，其一直选择从阿喀高速行驶。2015年2月24日14时10分许，库××和副驾驶努××驾驶新N32698号车进入国际汽车站，经安全检查合格后报班营运，排班班次为喀什至阿克苏线路第六班，发车时间为20时。20时50分许，库××驾驶新N32698号车从国际汽车站进站口出发（出站乘客结算单显示，出站时车内有33名成人乘客、2名小孩和2名驾驶人共37人）。出站后左转弯向前行驶了约100米后停车开始站外揽客。几分钟左右先后有23名乘客上车，此时新N32698号车内共60人（包括2名驾驶人），超载7人。新N32698号车从喀什市出来行驶到库曲湾收费站，交费后停靠国际汽车站非法补票点，副驾驶努××下车办理相关补票手续。国际汽车站工作人员买××未上车检查是否超载，收取了努××300元补票劳务费，在新N32698号车《新疆维吾尔自治区道路客运统一行车路单》(签发时间：2015年2月11日，有效期15天，签发单位：阿克苏中心客运站）背面记事栏中用蓝色圆珠笔书写“2015年2月24日21时10分，3人”并加盖喀什国际客运站专用章和登记车辆信息后放行（经事故调查组核查，买××只向国际汽车站上交3名乘客计45元补票劳务费）。新N32698号车继续向前行驶至阿图什东收费站进入阿喀高速，由于其行驶方向道路用土堆封闭，便从土堆左侧中央隔离护栏缺口处驶入对向车道继续行驶1千米左右后驶入道路北侧匝道行驶至匝道收费站附近处，又掉头沿着匝道逆行返回由东向西方向主道，以此绕过土堆。在由东向西方向主道逆向前行约2千米后，从中央隔离护栏缺口处重新驶回由西向东方向的主道。在由西向东的主道向前行驶约90千米后，由于前方道路用土堆封闭，其从大山口匝道收费站驶出高速公路，进入G314线。在G314线继续前行约40千米后，在一处离伽师总场还有17千米的牌子处向左转弯，重新驶入阿喀高速并向前行驶约100千米，于23时20分许行驶至阿喀高速1071千米+230米处时，左侧前轮爆胎致使车辆失控，冲出中央隔离护栏，驶入对向车道发生自翻，造成22人死亡、38人受伤。

（二）事故应急救援情况

2015年2月14日23时27分许，喀什地区巴楚县公安局指挥中心接到肇事驾驶人库××的电话报警后迅速指派所属巴楚县公安局交警大队民警赶赴现场处置。巴楚县委、县政府接报后，立即启动《巴楚县重大交通事故应急预案》，县委、县政府主要领导带领公安、交通、消防、安全监管、卫生等部门迅速赶赴现场进行救援。事故发生后，自治区主席、自治区党委常委等领导对事故做出了重要批示。2月25日，自治区副主席带领自治区相关部门负责人赶赴事故现场指导事故救援、善后处理和事故调查工作。2月25日，国家安全监管总局、公安部、交通运输部等部门组成的督导组到达巴楚县指导事故调查和善后工作。22名死者得到妥善安葬，抚恤补偿工作已全部完成，伤者在医院得到有效治疗。死者家属和受伤人员情绪稳定，社会秩序平稳。

二、事故发生的原因和事故的性质

（一）直接原因

肇事驾驶人库××擅自驶入未开通运营的道路，以133千米/小时的速度超速行驶过程中，车辆左前轮突然爆胎，导致车辆侧翻。

（二）间接原因

1. 五运司安全管理混乱，安全生产主体责任不落实

（1）公司法定代表人安全意识淡薄，对安全生产工作要求认识不足，不能有效履行安全生产第一责任人责任。

（2）公司道路运输经营许可证已于2015年1月10日过期，属非法从事营运。

（3）公司安全管理混乱，安全生产主体责任落实不到位：一是从业人员安全培训教育制度不落实，驾驶员习惯性违章操作，长期超速、超载行

驶；二是虽取得道路运输二级企业资质，但相关规章制度与其实际严重不相符；三是安全检查员未按照《营运客车安全例行检查技术规范》对车辆技术状况进行安全检查，只是凭经验目测进行安全检查；四是春节期间，安全检查员脱岗，提前在《营运客车安全例行检查报告单》上签章，由他人替岗对车辆进行安全检查后签发《营运客车安全例行检查报告单》，其中2月23日，替岗人员在事故车辆洗车时，简单目测后就出具了《营运客车安全例行检查报告单》；五是GPS动态监控流于形式，未对超速车辆进行监管和处罚。

2. 喀什地区客运总站国际汽车站管理混乱，安全生产主体责任落实不到位

（1）落实“三不进站”和安保维稳要求不到位，大量无关人员随意进入国际汽车站发车区。

（2）落实“六不出站”要求不到位，出站安全员未提醒督促司机和乘客系好安全带，并违反国际汽车站安全规定，允许事故车辆从国际汽车站进站口发车。

（3）安全例检员未按照《汽车客运站营运客车安全例行检查工作规范》对车辆技术状况进行安全检查，只是凭经验目测进行安全检查。

（4）国际汽车站值班领导脱岗现象时有发生，值班副站长艾××于2月24日7时30分至9时30分脱岗2小时。

（5）在库曲湾收费站处非法设置补票点，安排工作人员收取出站车辆站外揽客补票劳务费，但工作人员不上车检查车辆是否超载也不对站外揽客人员进行身份信息登记和“三品”检查。

（6）未严格落实班车发班制度，事故车辆在国际汽车站发车时间为20时，但实际发车时间为20时50分。

3. 喀什地区道路交通安全监管不到位

（1）喀什地区交通运输局协调道路运输相关职能部门开展工作不力，对国际汽车站监督检查不到位，未发现国际汽车站存在的隐患。对阿喀高速建设指挥部通报的营运车辆进入阿喀高速未完工路段的问题协调解决不力。

（2）喀什地区道路运输管理局对国际汽车站安全监管不到位，为国际汽车站非法设置补票点提供房屋，并将《自治区道路交通稽查客运车辆登记表》交由补票点工作人员代填。对国际汽车站长期存在的站外揽客违法行为打击不力。对阿喀高速建设指挥部通报的营运车辆进入阿喀高速未完工路段的问题未及时协调解决。

（3）喀什地区公安交警支队指导督促各县市交警大队开展交通巡查不到位，未及时制止大量社会车辆在未开通运营的阿喀高速上通行行为。喀什市公安交警大队路面巡查不到位，未对出城车辆进行人员信息核查和是否超载进行检查。

（4）喀什地区行署开展道路运输行业“六打六治”打非治违专项行动不到位，对交通运输部门、道路运输管理部门、公安交警部门履行道路安全监管职责的情况督促检查不到位。

4. 阿克苏地区道路交通安全监管不到位

（1）阿克苏地区交通运输局协调道路运输相关职能部门开展工作不力。对五运司监督检查不到位，未发现五运司存在的隐患。对阿喀高速建设指挥部通报的营运车辆进入阿喀高速未完工路段的问题未及时协调解决。

（2）阿克苏地区道路运输管理局未认真吸取近年来连续发生的重大道路交通事故教训，对地区道路运输工作监督检查不力，发现不了企业存在的隐患。对五运司安全检查流于形式，未能发现道路运输经营许可证过期的严重违法行为，对从业人员安全教育、车辆技术状况安全检查、隐患排查等工作检查指导不到位，未发现存在的隐患。未对五运司车辆挂靠经营采取切实可行的安全监管措施。对阿喀高速建设指挥部通报的营运车辆进入阿喀高速未完工路段的问题未及时协调解决，未将阿喀高速未开通运营、各种车辆不得进入的信息向本地区道路运输企业予以通告。

（3）阿克苏地区行署开展道路运输行业“六打六治”打非治违专项行动不到位，对交通运输部门、道路运输管理部门履行道路运输安全监管职责的情况督促检查不到位。

5. 自治区交通运输厅对阿喀高速建设、道路客运安全监管不到位

（1）违反《公路工程竣（交）工验收办法》（交通部令2004年第3号）、《公路工程竣交工验收办法实施细则》（交公路发〔2010〕65号）、《关于确保公路建设项目沿线配套设施与主体工程同步完工的若干规定》（新交体法〔2011〕49号）和《关于进一步落实公路工程建设项目五同步工

作的通知》（新交工程〔2014〕6号）的规定，未严格执行施工合同，项目管理混乱，在阿喀高速附属设施未修建完成的情况下，组织交工验收。对大量社会车辆在未开通运营的阿喀高速上通行情况管控不到位。

（2）对道路客运安全管理工作监管不到位，对下属单位执行道路客运安全管理规定监督不严，对道路客运企业、客运站日常安全检查不到位。

（三）事故性质

经调查认定，新疆喀什“2·24”重大车辆侧翻事故是一起生产安全责任事故。

三、对有关责任人员和单位的处理结果

（一）移送司法机关处理人员

（1）史××，五运司法定代表人、总经理，公司安全生产工作第一责任人，对事故的发生负有责任，已涉嫌犯罪，移送司法机关追究刑事责任。

（2）库××，新N32698号车驾驶人，对事故发生负有直接责任，已涉嫌犯罪，移送司法机关追究刑事责任。

（二）对相关责任人员的行政处分结果

（1）贺××，国际汽车站站长，国际汽车站安全生产工作第一责任人，对事故的发生负有主要领导责任。给予其行政撤职处分。

（2）艾××，国际汽车站副站长，对事故的发生负有主要领导责任。给予其行政记大过处分。

（3）杨××，国际汽车站副站长，分管安全生产工作，对事故的发生负有主要领导责任。给予其行政记大过处分。

（4）罗××，喀什地区客运总站总站长，喀什地区客运总站安全生产工作第一责任人，对事故的发生负有重要领导责任。给予其行政记过处分。

（5）王××，阿克苏地区道路运输管理局党组书记、副局长，主持阿克苏地区道路运输管理局工作。给予其行政撤职处分和撤销党内职务处分。

（6）王××，阿克苏地区道路运输管理局安全生产管理监督办公室负责人，对事故的发生负有重要领导责任。给予其行政记过处分。

（7）朱××，阿克苏地区道路运输管理局执法支队负责人，对事故的发生负有重要领导责任。给予其行政记过处分。

（8）柳××，阿克苏地区交通运输局局长，未认真履行交通运输行业安全生产综合监管职责，对事故的发生负有领导责任。给予其行政警告处分。

（9）张××，阿克苏市副市长，对事故的发生负有一定的监管责任。给予其行政警告处分。

（10）尼××，喀什地区道路运输管理局局长、党组副书记，给予其行政记大过处分。

（11）尼××，喀什地区道路运输管理局执法支队副支队长，对事故的发生负有重要领导责任。给予其行政记过处分。

（12）吴××，喀什市公安交警大队大队长，对事故的发生负有领导责任。给予其行政警告处分。

（13）缑××，喀什地区交通运输局局长，对事故的发生负有领导责任。给予其行政警告处分。

（14）古××，巴楚县常务副县长，对事故的发生负有一定的监管责任。给予其行政警告处分。

（15）雒××，自治区交通运输厅工程管理处处长。给予其行政记大过处分。

（16）张××，自治区道路运输管理局客运管理处处长，对道路客运安全管理工作负有监管不到位的责任。给予其行政警告处分。

（17）玉××，自治区交通建设管理局项目执行二处处长，对大量社会车辆进入未开通运营的阿喀高速负有领导责任。给予其行政记大过处分。

（18）刘××,阿喀高速建设指挥部指挥长,对事故的发生负有重要领导责任。给予其行政撤职处分。

（三）对相关责任单位和人员的行政处罚

（1）新疆五运旅客运输有限公司，安全管理混乱，道路运输经营许可证过期后非法从事营运，对车辆超速、超载、违规站外揽客、车辆技术状况安全检查流于形式等行为管控不到位，对事故的发生负有责任。责成新疆维吾尔自治区安全监管局依据《安全生产法》第一百零九条第三款的规定，对其罚款340万元；责成道路运输管理部门依据《国务院关于加强道路交通安全工作的意见》(国发〔2012〕30号）第四条的规定，责令其停产停业整顿，依据《自治区道路运输条例》第五十三条的规定，吊销事故车辆班线客运经营许可，吊销事故车辆道路运输证和肇事驾驶人的从业资格证。

（2）史××，五运司法定代表人、总经理，公司安全生产工作第一责任人，对事故的发生负有责任。责成新疆维吾尔自治区安监局对其罚款

10.8万元；其终身不得担任交通运输行业生产经营单位主要负责人。

（四）其他处理结果

买××，国际汽车站工作人员，未认真履行职责，未上车检查新N32698号车实际乘客人数，对新N32698号车超载行为未进行制止，并涉嫌职务侵占，国际汽车站对其作出除名处理。

（五）作出书面检查

责成喀什地区行署、阿克苏地区行署、自治区交通运输厅向自治区人民政府作出深刻书面检查。

四、防范措施建议

（一）道路运输企业要切实落实安全生产主体责任

新疆五运旅客运输有限公司要进一步落实企业安全生产主体责任，加强对驾驶员和车辆的管理，强化安全检查，对不符合安全生产条件的车辆和人员，坚决予以停运，对查出的问题，要责令限期整改，跟踪督办；督促客运车辆按照规定路线营运，发现营运车辆违规驶入未开通运营公路的，要严肃处理；充分利用道路运输车辆动态监控系统，加强对车辆的动态监管，避免超速、超载、疲劳驾驶等行为；扎实开展安全生产标准化活动，切实通过标准化达标规范企业安全生产活动。喀什地区客运总站国际汽车站要严格落实“三不进站、六不出站”要求，加强对人员、车辆的安全检查，对因道路等原因不能保证正常到达的线路和班次，要进行合理调整或取消班次。

（二）阿克苏地区、喀什地区要进一步加强交通运输行业安全监管力度

要全面落实责任，层层狠抓落实，认真查找和解决交通运输行业存在的突出问题，提出有针对性的对策、措施。要严把道路运输企业资质准入关、驾驶员从业资格关和营运车辆技术状况关，要切实发挥好安全检查的作用，对取证后安全管理水平下降的企业，要依法责令停业整顿，经验收合格后方可恢复营运：对整改不达标的，要依法依规取消其相应资质。要根据当前交通违法和交通事故特点，充分利用电视、报刊、广播等传播媒介，密集开展对客运班线等重点驾驶人的宣传教育和警示提示。要以对生命高度负责的精神，认真查处每一起道路交通事故，严肃处理相关责任人员并及时向社会公布，切实做到警示高悬、警钟长鸣。

（三）自治区交通运输厅要充分发挥交通运输行业监管职能

督促交通建设管理、道路运输管理、公路管理等部门认真履行职能。交通建设管理部门要按照公路工程竣交工验收程序开展在建公路的竣交工工作，不符合竣交工验收程序的坚决不予竣交工验收；对目前已交工验收但未开通运营的公路，要加强安全管理，采取切实措施，防止社会车辆上路通行。道路运输管理部门要严惩屏蔽、干扰GPS动态监控信号等违法行为，建议开展GPS动态监控第三方监管方案研究，并进行试点，条件成熟后，在全疆进行推动；对车辆挂靠管理中影响安全生产工作的问题进行调查研究，采取切实有效措施加强监管；要加强源头管理，督促客运车辆严格遵守道路交通安全法律法规安全运行；公路管理部门要加强公路养护，及时修复公路附属设施，确保公路安全运行。

（四）公安交警部门要进一步强化道路交通安全巡控工作

要突出事故易发的重点路段和重点时段安全监管，加大对事故多发路段的巡逻管控力度，从严查处超速、疲劳驾驶等严重违法行为，进一步落实客运车辆交通违法向道路运输管理部门抄告和转递制度，做到查处一起、转递一起、抄告一起。

河南省安阳市林州“3·2”重大道路交通事故

2015年3月2日23时许，河南省安阳市林州境内226省道45千米+700米处发生一起重大道路交通事故，造成20人死亡，13人受伤，直接经济损失1200.8万元。

一、事故发生经过及应急处置情况

（一）事故发生经过

2015年3月2日23时许，驾驶人宋××无证驾驶豫AL9139号大型普通客车沿226省道由卫辉向林州方向行驶至45千米+700米处弯道时，因车速过快，操作不当，撞断公路右侧波形防撞护栏，翻下山坡，造成豫AL9139号大型普通客车内20人死亡，13人受伤。

（二）应急处置情况

2015年3月2日23时08分，林州市公安局指挥中心接到群众报警后，林州市公安局交警大队公路巡警临淇中队、林州市公安局五龙派出所民警前往现场救援，林州市消防大队随后赶到现场参加救援。接到事故报告后，林州市迅速启动应急预案，公安、卫生、消防、民政、安监和162师装甲团驻林州152名训练官兵迅速赶到事故现场参加救援。9家医疗机构12辆救护车和41名医护人员参与伤员救治。随后，安阳市委、市政府，河南省政府和国家安全监管总局、公安部、交通部有关负责同志赶赴事故现场，指导抢险救援和事故调查工作。3月3日凌晨4时50分，伤员全部送往医院救治，现场救援结束，交通秩序恢复正常。

（三）善后处理情况

事故中13名受伤人员分别送到省、市、县三级医疗机构救治，林州市政府先期垫付1005.7万元，用于遇难人员善后赔偿。

二、原因分析及性质认定

（一）直接原因

豫AL9139号大型普通客车驾驶人宋××遇情况采取措施不当、超速行驶、无证驾驶、肇事车辆制动性能不符合要求，是事故发生的直接原因。

（二）间接原因

（1）田××带领的演出团队进行非法营业性演出。该演出团队未注册登记、未办理营业执照，未办理营业性演出许可证，长期通过无证照经纪人联系演出业务。

（2）郑州、新乡市公安交警部门履行路面执法管控职责不力。郑州市公安局交警支队郑少高速大队、新乡市公安局平原分局交通巡防大队贯彻执行春运期间严格检查7座以上客运车辆的规定不力，没有对经过辖区执法服务站的豫AL9139号大型普通客车进行检查登记，存在漏检事故车辆问题。

（3）新密、荥阳、林州文化主管部门履行演出市场监管职责不到位。新密市文化广电旅游局对非法营业性演出活动巡查、检查不力，没有发现田××演出团队在辖区内多次集中排练和非法演出活动。荥阳市文化广播电视新闻出版局对非法营业性演出巡查、检查不力，没有发现辖区内的非法营业性演出活动。林州市文化市场综合执法大队未严格按照规定开展文化市场检查巡查活动，没有发现辖区内的非法营业性演出活动。

（4）新密、荥阳、林州市工商行政管理部门履行营业性演出监督管理职责不力。新密市工商局白寨工商所、荥阳市工商局贾峪工商所、林州市工商局临淇工商所对无照经营活动监管不力，没有发现辖区内的非法营业性演出活动。

（5）有关地方政府履行文化市场监督职责不到位。新密市白寨镇政府履行文化市场监督职责不力，没能发现田××非法演出团队在辖区内的演出活动和演出前后的多次集中活动。荥阳市贾峪镇政府履行文化市场监督职责不力，违反规定通过无证经纪人联系田××非法演出团队进行演出活动。

（6）郑州公交总公司五分公司交通安全管理责任落实不到位。郑州公交总公司五分公司对驾驶员资格审查把关不严，长期聘用无证人员上岗，存在重大安全隐患；没有严格按照有关制度和程序聘用、管理、使用驾驶员，未及时发现宋××冒用其兄宋××的有关证件驾驶公交车；驾驶员教育管理不到位。

（三）事故性质

经调查认定，安阳市林州“3·2”重大道路交通事故是一起责任事故。

三、责任认定和处理结果

（一）司法机关已采取措施人员

（1）宋××，豫AL9139号大型普通客车驾驶人，2015年3月3日，被林州市公安局立案侦查，重症监护室治疗。3月4日，以涉嫌交通肇事罪被林州市公安局监视居住。

（2）李××，豫AL9139号大型普通客车车主，2015年3月6日，以涉嫌重大责任事故罪被林州市公安局刑事拘留。

（3）田××，演出团队负责人，2015年3月3日，以涉嫌重大责任事故罪被林州市公安局刑事拘留。

（4）孙××，个体演出经纪人，长期从事非法经纪活动，假冒郑州市豫剧团与林州市临淇镇前寨村签订演出合同。2015 年 3 月 5 日，以涉嫌招摇撞骗违法行为被林州市公安局行政拘留 10 日。

（5）任××，个体演出经纪人，长期从事非法经纪活动，假冒郑州市豫剧团与林州市临淇镇前寨村签订演出合同。2015 年 3 月 5 日，以涉嫌招摇撞骗违法行为被林州市公安局行政拘留 10 日。

（6）王××，郑州市公安局郑少高速大队执法服务站民警。2015 年 5 月 6 日，因涉嫌玩忽职守罪被林州市检察院立案侦查。

（7）郭××，新乡市公安局平原分局交通巡防大队民警。2015 年 5 月 6 日，因涉嫌玩忽职守罪被林州市检察院立案侦查。

（8）周××，新乡市公安局平原分局交通巡防大队负责人。2015 年 5 月 6 日，因涉嫌滥用职权罪被林州市检察院批准逮捕。

以上人员属中共党员或行政监察对象的，待司法机关作出处理后，由当地纪检监察机关或有管辖权的单位及时给予相应的党政纪处分。

（二）党政纪处分结果

（1）田××，林州市临淇镇前寨村会计。参与组织非法演出活动，与非法经纪人和非法演出团体签订演出合同。对事故发生负有主要责任，给予留党察看一年处分。

（2）赵××，荥阳市文化局副科级退休干部。无个体经纪人证照从事演出经营活动，联系田××非法演出团队在荥阳市贾峪镇演出。对事故发生负有主要责任，给予留党察看一年处分。

（3）张××，郑少高速交警大队西南站执法服务站临时负责人，对事故发生负有主要领导责任。给予党内严重警告、行政降级处分。

（4）宋××，郑州市公安局交警支队郑少高速大队副大队长，分管郑少高速交警大队西南站执法服务站工作，对事故发生负有主要领导责任。给予行政记大过处分。

（5）张××，郑州市公安局交警支队郑少高速大队大队长，主持郑少高速大队全面工作，对事故发生负有重要领导责任。给予行政记过处分。

（6）朱××，新乡市公安局平原新区分局副局长，分管交通巡防大队工作，对事故发生负有主要领导责任。给予行政记大过处分。

（7）路××，新乡市公安局平原分局局长，主持平原分局全面工作，对事故发生负有重要领导责任。给予行政记过处分。

（8）李××，新密市文化广电旅游局综合执法大队一中队中队长，负责乡镇文化市场综合执法，对事故发生负有主要领导责任。给予党内严重警告、行政降级处分。

（9）李××，新密市文化广电旅游局综合执法大队副大队长，分管一中队，对事故发生负有重要领导责任。给予记大过处分。

（10）王××，新密市文化广电旅游局党委委员、工会主席，分管并负责文化市场综合执法大队工作，对事故发生负有重要领导责任。给予行政记大过处分。

（其他人员略。）

（三）其他处理结果

郑州公共交通总公司五公司 519 线路站务管理员戚××、一车队队长薛××、五公司经理助理李××（兼任运安科科长）、五公司经理张××，落实安全管理制度不力，聘用驾驶员驾驶证审核把关不严，对驾驶员宋××冒用他人驾驶证驾驶 519 线路 5320 号公交车问题失察，由郑州市政府依法依规作出处理，处理结果报省政府安委会办公室。

四、事故防范措施

（一）加强“营转非”车辆管理

针对“营转非”车辆存在的管理漏洞和安全隐患，由公安机关牵头，交通运输、安全监管、旅游等部门配合，对全省范围内“营转非”车辆逐一排查、逐一审核，对手续不全、存在安全隐患的车辆强制封存，对已到报废年限的强制报废，杜绝隐患车辆流入客运市场。由公安机关牵头，研究制定“营转非”车辆监督管理规章制度，加强对“营转非”车辆日常管理、维护维修的监督，出台达到营运年限的客车强制要求报废的规定。

（二）加强路面巡查和执法服务站的管理

全省各级公安机关要加强节假日重点时段和临水临崖等事故多发性路段交通管控，严厉打击客车超速行驶等违法行为。要认真落实省、市、县际公安交通安全执法服务站要求，明确交通安全执法服务站职责，重点查纠 7 座以上客运车辆、危险化学品运输车辆，逐车进行检查登记，严格落实“六必查”措施，严厉查处高速公路、国省道超员、疲劳驾驶、无证驾驶等违法违规行为。要加强对执法服务站执法情况的监督和检查，督促执法服务站认真做好执法和检查工作。

（三）加强全省营业性演出市场管理

各省辖市文化、公安、工商部门要加强协作，建立完善执法协作机制，密切配合，各司其职，建立良好的联合协作机制，形成执法合力。要加大演出市场检查巡查力度，重点加强对城乡接合部、乡镇街道、庙会等流动性演出活动和经纪活动的查处。要健全制度，构建社会监管体系，完善演出市场监督举报制度，公布12318文化市场监督举报电话，建立文化市场义务监督员队伍。要充分发挥乡、村两级政府的监督作用，不断健全完善市、县、乡（镇、街）三级文化市场管理工作机制，加强信息沟通。同时要加强文化市场法律法规的宣传力度，增强抵制和举报非法营业性演出的意识和自觉性。

（四）加强重点路段道路安全整治

全省各级道路交通运输部门要会同公安、安全监管等部门，结合国务院办公厅下发的《关于实施公路安全生命防护工程的意见》，开展公路安全生命防护工程建设专项整治，改善道路交通条件和管理条件，加大公路维护力度。对临水临崖等危险路段、事故多发路段，要安装金属波形防护栏。在转弯半径较小的路段，要安装警示标志、红色警示灯和红白相间的标志水泥桩，及时提醒司机注意。要将排查确定的危险路段、事故多发路段，通过报纸、电视等媒体向社会公告，以引起运输企业和司机的关注。

贵州省纳雍县“4·4”重大道路交通事故

2015年4月4日19时30分许，贵州省毕节市交通运输有限责任公司一辆牌号为贵F06818的中型客车，在途经纳雍县老凹坝乡街上村至果几盖村通村水泥路上时，坠入道路左侧垂高51米的以那河河床，造成21人死亡、3人受伤，车辆严重损坏的重大道路交通事故。直接经济损失1249.36万元。

一、事故发生经过和应急处置情况

（一）事故发生经过

2015年4月4日（清明节假期）下午，贵F06818号车驾驶员兼承包人胡××之妻李××在织金车站内停车区以每人50元的价格（平时为每人35元），组织18名乘客拟乘坐胡××驾驶的贵F06818号车前往纳雍县。16时35分许，胡××驾驶贵F06818中型普通客车由纳雍返回织金，完成了当日正常班次任务后，驶入织金车站例检台进行车辆安全例检。在例检台上，该车装载部分乘客行李。17时02分，胡××以修车为由，将线路牌交给门岗后，驾车从车站进站口驶出织金车站，17时08分许到达下寨中石化北门加油站（距车站约400米）并停车，17时10分许其妻组织的18名乘客从车站步行至该加油站上车。17时19分许，该车装载乘客往纳雍方向行驶。17时27分，胡××在正常行驶途中从仪表盘下取出动态监控终端电源线并扯断，致使该车卫星定位动态监控掉线。18时和18时13分，该车在307省道织金县以那段两次停车，共有5名乘客上车；18时52分，3名乘客下车；19时02分至19时12分，该车在武佐河大桥纳雍县境内停车加水，期间又有4名乘客上车；19时17分，1名乘客下车，此时该车共载24人。19时30分许,该车行驶至307省道170千米+100米与纳雍县老凹坝乡果几盖村通村公路交叉路口处，左转驶入通往老凹坝乡街上的通村公路98.8米，车辆通过限宽水泥墩时，左前轮刮擦左侧限宽水泥墩后失控，翻下道路左前方，与斜坡上的石块接触后，再翻坠到以那河河床上，造成包括驾驶人胡××在内的20名司乘人员当场死亡、1人送医院抢救无效死亡、3人受伤、车辆严重损坏的重大道路交通事故。

（二）应急处置情况

事故发生后，当地群众拨打电话报警并立即自发进行救援。4月4日19时36分，纳雍县公安局110指挥中心接群众报警，称在纳雍县老凹坝乡果几盖村一辆客车翻到以那河里；19时37分至39

分，指令县交警大队、老凹坝派出所、县消防大队出警，并逐级上报事故情况；19时42分，老凹坝乡派出所民警赶到现场，20时12分，县刑侦大队、交警大队、消防大队、特（巡）警大队赶到现场，并立即投入救援；21时08分，县委、县政府组织有关部门赶到现场，成立救援工作领导小组，下设11个工作组开展工作；21时许，第一位伤员抬上救护车；22时许，另外3名伤员送医院抢救（其中1名伤员经抢救无效死亡）。4月5日凌晨1时许，遇难者遗体分送纳雍县、织金县、黔西县殡仪馆停放，现场抢险救援工作结束。6时许，现场清理完毕；8时许，现场交通恢复通行。

接到事故报告后，毕节市委、市政府主要负责同志率领市相关部门人员赶赴现场组织事故救援和善后处理工作；贵州省委常委、副省长秦如培带领省政府办公厅、省安监局、省公安厅、省交通运输厅、省应急办相关人员赶赴现场，成立事故救援处置工作组，指导救援和善后处置工作；国家安全监管总局、公安部、交通运输部有关负责同志组成的工作组，于4月5日赶到事故现场，指导事故处置工作。贵州省卫生计生委立即调集医疗卫生专家全力抢救受伤人员，伤员无生命危险；毕节市、织金县、纳雍县积极协调保险企业做好理赔工作，并全力做好死伤者人员家属接待和安抚，及时与全部遇难者家属签订了赔偿协议，落实赔偿事宜。事故善后工作有序进行。

二、事故原因和性质

（一）直接原因

驾驶员胡××在驾车通过路面限宽水泥墩时，超速行驶（道路设计速度20千米/小时，行驶速度38.8千米/小时），操作不当，致使客车左前轮与左侧限宽水泥墩刮擦后失控，向左前方驶出路面，坠落到垂直高度51米的以那河河床上，造成事故。

（二）间接原因

（1）肇事车辆驾驶人（承包人）违反安全管理有关法律法规规定。一是在完成规定的运输任务后，私自揽客；二是超员、超速行驶；三是恶意破坏动态监控装置，逃避监管；四是擅自在未经验收、不准许通行客运车辆的通村公路上行驶。

（2）事故单位安全生产主体责任落实不到位。贵州省毕节汽车运输公司织金车站安全管理不力，一是车站安全管理制度不完善，对收班车辆管理不严格；二是车站动态监控平台管理混乱，监控制度执行不到位，特别是对本次事故车辆动态监控掉线后未及时上报并查清原因，对一些车辆擅自在动态监控终端加装电源开关、逃避监管的行为失察；三是对车辆安全监督检查不到位，对营运车辆私自揽客、超员超速未能及时发现和制止；四是对客运车驾驶人违法行为处理不到位，公司路检路查发现的违规行为未按规定处理；五是站场管理混乱，未购票旅客也能随意进出车站。

贵州省毕节市交通运输有限责任公司安全工作存在漏洞，一是安全管理制度不健全，对收班车停放、外出等没有制定严格的管理制度，动态监控制度只针对正常发班车辆；二是公司对织金车站安全监督检查不到位，在公司领导班子分工中，明确织金车站安全工作由公司副总经理兼织金车站站长程××负责，分管安全的副总经理罗××不负责织金车站的安全工作，而公司负责安全工作的安全机务信息处属罗××分管，致使安全机务信息处也几乎不到织金车站检查安全工作，仅通过织金车站上报的信息评判该车站的安全工作情况，未发现织金车站存在的收班车管理、车辆动态监控平台管理混乱等严重隐患，公司安全管理部门对织金车站安全工作处于漏管状态。

（3）道路运输管理机构履行行业监管职责不到位。织金县道路运输局作为织金车站的行业监管部门，对车站存在的制度缺陷、管理漏洞特别是动态监控平台管理混乱等问题失察。毕节市公路运输管理处对客运企业安全工作督促指导不力，对织金县道路运输局工作督促指导不到位。

（4）公安交警部门履行路面管控职责不到位。织金县、纳雍县交警大队对客运车辆安全检查不到位，治理客运车超员行为不力，对乡镇及派出所道路交通安全管理工作指导不力。毕节市交警支队对织金、纳雍交警大队工作督促指导不力，未及时发现并纠正织金、纳雍交警大队工作中存在的路面管控不到位、客车超员打击不力等情况。

（5）纳雍县老凹坝乡对新建通村公路安全管理不到位。该乡没有专职道路交通安全协管员，乡党委、政府没有针对性的安排部署管理力量采取有效措施制止客运班车在未经验收、不允许通行的新建通村公路上行驶。乡派出所履行农村道路交通安全管理职责不到位，对中型客车长期在未验收的通村道路上行驶的现象管理不到位。

(6) 织金县、纳雍县人民政府对道路交通安全工作组织领导不力。织金县人民政府对公安交警部门、道路运输部门履职情况指导督促不力；纳雍县人民政府对公安交警部门履职情况和辖区内农村道路交通安全管理督促指导不到位，没有按要求为老凹坝乡配专职道路交通安全协管员。

(三) 事故性质

经调查认定，纳雍县“4·4”重大道路交通事故是一起生产安全责任事故。

三、对事故有关责任人员及责任单位的处理结果

(一) 因在事故中死亡免予追究责任人员

胡××，肇事车驾驶人，对事故负直接责任。涉嫌构成重大责任事故罪，鉴于其已在事故中死亡，不再追究责任。

(二) 涉嫌犯罪人员

(1) 许××，毕节汽车运输公司织金车站动态监控平台工作人员。4月4日下午当班，发现贵F06818号车动态监控掉线后，未向上级报告。涉嫌犯罪，公安机关已立案侦查。

(2) 陈××，毕节汽车运输公司织金车站动态监控平台负责人。未严格落实动态监控平台管理制度，对动态监控人员工作上的重大失误失察。涉嫌犯罪，公安机关已立案侦查。

(3) 陈××，毕节汽车运输公司织金车站副站长，分管安全生产、生产经营、动态监控、维修等。未有效组织本单位安全隐患排查治理，对公司管理制度执行情况督促检查不力。涉嫌犯罪，公安机关已立案侦查。

(4) 程××，中共毕节市交通运输有限责任公司委员会党委委员、毕节市交通运输有限责任公司副总经理，毕节汽车运输公司织金车站站长。作为毕节市交通运输有限责任公司副总经理，分管织金车站安全生产，未有效履行安全职责；作为织金车站站长，车站安全管理混乱，隐患排查不到位，车辆进出门岗检查不严格，动态监控平台管理不规范。涉嫌犯罪，公安机关已立案侦查。

(5) 吴××，织金县道路运输局安全办主任。未按规定通过重点营运车辆公共服务平台对运输企业的车辆进行抽查、对运输企业实行季度考核，事故当天擅自脱岗外出，未按安排牵头到高速公路路口检查客运车辆。涉嫌犯罪，移送司法机关依法追究刑事责任。

(6) 陈××，纳雍县老凹坝乡政法委书记，分管安全生产及道路交通安全工作，联系派出所。未认真开展“一站一点一队”建设工作，未落实农村道路安全包保责任制，在知道营运客车在未验收的通村公路上违规行驶的情况后没有采取任何措施。涉嫌犯罪，移送司法机关依法追究刑事责任。

(7) 杨××，纳雍县老凹坝乡乡长。未按要求成立道路交通安全管理机构并开展工作，在知道营运客车在未验收的通村公路上违规行驶的情况后没有采取任何措施，事故发生后安排伪造道路交通安全的工作记录。涉嫌犯罪，移送司法机关依法追究刑事责任。

以上人员属于中共党员或行政监察对象的，待司法机关作出处理后，由纪检监察机关或具有管辖权的单位及时给予相应的党纪、政纪处分。

(三) 给予党政纪处分和行政处罚人员

(1) 白××，毕节汽车运输公司织金车站门岗人员，对事故负有重要责任。给予留用察看一年处分。

(2) 盖××，毕节市交通运输有限责任公司安全机务信息处处长，对事故负有重要责任。给予行政记大过处分。

(3) 罗××，中共毕节市交通运输有限责任公司委员会党委委员、毕节市交通运输有限责任公司副总经理，分管安全生产，对事故负有重要领导责任。给予党内警告、行政记大过处分。

(4) 蒋××，中共毕节市交通运输有限责任公司委员会党委委员、副书记，毕节市交通运输有限责任公司法人代表、总经理，对事故负有重要领导责任。给予党内严重警告、行政撤职处分；自处分之日起五年内不得担任任何生产经营单位的主要负责人，终身不得担任本行业生产经营单位的主要负责人；由毕节市安全监管局对其处以2014年年收入60%罚款，计3.1万元。

(5) 崔××，织金县交警大队四中队指导员，负责307省道织金县以那段交通巡逻管控，对事故负有重要领导责任。给予党内严重警告处分。

(6) 胡××，织金县交警大队四中队中队长，负责307省道织金县以那段交通巡逻管控，对事故负有重要领导责任。给予行政记大过处分。

（7）李××，织金县交警大队副大队长，联系四中队，对事故负有重要领导责任。给予行政记大过处分。

（8）陈××，织金县交警大队大队长，对事故负有领导责任。给予行政记过处分。

（9）周××，织金县道路运输局分管安全生产工作的负责人，对事故负有重要领导责任。给予党内严重警告处分。

（10）曹××，织金县交通运输局党组成员（分管安全生产工作）、县道路运输局局长，对事故负有重要领导责任。给予党内严重警告、行政撤职处分。

（其他人员略。）

以上国家机关工作人员涉嫌渎职犯罪的，由检察机关依法追究。

（四）对相关单位的责任追究

（1）依据《安全生产法》第一百零九条之规定，由毕节市安监局给予毕节市交通运输有限责任公司罚款200万元的行政处罚；由毕节市公路运输管理处取消贵F06818号车经营班线；依照《国务院关于加强道路交通安全工作的意见》（国发〔2012〕30号）规定，道路运输管理机构3年内不得受理毕节市交通运输有限责任公司新增客运班线申请。

（2）责成织金县人民政府、纳雍县人民政府分别向毕节市人民政府作出深刻检查。由毕节市约谈中共织金县委、县人民政府及中共纳雍县委、县人民政府主要负责人。

（3）责成毕节市人民政府向省人民政府作出深刻检查。

四、事故防范和整改措施

（一）切实强化安全生产红线意识

毕节市特别是织金县、纳雍县要深刻汲取本次重大道路交通事故的沉痛教训，认真贯彻落实党中央、国务院及省委、省政府领导关于安全生产工作的一系列重要批示精神，牢固树立科学发展、安全发展理念，始终坚守安全生产红线意识，坚持“党政同责、一岗双责”“管行业必须管安全、管业务必须管安全、管生产经营必须管安全”的原则，强化地方属地管理责任和企业主体责任，认真研究事故预防和工作改进措施，强化道路客运监管，坚决避免类似事故再次发生。

（二）全方位加强客运车辆管理

毕节市要严格落实道路运输车辆各项管控措施，进一步加强客运企业监管，强化客运车辆管理。要大力整治以承包经营为名、挂靠经营为实的违规行为。行业监管部门要督促指导客运企业完善安全管理制度机制，提高企业安全管理水平；要加大检查督促频度和力度，用好车辆动态监控平台，及时发现并纠正客运车辆违法违规行为，避免出现客运车辆失管失控。公安交警部门要科学安排勤务，加大客车违法查处力度，严格执行客运车辆交通违法抄告制度，形成管理合力。

（三）加大农村道路安全管理力度

当前，农村道路建设速度较快，毕节市要深入研究事故发生类似道路的交通安全管理措施，强化力量，明确责任，要做到规划时管理职责明确，通车时管控力量跟进、责任落实到人，确保不出现管理死角。要严格按照省人民政府有关要求，为乡（镇）配足专职道路交通安全协管员，保证必要的经费和装备，切实加强农村道路交通安全管理工作。对发生事故的路段，要及时完善安全设施，治理存在的安全隐患，严防同一路段再次发生交通事故。

（四）加强客运车辆驾驶员教育管理

毕节市要对全市所有客运车辆驾驶员进一次普法教育和事故案例警示教育，督促驾驶员认真吸取本次事故车辆驾驶员车毁人亡的深刻教训，把依法运营、安全运营作为行业基本道德，杜绝站外揽客、超员超速等违法违规行为。要开展客车驾驶员安全宣誓承诺活动，每次发班前，驾驶员要向乘客承诺“五不两确保”：在驾驶过程中不超速、不超员、不疲劳驾驶、不接打手机、不关闭动态监控系统，确保乘客系好安全带、确保乘客生命安全。

（五）全面开展道路交通安全大检查

毕节市要针对本次事故暴露出的问题和漏洞，深刻吸取教训，全面开展一次道路交通安全大检查活动，严厉打击各类车辆超载、超员、超速、非法营运和客运车串线行驶、计划外私自出车、站外揽客等违法违规行为。特别对发生事故的毕节市交通运输有限责任公司，要作为检查重点，毕节市人民政府要抽调精干力量组成工作组进驻，对该公司进行全面检查和整顿，完善安全管理制度，理顺管理体制，解决安全生产方面存在的突出问题，提升该公司安全管理水平。

陕西省咸阳市“5·15”特别重大道路交通事故

2015年5月15日，陕西省咸阳市淳化县境内发生一起特别重大道路交通事故，造成35人死亡、11人受伤，直接经济损失2300余万元。

一、事故发生经过及应急处置情况

（一）事故发生经过

2015年5月14日，事故车辆受雇于依诺相伴生活馆拉客前往淳化县，车费为1900元包租两天。7时20分左右，事故车辆由陕西省体育场出发后，沿西安市南二环、西二环、快速干道、西三环行驶，由六村堡高速入口进入福银高速、咸旬高速前往淳化县。

5月14日上午9时许，4辆大客车到达仲山森林公园，依诺相伴生活馆随后组织客户前往景区游览。14日下午至15日上午为自由活动，在此期间，依诺相伴生活馆安排了保健产品的相关促销活动。

5月15日15时许，4辆大客车从仲山森林公园出发返回西安，其中由王××驾驶的陕B23938号大客车排在最后一辆。15时27分，当该车行驶至淳卜路1千米+450米下坡左转弯处时，车辆失控由道路右侧冲出路面，越过路外侧绿化台并向右侧翻滑下落差32米的山崖，车头右前侧撞击地面，头下尾上、右侧车身后部斜靠在崖壁上，造成35人死亡、11人受伤。

（二）应急处置情况

接到事故报告后，淳化县公安交警、消防等部门人员立即行动，于15时35分赶到现场，迅速组织人员施救，并对大客车泄漏燃油进行排放、掩埋、围护，同时架设水枪、干粉灭火器，防止燃爆引发次生事故，对事故车辆采取支顶措施并设置观察哨，防止土崖进一步垮塌和事故车辆下滑，保护伤员和救援人员的安全。陕西省、咸阳市及淳化县党委、政府迅速启动应急预案，有关领导亲临一线组织开展事故救援和前期勘察工作。国家安全监管总局、公安部、交通运输部负责同志率工作组赶到事故现场，指导事故调查和善后处理工作。17时05分，现场救援工作基本结束。

事故发生后，当地党委政府成立了“一对一”工作组，认真做好事故伤亡人员家属接待及安抚、遇难者身份确认和赔偿等工作，保持了社会稳定。省、市两级卫生部门和3所伤员收治医院均成立了医疗领导小组和救治专家组，对每位伤者制定专门救治方案，确保伤情得到妥善治疗。

二、事故原因和性质

（一）直接原因

王××驾驶制动系统技术状况严重不良的大客车，行经下陡坡、连续急弯路段时，因制动力不足造成车速过快，行至发生事故的急弯路段时达到59千米/小时，在离心力作用下出现侧滑，失控冲出路面翻坠至崖下。

客车坠崖后车头猛烈撞击地面，冲击力造成乘客向前翻倒，由于客车座椅与车身连接强度不足，事故发生时70%的座椅发生脱落，砸压车内乘客，进一步加重了事故伤亡后果。

（二）间接原因

1. 鹏瑞公司机动车安全技术性能检验工作管理混乱

鹏瑞公司在申请机动车检验资质时提供的授权签字人学历、职称造假，编造虚假材料骗取资质；公司对发动机等必检项目未提出查验要求，普遍存在漏检、少检现象；安排不具备大客车驾驶资质的引车员进行检验；事故大客车制动系统复检时，检验人员与车主、非法中介人员合谋弄虚作假，导致严重不符合安全技术标准的事故大客车获得检验合格证明。

2. 依诺相伴生活馆无照经营，非法组织旅游活动

依诺相伴生活馆长期无照经营，安全制度不健

全，在不具备旅游经营业务相关资质的情况下，租赁不具备运营资质的大客车，擅自组织客户开展收费旅游活动。

3. 铜川市质量技术监督局对机动车检验机构监督检查不到位

铜川市质量技术监督局对检验机构监督检查规定、标准不熟悉；在鹏瑞公司资质申请时未按照要求对申请备案材料审核；未按照要求加大对检验机构检验过程的监督检查力度；对鹏瑞公司检测项目漏检、少检问题失察；未发现鹏瑞公司引车员不具备相应资质从事大客车引车的问题；未将对检测机构加强监督管理的有关文件转发至鹏瑞公司所在地的铜川市质量技术监督局王益分局。

4. 铜川市公安局交警支队履行车辆查验职责不到位

铜川市交警支队车管所对查验员培训教育不到位，对查验员工作监督管理不到位，查验员未按照要求对检验合格证明进行审核，部分查验员资质过期；对检测机构现场抽查、巡回检查不到位，未发现检验机构检测项目漏检、少检问题。铜川市交警支队对车管所培训教育不到位、监督管理不到位的问题失察。

5. 西安市工商局新城分局未及时查处依诺相伴生活馆非法经营行为

西安市工商局新城区分局西一路工商所未按照陕西省工商局的统一要求，集中开展查处取缔无照经营综合治理专项行动，未能及时发现依诺相伴生活馆的非法无照经营行为。西安市工商局新城分局对西一路工商所市场监管工作督促检查不到位，对西一路工商所未全面排查无照经营行为的问题失察。

6. 西安市旅游部门对旅游市场安全监管不到位

西安市新城区旅游局对于利用旅游手段开展商品促销的非法违规问题认识不到位，未能提前采取有效措施及时发现依诺相伴生活馆的非法旅游经营活动。西安市旅游市场稽查队对新城区旅游局的日常工作督促指导不力，组织开展旅游市场“打非治违”工作不力。

7. 西安市交通运输管理处履行查处非法营运大客车工作职责不到位

西安市交通运输管理处稽查支队对各区县运管机构运政稽查队伍的指导协调和监督检查不到位，未有效督促解决城六区运政稽查队伍在查处非法客运车辆方面执行落实困难的问题，对非法营运的大客车查处不力。西安市交通运输管理处组织开展全市道路运输市场“打非治违”工作不力，对稽查支队和各区县运管机构督促指导不到位。

8. 西安市临潼区交通运输局执法行为不规范

西安市临潼区运管站未有效建立“查处分离”的执法工作制度，对下属稽查三队执法人员随意降低处罚标准、执法文书填写不规范等问题失察。站领导发现工作人员对事故车辆的行政处罚存在问题后，指使有关人员伪造执法文书。西安市临潼区交通运输局对下属运管站业务指导不到位，未采取有效措施解决执法工作中存在的不到位、不严格、不规范等问题。

9. 咸阳市交通运输局违反公路工程质量管理相关规定，对淳卜路改建工程验收及质量监督工作履职不到位

咸阳市交通运输局违规组织淳卜路改建工程验收工作，在设计文件中安全防护设施等工程项目未建设的情况下，出具《淳化县城关至卜家公路改建工程竣工验收鉴定书》。咸阳市交通工程质量监督站对淳卜路改建工程质量监督不到位，未发现建设施工违反设计文件、安全防护设施缺失的问题。

10. 咸阳市淳化县交通运输局违反公路工程质量管理相关规定，在事故路段改建过程中未按设计文件设置安全防护设施，“打非治违”工作开展不力

咸阳市淳化县交通运输局作为2007年淳卜路改建工程的建设单位，在项目招投标时未将已批复设计文件中的安全防护设施等项目工程纳入招标范围，也未通过规定程序进行设计变更，在包括安全防护设施等工程项目未按设计施工的情况下申请项目整体竣工验收，造成淳卜路安全防护设施缺失，安全防护能力不足。

淳化县交通运输局运输管理所未落实2014年以来上级多次部署的打击非法营运行动的要求，打击非法营运行为不力，没有发现并查处包括事故大客车在内的非法营运大客车在淳化县境内非法运营的问题。

（三）事故性质

经调查认定，陕西咸阳“5·15”特别重大道

路交通事故是一起生产安全责任事故。

三、对事故有关责任人员及责任单位的处理结果

（一）司法机关已采取措施人员

（1）王××，事故车辆驾驶员，因涉嫌重大责任事故罪，于2015年6月19日被批准逮捕。

（2）张××，依诺相伴生活馆负责人，因涉嫌重大责任事故罪，于2015年6月19日被批准逮捕。

（3）张××，依诺相伴生活馆负责人，因涉嫌重大责任事故罪，于2015年6月19日被批准逮捕。

（4）师××，事故车辆现实际所有人，因涉嫌重大责任事故罪，于2015年6月19日被批准逮捕。

（5）张××，鹏瑞公司引车员，因涉嫌重大责任事故罪，于2015年6月19日被批准逮捕。

（其他人员略。）

以上人员属于中共党员或行政监察对象的，待司法机关作出处理后，由当地纪检监察机关或具有管辖权的单位及时给予相应的党纪、政纪处分。除以上人员外，对于其他涉及事故的人员是否构成犯罪，由司法机关依法独立开展调查。

（二）给予党纪、政纪处分人员

（1）张××，陕西省铜川市委常委、副市长，对事故发生负有重要领导责任。给予行政记过处分。

（2）白××，陕西省铜川市质量技术监督局党组书记、局长，对事故发生负有重要领导责任。给予行政记大过处分。

（3）程××，陕西省铜川市质量技术监督局党组成员、政治部主任，对事故发生负有重要领导责任。给予行政记大过处分。

（4）牛××，陕西省铜川市质量技术监督局监督稽查科（稽查队）科长，对事故发生负有直接责任。给予行政撤职、党内严重警告处分。

（5）汪××，陕西省铜川市质量技术监督局稽查科（稽查队）主任科员，对事故发生负有直接责任。给予行政记大过处分。

（6）杨××，陕西省铜川市公安局党委委员、副局长、交警支队支队长，对事故发生负有重要领导责任。给予行政记过处分。

（7）宋××，陕西省铜川市公安局交警支队副支队长，对事故发生负有重要领导责任。给予行政记过处分。

（8）姚××，陕西省铜川市公安局交警支队车辆管理所所长，2015年2月起任陕西省铜川市公安局交警支队副调研员，对事故发生负有重要领导责任。给予行政记大过处分。

（9）田××，陕西省铜川市公安局交警支队车辆管理所政委，负责全所民警思想工作和教育培训工作，协助所长分管车管科和原检测站工作，对事故发生负有重要领导责任。给予行政记过处分。

（10）赵××，陕西省铜川市公安局交警支队车辆管理所车管科科长，对事故发生负有重要领导责任。给予行政记大过处分。

（其他人员略。）

（三）行政处罚及问责结果

（1）依据《安全生产法》《生产安全事故报告和调查处理条例》（国务院令第493号）等有关法律法规的规定，由原发证机关依法吊销鹏瑞公司机动车检验资质。

（2）责成陕西省西安市有关部门依法吊销驾驶人王××的驾驶证及道路运输从业资格证。

（3）责成陕西省人民政府向国务院作出深刻检查，认真吸取事故教训，进一步加强和改进安全生产工作。

（4）针对铜川市、西安市、咸阳市及陕西省质量技术监督局在该起事故中暴露出对下属单位和部门监督管理不到位的问题，由陕西省人民政府主要负责同志对上述地方人民政府及部门主要负责同志予以约谈。

四、事故防范和整改措施

（一）进一步强化道路交通安全红线意识和责任意识

陕西省人民政府及有关部门要高度重视道路交通安全工作，深刻吸取陕西省近3年来发生2起特别重大道路交通事故的教训，认真贯彻落实党中央、国务院领导同志关于加强道路交通安全工作的一系列重要指示批示精神，进一步强化道路交通安全红线意识和责任意识。要结合陕西省实际情况，将道路交通安全工作纳入经济和社会发展规划，与经济建设和社会发展同部署、同落实、同考核，加强对道路交通安全工作的统筹协调和监督指导。要进一步建立健全道路交通安全责任体系，落实“党政同责、一岗双责、齐抓共管”和“管行业必须管安全，管业务必须管安全，管生产经营必须管安全”的总体要求，加快推进省、市、县、乡（镇）、行政村（居委会）“五级五覆盖”和企业安全生产责任体系“五落实五到位”。要严格道路交通安全工作的责任考核，将其作为有关领导干部实绩考评的重要内容，并将考评结果作为综合考核评价的重要依据。

（二）下大力气狠抓“营转非”大客车源头安全监管

陕西省人民政府及其有关部门要深入组织开展“营转非”大客车专项排查整治，查清车辆使用情况，纳入重点车辆进行管控。严把“营转非”大客车过户关，对使用达到距报废年限1年以内的大客车，公安部门要按照《机动车强制报废标准规定》（商务部令2012年第12号）要求，决不允许改变使用性质、转移所有权或者转出登记地所在的地市级行政区域。严把“营转非”大客车运行关，对属于企业及有关单位的“营转非”大客车，公安部门要督促所属单位加强日常安全管理，严禁从事非法营运活动；要在本省“营转非”大客车上喷涂专用标识，提示乘客不要乘坐非法营运的车辆。严把“营转非”大客车淘汰关，陕西省人民政府要出台优惠措施，引导现有“营转非”大客车进行报废，逐步减少存量、消除安全隐患。严把“营转非”大客车源头治理关，陕西省人民政府要组织公安、交通运输等部门尽快研究制定加强客运车辆“营转非”工作管理的政策规定，鼓励道路客运企业将淘汰的客运车辆按规定进行报废，同时严格控制客运车辆转为非营运后的流向，防止此类车辆被个人利用进行非法营运，从源头上堵塞“营转非”车辆的安全隐患和问题。

（三）继续深化安全生产“打非治违”工作

西安市人民政府及其有关部门要深入开展道路交通安全“打非治违”工作，继续保持高压态势，推动强化部门合力。公安、交通运输等部门要结合陕西省旅游出行活动较多的特点，完善查处联动工作机制，积极开展联合执法，严肃查处超速、超员、疲劳驾驶以及无资质非法营运等各类非法违规行为，严禁随意降低非法营运处罚标准，坚决避免处罚失之于软、失之于宽等问题的发生。旅游、工商等部门要加强信息沟通共享，定期开展联合执法检查，进一步加大旅游市场秩序专项整治力度，严厉查处无资质和超范围开展旅游经营业务的非法违法行为。西安市人民政府要全面理顺市交通运输部门与城六区交通运输部门在客运车辆非法违规行为查处方面的职责和权限，进一步完善体制机制，强化客运市场“打非治违”工作成效。

（四）全面提升农村、山区道路的安全水平

咸阳市人民政府及其有关部门要高度重视农村、山区道路的安全防护设施建设，严格落实交通安全设施与道路建设主体工程同时设计、同时施工、同时投入使用的“三同时”制度，交通安全设施验收不合格的不得通车运行。要督促地方人民政府加强组织领导和责任落实，严格执行相关技术标准要求，多方落实工程建设经费，确保配套资金保障到位，按项目批复和设计方案有序组织实施，坚决避免擅自削减项目建设经费、不安排地方配套资金等问题的发生。交通运输部门要全面排查现有农村、山区道路的安全隐患，摸清公路安全隐患底数，建立隐患基础台账，确定治理方案，落实治理资金，加快推进公路安全生命防护工程建设。在公路安全隐患整治到位前，交通运输部门、公安部门应通过多种途径将隐患信息对外进行公布，提前在路面增设警示标志，加大路面巡逻管控力度，严防重特大事故发生。

（五）切实加强机动车安全技术检验工作

铜川市人民政府及其有关部门要采取有效措施，切实加强机动车安全技术检验工作，严把车辆安全技术性能源头关。质量技术监督部门要对辖区机动车检验机构及检验技术人员进行全面集中排查，公司检验资质过期或者技术负责人、质量负责人、报告授权签字人、引车员等不具备条件的，要坚决予以关闭清理，不得继续开展检验工作；要加强对机动车检验机构执行国家机动车安全技术检验标准情况的日常监督检查，督促检验机构和检验人员严格按照流程开展工作，提升机动车检验机构的规范化操作；要加大对监管执法人员的培训考核，强化责任意识、提升监管能力，坚决扭转重许可、轻监管甚至不监管的突出问题。公安部门要通过网络监控、巡回检查、档案复核等方式，严查机动车安全技术检验机构为检验不合格机动车出具检验合格证明、擅自减少检验项目或者降低检验标准等出具虚假检验结果的违法问题。质量技术监督、公安部门要采取联网监查、明查暗访等手段开展联合监督检查，形成工作合力，切实提高监管工作成效。

西藏自治区山南地区“6·10”重大道路交通事故

2015年6月10日08时55分，山南地区贡嘎县境内省道307线23千米+300米处发生一起重大道路交通事故，造成11人死亡、8人受伤，直接经济损失1023万余元。

一、事故发生经过

2015年6月10日08时55分，驾驶人杰××驾驶藏AL0240号宇通牌大型普通客车，沿省道307线由拉萨驶往山南地区浪卡子县，当车辆驶至山南地区贡嘎县境内省道307线23千米+300米处，该车连续超越两辆重型货车后，占道行驶，遇对向驶来的由驾驶人旦××驾驶的藏AR0117号江铃牌轻型普通货车，大客车左前角与货车货箱左后部发生侧面剐撞，大客车随后向右前方急打方向，冲出5.75米并连续撞倒3块警示墩后，翻坠至78.2米的陡崖，大客车前部、右侧、顶部严重变形，导致车内11人死亡，8人受伤，两车受损。

二、事故原因

（一）直接原因

（1）藏AL0240号大型普通客车行驶至事发路段时，连续超越由索××驾驶的藏AD1332号和索××驾驶的藏AC3671号重型货车并占道行驶，与对向行驶的藏AR0117号轻型普通货车发生剐撞后，向右前方猛打方向，操作不当，连续撞击3块警示墩后翻坠至陡崖，是导致此次事故的主要原因。

（2）藏AR0117号轻型普通货车事发前制动力不足、左后轮外侧轮胎花纹严重磨损，轮胎技术状况和行车制动性能均不符合GB 7258—2012的规定，且该事故路段为S形曲线路段，视距受影响，车辆驾驶人旦××在发现藏AL0240大型普通客车超车并占道行驶后，临危采取措施不当，是导致此次事故的次要原因。

（二）间接原因

1. 圣地公司安全生产主体责任落实不到位

（1）违法挂靠经营。藏AL0240号大型普通客车所有人杰××自行购置，违法挂靠在圣地公司，违反了《西藏自治区道路运输条例》等法律规定。由于挂靠车辆物权、人事权均不在圣地公司，公司对挂靠车辆驾驶人管理、培训、考核、派车等工作无法落实，造成事实上的“挂而不管”，安全管理缺位。

（2）圣地公司没有按照相关部门要求，进行及时、彻底整改。2015年初，国务院和自治区相关部门要求圣地公司尽快“停业整顿，分流挂靠车辆”，但圣地公司工作安排部署不到位、不及时，未能及时按照整改责任人、资金、措施、时限和应急救援“五到位”的要求，制定切实可行的整改方案和整改措施，严格进行内部整改，错失彻底整改机会，导致事故发生。

（3）安全生产管理和技术管理体系不健全。2014年8月至2015年5月，一直没有依法设置安全生产领导机构。2015年5月，虽成立了安全生产领导小组，但并没有依法依规指定和配备专职安全生产管理人员和车辆技术管理人员负责具体安全生产管理工作。

（4）安全生产责任制落实不到位。公司虽然建立了岗位职责制度，但未与相关部门负责人、各岗位人员和驾驶员层层签订责任书，与驾驶人签订的联营协议中关于安全生产责任约定不合法，也没有建立安全生产责任考核机制，无法保证安全生产责任制的落实。

（5）安全生产管理制度不健全、不完善。未制定隐患排查制度、车辆技术管理制度、路单签发制度、安全培训制度，驾驶员准入制度和驾驶员岗位操作规程和实施细则，处于无章可循的状态，导致驾驶员培训教育不到位、GPS 监控平台管理不符合规定、路单签发对非法包车协议审核把关不严、隐患排查治理不到位等问题。

（6）GPS 动态监控平台管理制度不落实。未制定详细的 GPS 动态监控平台值班制度，GPS 监控管理人员配备不到位，未落实 24 小时值班制度。对违章车辆和驾驶员未做出相应的处罚，规章制度执行不到位。对藏 AL0240 大客车 GPS 掉线情况未能及时发现和按规定警告。

（7）对驾驶人教育培训工作不到位。公司没有建立驾驶员安全教育培训制度，对驾驶人员的日常培训教育工作无计划、无考核、无专人负责，对新加入驾驶人员无岗前培训制度和审核把关。

2. 西藏旅游对圣地公司管理不到位

（1）西藏旅游决策层履行职责不到位。作为圣地公司的母公司，虽然作出了对圣地公司配备领导班子的决定，但未及时落实到位；也没有对圣地公司在健全班子之前的安全管理工作做出正式的安排部署，采取必要的临时措施。在 2014 年 8 月至 2015 年 5 月近 9 个月的时间里，圣地公司安全生产工作基本无人监管和负责。

（2）实际管理人未及时对圣地公司进行彻底整顿。2014 年 8—11 月，对于相关部门提出的“停业整顿，逐步分流挂靠车辆”的要求，始终没有作出对圣地公司彻底整顿的决定。

2015 年 3 月 25 日任命穷××为圣地公司副总经理之前，圣地公司的决策权实际由王××施行，日常管理工作实际由西藏旅游综合部李××负责。期间相关部门要求对圣地公司进行彻底整顿，王××、李××等均未作出彻底整顿圣地公司的决定，也未向公司领导人作出汇报。

2015 年 5 月 21 日，西藏旅游成立安全部，返聘贾××为安全部经理。西藏旅游安全部未严格落实客运企业安全生产主体责任，抓住重点，立即要求和督促圣地公司进行彻底整顿。

（3）西藏旅游作为圣地公司的母公司，没有认真落实安全生产责任制，没有与圣地公司签订安全生产责任书，安全生产工作年初无安排部署、年中无督促、年终无考核、无总结。

3. 拉萨市道路运输管理局安全监管不力

（1）对圣地公司日常安全监管不力。拉萨市道路运输管理局作为圣地公司的属地监管部门，对圣地公司存在教育培训不到位、GPS 动态监控管理混乱、安全管理机构不健全、安全管理制度不完善等深层次问题没有及时发现，部分问题发现后，也没有采取措施督促圣地公司进行及时、彻底整改、整顿。

（2）对兴建运务有限公司安全监管存在漏洞。拉萨市道路运输管理局作为兴建运务有限公司行政监管部门，在兴建运务有限公司关闭、注销和车辆分流过程中，没有对该公司关闭注销、分流车辆过程中的安全管理工作提出要求，督促该企业履行关闭注销期间的安全责任，加强对分流车辆的安全监管，致使分流车辆脱离管理，“带病”运营，发生事故。

4. 自治区道路运输管理局、拉萨市交通运输局和拉萨运管局监管不力

2014 年 8 月 14 日，圣地公司向拉萨市交通局，请求分流挂靠车辆。自治区道路运输管理局、拉萨市交通运输局和拉萨运管局自 2012 年交通运输体制改革以来在旅游客运企业安全监管职能方面一直存在矛盾和分歧，就旅游客运企业安全监管没有积极商妥一致对策，加强对圣地公司在改制过程中特殊时段的安全监管，使圣地公司有脱离行政监管部门日常监管的现象，导致此次事故发生。

5. 曲水县公安交通检查站履行交通安全检查职责不到位，对途经车辆监管缺位

藏 AL0240 号涉事车辆于 6 月 10 日早晨途经曲水县公安检查站，检查站没有按照“两限一警”的规定进行登记检查。

6. 贡嘎县交警大队监管不力

辖区道路交通安全监管工作重点不突出，监管存在盲区和不到位，落实道路分线分段包干责任制等工作措施不具体，责任不明确。

7. 拉萨市政府监管不力

拉萨市交通运输局和拉萨市道路运输管理局在 2012 年自治区交通运输管理体制改革中，对道路旅客运输企业和车辆安全监管职责划分上与自治区相关部门出现分歧和矛盾，拉萨市政府未及时出面协调解决，致使下属行政监管部门对属地安全监管不到位，行业安全监管存在漏洞。

三、对事故有关责任人员及责任单位的责任认定

（1）对事故中死亡的杰××免予追究刑事责任。

（2）将旦××移交司法机关处理。

（3）对平××等14人给予政纪处分和行政处罚。

（4）责成公安部门给予辅警琼××进行处理。

（5）责成拉萨市安监局对涉事企业及其主要负责人处以法定上限罚款。

（6）责成拉萨市交通运输局对圣地公司予以彻底停业整顿。

（7）责成拉萨市人民政府、山南地区行署向自治区人民政府作出深刻检讨。

G4211 宁芜高速安徽芜湖段"6·26"重大道路交通事故

2015年6月26日下午，G4211宁芜高速公路芜湖往马鞍山方向，一辆大客车与一辆厢式货车相撞，造成10人当场死亡，3人经抢救无效死亡，25人不同程度受伤，直接经济损失约1100万元。

一、事故经过

2015年6月26日14时50分许，驾驶人沙××驾驶皖E02457号大型普通客车由黄山市黄山区返回马鞍山市当涂县，行经G4211宁芜高速下行线芜湖段69千米+270米处施工路段（该下行线路段限速40千米/小时，实际行驶速度为88千米/小时），当时正值雨天，路面潮湿。大客车在通过高速公路预留中央分隔带开口向左变换车道时，未按照操作规范安全驾驶，超速120%，冲破水马隔离设施后，车前部位撞击驾驶方向左侧防撞护栏并致车身向右倾斜，与此同时，相对方向一辆赣CB4035号重型仓栅式货车行至该路段，因避让不及，货车前部左侧与客车顶部后侧及车身右侧后部发生碰撞，导致客车向左侧侧翻，造成重大道路交通事故。

二、事故原因和性质

（一）直接原因

客车驾驶员沙××酒后驾车、严重超速是导致这起事故的直接原因。

（二）间接原因

（1）马鞍山市天马汽车运输集团有限公司安全主体责任不落实，日常安全管理严重缺失，对挂靠车辆"挂而不管"，动态监控系统形同虚设，企业管理混乱。（皖E02457号大客车为挂靠车辆）

（2）马鞍山市当涂县老来福百货商店超越经营范围，组织非法旅游活动。

（3）马鞍山开拓者旅行社有限公司作为旅游从业资质单位，为当涂县老来福百货商店组织的非法旅游活动提供联系租借大客车等帮助。公司4名正式员工皆无导游证，聘请2名兼职导游开展旅游业务，不符合有关法律法规规定。

（4）马鞍山市、芜湖市和当涂县及其有关部门、单位落实监管责任不到位。马鞍山市运管局对马鞍山市天马汽车运输集团有限公司安全主体责任不落实、日常安全管理严重缺失、企业管理混乱问题，负有行业监管不到位的责任。马鞍山市交通运输局对下属单位马鞍山市运管局履行监管职责不到位问题负有领导责任。当涂县文化和旅游委员会对当涂县老来福百货商店非法组织旅游活动监管不到位，对事故发生负有管理责任。当涂县市场监督管理局对市场经营秩序监管、市场交易行为和网络交易行为及有关服务行为监管、查处取缔无证无照经营等职责落实不到位，未能及时发现和制止老来福百货商店多次组织的非法旅游活动，对事故发生负有管理责任。省高速公路路政支队马芜大队落实路面巡查计划不严格，事故当天当班领导未带队进行路面巡查，对事故发生负有管理责任。芜湖市交警支队对恶劣天气条件下路面管控不到位，对造成事故的客车驾驶员严重超速违法行为没有及时发现查处，对事故发生负有管理责任。

（三）事故性质

这起事故是因客车驾驶员酒后驾车、严重超

速、操作不当，以及相关企业安全生产主体责任不落实，相关政府及其有关部门、单位监管不到位而造成的一起重大道路交通责任事故。

三、事故责任及处理

（一）不予追究责任的人员

陈××，马鞍山市当涂县老来福百货商店股东。参与非法旅游活动，对事故发生负主要责任。鉴于其在事故中死亡，免予追究责任。

（二）依法追究刑事责任的人员

（1）皖E02457号客车车主兼驾驶人沙××，酒后驾车、严重超速、操作不当，对事故发生负有全部直接责任，其行为涉嫌犯罪，移送司法机关依法处理。

（2）马鞍山市天马汽车运输集团有限公司法定代表人邵××对事故发生负有重要管理责任，其行为涉嫌犯罪，移送司法机关依法处理。

（3）马鞍山市天马汽车运输集团有限公司负责人张××分管安全生产工作，对挂靠车辆“挂而不管”，对营运车辆动态监控系统掉线等隐患整改不到位，对事故发生负有重要管理责任。其行为涉嫌犯罪，移送司法机关依法处理。

（4）马鞍山市当涂县老来福百货商店股东王××多次非法组织旅游活动，对事故发生负有重要管理责任。其行为涉嫌犯罪，移送司法机关依法处理。

（三）给予7人相应的行政处罚

依据《安全生产违法行为行政处罚办法》第45条，分别给予尹××、程××等7人金额不等的行政处罚。

（四）给予10人相应的政纪处分

分别给予包××、李××等10人行政记过、警告等处分。

（五）给予行政处罚的单位

（1）对马鞍山市天马汽车运输集团有限公司处以150万元罚款；

（2）吊销当涂县老来福百货商店营业执照。

（六）要求作出深刻书面检查的单位

（1）责成马鞍山市运管局向马鞍山市交通运输局作出深刻书面检查；

（2）责成马鞍山市交通运输局向马鞍山市政府作出深刻书面检查；

（3）责成当涂县文化和旅游委员会向当涂县政府作出深刻书面检查；

（4）责成当涂县市场监督管理局向当涂县政府作出深刻书面检查；

（5）责成当涂县政府向马鞍山市政府作出深刻书面检查；

（6）责成芜湖市交警支队向芜湖市公安局作出深刻书面检查；

（7）责成马鞍山、芜湖市政府向省政府作出深刻书面检查。

（七）对以下问题进行深入调查

（1）安徽省旅游局对马鞍山开拓者旅行社有限公司获得旅游从业资质情况进行调查复核，并对相关人员从事旅游活动情况进行调查，形成正式调查报告报省政府安委会办公室。

（2）安徽省工商局会同食品药品监管、旅游等部门和地方政府对马鞍山、六安、安庆、巢湖等地领购网加盟网点经营行为展开调查，并形成正式调查报告报省政府安委会办公室。

此起事故涉及有关责任人政纪处分的，由芜湖市、马鞍山市相应纪检监察机关、省公路管理局（省公路路政总队）按照干部和职工的管理权限落实到位，并及时将处理结果报安徽省监察厅、安徽省安全监管局备案；涉及追究刑事责任的，由司法机关依法处理；对有关责任人、责任单位的罚款，由马鞍山市安全监管局实施。

四、事故防范和整改措施

（一）严格落实企业安全生产主体责任

马鞍山市政府及其有关部门要切实加大道路客运安全监管力度，推动客运企业落实安全生产主体责任，促进客运企业加强对客运车辆驾驶人员的安全教育，尤其要督促旅游客运企业将安全驾驶技能和安全意识教育作为客运车辆驾驶人员的必修内容，利用典型案例强化警示教育等多种手段，提高驾驶人员安全素质和应急处置技能。要严格落实动态监督管理规定，切实加强动态监管平台建设，完善和落实动态监管制度。要严格落实企业监控主体责任，动态监管系统不能正常使用的要一律停运整改，对蓄意破坏或故意关闭动态监控装置的驾驶人要严肃查处，情节严重的予以解聘、辞退。

（二）加强旅游活动安全管理工作

安徽省旅游部门要联合相关部门加大对非法经营旅游活动的检查打击力度，发现不具备资质条件擅自经营旅游活动、包租无正规手续车辆组织旅游活动的，依法依规严格查处。要加强社会宣传，教育广大游客通过合法旅行社参加旅游活动，提高旅游交通安全水平。

（三）加强保健品市场监管工作

省食品药品监管部门要会同工商行政管理等部门研究制定出台安徽省保健品市场销售监督管理办法，有效遏制借低价销售日用食品、以返利组织旅游为噱头，实际推销保健品的行为，切实保护老年人和婴幼儿等弱势群体的权益。由省保监会研究制定出台相关办法，严格网络旅游险种销售管理，将签约资质旅行社、旅行行程作为审核重要依据，防止类似事故再次发生。

（四）大力实施生命防护工程

马鞍山、芜湖市政府及其有关部门要针对地形地貌复杂、交通安全基础薄弱、事故多发高发路段多、安全隐患突出的情况，在急弯陡坡、临江临崖、道路施工、事故多发的危险路段尽快加装和完善安全防护设施，实施生命防护工程。要完善限速设置、交通安全管理设备和监控设施，强化科学管理，进一步夯实道路交通安全基础，提高道路安全防护设施等级和安全保障水平。

（五）加大路面执法巡查力度

公安交管部门要强化节假日、旅游旺季等重点时段，临水临崖、道路施工等事故多发路段的交通管控，严厉打击客运车辆超速等违法行为；加大道路交通安全治理整顿工作力度，加强路面监控排查整治，重点加强对营运客车违法行为的查处力度，充分运用客运车辆运行动态行驶监控系统，与交通运输等部门密切配合，强化客运车辆路面监控。要进一步加大队伍装备投入，加强执法力量建设，适当充实基层和一线道路交通执法力量。

火灾爆炸事故

广东省惠州市惠东县“2·5”重大火灾事故

2015年2月5日13时43分许，广东省惠州市惠东县平山街道惠东县颐东义乌小商品批发城四楼发生一起儿童放火引起的火灾事故，造成17人死亡，2名群众、4名消防队员受伤，过火面积约3800平方米，直接经济损失1173万元。

一、事故发生经过、应急救援及善后处理情况

（一）事故发生经过

2015年2月5日事故发生时，雅图影院正在上映《奔跑吧兄弟》等电影。监控视频显示，罗××于13时43分用打火机点燃4040号商铺门口堆放在消防通道边的可燃物，随后乘坐雅图影院南侧的观光电梯离开现场。火灾发生后，批发城四层4032、4046、4026、4124号商铺部位烟感探测器先后探测到火警信号并传输到火灾自动报警系统主机，主机发出警报。当时，正在消防控制室午休的工程部负责人洪××发现系统主机（处于手动状态）报火警，便通知批发城工作人员徐××核对报警位置。随后，洪××通过监控视频发现四楼部分摄像头已被浓烟遮挡，确认为火灾并使用对讲机通知安保部人员灭火，但安保部人员未及时有效控制初始火灾。洪××在确认火灾发生后，未按操作规程将火灾自动报警系统转为自动状态，致使商场消防警铃未发出警报声。13时48分，洪××到室外将批发城变压器总开关拉闸断电，致使批发城内消火栓、自动喷淋、机械排烟、防火卷帘、消防警铃广播等所有消防设施用电被切断，导致起火建筑消防设施在火灾初期无法自动启动（13时48分，火灾自动报警系统主控制器记录显示报警系统主电故障）。洪××切断总电源后，准备到地下室发电机房启动发电机（备用电源）时，接到市场部工作人员对讲机呼叫说观光电梯有人被困，叫其去救援，洪××立即回到监控室拿三角钥匙到观光电梯口救人，致使备用电源未开启，导致批发城在火灾时自动消防设施处于停电状态，造成烟火不受控

制，迅速蔓延成灾。

13时45分许，四楼租户夏××在自家商铺听到响声，跑出来后发现浓烟夹杂明火从4040号商铺方向沿顶棚蔓延过来，于是告诉周边商户着火了，夏××的丈夫也马上跑到中庭叫喊“着火了”。随后，夏××夫妻及周边商户从中庭扶手梯逃离。四楼另一商户周××在听到夏××叫喊后，立即和女儿往观光电梯撤离，途经雅图影院前台时，对雅图影院售票员游××（事故中死亡）大喊“着火了”，接着乘坐观光电梯逃至一楼。之后，批发城内近千人迅速逃离至一楼安全区域。监控显示，从游××得知火警到前台监控视频断电的2分钟时间内，雅图影院内观众无逃生迹象。13时51分，一楼商户罗××发现中庭有浓烟冒出，随即拨打119报警。

（二）事故应急处置情况

2015年2月5日13时51分，惠州市公安消防支队指挥中心接到惠东县颐东义乌小商品批发城发生火灾的报警后，立即调派6个大队、20辆消防车、120名消防官兵赶赴现场扑救。广东省公安消防总队接报后，总队全勤指挥部遂行出动，并立即调集总队特勤大队和深圳、东莞、汕尾支队共25辆消防车、150名官兵到场增援。15时16分，惠州市应急办接到报告后，迅速启动应急预案，调集公安、住房和城乡规划建设、卫生、安全监管、供水、供电等相关单位到场处置。公安部消防局，国家安全监管总局，广东省政府、省公安厅、省安全监管局相关负责同志和惠州市党政主要负责同志立即赶赴现场指挥指导灭火救援和应急处置。由于自动消防设施在火灾初期未发挥作用，初始火灾未得到有效控制，且批发城内部空间大、布局复杂、可燃物多，火势蔓延快，导致现场营救被困人员难，组织灭火进攻难，有效控制火势难。经过各方面共同努力，火灾于2月6日13时30分被扑灭。现场消防官兵先后救出5名被困群众，疏散批发城内300余人，现场搜寻出17具遇难者遗体。

具体应急处置情况如下：

2月5日13时51分39秒，惠州市公安消防支队指挥中心接到报警后迅速调集惠东大队、惠阳大队、惠城大队共7辆消防车42名官兵前往处置。惠东大队一中队4辆消防车22名指战员于13时59分率先到达现场展开救援处置。到场后，中队指挥员迅速组织火情侦察，发现四楼着火，有大量浓烟并获悉有人员被困。惠东县政府相关负责同志和相关单位接报后，随即赶赴现场参与救援和应急处置工作。

13时59分至14时50分，中队组织官兵在四楼西南角进行第一轮强攻，先后搜救出3名人员（自行离开）；在四楼组织灭火的同时，现场消防官兵与当地派出所民警疏散群众300余人并做好安全警戒工作。

惠州市公安消防支队指挥中心根据现场反馈情况和大量群众报警信息，立即增派惠阳大队、大亚湾大队、惠城大队、仲恺大队、博罗大队13辆消防车78人前往支援，支队全勤指挥部遂行出动。

14时40分许，惠州市公安消防支队全勤指挥部及部分增援力量先后到达现场，成立现场指挥部。现场指挥部组织火情侦察后，发现在热对流、热辐射作用下，起火层已处于大面积猛烈燃烧状态并完全被浓烟笼罩，专用强光灯也难以辨清方向，大量档口装饰用玻璃因温度过高爆裂，天花吊顶已出现局部坠落。指挥部随即决定：一是继续采取内攻救人；二是加大力量控制火势；三是采取外部破拆救人。

14时51分至15时55分，现场指挥部派出攻坚组进行第二轮强攻搜救，在雅图影院救出1名受伤人员（送院治疗）；破拆小组借助云梯车对四楼雅图影院南侧观光电梯实施破拆，用以开辟救援通道和喷水排烟降温，但由于破拆后玻璃罩四周光滑无着力点，云梯车工作斗距离电梯门2米多，人员悬空作业无法组织进攻。

15时16分，惠州市应急办接到报告后，迅速调集公安、住房和城乡规划建设、卫生、安全监管、供水、供电等相关单位到场处置。

15时56分至16时15分，现场指挥部组织攻坚组进行第三轮强攻搜救，再次从雅图影院救出1名受伤人员（送院治疗）。

16时16分至18时29分，现场继续组织数轮搜救，由于火场内部救援环境持续恶化，未能救出被困人员。

在上述救援过程中，共有4名消防队员受伤，其中2名（1名昏迷）送医院救治。

18时30分许，公安部消防局于建华局长到场，与先后到场的广东省副省长刘志庚、李春生和省直有关单位负责同志以及惠州市委书记陈奕威、市长麦教猛等领导研究部署灭火救援和应急处置工作，决定采取如下措施：一是调集增援力量，二是扩大警戒范围，三是调整力量部署，四是调集社会救援力量，五是全面搜救被困人员，六是适时组织总攻灭火。

按照部署，广东省公安消防总队迅速调集特勤大队和深圳、东莞、汕尾支队的25辆消防车、150余名官兵到场增援；当地公安机关迅速调集公安特警到场扩大警戒范围；经省市建筑、结构专家现场评估，批发城四楼有倒塌迹象，指挥部随即命令将实施内攻灭火的官兵暂时调整到外围；同时迅速请调驻地工兵团赶赴现场，研究外墙爆破方案（后因安全问题取消该方案），并从惠东、深圳调集大型机械设备到场协助破拆救人；在四楼外墙被破拆后，消防官兵随即利用高喷车进行喷水灭火降温。

6日5时50分，消防官兵从雅图影院洗手间转移出17名被困人员，医疗单位认定均已死亡。6日13时30分，残火被彻底扑灭，现场于6日15时清理完毕。6日22时，现场移交当地政府接管。

在整个事故应急处置工作中，也暴露出应急机制不完善、特殊救援装备缺乏等问题。

（三）善后处理情况

2月6日凌晨救援工作初步结束后，市委市政府召开会议专题研究善后工作，要求惠东县委县政府立即成立善后工作小组，做好遇难者家属的安抚工作，并决定于当天下午3时在惠东县召开“2·5”火灾事故现场会。6日早上7时，县委县政府召开党政班子成员会议，成立了12个善后工作小组，各工作小组随即前往遇难者家中开展家属安抚工作。2月10日，惠东县出台《政府垫付补偿方案》。

二、事故原因

（一）直接原因

经公安机关侦查查明，儿童罗××放火是造成这起火灾事故的直接原因。

（二）间接原因

（1）工程部负责人洪××违规操作。洪××在确认火警信号后，没有按照消防自动报警系统操作程序进行操作，致使火灾发生前后火灾报警控制器始终处于手动状态。此外，洪××第一时间把批发城总电源关闭（含消防电源），违反了只能切断非消防电源的规定，同时又没有开启消防备用电源，致使整个批发城在火灾时处于停电状态，火灾发生时消防系统未能自动启动，没有发出警报，导致雅图影院观众和工作人员无法及时获知火情，延误了最佳的逃生时机，同时导致机械排烟和自动喷淋灭火系统不能正常启用，造成烟火不受控制，迅速蔓延成灾。

（2）金轩公司安全生产主体责任不落实，批发城存在严重消防安全隐患。一是安全责任不落实。消防安全组织机构不健全，管理单位及安全管理人员职责不明确，消防安全工作责任落实不到位，消防安全管理不完善，火灾发生后，未能形成有效的初始火灾救援力量，处置程序不当。二是规章制度不健全。各应急处置岗位职责不明确，值班值守不落实，每天9—17时未安排人员在消防监控室值班。作为消防重点单位，没有结合单位实际制定灭火和紧急疏散预案。三是安全教育培训不到位。公司未按规定组织消防应急演练，火灾发生后，消防安全管理人员不熟悉消防控制室管理、应急和操作程序，未按照应急程序操作，导致消防设施在火灾时未能自动启动。安保部工作人员在得知初始火灾后，未利用起火点附近的室内消防设施进行有效扑救，导致火灾蔓延扩大。四是安全管理不到位。公司擅自改变部分商铺用途，出租给商户用于堆放货物，商户把货物堆放在消防通道边，公司管理人员没有及时发现并督促整改，使得事发当天9岁的罗××轻易点燃堆放在消防通道上的可燃物，且火情初始未能被及时发现并扑灭，引发火灾。

（3）雅图影院工作人员消防安全意识淡薄。未按规定组织消防安全教育培训和应急疏散演练，造成员工消防安全意识淡薄，应急处置能力差。雅图影院工作人员在得知火警后，处置不当，没有及时有效组织引导疏散观众，造成雅图影院的17名观众和工作人员被困洗手间内，终因吸入过量一氧化碳中毒死亡。

（4）公安消防部门督促、指导消防重点单位开展消防安全检查和落实消防安全责任不到位。一是指导批发城消防安全“四个能力”建设不力；二是对消防安全重点单位监督检查不认真、不全面，开展消防安全专项整治不深入、不彻底；三是消防安全宣传教育培训不到位；四是督促、指导落实上级工作部署和组织协调各单位开展消防安全隐患排查整治力度不够。

（5）平山街道办事处、莲花社区居委会对辖区企业和单位的消防安全工作指导、检查不到位。一是落实消防安全检查和专项整治行动不到位，检查巡查存在漏洞；二是消防安全宣传教育不深入、不全面；三是督促有关单位落实消防安全工作职责不到位。

（6）惠东县人民政府督促、指导有关单位开展消防安全检查和落实消防安全工作不够到位。组织开展消防安全隐患排查治理不够到位，消防安全宣传教育不够全面。

三、事故性质

经公安机关调查认定，惠州市惠东县“2·5”火灾是儿童放火所致，属于刑事案件。

四、对事故有关责任人员的处理结果

（一）公安机关已采取措施人员

（1）罗××，已将其少年收容教养事项呈报省公安厅审批，因不满14周岁，依法不予刑事处罚，责令其监护人加以管教。

（2）杨××，惠东县颐东义乌实业有限公司总经理，法人代表，已于2015年2月7日被公安机关刑事拘留，3月14日被依法逮捕。

（3）刘××，惠东县金轩房地产代理有限公司总经理，法人代表，惠东县颐东义乌实业有限公司副总经理，已于2015年2月6日被公安机关刑事拘留，3月14日被依法逮捕。

（4）钟××，惠东县颐东义乌实业有限公司和惠东县金轩房地产代理有限公司总经理助理，已于2015年2月6日被公安机关刑事拘留，3月14日被依法逮捕。

（5）刘××，惠东县金轩房地产代理有限公司市场部经理，已于2015年2月6日被公安机关刑事拘留，3月14日被依法逮捕。

（6）洪××，惠东县金轩房地产代理有限公司工程部负责人，已于2015年2月6日被公安机关刑事拘留，3月14日被依法逮捕。

（7）温××，深圳市雅图数字影院有限公司惠东店推广副经理，已于2015年2月6日被公安机关刑事拘留，因不构成犯罪，3月14日予以释放。

（8）刘××，深圳市雅图数字影院有限公司惠东店实习经理，已于2015年2月6日被公安机关刑事拘留，因情节较轻，3月14日取保候审。

（9）廖××，深圳市雅图数字影院有限公司惠东店工程部总监，已于2015年2月6日被公安机关刑事拘留，因不构成犯罪，3月14日予以释放。

（10）谢××，深圳市雅图数字影院有限公司惠东店法人代表，已于2015年2月12日被公安机关刑事拘留，因情节较轻，2月18日取保候审。

（二）给予党纪、政纪处分人员（9人）

（1）孟××，2014年5月至今任惠东县公安消防大队大队长。对辖区内消防安全重点单位监督管理不力，贯彻落实上级消防安全专项整治行动安全隐患排查工作不彻底，检查巡查等工作存在漏洞，负有直接领导责任。给予撤销党内职务、行政撤职处分（按照武警部队有关规定处理）。

（2）刘××，2014年7月至今任惠东县公安消防大队副大队长，协助大队长工作。对辖区内消防安全重点单位检查督促不力，负有重要领导责任，给予行政记过处分（按照武警部队有关规定处理）。

（3）廖××，2012年8月至今任惠东县公安消防大队副营级参谋，负责联系和监督检查批发城消防安全工作。对企业消防安全工作检查不到位，未发现该企业存在重大消防安全隐患，对消防安全应急演练、宣传教育等工作指导不力，负有直接监管责任，给予行政记大过处分（按照武警部队有关规定处理）。

（4）蔡××，2013年1月至今任惠东县公安局副局长，联系公安消防大队。指导公安消防大队开展消防安全工作不到位，负有一定领导责任，给予行政警告处分。

（5）庄××，原惠东县平山街道党工委副书记、办事处主任（2011年5月至2014年11月），现任惠东县总工会常务副主席。任职期间，贯彻落实消防安全法律法规不到位，督促企业及相关单位履行消防安全职责不力，未能履行好消防安全第一责任人的责任，负有重要领导责任。给予行政记过处分。

（其他人员略。）

（三）给予诫勉谈话人员

（1）方××，2014 年 9 月至今任惠东县副县长、公安局局长，分管消防工作。督促有关单位落实消防安全宣传教育、隐患排查整治工作不到位，负有一定的领导责任。给予诫勉谈话。

（2）罗××，2011 年 3 月至今任惠东县平山街道党工委书记。督促政府开展消防安全工作不到位，未能全面落实好安全生产“党政同责”要求，负有一定的领导责任。给予诫勉谈话。

五、事故防范措施建议

该起火灾事故，后果十分严重，教训极其深刻，必须警钟长鸣。各级、各单位要牢记安全发展理念，把保护人的生命放到高于一切的位置，坚守安全生产红线意识和底线思维，切实履行好党和人民赋予的神圣使命。在对事故原因进行深入剖析的基础上，事故调查组提出以下整改建议：

（一）深刻汲取事故教训，进一步提高消防安全意识

全市各级、各单位要深刻汲取惠东县“2·5”火灾事故的沉痛教训，举一反三，大力加强安全生产尤其是消防安全工作；要深入贯彻落实习近平总书记系列重要讲话精神，围绕省、市党委政府系列重大决策部署，进一步增强做好消防安全工作的责任感和紧迫感。要按照“党政同责、一岗双责、齐抓共管”的要求，牢固树立科学发展、安全发展理念，进一步健全安全责任体系，全面落实管行业必须管安全、管业务必须管安全、管生产经营必须管安全的要求。要严格落实政府单位监管责任，进一步落实县（区）、乡镇（街道）属地管理责任，依法强化企业安全生产和消防安全主体责任，坚守红线意识和底线思维，进一步提高全社会的消防安全意识，确保人民群众生命财产安全。各级、各单位要按照今年 2 月 6 日在惠东县召开的“2·5”火灾事故现场会、2 月 9 日召开的全市商场市场影剧院等人员密集场所消防安全专项整治工作会议要求和 2 月 26 日召开的全市安全生产工作电视电话会议上市委主要领导的讲话精神，以更加扎实有效的行动、更加务实管用的举措，认真抓好安全生产各项工作的落实。

（二）加强消防安全教育培训和演练工作，落实企业主体责任

相关生产经营单位要严格落实企业安全生产主体责任，加强企业消防安全管理工作，全面进行整改，严格落实员工安全教育培训工作，建立健全安全生产各项管理制度，积极组织消防应急演练，自觉提高员工消防安全意识和火灾逃生能力，防止类似事故发生。

（三）健全安全生产监管体系，落实消防安全监管责任

惠东县各级党委、政府要加强对安全生产工作的领导，进一步加强安全监管体制机制尤其是队伍建设，健全完善安全监管体系，夯实基层和末梢消防安全监管基础；要明确各级党委、政府和有关单位消防安全监管职责，厘清消防安全领域直接监管和属地监管职责。公安消防单位要认真履行消防安全监管职责，加强对基层消防安全委员会办公室的工作指导，提升消防安全工作水平。要把消防安全管理责任制落实到各乡镇（街道）、村（居）委会、村民小组，落实到每一个生产经营单位，做到层层有人抓，级级有人管，横向到边，纵向到底，各负其责，全面落实。

（四）加大消防安全整治力度，消除消防安全隐患

惠东县人民政府要加强辖区内的消防安全监督检查，要在全县范围内对劳动密集型企业、人员密集场所、公共娱乐场所、易燃易爆场所、高层地下建筑、在建工地、“三合一”场所等进行安全生产大检查。对不符合安全生产和消防安全条件的单位，发现一例取缔一例，坚决杜绝走过场。同时认真执行《安全生产法》《消防法》等法律法规，严禁不具备消防安全和劳动安全条件的单位从事生产经营活动，坚决消除事故隐患。要注重源头管控，加强单位联动，严格供水供电管理，发现违法行为及时通报供水供电单位，及时采取断然措施彻底予以根除，有效防范类似事故发生。要严肃查处整治工作中的违法违纪和失职渎职行为，依法严惩无视国家法律、无视政府监管、无视员工生命安全、违法生产经营导致事故发生的企业及其经营者。

（五）加强消防安全宣传教育培训，增强事故防范能力

惠东县各级政府及有关单位要进一步改进消防宣传教育培训的方式方法，结合企业和社会单位消防安全“四个能力”建设，强化企业和社会单位消防安全管理人和重点岗位人员的消防安全培训，

督促落实消防宣传教育培训职责，提高单位检查消除火灾隐患的能力，提升公众特别是从业人员具备扑救初始火灾和组织疏散逃生的基本技能；深入推进消防宣传进农村、进工厂、进社区活动，发动村（居）委会和广大消防志愿者深入单位场所和工厂社区开展消防宣传上门服务，提醒群众注意消防安全。要督促社会单位建立健全消防宣传教育制度，健全管理机构，明确消防安全责任，定期开展宣传教育，对新入职人员全面深入开展岗前消防安全培训。要畅通群众举报投诉渠道，落实举报奖励制度，广泛发动群众举报火灾隐患，形成全面清剿火患的良好氛围，从而防范和遏制较大以上火灾事故的发生。

福建省漳州市腾龙芳烃（漳州）有限公司“4·6”爆炸着火重大事故

2015 年4 月6 日18 时56 分，位于福建省漳州市古雷的腾龙芳烃（漳州）有限公司二甲苯装置发生爆炸着火重大事故，造成6 人受伤（其中5 人被冲击波震碎的玻璃刮伤），另有 13 名周边群众陆续到医院检查留院观察，直接经济损失 9457 万元。

一、事故发生经过、应急救援及善后处理情况

（一）事故发生经过

2015 年 4 月 6 日 18 时 56 分，腾龙芳烃（漳州）有限公司二甲苯装置在停产检修后开车时，二甲苯装置加热炉区域发生爆炸着火事故，导致二甲苯装置西侧约 67.5 米外的 607 号、608 号重石脑油储罐和 609 号、610 号轻重整液储罐爆裂燃烧。4 月 7 日 16 时 40 分，607、608、610 号储罐明火全部被扑灭；之后，610 号储罐于 4 月 7 日 19 时 45 分和 4 月 8 日 2 时 9 分两次复燃，均被扑灭；607 储罐于 4 月 8 日 2 时 9 分复燃，4 月 8 日 20 时 45 分被扑灭；609 号储罐于 4 月 8 日 11 时 5 分起火燃烧，4 月 9 日 2 时 57 分被扑灭。

（二）应急救援及善后处理情况

事故发生后，福建省委书记尤权，原省委常委、秘书长叶双瑜，原省委常委、宣传部长李书磊，张志南常务副省长，王惠敏副省长等省领导立即赶赴事故现场，指挥抢险。国家安全监管总局副局长孙华山、总工程师王浩水带领有关司局领导和专家迅速赶赴事故现场指导救援工作。采取的主要措施：一是成立事故现场指挥部。福建省副省长王惠敏任总指挥，下设现场处置、警戒维稳、伤员救治、群众疏导、信息发布、善后工作、事故调查、后勤保障等 8 个组，分头开展各项工作。二是组织专家分析研判。国家安全监管总局从全国抽调多名应急救援及石化行业工艺和设备方面的权威专家，会同省内 5 名专家赶赴现场分析研判，帮助指导事故救援。三是全力组织灭火。公安消防部门共调动消防车辆 269 部、消防官兵 1169 名，在专家指导下，采取扑灭石化火灾常用的成熟方法，加强对着火罐的火情控制，并实施喷水冷却、水幕隔离等措施，冷却保护周边储罐和装置。省军区部分官兵及31 集团军 120 名防化官兵参与救援。四是紧急调运救援物资。在公安部和国家民航总局的大力支持下，省政府多方调集救援物资，共调运灭火泡沫1467 吨和 5 万个沙包袋，为救援工作提供充足的物资保障。五是及时救治伤员。漳州市、漳浦县两级政府共调度 70 台救护车待命、出动 16 台，共收治事故伤员 19 名，截至 4 月 13 日，受伤人员全部伤愈出院。六是迅速有序转移群众。共转移并妥善安置周边群众 29096 人。七是密切监测周边环境。组织环保、海洋、海事、气象等部门，密切监测古雷地区气象、海水等方面的环境变化，没有发现辖区环境污染。八是积极做好舆论引导。省、市宣传新闻部门主动协调新闻媒体，及时组织发布信息，做到公开、透明，启动网络舆情监控预案，对网上出现的不良信息和 4 月 6 日当晚网络传播死伤假照片事件，迅速回应和利用事实进行澄清，及时消除

负面影响。

二、事故原因和性质

（一）直接原因

在二甲苯装置开工引料操作过程中出现压力和流量波动，引发液击，存在焊接质量问题的管道焊口作为最薄弱处断裂。管线开裂泄漏出的物料扩散后被鼓风机吸入风道，经空气预热器后进入炉膛，被炉膛内高温引爆，此爆炸力量以及空间中泄漏物料形成的爆炸性混合物的爆炸力量撞裂储罐，爆炸火焰引燃罐内物料，造成爆炸着火事故。

（二）间接原因

一是企业安全主体责任落实不到位。事故发生单位腾龙芳烃（漳州）有限公司以及中石化第四建设有限公司、扬州市扬子工业设备安装有限公司、南京金陵石化工程监理有限公司、岳阳巨源检测有限公司等相关承建、分包及检测单位安全观念淡薄，安全生产主体责任不落实，对工程建设质量管理不到位，施工单位存在违章、管理不到位及违法分包工程、无证作业等情况。

二是地方党委、政府及其有关部门没有正确处理好严格监管与服务的关系，存在监管“严不起来、落实不下去”现象，漳州市委、市政府，漳州市安监局、质监局，以及古雷港经济开发区党工委、管委会，古雷港经济开发区经济发展局等有关地方党委政府及有关部门安全生产属地监管责任落实不够到位、监督检查工作不够到位。此外，省锅炉压力容器检验研究院对施工、检测单位违法违规行为失察，违反规定对未出具监督检验合格报告的13个装置压力管道提出允许其运行的意见；省环保厅、省安监局、漳州市消防支队在日常安全监管工作中也存在履职不够到位、工作不够认真问题。

（三）事故性质

经调查认定，腾龙芳烃（漳州）有限公司“4·6”爆炸着火事故是一起重大生产安全责任事故。

三、对事故有关责任人员及责任单位的处理结果

一是共处理相关人员39人。其中，移送司法机关追究刑事责任人员13人，包括腾龙芳烃（漳州）有限公司法定代表人、董事长黄××（美籍华人）等5人，中石化第四建设有限公司1人、扬州市扬子工业设备安装有限公司3人、南京金陵石化工程监理有限公司2人、岳阳巨源工程检测有限公司2人。给予党纪、政纪处分的人员11人，其中对含漳州市委常委、市政府常务副市长梁伟新在内的漳州市政府、古雷港经济开发区管委会正副主任、市质监局、市安监局、省锅炉压力容器检验研究院漳州分院等11人给予党政纪处分。其他经济、行政处罚等查处的其他人员9人；给予诫勉谈话、责令作出深刻书面检查的人员6人。

二是给予相关单位行政处罚。依据相关安全法律法规，对腾龙芳烃（漳州）有限公司处以规定上限的经济处罚；对在事故中负有责任的中石化第四建设有限公司、扬州市扬子工业设备安装有限公司、南京金陵石化工程监理有限公司和岳阳巨源工程检测有限公司等四家单位及其主要负责人，由属地安全生产监督管理部门进行罚款的行政处罚，由相关主管部门进行罚款外的其他行政处罚。

三是问责结果。责成漳州市委、市政府分别向省委、省政府作出深刻的书面检查，吸取教训，防范同类事故再次发生。

河南省平顶山市老年公寓“5·25”特别重大火灾事故

2015年5月25日19时30分许，河南省平顶山市鲁山县康乐园老年公寓发生特别重大火灾事故，造成39人死亡、6人受伤，过火面积745.8平方米，直接经济损失2064.5万元。

一、事故发生经过及应急救援情况

（一）事故发生经过

5月25日19时30分许，康乐园老年公寓不能自理区女护工赵××、龚××在起火建筑西门口外聊天，突然听到西北角屋内传出异常声响，两人迅速进屋，发现建筑内西墙处的立式空调以上墙面及顶棚区域已经着火燃烧。赵××立即大声呼喊救火并进入房间拉起西墙侧轮椅上的两位老人往室外跑，再次返回救人时，火势已大，自己被烧伤，龚××向外呼喊求助。由于大火燃烧迅猛，并产生大量有毒有害烟雾，老人不能自主行动，无法快速自救，导致重大人员伤亡、不能自理区全部烧毁。

（二）单位组织初起火灾扑救和疏散人员情况

不能自理区男护工石××、常××、马××（范××的丈夫），消防主管孔××和半自理区女护工石××等听到呼喊求救后，先后到场施救，从起火建筑内救出13名老人，范××组织其他区域人员疏散。在此期间，范××、孔××发现起火后先后拨打119电话报警。

（三）消防队接警出动、灭火救援及搜救情况

19时34分04秒，鲁山县消防大队接到报警后，迅速调集大队5辆消防车、20名官兵赶赴现场，19时45分消防车到达现场，起火建筑已处于猛烈燃烧状态，并发生部分坍塌。消防大队指挥员及时通知辖区两个企业专职消防队2辆水罐消防车、14名队员到达火灾现场协助救援。现场成立4个灭火组压制火势、控制蔓延、掩护救人，2个搜救组搜救被困人员。20时10分现场火势得到控制，同时指挥员向平顶山市消防支队指挥中心报告火灾情况。20时20分明火被扑灭。截至5月26日6时10分，指挥部先后组织7次对现场细致搜救，在确认搜救到人数与有关部门提供现场被困人数相吻合的情况下，结束现场救援。

（四）当地政府应急处置情况

火灾发生后，鲁山县委、县政府立即启动应急响应，组织公安、消防、民政、安全监管、医疗卫生等部门人员全力展开灭火、搜救、善后及维稳工作。医疗卫生部门共调派27辆救护车、14个医疗单位，出动医务人员81人次。

河南省及平顶山市政府接到火灾事故报告后，立即启动应急预案。省委书记郭庚茂、省长谢伏瞻接到报告后，立即作出批示。省长谢伏瞻，副省长李亚、张维宁，平顶山市委、市政府主要负责同志等带领省、市有关部门负责同志赶赴事故现场，成立现场指挥部，组织开展应急救援和伤员救治工作。

（五）医疗救治和善后处理情况

地方党委、政府认真稳妥做好医疗救治、事故伤亡人员家属接待及安抚、遇难者身份确认和赔偿等工作。按照医疗救治、善后安抚两个“一对一”的要求，对遇难者家属、受伤人员及其家属分步骤进行心理疏导，全力开展善后工作，保持社会稳定。

二、事故原因和性质

（一）直接原因

老年公寓不能自理区西北角房间西墙及其对应吊顶内，给电视机供电的电器线路接触不良发热，高温引燃周围的电线绝缘层、聚苯乙烯泡沫、吊顶木龙骨等易燃可燃材料，造成火灾。

造成火势迅速蔓延和重大人员伤亡的主要原因是建筑物大量使用聚苯乙烯夹芯彩钢板（聚苯乙烯夹芯材料燃烧的滴落物具有引燃性），且吊顶空间整体贯通，加剧火势迅速蔓延并猛烈燃烧，导致整体建筑短时间内垮塌损毁；不能自理区老人无自主活动能力，无法及时自救造成重大人员伤亡。

（二）间接原因

1. 康乐园老年公寓违规建设运营，管理不规范，安全隐患长期存在

（1）违法违规建设、运营。康乐园老年公寓发生火灾建筑没有经过规划、立项、设计、审批、验收，使用无资质施工队；违规使用聚苯乙烯夹芯彩钢板、不合格电器电线；未按照国家强制性行业标准《老年人建筑设计规范》（JGJ 122—99）要求在床头设置呼叫对讲系统，不能自理区配置护工不足。

（2）日常管理不规范，消防安全防范意识淡薄。康乐园老年公寓日常管理不规范，没有建立相应的消防安全组织和消防制度，没有制定消防应急预案，没有组织员工进行应急演练和消防安全培训教育；员工对消防法律法规不熟悉、不掌握，消防安全知识匮乏。

2. 地方民政部门违规审批许可，行业监管不到位

（1）鲁山县民政局日常监管不到位，违规审批许可。一是日常安全监管不到位。鲁山县民政局每半年对康乐园老年公寓检查一次，从未发现其使

用违规彩钢板扩建经营、安全组织管理缺失等问题。二是违规审批许可。2010 年 11 月，鲁山县民政局在康乐园老年公寓未提供建设、消防、卫生防疫等部门的验收报告和审查意见书原件的情况下，不严格履行审批程序，违规通过了康乐园老年公寓审查，并将该审查材料报送平顶山市民政局。2013 年 12 月，鲁山县民政局未按照相关审批程序和安全排查规定，违规给康乐园老年公寓换发了许可证。

（2）平顶山市民政局违规批准康乐园老年公寓设置，贯彻落实法规政策不到位。一是违规批准康乐园老年公寓设置。2010 年 12 月，未按照审批程序审查康乐园老年公寓证照原件，违规向其颁发批准证书。二是安全监管工作指导督促不到位。2013 年以来组织开展的多次社会福利机构及养老机构安全检查中，重部署通知，轻检查落实，指导督促不到位，没有发现康乐园老年公寓存在的安全隐患并督促其整改。

（3）河南省民政厅督促落实法规政策不到位，指导下级安全管理工作不到位。河南省民政厅对平顶山市、鲁山县民政部门长期存在的贯彻落实法规政策不到位、违规批准康乐园老年公寓设置等问题疏于监管。《河南省社会办养老机构管理暂行办法》废止后，未及时出台养老机构护工人员比例要求，未及时落实《民政部关于贯彻落实〈养老机构设立许可办法〉和〈养老机构管理办法〉的通知》提出的“各地要在养老机构人员配比等方面提出细化、量化和具体可行的要求”。《河南省养老机构设立许可管理办法》施行后，没有及时有效组织指导下级开展养老机构设立许可工作。

3. 地方公安消防部门落实消防法规政策不到位，消防监管不力

（1）鲁山县公安局董周派出所落实消防法规政策不到位，消防日常监管不力。没有认真贯彻执行消防安全重点单位界定标准要求，未准确上报康乐园老年公寓相关信息，导致鲁山县公安消防大队将应定为二级消防安全重点单位管理的康乐园老年公寓错定为三级管理。没有认真履行消防日常监管职责，没有扎实开展针对养老院的消防安全专项整治活动，未能及时发现和纠正康乐园老年公寓违规彩钢板建筑物的消防安全隐患。

（2）鲁山县公安消防大队执行消防法规政策不严格，日常监管有漏洞。一是未严格执行《平顶山市消防安全重点单位界定标准》，错将二级消防安全重点管理单位康乐园老年公寓列为三级管理；对鲁山县公安局董周派出所日常消防监督检查、培训指导不到位。二是对康乐园老年公寓消防监督检查缺失。自康乐园老年公寓注册以来，鲁山县公安消防大队从未对其进行过检查，对康乐园老年公寓的有关信息掌握不准，底数不清。三是消防安全专项治理行动不扎实，没有及时排查出康乐园老年公寓存在的重大消防安全隐患。

（3）鲁山县公安局对鲁山县公安消防大队和董周派出所消防安全工作指导督促不到位。一是对辖区内针对养老院开展的消防安全专项治理工作督导不力，流于形式。二是对鲁山县公安消防大队错误划定康乐园老年公寓的消防安全重点单位等级未能及时发现。三是对董周派出所消防安全监管工作疏于指导督促。

（4）平顶山市公安消防支队指导下级开展工作、督促工作落实不到位。一是未能及时发现并予以纠正鲁山县公安消防大队对康乐园老年公寓监管缺失以及错误划定康乐园老年公寓的消防安全重点单位等级的问题。二是消防监管工作重部署、轻落实。平顶山市消防安全重点单位界定工作，虽下发了《平顶山市消防安全重点单位界定标准》，但对如何申报、怎样界定消防安全重点单位等级以及消防安全重点单位界定登记工作中，没有明确市公安消防支队与派出所、县公安消防大队之间如何无缝对接等要求。2013 年以来多次开展的养老院消防安全专项整治活动目标不具体、检查不彻底。

（5）平顶山市公安局开展消防安全专项行动不力，指导检查消防工作不实。一是对鲁山县公安局开展的针对养老院火灾隐患排查治理工作，指导督促不得力。二是对消防安全重点单位界定工作指导不力。三是对鲁山县公安局及其消防大队开展的消防安全监管工作疏于监督检查。

（6）河南省公安消防总队对下级落实有关消防安全法律法规督促落实不到位。对平顶山市公安消防支队的消防监管工作指导不力，落实公安部《关于进一步加强彩钢板建筑消防安全监督管理的通知》(公消〔2012〕303 号)、“九九”消防平安行动、重大火灾隐患专项整治、清剿火患战役等消防专项检查工作督促落实不到位。

4. 地方国土、规划、建设部门执法监督工作不力，履行职责不到位

（1）鲁山县国土资源局监督执法不彻底。琴台国土资源所为鲁山县国土资源局垂直管理机构，2013 年，琴台国土资源所巡查发现康乐园老年公寓未经批准违法占用耕地 1066 平方米用于建设彩钢板房，除行政处罚 10660 元的决定得到落实执行外，没有依法采取有效措施继续对非法占地行为予以纠正，导致非法占地建筑最终建成投入使用。鲁山县国土资源局对该所执法监督不到位的问题失察。

（2）鲁山县城乡规划局落实法规政策不实，督促指导执法监察大队工作不到位。起火建筑自 2013 年开工建设至事故发生，鲁山县城乡规划局执法监察大队未检查并发现其违法建设行为。鲁山县城乡规划局作为执法监察大队的管理部门，对其日常巡查不力、监督不到位的问题未能及时发现和整改，导致规划区内该违法建筑长期存在。

（3）鲁山县住房和城乡建设局执法检查不到位。起火建筑于 2013 年建设期间，城建监察大队从未发现其违法建设行为，查处违法建设工作有漏洞，检查不到位。鲁山县住房和城乡建设局作为城建监察大队的管理部门，未能及时发现和整改下属单位工作不力的问题。

5. 地方政府安全生产属地责任落实不到位

（1）鲁山县琴台街道办事处贯彻落实国家有关法规政策不到位，属地监管不力。对康乐园老年公寓的属地监管职责推诿扯皮、失控漏管，没有履行属地监管职责。琴台街道办事处民政所贯彻落实国家有关法律法规不到位，未落实县民政部门对养老机构认真开展安全检查的工作要求。

（2）鲁山县委、县政府贯彻落实国家民政、公安消防等法规政策不到位，履行安全生产属地监管职责不到位。对养老机构等安全监管工作不重视，未能有效督促指导民政、公安、消防、国土、规划、住建等部门严格履行有关职责，对相关部门执法监督检查不到位、违规行政审批等情况未能及时检查发现并予以纠正，消防安全专项治理工作不深入彻底，对康乐园老年公寓长期存在的事故隐患和安全管理混乱未及时发现并督促整改等问题失察。

（3）平顶山市政府督促指导下级政府和有关部门贯彻落实国家及河南省民政、公安消防等法规政策不到位，督促指导安全工作不力。在落实国家和河南省民政、公安消防专项检查、工作部署方面不扎实，督促检查不到位，对监管部门专项检查流于形式的问题失察。对养老机构等安全监督管理工作不重视。

（三）事故性质

经调查认定，河南平顶山“5·25”特别重大火灾事故是一起生产安全责任事故。

三、对事故有关责任人员及责任单位的处理建议

（一）司法机关已采取措施人员（31 人）

（1）范××，鲁山县康乐园老年公寓法定代表人、院长。因涉嫌重大责任事故罪，5 月 26 日被刑事拘留，6 月 9 日被批准逮捕。

（2）刘××，鲁山县康乐园老年公寓副院长。因涉嫌重大责任事故罪，5 月 26 日被刑事拘留，6 月 9 日被批准逮捕。

（3）马××，鲁山县康乐园老年公寓副院长。因涉嫌重大责任事故罪，5 月 26 日被刑事拘留，6 月 9 日被批准逮捕。

（4）张××，鲁山县康乐园老年公寓办公室主任。因涉嫌重大责任事故罪，5 月 26 日被刑事拘留，6 月 9 日被批准逮捕。

（其他人员略。）

（二）给予党纪、政纪处分的人员（27 人）

（1）刘××，鲁山县琴台街道办事处党工委副书记、主任。工作失职，对安全监管工作不重视，落实安全生产网格化管理工作不力，长期以来未对康乐园老年公寓进行监管。对事故的发生负有主要领导责任，给予撤销党内职务、撤职处分。

（2）刘××，鲁山县人民政府党组成员、副县长，县防火委员会主任。未认真履行职责，贯彻落实国家有关消防安全法律法规及上级文件要求不力，督促指导县公安消防部门落实日常消防安全检查、开展消防安全专项治理工作不到位。对事故的发生负有主要领导责任，给予撤销党内职务、撤职处分。

（3）田××，鲁山县人民政府党组成员、副县长，分管民政工作。未认真履行职责，贯彻落实国家有关法律法规和政策要求不力，对县民政局履行社会养老机构管理职责情况监督检查不到位，对

分管部门及有关人员未认真履行职责的问题失察。对事故的发生负有主要领导责任，给予撤销党内职务、撤职处分。

（4）李××，鲁山县委副书记、县长。作为鲁山县安全生产第一责任人，对安全工作重视不够，履行安全生产领导职责不到位，组织领导全县安全生产工作不到位，对县政府分管领导及有关职能部门履行职责不到位的问题失察。对事故的发生负有重要领导责任，给予党内严重警告、降级处分。

（5）李××，鲁山县委书记。2013 年 10 月至 2015 年 2 月任县长期间，未认真履行职责，组织领导全县安全生产工作不力。贯彻落实党的安全生产方针政策不到位，对鲁山县政府及有关职能部门未认真履行职责的问题失察。对事故的发生负有主要领导责任，给予撤销党内职务处分。

（其他人员略。）

（三）其他处理结果

（1）河南省政府向国务院作出深刻检查，认真总结和吸取事故教训，进一步加强和改进安全生产工作。

（2）平顶山市委向河南省委作出深刻检查，由河南省纪委对平顶山市委主要负责同志进行诫勉谈话，要求其从“5·25”特别重大事故中吸取深刻教训，在安全生产中落实“党政同责、一岗双责、齐抓共管”的要求，进一步做好相关工作。

（3）河南省政府主要负责同志约谈平顶山市政府主要负责同志，要求其从“5·25”特别重大事故中吸取深刻教训，进一步做好安全生产工作。

（4）对检察机关已立案侦查人员中的中共党员和行政监察对象，由河南省纪委监察厅跟进掌握情况，待司法机关作出处理后，按照管理权限由有关单位给予相应党纪、政纪处分（含检察机关决定免予起诉人员）。

四、防范措施

（一）落实企业主体责任和政府部门安全监管责任

河南省和平顶山市要深刻吸取事故教训，牢固树立安全发展理念，始终坚守“发展决不能以牺牲人的生命为代价”这条红线，建立健全“党政同责、一岗双责、齐抓共管”的安全生产责任体系，落实属地监管，实现责任体系“五级五覆盖”。

要规范行业管理部门的安全监管职责，特别是涉及多个部门监管的行业领域，按照“管行业必须管安全”的要求，明确、细化安全监管职责分工，消除责任死角和盲区。

要督促企业落实安全生产主体责任，做到安全责任到位、安全投入到位、安全培训到位、安全管理到位、应急救援到位。

（二）加强养老机构安全管理

河南省各级民政部门要落实《老年人权益保障法》等法律法规要求，指导养老机构建立健全安全、消防等规章制度，做好老年人安全保障工作。要按照实施许可权限，建立养老机构评估制度，加强对养老机构的监督检查，及时纠正养老机构管理中的违法违规行为。民政部门支配的福彩公益金补助民政服务机构建设项目，要优先支持安全设施建设。养老机构因变更或终止等原因暂停、终止服务的，民政部门应当督促养老机构制定实施老年人安置方案，并及时为其妥善安置老年人提供帮助。

（三）加大对民办养老机构的政策扶持

河南省要针对社会养老需求及现状，加强对民办养老服务业发展状况的调查研究，完善养老机构管理法规，保障养老机构健康发展、安全发展。针对制约民办养老机构发展的用地难、融资难、税费减免难、用工难、医养结合难及安全管理薄弱等突出问题，要认真研究，制定切实可行的政策制度，规范民办养老机构安全管理标准化建设、提升安全管理水平。加强养老机构设立许可办法和管理办法等法规的宣传培训，督促指导民办等各类养老机构依法依规建设、管理。

（四）加强消防安全日常监督检查

河南省各级公安消防部门要依法履行对消防重点单位日常监督检查职责，切实加强日常监督检查工作，尤其对幼儿园、学校、养老院等人员密集场所的消防安全隐患排查，要严格做到全覆盖、零容忍。严肃查处消防设计审核、消防验收和消防安全检查不合格的单位，提请政府坚决拆除违规易燃建筑，推动消防安全主体责任严格落实。

县级公安机关要加强对消防大队和公安派出所的组织领导和统筹协调，确保消防安全工作无缝衔接。加强对派出所等一线民警消防法规和业务知识的培训，切实提高发现隐患、消除隐患的能力和水平。

（五）严格养老机构等人员密集场所的消防安全整治

河南省各地区要定期组织开展对养老机构等人员密集场所的安全隐患排查，对违规使用聚苯乙烯、聚氨酯等保温隔热材料、建筑达不到耐火等级要求的，要严格按照《建筑设计防火规范》（GB 50016—2014）、《养老设施建筑设计规范》（GB 50867—2013）等国家标准，限期整改，确保建筑符合防火安全规定；对防火、用电等管理制度不健全、不符合规范的，无应急预案、应急演练不落实的，许可审批手续不全的，要坚决予以整改。各类养老机构等人员密集场所要强化法律意识，制定突发事件应急预案，切实落实安全管理主体责任。

（六）进一步加大对违法违规经营和失职渎职行为的查处力度

各地区要认真贯彻落实《国务院办公厅关于加强安全生产监管执法的通知》（国办发〔2015〕20号）的相关要求，建立安全生产监管执法机构与公安机关和检察机关安全生产案情通报机制，建立事故整改措施落实情况评估制度，认真组织评估工作，依法从严查处违法违规经营和失职渎职行为，落实“事故原因未查清不放过，事故责任人未受到处理不放过，事故责任人和相关人员没有受到教育不放过，未采取防范措施不放过”，切实吸取事故教训，筑牢安全防线。

河北省宁晋县“7·12”非法生产烟花爆竹重大爆炸事故

2015年7月12日9时07分，位于河北省宁晋县东汪镇东汪一村的原河北沙龙制衣有限公司水洗车间内因非法生产烟花爆竹发生重大爆炸事故，造成22人死亡、23人受伤（其中重伤2人，轻伤21人），直接经济损失885万元。

一、事故发生经过和应急处置情况

（一）事故发生经过

7月12日，宋××、孙××、周××3人，组织15名南宫市大村乡北孟村有烟花爆竹制作手艺的人员在沙龙制衣公司内生产烟花爆竹。生产过程包括混药、装上响烟火药、装下响烟火药等工序。9时07分，在生产作业过程中，因摩擦、撞击导致发生爆炸。

爆炸造成中心现场厂房完全坍塌，现场3辆用于非法生产的车辆被烧（炸）毁，周边25家企业、25户门店、59家住户不同程度受损。

（二）应急处置和善后情况

事故发生后，宁晋县委、县政府和有关部门主要领导迅速赶赴现场，立即启动应急预案，组织公安、安全监管、卫生、新闻等部门成立现场指挥部，下设现场处置、医疗救治、后勤保障、事故调查、善后处置、新闻媒体、社会稳定等7个工作组，先后调集600余名公安干警和武警、消防官兵，出动各类车辆280余辆，全力开展人员救助、余火扑救、现场清理等工作。卫生部门抽调6辆救护车和17名骨干医护人员，开通“绿色通道”，由医院先行垫付医疗费用，确保伤员第一时间得到救治，卫生防疫人员及时对现场进行消毒防疫。公安部、国家安全监管总局及省市公安、安全监管部门接到事故报告后，有关领导迅速赶赴现场指导处置工作，及时调集搜索侦检、抢险救援车辆和搜救犬等专业设备投入救援。截至7月15日10时45分，现场搜救清理完毕，证据提取固定，现场勘查结束。

当地党委、政府按照分类施策要求，对参与非法生产的死亡人员家属实行安抚，对无辜遇难人员家属给予赔偿，对受损企业、门店、住户损失情况进行评估后给予补偿，并积极做好伤员治疗、伤亡人员家属的安抚工作，保持了社会稳定。

二、事故原因和性质

（一）直接原因

非法生产作业过程中因摩擦、撞击导致爆炸。

（二）间接原因

（1）犯罪嫌疑人宋××、司××伙同孙××、周××，租用沙龙制衣公司，违反国家有关规定，非法组织生产烟花爆竹。

（2）宁晋县东汪镇东汪一村、耿庄桥镇北周家庄村和苏家庄镇浩固村党支部、村委会打击非法生产经营烟花爆竹和非法经营易制爆危险化学品不到位，监督检查流于形式，社会治安综合治理不力，未发现本村存在的非法生产经营烟花爆竹、非法经营易制爆危险化学品问题，存在失职行为，致使非法行为未得到及时处理。

（3）宁晋县东汪镇、苏家庄镇和耿庄桥镇党委、政府落实"党政同责、一岗双责"不到位，属地打非责任落实不到位，打击非法生产经营烟花爆竹、打击非法经营易制爆危险化学品不力，监督检查不到位；个别干部和工作人员玩忽职守，存在失职行为，致使非法行为未得到及时处理。

（4）宁晋县公安局未能认真履行《烟花爆竹安全管理条例》《危险化学品安全管理条例》、部门《三定方案》赋予的职责及"打非治违"部署要求，工作安排部署不力，督导检查不到位，存在失职行为，致使非法行为未得到及时处理。

（5）宁晋县安全监管局未能认真履行《烟花爆竹安全管理条例》《危险化学品安全管理条例》、部门《三定方案》赋予的职责及"打非治违"部署要求，综合协调不到位，督导检查不到位，存在失职行为，致使非法行为未得到及时处理。

（6）宁晋县工商局在打击非法生产、经营烟花爆竹和打击非法经营易制爆危险化学品工作中主动性较差，监督检查不到位，执法力度不够，存在失职行为，致使非法行为未得到及时处理。

（7）宁晋县交通运输局在打击非法运输烟花爆竹、易制爆危险化学品工作中主动性较差，监督检查不到位，执法力度不够，存在失职行为，致使非法行为未得到及时处理。

（8）宁晋县质量技术监督局在打击非法生产经营烟花爆竹工作中主动性较差，监督检查不到位，存在失职行为，致使非法行为未得到及时处理。

（9）宁晋县委、县政府落实"党政同责、一岗双责"不到位，对"打非"工作组织领导不力，工作督导不到位，存在失职行为，致使非法行为未得到及时处理。

（三）事故性质

这是一起因非法生产烟花爆竹引发的重大爆炸责任事故。

三、对事故有关责任人员及责任单位的处理结果

（一）不予追究责任人员

（1）非法组织烟花爆竹生产的主要犯罪嫌疑人（3人），事故中已死亡，不予追究责任：

（2）非法参与烟花爆竹生产的犯罪嫌疑人（15人，均为南宫市大村乡北孟村人），事故中已死亡，不予追究责任。

（二）公安机关采取司法措施人员

1. 逮捕犯罪嫌疑人

（1）李××，宁晋县耿庄桥镇北周家庄村人。涉嫌非法制造、买卖、运输、邮寄、储存枪支、弹药、爆炸物罪，8月21日被执行逮捕。

（2）王××，宁晋县苏家庄镇浩固村人。涉嫌非法制造、买卖、运输、邮寄、储存枪支、弹药、爆炸物罪，8月21日被执行逮捕。

（3）申××，威县章台镇东柏悦村人。涉嫌非法经营、妨害公务罪，8月21日被执行逮捕。

（4）张××，石家庄市赵县沙河店镇沙河店村人。涉嫌非法制造、买卖、运输、邮寄、储存枪支、弹药、爆炸物罪，8月21日被执行逮捕。

（5）孙××，南宫市大村乡北孟村人。涉嫌非法制造、买卖、运输、邮寄、储存枪支、弹药、爆炸物罪，8月21日被执行逮捕。

（6）司××，南宫市大村乡北孟村人。涉嫌非法制造、买卖、运输、邮寄、储存枪支、弹药、爆炸物罪，8月21日被执行逮捕。

（7）赵××，宁晋县东汪镇东汪六村人。涉嫌危险物品肇事罪，8月21日被执行逮捕。

2. 取保候审犯罪嫌疑人

（1）韩××，辛集市位伯镇西吕村人，涉嫌非法经营，8月21日被取保候审。

（2）刘××，山东省德州市庆云县人，涉嫌非法经营，7月26日被取保候审。

（3）张××，山东济宁市嘉祥县疃里镇进士张村人，涉嫌非法经营，7月27日被取保候审。

3. 正在追捕犯罪嫌疑人

吴××、王××、李××、赵××。

（三）检察机关立案侦查人员

（1）张××，邢台市大曹庄盐场后村人，任宁晋县东汪镇人大主席，分管安全生产工作。涉嫌玩忽职守罪，8月11日被刑事拘留。

（2）张××，宁晋县侯口乡东曹庄村人，任宁晋县东汪镇副镇长，分包东汪一村。涉嫌玩忽职守罪，8月6日被取保候审。

（3）荆××，宁晋县河渠镇章北村人，任宁晋县东汪镇安监站站长。涉嫌玩忽职守罪，8月10日被刑事拘留。

（4）张××，宁晋县人，任宁晋县东汪镇派出所副所长。涉嫌玩忽职守罪，8月10日被刑事拘留。

（5）王××，宁晋县东汪镇东汪一村人，任村党支部书记。涉嫌玩忽职守罪，8月6日被取保候审。

以上5人待司法机关作出司法结论后，由宁晋县纪检监察机关给予相应的党纪政纪处分。

（四）给予党政纪处分和组织处理的人员

1. 东汪镇相关人员

（1）路××，宁晋县人，2015年2月起任宁晋县东汪镇东汪一村村委会主任，负责村委会全面工作。给予开除党籍处分，按照程序罢免东汪一村村委会主任职务。

（2）贺××，宁晋县人，1992年起任宁晋县东汪镇东汪一村村委会副主任，分管社会综合治理、安全生产工作。给予开除党籍处分，按照程序罢免东汪一村村委会副主任职务。

（3）黄××，宁晋县人，2005年5月起任宁晋县东汪镇党委组织员、综治办主任，负责社会综合治理工作。撤销东汪镇党委组织员和综合治理办公室主任职务。

（4）张××，宁晋县人，2006年起任宁晋县东汪镇党委委员兼社会工作服务中心主任，分管社会综合治理等工作。给予党内严重警告处分，免去东汪镇党委委员和社会工作服务中心主任职务。

（5）赵××，宁晋县人，2012年2月起任宁晋县东汪镇党委副书记、镇长，负责镇政府全面工作，镇安委会主任，安全生产第一责任人。给予党内严重警告、行政降级处分，免去东汪镇镇长职务。

（6）宋××，宁晋县人，2014年4月起任宁晋县东汪镇党委书记。给予党内严重警告处分，免去东汪镇党委书记职务。

2. 苏家庄镇相关人员

（1）贾××，宁晋县人，2000年起任宁晋县苏家庄镇浩固村党支部副书记，2002年起兼任浩固村治保主任。撤销浩固村党支部副书记职务。

（2）李××，宁晋县人，2002年起任宁晋县苏家庄镇浩固村党支部书记兼村委会主任，负责浩固村全面工作。撤销浩固村党支部书记职务，按照程序罢免浩固村村委会主任职务。

（3）段××，宁晋县人，2012年3月起任宁晋县苏家庄镇规划建设办公室副主任兼安监站副站长，分包浩固村。给予行政记大过处分，免去镇安监站副站长职务。

（4）武××，宁晋县人，2012年3月起任宁晋县苏家庄镇党政办公室副主任兼安监站站长。给予行政记大过处分，免去镇安监站站长职务。

（5）赵××，宁晋县人，2009年7月起任宁晋县苏家庄镇工会主席，2011年起分管安全生产工作。给予行政记大过处分，免去镇工会主席职务。

（6）贾××，宁晋县人，2014年4月起任宁晋县苏家庄镇党委副书记、镇长，负责镇政府全面工作，镇安委会主任，安全生产第一责任人。给予行政记大过处分。

（7）杨××，宁晋县人，2014年4月起任宁晋县苏家庄镇党委书记。给予党内严重警告处分。

3. 耿庄桥镇相关人员

（1）孙××，宁晋县人，2013年起任宁晋县耿庄桥镇北周家庄村治保主任。给予党内严重警告处分。

（2）王××，宁晋县人，2015年3月起任宁晋县耿庄桥镇北周家庄村村委会主任，负责村委会全面工作。给予党内严重警告处分。

（3）周××，宁晋县人，2003年5月至今任宁晋县耿庄桥镇北周家庄村党支部书记。给予党内严重警告处分。

（4）张××，宁晋县人，2014年1月起任宁晋县耿庄桥镇安监站站长（事业编制），负责安全生产工作。给予记过处分，免去镇安监站站长职务。

（5）陈××，宁晋县人，2002年任耿庄桥镇党委组织员，2005年至今分管安全生产工作。给予党内严重警告处分。

（6）赵××，宁晋县人，2014年6月起任宁晋县耿庄桥镇党委副书记、镇长，负责镇政府全面工作，镇安委会主任，安全生产第一责任人。给予行政记过处分。

（7）张××，宁晋县人，2014年4月起任宁晋县耿庄桥镇党委书记。给予党内警告处分。

4. 宁晋县委、县政府及相关部门人员

（1）李××，宁晋县人，2015年4月主持宁晋县工商局黄儿营分局工作，分管东汪镇，2015年8月起任宁晋县市场监督管理局河渠市场监督管理所所长。给予行政记过处分。

（2）魏××，宁晋县人，2013年12月任宁晋县工商局党组副书记、副局长，分管“打非治违”工作，2015年8月起任宁晋县市场监督管理局党组副书记、副局长。对其诫勉谈话。

（3）刘××，宁晋县人，2015年6月起任宁晋县交通运输局交通执法大队大队长。给予行政记过处分。

（4）韩××，宁晋县人，2014年4月起任宁晋县交通运输局党组副书记、副局长兼交通战备办公室主任（正科级），分管执法大队。对其诫勉谈话。

（5）魏××，宁晋县人，2009年10月任宁晋县质量技术监督局副局长，分管“打非治违”工作，2015年8月起任宁晋县市场监督管理局副局长。对其诫勉谈话。

（6）王××，内丘县人，2011年4月起任宁晋县安全监管局安全检查股股长，担任东汪镇、苏家庄镇烟花爆竹“打非”督导组组长。给予行政记大过处分，免去县安全监管局安全检查股股长职务。

（7）孙××，宁晋县人，2014年9月起任宁晋县安全监管局科员，负责监察大队工作。给予行政记大过处分。

（8）李××，宁晋县人，2014年4月起任宁晋县安全监管局局长、县安委办主任，担任宁晋县烟花爆竹“打非”工作领导小组办公室主任。给予行政记大过处分。

（9）冯××，宁晋县人，2000年6月起任宁晋县公安局东汪交警巡逻中队中队长。给予行政撤职处分。

（10）张××，宁晋县人，2010年6月起任宁晋县公安局东汪派出所所长。给予行政撤职处分。

（11）刘××，宁晋县人，2010年4月起任宁晋县公安局耿庄桥派出所民警，北周家庄村包片民警（非在编），对事故负有直接责任。责成宁晋县政府依法依规对其作出处理。

（12）阴××，宁晋县人，2010年6月起任宁晋县公安局耿庄桥派出所所长。给予行政记过处分。

（13）彭××，石家庄市人，2012年8月至2015年6月任宁晋县公安局苏家庄派出所民警，浩固村包片民警。给予行政记大过处分。

（14）刘××，宁晋县人，2013年1月起任宁晋县公安局苏家庄派出所所长。给予行政记大过处分。

（15）李××，宁晋县人，2010年6月起任宁晋县公安局副科级干部，2010年12月至今任宁晋县公安局治安管理大队大队长。给予行政记过处分。

（16）黄××，宁晋县人，2010年3月起任宁晋县公安局党委委员、副局长，主管交警大队。给予行政记大过处分。

（17）周××，宁晋县人，2007年2月起任宁晋县公安局党委委员、副局长，分管派出所、治安大队。给予行政记大过处分。

（18）吕××，柏乡县人，2014年12月起任宁晋县政府党组成员，县公安局党委书记、局长（副县级）。给予行政记大过处分并进行组织调整。

（19）赵××，宁晋县人，1983年4月入党，2014年5月起任宁晋县政府副县长，分管安全生产等工作，担任宁晋县烟花爆竹“打非”工作领导小组副组长。给予行政记大过处分。

（20）李××，宁晋县人，2011年6月起任宁晋县委常委、政府副县长，分管公安等工作，担任宁晋县烟花爆竹“打非”工作领导小组副组长。给予行政记大过处分。

（21）顾××，威县人，2013年4月起任宁晋县政府县长，负责县政府全面工作，县安委会主任，安全生产第一责任人。给予行政记过处分。

（22）李××，沙河市人，2013年5月任宁晋县委书记。落实“党政同责”不到位，对宁晋县烟花爆竹等“打非”工作领导不力，督导不到位，存在失职行为，负有重要领导责任。2015年6月，因其涉嫌其他严重违纪违法问题，正在接受组织调查。

5. 邢台市及有关县人员

（1）吕××，威县人，2010年3月起任威县安全监管局烟花爆竹科科长。给予行政记过处分。

（2）刘××，南宫市人，2005年11月起任威县安全监管局副局长，分管烟花爆竹生产经营管理工作。给予行政警告处分。

（3）李××，广宗县人，2008年5月起任广宗县安全监管局危化股负责人。给予行政记过处分。

（4）刘××，广宗县人，2008年7月起任广宗县安全监管局副局长，分管危险化学品、烟花爆竹等工作。给予行政警告处分。

（5）陈××，威县人，2008年10月起任邢台市安全监管局党组成员、副局长、总工程师，分管烟花爆竹、危险化学品监管等工作。给予行政记过处分。

（6）李××，隆尧县人，2013年11月起任邢台市公安局副局长，分管治安和监所管理工作。给予行政记过处分。

（五）给予行政处罚的人员

责成晋州市、宁晋县、广宗县有关部门依法依规对孟××、刘××等8人给予行政处罚，并列为非法生产经营烟花爆竹重点监控人员。

（六）对有关责任单位的行政处罚结果

（1）辛集市信天硫黄经销处。违规向个人销售易制爆危险化学品，依据《危险化学品安全管理条例》第84条第3项之规定，责成辛集市安全监管部门依法吊销其危险化学品经营许可证。

（2）邢台市威县章台镇烟花爆竹销售门市部。经营负责人申秀春，采购和销售非法生产、经营的烟花爆竹，依据《烟花爆竹安全管理条例》第38条第2款之规定，责成邢台市威县安全监管部门依法吊销其烟花爆竹经营许可证。

（3）邢台市广宗县兴广路烟花爆竹销售门市部。经营负责人王××，采购和销售非法生产、经营的烟花爆竹，依据《烟花爆竹安全管理条例》第38条第2款之规定，责成邢台市广宗县安全监管部门依法吊销其烟花爆竹经营许可证。

（4）邢台市广宗县兴广路日杂土产门市部。经营负责人赵××，采购和销售非法生产、经营的烟花爆竹，依据《烟花爆竹安全管理条例》第38条第2款之规定，责成邢台市广宗县安全监管部门依法吊销其烟花爆竹经营许可证。

（七）责成省安委办分别将湖南省浏阳市大瑶镇藕塘引线厂、河南省洛阳市伊川县兴华化工厂、山东省德州市庆云县东辛店乡化工材料门市部、山东省济宁市嘉祥县进士张鞭炮厂的违法问题函告湖南省、河南省、山东省安委办调查处理。

（八）责成宁晋县委县政府向省政府作出深刻书面检查。

四、防范措施建议

（一）加强领导，落实责任

各级各部门要深刻汲取宁晋县“7·12”事故教训，举一反三，警钟长鸣，进一步加强打击非法制售烟花爆竹的组织领导，加大执法检查装备的投入力度，提升打非的技术保障能力。要进一步明确各级各部门打非工作职责，并结合本地实际，制定切实可行的打非工作目标，层层签订打非工作目标责任书，形成一级抓一级，一级对一级负责的打非责任体系。

（二）加大宣传，发动群众

要充分利用电视、网络、报刊等媒体，采用宣传车、张贴标语、悬挂横幅等方式，广泛宣传非法制售烟花爆竹的重大危害、有关法律法规及相关事故案例，用惨痛的事故案例警示群众。加大有奖举报的力度，广泛发动群众，积极举报藏匿于村落、居民住宅区内的非法生产和储存窝点，及时排除隐患和打击非法违法人员，确保人民群众生命和财产安全。

（三）各司其职，密切配合

各级公安、安监、质监、工商、交通等部门要各司其职，主动作为，强化执行力，认真履行打非工作责任。在工作中，要密切配合，联合执法，强化信息共享，形成强大的工作合力，确保打非工作长效机制的建立和实施，进一步规范烟花爆竹生产经营秩序。

（四）加强督查，确保成效

各级党委政府要进一步加强对职能部门的督查

力度，督促各职能部门认真履行职责，严格落实安全生产“党政同责、一岗双责”规定，加大排查整治事故隐患的力度。强力推行网格化管理，把烟花爆竹打非工作责任落到实处，严厉打击非法违法生产经营烟花爆竹的行为。

（五）强化基层基础，排查消除隐患

要针对烟花爆竹非法生产经营主要集中在农村，具有分散性、隐蔽性、伪装性、流动性等特点，坚持关口前移，重心下移，重点落实乡村两级的打非责任。要进一步提高乡村基层组织的凝聚力和战斗力，强化“守土有责、守土有效”意识，加强安全隐患排查力度，做到横向到边、纵向到底，不留死角、不留盲点，把一切安全隐患消除在萌芽状态，确保人民群众生命财产安全，确保经济社会健康发展。

天津港“8·12”瑞海公司危险品仓库特别重大火灾爆炸事故

2015 年 8 月 12 日，位于天津市滨海新区天津港的瑞海国际物流有限公司（简称瑞海公司）危险品仓库发生特别重大火灾爆炸事故。事故造成 165 人遇难（参与救援处置的公安现役消防人员 24 人、天津港消防人员 75 人、公安民警 11 人，事故企业、周边企业员工和周边居民 55 人），8 人失踪（天津港消防人员 5 人，周边企业员工、天津港消防人员家属 3 人），798 人受伤住院治疗（伤情重及较重的伤员 58 人、轻伤员 740 人）。截至 2015 年 12 月 10 日，直接经济损失 68.66 亿元人民币。

调查认定，天津港“8·12”瑞海公司危险品仓库火灾爆炸事故是一起特别重大生产安全责任事故。

一、事故基本情况

（一）事故发生的时间和地点

2015 年 8 月 12 日 22 时 51 分 46 秒，位于天津市滨海新区吉运二道 95 号的瑞海公司危险品仓库运抵区最先起火，23 时 34 分 06 秒发生第一次爆炸，23 时 34 分 37 秒发生第二次更剧烈的爆炸。事故现场形成 6 处大火点及数十个小火点，8 月 14 日 16 时 40 分，现场明火被扑灭。

（二）事故现场情况

事故现场按受损程度，分为事故中心区、爆炸冲击波波及区。事故中心区为此次事故中受损最严重区域，该区域东至跃进路、西至海滨高速、南至顺安仓储有限公司、北至吉运三道，面积约为 54 万平方米。两次爆炸分别形成一个直径 15 米、深 1.1 米的月牙形小爆坑和一个直径 97 米、深 2.7 米的圆形大爆坑。以大爆坑为爆炸中心，150 米范围内的建筑被摧毁，东侧的瑞海公司综合楼和南侧的中联建通公司办公楼只剩下钢筋混凝土框架；堆场内大量普通集装箱和罐式集装箱被掀翻、解体、炸飞，形成由南至北的 3 座巨大堆垛，一个罐式集装箱被抛进中联建通公司办公楼 4 层房间内，多个集装箱被抛到该建筑楼顶；参与救援的消防车、警车和位于爆炸中心南侧的吉运一道和北侧吉运三道附近的顺安仓储有限公司、安邦国际贸易有限公司储存的 7641 辆商品汽车和现场灭火的 30 辆消防车在事故中全部损毁，邻近中心区的贵龙实业、新东物流、港湾物流等公司的 4787 辆汽车受损。

爆炸冲击波波及区分为严重受损区、中度受损区。严重受损区是指建筑结构、外墙、吊顶受损的区域，受损建筑部分主体承重构件（柱、梁、楼板）的钢筋外露，失去承重能力，不再满足安全使用条件。中度受损区是指建筑幕墙及门、窗受损的区域，受损建筑局部幕墙及部分门、窗变形、破裂。

严重受损区在不同方向距爆炸中心最远距离为：东 3 千米（亚实履带天津有限公司），西 3.6 千米（联通公司办公楼），南 2.5 千米（天津振华国际货运有限公司），北 2.8 千米（天津丰田通商钢业公司）。中度受损区在不同方向距爆炸中心最远距离为：东 3.42 千米（国际物流验放中心二场），西 5.4 千米（中国检验检疫集团办公楼），南 5 千米（天津港物流大厦），北 5.4 千米（天津海运职业学院）。受地形地貌、建筑位置和结构等因素影响，同等距离范围内的建筑受损程度并不一致。

爆炸冲击波波及区以外的部分建筑，虽没有受到爆炸冲击波直接作用，但由于爆炸产生地面震动，造成建筑物接近地面部位的门、窗玻璃受损，东侧最远达 8.5 千米（东疆港宾馆），西侧最远达 8.3 千米（正德里居民楼），南侧最远达 8 千米（和丽苑居民小区），北侧最远达 13.3 千米（海滨大道永定新河收费站）。

二、事故直接原因

（一）最初起火部位认定

通过调查询问事发当晚现场作业员工、调取分析位于瑞海公司北侧的环发讯通公司的监控视频、提取对比现场痕迹物证、分析集装箱毁坏和位移特征，认定事故最初起火部位为瑞海公司危险品仓库运抵区南侧集装箱区的中部。

（二）起火原因分析认定

1. 排除人为破坏因素、雷击因素和来自集装箱外部引火源

公安部派员指导天津市公安机关对全市重点人员和各种矛盾的情况以及瑞海公司员工、外协单位人员情况进行了全面排查，对事发时在现场的所有人员逐人定时定位，结合事故现场勘查和相关视频资料分析等工作，可以排除恐怖犯罪、刑事犯罪等人为破坏因素。现场勘验表明，起火部位无电气设备，电缆为直埋敷设且完好，附近的灯塔、视频监控设施在起火时还正常工作，可以排除电气线路及设备因素引发火灾的可能。同时，运抵区为物理隔离的封闭区域，起火当天气象资料显示无雷电天气，监控视频及证人证言证实起火时运抵区内无车辆作业，可以排除遗留火种、雷击、车辆起火等外部因素。

2. 筛查最初着火物质

事故调查组通过调取天津海关 H2010 通关管理系统数据等，查明事发当日瑞海公司危险品仓库运抵区储存的危险货物包括第 2、3、4、5、6、8 类及无危险性分类数据的物质，共 72 种。对上述物质采用理化性质分析、实验验证、视频比对、现场物证分析等方法，逐类逐种进行了筛查：第 2 类气体 2 种，均为不燃气体；第 3 类易燃液体 10 种，均无自燃或自热特性，且其中着火可能性最高的一甲基三氯硅烷燃烧时火焰较小，与监控视频中猛烈燃烧的特征不符；第 5 类氧化性物质 5 种，均无自燃或自热特性；第 6 类毒性物质 12 种、第 8 类腐蚀性物质 8 种、无危险性分类数据物质 27 种，均无自燃或自热特性；第 4 类易燃固体、易于自燃的物质、遇水放出易燃气体的物质 8 种，除硝化棉外，均不自燃或自热。实验表明，在硝化棉燃烧过程中伴有固体颗粒燃烧物飘落，同时产生大量气体，形成向上的热浮力。经与事故现场监控视频比对，事故最初的燃烧火焰特征与硝化棉的燃烧火焰特征相吻合。同时查明，事发当天运抵区内共有硝化棉及硝基漆片 32.97 吨。因此，认定最初着火物质为硝化棉。

3. 认定起火原因

硝化棉（$C_{12}H_{16}N_4O_{18}$）为白色或微黄色棉絮状物，易燃且具有爆炸性，化学稳定性较差，常温下能缓慢分解并放热，超过 40 ℃时会加速分解，放出的热量如不能及时散失，会造成硝化棉温升加剧，达到 180 ℃时能发生自燃。硝化棉通常加乙醇或水作湿润剂，一旦湿润剂散失，极易引发火灾。

经对向瑞海公司供应硝化棉的河北三木纤维素有限公司、衡水新东方化工有限公司调查，企业采取的工艺为：先制成硝化棉水棉（含水 30%）作为半成品库存，再根据客户的需要，将湿润剂改为乙醇，制成硝化棉酒棉，之后采用人工包装的方式，将硝化棉装入塑料袋内，塑料袋不采用热塑封口，用包装绳扎口后装入纸筒内。据瑞海公司员工反映，在装卸作业中存在野蛮操作问题，在硝化棉装箱过程中曾出现包装破损、硝化棉散落的情况。对样品硝化棉酒棉湿润剂挥发性进行的分析测试表明：如果包装密封性不好，在一定温度下湿润剂会挥发散失，且随着温度升高而加快；如果包装破损，在 50 ℃下 2 小时乙醇湿润剂会全部挥发散失。事发当天最高气温达 36 ℃，实验证实，在气温为 35 ℃时集装箱内温度可达 65 ℃以上。以上几种因素耦合作用引起硝化棉湿润剂散失，出现局部干燥，在高温环境作用下，加速分解反应，产生大量热量，由于集装箱散热条件差，致使热量不断积聚，硝化棉温度持续升高，达到其自燃温度，发生

自燃。

（三）爆炸过程分析

集装箱内硝化棉局部自燃后，引起周围硝化棉燃烧，放出大量气体，箱内温度、压力升高，致使集装箱破损，大量硝化棉散落到箱外，形成大面积燃烧，其他集装箱（罐）内的精萘、硫化钠、糠醇、三氯氢硅、一甲基三氯硅烷、甲酸等多种危险化学品相继被引燃并介入燃烧，火焰蔓延到邻近的硝酸铵（在常温下稳定，但在高温、高压和有还原剂存在的情况下会发生爆炸；在 110 ℃开始分解，230 ℃以上时分解加速，400 ℃以上时剧烈分解、发生爆炸）集装箱。随着温度持续升高，硝酸铵分解速度不断加快，达到其爆炸温度（实验证明，硝化棉燃烧半小时后达到 1000 ℃以上，大大超过硝酸铵的分解温度）。23 时 34 分 06 秒，发生了第一次爆炸。距第一次爆炸点西北方向约 20 米处，有多个装有硝酸铵、硝酸钾、硝酸钙、甲醇钠、金属镁、金属钙、硅钙、硫化钠等氧化剂、易燃固体和腐蚀品的集装箱。受到南侧集装箱火焰蔓延作用以及第一次爆炸冲击波影响，23 时 34 分 37 秒发生了第二次更剧烈的爆炸。

据爆炸和地震专家分析，在大火持续燃烧和两次剧烈爆炸的作用下，现场危险化学品爆炸的次数可能是多次，但造成现实危害后果的主要是两次大的爆炸。经爆炸科学与技术国家重点实验室模拟计算得出，第一次爆炸的能量约为 15 吨 TNT 当量，第二次爆炸的能量约为 430 吨 TNT 当量。考虑期间还发生多次小规模的爆炸，确定本次事故中爆炸总能量约为 450 吨 TNT 当量。最终认定事故直接原因是：瑞海公司危险品仓库运抵区南侧集装箱内的硝化棉由于湿润剂散失出现局部干燥，在高温（天气）等因素的作用下加速分解放热，积热自燃，引起相邻集装箱内的硝化棉和其他危险化学品长时间大面积燃烧，导致堆放于运抵区的硝酸铵等危险化学品发生爆炸。

三、事故应急救援处置情况

（一）爆炸前灭火救援处置情况

8 月 12 日 22 时 52 分，天津市公安局 110 指挥中心接到瑞海公司火灾报警，立即转警给天津港公安局消防支队。与此同时，天津市公安消防总队 119 指挥中心也接到群众报警。接警后，天津港公安局消防支队立即调派与瑞海公司仅一路之隔的消防四大队紧急赶赴现场，天津市公安消防总队也快速调派开发区公安消防支队三大街中队赶赴增援。22 时 56 分，天津港公安局消防四大队首先到场，指挥员侦查发现瑞海公司运抵区南侧一垛集装箱火势猛烈，且通道被集装箱堵塞，消防车无法靠近灭火。指挥员向瑞海公司现场工作人员询问具体起火物质，但现场工作人员均不知情。随后，组织现场吊车清理被集装箱占用的消防通道，以便消防车靠近灭火，但未果。在这种情况下，为阻止火势蔓延，消防员利用水枪、车载炮冷却保护毗邻集装箱堆垛。后因现场火势猛烈、辐射热太高，指挥员命令所有消防车和人员立即撤出运抵区，在外围利用车载炮射水控制火势蔓延，根据现场情况，指挥员又向天津港公安局消防支队请求增援，天津港公安局消防支队立即调派五大队、一大队赶赴现场。与此同时，天津市公安消防总队 119 指挥中心根据报警量激增的情况，立即增派开发区公安消防支队全勤指挥部及其所属特勤队、八大街中队，保税区公安消防支队天保大道中队，滨海新区公安消防支队响螺湾中队、新北路中队前往增援。期间，连续 3 次向天津港公安局消防支队 119 指挥中心询问灾情，并告知力量增援情况。至此，天津港公安局消防支队和天津市公安消防总队共向现场调派了 3 个大队、6 个中队、36 辆消防车、200 人参与灭火救援。23 时 08 分，天津市开发区公安消防支队八大街中队到场，指挥员立即开展火情侦查，并组织在瑞海公司东门外侧建立供水线路，利用车载炮对集装箱进行泡沫覆盖保护。23 时 13 分许，天津市开发区公安消防支队特勤中队、三大街中队等增援力量陆续到场，分别在跃进路、吉运二道建立供水线路，在运抵区外围利用车载炮对集装箱堆垛进行射水冷却和泡沫覆盖保护。同时，组织疏散瑞海公司和相邻企业在场工作人员以及附近群众 100 余人。

（二）爆炸后现场救援处置情况

这次事故涉及危险化学品种类多、数量大，现场散落大量氰化钠和多种易燃易爆危险化学品，不确定危险因素众多，加之现场道路全部阻断，有毒有害气体造成巨大威胁，救援处置工作面临巨大挑战。国务院工作组在郭声琨同志的带领下，不惧危险，靠前指挥，科学决策，始终坚持生命至上，千方百计搜救失踪人员，全面组织做好伤员救治、现场清理、环境监测、善后处置和调查处理等各项工作。

一是认真贯彻落实党中央国务院决策部署，及时传达习近平总书记、李克强总理等中央领导同志重要指示批示精神，先后召开十余次会议，研究部署应对处置工作，协调解决困难和问题。二是协调调集防化部队、医疗卫生、环境监测等专业救援力量，及时组织制定工作方案，明确各方职责，建立紧密高效的合作机制，完善协同高效的指挥系统。三是深入现场了解实际情况，及时调整优化救援处置方案，全力搜救、核查现场遇险失联人员，千方百计救治受伤人员，科学有序进行现场清理，严密监测现场及周边环境，有效防范次生事故发生。四是统筹做好善后安抚和舆论引导工作，及时协调有关方面配合地方政府做好3万余名受影响群众安抚工作，开展社会舆论引导工作。五是科学严谨组织开展事故调查，本着实事求是的原则，深入细致开展现场勘验、调查取证、科学试验等工作，尽快查明事故原因，给党和人民一个负责任的交代。

天津市委、市政府迅速成立事故救援处置总指挥部，由市委代理书记、市长任总指挥，确定“确保安全、先易后难、分区推进、科学处置、注重实效”的原则，把全力搜救人员作为首要任务，以灭火、防爆、防化、防疫、防污染为重点，统筹组织协调解放军、武警、公安以及安监、卫生、环保、气象等相关部门力量，积极稳妥推进救援处置工作。共动员现场救援处置的人员达1.6万多人，动用装备、车辆2000多台，其中解放军2207人，339台装备；武警部队2368人，181台装备；公安消防部队1728人，195部消防车；公安其他警种2307人；安全监管部门危险化学品处置专业人员243人；天津市和其他省区市防爆、防化、防疫、灭火、医疗、环保等方面专家938人，以及其他方面的救援力量和装备。公安部先后调集河北、北京、辽宁、山东、山西、江苏、湖北、上海8省市公安消防部队的化工抢险、核生化侦检等专业人员和特种设备参与救援处置。公安消防部队会同解放军（北京军区卫戍区防化团、解放军舟桥部队、预备役力量）、武警部队等组成多个搜救小组，反复侦检、深入搜救，针对现场存放的各类危险化学品的不同理化性质，利用泡沫、干沙、干粉进行分类防控灭火。事故现场指挥部组织各方面力量，有力有序、科学有效推进现场清理工作。按照排查、检测、洗消、清运、登记、回炉等程序，科学慎重清理危险化学品，逐箱甄别确定危险化学品种类和数量，做到一品一策、安全处置，并对进出中心现场的人员、车辆进行全面洗消；对事故中心区的污水，第一时间采取“前堵后封、中间处理”的措施，在事故中心区周围构筑1米高围埝，封堵4处排海口、3处地表水沟渠和12处雨污排水管道，把污水封闭在事故中心区内。同时，对事故中心区及周边大气、水、土壤、海洋环境实行24小时不间断监测，采取针对性防范处置措施，防止环境污染扩大。9月13日，现场处置清理任务全部完成，累计搜救出有生命迹象人员17人，搜寻出遇难者遗体157具，清运危险化学品1176吨、汽车7641辆、集装箱13834个、货物14000吨。

（三）医疗救治和善后处理情况

国家卫计委和天津市政府组织医疗专家，抽调9000多名医务人员，全力做好伤员救治工作，努力提高抢救成功率，降低死亡率和致残率。由国家级、市级专家组成4个专家救治组和5个专家巡视组，逐一摸排伤员伤情，共同制定诊疗方案；将伤员从最初的45所医院集中到15所三级综合医院和三甲专科医院，实行个性化救治；组建两支重症医学护理应急队，精心护理危重症伤员；抽调59名专家组建7支队伍，对所有伤员进行筛查，跟进康复治疗；实施出院伤员与基层医疗机构无缝衔接，按辖区属地管理原则，由社区医疗机构免费提供基本医疗；实施心理危机干预与医疗救治无缝衔接，做好伤员、牺牲遇难人员家属、救援人员等人群心理干预工作；同步做好卫生防疫工作，加强居民安置点疾病防控，安置点未发生传染病疫情。民政部将牺牲的消防员全部追认为烈士，就高标准进行抚恤；天津市政府在依法依规的前提下，给予遇难、失联人员家属和住院的伤残人员救助补偿；组织1025名机关干部和街道社区工作人员，组成205个服务工作组，对遇难、失联和重伤人员家属进行面对面接待安抚，倾听诉求，解决实际困难。但是，事故救援处置过程中也存在不少问题：天津市政府应对如此严重复杂的危险化学品火灾爆炸事故思想准备、工作准备、能力准备明显不足；事故发生后在信息公开、舆论应对等方面不够及时有效，造成一些负面影响；消防力量对事故企业存储的危险化学品底数不清、情况不明，致使先期处置的一些措施针对性、有效性不强。

四、事故企业相关情况及主要问题

（一）企业基本情况

瑞海公司成立于2012年11月28日，为民营企业，事发前法定代表人、总经理为只××，实际控制人为于××和董××，员工72人（含实习员工）。除董××外，该公司人员的亲属中无担任领导职务的公务人员。

（二）瑞海公司危险品仓库存放危险货物情况

瑞海公司危险品仓库东至跃进路，西至中联建通物流公司，南至吉运一道，北至吉运二道，占地面积46226平方米，其中运抵区面积5838平方米，设在堆场的西北侧。经调查，事故发生前，瑞海公司危险品仓库内共储存危险货物7大类、111种，共计11383.79吨，包括硝酸铵800吨，氰化钠680.5吨，硝化棉、硝化棉溶液及硝基漆片229.37吨。其中，运抵区内共储存危险货物72种、4840.42吨，包括硝酸铵800吨，氰化钠360吨，硝化棉、硝化棉溶液及硝基漆片48.17吨。

（三）存在的主要问题

瑞海公司违法违规经营和储存危险货物，安全管理极其混乱，未履行安全生产主体责任，致使大量安全隐患长期存在。

（1）严重违反天津市城市总体规划和滨海新区控制性详细规划，未批先建、边建边经营危险货物堆场。

（2）无证违法经营。按照有关法律法规，在港区内从事危险货物仓储业务经营的企业，必须同时取得《港口经营许可证》和《港口危险货物作业附证》，但瑞海公司在2015年6月23日取得上述两证前实际从事危险货物仓储业务经营的两年多时间里，除2013年4月8日至2014年1月11日、2014年4月16日至10月16日期间依天津市交通运输和港口管理局的相关批复经营外，2014年1月12日至4月15日、2014年10月17日至2015年6月22日共11个月的时间里既没有批复，也没有许可证，违法从事港口危险货物仓储经营业务。

（3）以不正当手段获得经营危险货物批复。

（4）违规存放硝酸铵。

（5）严重超负荷经营、超量存储。

（6）违规混存、超高堆码危险货物。

（7）违规开展拆箱、搬运、装卸等作业。

（8）未按要求进行重大危险源登记备案。

（9）安全生产教育培训严重缺失。部分装卸管理人员没有取得港口相关部门颁发的从业资格证书，无证上岗。该公司部分叉车司机没有取得危险货物岸上作业资格证书，没有经过相关危险货物作业安全知识培训，对危险品防护知识的了解仅限于现场不准吸烟、车辆要带防火帽等，对各类危险物质的隔离要求、防静电要求、事故应急处置方法等均不了解。

（10）未按规定制定应急预案并组织演练。

五、有关地方政府及部门和中介机构存在的主要问题

（1）天津市交通运输委员会（原天津市交通运输和港口管理局），滥用职权，违法违规实施行政许可和项目审批；玩忽职守，日常监管严重缺失。

（2）天津港（集团）有限公司在履行监督管理职责方面玩忽职守，个别部门和单位弄虚作假、违规审批，对港区危险品仓库监管缺失。

（3）天津海关系统违法违规审批许可，玩忽职守，未按规定开展日常监管。

（4）天津市安全监管部门玩忽职守，未按规定对瑞海公司开展日常监督管理和执法检查，也未对安全评价机构进行日常监管。

（5）天津市规划和国土资源管理部门玩忽职守，在行政许可中存在多处违法违规行为。

（6）天津市市场和质量监督部门对瑞海公司日常监管缺失。

（7）天津海事部门培训考核不规范，玩忽职守，未按规定对危险货物集装箱现场开箱检查进行日常监管。

（8）天津市公安部门未认真贯彻落实有关法律法规，未按规定开展消防监督指导检查。

（9）天津市滨海新区环境保护局未按规定审核项目，未按职责开展环境保护日常执法监管。

（10）天津市滨海新区行政审批局未严格执行项目竣工验收规定。

（11）天津市委、天津市人民政府和滨海新区党委、政府未全面贯彻落实有关法律法规，对有关部门和单位安全生产工作存在的问题失察失管。

（12）交通运输部未认真开展港口危险货物安全管理督促检查，对天津交通运输系统工作指导不到位。交通运输部未依照法定职责认真组织开展港口危险货物安全管理督促检查，对天津市交通运输委员会港口管理工作和天津港公安局消防工作指导不到位。

（13）海关总署未认真组织落实海关监管场所规章制度，督促指导天津海关工作不到位。海关总署组织实施海关监管场所规章制度不到位，对天津海关监管场所审批及日常监管工作的指导和督促检查不到位。

（14）中介及技术服务机构弄虚作假，违法违规进行安全审查、评价和验收等。

六、对事故有关责任人员和责任单位的处理结果

根据事故原因调查和事故责任认定，依据有关法律法规和党纪政纪规定，对事故有关责任人员和责任单位作出如下处理：

公安机关对24名相关企业人员依法立案侦查并采取刑事强制措施（瑞海公司13人，中介和技术服务机构11人）。

检察机关对25名行政监察对象依法立案侦查并采取刑事强制措施，其中：正厅级2人，副厅级7人，处级16人；交通运输部门9人，海关系统5人，天津港（集团）有限公司5人，安全监管部门4人，规划部门2人。

事故调查组另对123名责任人员提出了处理意见。对74名责任人员（省部级5人、厅局级22人、县处级22人、科级及以下25人）给予党纪政纪处分（撤职处分21人、降级处分23人、记大过及以下处分30人）；对其他48名责任人员，由天津市纪委及相关部门予以诫勉谈话或批评教育；1名责任人员在事故调查处理期间病故，不再给予其处分。

事故调查组建议对事故企业和有关中介及技术服务机构等5家单位分别给予行政处罚。

事故调查组建议对天津市委、市政府通报批评，并责成天津市委、市政府向党中央、国务院作出深刻检查；责成交通运输部向国务院作出深刻检查。

（一）瑞海公司（13人）

（1）于××，瑞海公司董事长。2015年9月21日因涉嫌刑事犯罪，被天津市人民检察院第二分院批准逮捕。

（2）董××，瑞海公司副董事长兼执行董事。2015年9月21日因涉嫌刑事犯罪，被天津市人民检察院第二分院批准逮捕。

（3）只××，瑞海公司总经理、法定代表人。2015年9月21日因涉嫌刑事犯罪，被天津市人民检察院第二分院批准逮捕。

（4）尚××，瑞海公司副总经理。2015年9月21日因涉嫌刑事犯罪，被天津市人民检察院第二分院批准逮捕。

（5）曹××，瑞海公司副总经理。2015年9月21日因涉嫌刑事犯罪，被天津市人民检察院第二分院批准逮捕。

（6）郭××，瑞海公司安保部部长。2015年9月21日因涉嫌刑事犯罪，被天津市人民检察院第二分院批准逮捕。

（7）宋××，瑞海公司财务总监。2015年9月21日因涉嫌刑事犯罪，被天津市人民检察院第二分院批准逮捕。

（8）李××，2012年11月至2015年1月任瑞海公司法定代表人及董事。2015年9月21日因涉嫌刑事犯罪，被天津市人民检察院第二分院批准逮捕。

（9）刘××，瑞海公司副总经理。2015年9月21日因涉嫌刑事犯罪，被天津市人民检察院第二分院批准逮捕。

（其他人员略。）

（二）天津港（集团）有限公司（22人）

（1）采取刑事强制措施人员5人。

（2）给予党纪政纪处分人员13人。

（3）给予诫勉谈话或批评教育的人员4人。

（三）天津市相关职能部门

1. 交通运输部门14人

（1）采取刑事强制措施人员7人。

（2）给予党纪政纪处分人员4。

（3）给予诫勉谈话或批评教育的人员3人。

2. 海关系统18人

（1）采取刑事强制措施人员5人。

（2）给予党纪政纪处分人员5人。

（3）给予诫勉谈话或批评教育的人员8人。

3. 安全生产监督管理部门21人

（1）采取刑事强制措施人员4人。

（2）给予党纪政纪处分人员9人。

(3) 给予诫勉谈话或批评教育的人员8人。

4. 规划部门15人

(1) 采取刑事强制措施人员2人。

(2) 给予党纪政纪处分人员7人。

(3) 给予诫勉谈话或批评教育的人员6人。

5. 环境保护部门5人

(1) 给予党纪政纪处分人员4人。

(2) 给予诫勉谈话或批评教育的人员1人。

6. 公安和消防部门6人

(1) 给予党纪政纪处分人员4人。

(2) 给予诫勉谈话或批评教育的人员2人。

7. 工商和质检部门9人

(1) 给予党纪政纪处分人员3人。

(2) 给予诫勉谈话或批评教育的人员6人。

8. 海事部门11人

(1) 采取刑事强制措施人员1人。

(2) 给予党纪政纪处分人员4人。

(3) 给予诫勉谈话或批评教育的人员6人。

(四) 中介评估机构和设计单位24人

(1) 采取刑事强制措施人员11人。

(2) 给予党纪政纪处分人员9人。

(3) 给予诫勉谈话或批评教育的人员4人。

(五) 地方党委、政府共7人

分别给予宗××、孙××等7人党内严重警告、降级、记大过等处分。

(六) 国务院相关部委共6人

(1) 采取刑事强制措施人员1人。

(2) 给予党纪政纪处分人员5人。

(七) 给予行政处罚的单位5个

分别给予瑞海国际物流有限公司、中滨海盛安全评价公司、天津市化工设计院、天津市交通建筑设计院、天津博维永诚科技有限公司吊销有关证照和资质、罚款、没收违法所得等处罚。

七、事故主要教训

(一) 事故企业严重违法违规经营

瑞海公司无视安全生产主体责任，置国家法律法规、标准于不顾，只顾经济利益、不顾生命安全，不择手段变更及扩展经营范围，长期违法违规经营危险货物，安全管理混乱，安全责任不落实，安全教育培训流于形式，企业负责人、管理人员及操作工、装卸工都不知道运抵区储存的危险货物种类、数量及理化性质，冒险蛮干问题十分突出，特别是违规大量储存硝酸铵等易爆危险品，直接造成此次特别重大火灾爆炸事故的发生。

(二) 有关地方政府安全发展意识不强

瑞海公司长时间违法违规经营，有关政府部门在瑞海公司经营问题上一再违法违规审批、监管失职，最终导致天津港“8·12”事故的发生，造成严重的生命财产损失和恶劣的社会影响。事故的发生，暴露出天津市及滨海新区政府贯彻国家安全生产法律法规和有关决策部署不到位，对安全生产工作重视不足、摆位不够，对安全生产领导责任落实不力、抓得不实，存在着“重发展、轻安全”的问题，致使重大安全隐患以及政府部门职责失守的问题未能被及时发现、及时整改。

(三) 有关地方和部门违反法定城市规划

天津市政府和滨海新区政府严格执行城市规划法规意识不强，对违反规划的行为失察。天津市规划、国土资源管理部门和天津港(集团)有限公司严重不负责任、玩忽职守，违法通过瑞海公司危险品仓库和易燃易爆堆场的行政审批，致使瑞海公司与周边居民住宅小区、天津港公安局消防支队办公楼等重要公共建筑物以及高速公路和轻轨车站等交通设施的距离均不满足标准规定的安全距离要求，导致事故伤亡和财产损失扩大。

(四) 有关职能部门有法不依、执法不严，有的人员甚至贪赃枉法

天津市涉及瑞海公司行政许可审批的交通运输等部门，没有严格执行国家和地方的法律法规、工作规定，没有严格履行职责，甚至与企业相互串通，以批复的形式代替许可，行政许可形同虚设。一些职能部门的负责人和工作人员在人情、关系和利益诱惑面前，存在失职渎职、玩忽职守以及权钱交易、暗箱操作的腐败行为，为瑞海公司规避法定的审批、监管出主意，呼应配合，致使该公司长期违法违规经营。天津市交通运输委员会没有履行法律赋予的监管职责，没有落实“管行业必须管安全”的要求，对瑞海公司的日常监管严重缺失；天津市环保部门把关不严，违规审批瑞海公司危险品仓库；天津港公安局消防支队平时对辖区疏于检查，对瑞海公司储存的危险货物情况不熟悉、不掌握，没有针对不同性质的危险货物制定相应的消防灭火预案、准备相应的灭火救援装备和物资；海关等部门对港口危险货物尤其是瑞海公司的监管不到

位；安全监管部门没有对瑞海公司进行监督检查；天津港物流园区安监站政企不分且未认真履行监管职责，对“眼皮底下”的瑞海公司严重违法行为未发现、未制止。上述有关部门不依法履行职责，致使相关法律法规形同虚设。

（五）港口管理体制不顺、安全管理不到位

天津港已移交天津市管理，但是天津港公安局及消防支队仍以交通运输部公安局管理为主。同时，天津市交通运输委员会、天津市建设管理委员会、滨海新区规划和国土资源管理局违法将多项行政职能委托天津港集团公司行使，客观上造成交通运输部、天津市政府以及天津港集团公司对港区管理职责交叉、责任不明，天津港集团公司政企不分，安全监管工作同企业经营形成内在关系，难以发挥应有的监管作用。另外，港口海关监管区（运抵区）安全监管职责不明，致使瑞海公司违法违规行为长期得不到有效纠正。

（六）危险化学品安全监管体制不顺、机制不完善

危险化学品生产、储存、使用、经营、运输和进出口等环节涉及部门多，地区之间、部门之间的相关行政审批、资质管理、行政处罚等未形成完整的监管“链条”。同时，全国缺乏统一的危险化学品信息管理平台，部门之间没有做到互联互通，信息不能共享，不能实时掌握危险化学品的去向和情况，难以实现对危险化学品全时段、全流程、全覆盖的安全监管。

（七）危险化学品安全管理法律法规标准不健全

国家缺乏统一的危险化学品安全管理、环境风险防控的专门法律；《危险化学品安全管理条例》对危险化学品流通、使用等环节要求不明确、不具体，特别是针对物流企业危险化学品安全管理的规定空白点更多；现行有关法规对危险化学品安全管理违法行为处罚偏轻，单位和个人违法成本很低，不足以起到惩戒和震慑作用。与欧美发达国家和部分发展中国家相比，我国危险化学品缺乏完备的准入、安全管理、风险评价制度。危险货物大多涉及危险化学品，危险化学品安全管理涉及监管环节多、部门多、法规标准多，各管理部门立法出发点不同，对危险化学品安全要求不一致，造成当前危险化学品安全监管乏力以及企业安全管理要求模糊不清、标准不一、无所适从的现状。

（八）危险化学品事故应急处置能力不足

瑞海公司没有开展风险评估和危险源辨识评估工作，应急预案流于形式，应急处置力量、装备严重缺乏，不具备初起火灾的扑救能力。天津港公安局消防支队没有针对不同性质的危险化学品准备相应的预案、灭火救援装备和物资，消防队员缺乏专业训练演练，危险化学品事故处置能力不强；天津市公安消防部队也缺乏处置重大危险化学品事故的预案以及相应的装备；天津市政府在应急处置中的信息发布工作一度安排不周、应对不妥。从全国范围来看，专业危险化学品应急救援队伍和装备不足，无法满足处置种类众多、危险特性各异的危险化学品事故的需要。

八、事故防范措施和建议

（一）把安全生产工作摆在更加突出的位置

各级党委和政府要牢固树立科学发展、安全发展理念，坚决守住“发展决不能以牺牲人的生命为代价”的红线，进一步加强领导、落实责任、明确要求，建立健全与现代化大生产和社会主义市场经济体制相适应的安全监管体系，大力推进“党政同责、一岗双责、失职追责”的安全生产责任体系的建立健全与落实，积极推动安全生产的文化建设、法治建设、制度建设、机制建设、技术建设和力量建设，对安全生产特别是对公共安全存在潜在危害的危险品的生产、经营、储存、使用等环节实行严格规范的监管，切实加强源头治理，大力解决突出问题，努力提高我国安全生产工作的整体水平。

（二）推动生产经营单位切实落实安全生产主体责任

充分运用市场机制，建立完善生产经营单位强制保险和“黑名单”制度，将企业的违法违规信息与项目核准、用地审批、证券融资、银行贷款挂钩，促进企业提高安全生产的自觉性，建立“安全自查、隐患自除、责任自负”的企业自我管理机制，并通过调整税收、保险费用、信用等级等经济措施，引导经营单位自觉加大安全投入，加强安全措施，淘汰落后的生产工艺、设备，培养高素质高技能的产业工人队伍。严格落实属地政府和行业主管部门的安全监管责任，深化企业安全生产标准化创建活动，推动企业建立完善风险管控、隐患排

查机制，实行重大危险源信息向社会公布制度，并自觉接受社会舆论监督。

（三）进一步理顺港口安全管理体制

认真落实港口政企分离要求，明确港口行政管理职能机构和编制，进一步强化交通、海关、公安、质检等部门安全监管职责，加强信息共享和部门联动配合；按照深化司法体制改革的要求，将港口公安、消防以及其他相关行政监管职能交由地方政府主管部门承担。在港口设置危险货物仓储物流功能区，根据危险货物的性质分类储存，严格限定危险货物周转总量。进一步明确港区海关运抵区安全监管职责，加强对港区海关运抵区安全监督，严防失控漏管。其他领域存在的类似问题，尤其是行政区、功能区行业管理职责不明的问题，都应抓紧解决。

（四）着力提高危险化学品安全监管法治化水平

针对当前危险化学品生产经营活动快速发展及其对公共安全带来的诸多重大问题，要将相关立法、修法工作置于优先地位，切实增强相关法律法规的权威性、统一性、系统性、有效性。建议立法机关在已有相关条例的基础上，抓紧制定、修订危险化学品管理、安全生产应急管理、民用爆炸物品安全管理、危险货物安全管理等相关法律、行政法规；以法律的形式明确硝化棉等危险化学品的物流、包装、运输等安全管理要求，建立易燃易爆、剧毒危险化学品专营制度，限定生产规模，严禁个人经营硝酸铵、氰化钠等易爆、剧毒物。国务院及相关部门抓紧制定配套规章标准，进一步完善国家强制性标准的制定程序和原则，提高标准的科学性、合理性、适用性和统一性。同时，进一步加强法律法规和国家强制性标准执行的监督检查和宣传培训工作，确保法律法规标准的有效执行。

（五）建立健全危险化学品安全监管体制机制

建议国务院明确一个部门及系统承担对危险化学品安全工作的综合监管职能，并进一步明确、细化其他相关部门的职责，消除监管盲区。强化现行危险化学品安全生产监管部际联席会议制度，增补海关总署为成员单位，建立更有力的统筹协调机制，推动落实部门监管职责。全面加强涉及危险化学品的危险货物安全管理，强化口岸港政、海事、海关、商检等检验机构的联合监督、统一查验机制，综合保障外贸进出口危险货物的安全、便捷、高效运行。

（六）建立全国统一的危险化学品监管信息平台

利用大数据、物联网等信息技术手段，对危险化学品生产、经营、运输、储存、使用、废弃处置进行全过程、全链条的信息化管理，实现危险化学品来源可循、去向可溯、状态可控，实现企业、监管部门、公安消防部队及专业应急救援队伍之间信息共享。升级改造面向全国的化学品安全公共咨询服务电话，为社会公众、各单位和各级政府提供化学品安全咨询以及应急处置技术支持服务。

（七）科学规划合理布局，严格安全准入条件

修订《城乡规划法》，建立城乡总体规划、控制性详细规划编制的安全评价制度，提高城市本质安全水平；进一步细化编制、调整总体规划、控制性详细规划的规范和要求，切实提高总体规划、控制性详细规划的稳定性、科学性和执行刚性。建立完善高危行业建设项目安全与环境风险评估制度，推行环境影响评价、安全生产评价、职业卫生评价与消防安全评价联合评审制度，提高产业规划与城市安全的协调性。对涉及危险化学品的建设项目，实施住建、规划、发改、国土、工信、公安消防、环保、卫生、安监等部门联合审批制度，严把安全许可审批关，严格落实规划区域功能。科学规划危险化学品区域，严格控制与人口密集区、公共建筑物、交通干线和饮用水源地等环境敏感点之间的距离。

（八）加强生产安全事故应急处置能力建设

合理布局、大力加强生产安全事故应急救援力量建设，推动高危行业企业建立专兼职应急救援队伍，整合共享全国应急救援资源，提高应急协调指挥的信息化水平。危险化学品集中区的地方政府，可依托公安消防部队组建专业队伍，加强特殊装备器材的研发与配备，强化应急处置技战术训练演练，满足复杂危险化学品事故应急处置需要。各级政府要切实汲取天津港“8·12”事故的教训，对应急处置危险化学品事故的预案开展一次检查清理，该修订的修订，该细化的细化，该补充的补充，进一步明确处置、指挥的程序、战术以及舆论引导、善后维稳等工作的要求，切实提高应急处置能力，最大限度减少应急处置中的人员伤亡。采取

多种形式和渠道，向群众大力普及危险化学品应急处置知识和技能，提高自救互救能力。

（九）严格安全评价、环境影响评价等中介机构的监管

相关行业部门要加强相关中介机构的资质审查审批、日常监管，提高准入门槛，严格规范其从事安全评价、环境影响评价、工程设计、施工管理、工程质量监理等行为。切断中介服务利益关联，杜绝“红顶中介”现象，审批部门所属事业单位、主管的社会组织及其所办的企业，不得开展与本部门行政审批相关的中介服务。相关部门每年要对相关中介机构开展专项检查，对发现的问题严肃处理。建立“黑名单”制度和举报制度，完善中介机构信用体系和考核评价机制。

（十）集中开展危险化学品安全专项整治行动

在全国范围内对涉及危险化学品生产、储存、经营、使用等的单位、场所普遍开展一次彻底的摸底清查，切实掌握危险化学品经营单位重大危险源和安全隐患情况，对发现掌握的重大危险源和安全隐患情况，分地区逐一登记并明确整治的责任单位和时限；对严重威胁人民群众生命安全的问题，采取改造、搬迁、停产、停用等措施坚决整改；对违反规划未批先建、批小建大、擅自扩大许可经营范围等违法行为，坚决依法纠正，从严从重查处。此外，建议天津市和有关方面继续做好天津港“8·12”事故的各项善后处理工作，进一步强化环境监测、污染防治以及遇难、失踪、重伤人员家属救助安抚等措施，有效控制事故影响。

山东省东营市山东滨源化学有限公司“8·31”重大爆炸事故

2015年8月31日23时18分，山东滨源化学有限公司（简称滨源公司）新建年产2万吨改性型胶粘新材料联产项目二胺车间混二硝基苯装置在投料试车过程中发生重大爆炸事故，造成13人死亡，25人受伤，直接经济损失4326万元。

一、事故发生经过和应急处置情况

（一）事故发生经过

2015年8月28日，经滨源公司董事长兼总经理李××批准，硝化装置投料试车。28日15时至29日24时，先后两次投料试车，均因硝化机控温系统不好、冷却水控制不稳定以及物料管道阀门控制不好，造成温度波动大，运行不稳定停车。

8月31日16时38分左右，企业组织第三次投料。投料后，4号硝化机从21时27分至22时25分温度波动较大，最高达到96℃（正常温度60～70℃）；5号硝化机从16时47分至22时25分温度波动较大，最高达到94.99℃（正常温度60～80℃）。车间人员用工业水分别对4号、5号硝化机上部外壳浇水降温，中控室调大了循环冷却水量。期间，硝化装置二层硝烟较大，在试车指导专家建议下再次进行了停车处理，并决定当晚不再开车。22时24分停止投料，至22时52分，硝化机温度趋于平稳。

为防止硝化再分离器（X1102）中混二硝基苯凝固，车间人员在硝化装置二层用胶管插入硝化再分离器上部观察孔中，试图利用“虹吸”方式将混二硝基苯吸出，但未成功。之后，又到装置一层，将硝化再分离器下部物料放净管道（DN50）上的法兰（位置距离地面约2.5米高）拆开，此后装置二层的操作人员打开了位于装置二层的放净管道阀门，硝化再分离器中的物料自拆开的法兰口处泄出，先是有白烟冒出，继而变黄、变红、变棕红。见此情形，部分人员撤离了现场。

放料2～3分钟后，有一操作人员在硝化厂房的东北门外，看到预洗机与硝化再分离器中间部位出现直径1米左右的火焰，随即和其他4名操作人员一起跑到东北方向100米外。23时18分05秒（DCS时间，校核后的北京时间为23时19分30秒）硝化装置发生爆炸。

（二）应急处置情况

东营市委、市政府和利津县委、县政府主要领导接报后立即启动应急预案，迅速赶赴事故现场，成立现场救援指挥部，设立了警戒保卫、抢险救灾、技术保障、医疗救护、新闻宣传、后勤保障、善后工作7个专项工作小组，由东营市赵豪志市长任总指挥，组织指挥救援工作。9月1日4时，明火扑灭后，现场指挥部迅速组织专家认真分析、研判现场情况，制定失联人员搜救和应急处置方案，全力展开援救工作，先后调集化工、环保、消防、武警等专业技术人员70余人，调用消防搜救犬9只，24小时不间断进行现场拆解和大范围、地毯式搜寻。组织医护、公安刑警、法医等人员进行甄别鉴定和DNA比对，截至9月5日12时，全部确定了遇难者身份。

二、事故人员伤亡和经济损失及对周边影响

（一）事故造成的人员伤亡和直接经济损失

本次事故造成13人死亡，25人受伤；直接经济损失4326万元。

（二）事故对周边的破坏情况

事故造成硝化装置殉爆，框架厂房彻底损毁，爆炸中心形成南北14.5米、东西18米、深3.2米的椭圆状锥形大坑。爆炸造成北侧苯二胺加氢装置倒塌；南侧甲类罐区带料苯储罐（苯罐内存量582.9吨，约670立方米，占总容积的70.5%）爆炸破裂，苯、混二硝基苯空罐倾倒变形。爆炸后产生的冲击波，造成周边建构筑物的玻璃受到不同程度损坏。

三、事故原因和性质

（一）直接原因

车间负责人违章指挥，安排操作人员违规向地面排放硝化再分离器内含有混二硝基苯的物料，混二硝基苯在硫酸、硝酸以及硝酸分解出的二氧化氮等强氧化剂存在的条件下，自高处排向一楼水泥地面，在冲击力作用下起火燃烧，火焰炙烤附近的硝化机、预洗机等设备，使其中含有二硝基苯的物料温度升高，引发爆炸，是造成本次事故发生的直接原因。

（二）间接原因

1. 滨源公司存在严重违法行为

滨源公司安全生产法制观念和安全意识淡漠，无视国家法律，安全生产主体责任不落实，项目建设和试生产过程中，存在严重的违法违规行为。

（1）违法建设。该公司在未取得土地、规划、住建、安监、消防、环保等相关部门审批手续之前，擅自开工建设；在环保、安监、住建等部门依法停止其建设行为后，逃避监管，不执行停止建设指令，擅自私自开工建设。

（2）违规投料试车。未严格按照《山东省化工装置安全试车工作规范》对事故装置进行“三查四定”，未组织试车方案审查和安全条件审查，未成立试车管理组织机构，违规边施工、边建设、边试车，试车厂区违规临时居住施工人员，未严格按照相关规定开展工艺设备及管道试压、吹扫、气密、单机试车、仪表调校等试车前准备工作。

（3）违章指挥。在工艺条件、安全生产条件不具备的情况下，该企业主要负责人擅自决定投料试车；分管负责人在首次试车装置运行温度等重要工艺指标不稳定的原因未查明、未采取有效措施解决的情况下，先后两次违规组织进行投料试车，严重违反《山东省化工装置安全试车十个严禁》和《化工企业安全生产禁令》。

（4）强令冒险作业。在第三次投料试车紧急停车后，车间和工段负责人，违反相关规定，强令操作人员卸开硝化再分离器物料排净管道法兰，打开了放净阀，向地面排放含有混二硝基苯的物料。

（5）安全防护措施不落实。事故装置相关配套设施未建成，安全设施设备未全部投用，投用的安全设施设备未处于正常运行状态；未按照有关安全生产法律、法规、规章和国家标准、行业标准的规定，对建设项目安全设施进行检验、检测，安全设施不能满足危险化学品生产、储存的安全要求。

（6）安全管理混乱。安全生产管理机构及人员配备未达到《安全生产法》等法律法规要求，安全管理制度不健全，安全生产责任制不完善，从业人员未按照规定进行安全培训，未严格进行工艺、技术知识培训及相关模拟训练，没有按照要求编制规范的工艺操作法和安全操作规程，没有符合要求的操作运行记录和交接班记录。

2. 负有安全生产监督管理责任的有关部门履行安全生产监管职责不到位

（1）利津县安监局贯彻落实国家安全生产法律法规不到位，在对滨源公司未经安全审批即擅自开工建设的违法行为下达处理文书后，跟踪落实整改情况不力，未及时发现和制止该企业再次私自开

工建设行为；落实上级安排部署特别是《山东省人民政府办公厅关于山东润兴化工科技有限公司“8·22”爆炸着火事故的通报》(鲁政办发明电〔2015〕64号，简称64号明电）文件要求不到位，未及时发现和制止企业违规投料试车行为；督促企业落实安全生产主体责任不力。

（2）东营市安监局贯彻落实安全生产法律法规和上级部署要求不到位，对滨源公司安全条件和安全设施设计的审查不严格，未发现该公司已实际开工建设行为；跟踪督导利津县安监局查处滨源公司未批先建问题不力。

（3）利津县公安局贯彻落实相关法律法规和上级部署要求不到位，对全县危险化学品监管和监督检查部署不力，未发现事故企业违规购置、使用硝酸问题，对易制爆危险化学品监管不力；对企业违规行为查处不力。

（4）利津县公安消防大队贯彻落实相关法律法规和上级部署要求不到位，对未批先建项目消防安全检查工作开展不力，未发现处于办理消防设计审核阶段的滨源公司项目已开工建设；未认真落实易燃易爆危险场所消防专项整治工作中将“严查是否通过消防审核验收”作为检查重点的要求，致使违法建设行为一直未能消除。

（5）利津县环保局贯彻落实相关法律法规和上级部署要求不到位，对事故企业在未获得环境影响评价报告批复情况下擅自开工建设行为采取措施不力；虽多次进行检查，但未按照法律法规要求加大惩治力度，致使违法建设行为一直未能消除。

（6）利津县住建局贯彻落实法律法规和上级部署要求不到位，违规为滨源公司补办建设用地规划许可证和建设工程规划许可证手续；对该公司未办理施工许可证擅自施工建设的行为查处不力，致使违法建设行为一直未能消除。

3. 地方政府安全生产监管职责落实不力

（1）利津县刁口乡政府贯彻落实相关法律法规和上级安排部署不到位，对64号明电要求执行不到位，未按照要求加强对在建企业组织试生产的监督检查；履行安全生产属地管理责任不力，对辖区企业安全生产工作组织领导不力，督促企业落实安全生产主体责任不到位；主动开展安全生产监管工作力度不够；配合有关部门开展专项监督检查不力；对企业未批先建问题未予处置。

（2）利津县政府贯彻落实相关法律法规和上级安排部署不到位，对64号明电要求执行不到位，未按照要求加强对在建企业组织试生产的监督检查；对安全生产工作不够重视，对企业审批、安全监管、执法检查等方面督导执行不严不实；履行安全生产属地管理责任不力，督促指导有关职能部门和刁口乡党委政府落实安全、审批监管责任不到位。

（3）东营市政府贯彻落实相关法律法规和上级安排部署不到位，对64号明电要求执行不到位；组织全市安全生产工作不到位，对企业审批、安全监管、执法检查等方面督导执行不严不实；督促指导有关职能部门和利津县党委政府落实安全、审批监管责任不到位。

（三）事故性质

经调查认定，山东省东营市山东滨源化学有限公司“8·31”重大爆炸事故是一起重大生产安全责任事故。

四、责任认定及处理结果

（一）免予追究责任人员

滨源公司副总经理刘××、车间主任陈××、工段长薄××已在事故中死亡，免于追究责任。

（二）公安机关已采取措施人员

（1）李××，滨源公司董事长兼总经理。2015年9月1日因涉嫌重大责任事故罪被刑事拘留，9月15日被执行逮捕。

（2）邓××，滨源公司环境安全办公室主任。2015年9月18日因涉嫌重大责任事故罪被刑事拘留。

（3）古××，滨源新材料有限公司质量安全环保办公室主任（借调至滨源公司帮助工作）。2015年9月18日因涉嫌重大责任事故罪被刑事拘留。

以上人员属中共党员的，建议待司法机关作出处理后，由当地纪检监察机关或负有管辖权的单位及时给予相应党纪处分。

（三）给予党纪政纪处分人员

（1）郭××，利津县刁口乡安监办主任，对事故发生负有直接监管责任。给予其留党察看1年、行政撤职处分。

（2）孙××，利津县刁口乡派出所所长，对事故发生负有直接监管责任。给予其党内严重警告、行政降级处分。

（3）王××，利津县安监局危险化学品监督管理股负责人（事业单位工作人员），对事故发生负有直接监管责任。给予其降低岗位等级处分。

（4）张××，利津县安全生产执法监察大队大队长（参公管理事业单位人员），对事故发生负有直接监管责任。给予其党内严重警告、行政撤职处分。

（5）袁××，利津县环保局法制工作负责人，对事故企业未批先建负有直接监管责任。给予其党内严重警告、行政降级处分。

（6）李××，利津县环保局监测站站长，主持环境监察大队工作（事业单位工作人员），对事故企业未批先建负有直接监管责任。给予其党内严重警告、降低岗位等级处分。

（7）纪××，利津县住建局工程股股长（行政机关任命的事业单位工作人员），对事故企业未批先建负有直接监管责任。给予其党内严重警告、行政撤职处分。

（8）孙××，东营市安监局危险化学品监督管理科科员，对事故企业未批先建负有直接监管责任。给予其党内严重警告、行政降级处分。

（9）郑××，利津县公安消防大队副书记、大队长（现役），对事故企业未批先建负有直接监管责任。给予其记大过处分。

（10）宋××，利津县公安局党委委员、治安管理大队大队长，对事故发生负有直接监管责任。给予其党内严重警告、行政降级处分。

（11）高××，利津县安监局党组副书记、主任科员，分管危险化学品监管、安全生产宣传培训等工作，对事故发生负有主要领导责任。给予其党内严重警告、行政降级处分。

（12）崔××，利津县环保局主任科员，分管环境监察大队工作，对事故企业未批先建负有主要领导责任。给予其行政记大过处分。

（13）于××，利津县住建局党组成员、副局长，分管审批大厅、工程股工作，对事故企业未批先建负有主要领导责任。给予其党内严重警告、行政降级处分。

（14）薄××，利津县公安局副局长，分管治安管理大队工作，对事故发生负有主要领导责任。给予其行政记大过处分。

（15）任××，利津县刁口乡党委副书记、乡长，对事故企业未批先建及事故发生负有重要领导责任。给予其撤销党内职务、行政撤职处分。

（16）宫××，利津县刁口乡党委书记，对事故企业未批先建及事故发生负有重要领导责任。给予其撤销党内职务处分，取消其正科级待遇，降为副科级非领导职务。

（17）左××，2010 年 2 月至 2015 年 7 月任利津县环保局党组书记、局长，2015 年 7 月至今任利津县安监局党组书记、局长，对事故发生负有重要领导责任。给予其撤销党内职务、行政撤职处分。

（18）李××，2009 年 4 月至 2015 年 7 月任利津县安监局党组书记、局长，2015 年 7 月至今任利津县环保局党组书记、局长，对事故企业未批先建负有重要领导责任。给予其行政记大过处分。

（19）张××，利津县住建局党组书记、局长，对事故企业未批先建负有重要领导责任。给予其行政记大过处分。

（20）王××，利津县公安局党委书记、局长，对事故发生负有重要领导责任。给予其行政记大过处分。

（21）刘××，东营市安监局党组成员、副局长，分管危险化学品监督工作，对事故企业未批先建负有主要领导责任。给予其行政记大过处分。

（22）赵××，利津县委常委、县政府党组副书记、副县长，分管重点项目推进、安全生产等方面工作，对事故企业未批先建及事故发生负有主要领导责任。给予其撤销党内职务、行政撤职处分。

（23）李××，东营市安监局党组书记、局长，对事故企业未批先建及事故发生负有重要领导责任给予其行政记大过处分。

（24）燕××，利津县委副书记、县长，对事故企业未批先建及事故发生负有重要领导责任。给予其行政记大过处分。

（25）杜××，利津县委书记，对事故企业未批先建及事故发生负有重要领导责任。给予其党内严重警告处分。

（26）杨××，东营市政府副市长（联系、督导刁口乡安全生产工作），对事故发生负有重要领导责任。给予其行政记过处分。

（27）田××，东营市委常委、市政府党组副书记、副市长，负责市政府常务工作，负责发展改革、安全生产、应急管理等工作，对事故发生负有重要领导责任。给予其行政记过处分。

（四）问责人员及单位

（1）赵××，东营市委副书记、市政府党组书记、市长。由省政府分管领导对其诫勉谈话。

（2）申××，东营市委书记。由省委、省政府领导对其诫勉谈话。

（3）责成利津县委、县政府向东营市委、市政府作出深刻检查；东营市委、市政府向省委、省政府作出深刻检查。

（五）行政处罚结果

（1）按照《安全生产法》第九十一条的规定，山东滨源化学有限公司董事长兼总经理李培祥终身不得担任化工和危险化学品行业生产经营单位的主要负责人；责成东营市安监局，按照《安全生产法》第九十二条的规定，对其处上一年收入60%的罚款。

（2）由东营市安监局按照《安全生产法》第一百零九条的规定，对山东滨源化学有限公司处200万元罚款。

五、事故防范措施建议

（一）进一步强化安全生产红线意识

东营市、利津县政府及其有关部门要深刻吸取事故教训，认真贯彻落实习近平总书记、李克强总理等中央领导同志关于安全生产工作的一系列重要指示精神，牢固树立科学发展、安全发展理念，始终坚守“发展决不能以牺牲人的生命为代价”这条红线，建立健全“党政同责、一岗双责、齐抓共管”的安全生产责任体系，坚持“管行业必须管安全、管业务必须管安全、管生产经营必须管安全”的原则，推动实现责任体系“五级五覆盖”，进一步落实地方属地管理责任和企业主体责任。要针对本地区化工行业快速发展的实际，实施安全发展战略，把安全生产与转方式、调结构、促发展紧密结合起来，从根本上提高安全发展水平。要研究制定相应的政策措施，增强安全监管力量，加强剧毒、易制毒、易制爆等危险化学品安全管理，强化生产、购买、销售、运输、储存、使用等环节的管控，切实防范危险化学品事故发生。

（二）进一步加强危险化学品建设项目的安全管理

各级政府和负有安全监管职责的部门，要加强对辖区内危险化学品建设项目的安全管理，严把立项审批、初步设计、施工建设、试生产（运行）和竣工验收等关口，及时纠正和查处各类违法违规建设行为；建立完善公开曝光、挂牌督办、处分与行政处罚、刑事责任追究相结合的责任监督体系，对不按规定履行安全批准和项目审批、核准或备案手续擅自开工建设的，发现一处，查处一起，并依法追究有关单位和人员的责任。强化建设项目试生产环节的安全管理。督促新建危险化学品企业认真落实《山东省化工装置安全试车工作规范》和《山东省化工装置安全试车十个严禁》提出的各项措施要求。要将危险化学品企业试生产环节作为化工企业安全监管重点，建立和落实跟踪督查制度。

（三）进一步严格从业人员的准入条件

严格操作人员的招录条件，涉及“两重点一重大”（重点监管危险化工工艺、重点监管危险化学品和重大危险源）的企业，应招录具有高中（中专）以上文化程度的操作人员、大专以上的专业管理人员，确保从业人员的基本素质，逐步实现从化工安全相关专业毕业生中聘用。要加强化工安全从业人员在职培训，提高在职人员的专业知识、操作技能、安全管理等素质能力。要强化新就业人员化工及化工安全知识培训。对关键岗位人员要进行安全技能培训和相关模拟训练，保证从业人员具备必要的安全生产知识和岗位安全操作技能，切实增强应急处置能力。

（四）进一步加强化工企业安全生产基础工作

化工企业要认真落实《化工（危险化学品）企业保障生产安全十条规定》(国家安监总局令第64号），严禁违章指挥和强令他人冒险作业，严禁违章作业、违反劳动纪律。要按照《国家安全监管总局关于加强化工过程安全管理的指导意见》（安监总管三〔2013〕88号）和有关标准规范，装备自动控制系统，对重要工艺参数进行实时监控预警，采用在线安全监控、自动检测或人工分析数据等手段，及时判断发生异常工况的根源，评估可能产生的后果，制定安全处置方案，避免因处理不当造成事故。

（五）进一步落实企业安全生产主体责任

化工企业要按照“五落实五到位”要求和

《山东省生产经营单位安全生产主体责任规定》等规章的规定，建立完善“横向到边、纵向到底”安全生产责任体系，切实把安全生产责任落实到生产经营的每个环节、每个岗位和每名员工，真正做到安全责任到位、安全投入到位、安全培训到位、安全管理到位、应急救援到位。企业主要负责人要对落实本单位安全生产主体责任全面负责。

建筑施工事故

山东省临沂市兰陵县兰陵顺天运输有限公司“5·9”挡土墙重大坍塌事故

2015年5月9日15时45分左右，兰陵县鲁城镇的兰陵顺天运输有限公司驻地院内一在建挡土墙工程，在施工过程中发生坍塌事故，造成10人死亡，3人受伤，直接经济损失721.5万元。

一、事故经过及抢险救援情况

（一）事故发生经过

2015年5月9日下午，施工队在对挡土墙中部实施水泥抹平时，作业段墙体突然坍塌。当时共有13人参加水泥抹平作业，事发时8人正在墙中间位置的架子上面进行水泥抹平，5人在架子下面送水泥。突然挡土墙从中间整体向南倒过来，把人压在底下，有几个人被甩到边上。后经核实，该挡土墙坍塌造成10人死亡，3人受伤。

（二）抢险救援及善后情况

事故发生后，企业立即展开自救，15时49分拨打120报警。鲁城镇政府接到事故报告后，立即向县政府办公室、县安监局报告，迅速组织派出所干警、镇村干部赶赴事故现场实施救援。临沂市政府和兰陵县政府及有关部门接报后，立即启动应急预案，迅速赶赴事故现场，成立现场救援指挥部，展开救援工作。19时48分事故现场搜救工作基本结束。此次事故救援，共投入专家、公安干警、机关干部、医护人员、村民等300余人，调动车辆20余台，抢救出被埋人员13人，其中10人死亡、3人受伤。

为做好事故善后处理工作，兰陵县委、县政府成立事故处置领导小组，下设10个包保工作组，一对一做好伤亡人员善后工作。10名死亡人员善后赔偿已完毕，3名受伤人员已出院。事故善后工作平稳有序，社会舆情平稳。

二、事故原因及性质

（一）直接原因

兰陵顺天运输有限公司对挡土墙未进行正规设计；张××管理的施工队对未经正规设计的挡土墙进行非法施工，施工管理混乱、施工工序不正确，砌筑质量不符合施工规范要求，挡土墙偏心距、抗弯承载力未达到国家设计规范要求，且未设置伸缩缝、泄水孔，事故前期降雨导致回填土结合力下降，挡土墙侧向水土总压力增大，超过挡土墙极限承载能力，导致墙体瞬间坍塌。

（二）间接原因

（1）鲁城镇南山村建筑队（项目施工队）施工人员不固定，未申报登记，无建筑资质；施工期没有采取有效的防护设施，未为施工人员配备必要的安全防护用品。

（2）兰陵顺天运输有限公司修建的挡土墙没有委托有资质的单位进行施工，没有与施工单位签订安全管理协议，没有明确各自的安全管理职责，没有排查施工期间存在的安全隐患。

（3）济钢集团石门铁矿有限公司安全意识不强，履行安全管理职责不到位，未有效协调承租单位落实安全生产主体责任，对承租单位辅助设施建设安全隐患排查治理不到位。

（4）兰陵县鲁城镇未认真履行“属地管理”

安全生产监管主体职责，对限额以下建设工程安全监管不到位，未及时发现和制止辖区内无资质建筑队非法施工问题，对非法建设治理不力。组织开展企业安全隐患排查治理工作不彻底，未能及时发现存在的安全隐患。

（5）兰陵县住建局未认真履行建筑工程安全生产监管职责，对建筑市场监督管理不力，对无资质施工队伍监管不到位，对限额以下建设工程安全生产指导不深入。

（6）兰陵县安监局未认真履行全县非煤矿山安全生产行业监管职责，对非煤矿山厂区出租场所安全延伸检查不够，对企业负责人安全生产教育培训不够。

（7）兰陵县交通运输局对行业领域内企业安全监管有疏漏，对兰陵顺天运输有限公司车辆停放地点安全隐患存在失察，未能有效督促公司全面落实企业安全生产主体责任、依法依规组织辅助设施建设。

（8）兰陵县政府对住建、安监等部门履行监管职责不到位的情况督促检查和跟踪监管不够，督促指导鲁城镇开展安全生产工作不力。

（三）事故性质

经调查认定，临沂市兰陵县兰陵顺天运输有限公司“5·9”挡土墙重大坍塌事故是一起因非法建设施工造成的生产安全责任事故。

三、事故相关责任人员及责任单位处理结果

（一）司法机关已采取措施人员

（1）张××，挡土墙建设项目施工队包工头，涉嫌重大劳动安全事故罪，2015年5月10日被公安机关刑事拘留，5月22日已被批捕。

（2）闫××，挡土墙建设项目施工现场负责人，涉嫌重大劳动安全事故罪，2015年5月10日被公安机关刑事拘留5月23日已被取保候审。

（3）张××，兰陵顺天运输有限公司法人，涉嫌重大劳动安全事故罪，2015年5月10日被公安机关刑事拘留，5月22日已被批捕。

（4）刘××，原济钢集团石门铁矿新建选矿厂筹建小组副组长，第二期挡土墙项目砌筑工程施工队介绍人，涉嫌重大劳动安全事故罪，已被公安机关于2015年5月10日刑事拘留，5月23日已被取保候审。

（5）徐××，济钢集团石门铁矿有限公司新建选矿厂筹建办公室主任，涉嫌重大劳动安全事故罪，已于2015年5月10日被公安机关刑事拘留，5月23日已被取保候审。

以上人员中是中共党员的，待司法机关作出处理后，由当地纪检机关或者由管辖权的单位及时给予相应党纪处分。

（二）检察机关立案侦查人员

魏××，兰陵县鲁城镇房建办主任（工人身份），对事故发生负直接监管责任。给予其留党察看一年、行政撤职处分。因其涉嫌受贿犯罪已被逮捕，待司法机关追究其刑事责任后，由有管辖权的单位对其问题合并作出党纪政纪处理。

（三）给予党纪、政纪处分人员

（1）李××，兰陵县鲁城镇安监办主任（工人身份），对事故发生负直接监管责任。给予其留党察看一年处分，行政撤职处分。

（2）金××，兰陵县鲁城镇党委委员、武装部部长，分管镇房建办，对事故发生负主要领导责任。给予其党内严重警告处分。

（3）张××，兰陵县鲁城镇党委副书记，分管镇安监办，对事故发生负主要领导责任。给予其党内警告处分。

（4）胡××，兰陵县鲁城镇党委副书记、镇长，系镇政府安全生产第一责任人，对事故发生负重要领导责任，给予其行政记过处分。

（5）肖××，兰陵县鲁城镇党委书记，系镇党委安全生产第一责任人，对事故发生负重要领导责任。给予其党内警告处分。

（6）姜××，兰陵县住建局村镇科科长（事业编制），对事故发生负监管责任。给予其行政记过处分。

（7）黄××，兰陵县住建局党委委员、县建管处主任（事业编制），对事故发生负监管责任。给予其行政记过处分。

（8）李××，兰陵县安监局矿山科科长兼监察大队副大队长（参公管理事业编制），对事故发生负直接监管责任。给予其行政记过处分。

（9）田××，兰陵县运输管理处货运科科长（事业编制），兰陵顺天运输有限公司行业监管安全生产具体负责人，对事故发生负直接监管责任。给予其行政记过处分。

（四）对有关单位、人员问责结果

（1）徐××，兰陵县住建局党委书记、局长，主持住建局全面工作，对该事故发生负有重要领导责任。由兰陵县委对其诫勉谈话并责成作出深刻检查。

（2）宋××，兰陵县安监局党组书记、局长，主持安监局全面工作，对事故发生负重要领导责任。由兰陵县委对其诫勉谈话并责成作出深刻检查。

（3）徐××，兰陵县交通运输局党委书记、局长，对该事故发生负重要领导责任。由兰陵县委对其诫勉谈话并责成作出深刻检查。

（4）王××，兰陵县政府副县长，分管城乡建设和交通运输工作，对事故发生负有重要领导责任。由临沂市委对其诫勉谈话并责成作出深刻检查。

（5）责成临沂市安监局依据《安全生产法》等有关法律法规的规定，对兰陵顺天运输有限公司及相关人员作出行政处罚。

（6）责成兰陵县安监局对济钢集团石门铁矿有限公司及相关人员的违规行为作出行政处罚。

（7）责成兰陵县住建局、安监局、交通运输局向兰陵县委、县政府作出深刻检查。

（8）责成兰陵县委、县政府向临沂市委、市政府作出深刻检查，临沂市委、市政府向省委、省政府作出深刻检查。

四、事故防范措施和建议

针对本次事故暴露出的问题，为认真吸取事故教训，严格落实企业安全生产主体责任和地方政府及有关部门监管责任，严防类似事故的发生，提出以下防范措施和建议：

（一）严格落实党委、政府安全生产工作责任制

临沂市委、市政府和兰陵县委、县政府及部门要深刻汲取事故教训，高度警醒，举一反三，深入分析本地区安全生产存在的问题和薄弱环节，认真研究落实安全生产工作措施。要加快实施“网格化”安全监管，推动实现安全生产责任体系“五级五覆盖”，严格落实“党政同责、一岗双责、齐抓共管”，强化属地监管责任。要坚持“管行业必须管安全、管业务必须管安全、管生产经营必须管安全”的原则，明确各部门的监管范围和职责，合理配备监管力量，进一步增强基层安全生产监管执法能力。要明确各类建设工程的监管部门，对辖区内所有建设工程都必须纳入监管范围，切实维护人民群众的生命财产安全。

（二）严格落实行业部门的监管职责

各级各部门要切实承担起本部门、本行业的安全监管职责。住建部门要严格按照《建设工程安全生产管理条例》，加强对建设工程和施工队伍的监督管理，严厉打击各类非法违法建设工程，严厉打击各类非法施工队伍。交通运输部门要加强对运输企业的安全监管，督促企业落实安全生产主体责任，依法守规从事生产经营建设行为。安监部门要加强对监管范围内企业的安全生产主体责任监管，督促企业协调承租单位做好安全生产工作。

（三）开展建筑施工专项治理整顿

要针对事故暴露出的问题，在建筑施工行业领域开展全面排查治理。要深入排查城乡接合部、乡村驻地等重点部位的各类非法违法建设行为，建立台账，查明实情、明确责任、严格监管。要加强对乡村施工队伍的整顿，对长期在乡村组织建设工程施工的人员和长期参与建筑施工的人员，要进行摸底调查，掌握人员数量，根据区域关系进行整合，成立村镇建筑公司，加强管理，规范施工，提高安全生产水平。要加强对各类参与建筑施工人员的培训教育，使其具备基本的岗位安全辨别、应对等能力，提高其安全意识和技能。

（四）严格落实企业安全生产主体责任

企业是安全生产的责任主体，必须严格按照国家有关安全生产法律、法规、规程和标准进行管理，明确安全管理职责，认真制定落实安全生产相关制度。要深入开展企业安全隐患排查治理，认真排查企业各类安全隐患，及时整改消除。要进一步规范场内施工的监督管理，把外来施工队伍纳入企业安全管理，并作为重点，进行监督检查，督促其落实安全生产主体责任，做到不打折扣、不留死角、不走过场。

（五）组织开展安全生产大检查

临沂市和兰陵县要迅速开展安全生产大检查，汲取事故教训，举一反三，突出重点领域，综合利用各种检查方式，开展一次覆盖所有生产经营单位的安全生产大检查，对检查中发现的隐患和问题，实行“零容忍”，要盯紧跟牢，坚决及时消除。要针对汛期安全生产特点，加强对易受暴雨洪水和山

体滑坡威胁的人员密集场所、工矿企业、学校等重点部位的检查，加强对挡土墙、边坡支护等同类工程的检查。地下开采矿山、民爆、烟花爆竹等各类生产经营单位都要严格落实汛期保障安全生产的各项规定，确保汛期安全生产形势稳定。

浙江省温岭市捷宇鞋材有限公司“7·4”厂房坍塌重大事故

2015年7月4日16时08分，位于台州温岭市大溪镇佛陇村的温岭市捷宇鞋材有限公司发生厂房坍塌事故，坍塌面积约2000平方米，事故共造成14人死亡、33人受伤，直接经济损失1100余万元。

一、事故发生经过

7月4日事故发生前，位于捷宇公司厂房西楼4层的腾辉鞋厂成型车间内有51名员工正在作业。16时08分许，厂房西楼3、4层厂房突然发生坍塌，拉坍毗邻的南楼部分建筑，并造成西楼4层成型车间电气线路断裂，引发火灾。事故发生后，腾辉鞋厂一些员工用灭火器进行扑救和开展互救，成型车间部分员工从坍塌建筑物的缝隙中逃生，另有24人被埋压，事故也造成在西楼2层和南楼5层作业的捷宇公司5名员工受伤。

二、事故抢险救援和善后处置情况

接到事故报警后，温岭市政府迅速启动社会应急联动机制，并成立现场指挥部，组织公安、消防、建设、安监、医疗等力量开展应急救援和伤员救治等工作。省消防总队、台州市政府组织300余名消防、专业救援人员和80余名医疗救护人员，调集20辆救护车、5条搜救犬以及生命探测仪、大型机械设备，迅速赶赴事故现场，紧急开展抢险救援和应急处置工作。

救援人员赶到事故现场后，首先将已安全逃生的23名伤员及时送往医院进行救治，并立即开展对被埋压人员的科学施救。在救援过程中，消防救援人员利用雷达、音频、视频生命探测仪、搜救犬等设备以及喊话等方式对坍塌区域进行反复侦测，确定被埋压人员准确位置，并采用人工与机械相结合的方式逐步扩大作业空间，打开多条救生通道，先后搜救出10名被困受伤人员，搜寻出14具遇难者遗体。至7月6日下午15时30分，经对事故现场进行反复清理搜索，确认再无被困和遇难人员，整个救援行动基本结束。

现场救援工作结束后，温岭市委、市政府由主要领导牵头，抽调136名市级机关和镇街道工作人员，成立14个工作组和若干伤员救治小组，对遇难者家属进行一对一慰问安抚，全力做好伤者抢救、遇难者家属接待和赔付等工作。善后处理工作已结束，33名伤员均得到妥善救治，14名遇难者家属均已签订协议并领取赔偿金，当地社会秩序稳定。

三、事故发生的原因及性质

（一）直接原因

因厂房楼屋面荷载过大，钢结构承载力不足，致使房屋结构体系失稳造成厂房坍塌。

（二）间接原因

（1）捷宇公司未按规定办理规划建设审批和用地审批手续，未取得《村镇规划建设许可证》，非法占用土地，违法建设厂房，未经工程勘察设计，未聘请具备相应资质的施工单位，而是直接组织劳务人员违规施工，未经荷载计算擅自在屋顶建造水池用于蓄水，擅自将存在严重建筑质量安全问题的厂房投入生产和出租用于生产，导致增加建筑荷载。

（2）温岭市大溪镇佛陇村经济合作社违法出租土地、以租代管放纵违法建设，未对出租的地块依法办理相关行政审批手续，未履行出租方管理职责，对捷宇公司违法建设行为没有及时予以劝阻并向上级政府和有关部门报告。

（3）温岭市大溪镇党委、政府未认真履行属地监管职责，对辖区内长期存在的非法用地、非法建设行为打击不力，“三改一拆”工作落实不到位。审核把关不严，违反省“三改一拆”有关规定，未按规定程序对暂缓拆除的对象进行审核把关，致使必须拆除的违建厂房仍继续使用。在未对事故厂房建筑合法性进行核查的情况下，为厂房承租方出具生产场所建筑合法性证明用于企业变更生产场所，致使事故厂房违法建筑用于生产。

(4) 温岭市国土资源局对捷宇公司非法用地的处罚决定执行不力，在法院裁定准予强制执行后，未采取有效措施予以落实。

(5) 温岭市委、市政府和相关职能部门“三改一拆”工作不彻底，对辖区内存在的大量违法占地和违法建设行为查处不到位，对部分区域产业转型升级工作督促、指导不到位。

（三）事故性质

这是一起重大的生产安全责任事故。

四、对事故相关责任单位和人员的处理结果

（一）追究刑事责任的人员

(1) 徐××，捷宇公司法人代表，非法占地、违法建设和使用厂房的实际决策人。对事故发生负有直接责任。

(2) 戴××，温岭市大溪镇佛陇村党支部书记。对事故发生负有直接管理责任。

司法机关对上述人员依法追究刑事责任。对其他涉嫌犯罪的问题，由司法机关依法独立开展调查。

（二）给予党纪或政纪处理的人员

(1) 省委已决定由省委组织部对温岭市委书记徐××进行诫勉谈话，责成其作出深刻检查。

(2) 浙江省委决定提议温岭市市长李××不再担任市长职务，温岭市人大常委会已决定接受李××辞去温岭市市长职务，决定对其进行诫勉谈话，并责成其作出深刻检查。

(3) 决定免去张××温岭市副市长职务，给予党内严重警告、行政降级处分。

(4) 决定给予温岭市副市长陈××行政记大过处分。

(5) 决定给予温岭市国土资源局局长陈××行政记过处分。

(其他人员略。)

（三）对相关单位的处理结果

(1) 依据《安全生产法》《生产安全事故报告和调查处理条例》等有关法律法规的规定，责成台州市安全生产监督管理局对捷宇公司处以罚款。

(2) 台州市人民政府责成温岭市人民政府依据相关法律法规规定，对捷宇公司依法予以关闭，对其违法建筑依法强制拆除。

(3) 责成台州市人民政府向省人民政府作出深刻检查，并抄报省监察厅、省安监局。

五、事故的教训和整改措施建议

（一）进一步加大拆违力度，彻底清除滋生事故隐患的土壤

温岭市委、市政府要进一步增强责任感、紧迫感和危机感，切实加强组织领导，采取更加坚决、更加有力、更加有效的措施，深入推进“三改一拆”工作，彻底清除滋生事故隐患的土壤，为经济社会持续健康发展腾出空间。要进一步加大监督考核力度，重点督查存在安全隐患违法建筑的拆除落实情况，对因拆违工作不力而导致发生事故的，要依法严肃追责。

（二）深入开展相关领域事故隐患整治，严厉打击各类非法违法行为

温岭市政府、相关部门和各乡镇（街道）要深刻吸取事故教训，举一反三，按照全省安全生产电视电话会议部署以及“全覆盖、零容忍、严执法、重实效”的要求，开展以村级集体留用地建筑为重点的生产经营用房安全专项检查。重点检查未按法定建设程序建设的企业生产经营用房，以及出租厂房、大型市场等涉及多主体或单位的建筑物，严厉查处村级集体留用地企业厂房不按规定进行审批、不按技术规范要求进行建设等非法违法行为。

（三）全面落实各类社会主体法定责任，切实做到防患于未然

温岭市政府及其相关部门要坚持问题导向，推动各类社会主体全面落实安全生产责任，从源头上防范事故发生。要进一步规范村级集体留用地范围内的土地出租、厂房建设和出租等行为。村级自治组织应严格履行出租方管理职责，督促、提醒建设单位在开工建设前依法办理相关许可，加强监督检查，及时发现和制止承租单位的违法占地、违法建设行为。企业在厂房出租前应告知承租单位建筑安全情况，承租单位在租用厂房前应详细了解厂房的

设计、施工、改建、扩建等情况，确认厂房建筑合法性和安全性。

（四）严格部门行业监管和乡镇属地监管职责，狠抓执法监管工作落实

温岭市国土、规划、建工等职能部门和乡镇政府要认真贯彻落实新修订的《安全生产法》《国务院办公厅关于加强安全生产监管执法的通知》（国办发〔2015〕20号）以及省委、省政府有关文件规定，按照“党政同责、一岗双责、齐抓共管”和“管行业必须管安全、管业务必须管安全、管生产经营单位必须管安全”的要求，加强日常监管和行政执法，严厉查处各类社会主体违法用地、违法建设等滋生事故隐患的行为。对久拖不决的问题和重大隐患要“零容忍”，建立联合执法机制，组织力量坚决予以查处。对已经采取强制措施的单位要开展“回头看”，确保整治不反弹。

（五）进一步加强宣传教育培训，提高社会公众安全意识

温岭市政府及其相关部门要认真搞好事故警示教育，提高基层镇村干部、企业负责人安全生产法制意识和责任意识，积极开展对企业职工的安全教育培训，提高发现险情、遇险逃生和自救互救的能力。同时，要加强舆论宣传，充分发挥各类媒体和社会公众的监督作用，及时举报和曝光各类重大安全隐患、非法违法行为，实现安全生产工作社会共治。

（六）大力推动产业转型发展，提高企业本质安全水平

温岭市政府及经信等相关部门要大力推进鞋业行业中小企业转型升级工作，在加大违法用地查处的基础上，加快拆改土地利用，强化产业空间布局，加快建设现代产业园区和标准厂房，通过设定准入门槛，加强规划指导，积极鼓励引导企业搬迁至产业园区，为企业安全生产条件创造条件。

其他事故

山东省滨州市山东富凯不锈钢有限公司“11·29”重大煤气中毒事故

2015年11月29日17时40分许，位于滨州市邹平县的山东富凯不锈钢有限公司（简称富凯公司）发生重大煤气中毒事故，造成10人死亡，7人受伤，直接经济损失990.7万元。

一、事故发生经过和应急处置情况

（一）事故发生经过

富凯公司煤气管道2015年5月23日投入使用后，运行基本正常。11月20日，富凯公司转炉（1号炼钢）停产后，15吨燃气锅炉继续运行，所用煤气由广富集团炼钢二厂转炉（2号炼钢）供给。事故发生前，企业巡检人员未发现煤气输送相关设备和管道运行的异常现象。11月29日17时开始，企业员工陆续下班，部分员工经由事故发生区域的通道离开。17时15分开始，事故发生区域光线逐渐昏暗直至漆黑。17时40分许，煤气管道内煤气突然泄漏，随西北风向东南方向扩散，致使下班后路经北侧通道的9名企业员工（含2名广富集团优特钢车间员工），以及优特钢车间水处理操作室正在值班的1名企业员工中毒死亡，广富集团技术中心大楼一层化验室内6名质检员、化验室西门外1名物料管理员中毒受伤。

（二）应急处置情况

11月29日17时41分，富凯公司一名员工发现事故发生区域有人倒伏在地、煤气可能泄漏后，企业立即开展自救，先后关闭蝶阀和盲板阀切断煤气来源、进入现场搜救人员、送往职工医院进行急救；18时09分，拨打120报警，将中毒人员送往邹平县人民医院和解放军第148医院救治。18时

52分开始，接到事故报告后，邹平县委、县政府及其公安、消防、卫计、环保、经信、安监等部门和青阳镇党委、政府负责人员陆续赶赴事故现场，启动应急救援预案，设立综合协调、现场处置、伤员救治、善后处理、社会稳控5个工作组，全面开展救援工作。21时10分左右，滨州市委、市政府及其有关部门陆续赶到事故现场，部署开展事故抢救、伤员救治及善后处理等工作。30日1时50分左右，先后有10名中毒人员经抢救无效死亡。经邹平县环保局检测，30日0时43分开始事故现场空气环境中煤气浓度占比降至2.0×10^{-6}，符合安全要求。经邹平县各级党委、政府组织安抚，至12月6日事故遇难者善后工作顺利完成。经滨州市、邹平县卫生部门和有关医院组织抢救，至2016年1月12日，6名轻伤人员先后治愈出院，1名重伤人员转入普通神经内科继续治疗、病情稳定。总的看，这次事故现场处置工作有序有效，没有发生次生事故和社会稳定事件。事故发生后，企业应急响应迅速，及时组织开展自救、控制事故扩大；各级政府及有关部门领导接报后，迅速组织协调各方面力量，科学施救，稳妥处置，全力做好伤员救治、环境监测、现场清理、善后安抚等工作。但是，也暴露出企业应急工作基础薄弱，员工应急意识和自救能力亟待提高等问题。

（三）管道内剩余煤气处置情况

事故发生后，煤气管道中剩余煤气约4800立方米，在泄漏原因查明前有可能再次发生泄漏。事故调查组会同滨州市、邹平县相关部门和事故企业有关人员，共同制订了管道内剩余煤气的处置方案，从11月30日22时开始，采取对管道充氮气、高空排放煤气等措施置换管道中的煤气，到12月2日6时30分止，煤气管网盲端取样检测管道内煤气浓度占比为43×10^{-6}，达到置换安全要求，有效防止了次生灾害发生。

二、事故原因和性质

（一）直接原因

1号排水器存在安全缺陷，未按规定设置水封检查管头，不能检查水封水位，在顶部放散管阀门关闭后，排水器桶体腔内水封上部形成密闭空间。煤气输送工艺存在安全缺陷，转炉煤气直接供给锅炉使用，未经煤气柜系统稳压、缓冲和混匀成分，煤气管网压力频繁波动。在煤气管道运行过程中，排水器桶体腔和落水管、溢流管内的水伴随煤气管网的压力波动呈现波动性摆动，煤气冷凝水通过落水管大量降落时，水中夹带的部分煤气气泡析出后进入密闭空间；随着上部密闭空间气体（含空气、煤气）体积不断增加，下部水从溢流管口被排出后水位不断降低，直至有效水封水位持续下降，水封被煤气压力瞬间击穿，管道内煤气通过排水器溢流管口大量泄漏。此外，事故发生当晚，事故现场大雾天气、能见度低、气压低、风速低、地势低，导致煤气泄漏后在下风向大量扩散积聚，造成下班后路经厂区北侧通道和附近岗位正在上班的企业职工中毒伤亡。

（二）间接原因

（1）广富集团及富凯公司违法违规建设煤气管道和相关附属设施，安全生产管理制度和安全操作规程不健全、不落实，安全生产主体责任落实不到位。

（2）邹平县青阳镇居民李××冒用他人施工资质，违法违规设计施工煤气管道及其附属设施。负责煤气管道施工安装的李××施工队没有管道工程设计和施工资质，伪造山东福源设备安装有限公司公章、财务专用章、合同专用章和法定代表人印章，冒用山东福源设备安装有限公司资质承揽煤气管道工程，自行设计煤气管道和排水器等施工草图进行安装，工程设计和施工存在严重缺陷。

（3）滨州市、邹平县安全监管和经信部门履行安全生产监督检查、行业安全管理职责不到位。

（4）地方党委、政府履行安全生产属地管理职责不到位。

（三）事故性质

经调查认定，滨州市山东富凯不锈钢有限公司“11·29”重大煤气中毒事故是一起生产安全责任事故。

三、对事故有关责任人员及责任单位的处理结果

（一）司法机关已采取措施人员

（1）王××，广富集团副总经理，富凯公司法人代表、总经理。因涉嫌重大责任事故罪被公安机关刑事拘留。

（2）刘××，富凯公司转炉车间负责人，广富集团炼钢一厂厂长。因涉嫌重大责任事故罪被公安机关刑事拘留。

（3）刘××，富凯公司转炉车间专职安全员，广富集团炼钢一厂、炼钢二厂专职安全员。因涉嫌重大责任事故罪被刑事拘留。

（4）李××，事故发生段煤气管道工程施工队伍负责人。因涉嫌伪造公司印章罪和重大责任事故罪被公安机关刑事拘留。

（5）王××，邹平县安监局工矿企业安全监管监察股股长（参公管理事业单位工作人员），因涉嫌玩忽职守罪被检察机关立案侦查、取保候审。

（6）孟××，邹平县安监局工矿企业安全监管监察股工作人员，因涉嫌玩忽职守罪被检察机关立案侦查、取保候审。

（二）司法机关追究刑事责任人员

（1）焦××，广富集团设备动力部部长，对事故发生负有直接责任。司法机关追究其刑事责任。

（2）刘××，广富集团安全部部长，对事故发生负有直接责任。司法机关追究其刑事责任。

以上第（一）项、第（二）项人员中属中共党员的，待司法机关作出处理后，由当地纪检监察机关或负有管辖权的单位依照《中国共产党纪律处分条例》第三十三条等规定，及时给予相应党纪处分。

（三）给予党纪、政纪处分人员

（1）石××，邹平县青阳镇安监站站长（行政机关任命的事业单位工作人员），负责组织、协调、指导和监督青阳镇辖区内企业的安全生产工作，对事故发生负有直接监管责任。给予其留党察看1年、行政撤职处分。

（2）释××，邹平县安监局党组成员、副局长，分管工矿企业安全监管监察股，对事故发生负有主要领导责任。给予其党内严重警告、行政降级处分。

（3）王××，邹平县安监局党组书记、局长，主持邹平县安监局全面工作，对事故发生负有重要领导责任。给予其党内严重警告、行政记大过处分。

（4）成××，邹平县经济和信息化局党委书记、局长，负责抓信访、安全生产工作，对事故发生负有重要领导责任。给予其党内严重警告、行政记大过处分。

（5）方××，滨州市安监局工矿商贸科科长，负责监督检查冶金、有色、机械、建材等行业生产经营单位贯彻执行安全生产法律法规情况，对事故发生负有主要领导责任。给予其行政记大过处分。

（6）张××，滨州市安监局党组成员、市安全生产监察支队支队长（副处级），主持滨州市安全生产监察支队工作，负责全市性的安全生产大检查等工作，对事故发生负有主要领导责任。给予其行政记大过处分。

（7）李××，滨州市安监局党组成员、副局长，分管市安全生产监察支队、工矿商贸科等工作，对事故发生负有重要领导责任。给予其行政记过处分。

（8）刘××，滨州市安监局党组书记、局长，主持滨州市安监局全面工作，对事故发生负有重要领导责任。给予其行政记过处分。

（9）李××，邹平县青阳镇党委委员、人武部长，分管安全生产工作，对事故发生负有主要领导责任。给予其党内严重警告、行政降级处分。

（10）杨××，邹平县青阳镇党委副书记、镇长，主持青阳镇政府全面工作，对事故发生负有重要领导责任。给予其党内严重警告、行政记大过处分。

（11）张××，邹平县青阳镇党委书记，主持青阳镇党委全面工作，对事故发生负有重要领导责任。给予其党内严重警告处分。

（12）马××，邹平县政府副县长，2014年6月至2015年11月分管安全生产工作，对事故发生负有重要领导责任。给予其行政记大过处分。

（13）王××，邹平县政府副县长、党组成员，分管工业经济、民营经济等工作，对事故发生负有重要领导责任。给予其行政记大过处分。

（14）陈××，邹平县委常委、副县长，负责县政府常务工作，2015年11月3日起分管安全生产等工作，对事故发生负有重要领导责任。给予其行政记过处分。

（15）邹××，邹平县委副书记、县长，主持邹平县政府全面工作，对事故发生负有重要领导责任。给予其行政记过处分。

（四）问责及行政处罚

（1）赵××，邹平经济技术开发区党工委书记（副厅级，试用期），邹平县委书记书记，对事故负有领导责任。由滨州市委主要领导对其诫勉谈话。

（2）王××，滨州市副市长、市政府党组副书记，分管安全生产、工业经济等工作，对事故负有领导责任。由滨州市委主要领导对其诫勉谈话。

（3）责成邹平县委、县政府向滨州市委、市政府作出深刻检查；滨州市委、市政府向省委、省政府作出深刻检查。

（4）张××，广富集团副总经理，分管安全生产工作，对事故发生负有主要领导责任。责成滨州市安监局和邹平县安监局，按照《安全生产法》第九十三条的规定，撤销其与安全生产有关的资格。

（5）张××，广富集团法人代表、总经理，主持广富集团全面工作，富凯公司实际控制人，对事故发生负有主要领导责任。责成滨州市安监局，依据《安全生产法》第九十二条的规定，对其处上一年收入60%的罚款。

（6）张××，广富集团董事长，富凯公司实际控制人；落实企业安全生产主体责任不力，对事故发生负有重要领导责任。责成滨州市安监局，依据《安全生产法》第九十二条的规定，对其处上一年收入60%的罚款。

对以上广富集团相关负责人张××、张××、张××，待当地安监部门依法做出处理后，由当地纪检监察机关或负有管辖权的单位依照《中国共产党纪律处分条例》第三十三条等规定，及时给予相应党纪处分。

（7）由省安监局按照《安全生产法》第一百零九条的规定，对富凯公司处150万元罚款。

四、事故防范措施

（一）牢固树立安全生产红线意识

各级党委、政府、负有安全生产监督管理职责的部门和广大企业，要以习近平总书记、李克强总理重要指示批示精神为指引，认真贯彻落实党的十八届五中全会和中央经济工作会议、中央城市工作会议和全国、全省安全生产工作会议精神，进一步强化安全发展理念和安全生产红线意识，坚定不移保障安全发展，狠抓安全生产责任制落实，强化“党政同责、一岗双责、失职追责”，坚持人民利益至上，坚持以人为本、以民为本，切实落实安全生产的企业主体责任、部门监管责任、党委和政府领导责任，狠抓改革创新、依法治理、基础建设、专项整治等重点工作，坚决堵塞各类安全漏洞，坚决遏制重特大事故频发势头，促进安全生产形势持续稳定向好，确保人民生命财产安全。

（二）严格执行金属冶炼建设项目安全设施“三同时”制度

金属冶炼建设项目（包括新建、改建、扩建工程项目）的安全设施，必须与主体工程同时设计、同时施工、同时投入生产和使用。建设单位应当按照国家有关规定，委托具有相应资质的安全评价机构，对其建设项目进行安全预评价，并编制安全预评价报告；委托具有相应资质的设计单位对建设项目安全设施同时进行设计，编制安全设施设计，按照国家有关规定报经安全监管部门审查。施工单位必须具备相应资质，严格按照批准的安全设施设计和相关施工技术标准、规范施工，并对安全设施的工程质量负责。工程监理单位应当按照法律、法规和工程建设强制性标准实施监理，并对安全设施的工程质量承担监理责任。建设单位应当组织对建设项目安全设施进行竣工验收，并形成书面报告备查，验收合格后方可投入生产和使用。

（三）切实加强涉及煤气工贸企业的安全生产管理

涉及煤气生产、储存、使用和管道输送的工贸企业，要严格按照《工业企业煤气安全规程》（GB 6222）、《山东省冶金煤气安全生产重点措施》等标准规定，建立健全各项煤气安全管理规章制度和安全操作规程，按规定设置一氧化碳监测报警、警示标志、个体防护器具等安全设施，落实煤气作业审批制度和安全防范措施，加强煤气安全管理人员和从业人员（含相关方从业人员）安全生产教育培训，认真分析煤气作业风险、制定有针对性的煤气专项应急预案并加强演练。要对煤气管道的排水器、排灰阀、V型水封等易发生煤气泄漏的部位进行安全论证，排查整改存在的问题和隐患，坚决消除排水器桶体腔上部形成密闭空间导致气体积聚、水封水位下降的安全隐患。要加强煤气管道运行维护管理，做好寒冷季节相关设备设施易积水部位的保温防冻工作。要不断提高从业人员的安全操作技能和责任心，加强煤气设备安全巡检和点检工作，及时发现泄漏隐患，堵塞安全管理漏洞。

（四）进一步落实企业安全生产主体责任

涉及煤气生产、储存、使用和管道输送的工贸企业，都要按照《安全生产法》《山东省生产经营单位安全生产主体责任规定》(省政府令第260号)等法律法规的规定，建立、健全安全生产责任制度，实行全员安全生产责任制，明确主要负责人、其他负责人、职能部门负责人、生产车间（区队）负责人、生产班组负责人、一般从业人员等全体从业人员的安全生产责任，并逐级进行落实和考核。要认真落实企业的安全生产组织机构、规章制度、安全投入、安全管理等安全生产主体责任，建立健全隐患排查治理机制，认真开展自查自改，实施隐患排查治理闭环管理，对检查发现的隐患建立台账，逐一按要求进行整改：对一时难以整改的重大隐患制定限期整改方案，做到整改责任、措施、资金、时限、预案“五落实”，并向当地政府有关部门报告。

（五）深入开展工贸企业煤气管线安全专项检查工作

各级安全监管、经信等部门要组织执法检查力量，必要时聘请专家参加，深入开展冶金等工贸企业煤气管线安全专项检查工作。重点检查：煤气管线是否符合国家有关设计、施工、验收的规定要求；煤气工艺、技术是否经过安全评估和论证；煤气管线的材质及辅助设备、设施是否符合安全标准规范要求；企业是否制定煤气安全管理制度和操作规程，是否定期对煤气管线进行巡检和点检，并记录在册；是否制定了煤气专项应急预案，并定期开展演练和评估等。要做到检查不漏一企、不留盲区，实现“全覆盖、无缝隙”，同时建立检查台账，并根据企业存在问题的大小，分别采取同时实施执法处罚、停产停业整顿、限期整改等措施，督促企业及时消除事故隐患，确保煤气管线安全运行。

（六）认真履行安全生产属地监管职责

滨州市、邹平县政府及其有关部门要认真落实地方政府属地监管责任和行业主管部门安全生产管理职责、安全监管部门监督检查职责、专业监管部门监管职责，按照“管行业必须管安全、管业务必须管安全、管生产经营必须管安全”和“谁主管、谁负责”的原则，摸清本地区冶金等工贸企业的现状，逐一明确行业主管部门和专业监管部门，以适当形式确认公布，全面落实网格化、实名制监管，杜绝责任“空档”和监管“盲区”。要深入开展安全生产隐患大排查快整治严执法集中行动和企业安全生产主体责任落实情况专项执法检查工作，督促所有企业自查自改、治理隐患，责令广福集团重新设计施工煤气管道，消除安全隐患，确保生产安全。要持续开展“打非治违”专项行动，严厉查处非法违法生产经营建设行为，严把建设项目立项、环境评价、安全审查关，从源头上治理安全隐患，防范各类事故发生。

广东省深圳市光明新区渣土受纳场“12·20”特别重大滑坡事故

2015年12月20日，广东省深圳市光明新区红坳渣土受纳场发生特别重大滑坡事故。事故共造成73人死亡，4人下落不明，17人受伤（重伤3人，轻伤14人)。事故还造成33栋建筑物（厂房24栋，宿舍楼3栋，私宅6栋）被损毁、掩埋，导致90家企业生产受影响，直接经济损失88112.23万元。

调查认定，广东深圳光明新区渣土受纳场“12·20”滑坡事故是一起特别重大生产安全责任事故。

一、事故发生经过

2015年12月20日6时许，红坳受纳场顶部作业平台出现裂缝，宽约40厘米，长几十米，第3级台阶与第4级台阶之间也出现鼓胀开裂变形。现场作业人员向顶部裂缝中充填干土。9时许，裂缝越来越大，遂停止填土。11时28分29秒（深圳市公安局提供的德吉程厂路口监控视频显示），渣土开始滑动，自第3级台阶和第4级台阶之间、

"凹坑"北面坝形凸起基岩处（滑出口）滑出后，呈扇形状继续向前滑移，滑移700多米后停止并形成堆积。滑坡体停止滑动的时间约为11时41分。滑坡体推倒并掩埋了其途经的红坳村柳溪、德吉程工业园内33栋建筑物，造成重大人员伤亡。

二、事故直接原因

事故直接原因是：红坳受纳场没有建设有效的导排水系统，受纳场内积水未能导出排泄，致使堆填的渣土含水过饱和，形成底部软弱滑动带；严重超量超高堆填加载，下滑推力逐渐增大、稳定性降低，导致渣土失稳滑出，体积庞大的高势能滑坡体形成了巨大的冲击力，加之事发前险情处置错误，造成重大人员伤亡和财产损失。

调查认定，事故企业在事故发生前对险情处置错误。12月20日6时许，现场作业人员发现受纳场渣土堆填体多处出现裂缝、鼓胀开裂变形后，错误采用顶部填土方式进行处理，使已经开始失稳的堆填体后缘增加了下滑推力；9时许，裂缝越来越大，遂停止填土；11时20分许，渣土堆填体第4级台阶发生鼓包且鼓包不断移动，现场作业人员撤离受纳场作业平台。在此过程中，事故企业人员始终没有发出事故警示、未向当地政府和有关部门报告，贻误了下游工业园区和社区人员紧急疏散撤离的时机。

三、事故应急救援处置情况

（一）事故信息接报及响应情况

12月20日11时35分54秒，深圳市公安局110指挥中心接到群众报告称"在光明新区长圳红坳村看见山坡垮塌，导致煤气站爆炸，多人被困"，立即向辖区光明分局南风派出所下达出警指令，要求核实处理并及时反馈。深圳市公安消防支队指挥中心同时获知相关信息，立即指令光明公安消防大队迅速组织车辆及指战员赶赴事故现场。

11时48分，光明办事处接到光明公安消防大队事故报告，立即报告办事处值班负责人；12时30分，在凤凰社区红坳工业园管理处组建临时现场指挥部，开展先期应急救援工作。

11时49分，光明新区管委会总值班室接到光明公安分局报告；12时13分，光明新区向深圳市政府总值班室报告"发生山体滑坡，导致煤气站围墙倒塌以及厂房、楼房倒塌，正在核实相关情况"；12时50分，光明新区值班领导到达现场，立即组织成立新区救援现场临时指挥部，开展应急救援工作。

13时15分，深圳市政府总值班室电话报告国务院总值班室、广东省政府应急办和省安全监管局"发生一起滑坡，目前已造成十几栋厂房倒塌、1人受伤，其他信息正在核查"；14时20分，深圳市委办公厅分别向中共中央办公厅信息综合室、国务院总值班室、省委值班室、省委办公厅信息综合室书面报告事故信息。

14时30分，深圳市政府成立了光明新区滑坡救援现场指挥部（以下简称指挥部），下设现场搜救、医疗保障、新闻发布等12个工作组，总指挥暂由常务副市长担任；19时许，深圳市委书记、市长从北京紧急返回深圳，总指挥转由市委书记担任。

21日15时，广东省委省政府成立滑坡事故救援工作领导小组，省长任领导小组组长，省委副书记、深圳市委书记任领导小组副组长。

（二）事故现场应急处置情况

指挥部第一时间将事故现场分成35个网格，打通6条救援通道，组织力量24小时连续开展现场救援，利用生命探测仪、搜救犬开展9次地毯式排查，调集飞艇现场测绘，并结合光学雷达、地质雷达、高密度电法等高科技手段探测，对被埋区域建筑物进行定位开展救援。21日，指挥部在滑坡现场确定3个重点搜救点，采取机械加人工网格式搜救方式开展搜救。22日，挖出3栋不同构造的建筑物。23日，指挥部在原3个重点搜救点基础上新增4个点，加快现场作业效率，多栋建筑物实现"露头"，并于当日6时40分在东二作业区成功救出一名幸存者。24日，就近征集土地开辟临时弃土受纳场，增加外运泥土汽车单车载重，就地利用砖石渣土铺通道路，改善现场东侧作业条件，提高泥土外运效率。此后，现场救援除对掩埋者重点位置实施定点挖掘外，主要是调配抓筋机、挖掘机、推土机等大型设备，开展大规模的推土、翻土、运土作业，同时安排近400名观察员24小时坚守现场，辅助救援人员进行作业观察，尽最大努力找人救人和搜寻遇难者遗体。截至2016年1月14日16时，累计外运土方278万立方米，现场见底验收面积18.4万平方米。高峰时期，参加救援的各方力量达10681人，投入大型机械设备达

2628台。

在组织开展现场搜救工作的同时，指挥部还协调国家和省市岩土、燃气、地质等领域200多名专家对现场进行分析，评估再次发生灾害的可能性，对滑坡事故现场山体进行实时监测，严密防范二次滑坡。组织专业力量对现场各类危化品进行彻底核查、登记并进行妥善处理。安排中石油抢修队对现场受损的“西气东输”管道进行抢修，铺设临时管道350米，于2016年1月8日恢复向香港支线供气。同时，针对滑坡区域“残留体”出现裂缝现象，开展“削坡”作业，加强实时监测，防止发生二次滑坡。

（三）医疗救治和善后情况

指挥部成立了专门的医疗保障组，采取“一对一”专家、医护人员编组，针对受伤人员情况制定治疗方案，全力医治受伤人员，并做好心理疏导。同时，在事故现场建立了救治点，安排医护人员24小时现场值守。及时开展了事故现场防疫工作，累计环境消毒面积311.5万平方米、杀虫灭鼠面积371万平方米，出动防疫人员10641人次，派发口罩19.8万个。指挥部成立了善后处置组，配备心理咨询、法律服务、社工志愿者等专业人员，采取“一家一组、一组一策”的方式，开展遇难和失联人员家属安抚工作。制定了受影响企业员工及周边群众安置工作规范，对事故影响的90家企业、4630名员工，进行了妥善安置。对事故救援征用菜地涉及的468户菜农、2100人，全部进行了补偿安置。制定了“三个一批”方案（一批企业春节后原地复工、一批企业异地复工、一批企业春节前复工），帮助受影响、受损失企业恢复生产，并积极研究制定扶持补偿及鼓励政策。另外，指挥部第一时间启动了突发事件新闻应急机制，召开了10场新闻发布会和1次情况通报会，通报救援工作进展情况。调查认为，广东省委、省政府和深圳市委、市政府坚决贯彻落实党中央、国务院决策部署和指示要求，迅速组织协调国家有关部委、解放军、武警和公安消防等方面力量开展应急处置，现场救援处置措施得当，信息发布及时，善后工作有序，受灾人员及企业及时得到安抚安置，在事故应急处置中无次生灾害、无衍生事故、无疫情暴发。

四、有关责任单位存在的主要问题

（一）事故企业

益相龙公司、绿威公司是事故主体责任单位，林××、王××等人实际参与红坳受纳场的建设运营。

1. 未经正规勘察和设计，违法违规组织红坳受纳场建设施工

益相龙公司作为红坳受纳场的建设、施工单位，违反《建设工程勘察设计管理条例》第四条、第十七条和《广东省建设工程勘察设计管理条例》第七条规定，未按工程建设程序委托勘察设计，未委托有资质的单位进行施工图设计；违反《建设工程质量管理条例》第十一条、第二十五条和《深圳市建设工程质量管理条例》第五条、第三十条规定，按照无效图纸组织施工，无资质施工。

2. 现场作业管理混乱，违法违规开展红坳受纳场运营

益相龙公司作为红坳受纳场的实际运营企业，违反《深圳市建筑废弃物受纳场运行管理办法》第十六条、第十七条、第二十一条第一项的规定，未在坡顶场外修建截洪沟等有效的拦、导、排水系统，未排除受纳场原有的大量积水；严重超量超高堆填加载，堆填体碾压不实、密实度低；未进行边坡监测和填埋区密实度检测；安全生产主体责任不落实，违反《安全生产法》第二十五条、第三十八条规定，未开展安全生产教育和培训工作，未按规定开展日常检查、事故隐患排查。

3. 无视受纳场安全风险，对事故征兆和险情应急处置错误

益相龙公司无视堆填体含水量高对受纳场安全稳定的影响，不顾超量超高堆填作业可能造成的危害，盲目追求经济效益；违反《安全生产法》第四十三条第二款、第八十条和《深圳市建筑废弃物受纳场运行管理办法》第十五条、第二十四条要求，未配备应急作业单元，未开展应急演练；未重视并整改事故发生前1个多月即出现的事故征兆。事发当日险情处置错误，未及时发出事故警示，未向当地政府和有关部门报告，贻误了下游工业园区和社区人员紧急疏散撤离时机。

4. 违法转包红坳受纳场建设运营项目

绿威公司作为红坳受纳场建设运营服务的中标公司，违反《招标投标法》第四十八条第一款规定，在红坳受纳场运营项目中标后，整体转让中标

项目，名为分包，实为整体转包，属于违法转包运营服务项目；违反《安全生产法》第四十六条第二款规定，在将红坳受纳场运营服务项目转包给益相龙公司后，未与其签订专门的安全生产管理协议，没有对其进行安全检查。

（二）深圳市和光明新区有关部门

1. 深圳市城市管理部门违法违规审批许可，未按规定履行日常监管职责，日常监督检查严重缺失

（1）光明新区城市管理局违规审批许可，在红坳受纳场未取得规划国土、建设、环境保护、水务等部门批准文件的情况下，违规向绿威公司发放临时受纳场许可证。未纠正和查处绿威公司违法违规将红坳受纳场转包给益相龙公司建设和经营的问题。日常监督检查中，未对红坳受纳场压实作业、坡度控制等重要内容进行检查，未发现受纳场存在超容量受纳、缺乏有效的导排水系统等问题。未对光明办事处执法队履行渣土受纳场综合执法职责进行监督检查，未按规定开展渣土受纳场监管业务培训和考评工作。在牵头处理群众举报的事故隐患过程中，弄虚作假回复举报人和上级机关，在事故隐患未消除的情况下，违法恢复红坳受纳场运营。

（2）深圳市城市管理局未按法定职责组织开展监督检查工作，在两次对红坳受纳场年度巡查中，均未发现其违法违规转包和存在超量超高堆填等重大安全隐患的问题；未按职责监督检查、指导光明新区城市管理局余泥渣土临时受纳场日常监管工作。

2. 深圳市建设、环保、水务部门未按规定履行建设、环保、水务行政审批许可和日常监管等职责

（1）光明新区城市建设局未按规定跟踪和督促红坳受纳场依法办理建设工程施工许可证，未按职责指导光明办事处查违办开展违规建设项目查处工作。

未按规定开展执法检查工作，在红坳受纳场水土保持方案审批前，未及时依法处置受纳场违规建设运营问题；在审批后，未督促红坳受纳场落实水土保持方案要求报送水土保持监测报告。

开展环保执法检查和审批工作过程中，未发现和查处红坳受纳场未经环境影响审批进行违法建设的问题。未严格执行审批程序，违规为红坳受纳场办理环境影响报告审批。未对红坳受纳场按照环境影响评估报告落实水土流失防治措施进行后续监管。

对群众举报的红坳受纳场事故隐患未认真研究查处，未督促红坳受纳场整改隐患并办理建设审批手续，也未按照规定对其实施重点监督检查。

（2）深圳市住房和建设局未按规定履行建设执法监督指导职责，未有效监督指导建设执法受委托单位光明新区管委会依法查处红坳受纳场无建设工程施工许可证违规建设问题。

（3）深圳市水务局未依法履行审批后的监督管理和水土保持设施验收职责，未监督纠正红坳受纳场未依法提交水土保持监测报告、度汛方案、申请水土保持设施专项验收等问题。未按规定就移交给光明新区城市建设局的反映红坳受纳场的问题及时跟踪督办。未按规定指导协调、监督检查光明新区城市建设局依法履行监管职责。

（4）深圳市人居环境委员会未按规定履行监督指导职责，未有效督促指导光明新区城市建设局依法查处违反环保规定的建设项目、严格依程序进行行政审批、落实环境影响审批后的监管职责。

3. 深圳市规划国土部门违法违规实施用地许可，对违法用地行为未依法查处

（1）深圳市规划和国土资源委员会光明管理局违规审批，在无可行性研究报告、环境影响评价报告等有关文件资料的情况下违规核发红坳受纳场选址意见书。违反规划土地法律法规，以出具复函的形式代替行政许可同意红坳受纳场作为余泥渣土临时受纳场。

（2）光明新区规划土地监察大队开展执法检查工作过程中，未及时发现和查处红坳受纳场未取得用地规划许可证、建设工程规划许可证违规建设的问题，未按规定督促指导光明办事处查违办开展查违工作。在卫星遥感监测土地执法工作中，开展审核工作不认真，未发现光明办事处上报的红坳受纳场图斑为“合法图斑”系虚假信息，并将该虚假信息上报深圳市规划土地监察支队。

（3）深圳市规划和国土资源委员会对市规划和国土资源委员会光明管理局违规为红坳受纳场核发选址意见书、用地规划许可问题失察。组织开展查违过程中，未及时发现和查处红坳受纳场未取得用地规划许可证、建设工程规划许可证违规建设的

问题。未按规定督促指导光明新区规划土地监察大队开展查违工作。

（三）深圳市和光明新区党委政府

（1）光明新区光明党工委、办事处未认真落实安全生产责任，对渣土受纳场安全风险认识不足，未按法定职责组织开展查处违规建设工作，未依法及时查处红坳受纳场未取得用地规划许可证、建设工程规划许可证、施工许可证违规建设的问题。开展对红坳受纳场的日常检查流于形式，未发现和纠正红坳受纳场存在的违规转让许可证、超容量受纳、缺乏有效的导排水系统等问题。

（2）光明新区党工委、管委会未认真贯彻执行党和国家有关安全生产方针政策和法律法规，未按国家和省市部署的安全大检查、隐患排查治理规定要求履行属地监管责任，对渣土受纳场安全风险认识不足，未按规定进行监督管理。对有关职能部门违规审批和未依法进行执法检查问题失察，未组织有关部门有效整治和排除群众反映的红坳受纳场存在的安全隐患，未认真督促有关部门加强对渣土受纳场的安全监管工作。

（3）深圳市委未认真贯彻落实党的安全生产方针政策和安全生产“党政同责、一岗双责、齐抓共管”的要求，未有效督促深圳市政府及有关部门履行安全生产职责。深圳市人民政府没有牢固树立安全发展理念，未能正确处理城市建设与安全发展的关系，为解决建设工程渣土的排放问题，在红坳受纳场项目与有关规划冲突的情况下，仍违法违规强行推动渣土受纳场建设。对受纳场安全生产工作不重视，对安全风险认识不足，未按规定进行监督管理，未督促光明新区管委会整治和排除群众反映的红坳受纳场存在的安全隐患。对有关职能部门违规为红坳受纳场审批的问题失察，未有效督促指导有关职能部门和光明新区管委会落实对渣土受纳场的安全监管职责。

（四）中介服务机构

广东华玺建筑设计有限公司违反《广东省建设工程勘察设计管理条例》第九条规定，于红坳受纳场投入运营19个月后，在未经任何设计、计算和校审的情况下，以华玺公司设计具名、出具施工设计图纸并伪造出图时间提供给益相龙公司，从中获利3.18万元。

五、对有关责任人员和单位的处理结果

司法机关已对53人采取刑事强制措施。其中，公安机关对34名相关企业和中介机构人员依法立案侦查并采取刑事强制措施；检察机关对19名涉嫌职务犯罪人员立案侦查并采取刑事强制措施。对事故调查过程中发现的腐败行为和其他犯罪事实，司法机关仍在全力侦查。涉嫌犯罪人员待司法机关作出处理后，属中共党员或行政监察对象的，由当地纪检监察机关或负有管辖权的单位及时给予相应的党纪政纪处分。

依据有关规定，对49名责任人员（厅局级11人、县处级27人、科级及以下11人）给予党纪政纪处分（撤职和撤销党内职务10人、降级13人、降低岗位等级2人、记大过及以下处分21人、单独给予党内严重警告3人）；对2名责任人员进行通报批评；对其他6名责任人员由纪律检查机关进行诫勉谈话。

此外，1名责任人员在事故调查处理期间坠楼自杀身亡，不再追究其责任。

对2家事故企业和1家中介技术服务机构的违法违规行为分别给予行政处罚，对其他4家中介技术服务机构存在的问题由深圳市政府负责处理。

责成广东省政府和深圳市委、市政府作出深刻检查。

六、事故主要教训

（一）涉事企业无视法律法规，建设运营管理极其混乱

绿威公司在中标红坳受纳场运营项目后，明知益相龙公司不具备渣土受纳场运营资质，仍将红坳受纳场违法转包给后者。益相龙公司又私自将实际运营权转包给同样不具备渣土受纳场运营资质的林××、王××等人，以项目顶替债务，违规层层转包，造成责任主体缺失；受纳场建设运营过程中没有按照有关规定进行规划、建设和运营管理；没有设置有效导排水系统，没有排除受纳场原有积水，违规作业，严重超量超高堆填加载。

涉事企业一味追求经济效益，无视安全风险，安全管理极其混乱。没有对员工开展必要的安全生产教育培训，没有设立专兼职安全生产管理机构和配备相应安全管理人员，没有编制应急预案并开展应急处置演练。事发当日，现场管理人员发现的受纳场堆积体多处裂缝后，违章指挥员工采用填土方式错误处理。情况危急后，未及时报警或报告有关

部门，致使受纳场下游企业和附近人员错失了紧急避险时机。

（二）地方政府未依法行政，安全发展理念不牢固

深圳作为一座快速发展起来的特大型城市，人财物大量聚集、高速流动，城市公共安全和安全生产矛盾突出，社会管理工作与经济发展不相适应，尤其是在城市管理、安全生产管理中没有建立完善的风险辨识和防控机制，对城市建设中出现的安全风险认识不足。深圳市政府在推进城市建设过程中，没有牢固树立“发展绝不能以牺牲人的生命为代价”的理念，缺乏依法行政的意识，未能正确处理安全与发展、改革与法治的关系，注重规模效率，忽视法治安全，在前期深圳市规划和国土资源委员会光明管理局提出不同意见的情况下，仍在市长办公会议纪要中强调特事特办，违法违规推动余泥渣土受纳场建设，教训深刻。

光明新区党工委、管委会违法违规实施余泥渣土临时受纳管理和推动红坳受纳场建设运营，在深圳市《建筑废弃物运输和处置管理办法》施行后仍执行与之相冲突的《光明新区余泥渣土临时受纳管理办法（试行）》；对所属部门未依法依规开展渣土受纳场建设审批许可和日常监管的问题失察失管。对群众举报的事故隐患未认真核查并督促整改，对所属部门查办群众举报的事故隐患工作中存在的问题失察失处，致使红坳受纳场的重大事故隐患得以长期存在并继续加重，最终酿成事故。

（三）有关部门违法违规审批，日常监管缺失

深圳市光明新区城市管理局在红坳受纳场建设项目未依法取得有关部门批准的情况下核发临时受纳许可，明知该受纳场层层转包、违法经营，没有依法履行监管职能。光明新区城市建设局未按规定督促红坳受纳场依法办理建设工程施工许可证、水土保持方案和环境影响评价审批手续，未查处其未批先建的行为。深圳市城市管理局未发现并查处红坳受纳场超量超高受纳的问题。深圳市住房和建设局未按规定履行建设执法监督指导职责，未有效监督指导光明新区管委会依法查处红坳受纳场无建设工程施工许可证违规建设问题。深圳市规划国土部门违法违规实施用地许可，对违法用地行为未依法查处。深圳市水务局未对红坳受纳场落实水土保持方案情况进行有效监管。

以上政府部门，未严格履行审批、监管的法定职责，未认真落实“管行业必须管安全”的要求，有法不依、执法不严、违规许可、监管缺失。一些国家工作人员滥用职权、玩忽职守，甚至权钱交易、贪赃枉法，致使红坳受纳场得以长期违法违规建设运营。

（四）建筑垃圾处理需进一步规范，中介服务机构违法违规

随着我国城镇化快速发展，建筑垃圾大量产生。一些城市通过回填、调配使用，基本实现建筑垃圾产生和消纳总体平衡，但在一些建设速度快、地下工程多的城市，消纳场地匮乏，建筑垃圾围城的问题逐步显现，现行的管理制度和标准规范难以适应管理需求，尤其是对于安全风险相对较高的余泥渣土受纳场缺乏具体要求。

华玺公司在明知红坳受纳场已经建设运营的情况下，未经任何设计、计算、校核，直接套改益相龙公司提供的图纸并伪造出图时间，从中牟利。瀚润达公司明知红坳受纳场未批已建，仍依据事故企业提供的无效设计图纸为其编制水土保持方案。

（五）漠视隐患查处举报，整改情况弄虚作假

红坳受纳场存在的重大事故隐患被举报后，负责查处的光明新区城市管理局等部门，对现场核实的事故隐患问题未督促整改，仅要求暂时停工，并协调有关部门为事故企业补办水土保持和环境评价手续。弄虚作假回复举报群众和上级部门，谎称事故企业“手续齐全，施工规范”，谎报“打消了信访人的疑虑，加强了对该受纳场的监管”。深圳市、光明新区政府对群众举报的事故隐患重视不够，对负责查处部门存在的问题失察失管。事故企业没有落实隐患排查治理的主体责任，没有整改受纳场存在的事故隐患。

在红坳受纳场疑似违法建设图斑被发现并要求核查后，光明新区光明办事处规划国土监察中队弄虚作假，谎报卫星遥感监测图片为“伪变化”图斑，没有及时查处红坳受纳场的违法违规问题。红坳受纳场事故隐患错失整改机会，酿成大祸。

七、事故防范措施

（一）牢固树立安全发展理念，建立健全安全生产责任体系

深圳市各级党委政府要牢固树立红线意识和安全发展理念，把安全生产工作摆在更加突出的位

置，切实维护人民群众生命财产安全。要健全并落实“党政同责、一岗双责、失职追责”安全生产责任制，确保企业安全生产主体责任到位、党委政府的领导责任到位、有关部门的监管责任到位。要加强对余泥渣土受纳场等建设项目的安全风险辨识、分析和评估，把好规划、建设、运营等关口，从源头上杜绝和防范安全风险。要全面开展城市风险点、危险源的普查工作，整合各类信息资源，健全完善城市隐患、风险数据库，为城市安全决策提供可靠的信息支持。

（二）严格落实安全生产主体责任，夯实安全生产基础

生产经营单位必须严格遵守国家法律法规，把保护职工的生命安全与健康放在首位，决不能以牺牲职工的生命和健康为代价换取经济效益。要严格落实安全生产主体责任，建立健全安全生产责任制和安全生产规章制度，加大安全生产投入，加强从业人员安全生产、应急处置培训教育。要切实加强作业场所安全管理，提高从业人员现场应急处置能力和自救互救能力。要完善落实隐患排查治理制度，建立隐患排查治理自查自报自改机制，认真开展作业场所危险因素分析，加强安全风险等级防控。

（三）加强城市安全管理，强化风险管控意识

各级政府要准确把握安全与发展、改革与法治的关系，始终把城市安全放在城市治理的首要位置。要理顺城市公共安全和安全生产监管职责，健全完善城市安全监管工作机制，处理好综合监管与行业监管、属地监管的关系，不断提升城市安全监管水平。要从源头上杜绝事故隐患，完善工程质量安全管理制度，落实建设单位、勘察单位、设计单位、施工单位和工程监理单位五方主体质量安全责任，加强建设项目安全监管。要建立风险等级防控工作机制，加强事中事后监管，及时发现安全风险和隐患，不断完善风险跟踪、监测、预警、处置工作机制，防止“想不到”的问题引发的安全风险，切实维护人民群众生命和财产安全。

（四）增强依法行政意识，不断提高城市管理水平

各地区、各部门要坚持依法行政，进一步提高运用法治思维和法治方式解决问题的能力。改革必须于法有据，法律法规必须执行。

要依法规范城市建设中的市场行为，切实营造规范有序、公平竞争的市场环境。要完善依法决策机制，提高城市建设管理中重大行政决策法治化水平。强化行政执法监督，切实规范执法行为，促进执法公开、公平、公正。要强化廉洁行政意识，在城市开发建设中，推进行政行为的公开透明和清正廉洁，增强城市建设管理的透明度。

（五）加强城市建筑垃圾受纳场管理，建立健全标准规范和管理制度

有关部门要针对此次滑坡事故成因机理，梳理现行建筑垃圾建设运营标准规范，建立健全渣土受纳场相关技术标准体系，完善建筑垃圾全过程管理制度，指导规范渣土受纳场规划、设计、建设和运营等工作；保证用地供给，加快建筑垃圾处理设施建设；制定激励政策，大力推进再生产品利用，促进建筑垃圾减量。各级地方政府有关部门要组织编制建筑垃圾填埋场规划、建设、运营地方标准，规范安全监管，落实“管行业必须管安全”的原则。深圳市政府及其有关部门要深刻吸取事故教训，完善相配套的渣土受纳场规划、建设和运营管理的规章制度，做到审查有依据、建设有标准、执法有遵循、应急有准备和管控有保障，确保渣土受纳场安全运行。

（六）加强应急管理工作，全面提升应急管理能力

各级政府要加强应急救援工作，健全统一指挥、反应迅速、协调有序、运作高效的应急处置机制，科学施救，最大限度减少人员伤亡和财产损失。要完善应急预案，加强应急演练，提高应急准备的针对性、协同性和实效性，推动事故应对工作由“救灾响应型”向“防灾准备型”转变。要综合运用现代信息技术，加强对各类垃圾填埋场表面水平位移监测、深层水平位移监测、堆积体沉降监测、堆积体内水位监测等实时监测工作，实现事故风险感知、分析、服务、指挥、监察“五位一体”，做到早发现、早报告、早研判、早处置、早解决。要加强重特大事故舆情应对工作，建立健全重大事故新闻报道快速反应、舆情收集和分析制度，特别是加强网络舆论疏导，防止恶意炒作。

（七）加强中介服务机构监管，规范中介技术服务行为

负责勘察、设计、监理、环境影响评价、水土保持等中介机构资质管理的职能部门应尽快完善相关管理制度，实现中介服务机构管理的法制化和规

范化。要加强对中介服务机构经营活动的监督检查，纠偏惩过，建立完善中介服务机构信用体系和考核评价机制，定期向社会公示相关信用状况和考评结果，督促中介服务机构建立良好的信誉。要加快环境影响评价、水土保持等中介服务机构与政府职能部门的改制脱钩，遵循市场竞争，培育多元化的中介服务市场主体，建立正常的退出淘汰机制。

（八）加强事故隐患排查治理和举报查处工作，切实做到全过程闭环管理

要完善各类信访举报平台，开通举报电话、电子信箱、举报微信等方式，畅通群众举报渠道，鼓励群众举报安全生产问题。要建立完善举报信息查处工作机制，实施全过程“留痕”制度，做到谁签字、谁负责，谁监管、谁落实，实现对举报信息的受理、查处、结案、验收、公示等环节的闭合管理，特别是要切实落实隐患整改的验收和公示，确保隐患整改效果并接受社会监督。

第十五部分

国务院办公厅、国务院安委会文件，有关部门规章、文件和地方性法规、规章及文件

国务院、国务院办公厅和国务院安委会文件（目录）

国务院办公厅关于加强安全生产监管执法的通知（国办发〔2015〕20号）

国务院办公厅关于调整国务院安全生产委员会组成人员的通知（国办发〔2015〕83号）

国务院安全生产委员会关于下达2015年全国安全生产控制指标的通知（安委〔2015〕1号）

国务院安全生产委员会关于成立国务院安委会专家咨询委员会的通知（安委〔2015〕3号）

国务院安全生产委员会关于印发《油气输送管道保护和安全监管职责分工》和《2015年油气输送管道隐患整治攻坚战工作要点》的通知（安委〔2015〕4号）

国务院安全生产委员会关于印发《国务院安全生产委员会成员单位安全生产工作职责分工》的通知（安委〔2015〕5号）

国务院安全生产委员会关于开展安全生产综合督查的通知（安委明电〔2015〕1号）

国务院安全生产委员会关于全面开展安全生产大检查深化“打非治违”和专项整治工作的通知（安委明电〔2015〕2号）

国务院安全生产委员会关于深入开展危险化学品和易燃易爆物品安全专项整治的紧急通知（安委明电〔2015〕3号）

国务院安全生产委员会关于开展安全生产大检查“回头看”的通知（安委明电〔2015〕5号）

国家安全生产监督管理总局、国家煤矿安全监察局规章及文件（目录）

1. 部门规章

安全评价与检测检验机构规范从业五条规定（试行）（国家安全生产监督管理总局令 第71号）

劳动密集型加工企业安全生产八条规定（国家安全生产监督管理总局令 第72号）

煤矿作业场所职业病危害防治规定（国家安全生产监督管理总局令 第73号）

企业安全生产应急管理九条规定（国家安全生产监督管理总局令 第74号）

金属非金属矿山建设项目安全设施目录（试行）

（国家安全生产监督管理总局令　第75号）

用人单位职业病危害防治八条规定（国家安全生产监督管理总局令　第76号）

国家安全监管总局关于修改《〈生产安全事故报告和调查处理条例〉罚款处罚暂行规定》等四部规章的决定（国家安全生产监督管理总局令　第77号）

国家安全监管总局关于废止和修改非煤矿矿山领域九部规章的决定（国家安全生产监督管理总局令　第78号）

国家安全监管总局关于废止和修改危险化学品等领域七部规章的决定（国家安全生产监督管理总局令　第79号）

国家安全监管总局关于废止和修改劳动防护用品和安全培训等领域十部规章的决定（国家安全生产监督管理总局令　第80号）

国家安全监管总局关于修改《煤矿安全监察员管理办法》等五部煤矿安全规章的决定（国家安全生产监督管理总局令　第81号）

强化煤矿瓦斯防治十条规定（国家安全生产监督管理总局令　第82号）

国家安全监管总局关于废止《国有煤矿瓦斯治理规定》等两部规章的决定（国家安全生产监督管理总局令　第83号）

油气罐区防火防爆十条规定（国家安全生产监督管理总局令　第84号）

煤矿重大生产安全事故隐患判定标准（国家安全生产监督管理总局令　第85号）

2. 综合监管

（1）综合协调

中共国家安全监管总局党组关于2015年党风廉政建设和反腐败工作分工的意见（安监总党〔2015〕8号）

中共国家安全监管总局党组关于开展守纪律讲规矩作表率主题教育活动的意见（安监总党〔2015〕10号）

中共国家安全监管总局党组关于在处级以上领导干部中开展“三严三实”专题教育的通知（安监总党〔2015〕12号）

中共国家安全监管总局党组关于深入学习贯彻习近平总书记关于安全生产重要讲话精神的通知（安监总党〔2015〕13号）

中共国家安全监管总局党组关于印发贯彻落实全面从严治党要求实施意见的通知（安监总党〔2015〕14号）

中共国家安全监管总局党组关于在全国安全监管监察系统组织开展反腐倡廉“警示教育周”活动的通知（安监总党〔2015〕15号）

中共国家安全监管总局党组关于进一步加强和改进直属机关党的群团工作的实施意见（安监总党〔2015〕21号）

中共国家安全监管总局党组关于认真学习贯彻党的十八届五中全会精神的通知（安监总党〔2015〕22号）

国家安全监管总局　国家煤矿安监局关于表彰安全生产监管监察先进单位和先进个人的决定（安监总人事〔2015〕9号）

国家安全监管总局关于印发2015年工作要点的通知（安监总办〔2015〕11号）

国家安全监管总局关于深化“三严三实”专题教育着力解决基层安监干部不作为乱作为等问题的通知（安监总人事〔2015〕111号）

国务院安委会办公室关于印发《国务院安委会联络员会议制度》的通知（安委办〔2015〕9号）

国家安全监管总局办公厅关于做好党员领导干部操办婚丧喜庆事宜报告工作的通知（安监总厅〔2015〕24号）

国家安全监管总局办公厅关于加强培训办班管理坚决制止乱发通知乱收费乱办班的通知（安监总厅宣教〔2015〕27号）

国家安全监管总局办公厅关于建立谈心谈话工作制度的意见（安监总厅人事〔2015〕28号）

国家安全监管总局办公厅关于开展政府网站普查工作的通知（安监总厅〔2015〕29号）

国家安全监管总局办公厅关于印发特别重大生产安全事故调查处理工作程序的通知（安监总厅统计〔2015〕64号）

国家安全监管总局办公厅关于印发重大生产安全事故调查处理挂牌督办工作程序的通知（安监总厅统计〔2015〕66号）

国家安全监管总局办公厅关于加强省级煤矿安全监察局所属事业单位岗位设置管理工作的通知（安监总厅人事〔2015〕70号）

国家安全监管总局办公厅关于进一步深化“三严

三实”专题教育的指导意见（安监总厅〔2015〕79号）

国家安全监管总局办公厅关于在“三严三实”专题教育中学习贯彻《中国共产党巡视工作条例》的通知（安监总厅人事〔2015〕100号）

国家安全监管总局办公厅关于印发暗查暗访工作细则的通知（安监总厅函〔2015〕81号）

（2）政策研究与执法监督

国家安全监管总局关于全面加强非煤矿山“五项执法”工作的意见（安监总管一〔2015〕92号）

国家安全监管总局关于印发推进安全生产监督检查随机抽查工作实施方案的通知（安监总政法〔2015〕108号）

国家安全监管总局关于调整行政许可事项做好后续工作的通知（安监总政法〔2015〕122号）

国务院安委会办公室关于认真贯彻落实国务院办公厅关于加强安全生产监管执法通知的通知（安委办明电〔2015〕11号）

国家安全监管总局办公厅关于印发2015年立法计划的通知（安监总厅政法〔2015〕30号）

国家安全监管总局办公厅关于印发贯彻落实《国务院办公厅关于加强安全生产监管执法的通知》分工方案的通知（安监总厅〔2015〕34号）

国家安全监管总局办公厅关于进一步加大新《安全生产法》宣贯实施工作力度的通知（安监总厅政法〔2015〕88号）

国家安全监管总局办公厅关于印发“学习宪法尊法守法”主题活动实施方案的通知（安监总厅政法函〔2015〕66号）

（3）规划科技

国家安全监管总局关于印发《国家安全生产监管信息平台总体建设方案》的通知（安监总规划〔2015〕6号）

国家安全监管总局关于表彰第六届安全生产科技成果奖的决定（安监总科技〔2015〕8号）

国家安全监管总局关于发布金属非金属矿山新型适用安全技术及装备推广目录（第一批）的通知（安监总管一〔2015〕12号）

国家安全监管总局关于发布金属非金属矿山禁止使用的设备及工艺目录（第二批）的通知（安监总管一〔2015〕13号）

国家安全监管总局关于创新投资管理方式建立协同监管工作机制的通知（安监总规划〔2015〕39号）

国家安全监管总局关于加强中央预算内投资建设项目监督管理的通知（安监总规划〔2015〕45号）

国家安全监管总局关于下达2015年部门自身建设项目中央预算内投资计划的通知（安监总规划〔2015〕49号）

国家安全监管总局关于开展“机械化换人、自动化减人”科技强安专项行动的通知（安监总科技〔2015〕63号）

国家安全监管总局关于印发淘汰落后安全技术装备目录（2015年第一批）的通知（安监总科技〔2015〕75号）

国家安全监管总局　国家煤矿安监局关于发布煤矿安全生产先进适用技术推广目录（2015年）的通知（安监总煤装〔2015〕106号）

国家安全监管总局关于印发推广先进安全技术装备目录（2015年第二批）的通知（安监总科技〔2015〕109号）

国家安全监管总局关于进一步加强中央预算内投资建设项目监督管理建立激励约束机制的通知（安监总规划〔2015〕123号）

国家安全监管总局关于印发安全监管监察职业能力建设标准的通知（安监总规划函〔2015〕107号）

国家安全监管总局办公厅关于发布2015年安全生产重大事故防治关键技术科技项目的通知（安监总厅科技〔2015〕3号）

国家安全监管总局办公厅关于印发非药品类易制毒化学品生产经营企业及许可备案数据规范等2项指导性技术文件的通知（安监总厅规划〔2015〕6号）

国家安全监管总局办公厅关于印发2015年度安全科技攻关指南的通知（安监总厅科技〔2015〕31号）

国家安全监管总局办公厅关于印发淘汰落后与推广先进安全技术装备目录管理办法的通知（安监总厅科技〔2015〕43号）

国家安全监管总局办公厅关于发布安全科技支撑平台项目及其创建单位的通知（安监总厅科技〔2015〕109号）

国家安全监管总局办公厅关于加快推进地方投资项

目在线审批监管平台建设的通知（安监总厅规划〔2015〕114号）

国家安全监管总局办公厅关于举办2015年安全科技活动周的通知（安监总厅科技函〔2015〕52号）

（4）应急管理与调度统计

国家安全监管总局　中华全国总工会　共青团中央　浙江省人民政府关于举办第一届全国危险化学品救援技术竞赛的通知（安监总应急〔2015〕82号）

国务院安委会办公室关于进一步加强安全生产应急预案管理工作的通知（安委办〔2015〕11号）

国务院安委会办公室关于实行生产安全事故统计联网直报的紧急通知（安委办明电〔2015〕28号）

国家安全监管总局办公厅关于开展安全生产应急管理理论创新研究活动的通知（安监总厅应急〔2015〕26号）

国家安全监管总局办公厅关于做好较大生产安全事故调查处理情况备案工作的通知（安监总厅统计〔2015〕92号）

国家安全监管总局办公厅关于印发《生产安全事故统计管理办法（暂行）》和《生产安全事故统计报表制度（暂行）》的通知（安监总厅统计〔2015〕111号）

国家安全监管总局办公厅关于做好安全生产应急管理"十三五"规划编制工作的通知（安监总厅应急函〔2015〕7号）

国家安全监管总局办公厅关于开展2014年较大生产安全事故查处情况调查的通知（安监总厅统计函〔2015〕34号）

3. 安全生产监管

（1）工作部署

国家安全监管总局关于全面开展非煤矿山"三项监管"工作的通知（安监总管一〔2015〕22号）

国家安全监管总局　工业和信息化部　公安部　交通运输部　国家质检总局关于在用液体危险货物罐车加装紧急切断装置工作进展情况的通报（安监总管三〔2015〕26号）

国家安全监管总局关于印发企业安全生产责任体系五落实五到位规定的通知（安监总办〔2015〕27号）

国家安全监管总局关于开展石油化工企业安全隐患专项排查整治工作的通知（安监总管三〔2015〕43号）

国家安全监管总局关于深化工贸行业企业安全生产标准化建设的通知（安监总管四〔2015〕55号）

国家安全监管总局　交通运输部　公安部关于在道路客运行业深入开展驾驶员安全承诺和安全教育工作的通知（安监总管二〔2015〕57号）

国家安全监管总局等七部门关于印发全国尾矿库综合治理行动2014年工作总结和2015年重点工作安排的通知（安监总管一〔2015〕65号）

国家安全监管总局关于印发金属非金属矿山建设项目安全设施设计编写提纲的通知（安监总管一〔2015〕68号）

国家安全监管总局关于印发金属冶炼建设项目安全设施设计编写提纲的通知（安监总管四〔2015〕71号）

国家安全监管总局关于非煤矿山安全生产风险分级监管工作的指导意见（安监总管一〔2015〕91号）

国家安全监管总局关于海洋石油安全生产风险分级监管工作的实施意见（安监总海油〔2015〕102号）

国家安全监管总局关于印发《化工（危险化学品）企业安全检查重点指导目录》的通知（安监总管三〔2015〕113号）

国家安全监管总局关于印发金属冶炼目录（2015版）的通知（安监总管四〔2015〕124号）

国家安全监管总局关于进一步加强当前安全生产工作的紧急通知（安监总明电〔2015〕1号）

国务院安委会办公室关于近期开展劳动密集型企业消防安全专项治理工作情况的通报（安委办〔2015〕2号）

国务院安委会办公室关于开展建设工程落实施工方案专项行动的通知（安委办〔2015〕4号）

国务院安委会办公室关于进一步加强与煤共（伴）生金属非金属矿山安全生产工作的通知（安委办〔2015〕6号）

国务院安委会办公室关于印发《生产经营单位安全生产不良记录"黑名单"管理暂行规定》的通知（安委办〔2015〕14号）

国务院安委会办公室关于全国安全生产大检查进展情况的通报（安委办〔2015〕20号）

国务院安委会办公室关于做好当前安全生产工作坚决遏制道路交通消防等重点行业领域重特大事故的紧急通知（安委办明电〔2015〕4号）

国务院安委会办公室关于做好汛期安全生产工作的紧急通知（安委办明电〔2015〕8号）

国务院安委会办公室关于深入开展粉尘作业和使用场所防范粉尘爆炸大检查的通知（安委办明电〔2015〕14号）

国务院安委会办公室关于开展粉尘作业和使用场所防范粉尘爆炸大检查工作专项督查的通知（安委办明电〔2015〕16号）

国务院安委会办公室关于开展全国安全生产大检查综合督查的通知（安委办明电〔2015〕21号）

国务院安委会办公室关于深刻吸取近期事故教训进一步做好安全生产大检查和专项整治工作的通知（安委办明电〔2015〕23号）

国务院安委会办公室关于切实加强2015年中秋节和国庆节期间安全生产工作的通知（安委办明电〔2015〕26号）

国务院安委会办公室关于开展安全生产大检查“回头看”督查的通知（安委办明电〔2015〕29号）

国务院安委会办公室关于切实做好岁末年初及2016年元旦春节期间安全生产工作的通知（安委办明电〔2015〕30号）

国务院安委会办公室关于落实江苏省苏州昆山市中荣金属制品有限公司“8·2”特别重大爆炸事故调查报告有关整改措施的通知（安委办函〔2015〕4号）

国务院安委会办公室关于涉氨制冷企业液氨使用专项治理情况的通报（安委办函〔2015〕23号）

国务院安委会办公室关于开展金属非金属矿山重点县（新增）安全生产攻坚克难工作的函（安委办函〔2015〕52号）

国务院安委会办公室关于印发2015年安全隐患排查治理体系试点地区建设方案的通知（安委办函〔2015〕58号）

国务院安委会办公室关于印发危险化学品经营市场安全专项整治工作督导方案的通知（安委办函〔2015〕70号）

国务院安委会办公室关于开展油气等危险化学品罐区专项安全大检查的通知（安委办函〔2015〕89号）

国家安全监管总局办公厅关于印发用人单位职业病危害因素定期检测管理规范的通知（安监总厅安健〔2015〕16号）

国家安全监管总局办公厅关于加强烟花爆竹生产企业防范静电危害工作的通知（安监总厅管三〔2015〕20号）

国家安全监管总局办公厅关于开展烟花爆竹经营安全专项治理的通知（安监总厅管三〔2015〕25号）

国家安全监管总局办公厅关于做好2015年尾矿库汛期安全生产工作的通知（安监总厅管一〔2015〕36号）

国家安全监管总局办公厅关于吸取事故教训加强工贸企业有限空间作业安全监管的通知（安监总厅管四〔2015〕56号）

国家安全监管总局办公厅关于开展新一轮金属非金属矿山矿长谈心对话活动的通知（安监总厅管一〔2015〕57号）

国家安全监管总局办公厅关于加强烟花爆竹生产企业“三库”建设的通知（安监总厅管三〔2015〕59号）

国家安全监管总局办公厅　国家卫生计生委办公厅　人力资源社会保障部办公厅　全国总工会办公厅关于做好防暑降温工作的通知（安监总厅安健〔2015〕63号）

国家安全监管总局办公厅关于印发金属非金属矿产资源地质勘查单位和地下液态开采类矿山安全生产标准化评分办法的通知（安监总厅管一〔2015〕65号）

国家安全监管总局办公厅关于开展化工和危险化学品及医药企业特殊作业安全专项治理的通知（安监总厅管三〔2015〕69号）

国家安全监管总局办公厅关于开展安全生产专业技术服务专项治理活动的通知（安监总厅科技〔2015〕74号）

国家安全监管总局办公厅关于印发危险化学品目录（2015版）实施指南（试行）的通知（安监总厅管三〔2015〕80号）

国家安全监管总局办公厅关于印发《陆上石油天然气长输管道建设项目安全设施设计编制导则（试行）》的通知（安监总厅管三〔2015〕82号）

国家安全监管总局办公厅关于印发《工贸行业重点可燃性粉尘目录（2015版）》和《工贸行

业可燃性粉尘作业场所工艺设施防爆技术指南（试行）》的通知（安监总厅管四〔2015〕84号）

国家安全监管总局办公厅关于印发《职业卫生技术服务档案管理规范》和《职业卫生技术服务机构实验室布局与管理规范》的通知（安监总厅安健〔2015〕93号）

国家安全监管总局办公厅关于印发安全生产知识和管理能力考核合格证式样的通知（安监总厅宣教〔2015〕94号）

国家安全监管总局办公厅关于印发生产经营单位安全生产不良记录“黑名单”管理实施程序的通知（安监总厅统计〔2015〕98号）

国家安全监管总局办公厅关于开展安全与职业卫生评价技术服务“回头看”活动的通知（安监总厅科技〔2015〕104号）

国家安全监管总局办公厅关于加强用人单位职业卫生培训工作的通知（安监总厅安健〔2015〕121号）

国家安全监管总局办公厅关于印发用人单位劳动防护用品管理规范的通知（安监总厅安健〔2015〕124号）

国家安全监管总局办公厅关于明确化工医药行业安全监管分类标准的复函（安监总厅管三函〔2015〕3号）

国家安全监管总局办公厅关于天然气田终端处理厂有关安全许可和监管问题的复函（安监总厅函〔2015〕4号）

国家安全监管总局办公厅关于在全国化工和危险化学品生产企业开展博帕尔事故警示教育活动的通知（安监总厅管三函〔2015〕42号）

国家安全监管总局办公厅关于国内首次使用化工工艺安全可靠性论证有关问题的复函（安监总厅管三函〔2015〕45号）

国家安全监管总局办公厅关于外部安全防护距离问题的复函（安监总厅管三函〔2015〕46号）

国家安全监管总局办公厅关于汽车加油站建设项目职业卫生“三同时”有关问题的复函（安监总厅安健函〔2015〕59号）

国家安全监管总局办公厅关于印发国家安全监管监察档案工作专家组管理办法的通知（安监总厅函〔2015〕67号）

国家安全监管总局办公厅关于B级以上小礼花组合烟花相关问题的复函（安监总厅管三函〔2015〕78号）

关于对违法违规建设生产煤矿实施联合惩戒的通知（发改运行〔2015〕1631号）

关于印发《失信企业协同监管和联合惩戒合作备忘录》的通知（发改财金〔2015〕2045号）

科技部办公厅　国家安全监管总局办公厅关于征集安全生产先进技术与产品的通知（国科办社〔2015〕50号）

关于印发《2015年“全国交通安全日”主题活动工作方案》的通知（公交管〔2015〕499号）

公安部　国家互联网信息办公室　工业和信息化部　环境保护部　国家工商行政管理总局　国家安全生产监督管理总局关于印发《互联网危险物品信息发布管理规定》的通知（公通字〔2015〕5号）

关于推进消防安全宣传教育进机关进学校进社区进企业进农村进家庭进网站工作的指导意见（公消〔2015〕191号）

住房城乡建设部　国家安全监管总局关于进一步加强玻璃幕墙安全防护工作的通知（建标〔2015〕38号）

交通运输部　公安部　国家安全监管总局　中华全国总工会共青团中央关于在春运期间开展“情满旅途”活动的通知（交运发〔2015〕8号）

交通运输部　公安部　国家安全监管总局关于印发2015年“道路运输平安年”活动方案的通知（交运发〔2015〕23号）

交通运输部　国家能源局　国家安全监管总局关于规范公路桥梁与石油天然气管道交叉工程管理的通知（交公路发〔2015〕36号）

交通运输部　国家安全监管总局关于开展水上非法运输专项整治活动的通知（交海函〔2015〕183号）

农业部　国家安全监管总局关于公布“全国文明渔港”名单的通知（农渔发〔2015〕3号）

关于印发《职业病危害因素分类目录》的通知（国卫疾控发〔2015〕92号）

关于开展2015年《职业病防治法》宣传周活动的通知（国卫办疾控函〔2015〕268号）

质检总局办公厅　安全监管总局办公厅关于公布《安装安全监控管理系统的大型起重机械目录》和做好2015年大型起重机械安全监控管理系统推广应用与试点工作的通知（质检办特

联〔2015〕192 号）

国家能源局　国家安全监管总局关于推进电力安全生产标准化建设工作有关事项的通知（国能安全〔2015〕126 号）

国家能源局　国家安全监管总局关于印发光伏发电企业安全生产标准化创建规范的通知（国能安全〔2015〕127 号）

（2）事故通报

国务院安委会办公室关于 2014 年全国安全生产情况的通报（安委办〔2015〕3 号）

国务院安委会办公室关于两起非法违法生产烟花爆竹爆炸事故的通报（安委办〔2015〕12 号）

国务院安委会办公室关于山东石大科技石化有限公司“7·16”着火爆炸事故情况的通报（安委办〔2015〕13 号）

国家安全监管总局办公厅关于 2015 年春节期间烟花爆竹经营环节两起爆炸事故的通报（安监总明电〔2015〕2 号）

国家安全监管总局关于云南省昆明市东川金水矿业有限公司落雪铜矿“4·25”较大中毒窒息事故的通报（安监总明电〔2015〕3 号）

国务院安委会办公室关于陕西咸阳“5·15”特别重大道路交通事故情况的通报（安委办明电〔2015〕10 号）

国务院安委会办公室关于河南平顶山“5·25”特别重大火灾事故情况的通报（安委办明电〔2015〕13 号）

国务院安委会办公室关于近期安全生产大检查期间四起典型事故的通报（安委办明电〔2015〕24 号）

国务院安委会办公室关于近期七起火灾事故的通报（安委办明电〔2015〕25 号）

国务院安委会办公室关于近期 3 起生产安全事故的通报（安委办明电〔2015〕31 号）

国务院安委会办公室关于深圳光明新区恒泰裕工业园“12·20”滑坡灾害的通报（安委办明电〔2015〕33 号）

国务院安委会办公室关于近期三起金属非金属矿山非法违法生产事故的通报（安委办函〔2015〕16 号）

国务院安委会办公室关于近期两起重大道路交通事故的通报（安委办函〔2015〕31 号）

国务院安委会办公室关于云南省德宏州梁河县光坪锡矿“7·25”重大坍塌涉险事故的通报（安委办函〔2015〕97 号）

国家安全监管总局办公厅关于内蒙古根河市金河兴安人造板有限公司“1·31”较大粉尘爆炸事故的通报（安监总厅管四〔2015〕12 号）

国家安全监管总局办公厅关于山西省晋城市阳城县瑞兴化工有限公司“5·16”中毒事故情况的通报（安监总厅管三〔2015〕47 号）

国家安全监管总局办公厅关于近日两起危险化学品较大事故的通报（安监总厅管三〔2015〕117 号）

公安部　交通运输部　安全监管总局关于近期接连发生群死群伤事故情况的通报（公传发〔2015〕112 号）

（3）事故处理

国家安全监管总局关于陕西咸阳“5·15”特别重大道路交通事故结案的通知（安监总管二〔2015〕90 号）

国家安全监管总局关于河南平顶山“5·25”特别重大火灾事故结案的通知（安监总管二〔2015〕100 号）

4. 煤矿安全监察

（1）工作部署

国家安全监管总局　国家煤矿安监局关于加强托管煤矿安全监管监察工作的通知（安监总煤监〔2015〕15 号）

国家安全监管总局　国家煤矿安监局关于印发《煤矿井下爆破作业安全管理九条规定》和《煤矿井下爆炸材料安全管理六条规定》的通知（安监总煤调〔2015〕16 号）

国家安全监管总局　国家煤矿安监局关于启动新一轮“千名干部与万名矿长谈心对话”活动的通知（安监总煤行〔2015〕25 号）

国家安全监管总局　国家煤矿安监局关于进一步加强煤矿水害防治工作的通知（安监总煤调〔2015〕64 号）

国家安全监管总局　国家煤矿安监局关于公布 2014 年度一级安全质量标准化煤矿名单的通知（安监总煤行〔2015〕96 号）

国家安全监管总局　国家煤矿安监局　国家发展改革委　国家能源局关于开展灾害严重煤矿生产能力核定工作的通知（安监总煤行〔2015〕98号）

国家安全监管总局　国家煤矿安监局关于公布2014年度取消一级安全质量标准化考评资格煤矿名单的通知（安监总煤行〔2015〕99号）

国务院安委会办公室关于印发第二批50个煤矿安全重点县（市、区）遏制重特大事故攻坚战工作方案的函（安委办函〔2015〕17号）

国务院安委会办公室关于继续深入开展煤矿隐患排查治理行动的通知（安委办函〔2015〕25号）

国务院安委会办公室关于做好全国煤矿隐患排查治理行动总结分析工作的通知（安委办函〔2015〕53号）

国务院安委会办公室关于调整第一批煤矿安全重点县的通知（安委办函〔2015〕140号）

国家安全监管总局　国家煤矿安监局关于印发《深化煤矿安全生产大检查“打非治违”和专项整治工作实施方案》的通知（安监总煤监函〔2015〕68号）

国家安全监管总局办公厅　国家煤矿安监局办公室　国务院国资委办公厅关于组织开展涉煤中央企业煤矿安全生产工作检查的通知（安监总厅煤行〔2015〕102号）

国家安全监管总局办公厅　国家煤矿安监局办公室关于印发《煤矿生产安全事故隐患排查治理制度建设指南（试行）》和《煤矿重大事故隐患治理督办制度建设指南（试行）》的通知（安监总厅煤行〔2015〕116号）

（2）事故通报

国家安全监管总局　国家煤矿安监局关于黑龙江龙煤集团鸡西矿业公司杏花煤矿“11·20”重大火灾事故及近期四起煤矿较大事故的通报（安监总明电〔2015〕10号）

国务院安委会办公室关于山西省同煤集团姜家湾煤矿“4·19”水害事故的通报（安委办〔2015〕5号）

国务院安委会办公室关于近期两起煤与瓦斯突出事故的通报（安委办〔2015〕16号）

国务院安委会办公室关于江西省上饶县枫岭头镇永吉煤矿“10·9”瓦斯爆炸事故的通报（安委办〔2015〕18号）

5. 安全培训与宣传教育

国家安全监管总局关于贯彻落实国务院进一步做好为农民工服务工作意见的实施意见（安监总宣教〔2015〕37号）

国家安全监管总局关于进一步加强安全生产新闻宣传和信息发布工作的通知（安监总宣教〔2015〕77号）

国家安全监管总局关于持续加大安全社区推进力度全面提升安全社区建设工作水平的通知（安监总宣教〔2015〕104号）

国务院安委会办公室关于开展2015年全国“安全生产月”和“安全生产万里行”活动的通知（安委办〔2015〕7号）

国家安全监管总局办公厅　中华全国总工会办公厅关于开展全国安全生产优秀文艺作品创作征集活动的通知（安监总厅宣教〔2015〕8号）

国家安全监管总局办公厅关于学习张振峰同志先进事迹的通知（安监总厅〔2015〕38号）

国家安全监管总局办公厅关于加强中国安全生产报社（中国煤炭报社）驻地记者站建设管理的通知（安监总厅宣教〔2015〕67号）

6. 机构编制管理

国务院安委会办公室关于调整国务院油气输送管道安全隐患整改工作领导小组组成人员及办公室负责人的通知（安委办函〔2015〕64号）

国家安全监管总局办公厅关于调整国家煤矿安监局办公室内设机构的通知(安监总厅〔2015〕33号)

国家安全监管总局办公厅关于成立安全监管总局文件清理工作领导小组的通知（安监总厅〔2015〕37号）

国家安全监管总局办公厅关于成立国家安全监管总局系统机关事业单位养老保险制度改革工作领导小组的通知（安监总厅人事〔2015〕42号）

国家安全监管总局办公厅关于调整离退休干部工作领导小组组成人员的通知(安监总厅〔2015〕46号)

国家安全监管总局办公厅关于调整人事司（宣传

教育办公室）有关处室机构编制的通知（安监总厅〔2015〕51号）

国家安全监管总局办公厅关于调整安全科技工作领导小组等3个非常设机构组成人员的通知（安监总厅规划〔2015〕53号）

国家安全监管总局办公厅关于调整技术委员会组成人员的通知（安监总厅人事〔2015〕55号）

国家安全监管总局办公厅关于调整政策法规司有关处室机构编制的通知（安监总厅〔2015〕62号）

国家安全监管总局办公厅关于调整国家安全生产应急救援指挥中心内设机构有关机构编制事项的通知（安监总厅〔2015〕68号）

国家安全监管总局办公厅关于调整安全监督管理二司行政编制的通知（安监总厅〔2015〕85号）

国家安全监管总局办公厅关于调整成立新闻宣传与信息公开领导小组等6个非常设机构的通知（安监总厅人事〔2015〕87号）

国家安全监管总局办公厅关于调整信息研究院内设机构的通知（安监总厅〔2015〕101号）

国家安全监管总局办公厅关于设立调研处的通知（安监总厅〔2015〕107号）

国家安全监管总局办公厅关于调整中国安全生产报社（中国煤炭报社）内设机构的通知（安监总厅〔2015〕108号）

国家安全监管总局办公厅关于调整总局安全生产"十三五"规划编制工作领导小组成员的通知（安监总厅〔2015〕110号）

国家安全监管总局办公厅关于调整总局信息化建设工作领导小组及其办公室成员的通知（安监总厅〔2015〕113号）

国家安全监管总局办公厅关于调整总局新闻发言人的通知（安监总厅人事〔2015〕127号）

国务院有关部门规章及文件（目录）

公安部

关于印发《互联网危险物品信息发布管理规定》的通知（公安部、国家互联网信息办公室工业和信息化部、环境保护部、国家工商行政管理总局、国家安全生产监督管理总局　公通字〔2015〕5号）

交通运输部

关于修改《水运工程施工监理规定（试行）》的决定（交通运输部令2015年第14号，2015年7月10日发布，2015年6月26日起实施）

交通运输部关于进一步加强长江等内河水上交通安全管理的若干意见（交安监发〔2015〕196号，2015年12月23日发布，2015年12月23日起实施）

交通运输部关于印发公路水运工程建设质量安全违法违规行为信息公开工作规则的通知（交安监发〔2015〕167号，2015年11月20日发布，2016年1月1日起实施）

交通运输部关于进一步加强长江干线危险货物运输船舶过闸安全工作的通知（交水函〔2015〕754号，2015年11月5日发布，2015年11月5日起实施）

交通运输部关于印发公路水运工程建设重大事故隐患清单管理制度的通知（交安监发〔2015〕156号，2015年10月28日发布，2015年10月28日起实施）

交通运输部关于加强长途客运接驳运输动态管理有关工作的通知（交运函〔2015〕658号，2015年9月25日发布，2015年9月25日起实施）

交通运输部办公厅关于印发港口危险货物安全管理突出问题治理行动方案的通知（交办水函〔2015〕517号，2015年7月24日发布，2015年7月24日起实施）

交通运输部关于进一步加强港口危险货物安全监管工作的通知（交水函〔2015〕300号，2015年4月29日发布，2015年4月29日起实施）

交通运输部关于发布高速公路路堑高边坡工程施工安全风险评估指南（试行）的通知（交安监发〔2014〕266号，2015年2月4日发布，2015年2月4日起实施）

工业和信息化部

民用爆炸物品安全生产许可起实施办法（中华人民

共和国工业和信息化部令第30号，2015年5月6日发布，2015年6月30日起实施。2006年8月31日公布的《民用爆炸物品安全生产许可起实施办法》（原国防科学技术工业委员会令第17号）同时废止。）

中国民航局

例外数量危险品包装要求及包装件测试规范（MH/T 1062—2015，2015年3月9日发布）

飞行记录器定期检验规范（MH/T 2007—2015，2015年3月9日发布）

民用航空信息系统安全等级保护实施指南（MH/T 0051—2015，2015年4月8日发布）

民用航空信息系统安全状态评估指南第1部分：指标体系（MH/T 0052.1—2015，2015年4月8日发布）

民用航空空中交通管制自动化系统第3部分：飞行数据交换（MH/T 4029.3—2015，2015年4月8日发布）

电镀工艺和飞机用化学品的机械氢脆评估试验方法（MH/T 6039—2015，2015年4月8日发布）

民用航空器事故征候（MH/T 2001—2015，2015年6月2日发布）

民用航空燃料输送管道运行管理规范（MH/T 6110—2015，2015年6月2日发布）

住房与城乡建设部

住房城乡建设部　国家安全监管总局关于进一步加强玻璃幕墙安全防护工作的通知（建标〔2015〕38号，2015年3月4日发布）

农业部

农业部办公厅关于做好2015年农机安全监理工作的通知（农办机〔2015〕3号）

国家能源局

电力安全生产监督管理办法（国家发改委令第21号，2015年2月17日发布，2015年3月1日起实施）

水电站大坝运行安全监督管理规定（国家发改委令第23号，2015年4月1日发布并实施）

电力建设工程施工安全监督管理办法（国家发改委令第28号，2015年8月18日发布，2015年10月1日起实施）

国家质检总局特种设备局

质检总局关于发布《特种设备事故报告和调查处理导则》等2个安全技术规范的公告（2015年第136号，2015年11月20日发布）

质检总局关于进口家用型燃气热水炉质量安全问题的风险警示通告（2015年3号）

质检总局关于发布《特种设备现场安全监督检查规则》的公告（2015年第5号）

质检总局关于发布《特种设备无损检测机构核准规则》的公告（2015年第6号）

特种设备无损检测机构核准规则（TSG 7005—2015，2015年7月1日起实施）

锅炉监督检验规则（TSG G7001—2015，2015年7月7日发布）

锅炉定期检验规则（TSG G7002—2015，2015年7月7日发布）

特种设备事故报告和调查处理导则（TSG 03—2015，2015年11月20日发布，2016年6月1日起实施）

氧舱安全技术监察规程（TSG 24—2015，2015年11月20日发布，2016年6月1日起实施）

行业主管单位文件（目录）

中国石油天然气集团公司

中国石油天然气集团公司安全生产应急管理办法（中油安〔2015〕175号）

安全环保事故隐患管理办法（中油安〔2015〕297号）

建设项目安全设施竣工验收管理暂行办法（中油安〔2015〕153号）

承包商安全管理禁令（中油安〔2015〕359号）

中国石化集团公司

中国石化安全视频监控系统配置管理规定（中国石

化安〔2015〕674号）

中国石化进入受限空间作业安全管理规定（中国石化安〔2015〕675号）

中国石化用火作业安全管理规定（中国石化安〔2015〕659号）

中国石化建设项目安全设施竣工验收管理办法（中国石化安〔2015〕310号）

中国石化安全生产事故管理规定（中国石化安〔2015〕553号）

中石化安全培训管理规定（中国石化安〔2015〕515号）

中石化安全管理考核暂行规定（中国石化安〔2015〕325号）

中石化安全环保巡视工作管理办法（试行）（中国石化安〔2015〕253号）

中石化隐患治理管理规定（中国石化安〔2015〕275号）

中石化安全生产党政同责暂行规定（中国石化安〔2015〕278号）

中石化安全生产应急管理规定（中国石化安〔2015〕288号）

中国海洋石油总公司

中国海洋石油总公司健康安全环保责任制细则（海油总风险办〔2015〕336号）

关于倡导实施《中国海油安全标志行为》的通知（海油总安〔2015〕223号）

中国核工业集团公司

关于加强军工建设项目职业卫生“三同时”工作的通知（科工安密〔2015〕242号）

中国航天科工集团公司

关于印发中国航天科工集团公司强化安全生产管理措施的通知（天工安〔2015〕616号）

中国船舶重工集团公司

中国船舶重工集团公司军工建设项目职业卫生“三同时”工作的实施办法（船重生〔2015〕557号）

中国兵器工业集团公司

关于在安全生产重点单位设立安全总监的通知（兵器人字〔2015〕187号）

省、自治区、直辖市及部分计划单列市有关安全生产的地方性法规、规章及文件（目录）

北京市

北京市生产安全事故隐患排查治理办法（北京市人民政府令第266号，2015年11月24日发布，2016年7月1日起实施）

变配电室安全管理规范（DB11/527—2015，2015年12月30日发布，2016年7月1日起实施）

烟花爆竹零售网点设置安全规范（DB11/834—2015，2015年12月30日发布，2016年1月5日起实施）

实验室危险化学品安全管理规范（DB11/T 1191—2015，2015年4月30日发布，2015年11月1日起实施）

工作场所防暑降温技术规范（DB11/T 1192—2015，2015年4月30日发布，2015年11月1日起实施）

用人单位职业病危害现状评价导则（DB11/T 1193—2015，2015年4月30日发布，2015年11月1日起实施）

高处悬吊作业企业安全生产管理规范（DB11/T 1194—2015，2015年4月30日发布，2015年11月1日起实施）

加油加气站非油品设施安全设置管理要求（DB11/T 1229—2015，2015年9月23日发布，2016年4月1日起实施）

危险化学品经营企业分装作业安全管理规范（DB11/T 1250—2015，2015年12月30日发布，2016年7月1日起实施）

金属非金属矿山建设生产安全规范（DB11/T 1251—2015，2015年12月30日发布，2016年7月1日起实施）

尾矿库建设生产安全规范（DB11/T 1252—2015，2015年12月30日发布，2016年7月1日起实施）

天津市

天津市危险化学品企业安全治理规定（市政府22号令）

天津市向社会力量购买安全技术服务管理办法（津安监管法〔2015〕46号）

天津市危险化学品企业安全整治实施方案的通知（津党发〔2015〕15号）

河北省

金属非金属地下矿山重大危险源辨识与分级（DB 13/T 2259—2015）

烟花爆竹、烟火药重大危险源辨识与分级（DB 13/T 2263—2015）

煤矿矿井重大危险源辨识与分级（DB 13/T 2258—2015）

尾矿库重大危险源辨识与分级（DB 13/T 2260—2015，2015年11月6日发布，2016年1月1日起实施）

内蒙古自治区

内蒙古自治区森林草原防火工作责任追究办法（内政发〔2015〕66号，2015年6月15日发布，2015年8月1日起实施）

内蒙古自治区电梯安全管理办法（政府令第213号，2015年6月29日发布，2015年8月1日起实施）

内蒙古自治区落实生产经营单位安全生产主体责任暂行规定（内政办发电〔2015〕79号，2015年9月30日发布并实施）

内蒙古自治区有关部门和单位安全生产工作职责规定（内政发〔2015〕145号，2015年12月30日发布并实施）

辽宁省

辽宁省人民政府关于加强安全生产监管执法的实施意见（辽政发〔2015〕46号）

关于印发辽宁省危险化学品和易燃易爆物品安全专项整治工作方案的通知（辽安委明电〔2015〕49号）

吉林省

吉林省小型尾矿库关闭管理工作暂行规定（吉安监管煤〔2015〕14号，2015年1月27日发布，2015年1月27日起实施）

吉林省安全监管局关于做好危险化学品建设项目竣工验收有关事项的通知（吉安监管危化〔2015〕19号，2015年2月11日发布，2015年2月11日起实施）

吉林省煤矿安全和瓦斯综合治理项目评审管理暂行办法（吉煤安监管规划〔2015〕22号，2015年5月11日发布，2015年5月11日起实施）

吉林省非煤矿山企业安全生产风险分级监督管理暂行办法（吉安监管非煤〔2015〕94号，2015年7月9日发布，2015年7月9日起实施）

黑龙江省

关于全面加强公共安全工作的意见（黑发〔2015〕13号）

上海市

氨冷库安全生产规范（DB31/915—2015，2015年7月22日发布，2015年11月1日起实施）

在役危险化工工业自动化控制系统检查导则　信息安全（DB31/T 916—2015，2015年7月22日发布，2015年11月1日起实施）

江苏省

关于进一步加强安全生产监管执法工作的意见（苏政发〔2015〕151号）

关于印发《江苏省金属非金属矿山安全标准化运行质量审计指南（试行）》的通知（苏安监〔2015〕296号）

关于印发《江苏省较大生产安全事故调查处理挂牌督办工作程序》的通知（苏安办〔2015〕99号）

关于印发《冶金煤气安全检查指南》和《冶金高温熔融金属安全检查指南》的通知（苏安监〔2015〕282号）

关于印发《江苏省金属非金属矿山企业风险分级监管实施办法（试行）》的通知（苏安监〔2015〕281号）

江苏煤矿安全监察局关于印发《江苏煤矿安全生产承诺和报告制度》的通知（苏煤安〔2015〕49号）

浙江省

浙江省水上交通安全管理条例（浙江省人民代表大会常务委员会公告第29号，2015年5月27日发布，2015年9月1日起实施）

浙江省大型群众性活动安全管理办法（浙江省政府令第333号，2015年2月17日发布，2015年5月1日起实施）

浙江省人民政府关于废止《浙江省行政赔偿程序规定》等7件规章的决定（浙江省政府令第340号，2015年12月24日发布，2015年12月24日起实施）

浙江省人民政府关于修改《浙江省烟草专卖管理办法》等23件规章的决定（浙江省政府令第341号，2015年12月28日发布，2015年12月28日起实施）

安徽省

安徽省非煤矿山管理条例（安徽省人民代表大会常务委员会公告第25号，2015年3月27日发布，2015年5月1日起实施）

安徽省生产安全事故隐患排查治理办法（省政府令第259号，2015年3月10日发布，2015年5月1日起实施）

关于发布"数字电磁感应灯"等62项地方标准的公告（安徽省质量技术监督局公告第15号，2015年12月31日发布，2016年1月30日起实施）

金属非金属矿山露天矿山安全质量评审准则（DB34/T 2566—2015，2015年12月31日发布，2016年1月30日起实施）

金属非金属矿山地下矿山安全质量评审准则（DB34/T 2567—2015，2015年12月31日发布，2016年1月30日起实施）

金属非金属矿山尾矿库安全质量评审准则（DB34/T 2568—2015，2015年12月31日发布，2016年1月30日起实施）

山东省

山东省安全生产行政责任制规定（省人民政府令第293号，2015年11月5日发布，2015年11月5日起实施）

山东省渔业船舶管理办法（省人民政府令第284号，2015年1月9日发布，2015年4月1日起实施）

山东省高层建筑消防安全管理规定（省人民政府令第285号，2015年1月29日发布，2015年3月1日起实施）

山东省人民政府办公厅关于印发《山东省安全生产举报管理办法》《山东省安全生产约谈制度》和《山东省重大安全生产隐患挂牌督办办法》等规范性文件的通知（鲁政办字〔2015〕198号，2015年10月31日发布并实施）

山东省人民政府办公厅关于印发山东省危险化学品企业安全治理规定的通知（鲁政办字〔2015〕259号，2015年12月18日发布，2015年12月19日实施）

制革企业水场安全生产技术规范（DB37/T2743－2015，2015年4月21日发布，2015年6月1日起实施）

湖北省

省安全生产委员会成员单位安全生产工作职责（鄂办发〔2015〕26号）

省人民政府关于进一步加强非煤矿山安全生产工作的意见（鄂政发〔2015〕53号）

省人民政府关于进一步加强安全生产工作的意见（鄂政发〔2015〕72号）

湖北省烟花爆竹安全管理办法（湖北省人民政府令第384号令，2015年12月16日公布，2016年2月1日起实施）

湖南省

湖南省安全生产监督管理局关于全面开展用人单位职业病危害现状评价工作的通知（湘安监〔2015〕27号，2015年7月6日发布，2015年7月6日起实施）

湖南省安全生产监督管理局关于集中开展企业落实安全生产管理措施专项执法行动的通知（湘安监〔2015〕28号，2015年7月6日发布，2015年7月6日起实施）

湖南省人民政府办公厅关于加强安全生产监管执法的实施意见（湘政办发〔2015〕101号，2015年11月26日发布，2015年11月26日起实施）

广东省

广东省安全生产责任保险实施办法（粤府令第215号，2015年7月23日公布，2015年10月1日起实施）

关于完善安全生产责任体系的通知（粤办发〔2015〕

6号）

广西壮族自治区

广西壮族自治区人民政府办公厅关于印发加强全区安全生产监管执法实施方案的通知（桂政办发〔2015〕92号）

关于在全区推行安全生产责任保险制度的意见（桂安监管〔2015〕26号）

海南省

海南省人民政府办公厅关于公路安全生命防护工程的实施意见（琼府办〔2015〕107号，2015年6月30日发布并实施）

海南省人民政府办公厅关于加强安全生产监管执法的实施意见（琼府办〔2015〕140号）

重庆市

重庆市安全生产条例（重庆市人民代表大会常务委员会公告〔2015〕第37号，2015年12月8日发布，2016年3月1日起实施）

四川省

四川省人民政府办公厅关于加强安全生产监管执法的实施意见（川办函〔2015〕133号，2015年7月17日发布并实施）

四川省人民政府安全生产委员会关于印发《四川省安全生产警示和约谈制度》的通知（川安委〔2015〕4号，2015年3月6日发布并实施）

四川省人民政府安全生产委员会印发《关于建立企业安全生产"黑名单"制度的指导意见》的通知（川安委〔2015〕10号，2015年6月23日发布，2015年7月1日起实施）

四川省安全生产监督管理局关于印发《四川省安全生产行政执法权裁量标准》的通知（川安监〔2015〕46号，2015年4月21日发布，2015年6月1日起实施）

贵州省

省安全生产委员会关于印发贵州省煤矿瓦斯治理攻坚年实施方案的通知（黔安〔2015〕3号，2015年2月1日发布并实施）

省安全生产委员会关于推动全省煤矿实现"零死亡"的意见（黔安〔2015〕8号，2015年5月12日发布并实施）

关于推进安全生产监管领域依法行政的意见（黔安〔2015〕17号，2015年8月24日发布并实施）

省安全生产委员会办公室关于印发《关于加强尾矿库综合治理工作的实施意见》的通知（黔安办函〔2015〕107号，2015年11月12日发布并实施）

省安委会办公室关于加强安全生产监管联合执法的指导意见（黔安办〔2015〕41号，2015年11月13日发布并实施）

省安全监管局关于推动全省工矿商贸企业"零死亡"的意见（黔安监办〔2015〕12号，2015年6月1日发布，2015年6月2日起实施）

省安全监管局关于印发《安全生产监管执法人员资格管理办法》的通知（黔安监政法〔2015〕4号，2015年6月3日发布并实施）

关于规范安全生产监管监察行政执法程序的指导意见（黔安监政法〔2015〕7号，2015年8月21日发布并实施）

省安全监管局关于印发《非煤矿山安全生产风险分级监管暂行办法》的通知（黔安监管一〔2015〕3号，2015年9月23日发布并实施）

关于印发《安全监管监察行政执法记录和行政处罚公示制度（试行）》的通知（黔安监政法〔2015〕9号，2015年12月31日发布，2016年2月1日起实施）

西藏自治区

西藏自治区人民政府办公厅关于进一步加强职业病防治工作的意见（藏政办发〔2015〕58号，2015年7月22日发布，2015年7月22日起实施）

西藏自治区人民政府办公厅关于印发西藏自治区安全生产考核奖罚办法的通知（藏政办发〔2015〕81号，2015年10月8日发布，2015年10月20日起实施）

西藏自治区人民政府办公厅转发自治区安全生产委员会办公室关于加强安全生产应急管理工作意见的通知（藏政办发〔2015〕87号，2015年11月2日发布，2015年11月6日起实施）

西藏自治区安委会关于进一步加强生产安全事故应急处置工作的实施意见（藏安委〔2015〕10号，2015年6月1日发布，2015年6月1日起实施）

西藏自治区生产安全事故应急预案管理办法实施细

则（试行）（藏安委办〔2015〕61 号，2015 年 6 月 1 日发布，2015 年 6 月 1 日起实施）

关于印发《西藏自治区非煤矿山、危险化学品企业安全生产应急救援队伍管理暂行办法》的通知（藏安监管〔2015〕121 号，2015 年 9 月 14 日发布，2015 年 9 月 14 日起实施）

陕西省

陕西省安全生产委员会关于印发《全省道路危险品运输安全专项整治方案》的通知（陕安委〔2015〕9 号）

陕西省安全生产委员会关于开展省级挂牌督办安全生产隐患专项治理工作的通知（陕安委〔2015〕11 号）

陕西省安全生产委员会关于深入开展危险化学品和易燃易爆物品安全专项整治的紧急通知（陕安委〔2015〕14 号）

宁夏回族自治区

宁夏回族自治区安全生产条例（2015 修订）（宁夏回族自治区人民代表大会常务委员会公告第 29 号，2015 年 11 月 26 日发布，2016 年 1 月 1 日起实施）

新疆维吾尔自治区

新疆维吾尔自治区生产安全事故报告和调查处理实施办法（新疆维吾尔自治区人民政府令第 196 号，2015 年 8 月 30 日发布，2015 年 11 月 1 日起实施）

新疆生产建设兵团

关于下放部分行政许可审批权限的通知（兵安监局发〔2015〕26 号）

关于进一步调整和规范冶金等工贸行业建设项目安全设施“三同时”监督管理层级的通知（兵安监局发〔2015〕31 号）

深圳市

深圳经济特区道路交通安全管理条例（2015 修订）（深圳市第五届人民代表大会常务委员会公告第 184 号，2015 年 4 月 29 日发布，2015 年 5 月 1 日起实施）

深圳市燃气管道安全保护办法（深圳市人民政府令第 280 号，2015 年 9 月 2 日发布，2015 年 11 月 1 日起实施）

大连市

大连市石油天然气、危险化学品管道相关区域工程施工安全生产规定关于印发《大连市石油天然气、危险化学品管道相关区域工程施工安全生产规定》的通知（大安监危化〔2015〕27 号，2015 年 4 月 3 日发布，2015 年 5 月 4 日起实施，有效期 5 年）

关于印发大连市船舶拆解作业安全管理规定的通知（大安监管一〔2015〕296 号，2015 年 12 月 8 日发布，2016 年 1 月 8 日起实施）

第十六部分

安全生产大事记

2015 年安全生产大事记

1　月

1月2日　国家安全监管总局发出紧急通知，要求各地深刻吸取近期发生的事故教训，认真贯彻落实中央领导同志重要批示和中办、国办通知精神，进一步加强安全生产工作。

同日　黑龙江省哈尔滨市道外区太古头道街一仓库发生大火，连续燃烧20多个小时，火灾造成5名消防员牺牲，14人受伤，549户2000多名居民以及部分的临街商户受灾。

1月3日　云南大理白族自治州巍山县南诏镇发生火灾，600多年的历史古城全部被烧毁。

1月4日　国家铁路局党组书记、局长陆东福主持召开专题会议，传达习近平、李克强等中央领导同志对切实做好当前安全生产和人员密集场所安全管理工作的重要批示精神及中办、国办紧急通知要求，结合铁路行业实际，进一步部署加强铁路运输安全监管工作。

1月4—7日　《煤矿安全规程》(简称《规程》) 初稿（第五稿）统稿会在京召开。中国煤炭工业协会副会长彭建勋、国家煤矿安监局监察专员郑行周、《规程》审稿组专家及修订办公室成员等参加了会议。会议由总审稿人卢鉴章主持。

1月6日　国务院召开全国安全生产电视电话会议。马凯副总理出席会议并发表讲话，要求大力实施安全发展战略，狠抓责任落实，加快推动全国安全生产状况的根本好转。

1月8日　国务院安委会发出关于开展安全生产综合督查的通知，拟于2015年1月中下旬，就春节和“两会”期间安全防范工作，以及新修改安全生产法的宣传贯彻情况等，开展安全生产综合督查。

同日　危化品安全生产监管部际联席会议第七次全体会议在京召开。国务院安委会办公室副主任、国家安全监管总局副局长孙华山主持会议。

1月9日　中共中央、国务院在北京人民大会堂隆重举行国家科学技术奖励大会，习近平等党和国家领导人向获得国家自然科学奖、国家技术发明奖、国家科学技术进步奖和中华人民共和国国际科学技术合作奖的代表颁奖。煤炭行业5项科技成果荣获2014年度国家科学技术奖，煤炭行业获奖代表和科技工作者20余人参加了奖励大会。

1月12日　国家发展和改革委等10个部门以联合令的形式发布了《煤矸石综合利用管理办法》，我国禁止新建煤矿及选煤厂建设永久性煤矸石堆场。

1月13日　国家能源局、环境保护部、工业和信息化部联合发布《关于促进煤炭安全绿色开发和清洁高效利用的意见》。

1月16日　荣乌高速烟台莱州段饮马池大桥上发生一起4车相撞的重大道路交通事故，造成12人死亡，6人受伤，4辆车不同程度损毁，直接经济损失约1100万元。

1月21日　由新华网主办，国家安全监管总局指导，新华网《安全中国》栏目承办的首届"寻找百姓生命保护神"活动评选结果揭晓。经专家组评审，吴永法等十位同志荣获"百姓生命保护神"称号，秦玉堂等十位同志荣获"百姓生命保护神"提名奖。

1月22日　国家发展和改革委、公安部、人力资源社会保障部、交通运输部、国家安全监管总局、国家铁路局、中国民航局、中国铁路总公司、全国总工会、共青团中央、解放军总后勤部等11部门联合召开了2015年全国春运电视电话会议。国务院安委会办公室副主任、国家安全监管总局副局长孙华山出席会议并讲话。

1月26日　国家安全监管总局召开年度全国安全生产工作会议，强调要牢牢抓住依法治安这条主线，加快改革创新，深化治理整顿，适应经济发展新常态，在预防和治本上继续狠下功夫，全面完成安全生产"十二五"规划目标。

1月29日　国家安全监管总局对2014年第4季度开展的职业卫生技术服务机构专项执法检查情况进行了通报。

同日　中国煤炭工业协会会长王显政表示，政府将不再批准东部地区煤矿项目。

2　月

2月4日　中国煤矿尘肺病防治基金会第二届理事会全体会议在京召开。

2月5日　13时43分许，广东省惠州市惠东县平山街道惠东县颐东义乌小商品批发城四楼发生一起儿童放火引起的火灾事故，造成17人死亡，2名群众、4名消防队员受伤，过火面积约3800平方米，直接经济损失1173万元。

2月15日　国家安全监管总局发布《劳动密集型加工企业安全生产八条规定》(国家安全监管总局令第72号)，自公布之日起施行。

同日　国家煤矿安监局发布《关于印发〈2015年煤矿安全监管监察工作要点〉的通知》(煤安监办〔2015〕3号)。

2月24日　新疆五运旅客运输有限公司新N32698号"宇通"牌大型普通客车，自喀什地区客运总站国际汽车站出发前往阿克苏中心客运站，当行驶至未开通运营的G3012线阿（克苏）—喀（什）高速公路1071千米+230米处时，因车辆左前轮爆胎致使车辆失控，冲出中央隔离护栏，驶入对向车道发生自翻，造成22人死亡、38人受伤，直接经济损失1475万元（不包含事故罚款）。

2月28日　国家安全监管总局发布《企业安全生产应急管理九条规定》(国家安全监管总局令第74号)。

本月　记者从中国煤矿尘肺病防治基金会获悉：全国尘肺病报告人数已超72万人，其中62%集中在煤炭行业这一高发区，超过44万人。当前，每年死于尘肺病的煤矿工人数远高于同期生产事故死亡人数，煤矿尘肺病防治形势十分严峻。

本月　记者从交通运输部了解到，交通运输部、公安部、国家安全监管总局即日起开展为期三年的"道路运输平安年"活动，强化依法治理、系统治理、源头治理、综合治理，着力解决道路客运、道路危险货物运输、普货运输安全管理中的突出问题。

3　月

3月2日　23时许，河南省安阳市林州境内226省道45千米+700米处发生一起重大道路交通事故，造成20人死亡，13人受伤，直接经济损失1200.8万元。

3月6日　国家发展和改革委副主任连维良主持召开煤炭行业脱困工作第二十五次联席会议，会议分析了当前煤炭行业脱困工作形势，研究安排近期重点工作，并对起草的有关治理违法违规建设生产等文件进行了讨论和修改。

3月9日　国家安全监管总局批准公布了液氯钢瓶充装自动化控制系统技术要求、危险化学品事故应急救援指挥导则等37项安全生产行业标准。

3月16日　国家安全监管总局召开会议，认真传达贯彻全国"两会"精神。强调要深入学习领会习近平总书记重要讲话精神，把思想和行动统一到中央决策部署上来，把智慧和力量凝聚到贯彻落实全国"两会"精神上来，以更大的力度、更实的作风、更饱满的精神状态，团结一心、坚定信心、下定决心，全方位强化安全生产，推动全国安全生产形势持续稳定好转。

同日　国家安全监管总局印发《企业安全生产责任体系五落实五到位规定》(安监总办〔2015〕27号)。

3月24日　国家安全监管总局公布实施《用人单位职业病危害防治八条规定》(国家安全监管总局令第76号)。

3月26日　国家煤矿安监局下发《关于开展煤矿建设项目专项安全检查的通知》(煤安监监察〔2015〕4号)。

同日　第五届国际炼焦煤资源与市场高峰论坛在中国(太原)煤炭交易中心召开。

3月26—27日　国家安全监管总局党组成员、副局长徐绍川深入江西省丰城市，与丰城市、上栗县和丰城矿务局60名煤矿矿长面对面开展谈心对话。

3月30日　国家安监总局召开安全警示教育视频会议。会议强调要强化红线意识，进一步深化措施落实，推动全国更多煤矿实现“零死亡”的目标。

本月　交通运输部部长杨传堂签署2015年第1号部令，发布《铁路危险货物运输安全监督管理规定》，规章自5月1日起施行。

4　月

4月3日　煤炭工业技术委员会防冲击地压专家委员会2015年年会暨防冲击地压学术交流研讨会、煤矿重大动力灾害防控协同创新中心2015年工作会议在辽宁阜新召开，会议由辽宁工程技术大学承办。

同日　国家能源局发布了《电力安全生产监督管理办法》，旨在预防和减少电力事故，保障电力系统安全稳定运行和电力可靠供应。

4月4日　甘肃省临夏回族自治州康乐县境内发生一起重大交通事故，造成7人当场死亡、5人在转送医院救治途中死亡、4人重伤、1人轻伤。

同日　贵州省毕节市交通运输有限责任公司一辆号牌为贵F06818的中型客车，在途经纳雍县老凹坝乡街上村至果几盖村通村水泥路上时，坠入道路左侧垂高51米的以那河河床，造成21人死亡、3人受伤、车辆严重损坏的重大道路交通事故。直接经济损失1249.36万元。

4月6日　福建漳州古雷的腾龙芳烃(漳州)有限公司二甲苯装置发生爆炸着火重大事故，造成6人受伤(其中5人被冲击波震碎的玻璃刮伤)，另有13名周边群众陆续到医院检查留院观察，直接经济损失9457万元。

4月8日　国家安全监管总局、国家煤矿安监局召开重点地区煤矿督导巡视汇报会，听取对湖北、江西和湖南集中开展隐患排查治理督导巡视情况的汇报，并研究进一步推进工作的措施。国家安全监管总局副局长、国家煤矿安监局局长黄玉治出席会议并讲话。国家煤矿安监局副局长宋元明出席会议。

4月10日　中国煤矿文联第四届理事会第五次会议暨中国煤矿文化宣传基金会第六届理事会第五次会议在京召开。

4月13日　国务院办公厅印发了《关于加强安全生产监管执法的通知》，要求健全完善安全生产法律法规和标准体系，依法落实安全生产责任，创新安全生产监管执法机制，严格规范安全生产监管执法行为，加强安全生产监管执法能力建设。

4月14日　国家发展和改革委等六部门下发了《关于开展煤矿违法违规建设生产情况核查工作的通知》，提出将在全国开展煤矿违法违规建设生产情况核查工作。将切实维护煤炭生产建设秩序，促进供需总量平衡。这次全面核查工作是在煤炭行业处于严重困境的背景下组织开展的。

4月15日　公安部交管局召开春季交通安全重点工作视频会，通报了当前交通安全工作的突出问题、隐患漏洞，要求各地公安交管部门切实增强担当意识和责任意识，结合本地区的实际，全力抓好当前道路交通事故预防工作，严防重特大事故。

4月17日　煤炭工业技术委员会通风与瓦斯煤尘防治专家委员会2015年年会暨煤矿主动抑爆技术研讨会在四川成都召开。

4月19日　大同煤矿集团有限责任公司(简称同煤集团)姜家湾煤矿发生一起重大透水事故，造成21人死亡，直接经济损失1724万元。

4月21日　国务院总理李克强主持召开国务院常务会议，通过了《基础设施和公用事业特许经营管理办法》，明确可在能源、交通、水利、环保、市政等基础设施和公用事业领域开展特许经营。

4 月 28 日　浙江省台州市三门县一艘渔船发生沉船事故，造成 15 人死亡。

4 月 28—29 日　2015 年世界安全生产与健康日纪念活动暨预防性安全监察国际研讨会在京举行。国家安全监管总局副局长杨元元、国际劳工组织中国和蒙古局局长蒂姆·德梅尔在会上致辞。

5　月

5 月 6 日　国家安全监管总局发布《关于深化工贸行业企业安全生产标准化建设的通知》。

5 月 9 日　15 时 45 分左右，兰陵县鲁城镇的兰陵顺天运输有限公司驻地院内一在建挡土墙工程，在施工过程中发生坍塌事故，造成 10 人死亡，3 人受伤，直接经济损失 721.5 万元。

5 月 12 日　国家安全监管总局发布《淘汰落后与推广先进技术装备目录管理办法》。

5 月 13 日　中国民航局召开全行业航空安全电视电话会议，传达国务院副总理马凯近期对民航安全工作作出的重要批示，并分析当前行业安全形势，通报了近期发生的典型不安全事件。民航局副局长李健要求全行业认真学习领会贯彻落实中央领导重要批示精神，全面落实安全责任，确保民航持续安全。

5 月 14 日　国家能源局在京召开全国水电站大坝安全工作会议。国家发展和改革委副主任、国家能源局局长努尔·白克力在会上强调，要提高思想认识，落实安全责任，扎实做好汛期及水电站大坝安全工作。国家能源局副局长史玉波主持会议，并对今后一段时间水电站大坝安全监督管理工作进行部署。

5 月 15 日　陕西省西安市相伴商贸有限公司租赁的一辆大客车，在行驶至咸阳市淳化县一处下坡转弯路段时坠下深崖，造成 35 人死亡、11 人受伤。

5 月 15—17 日　2015 年煤炭安全绿色开发和科技生态开采学术研讨会在河北邢台召开，300 多名专家就矿区生态恢复、矿区水资源保护、煤矿智能化开采等问题进行了研讨。

5 月 16 日　山西省晋城市阳城县瑞兴化工有限公司二硫化碳生产装置泄漏，在检修过程中发生中毒事故，造成 8 人死亡、6 人受伤。

5 月 19 日　全国煤矿自动化开采技术现场会在陕西召开，国家安全监管总局副局长、国家安全生产应急救援指挥中心主任孙华山，国家安全监管总局副局长、国家煤矿安监局局长黄玉治出席会议并讲话，陕西省人民政府副省长姜锋致辞。

5 月 25 日　河南省平顶山市鲁山县康乐园老年公寓发生特别重大火灾事故，造成 38 人死亡、6 人受伤，过火面积 745.8 平方米，直接经济损失 2064.5 万元。

5 月 26 日　国家安全监管总局、交通运输部、公安部发出《关于在道路客运行业深入开展驾驶员安全承诺和安全教育工作的通知》。

5 月 28 日　全国煤矿顶板管理技术交流会在冀中能源集团召开，与会代表们总结交流了全国煤矿顶板管理经验，分析研究了目前煤矿顶板管理方面存在的问题，推广了煤矿顶板管理新技术、新工艺、新材料和新装备。

5 月 29 日　中共中央政治局就健全公共安全体系进行第二十三次集体学习。中共中央总书记习近平在主持学习时强调，公共安全连着千家万户，确保公共安全事关人民群众生命财产安全，事关改革发展稳定大局。要牢固树立安全发展理念，自觉把维护公共安全放在维护最广大人民根本利益中来认识，扎实做好公共安全工作，努力为人民安居乐业、社会安定有序、国家长治久安编织全方位、立体化的公共安全网。

同日　全国煤炭行业区队班组建设工作推进会议在山东青岛召开。

5 月 31 日　第四届全国安全生产书画展、第二届全国安全生产摄影展活动启动和《中国安文化》出版发行仪式在长沙举行。

6　月

6 月 1 日　中国气象局办公室印发《开展“安全生产月”和“安全生产万里行”活动实施方案》，要求各省（自治区、直辖市）气象局、各直属单位和各内设机构以“加强安全法治、保障安全生产”为主题，切实加强安全生产工作，进一步加强安全生产宣传教育工作，切实推动全国安全生产形势持续稳定好转。

同日　重庆东方轮船公司的客轮“东方之星”

号在长江湖北石首段倾覆，死亡和失踪442人。经国务院调查组调查认定，这是一起由突发罕见的强对流天气带来的强风暴雨袭击导致的特别重大灾难性事件。

6月2日　国家安全监管总局、交通运输部、公安部和北京市人民政府在北京市举行全国道路客运驾驶员安全宣誓启动仪式。国家安全监管总局副局长孙华山、交通运输部副部长冯正霖、北京市人民政府副市长张延昆出席活动并讲话。

6月6—7日　由中国应急管理学会主办的2015年应急体系建设规划理论研讨会在国家行政学院召开。

6月10日　西藏自治区山南地区贡嘎县境内省道307线23千米+300米处发生一起重大道路交通事故，造成11人死亡，8人受伤，直接经济损失1023万余元。

6月12日　国务院安委会发出关于成立安委会专家咨询委员会的通知。通知明确了专家咨询委员会的职责和组成。

6月18日　国家安全监管总局召开"机械化换人、自动化减人"科技强安专项行动推进工作视频会议。会议围绕贯彻总局相关通知精神进行了安排部署，动员全国安全监管监察系统进一步增强责任感、紧迫感，细化工作落实，力争专项行动早见成效。

6月26日　宁芜高速马芜段芜湖方向69千米处，一辆大客车与一辆货车碰撞后侧翻，造成12人死亡，其中10人当场死亡，2人重伤经抢救无效死亡；22人受伤，其中1人重伤。

6月28—29日　全国煤矿安全科学技术创新交流大会暨煤炭工业安全科学技术学会2015年学术年会在北京召开。

7　月

7月4日　位于台州温岭市大溪镇佛陇村的温岭市捷宇鞋材有限公司发生厂房坍塌事故，坍塌面积约2000平方米，事故共造成14人死亡、33人受伤，直接经济损失1100余万元。

7月9日　国家安全监管总局颁布《强化煤矿瓦斯防治十条规定》，自颁布之日起施行。

7月12日　位于河北省宁晋县东汪镇东汪一村的原河北沙龙制衣有限公司水洗车间内因非法生产烟花爆竹发生重大爆炸事故，造成22人死亡、23人受伤（其中重伤2人，轻伤21人），直接经济损失885万元。

7月21日　全国煤矿第五届职工运动会在河北省唐山市开滦集团体育馆开幕。

7月23日　国务院安委会印发了关于《油气输送管道保护和安全监管职责分工》和《2015年油气输送管道隐患整治攻坚战工作要点》的通知。

7月26—27日　国务委员王勇到徐州实地调研了企业厂区占压输油管道重大隐患整改情况，并主持召开部分重点地区油气管道安全隐患整治攻坚现场推进会。

7月28日　马凯副总理主持召开国务院安委会全体会议。会议强调，要建立健全"党政同责、一岗双责、齐抓共管"的安全生产责任体系，集中开展安全生产大检查，深入排查整治安全隐患，加强汛期安全防范。

本月　国家铁路局发布《铁路安全生产违法行为公告办法》，提出国家铁路局及地区监督管理局依法履职过程中，应如实记录生产经营单位涉及铁路安全的违法行为信息并建立信息库。

8　月

8月4—5日　全国煤矿水害防治现场会在河北邢台冀中能源集团召开。会议交流了冀中能源集团等5家单位煤矿水害防治工作经验和做法，推广了防治水先进理念和适用技术，部署了强化水害防治工作措施。会议强调要积极推进煤矿实现"五个转变"，努力构建"七位一体"水害防治工作体系，进一步减少水害事故，推动更多煤矿企业实现"零死亡"目标。

8月7日　国务院安委会发出关于全面开展安全生产大检查，深化"打非治违"和专项整治工作的通知。

8月11日　普安县楼下镇政忠煤矿发生一起重大煤与瓦斯突出事故，造成13人死亡，5人受伤，直接经济损失2980.6万元。

8月12日　天津市滨海新区瑞海国际物流有限公司危险品仓库发生火灾爆炸事故，造成165人遇难（其中公安消防人员110人，事故企业、周边企业员工和周边居民55人），8人失踪（其中消防人员5人，周边企业员工、天津港消防人员家属3人），798人受伤（伤情重及较重者58人）。直接经济损失68.66亿元。

8月14日　国务院安委会发出《关于深入开展危险化学品和易燃易爆物品安全专项整治的紧急通知》。

8月18日　国务院国资委召开会议，研究部署中央企业安全生产工作。国资委表示，要准确把握出资人职责定位，履行好出资人安全监管职责，加强与综合监管部门和行业监管部门的配合，督促央企全面落实主体责任。近日还将组织央企开展安全生产大检查，进一步抓细抓实安全生产管理。

同日　国务院天津港瑞海公司危险品仓库“8·12”特别重大火灾爆炸事故调查组成立并开展工作。国务院安委会副主任、公安部常务副部长杨焕宁任调查组组长。

8月19日　中央组织部有关负责人在国家安全监管总局党组扩大会上宣布：国家安全监管总局的工作由杨元元临时牵头负责，孙华山协助。

8月22日　国务院安委会召开全体会议，马凯副总理深入分析了天津港“8·12”瑞海公司危险品仓库特别重大火灾爆炸等事故所暴露出的突出问题，对做好下一阶段安全生产工作提出了要求。

8月24—25日　第三届行为安全与安全管理国际学术研讨会在上海召开。

8月31日　山东滨源化学有限公司新建年产2万吨改性型胶粘新材料联产项目二胺车间混二硝基苯装置在投料试车过程中发生重大爆炸事故，造成13人死亡，25人受伤，直接经济损失4326万元。

9　月

9月1日　国家发展和改革委发布了《关于从严控制新建煤矿项目有关问题的通知》。

9月2日　国家安全监管总局举行纪念中国人民抗日战争暨世界反法西斯战争胜利70周年报告会，邀请军史专家肖裕声作辅导报告。

同日　水利部召开安全生产领导小组会议，传达学习和贯彻落实8月22日国务院安全生产委员会全体会议精神，进一步强调抓好安全生产工作的重要性，对水利行业开展危化品易燃易爆物品安全专项整治、全面开展安全生产大检查和进一步落实“打非治违”行动等工作进行再动员、再部署、再落实，防范水利安全生产事故，确保水利事业健康发展。

9月6日　国家发展和改革委发布了《关于严格治理违法违规建设煤矿有关问题的通知》。

9月11日　大广高速新县段发生重大交通事故，造成12人死亡、19人受伤。

9月14日　国家安全监管总局印发《职业卫生技术服务档案管理规范》和《职业卫生技术服务机构实验室布局与管理规范》。

9月14—17日　由煤炭工业技术委员会井工开采专委会、中国煤炭工业协会科技发展部联合中国煤炭学会岩石力学与支护专业委员会、中国岩石力学与工程学会锚固与注浆分会举办的“2015全国煤矿安全、高效、洁净开采与支护技术新进展交流研讨会”在哈尔滨举行。

9月15—16日　首届中美职业卫生国际研讨会在上海召开，主题为“职业卫生工作面临的挑战和机遇”。

9月17日　国家安全监管总局、国家煤矿安监局印发《深化煤矿安全生产大检查“打非治违”和专项整治工作实施方案》，要求深入开展煤矿安全生产大检查，严厉打击煤矿违法违规生产建设行为，保持“打非治违”高压态势，进一步深化煤矿行业专项整治，有效防范和坚决遏制重特大事故发生。

同日　水利部在京开展重大水利工程建设项目质量与安全管理谈心对话活动，矫勇副部长以谈心对话的方式，与64个重大水利工程项目法人代表共同研究水利生产安全和质量工作。

9月21—24日　全国安全社区证后管理暨安全社区专家研讨会在重庆举行。

9月23日　第一届全国危化品救援技术竞赛现场协调会、第二届中国国际化工过程安全研讨会在浙江宁波召开。国家安全监管总局副局长孙华山出席会议并讲话。

同日　国家安全监管总局在湖北武汉召开全国用人单位职业卫生基础建设现场会，总结和交流近年来用人单位职业卫生基础建设工作经验，分析形势、查找差距、明确目标。

9月23—24日　全国安全监管监察系统机关

党委书记联席会议在合肥市召开。国家安全监管总局党组成员、副局长、直属机关党委书记李兆前出席会议并讲话。

9 月 25 日　沪昆高速公路湘潭段发生重大交通事故，造成 22 人死亡、13 人受伤。

10　月

10 月 9 日　国家安全监管总局副局长杨元元在北京会见了国际社会保障协会秘书长康克琉斯基一行。

同日　江西省上饶市上饶县永吉煤矿 E10 煤层 -228 米上山以西采空区发生瓦斯爆炸事故，造成 10 人死亡，直接经济损失 1097 万元。

10 月 10 日　芜湖市镜湖区淳良里社区一家小吃店发生重大瓶装液化石油气泄漏燃烧爆炸事故，造成 17 人死亡，直接经济损失约 1528. 7 万元。

10 月 14 日　国家安全监管总局召开干部大会，杨焕宁就任国家安全监管总局党组书记、局长。

同日　第一届全国危化品救援技术竞赛组委会会议在北京召开。国家安全监管总局副局长、国家安全生产应急救援指挥中心主任孙华山主持会议并讲话，全国总工会党组成员阎京华出席会议并讲话。

同日　由中国煤炭工业协会、中国就业培训技术指导中心、中国能源化学工会、共青团中央城市青年工作部联合主办，冀中能源集团承办的"冀中能源杯"第六届全国煤炭行业职业技能竞赛在峰峰集团中澳培训中心开幕。

10 月 21 日　由国家安全监管总局、中华全国总工会、共青团中央和浙江省人民政府联合主办，中国石油化工集团公司承办的第一届全国危险化学品救援技术竞赛在浙江省宁波市中国石化镇海炼化分公司拉开帷幕。

同日　国务院安委会办公室发布了全国安全生产大检查进展情况的通报。通报称，截至 9 月底，全国共组织安全生产检查执法组 38. 9 万个，打击整治非法违规生产经营建设行为 301. 4 万起，停产整顿企业 18566 家，关闭取缔企业 5089 家，依法暂扣吊销许可证照 16133 个，移交司法机关追究刑事责任 2752 人。同时，检查企业 197. 7 万家次，排查隐患 256. 3 万项，整改率为 93. 5%，其中重大隐患 1. 39 万项，整改率为 81. 7%。

10 月 29 日　由中国煤炭工业协会主办的第十六届中国国际煤炭采矿技术交流及设备展览会在北京中国国际展览中心开幕。十一届全国人大常委会副委员长华建敏出席了开幕式，国家安全监管总局副局长杨元元、中国煤炭工业协会会长王显政在开幕式上致辞。

10 月 30 日　国家安全监管总局、国家煤矿安监局、国家发展和改革委、国家能源局联合发布《关于开展灾害严重煤矿生产能力核定工作的通知》提出，为防止煤矿超安全保障能力生产引发事故，进一步控制不安全生产，促进煤炭行业脱困，定于 2015 年 10—12 月，在全国开展灾害严重煤矿生产能力核定工作。

同日　河南省漯河市舞阳县北舞渡镇辖区内，一民房在改造施工过程中，发生坍塌事故，共造成 17 人死亡，9 人重伤，14 人轻伤。

11　月

11 月 3—4 日　第 23 届海峡两岸及香港、澳门地区职业安全健康学术研讨会在中国台北举行。

11 月 4 日　国家安全监管总局召开了全国安全生产新闻宣传和信息公开工作视频会议。会议认真贯彻落实党的十八届五中全会精神，贯彻落实党中央、国务院和习近平总书记、李克强总理等中央领导同志一系列重要指示精神，研究部署全面加强安全生产新闻宣传和信息公开工作，充分调动全社会参与、支持、监督、推进安全生产工作的积极性和实效性，进一步推动全国安全生产形势持续稳定好转。

同日　国家安全监管总局制定发布《全国安全生产监管监察系统推进安全生产监督检查随机抽查工作实施方案》。规定要使随机抽查成为安监部门实施年度监督检查计划和开展安全生产大检查、专项治理、暗查暗访等执法活动的主要方式，以解决"检查任性、执法扰民、执法不公"等问题。

11 月 6 日　国家安全监管总局发布《关于持续加大安全社区推进力度　全面提升安全社区建设工作水平的通知》(安监总宣教〔2015〕104 号)。

11 月 12 日　国家安全监管总局副局长杨元元在京会见了德国法定事故保险协会主席伯乐尔一行，双方就安全生产工作深入交换了意见，并共同见证了双方合作方案的签署。

11 月 16 日　国务委员王勇在国家行政学院省部级干部重特大事故预防、处置和舆情应对研讨班上强调，要认真学习贯彻党的十八届五中全会精神，牢固树立安全发展观念，坚持人民利益至上，坚守安全红线，强化预防治本，狠抓工作落实，扎实推进新时期安全生产工作，为全面建成小康社会创造良好的安全生产环境。

11 月 17 日　国家卫生计生委、人力资源社会保障部、国家安全监管总局、全国总工会联合发布新的《职业病危害因素分类目录》。2002 年 3 月原卫生部发布的分类目录同时废止。

11 月 18 日　国家安全监管总局在重庆市召开了非煤矿山安全生产工作经验交流会议。会议认真贯彻落实党的十八届五中全会精神，总结交流非煤矿山安全监管责任落实、“五项执法”“三项监管”、信息化建设，以及金属非金属矿山企业规模化、机械化建设工作等方面的典型经验，研究部署全面加强非煤矿山监管信息化、智能化建设等重点工作。

同日　国家安全监管总局副局长杨元元在京会见了国际劳工组织亚太局局长西本伴子一行，双方充分肯定了在促进安全与健康，实现体面劳动方面开展的务实合作，并表示将在 G20 峰会、国际劳工公约批准方面加强合作。

同日　全国工贸行业安全监管工作交流会在广西南宁召开。国家安全监管总局党组成员、副局长李兆前出席会议并讲话。

11 月 20 日　国务院办公厅公布《关于调整国务院安全生产委员会组成人员的通知》(国办发〔2015〕83 号)。

同日　黑龙江省龙煤集团鸡西矿业公司杏花煤矿发生火灾事故，造成 22 人死亡。

11 月 24—25 日　全国安全生产信息化与科技工作推进现场会在江苏省徐州市召开。

11 月 28 日　2015 供电安全技术及管理高峰论坛在珠海举行。本届论坛从电网的运行及检修等方面深入探讨职业安全、行为安全管理话题，共同促进电力安全管理及技术的提高和发展。

11 月 29 日　位于滨州市邹平县的山东富凯不锈钢有限公司发生重大煤气中毒事故，造成 10 人死亡，7 人受伤，直接经济损失 990.7 万元。

11 月 30 日　国务院安委会办公室发出《关于实行生产安全事故统计联网直报的紧急通知》。

同日　国家安全监管总局借对部分中央企业主要负责人进行安全生产知识和管理能力考核之机，召开部分中央企业主要负责人座谈会，学习贯彻党的十八届五中全会和习近平总书记、李克强总理等中央领导同志关于加强安全生产工作的一系列重要讲话和指示精神，研讨加强中央企业安全生产、有效防范重特大事故的对策措施。国家安全监管总局局长杨焕宁出席会议并讲话。

12　月

12 月 1 日　国家安全监管总局召开提升危险化学品领域本质安全水平专项行动等三项重点工作督查汇报会。国家安全监管总局党组成员、总工程师王浩水出席会议并讲话。

同日　全国煤炭建设工程质量监督工作会议在西安召开。

12 月 2—4 日　第十四届上海国际袋式除尘技术与设备展览会暨研讨会在上海举行。来自法国、意大利、日本、韩国、瑞典、美国及中国等国家的 83 家企业、33 家国内专业媒体（杂志、网站）参加了本届展会。

12 月 3 日　国家安全监管总局发布《煤矿重大生产安全事故隐患判定标准》(国家安全监管总局令第 85 号)，自公布之日起施行。

12 月 10—11 日　中国职业安全健康协会 2015 年学术年会暨 2015 年度“中煤能源杯”中国职业安全健康协会科学技术颁奖大会在安徽省合肥市举行。

12 月 16 日　黑龙江省鹤岗市向阳区煤矿发生瓦斯爆炸事故，造成 19 人死亡。

12 月 17 日　辽宁省葫芦岛市连山钼业兴利矿业公司发生火灾，造成 17 人死亡，17 人受伤（含 3 名救护队员），直接经济损失 2199.1 万元。

同日　煤矿安全科技装备工作座谈会在云南省昆明市召开。

12 月 20 日　广东省深圳市光明新区红坳渣土

受纳场发生特别重大滑坡事故。事故共造成 73 人死亡，4 人下落不明，17 人受伤（重伤 3 人，轻伤 14 人）。事故还造成 33 栋建筑物（厂房 24 栋，宿舍楼 3 栋，私宅 6 栋）被损毁、掩埋，导致 90 家企业生产受影响，直接经济损失 8.81 亿元。

12 月 21 日　教育部网站发出通知，即日起在教育系统开展安全生产大检查“回头看”活动，要求各地教育部门和各级各类学校立即组织开展一次以危险化学品为重点的校园安全隐患全面排查整治工作。

12 月 22 日　全国煤炭工业“十三五”科技发展规划研讨会在北京召开。

12 月 29 日　国家安全监管总局办公厅发布《关于印发用人单位劳动防护用品管理规范的通知》(安监总厅安健〔2015〕124 号)。

12 月 31 日　国家安全监管总局发布《关于印发金属冶炼目录（2015 版）的通知》(安监总管四〔2015〕124 号)。

第十七部分

全国事故与职业病统计资料

2015年全国安全生产形势分析

2015年，在党中央、国务院的坚强领导下，各地区、各有关部门和单位认真贯彻落实习近平总书记、李克强总理关于安全生产工作的重要指示批示精神，从严从实开展安全生产大检查，扎实推进重点行业领域治本攻坚，持续强化安全监管监察，坚持治标与治本相促进、抓重点与带整体相结合，促进了全国安全生产形势继续保持总体稳定、趋向好转的发展态势。2015年，全国各类事故实现了3个继续下降、2个进一步好转（事故总量、较大以上事故、主要相对指标下降，重点行业领域和各地区安全生产状况进一步好转），安全生产工作取得明显成效。

一、主要特点

（一）全国事故总量、较大、重大事故继续下降

2015年，全国发生各类事故281576起、死亡66182人，同比减少24112起、1894人，分别下降7.9%和2.8%。其中：

发生较大事故1016起、死亡3820人，同比减少112起、407人，分别下降9.9%和9.6%。

发生重大事故34起、死亡479人，同比减少4起、44人，分别下降10.5%和8.4%。

（二）大部分行业领域事故下降

金属非金属矿山事故起数和死亡人数分别下降18.5%和10.5%，建筑施工事故起数和死亡人数分别下降12.3%和13.9%，化工和危险化学品事故起数和死亡人数分别下降14.9%和5.4%，烟花爆竹事故起数和死亡人数分别下降9.3%和21.0%，冶金机械八行业事故起数和死亡人数分别下降19.6%和22.7%，生产经营性火灾事故起数和死亡人数分别下降13.5%和14.4%，道路交通事故起数和死亡人数分别下降4.6%和0.9%，水上交通事故起数和死亡人数分别下降18.1%和10.1%，铁路交通事故起数和死亡人数分别下降15.6%和15.8%，农业机械事故起数和死亡人数分别下降25.1%和30.7%。

（三）大部分地区安全生产状况稳定

2015年，全国32个省级统计单位中，河北、山西、内蒙古、辽宁、吉林、上海、江苏、浙江、安徽、福建、山东、湖北、湖南、广西、重庆、四川、贵州、云南、西藏、陕西、甘肃、青海、宁夏、新疆和新疆生产建设兵团25个单位事故起数和死亡人数“双下降”，占78.1%；北京、天津、河北、辽宁、吉林、江苏、浙江、安徽、福建、江西、湖北、广西、海南、四川、贵州、云南、西藏、陕西和宁夏19个单位实现了较大事故起数和死亡人数“双下降”，占59.4%；北京、内蒙古、上海、湖北、广西、海南、重庆、四川、青海、宁夏和新疆生产建设兵团11个单位未发生重特大事故，占34.4%。

（四）煤矿安全生产形势进一步好转，呈现五个下降

一是煤矿事故总死亡人数降至600人以下。共发生各类事故352起、死亡598人，同比减少168

起、348 人，分别下降 32.3% 和 36.8%。二是全年未发生特别重大事故。截至 2015 年底，已连续 33 个月未发生特别重大事故。三是重大事故起数下降。发生重大事故 5 起、死亡 85 人，同比减少 9 起、144 人，分别下降 64.3% 和 62.9%。四是较大事故下降。发生较大事故 35 起、死亡 157 人，同比减少 13 起、42 人，分别下降 27.1% 和 21.1%。五是煤矿百万吨死亡率下降。煤矿百万吨死亡率 0.162，同比下降 36.5%。

（五）安全生产控制指标实施情况良好

2015 年，全国 32 个省级统计单位生产经营性事故死亡人数控制指标均在年度控制目标以内。

全国 32 个省级统计单位中，有 29 个单位的工矿商贸事故死亡人数在年度控制目标以内，占 90.6%；天津、山东和黑龙江超年度控制指标。

全国 26 个产煤省级统计单位中，有 24 个单位的煤矿事故死亡人数在年度控制目标以内，占 92.3%。黑龙江和江西超年度控制指标。

（六）反映安全发展水平的主要相对指标继续下降

2015 年，亿元国内生产总值生产安全事故死亡率为 0.098，比上年减少 0.009，下降 8.4%；工矿商贸就业人员 10 万人生产安全事故死亡率为 1.071，比上年减少 0.257，下降 19.4%；道路交通万车死亡率为 2.080，比上年减少 0.14，下降 6.3%；煤矿百万吨死亡率为 0.162，比上年减少 0.093，下降 36.5%。

二、存在的问题

（一）重特大事故频发且危害严重

2015 年共发生 38 起重特大事故，平均近 10 天一起。全年共发生特别重大事故 4 起、死亡 289 人，同比事故起数持平、死亡人数增加 54 人。2015 年的 38 起重特大事故平均每起造成 20.2 人死亡，超过了 2014 年的 18.0 人，在 2001 年以来的 15 年中居第三位，仅次于 2005 年的 22.8 人和 2008 年的 20.6 人。天津港“8·12”瑞海公司危险品仓库特别重大火灾爆炸事故、广东深圳光明新区渣土受纳场“12·20”特别重大滑坡事故导致重大人员伤亡和财产损失，社会影响极其恶劣。

（二）部分地区、部分行业领域事故同比上升

河南和海南 2 个单位事故起数和死亡人数同比“双上升”；北京、天津、黑龙江、江西和广东 5 个单位事故总死亡人数同比上升。山西、内蒙古、黑龙江、上海、山东、河南、湖南、广东、重庆、甘肃、青海、新疆和新疆生产建设兵团 13 个单位较大事故未实现“双下降”。

航空事故和其他行业事故总起数和死亡人数同比上升；渔业船舶死亡人数同比上升。冶金机械八行业和渔业船舶较大事故死亡人数同比上升；铁路交通较大事故起数同比上升；航空较大事故起数和死亡人数同比“双上升”。

（三）部分地区重特大事故同比上升

重特大事故起数和死亡人数同比“双上升”的有 9 个单位：天津、河北、黑龙江、浙江、安徽、福建、江西、山东和河南。

发生 3 起以上重大事故的单位有：山东（5 起、59 人）、河南（3 起、49 人）、贵州（3 起、45 人）、浙江（3 起、43 人）和黑龙江（3 起、41 人）；4 个单位发生了特别重大事故，分别为：天津（1 起、138 人）、广东（1 起、77 人）、河南（1 起、39 人）和陕西（1 起、35 人）。

（四）人民群众身边的事故多发

电梯、旅游、餐饮、道路交通等领域不断发生的重大、较大事故就在老百姓身边，对群众的安全感冲击强烈。部分事故短时间内连续发生，引发社会高度关注。反映出我国安全生产法治体制机制和基层基础等方面仍然不适应、不完善、不配套，安全生产形势与人民群众的期盼仍有一定差距。

2015 年全国生产安全事故情况表

国家安全生产监督管理总局　统计司　　　　2015 年 1 月 1 日—2015 年 12 月 31 日

	总　计						较大事故						重大事故						特别重大事故					
	本期		同期对比				本期		同期对比				本期		同期对比				本期		同期对比			
			起数		死亡人数				起数		死亡人数				起数		死亡人数				起数		死亡人数	
	起数/起	死亡/人	变化/起	增幅/%	变化/人	增幅/%	起数/起	死亡/人	变化/起	增幅/%	变化/人	增幅/%	起数/起	死亡/人	变化/起	增幅/%	变化/人	增幅/%	起数/起	死亡/人	变化/起	增幅/%	变化/人	增幅/%
合　计	281576	66182	-24112	-7.9	-1894	-2.8	1016	3820	-112	-9.9	-407	-9.6	34	479	-4	-10.5	-44	-8.4	4	289			54	23.0
一、工矿商贸合计	4854	5982	-931	-16.1	-1232	-17.1	201	793	-58	-22.4	-178	-18.3	14	202	-6	-30.0	-103	-33.8	1	77			-20	-20.6
1. 煤矿	352	598	-168	-32.3	-348	-36.8	35	157	-13	-27.1	-42	-21.1	5	85	-9	-64.3	-144	-62.9						
2. 金属非金属矿山	435	573	-99	-18.5	-67	-10.5	20	89	-5	-20.0	-1	-1.1	2	31	2		31							
3. 建筑施工	1567	1891	-219	-12.3	-306	-13.9	73	267	-22	-23.2	-77	-22.4	2	27			6	28.6						
4. 化工和危险化学品	97	157	-17	-14.9	-9	-5.4	14	51	-2	-12.5	-5	-8.9	2	13	2		13							
其中：危险化学品	23	45	-7	-23.3	-1	-2.2	5	17	-1	-16.7			2	13	2		13							
5. 烟花爆竹	39	79	-4	-9.3	-21	-21.0	5	18	-4	-44.4	-28	-60.9	1	22			8	57.1						
6. 工商贸其他	2364	2684	-424	-15.2	-481	-15.2	54	211	-12	-18.2	-25	-10.6	2	24	-1	-33.3	-17	-41.5	1	77			-20	-20.6
其中：冶金机械等 8 行业	1054	1170	-257	-19.6	-344	-22.7	22	85	-2	-8.3	6	7.6	1	10			-8	-44.4			-1	-100	-97	-100
二、生产经营性火灾	85810	249	-13378	-13.5	-42	-14.4	17	48	-1	-5.6	-5	-9.4	1		-4	-80.0	-58	-100	1	39	1		39	
三、道路交通	187781	58022	-9031	-4.6	-501	-0.9	758	2813	-44	-5.5	-174	-5.8	11	154			17	12.4	1	35	-1	-50.0	-63	-64.3
四、水上交通	213	222	-47	-18.1	-25	-10.1	18	69	-12	-40.0	-58	-45.7	1	22			12	120						
五、铁路交通	1376	1037	-254	-15.6	-195	-15.8	3	3	2	200														
六、民航飞行	9	12	5	125	9	300	2	7	2		7													
七、农业机械	1306	208	-438	-25.1	-92	-30.7			-1	-100	-4	-100												
八、渔业船舶	220	243	-42	-16.0	25	11.5	15	80			6		3	39	2	200	26	200						
九、其他	7	207	4	133.3	159	331.3	2	7			-1	-12.5	4	62	4		62		1	138			98	245.0

2015 年全国生产经营性火灾事故情况

2015 年，全国共发生生产经营性火灾事故 85810 起、死亡 249 人，同比分别减少 13378 起、42 人，分别下降 13.5% 和 14.4%。

全国共发生生产经营性火灾较大事故 17 起、死亡 48 人，同比减少 1 起、5 人，分别下降 5.6% 和 9.4%；发生重大火灾事故 1 起、未造成人员死亡，同比减少 4 起、58 人，分别下降 80.0% 和 100.0%；共发生贴别重大火灾事故 1 起、死亡 39 人，同比减少 1 起、39 人。

2015 年全国道路交通事故情况

2015 年，全国共发生道路交通事故 187781 起、死亡 58022 人，同比减少 9031 起、501 人，分别下降 4. 6% 和 0.9%，其中生产经营性道路交通事故 38768 起，死亡 18919 人，同比减少 4692 起、1044 人，分别下降 10.8% 和 5.2%。

全国共发生较大道路交通事故 758 起，死亡 2813 人，同比减少 44 起、174 人，分别下降 5.5% 和 5.8%；发生重大道路交通事故 11 起，死亡 154 人，同比起数持平、死亡人数增加 17 人、上升 12.4%；发生特别重大道路交通事故 1 起、死亡 35 人，同比减少 1 起、63 人，分别下降 50.0% 和 64.3%。全国道路交通万车死亡率为 2.080，比上年减少 0.14，下降 6.3%。

2015 年全国特种设备事故情况

一、事故总体情况

2015 年，全国共发生特种设备事故和相关事故 257 起，死亡 278 人，受伤 320 人，与 2014 年相比，事故起数减少 26 起，同比下降 9.19%；死亡人数减少 4 人，同比下降 1.42%；受伤人数减少 10 人，同比下降 3.03%，全国未发生特种设备重特大事故。2015 年特种设备万台设备死亡率为 0.36，较 2014 年下降 7.69%，较好地实现了国务院安委会下达的万台设备死亡人数不超过 0.38 的控制目标。

二、事故特点

按设备类别划分，锅炉事故 18 起，压力容器事故 27 起，气瓶事故 29 起，压力管道事故 3 起，电梯事故 58 起，起重机械事故 79 起，场（厂）内机动车辆事故 32 起，大型游乐设施事故 9 起，客运索道事故 2 起。其中，电梯和起重机械事故起数和死亡人数所占比重较大，事故起数分别占 22.57%、30.74%，死亡人数分别占 16.55%、41.01%。

按发生环节划分，发生在使用环节 219 起，占 85.21%；维修检修环节 15 起，占 5.84%；安装装卸环节 17 起，占 6.61%；充装运输环节 6 起，占2.34%。

按涉事行业划分，发生在制造业89起，占34.63%；发生在建设工地和建筑业49起，占19.07%；发生在交通运输与物流业18起，占7.00%；发生在社会及公共服务业93起，占36.19%；其他行业8起，占3.11%。

按损坏形式划分，承压类设备（锅炉、压力容器、气瓶、压力管道）事故的主要特征是爆炸或泄漏着火；机电类设备（电梯、起重机械、客运索道、大型游乐设施、场（厂）内专用机动车辆）事故的主要特征是倒塌、坠落、撞击和剪切等。

三、事故原因

（1）锅炉事故。发生在使用环节16起、安装环节1起、修理环节1起，其中，违章作业或操作不当原因8起，设备缺陷和安全附件失效原因4起。

（2）压力容器事故。设备缺陷和安全附件失效原因6起，违章作业或操作不当原因4起，非法设备使用原因5起。

（3）气瓶事故。违章作业或操作不当原因2起，设备缺陷和安全附件失效原因2起，气体泄漏引发原因2起。

（4）压力管道事故。事故现象均为管道破裂介质泄漏，或直接造成人员伤害，或引发爆燃造成人员伤害，事故原因主要是管道质量原因或人员违章操作。

（5）电梯事故。发生在使用环节38起，安装、改造、修理维保环节20起。事故原因中，安全附件或保护装置失灵等设备原因39起；违章作业或操作不当原因13起；应急救援（自救）不当导致的事故2起；管理不善或儿童监护缺失以及乘客自身原因导致的事故4起。

（6）起重机械事故。事故原因主要是违章作业或操作不当，另有设备原因6起，吊具原因4起。

（7）场（厂）内专用机动车辆事故。31起为叉车事故，1起为旅游观光车事故。违章作业或操作不当原因30起，设备原因2起。

（8）大型游乐设施事故。安全保护装置失灵等设备原因4起，违章作业原因3起。

（9）客运索道事故。2起事故均为天气原因导致设备故障，造成乘客高空滞留。

国家电投大连发电有限公司

国家电投大连发电有限公司隶属于国家电力投资集团公司，是国家电投东北电力有限公司的全资子公司。公司成立于2005年，总装机容量60万千瓦，其前身为大连发电总厂。截至2014年末，公司资产总额近40亿元。

公司历经九十余载风雨洗礼，始终秉承着“奉献绿色能源，服务社会公众”的企业精神，为建设富庶美丽文明大连提供了绿色优质的能源动力，为促进大连经济社会发展做出了巨大贡献。

安全生产是电力企业稳定发展的永恒。公司始终坚持“安全第一，预防为主”的理念方针，狠抓安全生产，落实安全生产责任制，积极推进安健环体系建设，深入开展各项安全活动，2013-2014年度实现机组“零非停”，保证城市供电供热稳定。同时，公司高度重视环保工作，认真履行社会责任，采取各项有效措施，实现污染物达标排放、废水零排放，主要经济技术指标在国电投集团和省内同类型机组中名列前茅。2013-2014年，公司坚持以市场为导向，以效益为中心，实施低成本竞争战略，实现利税近3亿元。

在国家电投集团、国家电投东北公司发展战略的指引下，国家电投大连发电有限公司全体干部职工必将群策群力、脚踏实地，努力打造“管理领先、指标领先、盈利能力领先、文化领先”“资产优良、队伍素质优良、可持续能力优良、社会形象和信誉优良”的“四先四优”热电联产企业，用科学发展向社会公众展示出新时期国有企业的大家风范。

兴边富民（北京）清洁能源技术有限公司在引进国际先进技术的同时成功研发针对煤矿瓦斯应用的安全高效关键技术，已申报技术专利，并被纳入国家安全生产监督部门“2016年安全生产重大事故防治关键技术科技项目”。

基于兴边富民（北京）清洁能源技术有限公司研发的安全高效关键技术，将可以排除低浓度瓦斯经管道输送掺混到乏风中的安全隐患，并可以全部利用排空的乏风和把泵站抽放瓦斯全部掺入乏风一起氧化，从而大大提高项目的环保效益和瓦斯资源利用效率，真正实现煤矿瓦斯零排放。

乏风及低浓度抽放瓦斯氧化发电项目可促进煤矿的通风和瓦斯抽采，具有显著的安全效益；通过销毁排空甲烷实现碳减排，通过减排乏风中的煤尘微粒促进雾霾治理，通过热电联供淘汰矿井燃煤锅炉，具有显著的环境效益；实现乏风和抽放瓦斯资源的利用，具有显著的经济效益。

这项技术的工业化应用将彻底颠覆只有提高瓦斯抽采浓度才能实现瓦斯利用的传统观念，对于销毁利用乏风和低浓度瓦斯有战略意义。

兴边富民（北京）清洁能源技术有限公司已经和山西潞安集团、阳煤集团、山煤集团签署合同，在多个大型煤矿负责投资建设并运行乏风及低浓度瓦斯氧化发电、热电联供项目。煤矿无需投资，可以分享发电收益，获得免费的冬季风井供暖和热水供应（淘汰燃煤锅炉），并实现巨额碳减排指标。

有关领导及专家莅临高河项目现场考察

兴边富民清洁能源公司CEO万绍鸿博士在2016年3月美国华盛顿召开的全球甲烷论坛上发言，介绍中国煤矿乏风及低浓度瓦斯氧化热电联供项目察

潞安集团高河煤矿乏风及低浓度抽放瓦斯氧化发电示范项目

华电青岛发电有限公司

企业概况

华电青岛发电有限公司（简称青岛公司）始建于1935年，是山东省较早采用30万千瓦机组供热的发电企业，也是山东电网末端的重要电源支撑点和青岛市大型的热源生产基地。在80年的发展历程中，青岛公司坚持以"铸造文化品牌、做行业规则领先者"为使命，保持长周期安全生产的良好态势。截至2015年12月31日，公司实现连续安全生产6332天,实现了安全生产的可控在控，走在了全国电力企业的前列。连续多年保持中国华电集团公司"五星级发电企业"，被电力系统、华电集团和青岛市授予多项荣誉，创新打造30万机组高背压循环水供热改造项目荣获多个国内外大奖，成为华电集团对外的形象窗口、地方经济发展的支柱、服务社会民生的中坚力量。

一、强化安全意识 齐抓共管打造本质安全企业

电力企业安全生产关系着国家能源安全可靠、经济持续发展和人民生活起居等重大问题。青岛公司近年来以构筑"安全可靠、节能环保、标准规范"的本质安全型企业为目标，牢固树立红线意识，坚持安全理念"人本化"、安全教育"多元化"、安全制度"标准化"、安全治理"常态化"，严格落实"党政同责、一岗双责、齐抓共管"要求，全面强化、固化并实施"五个一"安全管理模式和"六化工作法"，明确六条安全红线、十五项严重违章行为、"四大安全风险管控"，成立违章举报账户，设立每月"反违章成效奖"，加大现场反违章纠察力度和频次，落实"两票"监督责任，公司多年持续安全生产总体稳定、步入良性循环的轨道。

二、大力推进 "零～六双重安全管控体系"建设

将安全管理融入生产生活、融入管理链条、融入价值创造，努力构建"纵向到底、横向到边"的"大安全"格局。青岛公司自推行并全面实施"零～六双重安全管控体系"以来，企业安全管理水平得到有效提升，公司安全生产持续保持良好的稳定局面。双重安全管控体系是一把管理"钥匙"，从加强管控两方面入手，进一步将安全工作与精益管理活动深度融合，相互促进、系统推进。为企业安全管理提供了管理的规范依据和理论支持，为安全管理精益化的推进及深入开展提供了具体的工作思路和方法。加强安全管理，夯实安全基础，使安全管理走上内涵式的发展道路，把握住重点环节和过程，使公司各项经营管理工作在安全合理的范围内运作。实现"精益安全"，使企业能够"一分安全投入，十分经营收益"，让安全管理精益化之路越走越远。

公司总经理史生福深入生产现场　　公司2015年“百问不倒”安全知识竞赛　　党委书记刘国华深入生产现场

三、建立外包工程“十双”加“三三”安全控制模式

通过建立一个以建设本质安全型企业为目标，将精细化理念引入外包工程安全生产管理全过程。利用“十双”加“三三”模式，使之责任明确、行之有效、条理清晰、奖惩分明。强化安全生产外包工程安全控制，持续规范安全生产各项工作，不断强化安全红线意识，坚守安全责任，提高不安全成本，真正做到敬畏安全、敬畏责任、敬畏制度。做到未雨绸缪、防微杜渐，切实筑牢安全防线。强化外包施工队伍安全信誉等审查和准入制度，加强外包工程人员的安全教育培训，提高外来人员的安全知识技能和自我保护意识。逐步提高外包施工队伍自我管理的水平，使管理制度更加明确、更加完善，安全管理规范有序推进，外包工程安全管理精细化工作进一步提升。

四、创建安全文化理念体系

青岛公司始终将安全生产作为企业的第一要务、第一责任、第一形象及最大效益，牢固树立“以人为本，安全发展”的安全理念；坚持“安全第一，预防为主，综合治理”的安全方针；实现“可控在控，本质安全”的安全目标；达成“人人无违章，安全有保障”的安全共识；形成“人人参与管理，事事遵章守法，处处不留隐患”的安全管理观；体现“幸福之源，效益之本”的安全价值观；促成“保护自己，关爱他人”的安全道德观；加强“安全永远在路上”的文化意识。

雄关漫道真如铁，而今迈步从头越。青岛公司将以深化改革创新为动力，以电和热为“主体”，以气电、风电为“两翼”，实施“一体两翼、绿色发展”新战略，全力开创“十三五”发展新局面。

电力安全生产标准化

一级企业

国家能源局监制

二〇一四年二月

华电青岛发电有限公司

水光一色 风景独好

——国家电投江西电力有限公司洪门水电厂

洪门水电厂坐落于江西省南城县洪门镇，总库容12亿立方米，流域面积2376平方千米，为不完全年调节的大㈠型水库，系江西省第二大水库。洪门水利枢纽工程由主坝、引水发电系统、溢洪道、副坝、自溃坝等组成，主坝于1958年7月动工兴建，1960年3月建成蓄水，1964年竣工验收，为黏土心墙风化土壳的二级水工建筑物。1969年7月1日第一台机组投产发电，1978年4月第五台机组并网运行，总装机5×0.75万千瓦，设计年发电量1.1亿千瓦时。1995年9月至1999年2月，洪门水电厂先后对5台机组进行了增容改造，总装机增至5×0.84万千瓦，多年平均发电量为1.24亿千瓦时。

2009年以后，根据企业发展要求，对洪门水电厂、廖坊水电厂（在洪门电厂下游）、铅山分公司（五个水电站）、辅业公司进行重组调整，形成“运管合一、一厂多站”的流域管理模式，整合现有资产和人力资源（截至至2016年10月，水电机组共有21台，装机容量为122.7兆瓦；光伏阵列18个，装机容量为20.6兆瓦），减少管理层次，降低管理成本，提高工作效率和经济效益，以实现企业资产增值和员工收入的增加。

洪门水电厂长期重视安全生产工作，按照上级公司年度工作部署，牢固树立“任何风险都可以控制，任何违章都可以预防，任何事故都可以避免”的安全理念，做到“工作执行到位、风险预控到位、考核奖惩到位”，坚持以发展为第一要务，以生产、经营为主线，以精细化管理、标准化建设、综合对标为抓手，内抓管理强筋健骨，外抓发展做强做优，在项目发展、资产经营、安全环保、分配改革、队伍建设、党群建设等各项工作方面取得了较好成绩。多年来我厂保持长周期安全生产运行。

2014年以来，洪门水电厂紧紧抓住江西省快速发展光伏发电有利政策，创造性地提出在洪门生产区充分利用闲置土地开发建设光伏电站项目，得到集团公司、江西公司以及当地政府的大力支持。洪门光伏一期13兆瓦项目于2014年9月破土动工，12月25日投产发电，创造了“当年核准、当年开工、当年投产”的建设速度，实现了江西公司光伏发电项目“零”的突破，光伏二期也于2016年6月26日正式并网发电。洪门电厂利用厂区闲置土地建设光伏项目，成为难以复制的发展样板。

清洁能源发展将大有可为，“主攻项目前期，决战光伏发展”是未来我们对外发展的基本思路，力争到2020年末洪门电厂总装机容量突破20万千瓦，谱写洪门电厂改革发展新篇章。

深山明珠　闪耀赣南

——国家电投江西电力有限公司上犹江水电厂

上犹江水电厂是我国“一五”时期156项重点工程之一的赣南钨矿开发的配套动力工程，1955年开工建设，1957年投产发电。大坝位于江西省上犹县陡水镇铁扇关，电厂是国家自行勘测、自行设计、自行施工、前苏联援建的一座钢筋混凝土空腹重力坝水电站。坝内装有水轮发电机组4台，装机容量为7.2万千瓦，曾被誉为“新中国水电建设的摇篮”“华中水电一枝花”“江西水电之母”.

上犹江水电厂始终坚持科学管理，高度重视安全生产、科技进步和人才建设，创造了连续23年全年无事故等出色佳绩，先后获得科技成果20余项，向省内外电力行业培养输送高级管理人才和高级专业技术人才200余名、技能人员3800多名。

近年来，上犹江水电厂以赣州市为管理中心，实现扁平化管理，保存量、促增量，围绕企业的工作思路和主要工作目标，实施管控一体化，推行“五化管理”，在安全生产、经营管理、改革发展、创新理念、寻求突破。实施打工经济、创业经济，发展电站服务业，对外发展取得显著成果。从最初承接电站商务运行，到实现跨省大机组商务运行维护服务、跨国（缅甸）输送水电人才、取得于都河段水电梯级开发权，先后收购了瑞金留金坝电站、相继开工建设了于都跃州、峡山两个电站。承建了上犹仙鹅塘风电等，装机容量由原来的7.2万千瓦增加至如今的20多万千瓦（含管理装机容量），由承揽商务运行向扩大增量、开发建设转变，由打工型向技术型、管理型转变。2015年，上犹江水电厂开展“电站集中控制中心”建设，为区域电站实现“远程集控、少人维护（值守）”创造 了条件。如今，全厂有4个职能部室和4个生产车间，在岗员工212人，管理着上犹江水电厂、留金坝水电站、跃洲水电站、峡山水电站，形成了一厂四站的新局面。企业的主要业务范围涉及电力生产与经营、水力发电运行、承接对外商务运行等，成为了江西赣南的主力水电厂。

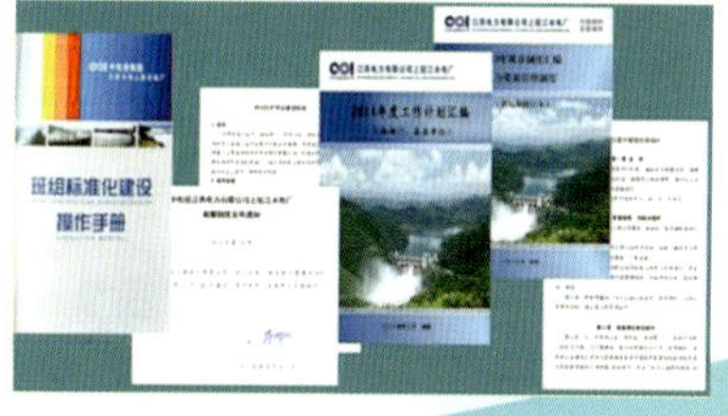

上犹江水电厂

峡山水电站

留金坝水电站

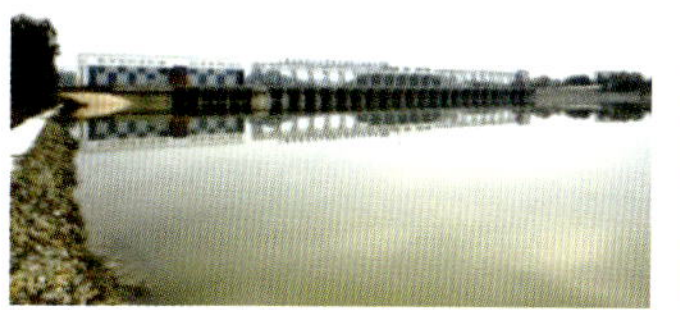

跃洲水电站

集控中心

安全为基 效益为先 创新为源

深圳市地铁集团有限公司

深圳市地铁集团有限公司前身为深圳市地铁有限公司，成立于1998年7月31日，大力塑造"共同承担责任、共同创造价值、共同分享成果"的价值观，悉力专注"精益求精、持之以恒、守正创新"的工匠精神，致力于创造严格纪律与人文管理和谐平衡的"铁魂"文化。

深圳地铁承担着5条线路、209.9千米、134座车站的运营任务，日均客运量达325万人次。2016年深圳轨道交通三期工程开通运营后，线网总里程将达到285千米。基于"建地铁、建城市"理念，深圳地铁创新确立了"轨道+物业"发展模式，形成了集地铁"投融资、建设、运营、资源经营与物业开发"四位一体的产业链，践行着轨道交通可持续发展道路。

创新求实筑基石 科学管理保安全

深圳地铁坚持"安全第一，预防为主，综合治理"的安全方针，秉承"我的岗位无差错，我的岗位请放心"的安全理念，建立了事前明责、事中尽责、事后追责的责任管理体系，全面落实安全生产责任。2010年导入了OHSAS 18001，通过危险有害因素识别、风险分析与评价、风险处理与控制及危险源的持续监控四个方面实施安全风险全过程管理；2014年积极引进RAMS，逐步建立"资产寿命周期的安全风险管理体系;2014年通过了安全标准化体系国家一级达标认证。

搭建各类信息系统，提升运营安全质量。轨行区管理系统可以自动进行施工冲突判断，降低人为操作所产生的安全风险；资产管理系统实施工单闭环管理，实现设备维护全过程的监督管控；安全管理系统实施隐患整改动态跟踪，实现安全管理闭环；运营前安全确认系统通过各相关系统（车辆、信号、供电等）共同确认行车安全要素，为每日安全运营提供保障；乘务管理系统利用岗前测试功能，充分确保出勤司机的身体及精神达到很好的状态。

截至2015年底，已实现安全运营11年，安全运行5.7亿车千米，安全运送乘客累计37.6亿人次。

转变观念推自主 拓展业务立品牌

深圳地铁坚持走“科技保安全”道路，打造创新技术应用平台，引导和发动员工创造性地研究降低成本、提高效率、解决生产风险的途径和方法。目前，已掌握、具备了列车自主全面大修的能力，并在箱体冷却风机测试装置、车载仿真测试系统、列车冲标防护装置、刚性接触网局部换线工艺等科研项目上取得了显著成效。

坚持“走出去战略”，迈出国门中标埃塞俄比亚项目，并圆满开通运营，成为中国内地早批将轨道交通运营管理经验输出国外的地铁公司，成为地铁行业践行“一带一路”的先行者。

构建公众平台 履行企业使命

搭建多媒体传播平台，传播安全文明信息。日常利用微信、微博公众号、官网、PIS系统等媒介普及安全文明知识和行车资讯；非常时通过媒体平台播报紧急信息，引导乘客有序、便捷选择交通路径，降低客流组织风险。为了更直观、立体地向市民呈现地铁资讯，正筹备地铁新闻直播系统。

在市委市政府建设“志愿者之城”的号召下，成立了深圳地铁义工联。依托深圳地铁公益平台，带动市民共同维护地铁安全，地铁义工人数发展至5500人，日均安排义工服务480人次，累计提供7450000志愿服务小时；履行企业社会责任，积极开展粤北怀集、粤西高州山区 “捐书助学”等公益活动，为深圳“志愿者之城”添彩。

未来，深圳地铁将坚持轨道交通支撑城市创新发展道路，以优质公众服务为最终目标，全力打造“深圳质量、品质交通”口碑，力争成为世界先进的地铁运营商。

国投新疆罗布泊钾盐有限责任公司

国投新疆罗布泊钾盐有限责任公司（以下简称公司）成立于2000年9月，2004年成为国家开发投资公司的控股企业，以开发罗布泊天然卤水资源制取硫酸钾为主业。公司建有年产130万吨硫酸钾生产装置及年产10万吨硫酸钾镁肥生产装置，截至2016年9月，罗布泊牌硫酸钾累计销售1000.12万吨，单体硫酸钾产量居世界前列。

公司设有22个二级单位（部门）、2个全资子公司和1个控股子公司，在乌鲁木齐设有办事处。截至2016年7月，公司共有员工3326人。

公司成立后，依靠自身科技实力，借鉴国内外盐湖开发经验，在艰难中起步、探索中前进，克服重重困难，以超常的速度在罗布泊腹地开展了探索性试验、小试、中试，建成了工业试验厂项目和年产120万吨钾肥项目，创造了"罗布速度"和"罗钾质量"，在"死亡之海"谱写了辉煌篇章。

公司拥有先进的企业技术中心，被评为2015年度国家技术创新示范企业，累计获得专利29项。2004年，公司"罗布泊地区钾盐资源开发利用研究"项目获得国家科技进步一等奖；2013年，公司"罗布泊盐湖120万吨/年硫酸钾成套技术开发"获得国家科技进步一等奖。

罗布泊腹地由人迹罕至的死亡之海，变成了碧波荡漾、机器轰鸣的现代化工厂，公司经历了艰苦卓绝的起步和发展历程，同时也锻造出了一支团结向上、开拓进取的员工队伍，凝聚形成了以情系三农、为国分忧的爱国精神；献身盐湖、艰苦奋斗的创业精神；领先技术、永不止步的创新精神；同心同德、敢于担当的团队精神"为核心的"罗钾精神"。

自2008年以来，公司先后引入了质量管理体系、安全生产标准化、NOSA五星安健环管理系统、能源管理体系、设备管理体系、内部控制等多个专业化管理体系。2016年，根据公司发展需要，又引入了环境管理体系和职业健康安全管理体系。公司生产区域大，人员分布广，生产经营中，涵盖非煤矿山、化工、电力、轻纺、铁路运输、水利、市政等多个行业。针对多体系的交叉重叠，为进一步提升管理效率，2015年初，国投罗钾正式启动了多标一体化整合工作，积极开展探索和研究，旨在建立运行一个切合实际、整合优化、高效运行、全方位涵盖各方面工作的管理体系。

近年来，国投罗钾公司在新疆各级政府及国投集团的大力支持和正确领导下，始终贯彻"坚持健康安全发展，构建和谐国投罗钾"的安全理念，结合精细化管理深入开展安全生产标准化和NOSA五星安健环管理系统推进工作，不断加强安全文化建设，努力创建班组建设新模式，通过夯实安全管理基础，创新管理思路，提升员工安全技能，实现了安全形势持续稳定好转。自2006年至今，百万工时伤害率从2006年的3.05逐步下降到2015年的0.68，目前国投罗钾已逐级通过了冶金等工贸企业安全生产标准化二级达标认证和选矿厂安全生产标准化一级达标认证，取得了NOSA四星证书。

華北理工大學
NORTH CHINA UNIVERSITY OF SCIENCE AND TECHNOLOGY

華北理工大學

神华福能（福建龙岩）发电有限责任公司

总经理带队现场检查

总经理带队开展防汛检查

神福龙电党员监督员开展现场督导活动

神华福能（福建龙岩）发电有限责任公司又称龙岩坑口火电厂，成立于 2003 年，前身为福建省龙岩发电有限责任公司。电厂采用循环流化床锅炉燃烧技术，项目分两期建设，是福建省“十五”和“十一五”重点工程建设项目，也是闽西大型的火力发电厂，一期龙岩公司核准装机规模 4×135 兆瓦，项目总投资 20.70 亿元，于 2005 年 12 月正式投产，公司现股权结构为神华福能发电有限责任公司 64%、华电福新能源股份有限公司 26%、龙岩工贸发展集团有限公司 10%。二期雁石公司核准装机规模 2×300 兆瓦，核准总投资 23.33 亿元，于 2010 年 2 月正式投产，公司现股权结构为神华福能发电有限责任公司 75%、神华福能（福建龙岩）发电有限责任公司 25%。

截至 2015 年底，龙岩、雁石公司累计发电 358.8 亿千瓦时，上缴税收 6.81 亿元。发电量、生产效益连续多年稳步提升。公司在实现大跨步发展的同时，极其重视企业安全文化建设。历届班子成员始终把安全生产和安全文化建设工作纳入重要议事日程，与企业中心工作同安排，同部署，同检查，同总结，始终坚持“安全第一、预防为主、全员参与、持续改进”的企业安全方针，形成了“生命至上，安全至尊”的安全理念，连续 13 年实现无生产安全责任事故的佳绩。先后获得全国安全文化示范企业等荣誉称号。

龙岩坑口电厂自投产以来，积极开展热电联产改造，利用新技术、新工艺研发清洁燃烧专利技术，开展脱硫脱硝技术改造，实现机组“超低排放”，突出体现绿色、环保理念。经过几年的建设，龙岩坑口电厂已经成为龙雁新区拥有绿色、低碳、环保产业的先进企业。目前，公司继续响应国家号召，以绿色火电为基础，发挥自身技术优势，加强高效热电联产机组的发展，同时大力发展清洁能源项目，力争成为领先的综合性绿色能源企业。

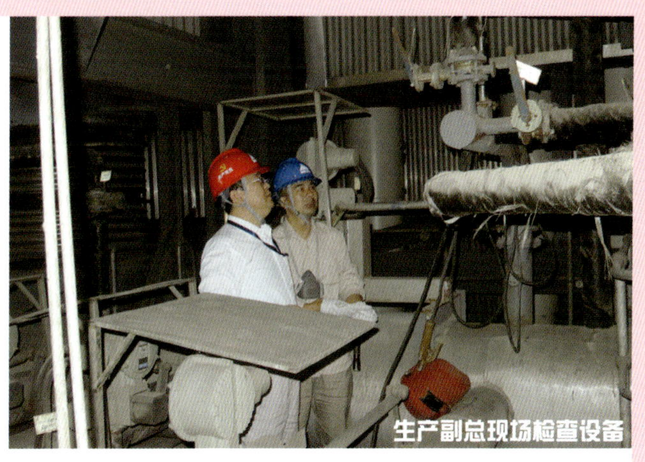
生产副总现场检查设备

生产副总检查燃料系统

公司领导发放宣传册

公司开展企业安全文化建设专题讲座

预控重大危险源、优化完善生产系统、管控人员不安全行为、实行“全覆盖、网格化”安全管理，全面推进公司安全高效发展

神华新疆能源有限责任公司

神华新疆能源有限责任公司（以下简称神新能源公司）成立于2005年8月3日，前身是新疆乌鲁木齐矿业（集团）公司。近年来，在神华集团公司正确领导和帮助下，神新能源公司安全生产整体平稳，2015年神新能源公司被神华集团评为本安二级子分公司，公司1个基层单位达到本安一级，7个基层单位达到本安二级。

截至2016年10月31日，公司所属碱沟煤矿、准东煤矿、生产服务中心三个单位安全生产周期达10周年以上（3981天、3681天、3719天），活性炭公司安全生产9周年以上（3405天），涝坝湾煤矿安全生产7周年以上（2861天），宽沟煤矿安全生产6周年以上（2222天），红沙泉安全生产5周年以上（1881天）、乌东煤矿安全生产4周年以上(1763天)，黑山煤矿自开工建设以来实现安全生产3周年以上（1278天）。

自2012年至今，公司未发生水、火、瓦斯、冲击地压、顶板等重大安全事故。

主要做法如下：

预控系统性危险源

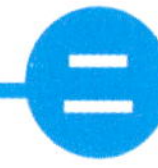

完善优化生产系统

管控人员不安全行为

推行“全覆盖、网格化”安全管理

开展事故案例警示教育宣讲活动

神华新疆能源有限责任公司2016年消防安全知识培训
神华集团第三期新版《煤矿安全规程》宣贯培训班
神华新疆能源有限责任公司
神新能源公司庆祝中国共产党成立95周年暨"一先两优"表彰大会
神新能源公司机关第一届

强化控源治本 提升管控水平
全力确保开发区安全稳定发展
杭州湾上虞经济技术开发区

杭州湾上虞经济技术开发区位于杭州湾南岸的海涂围垦区、嘉绍跨江大桥以东、绍兴市上虞区北部，其前身为创建于1998年的杭州湾上虞精细化工园区。2013年11月，经国家有关部门批复升格为国家重要的经济技术开发区。目前，开发区聚集国内外投资企业200余家，总投资超过900亿元。2015年开发区实现工业总产值950亿元，实现税收25.6亿元，工业投入168.9亿元，自营出口10亿美元，实到外资7879亿美元，综合实力位居全省21个国家开发区第五位。

由于精细化工行业的特殊性，杭州湾上虞经济技术开发区安全生产责任重大、压力巨大，开发区管委会一直将安全生产作为开发区的生命线工程来抓。作为全区危化工作重点区域，开发区管委会高度重视、强化措施、落实责任，主要从"四个强化"入手，全力确保开发区安全稳定发展。

一、强化源头控制

（1）实施风险评价。按照五年周期，目前完成开发区第二轮区域性安全风险评价（安全规划），科学评估开发区安全风险，落实对策措施，降低安全风险程度。开发区原则上不再引进新的化工企业入区建设，同时通过改造、重组和淘汰等方式，提升企业安全生产条件，合理调整建成区现有化工企业布局，明确危险化学品建设项目禁止设立区域。

（2）严格项目准入。出台了《开发区化工企业(项目)入园安全准入条件暂行规定》，进一步提高危险化学品建设项目准入门槛，严格控制规模小、效能低、风险高、安全投入保障薄弱、环境污染大的项目入区。。

（3）规范项目审查。杜绝项目未批先建、边批边建、擅自改建等违法现象。严格按照有关法律法规规范规定，实施安全设施"三同时"制度。

二、强化主体责任

（1）推进企业开展危险与可操作性分析（HAZOP）。对涉及"两重点、一重大"的化工生产装置开展危险与可操作性分析（HAZOP）。危险化学品新、改、扩建项目在项目设计阶段开展危险与可操作性分析（HAZOP）；已建成投产的危险化学品建设项目，目前已完成第一轮94家企业危险与可操作性分析（HAZOP）。

（2）推进安全生产标准化达标。到2015年底，危险化学品生产企业三级安全生产标准化达标全覆盖，力争二级安全生产标准达标率达到20%。

（3）推进企业诚信机制建设。开展以安全生产分类管理为基础、"黑名单"制度为载体的诚信管理，推动和督促企业落实安全生产主体责任，夯实安全生产基层基础工作。

三、强化安全监管

（1）强化监管队伍建设和深化网格化安全监管。充实安全生产监管队伍，定期开展安全监管业务培训，进一步提高安全监管人员的业务能力。2015年底前，开发区所有企业实施了安全生产网格化管理。

（2）进一步加大危险化学品安全生产执法力度。目前已形成企业自查、日常检查、联合检查、专项检查"四位一体"的安全隐患排查治理体系。全年开展安全生产联合大检查不少于2次，开展打非治违、危险作业、安全设施等专项检查不少于4次。

（3）推进未经正规设计在役危险化学品生产、使用、储存装置的安全设计诊断工作。2015年底前，完成所有未经正规设计的在役化工装置的安全设计诊断，计划2016年底前完成整改。

四、强化安全基础

（1）推进安全生产一体化管理。一是完善安全监管体制机制。建立完善安监、质监、卫生等合署办公、统一领导的一体化大安全监管体制，并继续推行完善对危险化学品企业的网格化安全监管机制。二是加强应急保障能力建设。进一步加强开发区消防中队的装备和人员配置，规范设立企业义务消防队，努力构建"以专职消防队为主力，义务消防队为补充"的安全防御体系，建立一支应急救援功能健全、统一指挥、响应灵敏、运转高效、专业化的危险化学品专业应急救援队伍；到2015年底，已建立4文化企业气防救援站，建成了服务全区、辐射全区的气体防护救援队伍。

（2）继续深化和推进"五个强制"工作。继续深化和推进以"项目强制改造、设备强制淘汰、设施强制安装、隐患强制整改、人员强制培训"为主要内容的"五个强制"工作。2008年实施该项工作以来，已淘汰项目43个，整体改造项目53个，淘汰更新特种设备1583台套，所有项目按照国家安全监管部门要求安装完善了安全自动化控制系统。

（3）推广实施安全规范化管理。在2013年安全规范化试点的基础上，总结经验，完善开发区企业安全规范化管理验收标准，2015年底已完成了71家化工企业安全规范化管理创建验收工作。力争通过5年时间完成所有化工企业安全规范化管理创建验收。

嘉兴港区

嘉兴港区地处上海南翼、杭州湾北岸，是嘉兴市市属两大开发区之一，管理范围为乍浦镇域54平方千米，总人口约10万，辖区内有开放口岸嘉兴（乍浦）港、嘉兴综合保税区、化工新材料园区、省级乍浦经济开发区、千年古镇乍浦镇。嘉兴港区区位交通条件优越，乍嘉苏高速、杭浦高速、杭州湾跨海大桥北接线和01省道、07省道新线贯穿境内，申嘉湖铁路、沪甬跨海铁路正在规划，上海浦东、上海虹桥、杭州萧山、宁波栎社四大国际机场立体环绕，基本实现了与周边城市的"一小时交通圈"，是"长三角"沪、杭、甬、苏地区的一个重要交通枢纽。

开放口岸嘉兴（乍浦）港，为浙北地区重要的出海口，拥有自然海岸线74.1千米，是全国为数不多的海河联运港。也是具备公专用泊位相配套、内外贸兼营和集装箱、散杂货及液体化工品装卸功能齐全的综合性港口，大宗货物吞吐量和集装箱业务近三年增速列全国沿海港口前列，2015年完成货物吞吐量6273万吨、集装箱123万标箱，货物吞吐量跻身全国十强，集装箱吞吐量位居全省第二。"十三五"期间，嘉兴港力争拥有各类外海生产性泊位75个，内河码头泊位57个，年货物吞吐能力达1亿吨，集装箱业务突破250万标箱，"三位一体"港航物流服务体系建设取得重要成效，成为长三角地区的国际化现代新港口。

嘉兴综合保税区——嘉兴综合保税区前身嘉兴出口加工区，2015年1月经国家批准整合优化为嘉兴综合保税区，是浙江省首个由出口加工区整合优化而设立的综合保税区，是嘉兴市对接上海自贸区建设、提升对内对外开放合作水平、带动区域经济发展的载体平台和战略支点，是对外开放层次高、政策优惠、功能齐全、手续简化的海关特殊监管区域。重点打造成为杭州湾北翼开放型经济发展新引擎和大宗商品保税仓储物流基地、先进装备保税加工制造基地、进出口商品展示展销交易基地。

化工新材料园区是嘉兴港区支柱产业，已形成聚碳酸酯、有机硅、环氧乙烷、PTA、甲醇制烯烃等多条具有行业竞争力的产业链，目前入区企业已达30余家，包括英荷壳牌、乐天化学、巴斯夫等世界500强企业，日本帝人、以色列化工、韩国晓星、新加坡美福等国际知名企业和嘉兴石化、三江化工、嘉化能源、信汇合成等国内知名企业，其中帝人聚碳酸酯、德山气相二氧化硅、三江环氧乙烷产能全国领先、合盛有机硅产能亚洲领先。园区先后荣获国家新型工业化产业示范基地、全国循环经济工作先进单位等多项荣誉，2014年成功跻身全国化工园区十强行列，目前正在争创国家生态工业示范园区、全国智慧园区试点和全国安全生产示范区。到2018年，嘉兴港区化工新材料产值将超过1000亿元，并形成5～6家产值超100亿元的大企业，成功打造"生态产业园、千亿产业带、百亿企业群"，成为国内化工新材料产业新高地。

省级乍浦经济开发区规划面积5.8平方千米，享受的政策可比照沿海开放城市经济技术开发区的规定执行。现有规上工业企业81家，规上服务业企业78家，其中产值5亿元以上企业23家，10亿元以上企业15家，100亿元以上企业2家，曾多次跻身省级经济开发区十强行列。省级综合物流园——嘉兴港区综合物流园于2012年启动建设，规划面积10平方千米，重点按照港航综合服务核心、临港作业区、石化物流区、建材物流区、保税物流区"一心四区"空间布局打造长三角区域内综合性现代物流园区。市级杭州湾新经济园成立于2015年3月，规划建筑面积10万平方米，规划产业用房面积24万平方米，致力于打造成为嘉兴港区科技创新孵化平台、功能性机构集聚基地、新兴业态发展高地、大学生创业福地，截至目前累计引进各类企业及机构88家，注册资金14.67亿元。目前正争创浙江省级现代服务业集聚区、电子商务示范基地、科技孵化器和嘉兴市级"四新经济"示范园区、特色楼宇集聚区。

乍浦镇是一座历史悠久的千年古镇，通江达海、依山傍水，自古就有"江浙门户""海口重镇"之称，以乍浦镇为基础的滨海新城是嘉兴市现代化网络型田园城市的6个副中心之一，拥有九龙山旅游度假区、九龙山国家森林公园、九龙山海滨浴场、南湾、天妃宫炮台遗址、《红楼梦》出海东渡纪念亭、山湾渔村海鲜美食、千年银杏、百年牡丹等资源，"山、海、港、桥、林"特色鲜明。

"十三五"期间，嘉兴港区将牢固树立创新、协调、绿色、开放、共享的发展理念，以深化体制机制改革为动力，以嘉兴滨海港产城统筹发展试验区建设为契机，促进港口、产业、城市融合发展，聚力打造全国临港产业特色高地、长三角海河联运特色港口、环杭州湾滨海生态特色新城。

长寿经济技术开发区
构建六维安全环保体系 筑牢园区和谐发展防线

长寿经济技术开发区（以下简称经开区）地处重庆一小时经济圈、城市发展新区——长寿区西南部，2010年经国家批准成立，规划管理面积80平方千米（其中自治区委托管理70平方千米）。重点发展综合化工、新材料新能源、冶金钢铁、装备制造、电子信息五大产业，先后获评全国循环经济示范园区等荣誉20余项。

经开区坚持把安全环保作为事关长远发展的生命线和保障线，不断探索，积极构建出安全环保“六维”体系，突出“源头预防、严格监管、应急管理”三大重点工作，努力建设为更安全、更环保、更放心的开发区。

一、协调一致的科学规划

经开区坚持规划先行的原则，先后编制“经开区产业发展规划”“规划环评”“安全规划”，实现三个专业规划的有机结合，并严格执行规划中关于项目引进、项目布局和整改建议。

二、科学严格的建设标准

一是把好项目“准入关”。建立以“投资强度、技术创新性、排放标准、管理水平”为主要指标的项目评价体系，通过现场实地考察与专家论证相结合的方式对企业进行评价，把好引进“关口”，从源头控制安全环保风险。二制定“安全环保应急设施管理办法”，把国标、行标中的高标准整合为经开区标准，严格要求企业做好安全、环保和应急设施的设计和建设。

三、专业配套的设施设备

一是经开区范围内共有3座公安消防站和4支企业专职队，消防队员共计400多人，构建了完备的消防体系。二是设立应急集合点，配备数字无线集群、应急广播、高清视频和应急风向标，构建了完备的应急疏散和预警系统。三是加强危化品运输安全管控，设置了危化品车辆禁行区域，建设了超速抓拍，构建了完备的道路交通运输管理体系。四是建设了经开区急救站、依托化工园区医院、区第一人民医院、区第三人民医院和市职防院，构建了完备的医疗救援保障体系。

四、健全有力的监管措施

一是全面落实“党政同责、一岗双责”。明确党工委、管委会及其班子成员的安全环保生产职责及具体履职内容，安委会定期检查落实情况。二是成立经开区安监局，与市安监经开区分局、长寿区安监局一起，协作配合，共同落实经开区安全监管责任。三是创新管理手段。建立对口服务联络人制度、“二十万工时”事故统计、“安全标准化班组”创建、安全环保举报奖励、危化品车辆避峰禁行、企业分级管理等措施，加强源头和过程管理。

五、全面周到的责任关怀

推行“责任关怀”行动，深入开展公众参与，让公众了解园区，走进企业，知晓园区及企业在安全环保方面采取的措施，消除公众对园区企业的神秘感和不安全感，让老百姓认识企业、认知企业、认可企业，从而构建良好的社会环境，促进经开区的和谐可持续发展，实现园区、企业、社会共同发展、和谐发展的目标。

六、安全可靠的风险防范

一是高标准建设事故废水防控体系。已形成“装置级、工厂级、片区级、经开区级、流域级”的五级事故废水防控体系，确保极端事故条件下事故污水不流入长江。二是高标准建设应急指挥中心。具备预警、信息发布、海量数据库的智能化综合应用平台，形成应急、消防、公安、医疗、安全和环保的联值、联训、联勤的联动机制。

长寿经开区始终以安全环保“六维体系”为指引，努力建设更安全、更环保、更放心的开发区。

郑州煤炭工业技师学院
郑州煤炭高级技工学校

郑州煤炭工业技师学院地处黄帝故里新郑市，始建于1959年8月，20世纪60-70年代期间停办，1978年有关部门恢复建校，隶属原煤炭工业部门。1998年下放河南省，2002年经国家原劳动和社会保障部门批准，成立郑州煤炭高级技工学校，同年9月经河南省原劳动和社会保障部门批复，成立郑州煤炭工业技师学院。

学院现有教职工166人，专兼职教师121人，其中高级职称43人，中级职称42人，“双师型”教师37人。学校占地面积8.25万平方米，建筑面积近5万平方米。学校开设有矿井维修钳工、矿井维修电工、煤矿机电、综采维修电工、采掘机械、餐旅服务、汽车维修、幼儿教育、电子商务等10多个专业(工种)。先后取得了国家重点技校、高级技校、技师学院、国家二级安全培训机构、国家三级煤矿安全培训机构、国家三级非煤安全培训机构等办学成果，设立有郑州矿区职业技能鉴定点及国家职业技能鉴定所。

建校50多年来，已为煤炭行业及社会企业培养各类合格中、高级技术工人2万多人，培训煤矿安全管理、特种作业人员及其他人员7万多人次。曾先后荣获全国职业教育先进单位等荣誉称号。

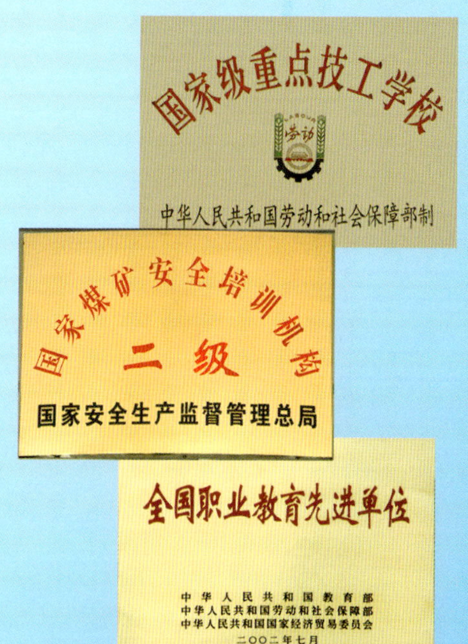

深入开展设备消缺隐患治理 全面提升安全生产管理水平 确保公司安全生产局面持续稳定

广西长洲水电开发有限责任公司

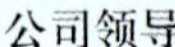
公司领导

每年组织公司员工安全知识考试

紧急救护培训

一、公司简介

广西长洲水电开发有限责任公司（简称长洲水电公司）是中国电力投资集团公司全资建设的企业，于2003年10月22日在梧州市注册成立。

长洲水利枢纽坝址位于西江水系干流，距梧州市区12千米，是西江下游广西境内的一个梯级电站。长洲枢纽是一座以发电为主，兼有航运、防洪、灌溉等综合利用效益的大型水利枢纽，是国家"西电东送"计划和广西实施西部大开发战略的重点项目。枢纽横跨两岛三江，大坝总长3.5千米，最大坝高56米，共安装15台42兆瓦的灯泡贯流式机组，总装机容量为630兆瓦，有1000吨和2000吨船闸各一线，有43扇泄洪闸和库区内的13座泵站。

二、2015年安全生产工作综述

2015年在上级公司的正确领导下，长洲水电公司认真贯彻执行安全生产法律法规，按照"勤检查、重落实、严闭环"的安全生产工作要求，全面落实各级安全生产责任制，众志成城，科学管理，圆满完成了2015年度安全生产工作的各项任务。

安全生产保障体系和监督体系更加完善，两个体系的作用得到充分发挥。一年来，在完善安全生产"两个体系"的基础上，从安全生产管理制度、安全生产管理流程、现场作业规范入手，对相关制度、安全技术规范、规程进行修订、补充和完善工作。完善安全生产管理机制，根据公司人员的调整及时调整安全监督机构，推行安全监督小组现场督察制度，安全监督做到"横向到边、竖向到底"。同时，公司进一步落实"管生产必须管安全""管项目必须管安全"的要求，明确安全生产责任，发挥安全生产保障体系的主观能动性。制定和修订了16个安全生产管理制度，对原2013年发布的三类共72个运行技术规程进行全面修订、补充和完善工作，并组织学习和考试工作。严格执行"两票两卡"三级检查考核规定，严格落实"四要素""四要求"和典型作业，确保作业安全。

安全隐患排查治理工作更加注重"落实"环节。公司始终将安全隐患排查治理工作做为安全管理工作的重要抓手，安全隐患排查治理工作始终贯穿于安全生产管理的全过程。每个月的待消隐患均在公司安委会上进行专题讨论和部署治理时限。通过以上工作，公司将安全隐患排查治理工作制度化。

安全隐患排查工作严格按照"勤检查、重落实、严闭环"的要求，以专项检查、月度检查和"安全生产月"、重要节日前检查，以及日常监督检查和领导带班检查等方式开展；安全隐患排查治理工作坚持治理验收制度，每一个安全隐患做到闭环管理。

按照每月开展一个隐患排查治理主题活动的要求，结合设备运行生产过程中存在问题，举一反三、全面排查、及时整改、落实防护措施，及时消除隐患风险。开展了特种设备、防汛、防火、交通，以及"两票两卡"管理等专项排查治理工作，逐步消除设备隐患和管理漏洞，提高设备运行的安全可靠性。

持续开展安健环管理体系建设工作。2015年，长洲水电公司根据领导班子的调整，对安健环体系相关人员进行了调整；组织员工参加集团公司组织的安健环知识培训；完成了安健环体系标准与安全管理制度相融合的清单；组织公司全体员工和项目部学习安健环建设知识；更换了内、外江厂房安健环载体宣传牌。

2015年9月份，公司在MIS中补充完善了第二批24个风险辨识与控制清单，进一步扩大安健环建设成果的应用。

应急管理工作扎实推进，进一步加强应急管理体系建设。2015年公司分别从组织体系、指挥体系、救援体系和保障体系等方面加强建设，建立了由综合应急预案、专项应急预案和现场处置方案组成的应急预案管理体系。按时上报季度应急管理报表，对应急工作进行季度和年度工作进行总结。

水上应急处置综合演练

消防应急演练

明亮整洁的厂房

2015年，根据应急演练计划和"安全月演练周"的安排，公司开展了防汛、全厂停电、消防、安保等共14次应急演练工作。应急演练结束后，均做到认真总结，做到演练一次，员工应急处置能力提高一次。

2015年，组织开展公司应急能力自评估工作。通过自评估工作，及时发现应急管理工作存在的不足，明确应急体系建设的薄弱环节。本次评 估共发现26个不符合项，现已整改12个，安环部将持续跟踪剩余的14个不符合项整改的情况。

加强安全教育管理工作，严把入场安全教育关。 2015年，随着下半年检修季的开展，入场安全教育培训工作压力逐步增加。2015年10月份以后，设备检修和运行维护新队伍的陆续入场，给安全教育训工作带来很大的难度。面对8F、14F新的检修队伍和新的监理单位，面对船闸运行新项目部，以及库区泵站新的运行和维护项目部，安全教育培训主管部门HSE部，在公司的大力支持下，与设备管理部门积极沟通，充分发挥公司的综合教育培训能力，认真做好安全培训工作，把好入场关。入场教育培训工作主要从以下几个方面开展：一是分别针对不同工作性质的外来施工队伍制定不同的培训计划。特别是对船闸运行新项目部，以及库区泵站新的运行和维护项目部制定了可行有效的培训计划，并逐项落实。二是加强"两票两卡"使用和管理的培训力度。在办理"两票两卡"的"实战"培训阶段，请发电维护部有经验的工作票负责人演示办票过程，逐步讲解要求和注意事项。三是聘请发电运行值长讲解"三制"、安全工器具和接地线的使用和管理。四是充分发挥公司实训室的作用，让外来施工队伍对公司检修现场的安全管理有初步的感性认识和执行标准。五是严把考试关，决不放过安全教育水平不合格人员入场。六是组织船闸和库区泵站项目部人员到发电运行、检修现场等生产场所参观学习，体验公司的管理要求。

加大消防设备设施更新力度，提升消防能力。 公司高度重视消防安全管理工作，从软件和硬件方面对消防设备设施进行升级改造。2015年起在月度工作计划管理中新辟消防安全管理版块，将消防安全管理责任进一步落实到部门。公司消防安全管理工作主要围绕以下几个方面展开：一是加强基础管理，完成了全厂362个灭火器、879个测点、26个消防重点防火部位清单梳理工作，并对主要消防设备登记造册，便于统一管理。二是加强培训管理，共200人次参加了公司组织开展的IG541气体灭火系统、DF6000消防主机故障处理、消防安全检查主要方法、消防应急预案编制、灭火器及消火栓的使用等培训。三是加强技术管理，对全厂轴承高位油箱、轮毂高位油箱、调速器回油箱等75个油箱老化感温电缆改造为烟温复合探头，提高报警可靠性。四是创新消防管理，采用网上答题模式开展消防知识竞赛，鼓励全员自觉学习消防知识。五是持续加强消防隐患排查工作。开展"消防生产月"活动和消防安全专项检查工作。共查出和整改54个不符合项。六是加强消防应急管理，修订了《广西长洲水电开发有限责任公司火灾事故专项应急预案》等8部制度，并开展了厂房及船闸厂用400伏系统着火消防演练工作，提高员工防范和应对突发事件的能力。七是加大办公区域消防安全隐患的排查治理力度，消除消防隐患。

交通安全管理取得成效。 2015年，公司修订了《长洲水电公司车辆管理办法》，修订了交通应急预案和交通管理工作流程；组织开展交通安全专项检查工作，对行驶道路危险点源进行辨识，提出预控措施；坚决杜绝司机带"病"上岗、车(船)带"病"行驶。2015年，公司取得了车船安全行驶30万千米的好成绩。

2015年全年发电量达33.03亿千瓦时，创长洲公司历史较高水平，公司始终坚持"勤检查、重落实、严闭环"的安全管理要求，积极排查安全隐患，治理设备缺陷，不断提高机电设备的健康水平，以增发电量为核心，克服今年西江小洪水不断的不利局面，积极开展科学调度水库工作，将企业效益和社会责任有机结合起来，不断提高水能利用效率，切实把电量增发、抢发工作落实到位。一年来长洲水电公司安全生产工作取得的每一点成绩都来之不易，长洲水电公司将继续夯实安全生产基础，强化落实，严格闭环管理，为企业的发展提供安全保证。

安徽华电宿州发电有限公司

一、安全生产总体情况

2015年，公司安全生产稳定。一年来，公司认真贯彻上级公司各项决策部署，以强基工作为主线，以实现"人员零伤害，机组零非停"为目标，全面推进精益化管理，不断加强安全生产方式方法创新，连续两年实现全年零非停，实现了华电国际零非停纪录，主要指标创出历史较好水平，圆满完成了全年各项目标任务。

二、安全生产重点工作

（1）安全管理推陈出新，开创强基工作新格局。继颁布"百条禁令"之后，作为"百条禁令"的拓展和延伸，编制了"岗位安全禁令"。针对各岗位风险、职责要求，提炼各岗位易发几率较高的事故教训，分别编制了车辆服务、餐饮服务、煤场管理、燃油泵房、粉煤灰销售等二十五个"岗位安全禁令"，明确了人员行为的红线，管理的底线，并且目视化制作，把具体要求落实到实际工作中。

（2）持续推进精细检修，实现修后零非停。以"保持全年零非停"为核心，积极推进检修精益化管理，实施项目经理负责制，创新防非停点管控，全面细致地开展防磨防爆隐患排查和电气、热控专项治理工作，锅炉实现连续3年无泄漏，设备可靠性得到进一步提高。

（3）深化节能减排，机组能耗指标创历史较好水平。持续深化节能降耗"147"系统管理，生产指标竞赛在原有27项指标的基础上，增加了CO指标；四项运行优化措施增加了25项；机组检修中开展的"一试验、二查缺、三明确"修前过程管理和"一个抓手、两项重点、三管齐下"修中过程监督机制，确保了节能检修项目和节能评价剖析各项措施的落实；从人员、设备、管理、奖惩等方面入手，切实将"两个等同于"要求落到实处。完成了1号机组增压风机变频改造、锅炉燃烧调整、仪用空压机运行优化、阀门内漏治理等工作，节能降耗成效显著。供电煤耗率年年下降，在五大发电集团同类型机组中处于领先位置；严格控制环保指标，实行每日通报制度，大大提高了环保工作力度。

（4）创新零误操作培训，运行精益化管理水平不断提升。以零误操作为目标，开展零误操作专项培训，建立机组启停调度卡、节点状态参数确认卡，实行电气接地刀闸和热工保护Q点确认制度。电气操作实行全程录音、全程监控。加强运行调度管理，建立了运行调度微信平台，提高了调度效率。全年累计实现170个千次操作无差错。创新运用生产信息微信平台，涵盖了生产指标、设备缺陷、调度管理等全部生产日常管控的内容，生产调度指挥系统高效运转；开展了"晒管理"和运行规范化管理活动，以"两票三制"为抓手，进一步细化制度，强化运行基础管理，形成了各专业管理人员班组交接班会日跟踪、巡检质量周抽查、定期工作月分析管理流程，提高了运行管理水平。

（5）严把"五关""三到位"，强化外委队伍和人员管理。一是狠抓外包工程管理重点。对施工设备、特种作业人员进场后履行报验手续，把好"入口关"；制定安全、技术、组织措施，编制施工方案并逐级审核，把好施工"措施关"；健全项目质保、安保体系，做好专项技术交底，把好"交底关"；监督施工方每日开工前召开站班会，交代施工危险点、安全注意事项，把好日常"教育关"；管理人员每日进行跟踪督察，把好"检查关"；开工前制定预案，开展应急演练，做到"应急防范到位"；发现问题制定整改措施，指定整改责任人，限定整改时间，确定整改验收人，做到"闭环管理到位"；对工程安全质量采取施工单位自检、业主抽检的管理模式，做到施工"安全验收到位"。二是瞄准现场高风险作业难点。每周召开外包队伍负责人会议，重点对灰库治理、石灰石粉仓治理、煤场抑尘网施工、油泵房油罐防腐等高风险作业项目，落实监护人责任，控制施工进度，杜绝抢工期、冒进施工；生产副总亲自挂帅，组成现场监督小组，监督各部门做好8小时之外的监护工作落实情况，确保安全生产形势持续稳定向好。

（6）扎实开展专项安全工作，夯实安全生产基础。一是充分利用"春检""秋检""安全生产月""迎峰度夏""度冬迎峰"等专项安全工作平台。成立专项工作组织机构，全面领导专项工作，编制工作计划和检查提纲，列出重点检查项目，根据排查出的问题，编制整改计划，监督整改落实情况，确保各项工作得到闭环落实。二是强化重点时段的安全管理，积极开展节前安全大检查活动，消除生产现场存在的安全隐患，确保重点时段的安全生产。三是吸取事故教训，积极开展专项隐患排查，确保不发生同类型事件。截至12月31日，实现连续安全生产3044天。

新疆机场集团 XINJIANG AIRPORT GROUP

新疆机场(集团)有限责任公司成立于2004年4月16日，是自治区直属管理的国有独资企业，现有总资产120亿元，在册员工6000余人。辖有乌鲁木齐、喀什、伊宁、库尔勒等17个机场。目前有南航股份新疆分公司、海航股份新疆分公司、天津航空、乌鲁木齐航空四家航空公司落户乌鲁木齐国际机场，运营新疆机场定期航班的航空公司达到36家。共开通航线219条，其中国内航线187条，国际（地区）航线32条。有17个国家、28个国际（地区）城市、62个国内城市与乌鲁木齐国际机场通航。新疆已经基本形成以乌鲁木齐区域性枢纽机场为核心，"疆内成网、东西成扇、东联西出"的开放性航线网络布局。新疆机场对地区经济发展带动作用明显，仅2015年对自治区GDP的贡献就达到400多亿元，间接提供就业岗位22万个。2015年，新疆机场集团完成旅客吞吐量2536万人次，同比增长15.7%；其中乌鲁木齐机场完成1851万人次，全国机场排名第15位，喀什、库尔勒、阿克苏等支线机场先后进入"百万级"中型机场行列。2012年，乌鲁木齐机场被国家确定为门户枢纽机场。

新疆机场集团成立以来，全面实施科学发展、安全发展战略，稳固基础、加快发展、持续完善，以严格的管理派生良好的安全文化，发挥安全文化的引领作用促进安全管理的严格，摸索创建了一套符合实际、具有鲜明新疆机场特色的安全管理模式和支线机场规范化运行保障模式。先后成功处置多起涉恐危安事件，有效实施外航货机坠毁空难救援，多次出色完成国家反恐怖袭击、反劫机、交通战备（跑道被炸抢修）、应急处突综合演练、国家领导人专包机以及各重要敏感时期的重大保障任务，有效应对各类恶劣天气及自然灾害对机场的破坏及影响。经受住了一系列的严峻考验，经历了一次次血与火的实战检验和砺炼，实现连续安全运行11周年。先后荣获全国文明单位、全国五一劳动奖、全国模范劳动关系和谐企业、全国安全生产月先进单位及全国民航文明单位等称号，连续10年被评为全国"安康杯"竞赛活动优胜企业。

中国移动通信集团广东有限公司揭阳分公司

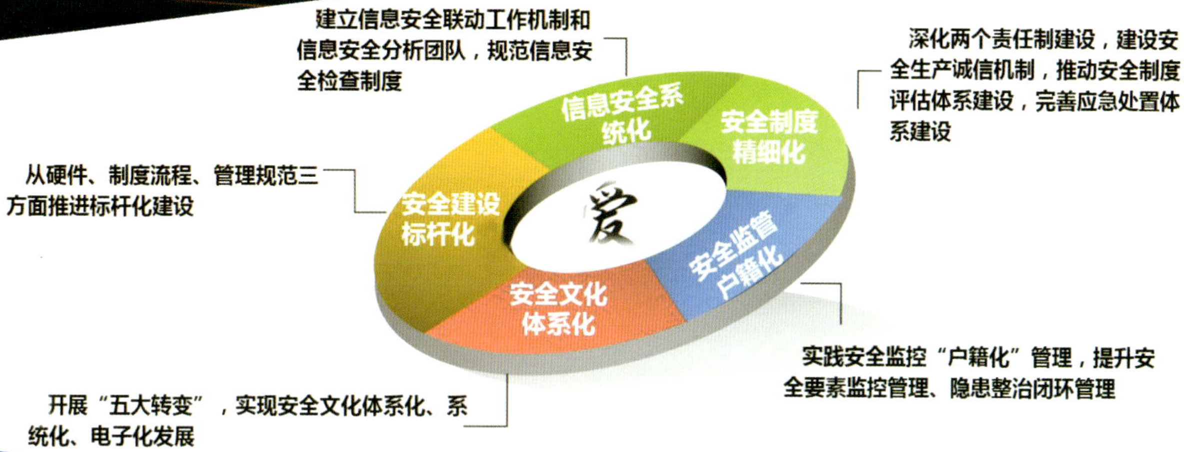

建立信息安全联动工作机制和信息安全分析团队，规范信息安全检查制度

深化两个责任制建设，建设安全生产诚信机制，推动安全制度评估体系建设，完善应急处置体系建设

信息安全系统化

安全制度精细化

从硬件、制度流程、管理规范三方面推进标杆化建设

安全建设标杆化

爱

安全监管户籍化

安全文化体系化

实践安全监控“户籍化”管理，提升安全要素监控管理、隐患整治闭环管理

开展“五大转变”，实现安全文化体系化、系统化、电子化发展

中国移动通信集团广东有限公司揭阳分公司（简称揭阳移动）历年来在注重加强安全管理的同时深入开展安全文化理论探索，从行业特点、企业战略等方面提出了“爱心安全文化体系”的构建思路，该体系以“爱”为安全文化理念核心内涵，以“和谐移动·智慧安全”为目标，以“人安为本、防治惟和”为核心价值观，以“突出责任，强调预防”为工作核心，通过“定目标、明责任、强系统、查隐患、提素质、重配套”的安全行为指引，以生产安全、信息安全、人身安全为主线，通过基础阶段、发展阶段、巩固阶段、提升阶段四个阶段，全面提高企业技术防范能力、风险管控能力和应急处置能力。努力建设符合企业发展战略，具有鲜明时代特征、丰富管理内涵和特色的安全文化体系。2015年，揭阳移动通过努力创建和国家评审，获得国家安全监管部门授予的“全国安全文化建设示范企业”等荣誉。

揭阳移动在创建过程中，始终坚持围绕“三四六”安全文化建模思路制定企业安全文化建设详细推进方案：以三年打基础、二年见实效为目标，最终以“带动、推动、互动”三步曲，助力平安揭阳的城市建设。

第一，加强安全管理组织，完善安全硬件建设。设立安全生产委员会，组建8个安全管理小组，建立了义务消防队、通信保障、动力保障、车辆保障、安全保障等应急分队16个，完善公司安全组织编制，从组织架构和人员保障两方面强化生产安全和信息安全，为企业发展保驾护航。加大投入，对全市所有综合楼、服务厅、机房及重点基站分别安装了人员进出管理系统、视频监控系统、110联网报警系统、火灾报警系统、极早期空气采样报警系统及气体灭火等系统。

第二、构建安全责任体系，强化安全责任意识。针对每位员工的岗位性质及风险防控措施，编制了《员工岗位安全生产责任制》及《信息安全责任矩阵》，规范了各种安全事件处理程序，各项工作安全操作规程及每个岗位员工安全职责。组织全体员工签订《安全生产责任书》。构建“横向到边，纵向到底”的安全生产责任体系。优化了《安全管理工作考核办法》，实行问责制，把安全管理纳入绩效考核，落实奖惩办法。

第三，创新安全管理方式，推动企业安全发展。依托省公司的安保信息平台，把责任管理、各种设备配备维护使用、风险排查、隐患整治等内容纳入系统，以系统作支撑，实行安全动态管理。评选出安全建设与管理的标杆单位，通过以点带面的方式，发挥先进典型示范作用，促使我公司各生产办公场所的安全生产建设逐步达到统一规范要求。

管控风险，就是保障安全
宁夏石化公司建设安全风险管控体系的实践

宁夏石化公司是中国石油集团下属的一家地区分公司，是炼化一体的危险化学品生产企业。近年来，公司以安全为第一责任，扎实践行安全与生产、安全与发展、安全与社会的和谐共享，探索建立了一套基于互联网的1331安全风险管控体系。

一、编好一部手册，搭建安全第一的管理框架

2014年10月，《宁夏石化管理体系手册》正式发布。作为管理体系的纲领性文件，手册确定了安全风险防控的责任分配、组织网络和资源配置。

责任到位：在石油工业多年积累的岗位责任制基础上，公司按照横向到边、纵向到底的原则建立了全员覆盖的安全生产责任制。通过把泄漏事件、联锁启动事件、急救（箱）事件等，等同事故管理，促进了安全生产责任制的落实。

组织到位：在生产经营业务组织基础上，建立了从公司安全总监到班组轮值安全员的监督体系。建立了专职消防队、工程抢险队，班组急救员的应急救护体系。

保障到位：公司按照规定足额提取和使用安全生产费用和安保基金，建立了涵盖仿真、应急等培训在内的培训中心、管钳培训基地、电仪培训基地，为隐患治理和员工技能培训提供了保障。

二、绘好三种流程，奠定安全风险的辨识基础

宁夏石化通过梳理业务流程、工艺流程和作业及检维修流程，为安全风险辨识奠定了基础。

业务流程图：梳理流程就是辨识风险的过程。公司按照中国石油制定的业务流程标准模板，梳理绘制业务流程图，在流程图上标明各种风险点和控制措施。目前，已绘制了全部业务流程图，并建立了相应的绘制和改进制度。

工艺流程图：伴随技术创新和改造，装置工艺流程也会随之改动，伴生新的安全风险。公司将工艺流程图全部转化为可修改的CAD版本；利用工艺流程图在班组开展危险和可操作性分析（HAZOP），辨识工艺过程中的风险，提高员工对危险的预判能力。

作业流程图：施工和检修作业是炼油化工企业事故高发点，公司对各类作业分别编制流程图，应用作业安全分析（JSA），现场进行风险辨识和分析。2014年炼油装置大修，2015年化肥装置大检修，上千人、上百台机具同时作业，实现了零事故目标。

三、管好三类制度，提供风险控制的落实依据

有章可循、按章办事是预防事故的关键。公司在利用流程图辨识风险、制定措施的基础上，将所有风险措施全部纳入规章制度。

管理规章：管理规章是企业管理人员管理业务依据的标准。公司制定了《规章制度管理规定》，明确规章制度分为三类，而安全生产制度属于最高级别的一类。明确制度制、修订要先绘制业务流程图、分析风险和制定措施，并将措施写到制度中，明确要对法律法规开展企业合规性评估，并根据评估结果修改制度。

操作（作业）规程：操作（作业）规程是岗位员工操作（作业）依据的标准。公司利用工作循环检查（JCC）的方法对操作规程、工艺卡片和检维修规程进行评审。在操作卡中增加了工艺流程示意图，明确能量隔离和上锁挂签点，防止能量或危害物质意外释放造成事故；通过现场面对面的安全观察与沟通，制止人的不安全行为，并根据安全观察与沟通、事故事件等数据，绘制出安全预警曲线。

企业标准：企业标准体现了企业管理人员管理水平和操作人员的操作水平，也是安全标准化的基础。公司将企业标准分为技术规范、管理规范、作业规范3类，仅2015年，就制定了《劳动防护用品配发规范》《生产现场应急物资配备规范》《消防队伍专兼职消防员配备规范》等7个安全标准。

四、用好一个平台，实现安全管控的精细智能

互联网技术的发展，特别是移动互联网的发展，为安全风险管控走向精细化、标准化和信息化提供了强有力的支持。

计算机终端：公司管理人员以及基层班组长，人手一台计算机。计划、生产、设备、投资、财务等业务均实现网上办公，规章制度中的风险防控措施也都实现了自动控制、远程监控、提醒功能。其中，由中国石油总部开发的HSE信息系统和应急管理信息系统得到充分应用，实现了远程指挥功能和信息及风险数据库资源的共享。

安全受控手持终端（防爆手机）：现场操作岗位员工配备安全受控手持终端，实现岗位操作的信息化管理。2015年，在中国石油的支持下，进行了两项试点。一是在岗位员工巡检隐患管理中的应用：巡检是石油化工装置隐患发现和风险排除的重要途径。公司建立巡检管理系统，引入安全受控手持终端，实现了巡检路线智能规划、实时跟踪、路线轨迹记录、信息实时传输、异常信息同步提醒。一机在手，就可进行全部数据的采集、下载、上传以及处理和查询。二是在作业许可方面的应用：传统作业办票模式既繁琐又容易流于形式，公司按照一步一确认、一步一许可的管控思路，将物联网技术和安全受控手持终端引入作业许可管理，对作业预约、作业审批、作业实施、作业关闭等作业全过程进行管控，结束了纸质票证的历史，提高了作业安全风险管控的可靠性。下一步，将逐步开发日常操作监控系统等功能，推广普及到全公司所有操作岗位，进一步实现风险管理的精准和智能控制。

神华宁煤集团400万吨/年煤制油项目

神华宁煤400万吨/年煤炭间接液化项目是全球单套装置规模较大的国家煤炭深加工示范项目，该项目是基于我国"缺油、少气、富煤"的一次能源基本结构，满足我国石油消费快速增长需求，保障我国能源安全，推进国家中长期能源发展战略而设立的，是带动自治区经济社会跨越式发展的重要工程，是神华宁煤集团公司优化产业结构调整、实现转型升级的重大项目。

项目占地面积560.92万平方米，概算总投资550亿元（含税）。建设规模年产油品405万吨，其中柴油273万吨、石脑油98万吨、液化气34万吨；副产硫黄20万吨、混醇7.5万吨、硫酸铵14.5万吨。

项目建设内容包括工艺生产装置以及配套的公用、辅助和厂外工程。项目建设两条200万吨油品生产线，工艺生产装置具体包括12套10.15万标立方米/小时空分装置、28台干煤粉加压气化炉（24台支行4台备用）、6套一氧化碳变换装置、4套低温甲醇洗装置、3套硫回收装置、8套费托合成装置、1套油品加工装置和1套尾气处理装置。

项目年转化煤炭2046万吨。该项目于2013年9月18日获得国家核准批复，9月28日正式全面开工建设，计划油品合成第一条线2016年8月投料试车，油品合成第二条线2016年11月投料试车，2017年进入商业化运营。

该项目投产后，不仅可以提高产品整体附加值，还将使神华宁煤集团走向以煤为基础的多元化发展道路，为煤炭企业转型升级打造全产业链模式，开辟新途径。

中国中铁电气化局集团第三工程有限公司

挑战新时速　砥砺再奋进

公司创建于1979年，是中铁电气化局集团有限公司控股子公司。公司注册资本10198.03万元，具有机电安装工程施工总承包一级、房屋建筑工程施工总承包一级等10项资质，具有年完成建安70亿元的施工能力。现有员工1867人，各专业工程技术人员1002人，其中：高级工程师65人，工程师428人，高级经济师18人，经济师24人，高级会计师14人，会计师30人，高级政工师13人，政工师14人，一级建造师56人，注册安全工程师57人。公司业务范围覆盖铁路电气化工程、铁路电务工程、机电安装工程、房屋建筑工程、城市及道路照明工程、公路交通工程、城市轨道交通工程、铁路工程、国际工程及运营维管十大范畴，具有电务和电气化器材配件的加工、制作、销售，技术咨询等能力，是一家技术密集型综合企业。

多年来，公司以安全建设为重点，以企业持续、平衡、健康、较快发展为目标，逐步完善提升了各项基础工作。1995年在铁路基建系统通过ISO9002质量管理体系认证，随后相继通过ISO9001:2000质量管理体系认证、ISO14001:2004环境管理体系认证、GBT 28001—2001职业健康安全管理体系认证，并获得河南省科技厅“高新技术企业”认定和河南资信有限公司“信用等级AAA级企业”认定；公司施工的哈大电气化铁路、广深高速铁路等多项工程荣获“中国建筑工程鲁班奖”等荣誉。

2015年公司深入学习新《安全生产法》，补充完善了相关法律制度规定。公司领导认真执行“一岗双责”责任制，成立了以公司党政正职领导为组长，以公司主管安全生产副总经理及各分片包保副总经理为副组长的检查组。

大漠初月弯如钩 电化人勤天道酬

敦格铁路在进行接触网架线作业

滨洲线电气化改造工程信号开通现场，施工人员冒着严寒在进行信号机调试

公司领导在职工代表大会上与所属单位签订绩效考核责任书

按照工程分布分为郑州、东南、东北、西南、西北五个片区，领导亲自带队对在建既有线、高速客运专线、使用轨行车辆及其他大型机械设备作业的现场进行集中检查。党政工团齐抓共管，各级安全质量稽查人员认真负责，公司安全生产基本处于稳定有序的状态。

2015年是“十二五”规划的收官之年，是全面深化改革的关键之年。面临企业结构调整，人员重新整合，经营范围缩小，市场竞争加剧等新考验，公司各级组织和广大干部职工砥砺奋进，锐意进取，实现了经营、生产双“50亿”目标。全年新签合同51项，合同额达50.49亿元。建成开通沪昆、郑焦、郑机、敦格、赣龙、宁西二线等项目22个，累计开通电气化铁路939千米的10%，完成投资46.96亿元，完成企业营业收入51.8亿元。

安全生产稳定有序，工程质量持续提高。郑州地铁1号线通信项目、郑州铁道京广家园、郑州地铁1号线供电、通信及综合监控工程、朔黄铁路扩能项目、贵广铁路、郑徐客专、赣龙铁路等多个项目获得嘉奖。

经过多年的磨砺与积累，公司已经跃升到年经营、生产“双50亿”的新平台，步入了质量效益发展的快车道。2016年，公司的主要奋斗目标是新签合同额55亿元，力争60亿元，完成企业营业收入45亿元，力争50亿元。“十三五”规划的出台让国家未来五年发展的脉络清晰可见。公司将继续依靠全体职工的智慧与力量，始终把让企业发展得更好，让员工生活得更幸福作为奋斗目标，用心拥抱这个新时代，在坚持中创新，在创新中坚持，在快速发展的时代中砥砺前行！

郑州地铁一号线监控设备

郑徐客专恒张力架设接触网导线

在宁（南京）西（安）铁路电气化改造工程施工中，
公司员工多方配合，精心调试接触网

中化泉州石化有限公司

SINOCHEM QUANZHOU PETROCHEMICAL CO.,LTD.

泉州石化是中化集团独资建设的千万吨级特大型炼厂。自2006年9月组建以来，公司一直高度重视安全生产工作，按照“党政同责、一岗双责、齐抓共管”“谁主管、谁负责”“管业务必须管安全”的原则，将HSE工作融入生产经营管理的全过程，把HSE工作放在“产量、计划、进度、成本”抢救无效各项工作之首，已形成独具特色的安全管理模式。截至目前，项目各工艺装置安全、平衡运行，主要技术经济指标均达到设计水平。从项目2008年开工至今，项目建设施工和试生产期间HSE工作整体受控。

保护蓝天白云是企业应尽的职责

（一） 强化安全发展理念，提高全员安全意识与能力

泉州石化始终坚持强化各级领导的红线意识和安全发展理念，提高全员安全意识和能力。公司各级领导积极参与行为安全改善活动，注重行为引领，争做“有感领导”。领导通过带头制定实施“个人安全行动计划”，定期开展安全观察与沟通等活动，领导的安全行为让全体员工可感、可视，从而营造出全公司良好行为安全改善氛围；公司各级管理人员充分发挥技术与管理的主导作用，着力解决影响安全生产的难题；公司采取多种形式的安全教育与培训，着力做好“高风险员工”（新员工、转岗员工及现场操作岗位人员）的安全培训与指导工作，切实提高全体员工安全意识和能力。

环境监测

（二） 落实安全生产责任，强化隐患排查与治理，全力推进HSE管理持续提升

2014年，泉州石化从项目建设期转入试生产阶段，公司结合实际，以开展安全标准化工作为抓手，进一步完善安全生产责任体系，严格落实安全生产责任，明晰全员安全职责，实现安全责任网络纵向到底、横向到边、全面覆盖。公司从制度建设、部门业务工作及安全考核等方面做文章，强化检查与考核，加强属地化管理引导，形成严格遵守制度、执行制度、维护制度的良性机制。

1200万吨年常减压装置

公司在日常生产运行管理和日常岗检基础上，认真贯彻执行《危险化学品企业事故隐查排查治理实施导则》，持续开展隐患排查，及时跟踪隐患治理和问题整改情况，实现隐患排查治理工作制度化、规范化、常态化。HSE检查已形成由日检、周检、月检的例行检查与专项检查、联合大检查相结合的模式，工艺、设备、HSE等专业配合的检查体系，基本实现了现场全覆盖。

（三） 严格直接作业环节过程监控，强化现场风险防控

泉州石化建立并不断完善危险作业许可制度。规范动火、进入受限空间、动土、临时用电、高处作业、断路、吊装、抽堵盲板等特殊作业安全条件和审批程序，作业前必须对安全条件和安全措施的落实情况进行现场确认，条件不具备的坚决不允许作业，确保现场直接作业环节安全。

青兰山库区与自然环境和谐相处

我们致力于打造国内领先国际先进的石油化工企业

全员参与，绿化环境、水土保持

增殖放流，保护海域生态

主厂区航拍图

重视安全发展绿色发展

（四）积极做好应急演练工作

泉州石化在试生产前，根据有关法律、法规和《生产经营单位生产安全事故应急预案编制导则》（GB/T 29639），结合本单位实际，编制相应的应急预案，并取得当地安监部门的备案意见。

作为高危行业，公司历来高度重视应急管理体系建设，切实提高预防和应对突发事件的能力和水平。在员工安全教育培训中，将应急培训纳入员工岗位教育内容，发现并及时解决演练中遇到的问题，细化各项应急处置措施，不断提高预案的科学性和操作性，确保出现突发事件时，高效有序开展应急抢险工作。

（五）安全生产投入

本着“节能、环保、可持续发展”的超前理念，公司重视环保投入，整个项目环保投资22.353亿元，占总投资的7.6%。环保投资情况见下表。

项目	投资（万元）	百分比(%)
废气治理措施	99835	44.7
废水治理措施	37393	16.7
噪声治理措施	6000	3.0
固废治理措施	6300	2.8
风险防范措施	55207	24.7
生态补偿	12195	5.5
其他	12000	5.4
合计	223530	100.0

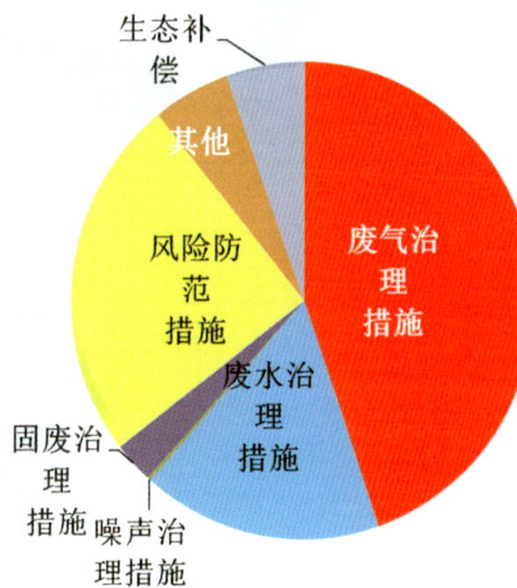

作为中化集团第三次创业和战略转型的重要骨干企业，中化泉州石化将以一体化、基地化、差异化为导向，在抓好当期1200万吨/年炼油项目优质、安全、稳定运行的基础上，致力建设成为具有3000万吨/年炼油、200万吨/年乙烯规模的世界级石化基地，努力实现中化泉州石化的绿色发展、和谐发展、科学发展，携手共建生态文明。

中电投江西电力有限公司南昌发电厂（新昌发电分公司）

一、公司简介

中电投江西电力有限公司南昌发电厂（新昌发电分公司）（以下简称“新电公司”）在江西公司推进管控一体化进程中应运而生，由南昌发电厂、江西中电投新昌发电有限公司实施合并改革后于2012年8月正式成立，总装机容量140万千瓦。一期工程系江西省较早的“上大压小”电源项目，建设2台70万千瓦超超临界燃煤发电机组，并同步建设烟气脱硫、脱硝装置，年发电量70余亿千瓦时。1号、2号机组分别于2009年12月14日、2010年2月14日投产发电。积极响应国家大力发展清洁能源的号召，通过探索能源发展新思路,大力开展光伏电站前期工作。

该厂始终秉承中电投集团“奉献绿色能源，服务社会公众”的企业精神，以富民兴赣为己任，为建设富裕和谐秀美江西提供了绿色优质的源源动力。先后获得“国家优质工程银质奖”等诸多荣誉称号，2015年1月被国家能源局授予安全生产标准化达标一级企业。

二、2014年安全生产总体情况

新电公司在国家安全生产监督管理部门、江西省安全生产监督管理部门、中电投集团公司及江西公司正确领导下，认真贯彻新《安全生产法》及集团公司“任何风险都可以控制，任何违章都可以预防，任何事故都可以避免”的安全理念，始终以安全生产为抓手,以节能降耗为手段，以绿色环保为宗旨，认真履行社会责任。

安全生产作为企业的核心灵魂，新电公司严抓严管，通过落实安全生产责任制，深入开展各项安全活动, 大力推进安全生产标准化和安健环建设，积极推动应急体系建设,确保两节、两会及迎峰度夏、度冬期间等重要时段的机组安全稳定运行，为省内电网的稳定做出了突出贡献。2014年未发生一类障碍及安全目标控制事故，未发生环境污染事故，至2014年12月31日实现连续安全运行1843天，安全生产可控在控。

长风破浪会有时，直挂云帆济苍海。新电人经过不懈的努力，以昂扬的态势取得了不斐的成绩：连续两年在江西公司系统综合业绩考核中取得优异成绩，发电量连续三年在江西公司系统和省内均名列前茅，2014年企业利润在集团公司位列第二。

诚信为本 效益为先 全员为要

新电公司将以建设先进电力企业为目标

乘势而起，开疆拓土，与四千五百万江西人民一起

高扬“**科学发展、进位超越、绿色崛起**”的时代主题

创造光明，照耀未来

共同书写中华民族伟大复兴壮丽篇章！

建设核心竞争力突出的创新型国际化

综合能源集团和现代国有企业

华北科技学院

华北科技学院是国家安全生产监督管理部门直属的一所本科院校。学校始建于1984年，其前身是北京煤炭管理干部学院分院，1993年经国家教育部门批准改建为华北矿业高等专科学校，面向全国招生，1997年被国家教育部门确定为“全国示范性普通高等工程专科重点建设学校”，1998年合并了原有色金属管理干部学院，2002年经国家教育部门批准升格为本科院校，并更名为华北科技学院。

学校占地面积约53.3万平方米，建筑面积504669平方米，教学实验仪器设备总值24405万元，固定资产总值81896万元。校园环境优美，交通便利。教学、文化、生活设施配套齐全。配有多媒体教室、闭路电视教学系统、语音室、外语教学发射台等现代化教学设施，千兆为骨干的高速宽带校园计算机网络覆盖全校，是中国教育和科研计算机网城市节点单位，可实现多媒体远程教学、VOD点播等各种综合网络应用。图书馆建筑面积近3万平方米，馆藏图书近113万余册，电子图书总馆藏达到1353889种，建立了较完备的文献保障体系。拥有高标准田径运动场，铺设有人造草坪和塑胶跑道，看台可容纳5000余人，篮、排、网球场、体育馆、游泳池等体育活动设施齐备。学生公寓配备程控电话和宽带网络接口，为学生生活、休息提供了优越的条件。

学校大力实施人才强校战略，努力建设一支实力雄厚、结构合理的师资队伍。学校现有教职工1090人，专兼职教师884人，其中正高级专业技术职务148人，副高级258人，具有副高级及以上专业技术职务的比例为46%；博士151人，硕士564人，具有硕士及以上学位的比例为81%。

教师队伍中，中国工程院院士2人（外聘），进入国家新世纪百千万人才工程2人，教育部新世纪优秀人才支持计划7人，享受政府特殊津贴专家12人，国家安全生产专家7人，省级优秀教学团队1个。

学校面向素质教育、面向安全生产、面向煤矿行业开展科学研究。现有矿井瓦斯防治、矿井水害防治、信息与控制技术、安全与社会发展等11个研究所，省部级科技平台11个，其中国家安全生产监督管理部门科技平台8个（安全生产重点实验室5个，科技研发平台、协同创新中心、甲级安全生产检测检验机构各1个），河北省科技平台3个（重点实验室、工程技术研究中心、院士工作站各1个）。五年来，签订各类科研合同450余项，到账经费1.63亿元，其中承担国家、省部级纵向项目60余项4300余万元，获省部级及以上科技奖54项，安全学科在瓦斯、水害防治等研究方向形成了一定的特色和优势，安全管理、安全文化、安全法学、安全监测监控等方面的研究全面展开，为学校安全科技办学特色提供了强有力的支撑。

1985年建在学校的中国煤矿安全技术培训中心，具有煤矿和非煤矿山安全生产两个一级培训资质，是学校“产、学、研”密切结合的桥梁和纽带，常年开展煤矿安全监察实务，矿井灾害防治和矿山救护等多种类型的安全培训，年培训规模稳定在5000人次以上并逐年扩大，为学校形成办学特色、扩大办学影响发挥着重要作用。

学校积极开展国际交流与合作，与联合国开发计划署、国际劳工组织等保持着长期稳定的工作联系，与美国、英国、意大利、拉脱维亚等国高校通过多种形式联合培养专业人才。中国—拉脱维亚“一带一路”学术交流中心设在学校。目前长期在校任教的外籍专家和教师27人。

学校以“自立立人、兴安安国”为校训，形成了“团结、勤奋、求实、创新”的校风、“严谨治学，教书育人”的教风和“勤学、善思、力行、创新”的学风。

2015年，学校在党的十八大和十八届三中、四中、五中全会精神指引下，认真贯彻落实国家中长期教育、科技、人才规划纲要和国家安全生产监督管理部门党组的指示精神，紧紧围绕国家教育重大项目的实施和全国安全生产工作的重大部署，以更加开放的理念、更加锐意的改革、更加朴实的作风投入到各项工作中去，全面实施学校“十二五”改革与发展规划，着力提高人才培养质量和办学水平，把学校建设成为以工为主、以安全科技为特色的现代大学和先进安全生产教育培训基地。

矿井灾害防治重点实验室

煤矿瓦斯水害预防基础研究重点实验室（瓦斯爆炸模拟室）

学院正门

博观楼